"十二五"普通高等教育本科国家级规划教材

国家卫生健康委员会"十四五"规划教材

全 国 高 等 学 校 教 材

供八年制及"5+3"一体化临床医学等专业用

生物信息学

Bioinformatics

第3版

主　　编　李　霞

副 主 编　李亦学　张　勇　薛　宇

数 字 主 审　李　霞

数 字 主 编　徐　娟

数字副主编　张　勇　薛　宇

人民卫生出版社

·北 京·

图书在版编目（CIP）数据

生物信息学 / 李霞主编 . —3 版 . —北京：人民
卫生出版社，2024.7
全国高等学校八年制及"5+3"一体化临床医学专业
第四轮规划教材
ISBN 978-7-117-36251-1

Ⅰ. ①生…　Ⅱ. ①李…　Ⅲ. ①生物信息论 – 高等学校
– 教材　Ⅳ. ①Q811.4

中国国家版本馆 CIP 数据核字（2024）第 083508 号

| 人卫智网 | www.ipmph.com | 医学教育、学术、考试、健康，购书智慧智能综合服务平台 |
| 人卫官网 | www.pmph.com | 人卫官方资讯发布平台 |

生物信息学
Shengwu Xinxixue
第 3 版

主　　编：李　霞
出版发行：人民卫生出版社（中继线 010-59780011）
地　　址：北京市朝阳区潘家园南里 19 号
邮　　编：100021
E - mail：pmph @ pmph.com
购书热线：010-59787592　010-59787584　010-65264830
印　　刷：北京华联印刷有限公司
经　　销：新华书店
开　　本：850×1168　1/16　印张：33
字　　数：976 千字
版　　次：2010 年 7 月第 1 版　　2024 年 7 月第 3 版
印　　次：2024 年 8 月第 1 次印刷
标准书号：ISBN 978-7-117-36251-1
定　　价：142.00 元

打击盗版举报电话：010-59787491　E-mail：WQ @ pmph.com
质量问题联系电话：010-59787234　E-mail：zhiliang @ pmph.com
数字融合服务电话：4001118166　E-mail：zengzhi @ pmph.com

编　委

数字编委

（数字编委详见二维码）

数字编委名单

融合教材阅读使用说明

融合教材即通过二维码等现代化信息技术,将纸书内容与数字资源融为一体的新形态教材。本套教材以融合教材形式出版,每本教材均配有特色的数字内容,读者在阅读纸书的同时,通过扫描书中的二维码,即可免费获取线上数字资源和相应的平台服务。

本教材包含以下数字资源类型

课件

习题

微课

本教材特色资源展示

获取数字资源步骤

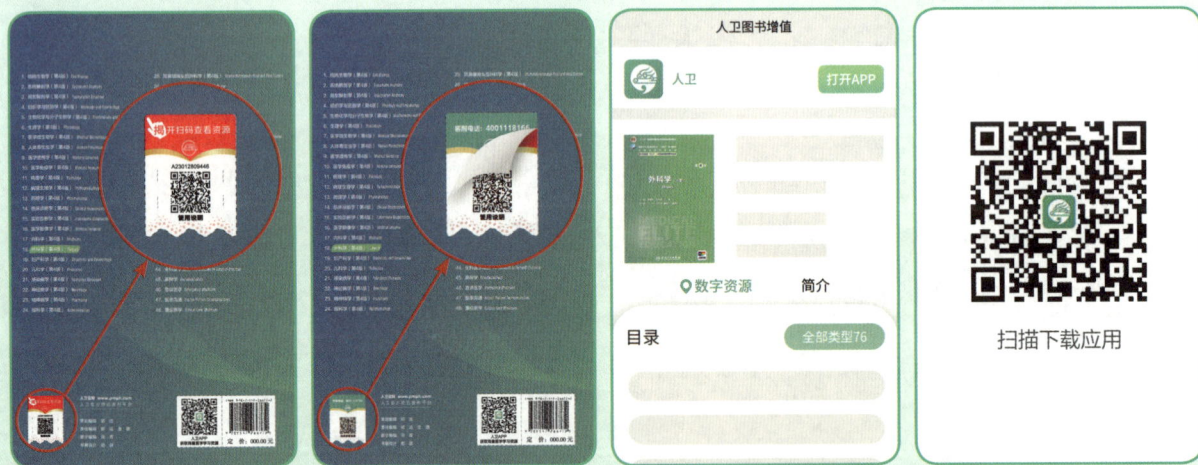

①扫描封底红标二维码,获取图书"使用说明"。

②揭开红标,扫描绿标激活码,注册/登录人卫账号获取数字资源。

③扫描书内二维码或封底绿标激活码随时查看数字资源。

④登录 zengzhi.ipmph.com 或下载应用体验更多功能和服务。

扫描下载应用

APP 及平台使用客服热线　　400-111-8166

读者信息反馈方式

欢迎登录"人卫 e 教"平台官网"medu.pmph.com",在首页注册登录(也可使用已有人卫平台账号直接登录),即可通过输入书名、书号或主编姓名等关键字,查询我社已出版教材,并可对该教材进行读者反馈、图书纠错、撰写书评以及分享资源等。

全国高等学校八年制及"5+3"一体化临床医学专业 第四轮规划教材　修订说明

为贯彻落实党的二十大精神,培养服务健康中国战略的复合型、创新型卓越拔尖医学人才,人卫社在传承20余年长学制临床医学专业规划教材基础上,启动新一轮规划教材的再版修订。

21世纪伊始,人卫社在教育部、卫生部的领导和支持下,在吴阶平、裘法祖、吴孟超、陈灏珠、刘德培等院士和知名专家亲切关怀下,在全国高等医药教材建设研究会统筹规划与指导下,组织编写了全国首套适用于临床医学专业七年制的规划教材,探索长学制规划教材编写"新""深""精"的创新模式。

2004年,为深入贯彻《教育部 国务院学位委员会关于增加八年制医学教育(医学博士学位)试办学校的通知》(教高函〔2004〕9号)文件精神,人卫社率先启动编写八年制教材,并借鉴七年制教材编写经验,力争达到"更新""更深""更精"。第一轮教材共计32种,2005年出版;第二轮教材增加到37种,2010年出版;第三轮教材更新调整为38种,2015年出版。第三轮教材有28种被评为"十二五"普通高等教育本科国家级规划教材,《眼科学》(第3版)荣获首届全国教材建设奖全国优秀教材二等奖。

2020年9月,国务院办公厅印发《关于加快医学教育创新发展的指导意见》(国办发〔2020〕34号),提出要继续深化医教协同,进一步推进新医科建设、推动新时代医学教育创新发展,人卫社启动了第四轮长学制规划教材的修订。为了适应新时代,仍以八年制临床医学专业学生为主体,同时兼顾"5+3"一体化教学改革与发展的需要。

第四轮长学制规划教材秉承"精品育精英"的编写目标,主要特点如下:

1. 教材建设工作始终坚持以习近平新时代中国特色社会主义思想为指导,落实立德树人根本任务,并将《习近平新时代中国特色社会主义思想进课程教材指南》落实到教材中,统筹设计,系统安排,促进课程教材思政,体现党和国家意志,进一步提升课程教材铸魂育人价值。

2. 在国家卫生健康委员会、教育部的领导和支持下,由全国高等医药教材建设研究学组规划,全国高等学校八年制及"5+3"一体化临床医学专业第四届教材评审委员会审定,院士专家把关,全国医学院校知名教授编写,人民卫生出版社高质量出版。

3. 根据教育部临床长学制培养目标、国家卫生健康委员会行业要求、社会用人需求,在全国进行科学调研的基础上,借鉴国内外医学人才培养模式和教材建设经验,充分研究论证本专业人才素质要求、学科体系构成、课程体系设计和教材体系规划后,科学进行的,坚持"精品战略,质量第一",在注重"三基""五性"的基础上,强调"三高""三严",为八年制培养目标,即培养高素质、高水平、富有临床实践和科学创新能力的医学博士服务。

4. 教材编写修订工作从九个方面对内容作了更新：国家对高等教育提出的新要求；科技发展的趋势；医学发展趋势和健康的需求；医学精英教育的需求；思维模式的转变；以人为本的精神；继承发展的要求；统筹兼顾的要求；标准规范的要求。

5. 教材编写修订工作适应教学改革需要，完善学科体系建设，本轮新增《法医学》《口腔医学》《中医学》《康复医学》《卫生法》《全科医学概论》《麻醉学》《急诊医学》《医患沟通》《重症医学》。

6. 教材编写修订工作继续加强"立体化""数字化"建设。编写各学科配套教材"学习指导及习题集""实验指导/实习指导"。通过二维码实现纸数融合，提供有教学课件、习题、课程思政、中英文微课，以及视频案例精析(临床案例、手术案例、科研案例)、操作视频/动画、AR模型、高清彩图、扩展阅读等资源。

全国高等学校八年制及"5+3"一体化临床医学专业第四轮规划教材，均为国家卫生健康委员会"十四五"规划教材，以全国高等学校临床医学专业八年制及"5+3"一体化师生为主要目标读者，并可作为研究生、住院医师等相关人员的参考用书。

全套教材共48种，将于2023年12月陆续出版发行，数字内容也将同步上线。希望得到读者批评反馈。

全国高等学校八年制及"5+3"一体化临床医学专业第四轮规划教材　序言

"青出于蓝而胜于蓝",新一轮青绿色的八年制临床医学教材出版了。手捧佳作,爱不释手,欣喜之余,感慨千百位科学家兼教育家大量心血和智慧倾注于此,万千名医学生将汲取丰富营养而茁壮成长,亿万个家庭解除病痛而健康受益,这不仅是知识的传授,更是精神的传承、使命的延续。

经过二十余年使用,三次修订改版,八年制临床医学教材得到了师生们的普遍认可,在广大读者中有口皆碑。这套教材将医学科学向纵深发展且多学科交叉渗透融于一体,同时切合了"环境-社会-心理-工程-生物"新的医学模式,秉持"更新、更深、更精"的编写追求,开展立体化建设、数字化建设以及体现中国特色的思政建设,服务于新时代我国复合型高层次医学人才的培养。

在本轮修订期间,我们党团结带领全国各族人民,进行了一场惊心动魄的抗疫大战,创造了人类同疾病斗争史上又一个英勇壮举!让我不由得想起毛主席《送瘟神二首》序言:"读六月三十日人民日报,余江县消灭了血吸虫,浮想联翩,夜不能寐,微风拂煦,旭日临窗,遥望南天,欣然命笔。"人民利益高于一切,把人民群众生命安全和身体健康挂在心头。我们要把伟大抗疫精神、祖国优秀文化传统融会于我们的教材里。

第四轮修订,我们编写队伍努力做到以下九个方面:

1. 符合国家对高等教育的新要求。全面贯彻党的教育方针,落实立德树人根本任务,培养德智体美劳全面发展的社会主义建设者和接班人。加强教材建设,推进思想政治教育一体化建设。

2. 符合医学发展趋势和健康需求。依照《"健康中国2030"规划纲要》,把健康中国建设落实到医学教育中,促进深入开展健康中国行动和爱国卫生运动,倡导文明健康生活方式。

3. 符合思维模式转变。二十一世纪是宏观文明与微观文明并进的世纪,而且是生命科学的世纪。系统生物学为生命科学的发展提供原始驱动力,学科交叉渗透综合为发展趋势。

4. 符合医药科技发展趋势。生物医学呈现系统整合/转型态势,酝酿新突破。基础与临床结合,转化医学成为热点。环境与健康关系的研究不断深入。中医药学守正创新成为国际社会共同的关注。

5. 符合医学精英教育的需求。恪守"精英出精品,精品育精英"的编写理念,保证"三高""三基""五性"的修订原则。强调人文和自然科学素养、科研素养、临床医学实践能力、自我发展能力和发展潜力以及正确的职业价值观。

6. 符合与时俱进的需求。新增十门学科教材。编写团队保持权威性、代表性和广泛性。编写内容上落实国家政策、紧随学科发展、拥抱科技进步、发挥融合优势,体现我国临床长学制办学经验和成果。

7. 符合以人为本的精神。以八年制临床医学学生为中心,努力做到优化文字:逻辑清晰,详略有方,重点突出,文字正确;优化图片:图文吻合,直观生动;优化表格:知识归纳,易懂易记;优化数字内容:网络拓展,多媒体表现。

8. 符合统筹兼顾的需求。注意不同专业、不同层次教材的区别与联系,加强学科间交叉内容协调。加强人文科学和社会科学教育内容。处理好主干教材与配套教材、数字资源的关系。

9. 符合标准规范的要求。教材编写符合《普通高等学校教材管理办法》等相关文件要求,教材内容符合国家标准,尽最大限度减少知识性错误,减少语法、标点符号等错误。

最后,衷心感谢全国一大批优秀的教学、科研和临床一线的教授们,你们继承和发扬了老一辈医学教育家优秀传统,以严谨治学的科学态度和无私奉献的敬业精神,积极参与第四轮教材的修订和建设工作。希望全国广大医药院校师生在使用过程中能够多提宝贵意见,反馈使用信息,以便这套教材能够与时俱进,历久弥新。

愿读者由此书山拾级,会当智海扬帆!

是为序。

中国工程院院士
中国医学科学院原院长　刘德培
北京协和医学院原院长
二〇二三年三月

主 编 简 介

李 霞

哈尔滨医科大学教授(二级),博士研究生导师,国务院政府特殊津贴获得者,中国细胞生物学会功能基因组信息学与系统生物学分会会长,中国生物信息学学会(筹)副理事长,哈尔滨医科大学生物信息科学与技术学院院长,主持承担了国家 863、973、重大研发计划和国家自然科学基金等 16 项项目,提出了疾病生物医学组学大数据挖掘系列创新方法与技术,开发了多功能生物医学大数据系列分析平台,在国外著名生命科学杂志 *Nature Communication*,*Cancer Research*,*Nucleic Acids Research*,*Trends in Biochemical Science* 等上发表 SCI 论文 300 余篇,累计 SCI 影响因子 2 000 余点,进入全球学者学术影响力排行榜。获教育部高等学校科学优秀成果奖二等奖、省高等教育教学成果一等奖、省政府科技技术奖二等奖、中华医学科技奖三等奖等 10 余项奖项。

从事生物信息科学专业教育 30 年,率先创建了国内一流规模最大的生物信息学创新型人才培养团队,创办了我国第一个生物信息学本科专业,主编了第一部全国高等学校临床医学专业八年制规划教材《生物信息学》(第 1 版、第 2 版、第 3 版均为主编)。主要研究方向:重大疾病生物信息学与计算系统生物学;生物医学大数据和癌症基因组学大数据分析,基于新一代测序的复杂疾病风险分析,解析重大疾病分子机制的生物信息学方法与分析平台开发。为我国生物信息学学科发展和人才培养作出重要贡献。

广州国家实验室研究员，上海科技大学特聘教授，上海交通大学生命科学与技术学院教授，中国生物信息学学会(筹)副理事长，上海生物信息学会理事长，国家蛋白质机器、生物安全、精准医疗和常见多发病重点专项总体专家组专家。曾任上海交通大学生物信息学和生物统计学系主任，国家"十五"863计划生物和农业技术领域生物信息技术主题专家组组长，国家"十一五"863计划生物医药技术领域专家组专家。1996年10月获德国海德堡大学理论物理研究所理论物理学博士学位。国家蛋白质科学研究《模式生物和细胞等功能系统的系统生物学研究》《代谢生理活动与病理过程中信号转导网络的系统生物学研究》两任专项首席科学家。获上海市自然科学奖一等奖、二等奖，教育部自然科学奖一等奖。

李亦学

同济大学长聘教授，博士研究生导师，同济大学生物信息学系系主任。从事生物信息学专业本科、研究生教学工作10余年。研究方向是针对高通量生物学数据，结合生物信息学方法发展与深度数据分析，研究细胞命运决定过程中表观遗传及转录调控信息异质性和动态性特征。在 *Nature*，*Nature Cell Biology*，*Genome Research*，*Genome Biology* 等期刊发表通讯作者论文30余篇，国家杰出青年科学基金获得者、获得教育部青年长江学者、中组部青年拔尖人才、上海市优秀学术带头人、国家自然科学奖二等奖、教育部自然科学奖一等奖等。

张 勇

华中科技大学生命科学与技术学院教授，博士研究生导师，湖北省生物信息与分子成像重点实验室主任、湖北省"人工智能生物学"创新群体负责人。现任中国生物信息学学会(筹)理事，中国生物物理学会人工智能生物学分会秘书长，中国生物化学与分子生物学会蛋白质组学专业分会副秘书长，湖北省生物信息学会秘书长。受邀担任 *Briefings in Bioinformatics* 等7个国际期刊编委。

从事教学工作至今15年。主要研究方向为蛋白质化学修饰信息学，在化学修饰底物与位点预测、修饰生物效应解析和修饰组学数据挖掘等方面取得重要成果。在 *Nature Biomedical Engineering*，*Immunity* 和 *Nature Communications* 等期刊上发表SCI论文120多篇。2021年接受国际期刊 *Nature* 的采访，聚焦中国在人工智能与医疗健康相结合的前沿多学科交叉研究现状。

薛 宇

前　言

　　本科教育是我国高等教育的基石,是教育水平的重要体现。教材是体现教学内容和教学方法的知识载体,亦是深化教学改革,全面推进素质教育,培养创新人才的重要保证。在国内资深生物学家与医学专家的倡导下,经全国高等医药教材建设研究会、原卫生部教材办公室组织有关专家反复论证,由全国二十余所高校生物信息学领域专家和一线教师编写出版了《生物信息学》第 1 版及第 2 版。教材使用覆盖面广泛,包括长学制临床医学及基础医学、生物医学工程、生物信息学等专业学生,生命科学领域研究学者、教师、临床医生,以及生物信息学从业人员。生物信息学思想和技术是生物医学大数据研究的利器。通过阅读本书,读者不仅可以深入地掌握现代生物信息学方法,还可以概览生物信息学的最新研究成果与未来发展方向,有助于提升研究工作的水平。该教材通过实践应用已得到广大师生的肯定,较好地满足了生物信息学教育教学需求。

　　近年来,生物医学大数据和精准医学领域发展突飞猛进,精准医学研究已成为国家之间新一轮科技竞争和引领国际发展潮流的战略制高点。通过生物信息学分析破译这些生物医学大数据背后隐藏的生命密码,将会使得精准医疗逐步从理想变成现实。作为其核心学科,生物信息学的发展更为迅猛。因此,及时、充分地补充相关基础理论知识及实践操作方法,是当下必行之路。经论证,决定编写《生物信息学》第 3 版。《生物信息学》教材始终坚持“三基”“五性”,新版教材根据有关专家建议以及兄弟院校使用前两版教材后的反馈意见,在形式和内容上坚持“更新”,在重点内容上强化“更深”,在架构安排和篇幅上突出“更精”。《生物信息学》第 3 版致力于从不同的视角、以恰当的深度,系统地讲述生物信息学的基本理论、基本知识和相关领域的研究进展,力求教材具备相对系统、全面的生物信息学知识体系,贴合前沿技术、方法,反映过去五年内本领域的研究进展。

　　《生物信息学》第 3 版在坚持原有的编写规范与风格基础上调整了全书的章节安排。考虑到测序技术日益重要,将原新一代测序技术与复杂疾病章节提前至第五章,专门详细介绍目前常用的新一代测序技术和分析方法。此外,遵循中心法则,将转录调控的信息学分析和表观遗传组数据分析章节调整至蛋白质组与蛋白质结构分析章节之前。在第三篇生物信息学与人类复杂疾病中,将原复杂疾病的分子特征与计算分析章节更改为疾病基因组分析原理与方法章节,更细致地介绍复杂疾病基因组领域的前沿进展。同时,删除原生物信息学相关学科进展章节,为着重突出大数据与临床医学问题的结合,增加了生物信息学与精准医学章节,突出精准医学相关内容,以期提升医学临床大数据思维能力并培养医学学生精准诊疗和科研创新意识。其余各章节内容也做了不同程度的调整和更新,紧跟学科发展,力求集中反映生物信息学研究领域的发展成果。

　　《生物信息学》第 3 版各章节相对独立,均反映了生物信息学各组学方向上最新成果与发展趋势。为适应不同读者群的需要,各章的布局统一。第一节是引言,以简明易懂的语言介绍该章的主要内容;后面各节介绍基本概念和常用生物信息学方法,着重于生物医学实际应用、操作方法和生物医学意义的解释;各章最后附小结和思考题;新版教材还增加了数字资源,包括各章内容的 PPT、测试题及微课视频等资料,以期更好地帮助读者学习本章知识。

　　《生物信息学》第 3 版在修订过程中借鉴了前两版作者的论著和成果,在此致以谢意!本教材编委来自全国 20 所高校相关研究方向的专家,他们长期工作在生物信息学教学和科研的第一线,具有很深的学术造诣和丰富的教学经验。每一章都凝聚了他们独特的学术思想、研究心得和研究成果。大家以认真负责的精神对待教材的编写,使本书能在规定的时间内高质量地完稿,在此对他们的敬业精神和负责态度表示衷心的感谢! 感谢三位副主编的积极配合! 同时,哈尔滨医科大学生物信息科学与技术学院的老师和研究生们也做了大量的协助工作,特别是宁尚伟、白静、王理、李峰等同志,在此一并致谢!

第 3 版教材得到国家高科技 863 项目、973 项目、黑龙江省"头雁"计划项目和省学科建设经费的资助,特此鸣谢!

本教材修订过程中,尽管我们努力跟踪学科的新发展、新技术,并尽力把它们纳入教材中来,以保持本书的先进性和实用性,但由于时间紧迫,直至完稿,仍觉有许多不足之处,希望学术同仁不吝赐教,以便再版时改正。

李　霞

2024 年 4 月

目　录

第一篇　生物信息学基础

第二篇　功能基因组信息学

第三篇　生物信息学与人类复杂疾病

绪　论

INTRODUCTION TO BIOINFORMATICS

第一节　生物信息学的发展历程
Section 1　The development history of bioinformatics

生物信息学（bioinformatics）是近 20 年来迅速发展起来的一门新兴交叉学科,它以解决生物医学问题为核心,以计算机科学和算法技术为主要手段,高效实现数据的整理、存储和分析,从而揭示海量数据中蕴含的重要科学规律,解释生命产生、发育、成长、衰老、疾病的关键谜题。近年来,随着现代分子技术的迅猛发展以及新兴生物医学大数据（biomedical big data）的快速积累,生物信息学得到了前所未有的全面发展,已经成为现代生命科学不可或缺的重要组成部分。

生物信息学的产生可上溯至 20 世纪 50 年代末期,1956 年,美籍学者林华安博士（Hwa A. Lim）在美国田纳西州盖特林堡召开的“生物学中的信息理论研讨会”上,第一次使用了“bioinformatics”这个名词。1987 年,林华安博士正式把这一学科命名为生物信息学（bioinformatics）。1995 年,美国科学家在人类基因组计划的第一个五年总结报告中,对生物信息学给出一个较为完整的定义:生物信息学是一门交叉科学,它包含生物科学领域的信息获取、加工、存储、分析、解释等在内的所有方面,综合运用数学、计算机科学、生命科学技术理论和工具,阐明高通量生物数据所包含的生物学意义。

20 世纪 80 年代末人类基因组计划（Human Genome Project,HGP）的启动,为生物信息学的大发展带来了新机遇。1990 年 10 月启动的人类基因组计划,被称为生命科学“登月计划”,旨在阐明人类基因组约 30 亿个碱基对的序列,破译人类全部 DNA 遗传信息的“天书”。人类基因组计划带动了测序等新兴技术的创新,推动了生命科学和医学的快速发展,将生物信息学研究推进到多维度、大样本的高通量数据研究时代。随着 DNA 序列、蛋白质序列等数据的积累,20 世纪 80—90 年代,NCBI（national center for biotechnology information,美国国立生物技术信息中心）、EBI（european bioinformatics institute,欧洲生物信息学研究所）等官方支持的大型生物医学数据管理机构先后设立,并建立了 DNA、RNA 和蛋白质序列信息数据库,管理和分析不断更新的数据资源需要新的算法、软件和统计工具,吸引了计算机科学和数学领域的科学家不断加入生物信息学领域。

2000 年左右,随着测序技术的日趋成熟和成本不断降低,越来越多的动植物、微生物基因组序列得以测定,基因序列数据呈现爆发式增长,促使基因组研究进入了物种多样性时代,这为基因芯片（microarray）技术的发展创造了条件。基因芯片技术可以在微缩化的实验空间中实现基因组测序、基因表达测定和遗传多态识别等多种功能,可以同时、快速、准确地检测数以千计基因组和转录组信息,逐渐发展成为重要的生命科学研究技术和科技产业。基因芯片技术的成熟和广泛使用,产生了大量的高通量生物数据,促使生物信息学研究方法向转录组和功能基因组学层面延伸,并广泛应用于疾病状态下的基因组（及其产物）的差异性研究和药物开发研究中。

2004 年左右,在传统 Sanger 测序的基础上发展了新一代测序技术（next generation sequencing,NGS）,用于确定 DNA 或 RNA 序列以研究与疾病或其他生物现象相关的遗传变异,这项技术改变了生物医学研究,并导致测序数据输出量急剧增加。2009 年前后,在基因芯片技术理论和分子标记技术发展的基础上,新一代测序技术逐渐成熟,并成为深远影响生命科技研究和产业发展的关键性技术。2010 年以来,新一代测序技术经历了以“边合成边测序”为基本原理的第二代测序技术和以“单分子测序"为典型特征的第三代测序技术,测序类别涵盖基因组、转录组、表观组等多层面数据信息,使原来难以鉴定的大量非编码基因、RNA剪切方式、罕见多态位点、甲基化图谱、蛋白质与核酸互作等功能基因组信息得以展现,使我们原本困惑的基因组结构和功能、罕见变异对疾病和表型的影响等基础性难题的解决成为可能。基于新一代测序技术的生物信息学研究方法不断出现,在提高测序精度的同时,也将测序成本不断降低,促使新一代测序技术成为常规分子检测手段之一。生物信息学研究方法在新一代测序技术的发展中起到了巨大的推动作用,加速了基因组、转录组等研究方法进入到临床诊断、生物制药、动植物育种等现代高新技术产业领域,在疾病诊疗、药物研发、经济动植物开发等各个方面产生巨大的经济和社会价值。

在以核酸研究为核心的新一代测序技术不断发展和推进的同时,高通量蛋白质分析技术也同步发展起来,并应用于分子表型和癌症等重大疾病的研究。2014年,《自然》杂志发布了人类蛋白质组草图(a draft map of the human proteome),在蛋白质质谱鉴定的基础上,对它们的组织特异性、发育特异性和功能特异性特征进行了全面的描述,揭开了大规模蛋白质组学研究的序幕。核酸和蛋白质的高通量研究同时进入到高速增长时期,中心法则中从DNA到RNA到蛋白质的主干路线,及DNA修饰和RNA调控两条分支路线均已实现全面的高通量数据描绘,分子生物医药数据的产生规模从原来的GB(10^9)量级进入到TB(10^{12})量级,从单一的DNA序列信息扩展到涉及中心法则各个层面的系统性、交叉性、立体化的多维度数据资源,这为生物信息学的蓬勃发展提供了前所未有的机遇,生物信息学研究成果不断涌现,生物信息学相关产业和市场逐步形成。

过去的10年里,越来越多的研究证实复杂的生物系统由单个细胞的协同功能共同决定,传统高通量测技术虽然提供了大量的基因组或转录组数据,但却无法揭示细胞异质性。由此单细胞测序技术(scRNA-seq)应运而生。单细胞测序技术能够在单个细胞水平上,对基因组或转录组进行扩增并测序,以检测单核苷酸位点变异、基因拷贝数变异、单细胞基因组结构变异、基因表达水平、基因融合、单细胞转录组的选择性剪切、单细胞表观基因组的DNA甲基化状态等,可实现在单细胞水平上对疾病和生物学过程中的遗传学特征进行研究,是揭示细胞异质性、发现新细胞类型及表征肿瘤微进化的有力工具。单细胞测序技术的进步对生物医学研究产生了革命性的影响,极大地提高了我们对疾病发展和潜在机制的认识。单细胞测序技术与生物信息学的有效结合,为实现疾病的精准诊断、精准治疗带来希望,促进精准医学的进步,推动跨学科的新发现。

近年来,高通量技术快速发展,海量的生物医学数据急剧增加,促使组学概念的产生,基因组学(genomics)、转录组学(transcriptomics)、蛋白质组学(proteomics)和代谢组学(metabolomics)等各类组学数据,极大地丰富了人们的视野,加深了人们对生命科学的理解,并奠定了以高通量、数量化、系统性为显著特征的现代生物信息学技术理论和地位。科学家们通过对多组学数据的整合,分析不同层面的分子生物信息,探索生命机制的新方向,系统地和整体地理解复杂的生物学现象。

随着组学新技术的不断涌现,需要合适的工具和方法来分析世界各地产生海量的生物医学数据,人工智能(artificial intelligence,AI)技术在生物医学的各个领域得到了广泛的应用,在多组学数据整合挖掘以及精准医学的应用等方面展示出了优异的表现。图像识别、深度学习、神经网络等关键技术的突破带动了人工智能新一轮的大发展,"人工智能+医疗"概念应运而生。人工智能在生物信息学中的应用包括生物标志物识别的特征选择、生物医学知识发现的可视化、开发适当的机器学习和数据挖掘技术对生物医学数据进行分类等。将人工智能技术应用于生物信息学研究中,将在未来智能化健康管理、可视化数据价值提升、精准医学等领域发挥重要价值,推动生物信息学研究向智慧、精准、高效发展。

空前繁荣的生物医学大数据的产出,及其蕴含的重大生命奥秘的揭示,将决定现代生命科学和医药产业研发的高度,决定人们对疾病的认识和掌控能力,也将对主导生物医学大数据存储、管理、注释、分析全过程,解密生命密码的关键学科——生物信息学的发展带来前所未有的机遇和挑战。生物信息学对生物数据处理的便利性、对数量化问题分析的科学性、对多因素问题解释的系统性思考,在众多层面与复杂的生物医药问题产生共鸣,并逐渐成为解决这些问题的金钥匙。

第二节　生物信息学的研究方法及应用
Section 2　Methodology and applications of bioinformatics

生物信息学的核心是解决生物医学问题,以计算机为工具对生物医学资源中蕴含的重要信息进行储存、整合、分析,其研究内容包括但不限于:探究生物大分子的序列、结构、功能以及它们之间的联系;识别疾病特异的生物标志物并预测靶向药物;基于人工智能预测生物大分子的相关信息(如预测蛋白质结构);提取影像学数据特征,实现影像学的定量化。了解生物信息学的主要方法和应用领域,可以更好地理解生物信息学的研究本质和技术特征,有利于扩展生物信息学在生物医学领域中的应用。

一、生物信息学研究方法

生物信息学研究方法和高通量分子生物技术的紧密结合,加速了人类基因与生理、病理之间关系的知识图谱,极大促进了新技术、新方法在临床中的快速应用,正对当前生命科学和医学研究带来巨大变革。科学家们开发了一系列的生物信息学研究方法和工具,从基因、蛋白质等大分子水平研究疾病的发病机理,对疾病进行预防、诊断和治疗,推动现代医学向精准医学和个体化治疗方向发展。

1. **序列分析(sequential analysis)研究方法**　包括序列比对(sequence alignment)、序列装配(sequence assembling)、序列特征分析(sequence character analysis)。序列比对研究的基本问题是比较两个或两个以上分子序列的相似程度,包括核酸序列和蛋白质序列,是生物信息学的重大基础性问题。目前技术的限制决定了测序过程需要对基因组进行打碎。序列装配是在测序后进行重新拼接,逐步把它们拼接起来形成序列更长的重叠群,直至得到完整序列。而最重要的工作是从序列中找到基因及其表达调控信息,即为序列特征分析。

2. **分子进化(molecular evolution)研究方法**　分子进化的基本假设是核苷酸和氨基酸序列含有生物进化历史的全部信息,从生物大分子的角度考虑物种之间的垂直进化关系(建立系统发生树)或同一物种内不同亚种之间的迁移、进化关系。揭示了生命起源是有机分子由简单向复杂的演变,具体来说就是从生物的分子特征(核酸和蛋白质)出发,了解物种之间的生物系统发生的关系。

3. **基因识别(gene identification)研究方法**　基因识别的基本问题是在给定的基因组序列基础上,正确识别蛋白质组编码基因在基因组序列中的序列和精确定位。主要通过识别特殊的序列(如启动子,起始密码子等)确定基因所在位置;或预测基因的编码区域。广义的基因识别还包括基因组的各种功能元件和非编码基因的识别。

4. **转录调控(transcriptional regulation)和表观遗传修饰(Epigenetic Modifying)研究方法**　转录调控是指通过控制基因的转录速率从而改变基因的表达水平,包括转录水平调控和转录后调控,表观遗传学主要研究DNA序列不发生改变的情况下,基因表达的可遗传性变化。转录激活的染色体在结构上会发生许多的表观遗传修饰,如DNA甲基化,组蛋白修饰等。深入了解这些变化对理解疾病的机制,特别是复杂疾病有重要意义。

5. **结构预测(structure prediction)研究方法**　结构预测主要针对蛋白质序列和RNA序列进行分析,包括2级和高级结构的预测过程,是生物信息学中的本源性问题之一,也是结构决定功能的经典假设的主要支撑技术。近年来,随着人工智能的发展,开发了许多基于基因序列预测蛋白质结构的深度学习算法如AlphaFold2、RoseTTAFold等,数百种新的蛋白质结构被预测,其中包括许多人类基因组中认知甚少的蛋白质,包括与异常脂质代谢、炎症和癌细胞生长相关的蛋白质。

6. **生物分子网络(biomolecular network)研究方法**　分子互作是细胞行使功能过程中最主要的作用形式,既包括最早认识到的蛋白质和核酸之间的互作网络,也包括基因转录调控、代谢、信号转导、药物与靶基因互作网络等。生物分子网络是定性与定量相结合的分析过程，阐明分子互作不仅有利于了解整个细胞活动过程，也将对各种分子的功能和作用方式产生深刻的理解，并能够为更高层次的细胞协作、疾病机制、药物开发研究提供依据。

7. 基因功能（gene function）研究方法　基因功能鉴定是研究物种进化、复杂疾病机制和药物敏感性的关键技术。基因不是相互独立的个体，而是一个协同或拮抗互作的集合，因此基因集富集分析的本质是规范基因之间的关系，并且在多细胞组成的生物体中注释基因集参与的生物学或细胞学功能。

8. RNA 表达分析研究方法　这里所指的 RNA 表达分析主要包括编码 RNA 和非编码 RNA 的表达分析。无论是作为编码蛋白质的前体 mRNA 的定量及其在生理或病理过程的变化鉴别，还是非编码 RNA 的定量及其表型相关性分析对于细胞功能研究而言都具有重要的意义。特别是单细胞测序技术的发展，可以更精准无偏倚地来对细胞进行分群，使得逐个细胞比较序列正在变为现实，对研究复杂的异质性疾病的分子特征具有重要意义。

9. 药物基因组学（pharmacogenomics）研究方法　药物基因组学结合了基因功能学与分子药理学，在药物靶点识别和生物标志物识别方面应用广泛，根据不同药物效应对基因分类，大大加速了药物的开发进程；基于基因组学的"药物重定位"方法具有研发成本低，开发时间短的特点，正在成为药物研发的重要策略。

二、生物信息学在生命科学中的应用

随着高通量检测技术的日益成熟，新一代测序技术、生物芯片技术、质谱技术及相应的生物信息学分析方法和工具已经逐渐成为临床应用的常规工具，疾病风险标志物和药物敏感标志物已经应用于临床检测，这将极大提高病理生理研究水平、疾病的诊疗准确性和药物应用的针对性，生物信息学将在未来生命科学研究和医学应用中发挥越来越重要的作用。

以癌症研究为例，目前普遍认为癌症是由基因突变积累引起的，肿瘤释放的 DNA 或 RNA 可以作为癌症的高度特异性的生物标志物（biomarker）。尽管这一原理早在几十年前就已经提出，但随着高通量组学（high-throughput omics）技术涌现以及生物信息研究方法的快速发展，肿瘤 DNA 作为一种生物标志物的应用已经逐渐出现在临床应用中，出现了大量潜在的生物标志以及这些标志的模式（pattern），已有证据显示其中的一些生物或分子标志物可以用于定义癌症亚型，并指导治疗。例如，靶向 HER2 阳性胃癌的曲妥珠单抗-deruxtecan（DS-8201，T-DXd）由人源化抗 HER2 抗体、酶切肽连接体和新型 DNA 拓扑异构酶 I 抑制剂 deruxtecan 组成。可裂解的连接子在血液循环中结构稳定，药物脱落率低，从而降低毒副反应，且 DS-8201 具有高效的"旁观者效应"。DS-8201 目前在乳腺癌、胃癌、结直肠癌中进行了若干研究，显示出良好的抗肿瘤活性。这些生物标志已经应用于临床诊断、疾病风险评估与预防模式、指导个体化治疗、开发新的药物靶点。

致癌基因、肿瘤抑制基因以及错配修复基因的突变可以作为诊断和预后标志，例如结直肠癌中的微卫星不稳定性（microsatellite instability，MSI），是 DNA 错配修复（mismatch repair，MMR）蛋白功能缺陷导致的结果。MMR 蛋白功能缺陷同时也会导致基因组呈现高突变表型，进而导致肿瘤发生的风险增加，2020 年 6 月 29 日，美国国家食品药品监督管理局（FDA）批准 Pembrolizumab（中文名为帕博利珠单抗，简称 K 药）用于微卫星高度不稳定性（MSI-H）或错配修复缺陷（dMMR）的不可切除或转移性结直肠癌（mCRC）患者的一线治疗。这是 FDA 首个批准单药用于一线治疗 MSI-H/dMMR 结直肠癌的 PD-1 抑制剂。近年来，已经发现了多个靶向治疗的重要靶点（如胃肠癌中的 MSI，BRAF，KRAS，NRAS，RAS，HER2，NTRK VEGF）及其靶向药物（如贝伐珠单抗、阿帕西普，VEGFR：雷莫芦单抗、瑞戈菲尼，EGFR：西妥昔单抗，帕尼单抗，PD-1/PDL-1：帕姆单抗、纳武单抗，CTLA-4：易普利单抗，BRAF：维莫非尼+康奈非尼）。

目前，基于高通量生物医学大数据的生物信息学研究方法，已经识别出了大量潜在的药物靶点、诊断标志物和药效标志物。同时,人工智能的快速发展使生物信息学研究和应用进入到新的领域,例如,利用深度学习方法提取网络特征,可以揭示多组学数据之间的联系,解析分子之间的调控机制,探索人类疾病的机理;利用神经网络对化合物的结构化序列进行研究,可以辅助小分子药物筛选;利用深度卷积神经网络(convolutional neural networks,CNNs)能够从医学图像大数据中自动提取特征,实现图像分类、定位、分割等功能。这些生物信息学研究方法的出现和不断发展,将继续推动生物信息学在生命科学、医学和新兴领域中的应用。

第三节　大数据与大健康时代的生物信息学
Section 3　Bioinformatics in the era of big data and big health

生物信息学的兴起与发展与大规模分子检测技术和生物医学数据的产生密切相关,从人类基因组计划产生的人类 DNA 序列图谱,到新兴高通量分子生物技术产生的大量组学数据,生物信息学研究从组学数据时代逐渐进入多维度大数据时代。大数据时代下生物信息学与生命科学和医学之间的紧密连接,对生物医学基础研究和临床应用均产生了深远影响。随着国家《中共中央关于制定国民经济和社会发展第十四个五年规划和二〇三五年远景目标的建议》的发布,生命科学创新和大健康发展迎来了前所未有的发展机遇,生物信息学的持续发展将为生物医药科技创新和大健康产业提供有力的科技支撑和保障。

一、多组学大数据的产生与生物信息学

人类基因组计划的开展是生命科学研究历史上的一个重要里程碑,它使科学家第一次获得大量的基因组数据,这极大地推动了生物信息学的发展。人类基因组计划(human genome project,HGP)是与曼哈顿原子弹计划、阿波罗登月计划并称为 20 世纪三大科学计划的国际合作项目。人类基因组计划的目的是解码生命的遗传规律、了解生命起源、探索生命体生长发育特征,认识种属之间和个体之间存在差异的起因、认识疾病产生的机制以及长寿与衰老等生命现象,为疾病的诊治提供科学依据。2001 年《自然》和《科学》杂志同时发布了人类基因组草图,2003 年全部 22 条染色体、一对性染色体及人体线粒体基因组注释完成,标志着人类基因组计划的成功。人类基因组计划的完成开创了生命科学研究的新纪元,产生的数据量及其复杂性远远超出科学家们的最初设想,预示着更为复杂、艰巨的后基因组时代的到来。

随着科学研究的发展,人们发现单纯研究某一方向无法解释全部生物医学问题,后基因组时代的核心问题就是从整体的角度来研究基因组多样性,遗传疾病的发病机制,基因表达调控的协调作用,以及蛋白质产物的功能。组学(X-omics)是指同一种类生物分子信息的系统集合,是针对不同层面的生物大分子数据的产生演化而来的描述高通量分子生物数据资源的词汇。作为新兴的交叉学科,生物信息学的一个重点研究对象就是组学数据,即同时研究成千上万个基因、蛋白质等大分子集合的生物特性和潜在的关联性,从多个层面阐述生物信息学与各组学之间,及组学与组学之间的相互联系。

(一)基因组学

基因组学(genomics)的概念最早于 20 世纪 80 年代由美国遗传学家 Thomas H. Roderick 提出。具体来说,是研究生物体基因组的组成情况,以及各基因的结构,彼此间关系及表达调控的一门交叉生物学学科。与过去基因研究相比,其重要特点是具有鲜明的“整体性”,即从基因组的层次阐述基因特点。基因组学主要研究基因组的位置、结构、进化、基因产物的功能以及基因间的相互关系等。其主要工具和方法包括生物信息学基础上的遗传分析、基因表达测定和基因功能鉴定等。基因组学研究主要包括两方面的内容:以全基因组测序为目标的结构基因组学(structural genomics)和以基因功能鉴定为目标的功能基因组学(functional genomics),是系统生物学的重要研究方法。

结构基因组学（structural genomics）是一门用结构生物学方法在生物体整体水平上（如全生物体、全细胞或整个基因组）对全部蛋白质（主要包括受体蛋白，酶，通道以及与基因调控密切相关的核酸结合蛋白等）、相关蛋白质复合物（如酶和底物，酶与抑制剂，作用原与受体，DNA 与其结合蛋白等）、RNA 及其他生物大分子进行分析，精细测定其三维结构的学科。结构基因组学通过高通量实验和建模相结合的方法鉴定由给定基因组编码的每个蛋白质的三维结构。以全基因组测序为目标，确定基因组的组织结构、基因组成及基因定位。建立具有高分辨率的生物体基因组的遗传图谱、物理图谱、序列图谱以及转录图谱，最终获得一幅完整的、能够在细胞中定位以及在各种生物学代谢、生理、信号转导途径中显示全部蛋白质三维结构的全息图。

功能基因组学（functional genomics）又被称为后基因组学（postgenomics），主要利用结构基因组学提供的信息，发展和应用新的实验以及计算方法，通过在基因组或系统水平上全面分析基因功能和相互作用，使得生物学研究从对单一基因/蛋白质的研究转向同时对多个基因/蛋白质进行系统的研究。功能基因组学将基因组序列与基因功能（包括基因网络）以及表型有机联系起来，最终揭示生物系统不同水平的功能。研究内容主要包括基因组表达及调控的研究、基因信息的识别、基因功能信息的鉴定、基因多样性分析以及比较基因组学（comparative genomics）。比较基因组学是在基因组图谱和测序基础上对于已知的基因和基因组（如模式生物等）结构进行比较，以了解未知功能的基因组内在结构、功能、表达机理并可阐明物种进化关系的学科。总而言之，功能基因组学不但有助于深入了解生命体的遗传机制，也有助于阐明人类复杂疾病的致病机制，揭示生命的本质规律。

（二）转录组学

转录组学（transcriptomics）是后基因组学时代的一门新兴研究内容，是一门在整体水平上研究细胞中基因转录及转录调控规律的学科。所谓转录组，就是细胞转录后的所有 mRNA 的总称，这些能被翻译成蛋白质的编码部分以及非编码部分的功能及相互关系的研究就是转录组的任务。与基因组不同的是，转录组的定义中包含了时间和空间的限定。同一细胞在不同的生长时期及环境下，其基因表达情况是不完全相同的。转录组谱可以提供不同条件下基因表达的信息，并据此推断相应基因的功能，揭示特定基因转录调控的作用机制。此外，基因中包含非常重要的调控元件，掌握他们之间的关系，可以从根本上提高对生命规律的基本认识。通过基于基因转录组谱的分子标签，不仅可以辨别细胞的表型归属，还可以用于疾病的诊断。利用基因调控是否能治愈现阶段的重大疾病是人们非常关注的问题。对于非编码区域的调控功能的深入研究，可以为进一步了解这些重大疾病的发生原因以及解决方法带来新的认识。用于转录组数据获得和分析的方法主要有基于杂交技术的芯片技术和新一代转录组测序技术（RNA-sequencing）。

（三）表观组学

表观组学（epigenomics）是一门在基因组/转录组的水平上研究表观遗传修饰的学科。表观遗传修饰作用于细胞内的 DNA 和组蛋白，用来调节基因组功能，主要表现为 DNA 甲基化和组蛋白的翻译后修饰以及染色质水平上的改变，这些分子标志影响了染色体的架构、完整性和装配，同时也影响了基因组上的调控元件，以及染色质与核复合物的相互作用力。表观遗传修饰的类型包括：DNA 甲基化、DNA 羟基化、DNA 结合蛋白和组蛋白修饰、染色质可及性等。表观基因组学涵盖了与 DNA 相关的多个水平的分子信号，从 DNA 的修饰、到核小体的修饰、染色质的折叠以及调控区域的可及性和转录因子的结合情况等。表观组学通过整合遗传信息来揭示疾病、环境，以及组织随着时间对基因调控的影响，这些表观遗传修饰具有作为疾病诊断生物标记的潜在价值。

（四）蛋白质组学

蛋白质组学（proteomics）是后基因组计划中一个很重要的研究内容，是以由一个基因组，或一个细胞、组织表达的所有蛋白质为研究对象，研究一个生命体在其整个生命周期中发挥作用的全部蛋白质，或者参与特定时间和空间（如特定类型的细胞在某一时期经历特定类型刺激时）范围相关功能的全体蛋白质的情况及其变化规律的科学，包括表达水平、翻译后的修饰、蛋白与蛋白相互作用等特征，从而在蛋白质水平上获得对于有关生物体生理、病理等过程的全面认识。

与基因组学相比,蛋白质组学研究的内容更为复杂,即一个生命体在其机体的不同组织成分,以及生命周期的不同阶段,其蛋白表达可能存在巨大差异。因此蛋白质组学能够反映出某基因的表达时间、表达量、蛋白质翻译后加工修饰和亚细胞分布等,并能够直接决定未来的表型形成。蛋白质组学与传统的蛋白质研究的不同之处在于其研究是基于生物体或细胞的整体蛋白质水平进行的。从整体上看,蛋白质组研究包括两个方面:对蛋白质表达模式(即蛋白质组组成)的研究和对蛋白质组功能模式的研究。蛋白质组学的关键技术主要包括双向凝胶电泳、等电聚焦、生物质谱分析及非凝胶技术。近几年来蛋白质组学已被应用到各个生命科学领域,将成为寻找疾病药物靶标最有效的方法之一。

(五) 代谢组学

代谢组学(metabonomics/metabolomics)是 20 世纪 90 年代末期发展起来的一门新兴学科,是研究生物体被扰动后(如基因的改变或环境变化后)其代谢产物(内源性代谢物质)种类、数量及其变化规律的科学。基因组学和蛋白质组学分别从基因和蛋白质层面探寻生命的规律,但实际上细胞内许多生命活动是发生在代谢物层面的。代谢组学着重研究的是生物整体、器官或组织的内源性代谢物质的代谢途径及随时间变化的规律。通过揭示内在和外在因素影响下代谢整体的变化轨迹来反映某种病理生理过程中所发生的一系列生物事件,包括受代谢物调控的细胞信号释放、能量传递、细胞间通信等。代谢组学的分析方法通常有两种:一种方法称作代谢物指纹分析(metabolomic fingerprinting),另一种方法是代谢轮廓分析(metabolomic profiling)。作为系统生物学的重要组成部分,在临床医学领域具有广泛的应用前景。

(六) 微生物组学

"人类微生物组学计划"是继"人类基因组计划"之后开始的又一国际重大基因组测序计划,其目标是把人体内共生微生物群的基因组序列信息测定出来,重点研究与人体发育和健康有关的基因功能。微生物组学(microbiomics)就是对某一特定环境(比如说人类体内)中全部微生物的总和进行系统性研究并分析微生物群与外界环境之间的相互作用的学科,包括 DNA 序列等遗传信息。其特点是结合宏基因组学、代谢组学、宏转录组学,以及宏蛋白组学等精准解码微生物的表达谱和功能谱,挖掘关键的生物标志物,进而阐明微生物与环境之间复杂的相互作用机制和因果链。

(七) 影像组学

影像组学(radiomics)作为一种新兴的计算机和医学的交叉研究方向,是从医学放射影像(超声、X 线、CT、MRI 或 PET 等)中高通量地提取大量的特征信息作为研究对象,采用多样化的统计分析和数据挖掘方法解析患者基因分型、治疗疗效和临床结果等不同临床表型,最终用于疾病的辅助诊断、分类或分级,实现精准医学。概括来说,就是将视觉影像信息转化为深层次的特征来进行量化研究。影像组学的分析流程通常包括:①影像数据的获取;②肿瘤区域的标定;③肿瘤区域的分割;④特征的提取和量化;⑤影像数据库的建立;⑥分类和预测。研究内容涵盖肿瘤检测与诊断、病理分型和分级、肿瘤异质性的评估,肿瘤疗效预测与评价等各个领域,并均展现出了较高的临床价值。影像组学还可以与临床特征相结合,发展为融合影像、基因、临床等信息的辅助诊断、分析和预测的工具。

随着多种组学新技术的不断涌现,加快了组学研究向定量化,高通量的方向发展,通过对多组学数据的整合分析,已成为科学家探索生命机制的新方向。多组学(muti-omics)是探究生物系统中多种分子之间相互作用的方法,包括基因组学、转录组学、蛋白质组学、代谢组学、微生物组学和影像组学等,这些物质共同影响生命系统的表型和性状。多组学整合是指对来自不同组学的数据进行归一化处理、比较分析,建立不同组学数据的关系,综合多组学数据对生物过程从基因、转录、蛋白和代谢水平进行深入的解析,深层次理解各个分子之间的调控及因果关系,从而更好地对生物系统进行全面了解。系统生物学研究时代,生物学现象复杂多变,基因表达调控复杂多样,单纯用单一组学研究结论往往有局限性,多组学整合从整体的角度去研究细胞结构、基因、蛋白及其分子间的相互作用,通过整体分析反映人体组织器官功能和代谢的状态,促进我们对生物过程和分子机制的深刻理解,为探索人类疾病的发病机制提供新的思路。

二、大数据和精准医学时代的生物信息学

目前威胁人类健康的重大疾病中多为复杂性疾病,如恶性肿瘤、心脑血管病、内分泌与代谢性疾病、精神与神经性疾病等,阐明疾病发生机理和分子发病机制对疾病的诊断、预防及后续的医疗干预都有着重要的意义。当前,基因组和其他分子研究技术的快速发展与信息技术的发展相结合,尤其是组学技术的进步和生物信息学研究方法和工具的出现,使人们在分子水平上对复杂疾病机制的理解发生了重大变化,并为疾病治疗药物的开发提供了依据。随着以深度测序为代表的高通量生物技术在生命科学领域的广泛应用,各种生物学大数据包括基因组学、转录组学、表观遗传组学、蛋白质组学、代谢组学、微生物组学、药物及其代谢产物数据和生物医学影像数据等大量涌现,这些数据有助于揭示生命过程的重要特征和普遍规律。生命科学研究已经进入到生物医学大数据时代,但是实现从组学大数据到临床与健康管理的数据分析和利用,使大数据迅速转化为新知识,仍然是生物信息学面临的重要挑战。

在大数据时代的背景下,临床研究逐渐发展到对疾病进行精确地分类、预防、诊断和治疗的精准医学研究的阶段。精准医学研究以分子生物学为本质出发点,通过大数据挖掘分析技术提取有效的价值,指导和制定出适合每位患者个性化、更具针对性的预防和治疗措施,以期达到治疗效益最大化和医疗资源配置最优化。精准医疗的实现取决于从大量的、精准注释的患者队列中获取高质量的遗传和分子数据,通过结合使用基于人群的分子谱、临床数据、流行病学信息和其他类型的数据来制定针对个体患者的临床决策。这种方法的潜在优势包括更准确地诊断和治疗、更安全的药物处方、更好的疾病预防,从而降低医疗成本。基于大数据的精准医学极大地扩展了生物医学研究的范围。生物信息学是精准医学发展的基础,生物信息学在多组学数据整合分析和可视化以获得对其疾病的机制理解方面发挥着重要作用。生物信息学将患者表型数据、分子靶点以及靶向治疗的数据等进行系统分析,有助于推动精准医学开创性研究从而促进个性化治疗的发展。

在未来研究中,生物信息学将进一步与新一代组学技术、单分子定位成像技术、新一代基因编辑技术以及单细胞测序技术等紧密结合,揭示生物系统中错综复杂的生物调控机理,推动精准医学快速发展和进步,在生物医学大数据和精准医学的多个相关领域开展创新性研究工作。

(一) 基于新一代测序技术的重大疾病生物信息学理论与方法

发展新一代测序技术分析和应用的生物信息学方法,进行重大疾病的基因组不稳定性、表观遗传学异常及基因差异表达分析,注释与疾病相关的变异及其对疾病差异表达基因的功能影响,识别与疾病相关的基因靶点和通路,阐明疾病机制。开发不同组学如基因组学、转录组学、蛋白质组学等的整合研究策略,全面揭示重大疾病的发生发展过程。

(二) 复杂疾病的风险标志物及其生物特征识别研究

利用新一代组学技术如单细胞测序技术和大数据云计算等技术,获得个体化的全基因组、转录组,以及各种调控分子的定性和定量信息,综合利用遗传序列中的多态和变异信息、功能性基因组学中的表达信息,开发基于模式识别和数据挖掘等技术的生物信息学方法,对复杂疾病进行精确分子分型,鉴定复杂疾病的驱动基因、新型预后标志物和治疗靶点等,从多组学分子协同调控角度阐释关键基因表达或基因组功能异常的分子机制,从分子水平上实现疾病诊断以及患病风险预测等制定个性化,精准预防、精准诊断和精准治疗方案。

(三) 复杂疾病发生发展中非编码 RNA 的动态调控研究

非编码 RNA(如 microRNA、siRNA、piRNA、lncRNA、circRNA 等)在转录后基因调控影响全局基因表达的变化,利用生物信息学方法识别在重大疾病状态中非编码 RNA 的表达模式和动态调控机制,确定非编码 RNA 与各种生物大分子(DNA、RNA 及蛋白质等)的相互作用,刻画非编码 RNA 相关表观遗传修饰,研究非编码 RNA 的空间结构及生物功能,为揭示重大疾病发病机制提供新的切入

点,为重大疾病的分子诊断、标志物识别、治疗靶点识别和精准治疗提供理论基础。

(四) 重大疾病的早期筛查、干预技术及治疗策略研究

针对我国常见高发重大疾病(如恶性肿瘤、心脑血管疾病、代谢性疾病等)获取生物组学和影像组学数据,利用生物信息学方法筛选重大疾病筛查的无创和有创检测的临床标志物,建立相应重大疾病综合早筛早诊技术。对于重大疾病的干预策略,通过影像组学、多组学等先进手段,深入研究重大疾病的新辅助免疫治疗的疗效和不良反应的分子机制,筛选适用于临床的疗效和副反应预测标志物,并筛选和扩大新辅助免疫治疗的潜在获益人群。

(五) 分子流行病学研究与感染免疫动态机制分析及干预策略

利用生物信息学方法筛选及研究流行病易感性、病因、疾病诊断和预后标志物、发现和鉴定阐明流行病发生、发展规律及其影响因素。分析病毒序列数据和不同分离菌株的相关性,揭示传染源、传播途径的分子信息和分子证据,解析病毒和宿主免疫互作的动态调控网络及其关键节点。开发针对病毒免疫损伤关键节点的靶向治疗手段,研发特异性免疫防治药物和长效安全的预防疫苗。

(六) 重大疾病的药物信息学和计算机辅助药物分子设计

利用生物信息学方法从药物相关的生物医学大数据中挖掘新的药物靶标和分子标志物,识别与生物大分子(如基因、蛋白、RNA)相互作用的小分子化合物,预测蛋白质结构,遴选合适靶点,推导靶点活性位点结构,建立药效团模型或定量构效关系,预测新化合物活性或改良原有化合物结构,加速新药成功开发的概率,更好地满足临床的需求。

三、面向大健康时代的生物信息学

2016 年 10 月,中共中央、国务院印发《健康中国 "2030" 规划纲要》,提出 "普及健康生活、优化健康服务、完善健康保障、建设健康环境、发展健康产业、健全支撑与保障、强化组织实施" 的战略任务。党的十九大报告更是将 "实施健康中国战略" 作为国家发展的基本方略,全面推进健康中国建设的宏伟蓝图。大健康产业作为传统医药与新一代信息技术、生物等融合的产业,在 "健康中国" 国家战略背景下已进入高速发展时期。其中,大数据、云计算、人工智能等新技术为健康产业开辟了新路径,生物信息在大数据存储与开发、病理机制研究、生物标志物识别、药物研发等领域存在巨大的潜在价值,可以为大数据支撑下的大健康产业发展提供重要支持。

发展大健康产业需要从传统医疗产业发展模式向大健康模式转变,即从单一救治模式转向 "防—治—养" 一体化防治模式。《黄帝内经》中记载有 "上医治未病,中医治欲病,下医治已病",其强调了在疾病发生前期早干预、早预防的重要意义。目前,生物信息学方法识别疾病生物标志物已在基础研究和临床医学中得到广泛认可,这些生物标志物具备预测个体患有特定疾病的可能性,存在疾病进展或复发的风险性,以及对特定治疗的敏感性等特点,使其成为疾病检测的重要工具。特别是基于生物标志物的疾病早筛早诊已然成为 "大医治未病" 的重要内容。生物信息学在遗传性疾病诊断、癌症早期诊断和疾病预防检测方面的应用,可以为建立预防为主的大健康体系提供坚实的基础。

健康中国需要加强健康医疗大数据应用体系建设,生物信息学的多种研究方法可应用于医疗大数据的管理和分析中。例如,基于对医疗大数据的生物信息学分析可有助于了解人民群众的健康状况,有助于掌握疾病区域结构的分布,更有助于统筹因地制宜的预防和医疗干预措施;生物信息学可辅助降低药物研发成本和周期以及提高临床试验安全性,推动治疗重大疾病临床用药的研制;基于基因组学、转录组学、蛋白质组学、代谢组等多组学大分子数据的处理和分析可以深入且高效地挖掘蕴藏在生物学大数据背后的调控机理和遗传特质,为疾病诊断和治疗提供指导性意见。生物信息学还可以高效地采集、存储医疗数据,快速地形成规范的数据积累,可以将积累的数据转化为可应用的信息,极大地促进了健康医疗业务与大数据技术深度融合,并使得相关决策更有针对性和科学性。此外,生物信息学可构建基于个体的健康信息系统,实现个性化健康管理以推进实现信息时代的全民健康,为信息科学与健康医疗的联合提供了强大的信息支撑,为医疗大数据的临床研究提供具有前瞻性

的规划。

　　综上，生物信息学与生物医学大数据的有效结合，将对疾病治疗和药物研发起到推动作用。生物信息学可以增强生命健康产业的科技支撑能力，是我国大健康产业的重要保障和发展的助推器。生物信息学的发展可进一步提升生命科学和医学的科研及应用效能，推动精准医疗的发展和进步。

（李　霞　李亦学）

第一篇
生物信息学基础

第一章 生物序列资源

CHAPTER 1　BIOLOGICAL SEQUENCE RESOURCES

- NCBI 是集合生物医药、生物分子、生物医学文献数据库和生物信息学工具的综合网站。
- UCSC 和 Ensembl 是重要的基因组浏览器资源。
- 千人基因组、ENCODE 以及 TCGA 是重要的生物医学数据库。

第一节　引　言
Section 1　Introduction

近年来,随着生命科学的飞跃式发展,各种高通量技术不断出现并应用于现代生物医学研究。以人类基因组计划为代表的一系列大规模国际合作计划的启动和完成,直接带动了分子生物学检测技术,特别是大分子序列测序技术的快速发展,同时也产生了横跨人类、动物、植物、微生物等众多物种的海量基因组序列数据。为适应高通量分子生物学数据存储、维护的需要,大量研发团队长期致力于生物医学大数据的整理和分析工作,形成了数以千计的生物信息学数据库和网络分析平台。国际上建立起的各类生物信息学数据库,几乎覆盖了生命医学的各个领域。目前,生物信息学数据库大致可分为 5 类:基因组数据库、核酸序列数据库、蛋白质序列数据库、生物大分子(主要是蛋白质)三维空间结构数据库,及根据生命科学不同研究领域的实际需要,对基因组图谱、核酸和蛋白质序列、蛋白质结构以及文献等数据进行分析、整理、归纳、注释而构建的具有特殊生物学意义和专门用途的二次数据库。这些数据库既有存放于国际著名生物信息学研究中心,数据量大、内容规范、格式统一、覆盖范围广泛的综合性数据资源;也有各个地方研究室维护开发的具有一定实用性和数据特色的小规模数据资源,为全世界的生物医学科研工作者提供了便利的数据库资源服务。

目前,全世界生物信息学研究者开发了近 2 000 个分子生物学数据库,从数据库功能和收录数据类型层面进行细化,主要包括:DNA 序列(DNA Sequence)、RNA 序列(RNA Sequence)、微阵列数据和基因表达(Microarray Data and Gene Expression)、蛋白质序列(Protein Sequence)、分子结构(Structure)、蛋白质组学与蛋白质互作(Proteomics and Interaction)、代谢与信号通路(Metabolic and Signaling Pathways)、人类基因与疾病(Human Genes and Diseases)、生理与病理(Physiology and Pathology)、药物与药物靶标(Drug and Drug Targets)、细胞器与细胞生物学(Organelle and Cell biology)、人类及其他脊椎动物基因组(Human and other Vertebrate Genomes)、非脊椎动物基因组(Non-Vertebrate Genomes)、植物基因组(Plant Genomes),及其他分子生物学数据库等。

生物信息学领域的数据库和网络平台工具种类繁多,功能各异,面向生命科学和医学研究的各个领域,但在功能基因组发展还处于起步阶段的今天,核心的信息资源依然是各种类型的生物大分子序列及其衍生的周边测序信息。随着新一代测序技术的不断发展和推进,核酸序列数据通量以指数级增长,同时蛋白质组草图的发布也将引领蛋白质序列资源的快速发展,生物序列信息必然迅速充实到生物医学研究和产业转化的各个方面,生物信息学技术将得到更加迅猛的发展,并起到重大支撑作用。理清和认识世界各重要数据平台维护的 DNA、RNA、蛋白质序列数据资源和分析工具,掌握数据存储、整理、分析的一般规律,将为生命医学研究提供丰富的知识借鉴,为基因组、转录组、蛋白质组等功能基因组学、生物医药研究和科技转化提供重大的资源和技术支持。

第二节 NCBI 数据库与数据资源
Section 2 NCBI Data Sources

一、NCBI 数据库资源概述

1988 年 11 月美国国立卫生研究院（National Institutes of Health, NIH）、国家医学图书馆（National Library of Medicine, NLM）发起成立旨在推进分子生物学、生物化学、遗传学知识存储和文献整理的国家生物技术信息中心（National Center for Biotechnology Information, NCBI）。伴随人类基因组计划的启动和快速进展，NCBI 由最初的知识和文献处理职能逐渐演变为集大规模生物医药数据存储、分类与管理，生物分子序列、结构与功能分析，分子生物软件开发、发布与维护，生物医学文献收集与整理，全球范围数据提交与专家注释于一体的世界最大规模的生物医学信息和技术资源数据库。NCBI 拥有一支由生物信息学家、计算机科学家、分子生物学家、数学家、生物化学家，实验物理学家、结构生物学家和专科医生等多学科高水平专家组成的研究团队。作为国家分子生物学综合信息资源，NCBI 负责在国际范围内广泛收集生物技术信息；创建和维护用于存储和处理分子生物学、生物化学和遗传学知识的自动化系统；促进此类数据库和软件平台的推广使用；基于计算机信息处理过程研究和开发先进的分析算法，解析重要的生物分子结构和功能；以帮助深入理解调控健康和疾病状态的基本分子和基因过程。

NCBI 为医学和生命科学研发提供多种数据信息支持，包括生物医学文献公共检索与分析平台（PubMed）、人类孟德尔遗传在线数据库（Online Mendelian Inheritance in Man, OMIM）、3D 蛋白结构分子建模数据库（Molecular Modeling Database, MMDB）、人类基因组的基因图谱、全物种基因组图谱、分类学浏览器等。NCBI 采用著名的 Entrez 搜索和信息检索系统，为用户提供对序列、定位、分类和结构数据的集成访问，提供序列和染色体相关视图。PubMed 搜索界面可访问 MEDLINE 期刊引文及参与出版商网站全文文章链接。NCBI 开发的 BLAST 序列相似性搜索程序，可对整个核酸以及蛋白数据库执行序列搜索（详见第二章第三节）。NCBI 提供的其他软件工具包括：可读框查找器（ORF Finder）、序列提交工具 Sequin 和 BankIt。NCBI 的所有数据库和软件工具都可以通过 HTTP 或 FTP 获得（图 1-1）。此外，用户也可通过 NCBI 的电子邮件服务器访问数据库进行文本搜索或序列相似性搜索。

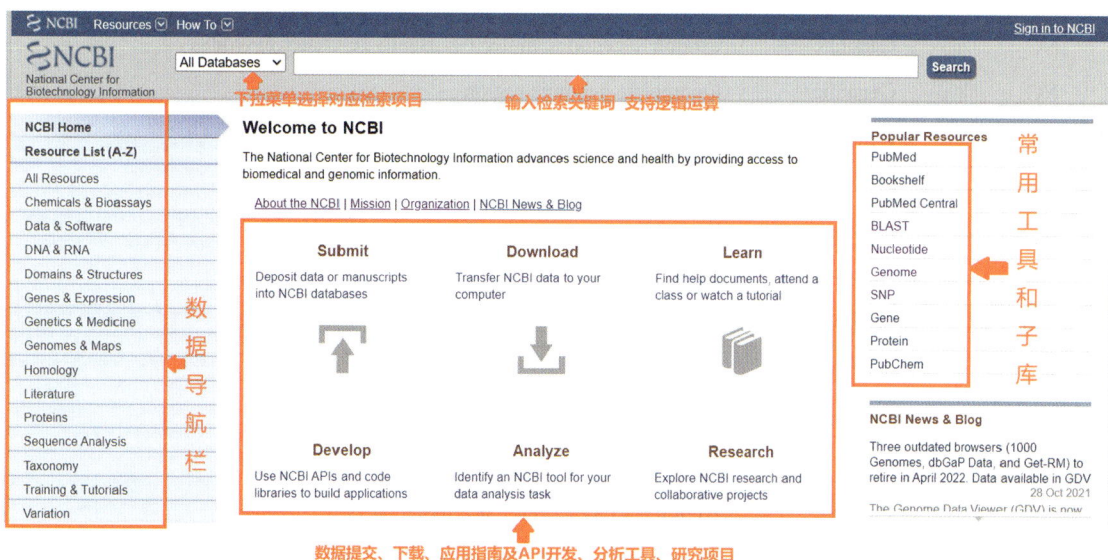

图 1-1 NCBI 主页各功能区域的分布

二、NCBI 中的重要基础数据库介绍

NCBI 收录的生物数据依据不同的类别、层次、存储质量和应用特征等划分为众多相对独立而又交叉引用的子库,采用 Entrez 检索和搜索系统,整合了科学文献(PubMed)、序列数据、基因组、结构数据、表达数据、种群研究数据集和分类学信息等各个子库,形成一个紧密连接的系统和高效集约的查询平台。

NCBI 中比较重要的数据子库包括:

1. GenBank 与 RefSeq   1992 年,NCBI 建立 GenBank 核酸序列数据库,将美国专利商标局存储的专利序列并入 GenBank 管理。GenBank 是 NIH 遗传序列数据库,集成了所有公开可获得的已注释 DNA 序列,与日本 DNA 数据库(DNA Data Bank of Japan,DDBJ)、欧洲分子生物学实验室(European Molecular Biology Laboratory,EMBL)共同构建国际核苷酸序列合作组织(International Nucleotide Sequence Database Collaboration,INSDC)数据,实现数据资源的交换和共享。GenBank 收录的核酸序列数据根据其不同的研究属性,分属于 Nucleotide、GSS(Genome Survey Sequence)和 EST(Expressed Sequence Tag)三个子库(可从 NCBI 主页下拉菜单中登录和查询),绝大部分数据可以通过 Nucleotide 访问获得,GSS 和 EST 数据通常是未经鉴定的短基因组(GSS)或 cDNA(EST)序列。GenBank 中的数据由用户提交数据构成,具有较高的冗余度和差错率。RefSeq(NCBI's Reference Sequence)数据库是经 NCBI 整理的非冗余并带有详尽注释的 DNA、RNA 和蛋白质序列集成的综合数据集合。RefSeq 将序列、基因、表达和功能信息按统一标准归档,有助于基因组注释、基因鉴定和表征、突变和多态性分析、表达和比较分析的相关研究。RefSeq 中的条目可通过多种 NCBI 资源中的可用链接进行访问,包括 BLAST、核苷酸、蛋白质、基因和 Mapview、BLAST,也可从 RefSeq FTP 站点直接下载。

RefSeq 每个序列都有一个固定的登录号和版本号,由小数点连接。登录号由前缀(两个大写字母加下划线)和唯一的整数标识符(gi)构成,前缀表示数据类型。例如 NM_000572.2,"NM_"代表该序列为 mRMA 序列,".2"表示第 2 版。表 1-1 显示了 RefSeq 数据库中收录条目的各种数据标识及其对应的分子类型。

表 1-1   GenBank 与 RefSeq 中的前缀标识和分子类型

前缀标识	分子类型	数据情况注释
AC_	Genomic	Complete genomic molecule,usually alternate assembly
NC_	Genomic	Complete genomic molecule,usually reference assembly
NG_	Genomic	Incomplete genomic region
NT_	Genomic	Contig or scaffold,clone-based or WGS[a]
NW_	Genomic	Contig or scaffold,primarily WGS[a]
NS_	Genomic	Environmental sequence
NZ_[b]	Genomic	Unfinished WGS
NM_	mRNA	
NR_	RNA	
XM_[c]	mRNA	Predicted model
XR_[c]	RNA	Predicted model
AP_	Protein	Annotated on AC_ alternate assembly
NP_	Protein	Associated with an NM_ or NC_ accession
YP_[c]	Protein	Annotated on genomic molecules without an instantiated transcript record

续表

前缀标识	分子类型	数据情况注释
XP_ [c]	Protein	Predicted model，associated with an XM_ accession
WP_	Protein	Non-redundant across multiple strains and species

[a] Whole Genome Shotgun sequence data.

[b] An ordered collection of WGS sequence for a genome.

[c] Computed.

2. Gene　基因数据库（Gene）收录全部已测序物种的基因注释信息，包括基因的名称、染色体定位、基因序列和编码产物（mRNA、蛋白质）情况、基因功能和相关文献信息等，并与 GenBank、OMIM、遗传多态数据库（如 dbSNP、dbVar）等 NCBI 子库，及 KEGG、Gene Ontology 等外源性数据库进行交叉引用。Gene 数据库是目前最权威的基因注解数据库。Gene 数据库标识符（即 Entrez gene ID）依据基因的发现顺序由 1 到多位数字组成，如 human *TP53* 基因的 gene ID 为 7157。图 1-2 以 *TP53* 基因为例介绍 Gene 数据的注释信息，其注释内容包括基因概况、基因组结构、基因组定位、基因表达组织分布、参考文献、基因表型与变异、互作与通路注释、基因功能、同源性、编码蛋白质情况、RefSeq 序列信息及交叉引用链接（图 1-2）。

3. Genome　NCBI 收录了超过 1 000 种已经完成测序的生物体全部基因组序列和定位数据，及正在进行测序的物种阶段性发布的基因组信息。Genome 涉及的物种涵盖所有的生物领域：细菌、古细菌、真核生物，以及许多病毒、噬菌体、类病毒、质粒和含遗传物质的细胞器。用户可以通过 Genome

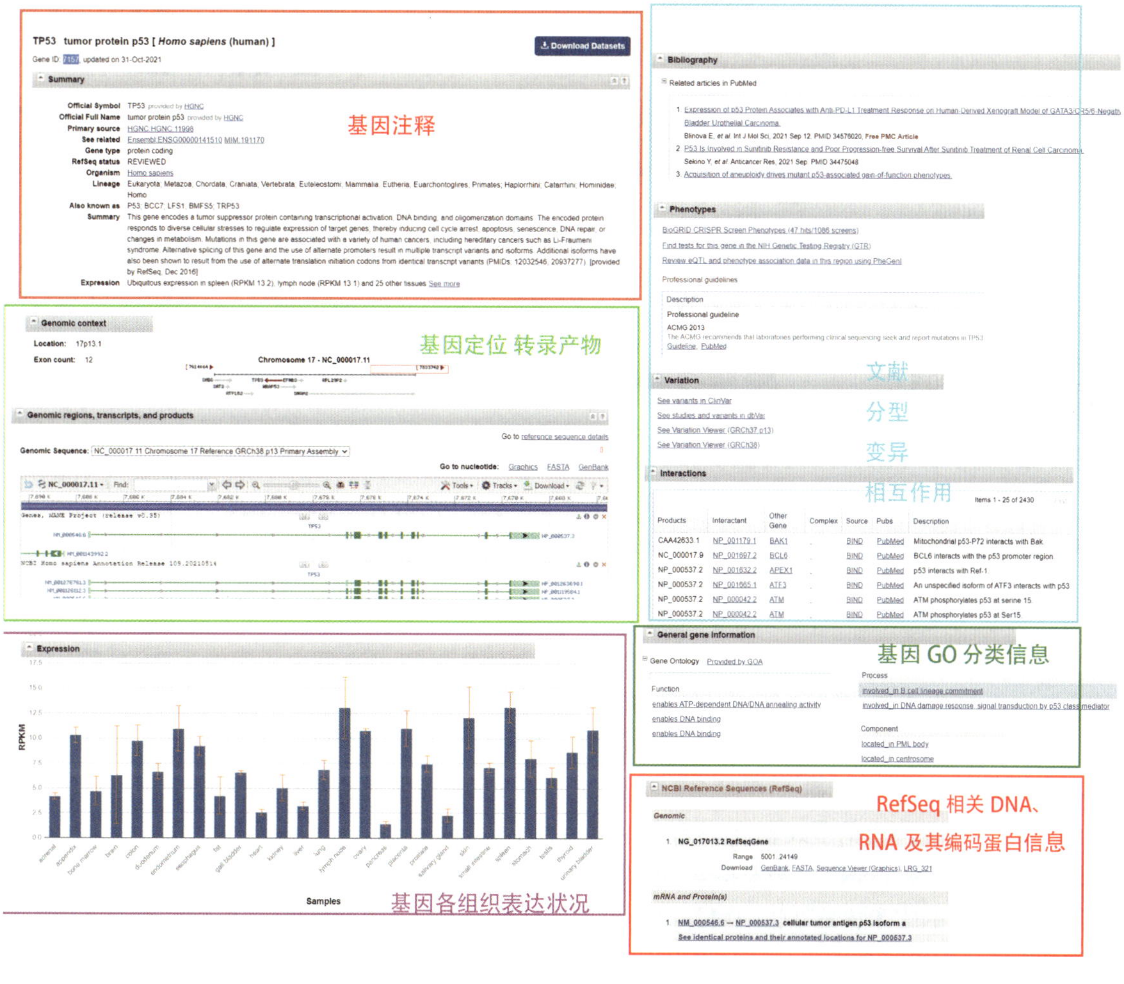

图 1-2　Gene 数据库中的主要注释内容

Data Viewer 选择物种进行检索,查看染色体的图谱、基因定位情况,并获取该染色体全部或局部 DNA 序列、孟德尔遗传相关、多态(SNP、重复序列)、同源基因、基因编码蛋白质、染色体拼接组装图谱、转录物、CpG 岛、序列标签、染色体变异、DNA 序列与疾病(表型)相关性等各类信息,也可以检索某个基因在 Genome 的相关信息,如我们想查看人类基因组中的 *TP53* 基因,可在 Genome Data Viewer 选择 "human",并在 "Search in genome" 一栏输入 "TP53",即可获取 *TP53* 相关基因组信息(图 1-3)。

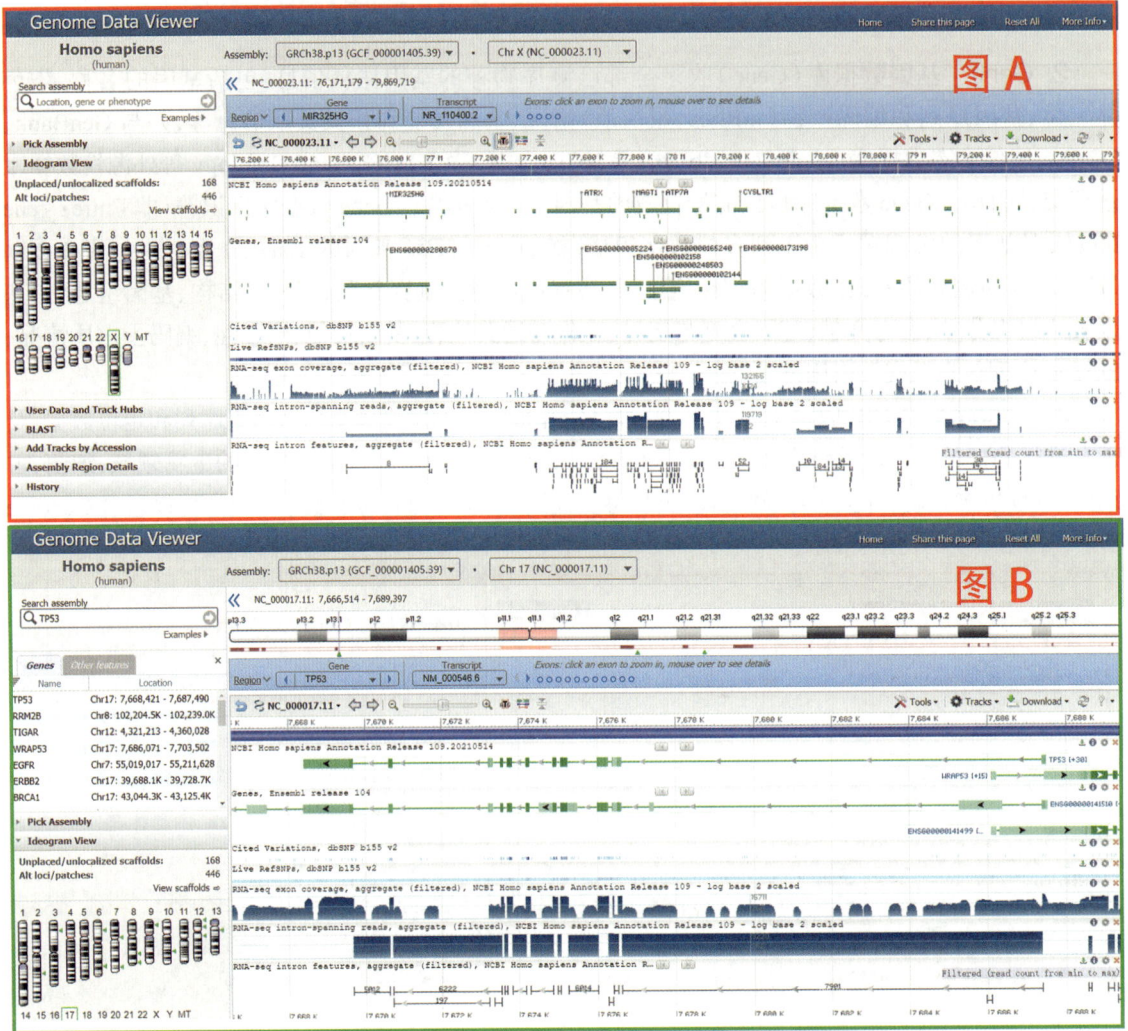

图 1-3　Genome 数据库人类 X 染色体及 *TP53* 基因可视化注释

A. 人类 X 染色体可视化注释;B. *TP53* 基因 Genome 可视化注释图,可以观察到染色体定位、侧翼基因、内含子外显子长度及其区域、dbSNP 位点等。

　　4. 遗传多态数据库　NCBI 中的 dbSNP、dbVar、dbGaP 和 ClinVar 四个子库涉及 DNA 多态或变异信息。其中,作为 Genbank 的补充形式,dbSNP(Database of Short Genetic Variations)收录了所有物种中发现的短序列多态和突变信息,包括单核苷酸多态(single nucleotide polymorphism,SNP)、微卫星(microsatellite)、小片段插入/删除多态(in/del)等定位、侧翼序列和功能、频率信息。收录的 SNP 条目一般以 "rs+数字" 的形式表示,注释信息包括突变类型、等位信息、相关基因、功能后果等。SNP 记录可以通过多种 dbSNP 标识符检索,包括参考 SNP(refSNP)ID 号(rs#)、相关基因名称或 ID、染色体定位、SNP 的临床意义等(图 1-4)。dbVar(Database of Genomic Structural Variation)是 NCBI 的人类基因组结构变异数据库,主要收录大于 50bp 的变异,包括大片段的插入、缺失、易位、倒置和拷贝数多态(copy number variation,CNV)等信息资源。dbGaP(Database of Genotypes and Phenotypes)数

图 1-4 dbSNP 数据库 *TP53* 基因 SNP 位点检索结果及 SNP 位点信息图释

A. dbSNP 数据检索框，支持基因名称或 SNP 名称（rs#）输入；B. 基于基因名称（TP53）的检索结果，显示该基因具有的多项 SNP 信息，包括 SNP ID、类型、染色体位置、基本注释等，点击后可查看 SNP 细节；C. 点击 SNP ID 号（rs1042522）进入 SNP 数据库，可查看该 SNP 的频率、变异、临床特征、侧翼等相关信息；D. SNP 数据库工具栏；E. 工具栏中点击 Variant Details 进入该项列表。

据库收录人类基因型和表型相互作用的研究数据和结果，包括全基因组关联研究、医学测序、分子诊断分析以及基因型和非临床特征之间的关联等。ClinVar 收录临床中发现或报道的有证据支持的与人类疾病或健康状态有关的变异位点，并与多个疾病和卫生系统数据库进行交互引用。

5. GEO GEO 数据库（Gene Expression Omnibus）接收和管理各研究机构提交的基于基因芯片或测序技术获得的不同生理、病理状态个体或细胞系基因（包括非编码基因）表达图谱，用户可提交、查询、定位、浏览和下载感兴趣的研究和基因表达谱。GEO 中的数据条目由以下部分组成：

（1）Platform：特定的芯片或测序平台类型，每个平台分配了唯一的登录号（GPLxxx）。

（2）Sample：基因表达测序的样本或个体信息，包括单个样本处理的条件、操作步骤及得出的每个元素的测量丰度，每个样本记录都分配一个登录号（GSMxxx），一个系列所有样本必须出自同一个平台（platform）。

（3）Series：一个研究主题的所有相关样本（GSM）构成的数据集，包含物种、实验类型、数据概要、总体设计等信息，每个 Series 有独立固定的登录号（GSExxx）。

GEO Datasets 是由 GEO 数据库维护团队综合多组实验产生的整合的表达数据集，并含有预处理得到的聚类、差异表达等数据分析信息（详见第三章第六节：GEO 数据处理与分析）。NCBI 下拉菜单提供了 GEO Datasets 及在此基础上衍生的针对特定基因表达谱 GEO Profile 分类检索。

6. 蛋白质数据库　NCBI Protein 数据库收录来源于 GenPept、RefSeq、Swiss-Prot、PIR、PRF 及 PDB 等数据资源的蛋白质序列和注释数据。Conserved Domain Database（CDD）数据库收录分子进化中保守的蛋白质结构域的序列比对和图谱，并包括 Molecular Modeling Database（MMDB）数据库中已知三维蛋白质结构域的比对。Protein Cluster 数据库提供存在一定联系的蛋白质集合信息，并与蛋白质注释、结构、结构域（如 CDD）、家族相关数据库之间交互访问。Structure 数据库是由蛋白质三维结构数据库 PDB（Protein Data Bank）衍生而来的大分子模型数据库，提供蛋白质三维结构信息及相关的可视化和结构比对工具。

7. 与生物医学相关的重要数据库　OMIM 数据库在文献检索基础上，分别以疾病和基因为中心，阐述遗传变异介导的疾病（表型）相关基因情况，及变异基因参与不同疾病（表型）情况。Glycans 是 NCBI 的一个专门的聚糖信息网站，重点介绍并提供糖生物学相关资源及其链接。HIV-1 与人类蛋白质互作数据库收录 HIV-1 蛋白与人类宿主蛋白相互作用信息。NCBI 中还包括大量病毒相关信息（如病毒基因组序列，流感、SARS 等特种病毒解析，病毒基因组变异等）、药物化学信息和文献数据信息等。

8. NCBI 提供的重要支持工具　BLAST 是由 NCBI 开发的序列相似性搜索程序，检索速度快，有助于识别基因和基因特征（详见第二章）。Primer-BLAST 可用于多方面生物医学研究过程的核酸引物设计。由 NCBI 提供的其他软件工具还包括：可读框查找器（ORF Finder）、序列提交工具 Sequin 和 BankIt 等。

第三节　UCSC 基因组浏览器与数据资源
Section 3　UCSC Genome Browser and Data Source

一、UCSC 概述

随着众多物种基因组测序的开展，特别是大量脊椎动物基因组的测序完成，基因组研究工作的重心逐渐由测序转移到了序列分析。仅仅以纯文本的方式存储和展示基因组 DNA 字符对生物医学专家造成很大的困扰，如何有效地显示测序获得的序列信息，帮助生物医学专家开展研究变得非常关键。UCSC 基因组浏览器就是在这样的背景下产生的重要的基因组数据收集、整理、检索、可视化和辅助研究的重要工具。

UCSC 基因组浏览器（UCSC Genome Browser）由 University of California Santa Cruz 创建和维护，可以在任何尺度上快速地查询和显示基因组内容，同时伴有一系列的序列比对注释"通道"。为了便于生物学分析和解释，UCSC 基因组生物信息学小组和外部合作者对基因组序列进行注释，在一个窗口中显示所有与某一基因组区域相关的注释信息：定位和序列信息、已知基因和预测基因、表型和文献支持、mRNA 和 EST、调控（CpG 岛）、比较基因组信息、序列变异（SNP）、基因组重复元件等。

UCSC 基因组浏览器（图 1-5）网站包含大量基因组参考序列和拼接数据信息，并提供 DNA 元件百科全书计划 ENCODE 和尼安德特人基因组分析 Neandertal 等项目的快捷链接。导航栏和工具栏中提供了多种便利的基因组查询和注释工具：Genome Browser 可以以缩放和滚动的方式查看染色体的注释；BLAT 可以快速将用户输入的序列以图像的方式在基因组中显示；Tables 提供链接到基础数

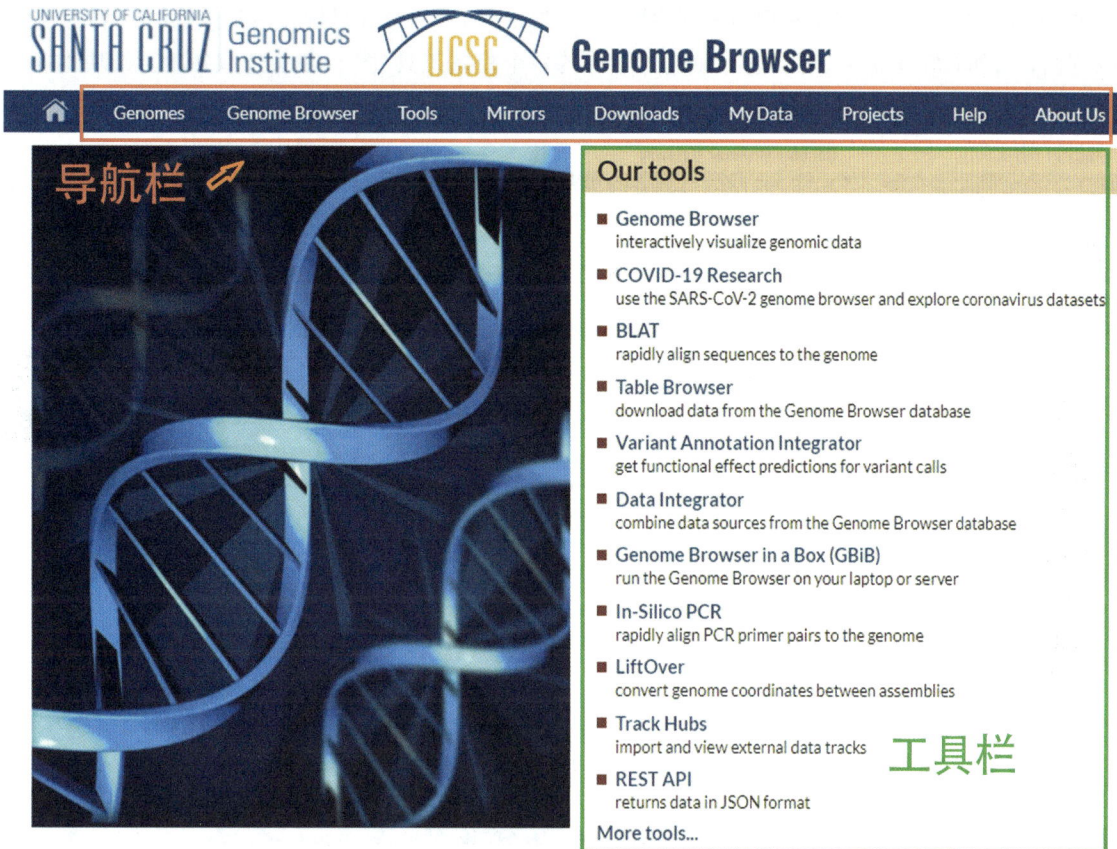

图1-5 UCSC 数据库主界面

据库的便捷入口；Gene Sorter 展示表达、同源性和以多种方式关联的其他基因组信息；VisiGene 可以让用户浏览大量的检测小鼠和青蛙表达模式的原位图像；Genome Graphs 允许用户上传或显示基因组范围的数据集等。UCSC 基因组浏览器支持文本和序列检索，对任何用户感兴趣的基因组区域提供快速、准确的访问。

二、UCSC 基因组浏览器

UCSC 基因组浏览器依托于 UCSC 丰富的基因组信息资源，是目前为止功能最强大的基因组可视化工具。UCSC 基因组浏览器可进行已知人类基因或疾病相关基因检索，多物种基因组中同源基因显示，定位修复酶、STS 标签以及 BAC 末端配对，可视化参考基因组中的 SNPs 和其他变异分布以及注释通道元件逐个碱基比对图谱上的基因组详细信息，下载微阵列芯片基因表达数据，显示多物种mRNA 和 ESTs 与用户拼接序列的对应图谱，生成适用于学术出版的基因组注释图像等。

点击顶部蓝色导航栏中的 Genomes 按钮可以开启基因组浏览器，基因组浏览器检索入口页面列出几十种物种基因组拼接数据列表（如图 1-6 所示的检索栏），许多物种可以找到一种以上基因组拼接序列，目前人类基因组拼接序列有五种。每项数据信息具有特定的日期和名称，日期是测序中心建立或公布底层序列文件的日期，名称为物种名称缩略名后加序列发表序号，例如，最新的小鼠（Mus musculus）基因组序列命名为 mm10。人类基因组拼接数据被命名为 hg（human genome 缩略名）后接编号，最新人类基因组拼接数据标记为 hg38，发布日期为 2013 年 12 月（Dec. 2013）。2003 年以后测序完成的物种基因组序列数据由 6 个字符命名，例如 Bostau7，即牛的第 7 套基因组序列。

用户可根据需要选择不同的参考基因组序列数据，然后在检索框中填写基因名、基因定位或其他待检信息等作为关键词，点击 GO 按钮进行查询。基因组浏览器默认显示基因组定位、DNA 和 RNA

NOTES

序列、外显子和内含子位置、多物种序列比较、常见 SNP 位点、重复元件定位等信息（如图 1-7 所示的浏览窗口），如有特殊需要，可以选择浏览器下方的各个控制工具（图 1-7B），选取各功能模块的相应

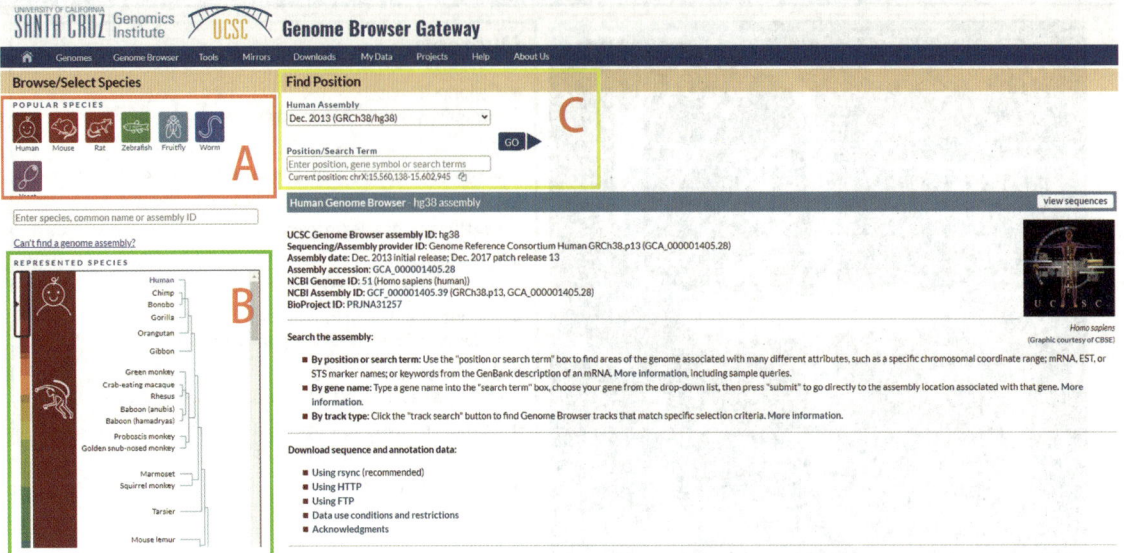

图 1-6　UCSC 基因组浏览器的检索与可视化界面操作

A. Popular Species 快捷入口；B. 物种选择栏；C. 拼接数据选择以及基因组检索栏。

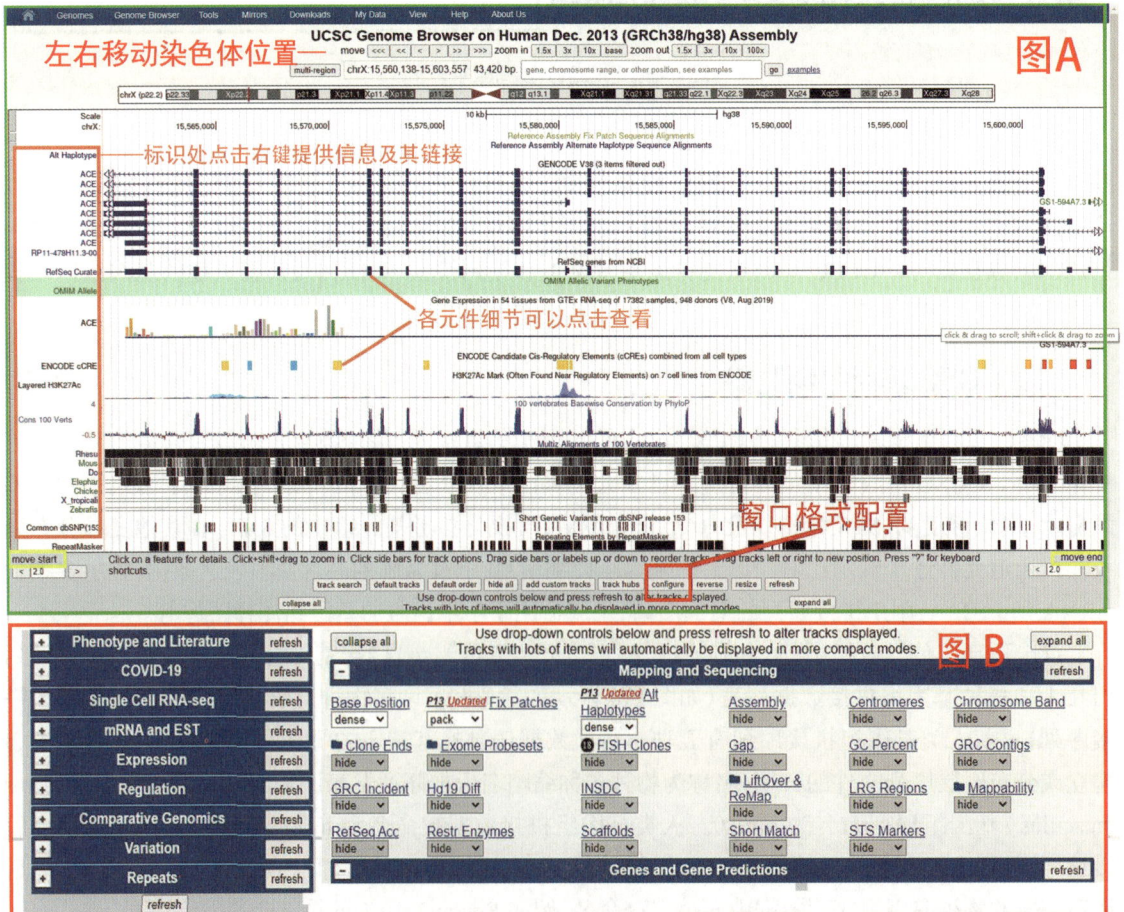

图 1-7　UCSC 浏览器辅助工具栏

A. 浏览器窗口，左侧方框内为各显示通道名称；B. 浏览器窗口配置工具栏。

参数后点击refresh按钮,浏览器中显示的每种元件细节可通过点击链接到相应数据库查看详细信息。

在 UCSC 基因组浏览器中,检索标题下方的窗口显示和移动比例工具栏(见图 1-7A)上部的 move 按钮可以向左或向右移动查看染色体等区段图像,其中六个方向箭头"<<<、<<、<"和">、>>、>>>"按钮,分别代表向左或向右移动的移动窗口长度的 95%、47.5%、10%。zoom in/out(放大/缩小)按钮可以使用户更详细地查看通道注释元件,最大可以显示至单个碱基(点击 base 选项)。缩放按钮使用时,元件保持显示的中心位置不变。如观察的元件不是处于显示中心,可以点击元件进入说明页面,查看并将起止位置(如:chr7:5,566,779-5,570,232)输入至检索栏中,重新检索将其调整至中心位置显示,也可以使用鼠标拖曳手动改变显示位置。浏览器窗口下方的 move start 或 move end 按钮,可以延长和压缩图像窗口显示的染色体区段范围,数字框中的 2.0 代表每点击一次按钮向左或向右移动 2 个蓝色网格线宽度。

点击浏览窗口下方的 configure 按钮,进入 Configure Image 窗口可以调整显示方式和显示维度(图 1-8)。可从 8 个方面进行设置:①Display chromosome ideogram above main graphic,显示染色体

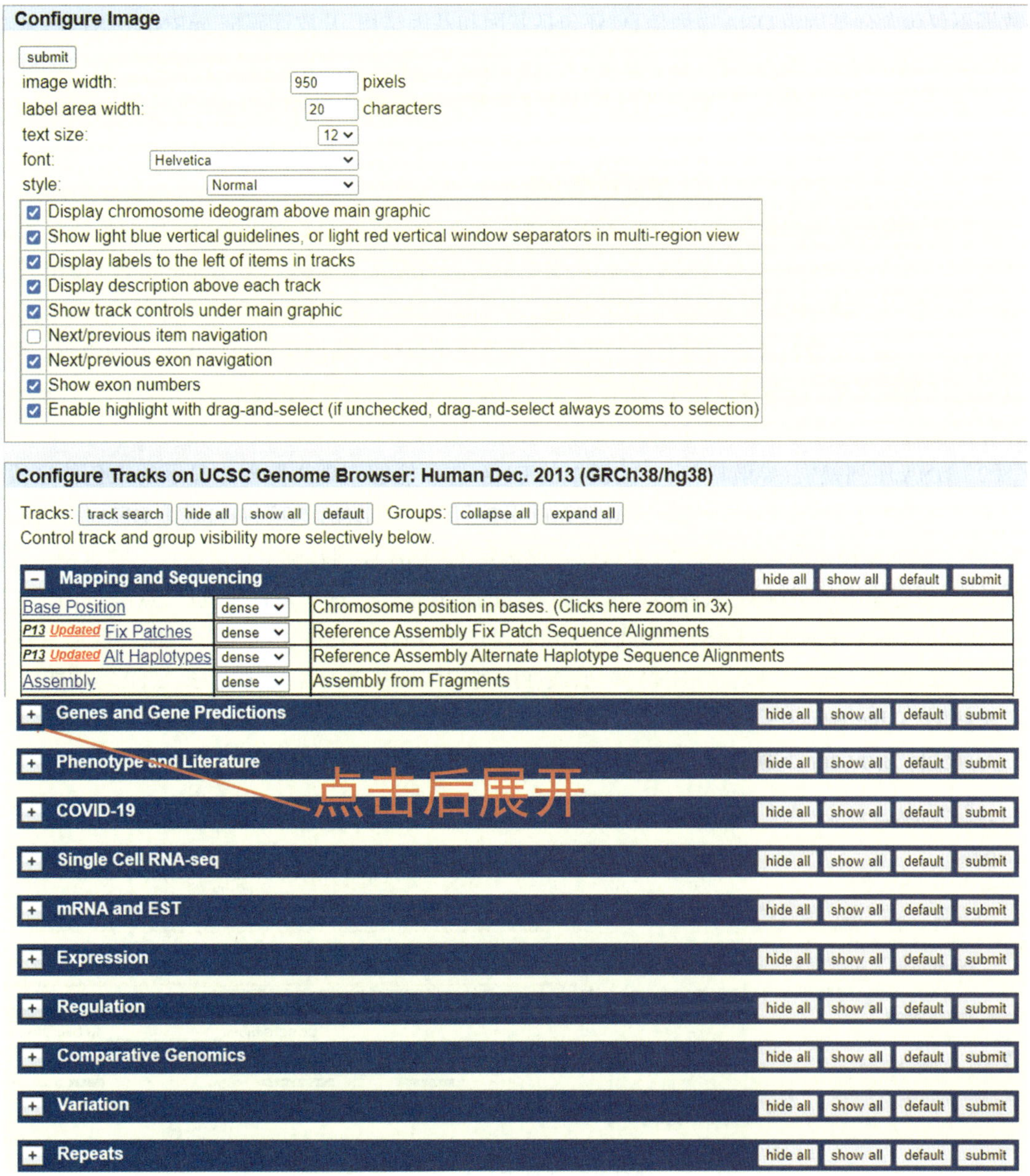

图 1-8 UCSC 基因组浏览器的 Configure Image 窗口

模式图;②Show light blue vertical guidelines,显示蓝色垂直引导线;③Display labels to the left of items in tracks,显示窗口左侧的元件标签;④Display description above each track,在图像上方显示通道名称;⑤Show track controls under main graphic,显示浏览器下方的控制栏列表;⑥Next/previous exon(item)navigation,显示基因通道状态下的从一个外显子或比对区段到下一个外显子或比对区段的控制按钮(序列上的双箭头);⑦Enable highlight with drag-and-select,高亮显示拖拽中或已选取的通道图像。改变配置页内容后,点击 submit 按钮返回到基因组浏览器将看到改变后图像。

三、UCSC 中的数据资源和常用工具

1. UCSC 中的数据资源   UCSC 生物信息学小组本身不进行测序工作,数据积累是生物医学研究领域众多研究者共同努力的结果,相应的注释信息也是在全世界众多实验室和研究团队提供的公开数据基础上建立起来的。截至 2021 年年底,UCSC 收录了来自全世界研究机构提供的包括人类基因组在内的 48 种哺乳动物(mammal)、19 种其他脊椎动物(vertebrate)、3 种后口动物(deuterostome)、20 种昆虫(insect)、线虫(nematode)等众多动物,以及病毒(virus)、酵母等微生物全基因组数据。这些数据不仅包含全基因组 DNA 序列信息,还包括基因和基因结构、开放读码框、mRNA、EST、转录本、非编码基因、基因表达、基因调控、基因变异(SNPs、微缺失、微插入等),及重复序列等信息。UCSC 数据库中绝大多数的序列数据、注释通道以及软件工具存放在公共区域,并且允许个人或机构通过 FTP 或网络服务器免费下载。

2. View 中的图像输出和 DNA 序列检索功能

(1)基因组浏览器图像输出:UCSC 基因组浏览器支持生成适于文献出版和打印的高质量图像。打印前用户可以在序列碱基栏左端标签处点击鼠标右键选择配置管理(Configure ruler)按钮,打开设置页面,可在标题栏中添加通道输出图片标题,还可以选择增加组合名称和染色体位置方式将标题加入通道中。鼠标左键拖拽各通道对应的灰色工具条还可以根据输出需要改变各通道的位置。用户完成通道图像配置后,点击导航栏中 View 按钮下拉菜单中的 PDF/PS 选项,选择所需的文件输出格式保存图像。

(2)DNA 序列检索:导航栏 View 按钮中的 DNA 选项能够实现浏览器中显示的染色体区段的 DNA 序列提取和下载(图1-9)。点击 View 按钮的下拉目录中的 DNA 选项,打开获取 DNA 序列窗口,在窗口中对 DNA 输出形式进行配置,也可以在原选定的 DNA 序列基础上指定向上下游延伸一定的序列长度,指定输出的字符类型,或指定以互补序列的形式输出。选项设置完成后,点击 get DNA 按钮,所选取的 DNA 序列将以 FASTA 格式显示在新窗口中。View 中的 DNA 选项只能实现单一 DNA 序列的提取,如需一次性获取多段 DNA 序列,或在序列中体现基因内含子、外显子、UTR 等功能信息,可考虑使用"Table Browser"工具。

3. Table Browser 下载数据   支撑基因组浏览器中显示的注释信息的后台数据保存在一个或

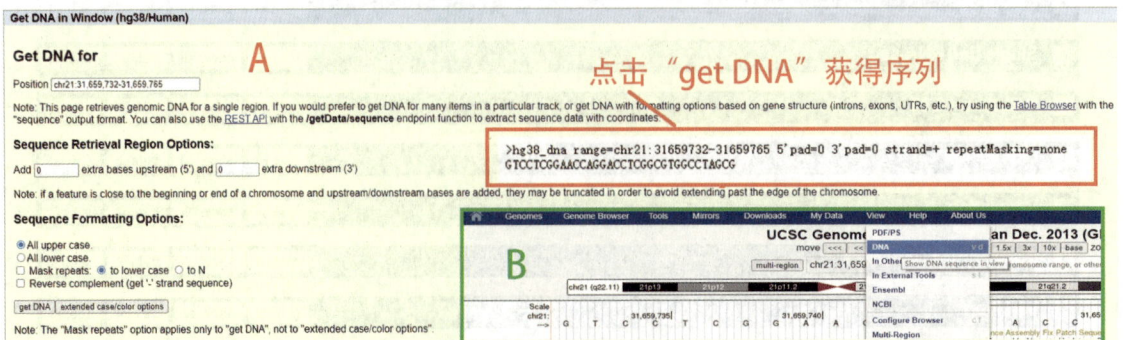

图1-9   染色体区段的 DNA 序列提取和下载
A. DNA 提取下载窗口;B. 通过工具栏 View 下拉菜单点击 DNA 进入下载页面

多个数据表格中,使用 Table Browser(表格浏览器)工具可以完整地获取 UCSC 的后台数据。点击 UCSC 首页导航栏中 Tools 中的 Table Browser 选项即可打开表格浏览器(图 1-10)。

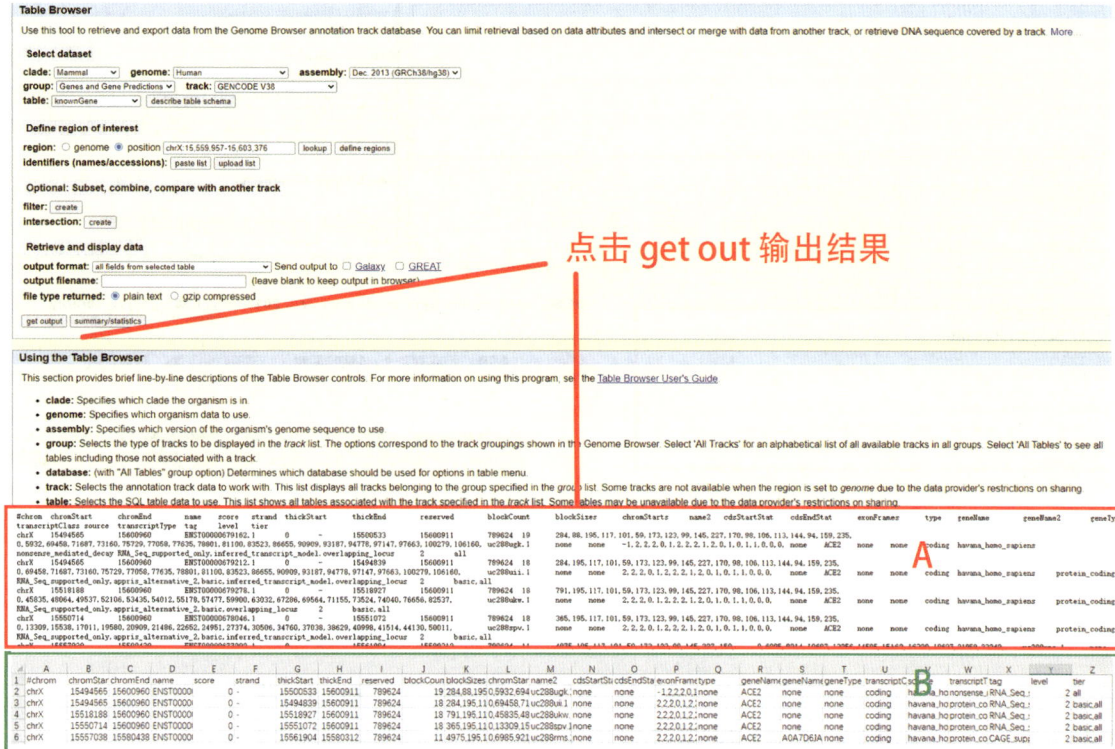

图 1-10 Table Browser 检索界面与输出结果

使用 Table Browser 可以:①获取 DNA 序列、全基因组、指定的坐标区段或一组注册号的隐含注释通道数据;②应用过滤器设置约束条件,确定输出结果类型和格式;③生成在基因组浏览器中图形显示的查询通道,实现数据结构和任意格式 SQL 检索;④整合多表格或查询通道交叉或统一检索,以及生成单一的数据输出集;⑤显示指定数据集碱基统计计算结果;⑥显示表格概要并且查看数据库中所有与查询表格相关的其他表格清单;⑦将输出数据整理成几种不同的格式用于电子表格、数据库或查询通道等不同用途。

4. BLAT 序列比对工具 BLAT 类似于 NCBI 中的 BLAST,是一种常用的序列比对工具,它支持目标序列与参考基因组进行 DNA 或蛋白序列的比对。进行 DNA 比对时,BLAT 可快速寻找长度大于等于 25 个碱基、相似性大于等于 95% 的序列,其中可能会丢失一些低匹配度的短片段序列。进行蛋白序列比对时,BLAT 快速搜索比对长度在 20 个氨基酸以上、相似性超过 80% 的序列。BLAT 适用于:①在指定的基因组参考数据中寻找与目标序列相匹配的 mRNA 或蛋白;②确定基因的外显子定位;③显示完整长度基因的编码区域;④分离 EST;⑤查询基因家族数量;⑥寻找人的同源性序列。

通过点击 UCSC 导航栏 Tools 按钮下拉菜单中的 BLAT 选项,可以打开 BLAT 页面(图 1-11 所示),根据目标 DNA 或蛋白质比对需求选择基因组参考数据集;选择 Query type 下拉列表,指定要比对的序列类型(默认为由 BLAT 自动识别);在 Sort output 下拉列表中选择一个评分选项,以便于用户指定目标序列与基因组序列比对时的匹配程度,这个评分决定查询序列与基因组最终比对结果中匹配和不匹配的数量。目标序列可以直接粘贴于检索框中,也可以将大量序列以文件形式上传,数据格式为 FASTA。BLAT 程序输出结果将以网页形式显示,如果用户选择以 hyperlink 方式查看结果,输出结果将出现两个链接:browser 链接进入基因组浏览器显示比对结果,details 链接将给出完整的目标序列与参考基因组序列的比对结果。

NOTES

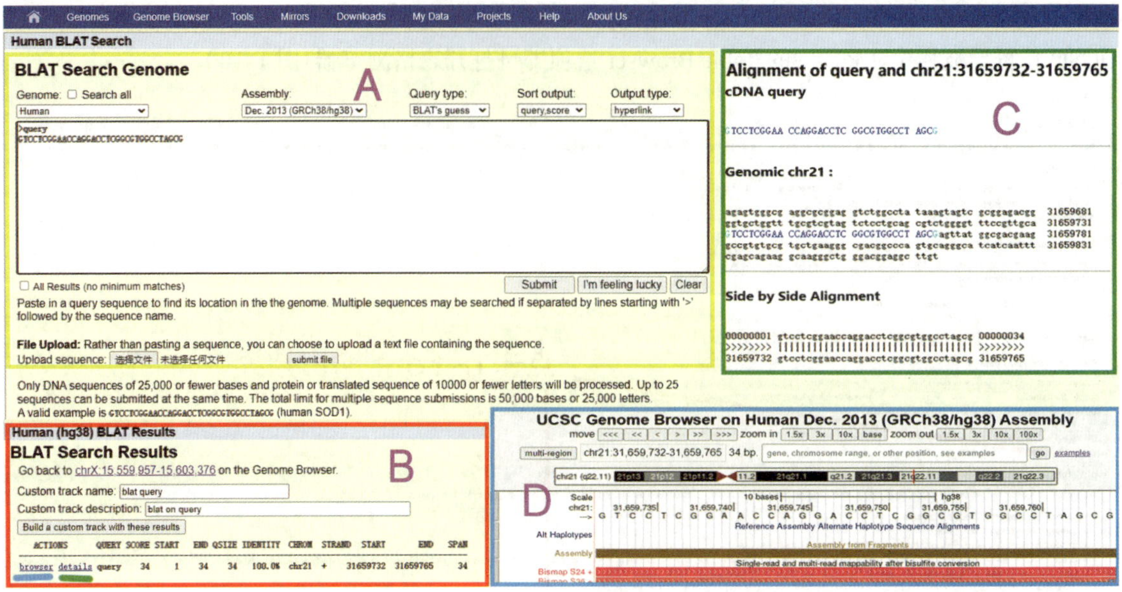

图 1-11　BLAT 比对配置与结果显示

A. BLAT 输入页面；B. BLAT 比对结果；C. 点击结果 details 链接进入序列比对页面；D. 点击结果 browser 链接进入基因组浏览器窗口。

第四节　ENSEMBL 数据资源和工具
Section 4　ENSEMBL Data Sources and Tools

一、ENSEMBL 数据库概况

Ensembl 是由 EMBL-EBI 和英国维康基金桑格研究院（Wellcome Trust Sanger Institute，WTSI）共同协作维护的一项生物信息学研究计划，是为回应人类基因组计划即将完成而于 1999 年启动的。Ensembl 主要为人类基因组和多个其他物种提供集中的数据资源，并拥有自己特有的注释流程（以 ENSG 开头的标识）。Ensembl 基因组浏览器是与 UCSC 基因组浏览器类似的另外一个在线基因组浏览器，能从多个物种连同其附属数据来可视化基因和基因组坐标，里面拥有特有的 Biomart 功能，类似于 UCSC 的表格浏览器（UCSC Table Browser）功能，在可视化的界面下能检索比对到基因组上的特定基因信息，除此之外还包括重复子、序列变异、调控特征等信息，检索结果可以导出为包括 FASTA、GFF 以及 EMBL 等多种格式数据。

二、ENSEMBL 参考基因组资源

1. Ensembl 基因组序列数据资源　EMBL-EBI 中有 Ensembl 和 Ensembl Genomes 基因组序列资源数据库。Ensembl 数据库提供高质量、综合注释的脊椎动物基因组数据，Ensembl Genomes 数据库提供非脊椎动物全基因组数据。

在浏览器地址栏中输入 Ensembl 官方网址，即可跳转到 Ensembl 在亚洲的镜像网站。2021 年 5 月，Ensembl 发布了第 104 版本，Ensembl 和 Ensembl Genomes 数据库分别更新到第 104 和第 51 版本。新的版本更新了人类和小鼠基因、GRCh37 变异和调控、增加了脊椎动物新的拼装工具和变异信息、新的植物物种和大量的可用的后生动物数据得到更新，抛弃基于克隆的基因名字命名而采用新的 Ensembl 规范的转录本。

主页显示了跨物种基因比较、基因多态性定位、基因表达的组织差异性分析、基因序列提取、数据可视化及用户数据分析 6 个功能模块（图 1-12B），在页面上部的检索窗口中，用户可以输入某个名

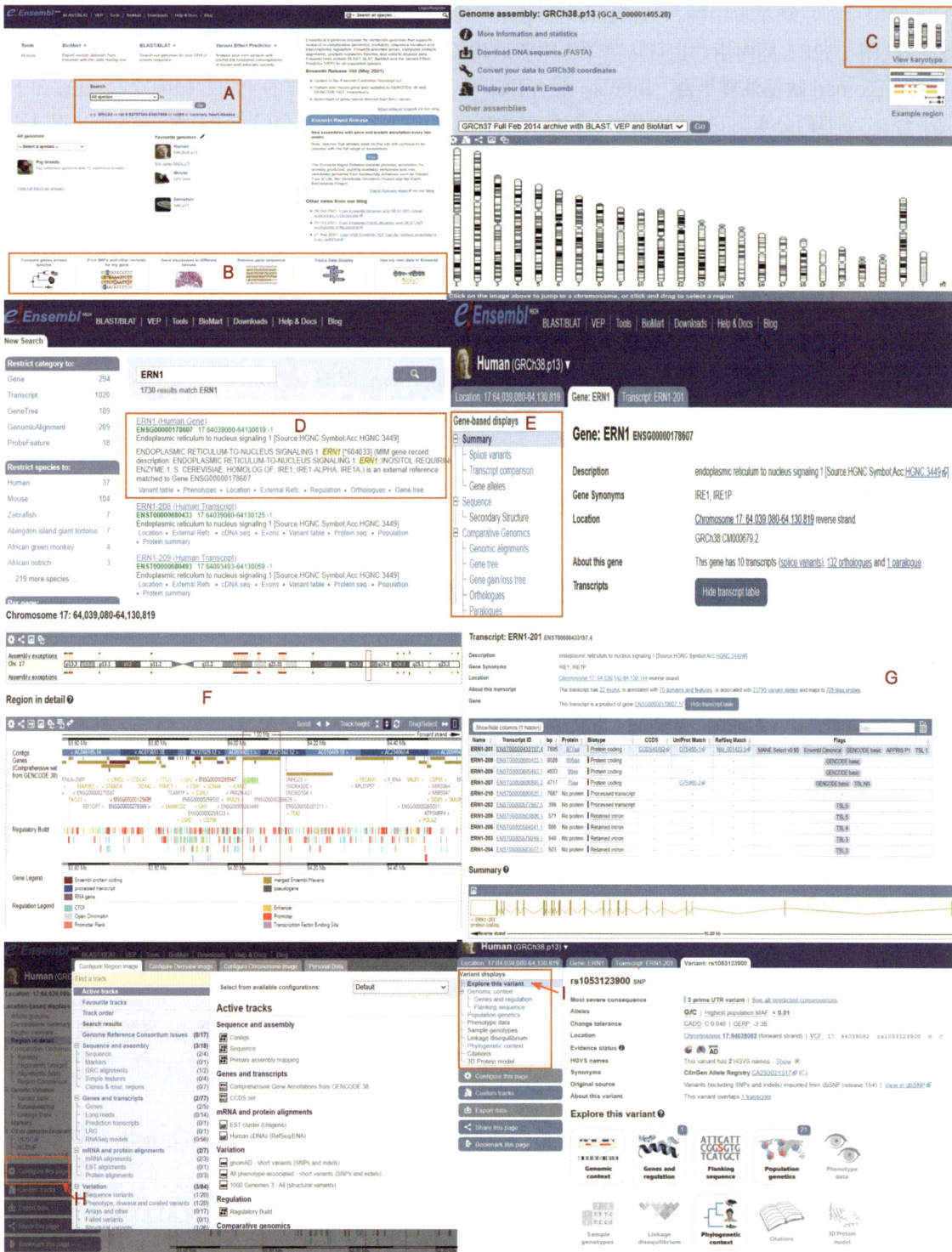

图 1-12　Ensembl 功能界面及基因组和基因检索信息

称进行基因组检索,例如用户在检索窗口输入"Human"点击 Go 按钮(图 1-12A),也可以点击页面左侧的基因组检索框选取相应物种的基因组。在检索页面选择"Human",点击"View karyotype"(图 1-12C)链接,将链接到人的全基因组页面,展示人类 24 条染色体及线粒体 DNA 物理图谱,点击染色体编号可以查看全染色体信息,点击上染色体条带可以选择显示染色体局部区域。

在检索页面输入"ERN1"基因,选定用户关注的条目获取详细信息,或通过点击左侧菜单进一步缩小检索范围(图 1-12D)。用户也可通过页面进一步获取详细的基因组定位、转录信息等(图 1-12F、

G）。使用页面左侧菜单中的"Configure this page"（图1-12H）配置选项,可以选择查看序列、标签、克隆等（图1-12E）,同时用户也可从菜单栏中获取相关变异信息（图1-12I）。

2. Biomart 数据注释平台　Biomart是由EBI开发和维护的最经典的生物数据库检索、处理和下载平台,它创建的分页、目录式检索平台模式影响到后来的众多数据平台的建设构架。它可以便捷地将储存在不同数据库中的基因、蛋白等序列和注释信息进行整合,查询不同数据库来源的基因ID、基因组定位、表达、结构等信息,进行不同数据资源条目代码的转换、功能富集,并可以批量获取相关数据,方便地得到一个物种全部基因组或局部区域的核酸、蛋白序列及各种注释信息。

访问BioMart可以通过其门户网站（图1-13）直接进入,也可由Ensembl网站的导航栏菜单"BioMart"导航直接进入分页、目录式检索平台。此外也有可本地化安装使用的平台界面可供下载。在BioMart门户网站首页（或点击工具栏中的TOOLS选项）能够看到BioMart的四个主要的功能模块:数据查询、ID转换、序列数据提取和富集分析。点击工具栏中的COMMUNITY选项能够看到与BioMart合作提供数据信息的26家机构维护的40个数据资源库。

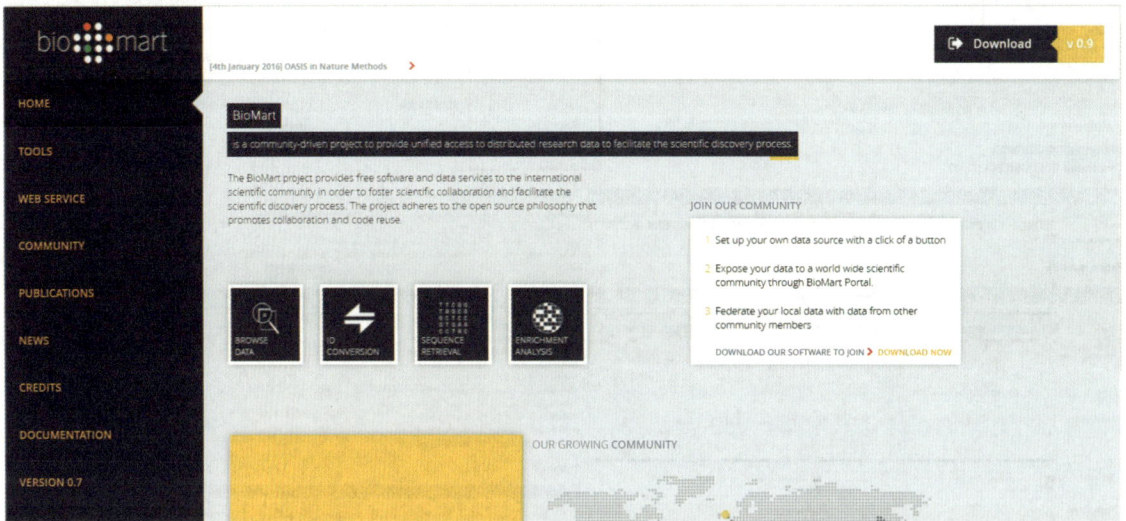

图1-13　BioMart 门户资源

由于BioMart门户网站数据更新有一定的时限性,网站某些数据临时暂不可用,因此数据检索和下载功能以Ensembl链接的BioMart平台检索为优。这里以Ensembl链接平台下载基因序列为例介绍序列下载的方式和流程。

1. 选择数据集　打开BioMart后首先出现数据集选择页面,右侧的第一个下拉框中有Ensembl第104个发布版本的Genes、Variation、Regulation,以及Mouse strains选项。这里我们选择Ensembl Genes 104选项,并在下面的物种下拉框中选择人类基因组Human genes（GRCh38.p13）版本,选择后的信息出现在左侧工具栏中（图1-14A）。

2. 数据筛选　点击左侧工具栏的Filters选项,对要下载的数据类型进行限定。分别可以从染色体定位、指定基因名、表型相关、基因功能类、直系同源、蛋白质结构域或家族性、变异类型7个方面进行限定,这里指定HGNC标识为EGFR（图1-14B）,如不指定限制条件即为全基因组数据下载（可能会因网络问题导致无法下载完全）。

3. 数据类别和属性设定　点击左侧工具栏的Attributes选项进行下载数据类别和属性的设定。可以从特征（Features）、变异（Variant）、结构（Structures）、序列（Sequences）、同源（Homologues）五种数据类型中选择一种。这里我们选择序列,并指定序列属性为Unspliced（Gene）,即EGFR基因完整的转录本DNA序列,并指定输出头文件（Header Information）为基因名及相应的染色体定位信息（图1-14C）。

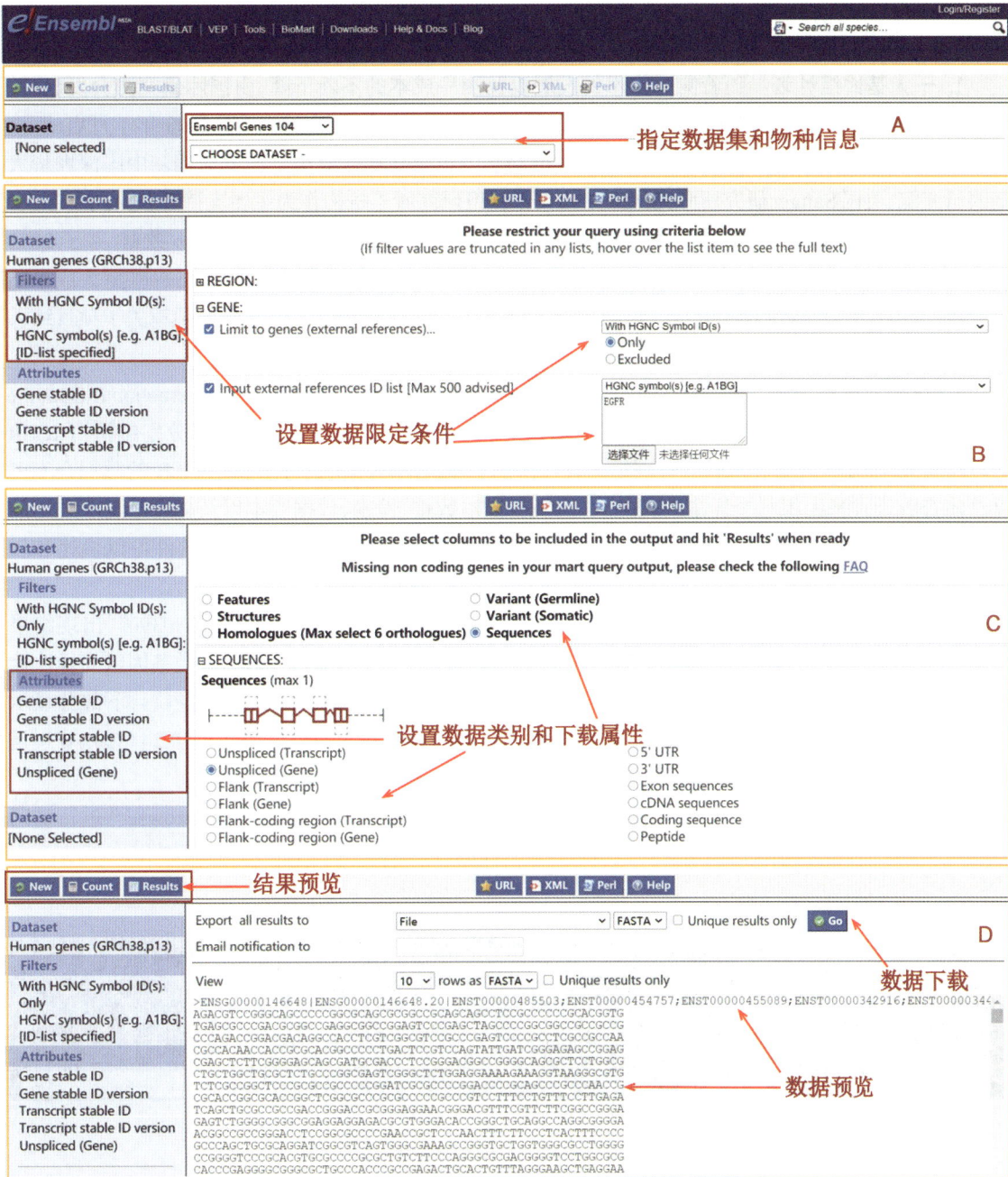

图1-14 BioMart 序列数据检索和下载流程

4. 结果预览与输出 点击左侧工具栏上方的 Count 按钮可以查看本次检索的数据量,点击 Results 按钮即可预览查询结果。点击结果预览页面右上角的 GO 按钮,检索到的序列数据将以 FASTA 格式下载到本地电脑(图 1-14D)。

第五节 重要的生物医学数据库
Section 5 Important Biomedical Databases

除了以上介绍的常用数据库外,随着研究的不断深入,还有一些重要的数据库在各个方面得到广泛应用,如千人基因组数据库、ENCODE 数据库以及 TCGA 泛癌数据库。

NOTES

一、千人基因组数据资源

1. 千人基因组计划 随着测序技术的发展以及测序成本的不断下降,由国际研究协会发起,并由中英美德等国科学家共同承担的千人基因组计划(1 000 Genomes Project)于 2008 年 1 月启动,该计划旨在提供最详尽的人类遗传变异图谱,以推动基因组学在疾病健康领域的应用。中国深圳华大基因研究院、英国 Sanger 研究所和美国国立人类基因组研究所等机构作为主要支持者和共同发起人,将负责完成全球至少 1 000 人的基因测序,千人基因组计划合并了最初的 HapMap 数据,并于 2013 年发布了 phase 3 版本,最近的 GRCh38 数据也已包括在其中。在该项目的资助下,一些重大成果陆续报道。2012 年 10 月,1 092 个基因组测序结果公布在《自然》杂志上;2015 年的两篇关于项目结果和未来展望的论文也发表在《自然》杂志上。

2. 数据浏览和下载 千人基因组数据目前由国际基因组样本资源(The International Genome Sample Resource,IGSR,图 1-15)负责维护,通过 IGSR 主页界面的两个链接可以分别链接到 IGSR 的数据仓库(图 1-16)和 Ensembl 基因组浏览器中浏览千人基因组的变异信息。IGSR 的数据仓库可以总体查看千人基因组每个样本纳入的人群类别、样本数量、性别、数据版本以及高通量测序采用的技术等信息。数据下载通过 NCBI 的 FTP 站点进行,此外 Aspera 和 Globus 两个软件可以快速和较为可靠地下载千人基因组数据,该数据目前的最新版本是 phase 3。

在 Ensembl 浏览器主页搜索框中物种名选择 "Human",输入 SNP 访问号 "rs380390",出现结果汇总界面(图 1-17)。结果的上部分显示 rs0390 突变信息,包括等位基因、定位、人类基因组变异协会(HGVS)名字、该位点的同义词、基因分型芯片、数据来源、变异的总体汇总信息等内容,下部分显示 rs380390 在千人基因组计划 phase 3 数据的五种人群中的等位频率,平均 MAF 是 0.24(G),AFR 是 0.24(G),AMR 是 0.25(G),EAS 是 0.05(G),EUR 是 0.4(G)以及 SAS 是 0.29(G)。

访问千人基因组数据,也可以通过 NCBI 数据资源列表中的 "1 000 Genomes Browser" 进行访问(图 1-18),在搜索框中输入前面出现过变异访问号 "rs380390",即可得到相关信息可视化。

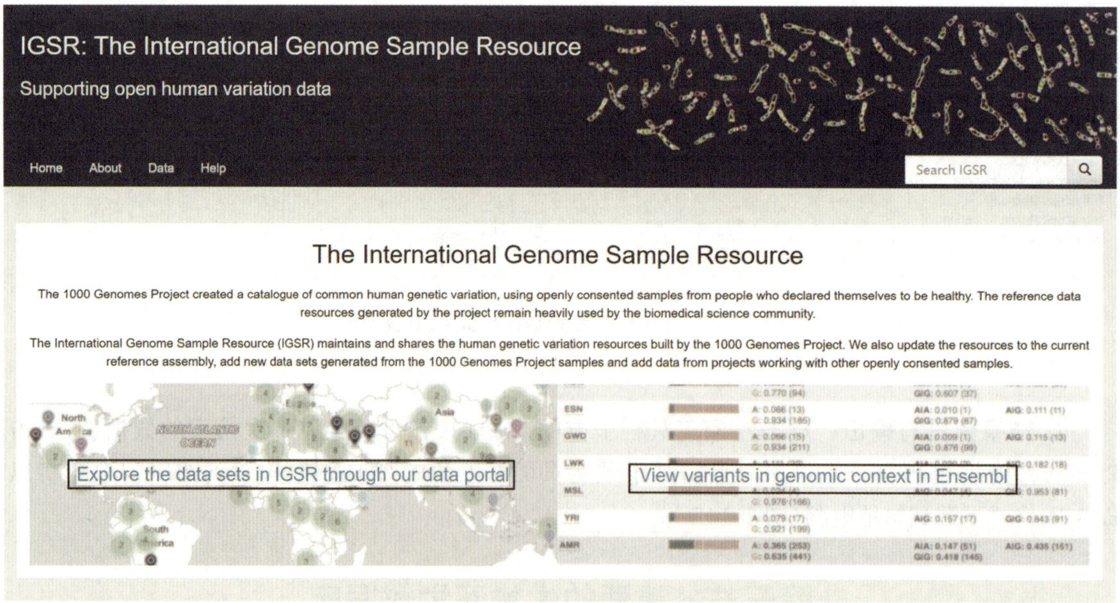

图 1-15 千人基因组的维护网站 IGSR

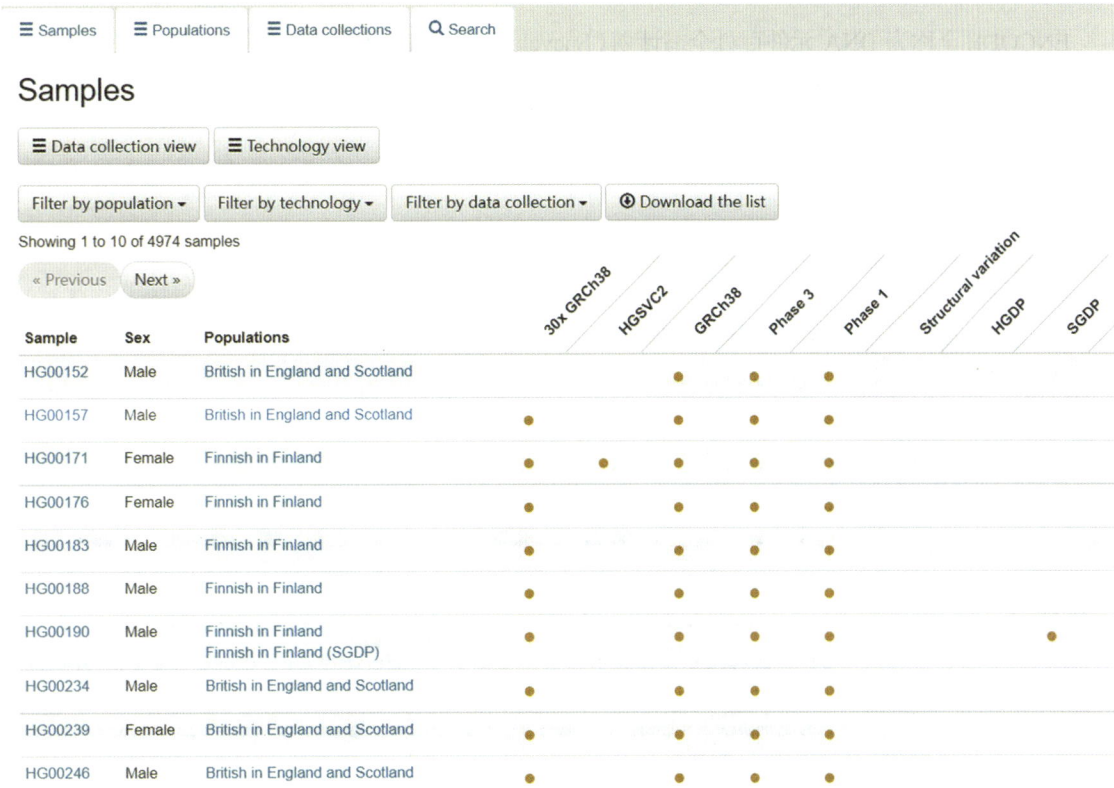

图 1-16　IGSR 的数据仓库界面

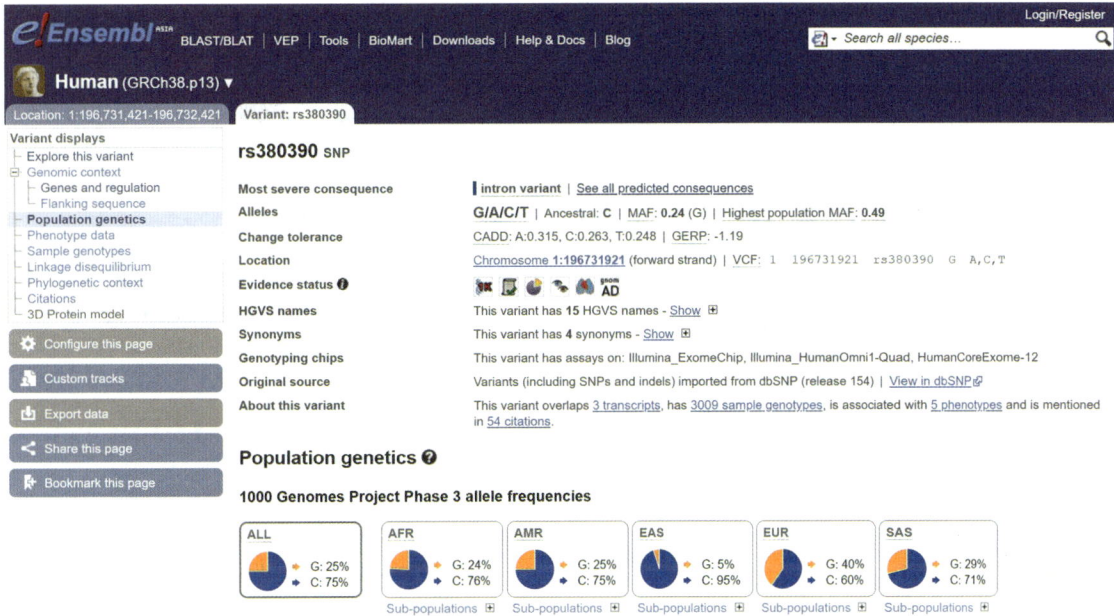

图 1-17　使用 rs380390 搜索的结果页面和详细的等位频率

二、ENCODE 数据库与数据资源

ENCODE 全称为 DNA 元件百科全书计划（Encyclopedia of DNA Elements，ENCODE）（图 1-19），ENCODE 被认为是"人类基因组计划"之后国际科学界在基因研究领域取得的又一重大进展。研究

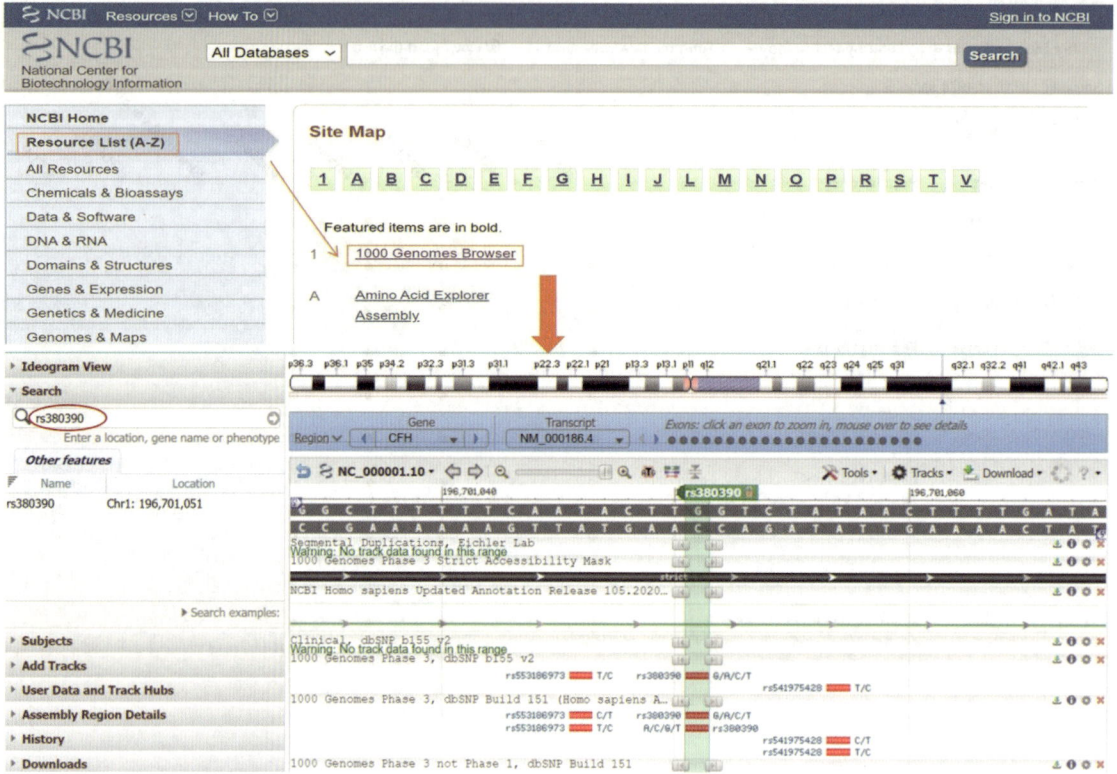

图 1-18　NCBI 中访问千人基因组计划

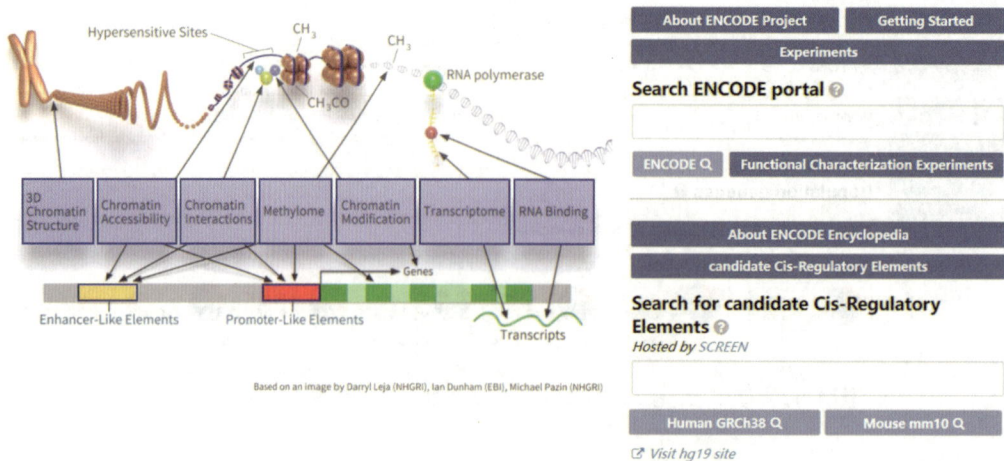

图 1-19　ENCODE 主界面

者最常关注的是与编码蛋白质相关的基因,但它们只占整个基因组的约 2%。本次公布的数据显示,人类基因组中约 80% 的 DNA 序列是具有某种特定功能的,为深入研究基因组作用模式提供了第一手资料。该项目于 2003 年启动,联合英国、美国、西班牙、新加坡和日本的 32 个实验室 442 名科学家,获得并分析了超过 15 兆兆字节(15 万亿字节)的原始数据,对基因组功能元件进行解析。研究花费了约 300 年的计算机时间,整合了 14 046 个来自不同组织或细胞系的各类实验数据,并对 147 个组织类型进行了分析,以确定基因和功能元件的时空表达特性,以及不同类型细胞调控"开关"的差异性,全解析结果可以通过 UCSC Genome Browser 快速可视化检索。ENCODE 网站导航栏的 Data 提供数据检索和下载(图 1-20)。

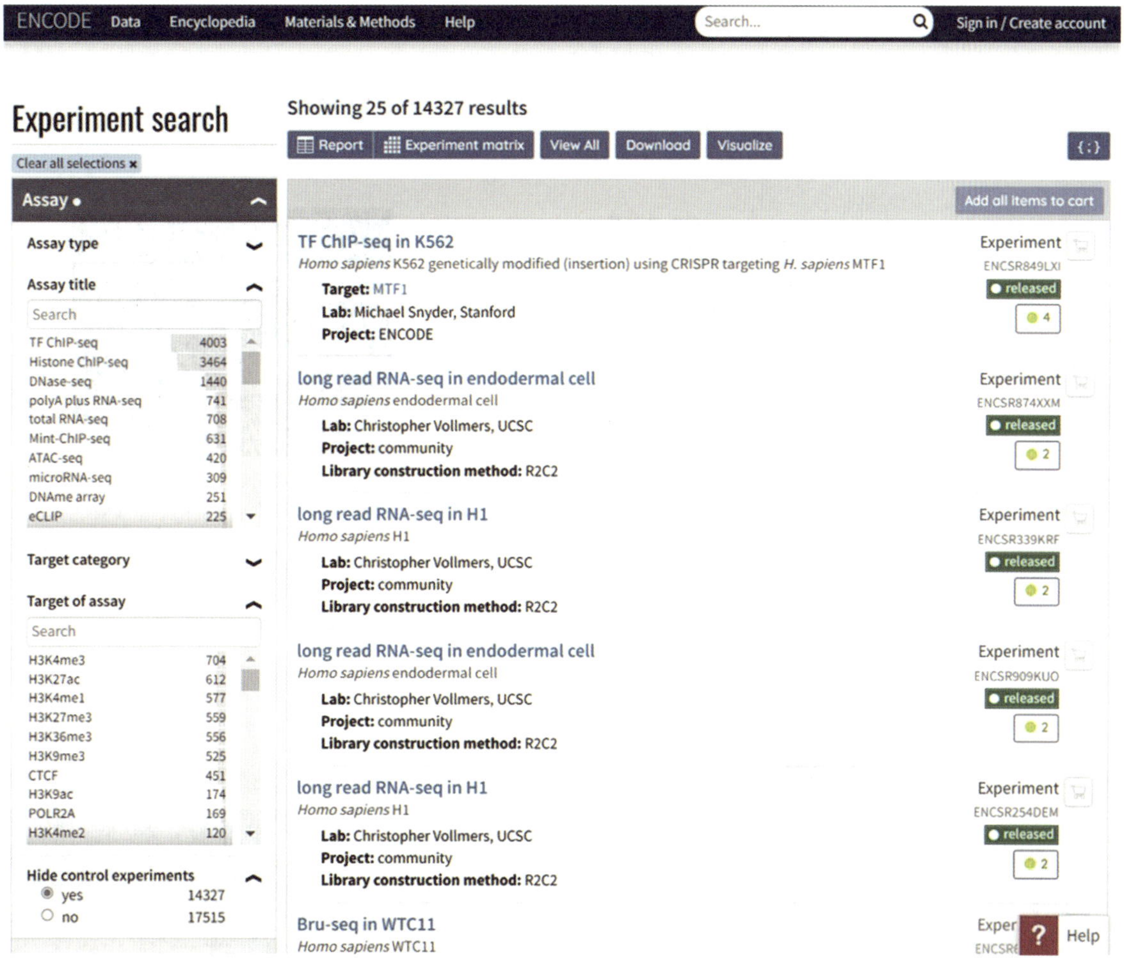

图 1-20 ENCODE 检索和下载界面

三、TCGA 泛癌数据库与数据资源

TCGA 全称是癌症基因组图谱(The Cancer Genome Atlas)是由美国国家癌症研究所(National Cancer Institute,NCI)和国家人类基因组研究(National Human Genome Research Institute,NHGRI)于 2006 年合作建立的癌症研究项目,通过收集整理癌症相关的各种组学数据,提供了一个大型的、免费的癌症研究参考数据库。该计划涵盖 33 种肿瘤类型、超过 2 万个原发肿瘤和相匹配的正常组织样本,产生超过 2.5PB 容量的分子数据,包括基因组、表观遗传组、转录组、蛋白质组等各个组学数据以及临床数据等,提供了一个全方位,多维度的综合数据资源。TCGA 的官方网站主页如图 1-21。

通过主页界面下端"Acces TCGA Data"可以链接到美国国家癌症研究所的 GDC Data Portal 网

站（图 1-22）来访问和下载 TCGA 数据，该站点也是 TCGA 目前存储的权威数据库，数据更新及时。在页面的左侧包括"Projects""Exploration""Analysis"和"Repository"四种数据访问方式，检索文本框，当前数据库的发布版本号及时间，以及数据的简单汇总等信息。页面的右侧动态展示人体结构对

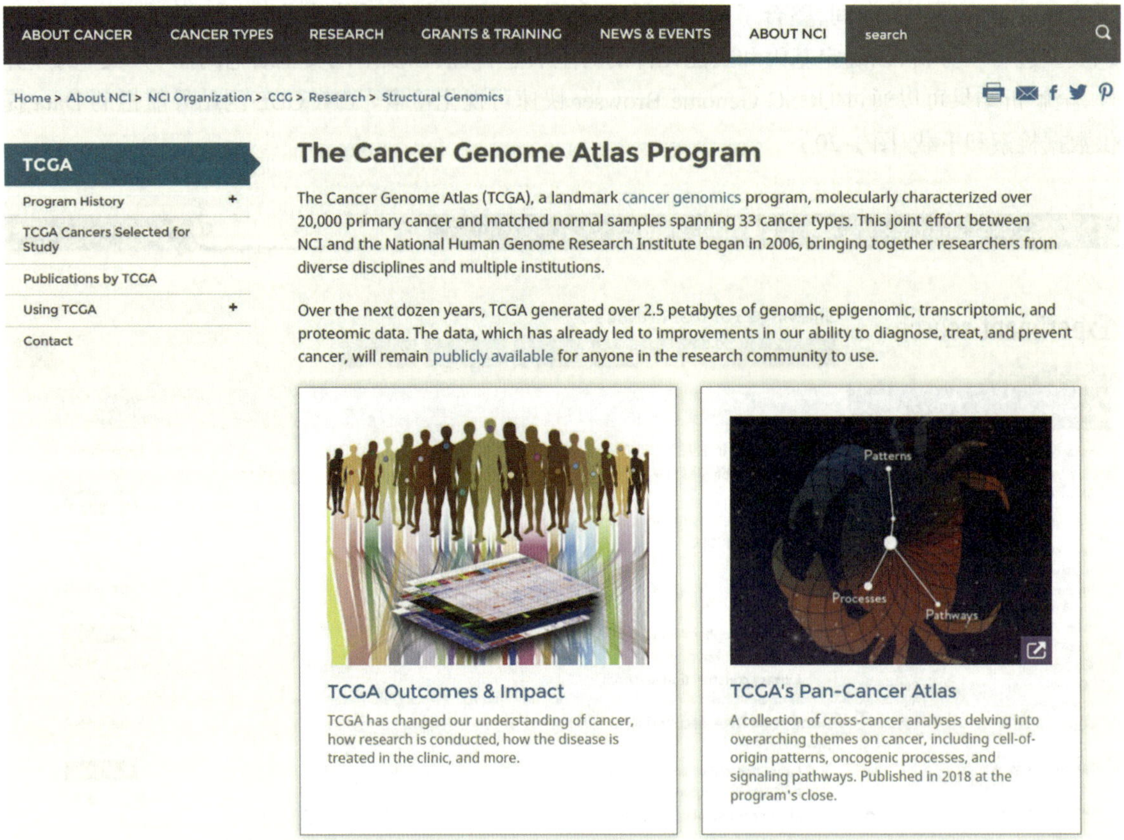

图 1-21　TCGA 官网主页界面

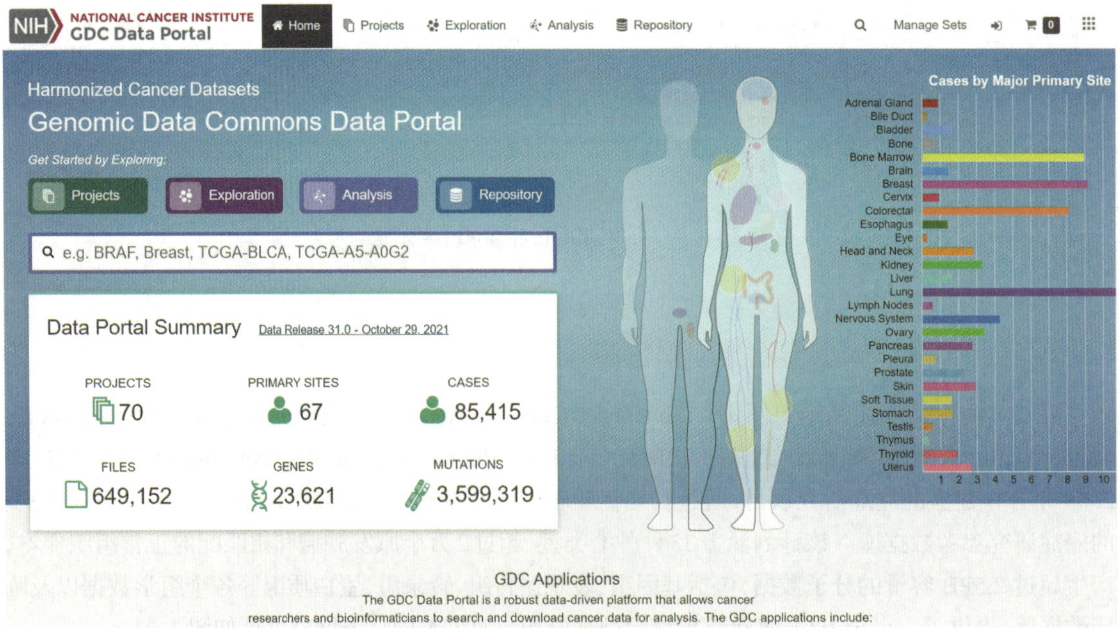

图 1-22　GDC Data Portal 主页界面

应位置肿瘤及对应样本数量信息。

　　例如,可以通过"Repository"访问方式来检索和下载基于 RNA-seq 的"HTSeq-Counts"格式的前列腺癌 mRNA 表达数据。首先点击"Repository"链接,然后在 Files 和 Cases 标签中分别进行选项选择和检索(图 1-23A 和 B),在页面右侧出现搜索结果关键词的逻辑组合及符合条件的结果文件总数,并通过购物车方式选定(图 1-23C),点击"Add All Files to Cart"按钮正式进入下载页面,获取包括临床病理数据、Manifest 文件以及表达文件(图 1-23D)。表达文件除了直接通过"Download"中选择"Cart"方式下载外,还可以先下载 Manifest 文件,然后使用页面中推荐的"GDC Data Transfer Tool"工具(图 1-23E)进行离线下载。下载下来的文件是压缩包,解压后就得到多个文件夹,每个文件夹下的文件就是每个病人在多个基因下的表达矩阵文件,该文件可以合并整理成一个单独的基因表达文件,可供后续进行差异表达分析。按照类似方法,用户可以自行下载 TCGA 的其他几种类型的数据文件。

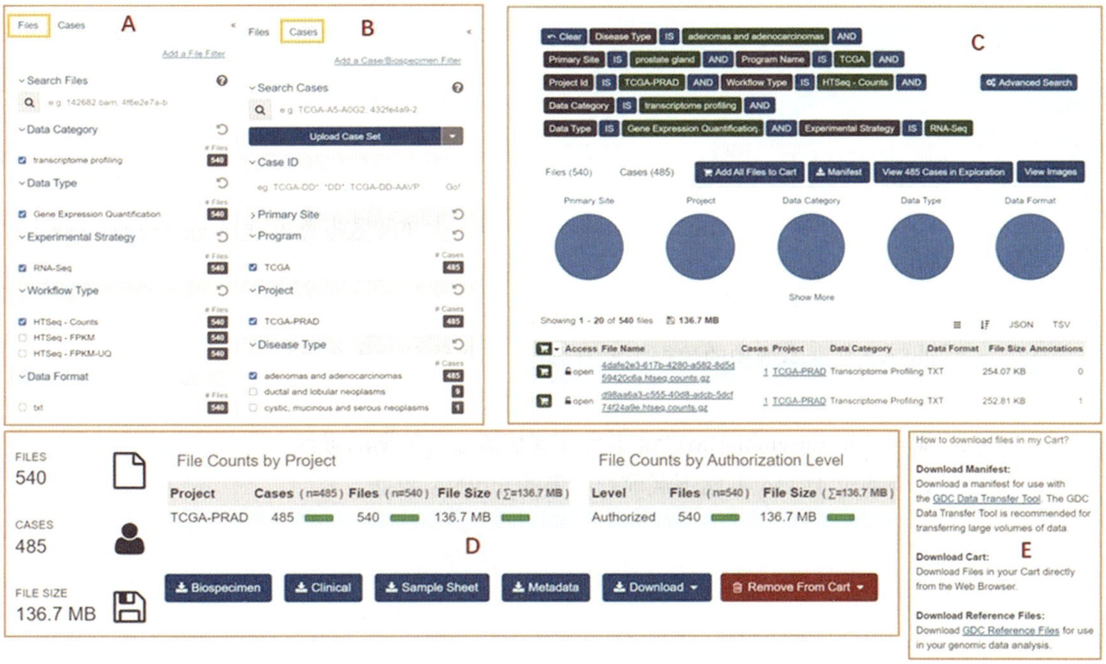

图 1-23　GDC Data Portal 搜索和下载界面

小结

　　人类基因组计划的完成,推动了现代高通量测序技术的快速发展。越来越多的人类个体和众多的动植物、微生物基因组被测定,海量序列数据快速积累,形成了形式多样、功能丰富的数据资源和网络平台。这些数据的利用、分析将为生物医学科学研究和产业转化提供重大的资源支持。本章主要介绍了目前广泛应用的 NCBI、UCSC、ENSEMBL、ENCODE、千人基因组计划以及 TCGA 等重大数据维护机构和计划开发的关键生物序列数据库和数据资源,从代表性检索案例和数据的类型介绍、下载及获取方式的角度着重介绍了对于生物医学科研和产业开发有重要意义的序列资源数据库,期望为读者未来利用生物序列数据开展各项工作提供有益的借鉴。

Summary

The completion of the human genome project, promoted the rapid development of modern high-throughput sequencing technologies. More and more human individuals and many types of animal, plant and microbial genome were sequenced. On the base of rapid accumulation of sequence data, scientists have founded thousands of diverse databases and internet platforms which facilitate the study and translation of biomedicine. In this chapter, the authors introduce several important biological sequence databases from NCBI, EBI, UCSC, ENSEMBL and et al. For each key database, the data feature, typical data query examples and the data obtaining access methods were emphasized, from which the authors expect providing a beneficial reference for the readers in their future research with the usage of biological sequence data.

（何　群　冉隆科）

思考题

1. Genbank 和另外哪两个数据库并称为世界三大核酸数据库？通过网络查询 Genbank 数据库的信息存储情况。

2. Entrez Gene 数据库从哪些方面对基因进行注释？

3. dbSNP 数据库维护的数据类型有哪些，这些数据有什么用途？

4. 如何利用 UCSC 模块实现序列数据的批量下载？

5. 如何利用 Ensembl-BioMart 平台实现核酸序列数据的查询和下载？

6. 如何通过 TCGA 网站下载前列腺癌的 miRNA 数据？

第二章 序列比对

CHAPTER 2　SEQUENCE ALIGNMENT

- 序列比对是基因组分析的基础,有许多严谨的算法。
- 许多研究旨在改进序列比对的耗时。
- 序列数据库搜索和基因组搜索是局部序列比对的一种特殊情形。
- RNA序列比对、全基因组序列比对、序列数据库搜索是序列比对的新方面。

第一节　引　言
Section 1　Introduction

一、序列比对的作用

基因组分析最频繁遇到的问题是比较多个DNA、RNA、氨基酸序列,这些序列可以是基因或其产物、转座子序列、基因表达调控序列等,甚至是整个基因组,比较这些序列的方法称为序列比对(alignment)。序列比对可用于如下目的。

1. 判断序列是否同源。例如,判断一组基因是否为同源基因,判断一组序列是否为同源序列。

2. 识别序列中的功能域。例如,不同的转录因子可能包含类似的DNA结合域,不同的表达调控序列可能包含类似的DNA结合位点。

3. 识别序列中的进化选择信号。例如,识别提示正选择的突变位点和提示负选择的保守位点或保守区域。

4. 分析疾病相关性位点。例如,不同种群基因组序列中的差异可能是种群特异性疾病相关性位点。

5. 分析序列的种系差异和种群差异。例如,比较人类、黑猩猩、小鼠的序列和比较亚洲人、欧洲人、非洲人的序列,这种多序列比对是构造种系树的第一步。

6. 测序与组装分析。例如,如果一个DNA或蛋白质序列被多个实验室测序,则比对不同测序结果可得到共性序列(consensus sequence,也称一致序列),此共性序列最接近真实的序列。对测序序列进行局部比对可发现序列间的重叠,这种重叠是序列拼接的必要信息。

7. 基因和蛋白质功能分析。例如,如果研究揭示了某物种中某基因或某序列的功能,则序列比对可预测其他物种中同源基因或序列的功能。

有效地比较序列需要准确地定义若干概念。第一组概念是同源、相似、距离,它们是精确施行比对的基础。其次,比对算法分成全局比对(global alignment)和局部比对(local alignment),前者判断序列是否整体相似,后者找出序列中相似的一个或多个局部。再者,根据进行比对的序列的数量,将比对分成双序列比对(pairwise alignment,有时也称配对比对)和多序列比对(multiple alignment),后者能更有效地发掘序列中的信息。在应用上多序列比对是双序列比对的推广,但在方法上两者既有共性也有特性,一些算法仅用于多序列比对,一些算法仅用于双序列比对。最后,DNA、RNA和氨基酸序列等不同类型的序列具有不同的特点,因此它们各自具有特定的比对算法。

二、同源、相似与距离

如果两个序列在进化上有共同的祖先,则这两个序列称作同源(homologue)序列。因此,同源是一个没有程度差异的定性概念,两个序列或者同源或者不同源,不能说它们70%或80%同源。同源序列可以非常相似(序列距离很小),也可以相似度不高(序列距离很大)。相似(similarity)和距离(distance)是定量概念,因此可以说两个序列70%相似或80%相似,或距离为30或20。比对的结果,既可以以距离度量,也可以以相似性度量。使用相似性时,比对结果反映被比对序列间的相似程度,例如经常使用一致度(identity)描述两个序列相应位点具有相同碱基或相同氨基酸的位点数量占比。使用距离时,比对结果反映被比对序列间的差异程度,例如用于描述不同物种同源序列的进化距离(evolutionary distance)或遗传距离(genetic distance)。这两种度量在许多情况下可通过一个公式相联系,从一个度量转换到另一个度量。相似既可用于全局比对也可用于局部比对,而距离一般仅用于全局比对,因此相似性更广为使用。

进化可以在产生高度变异的DNA序列的同时保持它所产生的RNA和蛋白质的高级结构,因此在DNA的层次同源与相似常常难以鉴别,许多很不相似的序列可能是同源的。另一方面,区分直系同源(orthologue,也称垂直同源)和旁系同源(paralogue,也称水平同源)则更为困难。直系同源是指不同物种中起源于一个共同祖先的序列,旁系同源主要由序列复制产生,两种同源的关系可用一棵倒置的树说明(图2-1)。一般而言,同源序列具有相同功能。例如,人和鼠的肌球蛋白与血红蛋白同源,它们都能在肌肉中运输氧。但也应注意垂直同源和水平同源基因也常常进化出不同功能。另一方面,对于某些基因,趋同进化(convergent evolution)也可以产生物种间高度相似的DNA或氨基酸序列,但它们来自完全不同的祖先,高度相似的DNA或氨基酸序列仅使它们具有相似或相同的功能。此外,由于氨基酸密码子的简并性,差异很大的DNA序列可产生差异很小的氨基酸序列。

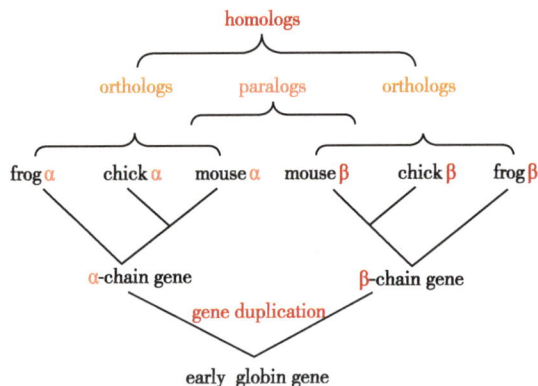

图2-1　多物种中直系同源(orthologous)和旁系同源(paralogous)的球蛋白基因

它们统称为同源基因(homologous genes,或homologues)。

相似(性)可定量地定义为两个序列的函数,函数可有多个值,值的大小取决于两个序列对应位置上相同字符的个数,值越大表示两个序列越相似。距离(一般指编辑距离,edit distance)也可定量地定义为两个序列的函数,其值取决于两个序列对应位置上差异字符的个数,值越小表示两个序列越相似。当用相似性描述两个序列的相似程度时,我们以某种计分规则计算两个序列相似性所得的分值。计分一般与字符位置无关,仅计算对应字符两两比较的分数,然后将所有字符的分数累加,得到两条序列的相似性得分。比对的复杂之处在于,对两两字符进行比较和计分存在许多不同的计分规则。例如,对图2-2中的左、中、右3组序列,使用不同的计分规则可得到不同得分。此外,序列间排列的不同也影响相似性得分。例如,如果seq1与seq2交错一位再比对,则计分结果将受到显著影响。

使用相似性描述多个序列相似程度的计算基础是:通过在适当位置插入空缺(gap)可使序列中的相同字符对齐。以k个序列$s_1, s_2, \cdots, s_k$为例,在适当位置插入空格后,它们的比对$A=(s_1', s_2', \cdots, s_k')$必须满足:

(1) $|s_1'|=|s_2'|=\cdots=|s_k'|$;

(2) 移去s_i'中的所有空格得到s_i;

(3) 对每个i(即第i列),$s_1[i], s_2[i], \cdots, s_k[i]$须有一个不是空格。

```
seq1 = A T C   A G G C T   G C T A G C T A
seq2 = T A C   A C C T T   C G T G A G C A
```

距离得分	海明距离	(seq1, seq2) =	2	3	6
相似性得分	打分规则1	$p(a,a)=1$ $p(a,b)=0$ $(a\neq b)$ =	1	2	2
	打分规则2	$p(a,a)=0.8$ $p(a,b)=0.2$ $(a\neq b)$ =	1.2	2.2	2.8
	打分规则3	见下表 =	−3	−2	−6

	A	T	C	G
A	5	−4	−4	−4
T	−4	5	−4	−4
C	−4	−4	5	−4
G	−4	−4	−4	5

图 2-2　距离与相似性计分

距离与相似都有多种度量。对两条长度相等的序列，它们的海明距离（Hamming distance）等于对应位置不同字符的个数，图中左、中、右 3 组序列的海明距离分别为 2、3、6。按照不同的打分规则，图中 3 组序列有不同的相似性得分。

这里$|s_i'|$是 s_i' 的长度。如果用一个函数 score（）对 $s_1, s_2, \cdots, s_k$ 中的每一对字符进行计分，处理匹配、失配和插入空格（在失配时插入空格，使字符与空格对应）三种情况，则对 $s_1, s_2, \cdots, s_k$ 的不同位置插入空格可产生不同的计分，对匹配、失配和插入空格进行不同的奖励和惩罚也产生不同的计分。不论使用什么计分函数，相似性被定义为最大的计分：

$$similarity(s_1, s_2, \cdots s_k) = \max \sum_{i=1}^{|s_1'|} score(s_1'(i), s_2'(i), \cdots s_k'(i)) \tag{2-1}$$

注意，空格插入和计分机制未必使每个比对仅产生一个唯一的最大计分（即，多种空格插入和计分机制可使一个比对产生相同的最大计分）。

使用距离描述多个序列相似程度的计算基础是：通过字符替换可使一个序列转变为另一个序列，如果在计算中对每个字符替换赋予一个耗费，则能把多个序列之间的距离定义为将全部序列转换为一个共同序列所需的最小耗费。替换操作包括：

（1）字符 a 替换成 b。

（2）插入一个空格。

（3）删除一个空格。

对上述 k 个序列的例子 $s_1, s_2, \cdots, s_k$，如果用一个函数 cost（）对每一列的所有替换操作进行计分，则多个序列之间的距离等于最小的计分：

$$distance(s_1, s_2, \cdots s_k) = \min \sum_{i=1}^{|s_1'|} cost[s_1'(i), s_2'(i), \cdots, s_k'(i)] \tag{2-2}$$

如果用下面的简单函数计算两个字符间的计分：

$$cost(x, y) = \begin{cases} 0 & if\ x = y \\ 1 & if\ x \neq y \end{cases} \tag{2-3}$$

则得到的序列间距离就是编辑距离。根据上述，对两个序列，一个将相似性与距离相关联的公式是：

$$similarity(s_1, s_2) + distance(s_1, s_2) = \frac{M}{2}(|s_1| + |s_2|) \tag{2-4}$$

这里 M 是一个参数。还存在其他将相似性与距离相关联的公式，包括将相似性转换成距离。例如，Feng-Doolittle 提出的渐进多序列比对把两两序列间的相似性规范成有效的相似性分值，然后取负对数，再计算距离：

$$distance(s_1, s_2) = -\log(similarity_{eff}(s_1, s_2))$$

$$=-\log\left(\frac{\text{similarity}_{\text{real}}(s_1,s_2)-\text{similarity}_{\text{rand}}(s_1,s_2)}{[\text{similarity}(s_1,s_1)+\text{similarity}(s_2,s_2)]/2-\text{similarity}_{\text{rand}}(s_1,s_2)}\right)\tag{2-5}$$

有了相似性计分,双序列比对和多序列比对就可被精确定义为使两个或多个序列产生最高相似性计分的序列排列。

三、替换计分矩阵

碱基或氨基酸的插入(insertion)、缺失(deletion)、替换(substitution)均可使序列产生差异(插入和缺失合称"插缺",indel)。例如,某个碱基是黑猩猩到人类的进化中被插入的。对插入和缺失引起的序列失配,比对采用插入空格来处理,使原本对应的字符仍旧能够对应(即默认这些字符是保守的)。而对替换引起的序列失配,需要考虑不同替换的意义。对 DNA 和 RNA 序列,情况特别简单,6 种替换 A→C、A→G、A→T、C→G、C→T、G→T 发生在 4 种碱基之间,因此计分规则可用简单的 4*4 替换计分矩阵(substitution matrix)描述。对于氨基酸序列,因为蛋白质由 20 种氨基酸构成且不同的氨基酸具有不同的理化性质,情况较为复杂,存在多种不同的 20*20 替换计分矩阵。

(一)通过点矩阵对序列比较进行计分

"矩阵作图法"或"对角线作图"是由 Gibb 提出的刻画两条序列比对的方法(图 2-3)。将两条待比较的序列分别放在矩阵的 X/Y 轴上,从下往上和从左到右逐点比较,当对应行与列的字符匹配时,在矩阵对应的位置打点,比较所有字符对后形成一个点矩阵。如果两条序列完全相同,则点矩阵的主对角线各位置都被标记;如果两条序列存在相同的子串,则对每一对子串有一条与对角线平行的由一系列点组成的斜线。而对两条互为反向的序列,则在反对角线方向上有由一系列点组成的斜线。对直观描述超长序列的比对(它们常常包含多个局部匹配),这种对角线作图尤其有用。

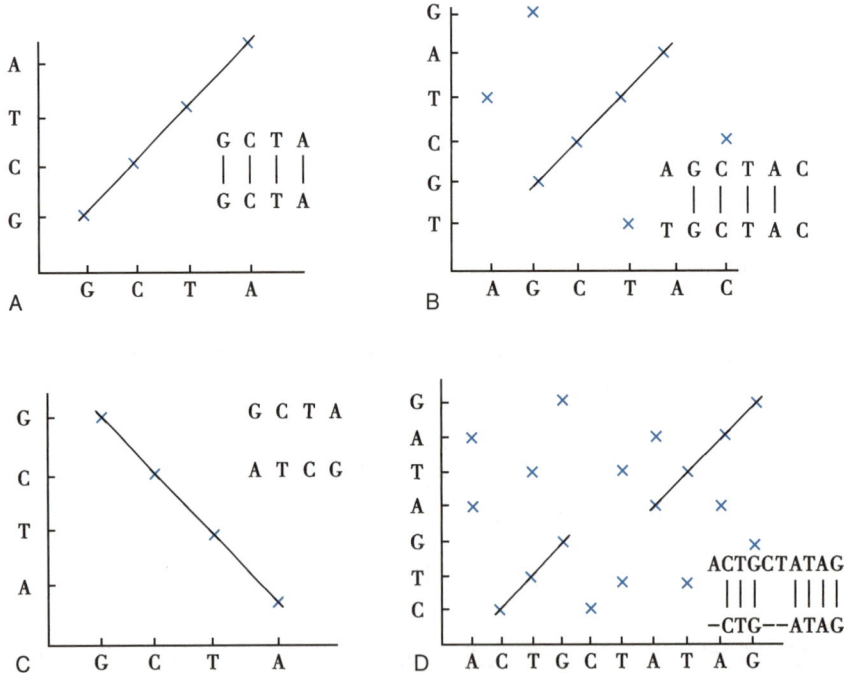

图 2-3　点矩阵展示的双序列比对

A.两条序列完全相同;B.两条序列有一个共同的子序列(对角线上仅有 4 个点);C.两条序列反向匹配;D.两条序列有不连续的两个子序列(两段对角线)。

(二)DNA 序列的替换计分矩阵

在进化过程中不同碱基间发生替换的概率不同,因此也具有不同的意义。精确地处理替换需要考虑各种情形,包括把各种替换的出现概率定量化,各种替换计分矩阵由此而产生(图2-4)。研究者已提出多个替换计分矩阵,它们或依据相应核苷酸的理化性质而确定,或依据突变(替换)实际发生的概率而确定,下面介绍几个简单常见的替换计分矩阵。

	A	T	C	G
A	1	0	0	0
T	0	1	0	0
C	0	0	1	0
G	0	0	0	1

A

	A	T	C	G
A	1	−5	−5	−1
T	−5	1	−5	−5
C	−5	−5	1	−5
G	−1	−5	−5	1

B

	A	T	C	G
A	5	−4	−4	−4
T	−4	5	−4	−4
C	−4	−4	5	−4
G	−4	−4	−4	5

C

图 2-4 核苷酸转换矩阵

A. DNA 等价矩阵;B. 转换-颠换矩阵;C. BLAST 矩阵。

1. 等价矩阵(unitary matrix) 等价矩阵是最简单的替换计分矩阵,相同核苷酸间的匹配得分为1,不同核苷酸间的替换得分为0。它的含义清晰明了,但由于不含核苷酸的任何理化信息和不区别对待不同的替换,在实际的序列比对中较少使用。

2. 转换-颠换矩阵(transition-transversion matrix) 核苷酸的碱基按照环结构特征被划分为嘌呤(腺嘌呤 A,鸟嘌呤 G)和嘧啶(胞嘧啶 C,胸腺嘧啶 T)。同类碱基的替换称为转换(transition),如 A→G,C→T。不同类碱基的替换称为颠换(transversion),如 A→C,A→T 等。在进化过程中转换发生的频率远比颠换高,因此一种计分规则是转换得分为−1,颠换得分为−5。

3. BLAST 矩阵 经过大量实际序列比对,研究者发现,如果被比对的两个核苷酸相同时令得分为+5,反之令得分为−4,则比对效果较好,这种替换计分矩阵称为 BLAST 矩阵,它被广泛用于 DNA 序列比对。

(三)氨基酸序列的替换计分矩阵

蛋白质序列由 20 种氨基酸组成,它们具有更为广泛的物理化学特性,这些特性影响它们的相互替换性。例如,体积相似的氨基酸比体积差异大的氨基酸更易于彼此替换,疏水性和亲水性相同的氨基酸也更易于彼此替换。研究表明,天冬酰胺 Asn、天冬氨酸 Asp、谷氨酸 Glu、丝氨酸 Ser 属于最容易突变的氨基酸,而半胱氨酸 Cys、色氨酸 Trp 则属于最不易突变的氨基酸。因此,在比较氨基酸序列时简单的计分系统(例如,+1 表示匹配,0 表示失配,−1 表示空格)是不够的,必须用一个能够充分反映氨基酸相互替换特性的计分系统。下面介绍几个氨基酸替换计分矩阵。

1. 等价矩阵(unitary matrix) 氨基酸等价矩阵与 DNA 等价矩阵道理相同,相同氨基酸间的匹配得分为1,不同氨基酸间的替换得分为0。由于不含有氨基酸的任何理化信息,在实际的序列比对中几乎不被使用。

2. 遗传密码矩阵(genetic code matrix,GCM) 遗传密码矩阵通过计算一个氨基酸转变成另一个氨基酸所需的密码子变化数目而得到。如果变化一个碱基就可以使编码一个氨基酸的密码子改变为编码另一个氨基酸的密码子,则这两个氨基酸的替换代价为1;如果需要变化 2 个碱基,则这两个氨基酸的替换代价为2;而 Met 到 Tyr 的转变则是 3 个碱基都需要改变。遗传密码矩阵常用于进化距离的计算,其计算结果可直接用于绘制进化树。

3. 疏水性矩阵(hydrophobic matrix) 在蛋白质之间某些氨基酸可以很容易地彼此相互取代而不改变蛋白质的物理化学性质,这些氨基酸包括异亮氨酸(isoleucine)和缬氨酸(valine)、丝氨酸(serine)和苏氨酸(threonine)等。根据 20 种氨基酸侧链基团疏水性的不同以及氨基酸替换前后理化性质变化的大小,研究者制定了以氨基酸的疏水性为标准的疏水性矩阵。若一个氨基酸替换后疏

NOTES

水性不发生显著变化,则替换得分高,否则替换得分低。这种矩阵有明确的理化性质依据,适用于偏重蛋白质功能分析的序列比对。

4. PAM 矩阵　统计大量氨基酸之间实际发生的替换也可导出合理的替换计分依据。Dayhoff 与同事研究了 34 个蛋白质家族(包括高度保守的和高度易突变的),根据对氨基酸之间相互替换率的统计得到 PAM 矩阵,PAM 指可接受点突变(point accepted mutation)或可接受突变百分比(percent of accepted mutation)。该矩阵基于氨基酸进化的点突变模型,即如果两种氨基酸替换频繁,说明自然界易接受这种替换,这一对氨基酸的替换得分就应该高。PAM 矩阵是目前氨基酸序列比对中最广泛使用的计分方法之一,其公式如下:

$$s_{i,j}=10 \times \log \frac{PAM_{i,j}}{p_i} \tag{2-6}$$

把 PAM 矩阵用于蛋白质比对计分时,$PAM_{i,j}$ 是反映氨基酸 j 被氨基酸 i 替换的概率的矩阵单元,p_i 是氨基酸 i 在全部蛋白质中出现的频率 $\left(\sum_{i=1}^{20} p_i=1\right)$。

PAM 实际上是一个包含多个矩阵的家族。需要不同 PAM 矩阵的原因是,被比较序列之间可能有非常不同的进化距离,PAM 矩阵必须合理反映这个距离。例如,PAM-1 矩阵用平均每百个氨基酸发生一个突变作为进化单位,当对两个进化距离为 250 单位的序列进行比较时,应使用 PAM-250 而非 PAM-1 矩阵。一个 PAM 矩阵的制作步骤是:

(1)构建序列相似(大于 85%)的比对。

(2)计算氨基酸 j 的相对突变率 m_j(j 被其他氨基酸替换的次数)。

(3)针对每一对氨基酸 i 和 j,计算 j 被 i 替换的次数。

(4)替换次数除以相对突变率(m_j)。

(5)利用每个氨基酸出现的频度对 j 进行标准化。

(6)取常用对数,得到 PAM-i(i,j)。

将 PAM-1 自乘 N 次即可以得到 PAM-n,但这并不意味 N 次 PAM 自乘后每个氨基酸都发生了变化。另一方面,自乘后一些氨基酸位置可以经历多次突变,而另一些氨基酸位置甚至可能会变回到原来的氨基酸。

5. BLOSUM 矩阵(BLOck SUbstitution matrix)　BLOSUM 矩阵由 Henikoff 首先提出,是另一种氨基酸替换计分矩阵,它也是通过统计相似氨基酸序列的替换率而得到的。PAM 矩阵是从蛋白质序列的全局比对结果推导出来的,而 BLOSUM 矩阵则是从蛋白质序列块(短序列)比对推导出来的,基本数据来源于 BLOCKS 数据库。同 PAM 矩阵一样,也有许多不同编号的 BLOSUM 矩阵,这里的编号指的是序列可能相同的最高水平。图 2-5 所示的 BLOSUM 矩阵是由具有 62% 相同比例的序列被组合统计后形成的矩阵。注意,在比对高度相似的氨基酸序列时,宜使用较高值的 BLOSUM 矩阵(高至 BLOSUM-90),在比对高度差异的氨基酸序列时,宜使用较低值的 BLOSUM 矩阵(低至 BLOSUM-30)。

在实际应用时,不同的计分矩阵适用于不同类型的问题。对于 PAM-n 矩阵,n 表示进化距离,n 越小表示氨基酸变异的可能性越小,高相似序列之间的比对应该选用 n 值小的矩阵,低相似序列之间的比对应该选用 n 值大的矩阵。例如,PAM-250 用于约 20% 相同的氨基酸序列之间的比对。对于 BLOSUM-n 矩阵,n 值表示相似性或一致度,n 越小则表示氨基酸相似的可能性越小,高相似的序列之间比较应该选用 n 值大的矩阵,低相似序列之间的比对应该选用 n 值小的矩阵。例如,BLOSUM-62 用来比较 62% 相似度的序列,BLOSUM-80 用来比较 80% 左右相似度的序列。

四、实现比对的基本算法:动态规划法

用计算机科学的术语来说,比对两个序列就是找出两个序列的最长公共子序列(longest common

	A	R	N	D	C	Q	E	G	H	I	L	K	M	F	P	S	T	W	Y	V	B	Z
A	4	-1	-2	-2	0	-1	-1	0	-2	-1	-1	-1	-1	-2	-1	1	0	-3	-2	0	-2	-1
R	-1	5	0	-2	-3	1	0	-2	0	-3	-2	2	-1	-3	-2	-1	-1	-3	-2	-3	-1	0
N	-2	0	6	1	-3	0	0	0	1	-3	-3	0	-2	-3	-2	1	0	-4	-2	-3	3	0
D	-2	-2	1	6	-3	0	2	-1	-1	-3	-4	-1	-3	-3	-1	0	-1	-4	-3	-3	4	1
C	0	-3	-3	-3	9	-3	-4	-3	-3	-1	-1	-3	-1	-2	-3	-1	-1	-2	-2	-1	-3	-3
Q	-1	1	0	0	-3	5	2	-2	0	-3	-2	1	0	-3	-1	0	-1	-2	-1	-2	0	3
E	-1	0	0	2	-4	2	5	-2	0	-3	-3	1	-2	-3	-1	0	-1	-3	-2	-2	1	4
G	0	-2	0	-1	-3	-2	-2	6	-2	-4	-4	-2	-3	-3	-2	0	-2	-2	-3	-3	-1	-2
H	-2	0	1	-1	-3	0	0	-2	8	-3	-3	-1	-2	-1	-2	-1	-2	-2	2	-3	0	0
I	-1	-3	-3	-3	-1	-3	-3	-4	-3	4	2	-3	1	0	-3	-2	-1	-3	-1	3	-3	-3
L	-1	-2	-3	-4	-1	-2	-3	-4	-3	2	4	-2	2	0	-3	-2	-1	-2	-1	1	-4	-3
K	-1	2	0	-1	-3	1	1	-2	-1	-3	-2	5	-1	-3	-1	0	-1	-3	-2	-2	0	1
M	-1	-1	-2	-3	-1	0	-2	-3	-2	1	2	-1	5	0	-2	-1	-1	-1	-1	1	-3	-1
F	-2	-3	-3	-3	-2	-3	-3	-3	-1	0	0	-3	0	6	-4	-2	-2	1	3	-1	-3	-3
P	-1	-2	-2	-1	-3	-1	-1	-2	-2	-3	-3	-1	-2	-4	7	-1	-1	-4	-3	-2	-2	-1
S	1	-1	1	0	-1	0	0	0	-1	-2	-2	0	-1	-2	-1	4	1	-3	-2	-2	0	0
T	0	-1	0	-1	-1	-1	-1	-2	-2	-1	-1	-1	-1	-2	-1	1	5	-2	-2	0	-1	-1
W	-3	-3	-4	-4	-2	-2	-3	-2	-2	-3	-2	-3	-1	1	-4	-3	-2	11	2	-3	-4	-2
Y	-2	-2	-2	-3	-2	-1	-2	-3	2	-1	-1	-2	-1	3	-3	-2	-2	2	7	-1	-3	-2
V	0	-3	-3	-3	-1	-2	-2	-3	-3	3	1	-2	1	-1	-2	-2	0	-3	-1	4	-3	-2
B	-2	-1	3	4	-3	0	1	-1	0	-3	-4	0	-3	-3	-2	0	-1	-4	-3	-3	4	1
Z	-1	0	0	1	-3	3	4	-2	0	-3	-3	1	-1	-3	-1	0	-1	-3	-2	-2	1	4

图 2-5　BLOSUM-62 矩阵

subsequence，LCS），它反映两个序列的最高相似度。序列 v 的子序列是 v 中一个有序但未必连续的字符序列。例如，若 v=ATTGCTA，则 AGCA 和 ATTA 都是 v 的子序列，而 TGTT 和 TCG 则不是。再如，若 v=ATCTGAT，w=TGCATA，则 v 和 w 存在多个共同子序列，包括 TCTA。显然，一些共同子序列要比另外一些共同子序列长，但找出最长的共同子序列常常并不容易。

寻找两个序列的最长共同子序列的一个简单方法是，先计算出所有可能的共同子序列，然后找出最长的那一个。但当序列较长时，计算所有可能的共同子序列极其费时。随意取 v=ATGTTAT 和 w=ATCGTAC，如图 2-6 所示，要计算这两个序列的所有共同子序列，计算程序必须遍历从点（0,0）到点（7,7）的所有路径，每个路径都对应于一个比对，粗箭头显示了一个找到最长共同子序列的最优比对。

从另一个角度考察这个问题。定义 $s_{i,j}$ 为 v 的前 i 个字符 $v_1\cdots v_i$ 与 w 的前 j 个字符 $w_1\cdots w_j$ 之间的最长共同子序列的长度。显然，$s_{i,0}=s_{0,j}=0$，且存在如下递归公式：

$$s_{i,j}=\max\begin{cases} s_{i-1,j}，即\ v_i\ 不在\ v_1\cdots v_i\ 与\ w_1\cdots w_j\ 的\ LCS\ 中，v_1\cdots v_i\ 与\ w_1\cdots w_j\ 的 \\ \qquad LCS\ 的长度\ =v_1\cdots v_{i-1}\ 与\ w_1\cdots w_j\ 的\ LCS\ 的长度； \\ s_{i,j-1}，即\ w_j\ 不在\ v_1\cdots v_i\ 与\ w_1\cdots w_j\ 的\ LCS\ 中，v_1\cdots v_i\ 与\ w_1\cdots w_j\ 的 \\ \qquad LCS\ 的长度\ =v_1\cdots v_i\ 与\ w_1\cdots w_{j-1}\ 的\ LCS\ 的长度； \\ s_{i-1,j-1}+1，即如果\ v_i=w_j，则\ v_1\cdots v_i\ 与\ w_1\cdots w_j\ 的 \\ \qquad LCS\ 的长度\ =v_1\cdots v_{i-1}\ 与\ w_1\cdots w_{j-1}\ 的\ LCS\ 的长度 \end{cases}\qquad(2\text{-}7)$$

也就是说，$s_{i,j}$ 可由求解其子问题 $s_{i-1,j}$、$s_{i,j-1}$ 和 $s_{i-1,j-1}$ 而得出，这是一个递归计算过程。为了利用 $s_{i-1,j}$、$s_{i,j-1}$ 和 $s_{i-1,j-1}$ 计算 $s_{i,j}$，把所有中间计算结果存入一个称作动态规划表的特殊数据结构，根据下面的算法依次利用已求解项计算和填写未求解项。

NOTES

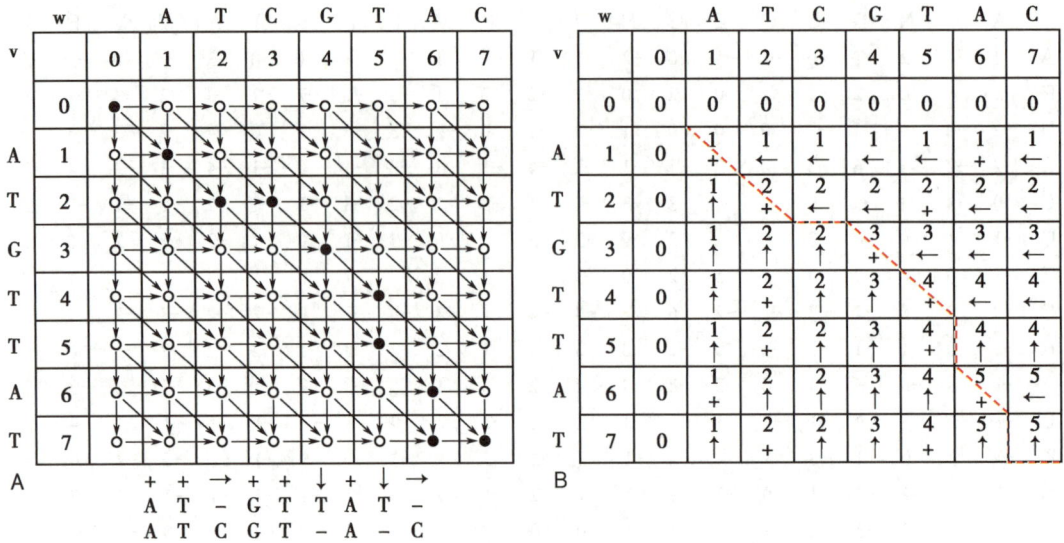

图 2-6　动态规划法示意
A. 使用动态规划法寻找两个序列的最长公共部分；B. 动态规划表的填写。

算法 LCS（v,w）：

（1）for i=0 to n

（2）　　　$s_{i,0}=0$

（3）for j=0 to m

（4）　　　$s_{0,j}=0$

（5）for i=0 to n

（6）　　　for j=0 to m

（7）$s_{i,j}=\max\begin{cases} s_{i-1,j} \\ s_{i,j-1} \\ s_{i-1,j-1}+1 \ \ \text{if } v_i=w_j \end{cases}$

（8）$b_{i,j}=\begin{cases} \text{"↑"} \ \ \text{if } s_{i,j}=s_{i-1,j} \\ \text{"←"} \ \ \text{if } s_{i,j}=s_{i,j-1} \\ \text{"+"} \ \ \text{if } s_{i,j}=s_{i-1,j-1}+1 \end{cases}$

（9）return（$s_{n,m}$,b）

算法中参数 v 与 w 是两个序列，变量 n 与 m 是该两序列的长度，s 是动态规划表，另一个表 b 记下了有关 $s_{i-1,j}$、$s_{i,j-1}$ 和 $s_{i-1,j-1}$ 的附加信息。在每一个点（i,j），"+"对应于列 $\begin{pmatrix} v_i \\ w_j \end{pmatrix}$，"←"对应于列 $\begin{pmatrix} - \\ w_j \end{pmatrix}$，

"↑"对应于列 $\begin{pmatrix} v_i \\ - \end{pmatrix}$（图 2-6B）。当动态规划表 s 和表 b 全部填满时，即可根据所填数据确定最长共同子序列，这就是用动态规划法进行双序列比对的基本原理。图 2-6B 是利用该方法得到图 2-6A 中序列 v=ATGTTAT 和 w=ATCGTAC 的最长共同子序列的动态规划表 s 和表 b，每个网格点中数字是 $s_{i,j}$ 的值，符号是 $b_{i,j}$ 的结果，而虚线给出了最长公共子序列。注意，两个序列的最长共同子序列可能不是唯一的，在这个例子里，若计分规则保持不变，则

　　　AT-GTTAT-与 AT-GTTA-T

　　　ATCGT-A-C 与 ATCGT-AC-

具有相同的计分，因而是具有相同长度的共同子序列。

动态规划法是一种将复杂问题分解为简单子问题而进行问题求解的方法。上述动态规划算法中有 4 个循环,前 2 个循环做初始化,分别消耗时间 O(n) 和 O(m),n 和 m 是序列长度,后两个循环是嵌套的,填写动态规划表 s 和表 b 的元素,消耗时间 O(nm)。由于表 s 和表 b 是主要数据结构,算法的空间复杂性也是 O(nm)。如果两个序列等长,则时间与空间复杂性都是 O(n^2)。

第二节 全局比对与局部比对
Section 2 Global and Local Alignment

一、双序列全局比对与 Needleman-Wunsch 算法

对两条序列的比对问题人们提出了很多算法,把动态规划算法应用于比对两个序列起源于 1970 年 SBNeedleman 和 CD Wunsch 两人的工作,其算法被称为 Needleman-Wunsch 算法。目前,动态规划算法是所有比对算法的基础。全局双序列比对的核心特征是序列中所有对应字符均假定可以匹配,所有字符具有同等的重要性,插入空格是为了使整个序列得到比对,包括使两端对齐。Needleman-Wunsch 算法适合于比对长度相当的序列。后来,TF Smith 和 MS Waterman 两人于 1981 年对双序列的局部比对进行了研究,提出了 Smith-Waterman 算法。下面以 Smith-Waterman 算法为例介绍动态规划算法的思想。

1. 动态规划法的思想 首先,对于如下假定的序列:

(1)a,b 是使用某一字符集∑的序列(DNA 或蛋白质序列)。

(2)m=a 的长度。

(3)n=b 的长度。

(4)S(i,j)是按照某替换计分矩阵得到的前缀 a[1...i]与 b[1...j]最大相似性得分。

(5)w(c,d)是字符 c 和 d 按照替换计分矩阵计算的得分。

可按照规则建立得分矩阵:

$S(i,0)=0, 0 \leq i \leq m$

$S(0,j)=0, 0 \leq j \leq n$

$$S(i,j)=\max \begin{cases} S(i-1,j-1)+w(a_i,b_j) & \text{匹配或错配} \\ S(i-1,j)+w(a_i,-) & \text{插入} \\ S(i,j-1) & \text{缺失不罚分} \end{cases} \quad (2\text{-}8)$$

例如,对于序列 a=ACACACTA,序列 b=AGCACACA,计分规则 w(匹配)=+2;w(a,-)=w(-,b)=w(失配)=-1,则获得的得分矩阵类似于图 2-6。接着,反向搜寻最大得分,同时记下读取路径。为了得到最佳比对,必须从得分最高的位置 S(i,j)开始,在矩阵的(i-1,j),(i,j-1)或(i-1,j-1)位置中寻找下一个最大得分位置,记下路径(画箭头),当两个(或三个)位置得分相等时,取对角线方向,依此规则搜寻,直至到起点(0,0)。在本例中,最大得分对应的位置分别为(8,8),(7,7),(7,6),(6,5),(5,4),(4,3),(3,2),(2,1),(1,1)和(0,0)。最后,构建最佳匹配。在读取路径中要求:对角线对应匹配(或失配),上下箭头对应删除,左右箭头对应插入。依此规则,我们可以得到本例的最佳匹配为:

```
序列 a = A  -  C  A  C  A  C  T  A
序列 b = A  G  C  A  C  A  C  -  A
```

对算法的复杂度,从所使用的数据结构本身及其计算过程来看,序列两两比对基本算法的空间复杂度和时间复杂度都是 O(mn)。

2. 动态规划法的流程 大致包括:①按照规则建立得分矩阵;②反向读取最大得分,构建最佳匹配。每一步都包括若干子步骤。按照规则建立得分矩阵的流程是:

```
for i=0 tolength(A)
        F(i,0)←0
for j=0 tolength(B)
        F(0,j)←0
for i=1 to length(A)
for j=1 tolength(B){
        Choice1 ← F(i-1,j-1)+S(A(i),B(j))
        Choice2 ← F(i-1,j)+d
        Choice3 ← F(i,j-1)+d
        F(i,j)← max(Choice1,Choice2,Choice3)
    }
```

反向读取最大得分,构建最佳匹配的流程是:

```
AlignmentA ← ""
AlignmentB ← ""
i ← length(A)
j ← length(B)
while(i>0 and j>0){
    Score ← F(i,j)
    ScoreDiag ← F(i-1,j-1)
    ScoreUp ← F(i,j-1)
    ScoreLeft ← F(i-1,j)
if( Score==ScoreDiag+S(A(i-1),B(j-1))){
        AlignmentA ← A(i-1)+AlignmentA
        AlignmentB ← B(j-1)+AlignmentB
        i ← i-1
        j ← j-1
}
elseif( Score==ScoreLeft+d){
        AlignmentA ← A(i-1)+AlignmentA
        AlignmentB ← "-"+AlignmentB
        i ← i-1
}
otherwise(Score==ScoreUp+d)
{
    AlignmentA ← "-"+AlignmentA
    AlignmentB ← B(j-1)+AlignmentB
    j ← j-1
}
}
```

二、双序列局部比对与 Smith-Waterman 算法

研究者常常会遇到这两种情况:①手里有一段序列,想知道这一段序列是否与一段已知序列有同源的子序列(例如,手里的这段序列是否与一个已知蛋白中的一个功能域同源);②手里有许多序列,

想知道这些序列是否包含共同的子序列（例如，手里的许多序列是否包含一个相同的功能域）。这些情况涉及子序列与完整序列的比对。注意，短的和长的序列间除了人们关注的共同区段外可能并没有太多的相似性（见下面两个序列），如果对它们做全局比对很可能不会有一个高的得分。这些情况使得各种局部比对算法应运而生。局部比对不假定整个序列可以匹配，重在考虑序列中能够高度匹配的区段，这些区段可以是一个或多个，赋予这些区段更大的计分权值，而空格的插入是为了使高度匹配的区段得到更好的比对。一个简单局部比对的例子是：

$$----AGCT----$$
$$ATGCAGCTGCTT$$

用于局部比对的动态规划法算法是 Smith-Waterman 算法。处理子序列与完整序列（或短序列与长序列）比对的一般过程是：设短序列 a 和长序列 b 的长度分别为 L_a 和 L_b，比对是在 b 序列中寻找 a 序列的过程。实现这个过程需要对全局比对动态规划算法做一些改动，使得它不计算删除序列 a 前缀的得分，也不计算删除 a 序列后缀的罚分，而算法其他行（除最后一行）的计算不变。最后一行的计算按以下公式：

$$S(i,j)=\max \begin{cases} 0 \\ S(i-1,j-1)+w(a_i,b_j) & \text{匹配或错配} \\ S(i-1,j)+w(a_i,-) & \text{插入} \\ S(i,j-1)+w(-,b_j) & \text{缺失} \end{cases} \quad (2\text{-}9)$$

最优局部比对的得分是 $S_{i,j}$，而 b 中匹配的子序列按如下方式寻找：

$$j=\min \{k|S_{i,k}=S_{i,n}\} \quad (2\text{-}10)$$

然后由位置（i,j）出发，反推比对路径，最终通过斜线（非空位）到达（0,j）。下面的例子说明，针对两条相同的序列，局部比对和全局比对可得到完全不同的结果（图 2-7）。

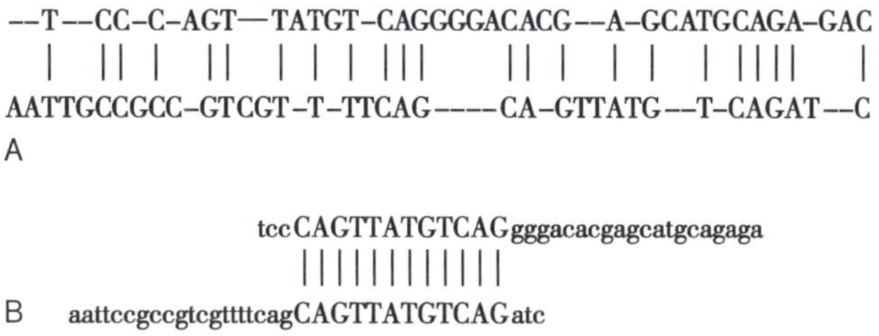

图 2-7 对两个序列进行全局和局部比对可得到完全不同的结果

有些比对软件通过参数设定能够既做全局比对也做局部比对，有些比对软件则专用于全局或局部比对。全局比对只报出一个结果，局部比对可报出一个或多个结果。

三、多序列比对原理

基因组分析中更常见的是多序列比对，即同时比对几个、几百个，甚至几千个序列。多序列比对涉及四个要素：①选择一组能进行比对的序列；②选择一个实现比对的算法与软件；③确定软件的参数；④合理解释比对的结果。多序列比对也有全局比对和局部比对。全局多序列比对假定整个序列是一个保守区段，空格常常插在序列中间而非两端，使全部序列具有相同长度，揭示序列整体上的可比性和相似度。全局多序列比对常常用于比对外显子序列、RNA 序列和蛋白质序列。与之不同的是，局部多序列比对不假定整个序列是保守的，只关注序列中哪些区段有可比性和相似度，空格既插在序列中间也插在序列两端，空格的分布可能非常不均匀。局部多序列比对常常用于比对较长的序列，探测其中同源或相似的区段（例如，不同基因中相同的功能域）。

多序列比对的一个特殊问题是对插入和缺失的罚分。双序列比对不区别序列中的插入和缺失，但多序列比对常常用于种系分析,对插入和缺失需进行专门处理。在一般的多序列比对算法里,一个缺失被罚分一次,但一个插入可被过度地罚分多次。这样产生的空格罚分要么太高,以致长的空格从不出现,要么太低,以致序列被许多小空格打散。A Loytynoja 和 N Goldman 在 2005 年提出一个算法来区分插入和缺失并校正插入的罚分,该算法产生的多序列比对通常包含较多的空格,但更准确,尤其适用于一般 DNA 序列的比对。由于动态规划法相当耗时,研究者开发了多种优化的多序列比对方法,下面简述四种方法。

(一) 动态规划法多序列比对

标准的动态规划法可直接用于多序列比对。如果比对三条序列 u=ATGC、v=ATGTTAT 和 w=ATCGTAC(图 2-8),相对于双序列比对,动态规划法需要考察更多的项。用 $\delta(x,y,z)$ 表示由字母 x、y 和 z 组成的列的得分,可以从下列任何一个前导到达位点 (i,j,k)(图 2-8):

(1)$(i-1,j,k)$,得分 $\delta(u_i,-,-)$

(2)$(i,j-1,k)$,得分 $\delta(-,v_j,-)$

(3)$(i,j,k-1)$,得分 $\delta(-,-,w_k)$

(4)$(i-1,j-1,k)$,得分 $\delta(u_i,v_j,-)$

(5)$(i-1,j,k-1)$,得分 $\delta(u_i,-,w_k)$

(6)$(i,j-1,k-1)$,得分 $\delta(-,v_j,w_k)$

(7)$(i-1,j-1,k-1)$,得分 $\delta(u_i,v_j,w_k)$

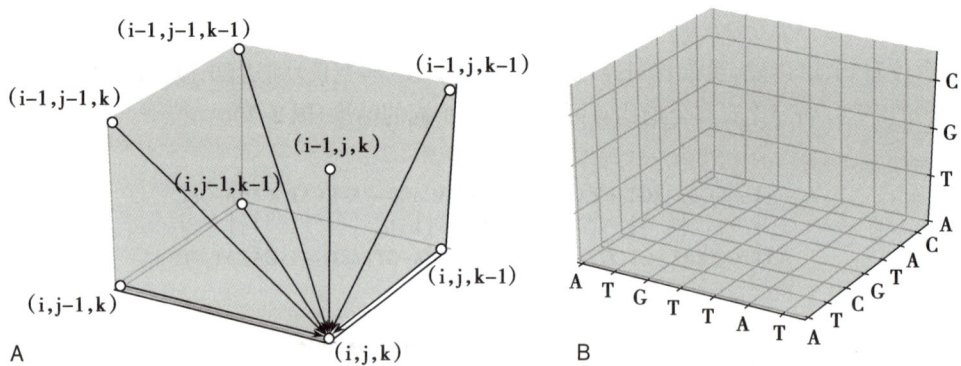

图 2-8 计算三序列比对

A. 计算三个序列间的一个比对单元 (i,j,k) 依赖于其 7 个前导项;B. 计算 u=ATGC,v=ATGTTAT,w=ATCGTAC 三序列比对的三维得分矩阵 δ。

计算需要使用一个三维的动态规划表 s。三维动态规划表 s 以及表 b 的填写和计算与二维情形无本质不同,而 $s_{i,j,k}$ 的递归计算也类似于二维情形下的过程,即:

$$s_{i,j,k}=\max\begin{cases}s_{i-1,j,k}+\delta(u_i,-,-)\\s_{i,j-1,k}+\delta(-,v_j,-)\\s_{i,j,k-1}+\delta(-,-,w_k)\\s_{i-1,j-1,k}+\delta(u_i,v_j,-)\\s_{i-1,j,k-1}+\delta(u_i,-,w_k)\\s_{i,j-1,k-1}+\delta(-,v_j,w_k)\\s_{i-1,j-1,k-1}+\delta(u_i,v_j,w_k)\end{cases} \quad (2-11)$$

尽管用动态规划法进行多序列比对在原理上与双序列比对几乎没有差别,但时间和空间开销有显著不同。以 k 个长度为 n 的序列的多序列比对为例。首先,按照前面对二维情形的分析,其复杂度有一个 $O(n^k)$ 项。其次,按照上面对三维情形的分析,由于每个 (i,j,k) 的计算依赖于 2^k-1 个已计算的前导项,$O(n^k)$中还要乘上一个因子2^k。因此,总的时间复杂度高达$O(n^k2^k)$,这使得标准动态规划法无法直接用于较长序列的多序列比对。

(二)渐进多序列比对

渐进多序列比对(progressive multiple alignment)基于使用动态规划法建立的配对比对,其思想最早由WM Fitch和KT Yasunobu在1975年提出,DF Feng和RF Doolittle在1987年对之进行了改进。

渐进多序列比对首先使用动态规划法构造全部k个序列的$\binom{k}{2}$个配对比对(双序列比对),然后以计分最高的配对比对作为多序列比对的种子,按配对比对计分高低依次选择序列,逐渐向已构造的多序列比对中加入序列,最终形成多序列比对。该方法的优点是能处理高达数百个序列的比对,缺点是最终的结果取决于序列加入的次序,因此比对的最优性不受保证。需说明的是,在添加序列的过程中需要对序列加入空格,而存在多种引入空格的方法。DF Feng和RF Doolittle的方法是"一旦引入一个空格则始终保持这个空格",其合理性在于,配对比对产生的最接近的序列在决定空格方面应该被赋予更重的权值。

渐进多序列比对实际上是一种启发式算法,而所有启发式算法都不保证产生全局最优的比对。首先,渐进多序列比对可能会被一些坏的种子所误导。如果一开始选择的两条序列的配对比对与实际上的最优多序列比对不一致,那么初始的配对比对中的错误在整个多序列比对构造过程中将始终存在并持续传播。其次,在比对的任何阶段出现失配时(例如在配对比对中加入空格),这些失配不是被纠正而是被传播到最终结果。再者,一个更糟糕的情况是配对比对可能无法组成一个相容的多序列比对。以上因素使得渐进多序列比对对于距离非常接近的序列效果很好,而当序列间的距离较远时效果不佳。

对于接近或超过100个序列的多序列比对,渐进多序列比对具有较高效率。最流行的渐进多序列比对软件是Clustal,1994年版的ClustalW有以下特点:①在比对中对每个序列赋予一个特殊的权值以降低高度近似的序列的影响和提高相距遥远的序列的影响,这样能更准确地反映在进化中序列所产生的变化。②根据序列间进化距离的离异度(divergence),在比对的不同阶段使用不同的氨基酸替换矩阵。③采用了与特定氨基酸相关的空缺(gap,指一个或多个连续的空格)罚分函数,对亲水性氨基酸区域中的空缺予以较低的罚分。④对在早期配对比对中产生空缺的位置进行较少的罚分,对引入空缺(gap open)和扩展空缺(gap extend)进行不同的罚分。

(三)迭代法多序列比对

在渐进多序列比对中,配对比对一经加入构造的多序列比对便不再被重新处理,因此对在渐进比对过程中发现的错误或不适当的计分没有机会进行更正,这提高了比对的时间效率但牺牲了准确性。当起始的配对比对处理的是较远距离的序列时,其蕴含的错误对多序列比对的影响尤其严重。一类称作迭代法的方法能够克服渐进多序列比对的这个不足。迭代法的基本过程是:先用渐进多序列比对产生一个初始结果,再对序列的不同子集进行反复比对并利用这些结果重新进行多序列比对,目标是改进多序列比对的总计分值。迭代法常使用随机搜索或者通过对比对结果进行重排来寻找更优的解,迭代持续到比对计分值不再提高为止。存在许多不同的迭代法软件,常用的是MAFFT(Multiple Alignment using Fast Fourier Transform)。

(四)基于一致性的方法

渐进多序列比对先产生全部的配对比对,然后根据配对比对的计分高低逐渐构造多序列比对。基于一致性的方法采用了另一种利用序列信息的方式。此处一致性指的是,对序列x、y和z,如果x_i比对于z_k且z_k比对于y_j,则x_i应比对于y_j。因此,基于一致性的方法的基本特点是充分利用多个序列间的比对信息对配对比对进行更合理的计分。例如,根据x_i和y_j同时比对于z_k而调整x_i和y_j的比对计分,如果序列x中的字符x_i比对于序列y中的字符y_j的似然率(likelihood)为$P(x_i{\sim}y_j|x,y)$,则有$P(x_i{\sim}y_j|x,y,z)\approx\sum_k P(x_i{\sim}z_k|x,z)P(y_j{\sim}z_k|y,z)$。

NOTES

在多序列比对中,基于一致性的方法对每对序列中的每对字符计算似然率。根据对基准测试数据的研究,基于一致性方法的多序列比对产生的结果经常比渐进多序列比对产生的结果更准确。一个基于一致性的多序列比对软件是 T-Coffee,它包括了一套比对与评估工具以及下述步骤。首先用 ClustalW 和 LALIGN 产生全局和局部的比对以及一个多序列比对;然后根据这些结果构造一个比对数据库,对字符比对赋予不同的权值;最后使用该权值数据库作为替换矩阵,用渐进多序列比对的方式进行优化多序列比对。T-Coffee 比 Clustal 家族软件慢,但对相距较远的序列通常产生更精确的比对。

四、比对的统计显著性

如本章前文所述,序列同源是根据比对结果判断的,因此一个重要问题是如何判断比对结果的可靠性或合理性。例如,两个长度为 10 的序列有 50% 的字符一致,另两个长度为 100 的序列也有 50% 的字符一致,这两种情况下相似性是否具有同等意义? 一般而言,当比对软件产生一个高计分,需要统计检验两个序列是真匹配还是假匹配,如果比对软件产生一个低计分(低于某个阈值,因此这个比对并不被报出),也需要知道这是真失配还是假失配。因此,提高比对的敏感性(sensitivity)和特异性(specificity)在设计比对算法时非常重要。敏感性是算法正确识别真正相关序列的能力,它等于真阳性的数目除以真阳性与假阴性数目之和。特异性则涉及非同源序列的比对,它等于真阴性的数目除以真阴性与假阳性数目之和。对数据库搜索,当序列数量十分庞大时,存在相当大的概率使较短的序列能得到随机的高匹配。

假设比对两个蛋白质(例如 β 球蛋白和肌球蛋白)产生了一个计分 score,有多种假设检验(hypothesis testing)方法来评估这个计分偶然获得的可能性。第一个方法,将 β 球蛋白或肌球蛋白与大量非同源的蛋白质做比对,然后将 score 与这些比对的得分进行比较。第二个方法,把一个序列与一组随机产生的序列进行比对,然后同样将 score 与这些比对的得分进行比较。第三个方法,随机将两个序列中的一个打乱并重组(例如重组 100 次),并与另一个序列比对,同样得到一组比对的得分。假定由这一群比对得到的比对的得分服从正态分布,则利用下式可计算得分大于或等于上述 score 的概率:

$$Z=(S-M)/D \hspace{4cm} (2\text{-}12)$$

如果采用第三个方法,则 M 和 D 分别是 100 组随机重组序列的比对所产生的得分的平均值和标准差,S 是得分 score。当 Z 值分别为 3.1、4.3、5.2 时,得分 score 随机出现的概率分别为 10^{-3}、10^{-5} 和 10^{-7}。因此,可以根据 Z 值判断两个序列相似性得分的显著性。一般假定,对于一个高比对得分,当 Z>5 时两条序列在进化上是真正相关的;当 $3 \leqslant Z \leqslant 5$ 之间时,如果有其他方面的证据(如功能相似),则两条序列也可能是真正相关的;如果 Z<3,则表示两条序列未必同源。许多序列比对软件都带有计算 Z 值的程序,可直接用于评价序列比对的显著性。

第三节   改进时间与空间效率的比对方法
Section 3   Revised Alignment Algorithms

一、双序列比对

本部分介绍 EBI(European Bioinformatics Institute)网站中 Tools 部分 psa 网页的双序列全局比对软件,常用的三个软件均基于 Needleman-Wunsch 算法,分别称作 EMBOSS Needle、EMBOSS Stretcher 和 GGEARCH2SEQ,它们均可比对 DNA 和蛋白质序列。EMBOSS Stretcher 是 EMBOSS Needle 的改进版,优化了经典动态规划法的空间效率。GGEARCH2SEQ 是一个 global/global 数据库搜索软件。当比对蛋白质序列时,EMBOSS Needle 和 EMBOSS Stretcher 可选择多个 PAM 和 BLOSUM 矩阵,

GGEARCH2SEQ 可选用 PAM、BLOSUM、VTML 矩阵。

常用的双序列局部比对软件包括 EMBOSS Water、EMBOSS Matcher、LALIGN、SSEARCH2SEQ。EMBOSS Water 和 SSEARCH2SEQ 基于 Smith-Waterman 算法,SSEARCH2SEQ 是一个数据库搜索软件。LALIGN 找出两条序列的多个非相交局部比对。EMBOSS Matcher 是一个基于 LALIGN 的更严格的算法(称为 Waterman-Eggert 局部比对)。当比对蛋白质序列时,EMBOSS Water 和 EMBOSS Matcher 可选用多个 PAM 和 BLOSUM 矩阵,LALIGN 和 SSEARCH2SEQ 可选用 PAM、BLOSUM、VTML 矩阵。

双序列局部比对的一个特殊情形是比对一个蛋白质序列到一个基因组序列,执行该比对的一个软件叫 GeneWise,它有两个版本和两种模式(local 模式和 global 模式),并有多个可选参数。

二、多序列比对

上述 EBI 网站 Tools 部分的 msa 网页给出了常用多序列比对软件,包括 Clustal Omega、EMBOSS Cons、Kalign、MAFFT、MUSCLE、T-Coffee。Clustal Omega 是 ClustalW 的升级版,适用于中等规模的多序列比对。EMBOSS Cons 可根据多序列比对创建一个一致序列(consensus sequence)。Kalign 是个快速软件,适合大规模多序列局部比对。MAFFT 是一个基于快速傅里叶变换的高速比对算法。MUSCLE 适用于中等规模的比对,尤其适用于蛋白质序列。T-Coffee 是一个基于一致性的软件,旨在克服渐进多序列比对的缺陷,适用于小规模多序列比对。此网站还介绍道,Clustal Omega 和 T-Coffee 也适用于 RNA 序列比对,但本章后文将介绍 RNA 序列比对的难点及其专门方法和软件。

三、PRANK 比对

传统的多序列比对算法不仅不能很好地区分插入和删除,还会对一个单点插入事件进行多次罚分,导致序列比对过程中的过度匹配。PRANK(phylogeny-aware progressive multiple sequence aligner)的关键是利用进化信息正确地模拟进化过程中的插入和删除事件,从而能够区分删除和插入,并避免重复惩罚插入事件。PRANK 算法首先需要构建一棵引导树(使用用户提供的引导树,或用 MAFFT 比对先得到一棵引导树)。EBI 网站上 goldman-srv 中的 webprank 网页提供一个在线 PRANK 软件。以六种动物的 HES5(Hairy And Enhancer Of Split 5)蛋白质序列的多序列比对为例,PRANK 的比对结果与 MUSCLE 的比对结果相当不同,提示这几个物种之间蛋白质序列的进化包含了更多短的插入和删除事件。

第四节　数据库搜索
Section 4　Database Search

在基因组分析中,对于新测定的序列,研究者常常试图通过搜索数据库中的序列来推测该序列是否与已知序列同源,可能属于哪个基因家族,以及可能具有哪些生物功能。数据库搜索是双序列局部比对的特例,待搜索的序列称作查询序列(query),数据库搜索得到的与查询序列具有一定相似性的序列称目标序列(常称 hits)。数据库搜索的主要软件是 BLAST(Basic Local Alignment Search Tool),针对不同的数据库及不同的搜索要求,BLAST 发展出了多个衍生版本。

一、经典 BLAST

给定一个查询序列和一个序列数据库,BLAST 首先找出查询序列和数据库序列之间非常短的完全匹配(称作片段对,segment pairs),它们的比对得分达到阈值,然后向两端扩展这些片段对,并使用替换计分矩阵计算得分,直到每个片段对拓展得到的比对达到最大可能得分,最后报出所有得分大于阈值的比对(即 hits)。使用串匹配能够非常快速地找到片段对,这是 BLAST 运行非常快的一个主要

NOTES

原因。但另一方面,由于对片段对的依赖,会有一个很小的概率 BLAST 搜索不能找到最大的比对(如果该比对有极大的得分,但其所含的片段对得分没有达到阈值)。

BLAST 具有非常广泛的应用,包括:①确定一个蛋白质或核酸序列有哪些垂直同源或水平同源序列;②确定哪些蛋白质或基因在特定的物种中出现;③发现新基因;④确定一个基因或蛋白质的变种;⑤寻找对于一个蛋白质的功能或结构起关键作用的片段。多个网站(如 NCBI、EBI 等)提供了 BLAST 的在线服务,用户可查询感兴趣的序列在网站所提供的序列数据库中的相似序列。不同网站提供的序列数据库有所不同,例如 NCBI 的核酸序列数据库包括 Nucleotide collection(nr/nt)、Transcriptome Shotgun Assembly(TSA)、Whole-genome shotgun contigs(wgs)等,EBI 则提供 ENA 序列库,以蛋白质编码序列、非编码序列等区分。如果用户需要进行大量的搜索,人工操作难以完成,则可使用 NCBI 或 EBI 网站提供的 BLASTAPI,用户可通过程序访问并自动化地完成大量的 BLAST 调用。如果用户需要搜索自主构建的序列数据库,则可以通过安装本地 BLAST 软件和配置本地的序列数据库来实现。

以 NCBI 的 BLAST 为例,其在线服务实际包含一组程序,针对不同的序列类型可选用不同版本的 BLAST(表 2-1),包括 Nucleotide BLAST(执行 nucleotide→nucleotide 搜索)、Protein BLAST(执行 protein→protein 搜索)、blastx(执行 translated nucleotide→protein 搜索)、tblastn(执行 protein→translated nucleotide 搜索)。将核酸序列翻译成蛋白质序列后再进行搜索可提高搜索灵敏度。

表 2-1 BLAST 的查询序列和数据库的类型

程序名	查询序列	数据库类型	方法
blastp	蛋白质	蛋白质	用蛋白质查询序列搜索蛋白质序列数据库
blastn	核酸	核酸	用核酸查询序列搜索核酸序列数据库
blastx	核酸	蛋白质	将核酸序列按 6 个阅读框翻译成蛋白质序列后搜索蛋白质序列数据库
tblastn	蛋白质	核酸	用蛋白质查询序列搜索核酸序列数据库,核酸序列按 6 个阅读框翻译成蛋白质
tblastx	核酸	核酸	将核酸序列按 6 个阅读框翻译成蛋白质序列后搜索由核酸序列数据库按 6 个阅读框翻译成的蛋白质序列的数据库

运行在线的 BLAST 需要设定若干参数,这些参数及意义见表 2-2,不同版本 BLAST 所用的参数个数有所差别。如果运行本地 BLAST,命令行参数可包括(以常用的 blastall 软件为例,参数前的单个字符如 -p 表示参数的意义):

(1)-p ProgramName,p 代表 program,可带的选项是 blastp、blastn、blastx、tblastn 和 tblastx。

(2)-i QueryFile,指定包含查询序列的查询文件。

(3)-d DatabaseName,选择待搜索的数据库,可以选择多个数据库。

(4)-o OutputFileName,指定结果的输出文件,默认是将结果直接输出到计算机屏幕。

(5)-e ExpectedValue,E 期望值,这一参数控制搜索的敏感性。

(6)-m SpecifiesAlignmentView,设定搜索结果的显示格式,选项有 12 个,其中 0 是默认参数。

(7)-F FilterQuerySequence,屏蔽简单重复和低复杂度序列的参数,有 T(屏蔽)和 F(不屏蔽)两个选项。

(8)-G CostToOpenGap,打开一个空位的罚分。

(9)-E CostToExtendGap,延伸一个空位的罚分。

(10)-q PenaltyForMismatch,一个核苷酸碱基错配的罚分(只对 blastn 有效)。

(11)-r RewardForMatch,一个核苷酸碱基正确匹配的得分(只对 blastn 有效)。

(12)-W WordSize,开始一个比对的种子长度。

表 2-2　BLAST 的参数

参数	意义与选择
字长（word size）	查询序列和数据库序列间匹配的短片段对的长度（即"种子"的长度）。对蛋白质序列一般为 3，对 DNA 序列一般为 11 或更长些。小的字长产生更多的种子，可提高敏感性，耗费更多的时间，但是否返回更多结果还取决于其他参数；大的字长产生更少的种子，可提高特异性，耗费更少的时间
期望值（expectation value）	对于 blastn、blastp、blastx 和 tblastn 期望值（也称 E 值）的默认值是 10，在这个 E 值下随机出现得分等于或大于比对得分 S 的期望数为 10 个。将 E 值调小时，返回的数据库搜索结果将变少，匹配被搜索到的概率也变小；反之，增大 E 值将返回更多的结果
引入空格（cost to open a gap）	通常是 11，是引入空格的罚分
扩展空格（cost to extend a gap）	通常是 1，是将空缺（gap）扩展一个空格的罚分
替换计分矩阵	对于 blastp 的蛋白质-蛋白质搜索，常用的氨基酸替换计分矩阵有 PAM-30、PAM-70、BLOSUM-45、BLOSUM-62 及 BLOSUM-80。通常应该在搜索中使用数种矩阵并比较获得的结果
窗口尺寸（multiple hits window size）	指的是分隔两个独立的种子匹配与延伸的间隔，通常是 40。大的参数值产生更少的种子匹配与延伸和搜索结果，小的则相反
阈值（threshold for extending hits）	指的是种子延伸的计分阈值。小的参数值产生更多的种子延伸，大的则相反
λ 值	对于无空格比对通常为 0.32，对于带空格比对通常为 0.267
K 值	对于无空格比对通常为 0.137，对于带空格比对通常为 0.041

（13）-M Matrix，所使用的计分矩阵，默认是 BLOSUM-62。

二、衍生 BLAST

（一）PSI-BLAST

PSI-BLAST 即 Position-Specific Iterated BLAST，它让用户使用定制的位点特异性计分矩阵（position-specific scoring matrix，PSSM）执行 BLAST 搜索。PSSM 矩阵有助于搜索进化距离较远的蛋白质序列。EBI（European Bioinformatics Institute）在其网站的 Tools 部分的 psiblast 网页实现了 PSI-BLAST，它包含 4 个步骤：①选定一个蛋白质序列数据库；②输入查询序列；③设置参数；④提交 PSI-BLAST 搜索。Iterated 指的是根据每一轮搜索结果构造两个文件，一个是 PSSM，文件名如 psiblast-I20211117-132621-0134-90996732-p2m.pssm，另一个是 CheckPoint file，文件名如 psiblast-I20211117-132621-0134-90996732-p2m.asn。再用这两个文件进行新一轮搜索。PSI-BLAST 可能会经常找到一些无关的假阳性序列，这些序列可显著影响 PSSM 矩阵的质量。可用两个办法避免这种情况，一是使用更小的阈值，如把 E=0.005 降到 E=0.001，二是手工检查每轮 PSI-BLAST 的结果，剔除可疑的序列。

（二）PHI-BLAST

PHI-BLAST 即 Pattern-Hit Initiated BLAST。很多时候，研究者感兴趣的蛋白质的序列有特定的模式（pattern），这种模式能用来帮助判断这个蛋白质属于哪个家族。例如，一个模式可能是一个酶的活性位点，或一个蛋白质的结构或功能域。PHI-BLAST 能够搜索到既和查询序列相配又和特定模式相配的数据库记录，尤其适合于带模式的短查询序列的搜索。如果不使用模式，则这种短查询序列可能产生大量无关的搜索结果。网站 phi-blast 实现了一个 PHI-BLAST 软件，它自带含模式信息的蛋

NOTES

白质序列数据库,搜索结果含模式信息。

(三) SmartBLAST

NCBI 网站 blast 部分的 smartBlast 网页提供 SmartBLAST,它能搜索与查询序列高度相似的蛋白质序列,搜索结果直接以树的形式展示(图 2-9),对分析同源蛋白质序列非常方便。

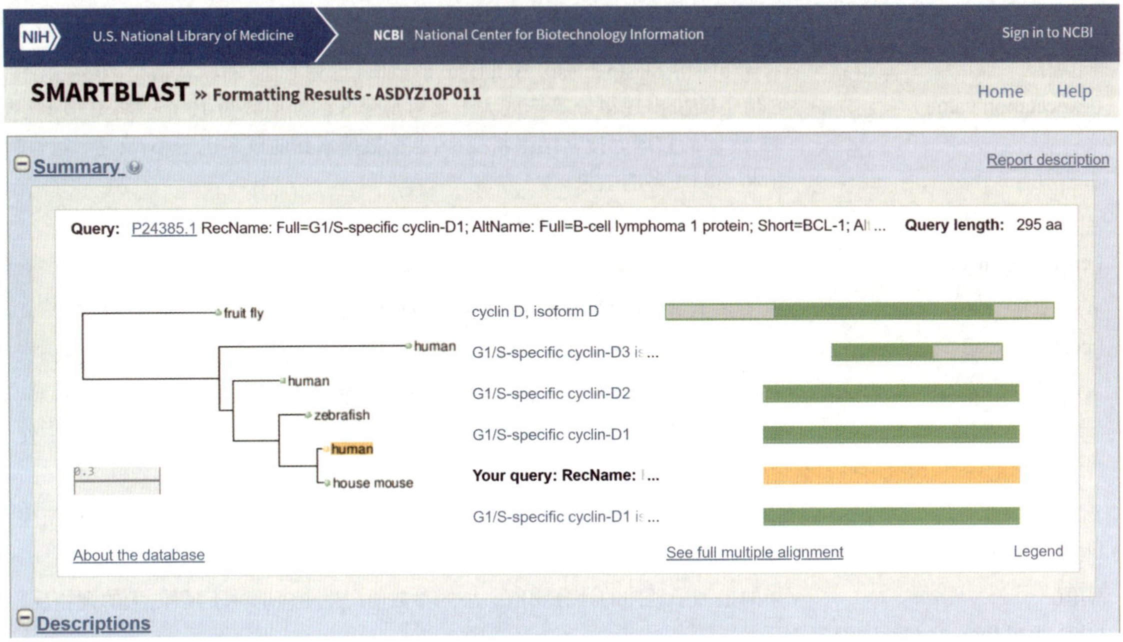

图 2-9   SmartBLAST 的一个搜索结果

(四) Primer-BLAST

NCBI 网站的 blast 部分还实现了多个特殊 BLAST 版本,其中 Primer-BLAST 用于设计引物,IgBLAST 用于搜索免疫球蛋白和 T 细胞受体序列。

三、BLAT

BLAT(The BLAST-Like Alignment Tool)与 BLAST 搜索原理相似,但发展了一些专门针对全基因组分析的技术,它是 UCSC Genome Browser 网站的全基因组序列搜索软件。为了实现用长的查询序列快速搜索基因组数据库,BLAT 的做法是快速发现相似度大于 95% 且长度大于 25 个碱基对的片段,因此它可能错过相似性较低或长度较短的序列片段。用于蛋白质搜索的 BLAT 则是快速发现相似度大于 80% 且长度大于 20 个氨基酸的片段。BLAT 的优点在于速度快,比对速度要比 BLAST 快几百倍,其根本原因在于 BLAST 是对查询序列构建索引,在搜索的过程中需要频繁访问硬盘以获取序列数据库的数据,而 BLAT 则是对整个基因组数据库构建索引并存储在内存中,索引用于寻找可能的同源区域,然后将其加载到内存中进行详细对齐,避免了大量的硬盘访问。BLAT 还把相关的呈共线性的比对结果连接成为更长的完整区段。本地安装的 BLAT 可批量提交查询序列和选择多个输出方式,使用命令是:

BLAT database query〔-参数〕output psl

主要参数选择包括:

(1)-t=type:数据库类型,包括 dna-DNA 序列,prot-蛋白质序列,dnax-DNA 序列按照 6 个阅读框被翻译为蛋白质序列。默认是 DNA 序列。

(2)-q=query:查询序列类型,包括 dna-DNA 序列,prot-蛋白质序列,dnax-DNA 序列按照 6 个阅读框被翻译为蛋白质序列,rnax-DNA 序列按照三个阅读框被翻译为蛋白质序列。默认是 DNA

序列。

（3）-tileSize=N：触发 query 与数据库序列比对的序列片（tile）的长度，通常是 8 到 12，默认对 DNA 是 11，对蛋白质是 5。这里 tile 类似于 BLAST 中的 word，但不同之处是 tile 也在数据库中用到，是 BLAT 对数据库建立索引的基本单位。

（4）-maxGap=N：序列片允许的最大 gap 值，默认是 2，通常的设置范围是从 0 到 3，仅当-minMatch >1 时设置才有意义。

（5）-stepSize=N：在数据库中搜索的步长，默认是序列片的长度以执行不重叠（non-overlap）的搜索。当需要提高搜索的敏感性（sensitivity）时，可设置-stepSize<-tileSize。

（6）-minMatch=N：序列片匹配的最小数目，对 DNA 默认采用 2，对蛋白质序列默认采用 1。

（7）-minScore=N：最小的分值，这个分值应该是匹配的分值减去不匹配和 Gap 的惩罚分数。默认是 30 分。

（8）-minIdentity=N：最小的序列 Identity，对于核苷酸搜索默认是 90%，而对于蛋白质搜索默认是 25%。

（9）-trimT：去掉 poly-T。

（10）-notrimA 不去掉尾部的 poly-A。

四、数据库搜索统计显著性

数据库搜索也存在统计学显著性问题，发展了更加严格的检验方法。当用查询序列与一个长度统一的随机序列的数据库进行比对时，通常会得到一个符合所谓极值分布的图。与正态分布相比极值分布是不对称的，它向坐标右侧偏移，这个性质使人们对 BLAST 局部比对的统计学获得了深刻认识，并估计最高得分 hit 随机出现的可能性。对于两个随机序列 s 和 t，随机观察到一个比对得分 S 等于或大于 x 的概率 P 为

$$P(S \geq x)=1-\exp(-Kste^{-\lambda x}) \tag{2-13}$$

对于 BLAST 数据库搜索，上式中 s 和 t 分别指查询序列的长度和整个数据库的长度，乘积 st 定义了搜索空间的大小。如前所述，BLAST 返回查询序列与数据库序列所有得分值大于某阈值 S 的高计分片段对，其期望为

$$E=Kste^{-\lambda S} \tag{2-14}$$

这就提供了对于假阳性结果的一个估计。另外由此式可看出，E 值与得分 S 和用来度量计分系统的参数 λ 有关，同时也与查询序列的长度 s 和数据库长度 t 有关。该式有两个重要特点：①随着 S 的增加 E 值呈指数下降，当 E 值接近零时，一个比对随机发生的可能性也就接近零；②数据库的大小以及查询序列的长度将影响特定比对随机发生的可能性。

一个典型的 BLAST 搜索的输出包括 E 值和得分，后者又分原始得分（raw scores）和比特得分（bit scores）。原始得分是根据所选择的替换计分矩阵和空格罚分参数计算得到的，比特得分是对原始得分处理后得到的。比特得分包含了比对的内在信息，它使不同数据库搜索之间即便使用了不同的替换计分矩阵也可以进行比较。将一个原始得分 S 转换为比特得分 S′ 的公式是

$$S'=(\lambda*S-\ln K)/(\ln 2) \tag{2-15}$$

这里 λ 和 K 是两个取决于计分系统（替换计分矩阵和空格罚分）的参数。如上面两公式所示，找到一个具有给定 E 值的高计分片段对的概率是

$$P=1-e^{-E} \tag{2-16}$$

P 值和 E 值是反映比对显著性的两种不同方式，表 2-3 列出了一些 E 值及对应的 P 值。传统上，人们使用一个低于 0.05 的 P 值来定义统计显著性，但大部分 BLAST 软件使用 E 值而非 P 值来定义搜索的统计显著性。当 E<0.05 时，P 值与 E 值接近相同，一个等于或小于 0.05 的 E 值被认为是统计学上意义显著的。但是当搜索一个很大的数据库时，一些得到高分的比对仍可能是随机发生的，此时

研究者常常将显著性水平下调到一个更小的值,例如 0.01。

表 2-3　计算的 E 值与 P 值的关系

E	P	E	P
10	0.999 95	0.1	0.095 16
5	0.993 26	0.05	0.048 77
2	0.864 66	0.001	0.000 999 5
1	0.632 12	0.000 1	0.000 1

第五节　RNA 序列比对
Section 5　RNA Sequence Alignment

一、Sankoff 算法

除了广为所知的 rRNA 和 tRNA,近年来研究者还发现了多种非编码 RNA(non-codingRNA),包括 microRNA、piRNA、long noncoding RNA(lncRNA)、circular RNA(circRNA)等。这些非编码 RNA 的核苷酸不编码氨基酸,核苷酸通过碱基配对形成各种二级和三级结构,这些结构使非编码 RNA 具有特定功能,包括与 DNA 结合的功能域和与其他分子交互的功能域,这些功能域常常较保守。一个典型例子是 microRNA 的发夹环(hairpin)结构,核苷酸之间的碱基配对形成发夹环的两条茎,其中一条茎含有 microRNA 的功能域。当一条茎上的碱基突变时,为了维持发夹环的结构和功能,自然选择使另一条茎上的特定碱基突变被保留下来,这种突变称为补偿性突变。补偿性突变使同源非编码 RNA 维持特定的结构,但却使前文所述的基于序列的比对方法难以比对或搜索同源非编码 RNA。为此,研究者开发了许多 RNA 序列比对方法与软件。由于序列的同源性和结构的保守性互相决定,RNA 比对同时基于序列+结构,特点是或相继进行结构预测和序列比对,或同时进行结构预测和序列比对。

有两类方法预测 RNA 的结构。一类利用能量模型,能量最小的二级结构最稳定,因此是最可能的二级结构。另一类利用概率模型,用一棵根据随机上下文无关文法(stochastic context-free grammar,SCFG,一种扩增了概率计分机制的上下文无关文法)构造的二叉树展示核苷酸配对的概率和计分,计分最高的是最可能的二级结构。Ivo Hofacker 和 Peter Stadler 等人研究了能量模型,Sean Eddy 研究了随机上下文无关文法。

与前文所述的基于序列的比对一样,RNA 比对也分为双序列比对和多序列比对、局部比对和全局比对。David Sankoff 在 1985 年提出了最早的 RNA 比对算法,该算法同时对多序列进行结构预测和序列比对,它的时间复杂性是 $O(L^{3N})$,空间复杂性是 $O(L^{2N})$,L 和 N 分别是序列长度和序列个数。当仅仅比对两条长度为 L 的序列时,时间复杂性便高达 $O(L^6)$,而当序列长度增加到 2L 时,耗时则增加到 64 倍。Sankoff 算法因为巨大的时间和空间耗费而难以实用化,研究者由此发展了多类简化的比对(尤其是多序列比对)方法。

二、基于 Sankoff 算法的简化比对软件

实用的 RNA 多序列比对软件分两类:一类基于 Sankoff 算法,其核心特征是同时做结构预测和序列比对,另一类不基于 Sankoff 算法,其核心特征是分别处理结构预测和序列比对。两类软件都有许多算法,但前者更流行。技术上存在多种策略减少时间和空间耗费。首先,把 Sankoff 多序列比对算法拆分为三步:①基于 Sankoff 算法的配对比对;②根据配对比对构造一棵树;③利用这棵树指导

多序列比对。对第①步,有些算法用前文所述的普通双序列比对代替 Sankoff 双序列比对以进一步节省时间。采纳此策略的软件有 PMcomp 和 PMmulti,它们分别执行配对序列比对和渐进式多序列比对。另外,使用简化的能量模型的方法也广被采用。

表 2-4 介绍几种基于 Sankoff 算法的 RNA 多序列比对算法,它们可分三类。第一类算法把序列"压"到一个一致结构(consensus structure)并同时对序列做比对,第二类算法先根据最小自由能预测序列折叠,再对碱基配对计分,第三类算法则使用随机上下文无关文法来预测结构和比对序列。一个 RNA 局部比对算法是 trCYK,当 RNA 的长度为 L,局部比对的长度为 M,则空间耗费和时间耗时分别是 $O(L^2M)$ 和 $O(L^3M)$。

表 2-4 基于 Sankoff 算法的 RNA 多序列比对算法(部分内容取自 Havgaard and Gorodkin 2014)

Type	PMcomp	Dynalign	Foldalign	LocaRNA	Murlet	Consan	Stemloc	trCYK
Energy	+	+	+					
Energy probabilistic				+	+			
SCFG						+	+	+

另一类 RNA 多序列比对算法不以 Sankoff 算法为基础,它们数量更多,其核心特征是相继处理结构预测和序列比对,这种处理常常比同时进行结构预测和序列比对更省时间(图 2-10)。

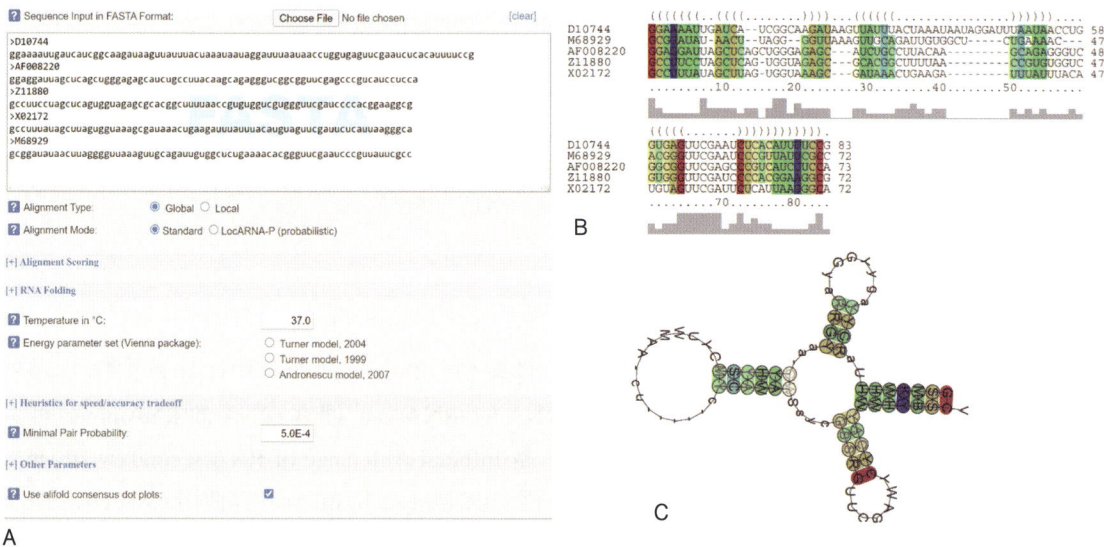

图 2-10　RNA 多序列比对的结果
A. LocaRNA 的输入与参数;B. 比对结果含结构预测与序列比对;C. 图形展示预测的二级结构。

第六节　RNA 序列搜索
Section 6　RNA Sequence Search

一、RNA 序列数据库

研究者已为在大量物种中发现的非编码 RNA 建立了许多数据库,Rfam(The RNA families database,其网站也以 rfam 命名)和 RNAcentral(其网站也以 rnacentral 命名)是两个比较重要的带有 RNA 二级结构信息的数据库。截至 2021 年 7 月,Rfam 收录了 4 070 个 RNA 序列家族(families)。RNAcentral 是 EBI 开发的数据库,收录了两千两百万个 RNA 二级结构。由于带了多序列比对信息和二级结构信息(图 2-11),这两个数据库是检验 RNA 比对和 RNA 搜索算法的好素材。搜索 DNA 和氨基酸序列数据库是一种局部比对,搜索 RNA 序列数据库也是一种局部比对,但面临 RNA 序列补偿性突变问题。当补偿性突变较多,或序列的种系跨度大,BLAST 就不能胜任 RNA 序列搜索,需要专用的 RNA 序列搜索软件。

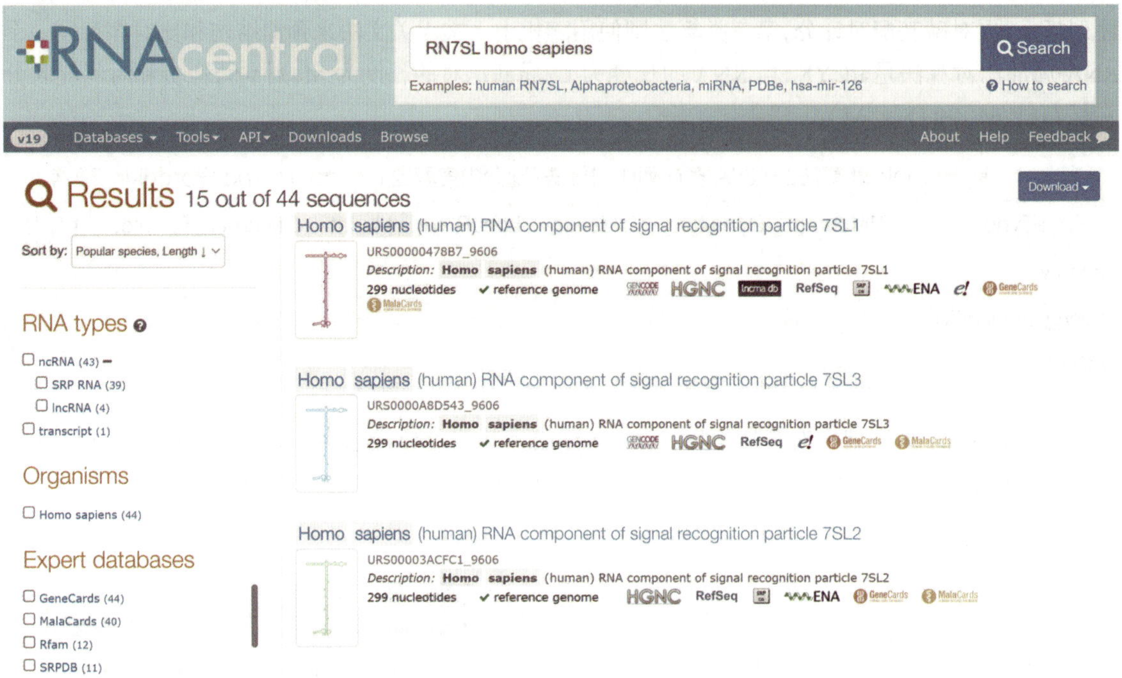

图 2-11 以 RN7SL 为查询序列在 RNAcentral 得到的前 3 个搜索结果
注意这些搜索结果都有一致的二级结构。

二、Infernal 软件

RNA 序列比对软件众多,但 RNA 序列搜索软件较少。RNA 序列搜索软件分为 RNA 类型特异的和 RNA 类型非特异的两种,前者包括搜索 tRNA 的 tRNAscan、搜索 rRNA 的 RNAmmer、搜索 Mitochondrial tRNA 的 ARWEN 等,后者最常用的是 Infernal(Inference of RNA secondary structure alignments),常常用于搜索基因组中编码 RNA 的基因。tRNAscan 和 Infernal 都使用 CM(covariance model)模型对搜索结果根据序列和结构两方面计分。每个 RNA 家族都可以构造一个 CM 模型,它是一个根据多个序列与二级结构构造的概率模型。作为概率模型,CM 赋予每个核苷酸的比对一个概率,而不仅仅是匹配/失配。另一方面 CM 也属于随机上下文无关文法,因为 CM 可以被组织成状态(state)的二叉树,状态和状态转换等价于随机上下文无关文法的非终结符(nonterminal)和产生式规则(production rule)。与仅仅根据序列进行计分相比,CM 计分更敏感,能发现更真实的同源序列,但也更慢。

Infernal 由以下几个核心程序构成:①cmbuild:根据一条或多条同源 RNA 序列(查询序列)建立 CM 模型;②cmcalibrate:对 CM 模型进行校验以计算搜索结果的 E-value 值;③cmsearch:用查询序列的 CM 模型搜索 RNA 数据库或基因组;④cmalign:将查询序列与已有的 CM 模型进行比对。因此,使用 Infernal 对一个查询序列搜索一个数据库或一段基因组时,需要先对该序列做一个 CM 模型。

仅根据一个序列做 CM 模型当然不够可靠,严谨的做法是做迭代的 CM 模型,即,当搜索某个物种的某个 RNA 序列时:①先用它构造一个 CM;②用此 CM 搜索几个相近物种的同源序列;③再用这几个同源序列重新构造一个 CM 模型;④再用这个 CM 模型搜索目标基因组。这个迭代过程颇为复杂,一个简化方法是,用 BLAST 搜索该 RNA 序列在几个相近物种中的同源序列,然后用这几个同源序列构造一个 CM 模型。CM 方法非常耗时。如果数据库序列长度是 N,查询序列长度是 L,则时间复杂性是 $O(LN^{2.4})$。Infernal 采用了多种技术降低耗时,具体耗时相当程度取决于数据库或基因组中搜索结果的多寡,在一条人类染色体中搜索一个 200bp 左右的 RNA 序列耗时几小时至几天不等。

由于基于 CM 模型的数据库搜索时间复杂性比较高(图 2-12),研究者也开发了基于索引或 motif 的搜索算法,它们能将 RNA 的结构进行某种程度的简化表示,进而进行数据库搜索。尽管在搜索精度上有所下降,这类方法搜索速度相对较高。例如,2012 年提出的 GraphClust 利用图的核函数来编码 RNA 结构。

```
CM: Exon1-HumanMacaque
>23

  Plus strand results:

 Query = 1 - 371, Target = 41014889 - 41015228
 Score = 192.62, E = 2.359e-58, P = 6.269e-66, GC =  64

          :::::::::::::::::::::::::<<<<<<<----<<<<<____>>>>>->>>>>
        1 AGuCUACAUCCGUCACCUGACACGGCCCuaCCaGgaACAGCCGCGCUCCCGCGGauuCuGG 60
          GC ACAUCCGUCACCUGACACGGCC  AC  G:AAC GCCGC   CC GCGG U:C  G
 41014889 CGCGACAUCCGUCACCUGACACGGCCAAACCAGGAACCGCCGCGGCCCGGCGGCUCCCAG 41014948

          >>,,,,,,,,,,,,,,,,,,,,,,,,,,,,,,,,,,,,,,,<<<<<----
       61 ugCUGCUCGCGUCCCCGCUCCCCUAUUCCCCUUauUUUAUUCCUaGCUCCCCuCGuCGAA 120
          U C GCUCGCGUCCCCGCU CCCU   CCCCU +UUUAUU CU  C CCCU G:CGA
 41014949 UCCCGCUCGCGUCCCCGCUGCCCUGGACCCCUGCCUUUAUUUCUCACGCCCCUCGCCGAG 41015008

          --<<<<<<_____>>>>>>-------->>>>>
      121 AGuCuucCAUUCUUCaAACUAGAUUaUUUAAAAAaGaAAAAGgaaGaAAGGAAAgCGaGG 180
          G CUUCCA U  U AA U G      A A   AAAAGGAA  AAGGAAA:C AGG
 41015009 GGGCUUCCACUGCUGCAAAUCG-------GAGAGAGAAAAGGAA--AAGGAAAGCAAGG 41015058

          ------------------------------------------------------------(
      181 UCAUCUCAUUGCUCUaUCCGCCAAUCAGGAGGCUGAAUGUCAGUUUUGAACUAAAAGCCG 240
          UCAUCUC U GCUCUAUCCGCCA UCAG        UUUGAA  AAA G CG
 41015059 UCAUCUCGUCGCUCUAUCCGCCAUUCAG----------------UUUGAAAGAAAUGGCG 41015102

          (-(((((-((---(((((((,,,,,,,,,,<<<<_____>>>>,,,<<<___
      241 CUCCgCUCCUCUuCuaGauUuGGAAAACAaGCGAAAUUAAACuAAACCGCuGCACGCCUC 300
          CUCC:CUC  CUUCUA AUUUGG A AC  GCGAAAUUAA  +AA CCGC GC  GC  C
 41015103 CUCCGCUCCGCUUCUACAUUUGGGAGACCGGCGAAAUUAAGGGAAGCCGCUGCGUGCGAG 41015162

          ____>>>,,)))))))---))-)))))-))::::::::::::::::::::::::::::::
      301 uGACGCGACauCugGaCACGGCGcGGCGCUGGCGCUGCgGGAGCUGugGaCCCGGCCUGG 360
          +GACGC ACAU UGGACAC GCG:GGCGCUGGCGC GC GGAGC G+G    GGCC G
 41015163 CGACGCGACAUCUGGACACUGCGUGGCGCUGGCGCCGCUGGAGCGGCG-----GGCCGGC 41015217

          ::::::::::
      361 CGCCGGACUAG 371
          CGCC GA  AG
 41015218 CGCCUGAUCAG 41015228
```

图 2-12 用 Infernal 搜索一个 lncRNA 的外显子在一个基因组的同源序列

查询序列是 human CDKN2B-AS1 的 exon 1,用此构造一个 CM 模型 Exon1-Human,用此 CM 模型搜索 macaque 基因组,得到此 exon 1 在 macaque 的同源序列,再用 human 和 macaque CDKN2B-AS1 的 exon 1 构造一个 CM 模型 Exon1-HumanMacaque,用此 CM 模型搜索 horse 基因组(第 23 条染色体),得到 human CDKN2B-AS1 exon 1 在 horse 的同源序列(371bp)。相比而言,如果用 BLAT 和此查询序列搜索 horse 的基因组,则得到的搜索结果只有 273bp。

NOTES

第七节   特殊类型比对简介
Section 7   Some Specialized Alignments

一、Glocal 比对

当比较大段的远距离种系的基因组序列时,无论全局还是局部比对都可能存在局限性,因为序列可能整体差异很大但是包含多个同源区段。为此,兼具全局和局部比对特点的 Glocal(global+local)比对应运而生。此外,许多新比对软件也一定程度采用了 Glocal 比对策略,充分利用全局与局部比对各自的长处。VISTA 系统中的 Shuffle-LAGAN 是一个用于比对长基因组序列的 Glocal 比对软件,它包含局部比对软件 CHAOS 和全局比对软件 LAGAN(Limited Area Global Alignment of Nucleotide)。CHAOS 发现短的局部匹配的种子,以不同方式串连种子并予以相应计分,LAGAN 则发现局部比对,串连局部比对,对各个串连的比对予以计分。有测试表明 Shuffle-LAGAN 在敏感性和选择性上都优于单独的全局和局部比对软件。

二、全基因组双序列比对

大量基因组被测序后,序列比对已用于整条染色体甚至整个基因组,它也分成双序列比对和多序列比对,这里主要介绍 UCSC 基因组浏览器(The UCSC Genome Browser)中所用的方法。全基因组多序列比对通常使用渐进多序列比对策略,因此其基础是全基因组双序列比对。与传统比对相比,全基因组比对在配对比对和渐进多序列比对两个阶段都有许多特色。特别是,全基因组双序列比对与传统双序列比对有以下不同:①序列被分为若干“块”(block),局部比对发现高相似的块;②块之间可能存在很多较大的空缺;③序列包含非常难确切比对的高度重复的序列(例如转座子序列);④许多块可因复制、删除、反转和移位而发生重排。上述特性使得全基因组双序列比对首先需要对所使用的局部比对方法加以改进,LASTZ(先前版是 BLASTZ)被广泛用于基因组双序列比对。

三、全基因组多序列比对

UCSC 基因组浏览器的全基因组多序列比对使用的是 TBA(the Threaded-Blockset Aligner)工具包,核心过程涉及以下步骤。①使用 LASTZ 将每一个序列与参照序列进行比对,生成一系列全基因组配对(双序列)比对。这步又分为两个阶段,第一阶段是产生两个基因组的许多配对高计分区段(high-scoring segment pair,HSP,每个 HSP 可能包含几个完全匹配不含空格的种子(seed),然后延展这些种子且容许插入空格);第二阶段是串连(chaining)配对高计分区段,形成地址递增的一连串比对块(block)(图 2-13A)。在 UCSC 基因组浏览器中,块状部分代表比对的区域,单连线部分代表由删除和插入产生的空格,双连线部分代表其他不能比对的区域(反转的序列、重叠的删除、频密的突变、未测序区段等)。②使用 MULTIZ 对多个配对比对进行渐进多序列比对。③将比对投射到一个参照基因组上,所有的比对块将遵循其在参照基因组的位置顺序被重新排序,而一些无法投射到参照基因组的比对块会被删除(图 2-13B、C)。参照基因组的使用能够让全基因组多序列比对揭示种系特异性序列(图 2-14)。

在碱基层次观察全基因组多序列比对的结果非常不便,UCSC 基因组浏览器使用 PhastCons 和 PhyloP 两个软件把由 MULTIZ 产生的多序列比对结果转换成两种保守性计分和显示。PhastCons 和 PhyloP 两者间的另一个区别是,PhyloP 只考虑比对的当前列,而 PhastCons 同时也考虑比对列的相邻列,因此 PhyloP 能够识别加速进化的位点和保守的位点,分别产生正的和负的计分,而 PhastCons 的计分总介于 0 至 1 之间。

其他一些双序列比对软件也被发展成了全基因组多序列比对软件,由双序列比对软件 LAGAN

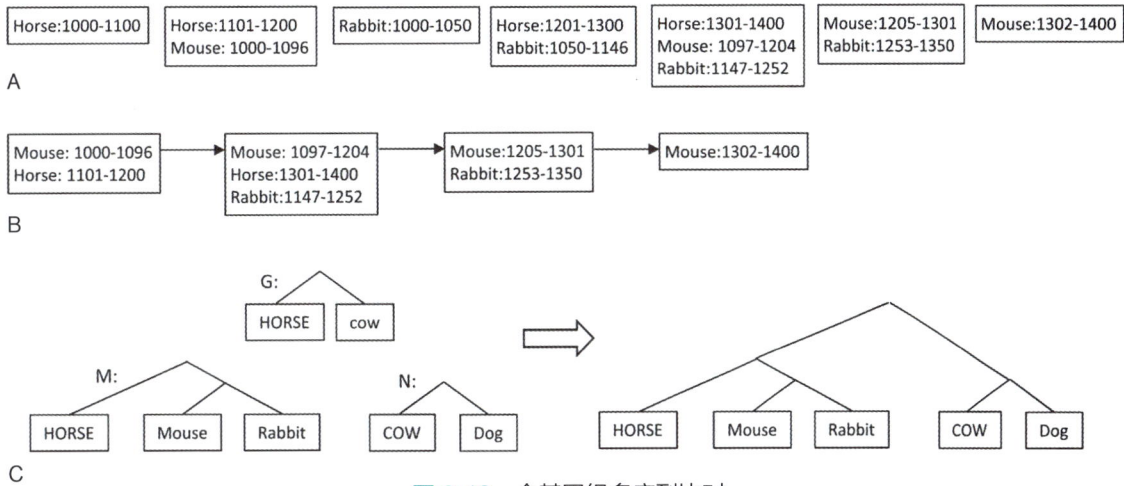

图 2-13　全基因组多序列比对

A. 由 LASTZ 产生多个局部比对块 block，一个称为 TBA（threaded blockset aligner）的软件把它们构造成 "threaded blockset"（注意块中的地址）；B. 当选定一个参考基因组后（此例是 Mouse），可以把该 threaded blockset 投射到该参考基因组，显示其他种系中与该参考基因组对应（同源）的序列；C. 用 MULTIZ 比对 2 个 threaded blocksets M 和 N（参考基因组分别是 HORSE 和 COW），完成 5 个物种的多序列比对。

```
 1 >chr1.4.043.a_calJac3_62_62 102 0 0 chr1:37577569-37577670+
 2 CCCACTCAGCAGAGCACCATGCACTGTGGCTGGGTAGTTAGAGATCGTATGTTCTCCCGCAAAGAAGAGTTGTGGAATTGGCTGTGGGGCGCCTGGAATTGA
 3 >chr1.4.043.a_hg19_62_62 102 0 0
 4 ----------------------------------------------------------------------------------------------------
 5 >chr1.4.043.a_panTro2_62_62 102 0 0
 6 ----------------------------------------------------------------------------------------------------
 7 >chr1.4.043.a_gorGor2_62_62 102 0 0
 8 ----------------------------------------------------------------------------------------------------
 9 >chr1.4.043.a_ponAbe2_62_62 102 0 0
10 ----------------------------------------------------------------------------------------------------
11 >chr1.4.043.a_papHam1_62_62 102 0 0
12 ----------------------------------------------------------------------------------------------------
13 >chr1.4.043.a_rheMac2_62_62 102 0 0
14 ----------------------------------------------------------------------------------------------------
15 >chr1.4.043.a_tarSyr1_62_62 102 0 0
16 ----------------------------------------------------------------------------------------------------
17 >chr1.4.043.a_micMur1_62_62 102 0 0
18 ----------------------------------------------------------------------------------------------------
19 >chr1.4.043.a_otoGar1_62_62 102 0 0
20 ----------------------------------------------------------------------------------------------------
21 >chr1.4.043.a_mm9_62_62 102 0 0
22 ----------------------------------------------------------------------------------------------------
23 >chr1.4.043.a_canFam2_62_62 102 0 0
24 ----------------------------------------------------------------------------------------------------
25 >chr1.4.043.a_monDom5_62_62 102 0 0
26 ----------------------------------------------------------------------------------------------------
```

图 2-14　UCSC Genome Browser 中存储的一例 13 个物种全基因组比对，marmoset 基因组是参考基因组

13 个物种及其基因组版本是 marmoset（calJac3）、human（hg19）、Baboon（papHam1）、Bushbaby（otoGar1）、Chimp（panTro2）、Dog（canFam2）、Gorilla（gorGor2）、Mouse（mm9）、Opossum（monDom5）、Orangutan（ponAbe2）、Rhesus（rheMac2）、Mouse（lemur micMur1）和 Tarsier（tarSyr1）。这样的全基因组多序列比对可揭示 clade 特异性和 species 特异性序列，例如本图中的 marmoset 特异性序列。

发展而来的多序列比对软件 MLAGAN（Multi-LAGAN）就是一例。与 MULTIZ 有些类似，LAGAN 的工作分三个阶段：①产生两序列的所有局部比对，每个赋予一个权值；②对局部比对进行不同的连接，计算具有最大权值的连接；③使用动态规划法根据局部比对计算最好的全局比对。

MLAGAN 的工作则分两阶段：①使用渐进法构造多序列比对；②使用迭代法改进构造的多序列比对。这类方法有一个共同的特点，即利用已知种系关系和使用一个参照基因组，将每一个基因组序列与该参照基因组进行比对。

NOTES

使用参照基因组和已知种系关系的目的是使基因组间的直系同源块获得正确的对应,但也存在两个问题:①无法处理仅存在于个别基因组而不存在于参照基因组的某些区段;②无法处理经历了多次复制的区段。与 UCSC 基因组浏览器类似,MLAGAN 的结果在 VISTA 基因组浏览器中显示为参照基因组与各个基因组的配对比对。

对于使用参照序列的全基因组配对比对,一般要求参照基因组的长度和复杂性不低于被比对基因组的长度和复杂性,否则后者中的许多区段可能无从得以比对。对于哺乳动物全基因组多序列比对,通常用人基因组作为参照基因组;对于果蝇全基因组多序列比对,通常用黑腹果蝇 D. melanogaster 基因组作为参照基因组。

四、比对测序的 reads 到基因组

基因组和转录组测序产生大量 reads,这些 reads 要匹配(比对)到基因组的准确位置,BWA (Burrow-Wheeler Alignment,或 Burrows-Wheeler Aligner)就是一个执行这种匹配的软件。由于 reads 非常短,reads 比对的一个特殊问题是一个 read 可能会比对到基因组的多个位置。

BWA 的核心技术是 BWT(Burrows-Wheeler Transform)数据转换压缩算法。BWT 是基于块的压缩技术,其核心思想是对字符串轮转后得到的可逆字符矩阵进行排序和变换。变换之后的字符串使用通用的统计压缩模型进行压缩能得到更好的压缩比。BWA 利用 BWT 采用后向搜索算法模拟前缀树自顶向下的遍历来实现匹配。BWA 直接构造压缩后缀数组,然后将压缩后缀数组转换为 BWT。BWA 的精确比对类似于模拟前缀树的自顶向下的遍历算法。对于非精确比对,BWA 使用回溯法和界限法。在前缀树中,每个边表示一个字符,从树的根节点到树的叶子节点构成文本独一无二的前缀。如文本 T='GOOGOL' 的前缀树如图 2-15 所示,其中符号 '∧' 添加到文本 T 的起始位置,节点中的数字对应以此节点到根节点之间的文本作为后缀在后缀数组中的范围。图 2-15 中的虚线是在未使用界限法时查找文本 'LOL' 的过程,先从第一个分支开始,允许一个错配,然后再从第二个、第三个分支开始,直到找到第一个符合条件的文本。BWA 在比对过程中结合使用界限法,可以去除很多不必要的访问。

BWA 是一个比对工具包,包含三个比对算法:

(1)BWA-backtrack:用来比对 Illumina 的序列,reads 长须最长能到 100bp。

(2)BWA-SW:用于比对 long read,支持长度为 70bp-1Mbp;同时支持剪接性比对(split alignment)。

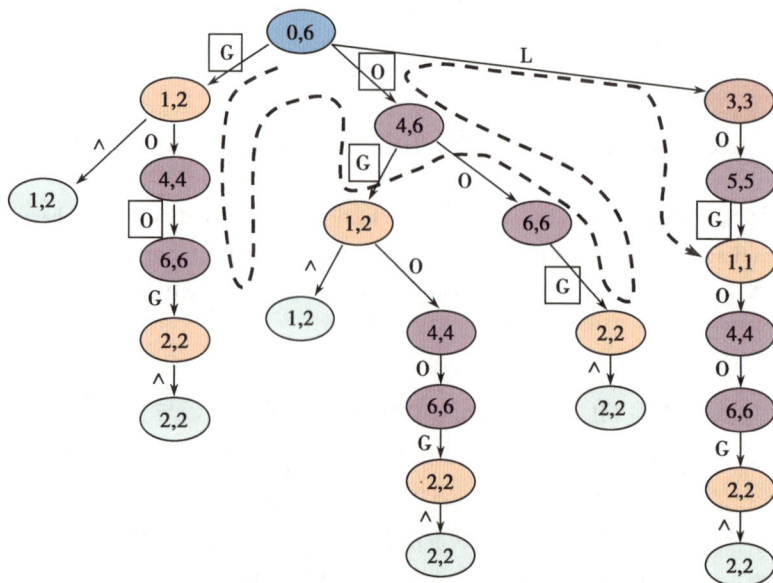

图 2-15   BWA 算法中字符串 "GOOGOL" 对应的前缀树

（3）BWA-MEM：推荐使用的算法，支持较长的 reads 长度，同时支持剪接性比对，更快且更准确。

上述三个算法都需要使用索引命令来构建参考基因组的索引，用于后面的比对。所以，使用 BWA 比对分为两步：第一步建立索引，第二步比对。BWA 需要两个输入文件：Reference genome data（fasta 格式，例如 .fa, .fasta, .fna），Short reads data（fastq 格式，例如 .fastq, .fq）。

Bowtie 是另一个基于 BWT 的序列比对工具，结合了 BWT 转换和 FM-index 技术。Bowtie 每次只把一段短片段中的一个碱基与经过 BW 转换压缩过的参考基因组序列进行比对。经过连续的比对，最终找出这段短片段在参考基因组中的位置。在非精确比对中，Bowtie 默认支持最多两个错误的匹配，Bowtie 使用评估碱基质量值的方法，对匹配失败的碱基质量求和，选择质量值之和较小的匹配，不保证匹配是最佳的。如果片段中的某个碱基在参考基因组中没有很好的匹配，那么 Bowtie 会返回到上一个碱基重新进行比对。

SOAP2 是 SOAP 的升级版本，采用 BWT 对参考基因组建立索引，使用哈希表，参考基因组被划分为若干个块，查找时只需要很少的时间定位到每一块，然后在每块内部进行查找，提高了短序列比对的运行速度和精度。同时，SOAP2 的一个重要改进是支持不同长度的 reads。对于非精确比对，SOAP2 采用分割片段的策略，如果只允许一个错误，就将片段分割成两个部分，如果允许两个错误，就将片段分割成三个部分。

小结

序列比对是比较基因组分析、基因组进化、分子进化、基因功能注释等的基础，它的核心概念是序列相似。同源序列一般是相似的，但反之不然。为了对序列相似进行精确度量，研究者开发了一系列序列比对算法，其中最重要的是动态规划法，包括全局比对和局部比对，代表性算法分别为 Needleman-Wunsch 算法和 Smith-Waterman 算法。在这两个算法的基础上，大量优化算法被开发，或者旨在减少比对时间，或者用于比对多个序列。比对更多的序列有助于更可靠地揭示同源性和序列中的种系信息。最流行的多序列比对算法是 ClustalW，它基于配对双序列比对。为了进行全基因组序列比对，研究者开发了更多新的算法。RNA 序列具有结构保守而序列不保守的特点，这也驱动研究者开发针对 RNA 序列搜索和比对的新算法。尽管序列比对技术和软件已相当成熟，但使用时仍需谨慎控制比对质量。一种简便的方法是使用多个比对方法和软件，观察是否得到相同或类似的结果。

Summary

Sequence alignment is the basis of comparative genome analysis, genome evolution and molecular evolution analysis, and gene functional annotation. The most important concept is sequence similarity. Homologous sequences may be similar, but similar sequences may not be homologous. Multiple algorithms have been developed upon accurate measures of sequence similarity. Dynamic programming is the most essential one, upon which both global and local alignment algorithms have been developed. The most important global and local alignment algorithms arethe Needleman-Wunsch and Smith-Waterman algorithms, respectively. Upon the two algorithms, many algorithms have been developed, either to reduce time consumption or to align multiple sequences. To include more sequences in an alignment can reveal the homology of and phylogentic information in sequencesmore reliably. The most popular multiple sequence alignment algorithm ClustalW is built upon pairwise alignments of sequences.To perform while-genome alignment, bioinformaticians have developed more new algorithms. To align RNA sequences, which are conserved in the structure but not in sequences, also drives bioinformaticians to develop new algorithms.

NOTES

Although the techniques and programs of alignments have been quite mature, attention should be paid to the quality and reliability of alignment. The simplest and most convenient way may be to run multiple algorithms and to check if they generate the same or similar results.

（朱　浩　李　敏）

思考题

1. 蛋白质比对替换计分矩阵 BLOSUM、PAM 中的序号有什么规律？
2. 控制 BLAST 搜索序列相似度的常用参数有哪些？
3. 遗传密码矩阵（GCM）的设计原理是什么？
4. 使用 ClustalW、MAFFT、T-Coffee 比对多个物种的一个同源基因的 DNA 序列和其蛋白质的氨基酸序列，并仔细观察所产生的结果。
5. 使用 ClustalW 比对一个基因的 DNA 序列、mRNA 序列和其蛋白质的氨基酸序列，并仔细观察所产生的结果。
6. 从 NCBI 主页下载大肠埃希菌的测序数据以及参考基因组，然后分别利用 Bowtie、BWA、SOAP2 这三种比对工具将测序数据比对到参考基因组。

第三章 序列特征分析

CHAPTER 3 SEQUENCE CHARACTER ANALYSIS

- 分析 DNA、RNA 和蛋白质分子的序列特征,对于深入认识和理解分子生物学中的许多基本问题具有重要意义
- 可以对 DNA 序列的碱基组成、限制性内切酶位点、密码子使用偏好、启动子及转录因子结合位点,以及是否包含重复序列、可读框和蛋白质编码基因等特征进行分析
- 分析蛋白质的氨基酸序列有助于我们了解其基本的物理化学性质,也可以获得其序列与空间结构以及生物学功能之间的关联信息
- RNA 不仅具有复杂的序列组成,也具有丰富的结构及功能,分析其序列特征可以更好地理解其序列、结构与功能之间的关系

第一节 引 言
Section 1 Introduction

　　DNA、RNA 和蛋白质是最重要的生物大分子。分析 DNA、RNA 和蛋白质分子的序列特征,对于深入认识和理解分子生物学中的许多基本问题,如基因的结构和表达调控机制、RNA 分子序列与其结构及功能之间的关联、DNA 与蛋白质分子之间的编码关系、蛋白质序列与其空间结构之间的关系和规律等等,都具有重要的意义。

　　基因是 DNA 分子中包含特定遗传信息的一段核苷酸序列,是遗传物质的最小功能单位。从分子生物学角度来看,基因是负载特定生物遗传信息的 DNA 分子片段。在一定的条件下,该信息能够表达并产生特定的生理功能。原核生物中蛋白质编码基因的典型结构如图 3-1 所示。一个完整的原核基因从位于基因 5' 端的启动区开始,到基因 3' 端的终止区结束。基因转录的内容包括 5' 端非翻译区(5'UTR)、蛋白质编码区及 3' 端非翻译区(3'UTR)。基因翻译的对象为介于起始密码子和终止密码子之间的蛋白质编码区。通常,在原核生物的基因组中,DNA 分子的绝大部分是用来编码蛋白质的,只有很小的一部分不转录。

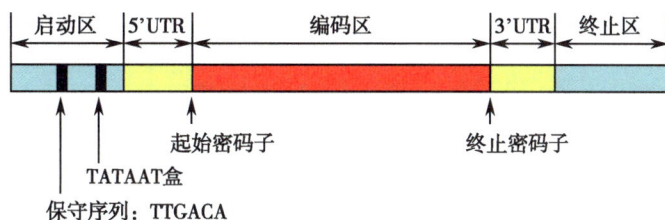

图 3-1 原核基因的结构

　　真核生物蛋白质编码基因的结构要比原核基因复杂,其典型结构如图 3-2 所示。大多数真核生物基因中,编码蛋白质序列的外显子(exon)被长度不同的不编码蛋白质序列的内含子(intron)所隔离,形成镶嵌排列的断裂结构。在外显子和内含子的连接区域通常包含一段高度保守的碱基序列,即内含子的 5' 端包含 GT 双核苷酸,3' 端包含 AG 双核苷酸(这个规律被称为 GT-AG 规则),这种保守序列是 mRNA 分子剪切的信号序列。一个完整的基因,还包括位于 5' 端和 3' 端两侧的长度不等的

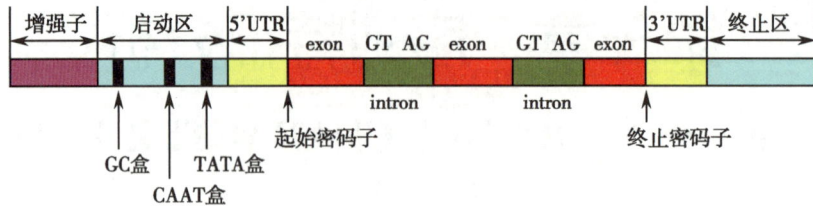

图 3-2 真核基因的结构
exon：外显子；intron：内含子。

不编码氨基酸的特异性序列，它们在基因表达的过程中起着重要的作用。

通过分析 DNA 序列，识别其所包含的蛋白质编码区域，能够为进一步的生物学实验验证和分子功能探索提供依据。分析 DNA 分子中非编码区域，如基因转录调控元件、与基因表达调控相关的因子以及各种功能位点等，对于认识基因转录、翻译以及基因与各种调控因子之间的相互作用也是十分必要的。

蛋白质是执行生物体内各种任务的分子机器。蛋白质分子中相邻的氨基酸通过肽键形成一条伸展的肽链，称为蛋白质的一级结构。肽链上的氨基酸残基通过氢键形成局部的二级结构，而各种二级结构进一步卷曲折叠形成特定的三维空间结构。有的蛋白质由多条肽链组成，每条肽链称为亚基，亚基之间的特定空间关系称为蛋白质的四级结构。一般认为，蛋白质的一级结构决定二级结构，二级结构决定三级结构，而蛋白质的生物学功能在很大程度上取决于它的空间结构。因此，分析蛋白质的氨基酸序列，研究序列与分子结构及其生物学功能之间的关系，是蛋白质研究中不可或缺的环节。

RNA 是由核糖核苷酸经磷酯键缩合而成的长链状分子。生物细胞内含有多种多样的 RNA 分子，其序列长短不一，结构千差万别，功能也各不相同。除了 mRNA、rRNA 和 tRNA 外，一些非编码 RNA 分子（如 microRNA、siRNA、piRNA 和 lncRNA 等）也被证明是参与基因表达调控的重要因子。因此，通过实验和计算手段发现新类型的 RNA 分子或者探索已知 RNA 分子的新功能具有重要意义。通过对 RNA 序列的分析，探索某一类 RNA 分子共有的序列特征，有助于阐明序列特征与功能之间的内在联系。此外，建立 RNA 序列和结构之间的关系模型，以序列为基础预测 RNA 可能形成的结构，可以为 RNA 结构的确定提供依据，对于填补 RNA 序列和功能注释之间的鸿沟具有重要作用。

因此，对 DNA 序列、RNA 序列和蛋白质序列进行序列特征分析，能够使我们从分子层面上了解基因的结构特点、基因的表达调控、DNA 序列与蛋白质序列之间的编码关系以及蛋白质分子的氨基酸序列与其空间结构之间的关系和规律，并为进一步研究这些分子在生命活动中的作用提供理论依据。

第二节 DNA 序列特征分析
Section 2 DNA sequence character analysis

作为遗传信息的主要载体，DNA 分子中 A、T、C、G 四种碱基的数量和排列次序，决定了其所包含的生物分子信息。不同物种 DNA 序列的长度、碱基组成、遗传密码子的使用偏好及甲基化程度等特征都存在差异，并且这些特征之间具有相关性。DNA 分子主要携带两类遗传信息：一类信息储存于具有功能活性的 DNA 片段中，它能够通过转录过程形成 RNA（主要有编码 RNA 和非编码 RNA 两种形式）；另一类信息属于调控信息，主要存在于特定的 DNA 区域，它能被某些起调控作用的蛋白质或其他分子特异地识别并结合，进而参与相应的生物过程。通过分析 DNA 序列，确定序列中与特定功能相关的特征信息，对于理解 DNA 分子序列的生物学功能具有重要意义。

本节将介绍 DNA 序列中基本信息和特征信息的分析方法，以及基因组结构注释分析方法。DNA 基本信息分析主要包括序列组分分析、序列转换、限制性内切酶位点分析；序列的特征信息分析主要包括可读框(open reading frame,ORF)分析、密码子使用偏好分析,启动子及转录因子结合位点分析(该部分参见第七章)和 CpG 岛(CpG island)识别分析(该部分参见第八章);基因组注释分析主要包括重复序列分析和基因识别方法。

一、DNA 序列的基本信息

1. DNA 序列组分分析　DNA 分子的物理及化学性质主要取决于其序列中四种碱基的组成。碱基组成有两种方法表示,即碱基比例(base ratio)和 GC 含量(GC content)。GC 含量是一个基因组中或 DNA 分子中,鸟嘌呤和胞嘧啶所占的比例。在 DNA 分子中,由于双链中的碱基互补配对,腺嘌呤与胸腺嘧啶数量之比(A/T),以及鸟嘌呤与胞嘧啶数量之比(G/C)都是 1。但是,(A+T)/(G+C)之比则随 DNA 的不同而变化,即不同生物的基因组或不同的 DNA 片段都具有特定的 GC 含量。由于在 DNA 分子的双螺旋结构中,胞嘧啶与鸟嘌呤碱基对之间有三个氢键,相比于只有两个氢键的腺嘌呤和胸腺嘧啶碱基对要更加牢固,因此 DNA 分子或片段中 GC 含量越高,其分子稳定性越好。

大多数原核生物基因组的 GC 含量从 25% 到 75% 不等,这种组分差异可用于识别细菌种类。真核生物物种间 GC 含量的差别不如原核生物明显,但真核生物基因组中不同区域的 GC 含量存在明显差异。GC 含量不仅与物种的密码子使用频率有关,也与 DNA 双链的熔解温度有关,因而是分子生物学研究中进行核酸杂交反应的重要参数之一。

核酸序列碱基组成的计算简单直观。在序列比较长或者序列数目较多时,可以采用 Matlab、Perl 或 R 等科学计算语言在相应的平台上编程计算。目前已积累了大量以这些语言为基础的生物信息学工具包和函数,可以方便地进行包括 DNA、RNA 和蛋白质序列特征分析在内的生物数据处理、统计、注释以及可视化等各项任务。对于比较短的序列,可以通过手工或文字编辑软件进行计算,也可以通过一些专业软件来分析,如 BioEdit 和 DNAMAN 等。BioEdit 是一个用于生物分子序列编辑的免费软件,它可用于常用的核酸及蛋白质序列的编辑和分析任务,如:序列比对、序列检索、引物设计、系统发育分析等。DNAMAN 是一种分子生物学应用软件,可完成核酸和蛋白质序列的综合分析工作,包括多重序列比对、引物设计、限制性酶切分析、蛋白质分析、质粒绘图等。

核酸碱基组成分析常用工具 BioEdit 及 DNAMAN 的网址见书末参考网址。

2. 序列转换　DNA 序列具有双链性、双链互补性及可读框可能位于任一条链上等特点。在进行序列分析时,经常需要对序列进行各种转换,如反向序列、互补序列、互补反向序列、显示 DNA 双链、转换为 RNA 序列等。

序列转换可使用的常用软件除了上面介绍的 BioEdit 和 DNAMAN,还可以采用 Lasergene 等工具。Lasergene 是一种核酸序列和蛋白质序列的综合分析工具,可对核酸序列进行各种转换,其网址见书末参考网址。

3. 限制性内切酶酶切位点分析　限制性内切酶(restriction endonuclease)能够识别 DNA 分子上的特征序列,并在特定位点或其周围水解双链 DNA 分子。不同限制性内切酶所识别的序列具有特异性,这些序列长度一般为 4-8 个碱基,通常为 6 个碱基,且多数为回文对称结构。限制性内切酶的切割形式有两种,分别产生具有突出单股 DNA 的黏状末端,以及平整无凸起的平滑末端。每种酶所切割的序列通常就是其可以识别的特征序列,切割位点位于 DNA 两条链上相对称的位置。若切割位点在回文的一侧,可形成黏性末端,如 EcoRⅠ、BamHⅠ、HindⅢ 等;而切割位点在回文序列中间时,则形成平滑末端,如 AluⅠSmaⅠ等。

基因工程中常用的两个限制性内切酶 EcoRⅠ和 HindⅢ的识别序列和切割位点如下:

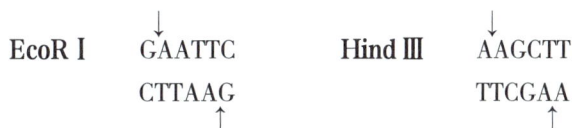

EcoRⅠ	↓ GAATTC CTTAAG ↑	HindⅢ	↓ AAGCTT TTCGAA ↑

限制性内切酶酶切位点在早期是通过实验确定的。随着核酸序列及限制性内切酶酶切位点信息的不断积累，依据限制性内切酶所识别的序列特征，通过生物信息学方法对其酶切位点进行识别和分析已成为重要的途径。

常用的内切酶资源是由美国新英格兰生物实验室建立和维护的限制酶数据库（Restriction Enzyme dataBase，REBASE），它收录了内切酶的各种信息，包括内切酶识别序列和切割位点、甲基化酶、甲基化特异性、酶制品的商业来源及相关参考文献等。REBASE 具有丰富的查询功能，可以对内切酶的基本特征、识别位点及酶切双链 DNA 的三维结构等进行检索，同时也提供了理论酶切消化图谱、序列比对、酶切位点识别等分析功能。其中，限制性内切酶位点分析常用的工具是 NEBCutter2，它可对用户提交的 DNA 序列进行酶切位点分析并输出图示结果。NEBCutter2 使用的内切酶数据来源于 REBASE 数据库，它的识别位点列表会根据 REBASE 数据库同步更新。此外，很多用于 DNA 序列分析的软件也含有酶切位点分析功能，如 BioEdit、DNAMAN 和 Lasergene 等。

限制性内切酶位点分析常用数据库 REBASE 和分析工具 NEBCutter2 的网址见书末参考网址。

二、DNA 序列的特征信息

1. 可读框识别　可读框（open reading frame，ORF）指的是从序列 5' 端的一个起始密码子（ATG）到 3' 端的一个终止密码子（TTA、TAG 及 TGA）之间的片段，它常被用于基因组或 DNA 片段中蛋白质编码基因的识别。一个 DNA 序列上包含有 6 种可能的可读框，其中 3 种分别开始于序列的第 1、2、3 个碱基位点并沿着序列的 5'→3' 方向延伸，而另外 3 种则始于该序列互补序列的第 1、2、3 个碱基位点并沿 5'→3' 方向延伸。通常情况下，长度最大的 ORF 被选作可能的蛋白质编码序列。

真核生物的蛋白质编码基因中，由于内含子（intron）的存在，ORF 被分割为若干个小片段，并且其长度变化范围非常大，因此真核生物的 ORF 识别远比原核生物困难。但是，在真核生物的基因中，外显子与内含子之间的连接区域通常满足 GT-AG 规则，这个规律有助于 ORF 的确定。

ORF Finder 是原核生物 ORF 识别的在线分析工具，其网址见书末参考网址。

2. 密码子偏好性分析　密码子偏好性（codon usage bias）是指生物的蛋白质编码基因中同一种氨基酸对应的同义密码子非均匀使用的现象。蛋白质中所包含的 20 种氨基酸是由蛋白质编码基因上的 61 种三联体密码子编码的，其中色氨酸和甲硫氨酸仅分别对应 1 种密码子，其他氨基酸则分别对应 2 至 6 种密码子。在一个物种或一个基因中，同一种氨基酸往往倾向于选用一种或几种特定的同义密码子，而较少使用或不使用其他的同义密码子。密码子偏好性的产生可能与多种因素有关，如基因的表达水平、碱基组成、GC 含量、密码子对应的 tRNA 丰度等，所以分析密码子使用偏好性具有重要的生物学意义。此外，由于不同物种的基因，以及同一物种的不同基因，其密码子使用偏好性存在差异，分析密码子使用偏好性对研究物种或基因进化也有重要价值。

目前已有多种分析密码子使用偏好性的方法。常用的有以下几种：

（1）密码子使用相对频率（relative synonymous codon usage，RSCU）：RSCU 指的是一个或一组蛋白质编码基因序列中某个特定的密码子的使用频率与对应氨基酸的所有同义密码子平均使用频率的比值。由于它表征的是一个氨基酸的同义密码子使用频率的比值，因此排除了氨基酸组成对密码子使用的影响。如果一个密码子的使用在所分析序列中没有偏好性，即它的使用频率与对应氨基酸的同义密码子的平均使用频率相等，则它的 RSCU 值等于 1。如果其 RSCU 值大于 1，表明该密码子使用频率相对较多，反之则表明其使用频率较低。该数值计算简便，可以直观地反映密码子使用的偏好性。

（2）密码子适应指数（codon adaptation index，CAI）：CAI 表征的是一个基因序列中密码子使用与一组具有高表达水平的蛋白质编码基因序列中同义密码子的使用模式的相似程度。这个指数基于这样的假设，即为了保证 mRNA 在翻译成蛋白质过程中的效率和精度，细胞中丰度最大的 tRNA 总是被优先选择；与此相对应，在自然选择作用下，高表达基因的序列中也倾向于选择与这些 tRNA 相应的同义密码子。如果一个基因中的密码子全部选用高表达基因集中的频率最高的同义密码子,则其 CAI 值为 1。一个基因的 CAI 值越接近 1,则其序列的密码子使用偏好越接近于参照基因集,反之, 若 CAI 接近于 0,则基因序列中密码子使用与参照基因集的偏离越大。已经证实表达水平接近的基 因,其 CAI 也相近。因此,这个指数可以用来预测基因的表达水平。

(3)有效密码子数(effective number of codon, Nc):如前所述,在 CAI 的计算中,需要以一组表达 水平较高的基因为参照。与 CAI 不同,Nc 测量的是一个基因的密码子偏好程度。如果一个基因平均 地使用每一种密码子,则其 Nc 为 61,如果它只使用每组同义密码子中的一种,则其 Nc 为 20。理论 上讲,一个具有低 CAI 的基因也可以同时具有低 Nc 值,换句话说,该基因具有较强的密码子偏好性, 只不过其偏向的未必是高表达基因所用的密码子。

CodonW 是一款专门用于密码子分析的免费软件,提供关于密码子使用的相关指标,CodonW 可 以在多种操作系统上运行,能够同时处理 2 000 条以上的序列,其网址见书末参考网址。

三、基因组结构注释分析

基因组序列主要由基因序列、重复序列和基因间序列构成。本节将主要介绍基因组重复序列分 析和基因识别方法。

1. 重复序列分析　重复序列(repetitive sequence 或 repeated sequence)是指真核生物基因组中重 复出现的核苷酸序列。重复序列按照其组织形式可以分成两大类,即串联重复序列和散在重复序列。 前一种成簇分布于基因组的特定区域,后一种分散于基因组的不同位点上。重复序列根据序列重复 次数可以分成三大类:①低度重复序列(lowly repetitive sequence),在整个基因组中只含有 2~10 个拷 贝,如酵母 tRNA 基因、人和小鼠的珠蛋白基因等;②中度重复序列(moderately repetitive sequence), 重复次数为几十次到几千次,重复单元的平均长度约 300bp,如 rRNA 和 tRNA 基因;③高度重复序列 (highly repetitive sequence),重复几百万次,一般是少于 10 个核苷酸残基组成的短片段,如异染色质 上的卫星 DNA。

目前已有多个数据库专门收集不同类型重复序列的信息。例如,Repbase 是常用的真核生物 DNA 重复序列数据库;STRBase(Short Tandem Repeat DNA Internet DataBase)是存储短串联重复序 列的数据库;RepeatMasker 是比较常用的重复序列片段分析程序,应用于识别、分类和屏蔽重复元件。 这几种工具或数据库的网址见书末参考网址。

2. 基因识别方法　基因识别是基因组注释的关键环节。广义的基因识别包括确定蛋白质编码 基因、RNA 基因以及具有特定功能的调节区域等。本节主要介绍蛋白质编码基因的识别。

已有的蛋白质编码基因识别方法主要包括基于同源搜索和从头预测两大类。基于同源搜索的方 法是通过序列比对算法在已知基因的数据库中查询与给定未知序列相似的序列,然后判断未知序列 中可能包含的蛋白质编码基因。基于同源搜索的基因识别方法并不能提供精确的基因边界。基于 从头预测的基因识别方法主要是基于基因共有的显著区别的特征,这是目前最普遍使用的基因识别 方法。

原核生物的基因组结构要比真核生物的基因组结构简单,因而原核生物基因的识别相对比较容 易,常用算法有 GeneMarkS 和 Glimmer,它们都有比较高的精度,其网址见书末参考网址。

真核生物基因的从头预测方法主要是通过识别基因中的特征信号和分析序列的统计特性实现。 识别基因中的特征信号,即利用真核生物基因编码区域一些重要信号的特征序列信息,例如,上游启 动子区的特征序列(TATA box、CAAT box 和 GC box 等),5′ 端外显子位于核心启动子 TATA box 下游 并且含有起始密码子,内部的外显子两端的供体位点和受体位点,3′ 端外显子的下游包含终止密码子 和 polyA 信号序列,以及剪切位点,综合多个序列特征信息可以帮助确定外显子的边界并识别编码区 域。分析序列的统计学特征,对已知编码区进行统计分析寻找编码规律和特性,进而通过统计值区分 外显子、内含子和基因间区域。统计学特征主要包括密码子使用偏好性和双联密码子出现频率。此外,真核基因识别也可以采用同源序列比较的方法获得编码区信息。在实际应用中常常联合几种方法,以提高识别效率。

真核基因识别常用工具是 GENSCAN,它采用广义隐马尔可夫模型对基因的整体结构进行预测,可以确定外显子、内含子、基因间区域、转录信号、翻译信号、剪接信号等信息,并可识别基因组 DNA 序列中完整的外显子-内含子结构。其他常用的基因识别工具有 GeneMark-EP+,它是基于半监督学习并结合多种编码度量及序列进化信息的识别方法,可以在本地安装使用。这些工具的网址见书末参考网址。

例 3-1   人类 CD9 序列基因识别分析

应用 GENSCAN 在线分析工具,分析人类 CD9 序列(序列号 AY422198)基因结构。登录 GENSCAN 主页,物种选择 Vertebrate(脊椎动物),判别阈值为 1.00,序列名称中填写 cd9 AY422198,预测选项选择 Predicted peptides only,序列框中粘贴序列,点击 "Run GENSCAN" 运行,该软件界面如图 3-3 所示,分析结果见图 3-4,显示该序列被预测出的 10 个外显子的信息。

图 3-3 中主要参数如下:

Gn.Ex:gene number,exon number(for reference)

Type: **Init**=Initial exon(ATG to 5′ splice site)

　　　　Intr=Internal exon(3′ splice site to 5′ splice site)

Term=Terminal exon(3′ splice site to stop codon)

Sngl=Single-exon gene(ATG to stop)

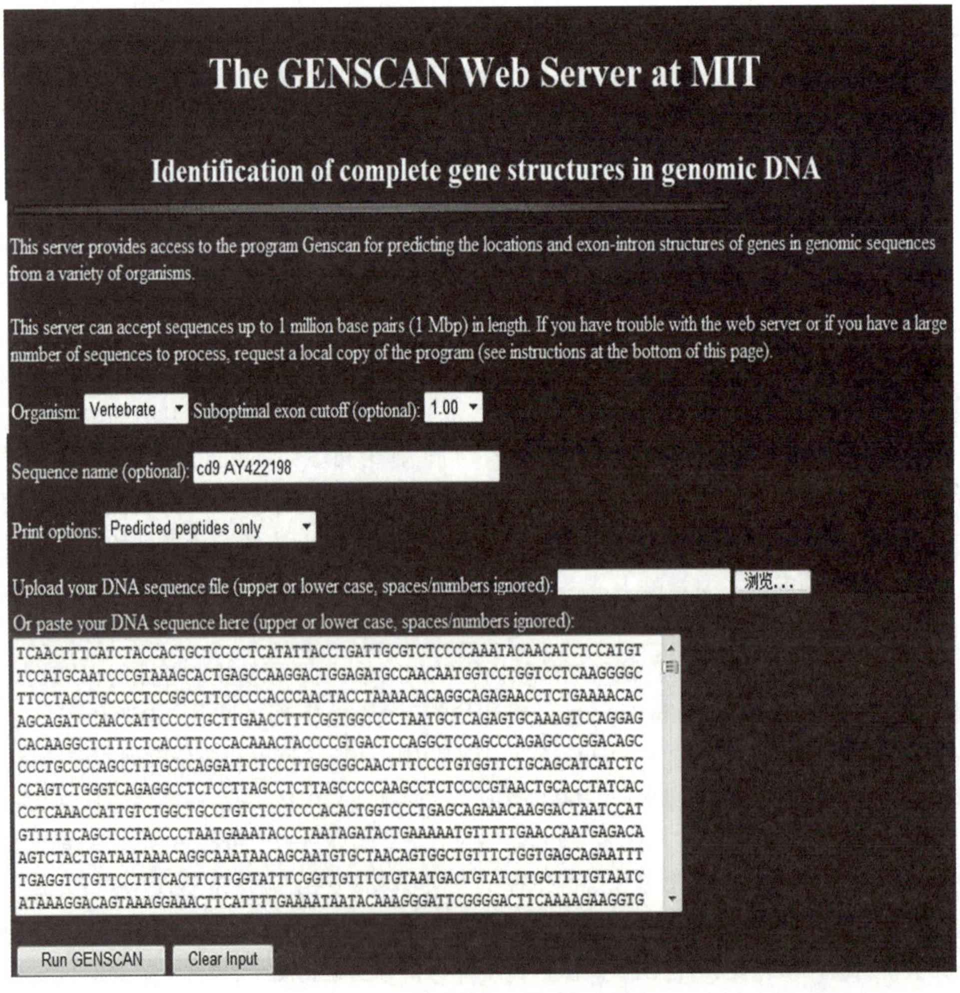

图 3-3　GENSCAN 在线分析界面

```
Predicted genes/exons:


Gn.Ex Type S .Begin ...End .Len Fr Ph I/Ac Do/T CodRg P.... Tscr..

----- ---- - ------ ------ --- -- -- ---- ---- ----- ----- ------


 1.01 Init +   2030   2299 270  1  0   98   39   306 0.436  23.67

 1.02 Intr +   7489   7614 126  0  0  123   72    74 0.908  10.18

 1.03 Intr +  20012  20123 112  1  1  106   49    40 0.454   1.85

 1.04 Intr +  26834  27067 234  0  0   29   94   212 0.525  13.56

 1.05 Intr +  34168  34265  98  2  2  115  105   100 0.964  14.13

 1.06 Intr +  34948  35022  75  0  0  115   92   107 0.997  13.51

 1.07 Intr +  36765  36923 159  2  0  103   15   291 0.736  23.48

 1.08 Intr +  37012  37101  90  0  0   79   92    96 0.757   9.29

 1.09 Intr +  37728  37811  84  2  0   43  101   229 0.947  19.72

 1.10 Term +  39299  39364  66  1  0  110   40    67 0.937   2.04

 1.11 PlyA +  39776  39781   6                            1.05
```

图 3-4　AY422198 序列分析结果

Prom=Promoter（TATA box/initation site）

PlyA=poly-A signal（consensus：AATAAA）

S：DNA strand（+=input strand；–=opposite strand）

Begin：beginning of exon or signal（numbered on input strand）

End：end point of exon or signal（numbered on input strand）

Len：length of exon or signal（bp）

Fr：reading frame（a forward strand codon ending at x has frame x mod 3）

Ph：net phase of exon（exon length modulo 3）

I/Ac：initiation signal or 3′ splice site score（tenth bit units）

Do/T：5′ splice site or termination signal score（tenth bit units）

CodRg：coding region score（tenth bit units）

P：probability of exon（sum over all parses containing exon）

Tscr：exon score（depends on length，I/Ac，Do/T and CodRg scores）

GenBank 给出 AY422198 序列编码区信息如下，包含 8 个外显子：

CDS join（2030..2095，26959..27067，34168..34265，34948..35022，36765..36863，37012..37101，37728..37811，39299..39364）

　　预测结果和 GenBank CDS 信息的对比见表 3-1，有 6 个外显子完全匹配，GENSCAN 多识别出两个外显子，另有两个外显子的 3′ 或 5′ 端位置预测出现偏差，这与 GENSCAN 特性有关。

外显子编号	预测结果（碱基位置）	GenBank CDS	对比
1.01 Init+	2030——2299	2030..2095	5'端匹配
1.02 Intr+	7489——7614	—	不匹配
1.03 Intr+	20012——20123	—	不匹配
1.04 Intr+	26834——27067	26959..27067	3'端匹配
1.05 Intr+	34168——34265	34168..34265	匹配
1.06 Intr+	34948——35022	34948..35022	匹配
1.07 Intr+	36765——36923	36765..36863	匹配
1.08 Intr+	37012——37101	37012..37101	匹配
1.09 Intr+	37728——37811	37728..37811	匹配
1.10 Term+	39299——39364	39299..39364	匹配

第三节　蛋白质序列特征分析
Section 3　Protein sequence character analysis

蛋白质是生命功能的主要执行者。分析蛋白质的氨基酸序列是蛋白质研究的重要组成部分,有助于我们了解蛋白质的基本的物理化学性质,也可以帮助我们获得其序列与空间结构以及生物学功能之间的关联信息。

一、蛋白质序列的基本信息分析

对蛋白质的序列特征进行分析有助于我们了解蛋白质的基本信息,如分子量、等电点、氨基酸组成、亲水性和疏水性等性质。

1. 蛋白质的氨基酸组成分析　蛋白质分子的基本组成单位是氨基酸（amino acid）。构成天然蛋白质的氨基酸共20种,它们的分子骨架基本相同,但侧链各不相同。根据这些氨基酸中侧链基团的极性不同,通常将氨基酸分为以下四类,即非极性氨基酸、不带电荷的极性氨基酸、带正电荷氨基酸和带负电荷氨基酸。

非极性氨基酸在水中溶解度较小,包括脂肪族氨基酸（丙氨酸、缬氨酸、亮氨酸和异亮氨酸）、芳香族氨基酸（苯丙氨酸和色氨酸）、含硫氨基酸（甲硫氨酸）和亚氨基酸（脯氨酸）。

不带电荷的极性氨基酸较易溶于水,包括甘氨酸、含羟基氨基酸（丝氨酸、苏氨酸和酪氨酸）、含酰氨基的氨基酸（谷氨酰胺和天冬酰胺）以及含巯基氨基酸（半胱氨酸）。

带正电荷氨基酸在生理条件下带正电荷,包括赖氨酸、精氨酸和组氨酸。

带负电荷氨基酸在生理条件下带负电荷,包括天冬氨酸和谷氨酸。

2. 蛋白质的理化性质分析　理化性质分析是蛋白质序列分析中的基本内容,蛋白质的基本理化性质包括分子量、氨基酸组成、等电点、消光系数、体内半衰期、不稳定指数、脂肪指数和亲/疏水性等。这些理化性质的准确数值需要用实验测定,但是大多数情况下可以根据蛋白质序列进行估算。可以参考的数据库有氨基酸索引数据库 AAindex,它包含了氨基酸和氨基酸对的各种物理化学和生化性质的数值指标。AAindex 由三个部分组成:AAindex1 包括 20 种氨基酸的 566 种数值指数,AAindex2 包括 94 种氨基酸突变矩阵数值指标,AAindex3 包括 47 种氨基酸成对接触电势指标,所有数值指标数据均来自已发表的文献。

氨基酸索引数据库 AAindex 的网址见书末参考网址。

3. 蛋白质序列基本信息的分析工具　ExPASy（Expert Protein Analysis System）数据库由瑞士生物信息学研究院（Swiss Institute of Bioinformatics,SIB）进行日常维护,并与欧洲生物信息学中心

（European Bioinformatics Institute，EBI）及蛋白质信息资源（Protein Information Resource，PIR）联合组成 Universal Protein（UniProt）数据库，其网址见书末参考网址。

该数据库提供了一系列用于分析蛋白质理化性质的工具，例如可以进行蛋白质基本物理化学参数计算的 ProtParam，可以进行氨基酸亲/疏水性分析的 ProtScale，可以进行蛋白酶解肽片段分析的 PeptideMass，可以对裂解酶的断裂部位和蛋白质序列的化学组成进行预测的 PeptideCutter 等。

以下部分，我们将举例说明使用 ProtParam 对蛋白质的理化性质进行分析。以普通狨（Callithrix jacchus）的成纤维细胞生长因子受体（FGFR）的蛋白质序列片段为例，其在 NCBI Protein 数据库中的序列编号为 Q28332。从 Protein 数据库中下载此蛋白质序列并用 ProtParam 分析，返回蛋白质序列理化性质的分析结果见图 3-5。用 ProtParam 工具分析 Q28332 蛋白序列的结果包括：氨基酸残基数（number of amino acids）、分子质量（molecular weight）、理论等电点（theoretical pI）、氨基酸组成（amino acid composition）、负电荷氨基酸残基总数（total number of negatively charged residues）、正电荷氨基酸残基总数（total number of positively charged residues）、原子组成（atomic composition）、分子式（formula）、原子总数（total number of atoms）、消光系数（extinction coefficients）、半衰期（estimated half-life）、不稳定系数（instability index）、脂肪系数（aliphatic index）、总平均疏水性（grand average of hydropathicity）等。

ProtScale 程序从文献中收集了氨基酸的 50 余种性质参数，可用来对蛋白质的亲疏水性及二级结构形态等特征进行分析。以疏水性标度为例，得到的蛋白质亲/疏水性图中的横坐标为序列位置，纵坐标为氨基酸的标度值。通常 ProtScale 默认的标度值为 Hphob.Kyte & Doolittle 标度（Kyte &

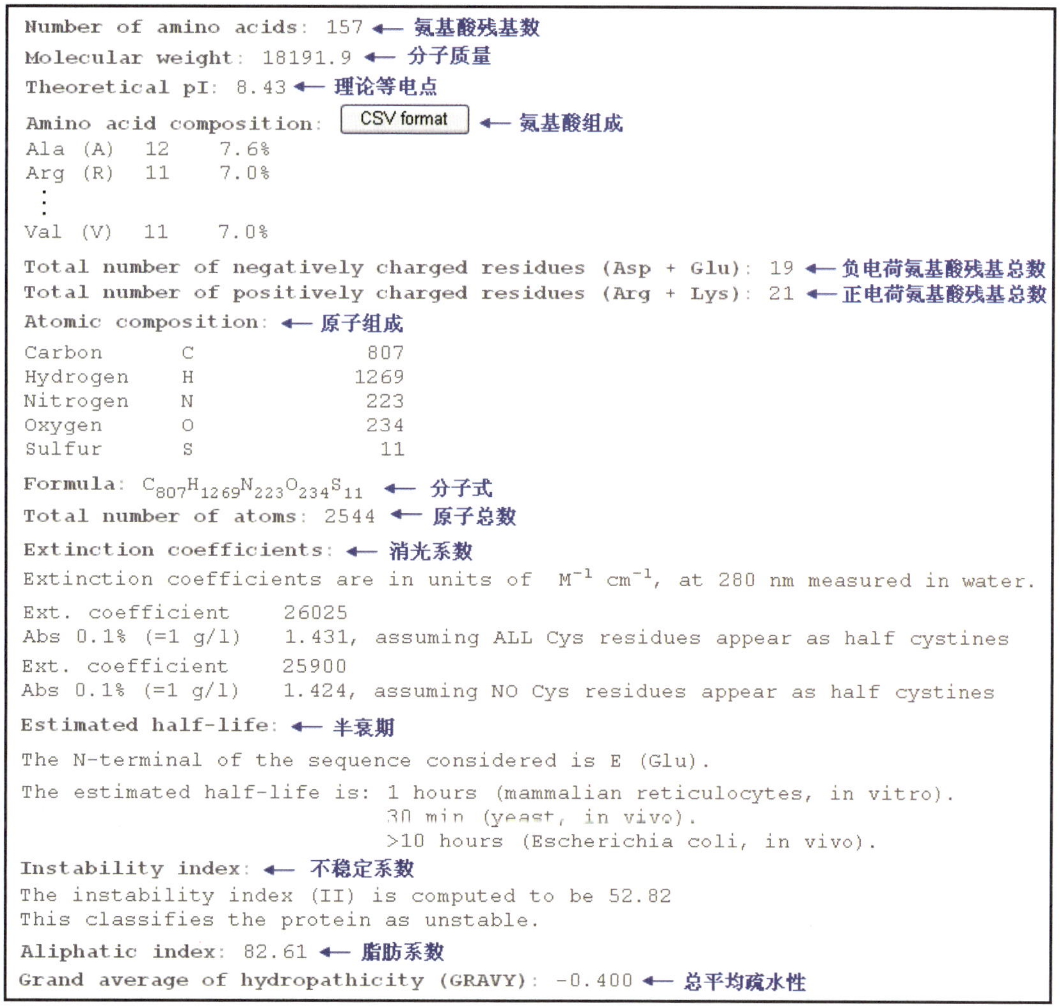

```
Number of amino acids: 157 ← 氨基酸残基数
Molecular weight: 18191.9 ← 分子质量
Theoretical pI: 8.43 ← 理论等电点
Amino acid composition: [ CSV format ] ← 氨基酸组成
Ala (A)   12    7.6%
Arg (R)   11    7.0%
   :
Val (V)   11    7.0%

Total number of negatively charged residues (Asp + Glu): 19 ← 负电荷氨基酸残基总数
Total number of positively charged residues (Arg + Lys): 21 ← 正电荷氨基酸残基总数
Atomic composition: ← 原子组成
Carbon      C         807
Hydrogen    H        1269
Nitrogen    N         223
Oxygen      O         234
Sulfur      S          11
Formula: C807H1269N223O234S11 ← 分子式
Total number of atoms: 2544 ← 原子总数
Extinction coefficients: ← 消光系数
Extinction coefficients are in units of  M⁻¹ cm⁻¹, at 280 nm measured in water.

Ext. coefficient     26025
Abs 0.1% (=1 g/l)    1.431, assuming ALL Cys residues appear as half cystines
Ext. coefficient     25900
Abs 0.1% (=1 g/l)    1.424, assuming NO Cys residues appear as half cystines
Estimated half-life: ← 半衰期
The N-terminal of the sequence considered is E (Glu).
The estimated half-life is: 1 hours (mammalian reticulocytes, in vitro).
                            30 min (yeast, in vivo).
                            >10 hours (Escherichia coli, in vivo).
Instability index: ← 不稳定系数
The instability index (II) is computed to be 52.82
This classifies the protein as unstable.
Aliphatic index: 82.61 ← 脂肪系数
Grand average of hydropathicity (GRAVY): -0.400 ← 总平均疏水性
```

图 3-5　用 ProtParam 分析 Q28332 序列理化性质的结果

Doolittle 疏水性标度),当氨基酸的打分值大于 0 表示疏水性,而小于 0 表示亲水性。在计算蛋白质亲疏水性时,氨基酸序列将在一个给定大小的滑动窗口内被扫描,窗口大小(window size)决定了每次计算所包含的氨基酸数量,窗口中点所对应氨基酸的值是窗口内所有氨基酸的平均标度值。以家牛(Bos taurus)的视紫红质(rhodopsin)为例,先从 NCBI Protein 数据库(序列编号 P02699)获取其氨基酸序列,然后用 ProtScale 对其亲疏水性进行分析,结果分别如图 3-6、图 3-7 和图 3-8 所示。

```
Using the scale Hphob. / Kyte & Doolittle, the individual values for the 20 amino acids are:
(The values in parentheses are the original values, the normalized values have been used in the computation.)

Ala:   0.700 ( 1.800)   Arg:   0.000 (-4.500)   Asn:   0.111 (-3.500)
Asp:   0.111 (-3.500)   Cys:   0.778 ( 2.500)   Gln:   0.111 (-3.500)
Glu:   0.111 (-3.500)   Gly:   0.456 (-0.400)   His:   0.144 (-3.200)
Ile:   1.000 ( 4.500)   Leu:   0.922 ( 3.800)   Lys:   0.067 (-3.900)
Met:   0.711 ( 1.900)   Phe:   0.811 ( 2.800)   Pro:   0.322 (-1.600)
Ser:   0.411 (-0.800)   Thr:   0.422 (-0.700)   Trp:   0.400 (-0.900)
Tyr:   0.356 (-1.300)   Val:   0.967 ( 4.200)     :   0.111 (-3.500)
  :   0.111 (-3.500)     :   0.446 (-0.490)
```

图 3-6   Kyte & Doolittle 疏水性标度

```
Weights for window positions 1,..,13, using linear weight variation model:

  1      2      3      4      5      6      7      8      9     10     11     12     13
0.10   0.25   0.40   0.55   0.70   0.85   1.00   0.85   0.70   0.55   0.40   0.25   0.10
edge                                     center                                    edge
```

图 3-7   用 Window size=13 时计算窗口内每个位置上氨基酸的标度权值

```
MIN: -2.487
MAX: 3.407
```

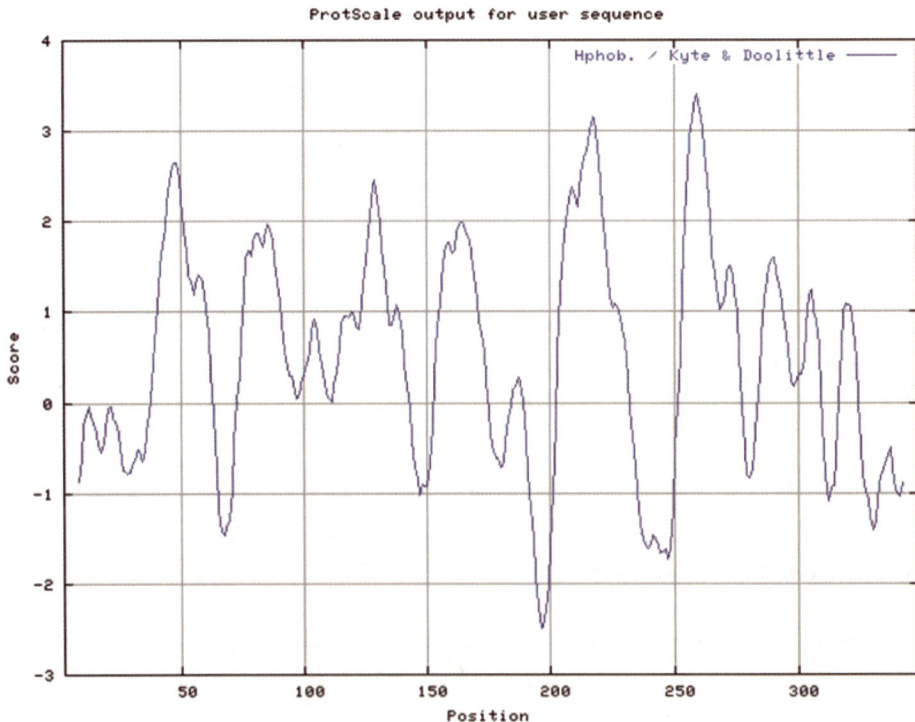

```
The results of your ProtScale query are available in the following formats:
    • Image in GIF-format
    • Image in Postscript-format
    • Numerical format (verbose)
    • Numerical format (minimal, to be exported into an external application)
```

← 其他格式的结果

图 3-8   用 ProtScale 分析 P02699 序列疏水性结果的图形显示

二、蛋白质序列的特征信息分析

除了蛋白质的基本性质外,还可以对蛋白质序列中的跨膜区、信号肽和卷曲螺旋等特征信息进行分析。

1. 蛋白质的跨膜区分析 膜蛋白是生物膜功能的主要承担者。根据其在膜中分布的位置,膜蛋白可分为外在膜蛋白和内在膜蛋白两类。外在膜蛋白为水溶性蛋白,分布在膜的内外表面。内在膜蛋白是双亲性分子,可以不同程度地嵌入脂质双分子层中。有的膜蛋白贯穿整个脂质双分子层,两端暴露于膜的内外表面,这种类型的膜蛋白又被称为跨膜蛋白(transmembrane protein)。内在膜蛋白的膜外部分含有较多的极性氨基酸,属亲水性区域,与磷脂分子的亲水头部邻近;嵌入到脂质双分子层的部分则富含非极性氨基酸,与脂质双分子层的疏水尾部相结合。由于技术限制,目前通过实验测定结构的膜蛋白数量还很有限,因此从理论上预测这类蛋白质的结构具有非常重要的意义。

下面介绍常用的分析蛋白质跨膜工具 TMHMM-2.0。它是由丹麦理工大学健康技术中心开发和维护的一个分析蛋白质跨膜区域的在线工具,其网址见书末参考网址。它是一个基于隐马尔科夫模型的算法,综合了跨膜区疏水性、电荷分布、螺旋长度和膜蛋白拓扑学限制等特征,可对跨膜区及邻近区域进行整体预测。使用时,用户将 FASTA 格式的蛋白质序列输入查询序列文本框,或者将序列以文件形式上传,每次可以分析不超过一万个蛋白质序列。输出结果包含三个部分:预测结果的数值指标、可能的跨膜螺旋区以及结果的图形显示。

以人的趋化因子受体 CCR6 为例,它是一种 G 蛋白耦联受体,序列编号为 P51684。下载此蛋白质的氨基酸序列并用 TMHMM-2.0 进行分析,并选择输出详细预测结果及预测图形。用 TMHMM-2.0 分析 P51684 序列所得到的结果如下(图 3-9):该蛋白质序列长度为 374,其中预测有 7 个跨膜螺旋区,跨膜螺旋氨基酸残基数量的期望值为 150.907 98(该值超过 18 时,则蛋白质中可能含跨膜螺旋或者含有信号肽),蛋白质前 60 个氨基酸中跨膜螺旋的氨基酸量的期望值为 11.043 8,N-端位于膜细胞质侧的总概率为 0.000 85。所预测的 7 个跨膜螺旋区分别为:51-73、85-104、124-146、166-185、220-242、255-277 及 303-320。同时还列出了与每个跨膜区相邻的胞外区及胞内区的信息。图 3-10 是用 TMHMM-2.0 分析 P51684 序列所得到的 7 个可能的跨膜螺旋区的图形显示结果。

TMHMM result

```
# WEBSEQUENCE Length: 374
# WEBSEQUENCE Number of predicted TMHs:  7
# WEBSEQUENCE Exp number of AAs in TMHs: 150.90798
# WEBSEQUENCE Exp number, first 60 AAs:  11.0438
# WEBSEQUENCE Total prob of N-in:        0.00085
# WEBSEQUENCE POSSIBLE N-term signal sequence
WEBSEQUENCE     TMHMM2.0        outside      1     50
WEBSEQUENCE     TMHMM2.0        TMhelix     51     73
WEBSEQUENCE     TMHMM2.0        inside      74     84
WEBSEQUENCE     TMHMM2.0        TMhelix     85    104
WEBSEQUENCE     TMHMM2.0        outside    105    123
WEBSEQUENCE     TMHMM2.0        TMhelix    124    146
WEBSEQUENCE     TMHMM2.0        inside     147    165
WEDSEQUENCE     TMHMM2.0        TMhelix    166    185
WEBSEQUENCE     TMHMM2.0        outside    186    219
WEBSEQUENCE     TMHMM2.0        TMhelix    220    242
WEBSEQUENCE     TMHMM2.0        inside     243    254
WEBSEQUENCE     TMHMM2.0        TMhelix    255    277
WEBSEQUENCE     TMHMM2.0        outside    278    302
WEBSEQUENCE     TMHMM2.0        TMhelix    303    320
WEBSEQUENCE     TMHMM2.0        inside     321    374
```

图 3-9 P51684 分子中可能的跨膜螺旋区

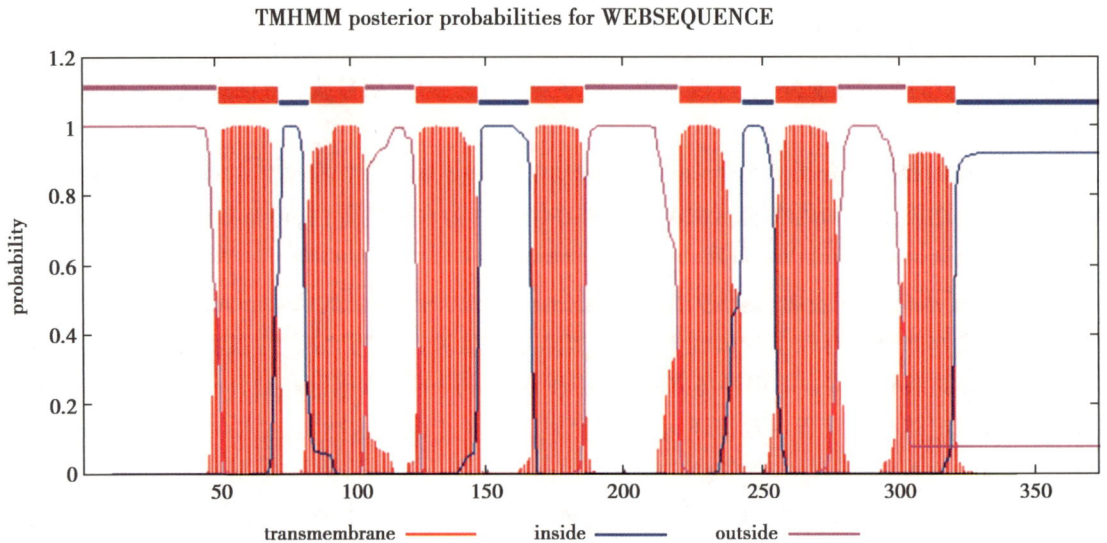

图 3-10 P51684 分子中可能的跨膜螺旋区的图形显示结果

transmembrane：跨膜片段；inside：胞内片段；outside：胞外片段。

2. 蛋白质的信号肽分析 分泌到细胞外的蛋白质及一些膜蛋白在其氨基酸序列的 N 末端含有 5~30 个氨基酸组成的信号肽（signal peptide），它可以指导蛋白质跨膜转运。信号肽中包含至少一个带正电荷的氨基酸和一个高度疏水区以通过细胞膜。信号肽假说认为，具有信号肽的蛋白质在合成时，首先合成 N 末端带有疏水氨基酸残基的信号肽，它可以被内质网膜上的受体识别并与之相结合。信号肽经由内质网膜中蛋白质形成的孔道到达内质网内腔，被位于内质网腔表面的信号肽酶水解。在信号肽的引导下，新生的多肽可通过内质网膜进入腔内，并被转运到内质网、高尔基体、细胞膜或被分泌到细胞外空间。那些分布在内质网中的蛋白质，除了在序列 N 末端具有信号肽外，在 C 末端具有四个氨基酸组成的"KDEL"（Lys-Asp-Glu-Leu）特征片段。有的膜蛋白没有信号肽，但是其分子中的第一个跨膜结构域具有与信号肽相似的功能。

有多种工具可以进行信号肽分析，如 SignalP、Signal-BLAST、Phobius 和 SigCleave 等，其网址见书末参考网址。这些工具中，应用较广泛的是 SignalP，当前的在线服务版本为 SingalP-5.0。它是由丹麦技术大学开发和维护的在线信号肽预测工具，它主要基于深度卷积神经网络方法，能够预测多种生物（包括革兰氏阳性原核生物、革兰氏阴性原核生物及真核生物）的氨基酸序列信号肽剪切位点的有无及出现位置。

下面以人载脂蛋白 A5（Apolipoprotein A5，NCBI Protein 数据库序列编号 Q6Q788）为例，介绍 SignalP 的应用。下载该蛋白质的氨基酸序列并上传到服务器，分析结果见图 3-11。图中显示的预测结果中共包括以下几部分，即信号肽预测、序列信号肽剪切位点、预测结果的表格形式及图形。SignalP-5.0 可以识别三种类型的信号肽，即由 Sec 转运体转运并由信号肽酶Ⅰ切割的"标准"分泌信号肽 Sec/SPⅠ，由 Sec 转运体转运并由信号肽酶Ⅱ切割的脂蛋白信号肽 Sec/SPⅡ，以及由 Tat（Twin-Arginine Translocation）转运体转运并由信号肽酶Ⅰ切割的 Tat 信号肽 Tat/SPⅠ。如果输入序列中有信号肽，则输出所预测的信号肽类型，如果系列中没有信号肽，则输出"Other"。如果序列中包含信号肽，则还会输出预测的信号肽剪切位点（cleavage site），即成熟蛋白和信号肽的分界点；同时还给出该点对应的概率值。剪切位点前面的片段被看作是信号肽，而其后的氨基酸序列被认为是成熟蛋白质。

如图 3-11 所示，人载脂蛋白 A5 中包含 Sec/SPⅠ类型的信号肽，其可能性为 0.978 8。信号肽的剪切位点位于第 23 与第 24 氨基酸之间，即 TQA-RK，对应的概率值为 0.813 5。

Prediction: Signal peptide (Sec/SPI)

Cleavage site between pos. 23 and 24: TQA-RK. Probability: 0.8135

Protein type	Signal Peptide (Sec/SPI)	Other
Likelihood	0.9788	0.0212

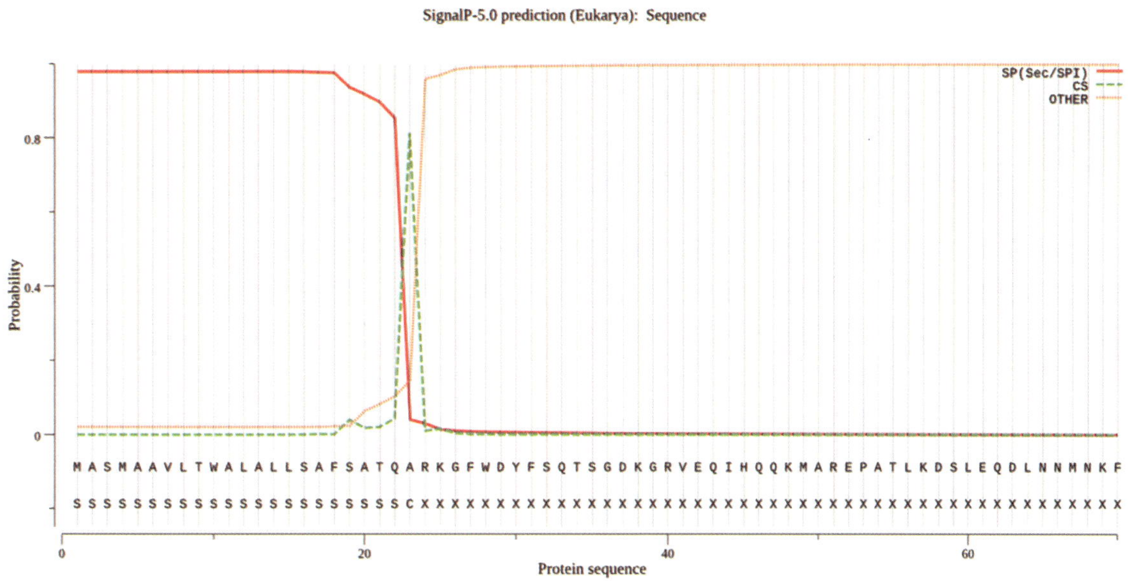

图 3-11　用 SignalP 分析 Q6Q788 序列信号肽的结果

三、蛋白质序列的功能信息分析

1. 蛋白质的细胞内定位　蛋白质由位于细胞质中的核糖体合成后,需要转运到合适的位置才能正常行使其功能。如果蛋白质合成之后不能被运送到合适的亚细胞位置,则有可能引起细胞功能的异常。比如,细胞色素 C 在细胞质中合成之后就被转运到线粒体中并附着在线粒体内膜上,成为电子传递系统的组分,如果由于某些原因细胞色素 C 从线粒体内膜脱落并进入细胞质,则会引发细胞凋亡。

蛋白质之所以能够被转运到合适的亚细胞位置,是因为不同种类的蛋白质序列中包含有与其细胞定位相关的特异性氨基酸片段,细胞内蛋白质转运系统能够识别这些片段并将蛋白质运送到相应的亚细胞位置,这些特征片段称为目标肽(target peptide)。

前面所讲述的分泌蛋白等分子 N 末端所具有的信号肽就是目标肽的一种。序列中没有信号肽的蛋白质在合成后被释放到细胞质中,随后转运系统依据其序列中的目标肽对其进行转运。比如,被转运到细胞核中的蛋白质序列中包含有 6~20 个氨基酸组成的富含碱性氨基酸(Lys,Arg)的核定位信号。核定位信号在不同蛋白质之间同源性很低,并且可以分布在序列的任何位置。而那些定位到线粒体中的蛋白质,则在其 N 末端有一个由带电荷氨基酸和疏水氨基酸交替组成的片段,该片段形成一个具有水脂双亲性的螺旋,可以促使蛋白质穿过线粒体膜。典型的目标肽如表 3-2 所示。

由于通过实验确定蛋白质在细胞中的定位比较烦琐,因此通过生物信息学方法判断或预测蛋白质分子的细胞定位具有很大价值。虽然通过信号肽或其他目标肽片段可以帮助我们了解蛋白质在细胞中的可能定位,但由于大量蛋白质序列中并不包含典型的目标肽片段,因此利用蛋白质序列的其他特征来预测其在细胞中的定位是很重要的一条途径。

表 3-2　典型的目标肽

目标肽的功能	目标肽序列 *
定位到细胞核	-Pro-Pro-Lys-Lys-Lys-Arg-Lys-Val-
转运到分泌通路（原核生物的质膜或真核生物的内质网）	H2N-Met-Met-Ser-Phe-Val-Ser-Leu-Leu-Leu-Val-Gly-Ile-Leu-Phe-Trp-Ala-Thr-Glu-Ala-Glu-Gln-Leu-Thr-Lys-Cys-Glu-Val-Phe-Gln-
保留于内质网中	-Lys-Asp-Glu-Leu-COOH
转运到线粒体中	H2N-Met-Leu-Ser-Leu-Arg-Gln-Ser-Ile-Arg-Phe-Phe-Lys-Pro-Ala-Thr-Arg-Thr-Leu-Cys-Ser-Ser-Arg-Tyr-Leu-Leu-
转运到过氧化物酶体（PTS1）	-Ser-Lys-Leu-COOH
转运到过氧化物酶体（PTS2）	H2N-----Arg

* H2N：蛋白质序列 N 末端；-COOH：蛋白质序列 C 末端。

大部分蛋白质亚细胞定位预测方法中都包括以下步骤：首先是蛋白质特征信息的提取，即从蛋白质相关数据库中搜寻蛋白质的特征信息或者根据蛋白质的序列特征建立蛋白质的特征信息；其次是选择合适的算法，根据提取的特征信息对蛋白质定位进行预测。通常是基于蛋白质序列的氨基酸组成、氨基酸的亲水性和疏水性等特征信息，并与目标肽信息结合使用。目前应用于蛋白质亚细胞位置预测的方法主要有神经网络、支持向量机（support vector machines，SVM）和 K 阶最近邻法（K-nearest neighbor，KNN）等。

预测蛋白质亚细胞定位的工具有多种，常用的有 PSort、TargetP、Euk-mPLoc 2.0、BaCelLo、CELLO、DeepLoc 与 BUSCA 等。它们的网址见书末参考网址。

2. 蛋白质磷酸化位点分析　蛋白质翻译后的修饰包括多种形式，如糖基化、磷酸化、精氨酸甲基化和 ADP 核糖基化等，其中磷酸化是最常见且十分重要的一种共价修饰方式。在真核生物中，蛋白质磷酸化的主要位点是丝氨酸、苏氨酸和酪氨酸。由于蛋白质发生磷酸化修饰时，其丰度并不发生变化，因此蛋白质磷酸化的定量研究在探索蛋白质功能方面具有重要价值。随着质谱等分析技术在蛋白质研究中的广泛应用，蛋白质磷酸化修饰相关的数据不断积累，使得对蛋白质磷酸化进行全面系统的分析并在此基础上对蛋白质序列上的未知磷酸化位点进行预测成为可能。目前已经确定了数以千计的磷酸化蛋白质及其磷酸化位点，我们可以通过生物信息学手段，分析邻近修饰位点的序列及结构，并结合相关氨基酸的各种理化性质，探索与蛋白质磷酸化相关的规律，进而对未知的磷酸化修饰位点进行预测。

现在已有多个专注于蛋白质磷酸化的数据库或分析预测工具。主要的数据库包括 Phospho.ELM、PhosphoSite 和 EPSD 等（网址见书末参考网址）。Phospho.ELM 的前身是 PhosphoBase 数据库，目前由 EMBL 维护。它是一个收集经过实验验证的真核生物蛋白质中磷酸化位点的数据库，现已包括 8 000 余个蛋白质的 43 000 个磷酸化位点。PhosphoSite 则是专注于收集人与小鼠的蛋白质磷酸化位点信息的数据库，其所包括的数据均来自已发表的研究工作。EPSD 是一个整合了人类以及多种动物、植物和真菌的蛋白质磷酸化位点的综合性数据库。目前它包含了来自近 70 种真核生物的 20 万多个蛋白质的 160 余万个已知磷酸化位点，其中既包括数据库开发人员从科学文献中收集的实验证实的磷酸化位点，也包括来自多个公共数据库（如 Phospho.ELM、dbPTM、PHOSIDA、PhosphositePlus、PhosphoPep、PhosphoGRID、HPRD 和 UniProt 等）中收录的蛋白质及磷酸化位点信息。

已有的预测蛋白质磷酸化位点的工具一般基于人工神经网络、加权矩阵原理或人工学习机原理等，常用的方法包括 NetPhos、ScanSite 和 GPS 等。它们的网址见书末参考网址。

3. 蛋白质功能注释　随着基因组学的飞速发展，已经积累了大量的基因组数据，通过实验或生物信息学工具，研究者可以确定或预测基因组中的蛋白质编码基因。尽管现代分子生物学及细胞生物学等技术可以高效地研究蛋白质在生物体内的表达及功能,当前我们对大量基因及其蛋白质产物的了解依然不多。比如,作为医学及生物学研究核心的人类基因组中,仍有很多基因缺乏可靠的功能注释信息。因此,应用包括生物信息学在内的方法和工具,分析基因组中蛋白质编码基因的特征及生物学功能,是功能基因组学和蛋白质组学研究的重要目标。

通过蛋白质序列分析,可以为其功能注释提供有价值的信息。目前蛋白质序列的功能注释方法主要是采用同源比对进行已知的蛋白质功能注释信息的传递。这些方法都是基于 BLAST 和 PSI-BLAST 等序列比对工具,依据的主要数据库有 SWISS-PROT、TrEMBL、PDB 及基因组数据库等。

预测未知蛋白质功能的最直接的方法是基于已知功能的同源蛋白质进行推断。由于同源蛋白质是从共同的祖先进化而来,它们通常不仅在序列上保持了一定的相似性,而且具有类似的三维结构,其分子功能上也可能相同或相近。因此,可以从已知功能的同源蛋白质推断与其序列相似但功能未知的蛋白质的潜在功能。基于序列预测蛋白质功能时,首先利用 BLAST 等序列比对算法寻找其同源序列。然而,仅仅依赖同源比对注释蛋白质功能的能力仍然有限。在蛋白质组中,目前有 25%~30% 或更多的蛋白质在参考数据库中无法找出功能已知的同源序列。对此问题的一个解决办法是根据序列相似性对蛋白质进行聚类,并结合基因组信息来分析其功能。常用的资源有 NCBI 的 Protein Clusters 数据库(网址见书末参考网址),它对原核生物、病毒、原生动物、真菌、线粒体和叶绿体等的蛋白质信息的收集很全面。此外,由于许多蛋白质分子中包含结构相对独立且与其功能关系密切的模体(motif),可以通过对模体的搜寻预测蛋白质的功能。这种途径一般先收集已知的蛋白质家族中的各成员的氨基酸序列,通过序列比对或序列特征分析构造结构域或者模体数据库,而后通过搜索该数据库预测未知蛋白质的功能。在序列整体同源性不明显的情况下,结构域、模体的搜索可以提高功能预测的灵敏度。基于这种思路,目前已经建立了多个数据库及分析工具,常用的有 Pfam、SMART、PROSITE、PRODOM、TIGRFams 和 InterPro 等。它们的网址见书末参考网址。

第四节 RNA 序列与结构特征分析
Section 4　Analysis of RNA Sequence and Structure Characters

随着科学研究的深入,RNA 的形象已经由功能单一的线性碱基序列,演变成种类多样、结构复杂、功能丰富的核心生命物质,逐渐在中心法则中取得了与 DNA 和蛋白质同等重要的地位。RNA 分子不仅在序列组成上与 DNA 有差别,而且需要通过序列内部的碱基配对形成特定的结构来行使生物学功能。因此,适合于 DNA 的序列分析和计算方法往往不能直接应用于 RNA。一些专门用于 RNA 序列分析的生物信息学方法,比如 RNA 二级结构的预测方法,已经成为 RNA 研究的重要工具而被广泛应用。

一、RNA 的序列特征

从序列上来说,RNA 一般为单链长分子,不形成双螺旋结构。但是由于单链自折叠,RNA 内部的碱基之间可以配对,而且配对形式非常丰富,这使得 RNA 具有变化多端的结构。在 RNA 分子中,尿嘧啶 U 取代了 DNA 中的胸腺嘧啶 T,U 比 T 少了一个甲基—CH_3。甲基的缺少,使得 RNA 比 DNA 具有更强的柔性。此外,由于核糖 2'-羟基的存在,RNA 的空间结构也比 DNA 更加丰富多变。RNA 的特殊结构和单链存在形式,不仅使它在序列上和结构上更具多样化,也赋予了它丰富的功能。

二、RNA 的结构特征

RNA 的结构可以分为一级、二级、三级和四级四个结构层次。RNA 一级结构是指 RNA 序列的核苷酸排列顺序;RNA 二级结构是指 RNA 序列通过自身回折和序列内部的碱基配对,形成由一种或多种特定形状的二级结构元件(secondary structure element)组合而成的平面结构;RNA 的三级结构是指由各二级结构元件之间相互作用,在空间中形成的稳定的三维构象;RNA 四级结构是指 RNA 与其他分子相互结合而形成的复杂空间结构。

(一) RNA 的二级结构元件

1. RNA 二级结构元件的形成规则   RNA 的二级结构元件是由于单链内部的碱基通过一定规则的氢键配对方式折叠而成的。RNA 的一级结构可以依据其碱基排列特征,折叠成多种二级结构元件(图 3-12),并由这些元件组合成复杂的二级结构。按照是否在参与配对,RNA 二级结构中的碱基可以分为自由基(freebase)和配对基(basepairs)。各种二级结构元件的定义如下:

茎(stem):存在长度为 $d+1$ 的连续配对 $(n-d, m+d)$,$(n-d+1, m+d-1)$,…,(n, m),而 $(n-d-1, m+d+1)$,$(n+1, m-1)$ 都是自由基。$(n-d, m+d)$ 称为茎的末端碱基对。

凸环(bulge loop):两个茎结构之间存在不少于一个的自由基构成的环状结构,自由基全部位于一侧,凸环长度为这两个碱基之间自由基的个数。

内环(interior loop):两个茎结构之间存在不少于 2 个自由基(每一侧至少一个)而构成的环状结构,长度为自由基的个数。

发夹环(hairpin loop):一个茎结构末端的第一个配对的两个碱基之间的多个自由基构成的结构,长度为自由基的个数。由于这种环和相邻的茎构成了一个像发夹一样的结构,所以常称为发夹结构。

多分枝环(multi-branched loop):在一个环上伸展出三个或三个以上的茎环结构,长度为环上自由基的个数。

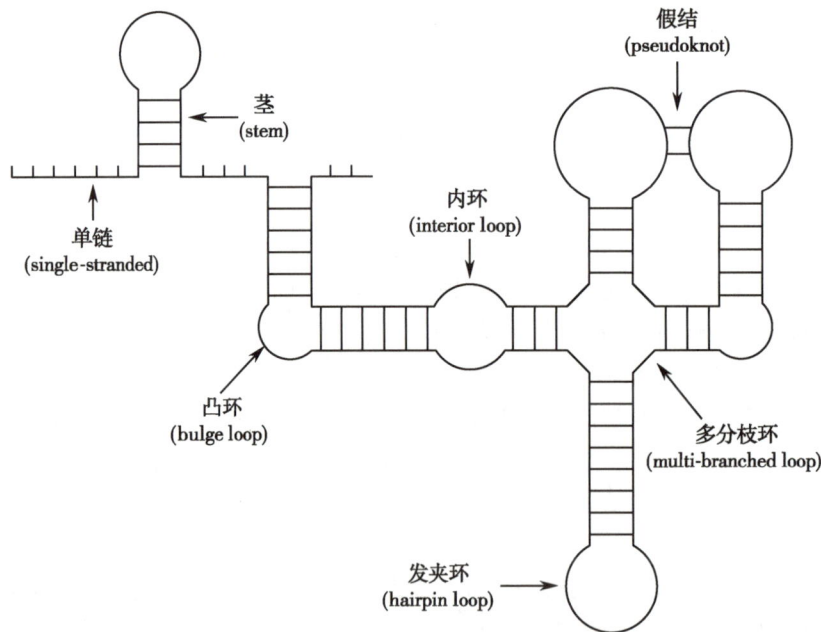

图 3-12   RNA 的二级结构元件

2. 形成 RNA 二级结构元件的序列特征   很多同源的 RNA 有着相同或相似的二级结构或三级结构,然而在一级结构上却很少有特别相似的序列片段,比较典型的就是 16S rRNA,只要维持其原来结构的碱基互补保持不变,即使对序列进行很大程度的补偿突变(compensatory mutations),对于其功能也往往没有太大影响。因此,从序列分析的角度来说,为了确定 RNA 的功能,往往是分析 RNA 二级结构的保守性,而不是序列的保守性。

（二）RNA 三级结构元件

RNA 的三级结构也可以看作是多种三级结构元件的组合,这些元件包括假结(图 3-13A)、环-环配对(图 3-13B)、三链螺旋(图 3-13C)、螺旋-环等(图 3-13D)。这些结构实质上是 RNA 的二级结构元件之间发生氢键作用而形成的,往往不能通过 RNA 二级结构预测方法来发现。假结在 RNA 三级结构中非常常见,而环-环配对是假结结构的一种特殊形式。三链螺旋是单链结合到双链螺旋上形成的,而螺旋-环结构则是三链结构的一种特殊形式。

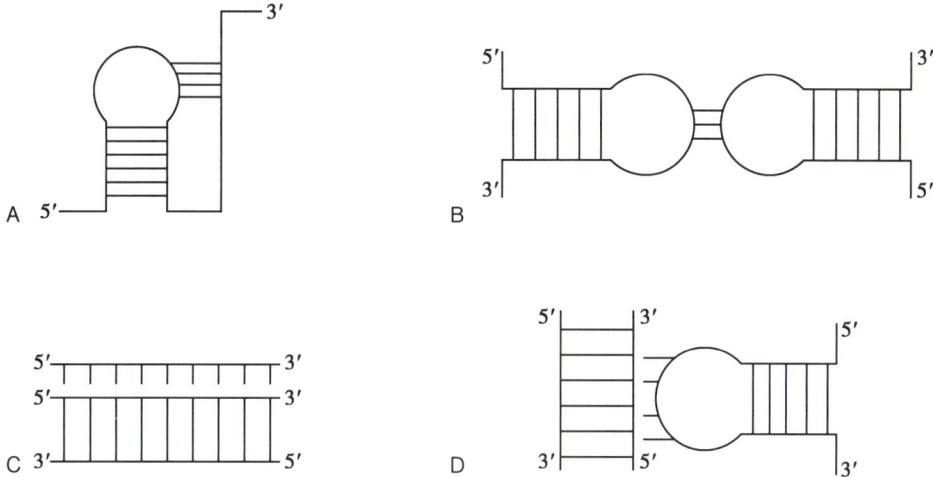

图 3-13　RNA 的三级结构元件

三、RNA 二级结构预测方法

预测 RNA 二级结构的本质就是找出一级序列的各个位点之间形成的配对关系。对于一个给定的 RNA 序列,如果按照 Watson-Crick 规则进行配对,一个序列中可能出现很多茎区,其中只有部分结构是真实的。由于 RNA 只含有四种碱基,会巧合地出现很多"冗余茎区",这些冗余茎区一般和真实茎区不相容。在所有可能出现的茎区的集合中排除冗余茎区,找出真实茎区组成的子集就是 RNA 二级结构预测的主要内容。此外,由于假结的存在,也使得在设计 RNA 的二级预测算法的时候,不得不考虑这一因素的影响。

RNA 二级结构预测算法从原理上大致可以分为比较序列分析方法(comparative sequence analysis)和从头预测(ab initio prediction)方法。

（一）比较序列分析方法

在生物同源分子中,结构的保守性一般大于序列的保守性。在 RNA 分子中,这一点体现得尤为明显,如 tRNA。比较序列方法就是基于这一事实发展出来的。这种方法的思想是通过互补碱基的共变比对(covariant alignment),在 RNA 二级结构数据库中搜索待预测序列的相似序列,以已知相似序列的二级结构来推断待预测序列的二级结构。这种方法通过多序列比对,找到一簇相似序列后,进行统计分析和序列上下文含义分析,构建这一组序列的一致性二级结构模型,再进行多次调整以实现模型的优化。比较序列分析法常采用的模型有两种:共变模型(covariance model,CM)和随机上下文无关文法模型(stochastic context-free grammars model,SCFG)。这两种方法都需要进行多序列比对,并且在比对的时候不仅要寻找序列之间的碱基相似性,而且还要考虑某一列上的碱基与其他列上的碱基是否具有共同的互补性。

比较序列分析是最可靠的一类 RNA 结构预测方法,预测结果的准确度仅次于实验解析方法。这类方法的另一个优点是能够预测假结和其他一些三级结构。该方法首先需要一定数量的已知结构的

NOTES

RNA 序列样本,对序列间同源性要求很高,而且比对结果的好坏直接影响预测的结果。比较序列分析方法还不能很好地解决这一问题,因此,这类方法不适合对单独一条序列或者少量同源性不高的序列进行预测。

1. 共变模型　共变模型实际上是隐马尔可夫模型(Hidden Markov Models,HMM)的一个推广,可以视为生成一个 RNA 家族代表序列的概率机器。相比 HMM,CM 模型多了一个描述共变配对状态的情况。一个 RNA 的共变模型是依赖一个分析树(parse tree)的,并且这个分析树可以描述 RNA 二级结构的所有碱基配对作用,但是不能描述 RNA 三级结构中的碱基相互作用,比如三链结构和假结结构。共变模型方法包含三个步骤:序列比对、模型建立、参数估计。这三个步骤分别使用不同的算法来计算。

一个完整的共变模型构建的过程是如下一个迭代过程(图 3-14):

(1)选择一组同源 RNA 序列作为初始的比对模板。

(2)对这组序列进行多序列比对,同时统计出符号生成概率和状态转移概率(图 3-14A)。

(3)根据比对结果,构建初始指导树,得到一致序列的二级结构(图 3-14B),然后建立无空位的一致序列模型(图 3-14C)。

(4)对上一步的一致序列模型进行扩展,建立可以进行插入、删除操作的初始 CM 模型(图 3-14D 和 E)。

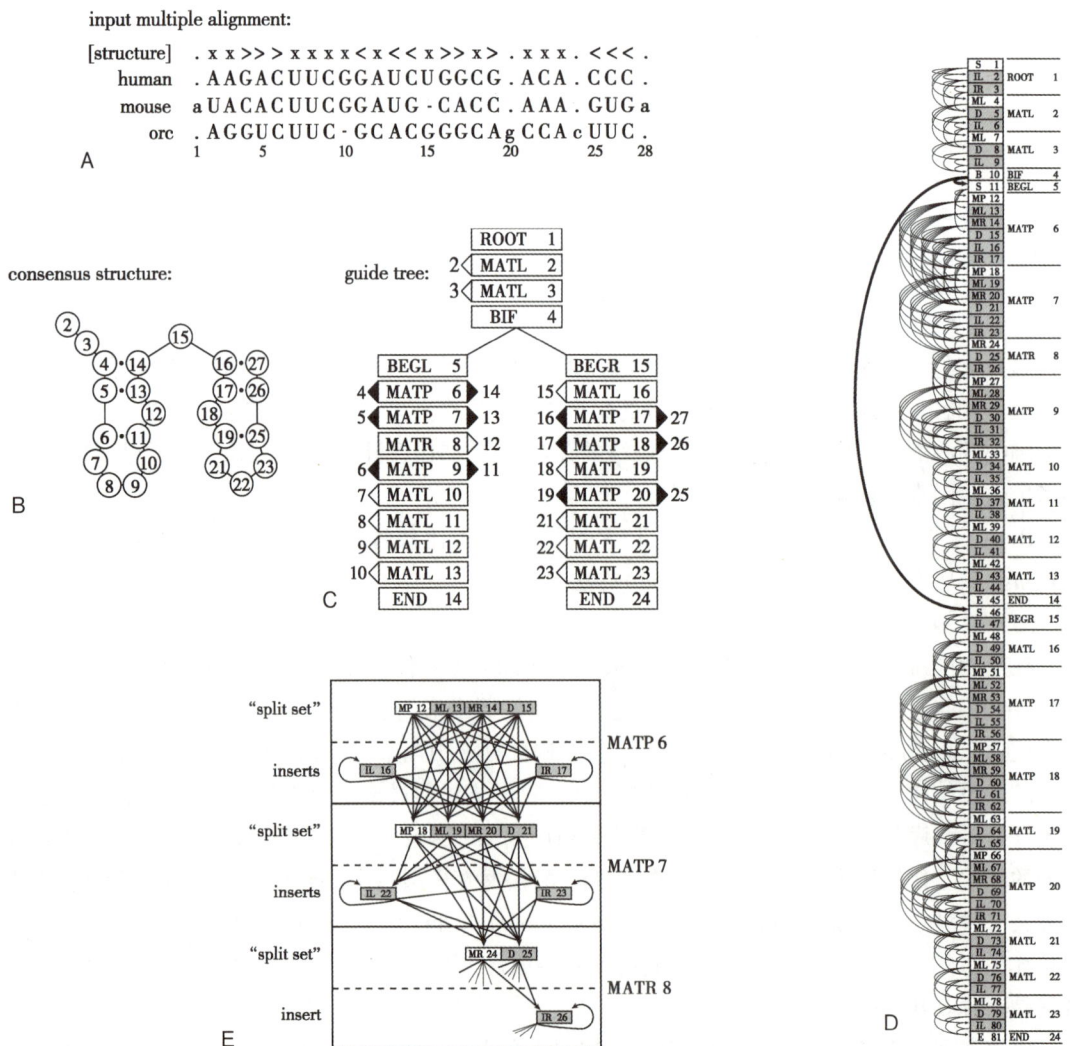

图 3-14　RNA 二级结构预测的共变模型

（5）参照这个模型对多序列比对中的序列进行二次比对,重新计算符号生成概率和状态转移概率,建立新的 CM 模型。

（6）重复（2）、（3）、（4）、（5）步,直到模型收敛,共变结构趋于稳定。

2. 随机上下文无关文法模型　RNA 序列可以看作是一个字符串,不过在二级结构中涉及长程字符之间的配对关联。基于随机上下文无关文法（SCFG）的 RNA 二级结构预测算法就是考虑到 RNA 序列的这种特征,从形式语言的角度出发规定终结字符、非终结字符、产生式等来描述二级结构中的不同子结构类型。其利用产生式的规则构造出的语法树即代表了一个可能的二级结构。由于不同产生式的概率不同,通过计算概率可以构造出最可能的语法树。该算法的缺点是计算复杂度较高。

（二）从头计算方法

当没有任何先验知识,只从给定 RNA 的一级序列出发,通过计算序列内部碱基的配对关系来预测二级结构的方法,就是从头预测法。从头预测法可以分为最大碱基配对法（base-pair maximization）和最小自由能法（free energy minimization）两大类。

1. 最大碱基配对算法　最大碱基配对算法的基本思想是:当 RNA 单链自折叠使其碱基尽可能达到最大互补配对时,该 RNA 的二级结构就形成了。假设一条长为 n 个碱基的 RNA 序列 $x=(x_1, x_2, \cdots, x_n)$,如果碱基 x_i 与 x_j 配对,则 $\delta(i,j)=1$,否则为 0。记 $\gamma(i,j)$ 为子序列 (x_i, x_j) 可构成的最大碱基配对数,则有迭代公式如下:

$$\gamma(i,j) = \max\left\{\gamma(i+1,j), \gamma(i,j-1), \gamma(i+1,j-1) + \delta(i,j), \max_{i<k<j}\left[\gamma(i,k) + \gamma(k+1,j)\right]\right\} \quad (3-1)$$

当 i 从 1 到 n,设定 $\gamma(i,j)=0$,当 i 从 2 到 n,则 $\gamma(i,i-1)=0$。计算到最后,$\gamma(1,n)$ 的值即为最大碱基配对结构所包含的配对数。再从 $\gamma(1,n)$ 开始回溯该矩阵,即得到配对碱基所构成的茎。最大碱基配对法采用动态规划算法来计算最大碱基配对数,虽然能够找到最大碱基配对结果,但是假设的前提简单,因此预测精度较低。

2. 最小自由能算法　1981 年加拿大科学家 Michael Zuker 提出的最小自由能算法是目前流行的 RNA 二级结构预测算法,发展至今已经相当成熟,预测结果也比较可靠,尤其适用于小分子 RNA。RNA 折叠过程中碱基配对可以使 RNA 分子的能量降低,结构更加稳定。因此,最小自由能算法认为,在一定温度下,RNA 分子会通过构象调整达成自由能最小的热力学平衡,形成最稳定的二级结构,此即是 RNA 的真实二级结构。

最小自由能算法也是以动态规划算法为基础的,但计算的对象却不再是简单的碱基配对数,而是一套复杂的自由能参数,其基本思想是根据碱基组成的不同,用实验方法分别测出各种 RNA 基本结构单元的自由能,建立一个二级结构元件的自由能参数表,并假设这些元件的自由能具有相对独立性和可叠加性。也就是说,一个二级结构的自由能是组成其基本结构元件的自由能之和,且这些自由能之间互不影响也互不关联,然后用递推公式来计算总体能量的全局最小值:

$$f_{ij} = \min\begin{bmatrix} f_{i+1,j-1} + \alpha_{ij}, \min(f_{i+k,j} + \beta_k), \min(f_{i+k,j-1} + \gamma_{k+1}), \\ \min(f_{i+k,j'} + f_{i',j-1} + \varepsilon_{k+1,i'-j'}), \delta_{j-i} \end{bmatrix} \quad (3-2)$$

其中,α_{ij} 表示 i,j 配对时的堆积能;β_k、γ_k、ε_k、δ_k 分别表示凸环、内环、多分枝环和发夹环的能量。当计算进行到 $f_{1,n}$ 时,就找到了全序列自由能最小的状态,通过动态规划算法回溯就可以得到 RNA 的二级结构。

最大碱基配对算法和最小自由能算法都只考虑了碱基之间以嵌套方式配对的情况,都不能预测假结。当前能够预测假结的算法大都是启发式搜索算法,而且是以牺牲最优解为代价的,如蒙特卡罗方法、遗传算法、人工神经网络等。Rivas 和 Eddy 最先采用动态规划算法解决了假结预测问题,他们推广了动态规划矩阵,使用空位矩阵（gap matrices）来计算包含假结的 RNA 序列。由于空位矩阵的计算非常复杂,使得应用受到一定的限制。制约最小自由能算法应用的另一因素就是目前还缺乏对多分枝环和假结的自由能参数的详细了解,涉及这些元件的计算时,基本上依赖于人为估计,准确度较低。此外,动态规划得到的结果是自由能最小时对应的二级结构,而实验证明,真实二级结构往往不是自由能最小的二级结构。

为解决各种算法的缺陷,人们把最小自由能算法和比较序列方法结合起来,发展出了一些行之有效的算法。这些方法大致可分为两种:一种是先比较后折叠,将比较后的统计信息或已知数据加入折叠计算过程来提高精度;另一种是先折叠后比较,折叠后的每条序列的预测结构可以为后面的比较提供有价值的信息。

(三) RNA 二级结构预测算法的评价

评价一个 RNA 二级结构预测算法的好坏,主要有以下几个依据。

1. 算法的复杂度和实用性,包括耗费的计算时间和存储空间、预测结果的准确性以及可计算序列的长度等指标。

2. 是否能够准确预测假结或更复杂的三级结构。

3. 算法的扩充和发展是否方便,是否能够充分利用已有的实验数据和信息,如热力学信息、序列统计分析信息、系统发育信息等。

由于 RNA 种类众多且特征各异,一个算法往往难以准确预测所有类型 RNA 的结构。因此,发展专门的算法和工具以分析不同 RNA 的特性,是 RNA 结构预测算法的重要发展方向。例如,Lowe 等人针对 tRNA 结构简单一致的特性,开发出了预测软件 tRNAscan-SE(网址见书末参考网址),提高了对 tRNA 二级结构预测的准确度。此外,当前的 RNA 二级结构算法优势各异,因此,多种算法互相结合、互相补充、互相印证,是以后二级结构预测算法的发展总趋势。

(四) 基于二级结构的 RNA 三级结构预测

目前测定 RNA 三级结构的实验方法主要是 X 射线晶体衍射和磁共振。由于样品制备和技术上的限制,用这些方法大批量测定 RNA 分子的空间结构还很困难。这也使得目前通过实验测定三维结构的 RNA 分子数目不多,其数量难以满足研究和应用的需求。比如,PDB 数据库中已测定的 RNA 单体的空间结构只有 1 600 多个,数目远远少于 16 万多个的蛋白质结构。因此,运用生物信息学方法预测 RNA 的结构是 RNA 研究的重要途径之一。但是,RNA 的三级结构中包含假结、三链等复杂的碱基远程相互作用,单链自折叠可能产生的构象非常多,使得空间结构预测的难度很大。基于序列比较的思想,利用与待预测序列同源的已知 RNA 三级结构作为模板,建立 RNA 的三级结构模型,是一种可行的途径。这类方法对于 20 个核苷酸以内的短 RNA 片段能够给出较好的结果,而对于较长的 RNA 三级结构的预测还主要是个别事件,其面临的主要困难是目前测定的 RNA 三级结构太少,不能提供足够的实验信息。Dokholyan 等人利用羟自由基检测(HRP)技术检测 RNA 结构信息,结合已知的同源序列的结构信息,开发了一种定量的结构模拟技术,提高了短链 RNA 的三级结构预测的准确度。

RNA 三级结构主要是由二级结构和三维空间作用上的拓扑约束编码决定,而且二级结构预测方法已经发展较为成熟。因此,利用预测的二级结构信息,结合可靠的能量优化方法,如分子动力学模拟技术等预测 RNA 三级结构是一种解决方案。3dRNA 就是基于这种思想开发的一种预测算法。该算法分两步,第一步是预测高精度的 RNA 二级结构;第二步是将二级结构元件在空间组装成发夹结构和其他一些复合结构,再进一步搭建完整结构。

RNA 三级结构预测的发展,将对生物信息学算法设计、RNA 结构和功能的分析以及以 RNA 为标靶的药物设计和疾病治疗,产生巨大的推动作用。这一科学问题,还有待科学家们进行长期不懈的努力。

四、RNA 结构预测的在线资源与软件

当前,GenBank 等数据库存储了大量的 RNA 序列数据,然而提供结构的数据库却不多。PDB 中仅存储了 2 000 多个 RNA 及其复合物的三维结构数据。Rfam 是当前最大的 RNA 专业数据库,提供

了对已知 RNA 家族的详细序列和结构特征注释结果。除了 Rfam 以外,目前用来为预测算法提供测试数据的 RNA 结构数据库主要有四个:GtRNAdb 数据库、RNase P 数据库、RNA STRAND 数据库和 CRW 数据库(表 3-3)。由于目前大多数预测算法还不能够很好地处理长度在 1 000nt 以上的长 RNA 分子,因此大部分研究者都采用 tRNA 和 RNaseP 来测试其预测算法或软件的性能。

表 3-3 常用的 RNA 结构数据库

数据库名称	功能	URL
Rfam	提供已知 RNA 家族的序列和结构数据	见书末参考网址
GtRNAdb	tRNAscan-SE 预测的 tRNA 结构数据,长度大多在 70nt 到 80nt	见书末参考网址
Comparative RNA Web(CRW)	提供 RNA 的结构模型和序列比较分析	见书末参考网址

目前 RNA 二级结构预测的软件和提供在线预测的网站很多,本文列举了几个主要的软件,分别是 Vienna RNA、mfold、Srna、CARNAC、MARNA 和 RNAStructure(表 3-4)。这些软件被公认为预测效果较好,被广泛用于预测 RNA 的二级结构。以下介绍其中两个应用较广的软件 Vinenna RNA 和 RNAStructure。

表 3-4 主要的 RNA 二级结构预测软件

软件名称	算法原理	应用范围	运行环境	URL
Vienna RNA package	预测单一序列依靠最小自由能模型;预测多个序列依靠比较序列分析模型	单个序列长度不能超过 300nt;多个序列只给出一致结构	Linux/Windows/MacOS	网址见书末参考网址
mfold	最小自由能+动态规划算法	只能预测单个序列	Linux 或在线服务	网址见书末参考网址
Srna	结合统计方法的最小自由能模型	只能预测单个序列,长度不能超过 5 000nt	在线服务	网址见书末参考网址
CARNAC	比较序列分析法	每个序列最长为 80nt	在线服务	网址见书末参考网址
MARNA	最小自由能+同源结构比对	总长度不超过 10 000nt	Linux	网址见书末参考网址
RNAstructure	最小自由能+动态规划算法	输入字母表只能是 AGCU	Windows/Linux	网址见书末参考网址

(一) Vienna RNA 软件包

Vienna RNA 是维也纳大学的研究人员开发的用于 RNA 二级结构预测和计算分析的软件,其功能很全面,包括一系列的工具,主要有:RNAfold 可用于预测最小能量的二级结构,并给出结构图像;RNAeval 可估算 RNA 二级结构的能量值;RNAheat 能够计算一个 RNA 序列的熔解曲线;RNAinverse 用于预测序列的反转折叠;RNAdistance 可进行二级结构的比较;RNApdist 可以比较碱基对的概率;RNAsubopt 能够完善次优折叠;RNAplot 可用于绘制 RNA 二级结构图形;RNALalifold 可以计算一组比对过的 RNA 的局部稳定二级结构。

(二) RNA structure

RNAstructure 是一个支持多种平台的二级结构预测软件。它利用 Zuker 算法,根据最小自由能原理,采用实验室测定的热力学数据,直接从 RNA 或 DNA 的一级序列出发预测二级结构,包括预测碱基配对概率。该软件使用了一些模块来扩展 Zuker 算法的能力,并使之成为一个界面友好的 RNA 折叠预测软件。该软件还可以用来预测双分子的结构以及计算寡核苷酸结合到 RNA 靶结构上的亲和力。它还可以用于预测两个未比对的 RNA 序列的共有的二级结构,而且往往比单序列预测结果更加准确。在预测过程中,RNAstructure 可以使用许多不同类型的实验数据映射来对预测结果进行约束和限制,这些数据包括化学映射、酶映射、NMR 和 SHAPE 数据等。RNAstructure 具有友好的图形界面,允许用户同时打开多个数据处理窗口,同时在主窗口提供了文件的导入、导出、参数设置、结构图绘制等基本功能。

小结

本章主要介绍了有关生物序列特征分析的基本内容、方法和工具。本章共分 5 节:第一节,主要介绍了原核生物和真核生物的基因结构特点、蛋白质结构特点、RNA 结构特点及进行生物序列特征分析的意义;第二节,主要介绍了 DNA 序列特征分析的方法,包括:序列组成分析、序列转换、限制性内切酶位点分析、可读框识别、启动子区域的预测分析、密码子使用偏好性分析、重复序列分析及基因识别等内容;第三节,主要介绍了蛋白质序列特征分析的方法,包括:氨基酸组成分析、蛋白质理化性质的分析、蛋白质亲疏水性的分析、蛋白质跨膜区的分析、蛋白质信号肽分析、蛋白质细胞定位分析、蛋白质磷酸化位点分析及蛋白质功能分析;第四节,主要介绍了 RNA 的序列特征分析和二级结构预测方法,包括:形成特定结构的 RNA 的序列特征分析;RNA 二级结构分析;主要的 RNA 二级结构预测方法。

本章还介绍了一些常用的 DNA 序列、蛋白质序列及 RNA 序列分析工具,目的是使读者了解这些分析工具的功能及使用方法,并通过实例为读者展示了相应的使用过程和结果的分析。

Summary

This chapter mainly introduces some methods and application software concerning analysis of characteristics of biological sequences. This chapter contains five sections. The first section describes the structural characteristics of genes in prokaryote and eukaryote, characteristics of protein structure, characteristics of RNA structure and the significance of biological sequence analysis. The second section is devoted to some approaches about DNA sequence analysis, including base composition analysis, sequence conversion, analysis of the cleavage sites of restriction endonuclease, identification of open reading frames (ORFs), prediction and analysis of promoter region, analysis of code usage bias, analysis of repeated DNA sequences and protein-coding gene recognition. The third section includes some approaches about protein sequence analysis, including amino acid composition, the physical and chemical characters of protein, hydrophilic and hydrophobic of protein, prediction of protein transmembrane regions, prediction of signal peptide, protein subcellular localization prediction, analysis of the protein phosphorylation sites and protein function analysis. The fourth section covers some approaches about RNA sequence analysis and structure prediction, including characteristic analysis of sequences which form specific structures, analysis of RNA secondary structure characters, major methods for RNA secondary structure prediction.

This chapter also presents an introduction on some software for DNA, protein sequence and RNA sequence analysis. The aim is to help the readers understand the function of analytic software and parameters setting. For many tools, examples are presented to show how they work and how to analyze the results from them.

(王举 李瑛)

思考题

1. 简述原核生物和真核生物的蛋白质编码基因的结构特点,以及如何对一段 DNA 序列中可能包含的蛋白质编码基因进行预测?

2. 简述针对一个蛋白质的氨基酸序列可以进行哪些方面的分析? 常用的工具有哪些?

3. 简述针对一个蛋白质序列如何判断其中是否包含信号肽,常用的分析工具有哪些? 其原理是怎样的?

4. 简述蛋白质磷酸化的生物学作用,以及常用的蛋白质磷酸化信息数据库。

5. 简述蛋白质在细胞中的定位与序列特征之间的关系,对于细胞定位未知的蛋白质,应该如何预测其在细胞中的可能位置?

6. 简述 RNA 二级结构的基本组成元件及其特征。

第四章 分子进化分析
CHAPTER4 MOLECULAR EVOLUTION ANALYSIS

- 生物进化是持续进行的过程,从分子水平分析进化特征对于深入认识和理解生物学的许多基本问题具有重要意义。
- 不同物种所受自然选择有差异,同源分子的进化模式也不相同,可以根据同一基因对应的核苷酸及蛋白质序列的差异程度来定量地描述物种之间的亲缘关系。
- 中性学说是分子进化的主要理论之一,基于此发展了一系列的工具和方法以分析分子进化过程中的正选择和负选择,以及基因和基因组的适应性等特征。
- 基因组学及相关生物信息学工具和数据库的快速发展,推动了比较基因组学、原核生物基因组进化、蛋白质互作网络进化、代谢网络进化及肿瘤细胞微进化等领域研究的不断深入。

第一节 引 言
Section 1 Introduction

进化是一种不断改进的过程。达尔文在《物种起源》中这样描述:"每个生物每时每刻都在为生存进行反复的斗争,如果在复杂甚至多变的生存条件下该生物仍然能够不断改进自己,那么其将有较大的生存可能性并被自然选择所保留。根据严格的遗传法则,任何被自然选择保留下来的物种都倾向于繁殖其已经被改进的新的生命形式。"尽管自然选择在物种的形态形成和行为进化方面可能普遍存在,但人们对其在某些基因和基因组进化中所起的作用仍存在其他看法。分子进化的中性学说认为,物种内和物种间大多数可见的差异不是自然选择的结果,而是适合度很小的随机突变的固定所决定的。

人类基因组和多种生物基因组测序计划的完成,推动了分子进化研究的跨越式发展。基因表达和生物网络等进化研究内容不断出现在最新的研究中,扩展了分子进化分析的研究范畴。许多研究者认为基因表达调控的差异可能对物种内和物种间的表型差异有重要作用;基因的进化可能不是独立进行的,而是受到蛋白质互作或通路的限制,是一个协同进行的过程。这些研究推进了分子进化的深层分析。此外,分子进化分析试图研究多个基因的共同进化或者以模块的形式研究其进化关系,甚至从整个网络的层面系统地进行研究。在本章下面的内容中,将对分子进化的基本知识和研究进展进行介绍。

第二节 系统发生分析与重建
Section 2 Phylogeny Analysis and Reconstruction

一、核苷酸置换模型及氨基酸置换模型

(一) DNA 序列进化分析

DNA 序列包括多种不同类型的区域,如蛋白质编码区、非编码区、外显子、内含子、侧翼区、重复 DNA 序列和插入序列等,因此 DNA 序列的进化演变比蛋白质序列的演变更复杂,清楚 DNA 的类型和功能就显得尤为重要。即便单独考虑蛋白质编码区,密码子第一、二、三位的核苷酸替代样式也不

尽相同。由于不同区域受到自然选择的影响程度存在差异,所以 DNA 不同区段呈现不同的进化模式。这里主要研究蛋白质编码区和 RNA 编码区,尽管这些区域的进化相对简单,但是通过它们来理解进化的一般规律极为重要。

1. 两个序列间的核苷酸差异　同一祖先序列传衍的两条后裔序列,它们的核苷酸差异随时间增长而增加。一个简便的描述序列分歧大小的测度是两条后裔序列中不同核苷酸位点的比例。

$$\hat{p} = n_d / n \tag{4-1}$$

这里,n_d 和 n 分别为所检测的两序列间不同的核苷酸数目和配对的核苷酸总数。在以下的内容中,我们将此测度称为核苷酸间的 p 距离。

2. 核苷酸替代数的估计　当序列间亲缘关系较近时,p 距离可用来估计每个位点上的核苷酸替代数。然而,当 p 较大时,由于没有考虑回复突变和平行突变,替代数可能被低估。相比于氨基酸序列,由于核苷酸在序列中只有 4 种状态,所以该问题造成的影响对核苷酸序列的估计更为严重。

估计核苷酸替代数,一般应用核苷酸替代的数学模型。为此,许多学者提出了不同的替代模型,其中一些模型以替代率矩阵的形式列在表 4-1 中。

表 4-1　核苷酸替代模型

核苷酸	（A）Jukes-Cantor 模型				（B）Kimura 模型			
	A	T	C	G	A	T	C	G
A	—	α	α	α	A	—	β	β	α
T	α	—	α	α	T	β	—	α	β
C	α	α	—	α	C	β	α	—	β
G	α	α	α	—	G	α	β	β	—

（1）Jukes-Cantor 模型:这个最简单的核苷酸替代模型由 Jukes 和 Cantor 提出。该模型假定任一位点的核苷酸替代都是以相同频率发生的,且每一位点的核苷酸每年以 α 概率演变为其他 3 种核苷酸中的一种。因此,一个核苷酸演变为其他任何一种核苷酸的概率为 $\gamma = 3\alpha$,γ 为每年每个位点的核苷酸替换率。假设每对核苷酸的替代率相同,所以 A、T、C 和 G 的期望频率是 0.25。

（2）Kimura 两参数模型:在实际数据中,转换替代速率常高于颠换替代速率。Kimura 考虑到这种情况,提出一种估计每个位点核苷酸替代数的模型。该模型中,位点转换替代率(α)不同于颠换替代率(2β)。Kimura 模型假设每个核苷酸的平衡频率为 0.25,因此,无论核苷酸初始频率为何,均可应用。这一点和 Jukes-Cantor 模型类似,这使得这两个模型的应用范围较其他模型更广。

【例 4-1】　人与猕猴的细胞色素 b 基因间的核苷酸替代数估计

动物线粒体 DNA 中的细胞色素 b 基因是高度保守的,因此常被用于研究亲缘关系较远的动物的进化关系。表 4-2 列出了人与猕猴的细胞色素 b 基因的 10 种不同类型核苷酸对的数目,并分别以密码子第 1、2 和 3 位点列出。

表 4-2　人和猕猴线粒体细胞色素 b 基因 DNA 序列中观察到的 10 种核苷酸对

密码子的位置	转换		颠换				相同对				总数	
	TC	AG	TA	TG	CA	CG	TT	CC	AA	CC	n_d	n
第 1	21	22	5	1	5	4	68	93	100	56	58	375
第 2	20	3	6	1	0	2	140	87	71	45	32	375
第 3	60	16	6	5	49	2	11	122	102	2	138	375
合计	101	41	17	7	54	8	219	302	273	103	228	1 125

表 4-3 列出了 3 种不同方法得出的核苷酸替代数估计值 $\hat{d}$。对密码子第 2 位来说，3 种方法所获得的 $\hat{d}$ 值十分接近，$\hat{p}$ 仅略低于相应的 $\hat{d}$ 值。这表明当 $\hat{p}$ 不大时，不论运用何种方法，同一位点上多重替代是否校正实际上并不明显影响 $\hat{d}$ 值。虽然密码子第 1 位的 $\hat{d}$ 值已接近密码子第 2 位 $\hat{d}$ 值的 2 倍，但是由 3 种方法获得的估计值 $\hat{d}$ 彼此也差别不大。然而，对于密码子第 3 位，当 $\hat{p}$ 充分大时，$\hat{p}$ 与 $\hat{d}$ 值的差别较大，因此多重替代的校正变得尤为重要。

表 4-3　人和猕猴的线粒体细胞色素 b 基因中第一、第二和第三密码子位置上每个位点的替代数估计值

密码子的位置	p	Jukes-Cantor	Kimura
第 1	15.5 ± 1.9	17.3 ± 2.4	17.8 ± 2.5
第 2	8.5 ± 1.4	9.1 ± 1.6	9.2 ± 1.7
第 3	32.8 ± 2.5	50.6 ± 4.9	52.3 ± 5.4

3. Γ 距离　上述估计进化距离的数学模型都假设所有核苷酸位点的替代速率相同。事实上，替代速率可因位点不同而变化。例如，在蛋白质编码基因中密码子的第 1、第 2 和第 3 个位置上的替代率是不同的。蛋白质活性中心的氨基酸功能制约也对氨基酸位点间的速率差异有重要影响。在 RNA 编码基因上也观察到替代速率存在差异的现象，这主要是由于 RNA 功能限制及二级结构的影响。不同位点替代速率的统计分析指出，速率变异近似地遵循 Γ 分布。

鉴于上述原因，许多学者致力于发展适用于核苷酸替代的 Γ 距离。一般而言，Γ 距离比非 Γ 距离更符合实际，但前者比后者方差更大。又鉴于此，除非所使用的核苷酸数目非常大，否则 Γ 距离不一定令构建系统树产生更优的结果。

(二) 氨基酸序列进化分析

1. 氨基酸差异和不同氨基酸的比例　蛋白质或肽链的进化演变研究开始于两个或多个氨基酸序列的比较。这些不同序列分别来自不同的物种。图 4-1 显示了人、牛、小鼠、大鼠和鸡的血红蛋白 α 链的氨基酸序列，不同的氨基酸分别用不同的单字母代表。

如果所有序列的氨基酸数目（n）相同，那么氨基酸差异数（n_d）就可以作为比较两条序列间分歧程度的一个简单测度。实际上，当比较很多序列时，氨基酸序列常含有插入或缺失（图 4-1）。在这种情况下，计算 n_d 时一定要删除所有的插入/缺失（间隔）。否则，不同的序列对间相比较时，计算出来的 n_d 是没有意义的。

```
[人]   MVLSPADKTNVKAAWGKVGAHAGEYGAEALERMFLSFPTTKTYFPHFDLSHGSAQVKGHGKKV
[牛]   MVLSAADKGNVKAAWGKVGGHAAEYGAEALERMFLSFPTTKTYFPHFDLSHGSAQVKGHGAKV
[小鼠] MVLSGEDKSNIKAAWGKIGGHGAEYGAEALERMFASFPTTKTYFPHFDVSHGSAQVKGHGKKV
[大鼠] MVLSADDKTNIKNCWGKIGGHGGEYGEEALQRMFAAFPTTKTYFSHIDVSPGSAQVKAHGKKV
[鸡]   MVLSAADKNNVKGIFTKIAGHAEEYGAETLERMFTTYPPTKTYFPHFDLSHGSAQIKGHGKKV
[人]   ADALTNAVAHVDDMPNALSALSDLHAHKLRVDPVNFKLLSHCLLVTLAAHLPAEFTPAVHASL
[牛]   AAALTKAVEHLDDLPGALSELSDLHAHKLRVDPVNFKLLSHSLLVTLASHLPSDFTPAVHASL
[小鼠] ADALASAGHLDDLPGALSALSDLHAHKLRVDPVNFKLLSHCLLVTLASHHPADFTPAVHASL
[大鼠] ADALAKAADHVEDLPGALSTLSDLHAHKLRVDPVNFKFLSHCLLVTLACHHPGDFTPAMHASL
[鸡]   VAALIEAANHIDDIAGTLSKLSDLHAHKLRVDPVNFKLLGQCFLVVVAIHHPAALTPEVHASL
[人]   KFLASVSTVLTSKYRD
[牛]   KFLANVSTVLTSKYRD
[小鼠] KFLASVSTVLTSKYRD
[大鼠] KFLASVSTVLTSKYRD
[鸡]   KFLCAVGTVLTAKYRD
```

图 4-1　五种脊椎动物血红蛋白 α 链的氨基酸序列

实际上,更方便地表示不同蛋白质间序列分歧的测度是两个序列间有差异的氨基酸所占的比例。即使 n 随不同序列而变化,该比例值(p)也可用于比较序列间的分歧程度。公式为

$$\hat{p}=n_d/n \qquad (4\text{-}2)$$

这一比例值同样被称为 p 距离。假如所有氨基酸位点都以相等的概率替代,则 n_d 遵循二项分布。

表 4-4　不同脊椎动物血红蛋白 α 链中不同氨基酸的数目(上对角阵)及不同氨基酸的比例(下对角阵)

物种	人	牛	小鼠	大鼠	鸡
人		16	20	25	42
牛	0.113		19	32	41
小鼠	0.141	0.134		22	41
大鼠	0.176	0.225	0.155		50
鸡	0.296	0.289	0.289	0.352	

注:计算排除了缺失和插入,使用的氨基酸总数为 142。

在图 4-1 所给出的例子中,删除所有间隔后可比较的总氨基酸位点数为 142。因此,在此例中 n＝142。n_d 值出现在表 4-4 对角线上部,可以很容易地计算出 $\hat{p}$,列于对角线下部。当所比较的物种亲缘关系很远时(如人和鸡),$\hat{p}$ 值较大。这说明随着两个物种的分歧时间增大,氨基酸的替代数也随之增大,但 $\hat{p}$ 并不严格与分歧时间(t)成比例(图 4-2)。

2. 泊松校正（ Poisson correction, PC ）距离　当多个氨基酸替代出现在同一位点时会产生 $\hat{p}$ 与 t 呈非线性关系的变化,此时 n_d 偏离实际氨基酸的替代数将会逐渐增加。泊松分布是能够更精确估计替代数的方法之一。令 r 为一个特定位点每年的氨基酸替换率(简便起见,假设所有位点的 r 都相同),在 t 年后,每个位点氨基酸替代的平均数为 rt。一个给定位点氨基酸替代数为 k（$k=0,1,2,3,\cdots$）的概率遵循泊松分布,即,

$$P(k;t)=e^{-rt}(rt)^k/k! \qquad (4\text{-}3)$$

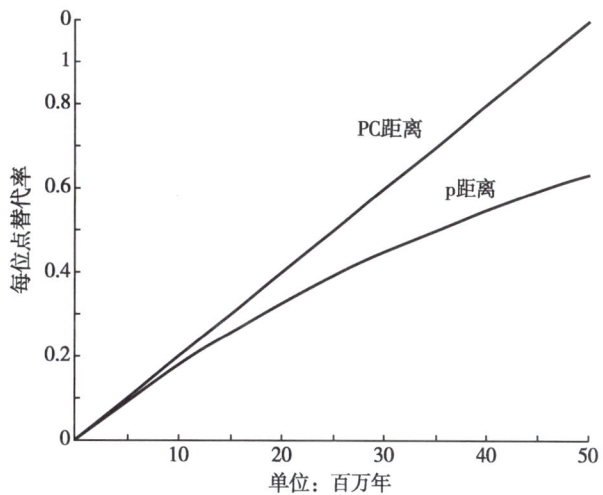

图 4-2　P 距离和泊松校正（PC）距离随分歧时间（t）变化的关系

因此,在某一位点氨基酸不变的概率是 $p(0;t)=e^{-rt}$。如果多肽链的氨基酸数目为 n,不变氨基酸的期望值为 ne^{-rt}。

实际上,人们并不知道祖先物种的氨基酸序列。因而,只能对已有 t 年分化的两个同源序列进行比较来估计氨基酸的替代数。由于一个序列位点无氨基酸替代的概率为 e^{-rt},因而两个序列同源位点均无替代的概率是:

$$q=(e^{-rt})^2=e^{-2rt} \qquad (4\text{-}4)$$

$q=1-p$,所以此概率也可用 $1-\hat{p}$ 来估计。公式中 $q=e^{-2rt}$ 是近似的,因为回复突变和平行突变(在两个不同进化系内出现所导致的同源氨基酸发生同一种突变的情况)并未加以考虑。当然,除非 $\hat{p}$ 相当大(如 $\hat{p}>0.3$),否则上述突变的作用一般可以忽略。

如果应用公式（4-4）,则两个序列间每个位点氨基酸替代总数（$d=2rt$）为

$$d=-\ln(1-p) \qquad (4\text{-}5)$$

分子进化研究中,常常需要知道氨基酸的替代率(r)。如果从其他生物学信息中已明确了两个序列间的分化时间 t,此速率的估计值为:

$$\hat{r}=\hat{d}/(2t)$$

注意,因为该速率指一个进化系的速率,所以此处 $\hat{r}$ 估计值公式的分母是 $2t$ 而不是 t。

如果以 $\hat{p}$ 代替 p,可以获得 d 的估计值 $\hat{d}$。同时,$\hat{d}$ 的方差为:

$$V(\hat{d})=p/[(1-p)*n]$$

上述方法被称为解析法获得方差。

3. 自展法的方差和协方差　可以有若干种模型来估计两个序列间氨基酸替代数。实际上,每个模型都是对真实情况的模拟,仅仅提供了氨基酸的近似替代数。因此,前述的估计距离方差的分析公式也是近似的。用最小二乘法估计多个序列构建的系统树的分支长度时,也需要获得不同序列间的距离方差和协方差的估计值。解决这一问题的一个简便途径是应用自展法(bootstrap)计算多种距离测度的方差和协方差。自展法不要求关于 $\hat{d}$ 值分布的假设,只要求每一个位点独立进化。

假定有 3 个存在进化关系的序列,它们均含 n 个氨基酸

$$x_{11},x_{12},x_{13},x_{14},x_{15},\cdots,x_{1n}$$

$$x_{21},x_{22},x_{23},x_{24},x_{25},\cdots,x_{2n}$$

$$x_{31},x_{32},x_{33},x_{34},x_{35},\cdots,x_{3n}$$

这里,x_{ij} 表示第 i 个序列第 j 个位点上的氨基酸。对序列 1、2,序列 1、3 以及序列 2、3 分别计算 $\hat{q}$ 值,即 $\hat{q}_{12}$、$\hat{q}_{13}$ 和 $\hat{q}_{23}$。把 $\hat{q}_{ij}$ 代入公式,便获得序列 i 和 j 的 PC 距离($\hat{d}_{ij}$)。

在自展法计算方差和协方差时,从原始数据集中产生具有 n 个氨基酸的 3 个序列的随机抽样。随机样本以伪随机数的形态从原始的数据集中按列有放回随机抽取,形成自展重复抽样数据集。一旦获得了随机样本,便能对 3 对序列的每一对计算出距离的估计值。如此重复 B 次,便能产生 B 个距离值 $\hat{d}$。以 $\hat{d}_b$ 表示第 b 次自展重复抽样的 $\hat{d}$ 值,然后可用式(4-6)计算自展方差:

$$V_B(\hat{d})=\frac{1}{B-1}\sum_{b=1}^{B}(\hat{d}_b-\overline{d})^2 \tag{4-6}$$

这里,$\overline{d}$ 是所有重复抽样 $\hat{d}_b$ 的平均值。一般来说,计算 $V_B(\hat{d})$ 可做约 1 000 次重复抽样($B=1\ 000$)。

自展法通常基于一个假设,即所有位点都独立进化。在位点总数较小时,这一假设一般不成立。但如果位点总数很大($n>100$),如本例,此假设可以成立,因为以不同速率替代的大多数位点在每次自展样本上都会出现。

自展法的优点在于,在没有数学公式可用时,也能算出方差和协方差,而且能比近似的数学公式提供更好的估计。它能方便地以同样的标准统计公式对任何距离测度计算出方差和协方差。但是,当原始样本太小且存在偏倚时,这种偏倚不能被自展法消除。在这种情况下,解析法将得到比自展法更准确的方差和协方差。

二、系统发生树的基本概念及搜索方法

在从病毒到人类的各种生物进化历史的研究中,DNA 或蛋白质序列的系统发育分析已经成为一个重要的工具。由于不同的基因或 DNA 片段在物种进化中存在较大的差异,我们可以通过这些基因或 DNA 片段来估计有机体间的进化关系。系统发育分析对于阐明多基因家族的进化关系,以及理解在分子水平上的适应性进化过程也是十分重要的。

(一)系统发育树的种类

1. 有根树和无根树　基因或生物体的系统发育关系常常用有根或无根的树形结构来表示,即有根树和无根树。树的分支样式称为拓扑结构。对一定规模的分类群(任何分类学单位:属、种、群体和 DNA 序列等),可能的有根树和无根树的拓扑结构数目很大。如果存在一个类群数为 m 的有根二叉树,其可能的拓扑结构数为:

$$1 \cdot 3 \cdot 5 \cdots \cdots (2m-3) = [(2m-3)!]/[2^{m-2}(m-2)!], (m \geqslant 2)$$

若 $m=10$,则有 34 459 425 种有根二叉树。无根树可能的拓扑结构的计算用 $m-1$ 替换公式中的 m 即可,即 $m=10$ 时,结果为 2 027 025 种。在大多数情况下,大部分拓扑结构可以通过明显不可能的进化关系或其他信息排除。

2. 基因树和物种树 进化学家常常对代表一个物种或群体进化历史的系统发育树感兴趣,这种树称为物种树或种群树。然而,当一棵系统发育树由来自各个物种的一个同源基因构建时,得到的树将不完全等同于物种树。当某一基因座位出现等位基因多态性时,从不同物种取样的基因分离的时间将比物种分歧时间长。根据基因构建的树的分支结构可能不同于物种树,因此此种树被称为基因树。同样需要注意的是,如果检测的氨基酸或核苷酸数目较少,重建的基因树和物种树的分支式样也可能不同。因此,可以通过检测大量的氨基酸或核苷酸来避免这种错误。

当构建一棵不同物种的系统发育树时,应当使用直系同源而不是旁系同源,因为只有直系同源才代表物种形成事件。因此,当所研究的基因属于一个多基因家族时,有可能出现问题。

构建系统发生树的方法大体可以分为 4 大类:①最大简约法;②最大似然法;③贝叶斯推断法;④基于距离法。建树一般包括两个过程:拓扑结构的判断和一个既定的拓扑结构分支长度的估计。当拓扑结构已知时,可以用多种统计学方法估计分支长度,如最小二乘法和最大似然法等。

(二) 基于距离法构建系统发生树

距离方法涉及两个步骤:计算物种对之间的遗传距离以及根据距离矩阵重建一棵系统发育树。下面我们介绍两种不需要分子钟假设的方法:最小二乘法(least-squares,LS)和邻接法(neighbor-joining,NL)。

1. 最小二乘法 最小二乘法将成对距离矩阵作为给定数据,通过匹配尽可能近的距离来估计一棵树上的分支长度,即对给定的和预测的距离差的平方和最小化。预测距离是沿连接两个物种的通路的分支长度总和计算的。距离差的平方和的最小值则是树与数据(距离)的相似测度,它可用作树的分值。

设物种 i 和 j 之间的距离为 d_{ij},树上物种 i 到 j 间通路的枝长和为 $\hat{d}_{ij}$。LS 方法对所有独立的 i 和 j 对求距离差的平方 $(d_{ij}-\hat{d}_{ij})^2$ 的最小值,使得这棵树与距离之间的拟合尽可能近。例如:对 Brown 等的线粒体数据在 k80 模型下计算成对距离(表 4-5)作为观测数据。现在,考虑人(H)、黑猩猩(C)、大猩猩(G)、猩猩(O)及它们间的 5 个枝长 t_0、t_1、t_2、t_3、t_4。

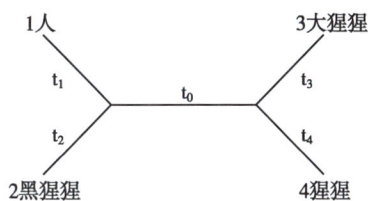

图 4-3 估计枝长的最小二乘标准的示意图

表 4-5 线粒体 DNA 序列的成对距离

物种	1. 人	2. 黑猩猩	3. 大猩猩	4. 猩猩
1. 人				
2. 黑猩猩	0.096 5			
3. 大猩猩	0.114 0	0.118 0		
4. 猩猩	0.184 9	0.200 9	0.194 7	

在这棵树上,人与黑猩猩之间的预测距离是 t_1+t_2,人与大猩猩之间的预测距离是 $t_1+t_0+t_3$,依此类推。则距离差的平方和为

$$S = \sum_{i<j}(d_{ij}-\hat{d}_{ij})^2$$

$$= (d_{12}-\hat{d}_{12})^2 + (d_{13}-\hat{d}_{13})^2 + (d_{14}-\hat{d}_{14})^2 + (d_{23}-\hat{d}_{23})^2 + (d_{24}-\hat{d}_{24})^2 + (d_{34}-\hat{d}_{34})^2 \quad (4-7)$$

S 是 5 个未知枝长 t_0、t_1、t_2、t_3、t_4 的函数。最小化 S 的枝长值为 LS 估计:$\hat{t}_0 = 0.008\ 840$,$\hat{t}_1 = 0.043\ 266$,

$\hat{t}_2 = 0.053\,280, \hat{t}_3 = 0.058\,908, \hat{t}_4 = 0.135\,795$，对应的树分值为 $S = 0.000\,035\,47$。对其他两棵树,可以进行类似的计算。其他两棵二元树都趋向于星状树,内分支长估计值为 0。具有最小 S 的树称为人、黑猩猩、大猩猩、猩猩的 LS 树,它是真实系统发育关系的 LS 估计。

用最小二乘标准确定的树采用同样的标准估计分支长(表 4-6)。如果对枝长没有什么约束,那么解析解可以通过解线性方程获得。非约束方法是树重建的一种良好的方法,但是对枝长没有明确定义。一些模拟研究建议约束枝长为非负值,将改善树重建效果,然而大多数计算机程序在实现 LS 方法时不采用约束。值得注意的是,当所估计出的枝长为负值时,它们多数时候接近于 0。

表 4-6   K80 模型(Kimura,1980)下的最小二乘法

树	t_0	t_1	t_2	t_3	t_4	S_j
$T:((H,C),G,O)$	0.008 840	0.043 266	0.053 28	0.058 908	0.135 795	0.000 035
$T:((H,C),G,O)$	0.000 000	0.046 212	0.056 23	0.061 854	0.138 742	0.000 140
$T:((H,C),G,O)$	同上					
$T:(H,G,C,O)$	同上					

2. 邻接法   对树进行比较(特别是距离法)所用的一个标准是以树的枝长总和来度量进化总量,枝长总和最小的树称为最小进化树(minimum evolution tree)。

邻接法是基于最小进化标准的一种聚类算法。由于它计算快,又能产生合理的树,因而得以广泛应用。该方法从一个星状树开始,首先选择任意两个叶子节点作为邻居,其他的叶子节点不变。计算所有拓扑结构下的树的分枝长度的总和,选择树长总和最小的那一种拓扑结构。然后,在已经有的两个叶子节点上再加入任意一个其他叶子节点作为邻居,计算所有拓扑结构的树长,并选择具有最小的树长总和的那个拓扑结构。重复这一过程,直到完全解出这棵树,该算法的每一步都要更新树的枝长以及树长。

(三)基于字母特征构建进化树

在采用等位频率来重建人类种群间的关系时,研究者建议进化树的合理估计为进化总数的最小值,这种方法在应用于离散数据时被称为简约法,而最小进化法在今天被看作是对重复突变进行修正后枝长总数最小化的方法。

在一个位点上性状变化的最小数目常常被称作性状长度(character length)或位点长度(site length)。对序列上的所有位点而言,性状长度之和是整个序列所需要变化的最小数目,称为树长(tree length)、树分值(tree score)或简约分值(parsimony score)。具有最小树分值的树是真实树的估计,称为最大简约树。当序列非常相似时,存在多棵树是等价最佳树的情况。

假设在某个特定位点,4 个物种的数据是 AAGG,且考虑图 4-4 给出的两棵树所需的最小变化数目。我们通过将性状状态标注到灭绝的祖先状态节点的方式来计算这个数目。

对第一棵树,可以通过标注 A 和 G 到两个节点来做到这一点,内枝只需要一次变化(A-G)。对第二棵树,我们可以将 AA(已显示)或 GG(未显示)标注到两个内节点,任何一种情况下,最少都需要两次变化。注意,某位点上被标注为祖先状态的一组性状状态被称为祖先重建(ancestral reconstruction)。

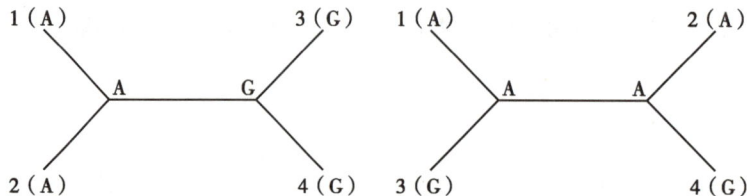

图 4-4   最大简约法建树示意图

对于具有(n-2)个内节点的 n 物种的二元树而言,在每个位点重建的总数为 4(n-2)(核苷酸)或 20(n-2)(氨基酸)。达到变化最小数目的重建称为最简约重建(most parsimonious reconstruction)。因此,对第一棵树,只有一个单一的最简约重建,而对第二棵树,两个重建是等价最简约。

一些位点对树的判别并无贡献,因而是没有信息的。例如一个恒定位点,即所有物种在该位点具有相同的核苷酸,对任何树都不影响。类似地,单变位点——即两个观察的性状中有一个只出现一次(例如 TTTC 或 AAGA)——对每棵树只需要一次变化,因而也不是信息位点。一个性状为 AAATAACAAG(对 10 个物种)的位点也是非信息的,因为对任意树只要对所有祖先节点标注 A 都需要 3 次变化。对一个简约信息位点(parsimony-informative site)而言,至少要有两个状态被观测到,每一个状态至少被观测到两次。注意,信息位点和非信息位点的概念仅仅用于简约法。而在距离法或似然法中,所有位点(包括不变位点)都影响计算,应当被包括在内。

所有物种在某个位点上观察到的性状状态看作是位点构型(site configuration)或位点模式(site pattern)。这意味着对 4 个物种而言只有 3 种位点式样是有信息的,它们是 xxyy,xyxy 和 xyyx,这里 x 和 y 是任意两个不同状态。很明显,这 3 种位点式样分别"支持"3 棵树,分别是 T1:((1,2),3,4);T2:((1,3),2,4)和 T3:((1,4),2,3)。设具有这些位点式样的位点数分别是 n1,n2 和 n3,如果 n1,n2 或 n3 是 3 个中最小的,则 T1,T2 或 T3 是最简约树。

(四)用于系统发育重建的距离测度

1. 当每个位点的核苷酸替代数目的 Jukes-Cantor 估计值小于 0.05 时,不管是否存在转换/颠换,不管替代速率是否因核苷酸位点而异都应当使用 p 距离或 Jukes-Cantor 距离。

2. 当 $0.05<d<1$,且检验的核苷酸较多时,用 Juker-Cantor 距离,除非转换/颠换比较高(R>5)。当此比率较高且检测的核苷酸数目很多时,要使用 Kimura 距离。

3. 对于很多序列来说,$d>1$ 时构建的系统树会因为某些原因而不可靠(如存在对位排列错误)。因此,建议尽量避免使用这些数据。可以淘汰进化很快的那部分基因区域(如去除免疫球蛋白的超变区基因),仅使用进化速度慢的区域。

4. 当距离很大而 n 很小时,用来估计每个核苷酸位点替代数目的很多距离方法不能使用。在这种情况下,p 距离可以获得相对可靠的拓扑结构。

5. 当一棵系统树是通过一个基因的编码区构建时,同义(dS)与非同义(dN)替换之间的差别就很重要,可以用 dS 来构树。

6. 如果两种距离测度对于同一数据获得相同的距离值(或极为相近)时,应该使用简单的测度,因为它的方差较小。

三、分子钟假说

分子钟(molecular clock)假说认为 DNA 或蛋白质序列的进化速率随时间或进化谱系保持恒定。在 20 世纪 60 年代初期,人们就观察到不同物种中蛋白质序列的差异,如血红蛋白、细胞色素 C 及血纤肽,其序列差异大致与物种分歧时间成正比。通过这些观察,提出了分子进化钟的概念。

第一,分子钟应当被看作是氨基酸或核苷酸突变的随机性所导致的随机钟。它不像普通钟表以固定时间间隔跳动,而是以一个随机间隔跳动。第二,不同蛋白质间或蛋白质的不同区域间的进化速率差异很大,因而分子钟假说允许不同蛋白质间进化速率不同,或者说每个蛋白质有其自身固有的分子钟,以不同的速率跳动。第三,速率恒定性未必对所有物种适用,很有可能只存在于某一类群中。例如,我们可以说就某个特定基因而言,分子钟假说在灵长类中成立。

在分子进化的中性学说(neutral theory of molecular evolution)提出之时,分子进化的"似钟特性"被认为"可能是该学说最有力的证据"。中性学说强调相对适应度接近于零的中性或近中性突变的随机固定。分子进化的速率则等于中性突变率,而与环境变化或种群大小等因素无关。如果突变率相似而蛋白质功能在同一类群中保持不变导致中性突变比例相同,那么根据中性学说的预测,进化速率将是恒定的。蛋白质间的速率差异则被解释为由于不同蛋白质具有不同的功能限制,因而中性突变的比例不同。

近年来,考古学数据被用来校正分子钟,即将序列间的距离转换成绝对地质时间和置换率。病毒基因分析涉及类似的情况,其进化非常迅速,以至于数年之内就可以观测到变化。人们可以用病毒被隔离的时间来校正分子钟,并使用这种方法来估计分歧时间。

第三节 核苷酸和蛋白质的适应性进化
Section 3 Adaptive Evolutions of Nucleotide and Protein

基因和基因组的适应性进化最终决定形态、行为和生理上的适应,以及物种分歧和进化创新(evolutionary innovation)。尽管自然选择在形态形成和行为进化方面似乎普遍存在,但它在基因和基因组进化中所起的作用尚存争议。分子进化的中性学说认为,物种内和物种间大多数可见差异不是由自然选择导致,而是由适合度很小的随机突变的固定所决定的。数十年来人们发展了一系列中性检验的方法,本节介绍正选择和负选择的基本概念以及分子进化的主要理论,此外简要介绍几种群体遗传学中发展起来的常用的中性检验方法。另外引入应用范围比较广的 dN/dS 检验,并详细介绍其计算方法。

一、中性与近中性理论

在群体遗传学中,一个新突变基因 a 与野生型显性基因 A 的相对适合度由选择系数 s 来度量。设基因型 AA,Aa 和 aa 的相对适合度分别为 1,1+s 和 1+2s,则 s<0,s=0 及 s>0 分别对应负选择(negative selection)或净化选择(purify selection)、中性进化和正选择(positive selection)。新突变基因的频率在各个世代高低不同,既受自然选择又受随机漂变的影响。究竟是随机漂变还是自然选择决定了突变的命运取决于 Ns(N 为有效群体的大小)。若 |Ns|≫1,则自然选择决定基因命运;若 |Ns| 接近于 0,则随机漂变的作用非常重要,而且该突变为中性或近中性。

按照中性理论,今天所能观察到的遗传变异——无论是种内多态性还是种间分歧,均不取决于自然选择所驱动的有利突变的固定,而是取决于那些事实上没有适合效应(即中性的)突变的随机固定。下面是该理论的一些观点和预测。

(1)大多数突变是有害的,会被净化选择所清除。

(2)核苷酸置换率等于中性突变率(即总突变率乘以中性突变所占比例)。如果物种间中性突变率恒定(或者日历时间或者世代时间),则置换率也是恒定的。这个预测为分子钟假说提供了解释。

(3)功能较重要的基因或基因区域进化较慢。在具有较重要作用或处于较强功能约束下的基因中,中性突变比例较小,使得核苷酸置换率较低。现在,功能重要性和置换率之间的负相关在分子进化中是一个普遍现象。例如,替代置换率几乎总是比沉默置换率低;密码子第 3 位比第 1 和第 2 位进化更快;具有相似化学性质的氨基酸比不相似的氨基酸更容易相互替代。如果自然选择在分子水平上驱动进化过程,那么可以推测功能重要的基因比功能不重要的基因的进化速率要低。

(4)种内多态性和种间分歧是中性进化同一过程的两个阶段。

(5)形态特征(包括生理、行为等)的进化的确是自然选择所驱动的。中性学说关注的是分子水平上的进化。

围绕中性理论的争论,已产生很多的群体遗传理论和分析工具。

二、微观适应性进化的检验方法

以下几个是典型的研究适应性进化的统计学方法,并已经形成了稳定的软件。根据输入数据的不同可以检验相应基因的选择强度。

1. Tajima 的 D 检验　在随机交配的群体中,一个中性基因上保持的遗传变异量由 $\theta=4N\mu$ 决定,这里 N 为(有效)群体大小,μ 为每一代的突变率。从每个位点的角度定义 θ,它也是群体中随机抽取的每条序列的期望位点杂合度。例如,在人类非编码 DNA 中,$\hat\theta\sim0.0005$,意味着两条随机的人类序列间大约 0.05% 的位点不同。由于群体数据一般很少有变异,所以通常采用无限位点模型。假定每个突变都发生在 DNA 序列的不同位点上,且无须校正多重突变。注意,群体规模大和突变率高都会导致群体中保持更高的遗传变异。

两种从群体中随机抽取 DNA 序列的简单方法可以用来估计 θ。第一种是先统计包含 n 条序列的样本中的多态性位点数 S,期望值 $E(S)=L\theta a_n$,这里的 L 为序列中的位点数,$a_n=\sum_{i=1}^{n-1}1/i$,故 θ 可由 $\hat\theta_S=S/(La_n)$ 估计。第二种方法是计算 n 条序列所有成对比较的核苷酸差异的平均比例值的期望 θ,将 θ 作为一个估计值,则记作 $\hat\theta_\pi$。这两种 θ 的估计在中性突变模型下均无偏,即假定无选择、无重组、无群体分化或大小变化,以及突变和漂变之间平衡。然而,如果模型的假设不成立,则不同因素对 $\hat\theta_S$ 和 $\hat\theta_\pi$ 有不同影响。例如,轻微有害突变在群体中保持较低频率能显著增加 S 和 $\hat\theta_S$ 值,但对 $\hat\theta_\pi$ 几乎没有影响。θ 的两个估计量能够为了解造成严格中性模型失效的因素和机制提供信息。因此,Tajima 构建了以下的检验统计量:

$$D=\frac{\hat\theta_\pi-\hat\theta_S}{SE(\hat\theta_\pi-\hat\theta_S)} \tag{4-8}$$

这里,SE 为标准误差。

在无效中性模型下,D 的均值为 0,方差为 1。Tajima 建议采用标准正态分布和 β 分布来确定 D 是否显著不同于 0。

Tajima 的 D 检验的统计显著性可能与几种不同的解释相容,而且难以区分它们。正如前面所讨论的,一个负 D 值表明存在净化选择或群体中分离的轻微有害突变。然而,负 D 值也可能是由于群体扩张造成的。在一个扩张群体中,可能分离出许多新的突变,且它们在数据中以单元(singleton)的形式出现,即其他所有序列在此位点上都相同,只有一条序列不同。单元增加了分离位点的个数并导致 D 值为负。类似地,D 值为正可解释为平衡选择将突变维持在居中频率。然而,一个收缩的群体也能够导致 D 值为正。

2. Fu 和 Li 的 D 检验　在包含 n 条序列的一个样本中,一个多态位点上突变核苷酸的频率为 r=1,2,…,n-1。样本中所观察到的突变的分布称为位点频谱(site-frequency spectrum)。通常,采用亲缘关系很近的外类群来推断祖先的和衍生的核苷酸状态。例如,若在一个 n=5 的样本中观察到的核苷酸为 AACCC,而外类群为 A(假定的祖先状态),则 r=3。Fu 和 Li 的 D 检验假设 r 为突变规模。如果祖先状态未知,则不可能区分突变规模是 r 还是 n-r,这使得那些突变被划为同一类,位点频谱则被认为是折叠的,折叠构象提供的信息远少于非折叠构象。因而,采用外类群来推断祖先状态应当增加检验效力,但缺点是该检验可能会受到祖先重建中误差的影响。

Fu 和 Li 的 D 检验区分了内部突变和外部突变,即分别在系谱树内枝和外枝上发生的突变。假设这两类突变的个数分别为 η_I 和 η_E,注意 η_E 为单突变的个数,他们构建了以下的统计量

$$D=\frac{\eta_I-(a_n-1)\eta_E}{SE(\eta_I-(a_n-1)\eta_E)} \tag{4-9}$$

这里,$a_n=\sum_{i=1}^{n-1}1/i$,SE 为标准误差。与 Tajima 的 D 检验相类似,该统计量也是由作为中性模型下 θ 的两个估计值间的差异来构建的。Fu 和 Li 的 D 检验认为群体中分离的有害突变倾向于近期产生,位于树的外枝,且对 η_E 起作用;而内枝上的突变多为中性,且影响 η_I。

3. McDonald-Kreitman 检验和选择强度估计　中性学说认为种内多样性(多态性)和种间分歧是同一进化过程的两个阶段,即两者都是由中性突变的随机漂变所致。因而,如果同义和非同义突变

都是中性的,则种内同义和非同义多态性的比例应与种间同义和非同义差异的比例相同。

近缘物种蛋白质编码基因中的可变位点可以根据位点是否具有多态性或固定差异,以及该差异是同义还是非同义的,划分为一个 2×2 列表中的 4 类(表 4-7)。假设从物种 1 中抽取 5 条序列,从物种 2 中抽取 4 条序列,若某位点在物种 1 中数据为 {A,A,A,A,A},在物种 2 中为 {G,G,G,G},则该差异被称为固定差异。若某位点在物种 1 中的数据为 {A,G,A,G,A},而在物种 2 中为 {A,A,A,A},则该位点被称为多态性位点。注意,无限位点模型无需对隐藏变化进行校正。如果数目不多,则中性无效假设等价于列表的行和列之间独立并可通过 χ^2 分布或 Fisher 精确检验进行验证。McDonald 和 Kreitman 测定了果蝇 3 个亚群的乙醇脱氢酶基因(Adh)序列,获得了表 4-7 中列出的数据。P 值小于 0.006,说明与中性期望有显著偏差。种间替代突变远多于种内替代突变。McDonald 和 Kreitman 将此模式认作驱动种间差异的正选择证据。

表 4-7　果蝇 Adh 基因中存在沉默突变、置换突变以及多态性位点个数
（数据来自 McDonald and Kreitman,1991）

变化类型	固定差异	多态性
置换(非同义)	7	2
沉默(同义)	17	42

为了弄清这个解释后面的推论,假定同义突变是中性的,考虑选择对物种分歧之后出现的非同义突变的影响。人们预期有利替代突变会很快固定下来并成为种间的固定差异。因而,若固定的替代突变过剩(如同在 *Adh* 中观察到的),则表明存在正选择。

人们在哺乳动物线粒体基因中已观察到存在过剩的替代多态性,表明净化选择下存在轻微有害替代突变。有害突变被净化选择清除,而且不会在种间比较中看见,但在种内还是会分离。

三、宏观适应性进化的检验方法

蛋白质编码序列存在同义置换和非同义置换,对理解自然选择的作用来说,这比内含子或非编码序列优越得多。若将同义置换率作为基准点,可以推断自然选择在非同义置换固定过程中是起到推动还是阻碍作用。非同义/同义置换率的比率($\omega = d_N / d_S$)可以在蛋白质水平度量选择压力。如果选择对适合度没有影响,则非同义突变将以与同义突变相同的速率被固定,使得 dN=dS 及 ω=1。如果非同义突变是有害的,则净化选择将降低其固定速率,使得 dN<dS 及 ω<1。如果非同义突变受到达尔文选择的青睐,则其被固定的速率将高于同义突变,致使 dN>dS 及 ω>1。因此,非同义突变率显著高于同义突变率即为蛋白质适应性进化的证据。

然而,可以预料一个功能蛋白上的大多数位点在大部分进化时间都是受约束的。即使发生正选择,也只能影响几个位点,且只有偶尔发生。因此,这种成对的平均方法很少检测到正选择。近期研究着重检测影响系统发育关系中特定谱系或蛋白质中单个位点的正选择。

对编码蛋白质的 DNA 序列,同义和非同义置换被定义为平均每个同义位点上的同义置换数(ds 或 Ks)以及平均每个非同义位点上的非同义置换数(dN 或 KA)。

本节主要使用记数法计算,计数方法类似于 JC69 等核苷酸置换模型下的距离计算,有 3 个步骤:①对同义和非同义位点计数;②对同义和非同义差异计数;③计算差异比例并校正多重命中(multiple hit)。将位点和差异都计数后,可以进一步区分同义和非同义的差异。

1. 位点计数　每个密码子都有 3 个核苷酸位点,分成同义和非同义两类。以密码子 TTT(Phe)为例,由于 3 个密码子位置上每个核苷酸都可以转变为另外 3 种核苷酸,该密码子就有 9 个单突变类型:TTC(Phe),TTA(Leu),TTG(Leu),TCT(Ser),TAT(Tyr),TGT(Cys),CTT(Leu),ATT(Ile)和 GTT(Val)。其中,密码子 TTC 和密码子 TTT 编码同一个氨基酸。因此,对密码子 TTT 而言,就

有 3×1/9=1/3 个同义位点,3×8/9=8/3 个非同义位点(表 4-8)。在计数过程中,不计入变为终止密码子的突变。将该方法用于序列 1 中的所有密码子,并将计数结果相加以获得全序列中同义和非同义位点的总数。然后,对序列 2 重复该过程并计算两条序列间的平均位点数目,分别计为 S 和 N,有 S+N=3×Lc,这里 Lc 为序列中的密码子的数目。

表 4-8 密码子 TTT(Phe)中的位点计数

目标密码子	突变类型	置换率($\kappa=1$)	置换率($\kappa=2$)
TTC(Phe)	同义	1	2
TTA(Leu)	非同义	1	1
TTG(Leu)	非同义	1	1
TCT(Ser)	非同义	1	2
TAT(Tyr)	非同义	1	1
TGT(Cys)	非同义	1	1
CTT(Leu)	非同义	1	2
ATT(Ile)	非同义	1	1
GTT(Val)	非同义	1	1
总和		9	12
同义位点数		1/3	1/2
非同义位点数		8/3	5/2

注:κ 为转换/颠换置换率比率。

2. 差异计数 第二步是对两条序列间的同义和非同义变异进行计数。换言之,在两条序列间所观测的差异可按同义和非同义划分,再按密码子逐一处理。很明显,如果两个所比较的密码子相同(如 TTT 对 TTT),则同义和非同义变异数目为 0;如果两个所比较的密码子间仅在一个位置上存在差异(TTC 对 TTA),就很容易发现这种单一的变异是同义的还是非同义的。然而,如果两个所比较的密码子间在 2~3 个位置上都存在差异(如 CCT 对 CAG 或 GTC 对 ACT),则有 4~6 条进化途径能使一个密码子变成另一个密码子。多条途径中可能涉及同义和非同义差异数目的不同。大部分计数方法对不同途径赋予同等权重。

例如,密码子 CCT 和 CAG 间存在两条途径(表 4-9)。第一条途径要通过中间密码子 CAT 转换,涉及两个非同义变异;而第二条途径通过中间密码子 CCG 转换,涉及一个同义变异和一个非同义变异。如果我们对这两条途径赋予相同权重,则两个密码子间有 0.5 个同义变异和 1.5 个非同义变异。如果同义突变率高于非同义突变率,如同几乎所有基因中表现的一样,那么第二条途径应该比第一条途径的可能性更大。如果预先不知道 dN/dS 比率和序列分歧度,那么就很难对不同途径赋予合适的权重。不过,计算机模拟结果表明加权对估计值的影响很小,尤其是当序列的分歧度并不是很大时。计数沿着序列密码子逐一进行,将差异数相加得到两条序列间总的同义和非同义差异数,分别记为 Sd 和 Nd。

表 4-9 密码子 CCT 和 CAG 间的两条途径

途径	差异	
	同义	非同义
CCT(Pro)↔CAT(His)↔CAG(Gln)	0	2
CCT(Pro)↔CCG(Pro)↔CAG(Gln)	1	1
平均	0.5	1.5

3. **多重命中校正**　同义和非同义位点上的差异比例可以通过公式（4-10）分别进行估计：

$$pS = Sd / S$$
$$pN = Nd / N$$

（4-10）

它们等同于针对核苷酸的 JC69 模型下的差异比例。因此，套用 JC69 中对多重命中的校正。

$$dS = -\frac{3}{4} \log \left(1 - \frac{4}{3} pS \right)$$

$$dN = -\frac{3}{4} \log \left(1 - \frac{4}{3} pN \right)$$

（4-11）

当只关注同义位点和差异时，每个核苷酸并不存在 3 个其他核苷酸来突变的情况。实际上，对多重命中校正的作用很小，至少在序列分歧度不高时如此，故校正公式带来的偏差就不是非常重要了。

4. **rbcL 基因应用实例**　应用上述方法来估计黄瓜和烟草中叶绿体蛋白 1,2-二磷酸核酮糖羧化酶/加氧酶大亚基（rbcL）基因间的 dS 和 dN。黄瓜（Cucumis sativus）rbcL 基因的 Genbank 序列号为 NC_007144，烟草（Nicotiana tabacum）为 NC_001879。在黄瓜和烟草 rbcL 基因中分别有 476 个和 477 个密码子，对位排列后的序列则有 481 个密码子。我们删除了任意一个物种对位排列时出现的间隔密码子，这样序列中就剩下 472 个密码子。

表 4-10 列举了数据的一些基本统计值，它们是对 3 个密码子位置分别进行分析后获得的。碱基组成不等，第三个密码子富含 A/T。3 个密码子位置的转换/颠换置换频率的比率估计值大小依次为 $\hat{\kappa}_3 > \hat{\kappa}_1 > \hat{\kappa}_2$，序列距离的估计值也是同样的顺序 $\hat{d}_3 > \hat{d}_1 > \hat{d}_2$。这类模式在蛋白编码基因中很常见，反映了遗传编码结构以及基本上所有氨基酸都处于选择压力之下，同义置换率高于非同义置换率。当对密码子逐一进行检测时，两个物种间有 345 个密码子是一致的，115 个密码子在一个位置上有差异，其中 95 个是同义的，20 个是非同义的。10 个密码子在两个位置上有差异，2 个密码子在 3 个位置上均不相同。

表 4-10　黄瓜和烟草 rbcL 基因的基本统计量

位置	位点	π_T	π_C	π_A	π_G	$\hat{\kappa}$	$\hat{d}$
1	472	0.179	0.196	0.239	0.386	2.202	0.057
2	472	0.270	0.226	0.299	0.206	2.063	0.026
3	472	0.423	0.145	0.293	0.139	6.901	0.282
总计	1416	0.291	0.189	0.277	0.243	3.973	0.108

随后，1416 个核苷酸位点被分为 S=343.5 个同义位点以及 N=1072.5 个非同义位点。在两条序列间观察到 141 个差异，这些差异分为 S_d=103.0 个同义变异和 N_d=38.0 个非同义差异。因此，同义和非同义位点上的差异比例分别为 $p_S = S_d / S$=0.300 和 $p_N = N_d / N$=0.035。使用 JC69 校正后得到 d_S=0.383 和 d_N=0.036，其比值 $\hat{\omega} = d_N / d_S$=0.095。根据这一估计，该蛋白处于强烈的负选择压力之下，在群体中发生一个非同义突变的概率只有同义突变的 9.5%。

四、适应性进化基因

基于 ω 比率检验获得的大多数正选择基因可分为以下 3 类：第一类包括针对病毒、细菌、真菌和寄生虫攻击的防御机制、免疫作用中的宿主基因，以及与破坏宿主防御机制有关的病毒或病原基因。例如，前者主要包括组织相容性复合体、淋巴细胞蛋白 CD54、植物中与识别病原有关的 R 基因及哺乳动物中反转录病毒抑制剂 TRIM5α；后者包括病毒表面包膜蛋白、疟原虫细胞膜表面抗原以及由植物天敌（如细菌、真菌、卵菌、线虫和昆虫）产生的多糖。病原基因由于受到正选择而进化出不被宿主防御机制识别的新类型,同时宿主也必须适应病原基因的进化并识别出病原,这就激发了一场进化"军备竞赛",驱动新的替代突变在宿主和病原中固定。蛇或蝎子毒液中的毒素用于捕获猎物,也处于类似选择压力下,因而进化速率很快。

第二类主要包括与生殖有关的蛋白质或信息素。已经有研究检测到有关精-卵识别的蛋白质及雄性、雌性生殖或其他方面的蛋白质正快速进化。这些相关基因的自然选择也可能加速或导致新物种形成。

第三类正选择基因与上述两类有所重叠,包括基因复制后获得新功能的基因。基因复制是基因、基因组和遗传系统进化的初级驱动力,被认为在新基因功能进化中起引领作用。复制基因的命运由是否能为机体带来选择优势所决定,多数复制基因被清除或因有害突变导致失去功能而退化为假基因。由于亲代基因需要不同功能,有时新拷贝会在适应进化驱动下获得新功能。已检测到许多基因在基因复制后加速蛋白质进化,其中包括灵长类 DAZ 基因家族、灵长类绒毛促性腺蛋白。群体遗传检验也表明了正选择在复制核基因早期进化动态中的重要作用。

很多其他基因也被检测到处于正选择之下,尽管它们不如那些参与到进化军备竞赛中的基因(如宿主-病原拮抗作用及生殖)那么多。这也许是基于 ω 比率检验方法的局限性所致,即可能错过一次性的适应性进化。在这种进化中,一个有利突变出现并迅速在群体中扩散开来,接踵而至的就是进化选择。若要检测到更多正选择,也许需要能检测影响某个谱系上少数位点的插曲式的或局部的进化方法的改进。

然而,统计检验不能证明基因是否真正经历适应性进化。具有信服力的例子也许要建立在实验验证和功能检验的基础上,二者能够在观察到的核酸变化、蛋白质折叠以及表型变化(如催化化学反应的效率不同)之间建立直接联系。

第四节 分子进化与生物信息学
Section 4 Molecular Evolution and Bioinformatics

一、基因组进化概述

尽管基因组学(genomics)是一门只有 10 多年历史的新兴学科,但是其发展极为迅速,并产生了许多分支学科。随着研究的不断深入,它已从结构基因组学(structural genomics)进入到功能基因组学(functional genomics)。利用基因组学方法和成果来研究生物进化,正是进化基因组学(evolutionary genomics)所要研究的问题,越来越受到进化生物学家的关注。

目前,进化基因组学领域已有大量研究,比较基因组学(comparative genomics)就是其中之一。对不同生物基因组结构的异同及其特点进行比较,除了在功能基因组学的研究上具有重要意义,还有可能在一定程度上了解基因组的进化,特别是基因组的结构特征与生物复杂性的关系。例如,通过比较发现基因组中蛋白质和功能 RNA 基因的密度与生物的复杂程度有一定的负相关。在细菌基因组中,基因的平均密度是 1 个基因/1kb;在酵母中,是 1 个基因/2kb;而线虫是 1 个基因/5kb;果蝇是 1 个基因/13kb;到人类则是 1 个基因/40kb。这种密度的变化显然是与基因组进化中调控元件和"非基因序列"的扩增有关。

比较基因组学的研究还表明,基因和基因组是由很多的基本结构单位(构件)构成的,而这些构件在进化中被反复使用(重组)以形成新的基因和基因组,这就像为数不多的化学元素可以组成无数的化学物质(分子)那样。新的化学分子是通过已有元素或分子之间的化学反应产生的,所以基因组的进化有可能以化学反应作为其动态模型,即新基因组的产生是通过已有基因或基因组的重组、重排、重新建立新的关系而达成。要充分认识这种类比的意义,就必须开展进化基因组学的研究。

基因组的进化与基因组的三维结构之间存在重要的关系。人与黑猩猩 DNA 序列的相似程度达

99%,两者的差异很可能是在基因组的三维结构(包括三维调控关系)上。因此,进化基因组学必将深入进行这方面的研究。

为了解基因组及其发展变化的本质,当然还要研究与生命起源有关的最原始的基因和基因组的起源,以及其后的进化模式与过程,从而有可能在分子水平上认识生物进化的分段途径。总之,进化基因组学将是基因组学中最触及事物本质的一个分支。

二、病毒基因组进化

生物的分类应该体现其系统演化。对病毒来说,它的生命是相对脆弱的,很难达到像古细菌、细菌和真核生物那样综合全面的程度。病毒也受突变和自然选择的影响,并且病毒基因组的进化速度远远超过其他生物的基因组。有很多证据证明,早在一万年前病毒就已经存在,这些证据包括人类的骨残骸、历史记录和遗物等。然而,远古病毒的 DNA 或 RNA 还没有被找到。

RNA 病毒基因组的 RNA 聚合酶一般缺乏校正能力,这导致基因组的突变率比 DNA 基因组高 100 万~1 000 万倍。即使是 DNA 病毒,其突变率一般也比宿主细胞高 10~1 000 倍。除了高突变率,许多病毒的复制速度也是极其惊人的。单个被脊髓灰质炎病毒感染的细胞能产生 10 000 个病毒颗粒,而一个被人类免疫缺陷病毒感染的个体一天能产生 10 亿个病毒颗粒。许多病毒的基因组由相对独立的多个片段组成,这些片段能够在病毒复制过程中随机重组,从而在子代病毒中产生大量不相同的子类。流感病毒几乎每年都能引起大范围的疾病流行就是这个原理的体现。病毒经常处于强大的选择压力下,如宿主的免疫反应或抗病毒药物的作用。因此,病毒快速的突变和复制用于确保某些病毒株通过突变产生对抗病毒药物的抗性,使得病毒经受环境的选择而存活下来。

病毒经过漫长的进化历程已经能够入侵系统发生树中的所有物种,包括古细菌、细菌和真核生物。植物病毒(如番茄丛矮病毒)、动物病毒(如 SV40 病毒、鼻病毒和脊髓灰质炎病毒),以及噬菌体(如噬菌体 ΦX174)的衣壳蛋白中都有“β-折叠桶”或“果冻卷”折叠结构。除非发生了显著的趋同进化,否则这种现象一般说明这些病毒是同源的。感染植物和动物的逆转录病毒具有双链 RNA 基因组以及封装它的特殊衣壳体。噬菌体(Φ6)也具有这种特征,说明了感染不同物种的病毒之间具有同源性。在对这些病毒基因组以及蛋白质的分析中并没有发现序列相似性,再次凸显了病毒基因组高速进化的特点。病毒基因组的高度多样性使得无法根据其序列数据绘制出涵盖所有病毒的完整的系统发生树,这反映了病毒基因组形成历程中复杂的分子进化事件。

三、原核生物基因组比较

(一) 与人类疾病相关的细菌分类

细菌和真核生物已经相互“交战”了几百年,细菌为了繁殖需要占据人体这个营养丰富的环境,典型的细菌“殖民地”包括皮肤、呼吸道、消化道(口腔、大肠)、尿道和生殖系统等。据估计每个人身上的细菌数目超过自身的细胞数目。大多数情况下,这些细菌对人类是无害的。然而,有些细菌在一定条件下能够导致感染,甚至带来灾难性的后果。最近一些年,由于广泛使用抗生素导致了细菌抗药性的增强,因此急需找到细菌的毒力因子,然后找到相应的接种疫苗。对这个问题的一个解决办法就是比较细菌的致病株和非致病株。

(二) 原核生物基因组比较数据库

NCBI 提供了一个非常有效的基因组比较工具,并且使用起来非常容易。从基因组查询页面上,选择果蝇(Drosophila melanogaster)就得到如图 4-5 所示的页面。选择 TaxPlot,就能够将两个基因组和一个参考基因组(如 Caenorhabditis elegans 和 Saccharomyces cerevisiae)进行比较。在这个图上,每一个点都代表参考基因组中的一个蛋白质,x 坐标和 y 坐标显示了被比较蛋白质组中每个蛋白质最佳匹配的 BLAST 分值。如果蛋白质都在图的对角线上,表明它们在参考蛋白和输入蛋白中的分值相同(或者几乎相同)。然而,也有值得注意的异常值,代表了两种生物不同表型的重要基因。这些

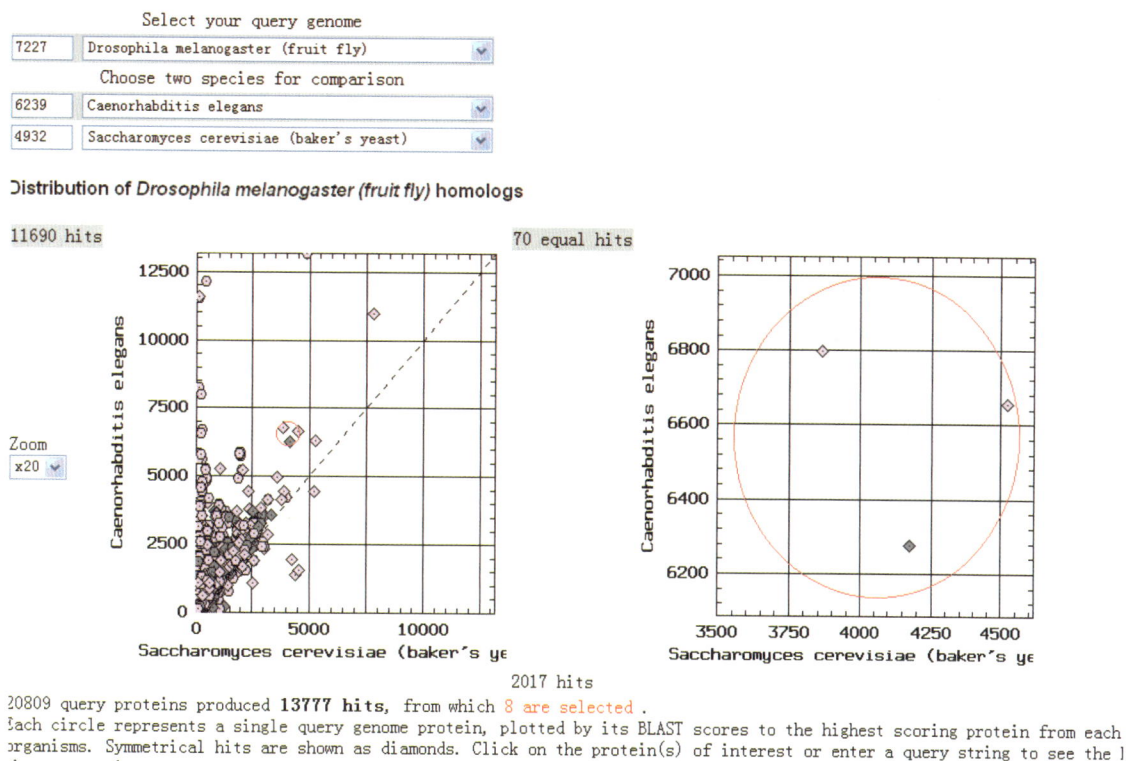

Select your query genome

| 7227 | Drosophila melanogaster (fruit fly) | ∨ |

Choose two species for comparison

| 6239 | Caenorhabditis elegans | ∨ |
| 4932 | Saccharomyces cerevisiae (baker's yeast) | ∨ |

Distribution of *Drosophila melanogaster (fruit fly)* homologs

11690 hits　　　　　　　　　　　　　　70 equal hits

2017 hits

20809 query proteins produced **13777 hits**, from which 8 are selected.
Each circle represents a single query genome protein, plotted by its BLAST scores to the highest scoring protein from each organisms. Symmetrical hits are shown as diamonds. Click on the protein(s) of interest or enter a query string to see the l

图 4-5　Taxplot 界面示意图

点是可以点击的(图中带圆圈的数据点)。TaxPlot 还能根据 COG 分类系统规则在图上标注颜色。

对于基因组比对来说,该工具比较初级。在整个微生物基因组的比对中最大的挑战是比对上百万的碱基对时所需的大量时间。MUMmer 软件包提供了一个对微生物基因组进行快速且准确比对的方法。最近,经过算法改进,其也能够对真核生物序列进行比对。

MUMmer 将两条序列作为输入。这个算法找到了所有长于设定的最小长度值 k,并且很好匹配的子序列。如果将它们向任意方向延长一点就会导致不匹配,所以这些匹配序列是最小的。

MUMmer 的输出结果由点阵图组成(图 4-6),以最小比对长度 150bp 为例,显示了两个基因组序列的比对结果。结果包括如下内容:SNPs,比单个 SNP 更加分散的序列区域;大的插入片段(例如,经过转座、序列逆转和水平基因转移);散在重复片段(例如,一个基因组中的复制);片段串联重复(拷贝数)。

大肠埃希菌 K12 和大肠埃希菌 O157:H7(在受污染的食品中如果存在该菌株,会导致如出血性结肠炎之类的疾病)在大约 45 亿年前发生分支。

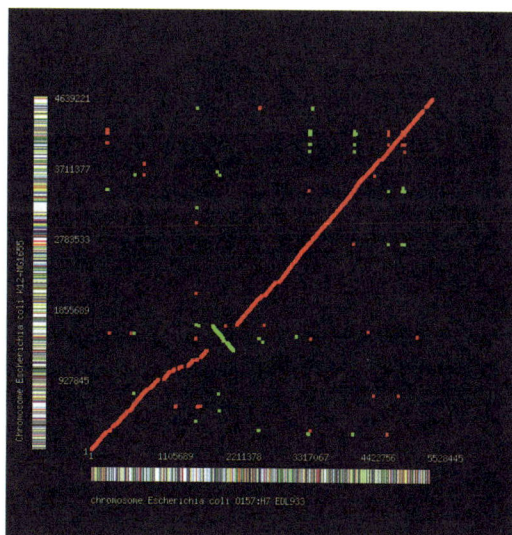

图 4-6　MUMmer 输出结果

针对这两个菌株进行测序并比较其基因组,发现大肠埃希菌 O157:H7 比大肠埃希菌 K12 长了约 859 000 个碱基对。这两个细菌大约有 4.1Mb 的共同基因组骨架,大肠埃希菌 O157:H7 另外有 1.4Mb 的序列(大部分通过水平基因转移得到)。MUMmer 的输出结果对于找出两个基因组中的共同区域和反向重复区域非常有用。

四、蛋白质互作网络进化

近年来,随着鉴别蛋白质互作关系的高通量实验技术(如酵母双杂交、免疫共沉淀、基于质谱的串联亲和纯化等)以及其他生物信息学方法在预测蛋白质互作领域的发展与应用,越来越多的蛋白质互作数据涌现出来,为进化研究提供了新的视角。

对蛋白质互作网络的进化分析可分为五个层面:蛋白质个体、蛋白质互作对(protein interaction pair)、模体(motif)、网络模块(network module)以及整个网络。按照包含蛋白质的数目将网络进化问题分层:第一层是仅包含一个蛋白质的蛋白质个体;第二层为包含两个蛋白质的蛋白质互作对;网络模体一般包含 3~5 个蛋白质,为第三层;网络模块作为第四层,相对于之前的三层包含的蛋白质数目更多,且可能由模体组成;第五层则是整个网络的进化分析,探究网络的发生发展过程(图4-7)。

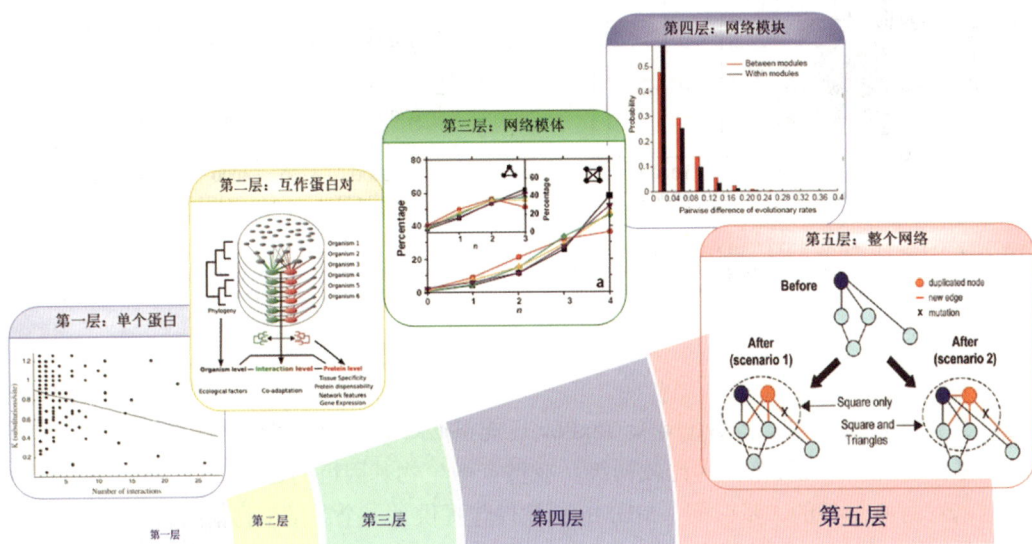

图 4-7　蛋白质互作网络进化图

第一层表示网络中的蛋白质个体进化,表明蛋白质连接度同其进化速率之间存在较弱的负相关关系。第二层表示网络中的蛋白质互作对进化,揭示出互作的蛋白质倾向于具有更相似的进化速率可能由多种因素导致。第三层表示网络中的模体进化,模体成员蛋白质更具有保守性。第四层表示网络中的模块进化,成员蛋白质之间在进化速率表现出共进化特性。第五层表示网络的整体进化中的复制-分歧模型。

(一) 网络中的蛋白质个体进化

蛋白质互作网络对蛋白质个体进化的影响,即蛋白质互作是否会减慢蛋白质进化速率,是在蛋白质个体层面上研究网络进化的主要问题。

尽管不同的研究者所选的互作数据不同,采用的进化速率评估方法、寻找直系同源蛋白质的方法及统计分析方法等不尽相同,但选择的研究对象多数为酵母,从现有的研究成果可以得出如下结论:蛋白质连接度同其进化速率之间可能存在较弱的负相关关系。因为影响蛋白质进化速率的因素很多,除了与网络拓扑性质相关的蛋白质连接度(由互作数目定义)和蛋白质中心性(由介数定义)相关外,还有可能与蛋白质表达水平、蛋白质必要性、蛋白质功能及其参与的生物学过程、蛋白质丰度、密码子适应指数等有关,并且这些因素之间存在错综复杂的依赖关系。

(二) 网络中的蛋白质互作对进化

互作的两个蛋白质在进化上是否趋向具有相似的性质? 在分子水平上是否趋向共进化? 这是网络中蛋白质互作对进化研究的主要问题。

多年来,研究者开发了许多预测蛋白质互作的方法,如比较基因组学方法、利用系统发育树相似性进行预测的方法、利用基因表达水平相关性进行预测的方法和同源预测方法等,这些方法多是基于相互作用蛋白质共进化的思想。而且,这些预测算法的成功从另一个角度为互作蛋白质具有共进化的现象提供有力证据。目前学术界普遍认同的观点是:互作的蛋白质倾向于具有更相似的进化速率,且网络中的蛋白质互作对在表达水平等层次上也可能存在微弱的共进化现象。对于这一观点的解释主要有两种,一种假设认为共进化是在互作的蛋白质对上施加相似进化压力的结果。相似的进化压力可能来源于作用在这两个互作的蛋白质上的相似调控机制,如协同转录和调控等。这种假设不仅适用于解释发生直接物理互作蛋白质对间的共进化,对共享一个生物学关系的一组蛋白质的共进化现象也同样适用。另一种假设认为,共进化直接与互作蛋白质的共适应相关。即当蛋白质序列上直接或者间接通过影响蛋白质折叠而参与互作的位点发生有害突变时,与其互作的蛋白质通过发生互补的改变来维持两蛋白质间的互作关系,进而维持其功能。综合两种假设,即两种共进化推动力可能是在不同程度、不同水平和不同情况下各自发挥作用。

(三)网络中的模体进化

网络模体是指复杂网络中在不同位置重复出现的特定的相互连接模式,在数量上显著地高于随机期望,一般含有 3~5 个节点。对于网络模体进化的研究主要集中在探讨模体是否对其成员蛋白质进化具有约束作用。研究表明,模体成员蛋白质要比非模体成员蛋白质在进化上更具有保守性。在不同的拓扑结构模体中,成员蛋白质的保守性不同,可能的原因是不同的模体模式所承受的进化约束显著不同。

(四)网络中的模块进化

蛋白质互作网络具有层次模块化特性。功能模块的最显著特点是其往往表现出可能在功能和拓扑上互相联系,且在蛋白质互作网络中主要以蛋白质复合物的形式存在。目前的研究成果表明,网络的模块化对蛋白质进化可能有约束作用,成员蛋白质之间在进化速率、表达水平等方面表现出共进化特性。类似蛋白质互作预测领域,许多功能模块预测算法(如比较基因组学方法)都是基于模块成员蛋白质共进化的思想,这些预测算法也反过来支持了功能模块成员蛋白质的共进化特点。

(五)网络的整体进化

研究蛋白质互作网络整体进化的最主要问题是蛋白质互作网络的起源。随之而来的问题是,蛋白质互作网络具有的无尺度(scale-free)分布,小世界(small world)性质和模块化结构等是如何起源和进化的? 这些特性的存在是生物体长期进化过程中自然选择的结果,还是存在内在约束机制使其发生成为不可避免的趋势?

多年来,学者们先后提出了多个无尺度和小世界网络的进化模型。目前应用最为广泛的是优先连接模型和复制-分歧模型。优先连接模型描述网络的生长是通过不断向网络中添加新的节点来实现的,新添加的节点倾向于优先与原有网络中连接度高的节点连接。这一模型揭示出蛋白质年龄与连接度之间存在的强烈而显著的关系,即蛋白质起源越早,其连接度越高。当控制表达水平后,这种关系也没有被显著地削弱。在复制-分歧模型中,网络中的初始蛋白质被随机选择并复制,且伴随该蛋白质参与的所有互作。随后,基因突变导致副本和原蛋白质逐渐发生分歧,表现为它们参与的互作发生改变。从生物信息学的角度,可以理解为基因组层面上的改变在网络拓扑结构变化上的体现。有研究表明,酵母中至少有 40% 的蛋白质互作来源于复制事件。而对于蛋白质复合物的起源和进化研究显示,有相当一部分复合物是通过逐步的部分复制而进化来的,并且被复制的复合物仍然保持原复合物的核心功能,但具有不同的绑定特异性和规则。

五、代谢网络进化分析

各种高通量技术和代谢通路数据库的发展使得分析代谢网络进化(metabolic network evolution)成为可能。一般来说,生物网络具有稳健性和进化性主要归功于其模块化组织。模块被定义为一组连接非常紧密的基因或酶的集合,功能相对独立,而模块与模块之间的连接较为稀疏。从仅有几个基因的简单网络中,能够利用计算机模拟出具有几百个节点和上千条边的大网络。另外,有些研究通过

NOTES

比较多个物种的拓扑结构对代谢网络的进化机制进行探讨,发现不同代谢通路的拓扑特征提供不同的系统发育信息。

(一) 代谢网络模块性的进化分析

一个生物网络中的模块包含很多元素(例如蛋白质或反应),这个模块形成了一个结构上的子系统,并且有其独特的功能。在代谢网络中,存在很多小的、高连接度的模块,这些模块又分层组合成为大的单元。对于模块的进化,目前主要有两个假设:一是模块倾向于正选择,因为已经限定好的模块能维持细胞的功能,通过模块的进化变化能够提升其可进化性;二是尽管模块不能直接通过选择进化,但模块之间在进化上存在一致性,还能通过其他可以被选择的性质进化,例如由水平基因转移引起的基因聚类的加速,多效性的最小化和对新环境的适应性等。

由于生物之间的遗传相关,其代谢网络也存在着一定的相似性,所以系统发育相近的生物代谢网络模块也应该是相近的。伴随着模块内变异逐渐增多,物种之间的差异也就越大,相反亦然。如果对不同物种代谢模块统计相应得分,就可以根据这个得分构建生物代谢系统发育树。但对模块的变异量化研究存在一定难度,如何计算每种生物代谢网络的得分是研究的关键。

AnatKreimer 等人成功地解决了这个问题,他们根据模块的特性,使用 Newman 算法计算细菌代谢网络中模块的得分,根据每个物种计算得到的代谢模块分数建立距离矩阵,形成了如图 4-8 所示的环形的无根系统发育树。在这棵树的外围的方块对应着系统发育树的每个叶子节点,节点颜色的深浅代表模块得分的大小。

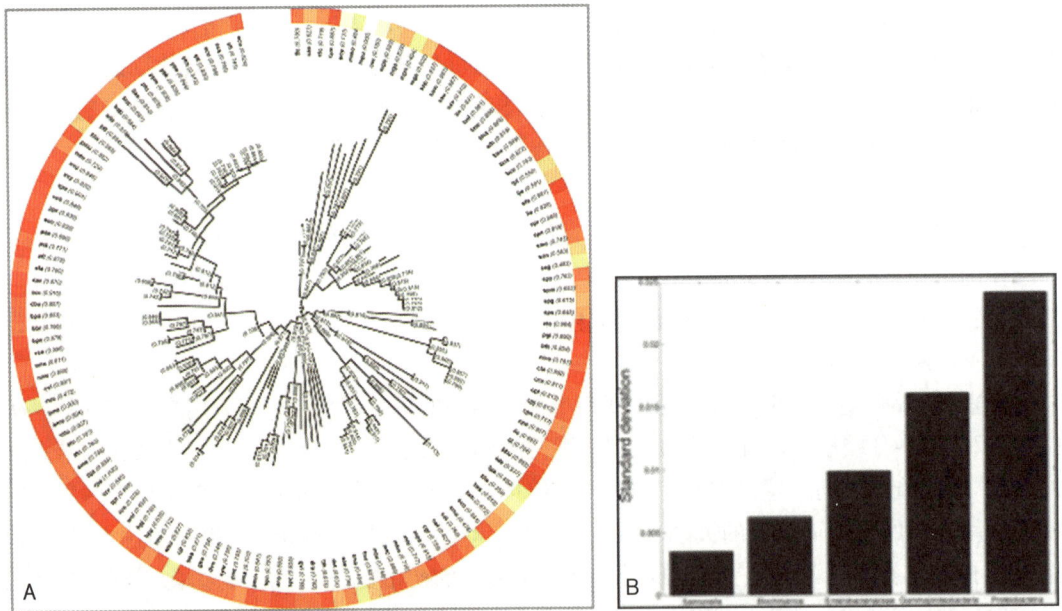

图 4-8   利用代谢网络模块得分建立其系统发育树

A. 图中是利用模块得分构建的 325 个细菌代谢网络的系统发育树;B. 图中是 Proteobacteria 在其分系统中模块得分的标准差:这几个层次分别是(ⅰ)Salmonella;(ⅱ)Blochmannia;(ⅲ)Enterobacteriaceae;(ⅳ)Gammaproteobacteria;(ⅴ)Proteobacteria. 随着模块内部的变异增多,伴随着从种到科、门、纲的逐渐递增

(二) 代谢与环境互作的进化分析

代谢网络一般是在一定的生化环境下行使功能,同时通过吸收和分泌各种有机和无机的化合物来与环境发生互作。例如在网络内部新陈代谢流动性的分布或生命体的增长率都是通过这种作用来完成。

代谢和环境的这种相互作用一定程度上能够反映在代谢网络结构的进化中,所以这些代谢网络不应只是单单推断代谢功能,还应当能够观察到物种和环境互作进化的现象。在分析代谢网络的拓扑结构时,有一类化合物是通过外源获得,这类化合物可以定义为"种子集合"(图 4-9)。如果一个物种的

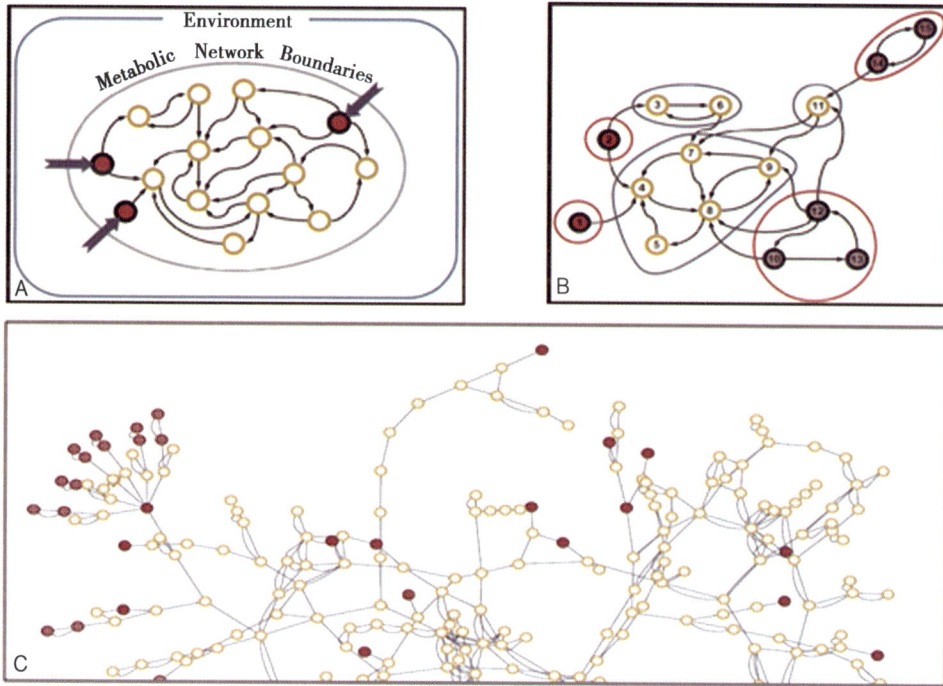

图 4-9　代谢与环境互作的进化分析示意图

A. 在代谢网络中鉴定种子复合代谢网络与环境相互作用的示意图,种子用红色标记。B. 代谢网络中种子获得过程。网络首先用 kosaraju 的强连通组分(SCC)的方法分解,子网中的源组分就是要找的种子。图中的源组分是用红色表示的,节点颜色的饱和程度代表种子的置信程度。C. Buchnera 代谢网络图,红色为种子复合物。

环境能够决定其代谢反应,那么这些"种子集合"就是代谢网络与外界环境之间一个很好的代理。

每种生物代谢网络的种子集合是不同的,根据种子集合中的基因是否在该生物中存在可以构造进化距离矩阵,并建立系统发育树。由于在进化过程会有新的化合物以种子或者非种子的身份加入代谢网络中,因此如果是以种子的身份被整合到代谢网络中,这个种子存在的时间可能不会太长,要么从代谢网络中被拿掉,要么快速地变为非种子化合物。

六、肿瘤细胞微进化

宏观的物种间存在进化,细胞水平上同样也存在进化。随着高通量测序技术的发展,可以从单碱基精度来观察基因组、转录组、表观组的具体变化情况,尤其是可以从细胞水平来分析肿瘤等疾病的发生、发展状态。早在 1976 年,PC Nowell 就认为大多数的肿瘤细胞的起源可能是单一细胞,肿瘤的发展是由于在原始的克隆里获得了遗传变异。原始的肿瘤细胞经过一系列的选择而迅速发生、发展和扩散。如果把癌症克隆看作是一个无性繁殖的单细胞物种,那么细胞受到选择的观点和达尔文的自然选择观点是并行的。现代癌症和基因组学已经证实癌症是一个复杂的、达尔文式的、适应性进化的系统。首先,通过细胞的不断扩散导致分歧,从而导致细胞具有不同的特征表型,这些不同的表型说明癌症细胞存在于一个多级的分类系统。第二,癌症发展需要很长时间(一般 1~50 年),在这个时间段中每个病人的克隆结构、基因型、表型都会发生变化。第三,癌症中突变的数量很多,从几十个到几百上千个,而且这些突变过程是非常多样的。总之,以上这些复杂性可以用经典的进化规则来解释。癌症克隆的进化发生在特定的组织生态系统中,而这些系统具有经历了上亿年的进化和优化的多细胞功能,能够限制正常克隆细胞变为异常细胞。癌症学家通过引入药物或者放射线作为人工选择来改变癌症克隆的动态性,这样就可以使用传统进化规则研究肿瘤的动态进化。人为选择会使大量细胞死亡,可以看作是为多种多样的变异细胞提供了选择压力。另外,许多的癌症治疗都具有毒

NOTES

性,细胞经过治疗后存活,会在癌症中重新产生,也可能会产生新的突变,尽管细胞提高了适应性,但也增加了癌症恶化的可能。

进化生物学和生态学的工具和观点可以应用于癌症细胞的动态变化研究,这为癌症治疗提供新的策略和更有效的控制手段。达尔文进化系统的基本规则是过度繁殖、自然选择和适者生存,癌症克隆的进化很明显也符合这些规则。在癌症中大多数的突变过程在 DNA 水平存在偏倚性,癌症中存在着特异的突变图谱。与普通细胞相比,癌症细胞中存在易错修复或遗传毒性暴露(例如香烟致癌物质、紫外线照射和化疗药物)。癌症细胞中适应性进化通常会通过化学致癌物来承受选择压力。例如,由癌症的复发或突变赋予癌症的适应性性状都在一定程度上说明癌症的细胞克隆正经历着选择。

体细胞向癌症细胞进化的动态性取决于突变率和癌症细胞克隆的扩张。与遗传突变相比,表观遗传的突变更为显著,甚至高几个数量级,这也可能是癌症细胞克隆进化的另一主要决定因素。因为表观变异在细胞分裂时会影响细胞表型,所以自然选择影响肿瘤内的表观遗传变异。可以采用进化生物学的工具解决这些复杂的突变率的问题。传统进化模型认为,癌克隆的进化是属于选择性清除(selective sweep)。按照这个理论,肿瘤中下一次癌克隆突变的时间一定要比一个癌克隆清除的时间要长。一些研究表明并行的癌症细胞克隆扩张发生在初始时期,并且在早期癌症的发展中占主导。证据表明在细胞转化之前是很少有大面积的癌克隆扩张的,而选择性清除是来源于之前已经存在的遗传变异或亚克隆之中。

癌症组织的生态环境提供了适应性进化所需要的条件。组织内的微环境是具有多种组分的、复杂的、动态的环境,这些可以影响癌症克隆的进化。例如,TGF-β 是癌症环境里的调控分子,其他的如炎症细胞组分也是癌症细胞生态环境的调控因子。

癌细胞的栖息地并不是一个封闭的环境。这个组织的生态环境有利于系统调控因子(如营养和激素)或浸润的炎或内皮细胞,其他则是由外部调控因子调控。每种癌症的生态环境包括生活方式和病人相关病因的曝光。遗传毒性暴露(如香烟致癌物和紫外光)、感染、长期的饮食和锻炼等影响热量的习惯、激素或炎症水平可以在组织微环境产生深远的影响,这也直接影响癌细胞(图 4-10)。这些

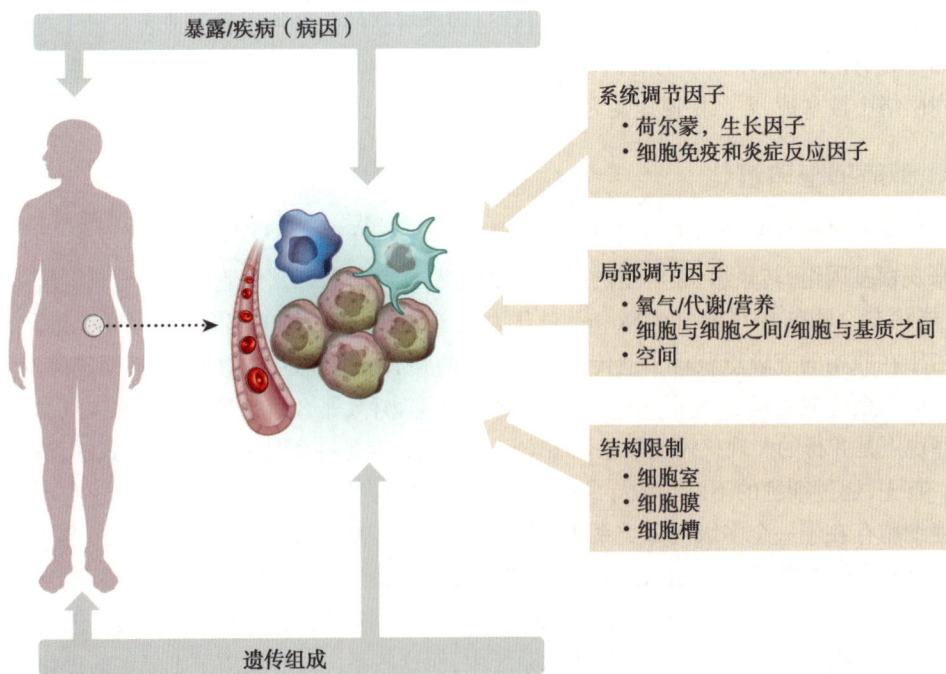

图 4-10   组织生态环境的复杂性
暴露因素,宿主细胞的遗传组成,系统调节因子,局部调节因子和结构限制等所有对体细胞进化有影响的因素。

因素的发生或发展与癌症病因存在很大关系,如果不存在这些因素的暴露,癌克隆起源和演化的风险将会降低。

　　克隆进化的经典模型认为,伴随着一系列的连续突变,一些亚克隆在群体中会占据优势或被选择性清除。疾病进展的病理学证据(腺瘤,癌和转移)支持这一模型。在整个进化的各个阶段,个体的细胞和它们的后代(克隆)会相互竞争空间和资源。单细胞水平的突变分析(最好是多样本)是研究克隆结构最适当的方式,尽管目前只有少数的研究采用该方式,但提供了与 Nowell 的亚克隆的突变分离模型一致的证据支持。单细胞测序分析的数据表明,进化的轨迹是复杂的和分权的,就像 Nowell 提出与达尔文的进化形态相似的物种发育树(图 4-11)。如果将这一复杂的系统简化为一系列以横截面数据为基础的线性突变事件,则有可能误导进化的研究。然而,通过亚克隆的突变的基因组,可以发现它们的进化或与祖先的关系,以及该肿瘤发展过程中的事件顺序。

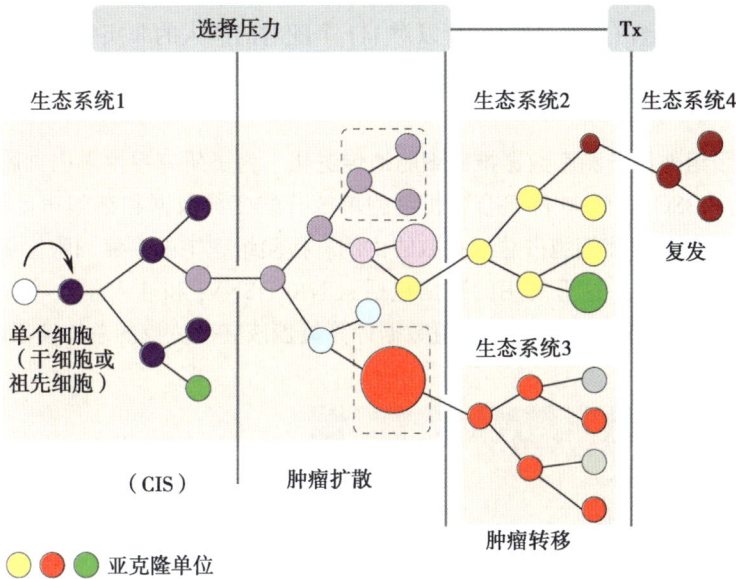

图 4-11　进化的分支结构

癌症克隆,选择压力可以使一些突变的亚克隆扩张而其他克隆潜伏起来或者消亡。竖线代表限制或选择压力。这种模式对实体瘤来说很常见。1~4 的生态系统代表了不同组织的生态环境。在生态系统 1 的小框代表一个局部的环境。每一个不同颜色的小圆圈代表不同的亚克隆。转移的亚克隆通过不同的分支被分为不同的时间点。Tx:治疗。CIS:原位癌。

　　癌症的进化理论已经存在了 35 年,因此可以被认为是一个科学的理论。尽管体细胞进化的基本组成已被清晰地研究,但是体细胞进化的动力学机制仍不清楚。幸运的是,有很多进化生物学的工具可应用于肿瘤来解决许多基础的癌症生物学问题。例如按照癌症发生的顺序,分别从被动突变中区分出主动程序,从而了解和预防癌症治疗抗性。然而,癌细胞克隆的多样性和选择压力是理解上述问题的关键。目前的挑战是利用方法直接解决临床肿瘤或干预使其缓慢的进化出适应性,直接或控制癌细胞进化或延迟细胞死亡。

第五节　应用实例:慢性淋巴细胞白血病突变进化研究
Section 5　Evolution of Subclonal Mutations in Chronic Lymphocytic Leukemia

　　近年来的基因组研究证明癌症个体样本具有遗传异质性,并且包含有亚克隆群体。事实上,具有遗传多样性的肿瘤细胞亚群可能通过竞争和互作而进化。肿瘤内的细胞存在亚克隆已经被大家认可，但目前这些亚克隆细胞的比例、一致性以及这些亚克隆个体的遗传改变对临床过程的冲击仍不清楚。

　　我们用慢性淋巴细胞白血病作为例子，来检验细胞亚克隆突变的进化和影响。该疾病是一种发展缓慢的 B 细胞恶性疾病，容易发生在高龄人群。发病过程具有高度可变性，通过测序研究发现其可变性可能是由于体细胞 DNA 突变重组导致。因此可以认为该疾病中细胞亚克隆的出现、扩散（多样性）和进化的动态性可能导致了该疾病的变化和对治疗的反应。

　　首先下载需要使用的数据，可以在 NCBI 的 dbGaP 中下载 phs000435.v1.p1（使用该数据库中的数据需要申请，批准后才能下载）。该数据使用的是全外显子组测序（whole exome sequencing，WES）。

　　1. 获得基因组突变数据　使用 MuTect 软件对原始的 WES 数据进行处理，从而获得体细胞单核苷酸变异（somatic single nucleotides variations，sSNVs）数据。该软件需注册后下载。由于染色体异常也可能对慢性淋巴细胞白血病起作用，所以对 111 个配对的病人的非疾病样本和疾病样本使用芯片检测体细胞拷贝数变异（Somatic copy-number alterations，sCNAs），并使用 GISTIC 软件处理获得好的数据。

　　2. 使用全基因组外显子测序数据推断细胞遗传进化　为了研究慢性淋巴细胞白血病的细胞群体进化过程，使用 ABSOLUTE 软件整合分析细胞单核苷酸变异数据和细胞拷贝数变异数据，进而估计样本的纯度，即估计癌症细胞占总细胞数的比例。检验组织中的癌症细胞比例可以使用激活荧光的方法来确定其准确性。这里使用的数据包括 sCNAs、sSNVs 和插入删除等。实验流程参考图 4-12。对于每个 sSNV，通过使用全外显子组数据计算覆盖该突变位点的总体读段数和其衍生突变，

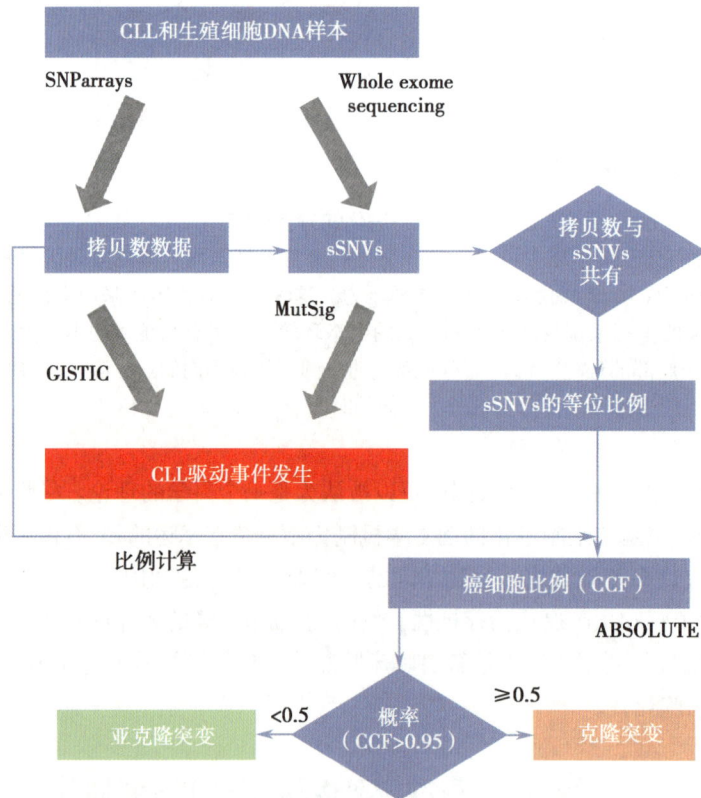

图 4-12　肿瘤细胞微进化分析工作流程
红框代表肿瘤驱动时间的发生，这是用 WES 和拷贝数变异数据得来的显著的突变。灰色的框是用 ABSOLUTE 软件计算获得的肿瘤细胞比例（CCF）值，接下来用概率区分克隆（橙色）和亚克隆（蓝色）。

估计其等位比例。然后,使用 ABSOLUTE 软件估计癌症细胞的比例(CCF)。如果 CCF 的比例大于 0.95 并且概率大于 0.5 就认为该突变分类是原克隆,相反就认为这是一个亚克隆。即使用更严格的阈值,其结果仍然不变(图 4-13)。

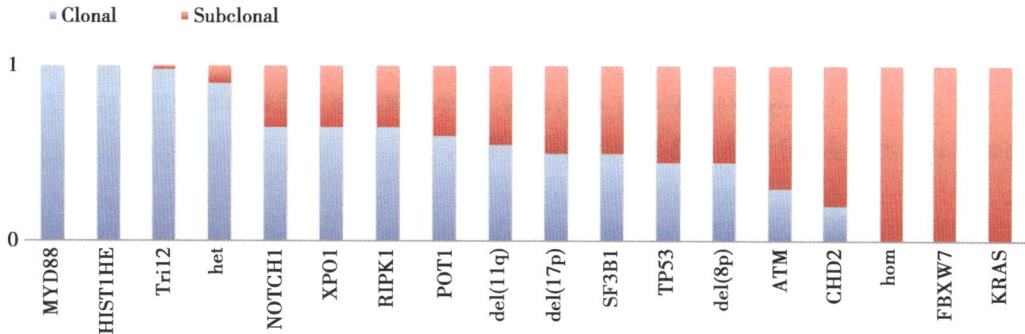

图 4-13 慢性淋巴细胞白血病逐步转化模型

总计获得 1 543 个克隆突变,平均每个样本 10.3±5.5 个突变。这些突变很可能是通过完全的选择性清除(selective sweep)获得。

3. 经过化学处理的慢性淋巴细胞白血病的克隆进化分析 为了直接评价病人体细胞突变的子集合的进化过程,比较了 18 个样本的两个临床时间点的 CCF 值。其中 6 个病人在整个时间的研究中没有接受化学疗法,剩下的 12 个病人接受了化学疗法。比较这两组病人,并没有显著的差异,Wilcoxon 秩和检验 $p=0.29$。

在对个体两个时间点的遗传事件的 CCF 分布的聚类分析时,我们发现 18 个病人中的 11 个克隆存在进化现象。12 个经过化学处理的病人中的 10 个有克隆进化现象。而 6 个没有经过化学疗法的病人中,5 个人有几年都是维持在平衡状态。这些发现说明慢性淋巴细胞白血病在经过化学疗法后,常常会有克隆进化,这会导致肿瘤亚克隆扩散为克隆(图 4-14)。

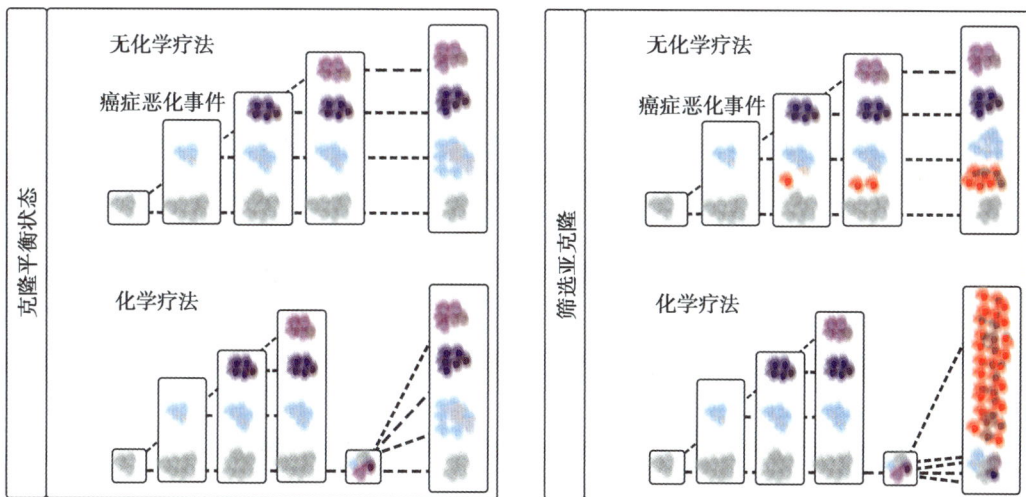

图 4-14 肿瘤细胞的克隆进化

小结

近年来,由于序列数据的快速积累,计算机硬件能力的逐年提高,精细的统计方法的广泛应用,分子进化领域经历了爆炸性增长。然而,大规模基因组数据需要更强的统计方法去分析和解释,这无论在概念上还是计算上都非常具有挑战性。本节中既有经典的分子进化统计方法,也涉及最前沿的研究进展。与此同时,在生物信息学发展的带动下,分子进化与生物信息的交叉领域也迅速出现。基因表达的进化、蛋白质互作网络的进化、共进化等一系列新的概念都是这一交叉领域的研究热点。已经从单一研究某个蛋白质的进化发展到有关这个蛋白的各个网络的进化或表达的进化。蛋白质的进化率不但与其必要性有明显的相关性,从蛋白质互作网络来看,网络中的度与进化率也存在相关性。比较基因组学也给网络的动态性研究提供了新的数据,这对于理解分子进化的数量进化给予了新的方向。当然这还需要很多关于网络动态性和结构的新理论。

Summary

The field of molecular evolution has experienced explosive growth in recent years due to the rapid accumulation of genetic sequence data, continuous improvements to computer hardware, and the development of sophisticated analytical methods. The increasing availability of large genomic data sets requires powerful statistical methods to analyze and interpret them, generating both computational and conceptual challenges for the field. At the same time, a new field, combination of bioinformatics and molecular evolution, quickly emerges with the vigorous development of bioinformatics. A series of new concepts such as the evolution of gene expression, the evolution of protein interaction networks, and co-evolution are the research hotspots in the cross field, which has progressed from studying the evolution of a single protein to the evolution of individual networks or expression related to that protein. Comparative genomics provides new data on the research of dynamics of genetic networks, opening a promising research direction towards a quantitative understanding of molecular evolution. Of course, this is an area in need of new theoretical concepts linking structure and dynamics of these networks.

(叶 凯 王 举 赵方庆)

思考题

1. 简述分子进化研究的基本原理及主要内容,思考它们与自然选择之间的关系。

2. 简述依据核酸序列或蛋白质序列进行系统发生分析及构建系统发生树的原理、目的及常用方法。

3. 简述并比较分子进化分析中的核苷酸置换模型及氨基酸置换模型,查阅资料了解各自有哪些类型。

4. 简述中性进化理论及其主要假设,思考分子钟理论有哪些方面的合理性及局限性。

5. 简述适应性进化及主要分析方法。

6. 简述比较基因组学的主要内容及生物信息学在其中的应用。

第二篇
功能基因组信息学

第五章　新一代测序技术
CHAPTER 5　NEXT-GENERATION SEQUENCING TECHNIQUE

- 新一代测序最显著的特征是高通量、低成本和自动化程度高。
- 传统组学测序可以用于解析个体遗传变异、转录表达和染色质可及性等多组学功能机制。
- 相比于组织测序，单细胞测序可以从细胞水平细致刻画基因的表达情况与细胞的组成与功能状态。
- 依托于新一代测序技术，宏基因组测序能够分析特定环境中微生物群体基因组成及功能，为研究环境中微生物多样性和进化提供了重要手段。

第一节　引　　言
Section 1　Introduction

破译生命体 DNA 序列在几乎所有生物学研究分支中都是必不可少的。利用基于毛细管电泳（capillary electrophoresis, CE）技术的 Sanger 测序方法，科学家们获得了从任意指定的生物系统中阐明其遗传信息的能力。尽管这一技术已经在世界范围内的实验室中得到了广泛的采纳，但是由于其在测序通量、可扩展性、测序速度以及测序分辨率等方面存在限制，使得科学家在获取信息的深度及速度上也受到了一定程度的限制。为了克服这些障碍，产生了一类全新的测序技术，即新一代测序（next-generation sequencing, NGS）技术。这一技术的使用不仅带来了众多突破性的发现，还在基因组学的研究中点燃了一场革命。科学家们不仅在从生物系统中提取遗传信息的方式上发生了重大的转变，同时也在揭示任意物种的基因组、转录组以及表观遗传组的研究中展现出了无限的洞察力。尤其是，近年来快速兴起的基于单细胞的 NGS 技术突破了传统组学技术难以反映单个细胞遗传信息的缺陷，为细胞异质性研究提供了条件，推动生命科学迈上了新台阶。

第二节　新一代测序技术概述
Section 2　Introduction of Next-generation Sequencing Technique

一、新一代测序技术基本概念

（一）读段、重测序与从头测序

在理论上，NGS 技术与 CE 具有相似的实验原理，即根据从 DNA 模板链重新合成出小段的 DNA 片段过程中发射的信号，顺序识别出每一小段 DNA 片段上的碱基组成。与 CE 将合成数量限制在单个或少量的 DNA 片段不同，NGS 技术以一种大规模并行的方式将这一过程扩展至几百万个 DNA 合成反应。这种进步产生了能够在单遍（a single run）测序中产生数百亿个碱基数据的仪器，使得对横跨整个基因组的大片 DNA 碱基对进行快速测序成为可能。为了说明这一过程，这里考虑一个单一的基因组 DNA（genomic DNA, gDNA）样本。首先将 gDNA 打碎形成小片段 DNA 的文库，这些小片段 DNA 能够在百万次平行反应中被一致且准确地测序。新识别出的碱基串，被称为读段（read）。可以使用一个已知的参考基因组作为支架将这些读段进行重新组合,这个过程被称为重测序(resequencing),或者在参考基因组缺失的情况下将读段进行组合,这个过程被称为从头测序(de novo sequencing)。将读段全部进行比对拼接后,就可以揭示出一个 gDNA 样本中每条染色体完整的序列信息。

自 NGS 技术问世以来,它的数据输出以每年超过两倍的速率增长,超越了摩尔定律(Moore's law)。目前,研究人员可以在一次单遍测序中完成超过五个人类基因组的测序,大规模基因组测序费用不超过 1 000 美金每人,最低甚至可以降至 1 000 元以内。可以与人类基因组计划(human genome project)做个对比,使用 CE 技术对第一个人类基因组测序用了大约 10 年的时间,然后用额外的三年完成了对数据的分析,整个计划标价将近 30 亿美金。NGS 大大降低了涉及多样本的研究时产生数据的时间和费用。

(二)测序分辨率、覆盖度与测序深度

NGS 为目标实验在分辨率(resolution)水平的选择上提供了高度的灵活性。通过控制单遍测序产生数据的多少,NGS 既可以对基因组上某个特定区域进行高分辨率测序,也能够提供一个分辨率相对低但却更广阔的基因组图谱。研究人员可以通过调节一个特定类型实验的覆盖度(coverage),来控制分辨率的大小。覆盖度,又称为测序深度(depth),一般定义为比对到样本 DNA 中单个碱基的测序读段数量的均值。例如,一个全基因组测序的覆盖度为 30x 的意思是,在这个基因组中每个碱基上平均比对上了 30 个测序读段。NGS 技术能够方便调整覆盖度及分辨率的特点可以对大量的实验设计进行优化。例如,在癌症研究中,体细胞突变可能只发生在某个特定组织样本的一小部分细胞中。由于测序使用的是混合的细胞样本,为了能够检测到细胞群体中的这些低频突变,带有突变的 DNA 区域需要具备相当高的测序覆盖度,如 1 000X。尽管这种类型的分析利用 CE 技术来完成也是可行的,但是每个额外的读段测序都会产生附加的费用。所以当要求对大量样本进行高深度的测序时,实验就会变得极其昂贵。而另一方面的例子是,在挖掘全基因组范围内的变异研究中,选择对目标群体中大量样本进行低分辨率的测序可以从统计学上获得更好的支持。

新一代测序平台支持各种广泛的应用,可以帮助研究者研究关于任意物种的基因组、转录组及表观基因组的几乎任何问题。测序应用很大程度上是由测序文库的制备方法和数据分析方法决定的,实际测序阶段的过程基本上是不变的。有许多标准文库的制备试剂盒提供了全基因组、信使 RNA(mRNA)、一些靶向区域如全外显子组(exome)、指定选择的区域、蛋白结合区域等等的测序方案。当处理具体的研究课题时,研究者会针对与某个已知的生物学功能有关的基因组的区域开发出新的方案进行测序。

二、新一代测序技术常见测序仪及工作流程

近年来市面上出现了很多新一代测序仪产品,例如 454 基因组测序仪、Illumina 测序仪、SOLiD 测序仪、Polonator 测序仪以及 HeliScope 单分子测序仪。所有这些新型测序仪都使用了一种新的测序策略——循环芯片测序法(cyclic-array sequencing),也可将其称为"新一代测序技术"或者"第二代测序技术"(图 5-1)。

所谓循环芯片测序法,简言之就是对布满 DNA 样品的芯片重复进行基于 DNA 的聚合酶链反应(模板变性、引物退火杂交及延伸)以及荧光序列读取反应。2005 年,有两篇论文曾对这种方法做出过详细介绍。与传统测序法相比,循环芯片测序法具有操作更简易、费用更低廉的优势,于是很快就获得了广泛的应用。

在开发新型高通量、高并行运行方法时碰到的一个关键问题是,如何将反应试剂同时加入数量如此之多的各个反应体系中?在焦磷酸测序的过程当中需要反复加入不同的碱基以供测序反应使用,而当时的自动化加样设备无法有效地做到对这么多的反应体系同时循环加样。于是,开发一种全新的高密度并行的处理方法这一重要课题又再一次摆在了科研人员的面前。这一次,他们找到了一个非常简单但是又很巧妙的方法。在高密度的反应芯片表面使用层流(laminar flow)加样方式,反应试

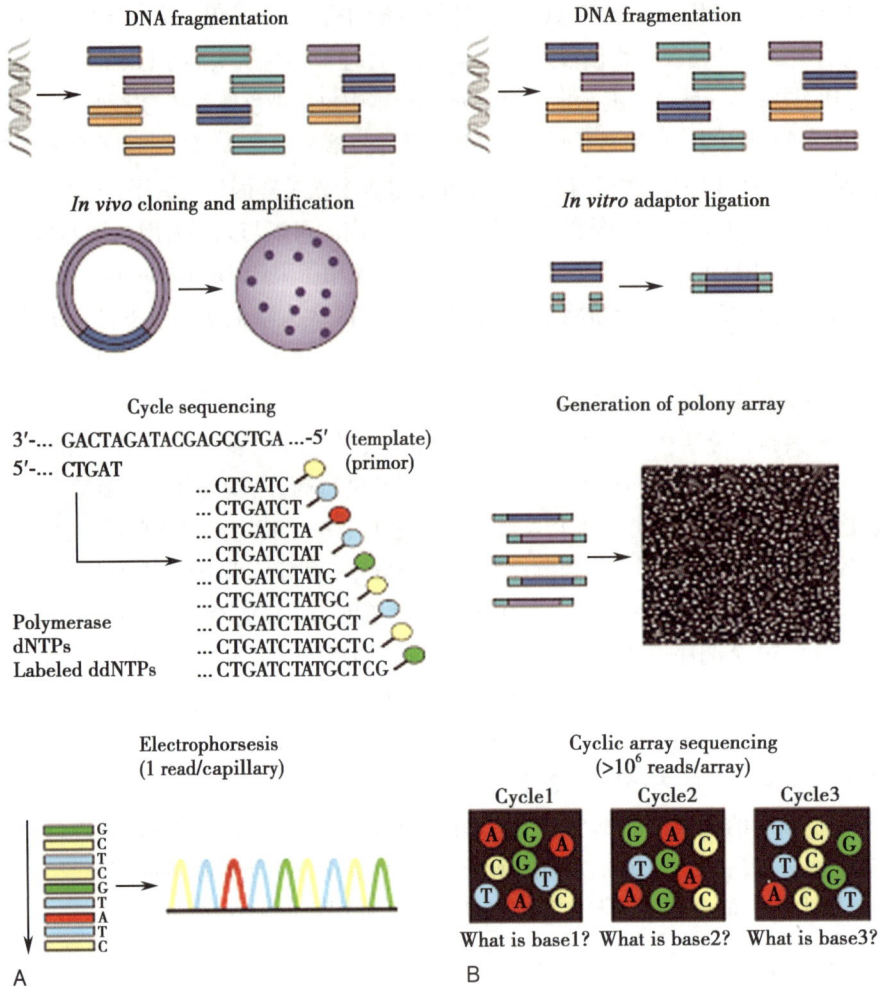

DNA fragmentation

DNA fragmentation

***In vivo* cloning and amplification**

***In vitro* adaptor ligation**

Cycle sequencing

3'-... GACTAGATACGAGCGTGA ...-5'　(template)
5'-... CTGAT　　　　　　　　　　　(primor)

... CTGATC
... CTGATCT
... CTGATCTA
... CTGATCTAT
... CTGATCTATG
... CTGATCTATGC
... CTGATCTATGCT
... CTGATCTATGCTC
... CTGATCTATGCTCG

Polymerase
dNTPs
Labeled ddNTPs

Generation of polony array

**Electrophorsesis
(1 read/capillary)**

**Cyclic array sequencing
($>10^6$ reads/array)**

Cycle1　　Cycle2　　Cycle3

What is base1?　What is base2?　What is base3?

A

B

图 5-1　Sanger 测序法和新一代测序技术工作流程图
A. Sanger 测序技术工作流程图；B. 新一代测序技术工作流程图。
DNA fragmentation：DNA 碎片化；in vitro adaptor ligation：体外接头连接；cycle sequencing：
循环测序；polony array：polony 芯片（一种新型高密度芯片）；electrophorsesis：电泳；cyclic
array sequencing：芯片循环测序。

剂会通过扩散作用很好地进入每一个反应体系，而且也可以用层流的方式洗去多余的反应试剂。现在，所有的新一代测序仪都采用了这种层流加样方法。

（一）新一代测序技术流程

1. 样品准备与文库制备　要想实现高通量基因组测序，只对测序步骤进行优化还是远远不够的。人类基因组计划花费的 30 亿美元经费中有很大一部分都用在了测序样品制备阶段。当时即使是采用最简单的制备样品方法也需要将目标片段克隆到细菌中，挑选克隆，再转到 96 孔板，然后进行克隆扩增，提取质粒，制备测序模板。这种工作流程既耗时又耗钱。如果采用新型的文库制备方法就可以极大地节省这部分开支。这种新型的方法是先分离基因组 DNA，随机切割成小片段分子，然后通过有限稀释（limiting dilution）和聚合酶扩增反应，即体外克隆方式（clones without bacterial）制备模板片段。这样，从模板制备到最后的测序反应，整个过程都能够在体外完成。

文库制备包括以下几个步骤，首先随机切割样品基因组，获得大量 DNA 片段，然后接上接头进行扩增反应。新一代测序技术的样品制备程序和 Craig Venter 等的鸟枪法样品制备程序有着本质的差别。新一代测序通过乳液 PCR（emulsion PCR，emPCR）或桥式 PCR（bridge PCR）等方法对文库进行扩增，获得测序模板，而没有鸟枪法中的细菌克隆繁殖步骤。去掉细菌繁殖步骤极大地提高了整个测序工作的速度和效率,同时避免了由于细菌繁殖导致的序列丢失的可能性。这种方法对古老DNA和代谢基因组学的研究同样非常适用。末端配对文库制备方法的建立同样帮助测序仪获得了对复杂基因组从头测序、对重复片段测序以及对基因组结构(复制、重排)展开系统研究等三种能力。这种末端配对文库的制备方法是受到了 Bender 科研小组对果蝇(drosophila)制备跨步文库(jumping library)方法的启发而发展来的。

　　emPCR 被 454 测序仪和 SOLiD 测序仪等采用。这种方法是将制备的 DNA 文库与水油包被的直径大约 28μm 的磁珠放在一起孵育、退火。由于磁珠表面含有与接头互补的寡聚核苷酸序列,因此单链 DNA(ssDNA)会特异地连接到磁珠上(图 5-2A)。同时孵育体系中含有 PCR 反应试剂,因此可以保证每一个与磁珠结合的小片段都会在各自的孵育体系内独立扩增,扩增产物仍可以结合到磁珠上。反应完成后,破坏孵育体系并富集带有 DNA 的磁珠。经过扩增反应,每一个小片段都将被扩增大约 100 万倍,从而达到下一步测序反应所需的模板量。

　　在桥式 PCR 反应中,正向引物和反向引物都被一个柔性接头(flexible linker)固定在固相载体(solid substrate)上(图 5-2B)。经过 PCR 反应,所有的模板扩增产物就都被固定到了芯片固定的位置。值得注意的是,Illumina 测序仪使用的桥式 PCR 与传统的桥式 PCR 有所不同,它会交替使用 Bst 聚合酶进行延伸反应以及使用甲酰胺(formamide)进行变性反应。这样,经过桥式 PCR 扩增之后,也会在固相载体上形成一个个的模板"克隆"。一块芯片的 8 条独立"泳道"上,每一条泳道都可以容纳数百万的模板"克隆",这样一次就可以同时对 8 个不同的文库进行测序。

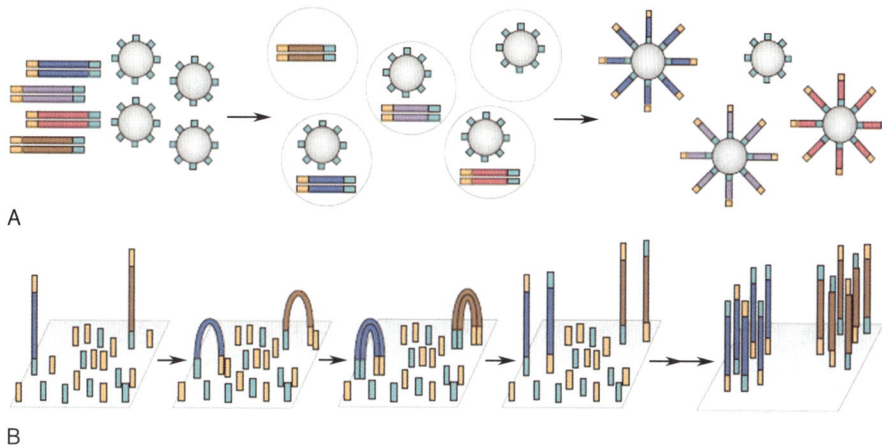

图 5-2　emPCR 和 bridgePCR 示意图
A. emPCR 文库扩增过程示意图;B. bridge PCR 文库扩增过程示意图。

　　2. 合成测序法　合成测序法概念虽然在提出的时候还不算成功,但它的出现为测序仪小型化奠定了基础。基于合成测序法出现了两种策略:一种是循环可切除终止测序法(cyclic reversible termination technology),即依次逐个添加荧光标记的碱基,继而检测荧光信号,切除荧光基团,如此往复;另一种策略是焦磷酸测序法(sequenced by detecting pyrophosphate release)。454 测序仪采用的是小型化焦磷酸测序反应,测序模板准备和焦磷酸测序反应步骤都是在固态芯片上完成的。

　　Illumina 测序仪的边合成边测序(sequence by synthesis,SBS)技术是世界范围内广泛使用的一种测序方式,采用的是循环可切除终止测序法。在使用过程中,以带有荧光和叠氮基的 dNTP 作为标记,在叠氮基的作用下,合成链在加入一个 dNTP 以后就无法再继续延伸,进而实现逐个碱基测序的目的。在每一轮测序反应中,首先掺入 4 种 dNTP 和 DNA 聚合酶,让 dNTP 在 DNA 聚合酶的作用下参与 DNA 合成反应,然后将未参与合成的 dNTP 和 DNA 聚合酶洗脱,再通过检测杂交位置的荧光颜色来确定碱基类型。最终,在每一次循环以后,通过运用化学试剂将叠氮基和荧光基团切掉以解除碱基保护,进而不断重复合成、洗脱、成像、淬灭以完成整个测序过程。

NOTES

实际上,早在 20 世纪 90 年代中期,焦磷酸测序技术就已经被科研界用来进行基因分型工作了,但那时的焦磷酸测序技术还不能够满足标准的测序实验要求,因为它的测序长度太短,因此只能用于旨在发现 SNP 的基因分型研究当中。当时进行基因分型操作时,是在微量滴定板(microtiter plate)上进行的,可以连续进行最多 96 次基因分型实验,平均每个样品花费 20 美分。那时焦磷酸测序还不能用于从头测序工作,因为从头测序需要对每一个尤其是第一个碱基都能准确地区分清楚,而焦磷酸测序只能简单地对已知位点的碱基进行检测,而且从头测序要求的测序长度也是焦磷酸测序法无法达到的。不过,由于焦磷酸测序的原理是通过检测碱基掺入时发出的光来进行测序的,所以它并不需要类似于电泳之类的物理分离过程来对碱基进行区分(图 5-3)。这也就是说焦磷酸测序仪可以"缩小(减)"到只需要检测光线就够了,而不需要像传统的测序仪还需要电泳设备,而这正是限制传统电泳仪小型化的关键所在。发光检测方法还能够进行多路平行操作,但是直到 454 测序仪出现之前,还没有人这样做过,以前都是依次进行检测的。和晶体管早期的遭遇一样(当时人们也怀疑晶体管替代不了电子管),人们同时也对高密度的,用于并行焦磷酸测序的反应充满了疑问。不过,当不再在溶液中进行测序反应,而是将测序模板、所有的试剂(酶)都固定在平板上制成芯片之后,就获得了小型化的,能进行多路并行处理的测序仪,这就与晶体管被小型化并整合成集成电路的过程一样。

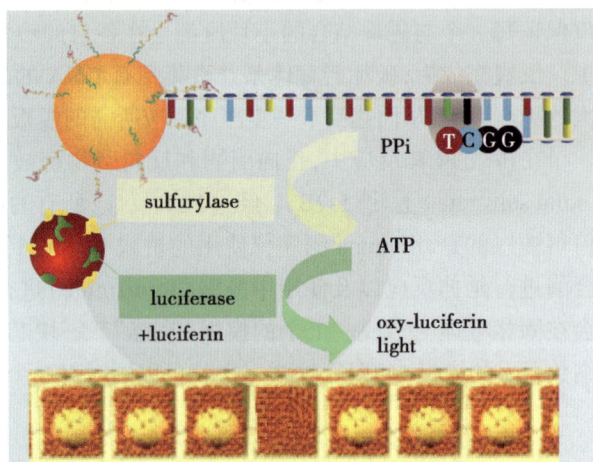

图 5-3　焦磷酸测序法原理

sulfurylase:硫酸化酶;luciferase:冷光素酶;luciferin:萤光素;PPi:焦磷酸;oxy-luciferin:氧化荧光素。

此外,借助微量滴定板上一个个的小孔所达到的将不同测序反应进行分隔这一目的,也能通过在单个固相支持物上进行严密包裹(隔离)的反应来实现。在这些各自隔绝的反应体系中,链聚合反应速度和发光速度都能通过对反应试剂和产物弥散状况进行严密的控制来进行精密的调整。

(二) 单分子测序技术

Heliscope 单分子测序仪、SMRT 技术和纳米孔单分子测序技术,被认为是第三代测序技术。与前两代技术相比,他们最大的特点是单分子测序。其中,Heliscope 技术和 SMRT 技术利用荧光信号进行测序,而纳米孔单分子测序技术利用不同碱基产生的电信号进行测序。

Heliscope 单分子测序仪基于边合成边测序的思想,将待测序列随机打断成小片段并在 3′ 末端加上 poly(A),用末端转移酶在接头末端加上 Cy3 荧光标记。用小片段与表面带有寡聚 poly(T)的平板杂交。然后,加入 DNA 聚合酶和 Cy5 荧光标记的 dNTP 进行 DNA 合成反应,每一轮反应加一种 dNTP。将未参与合成的 dNTP 和 DNA 聚合酶洗脱,检测上一步记录的杂交位置上是否有荧光信号,如果有则说明该位置上结合了所加入的这种 dNTP。用化学试剂去掉荧光标记,以便进行下一轮反应。经过不断地重复合成、洗脱、成像、淬灭过程完成测序。Heliscope 的读取长度约为 30~35bp,每个循环的数据产出量为 21~28GB。值得注意的是,在测序完成前,各小片段的测序进度不同。另外,类似于 454 技术,Heliscope 在面对同聚物时也会遇到一些困难。但这个问题并不会十分严重,因为同聚物的合成会导致荧光信号的减弱,可以根据这一点来推测同聚物的长度。此外,可以通过二次测序来提高 Heliscope 的准确度,即在第一次测序完成后,通过变性和洗脱移除 3′ 末端带有 poly(A)的模板链,而第一次合成的链由于 5′ 末端上有固定在平板上的寡聚 poly(T),因而不会被洗脱掉。第二次测序以第一次合成的链为模板,对其反义链进行测序。对 Heliscope 来说,由于在合成中可能掺有未标记的碱基,因此其最主要的错误来源是缺失。一次测序的缺失错误率约为 2%~7%,二次测序的缺失错错误率约为 0.2%~1%。相比之下替换错误率很低,一次测序的替换错误率仅为 0.01%~1%。总体来说,采用二次测序方法,Heliscope 可以实现目前测序技术中最低的替换错误率,即 0.001%。

　　SMRT 技术基于边合成边测序的思想,以 SMRT 芯片为测序载体进行测序反应(图 5-4)。SMRT 芯片是一种带有很多 ZMW(zero-mode waveguides)孔的厚度为 100nm 的金属片。将 DNA 聚合酶、待测序列和不同荧光标记的 dNTP 放入 ZMW 孔的底部,进行合成反应。与其他技术不同的是,荧光标记的位置是磷酸基团而不是碱基。当一个 dNTP 被添加到合成链上的同时,它会进入 ZMW 孔的荧光信号检测区并在激光束的激发下发出荧光,根据荧光的种类就可以判定 dNTP 的种类。此外由于 dNTP 在荧光信号检测区停留的时间(毫秒级)与它进入和离开的时间(微秒级)相比会很长,所以信号强度会很大。其他未参与合成的 dNTP 由于没进入荧光信号检测区而不会发出荧光。在下一个 dNTP 被添加到合成链之前,当前 dNTP 的磷酸基团会被氟聚合物(fluoropolymer)切割并释放,荧光分子离开荧光信号检测区。SMRT 技术的测序速度很快,可以达到每秒 10 个 dNTP。

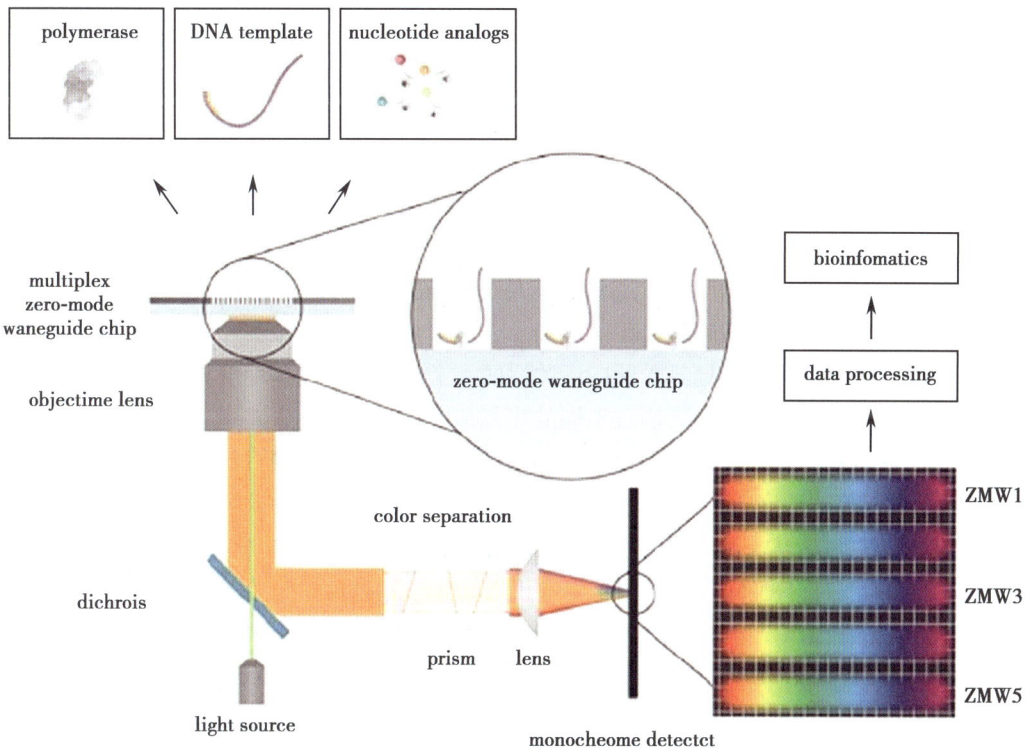

图 5-4　SMRT 测序技术流程

nucleotide analogs:核苷酸类似物;multiplex zero-mode waveguide chip:多通道零模波导纳米孔芯片;
dichrois:二向色镜;objective lens:物镜。

　　纳米孔单分子测序技术是一种基于电信号测序的技术。例如,可以 α-溶血素为材料制作纳米孔,在孔内共价结合有分子接头环糊精。用核酸外切酶切割 ssDNA 时,被切下来的单个碱基会落入纳米孔,并和纳米孔内的环糊精相互作用,短暂地影响流过纳米孔的电流强度,这种电流强度的变化幅度就成为每种碱基的特征。碱基在纳米孔内的平均停留时间是毫秒级的,它的解离速率常数与电压有关,180mV 的电压就能够保证在电信号记录后将碱基从纳米孔中清除。纳米孔单分子测序技术的另一大特点是能够直接读取甲基化的胞嘧啶,而不像传统方法那样必须要用重亚硫酸盐(bisulfite)处理,这对于在基因组水平研究表观遗传相关现象提供了巨大的帮助。该测序技术的准确率能达到99.8%,而且一旦发现替换错误也能较容易地更改,因为 4 种碱基中的 2 种与另外 2 种的电信号差异很明显,因此只需在与检测到的信号相符的 2 种碱基中做出判断,就可修正错误。另外由于每次只测定一个核苷酸,因此该方法可以很容易地解决同聚物长度的测量问题。

三、新一代测序数据存储、处理与分析

过去,研究人员使用 3730XL 毛细管电泳测序仪进行基因分析,每年至多能完成六千万碱基的测序量。随着测序技术日新月异的发展,这种情况已经成为历史。在 2005 年刚刚开始进行新一代测序技术开发时,焦磷酸测序仪的分析速度就已经达到了上述提及的 ABI 仪器速度的 50 倍之上。也就是从那时起,因基因数据过多而产生的问题凸显了出来,而且这个问题随着其他制造商开发出更多更快的测序仪而愈加严重。举个例子,ABI 的新一代测序平台 SOLiD(supported oligonucleotide ligation and detection)单次运行,便可以分析 6GB 的碱基序列;而 Roche/454 测序仪单次运行可以将上述结果转换成 12-15GB 的数据信息;Illumina Genome Analyzer(GAII)测序系统仅在两个小时的运行时间里,就得到 10TB 的信息。尽管对于像 Applied Biosystems 这样的制造商而言,可以为用户提供高达 11.25TB 的存储量,但对于多数实验室所具有的信息管理系统来说,规模如此庞大的数据信息,就好像是迎面而来的洪水,让人感到难以控制。

海量信息所带来的一个问题是,用户无法将初始图像数据进行分类存档,而必须利用软件对数据进行读取,然后才能对数据进行保存。对于大多数研究人员来说,像这样在每次实验后对原始数据进行处理的方式既繁琐又不经济。

除数据处理问题之外,研究人员还需要拥有一个足够强大的计算机平台,以便将来自多个测序技术的短小基因片段进行组合,形成基因组外显子。目前问题在于,测序仪生产商仅仅提供用于某些特定基因信息分析的软件,如靶标重测序、基因表达分析、染色质免疫沉淀反应或基因组从头测序等,而并未提供任何其他类型的下游生物学信息分析软件,这就给生物信息学提出了新的问题。

(一)新一代测序数据格式与质量编码

一直以来,序列质量评分问题是受到广泛关注的一个问题。造成这种现象的原因主要是因为所有新一代测序仪的测序质量都不高,而且不同的序列情况都有各自的误差率。随着新一代测序仪产品的不断成熟,在临床及科研工作中的应用范围越来越广,它们的测序质量也就变得重要起来,而且也需要对各个测序仪的测序质量有一个清晰的、可靠的评价标准。测序仪的应用范围也需要进行标准化的质量评价,如评价从头测序的质量、评价测序结果与参考序列的相似度、评价测序仪发现突变以及多态性的能力以及对测序仪在进行大规模测序项目研究时的质量可靠性进行评价等。

这些质量数据都应该以一种简单、标准化的方式包含在测序结果中。现在所有的测序仪器生产商也都在他们的测序报告中加入了测序质量信息,消费者可以借此对数据进行交叉比较,甚至还有可能各取所长,将不同测序仪的测序结果整合起来,获得最佳的测序结果。目前,旨在从短片段测序结果中发现多态性以及突变位点的重测序项目经常会依靠"主要投票机制(majority voting scheme)"。该方法易于操作,但是容易出错,假阴性率较高。

(二)测序短片段在参考基因组中的定位

新一代测序仪可以以极快的速度以及极其低廉的价格获得大量的序列,这已经改变了基因组学的面貌。随着新一代测序的完成,人们获得了大量的短片段序列,如何对这些短片段作图就成了一个大问题,即被称为"读段作图(read mapping)"的问题。

目前常用的测序仪在测序时可产生长约 150bp 的读段,即"read"。这些读段都是待测样品大片段的某一部分。与对未知的全基因组进行测序,即将所有读段组装成一个完整基因组的工作相比,人们现在大部分的工作实际都可以参照"参考基因组"进行。因此,要了解读段的作用,首先要知道它们在参考基因组中的确切位置,而对这些读段进行定位的过程就称作"作图"(mapping),或"比对"到参考基因组中。其中,有一个问题需要注意,那就是进行比对时不能出现大的"间隙"。而在对 RNA 进行测序时,因为存在内含子的缘故,这一点就显得尤为突出。因此,对 RNA 测序得到的序列进行比对时就允许有较大的间隙出现。此外,如果读段属于参考基因组里的一个重复元件,那么就应该弄清楚它来自哪一个重复元件中的拷贝。但这是不太可能实现的,因而分析程序一般都只能给出

该短片段可能属于参考基因组中哪几个位点。同时,由于测序错误或者检测样品间以及检测样品和参考基因组间出现变异等情况,使上述问题变得更加严重。

(三) 新一代测序数据库

目前对于如何组织、存档以及发布这些新一代测序仪产生的短片段序列结果正处于热烈的讨论之中,人们希望制定一个类似芯片实验时制定的 MIAME(Minimum Information About a Microarray Experiment)规则。这些早期的工作经验在如何处理包括生物学注释信息、临床原始数据、关键实验细节(比如样品特征、样品处理方法)在内的元数据,以及如何处理、出版发行这些数据等方面给了研究者们良好的建议。如何对这些新一代测序仪的测序结果数据进行公共管理也是一个需要探讨的问题。NCBI 最近专门为短片段序列建立了数据库 Short Read Archive(SRA),并同步制定数据提交格式。SRA 数据库不仅会收集包括实验注释信息、实验参数等信息的数据,而且还会被整合到 Entrez 查询系统当中。目前的工作主要包括开发线上搜索工具、数据图形化工具。

四、新一代测序短片段比对

Maq 和 Bowtie 都属于第三方开发的短片段比对程序。它们使用的是一种称作"建立索引(indexing)"的策略。同时,人们也对大量的 DNA 序列建立了一份索引,借助这份索引就能快速地找到其中的短 DNA 片段了。Maq 软件是基于一种直接且有效的策略——空位种子片段索引法(spaced seed indexing)。它将一个短片段(read)分成了 4 条长度相等的更短的片段——种子片段(seed)。如果整段短小片段(read)可以与参考基因组序列完全配对,那么很显然所有的种子片段(seed)也应该与参考基因组序列完全配对(图 5-5)。但如果其中有一处错配,例如 SNP,那么肯定有一条种子片段无法与参考基因组序列完全匹配。依此类推,如果出现了两处错配就会导致一条或两条种子片段无法与参考基因组序列完全匹配。因此,对所有种子片段两两组合后的片段(共有 6 种组合方式)进行比对,就有可能找出该短小片段在基因组中最有可能的位点。Maq 软件采用的这种"空位种子片段索引法"(spaced seed indexing)比对效率非常高。

Bowtie 软件采用的则是另一种完全不同的策略,该策略借鉴了 Burrows-Wheeler 转换(Burrows-Wheeler transform)这种数据压缩算法技术,将完整的人类基因组序列索引压缩到不到 2GB 大小,而空位种子片段索引法至少需要 50GB。Bowtie 每次都只把一段短片段序列中的一个碱基与经 Burrows-Wheeler 转换压缩过的参考基因组序列进行比对。经过这种连续的比对,最终也能找出这段短片段在参考基因组中的定位。如果 Bowtie 软件发现短片段中的某个碱基在参考基因组中没有很好地配对,那么软件就会退回到上一个碱基重新进行比对。实际上,Burrows-Wheeler 转换使得 Bowtie 软件通过碱基逐个比对,直至完成全长短序列比对的方法解决了短序列比对的问题。从本质上来说,Bowtie 软件使用的算法要比 Maq 采用的复杂得多,但 Bowtie 软件却比 Maq 软件分析的速度快 30 倍。

Bowtie 软件和 Maq 软件的默认模式中至多都只会允许两个错配位点,不过有时有些用户需要允许更多的错配位点存在。Bowtie 软件和 Maq 软件能够分析的短序列长度范围在 20~40bp,它们都经过优化设计以使其适合用于人类基因组再测序计划(human resequencing project)。不过,最新的 Illumina 测序仪已经能够获得长约 100bp 的"短"片段序列,还有一些测序项目,例如细菌或真菌基因组测序项目等获得的片段序列与目前已经测得的类似物种全基因组序列之间存在着较大的差异。再加之随着新测序仪的不断涌现,测序结果的质量也在不断提高,但这些测序结果却极易受到各种因素的影响,例如样品文库的准备、测序操作步骤,甚至是放置测序仪器实验室的温度等等。鉴于此,面对上述这些新出现的"问题",人们也应该采取相应的措施,调整 Maq 软件和 Bowtie 软件的各种参数使之适应这些新情况。

Bowtie 软件包中包括预置的大肠埃希菌基因组索引和部分大肠埃希菌短片段序列。要使用该软件分析数据只需输入下面的命令就会生成一个表格式的报告,给出每一个匹配短序列的编号、在参考

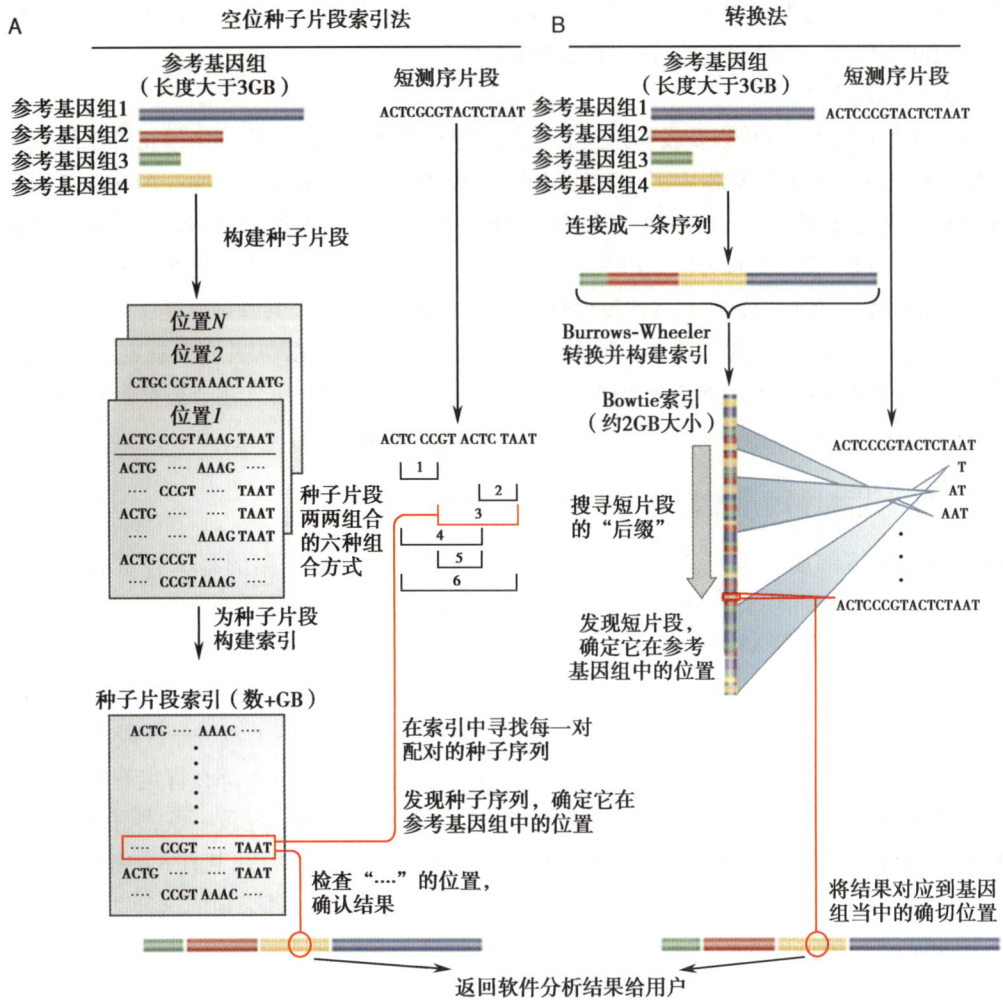

图 5-5　两种段片段定位方法

基因组中的位置,以及发生错配的位点个数和具体位置。

bowtie e_coli reads/e_coli_1000.fq

在 Maq 软件中输入以下命令也会得到同样的结果。

maq.pl easyrun -d outdirreference.fasta reads.fastq

对于一次实验来说,短序列片段能否与参考基因组相匹配实际上取决于很多因素。假设被测序的 DNA 片段中几乎没有错配位点,大多数比对软件也只能定位出 70%~75% 的短片段序列。这个结果和使用 Sanger 测序法获得的 80% 的结果比起来低得令人吃惊,说明现在第二代测序技术还不成熟。这提示人们,很多短片段都需要与参考基因组中的多个位点进行比对,而大部分的比对软件都只会给出短片段在参考基因组中的一个匹配位点。

有了序列定位的软件,接下来就可以了解这些短片段具体在参考基因组中的什么位置了,同时也可知道 SNP 都位于基因组中的什么地方。SAM 软件包能满足这些要求。SAM 软件包(见书末参考网址)包括一体化的碱基调用和浏览器(base caller and viewer),它能调用 Maq 和 Bowtie 两种分析软件。

实际上,大部分短片段比对软件设计的初衷都是为了服务于人类全基因组再测序工作,但是调整软件参数之后,它们也能应用于其他方面。Maq 和 Bowtie 这两种分析软件的操作手册都写得非常详细,它们给出的备选方案多到“吓人”的程度。现在还出现了越来越多的短片段比对软件,不过每一款软件都无法达到十全十美的境界,而且各有偏重,这就给人们选择软件及其配置参数带来了麻烦。

NOTES

幸运的是,人们能够从一些好的资源网站等得到帮助,SeqAnswers message board(见书末参考网址)就是短片段比对软件开发人员经常光顾的一个非常好的论坛。

第三节　DNA 测序技术及应用
Section 3　DNA Sequencing Technique and Application

一、全基因组测序与外显子组测序

外显子组是指全部外显子区域的集合,该区域包含合成蛋白质所需的重要信息,涵盖了与个体表型相关的大部分功能性变异。外显子组序列捕获及第二代测序是一种新型的基因组分析技术。与全基因组重测序相比,外显子组测序只需针对外显子区域的 DNA 即可,覆盖度更深、数据准确性更高,更加简便、经济、高效。可用于寻找复杂疾病如癌症、糖尿病、肥胖症的致病基因和易感基因等的研究。同时,基于大量的公共数据库提供的外显子数据,科学家们能够结合现有资源更好地解释研究结果。许多科学家都利用这一方法找到了致病基因,比如美国国家心肺血液研究所就从 4 名弗里曼谢尔登综合征患者的 DNA 中准确找出了致病基因变异。他们的研究表明,对于单个基因变异引起的疾病,外显子测序同样可以准确找到致病基因,与全基因组测序无异。研究人员认为,外显子测序也可用于多重基因变异引起的常见疾病,如糖尿病和癌症的研究中,来揭示该种疾病的致病基因。

二、DNA 测序数据分析方法

(一)数据的质量控制:FastQC

测序完成后的第一个分析步骤是对原始读段(raw read)质量的评价,包括移除、修剪或矫正不满足定义标准的读段。由测序平台产生的原始数据通常会受到碱基召回(base calling)错误、插入删除(INDEL)错误、低质量读段及接头污染等的破坏。由于这些错误非常普遍地存在于测序数据中,而许多下游分析软件又不具备检查低质量读段的能力,因此为了避免得到错误的生物学结论就需要对原始数据进行过滤及修剪。一般情况下,质量控制包括碱基质量得分及核苷酸分布的可视化和基于碱基质量得分及序列质量(如引物污染、控制 N 含量及 GC 偏性等)进行读段的修剪及过滤。

针对不同阶段的质量评估,已经开发出了大量的信息学分析工具。单机版工具 NGSQC Toolkit 和 PRINSEQ 能够处理 FASTQ 和 454(SFF)文件,产生摘要报告的同时还能够对原始读段数据进行过滤和修剪。另一个常用软件为 FastQC 工具(见书末参考网址),它适用于大部分主流测序平台的结果文件并且可以通过输出摘要图表快速地进行数据质量的评价。在服务器上可以用命令行来运行 FastQC:

fastqc[-o output dir][--(no)extract][-f fastq|bam|sam][-c contaminant file]seqfile1 …seqfileN

其中,-o 用来指定输出文件的所在目录,注意必须是系统已经存在的目录。输出的结果是 .zip 文件,默认自动解压缩,命令里加上--noextract 则不解压缩。-f 用来强制指定输入文件格式,默认会自动检测。-c 用来指定一个 contaminant 文件,FastQC 会把 overrepresented sequences 往这个 contaminant 文件里搜索。contaminant 文件的格式是"Name\tSequences",# 开头的行是注释。加上-q 会进入沉默模式,即不出现下面的提示:

Started analysis of target.fq

Approx 5% complete for target.fq

Approx 10% complete for target.fq

如果输入的 fastq 文件名是 target.fq,FastQC 的输出的压缩文件将是 target.fq_fastqc.zip。解压后,

查看 html 格式的结果报告(图 5-6)。

结果分为绿色的"PASS",黄色的"WARN"和红色的"FAIL"。

1. Basic statistics　基本统计结果如图 5-7 所示。

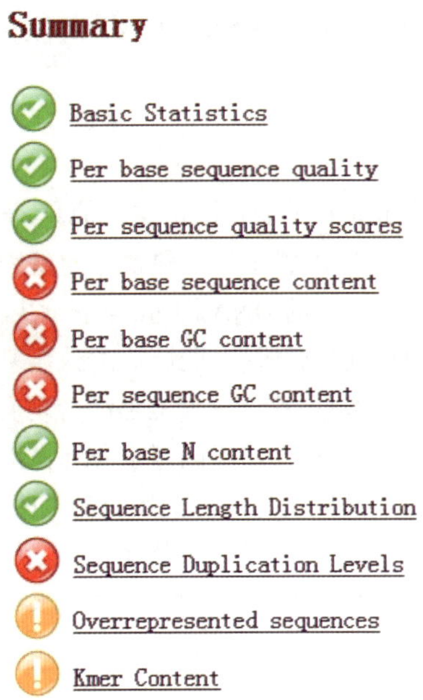

图 5-6　FastQC 程序结果

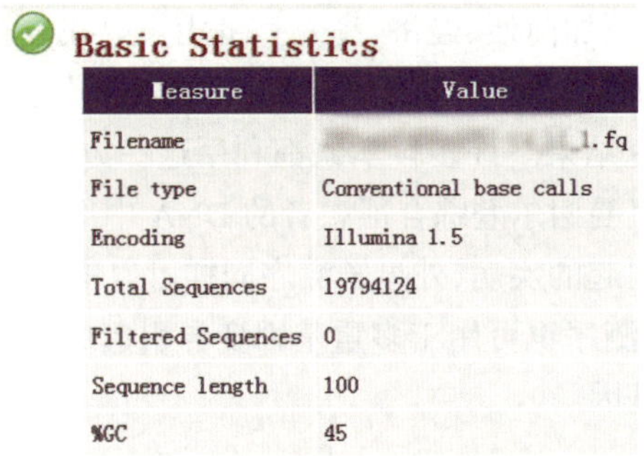

图 5-7　FastQC 基本统计结果图

2. Per base sequence quality　quality 就是 Fred 值,-10*log10(p),p 为测错的概率。所以一条 read 某位置出错概率为 0.01 时,其 quality 就是 20(图 5-8)。

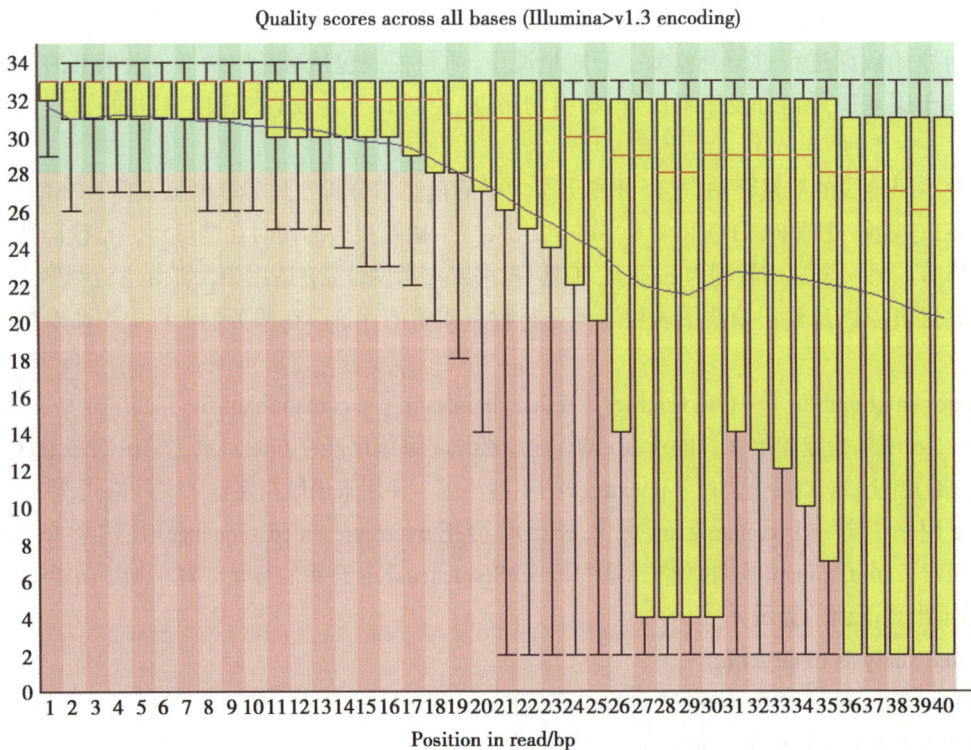

图 5-8　FastQC 每个碱基序列质量结果图

横轴代表位置,纵轴代表 quality。红色表示中位数,黄色是 25%~75% 区间,触须是 10%-90% 区间,蓝线是平均数。若任一位置的下四分位数低于 10 或中位数低于 25,报 "WARN";若任一位置的下四分位数低于 5 或中位数低于 20,报 "FAIL"。

3. Per Sequence Quality Scores　每条 read 的 quality 均值的分布。横轴为 quality,纵轴是 reads 数。当出现下图的情况时,表明有一部分 reads 具有比较差的质量。当峰值小于 27(错误率 0.2%)时报 "WARN",当峰值小于 20(错误率 1%)时报 "FAIL"(图 5-9)。

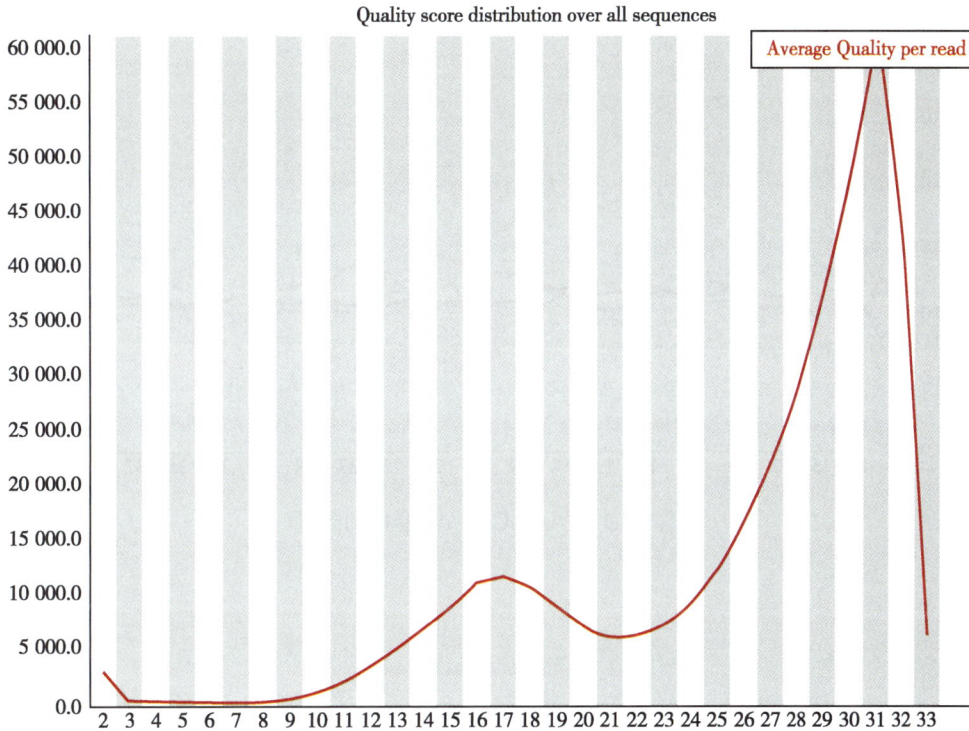

图 5-9　FastQC 每条序列质量得分结果

4. Per Base Sequence Content　对所有 reads 的每一个位置,统计 ATCG 四种碱基(正常情况)的分布。横轴为位置,纵轴为百分比。正常情况下四种碱基的出现频率应该是接近的,而且没有位置差异。因此质量高的样本中四条线应该平行且接近。当部分位置碱基的比例出现 bias 时,即四条线在某些位置纷乱交织,往往提示有 overrepresented sequence 的污染。当所有位置的碱基比例一致表现出 bias 时,即四条线平行但分开,往往代表文库有 bias(建库过程或本身特点),或者是测序中的系统误差。当任一位置的 A/T 比例与 G/C 比例相差超过 10%,报 "WARN";当任一位置的 A/T 比例与 G/C 比例相差超过 20%,报 "FAIL"(图 5-10)。

5. Per Base GC Content　对所有 reads 的每个位置,统计 GC 含量。如果建库足够均匀,reads 的每个位置应当是没有差异的,所以 GC 含量的线应当平行于 X 轴,反映样品(基因组、转录组等)的 GC 含量。当部分位置 GC 含量出现 bias 时,往往提示有 overrepresented sequence 的污染。当所有位置的 GC 含量一致表现出 bias 时,往往代表文库有 bias(建库过程或本身特点),或者是测序中的系统误差。当任一位置的 GC 含量偏离均值的 5% 时,报 "WARN";当任一位置的 GC 含量偏离均值的 10% 时,报 "FAIL"(图 5-11)。

6. Per Sequence GC Content　统计 reads 的平均 GC 含量的分布。红线是实际情况,蓝线是理论分布(正态分布,均值不一定在 50%,而是由平均 GC 含量推断的)。曲线形状的偏差往往是由于文库的污染或是部分 reads 构成的子集有偏差(overrepresented reads)。形状接近正态但偏离理论分布的情况提示可能有系统偏差。偏离理论分布的 reads 超过 15% 时,报 "WARN";偏离理论分布的

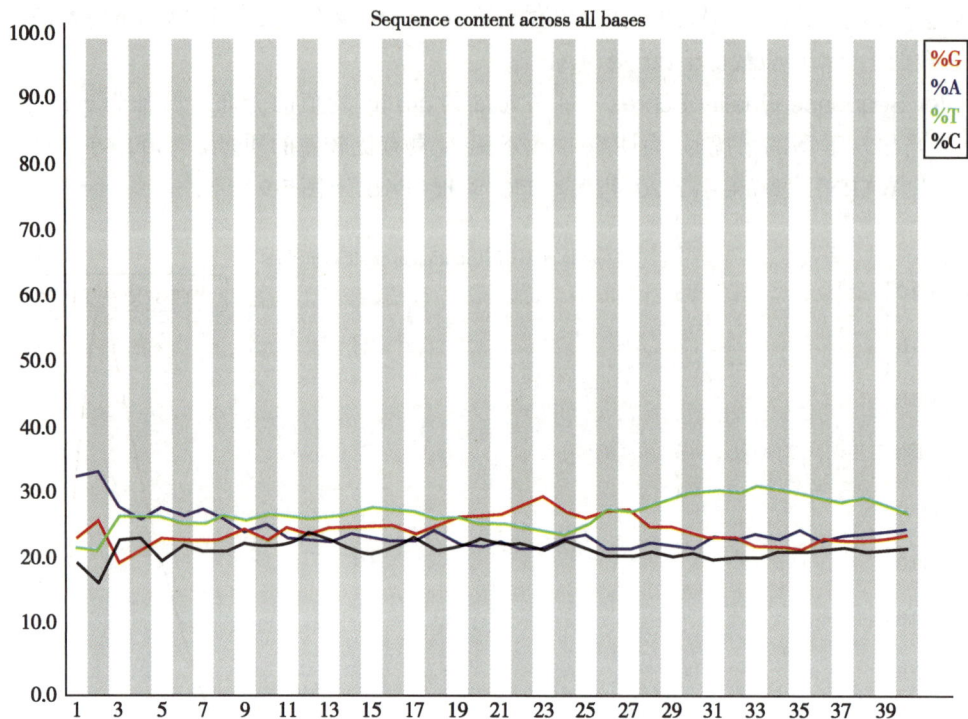

图 5-10　FastQC 每个碱基序列含量

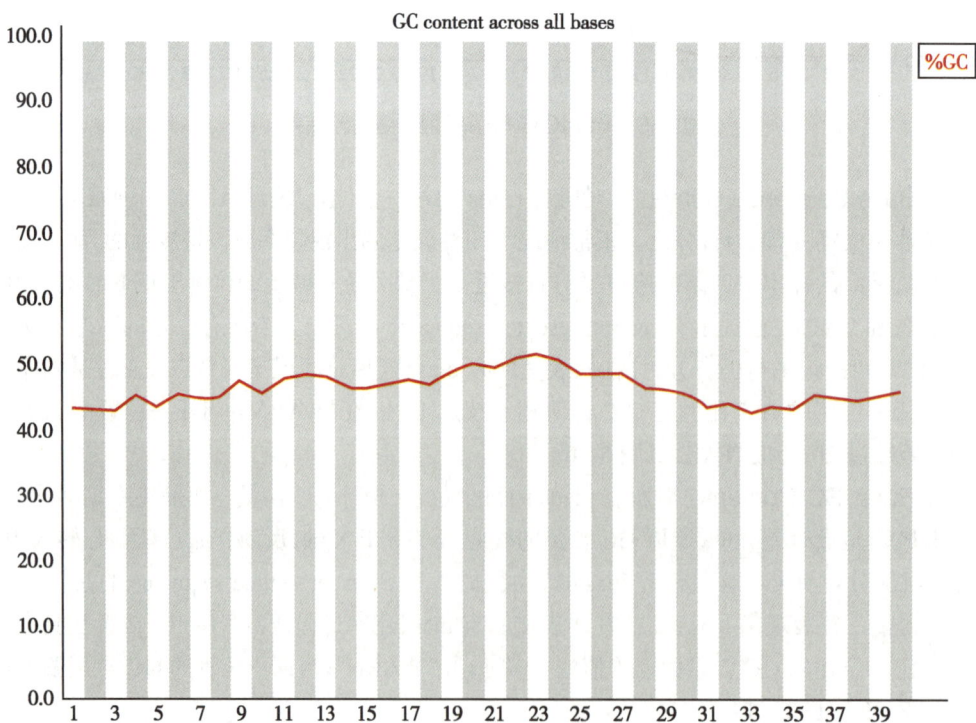

图 5-11　每个碱基位置 GC 含量

reads 超过 30% 时,报 "FAIL"(图 5-12)。

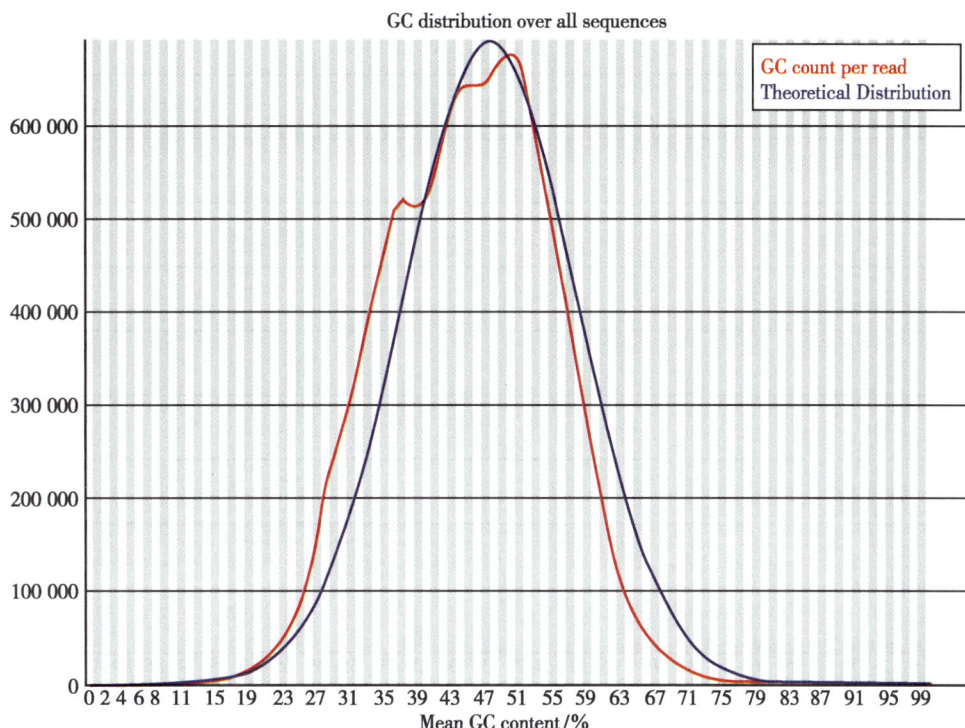

图 5-12　序列 GC 含量

7. **Per Base N Content**　当测序仪器不能辨别某条 reads 的某个位置到底是什么碱基时,就会产生 "N"。对所有 reads 的每个位置,统计 N 的比率。正常情况下 N 的比例是很小的,所以图上常常看到一条直线,但放大 Y 轴之后会发现还是有 N 的存在,这不算问题。当 Y 轴在 0%~100% 的范围内也能看到 "凸起" 时,说明测序系统出了问题。当任意位置的 N 的比例超过 5%,报 "WARN";当任意位置的 N 的比例超过 20%,报 "FAIL"(图 5-13)。

8. **Sequence Length Distribution**　reads 长度的分布。当 reads 长度不一致时报 "WARN";当有长度为 0 的 read 时报 "FAIL"(图 5-14)。

9. **Duplicate Sequences**　统计序列完全一样的 reads 的频率。测序深度越高,越容易产生一定程度的 duplication,这是正常的现象,但如果 duplication 的程度很高,就提示可能有 bias 的存在(如建库过程中的 PCR duplication)。横坐标是 duplication 的次数,纵坐标是 duplicated reads 的占比,以 unique reads 的总数作为 100%。图 5-15 的情况中,相当于 unique reads 数目中约 20% 的 reads 是观察到两个重复的,~7% 是观察到三次重复的,依此类推。可以想象,如果原始数据很大(事实往往如此),做这样的统计将非常慢,所以 FastQC 中用 fastq 数据的前 100 000 条 reads 统计其在全部数据中的重复情况。重复数目大于等于 10 的 reads 被合并统计,这也是为什么上图的最右侧略有上扬。但由于 reads 越长越不容易完全相同(由测序错误导致),所以其重复程度仍有可能被低估。当非 unique 的 reads 占总数的比例大于 20% 时,报 "WARN";当非 unique 的 reads 占总数的比例大于 50% 时,报 "FAIL"(图 5-15)。

10. **Overrepresented Sequences**　如果有某个序列大量出现,就叫作 over-represented。FastQC 的标准是占全部 reads 的 0.1% 以上。和上面的 duplicate analysis 一样,为了计算方便,只取了 fastq 数据的前 100 000 条 reads 进行统计,所以有可能 over-represented reads 不在里面。当发现超过总 reads 数 0.1% 的 reads 时报 "WARN",当发现超过总 reads 数 1% 的 reads 时报 "FAIL"。

11. **Overrepresented Kmers**　如果某 k 个 bp 的短序列在 reads 中大量出现,其频率高于统计期望的话,FastQC 将其记为 over-represented k-mer。默认的 k=5,可以用-k --kmers 选项来调节,范

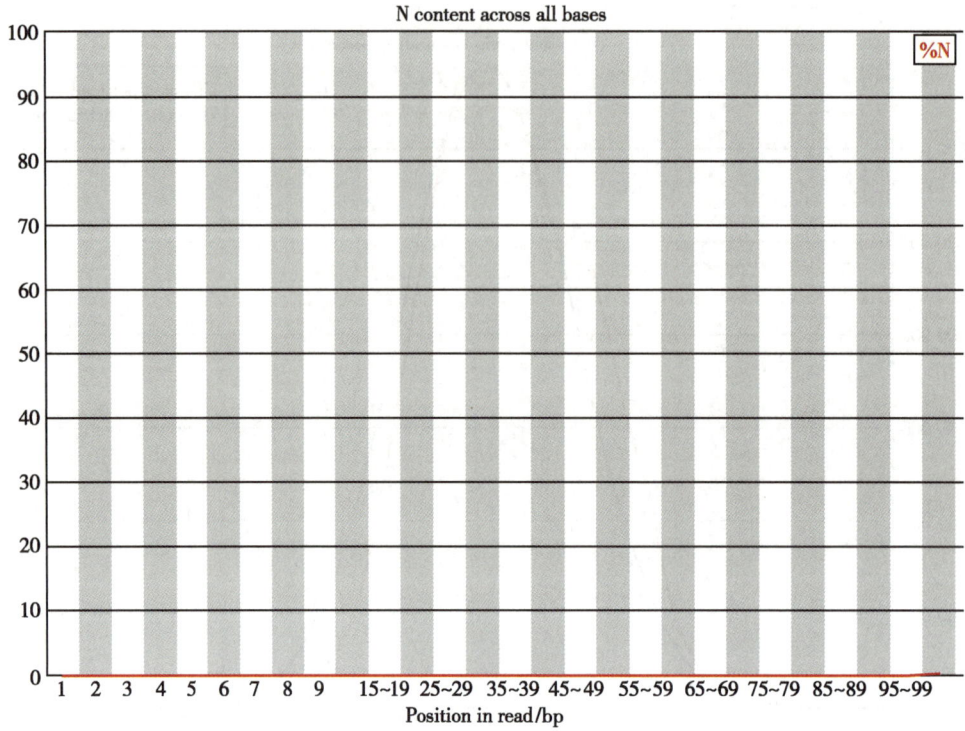

图 5-13　每个碱基 N 含量

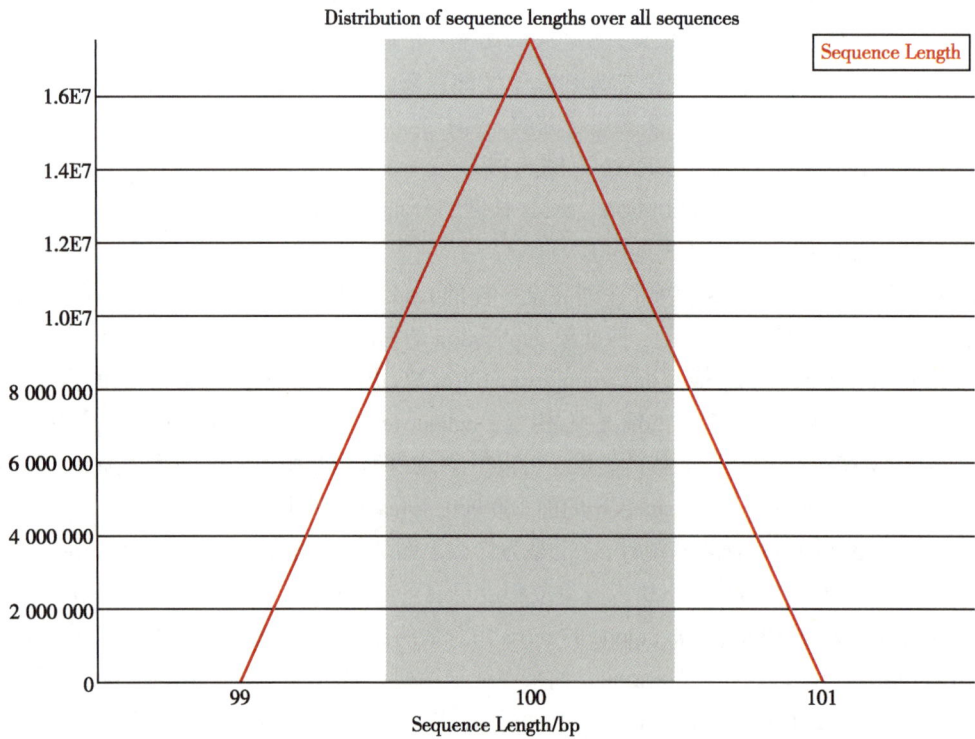

图 5-14　序列长度分布

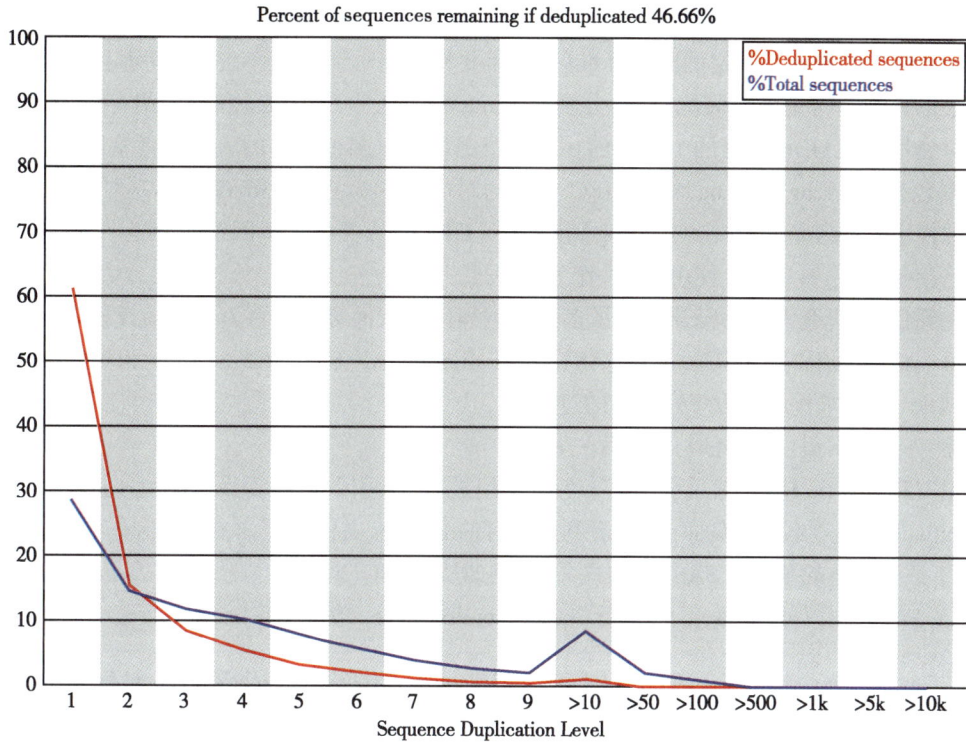

图 5-15　序列复制情况

围是 2~10。出现频率总体上 3 倍高于期望或是在某位置上 5 倍高于期望的 k-mer 被认为是 over-represented。fastqc 除了列出所有 over-represented k-mers，还会把前 6 个的 per base distribution 画出来。当有出现频率总体上 3 倍高于期望或是在某位置上 5 倍高于期望的 k-mer 时，报 "WARN"；当有出现频率在某位置上 10 倍高于期望的 k-mer 时报 "FAIL"（图 5-16）。

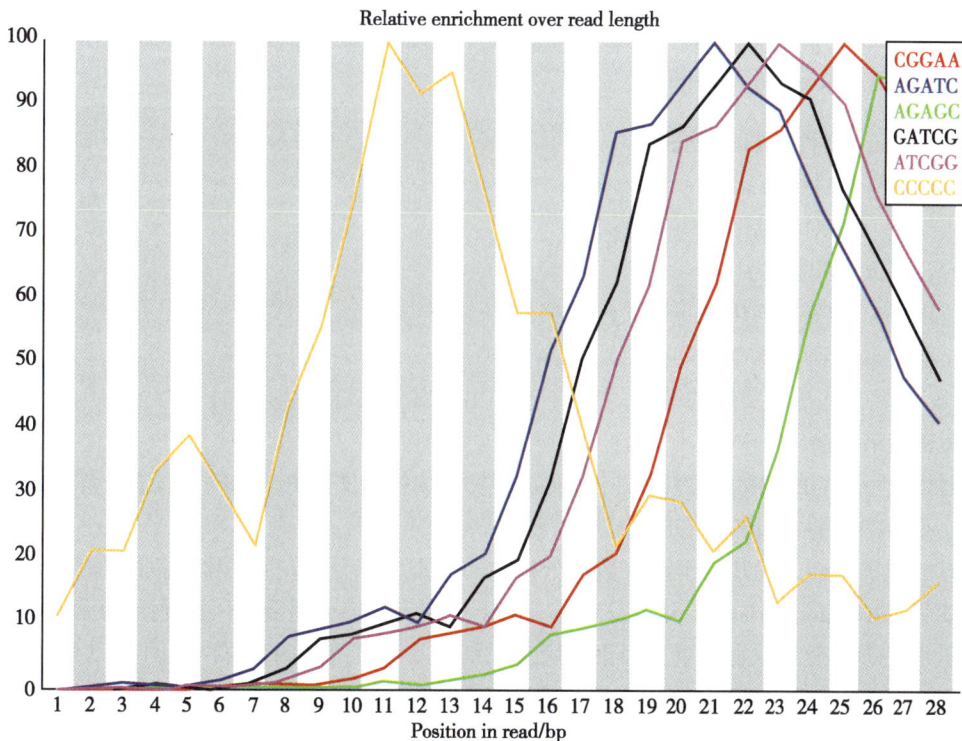

图 5-16　过量表达 Kmer

（二）片段比对：Bowtie

当读段经过处理满足一定的质量标准后，就需要将其比对到已经存在的参考基因组上。目前有两个主要的人类参考基因组装配资源，分别是 Santa Cruz 大学（UCSC）和基因组存储协会（GRC），前者同时囊括 ENCODE 数据的中央存储。两个资源均提供多种版本的人类参考基因组。UCSC 提供的版本包括 hg18、hg19 及 hg38，而 GRC 提供的对应版本为 GRCh36、GRCh37 及 GRCh38。这些都是最常使用的参考基因组。UCSC（hg）和 GRC（GRCh）人类参考基因组集合是一致的，只是在命名方式上存在差别（如 UCSC 使用 'chr' 作为前缀）。

截止到目前，研究人员已经开发出了多种比对程序及软件对数以百万计的短读段进行有效的比对，如：Bowtie/Bowtie2、BWA、Maq、mrFAST、Novoalign、SOAP、SSAHA2、Stampy 和 YOABS 等。下面以 Bowtie 为例，举例说明短序列比对的过程：

步骤一：建立索引（虽然耗时，但只做一次）。

首先安装 Bowtie 软件，然后必须将参考基因组进行 "索引"，这样读段才能快速进行比对。可以直接从 bowtie 网站下载现成的索引，或者利用已有的 FASTA 文件按照如下步骤制作索引：

1）下载感兴趣的基因组 FASTA 格式文件（例如从 UCSC 下载）。

2）在 FASTA 文件所在目录下，运行 "bowtie-build" 命令。例如，将 hg18 进行索引的命令为：

```
./path-to-bowtie-programs/bowtie-build chr1.fa,chr2.fa,chr3.fa,…chrY.fa,chrM.fa hg18
```

其中…代表了剩下的 *.fa 文件。运行结果会产生一些命名为 hg18.*.ebwt 的文件。

3）将 *.ebwt 文件复制到 bowtie 索引目录下：

```
cp *.ebwt /path-to-bowtie-programs/indexes/
```

步骤二：利用 bowtie 进行短读段序列在参考基因组上的比对（每个实验分别进行）：

例如，将 Reads.fa 比对到 GENOME.fa 上，只能比对到正链，且匹配到基因组不多于 20 个不同位置，允许有 1 个错配：

```
bowtie -f -a -m 20 -v 1 --al Reads_aligned --un Reads_unaligned -norc GENOME.fa
Reads.fa Reads.bwt 2>log
```

-f 指定 query 文件为 fasta 格式；

-a 保留所有比对结果；

-m 指定最大比对到基因组的次数；

-v 允许最大错配数，为［0-2］；

--al 能 map 到 GENOME 的 reads，fasta 格式；

--un 不能 map 到 GENOME 的 reads，fasta 格式；

--norc 不输出匹配到负链的结果；如果不想输出比对到正链的结果，则用 "--nofw"。不指定该选项则正负链结果都输出。

后面依次写上 GENOME 索引文件，Reads 文件，输出结果文件 Reads.bwt，日志文件 log。

（三）变异的识别：SNP、INDEL、CNV、SV

变异的识别是新一代基因组测序数据分析的一个重要部分，包括基因型召回，体细胞突变识别及结构变异（structure variation，SV）发现等。由于识别出的突变需要有一定数量的读段支持，因此测序覆盖度是影响变异识别的重要因素。用来识别全基因组范围内变异的工具可以大致分为四个功能：①生殖细胞突变检测；②体细胞突变检测；③拷贝数变异（copy number variation，CNV）识别及④SV 识别。其中，生殖细胞突变的检测是挖掘稀有疾病原因的核心步骤。癌症研究中通常通过比较同一样本肿瘤组织及正常组织的测序结果来识别体细胞突变。识别大范围结构改变的工具可以被分成 CNVs 识别及其他类型 SVs 识别，如倒位（inversion）、易位（translocation）或大片段的插入删除。

（四）数据可视化：IGV

在每个 NGS 数据分析流程中，对结果的验证及可视化都是十分重要的一步。数据的可视化会对结果的推断起到极大的帮助。因此，大部分 NGS 可视化工具不仅支持用户展示读段的比对结果及比对质量，同时还可以与各种类型的公共数据资源结合来识别突变。基因组数据的可视化工具可以被分为三类：①从头测序或重测序实验数据的解释工具；②允许用户结合不同类型注释数据浏览比对结果的基因组浏览器，以及③便于对多物种或个体进行比较的可视化工具。其中基因组浏览器有两个主要的类型：在专用网络服务器上运行的基于网络的应用程序，及单机工具。基于网络的基因组浏览器的主要优势是支持大量的注释。用户可以在浏览参考基因组的同时浏览来自各种公共数据库的基因组注释信息。而且，用户在这一过程中不需要安装新的应用程序，计算完全在远端的服务器完成。它的缺点是远程上传数据时可能涉及安全和法律问题。

下面以 IGV 的安装和使用过程来说明简单的可视化过程：

1）安装 java（Java 6.0 或更高版本）：见书末参考网址。

2）下载并安装 IGV 可视化软件（若未安装 java，可以直接在该网页中下载包含 java 的 IGV 安装包）：见书末参考网址。

3）使用：igv.bat（windows 用户）；igv.sh（Linux 和 MAC OsX 用户）。

以 windows7 系统为例，双击图标 igv.bat，运行软件。选择参考基因组（如果蝇参考基因组 dm3），输入文件：file->load from file 即可。

三、DNA 测序应用

（一）DNA 重测序与个体变异发现

人类基因组上广泛存在着多种遗传变异形式与 DNA 多态性。单个核苷酸的变异早已被熟知，其中那些频率大于 1% 的被称为单核苷酸多态性（single nucleotide polymorphism，SNP）。国际人类基因组单体型图计划（International HapMap Project）已经在人类群体中发现了数百万的 SNP。尽管一部分的 SNPs 被发现与人类疾病相关，但只能解释疾病遗传因素中的一小部分，仍有较多的未知遗传因素（missing heritability）没有被揭示。2008 年初启动的"千人基因组"计划由来自英国桑格研究所，美国国立人类基因组研究所，中国深圳华大基因研究院等多家机构共同完成。在这一计划中，科学家们对全球各地至少 1 000 个（目前是 2 000 个人左右）人类个体的基因组进行测序，寻找基因与人类疾病间的秘密关系。通过这些测序也将生成一个庞大的、公开的人类基因变异目录，有助于进行分析以及个体化医疗，千人基因组计划为代表性研究成果，包括：对三个人群的 179 人按低覆盖率进行全基因组测序；对两个由"母亲-父亲-孩子"组成的三人组按高覆盖率进行测序；对来自七个人群的 697 人进行以外显子为目标的测序。这项研究找出了 1 000 多万个大大小小的基因变种，其中约 800 万个都是以前所未知的。对于人群携带率在 1% 以上的基因变种，本次研究的覆盖率达到 95% 以上。这一成果在医学等领域有很高的应用价值，比如通过参照图谱，可以方便地找出致病的基因变种。另外研究人员还验证了在大型基因研究中综合使用多种基因测序手段的可行性。如果能在"精测"一些基因序列的同时，对另一些基因序列只需"粗测"就能保证最终结果的准确性，将可以大幅降低基因测序研究的成本。*Science* 相关文章对这一方面进行了介绍，文中提到研究人员开发出了几种分析和计算技术克服了对多拷贝基因进行研究的障碍，利用这一新方法，研究人员对 1 900 个碱基对长的 DNA 片段拷贝数进行精确估计，拷贝数的计数范围为 0~48。

除了 DNA 的点突变，基因组上还可以发生涉及大片段 DNA 序列的变异，包括亚显微结构（submicroscopic）的微重复（microduplication）和微缺失（microdeletion）。此类基因组片段的 CNVs 和 SNPs 类似，除了一部分会致病，也可以作为一种遗传多态性存在于人类及其他物种的基因组上。有两个研究小组借助于新一代测序技术,几乎同时发现了人类基因组中 CNVs 广泛分布,不仅作为一种遗传多态性在人类基因组中广泛分布,而且可以导致出生缺陷、对人类免疫缺陷病毒的易感性、对孤独症和精神分裂症的易感性等复杂疾病。已经报道的基因组 SVs 超过 66 000 个,其中主要是 CNVs。借助于新一代测序技术和相应的实验策略,如 paired-end mapping(PEM)与基于测序深度检测的分析方法,对 CNVs 进行高通量无偏差的发现和精确定位。人类基因组结构变异研究组(Human Genome Structural Variation Group)和千人基因组计划已经获得了初步数据,包括 1 500 万个 SNPs,100 万个短的插入或缺失以及 2 万个 CNVs 的位点,其中绝大部分都是新的发现。

(二) 细菌基因组测序与致病位点发现

一个合作研究项目采用 454 测序仪对 4 株结核分枝杆菌基因组进行测序,这四株结核分枝杆菌分别是一株对 R207910 具有耐药性的结核分枝杆菌(*Mycobacterium tuberculosis*)菌株,基因组大小约 4Mb;两株对 R207910 具有耐药性的耻垢分枝杆菌(*Mycobacterium smegmatis*),基因组大小约 6Mb;以及一株正常的耻垢分枝杆菌(*Mycobacterium smegmatis*),基因组大小约 6Mb。他们希望能发现结核分枝杆菌(*Mycobacterium tuberculosis*)对 R207910 产生抗药性的机制。该项研究在只有一位实验人员参与实验的情况下,包括样品制备等步骤在内所用的时间仅需要一周,而且避免了传统测序方法中细菌克隆阶段可能出现的错误,获得了高质量的测序结果,发现了导致结核分枝杆菌对 R207910 产生抗药性的两个点突变位点。这项研究在最近的 40 年内第一次找到了特异性治疗结核病的药物。随后研究人员开展了一系列采用新一代测序仪的研究项目,对高致病性细菌空肠弯曲菌(*Campylobacter jejun*)基因组的从头测序项目、对幽门螺杆菌(*Helicobacter pylori*)在慢性胃炎致病过程中的进化研究项目、从南极海冰细菌(*Antarctic sea ice bacterium*)中新发现冰结合蛋白(ice-binding protein)并对其测序的研究项目,以及在引起肺炎、脑膜炎和泌尿道感染的细菌中发现致病因素的研究项目等。

第四节　RNA 测序技术与数据分析
Section 4　RNA Sequencing Technique and Data Analysis

一、RNA 测序技术流程

RNA 测序(RNA sequencing,RNA-seq)正在彻底改变转录组的研究,并已逐渐成为研究全转录组必不可少的工具。RNA-seq 广泛应用于转录本表达定量、新颖转录本的发现、可变剪接事件识别等多个研究方向。相较于基因表达芯片,RNA 测序依赖于不受先验知识限制、基因表达检测更加灵敏准确、不囿于参考测序等多种优势,已成为转录组分析的常规手段。RNA-seq 的测序流程主要包括以下几个方面。

(一) RNA 样本的准备

RNA-seq 需要的样品量较低,一般从细胞或者组织中提取 1~2μg 的 RNA 就足以进行测序。通过样品质量检测评估 RNA 的完整性,一般满足 RIN(RNA integrity number,主要用于评估 RNA 的降解情况,通常设定 RIN>7)要求的 RNA 样品可以用于测序文库的构建。对于检验合格的 RNA 样品,可以根据实验目的选择特定类型的 RNA 进行测序,例如使用寡核苷酸磁珠选择带有 poly(A)尾的 RNA 进行测序(即 mRNA-seq)。

(二) cDNA 测序文库的构建

通过不同的片段化方法(如超声波打碎),将提取的 RNA 打碎成 200~500bp 长度的片段。片段化以后的 RNA 被逆转录生成 cDNA,对 cDNA 片段进行末端修复和接头添加,并进行 PCR 扩增,进而得到 cDNA 测序文库。为了区分转录本的链信息以便更加准确地获得基因的结构,可以建立链特异的 cDNA 文库。目前构建链特异的 cDNA 文库方法主要有两种:①通过在 RNA 的 5N 和 3N 端添加不同的接头,标记 RNA 的方向;②在 cDNA 第二条链合成时添加 dUTP 化学标记,降解被标记的 cDNA 链。

(三) 高通量测序

cDNA 文库构建完成以后便可对整个文库进行高通量测序,其过程与 DNA 测序类似。

二、RNA-seq 数据分析

根据研究目的和实验设计的不同,RNA-seq 数据有不同的分析流程(pipeline)。而最基本的 RNA-seq 数据分析步骤主要包括以下几步(详见第六章):

(1) 数据预处理(preprocessing)和质量控制(quality control):由于 PCR 偏差(PCR bias)、污染(contamination)、测序错误(sequencing errors)和其他因素的影响,上机测序得到的原始数据需要过滤和清洗(clean),以保证 RNA-seq 数据是高质量的,减少下游分析错误。一般,质量检查主要关注 GC 含量(GC content)、接头(adapter)、read/fragment 的数量(k-mer)和重复的 reads 数目等指标。常用的质控软件有:FastQC(质量检查)、Trimmomatic(去接头)等。

(2) 序列比对(read alignment):使用比对软件,将过滤后的 reads 比对到参考基因组或转录组,获得 reads 的基因组定位信息,常用的序列比对软件有:TopHat、STAR 等。值得注意的是,比对后仍可以进行质量控制,确保高质量的比对结果,常用的软件有 Picard,RSeQC 等。

(3) 转录组的重建(reconstruction):利用 reads 定位信息将比对的 reads 组装成转录单元,最终确定所有表达的转录本的结构,常用的软件有:Cufflinks、Scripture 等。

(4) 转录本的表达定量(quantification):定量一个基因或者转录本的表达量有很多种方式。其中最直接的方式就是统计比对到这个基因或转录本上的 reads 数目,将 reads 数作为表达量("raw count")。在 raw count 的基础上,继续进行适当形式的标准化,可以获得有意义的表达估计值,使不同实验估计的表达值之间具有可比性。常用表达定量测度有 RPKM、FPKM 和 TPM,常用的软件有 RSEM、kallisto。此外,一些软件不需要将 read 比对至参考基因组就能完成基因或转录本的定量,如 Salmon。

三、RNA-seq 的应用

(一) 选择性剪接识别

从多物种基因组测序中,人们发现:随着生物复杂性的增加,蛋白编码基因的数量却没有明显增长。比如,哺乳动物基因的数量和拟南芥相当,仅为酵母的四倍。可变剪接(alternative splicing)是调节真核生物基因功能的多样性的重要机制之一。可变剪接是指 mRNA 前体中的外显子以不同的组合方式进行剪切和拼接,从而产生不同结构、不同功能的 mRNA 和蛋白质。这种由同一基因产生的不同结构的 mRNA 和蛋白质也被称作可变剪接异构体。可变剪接的方式主要包括 5 种类型:外显子盒(exon cassette)、外显子互斥(mutual exclusion of exon)、可变 5′ 供体(alternative 5′donor site)、可变 3′ 受体(alternative 3′acceptor site)和内含子保留(intron retention)。可变剪接广泛存在于人类细胞中,极大地丰富了 mRNA 和蛋白质的种类和功能。

单末端和双末端 RNA-seq 测序均可用于检测可变剪切事件,但原理略有不同(图 5-17)。对于单末端测序,通过将 reads 比对到参考基因组,检测每个外显子中落入的 reads 和覆盖外显子边界的 reads,如果特定外显子没有 reads 覆盖,则提示在转录本中可能被剪切。如图 5-17A,深蓝色为参考基因组,淡蓝色为推测的异构体。相对于异构体 1,异构体 2 在参考基因组的 2 号和 4 号外显子区域没有 reads 覆盖,因而推断在转录本中 2 号和 4 号外显子被剪切。对于双末端测序产生的成对 reads,通过比较每对 reads 之间的实际距离和匹配到基因组位置之间的理论距离,推测转录本的结构。如图 5-17B 中的一对 reads,一个匹配到参考基因组 1 号外显子,另一个匹配到 3 号外显子,而两个 reads 之间的实际距离不足以跨过 2 号外显子,因而推断在异构体 2 中,2 号外显子被剪切。

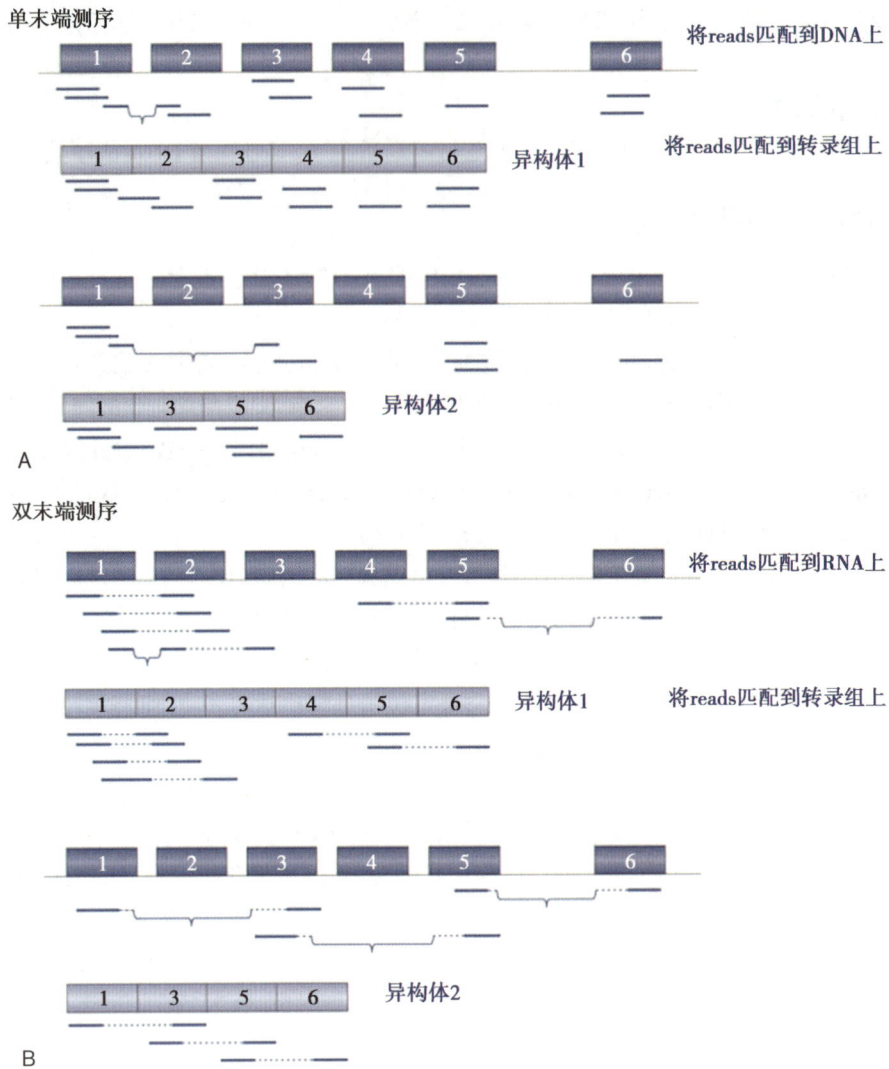

图 5-17　利用 RNA-seq 检测剪接异构体

可变剪接的识别关键在于定位剪接位点。早期的比对软件依赖基因模型或者 EST 提供已知剪接位点，因而不能预测新的剪接位点。而目前常用的基于 RNA-seq 的比对软件，如 TopHat，通过识别 reads 富集的区域，推测候选的剪接位点，从而发现新的剪接事件。TopHat 的工作流程如下（图 5-18）。

1. reads 基因组比对　利用 Bowtie 将所有 reads 比对到参考基因组，并分为匹配的 reads 和未匹配的 reads。其中，未匹配的 reads 称为初始未匹配 reads（initially unmapped reads，IUM reads）。

2. 预测潜在外显子　利用 Maq 重新将匹配的 reads 比对到参考基因组，得到 reads 富集的基因组区域，这些区域被称为岛序列（island sequence），即潜在的外显子。

3. 预测可能的剪切方式　TopHat 将岛序列两端各延长一定距离的侧翼序列（默认为 45bp）以包含供体位点和受体位点。供体位点和受体位点分别指内含子的 5′ 末端的剪接位点和 3′ 末端的剪接位点。TopHat 遍历所有延长后岛序列的供体和受体位点，并进行邻近岛序列间的两两组合，使其能够形成经典的 GT-AG 结构，这些组合被认为是候选的剪接方式。

4. 通过 IUM reads 匹配识别剪接位点　对于每种候选的剪接方式，TopHat 利用"种子延长"策略确定是否存在 IUM reads 覆盖潜在的剪接位点（图 5-19）。对于每一个可能的剪接位点，"种子"是由供体位点上游的一小段序列和受体位点下游的一小段序列组成（图中为深色部分），用于匹配 IUM reads。对于覆盖种子区域的 IUM reads，进一步确定这些 reads 是否和"种子"区域侧翼的外显子区

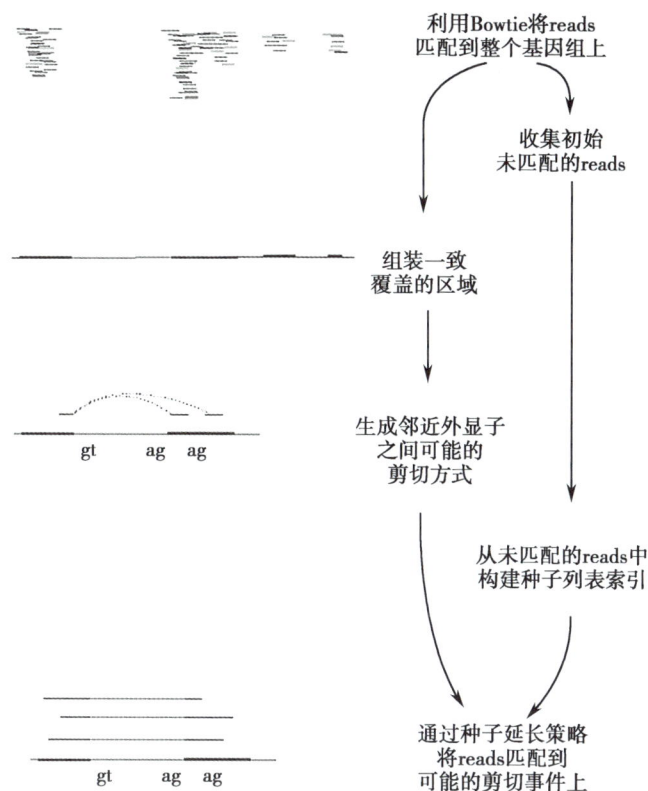

图 5-18　TopHat 识别剪接位点的流程图

域（浅色部分）完全匹配。同时，TopHat 检查剪切的内含子是否满足假定的长度阈值（默认为 70~20 000bp）。最后，TopHat 返回所有满足条件的剪接位点和组合方式。

（二）复杂疾病中融合基因识别

在过去的数十年，大量对疾病的病因学研究主要集中在癌症的基因组变异上。在众多被广泛研究的基因组变异中，融合基因是一类重要的事件，它与复杂疾病的发生发展密切关联。融合基因是指染色体重排过程中两个或多个不同基因的编码区首尾相连，并被同一套调控序列（如启动子、增强子等）控制所构成的嵌合基因。融合基因可以编码异常的融合蛋白，从而参与疾病的发生。

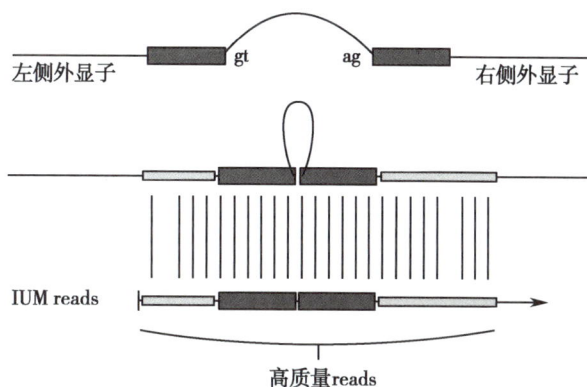

图 5-19　用种子延长策略匹配短序列到可能的剪接位点上
IUM reads：初始未匹配 reads。

随着新一代测序技术的飞速发展，全基因组测序和转录组测序是主要的两种用于融合基因识别的技术。Campbell 等人首次通过对肺癌细胞系进行全基因组测序分析识别了两个融合转录本。随后，Maher 及 Zhao 等人的工作又发现 RNA-seq 技术也可用于融合基因的识别。由于 WGS 技术具有明显的缺点——测序耗时过长、分析复杂、价格昂贵。因此，当前大多数研究都是基于 RNA-seq 数据开发识别融合基因的算法，这些算法主要分为两种：一种是先匹配（mapping-first），另一种是先组装（assembly-first）。其中，先匹配算法首先将 reads 比对到参考基因组，然后从比对结果中寻找融合位点从而识别融合基因。而先组装算法则首先将有重叠的 reads 组装形成长序列片段，然后将这些长序列片段匹配回参考基因组，进而识别融合基因事件。先匹配算法相比于先组装算法运行速度更快、计算更方便。因此，先匹配算法的使用更为广泛。

目前识别融合基因的算法存在以下两个重要的概念：分离 reads（split reads）和跨越对（spanning pair）。"分离 reads"指自身序列覆盖融合位点的单个 read，而"跨越对"指插入序列覆盖融合位点的一对 reads。分离 reads 同时适用于单末端和双末端测序，而跨越对只适用于双末端测序。以先匹配算法为例，融合基因的识别主要经过三个步骤（图 5-20）：①匹配和过滤；②融合位点的检测；③融合基因的组装和选择。

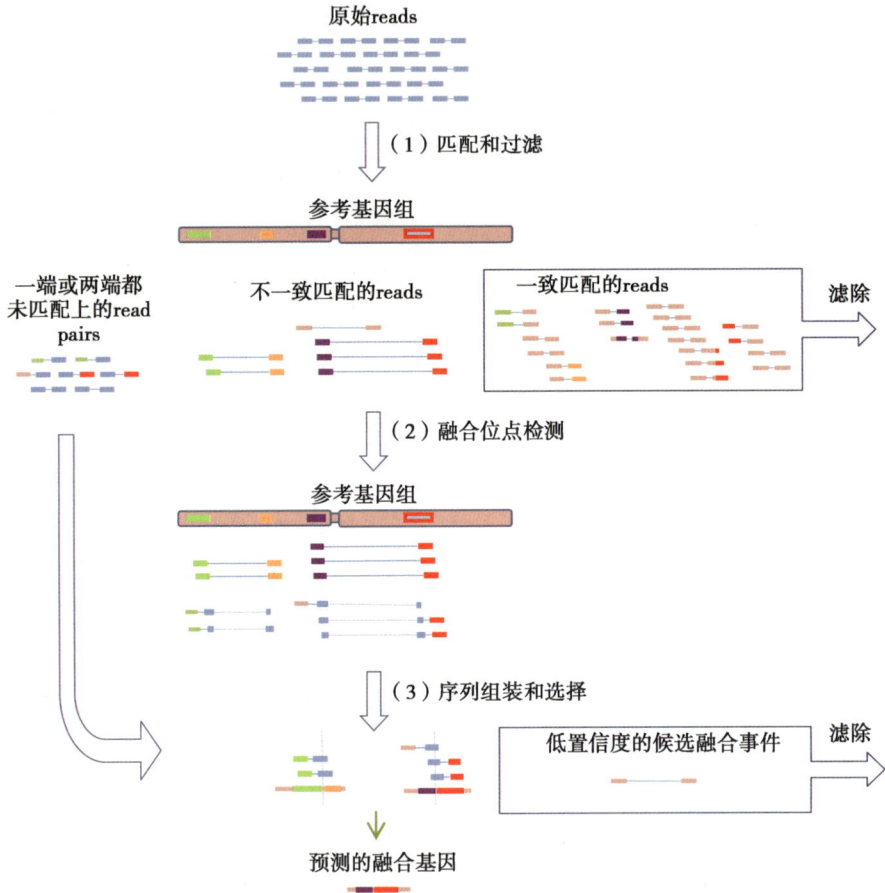

图 5-20 双末端 RNA-seq 测序识别融合基因流程

1. 匹配和过滤 通过将 RNA-seq 产生的 reads 匹配到参考基因组，过滤所有成功匹配的 reads 或者一致匹配的 reads 对，找出潜在的分离 reads 或者跨越对。

2. 融合位点的检测 对于基于分离 reads 的算法，首先将每一个 read 分割成多个小片段，再分别把这些小片段独立地匹配到参考基因组。如果该 read 首尾两端的小片段分别比对到不同的染色体或基因上，那么推测这个 read 来自融合基因，进而通过校正原始片段的边界定位融合位点。而对于基于跨越对的算法，首先将所有的跨越对进行聚簇，每一簇覆盖一个潜在的融合位点，然后通过簇中的 reads 对融合位点进行定位。

3. 融合基因的组装和选择 通过拼接融合位点两侧的基因序列，形成候选的融合转录本。然后将所有的分离 reads 重新比对到候选的融合转录本，进而基于成功匹配的分离 reads 计数，选择高置信的融合转录本作为预测的融合基因。

表 5-1、表 5-2 列举了当前可用的融合基因识别软件及其相应的下载网址，并给出了每个软件的具体算法特点以及依赖的数据类型。需要注意的是，当前的算法并不完善，很多算法在同一套数据中识别的融合基因差异较大，而且一些已知的融合基因不能够被准确识别，所以基于新一代测序技术的融合基因识别方法还有待提高。

表 5-1　基于新一代测序识别融合基因的工具

方法	特点简述
BreakFusion	从双末端 RNA-seq 数据中识别融合基因
ChimeraScan	从 RNA-seq 数据中识别融合的转录本
Comrad	同时利用 RNA-seq 和 WGS 数据识别基因组重排事件和异常的转录本
FusionAnalyser	从双末端 RNA-seq 数据中识别融合基因
deFuse	从 RNA-seq 数据中识别融合基因
FusionMap	使用 WGS 或 RNA-seq 检测融合基因
FusionHunter	从 RNA-seq 数据中识别融合转录本
FusionSeq	从 RNA-seq 数据中识别融合转录本
SnowShoes-FTD	从 RNA-seq 数据中识别融合转录本
TopHat-Fusion	TopHat 的增强版,可以从 RNA-seq 数据中检测融合的转绿本

注:工具对应的网址详见书末参考网址。

表 5-2　融合基因识别工具及其特点

方法	输入数据				参考		融合位点识别		先组装
	类型		格式						
	WGS	RNA-seq	Single-end	Paired-end	Transcriptome	Genome	Split-read	Spanning-read	
BreakFusion		●		●	●	●			●
ChimeraScan		●		●	●	●	●	●	
Comrad	●	●		●	●				
FusionAnalyser		●		●	●			●	
defuse		●		●		●		●	
FusionMap	●	●	●	●		●	●		
FusionHunter		●		●		●		●	
FusionSeq		●		●		●		●	
SnowShoes-FTD		●		●		●		●	
TopHat-Fusion		●	●	●		●	●		

　　少数融合基因事件已经被研究发现在特定癌症中频繁发生。例如,近一半的前列腺癌患者携带融合基因事件 TMRRSS2-EGR,这些患者具有更高的术后复发率。近年来,高通量测序技术推动了融合基因的研究,借此研究人员发现了一些新的具有临床诊断和预后价值的融合基因事件。

　　2011 年 Delattre 等人利用 SOLiD 平台对 4 例骨肉瘤样本进行了 RNA-seq 双末端测序,将产生的 reads 对比对到参考基因组,并同时利用三个分析软件(如 FusionSeq)识别新的融合基因。通过分析基因外显子的 read 覆盖度,他们发现在其中一个患者的测序数据中,有 20 个 reads 对横跨 X 染色体上 BCOR 基因的 15 号外显子和 CCNB3 基因的 5 号外显子,从而推断存在 BCOR-CCNB3 融合基因(图 5-21)。为了进一步估计 BCOR-CCNB3 在骨肉瘤患者群体中的发生频率,作者对 594 例骨肉瘤患者进行融合特异 RT-PCR 检测,发现其中 24 例患者携带 BCOR-CCNB3。

NOTES

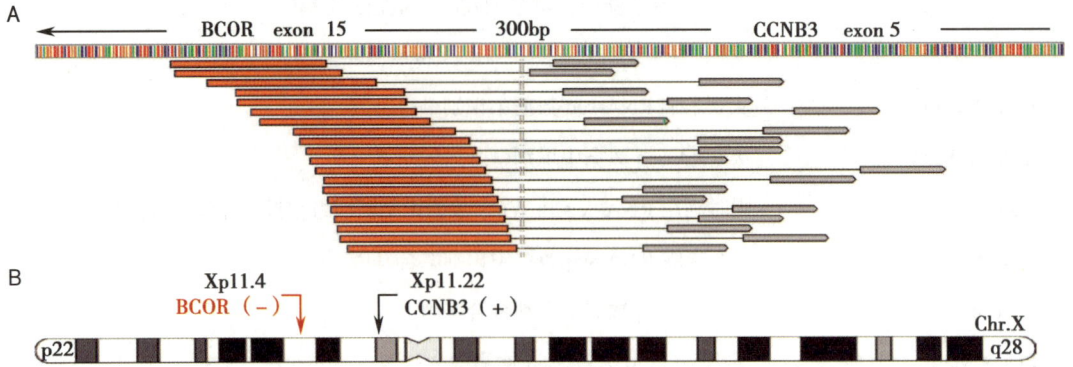

图 5-21　融合基因 BCOR-CCNB3

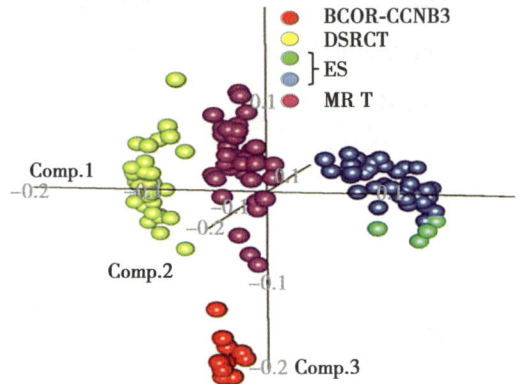

图 5-22　骨肉瘤患者中以融合基因 BCOR-CCNB3 为标志的新亚型
Comp.1：第一个主成分；Comp.2：第二个主成分；Comp.3：第三个主成分。

基于基因表达的无监督多元分析结果显示，携带 BCOR-CCNB3 的骨肉瘤患者与其他患者的转录表达水平相比有明显的差异，这表明骨肉瘤可能存在一个以融合基因 BCOR-CCNB3 为标志的新亚型（图 5-22）。研究最终发现 CCNB3 的免疫组织化学水平可以作为该潜在亚型的一个有效临床诊断标志物。

（三）非编码 RNA 转录本识别与发现

人类转录组中仅有大约 1% 可以编码蛋白质，大部分的转录组都是非编码的。长非编码 RNA（long noncoding RNA，lncRNA）是一类长度大于 200bp，带有 poly（A）尾，存在可变剪接，且不编码蛋白质的 RNA 分子。作为一类新兴的 RNA 分子，lncRNA 在转录组中扮演重要的角色。越来越多的证据表明 lncRNA 具有广泛的生物学功能，能够参与发育、印记、免疫应答和细胞分化等生物学过程。此外，一些与人类疾病显著相关的 lncRNA 可以作为生物学标记，用于疾病的诊断、预防与治疗。

RNA-seq 可以全面地刻画转录组，定量低表达水平的转录本，为研究 lncRNA 提供了巨大帮助。但是，装配出来的转录组中包含数以万计的转录本，从中识别出高置信的 lncRNA 是进行后续分析以及结果功能验证的基础。目前对于 lncRNA 的识别还没有明确的标准，如何识别具有生物学意义的 lncRNA 也是一个重大挑战。研究者根据感兴趣 lncRNA 的特点，设计出不同的 lncRNA 识别策略。大多数的策略都会考虑转录本的长度（>200bp）、编码能力和已知数据库的注释信息等。例如，Cabili 等人基于 24 个人类组织和细胞系的 RNA-seq 数据，开发了一种 lncRNA 识别流程（图 5-23），从装配的转录组中识别出 8 000 多个新的基因间区的 lncRNA（long intergenic noncoding RNA，lincRNA）。该方法为后续众多基于测序识别 lncRNA 的方法提供了参考。

具体步骤如下：

第 1 步使用 Cufflinks 和 Scripture 进行转录组的装配。

第 2 步筛选表达的转录本，即要求转录本的每个碱基覆盖度大于 3 个 reads。

第 3 步过滤与已知非 lincRNA 基因的外显子有重叠的转录本。非 lincRNA 基因注释来源包括：①RefSeq、UCSC 或 GENCODE 中的蛋白编码基因；②ENSEMBL 注释的 microRNAs、tRNAs、snoRNAs 与 rRNAs；③假基因（pseudogenes）。

第 4 步利用 PhyloCSF（phylogenetic codon substitution frequency）软件评估每一个转录本的蛋白编码能力，过滤编码能力得分大于 100 的转录本。

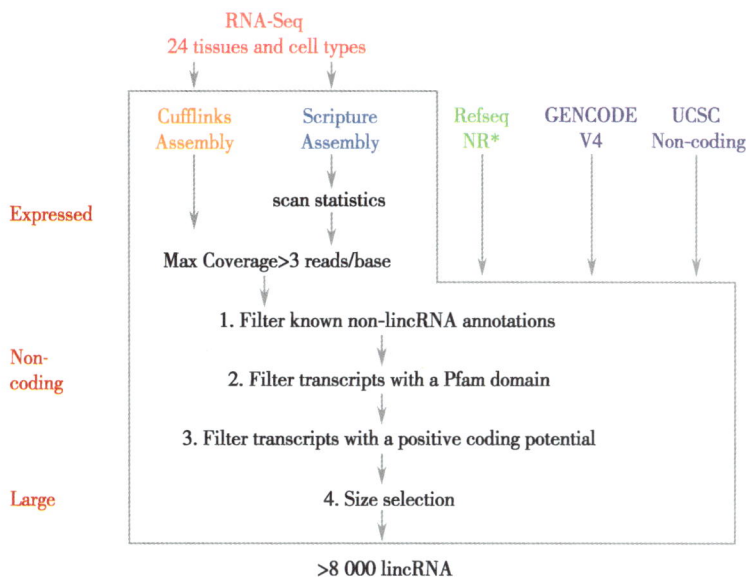

图 5-23 转录组中 lincRNA 的识别流程

Cufflinks Assembly：Cufflinks 组装；Pfam domain：来自 Pfam 数据库的蛋白质结构域。

第 5 步利用 HMMER-3 软件搜索每个转录本所有可能的编码阅读框，并与 Pfam 数据库中的蛋白质结构域比较，过滤具有类似蛋白质结构域的转录本。

第 6 步筛选长度超过 200bp 的转录本。

第五节　ChIP-seq 技术与应用
Section 5　ChIP-seq Technique and Application

一、ChIP-seq 技术原理

染色质免疫共沉淀-测序技术（chromatin immunoprecipitation sequencing，ChIP-seq）是染色质免疫共沉淀与高通量测序的结合技术。ChIP-seq 技术是继 ChIP-chip（chromatin immunoprecipitation followed by DNA microarray）之后，研究蛋白质与 DNA 相互作用的又一技术突破。已被广泛地用于全基因组范围内测定转录因子结合位点（非组蛋白 ChIP-seq）与组蛋白修饰的基因组定位（组蛋白 ChIP-seq）。总体实验流程如下（图 5-24，详见第七章）：交联 DNA 和结合蛋白-片段化-抗体富集目标蛋白（转录因子或特异修饰的组蛋白）-解交联并纯化 DNA 片段-构建文库并测序。

二、ChIP-seq 数据的处理方法

ChIP-seq 可以产生数以百万计数目的测序 reads，这些 reads 能够用于刻画转录因子结合位点或组蛋白修饰的定位及强度，因此，对 reads 后续处理是 ChIP-seq 数据分析的关键。ChIP-seq 数据分析的基本流程如下（图 5-25）。

（一）reads 的比对和预处理

首先将 ChIP-seq 产生的 reads 与参考基因组比对。考虑到测序错误、SNPs、插入缺失或者感兴趣的基因组与参考基因组之间的差异，reads 比对时允许少量的碱基错配，保留唯一匹配到参考基因组上的 reads。由于 PCR 扩增会产生冗余 reads（duplicate reads，即多个 reads 具有相同的基因组定位），因此通常使用 SAMtools 或 Picard Tools 等软件将其去除。值得注意的是，由于检测的 reads 来源于 DNA 片段的 5′ 端序列（25~75bp），因此，reads 的基因组定位并不能反映真实的转录因子结合位点或

ChIP-seq技术流程

第一步：
DNA与其结合蛋白进行交联

第二步：
染色质DNA片段化
非组蛋白ChIP　　组蛋白ChIP

第三步：
加入抗体特异性靶向目标
蛋白-DNA免疫沉淀复合物体

第四步：
解交联，并纯化DNA片段

第五步：
完成测序文库的构建，基
于多种测序平台完测序　　　　　　　PolyA tailing

Cluster
generation
(bridge PCR)

Amplification
on beads
(emulsion PCR)

Illumina
测序平台

Roche
测序平台

ABI
测序平台

Helicos
单分子测序

Sequence reads

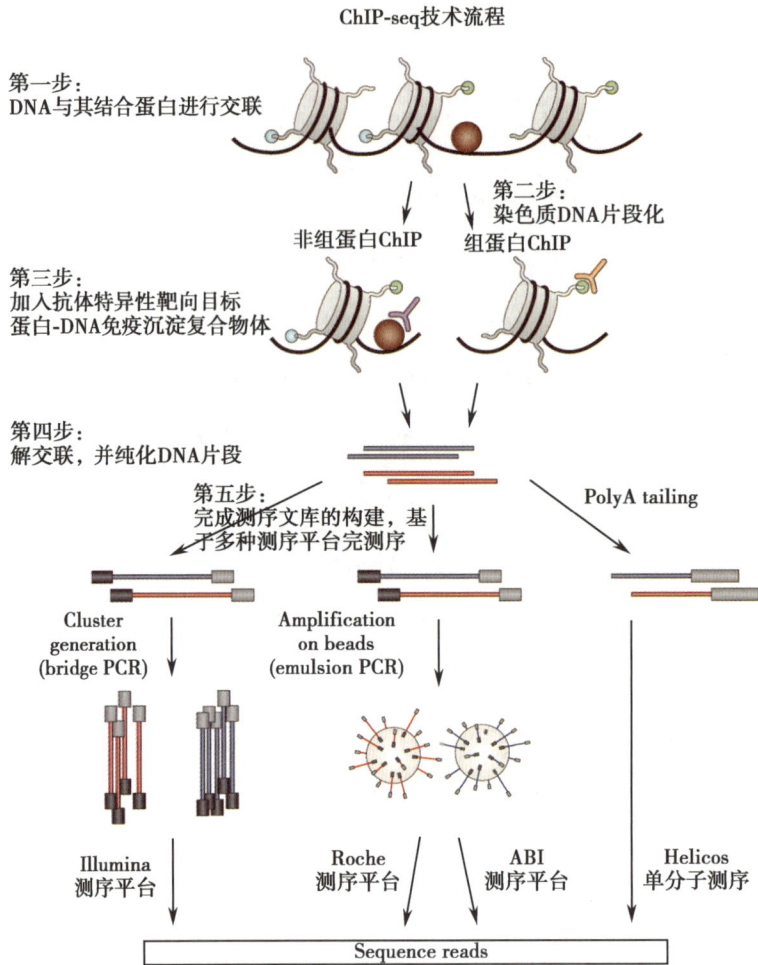

图 5-24　ChIP-seq 技术流程图

组蛋白修饰位点。所以在峰识别或信号定量及可视化之前，短序列 reads 需要向 3′ 方向延伸一定长度，以确保延伸后的 reads 能够近似代表真实的 DNA 片段。ChIP-seq 数据的后续分析都是基于延伸后的 reads 进行的。

(二) 峰识别及信号定量

Reads 经过比对、过滤及延伸后，对其分析通常有两种手段：①峰识别（peak calling）：利用 ChIP-seq 数据识别转录因子的结合位点或者定位组蛋白修饰的富集区域；②信号定量：对于给定的基因组区域，定量其 ChIP-seq 信号强度。

1. 峰识别　由于 ChIP-seq 抗体靶向的蛋白不同（例如转录因子或组蛋白），因而测序得到的结合位点处的 reads 分布会呈现三种不同的形状（图 5-26）：①窄峰（sharp peak）：reads 分布高度集中，通常聚集在几百个碱基的峰中（详见第八章）；②宽峰（broad peak）：reads 分布跨越数万个碱基的较大区域，例如 H3K36me3 以及 H3K27me3 的富集区域（详见第八章）；③混合峰（mix

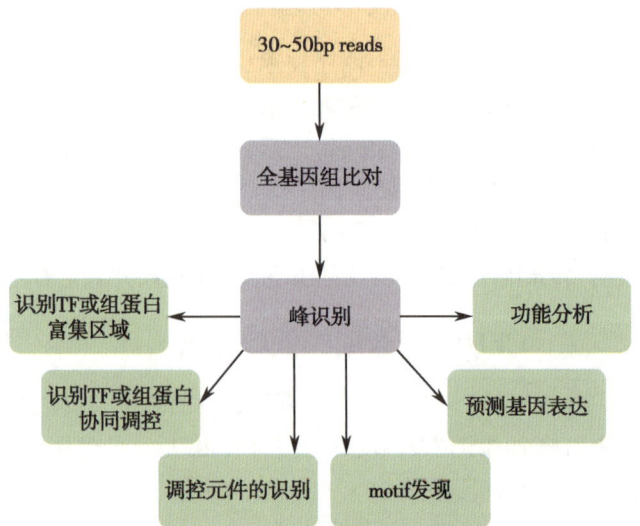

30~50bp reads

全基因组比对

识别TF或组蛋白
富集区域

峰识别

功能分析

识别TF或组蛋白
协同调控

预测基因表达

调控元件的识别

motif发现

图 5-25　ChIP-seq 数据处理基本流程

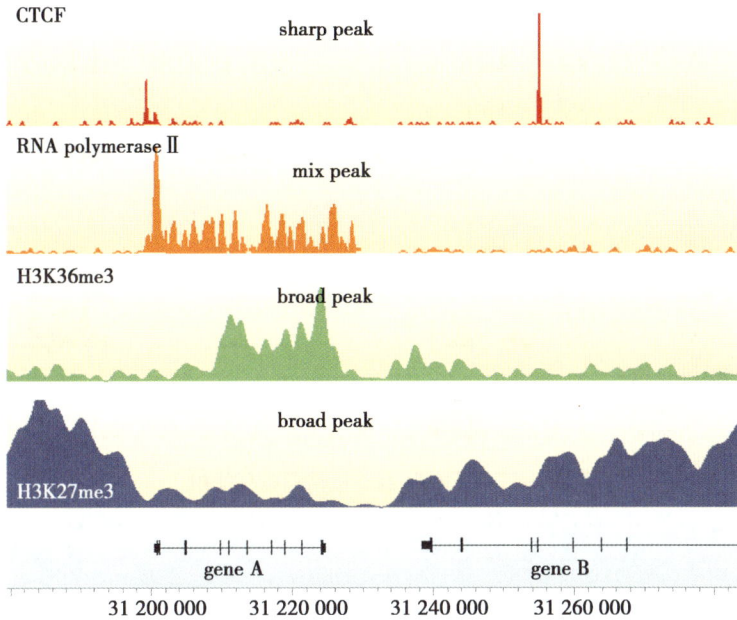

图 5-26 ChIP-seq 产生的 read 分布会呈现不同的形状

CTCF：CTCF 蛋白；sharp peak：窄峰；mix peak：混合峰；broad peak：宽峰。

peak）：窄峰和宽峰交错出现，例如 RNA 聚合酶Ⅱ（RNA polymerase Ⅱ, pol Ⅱ）的结合位点。峰的不同类型导致应用统一的方法识别富集区域存在一定的困难，因此需要根据感兴趣的 ChIP-seq 数据所属的峰类型选择相应的识别方法。根据不同峰类型识别软件有所差异：①窄峰：大部分峰识别方法都是针对该类型数据，如 MACS、PeakSeq、F-seq、SISSRs 和 FindPeaks 等；②宽峰：SICER、ZINBA、PeakSeq 和 BayesPeak 等；③混合峰：PeakSeq 和 ZINBA 等。

2. 信号定量 转录因子的结合以及组蛋白修饰并不是简单的"开关"作用，结合强度的差异对基因转录调控产生不同的影响，因此对 ChIP-seq 数据的定量分析是十分必要的。具体而言，针对每一个给定的基因组区间，计算与该区间有交叠的 reads 数目，相比于区间长度以及所有比对到基因组上的 reads 总数，作为该区间信号定量的 RPKM 值。RPKM 值的定量方法有效地避免了测序深度对 reads 计数的影响，能够用于不同信号或不同样本之间信号强度的比较分析。

（三）信号可视化

信号定量后可以用于可视化分析，这有助于对数据产生最直观的认识，是 ChIP-seq 数据分析的一个重要手段。UCSC 基因组浏览器（UCSC Genome Browser, 见书末参考网址）是较有影响力的可视化工具之一，可以通过 Web 在线访问多种注释资源。值得注意的是，UCSC 提供用户自定义轨道（custom tracks），允许用户上传本地文件进行全基因组浏览，且支持多种数据格式。此外，另一个基因组浏览工具 IGV（Integrative Genomic Viewer, 见书末参考网址），是一个本地化、交互式的大型综合基因组数据集成可视化工具，也可用于高通量测序数据的基因组注释以及可视化。

ChIP-seq 数据可视化举例：检测胚胎干细胞（human embryonic stem cells, hESC）以及神经外胚层细胞（neuroectodermal spheres, hNECs）的转录因子以及组蛋白修饰的 ChIP-seq 数据，经过 reads 比对、过滤和延伸后，在单碱基水平上定量信号强度，此过程由 igvtools 与 wigToBigWig 软件完成，由 BAM 格式的比对文件计算得到 bigWig 格式的定量文件（见书末参考网址），并将定量信息上传至 UCSC 基因组浏览器（图 5-27）。图中转录因子与多种组蛋白修饰信号用不同的颜色呈现，每一种信号对应一个自定义轨道，代表不同的 ChIP-seq 数据的 reads 分布，reads 的数目越多，显示在基因组浏览器上的信号值越高。相比于 ESC 而言，NEC 中 ARHGEF17 基因启动子以及基因体区域发生了 H3K27me3 信号的丢失，表明 ARHGEF17 基因在 NEC 中被激活。因此，基因组浏览器提供了一个直观的可视化

NOTES

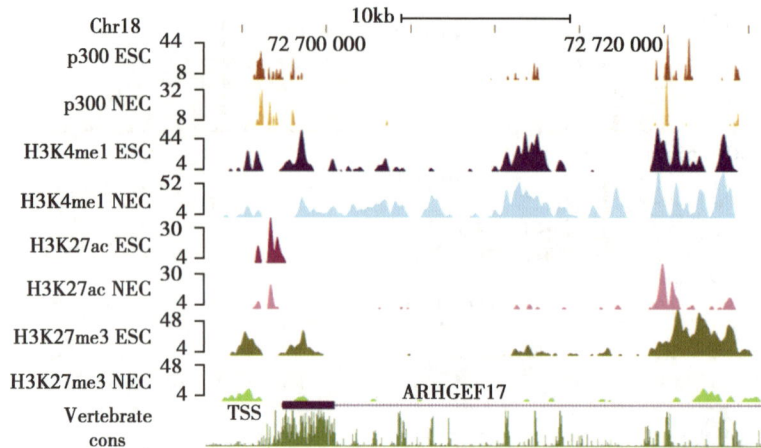

图 5-27　ChIP-seq 信号可视化举例

ESC:胚胎干细胞;NEC:神经外胚层细胞;TSS:转录起始位点。

方式,可用于多维数据的展示和比较分析。

(四) ChIP-seq 数据的集成分析工具

随着 ChIP-seq 技术的不断成熟和广泛应用,大量的用于 ChIP-seq 数据分析的算法和工具应运而生。目前,针对 ChIP-seq 数据进行预处理、比对、峰识别以及功能刻画的集成分析工具不断涌现,比较常用的工具有:

1. CisGenome　针对 ChIP-seq 数据和芯片数据进行整合分析的工具,主要包括图形用户接口、基因组浏览和核心数据分析系统三个核心组分,可用于数据的标准化、峰识别、基因组信息检索(基因注释、序列检索等)、DNA 序列模体分析及可视化。

2. ChIPseeqer　可用于峰识别、峰注释(例如基因、调控元件等)、通路富集分析、调控元件分析、进化保守性分析、聚类分析、可视化以及不同 ChIP-seq 实验数据的整合和比较分析。

3. ChIPpeakAnno　一个 R 包(Bioconductor),能够对 ChIP-seq 数据识别的峰进行功能和通路注释。

三、ChIP-seq 技术应用

(一) 识别转录因子或组蛋白修饰的协同调控

基因的转录调控是一个复杂的过程,涉及一个或多个转录因子及其辅因子共同结合到靶基因的启动子区域,进而协同地调控靶基因的表达,因此基因及其众多的调控子共同形成了错综复杂的转录调控网络。ChIP-seq 技术的出现为检测转录因子的协同调控功能提供了有效的手段。利用 ChIP-seq 技术检测转录因子(或者组蛋白修饰)在全基因组范围内结合强度,研究多种转录因子结合(或组蛋白修饰)模式之间的关联关系,进而探讨转录因子(或组蛋白修饰)之间的协同调控。例如,Ram 等人检测 27 个转录因子的 ChIP-seq 数据,通过峰识别软件得到每个转录因子的结合位点并进行信号定量。然后,计算每两个转录因子信号强度的皮尔森相关系数(Pearson correlation coefficient),进而得到转录因子结合模式的相似性矩阵(图 5-28)。基于层次聚类分析将转录因子分为六类,每一类中的转录因子具有相似的结合模式,倾向于协同调控。

(二) 调控元件的识别

基因的转录调控不仅依赖于特定的调控元件,而且受到特定组蛋白翻译后修饰的精密调控。越来越多的研究发现特定的组蛋白修饰模式能够用于基因组调控元件的识别。例如,H3K4me3 信号主要富集在基因的转录起始位点附近,因此基于 H3K4me3 的峰能够识别基因的启动子。如图 5-29 所示,BRAT1 基因上游 H3K4me3 富集的区域作为该基因的候选启动子(虚线区域),同时该候选启动

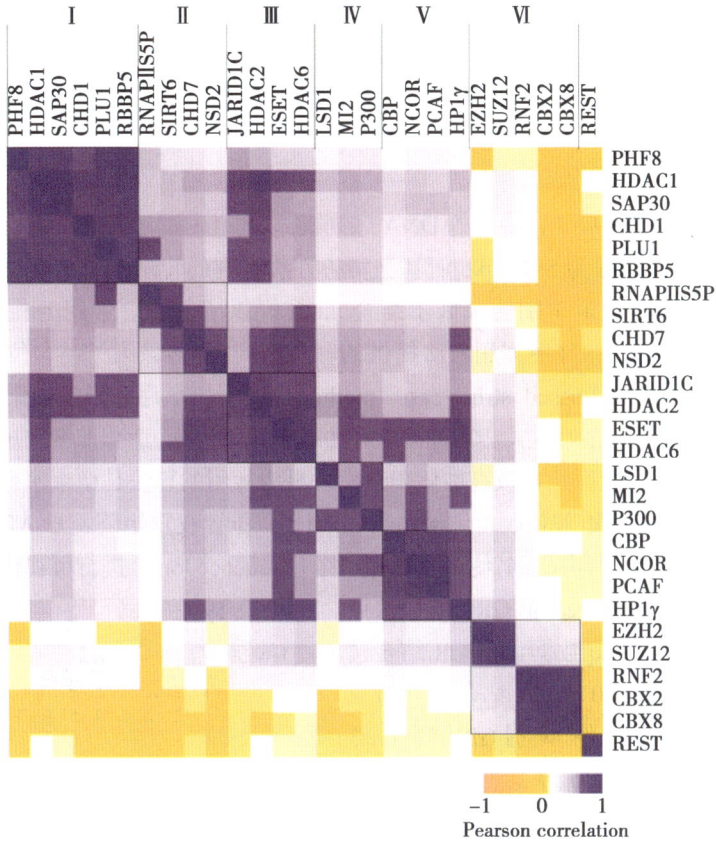

图 5-28　ChIP-seq 数据识别 TFs 协同调控

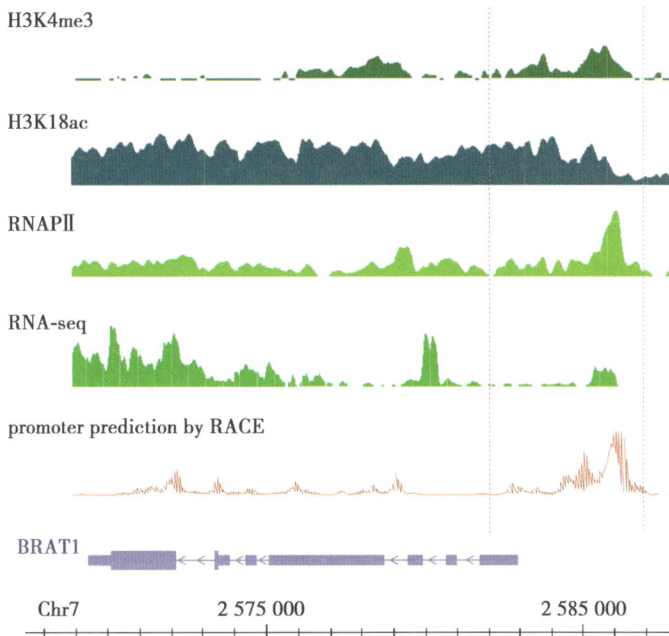

图 5-29　组蛋白信号识别启动子

Promoter prediction：启动子预测。

子富集 RNA 聚合酶Ⅱ以及激活信号 H3K18ac,并且 cDNA 末端快速扩增实验(rapid amplification of cDNA ends,RACE)也支持了该候选启动子的可靠性。此外,H3K4me1 和 H3K27ac 信号可用于定义激活的增强子区域;转录因子 CTCF 信号可用于定义基因组绝缘子区域;H3K27ac 和 H3K9ac 可用于定义基因组激活区域;而 H3K27me3 信号可用于定义基因组抑制区域;H3K36me3 可用于定义基因组转录区域。

(三) motif 发现

转录因子的结合位点通常具有特定的 DNA 序列模式,称为模体(motif),它是转录因子与 DNA 结合的重要功能域,长度一般为 5~20bp。而基于实验方法识别的转录因子结合位点数目非常局限,ChIP-seq 技术的出现为系统地识别转录因子结合 motif 提供了契机。常用的 motif 识别软件包括 MEME、HOMER 和 FIMO。软件根据用户所提供的输入序列(如转录因子结合位点对应的 DNA 序列),应用字符搜索算法(word-based,string-based methods)或者概率序列模型搜索算法(probabilistic sequence models)识别 DNA 序列模式。字符搜索算法基于枚举序列,适合搜索较短的功能域,此算法产生大量的候选功能域,可能存在着较高的假阳性率。更为常用的算法是概率序列模型搜索算法,该算法产生的结果为位置权重矩阵(position weight matrix)。位置权重矩阵衡量 ATGC 四种碱基在转录因子结合位点上每个位置所占比例,使用序列标识图(sequence logo)进行可视化。例如,为了识别谷氨酸受体(glucocorticoid receptor,GR)结合位点的 motif,使用 GR 的 ChIP-seq 数据识别 GR 结合位点,将结合信号较强的前 500 个 GR 结合位点对应的 DNA 序列输入 MEME 软件,识别 GR 结合位点的 motif(序列标识见图 5-30),碱基的大小表示该碱基出现的百分比。GR 结合位点上不仅存在已证实的 GR 结合 motif,还存在一些其他转录因子的结合 motif(例如 NFkB),表明 GR 与 NFkB 能够共同结合到 GR 的结合位点,从而反映了它们的协同调控。

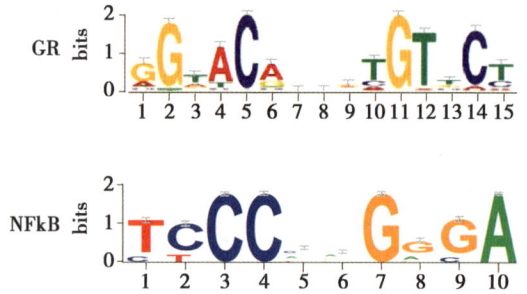

图 5-30 ChIP-seq 数据识别的 TFs 结合位点用于 motif 识别

(四) 预测基因表达

转录因子是基因转录过程中不可或缺的调控子,基因启动子区域的转录因子结合强度、转录因子结合数目与基因的表达水平密切相关。组蛋白修饰是另一层面的转录调控子。通过评估基因表达与其启动子区域上组蛋白修饰信号之间的相关性,发现一些组蛋白修饰信号与基因表达呈正相关(例如 H3K4me3),而另一些组蛋白修饰信号与基因表达则呈负相关(例如 H3K27me3)。因此,整合基因启动子区域上转录因子结合强度或者多种组蛋白修饰水平,构建机器学习模型(如线性回归模型),可以实现对基因表达水平的预测。

第六节　单细胞测序技术与应用
Section 6　Single Cell Sequencing Technique and Application

一、单细胞测序技术流程

单细胞测序(single-cell sequencing)技术是指在单个细胞水平上,对基因组、转录组、表观组等组学进行高通量测序分析的一项新技术。单细胞测序技术作为科技发展史上的一大创举,自 2009 年问世,2013 年荣膺 *Nature Methods* 年度技术以来,被越来越多地应用于科研领域。相较于传统组学技术只能针对组织样本或细胞群测序的局限性,单细胞测序可以揭示出每个细胞独特的微妙变化,甚至能够识别出全新的细胞类型,极大地推进了基因组、转录组等领域的发展。通过对分子谱的细致刻画,单细胞测序能够捕获单个细胞的基因结构、表达情况与功能状态,反映细胞间的异质性。2015 年以来,10X Genomics、Drop-seq、Micro-well 等技术的出现极大地降低了单细胞测序的成本门槛。自此,单细胞测序技术被广泛应用于基础科研和临床研究,在肿瘤学、发育生物学、微生物学、神经科学等领域发挥重要作用,对于癌症早期的诊断、追踪以及个体化治疗具有重大意义。

(一)单细胞分选方法

细胞分选是单细胞测序的首要步骤。常用细胞分选技术包括荧光激活细胞分选(fluorescence-activated cell sorting,FACS)、微流控(microfluidics)、磁性激活细胞分选(magnetic-activated cell sorting,MACS)、激光捕获显微切割法(laser capture microdissection,LCM)。

1. 荧光激活细胞分选(FACS) FACS 是一种重要的、广泛应用的单细胞分离技术。分选前,先制备细胞悬液并使用荧光团偶联的单克隆抗体识别靶细胞。在分选时,细胞悬液经过细胞仪,通过激光照射使荧光检测器根据指定的荧光标记检测出候选细胞。最后,对候选细胞液滴施加电荷(正电荷或负电荷),采用静电偏转系统将带电的液滴分选送入适当的收集管进行后续测序分析。

2. 微流控(microfluidics) 微流控被广泛认为改进了传统 FACS,它需要的样本量更少,速度更快。微流控芯片细胞分选可分四类:基于细胞亲和层析的微流控分离、基于细胞物理特性的微流控分离、基于免疫磁珠的微流控分离和基于电介质差异的微流控分离。最常用的是基于细胞亲和层析的微流控。当样品经过微通道时,候选细胞因表面抗原或适体(aptamer,如上皮细胞黏附分子)被芯片上的特异性抗体结合而固定,其余细胞则随缓冲液流出芯片。最后洗脱固定的细胞,用于下游分析。

3. 磁性激活细胞分选(MACS) MACS 首先使用带有磁珠的抗体、酶或链霉亲和素通过结合靶细胞表面特定蛋白为候选细胞进行标记。分选时,将细胞悬液置于磁场中,经标记的细胞被吸引,而未标记的细胞被冲刷掉,之后关闭磁场释放捕获细胞。

4. 激光捕获显微切割法(LCM) LCM 通过倒置显微镜对候选细胞进行定位,在不破坏组织结构的情况下,直接使用激光脉冲从组织切面中获取候选细胞。

上述四种单细胞分选技术的特点如表 5-3 所示。

表 5-3 常用细胞分选技术总结

技术	通量	优势	不足
FACS	高	敏感性高	需要的材料多,需要制成细胞悬液,技术要求高
microfluidics	高	样品需求量小,自动化程度高	需要解离细胞,技术要求高
MACS	高	敏感性高,相对简单,成本相对 FACS 更低	分选的细胞纯度相比于 FACS 低,含有一些非特异性细胞。只能利用细胞表面分子
LCM	低	保留了细胞的空间位置	易被邻近的细胞污染,技术要求高,需要手动操作

(二)单细胞文库制备

捕获的单个细胞被裂解后,方可针对待测序的序列进行文库制备。序列扩增技术的选择是建库的关键,单细胞文库的制备根据不同组学有着不同的建库方式。这里分别从基因组、转录组和表观组对其进行介绍。

1. 单细胞全基因组扩增技术 单细胞全基因组扩增(whole genome amplification,WGA)是通过将单个细胞分离得到的微量基因组 DNA 进行高效扩增富集的技术。全基因组扩增方法按照原理可主要分为:基于 PCR 的 WGA、多重置换扩增技术(multiple displacement amplification,MDA)和多次退火环状循环扩增技术(multiple annealing and looping-based amplification cycles,MALBAC)。

(1)基于 PCR 的 WGA:退化寡核苷酸引物 PCR(degenerate oligonucleotide primed PCR,DOP-PCR)是常用的基于 PCR 的 WGA 技术。其原理是使用退化引物(degenerate primers)与模板 DNA 链结合,从而实现对全基因组序列的 PCR 扩增。引物的 3′ 端为 6bp 退化序列,5′ 端为正常序列。初始 PCR 扩增时,引物在低退火温度下与 DNA 模板结合,并在温度升高后实现链延伸。随后再 PCR 扩增先前的序列产物。由于 PCR 的指数扩增,导致扩增均一性差,因此 DOP-PCR 方法通常会产生低的基因组覆盖率。其技术原理如图 5-31 所示。

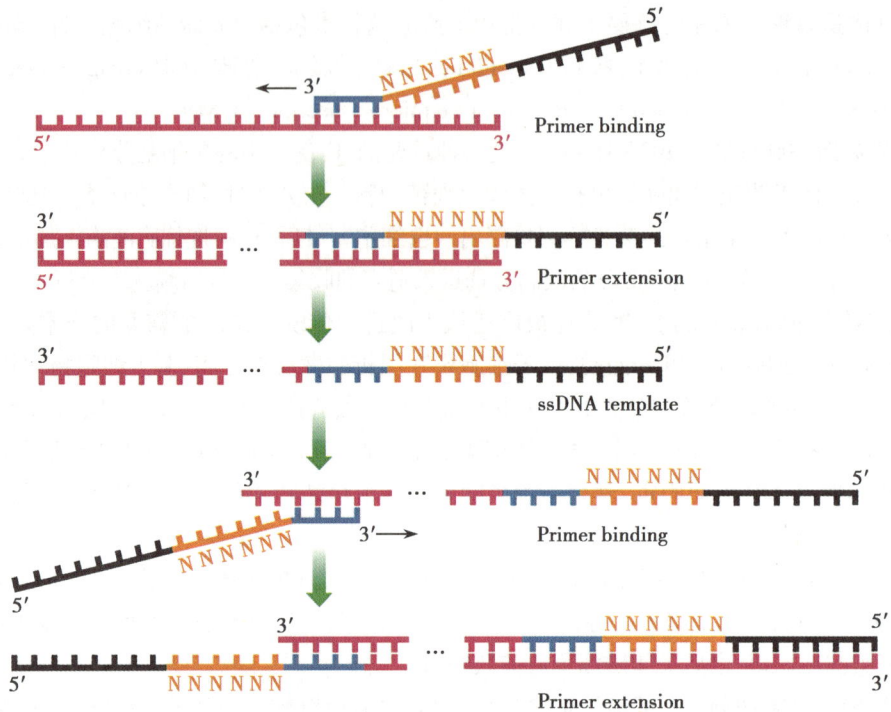

图 5-31　DOP-PCR 技术原理

Primer binding:引物结合;Primer extension:引物延伸;ssDNA template:单链 DNA 模板。

（2）多重置换扩增技术:MDA 技术在等温条件下将六聚体随机引物和 Φ29 聚合酶结合,并完成链置换合成反应,形成大规模扩增 DNA 的迭代分支结构。在这一过程中,引物先随机结合到 DNA 模板上,在 Φ29 DNA 聚合酶作用下进行延伸。当 Φ29 聚合酶遇到另一条新链随机引物时,会基于新链引物继续延伸形成支链结构。其技术原理如图 5-32 所示。

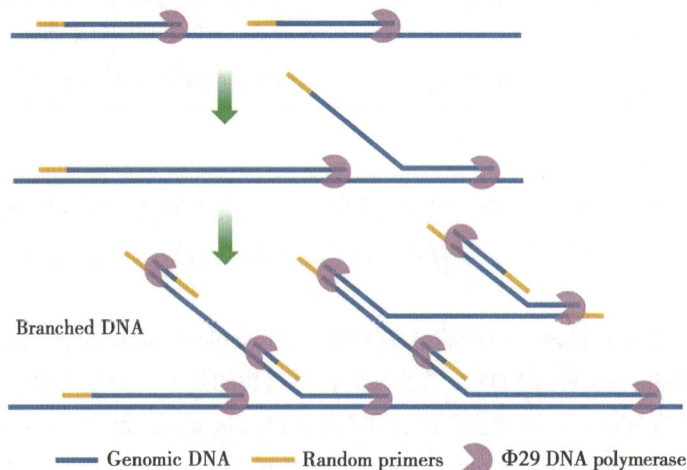

Genomic DNA　Random primers　Φ29 DNA polymerase

图 5-32　MDA 技术原理

Branched DNA:支链 DNA;Random primers:随机引物;Φ29 DNA polymerase:Φ29 DNA 聚合酶。

MDA 技术具有高持续合成能力和低错误率,可以实现更高的基因组覆盖。结合 Φ29 聚合酶的高保真度,该技术更适合检测 SNP、SNV 或 INDEL。由于采用指数扩增方式,因此该技术存在扩增偏倚性问题。

(3)多次退火环状循环扩增技术:MALBAC 结合 MDA 技术和 PCR 扩增技术的优势,使用链置换聚合酶(strand-displacement polymerase)预扩增 DNA,并生成具有互补末端的扩增子(amplicons)。这种互补性使得扩增子形成闭合环并防止进一步复制,从而保证在 PCR 之前每个片段只进行线性预扩增循环,降低了扩增偏倚性,并显著提高覆盖度。MALBAC 与 MDA 相比具有更高的均匀性和更低的等位基因丢失率(MALBAC 约为 1%,MDA 约为 31%~65%),因此 MALBAC 对 SNP 和 CNV 的检测率更高。其技术原理如图 5-33 所示。

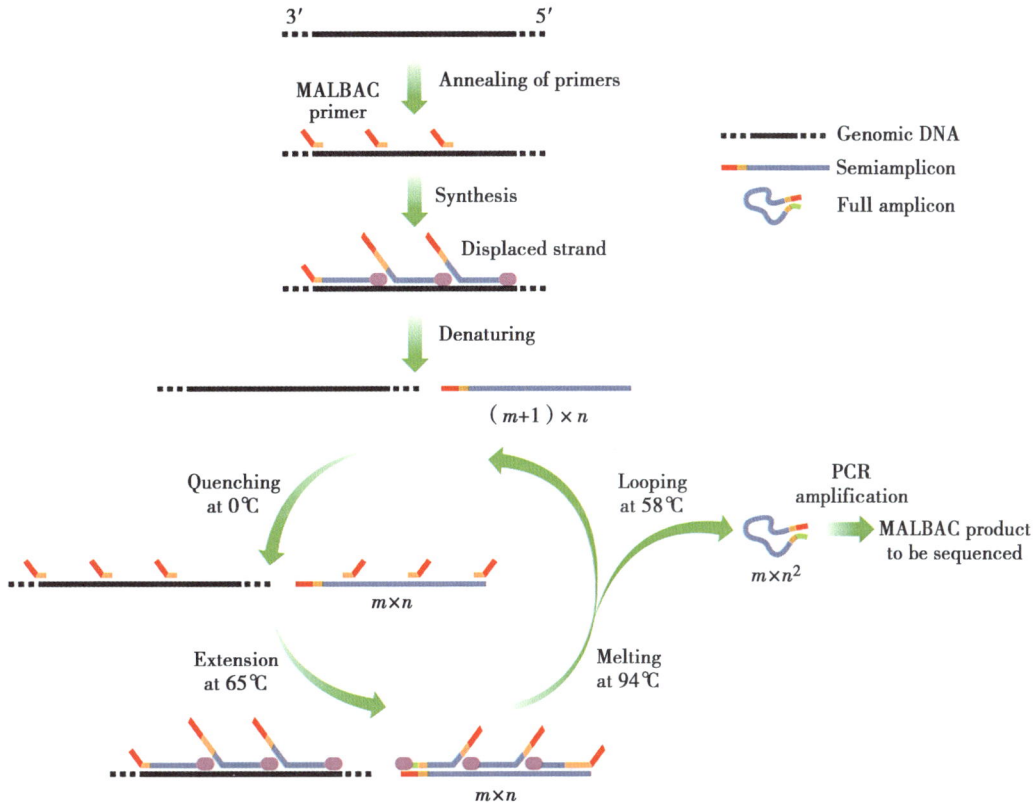

图 5-33　MALBAC 技术原理

Annealing of primers:引物退火;Synthesis:合成;Displaced strand:置换链;Denaturing:变性;Quenching:淬火。

表 5-4 展示了这三种全基因组扩增技术的特点。

表 5-4　全基因组扩增技术特点比较

扩增方式	扩增原理	基因覆盖度	扩增偏差	扩增均一性	检测变异
DOP-PCR	基于 PCR	非常低	较高	均一	CNV
MDA	等温的	高	比较低	非均一	SNV
MALBAC	杂交的	非常高	低	均一	CNV(SNV)

2. 单细胞转录组文库制备　由于单个细胞中 RNA 含量很少,因此,单细胞转录组测序通常需要基于逆转录和扩增过程来产生足够的 cDNA。单细胞转录组测序技术可根据测序的转录本序列范围大致分为两类。一类是全长转录本测序(full-length transcript sequencing)技术,如 Smart-seq2 等。这类技术检测基因表达更加灵敏和准确,但通常细胞通量低、价格较贵。另一类是 3′ 端或 5′ 端测序(3′

或 5′-end sequencing）技术，如 Chromium、CEL-seq、Drop-seq 等。这类技术只检测转录本的一端，对基因表达检测灵敏度低，不适合进行可变剪接、等位基因表达等分析。

（1）Smart-seq2（Switching mechanism at 5′ end of the RNA transcript）：Smart-seq2 测序大致可分为四步：①首先逆转录带有 poly（A）尾的 RNA，当逆转录酶到达 mRNA 5′ 端时，3 个 C（胞嘧啶）被添加到 cDNA 末端，生成 cDNA 第一条链。②添加模板转换引物（template-switching oligo，TSO），通过逆转录酶切换模板并合成第二条 cDNA 链。③使用 PCR 扩增全长 cDNA。④利用 Tn5 转座酶对 cDNA 进行打断，同时为 cDNA 片段两端添加接头。Smart-seq2 提高了检测的覆盖率和准确性，同时降低了扩增偏倚。其技术流程如图 5-34 所示。

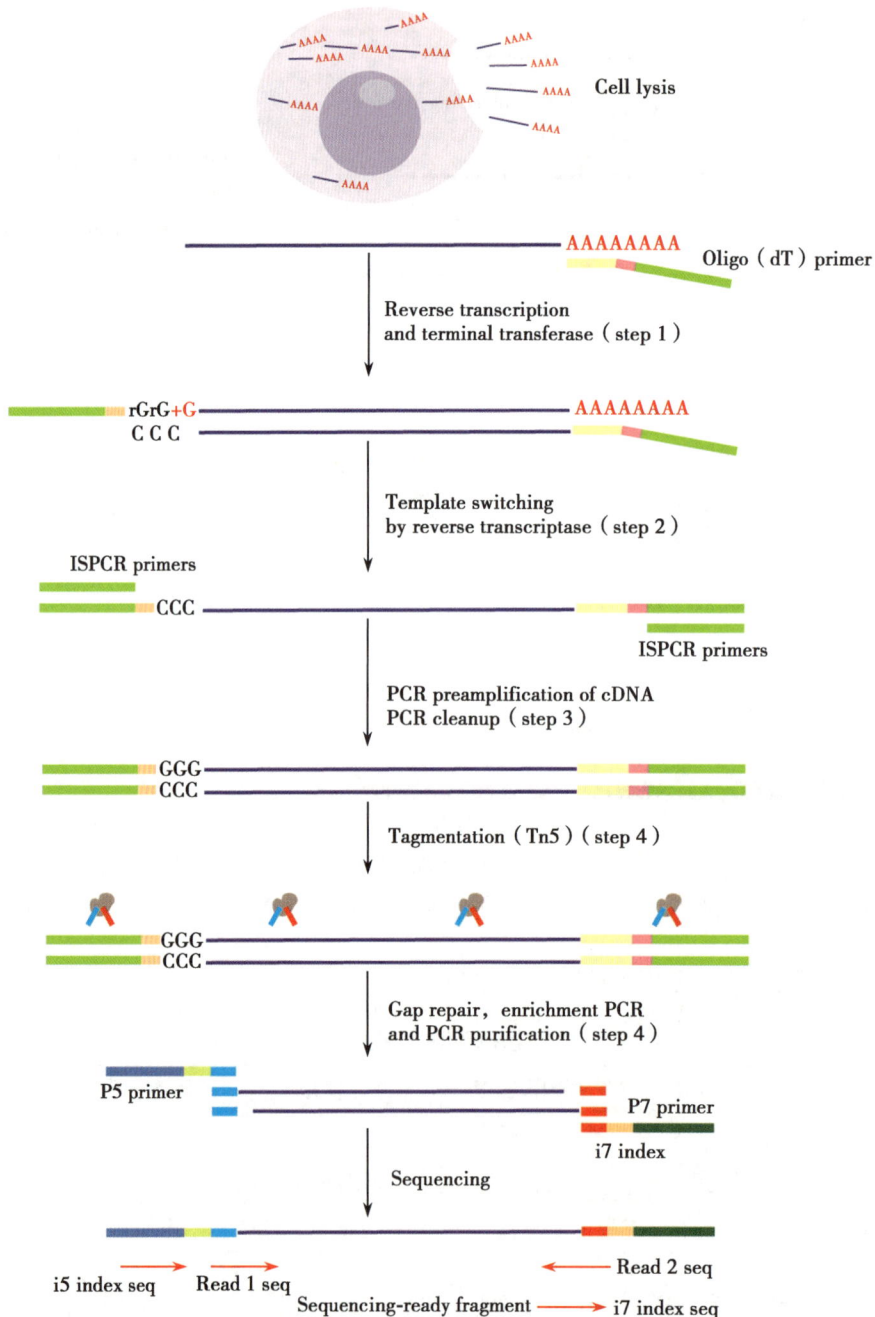

图 5-34　Smart-seq2 文库制备技术流程

Terminal transferase：末端转移酶；LNA-containing TSO：锁核酸修饰的模板转换引物；
Template switching：模板转换；Tagmentation：添加测序接头标记；Gap repair：缺口修复。

（2）Chromium（10X Genomics）：Chromium 技术基于微流控方法（microfluidics-based approaches）进行细胞分离。首先将细胞悬液、带有引物的凝胶珠［Gel Bead，引物序列包括 10X barcode、UMI 和 poly（T）］以及 Partitioning Oil 加入微流体"双十字"系统形成 GEM（gel bead in emulsions）。待单个 GEM 内的细胞裂解后，凝胶珠释放大量引物序列用于逆转录带有 poly（A）尾的 RNA，得到带有 10X barcode 和 UMI 信息的 cDNA 链，接着添加 TSO，通过逆转录酶切换模板并合成第二条 cDNA 链。GEM 破碎后，即可 PCR 扩增带 barcode 的 cDNA。该技术拥有高细胞通量、超高捕获效率和价格实惠等优势，是目前使用最广泛的 scRNA-seq 技术。其技术流程如图 5-35 所示。

（3）Drop-seq 技术：Drop-seq 可以快速分析数千个单细胞，同时最大限度地降低测序成本。细胞在液滴（droplet）中裂解后，磁珠（bead）上带有细胞 barcode 和 UMI 的 oligo（dT）引物序列与 RNA

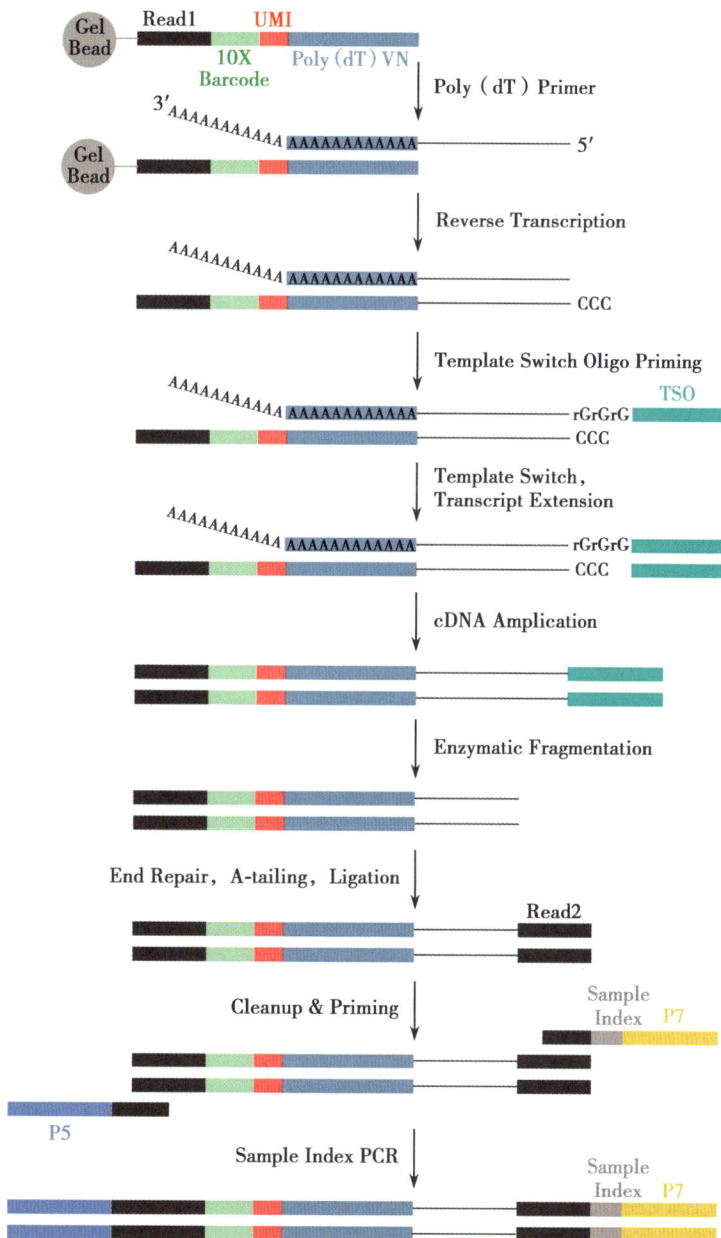

图 5-35　Chromium（10X Genomics）文库制备技术流程
Template Switch Oligo Priming：模板转换寡核苷酸引物；cDNA Amplication：cDNA 扩增；Enzymatic Fragmentation：酶切片段化；Ligation：连接；Cleanup：纯化。

分子结合,逆转录 RNA 形成 STAMPs(single-cell transcriptomes attached to microparticles)。随后以 STAMPs 作为模板进行 PCR 扩增。

3. 单细胞表观组文库制备   近年来,多种单细胞表观组测序技术被开发出来,使研究人员能够以前所未有的分辨率了解表观基因组异质性。根据研究的细胞的表观状态不同,可以将单细胞表观研究进一步分为 DNA 甲基化、组蛋白修饰、染色质可及性和染色质结构等方面,每种都有其对应的单细胞测序文库制备方式。

(1)单细胞测序与 DNA 甲基化:单细胞 DNA 甲基化谱可通过单细胞亚硫酸氢盐测序(scBS-seq)和单细胞亚硫酸氢盐还原代表性测序(scRRBS)进行分析获得。下面着重介绍 scBS-seq 的建库过程:

第 1 步进行细胞裂解,使得试剂等可以与 DNA 序列充分混合。

第 2 步对细胞裂解物进行亚硫酸氢盐转化,使得未甲基化的胞嘧啶转化为尿嘧啶,同时使序列片段化。

第 3 步变性,添加随机引物,进行延伸;重复该过程 5 次。

第 4 步变性并纯化,添加另外的随机引物,进行延伸;重复该过程 5 次。

第 5 步纯化产物 DNA 片段,进行 PCR 扩增。

(2)单细胞测序与组蛋白修饰:有多种方法可用于测量单个细胞中组蛋白修饰的模式,如 Drop-ChIP、scChiC-seq 和 CUT&Tag。下面主要介绍结合了微流控技术的 Drop-ChIP 方法:

第 1 步将待研究的细胞与裂解液、MNase 混合至一个液滴,进行染色质消化。

第 2 步微流控装置将每一个细胞液滴与一种接头液滴混合,这样每个细胞都被标记上了细胞特异的 barcode;同时与含有 DNA 连接酶的 buffer 液滴混合,以完成标记过程。

第 3 步将所有被细胞 barcode 标记的上述细胞混合到一起。

第 4 步染色质免疫沉淀。

第 5 步洗脱,纯化产物 DNA 片段,进行 PCR 扩增。

(3)单细胞测序与染色质可及性:染色质转座酶可及性单细胞测序(scATAC-seq),是通过将微流控分选和 Tn5 转座酶切割结合起来,用于绘制单细胞基因组中开放染色质区域的试验方案。具体流程如下:

第 1 步通过 FACS 分选单细胞至多孔板(Fluidigm C1)或结合微流控系统得到 GEM(10X),将 Tn5 转座酶与单细胞混合。

第 2 步使用 Tn5 将染色质开放区域的 DNA 片段化,溶解细胞核得到有细胞 barcode 的序列。

第 3 步标记的 DNA 片段纯化后进行 PCR 扩增,得到每个细胞的文库。

第 4 步将来自所有单细胞的文库混合成一个文库。

(4)单细胞测序与染色质结构:染色体折叠在细胞核之间是高度可变的,而 HiC 等技术允许以高通量的方式,从整个染色体到拓扑相关结构域(TAD)、染色体环等不同尺度上表征染色体拓扑结构。单细胞染色质构象捕获测序(scHi-C)是一种以单细胞分辨率分析染色质相互作用的方法。具体步骤如下:

第 1 步分离单细胞,使用甲醛交联 DNA-蛋白质复合体。

第 2 步样本片段化,连接并消化 DNA。

第 3 步纯化 DNA 片段并进行 PCR 扩增。

(三)单细胞测序

单细胞基因组、转录组和表观组测序实质上都是制备 DNA/cDNA 文库并测序,制备好文库并且经过质量检测合格后就可以进行关键的组学测序并产生相应的序列文件。值得注意的是,不同组学、测序仪、组织、细胞类型等产生的数据量与数据质量略有差别。

当前单细胞基因组、转录组和表观组组学测序时,使用的设备与新一代测序的设备相同。其中,使用最广泛的测序仪器是 MiSeq、iSeq 及更高通量的 NextSeq 和 NovaSeq 系列仪器,HiSeq 2000/2500/3000/4000/X 虽然已停产,但当前相当大的一部分数据由该系列仪器产生(表 5-5)。其他的,如华大基因推出的 MGISEQ 系列和长片段测序仪 PacBio 也占有一定市场份额。

表 5-5　Illumina 测序系统适用的单细胞应用场景

系统名称	特点	适用单细胞的应用场景
NextSeq™ 2000 系统	提供两种规格的流动槽和多种读长的试剂配置;内置 FPGA 硬件加速或云端生物信息分析工具实现基因组二级分析;每次运行产出数据 300GB;搭载试剂卡盒、带有射频识别条码的耗材、全自动机载簇生成和自动化运行设置	单细胞 RNA 测序、单细胞 ATAC 测序、单细胞 DNA 测序、单细胞多组学平行测序(CITE-seq,scG&T-seq,scM&Tseq,scTrio-seq,REAP-seq,CRISP-seq 等)和空间转录组测序等多种文库
NextSeq™ 550 系统	台式 NGS 系统,可以快速、简单和经济地进行高通量测序。NextSeq 550 系统适用于研究实验室,不需要专用的设备	支持中通量至高通量的测序应用,是小规模单细胞测序研究的理想选择
NovaSeq™ 6000 系统	Illumina 迄今为止有最强大、操作简便、可扩展且可靠的高通量测序平台,可提供高品质的数据。它提供了多种流动槽类型和运行配置,从 SP 流动槽的 8 亿条 reads 到 S4 流动槽(单端测序模式)的 100 亿条 reads	大规模筛选研究的理想选择,例如药物筛选、细胞图谱研究和其他大规模实验
iSeq™ 100 系统	Illumina 产品组合中最小巧、经济的测序系统	适合在 NovaSeq™ 6000 系统上进行全面的测序运行之前进行文库质控,确保实验成功

二、单细胞测序数据分析

(一)单细胞转录组测序数据分析

单细胞转录组测序技术是目前发展速度最快的单细胞测序技术,相应的数据分析流程也相对成熟(图 5-36)。下面针对带 barcode 的 scRNA-seq 数据分析进行阐述(如当前应用最广泛的 10X Genomics scRNA-seq 数据),主要分为五个步骤:数据质控、数据标准化、数据整合、降维和聚类、细胞类型注释。

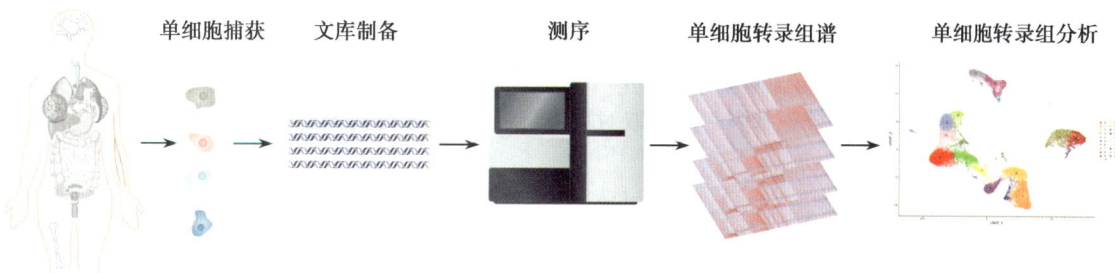

单细胞捕获　　文库制备　　测序　　单细胞转录组谱　　单细胞转录组分析

图 5-36　单细胞转录组数据分析流程

1. 数据质控　是 scRNA-seq 数据分析最基础的部分,大致分为以下步骤。①基于测序产生的 fastq 文件,使用 CellRanger、SEQC、zUMI 等原始数据处理流程完成解复用(demultiplexing,即将 read 按照 barcode 分配至样本)、比对至参考基因组、表达定量,获得原始 read count(测序 protocol 不含 UMI)或 UMI count 矩阵(表 5-6)。②通过细胞内总 count 数、基因数、线粒体基因比例等测度,过滤测序过程中的低质量细胞。③过滤掉仅在极少数细胞中表达的"低信息量"的基因以提高计算效率、产生可供下游分析的高质量数据。

表5-6　常用单细胞数据预处理软件

方法名称	特点	适用测序平台
CellRanger	10X genomics 的官方数据预处理软件	10X
SEQC	使用网页作为质控结果的输出形式，比较直观	inDrop，Drop-seq，10X 和 Mars-Seq2
zUMI	快速、灵活	带 UMI 或不带 UMI 的 scRNA-seq 数据均可
umis	能够有效扩增偏差造成的定量不准确	带 UMI 或不带 UMI 的 scRNA-seq 数据均可
DropEst	相对于 CellRanger，它的量化精度更高	支持 10X，Split-seq，Drop-seq，inDrop，iCLIP 和 Seq-Well
Kallisto-BUStools	内存和 CPU 使用效率高	带有 barcode 的测序平台
Alevin	是 scRNA-seq Salmon pseudo-aligner 软件的扩展	支持 10X 和 Drop-seq 测序平台
STARSolo	是比对软件 STAR 的扩展	支持 10X 测序平台
UMI-Tools	对 umis 中的潜在错误进行建模并修正，以提高基因表达的准确性	带 UMI 的测序平台

对于全长 scRNA-seq 技术（如 Smart-seq2）产生的数据，前期数据质控方面可参考 bulk RNA-seq，在此不再赘述。

2. 数据标准化　由于技术噪声等因素的影响，即使相同细胞类型的细胞之间的测序深度也可能存在较大差异。为了使得表达数据在细胞之间可比，需要对 scRNA-seq 数据进行标准化（Normalization）。3′ 或 5′ 端单细胞测序产生的 UMI count 数据最常用的标准化方法是 LogNorm，其计算公式如下：

$$X_{i,j}=ln\left(\frac{c_{i,j}*10\,000}{m_j}+1\right) \tag{5-1}$$

其中，$X_{i,j}$ 表示标准化之后基因 i 在细胞 j 内的表达值；$c_{i,j}$ 对应基因 i 在细胞 j 的 count 值；m_j 对应细胞 j 的所有 count 值之和。这里，10 000 是标化因子（scale factor）。需要注意的是，标化因子并不是一成不变的，在不同目的的研究中，可以设置不同大小的标化因子。

此外，对于全长 scRNA-seq 数据，可以使用 TPM（Transcripts per kilobase of exon model per million mapped reads）方法校正基因长度后取对数进行标准化，如公式 5-2。

$$X_{i,j}=\log_2\left(\frac{TPM_{i,j}}{10}+1\right) \tag{5-2}$$

其中，$TPM_{i,j}$ 是基因 i 在细胞 j 中的 TPM 值。

此外，由于数据集中的多种细胞类型天然存在细胞大小和表达基因数目不同的情况，一些更加复杂的方法被开发出来，如使用反卷积针对每个细胞计算不同的标化因子，拟合负二项分布模型消除测序深度、基因的 count 数的影响等方法（表5-7）。

表 5-7 单细胞数据中常用的数据标准化方法

方法	适用数据*	特点	软件
LogNorm	UMI count	简单,易使用	[R]Seurat
Scran	UMI count	基于反卷积计算细胞特异的标化因子	[R]scran
SCTransform	UMI count	基于负二项回归模型校正 count,同时控制方差,消除其他变异的影响	[R]Seurat
$\log_2\left(\dfrac{TPM}{10}+1\right)$	count	考虑基因长度	—
SCnorm	UMIcount & count	基于分位数回归,赋予表达类似的一组基因相同的标化因子(表达矩阵很稀疏、0 值较多时,效能较差)	[R]SCnorm

* UMI count 指 3′ 或 5′ 端单细胞测序产生的 count 矩阵,如 10X Genomics scRNA-seq 数据;count 指全长 scRNA-seq 数据。

3. 数据整合与批次校正 通量高是单细胞测序的一个巨大优势,但由于数据的复杂性,仅依靠标准化并不能完全消除技术噪声、批次等的影响,需要进行批次校正,使数据集之间可以整合与比较。注意,我们这里将不同数据集之间整合而进行的校正称为数据整合。近来,关于批次校正经典方法的比较分析的一项研究表明,Combat 方法虽有较好的性能,但其使用同一批次中的所有细胞来拟合批次参数,混淆了细胞类型或状态之间不共享的生物学差异。因此,数据整合方法,如典型相关分析(canonical correlation analysis,CCA)、相互最近邻(mutual nearest neighbor,MNN)、LIGER、Harmony 等应运而生(相关工具见表 5-8)。需要注意的是,数据整合和批次校正应使用不同的方法,虽然数据整合方法兼顾批次校正的能力,但只使用该方法可能会对简单的批次效应造成过度校正。最终,当批次之间的细胞和组成状态较一致时,建议通过 Combat 进行批次校正,而推荐使用 CCA、LIGER 等非线性方法完成数据整合。

表 5-8 单细胞数据整合和批次矫正工具

工具名称	编程语言	输出文件	方法
Seurat 3(Integration)	R	标准化后的基因表达矩阵	典型相关分析和相互最近邻
Harmony	R	标准化后的特征向量	在降维空间中进行迭代聚类
MNN Correct	R	标准化后的基因表达矩阵	基因表达空间中进行相互最近邻
fastMNN	R	标准化后的主成分	在降维空间中进行相互最近邻
LIGER	R	标准化后的特征向量	非负矩阵分解和 joint 聚类
Combat	R	标准化后的基因表达矩阵	经验贝叶斯模型
limma	R	标准化后的基因表达矩阵	线性模型或经验贝叶斯模型
scGen	Python	标准化后的基因表达矩阵	神经网络模型
Scanorama	Python/R	标准化后的基因表达矩阵	相互最近邻和 panoramic stitching
MND-ResNet	Python	标准化后的主成分	残差神经网络
ScMerge	R	标准化后的基因表达矩阵	稳定表达基因和 RUVⅢ模型
BBKNN	Python/R	标准化后的降维向量(UMAP)	K 近邻

4. 降维和聚类 单细胞转录组测序数据包含上万个基因,随着通量的不断提高,细胞数目甚至可以高达数十万。面对如此高维的数据,需要对其进行降维(dimension reduction)。一般的降维包含 2 个阶段:特征选择和后续的降维。特征选择即挑选出含有信息量、能够显示细胞间差异的基因,因此,使用高变异基因是该步骤的常用方法。根据研究问题的不同,高变异基因的数量略有不同,一般

而言,1 000~2 000 个高变异基因足以进行下游分析。在识别高变异基因后,为了方便可视化与探索数据,可进一步将高维空间映射至低维空间。常使用的一些方法包括线性降维方法(表 5-9),如主成分分析(principal component analysis,PCA)和非线性降维方法,如 t 分布随机邻接嵌入(t-distributed stochastic neighbor embedding,t-SNE)、一致流形逼近和投影(uniform manifold approximation and projection,UMAP)。其中,PCA 是丢失信息最少的一种降维方法。很多研究者会在进行 PCA 的基础上再进行非线性降维,如最常使用的 t-SNE 方法。

表 5-9   单细胞转录组数据降维方法

方法名称	分类	特点	功能简述
PCA	线性	基于矩阵分解	处理线性数据最广泛使用的技术之一,是大多数单细胞 pipeline 的默认降维方法。常用软件包有 Seurat,SCANPY 和 Pagoda2 等
t-SNE	非线性	基于作图	使用广泛、用法简单的单细胞降维方法
UMAP	非线性	基于作图	使用 k-近邻的概念,并使用随机梯度下降来优化结果。常用软件包有 Seurat 和 SCANPY
LLE	非线性	基于作图	降维时保持了样本的局部特征,可以捕获数据中的非线性。算法复杂度低,运行速度快
PHATE	非线性	基于作图	使用数据点之间的几何距离信息(即样本表达谱之间的距离)来捕获局部和全局非线性结构
scvis	非线性	基于神经网络	使用深度神经网络将高维数据压缩为低维,能够产生好的细胞类型分离结果,以及运行时间更快

降维后,需要将细胞聚成簇。目前,除 k-means、层次聚类等经典聚类算法外,已经涌现了一批专门用于单细胞数据的聚类算法。R 包 Seurat 使用的基于图的聚类算法(graph-based clustering)是最常用也是聚类效能最好的方法之一。该方法根据细胞间相似性,将细胞连接起来,得到每个细胞最近的 K 个邻居,使用基于模块(modularity-based)的社区(community)检测方法将细胞聚成多个类。最后,将聚类结果映射到 t-SNE 或 UMAP 降维结果图中,即可实现可视化(图 5-37)。

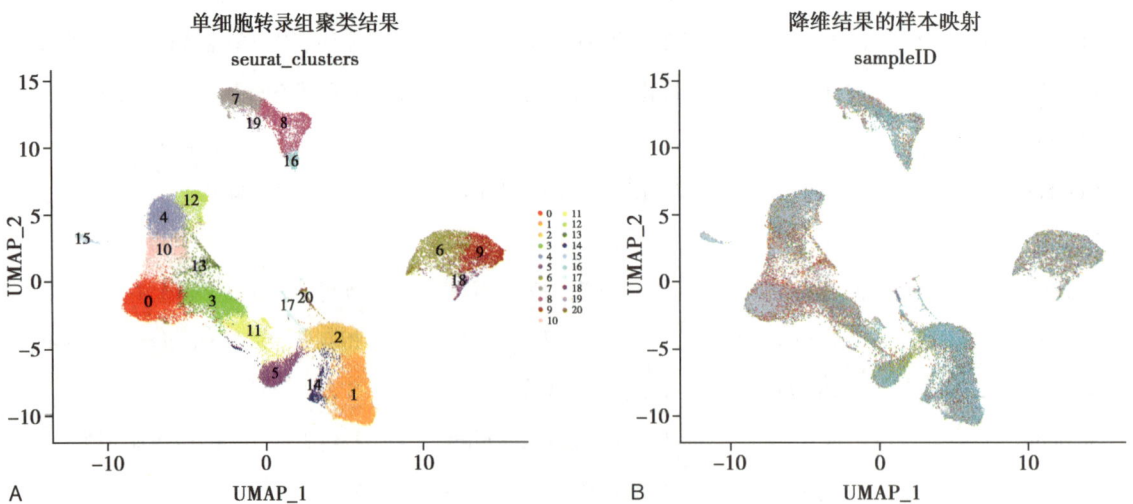

图 5-37   UMAP 降维结果
A:聚类结果映射;B:样本映射。

5. 细胞类型注释   单细胞数据分析的一个基础但又十分重要的问题就是细胞类型注释(图 5-38)。目前基于单细胞转录组数据识别细胞类型的方法可以分为以下三个大类(表 5-10):

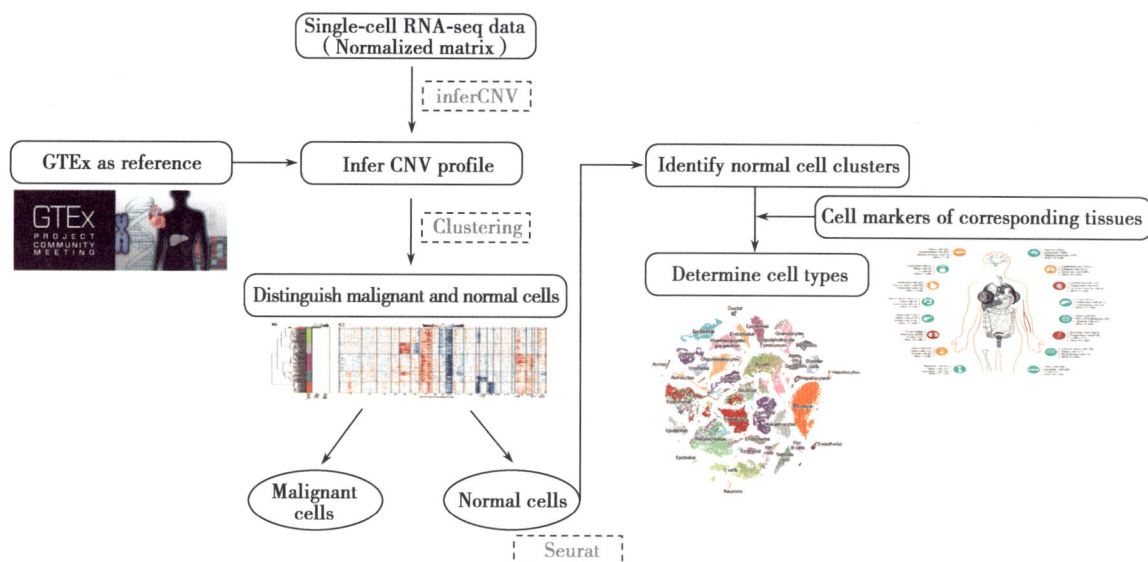

图 5-38　癌症单细胞转录组数据细胞类型注释流程
GTEx：GTEx 数据库（包含正常组织测序数据）；Infer CNV profile：推测拷贝数改变谱。

表 5-10　细胞类型注释方法/数据库

方法/数据库	功能	类型	特点简述
inferCNV	推测肿瘤细胞	计算学方法	通过平滑基因划窗得到的平均值推断拷贝数
CopyKat	推测肿瘤细胞	计算学方法	贝叶斯片段化方法推断拷贝数
CellMarker	手动注释细胞类型参考	marker 资源	人类和小鼠细胞标志物数据资源
PanglaoDB	手动注释细胞类型参考	marker 资源	人类和小鼠细胞标志物数据资源
SingleR	自动注释细胞类型	基于相关性	通过计算细胞和参考数据集的相关性，以此注释细胞类型
cellassign	自动注释细胞类型	基于 marker	基于指定的 marker 基因，通过贝叶斯概率模型注释细胞
Garnett	自动注释细胞类型	监督	基于弹性网分类器注释细胞类型

（1）癌症/恶性细胞识别方法：一般的，我们认为恶性细胞中存在大片段拷贝数的扩增或者缺失，通过基因表达推测拷贝数改变，从而区分未发生拷贝数改变的正常细胞。常用的方法如 inferCNV、HoneyBadger 等。

（2）根据已知细胞标志物手动注释：由于细胞标记 marker 与细胞类型对应关系已知，因此基于 scRNA-seq 数据识别到的 cluster 特异的基因，我们可以赋予该 cluster 以相应的细胞类型。如 CD19/CD79［CD79A，CD79B］等可以作为 B 细胞 marker，如果 cluster 特异高表达上述 marker（一般选择 log2 FC 值和 fdr p 值在 top5 或 top10 以内的差异基因），则可认定该 cluster 是 B 细胞。此外，我们可以参考一些细胞 marker 数据库，如人类与小鼠综合细胞标志数据库 CellMarker、人类多种细胞类型标志数据资源 Human Cell Atlas、免疫细胞相关标志数据库 ImmGen 等。

（3）监督/半监督自动方法：随着数据量的增加以及先验知识的累积，该类方法近年来得到快速发展。顾名思义，自动注释方法即以先验 marker/表达谱为标准和参考，基于算法自动划分细胞类型。对于给定参考的细胞类型与基因对应关系或者某种细胞类型对应的表达谱，其主要又可以分为基于表达模式相关性/相似性划分的方法、基于概率的方法、训练模型再分类的方法等。其中，常见的方法为 SingleR、cellassign、Garnett 等。

6. 单细胞转录组数据的集成分析   目前已经开发了一些单细胞转录组数据分析工具包（表 5-11），如基于 R 语言的 Seurat 包、Scater 包，基于 Python 语言的 SCANPY 等。其功能不仅包含常规的单细胞数据分析流程，如数据预处理、数据质量控制、细胞筛选、可视化等，部分工具还可实现如单细胞数据时序性分析等的高级功能。

表 5-11   单细胞转录组数据集成分析工具

工具名称	特点简述	编程语言
Seurat	目前使用最广泛。能够识别跨多个数据集存在的细胞亚群并进行下游分析	R
Scater	提供了一系列的数据质量控制方法，可以对单细胞转录组数据进行严格的质量控制	R
SCANPY	包括预处理、可视化、聚类、轨迹分析和差异表达测试。可以有效地处理超过 100 万个单细胞的数据集，且很容易与高级机器学习包（如 tensorflow）交互	Python
SCell	包括质量控制、归一化、特征选择、迭代降维、聚类等基本功能	Matlab
Monocle	可用于单细胞的基础数据分析，是常用的细胞发育轨迹分析工具	R
ASAP	不需使用命令行，直接在可视化界面操作。但操作灵活性不强	网页工具

目前比较流行的集成分析工具是 Seurat 包，其针对数据预处理、质量控制、标准化、聚类分析、可视化、细胞 marker 基因识别、差异表达分析等流程可以进行一体化操作，并可以帮助整合不同类型的单细胞数据。

（二）单细胞基因组测序数据分析

1. 质量控制   与 NGS 类似，单细胞组学测序后仍需要进行质量控制，以过滤掉低质量数据。测序过程中的一些指标是保证产生高质量测序数据的关键，如簇密度、通过过滤的百分比（%PF）和 ≥Q30 的碱基百分比等。需要注意的是，不同于 NGS，在单细胞测序中，reads 深度不是指每个碱基覆盖的平均 reads 数，而是指每个细胞测得的 reads 数。不同问题要求的测序深度不同，取决于多个因素，包括样本类型（取样组织）、细胞数量、实验目的等。

2. read 片段比对   scDNA-seq 分析第一步先过滤掉低质量的 reads，之后将 reads 比对至参考基因组上。目前已经有一些 pipeline 可直接用于 scDNA-seq 初步分析，较为常用的是 Tapestri Analysis pipeline（R package，见书末参考网址）和 10x Geomics Cell Ranger DNA pipeline（见书末参考网址）。

3. 单细胞 SNV 的识别   在单细胞 DNA 测序中，基因组扩增往往是非线性的。这种非均匀的扩增使得基因组测序深度具有高度的可变性，造成等位基因父本和母本之间扩增倍数差异（称为等位基因失衡）。等位基因失衡在单细胞 DNA 文库中很常见，使得 scDNA-seq 识别的变异等位基因频率（VAF）偏离程度可能大于 50%。近来开发的 SCAN-SNV 工具，可用于识别单细胞 SNV。该方法设计了一个空间模型用于估计任何基因组位点的等位特异性扩增平衡，矫正了扩增偏性。此外还有一些其他的软件，也可用于识别单细胞 SNV，如 Monovar、SCcaller、baseqSNV 等（表 5-12）。

表 5-12   单细胞 SNV 识别软件

软件名称	适用的扩增技术
SCAN-SNV	MDA 扩增
Monovar	—
SCcaller	MDA 扩增
baseqSNV	MiCA-eMDA 扩增（微毛细管阵列的离心液滴生成技术与乳液多重置换扩增技术相结合）

4. 单细胞 CNV 的识别拷贝数变异的识别   是单细胞 DNA 测序数据分析的一个重要部分。全基因组 scDNA-seq 能够规避大块组织 DNA-seq 相关的平均效应，在不混淆细胞亚群的前提下表征细胞拷贝数。由于单细胞 DNA 测序基因组覆盖度低，造成等位基因扩增程度的差异，使通过 scDNA-seq

检测 CNV 具有挑战性。目前可用的软件有很多种,例如 SCOPE、Ginkgo、SCNV 等,较为常用的是 Ginkgo。Ginkgo 适用于 MDA、MALBAC、DOP-PCR 等多种扩增技术。其通过采用事后(post hoc)倍性估计,根据估计的倍性对标准化结果进行缩放,以反映绝对拷贝数。除了构建细胞的拷贝数谱以外,Ginkgo 还能构建相关细胞的系统发育树。

(三)单细胞表观组测序数据分析

表观研究涉及 DNA 甲基化、组蛋白修饰、染色质可及性等多个方面。随着高通量测序技术的不断发展,多种表观组数据分析方法已经被开发以解析表观遗传学景观。这里介绍染色质可及性研究中主流的 scATAC-seq 数据分析过程,主要包括细胞质量控制、count 矩阵构建、批次效应校正(batch effect correction)和降维/聚类等步骤。常见的 scATAC-seq 数据集成化分析工具有 ArchR 和 MAESTRO。

1. **细胞质量控制**　测序完成后的第一步就是将原始数据转换为 fastq 格式并比对至参考基因组。Cell Ranger 可以完成 10X Genomics Chromium Single Cell ATAC 得到的所有 read 预处理。随后使用多个标准过滤低质量细胞,如通过计算转录起始位点(transcription start sites,TSS)中心 fragment 数目与 TSS 侧翼区域 fragment 数目之比,得到 TSS 富集得分,该得分越高表示测序质量越高。Signac 软件是细胞质量控制的常用软件,还可完成其他细胞的质量控制要求。

2. **Peak 注释**　开放染色质区域(open chromatin regions)与转录调控密切相关,该区域的识别是 scATAC-seq 数据分析的基本步骤,被称为 peak 注释。目前已经开发了多种软件用于不同类型的 peak 注释,如 chromVAR 工具可基于转录因子 motif(TF motif)注释 peak,ArchR 等工具则直接进行 peak 注释。

3. **count 矩阵构建**　通过每个 peak 为每个 cell 构建一个计数矩阵。由于 scATAC-Seq 矩阵的高稀疏性以及低信息量,因此需要基于 peak 的唯一性将矩阵中的 0~1 值转化为浮点数,使得越罕见的 peak,分数越高。常用的矩阵元素计算方法有文本挖掘算法 Term-frequency inverse-document-frequency(TF-IDF)、Jaccard 指数和测序深度等。

4. **批次效应校正**　该过程要保证有效去除批次,不影响生物学变异。scATAC-seq 数据的批次效应校正可以使用 scRNA-seq 的相关工具(如 Harmony、Seurat v3 和 scVI),或者在数据分析过程中间接进行。比如通过仔细检查去除特定批次的 peak、在降维过程进行处理。

5. **降维和聚类**　scATAC-Seq 具有比 scRNA-Seq 更高的稀疏性和维度。维度越高,对细胞分类就越难。目前已开发了很多 scATAC-seq 降维算法,如 cisTopic 工具使用的基于 Latent Dirichlet Allocation(LDA)的 Topic 降维算法,能够识别出具有细胞类型特异性的特征;Seurat v4、Signac、ArchR 等软件采用的 Latent Semantic Indexing(LSI)算法等。常用的聚类算法有 K-means 算法、Louvain 算法和 k-medoids 算法等。

三、单细胞测序数据库

随着测序技术的不断发展以及测序价格的下降,单细胞测序数据量呈指数形式增加。一些研究者通过数据整合的方式,建立了许多有价值的单细胞测序数据库,为从单细胞水平开展研究提供了便利。下表列举了一些常用的单细胞测序数据库(表 5-13)。

表 5-13　单细胞数据资源

数据库名称	内容和功能
SCEA	单细胞表达数据图谱,是欧洲 EMBL-EBI 的单细胞数据库,收录了各种疾病类型的单细胞数据,涵盖 20 个物种、304 项研究、超 852 万个细胞,提供了可供下载的原始 count 数据
SCP	全名 Single Cell Portal,收录了 10 余个物种的 478 项单细胞研究数据,包括细胞超过 2 660 万个。数据库可通过基因、细胞类型、器官、物种等多种方式检索,并提供数据下载服务

续表

数据库名称	内容和功能
JingleBells	JingleBells 是标准化的 scRNA-Seq 数据集的存储库,涵盖 120 余项免疫相关单细胞研究、180 余项非免疫相关的单细胞研究。数据库提供原始数据链接和 BAM 文件下载
PanglaoDB	PanglaoDB 致力于探索人类和小鼠的单细胞转录组数据。数据库收录了小鼠的 184 种组织、1 063 个样本数据,以及人类的 74 种组织和 305 个样本数据,总细胞数量超过 550 万个,并提供原始数据
HCA	人类细胞图谱计划,HCA 主要聚焦正常组织,存储了世界范围内多个实验室提供的单细胞数据,涵盖血、心、肾、骨、肝、脑、肺、胰腺、皮肤、免疫等 10 大组织或器官,目前存储总细胞数量超 1 500 万个
TISCH	专注于肿瘤免疫微环境的单细胞整合,目前包含 28 种癌症类型的 79 个单细胞数据集,共计 2 045 746 个细胞。TISCH 对 79 套数据集进行了统一的数据处理,并提供处理后的数据下载和分析服务,用户可以选择感兴趣的数据集或基因进行可视化分析
SCPortalen	整合了 GEO、EMBL 等多个数据平台的 81 个单细胞数据集,目前包含 24 个人类、52 个小鼠和 5 个人类小鼠混合单细胞数据集,共计 151 017 个细胞。数据库为用户提供 FastQC 质量评估结果、序列比对 BAM 文件和表达谱数据,同时还提供单细胞图像信息
scRNASeqDB	整合了 38 套 GEO 数据库的单细胞转录组数据,涵盖了 200 个细胞系/群的 13 340 细胞。同时提供不同状态细胞的基因表达详细信息,以及基因表达的热图、箱线图、基因相关矩阵、GO 功能注释和通路注释

四、单细胞测序技术应用

单细胞测序为肿瘤异质性研究提供了理想方案。在肿瘤中,瘤内异质性可能在癌细胞的侵袭、转移和耐药性演变中发挥重要作用。单细胞测序能够捕获机体内单个细胞的状态,为开展肿瘤内部的异质性、肿瘤克隆演化、肿瘤免疫微环境等基础研究提供了条件,肿瘤单细胞图谱日益成为肿瘤研究的重要工具。目前,一些实用的单细胞图谱已经被构建,这些图谱揭示了各种状态下样本内不同的细胞组成景观。例如,2020 年浙江大学郭国骥教授团队构建了首个完整的人类细胞图谱,该图谱涵盖 60 个组织、近 70 万个细胞,包含了 102 种主要细胞类型、843 个细胞亚群,全面分析了胚胎和成年时期的人体细胞种类,对人体正常与疾病细胞状态的鉴定带来深远影响(图 5-39)。

目前比较常见的构建单细胞图谱方法大多是基于单细胞 RNA 测序进行的,主要包括以下 4 个步骤:

1. 识别单细胞类型　针对处理好的单细胞转录组数据,选择变异系数较大的基因作为候选特征,再使用主成分分析进行降维处理。之后使用层次聚类算法对细胞的主成分进行聚类分析得到细胞群,再根据 marker 基因列表注释细胞类型。

2. 解析细胞类型　基因表达模式由于单个细胞检测的表达量比较低,因此选择同一细胞 cluster 中的多个细胞进行合并以形成伪细胞,然后使用 Wilcoxon 秩和检验等方法,识别细胞类型间差异基因。

3. 基因调控网络分析　基于 Aibar 等人开发的 SCENIC 方法,构建 scRNA-seq 数据基因调控网络,能够较好预测转录因子与靶基因之间的相互作用,从而识别细胞亚群/细胞类型/组织特异的调控网络。

4. 伪时序分析　使用伪时序分析软件,识别细胞表现出的连续状态谱,研究不同细胞状态之间的转换,揭示细胞间基因表达动态、分化轨迹和演变规律。伪时序分析比较常用的软件包括:Monocle2、Slingshot 和 TSCAN。

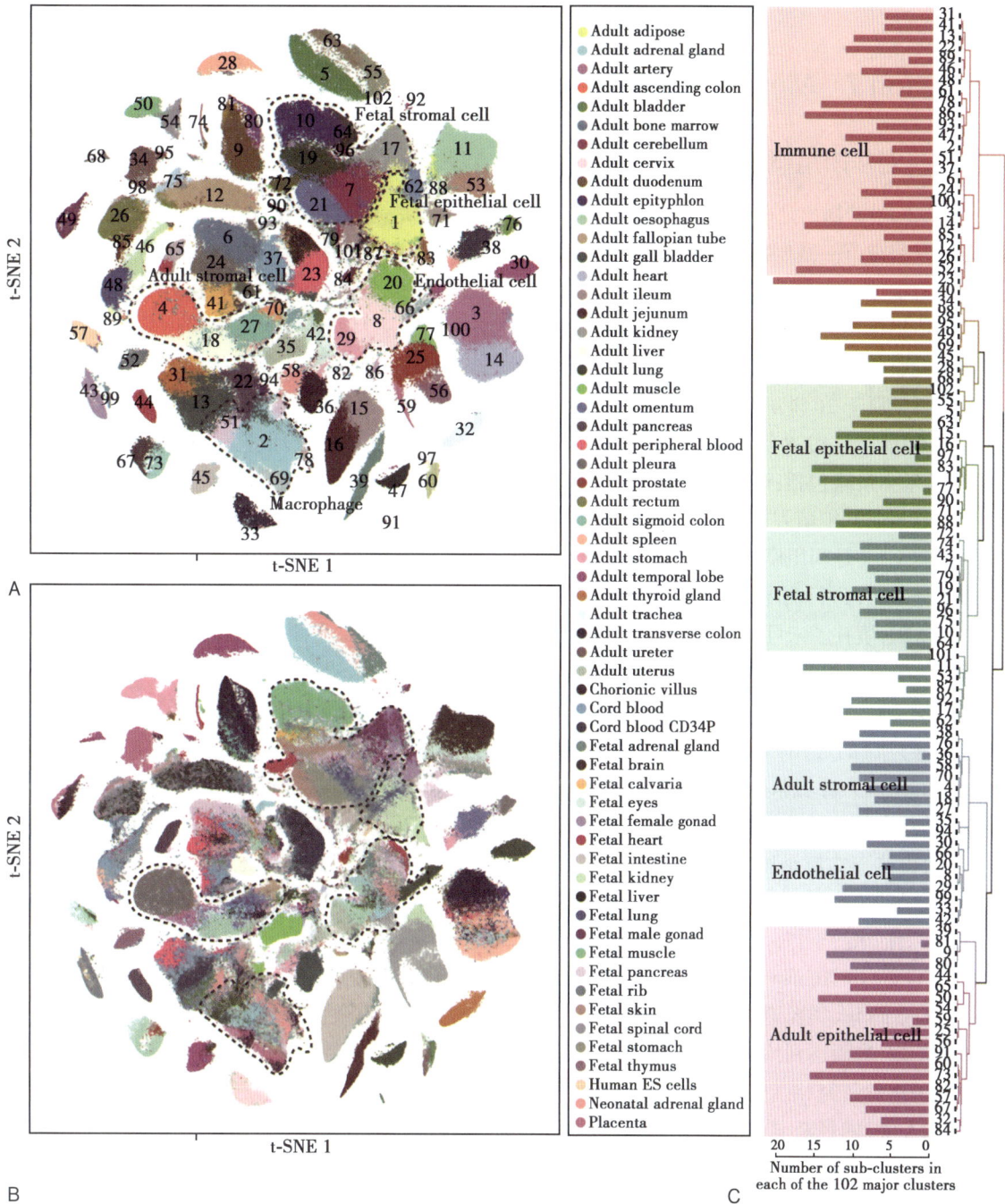

图 5-39　结直肠癌单细胞图谱（63 名患者，超过 23 万个细胞）
Granulocyte：粒细胞；Endo_lymphatic：淋巴管内皮细胞；Myof：肌成纤维细胞；Epi_colon：恶性上皮细胞。

　　单细胞测序除了应用于肿瘤研究外，还在其他诸多领域，例如神经科学、生殖健康、器官发生、临床诊断、免疫学、微生物学、组织嵌合、胚胎发育、产前遗传学诊断等领域有着广泛的发展。随着技术的不断提升，单细胞测序将会有更加广阔的应用前景，以更好地促进我们对不同生物学过程的理解和研究。

NOTES

第七节 宏基因组测序及分析技术
Section 7 Metagenome Sequencing Technique and Application

一、宏基因组概述

宏基因组学提出之前,人们对微生物的认识和研究主要是通过实验室培养来获得,开发利用微生物资源停留在单一微生物物种水平上。然而,由于环境中可被培养的微生物仅占1%,致使人们对微生物作为整体的认知远远落后于对其个体的认知,而那些迄今为止还未发掘的难分离培养的微生物才是环境微生物多样性的主体,是基因发掘的重要来源。宏基因组学技术不依赖培养,从自然环境中直接提取遗传物质,对微生物群体进行研究,极大地丰富了人们对微生物群体生态和进化的认识。宏基因组学源于20世纪70年代土壤微生物基因组DNA直接提取技术的实现。随着微生物学和生物技术不断发展,1998年,Handelsman等首次将宏基因组定义为:"特定环境下所有生物遗传物质总和"。其基本策略包括:环境样品中总DNA的获得;DNA酶切或者超声打断,与合适的载体连接(如Cosmid、Fosmid、细菌人工染色体载体等),克隆到模式生物中,构建宏基因组文库。文库的筛选,主要分为两类:一类是利用模式微生物表型变化来进行筛选目的基因的表型筛选法;另一类是对文库中所有或部分DNA进行测序分析,如16S rRNA的基因型分析法。这些策略的应用丰富了人们对环境微生物的认识,填补了未可培养微生物研究的空白,近些年兴起的高通量测序技术更是极大地加速了这一领域的研究进程。

自从2005年推出市场以来,新一代测序技术(Solex、454、ABI SOLID)在基因组研究领域有着越来越广泛的应用。相对于常规的Sanger测序技术,它有着通量高、耗时短和成本低的显著优势。它的出现为环境微生物的研究开辟了新的思路——从基因组学角度研究环境样品中微生物的组成和功能,为我们寻找新基因、开发新的生物活性物质、研究环境中微生物多样性和进化提供了重要手段,使得这一领域迅速成为研究热点。2007年年底,美国国立卫生研究院宣布正式启动"人类微生物组计划"(Human Microbiome Project,HMP),计划用新一代DNA测序仪进行人类微生物DNA的测序工作;几乎同时,欧洲委员会(European Commission,EC)也开启了"人类肠道宏基因组学"(Metagenome of Human Intestinal Tract,MetaHIT)计划。该项目旨在研究人类肠道中的所有微生物群落,进而了解人类肠道中细菌的物种分布,最终为后续研究肠道微生物与人类疾病的关系提供重要的理论依据,进而达到预防和监控的目的。这些计划极大地推动宏基因组学研究的进展,使得大规模的宏基因组学研究相继展开,大量新的微生物种群和新的基因将得以发现,相关的数据库(如GoID、CAMERA等)的日渐丰富,对宏基因组学的发展都有积极的影响。

然而,由于高通量测序技术的局限性,宏基因组研究中所利用的计算生物学方法遇到了很多困难。当前大部分物种谱分类(taxonomic classification)软件对于处理短序列均存在准确度和敏感度不高的问题。除此之外,环境微生物学和计算生物学专家们所普遍面临的困境是如何开展新环境下的宏基因组学研究。与研究相对较多的人体微生物组不同,"新环境"意味着其中必然存在着大量未知种类的微生物,它们的基因序列与已知物种差异较大。如果仅利用这些已知物种的基因组信息,去研究新环境中未知微生物的种类和丰度,就会遇到很多问题。此外,即使对于研究较多的所谓"旧环境",也可能存在大量不为人知的微生物,它们往往是研究微生物进化与环境适应关系的绝佳材料。对于这些与特定环境相关的微生物,所有基于序列同源搜索的计算生物学方法,都不足以进行准确的物种分类和功能注释。对于未知环境而言,获取较为完整和准确的细菌基因组序列,对于研究未知环境中微生物组成、基因功能和代谢网络都有重要的意义。本章后续内容将从获取环境微生物基因组的生物信息学方法和试验方法来展开。

二、获取微生物基因组的策略和方法

(一) 宏基因组拼接

宏基因组拼接基本遵循了单物种基因组序列拼接的算法和理论。基因组拼接主要有两种策略：基于参考基因组的拼接（reference-based assembly）和从头拼接（de novo assembly）。第一种策略需要参考基因组或近缘物种参考基因组进行辅助拼接，这种拼接方式在重测序项目中应用较多；第二种方式是指不依靠参考基因组，基于测序产生的 reads 直接进行从头拼接得到目标基因组序列，这种方法是宏基因组拼接采取的主要策略。目前从头拼接算法可以分为三种：贪婪算法、"overlap-layout-consensus" 算法和基于图论的算法。前两种算法需要寻找 reads 间的重叠，非常耗时，对于短 reads 拼接效果不好。宏基因组测序通常会产生远多于单基因组测序的 reads，因此，贪婪算法和 OLC 算法很少应用于宏基因组拼接。对于宏基因组拼接来说，其拼接难度要远高于单基因组拼接。除单基因组拼接中重复序列（repeats）和异质性（heterogeneity）等问题外，宏基因组拼接中还有许多额外的挑战，例如：近缘物种干扰、测序深度不均一（这一点更类似于转录组拼接）、不同细菌间的保守基因、更大的测序量代表着更多的测序错误、更大的内存需求。因此，单纯利用以往的单基因组拼接软件，例如：SOAPdenovo、ABySS、Velvet 等，进行宏基因组拼接显然是不够的，针对宏基因组自身固有属性来设计新的拼接方法是非常有必要的。

最早出现的宏基因组拼接软件是 2011 年由 Peng 等人开发的 Meta-IDBA。这一软件所基于的逻辑是：两种微生物进化距离越近，在宏基因组拼接时，他们的基因组序列越有可能嵌套在一起，相反，越远的话，基因组序列重叠的区间就越少。对不同进化距离的细菌基因组对进行了 kmer 相似性分析的结果同样支持了这一观点，因此研究者根据这些观测对宏基因组拼接 de Bruijn 图进行了解构，遍历每个出度（out degree）大于 2 的节点（node）。如果从这个节点出发的所有路径（path）没能在一定的长度范围内（默认 300bp）汇集到同一节点，那么这两条路径代表的序列应该不属于同一基因组，路径出发的这个节点的所有边（edge）都被删除。这个过程会一直循环直到所有的节点都满足条件，此时搜索模型终止，得到许多解构后的最大联通分量（components）。随后利用最大联通分量间的 paired-end 连接信息将属于一种细菌基因组的最大联通分量连接起来。最后对每个连接后的联通分量构建统一序列（consensus）和拼接，产生更长叠连群（scaffold）。

2012 年，Sakakibara 等人开发了 MetaVelvet。其主要创新是：通过重叠群（contig）的测序深度和图的连通性（connectivity）对拼接的 de Bruijn 图进行解构。理想情况下，解构后每一个子图中的序列都只属于一种细菌，最后再对每个解构后的子图单独拼接。对于中等复杂度的宏基因组拼接，这种方法取得了很好的效果，但是此方法对嵌合体（chimera）检测和过滤的表现比较差。因此，2014 年这些研究者又基于 MetaVelvet 增加了新的模块来识别和过滤嵌合体，并命名新的软件为 MetaVelvet-SL。此软件可以识别和解构 de Bruijn 图上的嵌合体序列，以得到更长的拼接序列，减少拼接错误。具体流程为：首先，将已知的参考基因组序列进行混合拼接，然后取出拼接中产生的嵌合体序列，并利用支持向量机（support vector machine，SVM）基于 94 个特征向量训练嵌合体识别模型，随后将这个训练模型加入到拼接过程中，识别并解构嵌合体。

类似的宏基因组拼接软件还有：Bambus2（宏基因组 scaffolding 软件）、Ray Meta、MetaAMOS、MEGAHIT。为了解决宏基因组数据量庞大，对计算要求高的问题，Brown 等人开发了基于数字矫正（digital normalization）和分割（partitioning）算法的新工具——khmer。数字矫正算法的作用是删除丰度较高细菌基因组冗余的 reads。在宏基因组测序中丰度较高的细菌会被重复测到，这会导致大量冗余的 reads。丰度较高的细菌测序深度可高达 2 000X，这些 reads 如果没有测序的话不会对拼接产生影响，但是实际情况中这些 reads 含有大量的测序错误，这些错误会导致大量错误 kmers 的产生，显著增加 de Bruijn 图的复杂度，进而消耗大量内存和时间，以及导致拼接产生的序列高度碎片化。数字矫正算法目的是：将这些细菌基因组的测序深度矫正到 20X 左右，这样就可以消除大量冗余 reads。

分割算法会将去冗余后的 reads 归类,使每一个归类结果中的 reads 都来自同一细菌。随后,他们成功将这个方法运用到两个土壤宏基因组样品中(含有 3 980 位碱基对,大小相当于 88 000 个大肠埃希菌基因组)。经过数字矫正后,60% 的原始 reads 得到成功过滤,剩下 40%reads 可以覆盖参考基因组 91% 的序列,并且拼接结果要优于含有全部 reads 的拼接结果。

(二)序列归类

宏基因组拼接得到了大量 contigs 或者 scaffolds,随后的问题就是鉴定每条序列的来源,这对于理解微生物群体的结构和功能非常重要。将序列和物种联系起来的过程被称为序列分箱(binning)或者分类(classification)。最理想的序列归类方法自然是基因组拼接:将每个细菌基因组拼接为一条染色体。然而,实际上宏基因组拼接远不能达到这种预期,因此需要进行序列归类。如果存在参考基因组,归类可以通过查找序列相似性的方式来实现。假设存在未经注释的序列 A,和两个已注释的序列 B 和 C,以及序列相似性函数 sim,如果 sim(A,B) > sim(A,C),A 就可以放到物种树上 B 和 C 节点之中,并且位置靠近 B,MEGAN 就采用了类似的分析方法。

当缺少参考基因组时候,大部分序列归类方法主要依靠序列组成信息,例如:GC 含量、编码框(codon usage)、kmers 频率分布,基因组片段序列组成同样符合基因组序列组成分布,并且不同基因组间这些组成信息是不同的。这些方法可进一步分为两类:监督式(supervised)和非监督式(unsupervised)。非监督式的归类方法不依靠参考序列就可对序列进行聚类。TETRA、MBBC、SPHINX 等软件都可以归为非监督式的方法。这种方法的优点是不依赖于参考基因组序列便进行序列归类,因此可得到新物种基因组序列。其缺点是准确率不高,不能有效对丰度较低的细菌基因组序列进行归类。监督式的归类方法首先对参考基因组预先处理训练模型,然后利用训练好的预测模型对未知序列进行归类。Bayesian classifiers 和基于支持向量机的 Phylopythia 等软件都属于这种方法。其优点是当目标物种丰度较低时也可以进行有效的聚类,并且这种方法的灵敏度和准确性都要优于非监督式的归类方法。

研究者进一步提出基于 co-occurence 的方法来进行序列归类。这一方法除了利用序列组成信息外,还利用了不同样品间序列测序深度来进行归类。这种方法效果要远优于单纯基于序列组成的方法。其优点是分辨率高,有的应用中甚至在菌株水平进行归类。Nielsen 等人用此方法从污泥中获取了 31 个细菌基因组序列,包括相对丰度小于 1% 的细菌。其具体方法为:首先用不同方法提取宏基因组样本 DNA,这样就在不同样品中产生细菌丰度差异,随后分别对每个样本进行建库、测序、宏基因组拼接。只用一个样本的 scaffolds 做序列归类,将两个样本中的 reads 分别比对到这组 scaffolds 上,得到这些 scaffolds 在不同样本中的相对丰度。然后提取这些 scaffolds 的 GC 含量和 4-mer 核苷酸频率分布,进行散点图构建,图的两个轴分别代表的是每个 scaffolds 在每个样本中的相对丰度,点的大小代表 scaffolds 的长度。提取图上聚在一起的 scaffolds 簇作为初始聚类结果,用主成分分析对这些 scaffolds 按照 4-mer 核苷酸频率分布进行区分,得到可靠的聚类结果。在这些聚类结果基础上,每个与聚类结果中 scaffolds 有 paired-end reads 连接关系的 scaffolds 也被提取出来加入聚类结果中。最后提取出可以比对到这些 scaffolds 上的 reads 进行单基因组拼接,得到细菌基因组全长序列。这一方法创新性地利用了同一细菌在不同样本中不同相对丰度进行聚类,极大提高了宏基因组归类方法的精度和应用范围。但是此方法需要大量手工劳动,从选取初始聚类单元,到 PCA 分析,再到基因组拼接。需要消耗大量的时间和精力并且需要丰富的经验,这些都限制了此方法的大规模应用。

Ehrlich 等人随后利用了相似的思路开发出基于 co-abundant genes 的宏基因组归类新方法。首先,分别对多个样品进行 DNA 提取、文库构建、高通量测序、宏基因组拼接以及基因识别。随后,集合所有样本的基因进行去冗余,得到非冗余的基因集合。分别将每个样本中的 reads 比对到这个非冗余基因集中,得到每个基因在这些样本中的丰度模式。聚类过程起始于非冗余基因集中任意一个基因,然后在此集合其余基因中寻找与这个基因有相同丰度模式的基因(PCC 距离大于 0.9),将这些基因聚类到一起形成最后的结果,称其为一个等丰度基因集合(co-abundance gene group,CAG),如果一个 CAG 含有超过 700 个基因,那么这个 CAG 就被称为宏基因组种(metagenomic species,MGS)。最后将比对到每个 MGS 上的 reads 提取出来,进行单基因组拼接,得到此物种的基因组序列,这个过程称为 MGS 辅助的基因组拼接(MGS-augmented genome assembly)。通过这一方法不仅可以得到细菌的基因组,也可以通过此方法获取病毒序列。在其研究中,利用 396 个人类肠道微生物样本进行实验,得到了 7 381 个 CAGs,其中包含 741 个 MGS,最后对这些 MGS 进行拼接得到了 238 个高质量的细菌基因组序列。

除利用核苷酸组成、测序深度信息外,也有研究利用额外信息分析基因组序列。Armbrust 等人对海水宏基因组样品进行了 DNA 提取、高通量测序和宏基因组拼接,随后用拼接后 contig 间的 mate-pair 连接信息(依靠将 paired-end reads 比对到 contig 上获得)构建宏基因组拼接图(assembly graph)。再利用 mate-pairing 得分、核苷酸组成和测序深度信息,将图上错误的连接断开,得到线性化的 scaffolds。最后他们利用核苷酸组成信息对生成的 scaffolds 进行序列归类,获得了部分细菌完整的基因组序列。依靠这种办法,他们拼接了一种不可培养的古菌,将 reads 比对到此古菌基因组上发现 1.7% 的总 reads 属于这个基因组。虽然可以获得全基因组序列,但是此方法通量太低,研究中只得到了非常少数目的全长细菌基因组序列。从获取未知微生物层面来说,这项研究是非常有意义的,因为这种方法为回收目标基因组序列提供了新角度:引入拼接图将目标基因组序列进行串联和延长。

以上的方法都将细菌在不同样本中的丰度和序列组成割裂开进行聚类,还有一些方法将这些信息都集合在一起,以期达到更好的聚类效果。其中代表性的方法就是 Alneberg 等人开发的 CONCOCT 软件。此软件也需要分别对多个样本进行 DNA 提取、文库制备和高通量测序。但是此软件将所有样本测序的 reads 进行了共拼接(co-assembly),随后将每个样本中的 read 比对到拼接后的 contig 上,得到每条 contig 的丰度模式和 4-mer 核苷酸频率分布模式并用 contig 长度进行均一化和 log 变换。最后再用 PCA 进行降维,利用混合高斯分布解决归类数目的问题。类似的软件还有:MetaBAT、GroopM、MaxBin 等。

(三)单细胞测序

单细胞测序技术的发展极大改变了人类对不可培养环境微生物的研究方法。之前,人们想对单个细胞进行 DNA 测序非常困难,这是因为大部分的细菌 DNA 含量只有几个飞克(femtograms),这么少的 DNA 量无疑不足以进行高通量测序,因此只能通过培养细菌的方式来获取足量的 DNA 进行测序。但是,这些可以培养的微生物总量只占到了微生物总体的 1% 左右,极大限制了人们对环境微生物群体的研究。然而,自从多重置换扩增(multiple displacement amplification,MDA)技术出现后,这些已不再是问题,一次 MDA 可将单个细胞的 DNA 扩增到微克(micrograms)级别。与此同时,研究人员还开发了多种分离单细胞的方法,例如:流式细胞仪(flow)、显微操作技术(micromanipulation)、荧光激活细胞分选(fluorescence activated cell sorting,FACS)以及微流控技术(microfluidics)。以上这些使人们不必再依靠纯培养的方法来获取细菌全基因组序列。

MDA 技术原理是利用随机引物和 phi29 DNA 聚合酶对模版 DNA 进行链置换扩增反应。其优点是产生的 DNA 片段长(平均长度为 12Kbp,最长能达到 100Kb);同时具有外切酶活性和修复错误的能力,因而错误率低(为普通 Taq DNA 聚合酶的百分之一)。该反应在恒温(30℃)下进行,其扩增倍数可达百万,单个反应即可满足测序需求。但是这一技术目前也存在一些不足:一次 MDA 反应得到的基因组测序覆盖度大概只有 40%~70%,并且会产生嵌合体,以及得到基因组碱基测序深度高度不均一,但是这些问题都有望随着技术的发展得以解决。Timothy 等人于 2009 年用大肠埃希菌 E. coli 和 454 测序技术对 MDA 的特性和生成的嵌合体进行了研究。测序产生了 108 944 个 reads,包含 495 个嵌合体(0.45%)。这些嵌合体中有 85% 属于倒置序列(inverted sequences),剩下的属于同向序列(direct sequences)。

为了解决 MDA 覆盖度低和测序深度不均一的问题,Xie 等人开发了一种称作多重退火和成环循环扩增（multiple annealing and looping-based amplification cycles）的新技术,使得一次单个细胞的全基因组扩增的基因组覆盖度可达 93%。此实验方法首先从单细胞中提取 DNA,然后添加引物,这些引物由两部分构成:5′ 端含 27 个碱基组成的共同序列,这一序列可防止 DNA 拷贝数目过多,极大降低了扩增偏倚;3′ 端为长度为 8bp 的随机核苷酸序列,用以保证与模板链上的各处随机结合。65℃利用链置换酶进行扩增产生半扩增子(semi-amplicon),随后的扩增循环产生完全的扩增子(full-amplicon)并形成发卡结构。这一技术的优势是:第一,线性扩增。每进行完一个循环后,58℃退火,让完整的扩增子扩增产物的两端发生链内杂交,这样 3′ 端的序列就不能与新的游离引物发生杂交,这样就避免了完整扩增产物的自我指数扩增。第二,全基因组覆盖。利用 φ29 聚合酶的前链移开功能,在一个模板上扩增出多个扩增子。从第 1 轮扩增开始,每个模板得到多个扩增子,加上以后 5 轮的扩增,原始模板都有机会再次被扩增出多个扩增子。这样保证每个原始模板都产生 n 个扩增子。第三,扩增效率高。

单细胞测序技术使人们可以不再依靠纯培养的方式获取细菌基因组序列,进而构建新的微生物进化树以及进行功能分析,新发现的基因将加深人们对微生物进化、分类、生命活动过程的理解。Mussmann 等人对一个不可培养的海洋微生物进行单细胞测序和序列分析,结果显示这种细菌是一种新的硫化细菌,功能预测结果表明这一细菌基因中有相当大比例为硫氧化、氧化呼吸、二氧化碳固定过程中的关键酶。并且,此细菌还可能利用无机硫化物和二甲基亚砜作为电子受体。Woyke 等人利用单细胞测序技术获取了来自深海热泉和地下金矿等 9 个不同环境下 201 种细菌和古细菌基因组序列。分析发现这些细菌主要属于物种树上 29 个未得到充分研究的分支,因此他们将这些细菌称为细菌暗物质。对这些细菌的基因组序列深入分析,研究人员得到了许多有意思的发现。例如,3 种古细菌中包含只在细菌中发现的可以启动 RNA 转录的 sigma 因子;还有一些微生物使用仅仅在古细菌中存在的酶合成了嘌呤碱基。这些研究都表明单细胞技术极大地扩展和提高了人类对未知物种的认知和探索的能力。

单细胞测序技术可以从单个细胞水平获取微生物基因组,它在复杂微生物群落的基因组结构解析方面有着重要的应用潜力。然而,由于微生物单细胞测序技术具有成本高、效率低,并且所产生的数据覆盖度高度不均一等固有缺陷,使得它在微生物组学研究中的应用受到很大限制。针对这一问题,研究人员提出了基于降低物种复杂度策略的微生物组结构解析的新技术—metaSort,它将单细胞测序和全基因组随机测序技术相结合,以获取微生物群落中不同物种的基因组完整序列。metaSort 利用流式细胞术对宏基因组样品中的细菌进行排序,然后分选出指定区间内指定数目的细菌子集。随后,利用单细胞技术对每个细菌子集进行扩增测序。为了利用原始的宏基因组和分选的细菌子集信息,他们还提出了两个新的算法模型:BAF 和 MGA。这两个方法可以利用子集中富集细菌的部分基因组序列,从原始宏基因组数据中回收目标基因组序列,并对这些序列进行拓扑组装和变异识别。研究人员利用该技术对未知微生物群落—海藻表面共生微生物进行了研究:仅通过 3 次流式细胞分选,就成功获得 72 个接近完整的微生物全基因组序列。

(四) 长片段测序技术

除单细胞外,长片段测序技术,例如:PacBio 和 TruSeq Synthetic Long-Reads 等,也开始助力于宏基因组学研究。由于 TruSeq Synthetic Long-Reads 技术准确性高以及成本相对较低,因此是目前宏基因组中应用较多的技术。其原理是将基因组 DNA 打断成 10Kb 左右的 DNA 片段,然后将这些大片段做成长 PCR 的 Master Mix,将这个 Master Mix 分散到 384 孔 PCR 板里,使每个孔中只有一个 DNA 片段,进行长 PCR,用 Nextera 方法,对扩增好的片段打断,加上末端标签。这步完成后就得到了 384 个文库,最后对每个文库进行 Illumina 测序。测序完成后,可以根据每个文库的标签进行拆分,获得每个文库的读段。然后,分别对每个文库的读段进行组装,结果得到许多个 10Kb 左右的组装序列。

这些技术克服了短序列数量大、复杂度高、难以拼接的问题,使得获取全基因组序列以及研究种下变异更为简单。Itai 等人比较了 Illumina 短片段测序技术和这种长片段测序技术在宏基因组学研究中的表现,并对陆地沉积层宏基因组中低丰度的细菌和菌株间的异质性进行了研究。通过长片段序列研究揭示了之前遗漏的近缘物种和四百多种未知的细菌基因组序列。2015 的研究中,Snyder 等人也利用长片段测序技术对肠道微生物进行了研究,结果揭示了惊人的肠道微生物多样性,有些细菌在肠道中存在多达 5 个不同的菌株。他们还开发了结合长/短片段测序技术进行宏基因组拼接新算法:Len,用来获取未知新物种的基因组序列。为了提高 TruSeq Synthetic Long-Reads 拼接的准确性和连续性,Pevzner 等人还针对此技术设计了新的算法成功解决了拼接过程中高错误率的问题。

三、宏基因组拼接质量评估

随着测序价格的降低、测序技术、宏基因组拼接和序列归类算法的发展,人们获取环境微生物种的细菌基因组的能力得到了长足发展。当获得单个细菌基因组序列后,首先要做的一个工作就是对其进行质量评估,包括:拼接的连续性(N50、N90、平均长度等)、完整性(completeness)和污染(contamination)。因为,基因组拼接质量决定了后续的分析工作。目前大部分的质量评估流程只是简单利用基于所有细菌和古细菌的保守单拷贝标识基因(single-copy marker genes)进行完整性和污染率的评估。然而,这种方法的准确性没有得到验证,并且这些基因只占到全基因组所有基因数量的10% 不到,这无疑会对基因组拼接质量评估产生极大偏移。因此,2015 年 Parks 等人开发了首个进行准确细菌基因组质量评估的软件——CheckM。研究者首先利用数据库中所有高质量的参考基因组构建了系统发育树并生成了许多谱系特有的标识基因集合(lineage-specific marker set)。随后将待评估的基因组序列插入到构建好的系统发育树中,确定其位置。然后再利用待评估的基因组所在谱系的标识基因集合对其进行质量评估。结果表明这些构建好的谱系特有的标识基因集合的准确性和有效性要远高于以往的通用单拷贝标识基因。同时,研究者还对公共数据库中的 2 281 个细菌基因组序列进行了质量评估,结果显示 2 190(96%)的细菌基因组完成度大于 95%,污染率小于 5%,这些基因组的质量非常高,足以作为参考基因组进行后续分析。但是对于其他基因组分析发现,并不是所有数据库中的参考基因组都属于高质量拼接结果。

四、宏基因组研究的常用工具

目前,微生物生态基因组数据分析主要依靠比对的方法得到微生物的分类和功能信息,以及基于全基因组测序的宏基因组数据分析。基于比对策略的生物信息分析软件包括:mothur、QIIME 和 PICRUSt。

Mothur 软件是由密歇根大学的 Patrick Schloss 和其同事编写完成的,主要分析基于 16S 的宏基因组测序的数据。可支持分析罗氏 454 测序平台和 Illumina 测序平台的数据。其分析内容包括数据预处理、OUT 聚类、嵌合体去除、序列分类地位确定以及群落 α 和 β 多样性计算等。

QIIME 软件是由 Knight 和其同事编写完成的,与 mothur 软件类似,主要分析基于 16S 的宏基因组测序数据。支持分析罗氏 454 测序平台、Illumina 测序平台和 Sanger 测序平台的数据。其分析内容包括数据的前期处理、OTU 聚类、嵌合体去除、序列分类地位的确定以及群落 α 多样性以及 β 多样性的计算等。它的优势在于可以对分析结果进行图形化展示,并且数据分析流程简单明了。缺点是只能用于 Linux 操作系统且安装过程较为复杂。QIIME 提供三种 OTU 聚类方法,分别为:de novo、closed-reference 和 open-reference。通过 de novo OTU 聚类将所有序列按照相似性进行分类。在此过程中,所有的序列都会包含进来,它的缺点是没有参考序列可以让它们进行并行运算,所以速度比较慢。聚类完成后,此方法会选择代表序列进行物种注释、序列比对和构建系统发育树等。然而,在实际的宏基因组数据分析过程中,除非待分析数据缺乏参考数据库,一般情况下不会采用 de novo OTU 聚类。尤其是以下情况,不适用进行 de novo OTU 聚类:①不同高变区的序列相互比较。②数据量非常大。Closed-reference OTU 聚类过程中,所有序列会与参考数据库进行比对,没有和参考数据库比对上的序列将会被删除掉。如果参考数据库有序列注释信息,也会直接分配到其对应的 OTU 上。如果利用 16S 的不同区域进行测序,并且这些区域没有重合,这种情况下必须使用 closed-reference OTU 进行聚类分析。如果使用没有参考序列的 marker gene 进行分析的话,则不能使用该策略。这种策略的优点是可以并行运算,即便是数据量很大,也可以计算得很快。缺点就是不能发现新的物种,因为不能和参考序列匹配上的序列会被直接删除掉。当 OTU 聚类完成后,此程序也会选择代表序列进行物种注释、序列比对和系统发育树构建等。在 open-reference OTU 聚类过程中,所有序列和参考数据库会共同进行聚类,没有和参考数据库聚在一起的序列将会保留下来然后单独聚类。这是最优的 OTU 聚类策略。然而,如果利用 16S 的不同区域测序,并且这些区域没有重合,此时就无法使用 open-reference OTU 聚类。此外,没有参考序列时,也不能使用这种聚类策略。该策略可进行并行运算,具有较快的运算速度。

PICRUSt 软件是由 Huttenhower 和他的同事所开发,其主要功能是通过系统发育信息去推测微生物的功能信息。其原理主要通过机器学习的方法将已有的微生物系统发育信息与参考基因组的功能信息结合起来。由于人体微生物的研究比较多且信息丰富,所以此软件在人体微生物研究方面应用比较成熟。用户只需要导入 QIIME 分析的 OTU 结果,就可以得到微生物的功能信息,并可用于后续的数据分析。

基于全基因组测序的宏基因组数据分析,主要采用多软件结合的方式对数据处理。首先利用拼接软件对高质量的测序 reads 进行序列拼接得到大片段序列,然后用基因注释软件对拼接结果进行基因预测和注释,随后利用 BLAST 等软件和数据库进行比对,得到基因的物种和功能注释信息。BLAST 的结果可以直接导入 MEGAN 软件中进行统计分析和图形化展示。MEGAN 是一款强大的可以对宏基因组数据进行分析与图形化展示的软件。到目前为止已经更新了五个版本,其中最新版本除了可以展示物种发育地位和功能信息外,又额外增加了很多新功能,包括更快的分析速度,支持 Eggnog、SEED(见书末参考网址)和 KEGG 分析,支持 PCoA 和多样品比较分析等。

微生物生态基因组研究通常采用 16S rRNA 测序以获得物种谱信息,或采用全基因组随机测序 WGS 以得到功能基因谱信息,抑或两种策略同时采用。但是由于测序技术和实验方法本身的限制(即短序列和小片段文库),这些研究都割裂了物种谱和功能谱之间的联系。这是因为 16S rRNA 序列在宏基因组拼接时被视为重复序列,或被拼接到一起,或被舍弃,无法建立其与侧翼的蛋白编码基因的连接,导致 16S rRNA 物种谱信息与功能基因谱信息的割裂。这给环境微生物物种多样性(尤其是种下多态性)和功能多样性的研究带来严重的障碍。

研究人员在现有宏基因组学技术的基础上,提出一种全新的宏基因组研究策略,即 16S rRNA-侧翼序列环化测序及计算技术(ribosomal RNA gene flanking region sequencing,RiboFR-Seq)。通过该技术,可以同时获得 16S rRNA V4/6 高变区及 16S rRNA 上游的蛋白编码基因序列。基于此数据,能够建立起 16S rRNA 与宏基因组拼接序列的物理关联,校正或补充彼此注释的结果,实现准确无偏的宏基因组数据解析,进而快速、准确和全面地解析环境样品中微生物的组成和功能。研究人员利用该技术,进一步对人体共生微生物和海洋生物表面附生微生物群落开展了研究。从实际数据分析结果来看,RiboFR-seq 方法可以实现对宏基因组中 16S rRNA 拷贝数的测定,从而修正了由于 16S rRNA 拷贝数差异导致的菌群丰度估计偏差,所得到的菌群组成更能反映环境中的真实情况。此外,利用"桥连序列"信息,对 16S 扩增子和全基因组测序拼接结果进行重新注释,可辅助宏基因组数据的拼接和组装。本技术首次建立了宏基因组中物种谱和功能基因谱的有效关联,为宏基因组学研究尤其是未知环境条件下微生物组的研究,提供了全新的思路和方法。

小结

高通量测序技术,尤其是单细胞测序技术,已经成为当今生物医学领域的最前沿技术,不断革新传统生物医学的观念,其应用已经涵盖检测 DNA 变异、RNA 发现与定量、DNA 表观修饰、RNA 翻译以及细胞类型识别等。本章首先描述了高通量测序技术的基本原理,然后分别阐述了组织及单细胞 DNA 测序、RNA-seq、ChIP-seq、宏基因组测序的技术原理,重点讲解了 DNA 测序、RNA-seq、ChIP-seq、单细胞测序及宏基因组的数据分析流程,并利用已发表的有代表性的实例说明高通量测序技术在人类及微生物中的应用。尽管基于高通量测序所衍生出的技术层出不穷,但这些技术通常具有类似的分析流程。然而,每一种技术都有自己独特的特点,并不能简单地将一种技术的处理流程应用于其他技术,需要结合其自身的特点,合理设计分析流程。总之,高通量测序技术为探索人类复杂疾病的致病机理提供了巨大的帮助,为疾病的诊断、预后以及临床药物治疗提供了一个潜在契机。尽管如此,对高通量测序产生的大规模数据进行计算和分析,仍然是目前面临的巨大挑战。在未来,高通量测序技术将全面应用于大量的疾病样本,产生海量的基因组、转录组、表观组、调控组及宏基因组等多组学大数据,系统整合分析将成为研究人类复杂疾病的有效方法。

Summary

High-throughput sequencing technique, especially the emerging single cell sequencing technology, has become a cutting-edge technology, and is changing traditional biomedical researches. The technique has been comprehensively applied to detect DNA variations, identify and quantify RNAs, analyze DNA epigenetic marks, characterize RNA translation, and assign cell types, etc. In this chapter, the basic principle of high-throughput sequencing technique is described. Then, the details of bulk and single-cell protocols for DNA sequencing, RNA-seq, ChIP-seq and metagenome sequencing are introduced separately, among which most focus on the elucidation of their representative applications in human beings. At present, more and more sequencing-based techniques are developed and these techniques have similar data analysis workflows. However, each sequencing-based technique has its own specific features so that it cannot directly applied data analysis pipelines of other techniques. In general, the specific features of different sequencing techniques should be considered to design an effective data analysis pipeline. In summary, high-throughput sequencing technique provides essential help to explore the molecular mechanisms underlying human disease, and offers chances for disease diagnosis, prognosis and clinical treatment. Nonetheless, computational analysis of large-scale data derived from sequencing techniques is still a big challenge. In future, high-throughput techniques will be comprehensively applied to a large number of disease samples, which will generate omics-big data (such as, genomics, transcriptomics, epigenomics and metagenomics). Systematical combination of these big data will provide new insights into human disease.

(李　霞　李亦学　赵方庆　肖　云)

思考题

1. 简要论述新一代测序技术在基因组、转录组等方面的技术及其应用,并在论述中举例。
2. 简要说明各种技术在基因组学、生物医学及生物信息学等方面的应用实例。
3. 简述 RNA-seq 的差异表达分析的主要步骤及常用的差异表达分析软件。
4. 简述 bulk 测序与单细胞测序的异同点。
5. 简述单细胞转录组测序数据分析的基本流程。
6. 简述宏基因组组装的基本策略和常用软件。

第六章 转录组数据分析

CHAPTER 6 TRANSCRIPTOME DATA ANALYSIS

- 基因表达的测定原理及应用。
- 基因表达数据预处理及差异表达分析。
- 聚类分析、分类分析及基因表达分析的常用软件。

第一节 引 言
Section 1 Introduction

转录组学相对基因组学而言有以下几个特点：①基因组信息是静态的，转录组信息是动态的：基因的表达具有时空特异性、是基因组与外界环境相互作用的结果，所以基因表达的数据远比基因组的数据复杂多样。②基因组信息分析更侧重对基因组序列进行分析，数据对象是 DNA（或某些病毒的 RNA）字符串，包括编码基因和非编码基因的序列；转录组学的数据分析不只是对字符串的分析，更多的是对数值分析。

一、概述

基因表达是基因型到表型的关键中间步骤，基因表达的时空性可以为我们提供丰富的生物医学信息用于临床诊断标志物的发现、临床治疗效果的评价及药物靶点的发现等。因此，基因表达数据的分析和应用是现代生物医学关键的研究领域之一。本章首先简要介绍基因表达的测定原理和基因表达测定的应用；然后介绍基因表达的测定平台、数据库（第二节）；数据的预处理、差异表达分析（第三节）；聚类与分类分析（第四节）以及基因表达分析的常用软件（第五节）。对于基因表达数据的深层次分析，如网络调控建模、基因启动子模式的识别、与其他组学的整合分析等，读者可参照本书其他章节的部分内容或根据文献进行拓展阅读。

二、基因表达测定原理

了解基因表达的复杂性、时空性以及基因表达的测定原理，有助于在分析数据时，通过参照各种测定技术来建立合理的假设和模型，或者进一步与其他组学信息进行整合分析。例如，图 6-1 是真核生物基因表达的基本方式。真核生物的基因表达是一个复杂过程，基因表达和蛋白质表达都具有复杂的分子调控机制，因此基因表达与蛋白质表达的相关性不是简单的线性相关关系，探讨基因表达与蛋白质表达的关系，需要更加复杂的建模分析。

图 6-2 为基因表达调控示意图，可见基因的表达与基因组信息密切相关，利用转录组数据的基因共表达现象，可以找到上游基因组的调控因子如启动子、增强子的信息。

基因表达不只是定量的问题，通常还需考虑表达的时空性（图 6-3），目前在基因表达分析方面，静态分析占多数，考虑基因表达的时间序列的数据虽然不多，但是已有一些研究报道，即利用时间序列建立动态的调控网络。而考虑基因表达空间因素的研究还比较少见，这是生物信息学工作者下一步研究的重要方向之一。

目前常见的基因表达测定的方法可简单分为低通量和高通量两类关键技术，低通量的基因表达测定方法如 RT-qPCR，其方案见图 6-4，图中 CT 值（C：Cycle，T：Threshold）代表每个 PCR 反应管内

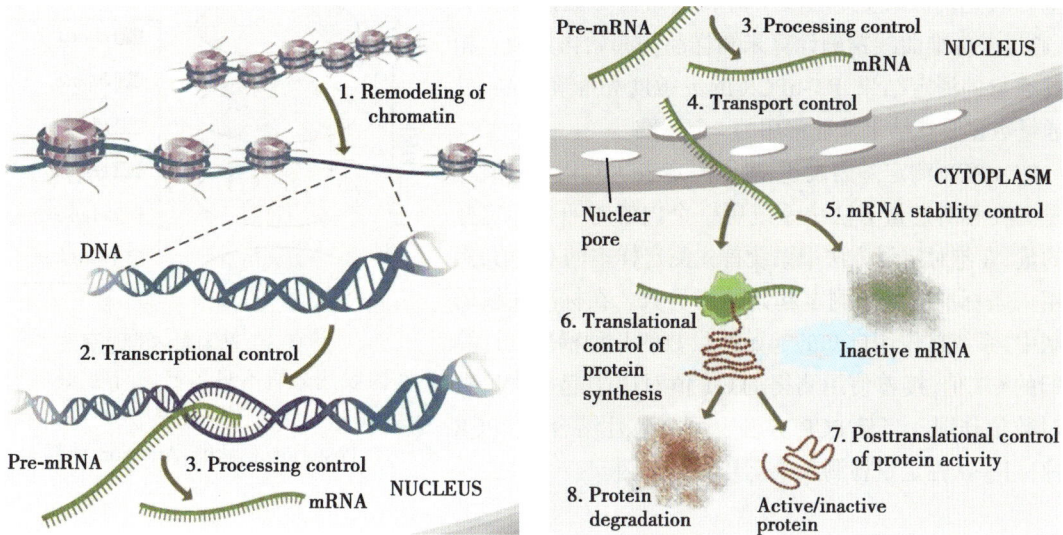

图 6-1 真核生物基因表达的基本方式

基因表达调控可发生在转录前（1），转录期间（2，3）转录后翻译前（4，5），翻译时（6），或者翻译后（7）。Remodeling of chromatin：染色质重塑；Transcriptional control：转录控制；Pre-mRNA：前体 mRNA；Processing control：处理控制；NUCLEUS：核；Transport control：运输控制；CYTOPLASM：细胞质；mRNA stability control mRNA：稳定性控制；Nuclear pore：核孔；Translational control of protein synthesis：蛋白质合成的翻译控制；Posttranslational control of protein activity：蛋白质活性的翻译后控制；Protein degradation：蛋白质降解；Active/inactive protein：活性/非活性蛋白。

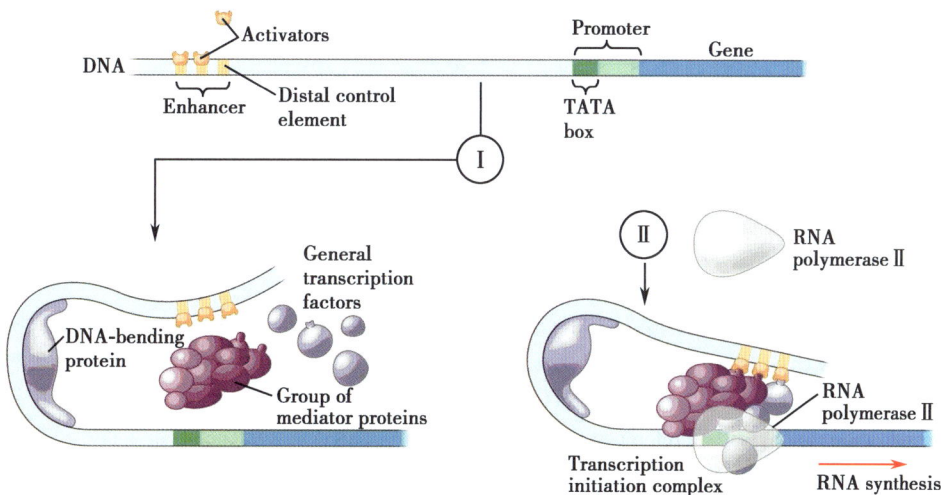

图 6-2 基因表达调控示意图

Promoter：启动子；Activators：活化剂；TATA box：TATA 箱；Distal control element：远端控制元件；Enhancer：增强子；RNA polymerase Ⅱ：RNA 聚合酶Ⅱ；General transcription factors：一般转录因子；DNA-bending protein：DNA 结合蛋白；Group of mediator proteins：中介蛋白组；Transcription initiation complex：转录起始复合物；RNA synthesis：RNA 合成。

的荧光信号达到设定阈值时所经历的循环数;RT-qPCR 测定基因表达的原理是利用 CT 值和起始拷贝数的对应关系,通过外标准曲线精确计算未知样品的起始拷贝数。相对高通量的测定结果,RT-qPCR 的灵敏度和准确性高;是高通量数据筛选结果验证常用的“金标准”。

RT-qPCR 测定基因表达,可以测定表达的相对量或绝对量。在相对定量方法中系统用一个内源对照来标定样本的量;在绝对定量方法中系统首先测定样本的 CT 值,然后用一条标准曲线来测定起始的拷贝数。在标准曲线的绘制中,系统首先用已知的起始拷贝数的几种稀释度计算它们的 CT 值,接着使用测得的 CT 值对应于起始拷贝数的对数值作图。当然 PCR 方法也可与芯片结合,即 PCR 芯片,可一次性定量检测几十至几百个基因。

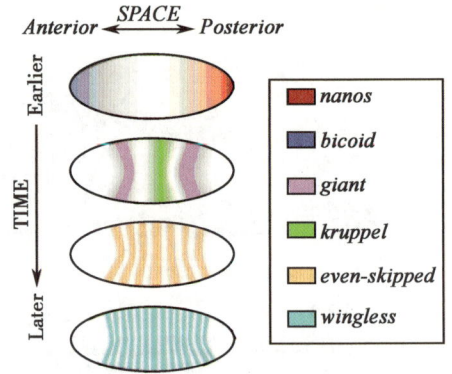

图 6-3　基因表达的时空性
基因表达分析不只是定量问题,还有时空问题。
Posterior:稍后的;Anterior:前部。

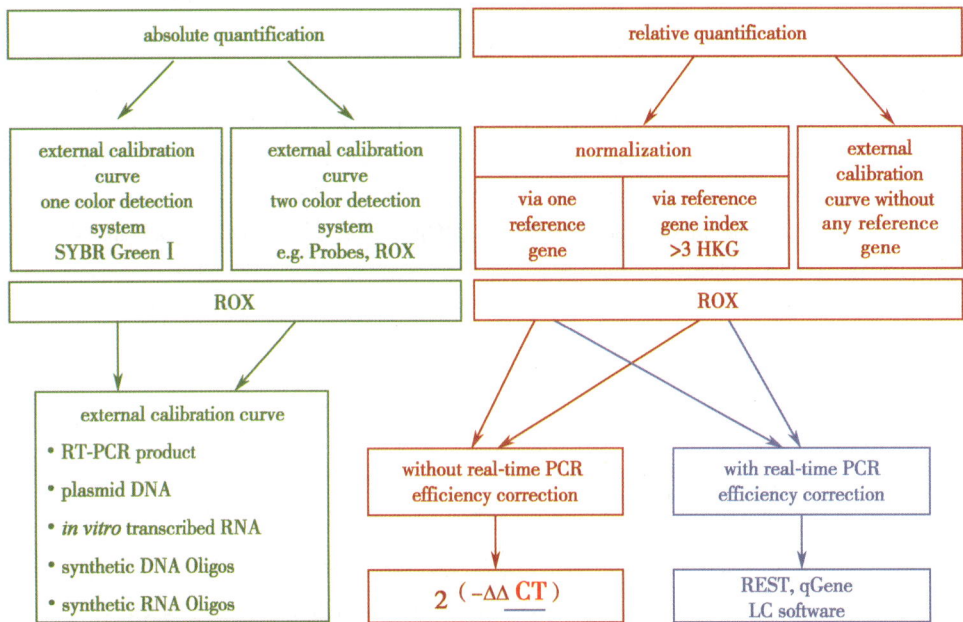

图 6-4　基因表达测定方法:RT-qPCR

relative quantification:相对定量;absolute quantification:绝对定量;external calibration curve:外部校准曲线;one color detection system:一种彩色检测系统;SYBR Green Ⅰ:SYBR Green Ⅰ荧光染料;external calibration curve:外部校准曲线;two color detection system:双色检测系统;Probes:探针;normalization:标准;via one reference gene:通过一个参考基因;via reference gene index >3HKG:通过内参基因指数 >3HKG;external calibration curve without any reference gene:无任何参考基因的外部校准曲线;external calibration curve:外部校准曲线;RT-PCR:product RT-PCR 产物;plasmid DNA:质粒 DNA;in vitro transcribed RNA:体外转录 RNA;synthetic DNA Oligos:合成 DNA 寡核苷酸;synthetic RNA Oligos:合成 RNA 寡核苷酸;without real-time PCR efficiency correction:无实时 PCR 效率校正;with real-time PCR efficiency correction:采用实时 PCR 效率校正。

高通量技术可用于各组学层次的海量基因表达数据的测定,得到数据后可以通过生物信息学方法寻找基因表达的统计规律,或者利用计算系统生物学方法建立网络模型,寻找到重要的基因如疾病的分子标志物、关键靶点等,这些结果则需要利用低通量 RT-qPCR 的方法进一步验证。高通量的基因表达测定有基因芯片、新一代测序技术(又称深度测序)两类。基因芯片(microarray)方法最常用的主要有 cDNA 芯片（cDNA microarray）、Affemetrix 芯片（Affemetrix microarray）和寡核苷酸芯片（oligonucleotide microarray）；新一代测序技术用于测定转录组的主要是 RNA-seq 技术，从图 6-5 可以看出，cDNA 芯片技术现在应用越来越少，而从 2008 年起，RNA-seq 技术，即新一代测序技术用于基因表达测定越来越普及。高通量基因表达测定平台和原理见下一节介绍。

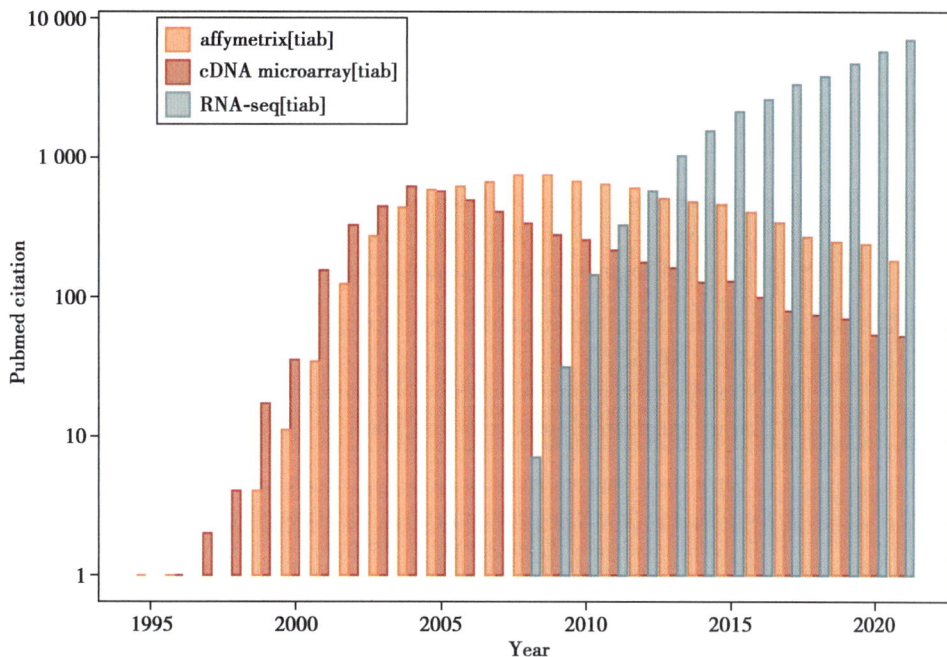

图 6-5　近 20 年来三种不同的高通量基因表达测定技术的应用趋势

三、基因表达测定的应用

高通量基因表达测定应用很广泛，包括组织特异的基因表达测定、发育遗传学、遗传病的分子机理、复杂疾病的分类、药物靶点的发现、动植物的培育、环境监测等多方面。高通量基因表达测定可以应用到几乎所有生物医学的研究领域，这一技术的广泛应用极大地推进了生命科学新的研究范式如系统生物学、转化医学、个性化医学等多学科的产生和发展。表 6-1 列出了一些典型的应用实例和代表性文献。读者可以对原始文献进行阅读，研究这些文章的创新意义和学科贡献。

表 6-1　高通量基因表达测定的应用实例

生命科学问题	代表性论文
测定组织特异性基因表达	1. Discovery of tissue-specific exons using comprehensive human exon microarrays. PMID：17456239
	2. Genetic control of ductal morphology, estrogen-induced ductal growth, and gene expression in female mouse mammary gland. Endocrinology. PMID：24708240
基因功能分类	1. Cluster analysis and display of genome-wide expression patterns. PMID：9843981
	2. Transcriptome-based functional classifiers for direct immunotoxicity. PMID：24356939
癌症的分类和预测	1. Molecular classification of cancer：Class discovery and class prediction by gene expression monitoring. PMID：10521349
	2. At last：classification of human mammary cells elucidates breast cancer origins. PMID：24463442
临床治疗效果预测	1. Gene expression profiling predicts clinical outcome of breast cancer. PMID：23113900
	2. Robust clinical outcome prediction based on Bayesian analysis of transcriptional profiles and prior causal networks. PMID：24932007

NOTES

续表

生命科学问题	代表性论文
基因与小分子药物、疾病之间的关联	1. The connectivity map：Using gene-expression signatures to connect small molecules，genes，and disease. PMID：17008526 2. Predictive Performance of Microarray Gene Signatures：Impact of Tumor Heterogeneity and Multiple Mechanisms of Drug Resistance. PMID：24706696
干细胞的全能型、自我更新和细胞命运决定研究	1. The Oct4 and Nanog transcription network regulates pluripotency in mouse embryonic stem cells. PMID：16518401 2. Sex-dependent gene expression in human pluripotent stem cells. PMID：25127145
动植物的发育研究	1. A gene expression map of Arabidopsis thaliana development. PMID：15806101 2. Stage-specific differential gene expression profiling and functional network analysis during morphogenesis of diphyodont dentition in miniature pigs，PMID：24498892
环境对细胞基因表达的作用	1. Genomic expression programs in the response of yeast cells to environmental changes. PMID：11102521 2. Expression profiling reveals functionally redundant multiple-copy genes related to zinc，iron and cadmium responses in Brassica rapa. PMID：24738937
环境监测	1. Urban aerosols harbor diverse and dynamic bacterial populations.PMID：17182744 2. GeoChip 4：a functional gene-array-based high-throughput environmental technology for microbial community analysis. PMID：24520909
物种的繁育	1. Genomics-assisted breeding for crop improvement. PMID：16290213 2. Genome-Wide Gene Expression Profiles in Lung Tissues of Pig Breeds Differing in Resistance to Porcine Reproductive and Respiratory Syndrome Virus. PMID：24465897

第二节　基因表达测定平台与数据库
Section 2　Microarray Platform and Database

近 20 年来高通量基因表达测定平台也随着实验技术的发展而不断演变,随着新一代测序技术的迅猛发展和个性化基因组时代的到来,基因表达数据的分析变得尤为重要。在本节中将主要介绍一些常见的高通量转录组测定平台和常用的数据库,例如基于芯片技术的两个平台(cDNA 芯片和 Affymetrix 芯片)。而基于新一代测序技术的常见平台如:Roche-454、Illumina MiSeq、Ion TorrentPGM 等将在第 13 章介绍。

一、基因表达测定平台介绍

(一) 基因芯片数据的测定

基因芯片测定基因表达的原理是杂交测序方法,即通过与一组已知序列的核酸探针杂交进行核酸序列的测定和定量。具体来说,先在一块基片表面固定了序列已知的靶核苷酸的探针,将待测样本中的 mRNA 提取后,通过反转录反应过程获得标记荧光的核酸序列,然后与基片探针进行杂交反应后,再将基片上未互补结合反应的片段洗去,对基片进行激光共聚焦扫描,测定芯片上各点的荧光强度来推算待测样品中各种基因的表达量。在基因芯片的历史上,最常用的两种技术平台为 Stanford School of Medicine 的 cDNA 芯片(cDNA microarray)和 Affymetrix 的寡核苷酸芯片(oligonucleotide microarray)。前者所用探针为 cDNA(complementary DNA),后者为寡核苷酸。图 6-6 为 cDNA 芯片实验流程图,Affymetrix 的寡核苷酸芯片的流程大同小异,两种技术的比较可见表 6-2。

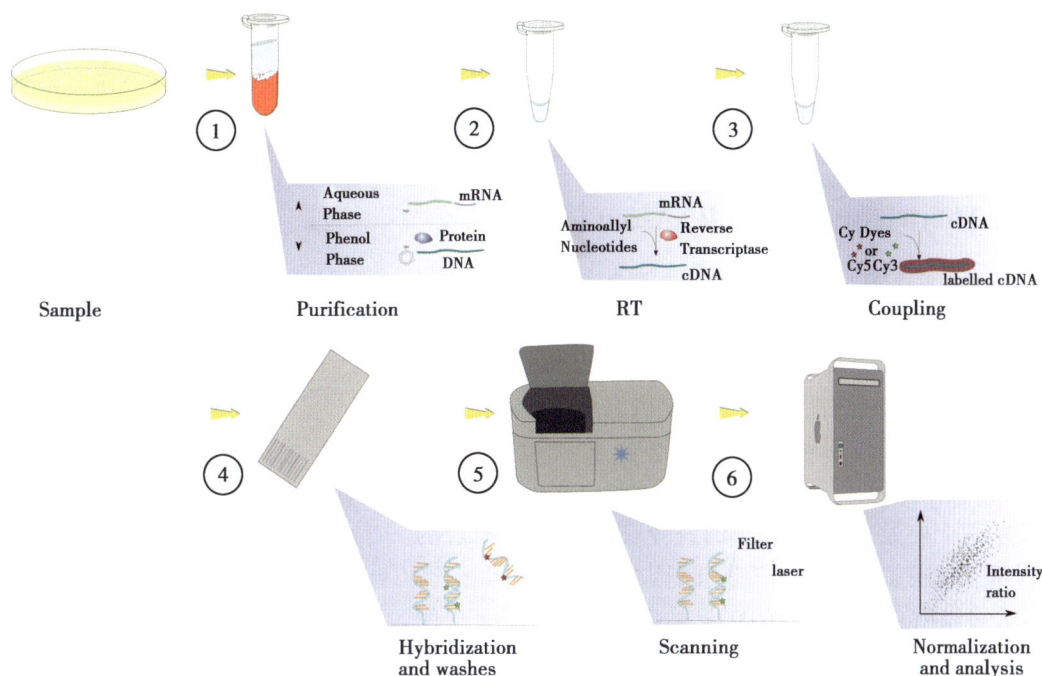

图 6-6　cDNA 芯片实验流程图

Aqueous Phase：水相；Phenol Phase：苯酚相；Purification：纯化；Hybridization and washes：杂交和洗涤；Reverse Transcriptase：逆转录酶；Aminoallyl Nucleotides：氨基烯丙基核苷酸；labelled cDNA：标记 cDNA；Coupling：联轴器；Filter laser：滤波激光器；Intensity ratio：强度比；Normalization and analysis：归一化和分析。

表 6-2　cDNA 芯片和寡核苷酸芯片技术比较

技术细节	Stanford 的 cDNA 芯片	Affymetrix 的寡核苷酸芯片
开发应用时间	1995 年 Stanford，Patrick O. Br 教授将 cDNA 技术公布于网上。该技术得以广泛推广。见 PMID：7569999	1996 年 Stephen P.A. Fodor 将芯片技术商业化（Affymetrix）。见：Genetics Institute，Affymetrix sign DNA chip agreement，Biotechnology LawReport，15（2）：240-241；MAR-APR 1996
实验	一次实验一个基片（slide）、双通道（two-channel）	一次实验一个芯片（chip）、单一通道（single-channel）
基因表达测量	一个基因一个点（spot）或者几个点（重复）	一个基因多个（11~22 个）探针（probe）
参照	参照点，两种荧光染色（Cy3/Cy5）	用核苷酸相配合错配作为参照
优缺点	需要做染色互换（Dye-swap）实验，整个实验周期长，工作量大，费用高。由于探针的长短不一，杂交条件也不同，实验体系本身导致信号强弱的变化甚至已经超过了待检测的样本，可靠性和重复性很差，目前已经不常用，只用于通量不高的已知样本或标志物的检测	Affemetrix 后来发展了原位合成芯片，在芯片基质上通过化学反应直接合成。这样同一批芯片上的所有探针都是在一个条件下完成的，因此同一批芯片的探针浓度的均一性很好，使得检测数据的重复性很好。Affemetrix 芯片和 cDNA 芯片的共同缺点在于只能检测在芯片上固定的已知的靶核苷酸基因，而且浓度数量级也有限制，这些缺点可以用下一代程序技术加以弥补

（二）RNA 测序技术流程

RNA 测序（RNA Sequencing，RNA-seq）是一种基于新一代测序技术研究转录组学的高通量测序方法（图 6-7），它革新了人们对于转录组的传统认识，使得全面刻画转录组以及详细描述基因表达水平成为可能，并影响了几乎整个生命科学领域。相对于传统的芯片方法，RNA-seq 能够精确地定量转录本表达、发现新颖的转录本、识别可变剪接事件、检测基因融合,从而解释不同条件下转录组的动态性。此外,RNA-seq 具有背景噪声低、所需样本量少、灵敏度高等突出优点,正逐渐取代芯片技术,成为转录组研究的常用技术手段。

二、Microarray 技术与 RNA-seq 技术的比较

RNA-seq 技术近年来发展迅猛,逐渐成为高通量基因表达测定的主要方法之一。RNA-seq 与传统芯片技术相比有如下几点优势:①RNA-seq 技术不仅可以检测已知的基因组序列的转录本,而且对没有已知的参考基因组信息的非模式生物,RNA-seq 同样可以用来测定其转录本信息;②RNA-seq 技术测定转录本的精度可达到一个碱基,注释过程中短的序列可以反映两个外显子的连接,长的或者双末端(pair-end)的短序列可以反映多个外显子的连接,因此与芯片技术相比,RNA-seq 可以用来研究复杂的转录关系;③RNA-seq 可以同时测定序列的变异;④由于 DNA 序列可以准确无误地定位到基因组上,因此 RNA-seq 的背景信号很小,测定的动态范围更大,其测定表达的比值可达到 9 000 倍,甚至更大,而芯片技术敏感度低,因而其测定的动态范围要小得多;⑤RNA-seq 在基因表达的定量上准确性很高;⑥RNA-seq 在测定技术上和生物上重复性更好;⑦RNA-seq 的测定需要 RNA 样本量少;⑧在应用上,RNA-seq 技术对 ISOFORM 的测定和等位基因的区分都比芯片技术有更好的优势。

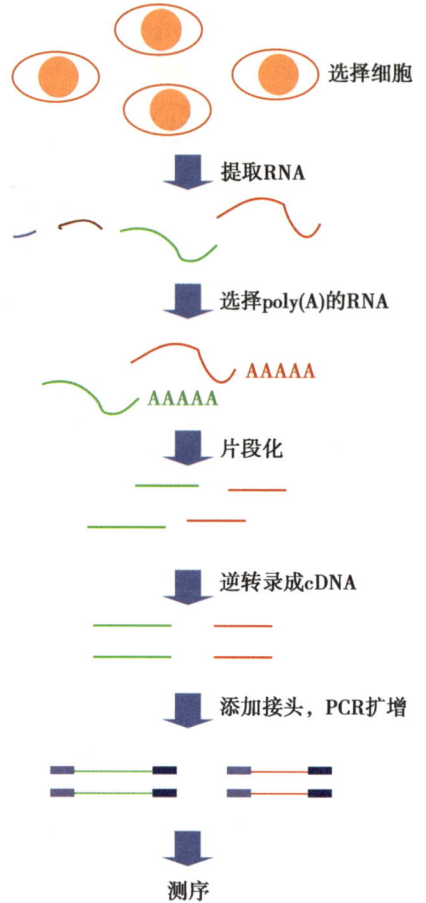

选择细胞

提取RNA

选择poly(A)的RNA

片段化

逆转录成cDNA

添加接头,PCR扩增

测序

图 6-7　RNA-seq 的测序流程

三、基因表达数据库

建立数据库是生物信息学研究的第一步,好的数据库是生物信息学发现的重要基础,表 6-3 列出了常用的基因表达数据库,表 6-4 是疾病相关基因表达数据库。随着高通量技术的普及和应用,基因

表 6-3　常用基因表达数据库

数据库名称	数据库内容
Gene Expression Omnibus（GEO）	目前最常用的基因表达数据（NCBI）
Expression Atlas	欧洲生物信息学中心的基因表达数据库
ArrayExpress	欧洲生物信息学中心表达数据库
SMD	Stanford 基因表达数据库
GTEx	正常组织基因表达谱数据
FANTOM5	基因表达数据资源库
GXD	老鼠发育基因表达信息
EMAGE	老鼠胚胎的时空表达信息
AGEMAP	老鼠衰老的基因表达数据
NCBI-SRA	存储二代测序的原始数据高通量测序数据库
EBI-ENA	欧洲核苷酸档案

表 6-4　疾病相关基因表达数据库

数据库名称	数据库内容
GENT	肿瘤组织与正常组织的表达数据
The Cancer Genome Atlas（TCGA）	美国政府发起的癌症和肿瘤基因图谱
ParkDB	帕金森病的基因表达数据库
CMAP	小分子化合物对人细胞基因表达的影响
Anticancer drug gene expression database	抗癌化合物的基因表达数据
CGED	癌症基因表达数据库（包括临床信息）

表达数据库还在不断发展和完善。有很多针对专门的生物医学问题的数据库，例如 CircaDB 数据库是哺乳动物生理节律的基因表达谱数据库等，对某些特殊问题感兴趣的读者可以检索 PubMed 获取相应数据库的信息。

第三节　数据预处理与差异表达分析
Section 3　Preprocessing of Gene Expression Data and Analysis of Differential Expression Gene

由于获取的芯片原始数据来自不同的芯片平台，高通量测序的深度往往不一致，数据信息会有差异，在对基因芯片和测序数据进行聚类、分类分析之前，需要对基因表达数据进行预处理（pre-procession），之后才能进行深层次的数据挖掘。预处理过程主要包括数据提取——将高通量的荧光信号和测序的片段转化成基因表达数据；数据过滤——去除异常数据和噪声数据；补缺失值——保证数据的完整性；数据对数转化——以满足正态分布的分析要求；标准化处理——纠正系统的误差，以发现真正的生物学差异。

一、基因芯片与 RNA-seq 数据预处理

（一）基因芯片数据的提取

双通道芯片使用 Cy5（红）和 Cy3（绿）两种荧光分别标记实验样本和对照样本的 cDNA 序列，然后杂交至同一芯片上。用不同波长的激光扫描芯片，获得荧光强度值。每个荧光点的原始信号值包括前景值和背景值，该点的荧光强度则用前景值减去背景值表示。cDNA 芯片扫描的结果反映了基因在实验样本和对照样本中的相对表达水平。对于双通道的 cDNA 微阵列芯片和寡核苷酸芯片，扫描后的一张芯片图像及将某个荧光点（spot）放大后的图像如图 6-8 所示，红色的荧光点表示该点所检测的基因在两种实验条件下相比表达有上调，绿色的表示表达有下调，黄色的表示表达无改变。图像中主要包含的信息有：通道 1 的前景荧光强度值 $CH1I$ 代表第一种条件下基因的表达值，通道 1 的背景荧光强度值 $CH1B$ 代表第一种条件下非特异的荧光强度背景值；通道 2 的前景荧光强度值 $CH2I$ 代表第二种条件下基因的表达值，通道 2 的背景荧光强度值 $CH2B$ 代表第二种条件下非特异的荧光强度背景值。该基因在两种条件下的荧光强度比值为：

$$Ratio = (CH1I - CH1B)/(CH2I - CH2B)$$

图 6-9 为寡核苷酸芯片单通道芯片（左图）及扫描后的基因芯片荧光图像（中图）和放大后的荧光图像（右图），右图中黑色的荧光块表示无荧光强度，即该荧光块对应的基因没有杂交信号，荧光强度水平按照颜色从低到高依次为蓝黑、蓝、高蓝、绿、黄、橙、红、白。荧光强度越高表示与探针杂交的核苷酸片段数量越多，基因的表达量越高。

寡核苷酸芯片对于某个待检测的基因设计了探针集进行检测，因此芯片检测的探针数远大于基

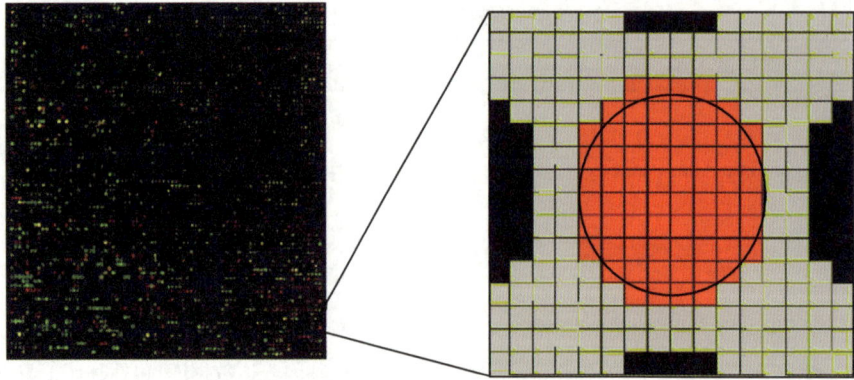

图 6-8　圈内红色像素为前景信号,一般用圈内像素的中值或均值表示前景荧光强度值 CHI;灰色像素为背景信号,一般用圈外灰色像素的中值或均值表示背景荧光强度值 CHB,该基因在某种条件下的荧光强度值为两者之差 CHI−CHB。黑色像素为邻居荧光点。

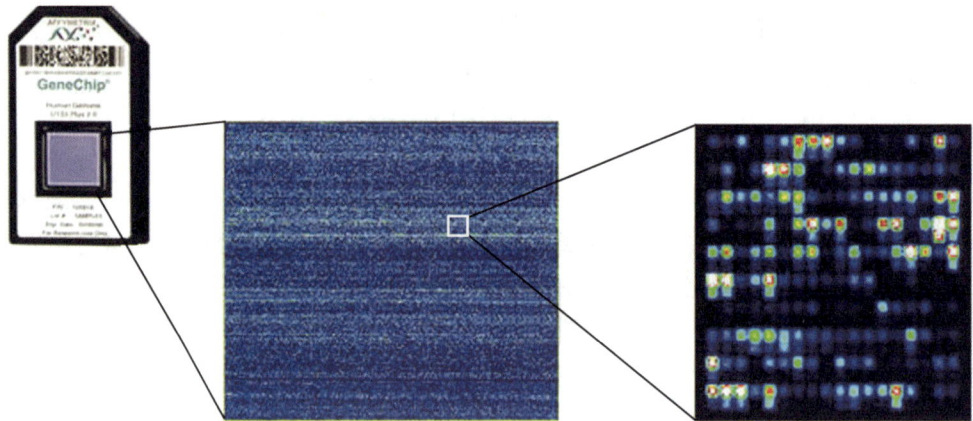

图 6-9　芯片外观及扫描后的荧光图像

因数,例如 Human Genome U133 芯片包含了 100 万个不同的寡核苷酸探针,代表了 33 000 个人类基因。芯片扫描系统的图像处理软件不仅包括将荧光信号转化成数字信号的数据提取,还包括基于探针集的基因表达值汇总提取。运用数据提取软件提取后的原始探针水平的数据以扩展名 .cel 的文件格式进行保存。而通常以文本形式存储的原始数据是经过汇总和标准化后的基因表达信息,包括定性和定量信息。定性信息以 P/A/M(Present/Absent/Marginal)表示,说明某基因在某条件下的表达判断有、无或不确定。定量基因是基于探针集汇总后的基因水平的荧光信号强度值。

提取后的大规模基因表达芯片数据通常可以用矩阵形式表示,行代表基因,列代表样本,矩阵中的元素代表基因在样本中的表达水平,这种类型的数据通常被称为基因表达谱(gene expression profile)数据。例如,采用点有 p 个基因探针的 DNA 芯片检测 n 个样本的表达谱数据可由 $p \times n$ 矩阵 $X=(x_{ij})$ 表示,其中 x_{ij} 可代表第 i 个基因 g_i 在第 j 个样本 X_j 的表达水平。则样本集 $X=\{X_1,X_2,\ldots,X_n\}$ 中的每个样本 X_j 为一个 p 维向量;基因集 $g=\{g_1,g_2,\cdots,g_p\}$ 中的每个基因 g_i 为一个 n 维向量。基因表达谱中蕴含着丰富的信息,许多生物信息学的研究都致力于挖掘其中有意义的信息。

(二)数据对数化处理

芯片原始数据一般呈偏态分布,这会影响数据的进一步分析,而将数据对数化转换后,数据可近似服从正态分布,从而为后续的数据分析带来方便,通常取以 2 为底的对数进行转换。

(三)数据过滤

数据过滤是数据分析前必须进行的一项工作。基因芯片中每个点的荧光信号强度通常为前景信号值减去背景信号值。在某些情况下,邻近基因背景信号值很大,而该点对应基因的表达量很低或没表达,这会导致该点基因的荧光信号值为负,没有生物学意义;另外由于芯片存在如划伤、手指印等物理因素导致的信号污染、杂交效能低或点样问题等,这都可能导致数据的不真实,会给后期的处理带来噪声,所以需要对数据进行过滤处理。数据过滤的目的是去除表达水平很小、负值的数据或者明显的噪声数据,通常的处理方法是将它们置为缺失、赋予统一的数值或去除。

(四) 补缺失值

基因表达谱中的数据缺失大致分为两种类型:一种是非随机缺失,在这种情况下数据缺失跟基因的表达丰度有关,例如基因的表达丰度过低,背景值超过前景信号值;或基因的表达丰度过高,高表达基因的荧光强度值超过了能检测的最大信号强度阈值。对于这种情况,目前的数据补缺方法还无法有效地处理。另一种是随机缺失,即基因表达谱中的数据缺失与基因表达值的高低无关,而是与其他的因素有关,例如杂交效能低、物理刮伤、指纹、灰尘、图像污染等,数据补缺处理对于这种情况比较有效。

设基因表达谱矩阵 X 中第 i 个基因在第 j 个样本下表达值 x_{ij} 缺失,对于缺失值的处理有两种方法:一是直接删除含有缺失值的行或列,这种方法的处理会丢失一些有用信息,很难评估其与真实值的接近程度。二是数据补缺,常用的补缺方法有以下几种。

1. 简单补缺法 用 0、1、每行或每列的均值作为缺失值的可能信号值。一般用 0 值补缺时认为该基因在某种条件下无表达或在两种条件下的表达无差异;用 1 值补缺时认为该基因在两种不同条件下无差异表达;用每行或每列的均值补缺时,则将某基因在某样本中表达的缺失值估计为该基因在其他样本中表达的平均水平或所有基因在该样本中表达的平均水平。

2. k 近邻法 k 近邻法的基本思想是基于总样本空间中与待补缺基因距离相近的 k 个邻居基因的表达值来推测缺失值。首先确定含有缺失值的基因 i 的 k 个邻居基因,设 $x_{1j}, x_{2j}, \cdots, x_{kj}$ 分别为基因 i 的 k 个邻居基因在第 j 个样本中的表达值,常用的定义邻居基因的距离函数有欧氏距离或相关系数;然后运用邻居基因在该样本中信号值的加权平均估计缺失值:

$$x_{ij} = \frac{\sum\limits_{g=1}^{k} w_g x_{gj}}{\sum\limits_{g=1}^{k} w_g} \tag{6-1}$$

这里 w_g 为权重系数,由邻居基因 g 与基因 i 的距离决定,距离越近 w_g 越大。

3. 回归法 与 k 近邻法相似,区别在于 k 近邻法用邻居基因对应表达值的加权平均估计缺失值,而回归法用回归模型预测缺失值,然后再加权平均。回归法的基本步骤为:

(1) 首先确定含有缺失值的基因的 k 个邻居基因,设 $X_1, X_2 \cdots X_k$ 为基因 i 的 k 个邻居基因在 n 个样本中的表达向量。

(2) 具有缺失值的基因 X_i 较之邻居基因分别作线性回归模型,基于回归模型预测缺失值:

$$\begin{aligned}
x_{ij}^1 &= a_1 + b_1 x_{1j} \\
x_{ij}^2 &= a_2 + b_2 x_{2j} \\
&\vdots \\
x_{ij}^k &= a_k + b_k x_{kj}
\end{aligned} \tag{6-2}$$

(3) k 个缺失值的加权平均为最终的缺失值估计值:

$$x_{ij} = \frac{\sum\limits_{g=1}^{k} w_g x_{ij}^g}{\sum\limits_{g=1}^{k} w_g} \tag{6-3}$$

这里 w_g 为邻居基因的权重,若邻居基因与第 i 个基因的距离近,权重大,反之权重小。

（五）数据标准化

预处理过程最主要的一个步骤是数据标准化（normalization）。由于基因芯片数据中存在不同来源的变异，即感兴趣的变异和混杂变异，前者指生物来源的变异，例如正常组样本和疾病组样本基因转录本表达的差异，而后者指在芯片实验过程中引入的变异，例如在样本的染色、芯片的制作、芯片的扫描过程中引入的系统误差，只有运用正确合理的标准化方法去除这些系统误差才能确保后期数据分析的可靠性。

在对芯片进行标准化处理时，一般是以具有稳定表达的基因作为芯片标化的参照基因，这些基因在不同条件下的表达值相同，因此测得基因的荧光强度值的差异主要是由系统误差造成的，这样便可估计出系统误差的大小。稳定表达的基因主要有：持家基因（housekeeping genes）和人工合成的控制基因（control genes）；此外，在芯片中，真正表达异常的基因只有一小部分，大部分基因在不同条件下表达是稳定的，所以通常运用这大部分稳定的基因（所有基因）及相对稳定基因子集（invariant set）作为参照基因。

不同芯片平台的制作原理不同，引入的系统误差不同，标准化的方法也有差异。下面以双通道的cDNA芯片和单通道的芯片为例介绍标准化的基本方法。

1. cDNA芯片　根据实验设计的不同，cDNA芯片数据标准化主要分为：片内标准化、染色互换标准化和片间标准化。

（1）片内标化：cDNA芯片检测的荧光强度值表示的是基因的相对表达水平，即芯片上所有基因的Cy5染料标记（红光）的荧光强度跟Cy3染料标记（绿光）的荧光强度作比值，然后取对数值（称为log-Ratios值），经过此处理后芯片上所有的基因基本满足正态分布。片内标化对于一个实验中包含的不同芯片独立操作，主要方法有：全局标准化、荧光强度依赖的标准化和点样针组内标准化。

全局标化（global normalization）：全局标化假设红光的荧光强度（R）和绿光的荧光强度（G）相差一个常数 k，即 $R=k \cdot G$，由于芯片上的大部分基因都是稳定表达的，且芯片上基因的荧光强度值经对数转换后基本满足正态分布，所以芯片上所有基因的log-Ratios值均值应该为0，其密度分布如图6-10的黄色曲线所示：

而实际上由于红光和绿光的荧光强度存在差异，即使是具有相同表达水平的两个基因经Cy3和Cy5标记后所测得的荧光强度也不一致，黄线的峰值会偏离0的位置，由于通常Cy3的荧光强度值高于Cy5，所以峰值会向左偏移，如图中红色曲线所示。全局标

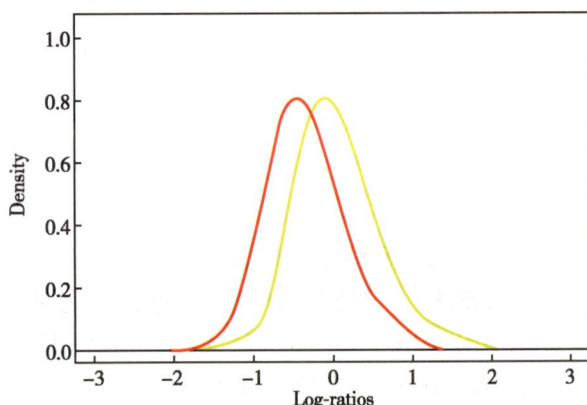

图6-10　全局标化前后log-Ratios值分布图

化的目的就是要将实际测得的log-Ratios值分布的峰值位置移至0处：

$$\log_2 R/G \rightarrow \log_2 R/G - c = \log_2 R/(kG) \tag{6-4}$$

这里，位置参数 $c=\log_2 k$，表示芯片上所有基因的log-Ratios值的中值或均值。

全局标化法由于纠正了染料偏倚（dye bias），其标化方法的简单可行而被普遍应用，但是它并没有考虑芯片的空间差异带来的偏倚和荧光强度依赖的染料偏倚。这种方法对以相对稳定基因子集、持家基因或控制基因作为参照基因时同样适合，只不过在估计位置参数时仅采用相对稳定基因子集、持家基因或控制基因来估计，在其他方法中若合适也可以考虑类推。

荧光强度依赖的标化（intensity dependent normalization）：在许多情况下，染料偏倚的大小依赖于荧光强度，Yang等对荧光强度与染料偏倚的关系作过如下的研究，即以log-Ratios值 $M=\log_2 R/G$ 作为纵坐标，以平均荧光强度 $A = \log_2 \sqrt{RG}$ 作为横坐标，根据芯片上所有基因对应的 M 值与 A 值作散

点图,结果如图 6-11 所示:

这说明不同 A 值处的大部分基因的 M 值偏离 0 的幅度不同,对它们进行校正时也应该区别对待。荧光强度依赖的标化的目的就是要将不同 A 值对应的 log-Ratios 值分布的峰值位置移到 0 处,经过标化后的 M 值与 A 值的散点图中散点应该分布于 $M=0$ 的轴周围,见图 6-12。

$$\log_2 R/G \to \log_2 R/G - c(A) = \log_2 R/(k(A)G) \tag{6-5}$$

这里 $c(A)$ 是 M 对 A 的拟合曲线对应的函数,由于大部分基因是稳定表达的,所以认为少数差异的基因不会影响曲线的拟合。

点样针标化(within-print-tip-group normalization):一张芯片可以分成几个栅格(grid),一个栅格内的探针采用同一根点样针点样,不同栅格采用不同的点样针。由于不同点样针针尖的长短粗细、磨损程度等存在细微差异,导致在不同的栅格间存在系统误差。图 6-13 中不同颜色的拟合曲线对应于不同的栅格。

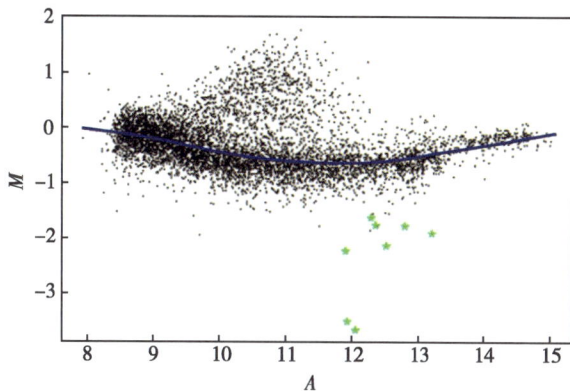

图 6-11　荧光强度依赖的标化前的 M-A 散点图

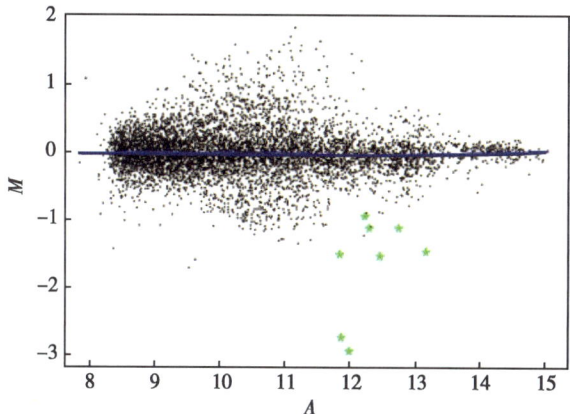

图 6-12　荧光强度依赖的标化后的 M-A 散点图

点样针标化实际上是考虑了点样针差异情况下的荧光强度依赖的标化:

$$\log_2 R/G \to \log_2 R/G - c_i(A) = \log_2 R/(k_i(A)G) \tag{6-6}$$

这里 $c_i(A)$ 指对应于第 i 个栅格的拟合曲线对应的函数,$i=1,2,\cdots,I,I$ 为栅格数。

双参数标化:以上提到的都是单参数标化法,即标化法仅调整了 log-Ratios 值,但是同时人们发现来自不同栅格的基因其 log-Ratios 值具有不同的离散度,即 log-Ratios 值的方差不同。图 6-14 为经过 log-Ratios 值单参数标化后的不同栅格的 log-Ratios 值分布箱式图。

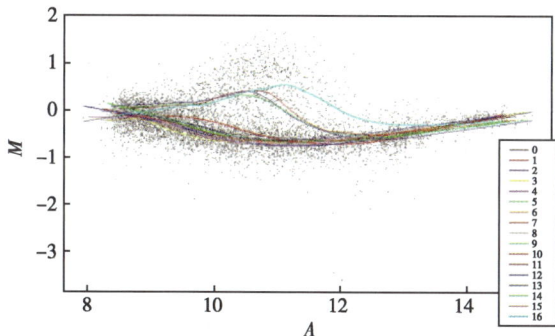

图 6-13　标化前不同栅格的 M-A 散点图

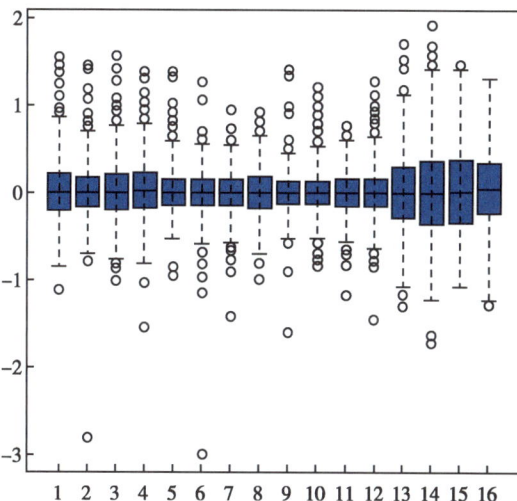

图 6-14　不同栅格的 log-Ratios 值分布盒状图

　　双参数标化法就是兼顾了这两者的标化方法。具体的操作可以有所不同,例如:经过点样针标化法调整后,不同栅格的基因都被调整至峰值对应处的 log-Ratios 值为 0 的水平,然而来自不同栅格的基因的 log-Ratios 值可能具有不同的离散度,可以用求得的每个栅格中基因的 log-Ratios 值的标准差 σ_i 作为尺度,相应的每个基因的 log-Ratios 值除以其所在栅格的尺度就完成了离散度调整的过程。另一种好的方法是通过中位数求得尺度 $\hat{a}_i$,这种方法对于异常或者两端的 log-Ratios 值不敏感。通过一定的数学假设,可以推导出:

$$\hat{a}_i = \frac{MAD_i}{\sqrt[I]{\prod_{i=1}^{I} MAD_i}} \tag{6-7}$$

$$MAD_i = median_j \left\{ \left| M_{ij} - median_j(M_{ij}) \right| \right\} \tag{6-8}$$

这里 $i = 1, 2, \cdots, I, I$ 为栅格数;j 为基因;$median_j(M_{ij})$ 为第 i 个栅格中所有基因的 log-Ratios 值的中位数。求出尺度后就可以作相应的纠正了。

　　(2)染色互换标化(chromosome swap standardization):这种标化方法被应用在特殊的实验设计——染色互换芯片实验中,实验设计如下所示:

	实验组	对照组
芯片 1	cy3	cy5
芯片 2	cy5	cy3

　　即与普通的 cDNA 芯片相比,每张芯片都会作相应的重复实验,除了实验组和对照组的染色作互换以外,其他的实验条件都保持不变。

　　这样对于芯片 1,采用 $\log_2 R/G - c$ 作标化,而对于芯片 2,采用 $\log_2 R'/G' - c'$ 作标化。这里 c 和 c' 分别表示标化函数,它们可以由上面提及的任何一种片内标化方法获得。由于这种特殊的实验设计,结果标化以后的 *log-Ratios* 值应该满足以下等式:

$$\log_2 R/G - c \approx -(\log_2 R'/G' - c') \tag{6-9}$$

由于芯片 1 和芯片 2 实验是在两种相同的实验条件下进行的,所以假定 $c \approx c'$,那么标化函数 c 的求法就可以写作:

$$c \approx \frac{1}{2} \left[\log_2 R/G + \log_2 R'/G' \right] = \frac{1}{2}(M + M') \tag{6-10}$$

染色互换的标化方法简单,但是相对其他的实验设计它的成本翻了一倍,另外在作 $c \approx c'$ 的前提假设时,一定要根据实验获得的数据作相应的分析,如图 6-15,黑色和蓝色的散点分别来自两张重复实验的芯片,只有当两种散点的拟合曲线相似时才支持假设 $c \approx c'$,从而才能运用此种标化法进行标化。

　　(3)片间标化

　　线性标化法(linear scaling method):不管采用何种片内标化法处理,log-Ratios 值的峰值将会移至 0 处。片间标化的目的是去除不同芯片间的系统误差,使片间的 log-Ratios 值具有可比性。

　　非线性标化法(non-linear method):例如,sACE(simulataneous alternating conditional expectation),通过对芯片数据进行非线性转换优化数据,使两张重复芯片的相关性最大化,这种非线性标化法尤其适合于重复实验。通常采用分位数标化法(quantile normalization),其前提假设是每张芯片所测的数据都具有相同的分布。这种标化法来自 quantile-quantile plot 思想,即如果 quantile-quantile plot 在一条对角线上则两个数据向量的分布相同,否则不同。这种思想可以延伸至处理 n 个数据向量,那么 n 个数据向量的分位数在 n 维空间中可用单位向量 $\left(\frac{1}{\sqrt{n}}, \cdots, \frac{1}{\sqrt{n}} \right)$ 表示,这说明 n 个数据向量具有相同的

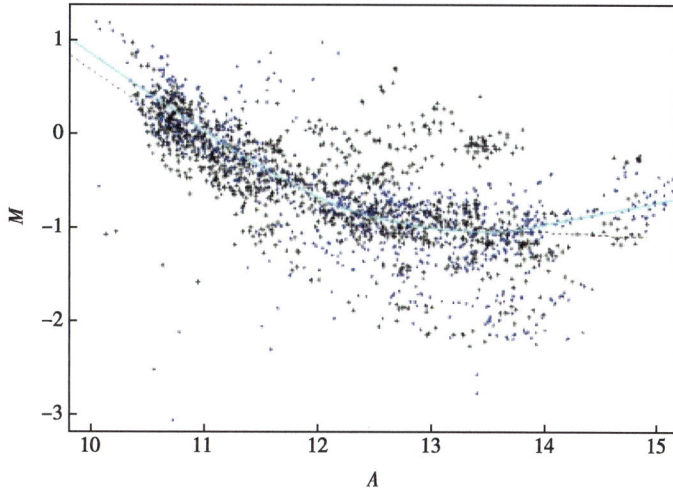

图 6-15　染色互换实验 *M-A* 散点图比较

分布。

令 $q_k = (q_{k1}, q_{k2} \cdots q_{kn})$ 为 n 张芯片的 k 分位数向量,这里 $k = 1, 2 \cdots p$。$d = \left(\dfrac{1}{\sqrt{n}}, \cdots, \dfrac{1}{\sqrt{n}} \right)$ 为单元对角阵。为了将 n 张芯片的 k 分位数向量通过某种转换排列在对角线上,可以作如下的 q_k 到 d 的映射:

$$proj_d q_k = \left(\frac{1}{n} \sum_{j=1}^{n} q_{kj}, \cdots, \frac{1}{n} \sum_{j=1}^{n} q_{kj} \right) \tag{6-11}$$

这表明采用 k 分位数的均值代替原始数据就能够保证每张芯片具有完全相同的数据分布。

具体的算法如下:

1)将基因表达谱中的每列(每张芯片)数据分别按照从大到小排序。

2)在排序后的矩阵中,每行每个位置的数据均用该行的均值代替。

3)将新矩阵的每列数据分别按照在原始矩阵中的位置重新排序,得到标化的矩阵即基因表达谱。

2. 单通道芯片　单通道芯片采用的是一种染料标记后的一组样本与芯片上探针进行杂交,因此单通道芯片的系统误差主要是由不同芯片间的差异引起的,其标准化方法与双通道标准化方法类似。

单通道芯片设计了两类探针:与目标样本完美匹配(perfect match,PM)的探针及对应的在完美匹配的探针序列中发生一个碱基替换(mismatch,MM)后的探针,这两类探针构成了一个探针对。对于一个基因而言,通常会设计 16~20 个这种探针对,使它们构成一个探针集。所以对于单通道芯片,除了标准化处理外还要基于探针集进行汇总分析得出基因转录物表达的信号估计。理论上 PM 的荧光强度应高于 MM。

每个探针集中的探针将共同决定某基因杂交信号,包括定性和定量的。定性的信号包括有 Present、Absent 和 Marginal,定量的信号为该基因实际的荧光强度值(Real Signal)。不管是定性还是定量的信号都是综合了该基因对应的所有探针对的结果,表示该基因在某种条件下的表达情况。

(六)RNA-seq 数据预处理

1. 质量评估　质量评估是 RNA-seq 数据分析的第一步,为了确保后续分析结果的准确性,必须先过滤掉低质量序列、过度表达的序列和测序的接头序列等。目前已有许多高通量测序的质量评估和预处理软件,质量评估软件包括 FastQC、PRINSEQ 等,这些软件内置了质量过滤标准,并且将结果进行可视化,而且 PRINSEQ 软件还提供了去接头的功能;预处理软件还包括 Trimmomatic、Cutadapt,FsatX 等。

（1）FastQC：FastQC 可对来自高通量测序的序列（reads）进行一系列质量控制检查，其主要用于快速方便地检查 RNA-seq 原始数据的质量。该软件基于 Java，既可在 Linux 系统中用命令运行，也支持界面操作，速度较快。输入的文件可以是 fastq（或其压缩格式）、SAM 或 BAM 格式。该软件除了计算 reads 的数量和质量外，还会分析每个碱基的质量和类别、K-mer、模糊碱基、冗杂序列和重复序列。

当完成数据质量评估之后，会产生一个 fastqc.gz 的压缩文件，解压后通过查看 fastqc_report.html 文件以实现对 fastqc_data.txt 中的信息的可视化。FastQC 提供了一些质量指标用于评估序列质量，评估结果分为绿色的 "PASS"，黄色的 "WARN" 和红色的 "FAIL"，在 html 中用特殊符号标示。基本统计结果如图 6-16 所示：

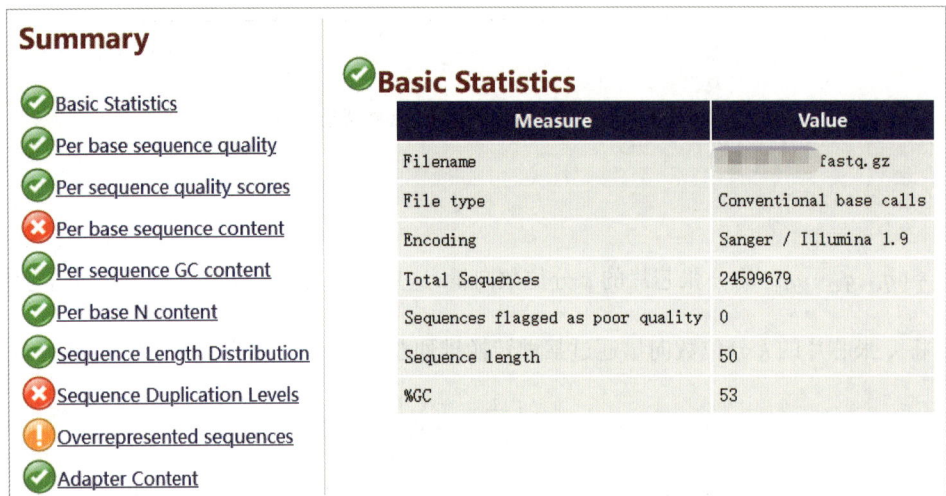

图 6-16　FastQC 程序结果与基本统计结果图

Basic Statistics：基本统计信息；Per base sequence quality：每个碱基序列质量；Per sequence quality scores：每个序列质量分数；Per base sequence content：每个碱基序列含量；Per sequence GC content：每个序列 GC 含量；Total Sequences：总序列；Per base N content：每个碱基的 N 含量；Sequences flagged as poor quality：被标记为质量较差的序列；Sequence Length Distribution：序列长度分布；Sequence Duplication Levels：序列复制水平；Overrepresented sequences：过度代表的序列；Adapter Content：适配器内容。

（2）PRINSEQ：PRINSEQ 可用于过滤、重新格式化或修剪基因组和宏基因组序列数据，它以图形和表格形式生成序列的汇总统计信息，易于配置并提供用户友好的界面。该软件的质控功能可分析 reads 的数量、长度分布、碱基质量分布、序列复杂度、GC 含量、未识别碱基、polyA/T 尾、重复序列和接头。输入文件为未压缩的 FASTQ、FASTA 和 QUAL 格式文件。通过 perl 执行脚本 prinseq-lite.pl 即可完成质量评估、去接头和过滤。

2. RNA-seq 数据的比对　对 RNA-seq 测序得到的 reads 进行质量控制预处理，过滤掉低质量的 reads。使用比对软件将过滤后的 reads 直接比对到参考基因组或者转录组，得到 reads 的基因组定位信息。目前比对软件有很多种（表 6-5），例如 Bowtie、SOAP、Maq 和 TopHat。目前比较常用的是 TopHat，它是一个基于 Bowtie 的 RNA-seq 数据分析工具，能够快速比对 RNA-seq reads，并且可以发现外显子之间的剪接事件。TopHat 首先利用 Bowtie 将 reads 比对到参考基因组上，从而确定一个 reads "覆盖区域（coverage islands）" 的外显子集合。TopHat 利用这个外显子集合和 GT-AG 剪切原则建立一个跨外显子剪切的参考序列集合，再将未比对到参考基因组上的 reads 重新与新的参考序列集合进行比对，从而获得所有跨外显子剪接区的 reads 定位。最终 TopHat 将成功比对到参考基因组和剪接区的 reads 以 SAM 格式输出，用于后续的分析。

表 6-5　Read 比对的常用软件

软件名称	比对方法	备注	是否处理剪接区 reads
Bowtie	Burrows-Wheeler 转换	整合质量得分	否
BWA	Burrows-Wheeler 转换	整合质量得分	否
Stampy	种子匹配方法	概率模型	否
SHRiMP	种子匹配方法	Smith-Waterman 的扩展	否
TopHat	Exon-first 方法	利用 Bowtie 比对	是
MapSplice	Exon-first 方法	与多种 Unspliced aligners 共同运行	是
SpliceMap	Exon-first 方法	与多种 Unspliced aligners 共同运行	是
GSNAP	种子延伸方法	可以利用 SNP 数据库	是
QPALMA	种子延伸方法	对于大的 Gaps 利用 Smith-Waterman	是
STAR	种子延伸方法		
HISAT			

　　STAR 是另一个比较常用的比对软件(图 6-17),旨在将非连续序列直接与参考基因组对齐,包括两个主要步骤:种子搜索步骤和聚类/拼接/评分步骤。其具有较高的准确率,映射速度较其他比对软件高 50 多倍,但是占用大量内存,对计算资源有较高的要求。

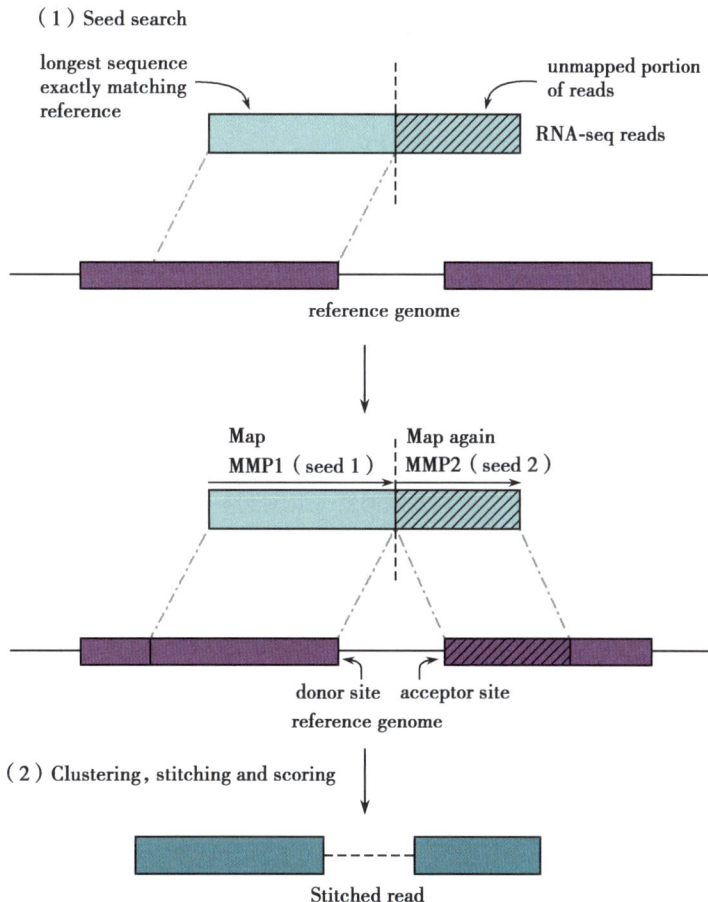

图 6-17　STAR 工作原理

longest sequence exactly matching reference:与参考序列完全匹配的最长序列;unmapped portion of reads:未映射的读取部分;RNA-seq reads:RNA 序列读取;reference genome:参考基因组;donor site:供体部位;acceptor site:接受部位;reference genome:参考基因组;Clustering, stitching and scoring:聚集、拼接和评分;Stitched read:拼接读取。

HISAT 使用基于 Burrows-Wheeler 变换和 Ferragina-Manzini(FM)索引的方案,采用两种类型的索引进行比对,以一个全基因组 FM 索引来锚定每个比对,以及许多局部 FM 索引,HISAT 的人类基因组分层索引包含 48 000 个局部 FM 索引,每个索引代表一个约 64 000bp 的基因组区域。该软件是目前可用的最快的系统,其准确性与其他方法相比相同或更好,占用内存较小。该软件支持任何大小的基因组,包括大于 40 亿个碱基的基因组。

3. 转录组的重建　利用 reads 定位信息推断出表达转录本的外显子结构,从而将比对的 reads 组装成转录单元,最终确定所有表达的转录本的结构。这个过程被称为转录组重建。转录组重建是进行转录本和基因表达精确定量的基础。转录组重建方法主要分为两类:基因组引导法(genome-guided)和基因组独立法(genome-independent)。基因组引导法也称为基于参考的转录组装配,即基于 reads 的基因组定位,将重叠的 reads 拼接成转录本片段,并利用位于剪接区域的 reads 进行转录本结构的刻画,接着利用基因的已知注释信息对重构的转录本进行校正,进而完成装配。基因组独立法也叫从头装配(de novo assembly),运用图论的思想,基于 reads 之间的序列比对构建出 de Bruijn 图,并根据图中的路径和 reads 的丰度确定转录本的结构,从而完成转录本的装配。这两类方法都可以精确地对转录本或者异构体进行装配,相比较而言,基因组引导法可以提高所构建转录本的敏感性和准确性,而基因组独立法则更适用于缺乏参考基因组的情况,并且能够发现新颖的转录本。

目前已经开发了大量转录组重建软件(表 6-6),如基于基因组引导法的 Cufflinks 和 Scripture、基于基因组独立法的 Trinity。Cufflinks 是 RNA-seq 转录本装配最常用的软件。Cufflinks 针对基因存在多个异构体且现存的转录组注释不完整或不正确等问题,利用数学模型推断每一个基因的剪接结构,从而装配出一个精确的转录组。

表 6-6　转录本装配的软件

软件名称	优点	输入	输出
Cufflinks	参考基因组引导装配,可以识别基因的新转录本	比对到参考基因组的 reads	转录本结构及表达
Scripture	参考基因组引导装配,可以识别基因的新转录本	比对到参考基因组的 reads	转录本结构及表达
TransABySS	不需要参考基因组,可以识别新的基因和新的转录本	测序得到的原始 reads	转录本结构及表达
Trinity	不需要参考基因组,可以识别新的基因和新的转录本	测序得到的原始 reads	转录本结构及表达
stringTie	参考基因组引导装配,可以识别基因的新转录本	比对到参考基因组的 reads	转录本结构及表达

4. 转录本的表达定量　RNA-seq 除了能够识别转录本结构之外,还能定量转录本的表达。由于 RNA-seq 技术本身的特点,在衡量基因表达水平时,若单纯以比对到基因上的 reads 数来计算表达量在统计学上是不合理的。因为测序过程中,较长的转录本上更容易产生较多的 reads,同时每次测序轨道上产生的 reads 总数又有不同,所以需要对 reads 计数进行适当的标准化,以便获得具有意义的表达估计值,使不同实验估计的表达值具有可比性。广泛使用的表达定量测度主要是 RPKM(reads per kilobase per million mapped reads),该测度同时考虑了转录本的长度以及映射到基因组的 reads 总数。其计算公式如下:

$$RPKM = \frac{\text{外显子上的 } reads \text{ 个数} \times 10^9}{reads \text{ 总数} \times \text{外显子长度}} \qquad (6\text{-}12)$$

其中,"外显子上的 reads 个数"表示比对到该转录本所有外显子上的 reads 个数;"reads 总数"表示该样本中比对到基因组上的 reads 总数;"外显子长度"表示该转录本上所有外显子的总长度

（KB）。而对于双末端的 RNA-seq 的测序结果，则需要对片段数而不是 reads 数进行标准化。因此，通常使用 FPKM（fragments per kilobase of exon model per million mapped fragments）定量表达。

二、差异表达分析基本原理与方法

标准化处理就是要过滤非生物学来源的混杂变异，即差异表达基因和非差异表达基因的识别。差异基因的筛选方法包括倍数法、t 检验法、方差变异模型、SAM 和信息熵等。

（一）倍数法

运用倍数 f 值估计每个基因在实验条件下（x_I）较之对照条件下（x_C）表达量的倍数差异值。阈值的确定有一定的困难。

$$f = \frac{x_I}{x_C} \tag{6-13}$$

当 f 值等于 1 时，表明该基因在两种不同条件下的表达没有差异，反之，当 f 值明显大于 1 或小于 1 时，表示基因在条件 I 下的表达有上调或下调。f 值越偏离 1，差异表达越显著，通常以 2 倍差异作为阈值。该方法在芯片数据分析的早期被应用，目前通常被用于基因的大规模初筛。

（二）t 检验法

运用 t 检验法可以判断基因在两种不同条件下的表达差异是否具有显著性。零假设为 $H_0: \mu_1 = \mu_2$，即假设某基因在两种不同条件下的平均表达水平相等，与之对应的备择假设是 $H_1: \mu_1 \neq \mu_2$。t 检验的计算公式为：

$$t = \frac{\bar{x}_1 - \bar{x}_2}{\sqrt{s_1^2/n_1 + s_2^2/n_2}} \tag{6-14}$$

其中均值

$$\bar{x}_i = \sum_{j=1}^{n_i} x_{ij}/n_i \tag{6-15}$$

方差

$$s_i^2 = \frac{1}{n_i - 1} \sum_{j=1}^{n_i} (x_{ij} - \bar{x}_i)^2 \tag{6-16}$$

n_i 为某一条件下的重复实验次数，x_{ij} 为某基因在第 i 个条件下第 j 次重复实验的表达水平测量值。根据统计量 t 值，得到 p 值，设定假设检验水准 α，若 $p < \alpha$，则拒绝零假设，认为某基因在两不同条件下的表达差异具有统计学意义；反之，则接受零假设，认为某基因在两不同条件下表达无差异。

由于芯片实验成本较高，n_i 较小，从而对总体方差的估计不很准确，使得 t 检验的检验效能降低。

为解决这个问题，随机的方差模型法对总体方差的估计进行了修改。这种模型的前提假设为：不同的基因具有不同方差，但这些方差可以看作是来自同一分布的独立样本，方差的倒数满足参数为 a, b 的 λ 分布，其中 $1/ab$ 为期望方差，那么 t 统计量的计算公式中的分母，即合并方差的估计修改为：

$$s^{2'} = \frac{(n_1 + n_2 - 2)s^2 + 2a(1/ab)}{(n_1 + n_2 - 2) + 2a} \tag{6-17}$$

其中

$$s = \sqrt{s_1^2/n_1 + s_2^2/n_2} \tag{6-18}$$

（三）方差分析

方差分析可用于基因在两种或多种条件间的表达量的比较，它将基因在样本之间的总变异分解为组间变异和组内变异两部分。组间变异体现了不同条件带来的基因表达的差异，组内变异体现了包括个体差异和测量带来的随机误差。通过方差分析的假设检验判断组间变异是否存在，如果存在则表明基因在不同条件下的表达有差异。分别计算总变异、组间变异和组内变异：

$$SS_{总} = \sum_i \sum_j (x_{ij} - \bar{x})^2 \tag{6-19}$$

$$SS_{组间} = \sum_i n_i (\bar{x}_i - \bar{x})^2 \tag{6-20}$$

$$SS_{组内} = \sum_i \sum_j (x_{ij} - \bar{x}_i)^2 \tag{6-21}$$

其中 x_{ij} 为某基因在第 i 种条件第 j 个样本中的表达值;$\bar{x}$ 为该基因在所有样本中的平均表达值;$\bar{x}_i$ 为该基因在第 i 种条件下样本中的平均表达值,n_i 为该条件下的样本数。

将变异除以自由度计算均方,消除了自由度的影响:

$$MS_{组间} = \frac{SS_{组间}}{v_{组间}} \tag{6-22}$$

$$MS_{组内} = \frac{SS_{组内}}{v_{组内}} \tag{6-23}$$

$$F = \frac{MS_{组间}}{MS_{组内}} \tag{6-24}$$

其中 $v_{组间} = k-1$,$v_{组内} = N-k$,$v_{总} = N-1$,N 为样本的总个数,k 为条件数。

根据统计量 F 值,得到 p 值。设定假设检验水准 α,若 $p < \alpha$,则拒绝零假设,认为某基因在不同条件下的表达差异具有统计学意义;反之,则接受零假设,认为某基因在不同的条件下表达无差异。

(四) SAM 法

在运用 t 检验和方差分析进行差异基因筛选时,存在多重假设检验的问题。若芯片检测了 n 个基因,整个差异基因筛选过程需要做 n 次假设检验,若每次假设检验发生假阳性的概率为 p,则在这个差异基因筛选过程中至少有一个基因是假阳性的概率为 $P = 1-(1-p)^n$,由于芯片检测的基因数 n 较大,从而导致假阳性率 P 的增大。对于这种多重假设检验带来的放大的假阳性率,需要进行纠正。常用的纠正策略有 Bonferroni 校正,控制 FDR(false discovery rate)值等。

SAM(Significance Analysis of Microarrays)算法就是通过控制 FDR 值纠正多重假设检验中的假阳性率。计算相对差异统计量 d:

$$d = \frac{\bar{x}_1 - \bar{x}_2}{s + s_0} \tag{6-25}$$

统计量 d 衡量了基因表达的相对差异,是 t 统计量的修正。

计算所有基因的 d 值,这些 d 值的分布应该独立于基因的表达水平。然而在低表达丰度情况下,由于 s 较小,d 值的方差较大。为了确保 d 值的方差独立于基因表达水平,在分母上加上一个小的正常量 s_0。通过窗口法确定 s_0 值,该 s_0 值能使 d 值的变异系数最小。

扰动实验过程:模拟出扰动实验条件,模拟基因在两组间无表达差异的表达向量,计算扰动后的基因表达的相对差异统计量 d_p,随机扰动 $|P|$ 次,计算所有扰动的平均相对差异统计量,见图 6-18。

$$d_E = \frac{1}{|P|} \sum d_p \tag{6-26}$$

确定差异表达基因阈值:以最小的 d 正值和最大的 d 负值作为统计阈值 $d(t)$,运用该阈值,统计在 d_E 值中超过该阈值的假阳性基因个数,估计假阳性发现率 FDR(false discovery rate)值,FDR 值为在所有判断为差异表达的基因中假阳性基因的比例:

NOTES

$$FDR = \frac{\sum \dfrac{\#of(d_p > d(t))}{|P|}}{\#of(d \geq d(t))} \qquad (6\text{-}27)$$

通过调整 FDR 值的大小得到差异表达的基因。

（五）信息熵

与上述差异基因筛选方法不同，信息熵进行差异基因挑选时不需要用到样本的类别信息，所以运用信息熵找到的差异基因并非指在两种不同条件下表达有差异的基因，而是指在所有条件下表达波动比较大的基因。

首先对每个基因进行离散化处理，然后计算该基因的信息熵。

$$H = -\sum_{i=1}^{m} p_i \log p_i \qquad (6\text{-}28)$$

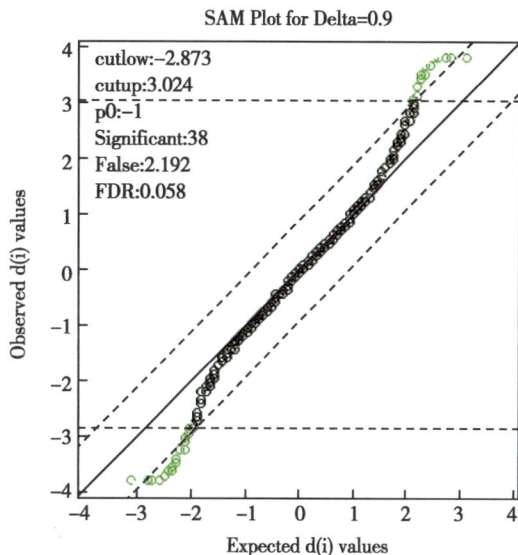

图 6-18　d 对 d_E 散点图

当 FDR=0.058 时，阈值大概在 ±3 外，落在阈值以外的绿色标记的基因即为差异表达基因。

其中 p_i 表示某个基因表达值在某一段取值的概率（这里用某一段的频数值近似代替概率值），m 为离散的区段数。H 值越高，说明该基因在这些条件下表达值的变异程度越大，揭示该基因为差异表达基因。

（六）RNA-seq 差异表达原理

RNA-seq 的差异表达分析主要包括：①统计基因或转录本对应的 reads 计数；②对 reads 计数进行标准化，使样本间和样本内的表达水平能够进行精确比较；③对标准化后 reads 分布进行统计学模型拟合，利用统计学检验评估基因的差异表达，得到相应的 P 值和差异倍数（fold change），并完成多重检验校正；④根据特定阈值（例如 FDR<0.05）提取显著差异表达的基因。

三、差异表达分析应用

基因芯片数据预处理的常用软件是 BRB-ArrayTools 软件，该软件能够处理不同芯片平台，单、双通道的表达谱数据，其基本功能有数据可视化、标准化处理、差异基因筛选、聚类分析、分类预测、生存分析、基因富集分析等。BRB-ArrayTools 还可以通过匹配 DNA 芯片的 CloneID、GenBank 号、UniGene 编号连接至 NCBI 数据库，或者通过芯片的 ProbesetID 连接至 NetAffy 站点获取探针的详细信息，进行基因的功能注释。ArrayTools 以 Excel 插件的形式呈现，计算由 Excel 外部的分析工具完成。此外，差异表达基因分析软件 SAM 目前也使用广泛。它是由 Stanford 大学开发的一个免费软件，SAM 通过控制 FDR 值纠正多重假设检验中的假阳性率，计算每个基因的统计量 d 值，寻找对疾病有鉴别力的基因。SAM 软件可以通过网页下载，安装后以 Excel 插件形式运行。

在此，以一套阿尔茨海默病相关的基因表达谱数据（GSE5281）为例来详细介绍如何利用 BRB-ArrayTools 软件进行数据预处理，并对处理过的标准化的基因芯片数据利用 SAM 软件进行差异表达分析。GSE5281 数据是利用 Affymetrix 的寡核苷酸芯片 HG-U133 Plus 2.0 Array 检测阿尔茨海默病病人和正常老年人大脑中六个不同区域的基因表达情况，本例仅选择其中一个区域—内侧颞回（middle temporal gyrus，MTG）的数据进行说明，具体步骤如下：

第一步：导入芯片数据如图 6-19。使用 "import data" 下的 "General Format Importer" 导入基因芯片数据，在该文件中数据之间应为 Tab 键分隔（或使用 Excell 文件），也可以使用 "Data Import Wizard" 进行导入。

第二步：选择文件类型如图 6-20。如果需要导入的基因芯片数据是每张芯片用单独的文件存储，

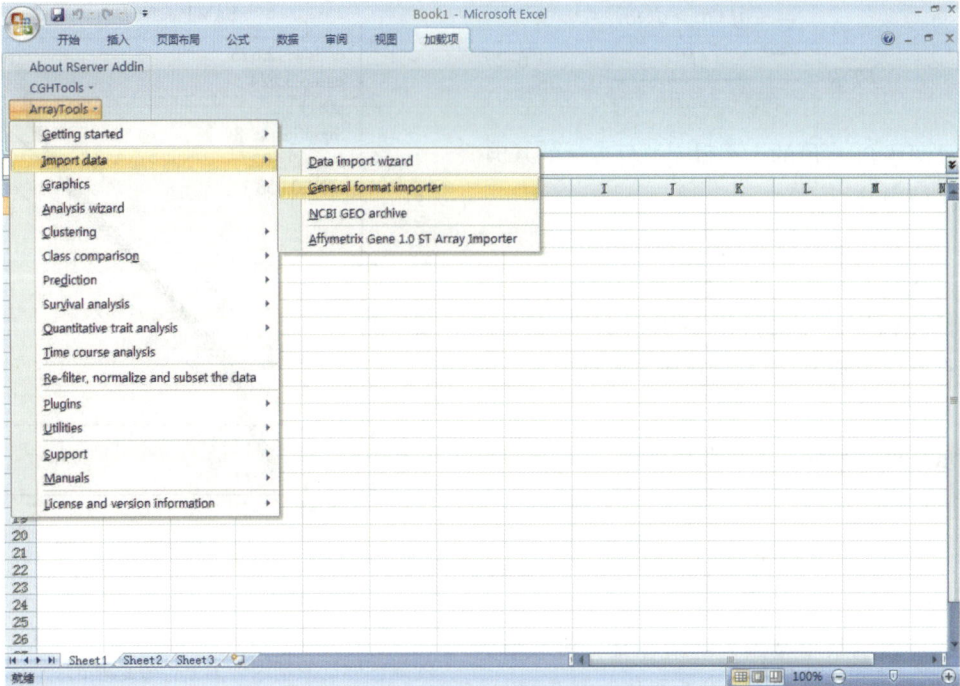

图 6-19　导入芯片数据

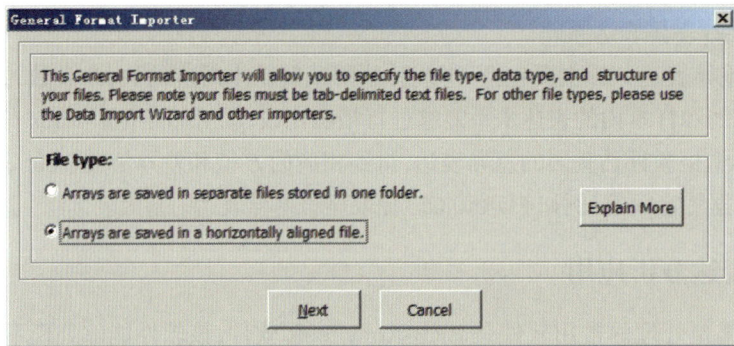

图 6-20　选择基因芯片数据的文件类型

多个文件保存在一个文件夹中,则选择"Array are saved in separate files stored in one folder";如果多张芯片数据组织成一个矩阵形式,存储在一个文件中,则选择"Array are saved in horizontally aligned file"。本例数据是存储在一个文件中,因此选择后者。

第三步:选择芯片数据文件所存储的路径如图 6-21。注意路径中不能包含中文。

第四步:选择基因芯片平台如图 6-22。选择芯片的平台类型(单通道或双通道)。如果是 Affymetrix 的单通道芯片,还需指出具体型号,另外该步骤还需要选择所导入的数据是否进行了 log2 的转换。本例采用的是 Affymetrix 的 HG-U133 Plus 2.0 Array 平台,且未进行 log2 的转换,所以不选择"The Data are already log2 transformed."

第五步:选择文件格式如图 6-23。通过选择文件中的标题行、第一行数据、探针所在的列、第一列数据和第二列数据来确定基因表达谱的数据区域。点击"Next"会显示导入的文件中所包含的基因芯片的个数,即数据的列数。

第六步:数据的过滤和标准化如图 6-24。首先是探针的标准化,删除那些表达强度很低或无意义的探针数据;然后是数据的标准化,最后是基因的过滤,因为我们只关心那些随着实验条件的改变表达水平发生变化的基因,因此在这步可将那些表达波动较小的基因去除。

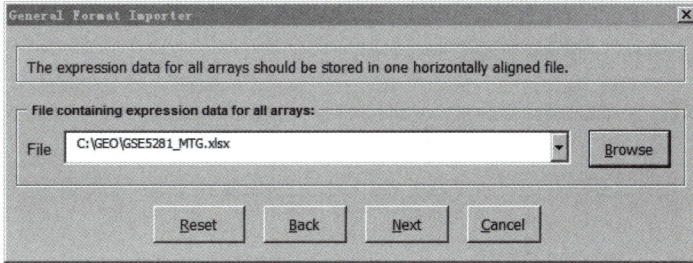

图 6-21 选择基因芯片数据文件所在的路径

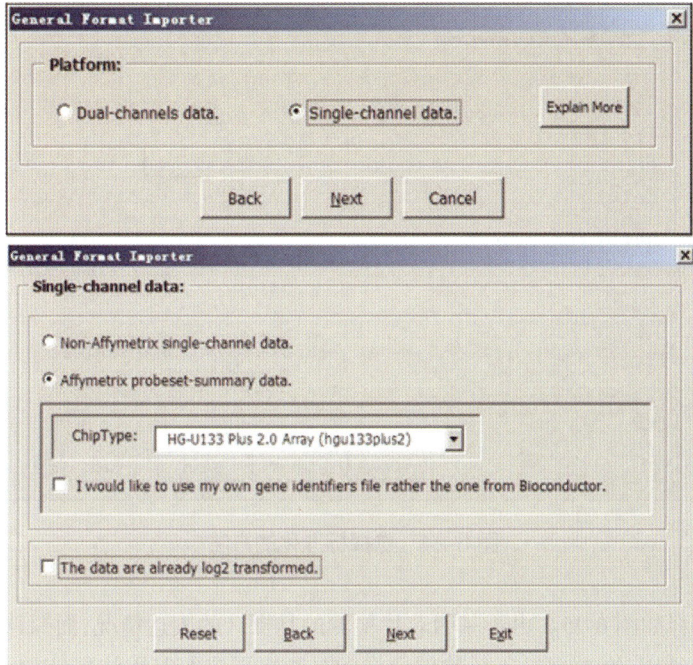

图 6-22 选择基因芯片平台

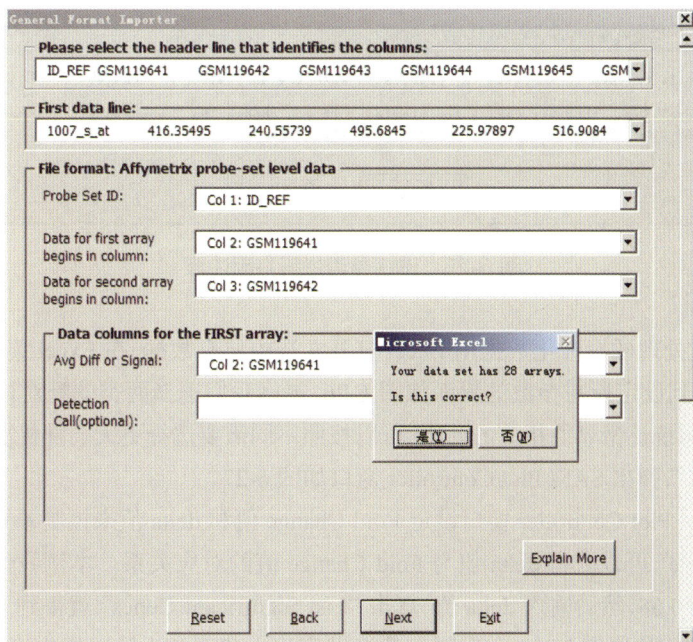

图 6-23 选择文件格式

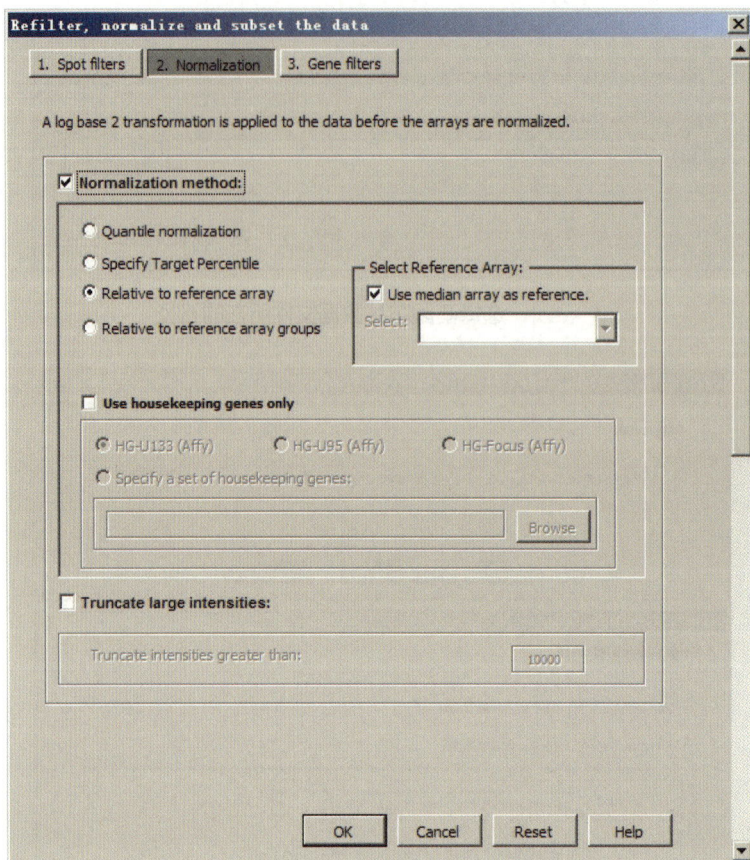

图 6-24 选择标准化的方法

第七步：基因注释如图 6-25。由于基因芯片检测的是探针的表达情况，而探针和基因之间往往不是一一对应的关系，所以，在数据导入后软件会询问是否需要进行基因注释，以及是否需要将探针转换成相应的基因名（gene symbol）或 Entrez ID。

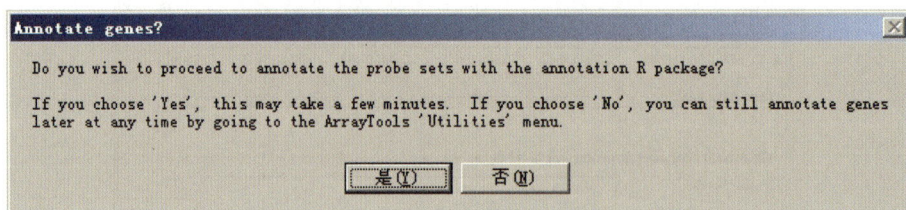

图 6-25 选择是否进行基因注释

第八步：将经过处理的标准化数据用 Excel 打开并选中所有数据，在 Excel 菜单的加载项中找到 SAM，运行 SAM 得到设定所需参数的界面如图 6-26，本例我们选择两类非配对样本做统计检验，选择随机 100 次以获得统计量 d 值相应的 p 值，可以按照不同需要选择更大的随机次数，其余参数可选择默认值，点击"OK"，弹出 SAM Plot Controller 窗口如图 6-27。

第九步：在 SAM Plot Controller 窗口设定 Fold Change 值和 delta 值来控制差异表达分析的结果，点击"List Delta Table"可以获得 delta 值与 Fold Change 值的对应关系。本例我们找到 FDR 为 0.01 时对应的 delta 值为 0.68，然后输入 delta 值，点击"List Significant Genes"就得到了相应的 FDR 小于 0.01 的差异表达基因，共选出 2 209 个在阿尔茨海默病病人和正常人脑组织中表达发生显著性改变的基因。

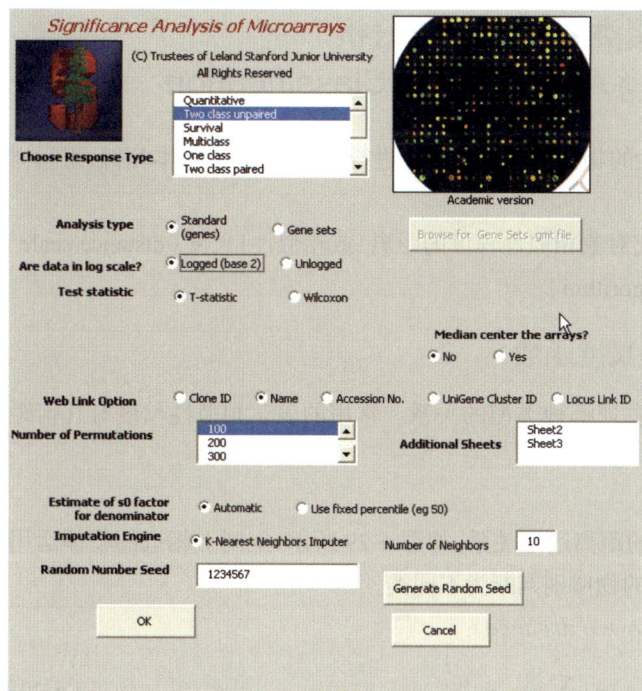

图 6-26　SAM 的参数设定

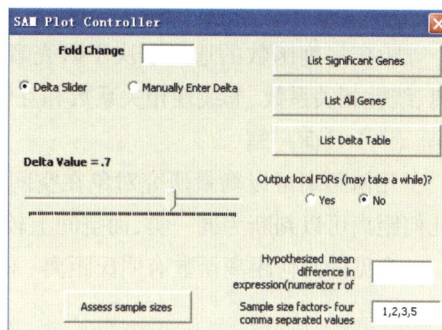

图 6-27　SAM Plot Controller

第十步:以图形化方式"SAM Plot"对结果进行展示如图 6-28,其中显示了差异表达基因的期望得分与观察得分的关联关系,上调基因用红色表示,下调基因用绿色表示。

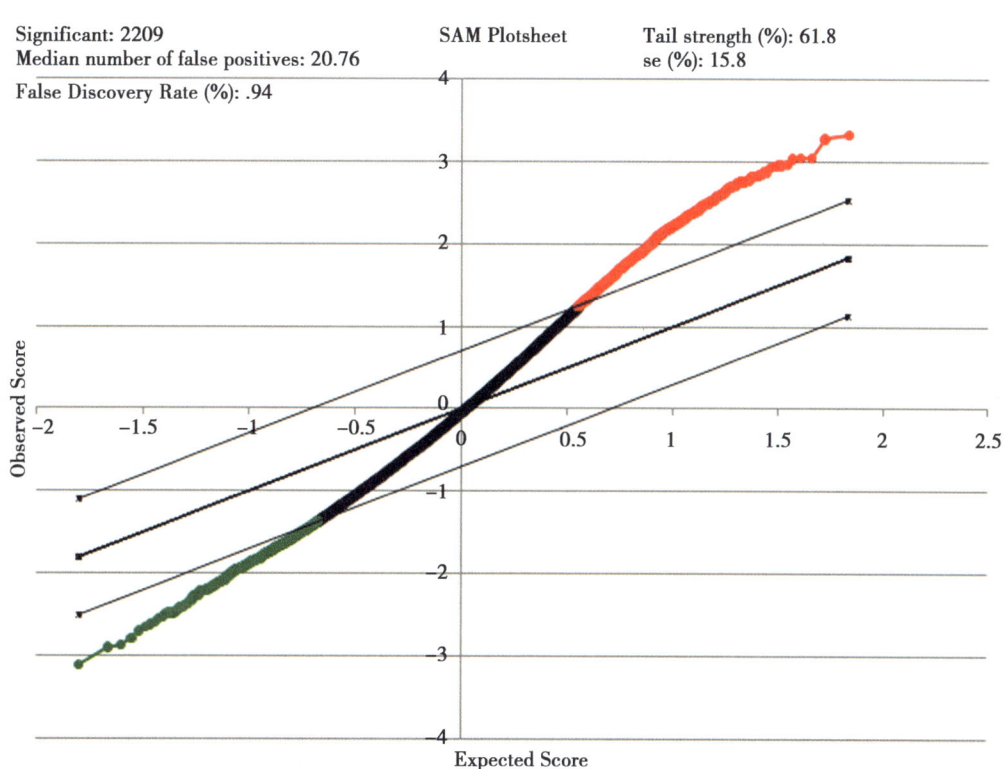

图 6-28　SAM Plot

第四节 聚类分析与分类分析
Section 4 Clustering Analysis and Classification

无监督的聚类分析是基于研究对象属性的相似性对研究对象进行分组,使组内样本相似,组间样本差异的分析方法。

聚类分析中最主要的两因素是评价研究对象相似性程度的距离(或相似性)尺度(distance scale)和将研究对象分组的聚类算法(clustering algorithm)。

一、聚类分析中的距离(相似性)尺度函数

距离尺度函数的选择取决于研究者想发现哪种类型的关系。常用的表达相似性尺度有几何距离、线性相关系数、非线性相关系数和互信息等。

(一)几何距离

几何距离可以衡量研究对象在空间上的距离远近关系,如图 6-29 所示,空间上相近的物体运用几何距离可以判断为同一类,而空间上较远的物体则判断为不同类。

常见的几何距离函数有明氏距离(*Minkowski distance*):

$$d(x,y) = \left\{ \sum |x_i - y_i|^{\lambda} \right\}^{\frac{1}{\lambda}} \tag{6-29}$$

其中 x 和 y 分别为样本向量或基因向量,x_i 和 y_i 为对应的第 i 个分量,明氏距离通过综合考查各分量的差异来衡量两物体的远近关系。

当 $\lambda = 1$ 时,明氏距离即为马氏距离(Manhattan distance)。

当 $\lambda = 2$ 时,明氏距离即为欧氏距离(Euclidean distance)。

当 $\lambda = \infty$ 时,明氏距离即为切氏距离(Chebyshev distance),即:

$$d(x,y) = \max_i |x_i - y_i| \tag{6-30}$$

明氏距离在考查两物体的相似性时没有考虑不同分量量纲差异的影响,所以以明氏距离作相似性尺度时应该先对数据进行标准化处理,消除不同分量之间的量纲差异。

图 6-29 基于几何距离衡量物体在空间上的相似性

Canberra 距离则不需要考查各分量量纲差异的影响:

$$d(x,y) = \sum_{i=1}^{p} \frac{|x_i - y_i|}{|x_i| + |y_i|} \tag{6-31}$$

(二)线性相关系数

几何距离比较适合于衡量样本间的相似性,或者基因在样本空间(如不同组织间)的相似性。当基因表达数据是一系列具有相同变化趋势的数据时,运用几何距离会丢失重要信息。如图 6-30 所示,图中描述了三个基因在五个时间点的基因表达水平波动,如果用几何距离进行衡量,则基因 2 和基因 3 相似性高,而基因 1 与基因 2 和基因 3 相距较远会判断为相似性低。然而,基因 1 的表达水平在不同时间点与其他两个基因具有相似的波动趋势和波动幅度,通常这种在不同时间点或样本中表达模式相似的基因也有可能具有功能上的相似性,但是用欧氏距离就会忽略这种具有生物学意义的基因相关关系。

采用皮尔森相关系数(pearson correlation coefficient)来衡量基因表达模式的相似性。公式如下:

$$r = \frac{1}{n-1} \sum_{i=1}^{n} \left(\frac{x_i - \bar{x}}{\sigma_x} \right) \left(\frac{y_i - \bar{y}}{\sigma_y} \right) \tag{6-32}$$

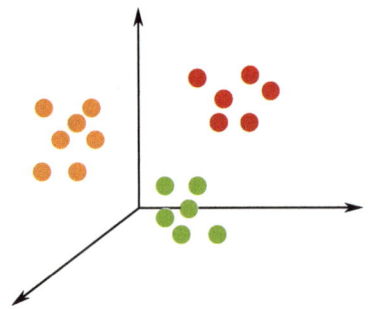

其中 $\bar{x}$ 为基因向量 x 的期望值，σ_x 为 x 的标准差；$\bar{y}$ 为基因向量 y 的期望值，σ_y 为 y 的标准差，n 为向量的维数，即时间点数。

（三）非线性相关系数

某些在功能上有相关关系的基因虽然在表达上不具有严格的线性相关关系，但在时间点的波动趋势上却是相似的。如图 6-31 所示，两基因的表达具有同升或同降的变化趋势，但明显不具有线性相关关系。在这种情况下可以用非线性相关模式来衡量基因间的距离。

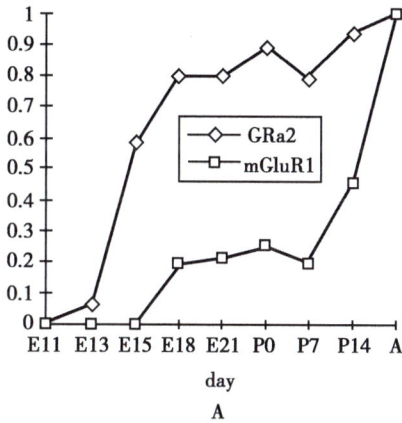

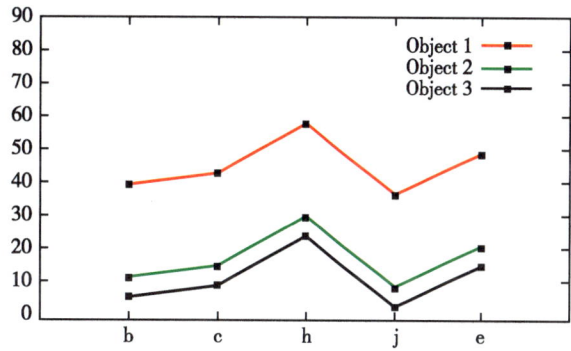

图 6-30　三个基因在五个时间点的表达值波动图

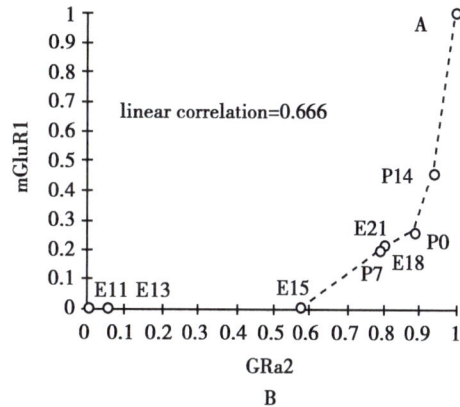

图 6-31　基因间非线性相关关系

非线性相关关系模式一般用斯皮尔曼秩相关系数（Spearman's rank correlation coefficient）进行衡量：

$$\gamma = 1 - \frac{6\sum d_i^2}{n(n^2-1)} \tag{6-33}$$

其中 d 为每对观察值 x_i 与 y_i 的秩次之差，n 为时间点数。

（四）互信息

线性与非线性相关系数都只能衡量基因间的单调相关关系，而对于那些在整个时间序列上基因间的表达没有单调升降关系的基因，如图 6-32 所示。在前阶段两基因间是正相关关系，而在后阶段两基因间是负相关关系，两基因间的关系具有非单调性的特点。

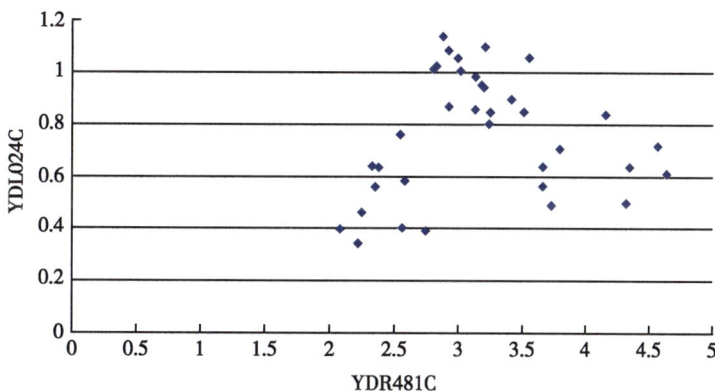

图 6-32　基因间的非单调相关关系

对于这种非单调的表达相似关系,可以用互信息进行衡量:

$$\gamma = H(x) - H(x|y) \tag{6-34}$$

其中 $H(x)$ 表示 x 的熵,$H(x|y)$ 表示 x 的条件熵。当 x 和 y 为离散型向量时,条件熵的计算方式为:

$$H(x|y_J) = -\sum_{I=1}^{n} p(x_I|y_J) \log p(x_I|y_J) \tag{6-35}$$

$$H(x|y) = -\sum_{I=1}^{n}\sum_{J=1}^{m} p(y_J) p(x_I|y_J) \log p(x_I|y_J) \tag{6-36}$$

$p(\cdot)$ 为概率密度函数,可以由频数估计。n 和 m 分别为离散化 x 和 y 时的离散化单位。在计算互信息时采用的离散化方式会造成一定的信息损失,一般离散化单位的估计由向量 x 和 y 的长度决定。

$$n \leqslant \log_2 size(x) \tag{6-37}$$

$$m \leqslant \log_2 size(y) \tag{6-38}$$

二、聚类分析中的聚类算法

聚类算法主要包括:分割算法(如 k 均值聚类、SOM 聚类等)、分层算法(如层次聚类等)、基于密度算法、基于网格算法等。这里主要介绍基因芯片数据中常用的层次聚类、k 均值聚类、SOM 聚类,以及基于子空间内的相似性进行基因和样本耦合的双向聚类算法。

(一)层次聚类

层次聚类(hierarchical clustering)算法是将研究对象按照它们的相似性关系用树形图进行呈现,如图 6-33 呈现的是白血病的两种亚型的层次聚类图。进行层次聚类时不需要预先设定类别个数,树状的聚类结构可以展示嵌套式的类别关系。

层次聚类按层次的形成方式可以分为凝聚法(agglomerative)和分裂法(divisive)。凝聚法是自下而上的聚类方法,从单个点作为个体簇开始,每一步合并两个最邻近的簇。分裂法是自上而下的聚类方法,从一个包含所有点的簇开始,每一步分裂一个簇,直到仅剩下单点簇为止。

在层次聚类中,类的合并和分解按照一定的距离函数度量。在对含非单独对象的类进行合并或分裂时,常用的类间度量方法有:最小距离(single linkage)、最大距离(complete linkage)、平均距离(average linkage)和质心距离(centroid linkage)。如图 6-34 所示,最小距离以两类间距离最近的两对

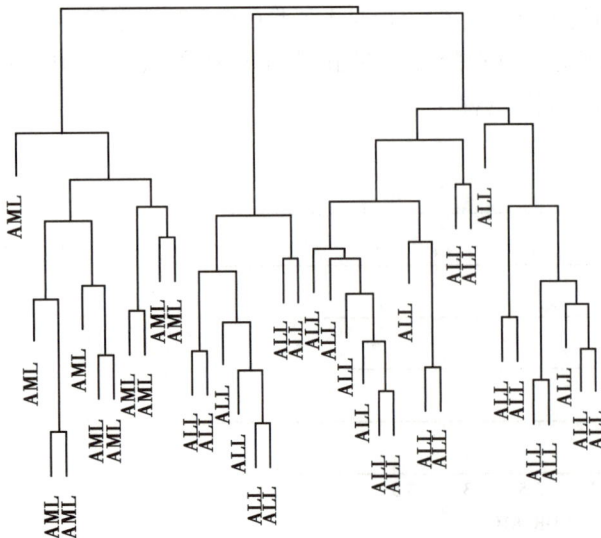

图 6-33　树状层次聚类图

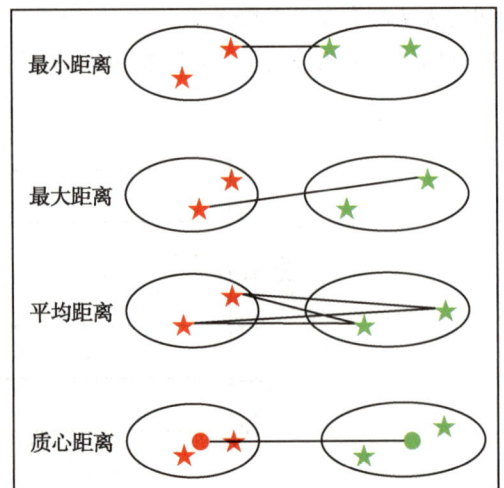

图 6-34　类间相似性度量方法

象的距离作为两类的距离;最大距离以两类间距离最远的两对象的距离作为两类的距离;平均距离遍历两类中所有对象之间的距离,然后取平均值作为两类的距离;质心距离为分别计算两类的质心,然后以质心间的距离作为两类的距离。

下面以一个例子说明自底向上的层次聚类算法的过程,该算法采用了欧氏距离衡量样本间的相似性。

1. 设有四个样本 A、B、C 和 D,每个样本自成一类,运用欧氏距离计算它们两两之间的相似性得出距离矩阵。

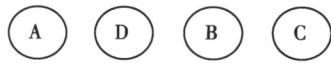

距离	A	B	C	D
A		2	0.7	0.2
B			1	2.5
C				0.3
D				

2. 由于 A 与 D 样本的距离最小,最先合并 A 与 D 样本。

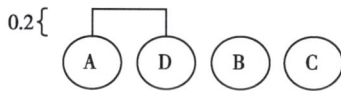

距离	A	B	C	D
A		2	0.7	(0.2)
B			1	2.5
C				0.3
D				

3. 合并后的类别数为三类,调整距离矩阵,即分别运用最小距离法计算 B 样本、C 样本与 AD 类的距离。

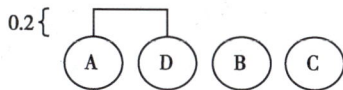

距离	AD	B	C	
AD		2	0.3	
B			1	
C				

4. 基于新的距离矩阵,需合并 AD 类与 C 样本。

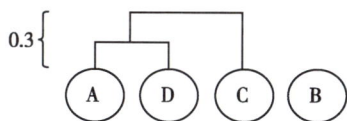

距离	AD	B	C	
AD		2	(0.3)	
B			1	
C				

5. 继续调整距离矩阵,目前的类别数是两类。

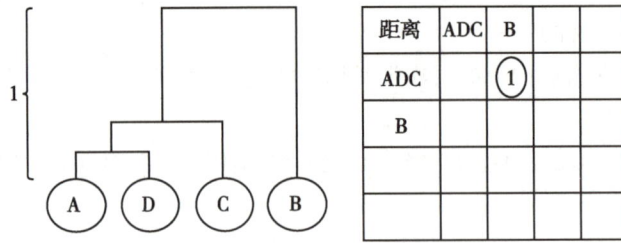

距离	ADC	B		
ADC		①		
B				

6. 合并 ADC 类与 B 样本,得出最后的树状图。

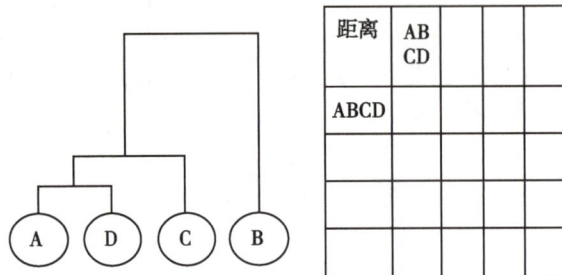

距离	AB CD			
ABCD				

7. 根据聚类结果和表达值可以用 treeview 等软件生成可视化的聚类结果,从而对聚类结果有直观的认识。图 6-35 中红色表示基因上调,绿色表示基因下调。

(二) k 均值聚类

k 均值聚类是根据聚类中的均值进行聚类划分的分割算法,可应用于各种数据类型,受初始化问题的影响较小,算法简单,运算速度较快。具体的分析流程(图 6-36)为:

1. 初始化类中心,随机选定 k 个类中心,例如可选取 k 个研究对象作为类中心。

2. 计算每个对象与这些类中心的距离,并根据最小距离重新对相应对象进行划分。

3. 重新计算每类样本的均值,作为更新的类中心。

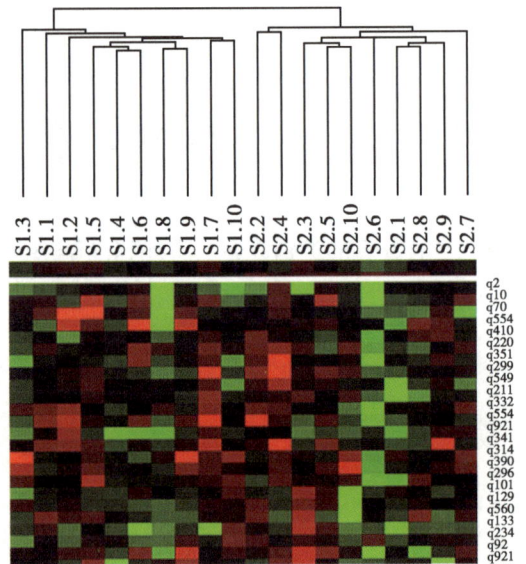

图 6-35   基因表达谱数据聚类结果可视化

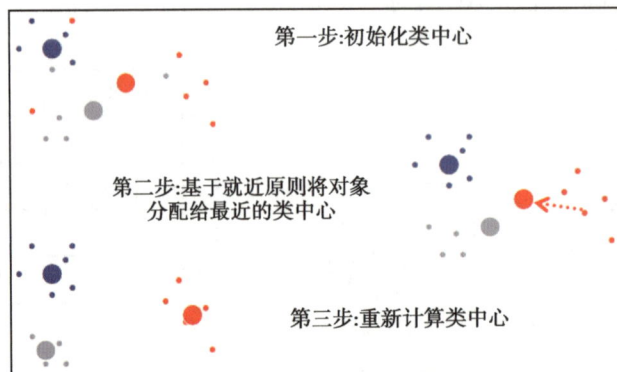

图 6-36 k 均值聚类的分析流程

4. 循环上述流程 2 至 3,直到每个聚类不再发生变化。

k 均值聚类可以看作是个优化问题,它的优化目标是最小化类内样本两两间的距离之和:

$$w(C) = \frac{1}{2} \sum_{c=1}^{k} \sum_{C(i)=C(j)=c} d_E(x_i, x_j)^2 \tag{6-39}$$

这里 x_i 和 x_j 分别是属于同一个类别中的样本,$d_E(\cdot)$ 为欧氏距离函数,$C(i)$ 和 $C(j)$ 分别是样本 x_i 和 x_j 的类别,k 为类别数,C 为类结构。

k 均值聚类算法的聚类结果依赖于初始化的类中心,选取不同的类中心可能会有不同的聚类结构。为了克服这个问题,可以采用多个初始化方式,选定具有最小 $w(C)$ 对应的聚类结果作为最佳的类结构。另外,k 均值聚类需预先指定类别个数,但是很多情况下实际上不知道真正的类别数,一些启发式的方法可以帮助确定 k 的取值。例如,假设有八个研究对象,遍历八个对象可能的聚类类别数,计算各情况下的 $w(C)$ 值,选择 $w(C)$ 值下降最快时的 k 值作为最佳类别数。

(三) 自组织映射聚类

自组织映射聚类(Self Organizing Maps,SOM)与 k 均值聚类相似,也属于分割算法,需要预设类别个数。如图 6-37 所示,在 SOM 神经网络中,预设类别个数为 6,输出层的神经元 1 到 6 以栅格方式排列于二维空间,输出层的神经元有初始权重,根据输入样本向量与输出层神经元的距离,找到具有最短距离的神经元作为兴奋神经元,其他神经元根据与该兴奋神经元的距离确定不同的兴奋度,然后根据兴奋度的不同对神经元权重进行调整,完成一个学习过程,随着样本的继续输入,不断进行这种学习过程。最后神经元可以根据输入样本向量的特征,以拓扑结构展现于输出空间,如图中黑点表示学习样本,在不断的学习过程中,输出层的神经元根据输入样本的特点进行权重调整,最后拓扑结构发生了改变。

(四) 双向聚类

上述的聚类算法都是基于基因表达谱行和列的全局相似性,但是从生物学角度讲,一组基因表达上的相似性可能只限制在某些实验条件内,运用所有实验样本对基因进行聚类会因为引入噪声而影响基因表达相似性的度量,而样本的相似性也常常不需要运用所有基因来计算,因而采用双向聚类来识别基因表达谱矩阵中同质的子矩阵(图 6-38),运用特定的基因子类识别样本子类。

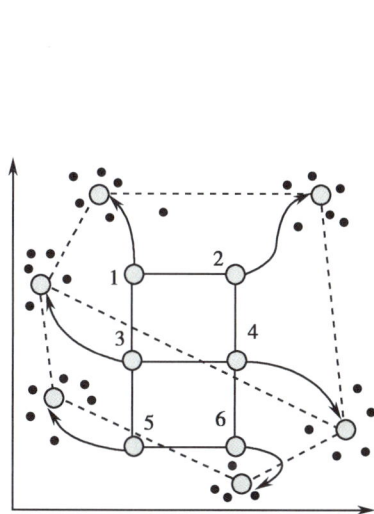

图 6-37　SOM 映射学习过程

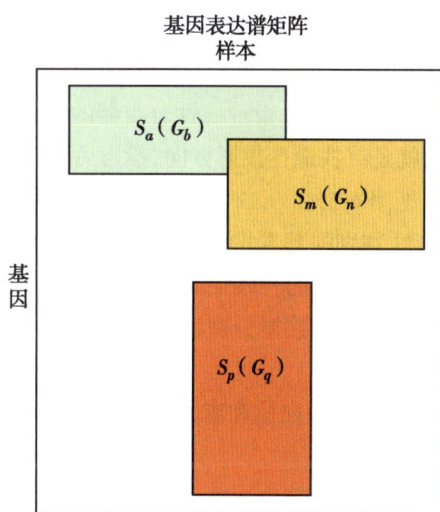

图 6-38　双向聚类识别同质的子结构

双向聚类方法是寻找疾病样本和致病基因簇之间的对应关系,该方法按样本和基因两个方向同时进行迭代聚类。

设基因表达谱矩阵 M,定义初始的样本集和基因集分别为 S_1 和 G_1,$S_j(G_i)$ 表示以 G_i 为特征对样本集 S_j 聚类的结果。同理,$G_i(S_j)$ 表示以 S_j 为特征对基因集 G_i 聚类的结果。其详细的分析流程如下:

1. 初始化过程　首先以芯片上所有的基因 G_1 为特征,对 S_1 聚类:$S_1(G_1)=(S_j)$,$j=2,3,\cdots$;再利用数据集中所有的样本 S_1 作为特征对所有基因 G_1 进行聚类:$G_1(S_1)=\{G_i\}$,$i=2,3,\cdots$,此时聚类深度(Cluster Depth)为 0。

2. 识别稳定的样本类和基因类　发现稳定的基因簇 $G_i(i=2,3,\cdots)$ 和稳定的样本子集 $S_j(j=2,3,\cdots)$,进一步计算 $S_j(G_i)$(包括 S_1)和 $G_i(S_j)$(包括 G_1),这样又得到许多样本子集 $S_j(G_i)$,和基因簇 $G_i(S_j)$,此时聚类深度为 1。

3. 重复步骤 2 过程,直至达到一定的阈值(聚类深度)或没有新的稳定基因簇或样本子集出现。

总之,聚类分析方法在基因表达谱数据中具有重要的应用,即使没有类别结构的随机样本也可以得到类别结构。一方面聚类分析方法可以检测聚类发现的类别是否为潜在的分组;另一方面,对于基因表达谱数据而言,mRNA 分子层面的分型只有与临床差异相吻合才更具有临床的诊断治疗意义。聚类分析应用于基因表达谱数据,为复杂疾病的亚型识别、致病机制的探索及分子标记的识别提供了有效的工具。

三、分类分析

对于基因芯片数据,无监督的聚类分析可同时对样本和基因进行聚类,从而完成不同的分析任务。而有监督的分类分析一般是单向的,即以基因为属性,构建分类模式对样本的类别进行预测。因此,分类分析可以构建 mRNA 分子层面的预测模型,从而为疾病的预测提供新的手段;另外,参与分类模型的基因往往是对样本判别有重要作用的基因,所以在分类过程中还可以同时进行疾病相关基因的挖掘。目前常用的分类方法有线性判别分析(如 Fisher 线性判别)、k 近邻分类法、支持向量机(SVM)分类法、贝叶斯分类器、人工神经网络分类法、决策树与决策森林法,以及基因芯片数据分析中常用的 PAM 分类法。下面主要介绍 Fisher 线性判别、k 近邻分类法、PAM 分类法与决策树。

(一) Fisher 线性判别

线性判别函数是最简单的判别函数,相应的分类面是超平面 $g(x)$:

$$g(x)=w^Tx+b\begin{cases}>0,L_1\\<0,L_2\end{cases}$$

(6-40)

其中 w 是分类面的法向量,b 是分类面的偏移,L_1 和 L_2 分别是两类别的类别标签。设计线性分类器的关键是估计 w 和 b,选择 w 就是寻找最佳投影方向,投影后变成一维数据的分类问题,见图 6-39。

Fisher 线性判别的基本思想是寻找一个最佳的投影方向,使得样本在投影后的一维空间内满足类间离散和类内紧致的特点,投影后的数据分别运用离散度和均值衡量类间和类内的数据特点。

投影前数据的均值向量和离散度矩阵分别为:

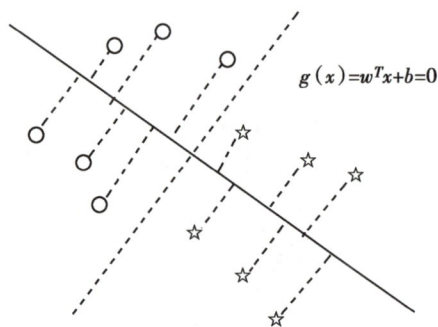

图 6-39　线性判别函数的分类思想

$$m_i=\frac{1}{n}\sum x \quad i=1,2$$

(6-41)

$$S_i=\sum((x-m_i)(x-m_i)^T) \quad i=1,2$$

(6-42)

其中 m_1 和 m_2 分别是两类原始数据的均值向量;S_1 和 S_2 分别是两类原始数据的离散度矩阵。原始数据与投影后数据统计量之间的关系是:

$$\mu_i = w^T m_i \tag{6-43}$$

$$
\begin{aligned}
\sigma_i^2 &= \sum (w^T x - \mu_i)^2 \\
&= w^T \sum (x - m_i)(x - m_i)^T w \\
&= w^T S_i w
\end{aligned}
\tag{6-44}
$$

其中 μ_1 和 μ_2 分别是两类投影后数据的均值；σ_1 和 σ_2 分别是两类投影后数据的离散度。

Fisher 准则函数为：

$$J_F(w) = \frac{(\mu_1 - \mu_2)^2}{\sigma_1^2 + \sigma_2^2} \tag{6-45}$$

Fisher 准则函数的分母衡量了总类内离散度，分子衡量了类间距。找到最佳的投影方向使得 $J_F(w)$ 最大，从而使投影后的样本满足类间离散和类内紧致的特点。

$$w_{opt} = \arg\max J_F(w) \tag{6-46}$$

$J_F(w)$ 只与投影方向有关，求解 w 的最优解 w_{opt}，通过一系列的计算得到：

$$w_{opt} = (S_1 + S_2)^{-1}(m_1 - m_2) \tag{6-47}$$

以两类均值的中点作为分类阈值 b：

$$b = -\frac{\mu_1 + \mu_2}{2} \tag{6-48}$$

或投影后数据的均值作为分类阈值 b：

$$b = -\frac{n_1 \mu_1 + n_2 \mu_2}{n_1 + n_2} \tag{6-49}$$

对于样本 x，若 $w^T x + b > 0$，则判断为 L_1 类；若 $w^T x + b < 0$，则判断为 L_2 类。

（二）k 近邻分类法

k 近邻分类法的分类思想是：给定一个待分类的样本 x，首先找出与 x 最接近的或最相似的 k 个已知类别标签的训练集样本，然后根据这 k 个训练样本的类别标签确定样本 x 的类别。

如图 6-40 所示，三角形样本为待分类的样本 x，当邻居数 k 为 1 时（左图），与它最近的样本为圆形样本，从而可将圆形样本对应的类别标签赋予 x；当邻居数 k 为 3 时（中图），与它最近的样本有两个圆形样本，一个星形样本，占多数的圆形样本对应的类别标签赋予 x；当邻居数 k 为 5 时（右图），与它最近的样本有四个圆形样本，一个星形样本，占多数的圆形样本对应的类别标签赋予 x。

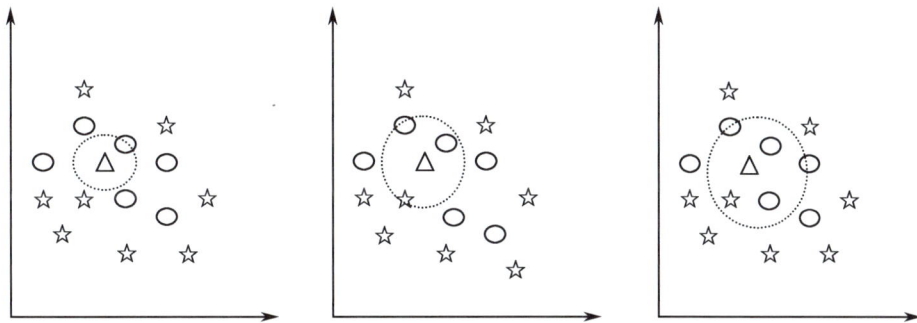

图 6-40　k 近邻分类法的分类思想

k 近邻分类法的算法步骤为：

1. 构建训练样本集合 X。

2. 设定 k（k 为奇数）的初值。k 值的确定没有一个统一的方法（根据具体问题选取的 k 值可能有较大的区别）。一般方法是先确定一个初始值，然后根据实验结果不断调试，最终达到最优。

3. 在训练样本集中选出与待测样本 x 最近的 k 个样本，假定样本 x 检测的基因个数为 n，即 $x \in R^n$，x_i 为样本 x 的第 i 个基因的表达值，样本之间的"近邻"一般由欧式距离来度量。那么两个样本 x 和 y 之间的欧式距离定义为：

$$d(x,y) = \left\{ \sum |x_i - y_i|^2 \right\}^{\frac{1}{2}} \tag{6-50}$$

4. 设 $y_1, y_2 \cdots y_k$ 表示与 x 距离最近的 k 个样本，k 个邻居中分别属于类别 $L_1, L_2 \cdots, L_l, \cdots L_c$ 的样本个数为 $n_1, n_2 \cdots, n_l, \cdots n_c$，判别函数 $g_l(x) = n_l$，如果 $g_l(x) = \max_l (n_l)$，则将 x 的类别定为 L_l 类。

5. L_l 即是待测样本 x 的类别。

（三）PAM 方法

PAM（Partitioning Around Medoid）方法，又称 K-medoids 聚类，是 K-means 聚类方法的改进，是基于划分的聚类算法。其基本思想是：每类样本的质心向所有样本的质心进行收缩，即收缩每个基因的类均值，收缩的数量由 Δ 值决定。当收缩过程发生时，某些基因在不同类中将会有相同的类均值，这些基因就不具有类间的区别效能。PAM 方法的分析步骤为：

计算统计量 d，d 衡量了基因表达的相对差异，是 t 统计量的修正。

$$d_{ik} = \frac{\bar{x}_{ik} - \bar{x}_i}{m_k \cdot (s_i + s_0)} \tag{6-51}$$

$$s_i^2 = \frac{1}{n-K} \sum_k \sum_{j \in C_k} (x_{ij} - \bar{x}_{ik})^2 \tag{6-52}$$

$$m_k = \sqrt{1/n_k + 1/n} \tag{6-53}$$

其中 i 为基因，k 为类别。s_0 为正的常量，通过窗口法确定 s_0 值，该 s_0 值能使 d 值的变异系数最小。$\bar{x}_{ik}$ 为第 k 类样本在第 i 个基因维度上的均值，$\bar{x}_i$ 为所有样本在第 i 个基因维度上的均值，s_i^2 为方差，分母为校正后的标准误。

对 d_{ik} 的公式经过变换得到：

$$\bar{x}_{ik} = \bar{x}_i + m_k(s_i + s_0) d_{ik} \tag{6-54}$$

收缩第 k 类样本在第 i 个基因维度上的均值得到收缩后的均值 $\bar{x}'_{ik}$，收缩通过调小 d'_{ik} 值实现：

$$\bar{x}'_{ik} = \bar{x}_i + m_k(s_i + s_0) d'_{ik} \tag{6-55}$$

$$d'_{ik} = sign(d_{ik})(|d_{ik}| - \Delta)_+ \tag{6-56}$$

$sign(\cdot)$ 为符号函数，Δ 为调节参数，设定某个阈值 t，若 $|d_{ik}| - \Delta > 0$，则 $(|d_{ik}| - \Delta)_+ = |d_{ik}| - \Delta$，否则 $(|d_{ik}| - \Delta)_+ = 0$。

对于新样本 x^*，用以下公式判别属于哪个类别：

$$\delta_k(x^*) = \sum_{i=1}^p \frac{(x_i^* - \bar{x}'_{ik})^2}{(s_i + s_0)^2} - 2\log \pi_k \tag{6-57}$$

$$C(x^*) = l \quad \text{当 } \delta_l(x^*) = \min_k \delta_k(x^*) \tag{6-58}$$

其中 π_k 为第 k 类样本的先验概率。

（四）决策树

决策树是一种多级分类器,利用决策树分类可以将一个复杂的多类别分类问题转化成若干个简单的分类问题来解决。决策树分类器呈一个树状的结构,内部节点上选用一个属性进行分割,每个分叉都是分割的一个部分,叶子节点可表示样本的一个分布。

图 6-41 为一棵二叉分支的决策树,根节点 1 中包含 40 个肿瘤样本和 22 个正常样本,运用基因 *M26383* 进行分割,当 *M26383* 的基因表达水平大于 60 时,样本被分至右子节点 3,否则被分至左子节点 2,左子节点中包含 14 个正常样本,肿瘤样本为 0,表示该节点内样本已经分纯,不需要再继续进行分割,定义为叶子节点。节点 3 的样本继续进行分割,运用基因 *R15447* 进行分割,当 *R15447* 的表达水平大于 290 时,样本被分至节点 5,否则被分至节点 4,节点 5 已分纯,不需要再进行分割。节点 4 继续用基因 *M28214* 分割,得到最后两个叶子节点 6 和 7。

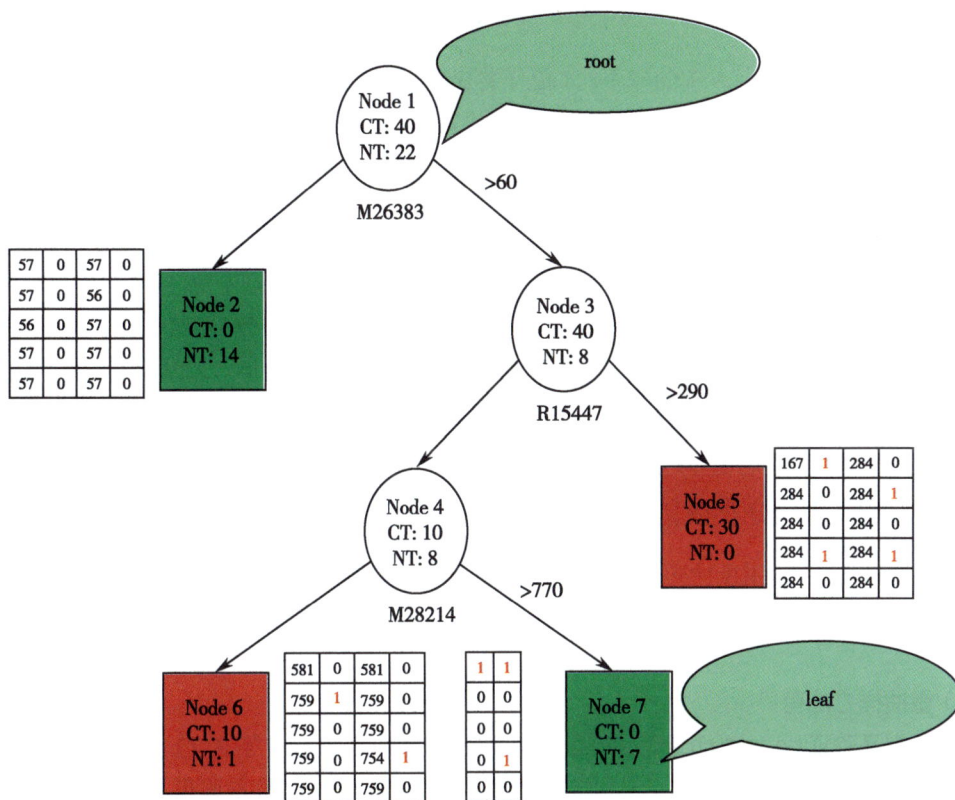

图 6-41 决策树应用于肿瘤基因表达谱的分类分析

构造决策树的方法是采用自上而下的递归分割,采用贪婪算法,从根节点开始,如果训练集中的所有观测是同类的,如都为正常样本,则将其作为叶子节点,节点内容即是该类别标记。否则,根据某种策略选择一个属性(如基因),按照属性的各个取值,把训练集划分为若干个子集合,使得每个子集上的所有叶子在该属性上具有同样的属性值。然后再依次递归处理各个子集,直到符合某种停止条件。

在构造决策树的过程中最重要的一点是在每一个分割节点确定选择哪个基因,以及用该基因的哪种分割方式对样本进行分割,这需要通过分割准则衡量使用哪个基因更合理。分割准则主要包括 *Gini* 指数、信息增益等。

1. *Gini* 指数变化（ △*Gini*）　*Gini* 指数是用来测量节点纯度的指标,对于某节点 *N* 的 *Gini* 指数定义为:

$$Gini(N) = 1 - \sum_{j=1}^{k} p_j^2 \tag{6-59}$$

其中 p_j 是指第 j 类在某节点 N 中的概率,即某节点 N 中属于第 j 类的样本的频率。k 指分类变量的类别。一个完全纯的节点 Gini 指数为 0,Gini 指数越大说明节点越不纯。

如果节点 N 分成两子节点 N_1 和 N_2,则 Gini 指数变化:

$$\Delta Gini = Gini(N) - \left(\frac{n_1}{n} Gini(N_1) + \frac{n_2}{n} Gini(N_2) \right) \qquad (6\text{-}60)$$

其中 $Gini(N_1)$ 和 $Gini(N_2)$ 为子节点 N_1 和 N_2 的 Gini 指数,n 为节点 N 中样本的个数,n_1 和 n_2 分别为节点 N_1 和 N_2 中样本的个数。选取 $\Delta Gini$ 最大的作为分割基因及对应的分割方式。

2. 信息增益 该指标运用分割前后熵值的变化衡量节点纯度的变化。对于某节点 N 信息熵的定义为:

$$H(N) = -\sum_{i=1}^{k} p_i \log_2 p_i \qquad (6\text{-}61)$$

其中 p_j 是指第 j 类在某节点 N 中的概率。k 指分类变量的类别。熵值越大说明节点越不纯。

如果结点 N 分成两子节点 N_1 和 N_2,则信息增益为:

$$Gain = H(N) - \left(\frac{n_1}{n} H(N_1) + \frac{n_2}{n} H(N_2) \right) \qquad (6\text{-}62)$$

选择信息增益最大的作为分割基因及对应的分割方式。

通过上述方法生成的决策树对训练集的准确率往往可能达到 100%,但其结果却会导致过拟合(对信号和噪声都适应),建立的树模型不能很好地推广到总体中的其他样本,因此需要对树进行剪枝。剪枝方法主要有前剪枝和后剪枝。前剪枝即在树的生长过程中通过限定条件停止生长;后剪枝即在长成一棵大树后,从下向上进行剪枝。

四、分类模型的分类效能评价

在分类的过程中,运用重抽样方法(re-sampling)把样本集合分为训练集(training set)和检验集(testing set)。训练集用于分类模型的构建,检验集用来检验分类模型的分类性能,评价分类效能的好坏。

(一) 重抽样方法有

1. n 倍交叉验证(n-fold cross-validation) 随机将样本集分为 n 等份,选取一份作为检验集,余下的 $n-1$ 份作为训练集,循环 n 次。这种方法产生不相重叠的训练集和检验集。

2. 装袋算法(Bagging,Bootstrap aggregating) 在原训练集上采用有放回抽样,每次随机抽取小于或等于原训练集大小的集合(称这种集合为原训练集的副本),当随机抽样的数目与原训练集大小一致时,每一副本训练集理论上包含原训练集的 63.2% 的样本,其余的为重复抽取的样本。由该副本作为训练集,余下的样本作为检验集。

3. 无放回随机抽样 每次抽取样本集的 $1/n$ 作为检验集,余下的样本集作为训练集。

4. 留一法交叉验证(leave-one-out cross validation,LOOCV) 该方法每次随机留出一个样本作为检验集,余下的作为训练集。

(二) 分类效能指标

1. 灵敏度(sensitivity,recall) $\dfrac{TP}{TP+FN}$。

2. 特异性(specificity) $\dfrac{TN}{TN+FP}$。

3. **阳性预测率**（positive predictive value，precision） $\dfrac{TP}{TP+FP}$。

4. **阴性预测率**（negative predictive value） $\dfrac{TN}{TN+FN}$。

5. **均衡正确率**（balanced accuracy） $\dfrac{1}{2}\left(\dfrac{TP}{TP+FN}+\dfrac{TN}{TN+FP}\right)$。

6. **正确率**（correct or accuracy） $\dfrac{TP+TN}{TP+TN+FP+FN}$。

其中 TP，TN，FP，FN 分别表示真阳性（true positive），即样本标签为阳性类，分类模型也正确地将之判断为阳性类的样本个数；真阴性（true negative），即样本标签为阴性类，分类模型也正确地将之判断为阴性类的样本个数；假阳性（false positive），即样本标签为阴性类，而分类模型却将之判断为阳性类的样本个数；假阴性（false negative），即样本标签为阳性类，而分类模型却将之判断为阴性类的样本个数。

总之，当分类分析应用于基因芯片数据时，可以构建疾病预测模型，从分子层面对复杂疾病进行诊断。然而，由于复杂疾病的发生并不是单个基因的改变，而是由环境因素与遗传因素共同作用的结果，在疾病的发生发展过程中涉及的基因较多，同种疾病往往分子机制也存在很大的异质性。因此即使是针对同种疾病，运用不同芯片数据进行分类分析时，其构建的分类模型中参与的基因往往重复性较差，这使得预测模型不具有代表性，目前很难推广到临床的诊断中。

第五节　基因表达谱数据分析软件
Section 5　Software Tools for Gene Expression Profile Analysis

一、基因表达谱数据分析软件简介

基因表达分析软件众多，有一些商业软件如：GeneSpring 系列和 Matlab 生物信息学工具箱，但更多的是开源软件。基于 R 开发的众多基因表达分析软件收集在 Bioconductor 里，Bioconductor 是基于 R 的开源免费软件，应用十分广泛。本节我们首先介绍 R 语言和 Bioconductor，然后介绍差异表达分析、聚类分析等分析软件。

二、R 语言和 Bioconductor

R 语言是目前开源、免费，强大的统计软件，可用于数值计算和图形展示，绝大多数的统计算法和数学建模方法都能在 R 语言中找到相应的程序包。如 Bioconductor 就是基于 R 语言，面向生物信息学的软件集合。R 语言学习并不难，初学者在下载 R 程序在电脑上装好后，首先将 R 参考手册中的命令在电脑上练习，通过不断地熟悉例子和命令就可以慢慢学会 R 语言。表 6-7 显示了一个 R 程序和相关说明，读者可以在电脑上体验一下 R 程序的魅力。

表 6-7　R 程序示例

R 程序	说明
a = 49 ;sqrt（a）	赋值可用 "="，也可用 "<-"；R 的语句可以写在一行，用 ";" 分开
seq（0,5,length=6）	seq 是 R 的一个函数；具体可以输入命令 "? seq" 查找 seq 的具体使用方法
plot（sin（seq（0,2*pi,length=100）））	plot 是画图函数

续表

R 程序	说明
a = "The dog ate my homework"	a 是一个字符串
sub（"dog","cat",a）	sub 的功能是将 a 中的 "dog" 用 "cat" 替代，结果为 "The cat ate my homework"
a =（1+1==3）;a	a 是一个逻辑变量，结果为:FALSE
x <- 1:6	":" 在这里是 "from:to" 的意思，结果是 1,2,3,4,5,6
dim（x）<-c（3,4）;x	dim 函数是维数的意思，这里的功能是将 x 变为 3X4 维的矩阵
a = c（7,5,1）;a［2］	c 函数的功能是组合，这里将 3 个数组合赋值给 a,a［2］是 5
doe = list（name="john",age=28,married=F）	doe 是 list,与向量的差别是可以由不同的变量组合
doe$name;doe$age	R 语言中,特殊符号 $ 的作用

　　Bioconductor 中有专门的软件分类用于基因芯片表达和高通量测序表达的数据分析，Bioconductor 提供了各种程序包用于分析来自不同平台的数据，包括 Affymetrix（3′-biased、Exon ST、Gene ST、SNP、Tiling 等）芯片、Illumina 芯片、Nimblegen 芯片、Agilent 芯片以及其他单色或双色技术平台产生的数据；支持分析表达谱数据、外显子组数据、SNP、甲基化等数据。其手续包括数据预处理、质量评估、差异基因表达、分类和聚类、富集分析等。同时 Bioconductor 还提供很多资源的接口如：GEO、ArrayExpress、Biomart、genome browsers、GO、KEGG 等数据库或注释资源。Bioconductor 命令示例见表 6-8,该程序使用 affy 软件包的 RMA 函数对 Affymetrix 芯片数据进行预处理，然后用 limma（芯片数据的线性模型）程序包来分析差异表达。

表 6-8　Bioconductor 命令示例

Bioconductor 命令	说明
source;biocLite（c（"affy","limma"））	首先在 R 环境下安装 "affy" "limma" 两个程序包
library（affy） library（limma）	将两个软件包装载,前者用于 Affymetrix 预处理;后者用于差异表达分析
phenoData <- 　read.AnnotatedDataFrame（system.file（"extdata", 　"pdata.txt",package="arrays"））	将实验数据的表型信息读给变量 phenoData,数据在安装好的系统里
celfiles <- system.file（"extdata",package="arrays"） eset <- justRMA（phenoData=phenoData, 　celfile.path=celfiles）	读入数据,利用 RMA 函数对数据进行标准化处理
combn <- factor（paste（pData（phenoData）［,1］, 　pData（phenoData）［,2］,sep = "_"））; design <- model.matrix（~combn）	差异表达分析,首先进行模型拟合
fit <- lmFit（eset,design） efit <- eBayes（fit）	对探针组进行拟合后,用经验贝叶斯矫正
topTable（efit,coef=2）	将差异表达基因列表导出

三、差异表达分析软件

（一）基因芯片差异表达分析软件

　　SAM（Significance Analysis of Microarrays）软件是斯坦福大学 Rob Tibshirani 教授课题组开发的基因表达分析软件,原始文献见:Significance analysis of microarrays applied to the ionizing radiation response. Tusher，VG；Tibshirani，R；Chu，G，PROCEEDINGS OF THE NATIONAL ACADEMY OF SCIENCES OF THE UNITED STATES OF AMERICA，98（9）：5116-5121，2001，该文献自发表以来已经被引用六千多次，是基因转录组信息学领域的经典文献。

SAM 的最新版本不仅可以做基因富集分析、差异表达分析，也能对 RNA-seq 数据进行分析（用 SAMseq 方法），SAM 的基本特征包括：将基因表达数据与各种临床参数，如诊断、治疗、生存期等关联起来，根据样本数量进行置换（permutation）计算，对多重验证提供错误发现率（false discovery rate），分析时间序列数据和时间趋势，对缺少的数据通过最近邻算法进行自动补缺，修改参数决定差异基因的数量，通过主成分分析表征整体的基因表达模式，基因列表可以以 Excel 形式输入到 TreeView、Cluster 或者其他软件，并通过网页可以链接到斯坦福的 SOURCE 数据库。

SAM 可在网站注册、下载后，在 EXCEL 环境下以插件的方式运行，SAM 软件的安装有时候需要耐心检测并参考手册按步执行。SAM 可以处理 cDNA 和寡核苷酸芯片、SNP 芯片、蛋白质表达数据，相对应的 R 软件包为 samr。具体算法参见本章第三节以及 wikipedia 的说明。

从第三节的图 6-26 可见软件的输入除了基因表达矩阵外，还需要输入反应类型信息（response type），反应类型通常为临床参数，例如在比较正常样本和疾病样本时两种样本不是来源于同一病人，这时反应类型为两类非成对的（two class unpaired）。其他类型可以设置定量的（如肿瘤大小、心跳速度）、多个分类的（如肿瘤的不同分期、不同疗法等）、两类成对的（如治疗前与治疗后的成对比较，样本来源于同一病人）、单类的分析（如测定平均基因表达是否为 0）、生存期和时间序列（time course）等。如果没有明确的反应参数，使用者可以选择特征基因（eigengene，principal component）作为反应参数进行模式寻找。图 6-42 是 SAM 执行的示意图，从图中可见，通过改变 Δ 值（delta：见图中两根对称的直线到直线：D[i]=DE[i]的距离）或调节基因表达的倍数（fold change），能够改变错误发现率。

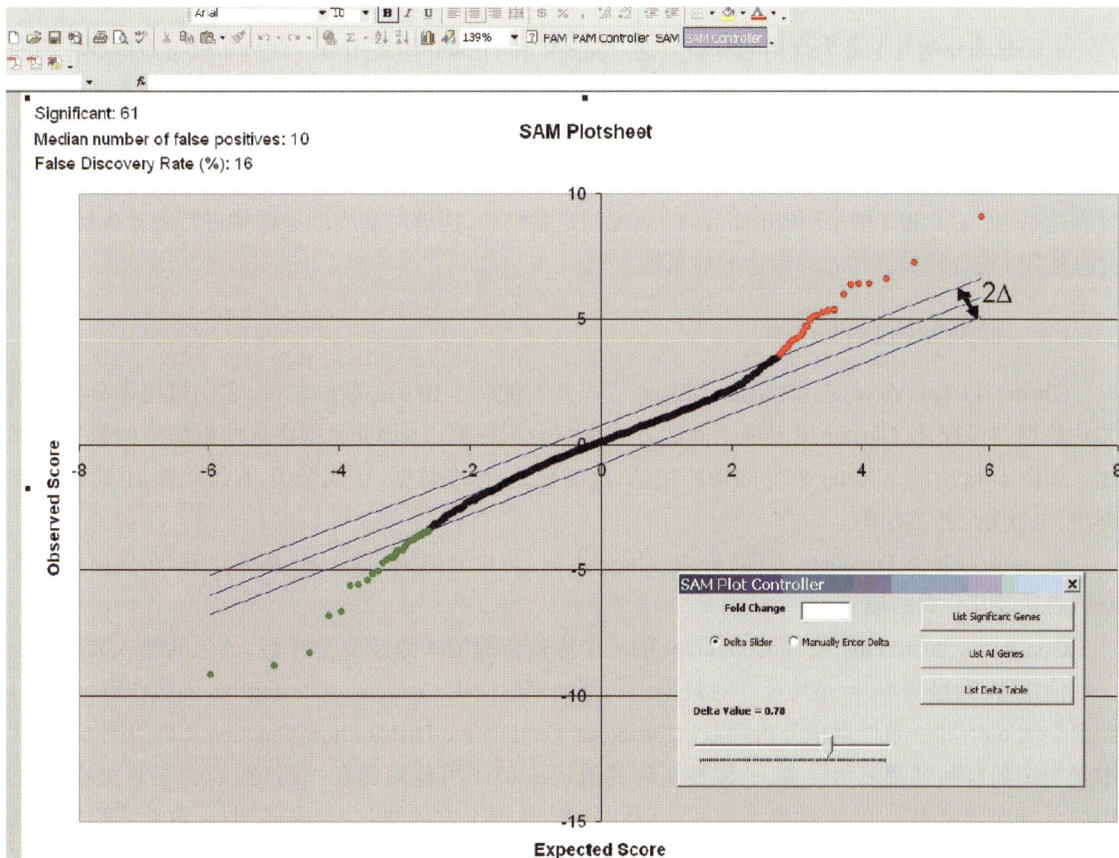

图 6-42　SAM 执行结果示意图（引自 SAM 手册的第 19 页，另加了 Δ 值说明）

SAM 运行时注意事项：

1）数据格式严格按照 SAM 手册，在运行时选择好数据格式。

2）确保基因不能只有一个或零个非缺失值（non-missing value），否则补缺（imputation）会出错。

3）当数据很大的时候可能会内存不够，这时候可以先进行补缺，然后将补缺好的数据存好，退出 EXCEL，再对补缺好的数据执行 SAM 分析。

（二）RNA-seq 差异表达分析的软件

RNA-seq 能够更加详细地刻画不同病理或生理状态下转录组的改变。基于 RNA-seq 数据在不同状态间进行差异表达基因的识别是研究疾病机制以及临床应用的主要手段。相对于传统的基因芯片方法，RNA-seq 识别差异表达基因时需要考虑样本的测序深度、基因的表达水平以及基因的长度等因素。因此，针对 RNA-seq 数据设计的差异表达分析方法不断涌现。目前，已存在多个工具帮助研究者们有效地进行 RNA-seq 的差异表达分析（表 6-9），如 edgeR、DESeq 与 Cuffdiff 等。

表 6-9　差异表达分析的软件

软件名称	标准化	统计学模型	差异表达检验	计算异构体差异	计算多个状态间差异	支持无重复样本
Cuffdiff	几何均值	β 负二项分布	T 检验	能	否	是
DESeq	几何均值	负二项分布	Fisher 精确检验	否	能	是
edgeR	TMM	负二项分布	Fisher 精确检验	否	能	是
limma Voom	Voom	泊松分布	T 检验	否	能	否
PoissonSeq	拟合优度	泊松分布	卡方检验	否	否	是
baySeq	上四分位	负二项分布	后验概率	否	否	否

下面具体介绍几个最为常用的分析方法。edgeR 和 DESeq 均采用负二项分布模型对标准化后的 reads 计数进行拟合。基于绝大多数基因不差异表达的假设，edgeR 通过样本间较为稳定表达的基因子集计算标化因子，而 DESeq 则利用 reads 计数的几何均值对每个样本计算标化因子，进而完成标准化。二者均利用一种改进的 Fisher 精确检验对拟合后的负二项分布进行评估，获得不同状态间的差异表达基因。Cuffdiff 则采用 Cufflinks 的装配与定量结果，能够对基因的异构体进行差异表达分析，并且使用 t 统计检验评估差异表达的显著性。

四、聚类分析软件介绍

Cluster 和 TreeView 是由 Michael Eisen 等人开发的两个相互关联的软件，它们可用来分析基因芯片数据并可视化，Cluster 用多种不同的方式组织分析数据，TreeView 则将这些组织好的数据可视化。如图 6-43 所示，Cluster 软件的功能包括：过滤数据、标准数据、层次聚类、自组织映射、K 均值聚类法、主成分分析方法等。

图 6-44 为 Java TreeView 界面，分为基因分类树、芯片分类树、芯片名、基因注解，在界面上分析基因表达及其分类的细节。

ConsensusClusterPlus 是 Bioconductor 的一个方便快捷的一致性聚类 R 包，该包的输入数据是一个数值矩阵，列是样本，行是特征。对数据进行预处理后使用 ConsensusClusterPlus 函数作图，可以得到聚类图 6-45 和一致性累积分布函数（Consensus Cumulative Distribution Function，CDF）图 6-46，其中聚类图的行和列都表示样本，一致性矩阵的值按从 0（不可能聚类在一起）到 1（总是聚类在一起）用白色到深蓝色表示，一致性聚类按照一致性分类（热图上方的树状图）来排列；一致性累积分布函数（CDF）图展示了 k 取不同数值时的累积分布函数，可用于判断 CDF 达到最大时的 k 值（CDF 下降坡度小的 k 值），此时的聚类分析结果最可靠。

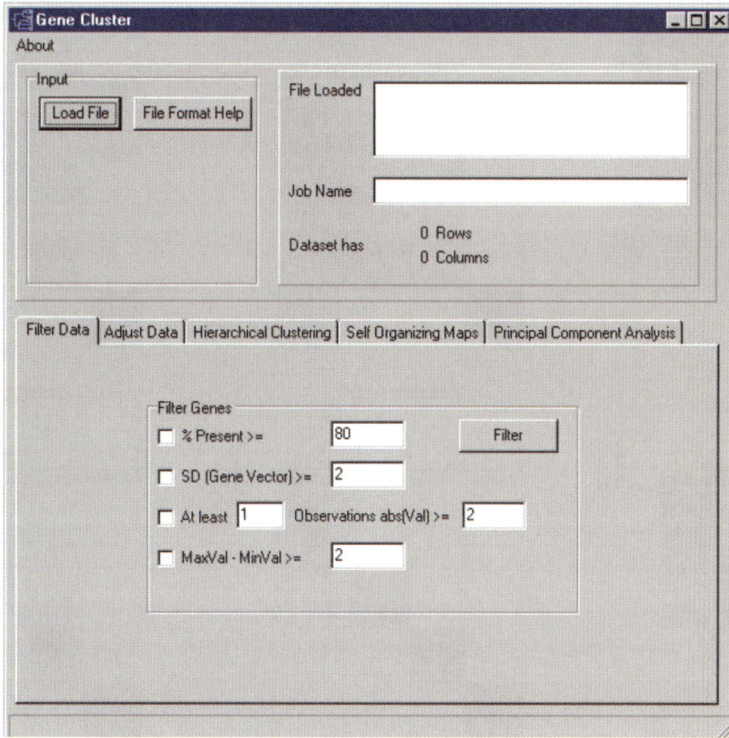

图 6-43   Cluster 软件界面

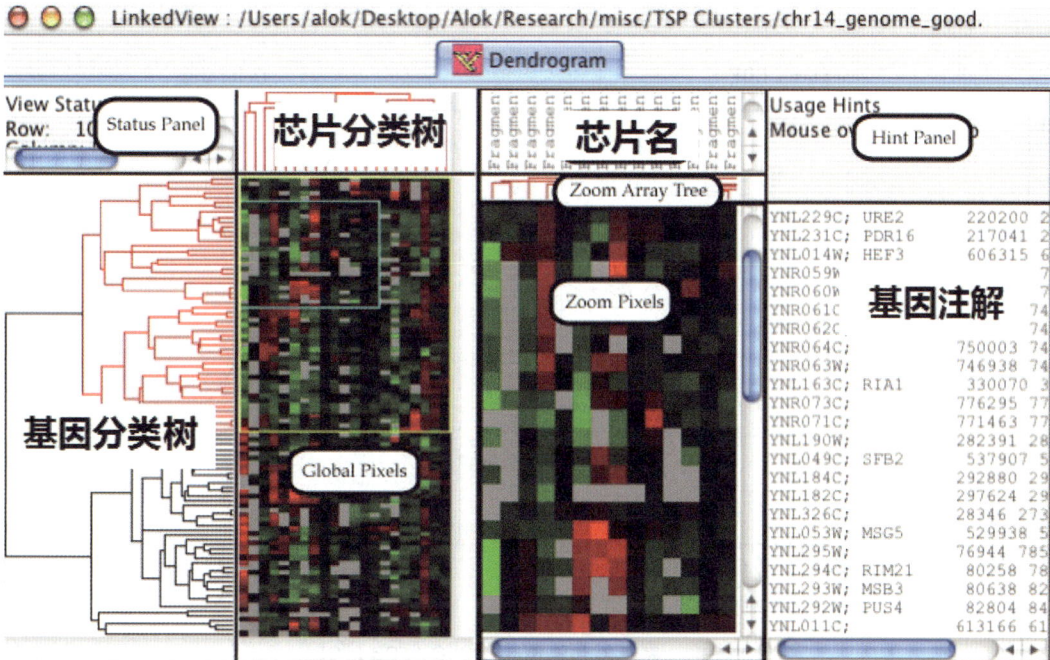

图 6-44   Java TreeView 示意图

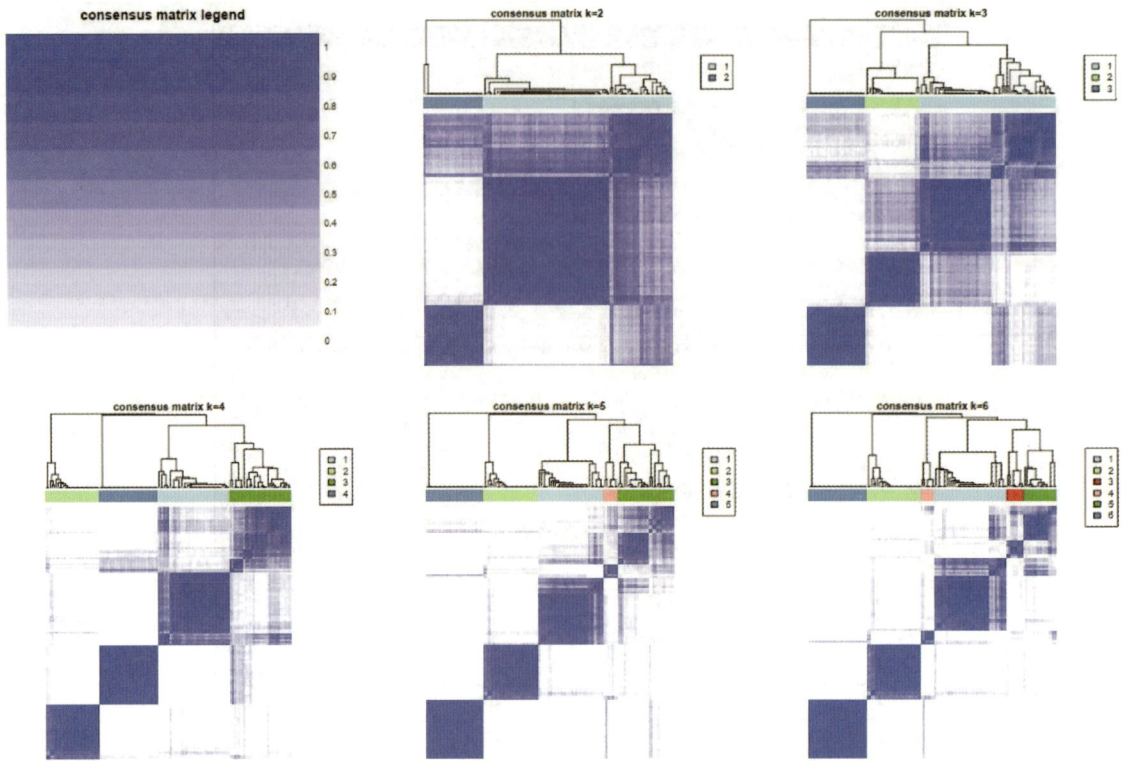

图 6-45 聚类图

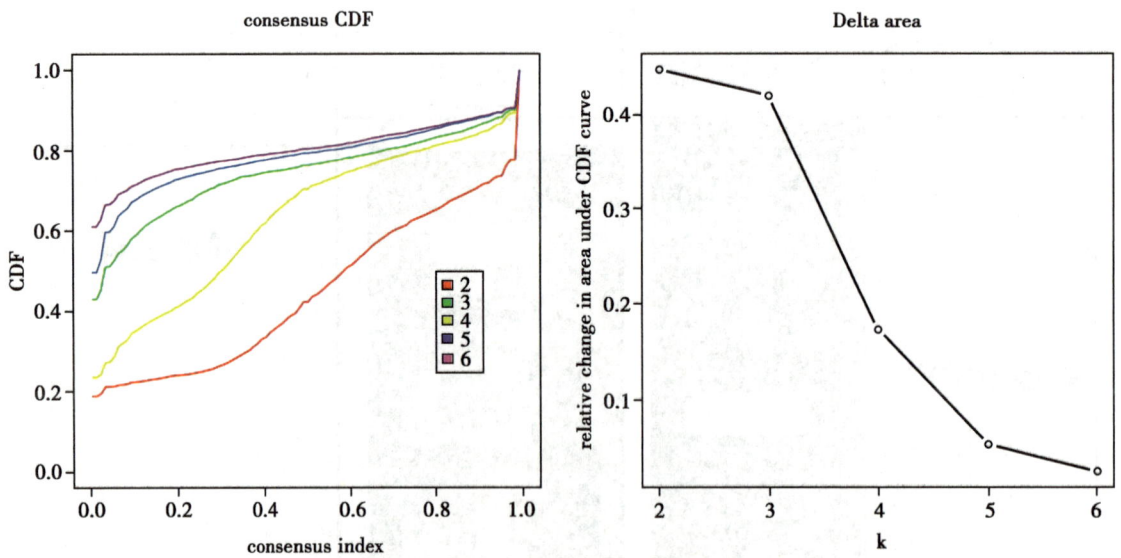

图 6-46 累积分布函数和 Delta Area Plot

　　Delta Area 图 6-46 是 CDF 曲线比较 k 和 k-1 下面积的相对变化,因为没有 k-1,所以第一个点表示的是 k=2 时 CDF 曲线下总面积,而非面积的相对变化值,在示例图中发现当 k=6 时,曲线下面积小幅度增长,故 5 为合适的 k 值。

　　同时,该 R 包还可以计算聚类一致性和样本一致性,使用 calcLCL 函数可以生成相关图。Tracking Plot 图 6-47 展示了样本在 k 取不同值时,归属的分类情况,不同的颜色代表不同的分类。取不同的 k 值前后经常改变颜色分类的样本代表其分类不稳定,若分类不稳定的样本太多,则说明该 k 值下的分类不稳定。

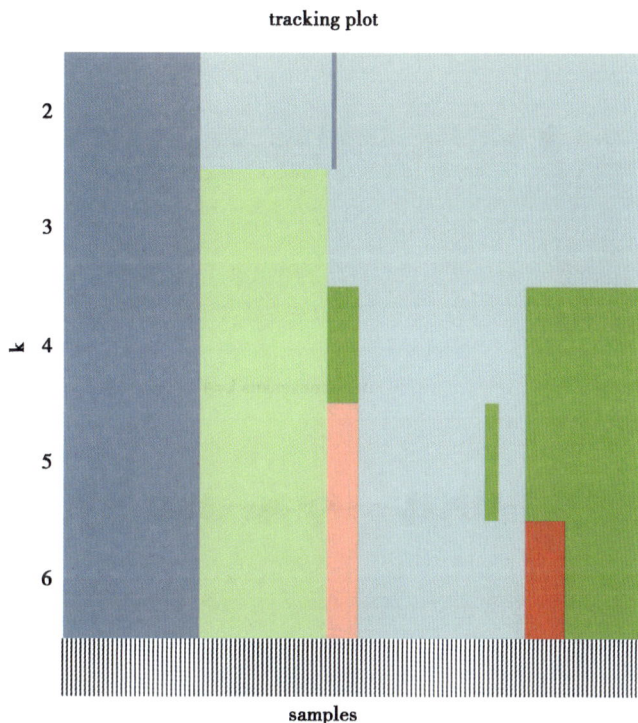

图 6-47　Tracking Plot

　　聚类一致性图 Cluster-Consensus Plot 图 6-48 展示了不同 k 值下,每个分类的 cluster-consensus 值,值越高代表稳定性越高,可因此判断同一 k 值下以及不同 k 值之间的该参数的高低。样本一致性图 Item-Consensus Plot 图 6-49 的横坐标对应的竖条代表样本,高度代表该样本的总 item-consensus 值,每个样本的小叉颜色代表该样本被分到了哪一簇。结果显示,当 k=6 时,样本分类并不纯净,说明 k=5 才是最合适的。

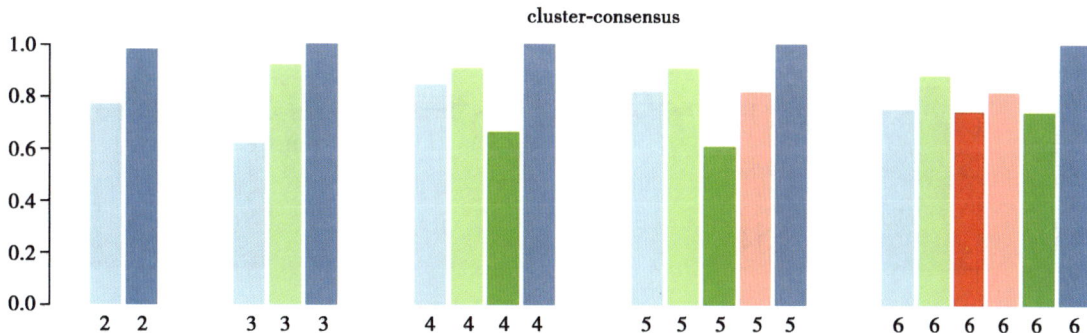

图 6-48　Cluster-Consensus Plot

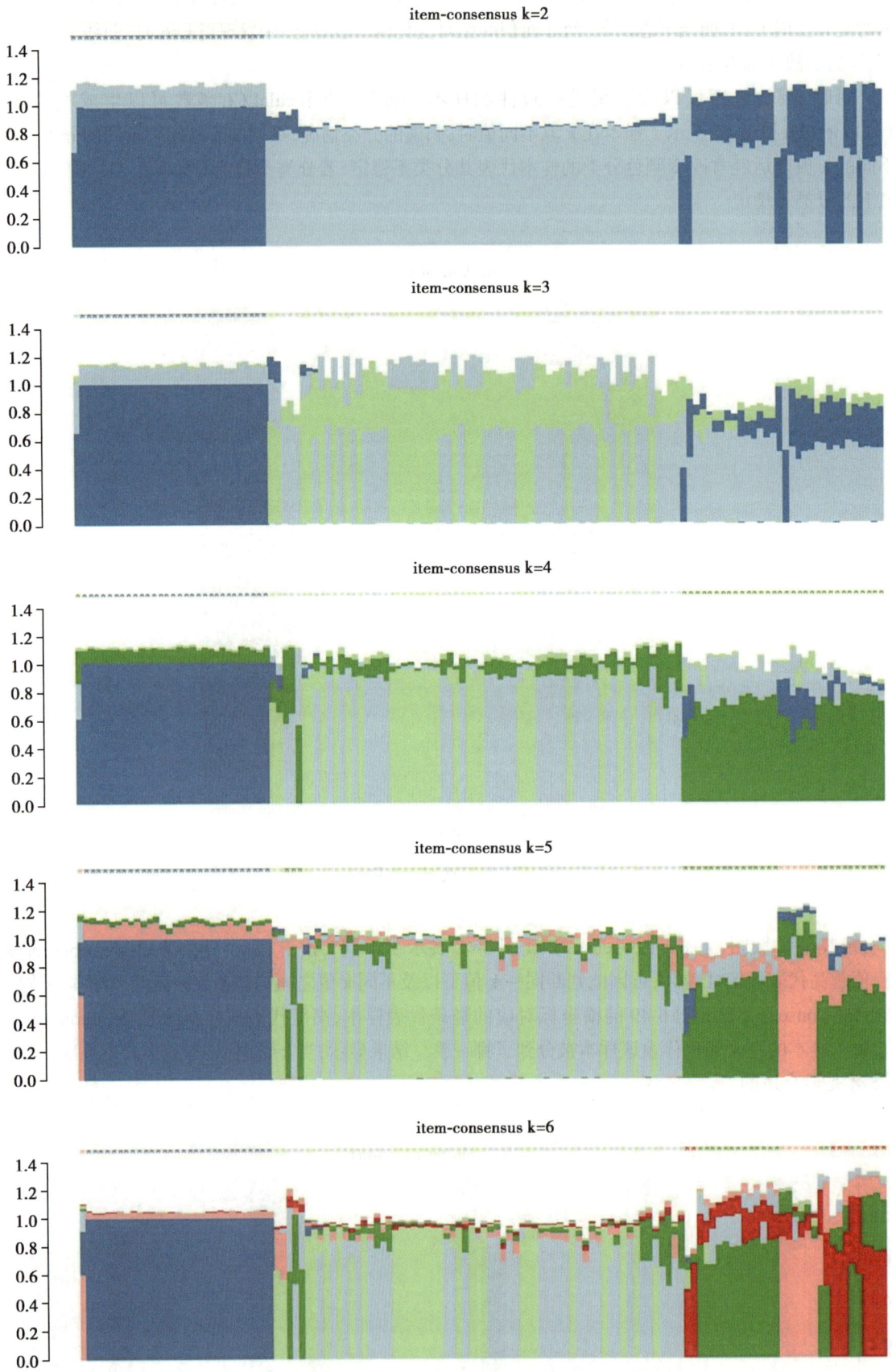

图 6-49   Item-Consensus Plot

R 程序示例见表 6-10。

表 6-10　R 程序示例

```
## 使用 ALL 示例数据
library（ALL）
data（ALL）
d=exprs（ALL）
d［1:5,1:5］

# 筛选前 5000 标准差的基因
mads=apply（d,1,mad）
d=d［rev（order（mads））［1:5000］,］

#sweep 函数减去中位数进行标准化
d = sweep（d,1,apply（d,1,median,na.rm=T））

# 一步完成聚类
library（ConsensusClusterPlus）
title="G:\\test\\ConsensusClusterPlus"
results = ConsensusClusterPlus（d,maxK=6,reps=50,pItem=0.8,pFeature=1,title=title,clusterAlg="hc",distan
ce="pearson",seed=1262118388.71279,plot="pdf"）

# 输出 K=2 时的一致性矩阵
results［［2］］［［"consensusMatrix"］］［1:5,1:5］

#hclust 选项
results［［2］］［［"consensusTree"］］

# 样本分类
results［［2］］［［"consensusClass"］］［1:5］

# 计算聚类一致性（cluster-consensus）和样本一致性（item-consensus）
icl <- calcICL（results,title = title,plot = "pdf"）
## 返回了具有两个元素的 list,分别查看一下
dim（icl［［"clusterConsensus"］］）
icl［［"clusterConsensus"］］

dim（icl［［"itemConsensus"］］）
icl［［"itemConsensus"］］［1:5,］
```

小结

　　基因芯片和高通量测序技术的出现改变了现代生命科学研究的格局,即从还原论到整体论,从研究少数基因到研究整个系统或生物分子网络。本章主要介绍了高通量基因表达谱技术的应用价值、基因表达测定的技术常用平台以及生物信息学分析所需要的数据库;介绍了基因表达数据的初步分析:预处理、差异分析和分类分析。这些分析是进一步识别疾病相关分子标记的关键,如果这一步分析的结果不可靠,后面的所有分析都将变得无意义,所以读者要进行基因表达数据分析,打好基础是十分必要的,当然这方面的分析仍然存在挑战:改善样本异质性,发展新的统计学方法,整合其他的生

物医学信息以建立整合模型或网络的、系统的、动态的模型,这些都是进一步探索的基础。本章最后介绍了基因表达数据分析常用的程序和软件。通过本章的学习,读者可以掌握基因表达数据分析的基本知识、算法、软件和应用,为进一步探索打好坚实的理论基础。

Summary

The revolution of microarray technology has made the research paradigm of life science shift from reductionism to holism, from study of single or several genes to gene network or systems biology. This chapter introduces the basic concepts of high throughput gene expression measurement, their application, the pre-process of the data and the clustering and classification of the data. Although this is the key step to the advanced mining of the biological knowledge in the gene expression data, there are still challenges in the fully understanding of the expression data. For example, we need to develop novel statistical methods for the heterogeneity of the complex disease, the way to develop dynamic, network or systematic methods to integrate the biological knowledge to the models. But all the knowledge in this chapter is essential for the next step investigation. In addition, the open or commercial software tools are introduced to help the readers to get familiar with all the basics for gene expression data analysis.

(李冬果 李永生)

思考题

1. 芯片数据分析中常用到的是哪种方法?为什么?
2. 聚类分析的机器学习方法在芯片数据分析中的应用是什么?
3. 对于有监督的分类分析,如何评判分类效能的好坏?
4. 简述基因芯片数据的应用,说明两种常见基因表达分析软件的功能。

第七章　转录调控的信息学分析
CHAPTER7　BIOINFORMATICS ANALYSIS OF TRANSCRIPTIONAL REGULATION

- 转录调控的信息学分析是后基因组时代生物信息学最核心的研究领域之一
- 识别转录因子在基因组上的结合位点,对于研究基因转录调控机制具有重要意义
- 转录因子 ChIP-seq 数据分析要点包括识别信号峰、识别差异信号峰、预测靶基因和功能注释

第一节　引　　言
Section 1　Introduction

　　基因表达是指储存遗传信息的基因经过一系列步骤合成功能性基因产物的过程,具体体现在细胞内的转录、剪接、翻译以及转变成具有生物活性的蛋白质分子之前的所有加工过程。人类基因组编码两万多个基因,其中多数只在特定组织或发育阶段表达。从一套基本不变的基因组中产生出多元化的表达图谱,是由调控基因活性的各种信号途径所控制。转录是基因表达过程的第一步,也是调控基因活性的核心步骤。转录因子(transcription factor,TF),也称反式作用因子(trans-acting factor),特异地结合靶基因启动子(promoter)或增强子(enhancer)区域,控制基因转录的发生及效率。转录因子结合位点(transcription factor binding site,TFBS),也称顺式调控元件(cis-regulatory element,CRE)。很多转录因子的结合位点具有特定的序列模式,称为转录因子结合模体(binding motif)。识别转录因子在基因组上的结合位点,对于研究基因转录调控的机制具有重要意义。随着第二代测序技术的迅猛发展,染色质免疫共沉淀测序技术(chromatin immunoprecipitation sequencing,ChIP-seq)已成为应用广泛的识别转录因子全基因组结合位点的方法。研究人员应用日益完善的生物信息学分析工具,开展转录因子结合模体分析和 ChIP-seq 数据分析,推动了对基因转录调控机制的深入研究。本章将重点介绍转录因子结合模体分析,以及 ChIP-seq 数据特点及分析要点。

第二节　转录因子结合模体分析
Section 2　Transcription Factor Binding Motif Analysis

　　转录因子结合模体分析包括两类问题。第一,已知模体扫描(known motif scan):根据已知的转录因子结合模体,在关注的基因组区域内搜索该转录因子潜在的结合位点。第二,模体从头发现(de novo motif finding):在关注的一组基因组区域内,识别具有统计显著性的 DNA 短片段模式,作为潜在的转录因子结合模体。本节包括转录因子模体表示方法、相关数据库资源、已知模体扫描、模体从头发现四个部分。

一、转录因子结合模体表示方法

　　转录因子结合模体有三种常用的表示方法,分别是 DNA 共有序列、位置频率矩阵和序列标识图(图 7-1)。

DNA共有序列   N N N V C W V H D G R D G G M R V N N

位置频率矩阵

	p1	p2	p3	p4	⋯	p19
A	0.09	0.09	0.27	0.18		0.09
C	0.55	0.36	0.09	0.64		0.27
G	0.09	0.27	0.45	0.18		0.55
T	0.27	0.27	0.18	0.00		0.09

序列标识图

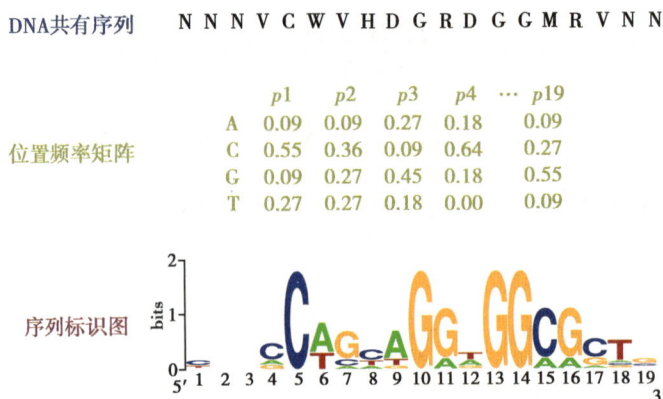

图 7-1 转录因子结合模体表示方法

(一) DNA 共有序列

转录因子结合模体最简单的表示方法是 DNA 共有序列(consensus sequence)。产生 DNA 共有序列的步骤如下:对一个转录因子结合的多条 DNA 片段进行排列,在每个位置上选择最可能出现的碱基,构成共有序列。DNA 共有序列中用除 A、T、C、G 外,还以其他字母(IUPAC 简并码)来表示各个位置上可能出现的碱基组合:W(A 或 T)、R(A 或 G)、K(G 或 T)、S(C 或 G)、Y(C 或 T)、M(A 或 C)、B(非 A)、D(非 C)、H(非 G)、V(非 T)、N(任意)。

DNA 共有序列可以表示转录因子结合模体中哪些位置的碱基是保守的,哪些位置的碱基是多样的。如图 7-1 所示,DNA 共有序列 "NNNVCWVHDGRDGGMRVNN" 表示,在该转录因子结合模体中,前三个位置没有碱基偏好性,第四个位置大概率是碱基 "C" "G" 或 "A",第五个位置大概率是碱基 "C"。DNA 共有序列表示方法的优点是简明易懂,缺点是无法反映每个位置上不同碱基出现的概率。

(二) 位置频率矩阵

与 DNA 共有序列表示方法不同,位置频率矩阵(position frequency matrix,PFM)可以反映出每个位置上不同碱基出现的概率。该表示方法的前提假设是:各个位置上碱基出现的概率相互独立。矩阵每一列表示模体相应位置上四种碱基出现的概率:对于长度为 n 的模体,碱基 i 在模体第 j 个位置上出现的频率为 $q_{i,j}$,则模体用位置频率矩阵表示如下:

$$\begin{bmatrix} q_{A,1}, q_{A,2}, \cdots, q_{A,n} \\ q_{C,1}, q_{C,2}, \cdots, q_{C,n} \\ q_{G,1}, q_{G,2}, \cdots, q_{G,n} \\ q_{T,1}, q_{T,2}, \cdots, q_{T,n} \end{bmatrix}$$

如图 7-1 所示,一个转录因子的多条 DNA 结合序列如下:

CCGGCAGCGGGTGGCGCTG
GATCCTGAAGATGGCGCTG
CTGCCAACAGGAGGCGCTG
CTACCTGCTGGTGGCGCTG
TGGGCAGCAGGAGGCAGTG
TGGCCTGTAGGAGGCAGCA
TCTCCAGCAGGGGGAGAGC
CTGACACTAGATGGCGCTT
ACACCACTTGGTGGCGCTC
CCACCAGCAGGAGGAGGAG
CGCACTGAAGGGGGCGCTC

可以根据这些结合序列计算出该转录因子的位置频率矩阵。首先,通过计算每个位置上各个碱基出现的次数得到如下矩阵:

$$
\begin{array}{c}
A \\
C \\
G \\
T
\end{array}
\begin{bmatrix}
1 & 1 & 3 & 2 & \cdots & 1 \\
6 & 4 & 1 & 7 & \cdots & 3 \\
1 & 3 & 5 & 2 & \cdots & 6 \\
3 & 3 & 2 & 0 & \cdots & 1
\end{bmatrix}
$$

然后,计算每个位置上每种碱基出现的频率 $q_{i,j}$(每个位置上 4 种碱基的频率之和为 1),可以得到位置频率矩阵:

$$
\begin{array}{c}
A \\
C \\
G \\
T
\end{array}
\begin{bmatrix}
0.09 & 0.09 & 0.27 & 0.18 & \cdots & 0.09 \\
0.55 & 0.37 & 0.09 & 0.64 & \cdots & 0.27 \\
0.09 & 0.27 & 0.46 & 0.18 & \cdots & 0.55 \\
0.27 & 0.27 & 0.18 & 0.00 & \cdots & 0.09
\end{bmatrix}
$$

(三) 序列标识图

序列标识图(sequence logo)是转录因子结合模体图示化的表示,可以直观地展示结合模体中不同位置上的碱基的偏好性。在序列标识图中,结合模体各个位置上出现的碱基被依次展示出来,在每个位置上,碱基出现的频率越高,字母符号越大,反之则字母符号越小。序列标识图第 j 位上某个碱基 i 的高度 $height_{i,j}$ 用该位置的信息量 R_j 与该碱基出现的频率 $q_{i,j}$ 的乘积来表示:

$$height_{i,j} = q_{i,j} \times R_j$$

其中,R_j 的计算方法如下:

$$R_j = log_2(4) - (H_j + e_n)$$

其中,H_j 是位置 j 处的碱基的不确定性,也称为信息熵,H_i 计算方法如下:

$$H_j = -\sum_{j=1}^{4} q_{i,j} \times log_2 q_{i,j}$$

e_n 是针对小样本的近似矫正,对于碱基序列,s 等于 4,n 为 DNA 序列个数:

$$e_n = \frac{1}{ln2} \times \frac{s-1}{2n}$$

根据上述公式可以看出,序列标识图中每个位置的符号高度之和均不超过 2 个单位。

二、转录因子结合模体数据库资源

常用的转录因子结合模体数据库包括 TRANSFAC、JASPAR、TRED 等。本节对 TRANSFAC 和 JASPAR 数据库进行简要介绍。

TRANSFAC 是一个收集真核生物转录因子、结合位点、结合模体和靶基因信息的数据库,分为学术(免费)和专业(付费)两个版本。自 1996 年发布第一版以来已作了多次更新,目前学术版更新至 TRANSFAC 7.0(2005 年),专业版本更新至 TRANSFAC® 2.0(2021 年)。目前,TRANSFAC 专业版的数据量远多于学术版。

JASPAR 数据库(见书末参考网址)收集有注释的、高质量真核生物转录因子结合模体信息。数据库基于实验验证的转录因子结合位点序列,通过 ANN-Spec 软件得到转录因子结合模体。自 2004 年创建以来,JASPAR 数据库已进行多次更新。目前,数据库包括最常用的 JASPAR CORE 数据库,以及一些与转录调控相关的扩展数据库。JASPAR 数据库的优势包括:它是一个非冗余的转录因子结合模体数据库;数据的获取不受限制;功能强大且提供相关的软件工具。通过 JASPAR 数据库主页界面(图 7-2),用户可进行下列操作:使用 "Search" 工具,通过用转录因子 ID、物种、转录因子家族、种

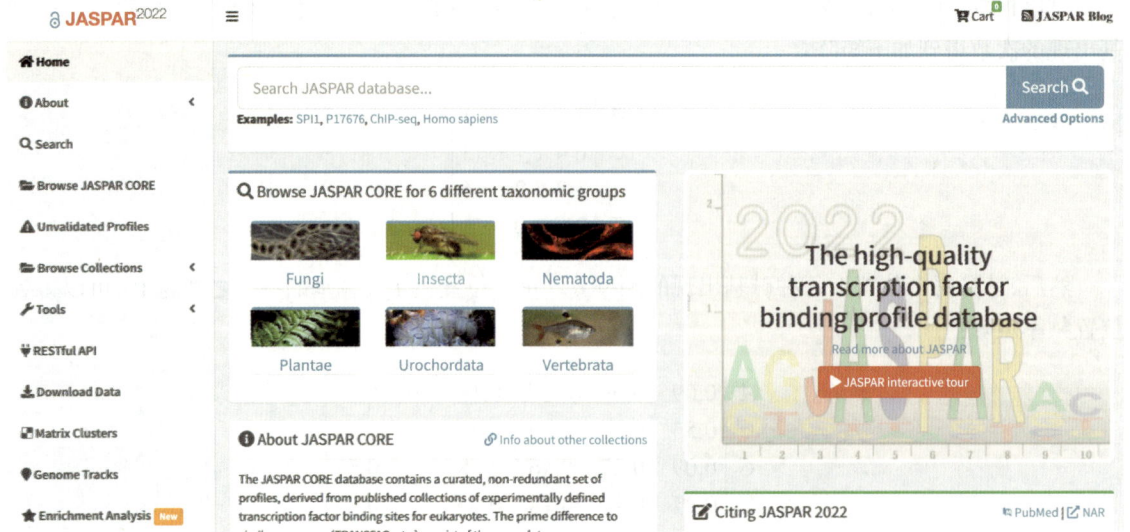

图 7-2　JASPAR 数据库主页

群等信息浏览转录因子结合模体；使用"Tools"中的"MatrixAlign"工具，可以将用户提交的模体与数据库中的进行比较；使用"Tools"中的"ProfileInference"工具，可以根据用户提供的转录因子氨基酸序列搜索数据库中相应的转录因子结合模体。

三、基于已知模体的转录因子结合位点预测

在一些研究工作中，研究人员关注某个基因可能受到哪些转录因子调控，可以在该基因的启动子和增强子区域，预测包含哪些已知结合模体的转录因子的结合位点。这类根据已知的结合模体，预测转录因子潜在结合位点的问题，称为已知模体扫描。

已知模体扫描是判断某一长度为 n 的 DNA 序列片段与给定的长度为 n 的位置频率矩阵相匹配的程度。由于 DNA 序列本身的碱基组成可能具有一定程度的偏好性，位置频率矩阵通常会被转换为位置权重矩阵（position weight matrix，PWM）。对于长度为 n 的模体，位置权重矩阵表示如下：

$$\begin{bmatrix} S_{A,1}, S_{A,2}, \cdots, S_{A,n} \\ S_{C,1}, S_{C,2}, \cdots, S_{C,n} \\ S_{G,1}, S_{G,2}, \cdots, S_{G,n} \\ S_{T,1}, S_{T,2}, \cdots, S_{T,n} \end{bmatrix}$$

其中，

$$S_{i,j} = log_2 \left(\frac{q_{i,j}}{b_i} \right)$$

其中，$q_{i,j}$ 是位置频率矩阵中的元素，b_i 是碱基 i 在背景序列中出现的频率，用以对 DNA 序列碱基组成偏向性造成的影响进行消除。

应用位置权重矩阵对某段长度为 n 的 DNA 序列进行打分，用以评估该序列是否与转录因子结合模体匹配：

$$S = \sum_{i=1}^{n} S_{t_i,j}$$

其中，t_i 表示相应序列第 j 个位置上出现的碱基。由上式可以计算得出给定序列的打分 S，如果 S 大于等于给定的阈值，则该序列可能是对应转录因子的潜在结合位点。在实际应用中，如需考察一段

长度为 L 的区域上是否存在某一转录因子的潜在结合位点,可以用一个长度为 n 的窗口以 1bp 为步长在该序列上滑动,对滑动得到的所有长度为 n 的片段进行遍历并进行打分,筛选出打分高于阈值的那些片段,为对应转录因子的潜在结合位点(图 7-3)。阈值的选择对于预测结果有很大影响:设置过高,会丢掉潜在的转录因子结合位点;设置过低,会增加预测的假阳性率。实际应用中,可以根据所研究的问题,在高检出率和低假阳性率之间取折中。

TCGGTTAACATAACCACCAGAGTGCAGAGCCTCGGGCCGGCAGCGGGTGG

位置权重矩阵

	$p1$	$p2$	$p3$	$p4$	$p5$	$p6$	$p7$	$p8$	$p9$
A	0.063	-3.182	0.998	1.935	-5.707	-1.401	-1.738	-6.787	1.506
C	-5.744	-6.919	-0.367	-5.911	1.423	-6.103	-3.903	1.950	-1.139
G	1.439	1.896	-5.636	-3.060	-0.311	-6.317	1.856	-4.519	-1.897
T	-2.150	-2.646	0.271	-4.686	-1.019	1.846	-6.322	-3.603	-1.196

$$0.063 + 1.896 + 0.998 - 3.060 - 1.019 - 6.317 - 3.903 - 6.787 - 1.897 = -20.026$$

图 7-3 应用位置权重矩阵预测转录因子潜在结合位点

较为常用的已知模体扫描工具包括 MEME 系列软件中的 FIMO 软件(见书末参考网址)。FIMO 软件提供了网页和命令行两个版本(图 7-4)。用户需要提供 MEME 格式的模体文件(可以从 JASPAR 等数据库下载),以及关注的 DNA 序列,待 FIMO 软件预测完成后,可以得到序列上包含模体匹配的位置信息以及统计学显著性等内容,方便用户进行下游分析。

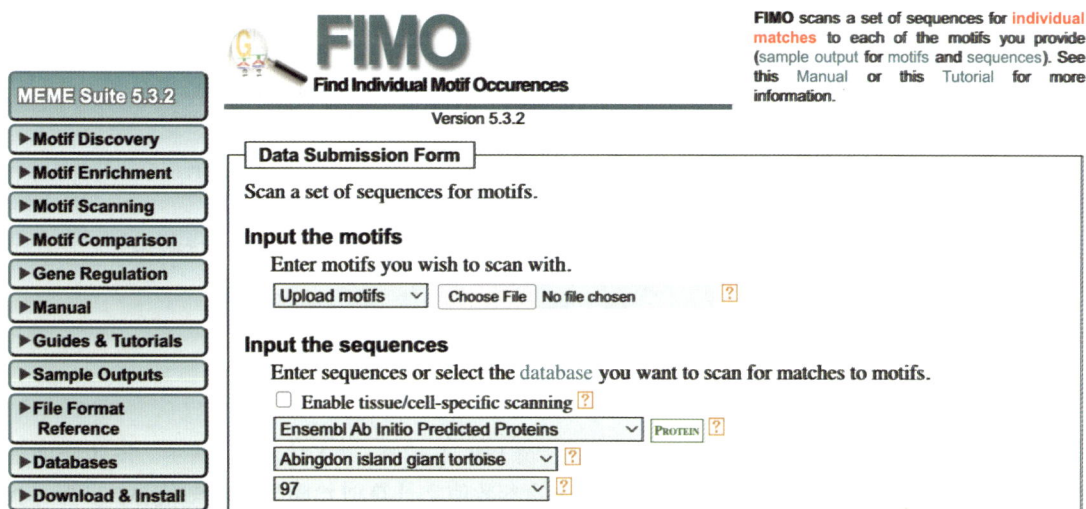

图 7-4 FIMO 工具网页版界面

四、转录因子结合模体从头发现

转录因子结合模体从头发现的核心思想是,通过收集多条相关的 DNA 序列(例如受到某一转录因子调控的一组基因的启动子区域或增强子区域),在其中寻找具有统计显著性的短片段模式,预测为该转录因子潜在的结合模体。结合模体从头发现的方法可以按照结合模体的表示方法分为两类,分别是基于共有序列的方法和基于位置频率矩阵的方法。基于共有序列的识别方法的思路是,将所有可能的序列组合进行穷举,得到具有统计显著性的短片段模式,代表性方法包括 MobyDick、YMF 方法等。基于位置频率矩阵的识别方法的思路是,利用贪婪算法、期望最大化(expectation maximization，EM）算法或吉布斯抽样（Gibbs sampling）算法等得到具有统计显著性的位置频率矩阵，代表性方法包括 MEME、Gibbs Motif Sampler 等。

（一）基于共有序列的识别方法

基于共有序列的识别方法通过穷举所有可能的序列组合，得到具有统计显著性的短片段模式。这类方法筛选满足特定条件的片段，并对其一致性进行打分，主要步骤为：①设待搜索的片段长度为 l，穷举所有由 A、T、C、G 四种碱基组成的长度为 l 的序列，并将其作为候选序列集合；②统计候选序列集合中每条片段在所有 DNA 序列中出现的次数（允许少量碱基错配），从中筛选出在大多数序列中均有出现的片段；③选取适当的统计量，计算筛选片段的一致性，将一致性最高的共有序列作为预测的结果。如果不确定结合模体的长度 l，则需要根据先验信息确定其取值范围，然后逐一进行尝试。上述穷举策略的计算复杂度为 4^l，不适用于 l 较大的情况。

MobyDick 方法在穷举法的基础上，应用启发式策略，只将 DNA 序列中出现过的长度为 l 的片段作为候选序列，降低了计算量。CompMoby（Comparative MobyDick）方法（见书末参考网址）在 MobyDick 方法的基础上又增加了进化保守信息，能够系统地识别后生动物中进化保守和非保守的顺式调控元件（图 7-5）。

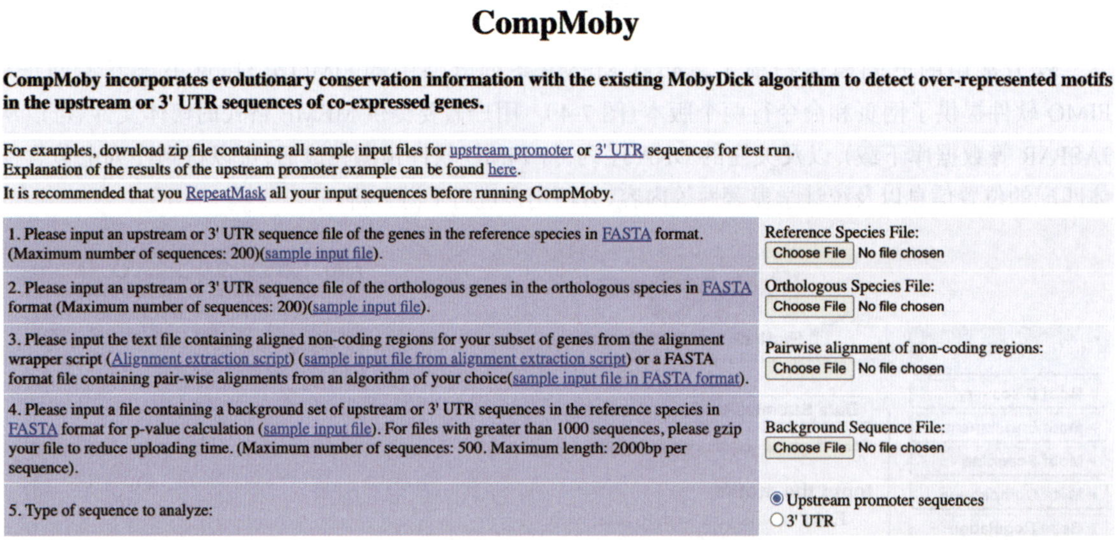

图 7-5   CompMoby 工具网页版界面

（二）基于 EM 算法的识别方法

EM 算法是一种迭代算法，分为 E-步骤（期望步骤）和 M-步骤（最大化步骤）两步。E-步骤通过观察数据和现有模型来估计参数，然后用这个估计的参数值来计算似然函数的期望值；M-步骤寻找似然函数最大化时对应的参数。算法可以保证在每次迭代之后似然函数都会增加，从而在有限的循环次数下得到最优解。

在 E-步骤中，假设已知结合模体的位置频率矩阵，则需要通过计算似然函数的期望值来计算结合模体在 DNA 序列上出现匹配的位置。例如，对于给定序列：

$$CCGGCAGCGGGTGGCGCTG$$

假设转录因子结合模体的长度为 9，位置频率矩阵为：

$$\begin{array}{c}A\\C\\G\\T\end{array}\begin{bmatrix}0.261 & 0.028 & 0.499 & 0.956 & 0.005 & 0.095 & 0.075 & 0.002 & 0.710\\0.005 & 0.002 & 0.194 & 0.004 & 0.670 & 0.004 & 0.017 & 0.966 & 0.114\\0.678 & 0.930 & 0.005 & 0.030 & 0.202 & 0.003 & 0.905 & 0.011 & 0.067\\0.056 & 0.040 & 0.302 & 0.010 & 0.123 & 0.899 & 0.003 & 0.021 & 0.109\end{bmatrix}$$

利用位置频率矩阵,对给定序列中的每个长度为 9 的片段,计算似然比(likelihood ratio),如下所示:

C C G G C A G C G G G T G G C G C T G LR$_1$
C C G G C A G C G G G T G G C G C T G LR$_2$
C C G G C A G C G G G T G G C G C T G LR$_3$
C C G G C A G C G G G T G G C G C T G LR$_4$
C C G G C A G C G G G T G G C G C T G LR$_5$
C C G G C A G C G G G T G G C G C T G LR$_6$
C C G G C A G C G G G T G G C G C T G LR$_7$
C C G G C A G C G G G T G G C G C T G LR$_8$
C C G G C A G C G G G T G G C G C T G LR$_9$
C C G G C A G C G G G T G G C G C T G LR$_{10}$
C C G G C A G C G G G T G G C G C T G LR$_{11}$

其中 LR_n 表示长度为 9 的短片段的似然比。以第三个短片段为例:

$$LR_3 = \frac{P(\text{GGCAGCGGG}|\theta)}{P(\text{GGCAGCGGG}|\theta_0)}$$

其中,θ 为位置频率矩阵,θ_0 为四种碱基分别在基因组上出现的概率,此处假设四种碱基在基因组中出现的概率均为 0.25,则:

$$LR_3 = \frac{0.678 \times 0.930 \times 0.194 \times 0.956 \times 0.202 \times 0.004 \times 0.905 \times 0.011 \times 0.067}{0.25 \times 0.25 \times 0.25 \times 0.25 \times 0.25 \times 0.25 \times 0.25 \times 0.25 \times 0.25}$$

$$= 0.016\ 6$$

以此类推,可以计算得到所有 11 个片段的似然比。

接下来,在 M 步骤中,以 E 步骤得到的似然比为权重,计算结合模体 9 个位置上四种不同碱基的得分,得到一个新的矩阵。例如,第 1、2、5、8 个短片段的第一个位置均为 C,那么在结合模体第一个位置上碱基 C 的分数为:

$$T_1 = \frac{LR_1 + LR_2 + LR_5 + LR_8}{\sum_1^{11} LR_i}$$

下一步,将 M 步骤得到的新的位置频率矩阵作为 E 步骤的输入,随后得到新的短片段的似然比,再进行新一轮的 M 步骤。如此迭代,最终得到的位置频率矩阵将会趋于收敛,即为我们所求的转录因子 DNA 结合模体。EM 算法的结果一定程度上依赖于输入的初始位置频率矩阵。

MEME 方法(见书末参考网址)对 EM 算法进行了改进,遍历所有可能的起始矩阵,筛选出来具有统计学显著性的矩阵输入给 EM 算法,然后通过循环迭代得到最优解。MEME 系列软件包含多种不同的工具,以满足用户不同的需求。MEME 系列软件包括网页版和本地版(图 7-6),网页版提供了易操作在线服务;本地版在命令行运行,适用于大批量的结合模体分析。

(三) 基于吉布斯抽样法的识别方法

吉布斯抽样法通过随机采样,不断更新结合模体的位置频率矩阵和在各序列中匹配的位置,当满足迭代终止条件时,得到最终的位置概率矩阵。假设每条 DNA 序列含有且仅含有 1 个长度为 n 的结合模体匹配片段,吉布斯抽样法识别结合模体的步骤如下:首先,从多条 DNA 序列中选出一条序列 S_1,随机从剩余的每条 DNA 序列选取给定长度为 n 的片段,并得到一个位置频率矩阵;接着,基于该位置频率矩阵对序列 S_1 的每个长度为 n 的片段计算似然比;然后,按似然比从序列 S_1 中随机取一段长度为 n 的片段,更新位置频率矩阵,并进行多轮迭代,直至确定结合模体在序列 S_1 上的匹配位置;

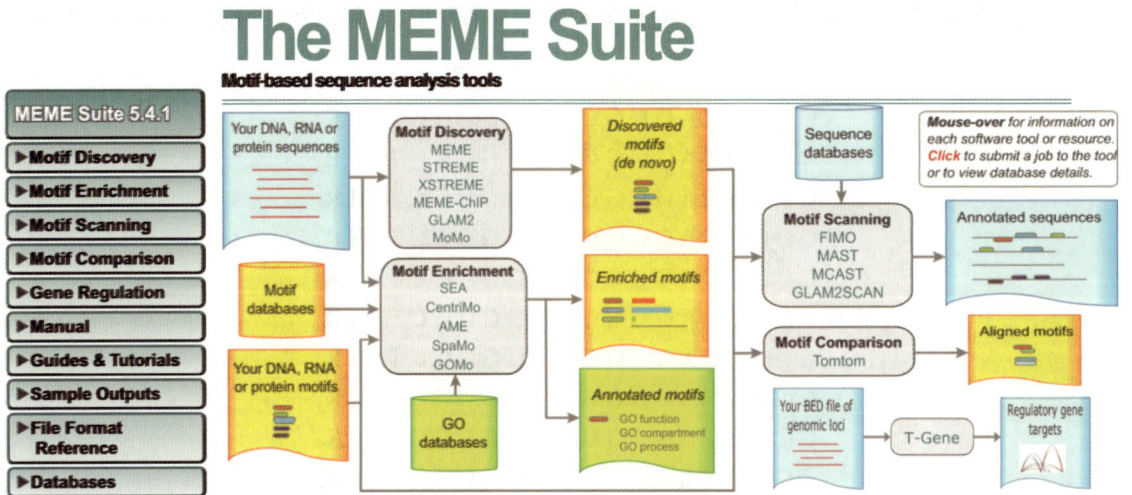

图 7-6　MEME 系列软件网页版界面

接下来,将序列 S_1 放回,将序列 S_2 取出,进行同样的操作,得到序列 S_2 上结合模体匹配的位置;最后,对每一条 DNA 序列都进行如上操作后,可以确定每条序列上结合模体匹配的位置,进而得到最终的结合模体。Gibbs Motif Sampler 是基于吉布斯抽样法识别结合模体的代表性方法,计算速度快,但需要多次重复实验得到稳定的结果。

第三节　转录因子 ChIP-seq 数据分析
Section 3　Transcription Factor ChIP-seq Data Analysis

染色质免疫共沉淀是一项常用的生物实验技术,用以获取与目标蛋白相结合的 DNA 片段。随着组学技术的发展,染色质免疫共沉淀技术与组学技术相结合,产生了一系列识别转录因子全基因组结合位点的高通量技术:在 20 世纪 90 年代末,以基因芯片技术为基础产生了 ChIP-chip 技术;在 2004—2006 年间,研究者开发了应用第一代测序技术的 ChIP-SAGE 和 ChIP-PET 技术;2007 年,基于第二代测序技术产生了 ChIP-seq 技术;后续又出现了 ChIP-exo、CUT&RUN、CUT&Tag 等技术。目前,ChIP-seq 是应用最为广泛的识别转录因子全基因组结合位点的方法,而 CUT&RUN 和 CUT&Tag 技术具有适用于稀缺样本的优势,可以预见在未来几年内,它们将与 ChIP-seq 技术一样得到广泛应用。CUT&RUN 和 CUT&Tag 数据的分析要点与 ChIP-seq 数据基本相同。本节将关注转录因子 ChIP-seq 技术原理、质量控制及分析要点。

一、转录因子 ChIP-seq 技术原理及数据库

(一) 转录因子 ChIP-seq 技术原理

转录因子 ChIP-seq 技术的步骤如下(图 7-7):首先,将转录因子与 DNA 进行交联反应,即以共价键的形式连接;然后,基于超声波裂解将染色质打断,通过控制超声波裂解的时间及频率,可以得到不同的 DNA 片段长度分布,对于 ChIP-seq 实验而言,通常 DNA 片段的平均长度约为 200bp;接着,加入针对目标转录因子的抗体,进行免疫共沉淀反应;进而,洗脱未与抗体结合的染色质片段,将免疫共沉淀反应的染色质片段进行解交联反应,并进行 DNA 纯化;最后,应用第二代测序技术对 DNA 进行测序。

进行转录因子 ChIP-seq 实验的前提是具有高质量的特异性的抗体。目前仅有一小部分转录因子有商业化的高质量抗体,且主要是人类和小鼠的转录因子。对于缺乏高质量商业化抗体的转录因子而言,需要研究人员制备抗体或表达转录因子与标签序列的融合蛋白。此外,在转录因子 ChIP-seq

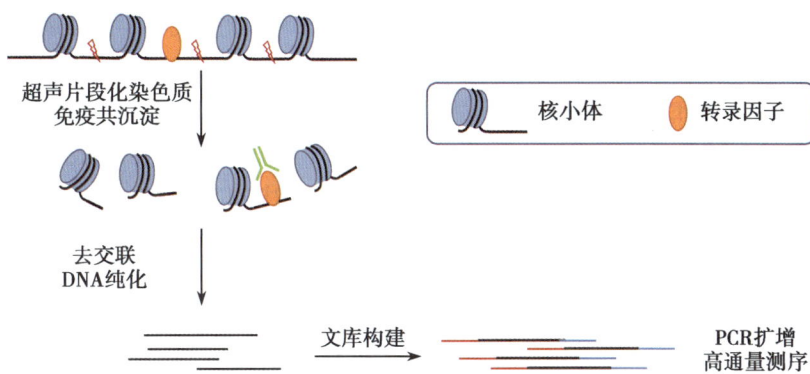

图 7-7　ChIP-seq 实验原理

实验设计时应确定测序深度。基于 ChIP-seq 数据所识别的信号峰数量与测序深度相关;随着测序的深度的增加,新识别出来信号峰通常具有更低的富集程度。目前,对于人类或小鼠中的转录因子,一次 ChIP-seq 实验通常需要测定 2 000 万个 DNA 片段,且需要进行生物学重复以增加信号峰识别的可靠度。

(二) 转录因子 ChIP-seq 数据库

在众多转录调控组相关数据库中,ENCODE 和 CistromeDB 数据库应用较为广泛,本节对这两个数据库做简要的介绍。

1. ENCODE 数据库　　DNA 元件百科全书(Encyclopedia of DNA Elements,ENCODE)计划旨在破译基因组功能调控机制。该计划在人类、小鼠、线虫和果蝇四个物种产生了大量转录调控相关的数据,包括转录因子 ChIP-seq 数据、表观遗传组学数据、转录组学数据等。ENCODE 数据库(见书末参考网址)提供上述数据的浏览和下载(图 7-8)。对于每套数据集,ENCODE 数据库都经过标准流程处理。点击其中一套数据集,进入其详细介绍页面,可以看到数据集的来源、特征等详细介绍。此外,数据库提供了可视化的基因组浏览功能、用以展示文件关联的关联图表、对每个文件的详细描述等。用户可以方便地基于数据的不同特征进行筛选、展示和下载。

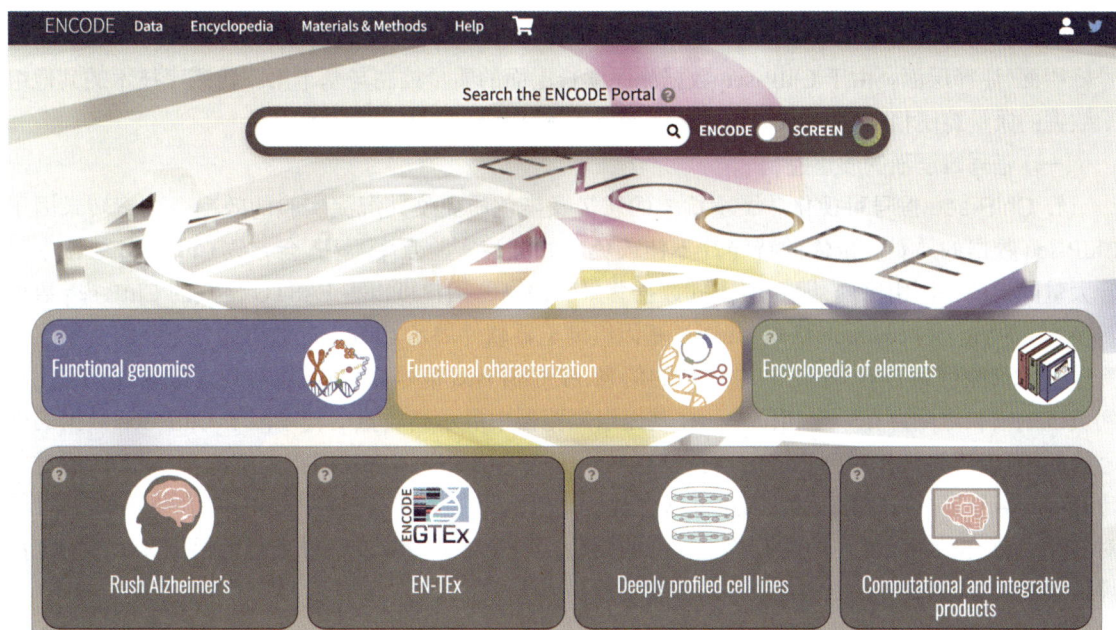

图 7-8　ENCODE 数据库主页

2. CistromeDB 数据库　CistromeDB 数据库(见书末参考网址)收集了已发表的人类和小鼠转录调控组学数据,包括转录因子 ChIP-seq、组蛋白修饰 ChIP-seq、DNase-seq 和 ATAC-seq 数据(图 7-9)。对于每套数据,CistromeDB 数据库都应用标准流程进行了质量控制,并在数据展示页面显示质量控制的结果。点击一套转录因子 ChIP-seq 数据,可在页面的下方显示其详细信息,包括数据集名称、GEO 或 ENCODE 数据库 ID、Cistrome 数据库 ID、物种、转录因子信息、细胞类型等。数据库为用户提供了可视化工具和文件下载链接,用户也可以将数据转至 Cistrome 在线分析平台进行后续分析。Cistrome DB 数据库还包括分析工具,具有三个主要功能:①输入基因名称,预测哪些转录因子具有调控该基因的潜力;②输入基因组区域,预测哪些转录因子具有结合在该区域的潜力;③输入转录因子 ChIP-seq 信号峰文件,预测哪些转录因子可能与该转录因子具有基因组共定位潜力。

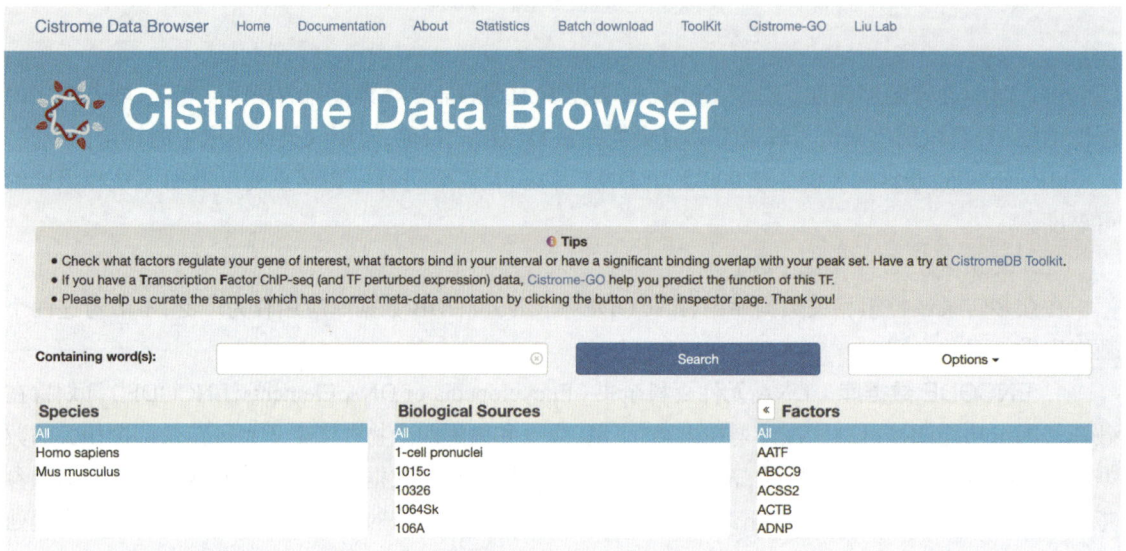

图 7-9　Cistrome DB 数据库主页

二、转录因子 ChIP-seq 数据质量控制

质量控制是高通量组学数据分析中的重要步骤。ChIP-seq 数据质量控制包括测序读长层面、信号峰层面、注释层面。由于 ChIP-seq 数据测序读长层面的质量控制与基于第二代测序技术的其他组学数据的质量控制相同,本节仅介绍在信号峰层面和注释层面的质量控制。

(一) 信号峰层面的质量控制

1. ChIP-seq 信号可视化　展示抗体的质量及染色质免疫共沉淀实验的效率会决定转录因子 ChIP-seq 数据的质量。抗体的特异性不佳或免疫共沉淀实验效率不高,会导致 ChIP-seq 数据中包含大量随机的基因组序列,即 ChIP-seq 数据背景噪声高。用户可以将 FASTQ 格式的 ChIP-seq 数据转换为 bigWig 或 bedGraph 格式,并通过基因组浏览器软件展示 ChIP-seq 数据的分布。由于第二代测序技术仅能得到 DNA 片段 5' 端序列的信息,在 ChIP-seq 信号峰位置,比对到正链的读长与比对到负链的读长之间存在一个相位差。在基因组浏览器中展示高质量的转录因子 ChIP-seq 数据的信号峰时,可以观察到比对到正链的读长较比对到负链的读长整体向基因组上游偏移。此外,通过对 ChIP-seq 信号进行可视化展示,用户可以直观地比较 ChIP-seq 样品与对照样品的信号分布,并可以对 ChIP-seq 样品背景噪声的高低产生直观的判断。尽管对 ChIP-seq 信号进行可视化展示不能定量评估数据质量,但在研究中仍是最常用的质量控制手段。

2. 测序读长位于信号峰的比例　测序读长位于信号峰的比例(fraction of reads in peaks,FRiP)计算落入信号峰区域的读长占所有读长的比例,用于定量衡量测序读长在信号峰区域的富集状况。

该指标的出发点是：质量较好的 ChIP-seq 数据具有较低的背景噪声，位于信号峰的测序读长所占的比例较高，反之，质量较差的 ChIP-seq 数据位于信号峰的测序读长所占的比例较低。FRiP 指标可以直观地指征测序读长在信号峰的富集程度，适用于如下情况：对同一转录因子，应用不同的抗体或实验条件产生多套 ChIP-seq 数据，可以应用 FRiP 指标判断采用哪种抗体或实验条件的效果更好。FRiP 指标的局限性在于：①FPiP 值的大小与信号峰的数量正相关，对同一套 ChIP-seq 数据应用不同的信号峰识别软件或使用不同阈值均会改变值的大小；②由于抗体不同、结合位点数量不同，FRiP 值在不同转录因子间通常不具备可比性。

3. 互相关分析　互相关（cross-correlation，cc）分析指标用于衡量测序读长在信号峰的富集程度。该指标的出发点是：在转录因子 ChIP-seq 数据的信号峰区域，比对到正链的读长与比对到负链的读长之间会产生一个相位差，而在其他区域，两者之间不存在相位差。具体的方法是：将比对到负链的读长向其 3' 端方向移动 k bp（k 的取值范围从 1 至数百），每次移动后计算正链和负链信号的皮尔森相关系数，得到相关系数随移动距离变化的曲线（图 7-10）。对于质量较好的 ChIP-seq 数据，该曲线会出现两个峰值，对应的移动距离分别为测序读长长度（read length）和染色质免疫共沉淀实验得到的 DNA 片段长度（fragment length），其中 DNA 片段长度对应的相关系数较低；对于质量不佳的 ChIP-seq 数据，由于测序读长在信号峰的富集程度较低，DNA 片段长度对应的相关系数较低。为了简洁地展示互相关分析的结果，研究人员引入 NSC（normalized strand coefficient）和 RSC（relative strand correlation）两个指标：

$$NSC = \frac{cc(fragment\ length)}{min(cc)}$$

$$RSC = \frac{cc(fragment\ length) - min(cc)}{cc(read\ length) - min(cc)}$$

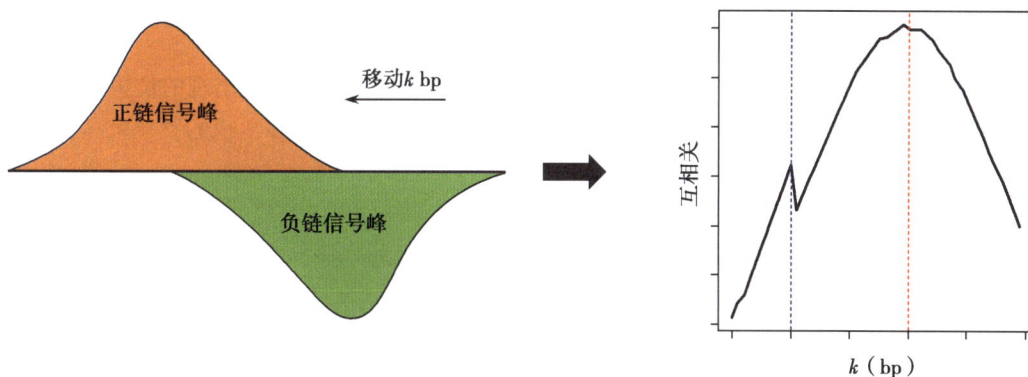

图 7-10　互相关分析示意图

NSC、RSC 值与 FRiP 值之间正相关，它们均可指征测序读长在信号峰的富集程度。NSC 和 RSC 指标的局限性在于，对于在基因组上结合位点数目过少的转录因子，即使 ChIP-seq 数据质量较高，NSC 和 RSC 的值仍较低。

4. 不可重复发现率　不可重复发现率（irreproducible discovery rate，IDR）用于衡量 ChIP-seq 信号峰在生物学重复之间的可重复性。以两套生物学重复的情形为例，可重复发现的信号峰指的是在两套数据中均能识别的信号峰，不可重复发现的信号峰指的是仅在一套数据中识别的信号峰。对每个信号峰得到一个 IDR 值，用于反映其不可被重复发现的概率，IDR 值越低，表明该信号峰的可重复性越好；因此，IDR 指标可以作为识别信号峰的阈值（图 7-11）。相对于 p-value、q-value 等表征富集显著性的阈值，以 IDR 指标作为阈值使得信号峰数量在不同实验之间具有更好的可比性。IDR 指标的

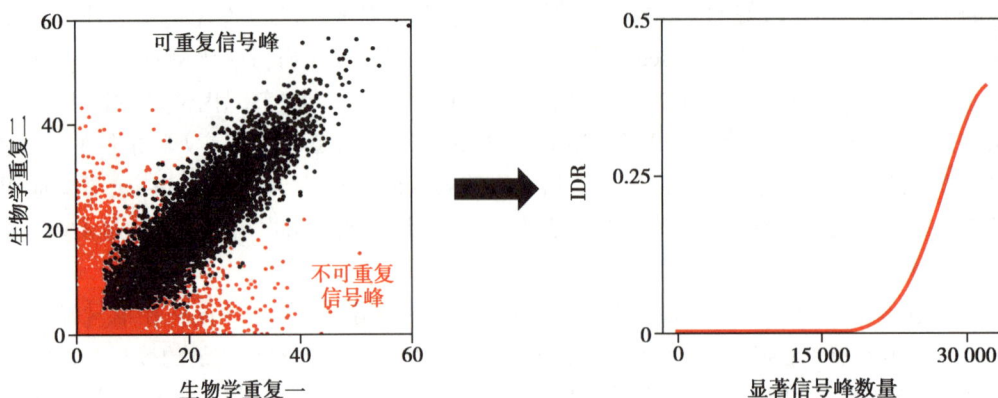

图 7-11　不可重复发现率原理示意图

局限性在于,如果两套生物学重复实验中有一套质量较差,那么大量真实的信号峰也会被认为是不可重复发现的。

(二) 注释层面的质量控制

识别转录因子 ChIP-seq 数据的信号峰后,研究人员可以基于基因组分布特征、序列保守性分析、DNA 模体分析等信号峰注释层面的指标进行质量控制。

1. 基因组分布特征　大部分转录因子在基因组上的结合位点富集于基因的启动子和增强子区域。通过分析信号峰在启动子和增强子区域的相对富集程度,可以直观地评估 ChIP-seq 数据的质量;对于高质量的转录因子 ChIP-seq 数据,其信号峰高度富集于上述区域。

2. 序列保守性分析　由于转录因子通过结合在染色体上行使转录调控功能,其结合位点倾向于在进化中保守。研究人员可以从 UCSC 基因组浏览器下载所研究物种基因组中每个碱基的序列保守性得分,即 PhastCons 值,并计算信号峰及周围区域的平均序列保守性得分;对于高质量的 ChIP-seq 数据,信号峰顶点的位置倾向于比周围区域具有更高的序列保守性。

3. DNA 模体分析　对于已知结合模体的转录因子,通过考察结合模体出现的位置和频率,可以有效地评估 ChIP-seq 数据的质量;对于高质量的 ChIP-seq 数据,结合模体出现的频率较高,且更倾向于出现在信号峰顶点的位置。

(三) ChIP-seq 数据质量控制工具

ChiLin 软件(见书末参考网址)是常用的 ChIP-seq 数据质量控制工具,兼具了测序读长、信号峰、注释三个层面的质量控制。ChiLin 软件在命令行下运行,输出结果包括:测序读长的质量分数分布、读长的 GC 含量、测序片段唯一比对至基因组的比例、转录因子结合模体预测、测序文库的污染率、FRiP、在染色质可及区域的富集程度等。ChiLin 软件支持同时输入多套 ChIP-seq 数据,方便用户比较生物学重复。

三、转录因子 ChIP-seq 数据分析要点

(一) 识别 ChIP-seq 数据信号峰

常用的识别转录因子 ChIP-seq 数据信号峰的方法包括 MACS、CisGenome、SISSRs 等,本节以 MACS 方法为例介绍识别转录因子 ChIP-seq 数据信号峰的原理。MACS 方法主要包含以下两个步骤(图 7-12):第一步,基于 ChIP-seq 数据的测序读长在基因组上分布的特点,估计比对到正链的读长与比对到负链的读长之间的相位差 d,并将所有测序读长分别向其 3' 端移动 $d/2$,从而有效提高了识别出的信号峰的分辨率。第二步,ChIP-seq 数据的背景噪声在参考基因组上的分布受到染色质环境和拷贝数的影响,造成不同区域的背景噪声差别较大;MACS 方法应用动态泊松分布计算信号峰的统计显著性,具体而言,基于对照实验的测序读长数目或 ChIP-seq 数据中落入信号峰之外的测序读长

第一步：估算相位差 *d*　　　　第二步：估算区部 λ 值

正链信号峰　　负链信号峰

待识别峰

对照实验

不同窗口大小

1kb

5kb

10kb

$$\lambda_{local}=max\left(\lambda_{BG'}[\lambda_{1k'}]\lambda_{5k'}\lambda_{10k}\right)$$

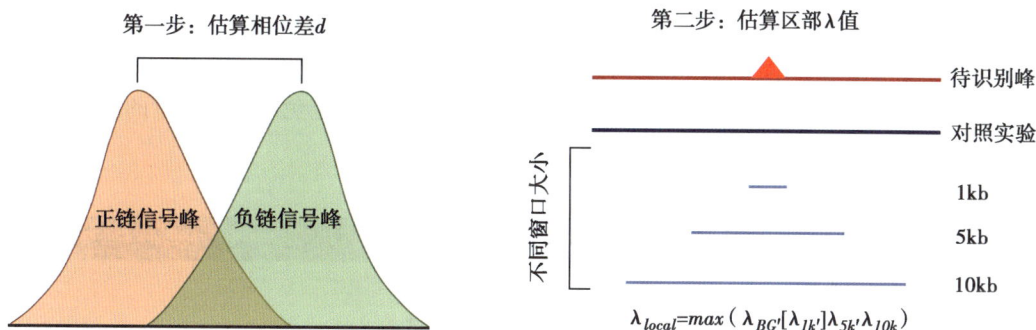

图 7-12　MACS 方法原理示意图

数目,估计该区域的区部 λ 值,如果该值大于基于基因组整体估计的 λ 值,则基于该值计算该区域内信号峰的统计显著性,从而降低了信号峰识别的假阳性率。

（二）识别 ChIP-seq 数据差异信号峰

对于同一个转录因子而言,在不同条件下或不同组织中产生两套 ChIP-seq 数据,识别差异信号峰即比较两套 ChIP-seq 数据之间的差异。识别差异信号峰的方法可以分为定量比较与定性比较两种,其中定量比较方法的思路与基于组蛋白修饰 ChIP-seq 数据识别差异信号峰基本相同(详见第八章)。定性比较方法的基本思路是:在两套 ChIP-seq 数据中均采用两个阈值分别识别信号峰,对于在一套数据中用较严格的阈值识别的信号峰,如果在另一套数据中用较宽松的阈值仍不能识别为信号峰,则该信号峰为仅在一套数据中出现的信号峰,即差异信号峰。由于转录因子信号峰的强度在一定范围内与其转录调控功能之间的关系缺乏明显的相关性,而定性的方法识别出的差异信号峰均为仅在一套数据中出现的信号峰,其与转录调控功能之间的关系较为明确,因此适用于识别转录因子 ChIP-seq 数据差异信号峰。

（三）预测转录因子靶基因

识别转录因子的靶基因是揭示其转录调控机制的重要环节,因此预测转录因子靶基因是 ChIP-seq 数据分析的重要步骤。目前,预测转录因子靶基因的方法主要是基于 ChIP-seq 信号峰与基因转录起始位点距离进行预测,基本步骤如下:第一步,将信号峰与基因进行关联;第二步,对信号峰设置权重,并对打分进行整合。将信号峰与基因进行关联的方法包括:①以基因转录起始位点为中心,关联与其最近的信号峰,或与其距离一定范围之内的所有信号峰;②以信号峰为中心,关联与其距离最近的转录起始位点。对信号峰设置权重的方法包括:①权重为布尔值(存在关联的信号峰是 1,不存在是 0);②权重随信号峰与转录起始位点的距离线性衰减或指数衰减;③权重与信号峰的强度正相关。有研究显示,在预测靶基因的两个步骤中,将信号峰与基因进行关联的步骤对靶基因预测结果的影响较大。

部分预测转录因子靶基因的方法整合了转录组数据,其基本假设是:如果某基因的转录起始位点周围有某个转录因子的结合位点,并且在敲除、敲降或过表达该转录因子的情况下,该基因的转录水平发生了显著的变化,那么该基因很可能是该转录因子的直接靶基因。其中 BETA 方法(见书末参考网址)是常用的联合转录组数据的靶基因预测方法。

（四）ChIP-seq 数据功能注释

对转录因子 ChIP-seq 数据进行功能注释的方法主要分为两类:一类是基于 ChIP-seq 数据预测转录因子的靶基因列表,再应用超几何分布检验或费希尔精确检验等方法得到靶基因列表所富集的基因本体论(gene ontology,GO)项或 KEGG 通路等;另一类是基于转录因子 ChIP-seq 数据信号峰的分布,不用预测靶基因列表,直接得到与信号峰分布相关的 GO 项或 KEGG 通路等。

GREAT(见书末参考网址)与 Cistrome-GO(见书末参考网址)是代表性的 ChIP-seq 数据功能注释在线服务器,它们基于转录因子 ChIP-seq 数据信号峰的分布,直接得到与信号峰分布相关的 GO

项或 KEGG 通路。GREAT 在线服务器首先确定与每个 GO 项相关的基因组区域,再使用布尔值确定包含 ChIP-seq 信号峰的基因组区域,并应用二项检验来进行功能富集分析。Cistrome-GO 在线服务器使用连续值而非布尔值来衡量基因被转录因子调控的潜力,并避免用人为设置的阈值来选择靶基因,此外还提供了整合基因差异表达信息的运行模式(图 7-13)。

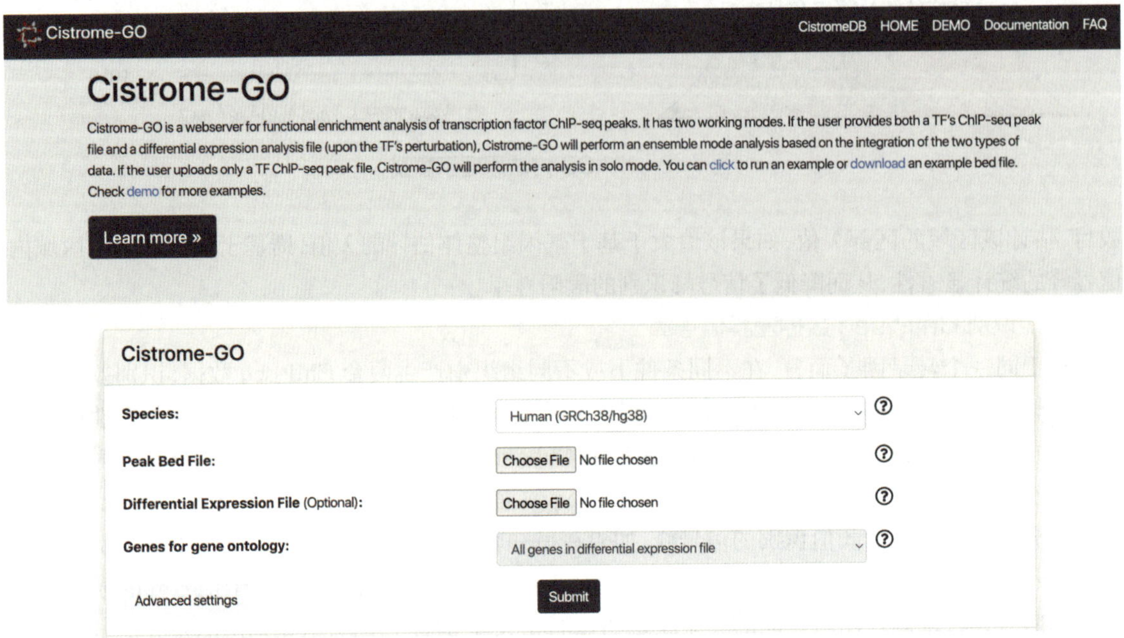

图 7-13 Cistrome-GO 在线服务器主界面

小结

转录调控的信息学分析是后基因组时代生物信息学最核心的研究领域之一,在过去的三十年中,研究人员开发了多种生物信息学算法、模型、数据库及软件,为解析真核基因转录调控的机制做出了重要贡献。转录因子是一类特殊的蛋白质,它们通过进入细胞核并结合在染色体上而行使对基因转录的调控作用,因此识别转录因子在基因组上的结合位点,对于研究基因转录调控的机制具有重要意义。本章着重介绍了转录因子结合模体分析,以及转录因子 ChIP-seq 数据特点及分析要点。读者在研究工作中可以根据具体问题,灵活运用本章介绍的分析原理,并视具体情况选择已有的分析工具或开发新的工具。例如,通过在某个转录因子 ChIP-seq 信号峰区域进行结合模体分析,可以预测该转录因子潜在的协同作用因子。再如,通过整合 DNase-seq 或 ATAC-seq 数据(详见第八章)和结合模体分析,可以预测转录因子结合位点图谱。

Summary

Transcriptional regulation analysis is one of the core research fields of bioinformatics in the post-genome era. In the past three decades, researchers have developed a variety of bioinformatics algorithms, models, databases and software, which made great contributions to unraveling the mechanisms of eukaryotic transcriptional regulation. Transcription factors are a special class of proteins that regulate transcription by entering the nucleus and binding to chromatin. Therefore, identifying the binding sites of transcription factors on the genome is important for studying the mechanism of transcriptional regulation.

This chapter focuses on the analysis of transcription factor binding motifs, as well as the features and analysis key points of transcription factor ChIP-seq data. Readers can flexibly apply the analysis principles introduced in this chapter according to specific problems in their research, and choose existing analysis tools or develop new ones accordingly. For example, readers can perform binding motif analysis in the ChIP-seq peak regions of a transcription factor to predict its potential co-factors. For another example, readers can also integrate DNase-seq or ATAC-seq data (see Chapter 8 for details) and binding motif analysis to predict the binding sites of transcription factors.

（张　勇）

思考题

1. 请简述转录因子已知模体扫描和结合模体从头发现的区别。

2. 请简述 EM 算法识别转录因子结合模体的思路。

3. 请简述 FRiP 作为 ChIP-seq 数据质量控制指标的原理及局限性。

4. 请简述转录因子 ChIP-seq 数据的分析要点。

5. 请简述基于转录因子 ChIP-seq 数据预测靶基因的思路。

6. 现有一套在人类 K562 细胞系中产生的转录因子 CTCF 的 ChIP-seq 数据，请设计分析思路，预测 CTCF 在 K562 细胞系中的协同作用因子。

第八章　表观遗传组数据分析
CHAPTER8　EPIGENOMICS DATA ANALYSIS

- 表观遗传信息是决定细胞分化和细胞命运的关键机制之一。
- 组学技术决定数据特点，数据特点决定分析思路。
- WGBS 数据分析要点包括比对数据、推断甲基化水平、鉴定差异甲基化区域。
- 组蛋白修饰 ChIP-seq 数据分析要点包括识别富集区域、识别差异富集区域、推断染色质状态。
- Hi-C 数据分析要点包括产生染色质相互作用矩阵、识别拓扑相关结构域、识别染色质环。

第一节　引　言
Section 1　Introduction

表观遗传学（epigenetics）一词的内涵在科学史上经历了重新认识。1942 年，C.H. Waddington 提出了表观遗传学的术语，将其定义为"研究基因及其产物之间因果相互作用，并产生表型的生物学分支"。1990 年，R. Holliday 将表观遗传学的内涵重新定义为"研究复杂生物发育过程中在时间和空间上调控基因活性的机制"。1996 年，A. Riggs 将表观遗传学的内涵定义为"研究不能用 DNA 序列改变来解释的，在有丝分裂或减数分裂中可遗传的基因功能改变"。2008 年，冷泉港会议对表观遗传学特征的共识为"由于染色质的改变，而非 DNA 序列的改变，所导致的稳定遗传的表型"。自 20 世纪 90 年代末以来，表观遗传学迅猛发展，是生命科学领域研究热点之一。

表观遗传信息是指 DNA 甲基化、组蛋白修饰、染色质结构等与染色质环境及基因表达调控网络相关的信息。表观遗传信息是决定细胞分化和细胞命运的关键机制之一，其缺陷可引发衰老和癌症的发生，也可能导致精神性疾病和自身免疫性疾病等。高通量组学技术的发展及其在表观遗传研究中的应用，产生了大量高通量表观遗传组学数据。表观遗传信息类型多样，绘制其在基因组上分布的组学技术原理各异，对应的分析方法及思路不同。本章将从 DNA 甲基化、组蛋白修饰、染色质可及性、三维基因组等四个方面，分别介绍每种表观遗传组学技术原理、数据特点、分析要点及工具。

第二节　DNA 甲基化组学数据分析
Section 2　DNA Methylation Data Analysis

一、DNA 甲基化修饰概述

（一）DNA 甲基化的定义

DNA 甲基化（DNA methylation）是一种发生在 DNA 序列上的化学修饰，是最重要的表观遗传修饰之一。在真核生物中，DNA 甲基化主要发生在 CpG 二核苷酸（其中 p 代表连接脱氧胞嘧啶核苷和脱氧鸟嘌呤核苷的磷酸基团）中胞嘧啶的第五位碳原子上，称为 5-甲基胞嘧啶（5-methylcytosine，5-mC），其化学式如图 8-1 所示。在原核生物中，普遍存在发生在腺嘌呤第六位碳原子上的 6-甲基腺嘌呤（N^6-methyladenine，6-mA）。本节中如无特殊说明，提及的 DNA 甲基化修

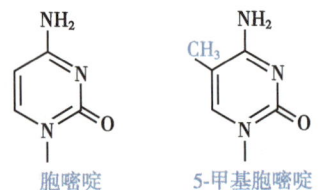

胞嘧啶　　　5-甲基胞嘧啶

图 8-1　DNA 甲基化的化学式

饰均指真核生物中的 5-mC 修饰。不同物种中 DNA 甲基化的情况有很大的不同：在裂殖酵母、黑腹果蝇等物种的基因组上几乎不存在 DNA 甲基化修饰；在哺乳动物中，大约 60%~90% 的 CpG 二核苷酸是被甲基化的。本节中如无特殊说明，涉及的物种均为哺乳动物。

（二）DNA 甲基化的建立、维持与去除

由于 CpG 的反向互补序列仍为 CpG，对于双链 DNA 而言，一个 CpG 二核苷酸的甲基化状态有如下三种：全甲基化（两条链的胞嘧啶均发生甲基化）、半甲基化（仅有一条链的胞嘧啶发生甲基化）和未甲基化（两条链的胞嘧啶均未发生甲基化）。DNA 甲基化的建立、维持与去除涉及多个酶促反应，如图 8-2 所示。

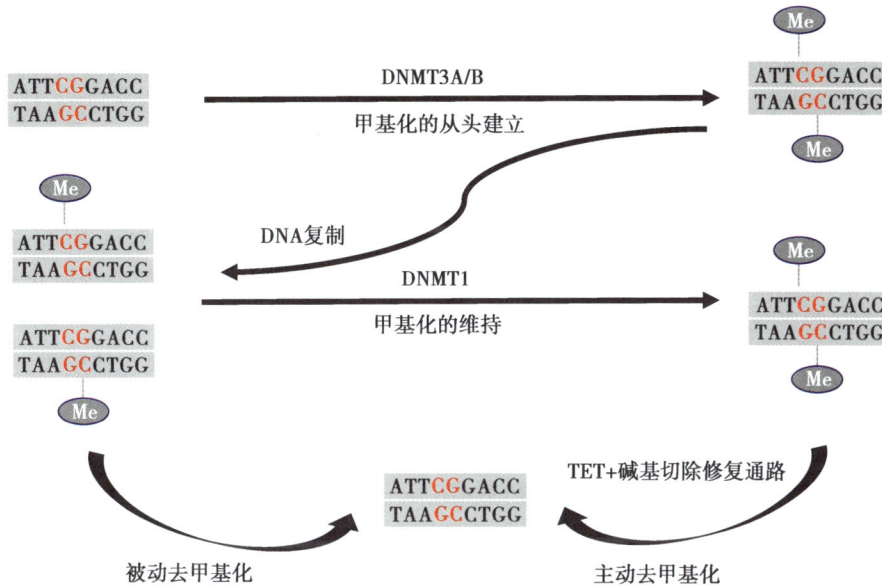

图 8-2 DNA 甲基化的建立、维持与去除机制

DNA 甲基化的从头建立（de novo methylation）主要由 DNA 甲基转移酶 DNMT3A、DNMT3B 负责。DNMT3A、DNMT3B 特异性识别未甲基化的 CpG 二核苷酸，并催化 DNA 甲基化。

在 DNA 复制过程中，旧的 DNA 双链分别作为模板形成两条新的 DNA 双链分子，其中来自模板 DNA 的单链带有甲基化修饰，而新合成的 DNA 单链上缺少甲基化修饰；即旧的 DNA 双链上完全甲基化的 CpG 二核苷酸在新的 DNA 双链分子上稀释为半甲基化状态。DNA 甲基转移酶 DNMT1 特异性识别半甲基化的 CpG 二核苷酸，并催化 DNA 甲基化，从而实现了 DNA 甲基化状态在细胞分裂过程中可以稳定地遗传，即 DNA 甲基化维持。

DNA 甲基化去除主要通过以下两个途径：主动去甲基化与被动去甲基化。主动去甲基化过程需要酶的参与，在 TET 家族蛋白作用下，DNA 甲基化修饰被依次氧化为 5-羟甲基胞嘧啶（5-hydroxymethylcytosine，5-hmC）、5-甲酰胞嘧啶（5-formylcytosine，5-fC）、5-羧基胞嘧啶（5-carboxylcytosine，5-caC），然后被碱基切除修复通路识别并修复，完成主动去甲基化过程。被动去甲基化过程依赖于 DNA 复制，在 DNMT1 表达较低的情况下，基因组上的 DNA 甲基化在 DNA 复制过程中无法维持，随细胞分裂而稀释，即被动去甲基化。

（三）CpG 岛与 DNA 甲基化的关系

在哺乳动物基因组中，CpG 二核苷酸倾向于聚集成簇，这样的区域称为 CpG 岛（CpG island）。CpG 岛的主要特征是 GC 含量及 CpG 二核苷酸比率相对基因组其他区域较高，且多数 CpG 在多数细胞状态下处于未甲基化状态。CpG 岛仅覆盖了人类基因组大约 0.7% 的区域，但是包含了所有CpG 二核苷酸的 7%。CpG 岛主要分布在基因的启动子、5′ 非编码区以及第一外显子区域，哺乳动物

中大约 60% 基因的启动子含有 CpG 岛。

哺乳动物基因组中形成 CpG 岛的原理如下。甲基化修饰的胞嘧啶其脱氨基产物是胸腺嘧啶,不会被错配修复识别,最终导致该胞嘧啶突变为胸腺嘧啶。哺乳动物基因组上绝大部分区域的 CpG 二核苷酸被甲基化,导致这些区域易发生由 DNA 甲基化带来的 DNA 突变,造成 CpG 二核苷酸的大量丢失。对于 CpG 岛,由于多数 CpG 在多数细胞(特别是在生殖细胞中)处于未甲基化状态,避免了 DNA 甲基化带来的高突变率,使得 CpG 岛的 CpG 二核苷酸比率相对基因组其他区域较高。

基于 DNA 序列特征识别哺乳动物 CpG 岛的生物信息学算法较多。最初,M. Gardiner-Garden 和 M. Frommer 于 1987 年提出 CpG 岛的定义为长度≥200bp,GC 含量≥50%,CpG 二核苷酸比率≥0.6 的 DNA 序列;其中 GC 含量指的是一段 DNA 序列中鸟嘌呤和胞嘧啶占所有碱基的比例,CpG 二核苷酸比率指的是 CpG 二核苷酸的实际数量与期望数量(这段 DNA 序列中所有碱基在随机排列条件下 CpG 二核苷酸数量的期望值)之比。该算法易于实现,但过于依赖于人为设定的阈值。后续有一系列生物信息学算法改进了 CpG 岛的识别效果,其中常用的算法包括 CpG_MI、CpGcluster、CpGProD 等。

(四) DNA 甲基化的生物学功能

1. 沉默转座元件   人类基因组中转座元件所占的比例约为 45%,其中仅有极少的一部分具有活性。活跃的转座元件会诱发基因组变异,对正常生物学过程产生不利影响;DNA 甲基化是重要的抑制转座元件活性的表观遗传机制,进而维持基因组的完整性。

2. X 染色体失活   对于哺乳动物雌性个体,在胚胎发育过程中一条 X 染色体随机发生失活,从而实现剂量补偿。DNA 甲基化是重要的实现 X 染色体失活的表观遗传机制。

3. 基因组印记   基因组印记是在母本和父本之间产生功能性差别,并在哺乳动物发育及生长中起重要作用的一种表观遗传学现象。人类基因组中有一些基因受到基因组印记调控,主要表现为当亲本一方的基因表达时,另一方则被沉默。印记基因在基因组中通常成簇出现,这些印记基因簇所对应的染色体区域被称作印记区域,在印记区域中往往存在印记控制区域(imprinting control region,ICR)。DNA 甲基化在介导基因组印记方面具有重要的作用,印记控制区域内 CpG 岛的等位特异甲基化往往与印记基因的等位特异表达相关。

4. 影响基因转录调控   DNA 甲基化修饰调控基因转录主要通过直接和间接两种途径。许多转录因子倾向于结合在包含 CpG 二核苷酸的 DNA 序列,这些 CpG 二核苷酸的甲基化可以阻止一些转录因子的结合,从而直接发挥调控基因转录的功能。例如,DNA 甲基化可以阻止 bHLH、bZIP 和 ETS 家族的多数转录因子与 DNA 的结合。除了直接阻止部分转录因子与 DNA 的结合外,DNA 甲基化还可以通过招募 DNA 甲基化结合蛋白(例如 MeCP2 等),间接调控基因转录。MeCP2 可以与组蛋白去乙酰化酶形成复合体,使染色质结构变得紧致,从而抑制基因的转录活性。

二、DNA 甲基化组学数据类型

DNA 甲基化并不影响 C:G 核苷酸的配对,因此基于碱基配对的第二代测序技术无法直接应用于测定 DNA 甲基化组。比较常见的 DNA 甲基化组数据从实验方法上大致可分为四类:亚硫酸盐转化方法、限制性内切酶方法、亲和纯化方法和纳米孔测序方法。

(一) 亚硫酸盐转化方法

将亚硫酸盐转化方法同第二代测序技术结合是目前应用最为广泛的产生 DNA 甲基化组学数据的方法,其原理如图 8-3 所示。经过亚硫酸盐处理后的 DNA 序列,未甲基化的胞嘧啶被转化为尿嘧啶(U),而甲基化的胞嘧啶没有改变。在经过 DNA 聚合酶链式反应(PCR)扩增之后序列中的尿嘧啶以胸腺嘧啶(T)的形式出现,甲基化的胞嘧啶仍表现为胞嘧啶。将亚硫酸盐转化同第二代测序技术结合,可以便捷地获取全基因组尺度上的定量的 DNA 甲基化状态:测序结果与参考基因组比对,对应位置上参考基因组为 C,而测序结果中为 T 的位点即在该样本中为未甲基化的胞嘧啶,而对应

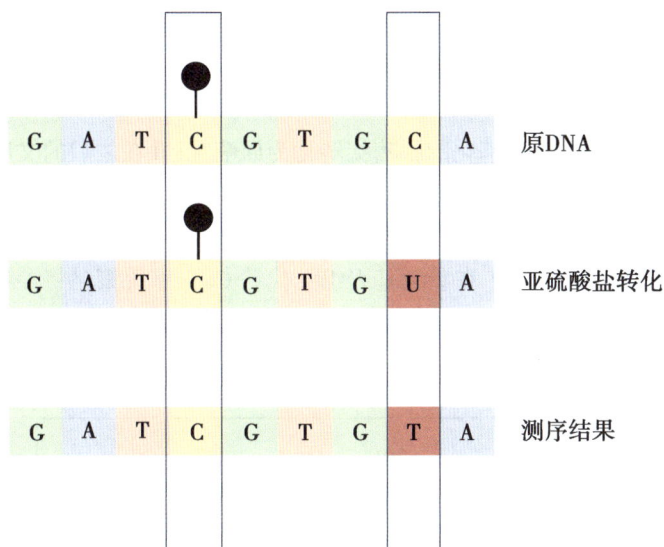

图 8-3　亚硫酸盐测序技术原理

位置上参考基因组与测序结果中均为 C 的位点则在该样本中为甲基化的胞嘧啶。将亚硫酸盐转化同第二代测序技术结合起来的全基因组亚硫酸盐测序（whole-genome bisulfite sequencing，WGBS）技术可以获取单碱基分辨率的甲基化组学数据；简化亚硫酸盐测序（reduced-representation bisulfite sequencing，RRBS）技术利用限制性内切酶 MspI 特异性识别并切割 C-CGG 位点的特性获取富集在高密度 CpG 区域的 DNA 片段，可以在不增加测序通量的情况下获得 CpG 高密度区域高测序深度的 DNA 甲基化组学数据。基于亚硫酸盐转化方法不能区分 5-mC 和 5-hmC，会导致推断得到的甲基化水平在一些 CpG 二核苷酸位点略微偏高。

　　除了与第二代测序技术结合，亚硫酸盐转化方法同 DNA 芯片技术结合也是得到较为广泛应用的技术，其中以基于 Illumina Human Methylation 450 BeadChip（450K）平台产生的数据为主。

（二）限制性内切酶方法

　　限制性内切酶方法产生的 DNA 甲基化组学数据主要包括 MRE-seq、McrBC-seq、HELP-seq 和 Methyl-seq 等。该类方法的核心思路是利用一些对 DNA 甲基化状态敏感的限制性内切酶处理 DNA，再对酶切片段进行高通量测序来检测 DNA 的甲基化状态。这类实验方法产生的数据只能从定性角度去衡量全基因组的甲基化水平，推断单碱基分辨率的 DNA 甲基化信息需要较为复杂的算法。

（三）亲和纯化方法

　　亲和纯化方法产生的数据主要包括 MeDIP-seq 和 MBD-seq 等。该类方法主要是利用对甲基化和未甲基化 DNA 亲和性有差异的抗体或特异性结合 DNA 甲基化的蛋白而进行 DNA 富集操作，再对富集下来的 DNA 片段进行高通量测序以获取基因组上的甲基化信息。这类实验方法得到的数据是从定性角度分析样本的 DNA 甲基化程度，难以获取精确的单碱基分辨率甲基化信息。

（四）纳米孔测序方法

　　与第二代测序技术不同，纳米孔测序技术可以通过甲基化和未甲基化的胞嘧啶通过纳米孔所产生的电流强度差异来检测 DNA 甲基化，其优点是具有长读长、单碱基分辨率，且能区分 5-mC 和 5-hmC。目前，纳米孔测序方法需要的起始细胞量多，且比第二代测序技术成本高、错误率高。基于对技术发展趋势的推测，未来纳米孔测序方有望成为广泛应用的产生 DNA 甲基化组学数据的方法。

三、WGBS 数据分析要点及工具

　　DNA 甲基化组学数据分析是指从原始组学数据出发获取全基因组甲基化水平图谱，并进一步分析得出相关生物学结论的过程。对于不同实验方法得到的甲基化组数据，其处理流程和分析手段不尽相同。由于 WGBS 数据是目前最常见的 DNA 甲基化组学数据类型,而且其具有定量化、单碱基分辨率的优点,因此本节仅讲授 WGBS 数据分析要点及工具。

(一) WGBS 数据比对

由于亚硫酸盐转化过程将非甲基化的胞嘧啶转化为尿嘧啶,并在之后的文库构建过程中转化为胸腺嘧啶,如何将测序读长正确地比对到参考基因组上需要专门的数据比对算法。目前,较为常见的策略是通配符(wild-card)和三字符(3-letter)两种,原理如图 8-4 所示,代表性算法分别为 BSMAP 和 Bismark。通配符策略用通配符 Y 在参考基因组上代替 C;三字符策略将参考基因组上所有的 C 替换为 T。通配符策略能够比对更多的测序读长,但部分位点上推断的甲基化水平较实际值偏高;三字符策略的成功率较低,但不会给后续的甲基化水平的推断带来偏差。

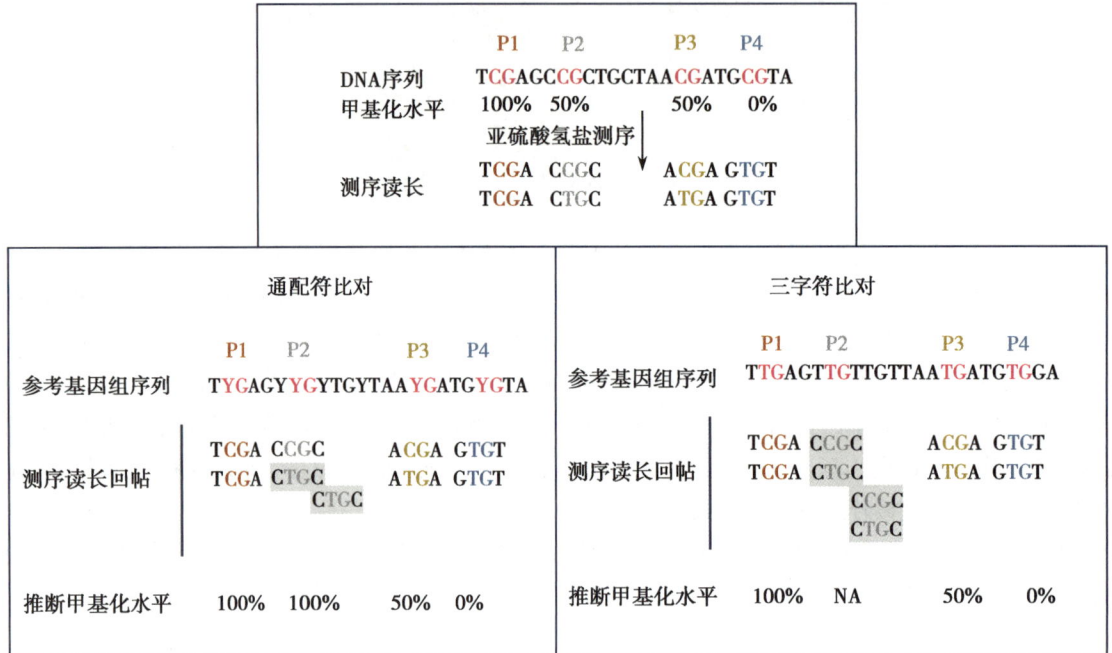

图 8-4　WGBS 数据比对算法原理

以图 8-4 中所示的 DNA 序列为例,考虑只有 4 个碱基长度的测序读长的情况。在通配符策略下,参考基因组上的 C 转化为通配符 Y,可以和 C 或者 T 相匹配;在比对过程中,某些测序读长由于不能唯一性地比对到基因组上而被舍弃(图中灰色标示的读长),并导致部分位点上推断的甲基化水平较实际值偏高。在三字符策略下,参考基因组上所有的 C 均转化为 T,在比对过程中,不能正确比对到基因组上的测序读长相较通配符策略偏多,导致能有效推断甲基化水平的位点偏少,但推断的甲基化水平不会发生系统性偏差。随着测序长度的增加,可以有效克服两种思路的弊端。

BSMAP 是在 Linux 命令行环境下运行的软件(见书末参考网址),其输入文件为第二代测序技术得到的 FASTQ 格式的 WGBS 数据和 FASTA 格式的参考基因组序列文件,输出文件为 SAM/BAM 格式的比对结果。在命令行环境下的示例命令如下:

```
bsmap[ options ]-a sample_R1.fastq -b sample_R2.fastq -d reference.fa -p 10
-o output.bam
```

其中-a 和-b 参数分别为双端测序数据的两个 FASTQ 文件,如果是单端测序数据只需要指定-a 参数;-d 参数指定参考基因组序列的路径;-o 参数指定比对结果输出文件名和格式;-p 参数指定程序运行所使用的处理器数量。

与 BSMAP 类似,Bismark 也是在 Linux 命令行环境下运行的软件(见书末参考网址),其输入文件为第二代测序技术得到的 FASTQ 格式的 WGBS 数据,输出文件为 SAM/BAM 格式的比对结果。与 BSMAP 不同,运行 Bismark 前需要先应用 bismark_genome_preparation 将参考基因组序列转化为三字符基因组序列。Bismark 在命令行环境下的示例命令如下:

bismark_genome_preparationgenome_folder
bismark［options］genome_folder（-1 mates1 -2 mates2 | singles）

对于双端测序数据分别用-1 和-2 参数指定两个 FASTQ 文件,对于单端测序数据则直接指定输入文件。

(二) DNA 甲基化水平推断

一个 CpG 二核苷酸的 DNA 甲基化水平指的是该位点在细胞群体中发生 DNA 甲基化的比例;由于在 WGBS 数据中甲基化和未甲基化的胞嘧啶呈现为不同的信号,因此在理论上可以定量地推断每个 CpG 二核苷酸的 DNA 甲基化水平。在 WGBS 数据分析中,基于比对得到的 SAM/BAM 文件,可以计算得到基因组上每一个符合测序深度的 CpG 二核苷酸的甲基化水平。最直观的计算方法是,计算比对到某个 CpG 二核苷酸上的测序读长中,该位点为胞嘧啶的测序读长(即位点发生甲基化的测序读长)的比例(图 8-5)。在实际的研究工作中,计算 DNA 甲基化水平需要消除一系列因素的影响;影响 DNA 甲基化水平推断的因素,以及去除这些因素影响的基本原理如下:

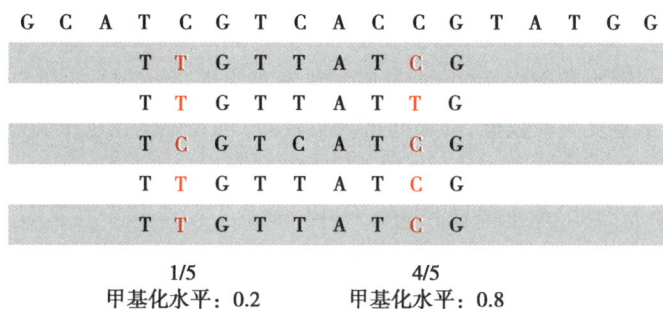

图 8-5　WGBS 数据 DNA 甲基化水平推断示意图

1. **DNA 片段末端修复**　在测序文库制备步骤中,将基因组进行超声波处理后,得到的 DNA 片段需进行末端修复;在此过程中,未甲基化的胞嘧啶会加到 DNA 片段末端,导致 DNA 片段末端的甲基化水平低于实际值。可以通过统计甲基化胞嘧啶的比例在测序读长上的分布来识别该影响因素,并应用 BSeQC 等软件去除影响。

2. **亚硫酸盐转化效率**　亚硫酸盐转化效率在 DNA 片段 5' 端偏低,导致 DNA 片段 5' 端的甲基化水平高于实际值。识别及去除该影响因素的方法与 DNA 片段末端修复因素相同。

3. **DNA 文库**　当测序文库长度小于测序读长的长度时,测得的 DNA 片段末端包含接头序列,其中未甲基化的胞嘧啶导致甲基化水平高于实际值。识别及去除该影响因素的方法与 DNA 片段末端修复因素相同。

4. **3' 端测序质量下降**　对于第二代测序技术,随着测序读长的长度增加,测序质量会不断下降,导致 3' 端 DNA 甲基化水平产生偏差。可以通过 FastQC 软件统计测序质量在测序读长上的分布来识别该影响因素并去除影响。

5. **不均衡扩增**　在测序文库制备步骤中,不同 DNA 片段被扩增的次数不同;不均衡扩增导致用于计算 DNA 甲基化水平的 DNA 片段与实际 DNA 片段的分布比例不同,从而导致甲基化水平产生偏差。可以通过去除重复读长的方法去除该因素的影响。

用于 DNA 甲基化水平推断的常用软件包括 MOABS、BSmooth、Bis-SNP 等。其中 MOABS(见书末参考网址)的组件 mcall 使用 SAM/BAM 文件作为输入,可以有效地识别并去除上述影响因素。

MOABS 在命令行环境下的示例命令如下：

```
mcall［options］-m sample.sam/bam -r reference.fa-p 10
```

其中-m 参数为 WGBS 测序数据比对得到的 SAM/BAM 文件，如果有多个生物学重复实验数据的 SAM/BAM 文件，可以使用匹配数量的-m 参数来指定这些文件；-r 参数指定参考基因组序列的路径；-p 参数指定程序运行所使用的处理器数量。

（三）差异甲基化区域的鉴定

差异甲基化区域（differentially methylated regions，DMR）的鉴定是通过比较不同样本间的 DNA 甲基化水平找出两者之间具有明显差异的基因组区域；DMR 与样本间转录调控的差异相关。鉴定 DMR 的主要思路有两种：一种是以 CpG 二核苷酸为单位，通过统计检验（例如 Fisher 精确检验）识别出样本间统计显著的差异甲基化 CpG 二核苷酸（differentially methylated CpG，DMC），并应用统计方法（例如隐马尔可夫模型）将相邻的 DMC 归纳为 DMR；另一种是基于哺乳动物基因组中邻近的 CpG 二核苷酸具有相似的甲基化状态，用固定长度的窗口在基因组上滑动，每个窗口内的 CpG 二核苷酸一起用于评估样本间差异的统计显著性，再将相邻的样本间统计显著的差异甲基化窗口连接为 DMR。用于鉴定 DMR 的常用软件包括 MOABS、QDMR、BSmooth、dmrFinder、IMA 等。其中 MOABS 的组件 mcomp 可以有效地鉴定 DMR，其在命令行环境下的示例命令如下：

```
mcomp［options］-rsample.G.bed -r control.G.bed -c comp_result.txt
```

其中两个-r 参数分别为两个样本的 DNA 甲基化水平文件，格式为 mcall 命令的输出文件格式；如果样品有多个生物学重复实验数据，则不同重复实验的 DNA 甲基化水平文件用逗号隔开；-c 参数输出文件的路径，输出文件中包括鉴定的 DMR 和 DMC 的信息。

QDMR（见书末参考网址）基于信息熵鉴定 DMR，是基于 Java 构架开发的用户友好的图形界面程序（图 8-6）。QDMR 基于信息熵定量衡量样本间特定基因组区域的甲基化水平差异程度，并标示

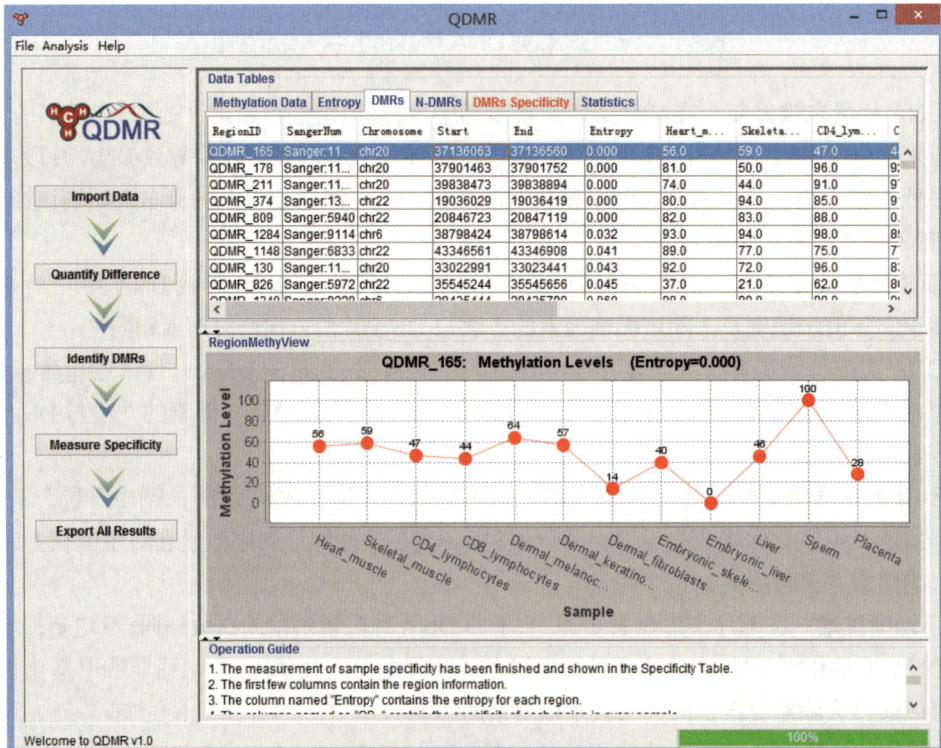

图 8-6　QDMR 程序界面

DMR 发生特异性高或低甲基化的细胞类型,以表和图的形式展示分析结果,便于用户后续研究 DMR 参与的生物学过程。

第三节 组蛋白修饰组学数据分析
Section 3 Histone Modification Data Analysis

一、组蛋白修饰概述

(一)组蛋白修饰的定义及命名

在真核生物中,核小体(nucleosome)是染色质的基本结构单元。如图 8-7 所示,核小体的核心是由两个 H2A、两个 H2B、两个 H3 和两个 H4 组蛋白组成的组蛋白八聚体;组蛋白中精氨酸(R)和赖氨酸(K)等带正电荷的碱性氨基酸残基含量高,约占氨基酸残基总数的 1/4;带负电荷的 DNA 双螺旋缠绕在组蛋白八聚体上,长度约为 147 个碱基。两个邻近的核小体之间有一定的距离,称为核小体的连接区;不同物种不同细胞类型的核小体连接区长度不同,通常在十几个碱基到几十个碱基之间;部分核小体连接区与 H1 组蛋白结合。在组蛋白的一系列的位点上可以发生多种共价修饰,如乙酰化、磷酸化、甲基化、泛素化等,这些修饰统称为组蛋白修饰(histone modification)。组蛋白修饰是典型的酶促反应,具有高度的动态性;一些酶负责特异性地增加特定位点的组蛋白修饰,另一些酶负责特异性地去除特定位点的组蛋白修饰。一系列组蛋白修饰与多种生物学过程紧密相关,在过去二十多年的时间内得到了广泛的研究。组蛋白修饰类型众多,目前通过组学手段研究组蛋白修饰,主要集中于组蛋白的乙酰化和甲基化;如无特殊说明,本节涉及的组蛋白修饰仅包括组蛋白的乙酰化和甲基化两类。

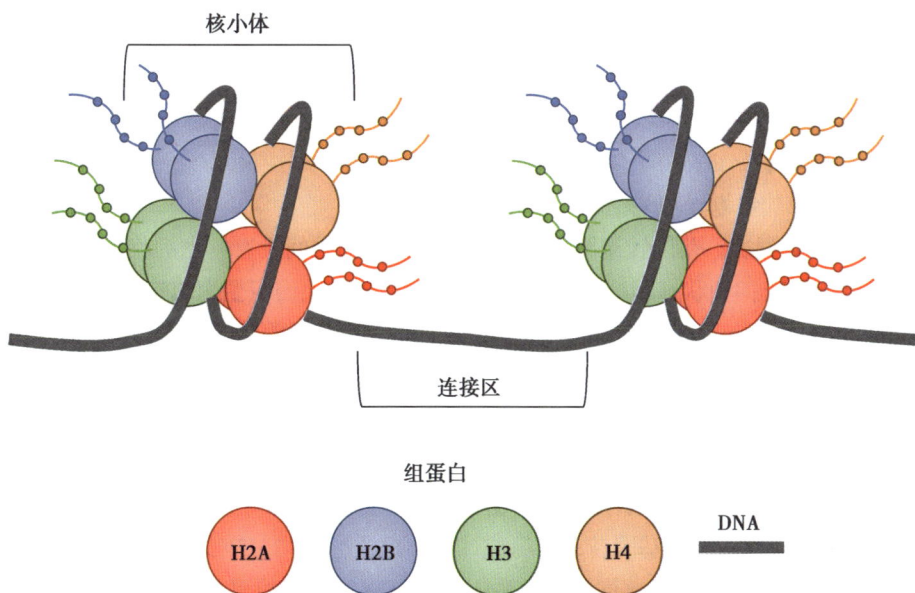

图 8-7 核小体与组蛋白

组蛋白修饰的命名由三部分组成:组蛋白名称、发生修饰的氨基酸残基位点信息、修饰的细节。例如,H3K4me3 修饰代表发生在 H3 组蛋白第 4 位(从 N 端开始计数)赖氨酸(K)的三甲基化修饰(即增加三个甲基基团;赖氨酸的甲基化修饰有一甲基化、二甲基化、三甲基化三种);H3K9ac 修饰代表发生在 H3 组蛋白第 9 位赖氨酸的乙酰化修饰;H3R26me2a 修饰代表发生在 H3 组蛋白第 26 位精氨酸(R)的非对称二甲基化修饰。

(二) 组蛋白修饰的建立、去除与识别

与组蛋白修饰相关的染色质调控因子分为三类：负责催化特定组蛋白修饰的写入器（writer），负责去除特定组蛋白修饰的擦除器（eraser），负责识别特定组蛋白的修饰的读取器（reader），如图 8-8 所示。

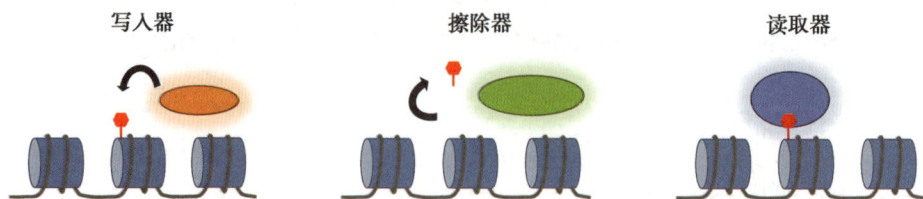

图 8-8　组蛋白修饰相关的染色质调控因子

1. 组蛋白修饰写入器　组蛋白乙酰基转移酶负责将乙酰基增加到组蛋白的赖氨酸残基上，其成员可以分为 p300/CBP、MYST、GNAT 三个家族。组蛋白甲基化酶包括赖氨酸甲基转移酶和精氨酸甲基转移酶：赖氨酸甲基转移酶负责将一个、两个或者三个甲基增加到组蛋白的赖氨酸残基上，其成员按是否包含 SET 结构域分为两类；精氨酸残基在不同类精氨酸甲基转移酶的催化下可以增加一甲基化（me1）、对称二甲基化（me2s）和非对称二甲基化（me2a）修饰。

2. 组蛋白修饰擦除器　组蛋白去乙酰化酶负责去除组蛋白赖氨酸残基上的乙酰基，其成员基于序列相似性和作用分为四类。组蛋白赖氨酸去甲基化酶负责去除组蛋白赖氨酸残基上的一个、两个或者三个甲基，赖氨酸去甲基化酶成员作用底物和生物学功能各异，可以分为六个家族。目前仅有 JMJD6 被报道具有组蛋白精氨酸去甲基化酶活性。

3. 组蛋白修饰读取器　特定的组蛋白修饰可以通过招募特异性识别该修饰的因子来影响染色质环境。例如，H3K4me3 可以招募一些具有植物同源结构域（plant homeodomain，PHD）的读取器（例如 TAF3）；组蛋白乙酰化可以招募一些具有溴结构域（bromodomain）的读取器（例如 SWI/SNF）。

组蛋白修饰之间不是互相独立的，而是存在紧密的关联；组蛋白修饰写入器、擦除器、读取器负责介导组蛋白修饰之间的交叉对话（crosstalk）。例如，酵母中 Sgf29 识别组蛋白修饰 H3K4me2/3，并招募组蛋白乙酰基转移酶 SAGA 复合体催化 H3K9ac。

(三) 组蛋白修饰的生物学功能

1. 影响基因转录调控　基因转录状态与一些组蛋白修饰之间具有紧密的相关性，一些组蛋白修饰可以作为转录激活或抑制状态的标志物：与转录激活状态相关的组蛋白修饰包括各位点的乙酰化修饰、H3K4me2/3、H3K79me2/3、H3K36me3 等，与转录抑制状态相关的组蛋白修饰包括 H3K9me2/3、H3K27me2/3、H4K20me3 等。组蛋白乙酰化修饰促进基因转录的作用机制如下：一方面，乙酰化修饰在组蛋白上加入负电荷，减弱了组蛋白与 DNA 的相互结合，导致乙酰化区域形成比较松散的染色质结构，促进转录因子识别 DNA 序列；另一方面，乙酰化修饰可以招募 RNA 聚合酶Ⅱ复合物 TFIID 亚基中的 TAF1。与转录激活状态紧密相关的组蛋白修饰 H3K4me3 可以招募 RNA 聚合酶Ⅱ复合物 TFIID 亚基中的 TAF3，从而促进基因转录。组成性异染色质标志物 H3K9me3 可以招募 HP1，促进染色质紧致化，从而抑制基因转录。兼性异染色质标志物 H3K27me3 可以招募 PRC1 复合物，促进染色质的压缩，抑制基因转录。在大多数细胞状态下，转录激活状态和转录抑制状态相关的组蛋白修饰不会同时出现在一个基因的启动子区域；但是，在人类和小鼠的胚胎干细胞中，一些与发育紧密相关的基因，其启动子区域同时具有 H3K4me3 和 H3K27me3 两种组蛋白修饰，标识着一种预备转录的状态，称为组蛋白修饰的二价状态。

2. 促进染色质重塑　染色质重塑复合物可以通过识别组蛋白修饰来导致特定染色质区域发生重塑，即通过改变核小体相对于 DNA 序列的位置来增加染色质的可及性。SWI/SNF 复合物和 SWR1 复合物均可以识别组蛋白乙酰化修饰；CHD1 和 NURF 复合物均可以识别 H3K4me3 修饰。

3. 参与 DNA 修复错配识别 蛋白 MSH6 通过其 PWWP 结构域识别 H3K36me3 修饰,并介导 DNA 错配修复。除了 H3K36me3 外,还有一些组蛋白修饰在 DNA 修复过程中起重要作用,其中 H2AS139ph(发生在组蛋白 H2A.X 的 S139 的磷酸化修饰,通常写为 γH2A.X)不仅标识了 DNA 双链断裂位点,而且可以招募 DNA 修复复合物。

二、组蛋白修饰组学数据类型

ChIP-seq 是目前应用最为广泛的绘制组蛋白修饰全基因组分布图谱的技术,根据是否需要交联及将染色质打断的方式不同,分为 X-ChIP-seq 和 N-ChIP-seq 两种。X-ChIP-seq 技术可应用于转录因子和组蛋白修饰的 ChIP-seq 实验(基本原理见第七章);N-ChIP-seq 技术通常仅应用于组蛋白修饰的 ChIP-seq 实验。N-ChIP-seq 与 X-ChIP-seq 技术的区别有两点:不需要进行交联及解交联的反应;应用微球菌核酸酶(micrococcal nuclease,MNase)将染色质切断。MNase 酶特异性切割核小体之间的连接区,通过控制酶的量和酶切的时长,可以让 MNase 酶切的主要产物为单核小体 DNA,即 DNA 片段的长度在 147 碱基左右。基于 N-ChIP-seq 数据,不仅可以得到组蛋白修饰全基因组分布的图谱,而且可以在组蛋白修饰富集的区域得到核小体定位的信息。

近年来出现的 CUT&RUN 和 CUT&Tag 技术可以基于较少的细胞量产生组蛋白修饰分布图谱。可以预见在未来的几年中,CUT&RUN 和 CUT&Tag 技术将与 ChIP-seq 技术一样得到广泛应用。

三、组蛋白修饰 ChIP-seq 数据分析要点及工具

组蛋白修饰 ChIP-seq 数据、CUT&RUN 数据和 CUT&Tag 数据的分析方法基本相同,与转录因子 ChIP-seq 数据的分析要点及工具(详见第七章)有同有异。本节着重讲授组蛋白修饰 ChIP-seq 数据异于转录因子 ChIP-seq 数据的分析要点及工具。

(一)注释层面的 ChIP-seq 数据质量控制

组蛋白修饰 ChIP-seq 数据质量依赖于抗体质量、实验者操作等因素,在应用数据前需要评估其质量。一些组蛋白修饰在基因组特定区域(例如基因区域)具有特定的分布特征,如图 8-9 所示。例如,H3K4me3 的 ChIP-seq 信号富集在转录或预备转录的基因启动子区域;H3K36me3 的 ChIP-seq 信号富集在转录的基因体区域,且信号在转录起始位点附近较低,在基因区域内逐渐升高,在转录终止位点附近较高;H4K20me1 的 ChIP-seq 信号富集在转录的基因体区域,其信号在转录起始位点附近较高,在基因区域内逐渐降低,在转录终止位点附近较低。对于在基因区域具有独特分布特征的组蛋白修饰 ChIP-seq 数据,对所有基因区域的 ChIP-seq 信号按位置的分位数抽样并分别取平均值,绘制

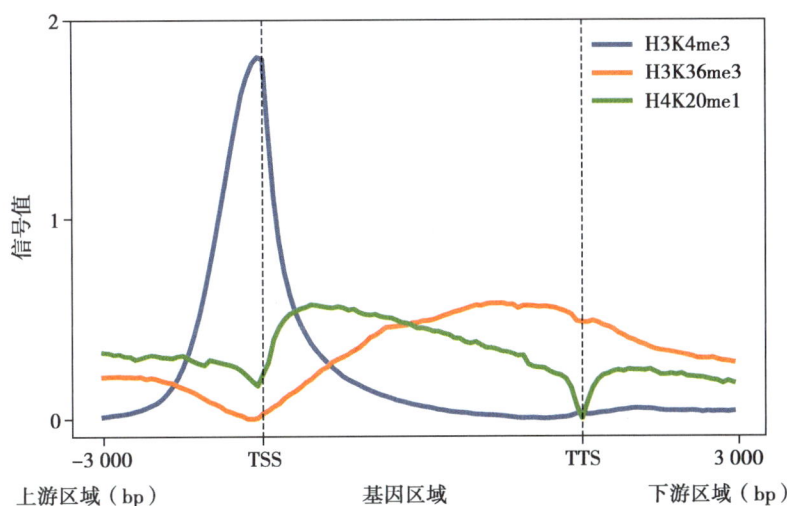

图 8-9 组蛋白修饰分布特征

ChIP-seq 信号在基因区域各位置的平均值折线图；对于高质量的 ChIP-seq 数据，预期折线图符合该组蛋白修饰独特的分布特征。

用于绘制 ChIP-seq 信号在基因区域各位置的平均值折线图的常用软件包括 CEAS、deepTools 等，其中 deepTools（见书末参考网址）可以整合在 Galaxy 分析平台中使用，也可以在命令行环境下运行。deepTools 的组件 plotProfile 可以方便地绘制 ChIP-seq 信号在基因区域各位置的平均值折线图，其在命令行环境下的示例命令如下：

```
computeMatrix scale-regions［options］-S H3K36me3.bigWig -R genes.bed
--beforeRegionStartLength 3000 --regionBodyLength 5000 --afterRegionStartLength
3000 -o H3K36me3_matrix.mat.gz
plotProfile［options］-m H3K36me3_matrix.mat.gz -out AverageProfile.png
```

其中 computeMatrix 命令的参数 -S 为由 ChIP-seq 数据产生的 bigWig 文件，-R 指定 BED 格式的基因注释文件，--beforeRegionStartLength、--regionBodyLength、--afterRegionStartLength 参数分别指定基因区域各位置的长度（第一个参数和第三个参数指定的是绝对长度，单位为 bp；第二个参数指定的是相对长度，即将每个基因的长度都缩放至该长度），-o 指定输出文件路径。plotProfile 命令以 computeMatrix 命令的输出文件作为输入文件，-out 指定输出文件路径。

（二）识别组蛋白修饰富集区域

根据测序读长在基因组上的分布特征，可以将组蛋白修饰的 ChIP-seq 数据分为两种类型，如图 8-10 所示。第一类是窄峰类型：测序读长聚集形成离散的信号峰，信号峰之间的基因组区域具有很低的背景信号；H3K4me3、H3K9ac 等与转录起始位点或增强子区域紧密关联的组蛋白修饰的 ChIP-seq 数据属于窄峰类型。第二类是宽峰类型：测序读长难以聚集形成离散的信号峰，而是形成长达数万、数十万 bp 乃至更大的信号富集区域；H3K9me3、H3K27me3、H3K36me3 等组蛋白修饰的 ChIP-seq 数据属于这种类型。

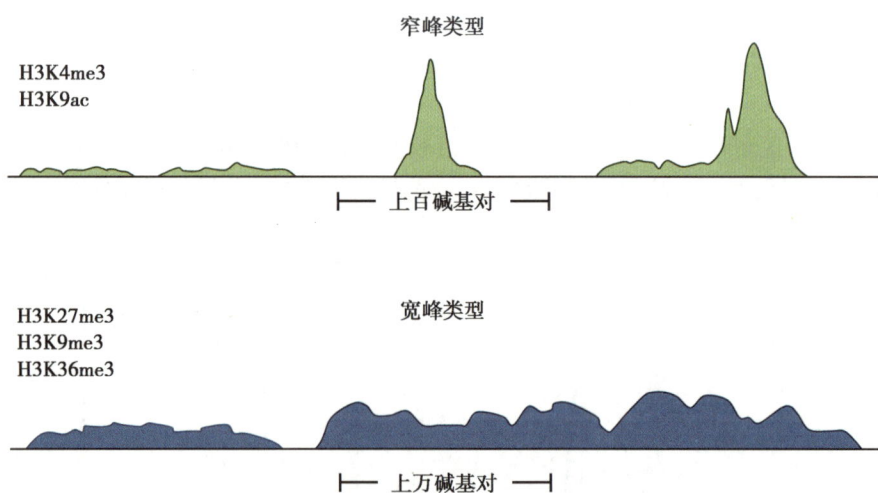

图 8-10　组蛋白修饰 ChIP-seq 数据类型

对于窄峰类型的组蛋白修饰 ChIP-seq 数据，识别组蛋白修饰富集区域的方法与识别转录因子 ChIP-seq 数据信号峰的方法基本相同（详见第七章）。对于宽峰类型的组蛋白修饰 ChIP-seq 数据，测序读长形成大片段的信号富集区域，且信号的幅度在富集区域内部具有较大的波动，富集区域之间的基因组区域通常具有较高的背景信号，因此识别组蛋白修饰富集区域的方法与识别转录因子 ChIP-seq 数据信号峰的方法有较大区别。目前有一些用于识别宽峰模式组蛋白修饰 ChIP-seq 数据信号峰的方法,其原理比较接近,本节以 SICER 方法为例来介绍其原理。如图 8-11 所示,SICER 方法首先将基因组分成不重叠的窗口,并且基于泊松分布评估每个窗口中落入的测序读长数目是否显著高于背景信号,将窗口分为合格和不合格两种类型;接着将连续的合格窗口进行合并,并允许出现少量的间隔,从而将邻近的窗口连接起来形成信号岛;最后,计算每一个信号岛的打分值,并将统计显著的信号岛称为组蛋白修饰富集区域。

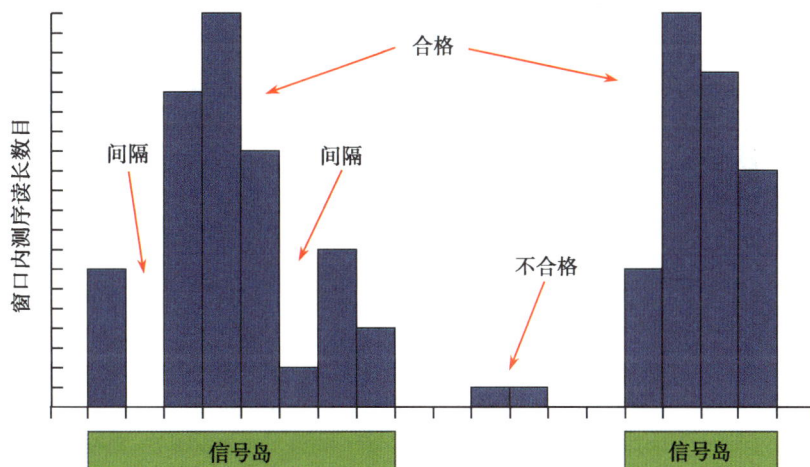

图 8-11　宽峰模式组蛋白修饰 ChIP-seq 数据信号峰识别原理

用于识别宽峰类型 ChIP-seq 数据组蛋白修饰富集区域的常用软件包括 MACS(宽峰模式)、SICER、SPP 等。其中 MACS 软件(见书末参考网址)的宽峰模式在命令行环境下的示例命令如下:

> macs2 callpeak［options］-t ChIP.bam -c Control.bam --broad --broad-cutoff 0.1

其中-t 参数和-c 参数分别指定组蛋白修饰 ChIP-seq 样本和对照样本的测序读长比对文件;--broad 参数指定 MACS 软件的运行模式为宽峰模式;--broad-cutoff 参数指定在宽峰模式下识别组蛋白修饰富集区域的 q-value 阈值(可通过指定-p 参数改为 p-value 阈值)。

SICER 软件(见书末参考网址)在命令行环境下的示例命令如下:

> sicer［options］-t ChIP.bed -c Control.bed -w 200 -g 600 -fdr 0.01 -s hg38

其中-t 参数和-c 参数分别指定组蛋白修饰 ChIP-seq 样本和对照样本的测序读长比对文件;-w 参数指定窗口大小,即富集区域识别的分辨率;-g 参数指定将合格窗口合并时所允许间隔的长度;-fdr 参数指定识别组蛋白修饰富集区域的 FDR 阈值;-s 参数指定基因组版本。

(三) 识别组蛋白修饰差异富集区域

研究人员在不同条件下或不同组织中产生同一个组蛋白修饰的两套 ChIP-seq 数据,识别两套数据之间蛋白修饰差异富集区域的方法可以分为定量比较与定性比较两种,其中定性分析方法的思路与基于转录因子 ChIP-seq 数据识别差异信号峰基本相同(详见第七章)。对于组蛋白修饰 ChIP-seq 数据而言,一部分在两套数据中均存在的修饰富集区域其信号在两套数据间的差异较大,且与染色质状态相关;定性比较的方法无法将这些修饰富集区域识别为差异富集区域,因此宜用定量比较的方法。

用于定量比较识别组蛋白修饰差异富集区域的方法包括 MACS、MAnorm、ChIPDiff 等,本节以 MAnorm 方法为例来介绍其原理。如图 8-12 所示,MAnorm 方法假设两套 ChIP-seq 数据共有的组蛋白修饰富集区域中的大部分在样本间具有相同的信号强度。基于该假设,MAnorm 方法应用在基因芯片分析中常用的 MA 图分析方法对两套 ChIP-seq 数据进行归一化,并应用贝叶斯模型计算共有的

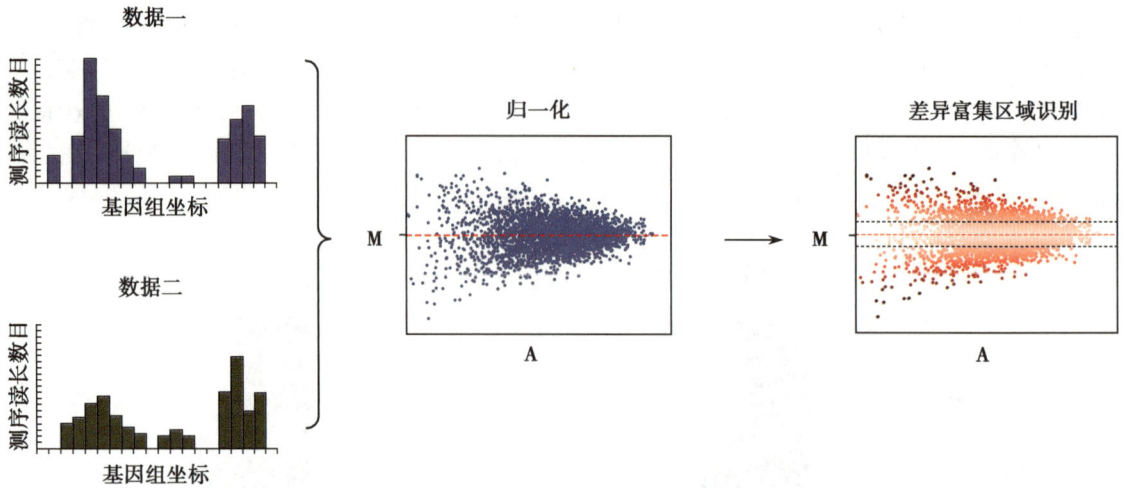

图 8-12   定量比较识别组蛋白修饰差异富集区域的原理

组蛋白修饰富集区域在两个样本间差异的统计显著性,从而识别出具有统计显著性的差异富集区域。

MAnorm 软件(见书末参考网址)在命令行环境下的示例命令如下:

manorm[options]--p1 peak_file1.bed --p2 peak_file2.bed --r1 reads_file.bed --r2 reads_file.bed -o output_dir

其中--p1 参数和--p2 参数分别指定两套 ChIP-seq 数据的组蛋白修饰富集区域位点文件;--r1 参数和--r2 参数分别指定两套 ChIP-seq 数据的测序读长比对文件;-o 参数指定输出文件的路径。

(四) 基于组蛋白修饰图谱推断染色质状态

一些组蛋白修饰与染色质状态之间具有紧密的相关性,可以分别作为转录激活状态、转录抑制状态、组成性异染色质、兼性异染色质等染色质状态的标志物。然而单一的组蛋白修饰不足以全面地反映染色质的功能,并且这些修饰之间往往具有关联性,因此研究人员通常会整合多种组蛋白修饰来对染色质状态进行推断。常用的基于组蛋白修饰推断染色质状态的方法包括 ChromHMM、SegWay、HMMseg 等。这类方法通常通过降低基因组分辨率来提高结果的可解释性和鲁棒性,本节以 ChromHMM 方法为例介绍其原理。如图 8-13 所示,ChromHMM 方法首先将基因组划分为连续的长度为 200bp 的区间,并将多种组蛋白修饰 ChIP-seq 数据在每一个区间内分别进行二值化处理。基因组上每个位置的染色质状态是 ChromHMM 方法的隐藏状态,通过多变量隐马尔可夫模型建模,可以推断出染色质状态。

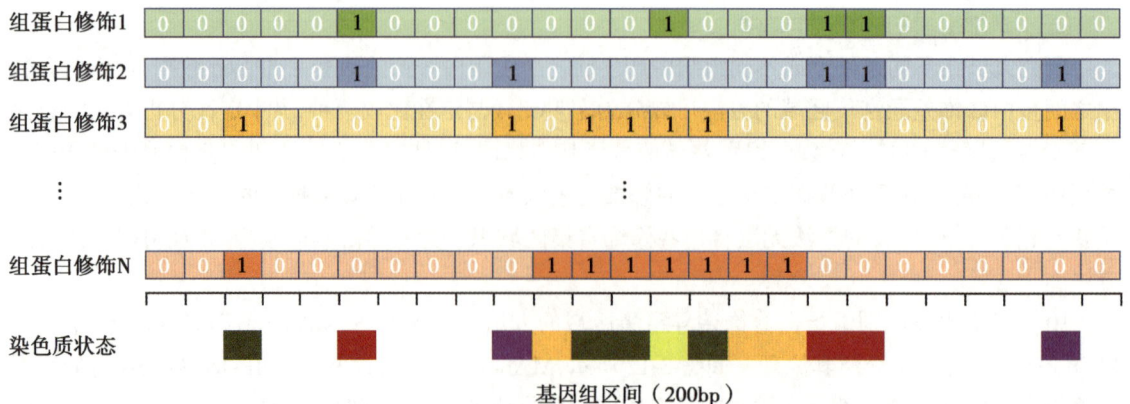

图 8-13   组蛋白修饰推断染色质状态的原理

ChromHMM 软件（见书末参考网址）在命令行环境下的示例命令如下：

```
java -mx4000M -jar ChromHMM.jar BinarizeBam/BinarizeBed［options］ chrlengthfile
inputdircellmarkfiletableoutputdir
java -mx4000M -jar ChromHMM.jar LearnModel［options］inputdir outputdir
numstatesassembly
```

BinarizeBam 或 BinarizeBed 命令对 BAM 或 BED 格式的 ChIP-seq 数据进行二值化处理：chrlengthfile 是染色体长度文件；inputdir 指定 BAM 或 BED 文件所在路径；cellmarkfiletable 是由制表符分割的 ChIP-seq 数据标示文件；outputdir 指定输出路径。LearnModel 命令用于隐马尔可夫模型建模：inputdir 指定二值化数据的路径；outputdir 指定输出路径；numstates 指定染色质状态数目；assembly 指定基因组版本。

第四节　染色质可及性组学数据分析
Section 4　Chromatin Accessibility Data Analysis

一、染色质可及性概述

基因组 DNA 紧密缠绕于组蛋白八聚体构成核小体，以此为基本单元的染色质结构使得 DNA 序列被转录因子识别的概率大为降低。在染色质重塑因子（chromatin remodeler）或具有染色质重塑功能的转录先锋因子（pioneer transcription factor）的作用下，部分染色质区域会出现核小体缺失的现象；此外，一些组蛋白修饰也会降低组蛋白与 DNA 结合的亲和性，形成比较松散的染色质结构。核小体缺失及松散的染色质结构可以促进转录因子识别 DNA 序列。染色质可及性（chromatin accessibility）用于描述染色质在局部的松散程度，具有高染色质可及性的基因组区域被称为染色质可及区域（chromatin accessible region）或开放染色质（open chromatin）。

染色质可及性并非静态的染色质局部结构状态，而是反映了染色质局部即时的结构及功能。染色质可及区域更利于转录因子的结合，因此染色质可及性可用于衡量染色质上不同区域的转录调控活跃程度。研究发现，对于大多数的人类细胞类型，染色质可及区域约占基因组的 2%~3%，覆盖了绝大部分的转录因子结合位点，因此可以认为染色质可及区域包含了处于激活状态的基因启动子区域和增强子区域。染色质可及性图谱具有细胞类型特异性，可以同时反映转录因子的结合状态和基因的转录状态，因此绘制不同细胞类型或细胞在不同生理条件、发育阶段中的染色质可及性图谱有助于深入理解转录调控机制。

二、染色质可及性组学数据类型

一些酶对不同松散程度的染色质进行切割或产生修饰的能力有区别，可以利用上述区别产生染色质可及性组学数据。目前，最常用的产生染色质可及性组学数据的高通量技术是 DNase-seq 与 ATAC-seq（图 8-14）。

DNase-seq 技术利用胱氧核糖核酸酶 I（DNase I）的特性。DNase I 可以非特异性地对 DNA 双链进行切割；在合适的酶浓度下，DNase I 会优先切割相对松散的染色质可及区域，称为 DNase I 超敏感位点（DNase I hypersensitive site, DHS）。DNase-seq 技术通过富集切割位点附近的 DNA 片段并进行测序，可以产生全基因组染色质可及性图谱。与 DNase-seq 技术不同，ATAC-seq 技术利用转座酶 Tn5 的特性。Tn5 可以切割相对松散的染色质，并插入其他的序列；ATAC-seq 技术使用的是携带了测序接头的高活性 Tn5，可以将测序接头高效地连接在染色质可及区域的 DNA 上，可以直接进行相应区域的扩增和测序。

NOTES

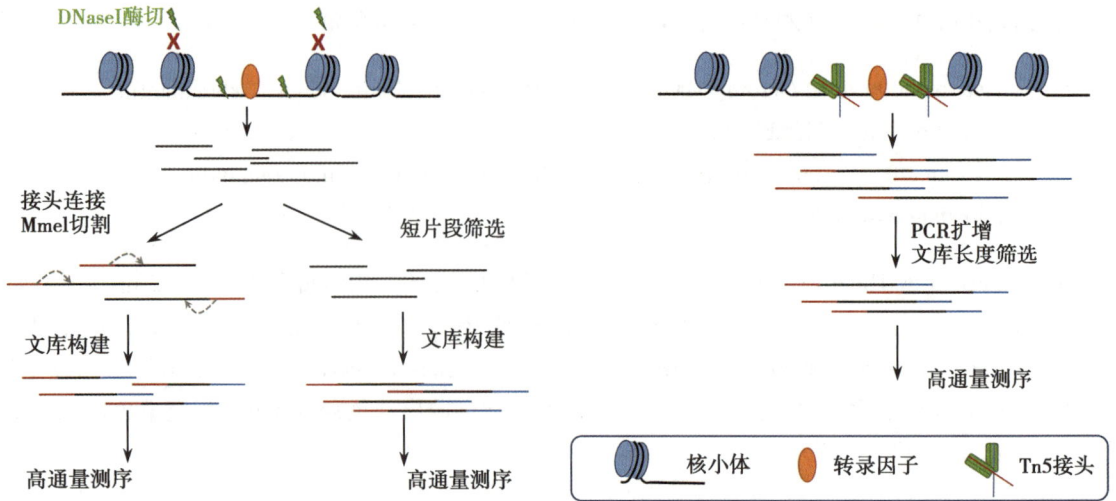

图 8-14   DNase-seq 与 ATAC-seq 技术原理

与 ATAC-seq 数据相比,DNase-seq 数据具有信号信噪比高、线粒体 DNA 测序读长占比小、信号峰内转录因子结合足迹(footprint)清晰等优点。ATAC-seq 技术的优势是实验操作简便,仅使用少量细胞即可以较容易获得稳定的染色质可及性组学数据,且与 DNase-seq 数据一致性较好。由于其易用性,ATAC-seq 目前是应用最为广泛的产生染色质可及性组学数据的方法。

对于 DNase-seq 和 ATAC-seq 数据,数据分析的核心步骤是识别信号峰,即识别染色质可及区域。识别 DNase-seq 和 ATAC-seq 数据信号峰的方法与识别转录因子 ChIP-seq 数据信号峰的方法基本相同(详见第七章)。进一步,可以在染色质可及区域进行 DNA 模体分析,预测结合于染色质可及区域的转录因子(详见第七章)。

第五节   三维基因组学数据分析
Section 3   3D Genomics Data Analysis

一、三维基因组概述

(一)三维基因组层级结构

在核小体结构之上,染色质在细胞核内进一步有序折叠组装,以保证细胞精确执行重要的生物学功能(如 DNA 复制、转录、翻译等),这种和功能相适应的染色质组折叠方式称为三维基因组结构。三维基因组结构包含多个层级(图 8-15)。首先,细胞核内彼此独立的染色质可以划分为交替存在的两类染色质区室(chromatin compartment),分别对应于活跃和非活跃状态的染色质,区室长度通常为几

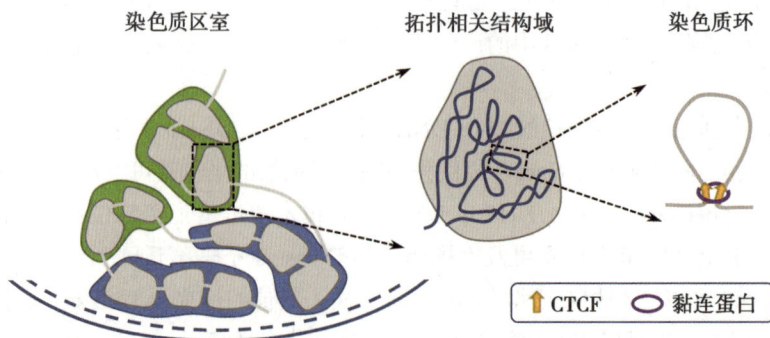

图 8-15   三维基因组层级结构

十至几百 Mb;同种类型的区室(即相似状态的染色质)在细胞核内的位置更为接近。其次,在区室之内,染色质形成连续的相对独立的结构单元,称为拓扑相关结构域(topologically associating domain,TAD),长度通常为几百 Kb 至几 Mb;拓扑相关结构域的形成可以起到如下的作用:防止增强子元件对非靶标基因的异常调控;使启动子与增强子之间更加高效地建立相互作用;阻断转录过程对邻近抑制状态染色质的影响。此外,在拓扑相关结构域内部,由于启动子与增强子区域发生相互作用,或转录调节相关因子之间的相互作用,形成染色质环(chromatin loop)。

(二)三维基因组结构的建立和维持

决定三维基因组结构的因素包括与染色质结合的蛋白质及 RNA 的类型和局部浓度。例如,在哺乳动物细胞中,绝缘因子 CTCF 与黏连蛋白(cohesin)通过染色质环挤出的方式塑造拓扑相关结构域:黏连蛋白作为挤出因子,通过消耗 ATP 在染色质上滑动,直至遇到结合方向相对的 CTCF 蛋白,形成相对稳定的拓扑相关结构域边界。再如,细胞核内发生的相分离(phase separation)现象,与染色质区室或部分染色质环的形成相关:相分离是指生物大分子通过多价相互作用,形成类似于无膜细胞器的大分子凝集物,相分离可以选择性地富集某些蛋白质,从而建立局部微环境以维持染色质的某些特性。有研究显示,染色质环挤压与相分离发生的过程相互拮抗;然而对于如何协同三维基因组结构不同层级的形成,仍有许多问题尚待研究。

二、三维基因组学数据类型

在三维基因组学研究中,除关注染色质不同位置间的相对空间关系,还关注染色质与细胞核内其他亚结构(如核纤层)的关系;在本节中,仅涉及绘制染色质不同位置间的相对空间关系的组学方法及其数据分析要点。目前,三维基因组学技术根据其原理可以分为两大类。第一类衍生于染色体构象捕获(chromosome conformation capture,3C)技术。该类技术的基本原理是:对化学交联剂固定的染色质进行酶切和重新连接,再对新形成的杂合分子进行检测;以两个 DNA 片段形成杂合分子数目的相对比例(即形成杂合分子的两个 DNA 片段间的相互作用频率)来表征其空间的相对距离。Hi-C 和 ChIA-PET 技术是这一类技术的代表。第二类技术不基于染色质构象捕获技术,如 GAM、SPRITE 技术等。目前,第一类技术的应用更为广泛,本节仅涉及该类中 Hi-C 和 ChIA-PET 两种组学技术(图 8-16)。

Hi-C

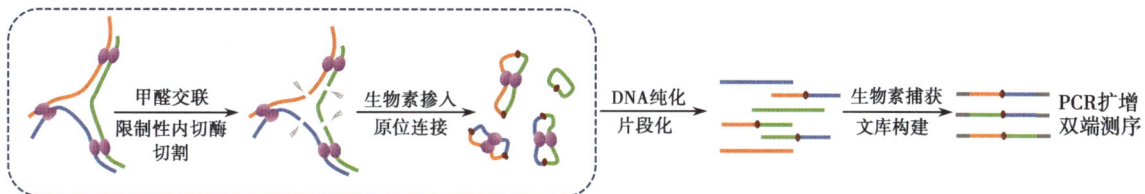

细胞核内进行

ChIA-PET

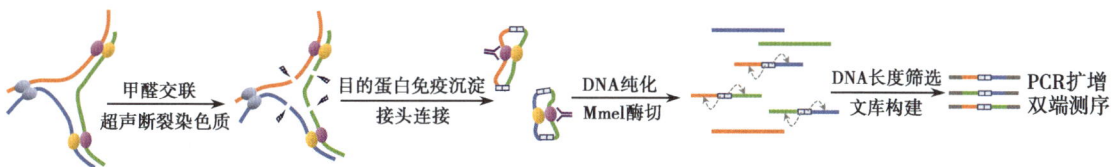

图 8-16 Hi-C 与 ChIA-PET 技术原理

Hi-C 技术是目前应用最为广泛的三维基因组学技术。Hi-C 技术应用限制性内切酶对化学交联剂固定的染色质进行切割,并在切割位点进行生物素标记;在 DNA 序列重新连接时,序列上相距较远但物理空间上接近的 DNA 片段可以形成杂合分子;通过富集生物素标记的序列,可以捕获杂合 DNA 片段用于测序。在理论上,从 Hi-C 数据中可以获得三维基因组全部层级的结构;在实际应用中,该数据类型的分辨率上依赖于所使用的限制性内切酶及测序深度。

与 Hi-C 技术不同,ChIA-PET 技术的目的是解析特定转录因子或组蛋白修饰所介导或参与的染色质环。ChIA-PET 技术首先按照 ChIP-seq 方法对化学交联剂固定的染色质进行超声打断和特异性抗体富集;然后用含有 MmeI 内切酶识别位点的连接序列将断裂末端重新连接;接着应用 MmeI 酶切割 DNA,产生结构为"标签序列-连接序列-标签序列"的特定文库;最后通过测序可以获得特定转录因子或组蛋白修饰相关的染色质相互作用信息。

Hi-C 和 ChIA-PET 技术的应用场景具有互补性。与 Hi-C 数据相比,ChIA-PET 数据具有分辨率高、染色质相互作用可解释性强等优点,但实验难度高,所需细胞量大。Hi-C 技术的优势是实验操作简便,仅使用少量细胞即可以较容易获得稳定的三维基因组学数据;在测序深度极高的情况下,从 Hi-C 数据中可以获得三维基因组全部层级的结构。由于其易用性,Hi-C 技术是目前应用最为广泛的三维基因组学技术。

三、三维基因组学数据分析要点及工具

由于 Hi-C 数据是目前最常见的三维基因组学数据类型,因此本节仅讲授 Hi-C 数据分析要点及工具。

(一) 产生染色质相互作用矩阵

Hi-C 数据均为双端测序数据,且通常测序读长对中的一条为不连续的基因组片段所组成的嵌合读长(chimeric reads),因此 Hi-C 数据在测序读长比对、有效数据筛选、数据标准化等分析步骤上均有一定的特殊性。Hi-C 数据分析的基础环节是产生染色质相互作用矩阵,通常分为四个步骤:测序读长比对、有效数据过筛选、相互作用矩阵构建和矩阵标准化(图 8-17)。

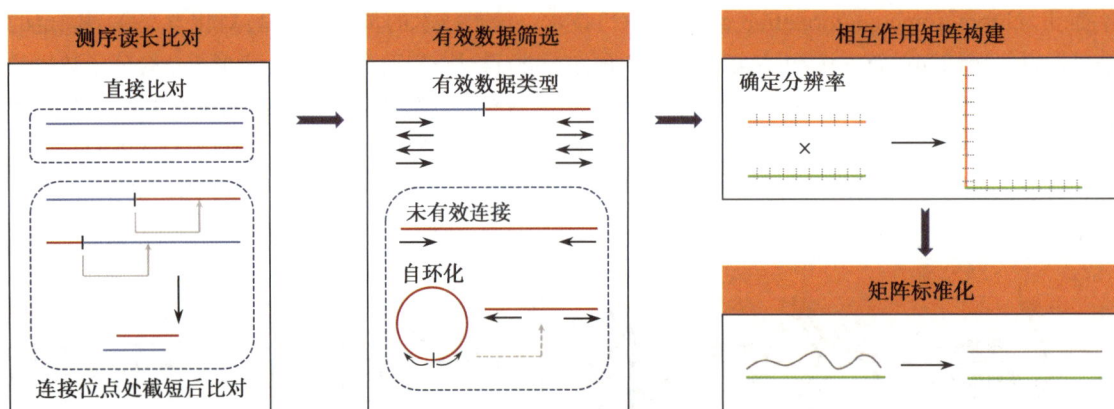

图 8-17 产生染色质相互作用矩阵的步骤

1. 测序读长 由于无法直接将嵌合读长比对到参考基因组,因此需要特殊的比对策略:首先尝试对测序读长对的两条读长分别比对参考基因组;对于比对失败的读长,根据 Hi-C 实验使用的限制性内切酶种类识别连接位点;将该读长从连接位点进行截断后,对 5' 端部分进行再次比对;将两次比对结果合并为双端数据,去除两端均无法比对或仅一端成功比对的情况。

2. 有效数据筛选 理论上,Hi-C 数据的测序读长对可以比对到参考基因组上的酶切位点附近,且来源于不同的酶切片段。但在实验过程中,会出现 DNA 异常断裂、一些酶切位点未能有效连接、酶切片段自身首尾相连等因素造成的无效数据。这些无效数据对三维基因组结构的解析没有帮助,应予以去除。此外,由于 PCR 效率偏差所引入的冗余片段也应去除,以避免相互作用频率计算的偏差。

3. 相互作用矩阵构建 通常通过降低基因组分辨率来提高相互作用图谱的鲁棒性:将基因组划分为连续的等长区间,以区间为单位统计相互作用的数目,并构建区间与区间之间相互作用的矩阵。基因组分辨率(即区间大小)及测序深度及拟解析的结构层级相关。对于哺乳动物细胞而言,40Kb 的

分辨率适用于识别拓扑相关结构域,10Kb 的分辨率适用于识别染色质环。

4. 矩阵标准化 由于 GC 含量、酶切位点数目等因素,仅通过计数得到的相互作用矩阵与基因组三维结构之间存在系统偏差,需要对该相互作用矩阵进行标准化。标准化方法按照是否区分系统偏差的类型分为显式和隐式标准化两类,其中隐式标准化更为常用,其基本假设是各种因素所引起的偏差会综合体现在 Hi-C 数据上,因此无需对各因素进行区分。

常用的从 Hi-C 数据产生染色质相互作用矩阵的软件包括 HiC-Pro、Juicer 等。其中,HiC-Pro(见书末参考网址)采用迭代校正方法进行矩阵标准化;在其运行过程中,会在多个步骤输出质量控制指标,可用于评估 Hi-C 数据的质量。HiC-Pro 在命令行环境下的示例命令如下:

> HiC-Pro[-s step]-i input_data_folder -o output_folder -c configuration_file

其中-i 参数指定 FASTQ 格式的 Hi-C 数据文件所在目录;-o 参数指定输出 ".matrix" 格式的相互作用矩阵的目录;-c 参数指定配置文件路径;-s 参数指定软件运行哪些步骤,在默认情况下程序将运行完整的流程。

(二)Hi-C 数据可视化

Hi-C 数据是二维数据,对其进行可视化是数据分析的重要步骤。常用的 Hi-C 数据可视化方式为热图,在不同的基因组分辨率下展示染色质不同区域之间的相互作用。WashU Epigenome Browser(见书末参考网址)和 3D Genome Browser(见书末参考网址)是常用的支持 Hi-C 数据可视化的基因组浏览器,用户可以交互式地在线展示 Hi-C 数据和其他类型如基因组学和表观遗传组学数据。Juicebox(见书末参考网址)是常用的 Hi-C 数据本地可视化软件,用户可以下载该软件在本地展示基因组不同区域之间的相互作用。

(三)识别拓扑相关结构域

作为染色质上相对独立的结构单元,拓扑相关结构域内部的相互作用频率远大于它们之间的相互作用频率,即拓扑相关结构域的边界具有一定的绝缘性,绝缘因子 CTCF 的结合位点富集于拓扑相关结构域的边界。在基因组浏览器中使用热图对 Hi-C 数据进行可视化时,拓扑相关结构域显示为致密的三角形。尽管对于拓扑相关结构域仍缺乏严格的定义,但已有一些常用的识别拓扑相关结构域的方法,如方向指数(directionality index,DI)、绝缘分数(insulation score,IS)、Arrowhead 等。本节分别以方向指数和绝缘分数方法为例来介绍识别拓扑相关结构域的原理。(图 8-18)

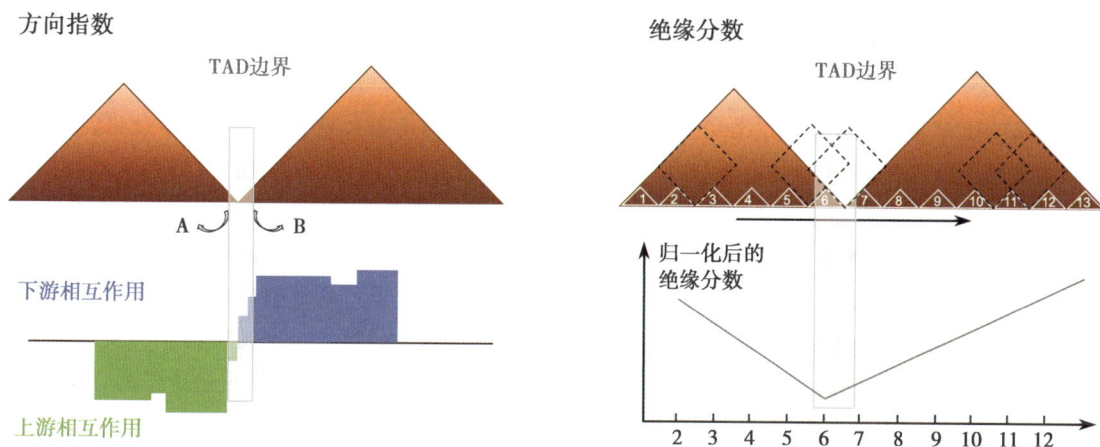

图 8-18 识别拓扑相关结构域方法的原理

在方向指数方法中,对于每一个基因组区间,分别计算该区间(例如长度为 40Kb)与其上游和下游一段等长的基因组区域(例如长度为 2Mb)的相互作用数目(分别计作 A 和 B),将 A 和 B 的均值记为 E,则定义方向指数 DI 为:

$$DI=\left(\frac{B-A}{|B-A|}\right)\left(\frac{(A-E)^2}{E}+\frac{(B-E)^2}{E}\right)$$

当方向指数值出现正负跳转时,意味着该区间可能是拓扑相关结构域的边界。可以进一步应用隐马尔可夫模型将边界进行关联,从而识别拓扑相关结构域。

在绝缘分数方法中,对于每一个基因组区间,将其作为中点定义一个窗口,计算窗口内跨越该区间的相互作用数目,并赋值给该区间作为绝缘分数。将该窗口沿基因组滑动,计算所有区间的绝缘分数,并对每个区间的绝缘分数进行归一化处理。可以预期,该归一化后的绝缘分数在拓扑相关结构域的边界具有局部最小值;因此,通过识别局部最小值,可以推断拓扑相关结构域的边界,并识别拓扑相关结构域。可以运行 Cworld 软件(见书末参考网址)来识别拓扑相关结构域,其在命令行环境下的示例命令如下:

```
perl matrix2insulation.pl -i input.matrix -is 500000 -ids 200000 -im mean-nt 0.1
```

其中-i 参数指定相互作用矩阵路径;-is 参数指定滑动窗口的大小;-ids 参数指定计算绝缘分数差异的范围;-im 参数指定整合滑动窗口内信号的模式;-nt 参数指定阈值过滤不明显的拓扑相关结构域。

(四) 识别染色质环

染色质环的两端在基因组上线性距离较远,但在物理空间上接近;在 Hi-C 数据中,染色质环的两端相对周围区域而言具有显著高的相互作用频率。本节以 HiCCUPS 方法为例介绍识别染色质环的原理。HiCCUPS 方法的基本原理是寻找相互作用矩阵中相互作用频率显著高于其周围的位置:对于相互作用矩阵的每个位置,分别在其周围不同区域计算相互作用的局部背景值,该位置的相互作用频率比周围任一局部背景值均高 50% 以上,而且在多重假设检验后这种富集在统计上显著,则该位置被识别为染色质环的锚点(anchor)。HiCCUPS 方法是 Juicer 软件(见书末参考网址)的一部分,其在命令行里运行识别染色质环的示例命令如下:

```
hiccups -r 5000,10000 -c 22 -f 0.1,0.15 <HiCfile> <output directory>
```

程序需指定输入文件(.hic 格式的相互作用矩阵)路径及输出目录;-r 参数指定染色质环的分辨率,不同分辨率用逗号分隔;-c 参数指定染色体;-f 参数指定 FDR 阈值。

小结

高通量组学技术的发展及其在表观遗传研究中的应用,产生了大量表观遗传组学数据。为了有效利用表观遗传组数据,生物信息学研究人员开发了多种生物信息学算法、模型、数据库及软件,为解析海量表观遗传组学数据以及克服数据存在的异质性做出了重要贡献。表观遗传信息类型多样,由于篇幅所限,本章仅涉及最常见的 DNA 甲基化、组蛋白修饰、染色质可及性、三维基因组四个方面的内容,对于组蛋白变体、核小体定位、染色质相关 RNA 等表观遗传信息类型均未涉及。考虑到本书作为生物信息学教材的定位,本章所涉及的每一种表观遗传信息的建立机制及生物学功能仅做简要的描述,有兴趣的读者可以扩展阅读相关的表观遗传学参考书。对于每一种表观遗传信息,绘制其在基因组上分布的组学技术原理各异,对应的分析方法及思路也不同。本章围绕"组学技术决定数据特点,数据特点决定分析思路"的理念,对于每一种表观遗传信息,介绍了具有代表性的表观遗传组学技术的基本原理,并对一些组学技术所产生数据的典型特点及分析要点进行了着重的阐述。对涉及的每一个分析要点,均有多种生物信息学软件或在线服务器可用于分析,为便于课程教学,本章仅列出个别工具的名称及命令示例,建议在研究工作中涉及这些分析要点的读者扩展阅读相关的综述及工具性能比较文章。新的表观遗传组学技术不断涌现,单细胞、长读长、多维度是表观遗传组学技术进一步发展的方向。读者在研究工作中如果涉及新的表观遗传组学技术,期冀可以举一反三,基于其实验原理来理解其数据特点,进而确定分析思路,并视具体情况选择已有的分析工具或开发新的工具。

Summary

The development of high-throughput omics technology and its application in epigenetics have led to the generation of large amounts of epigenomic data. In order to effectively use epigenomic data, researchers have developed a variety of bioinformatics algorithms, models, databases and softwares, which made a significant contribution towards analyzing massive epigenomic data and overcoming data heterogeneity. There are various types of epigenetic information. Due to the space limitation, this chapter only covers four aspects: DNA methylation, histone modification, chromatin accessibility, and three-dimensional genome. Epigenetic information types such as histone variant, nucleosome positioning and chromatin-associated RNA are not covered. As the aim of this book is for bioinformatics education, this chapter only briefly describes the establishment mechanism and biological functions of each type of epigenetic information. Readers can further read related epigenetic reference books for more information. For each type of epigenetic information, the principles of omics techniques for mapping its distribution across the genome are different, and the corresponding analysis methods and strategies are also different. This chapter follows the following principles, omics techniques determine data features, and data features determine analysis strategies. For each type of epigenetic information, the basic principles of representative epigenomic techniques are introduced, and the typical features and analysis key points are emphatically discussed. For each analysis key point, there are a variety of software or online servers available for analysis. For the convenience of learning, this chapter only lists the names and command examples of several tools. It is recommended that readers whose research uses these analysis key points further read related reviews and relevant tool performance comparison articles. New epigenomic techniques are constantly springing up, while single-cell, long-read, and multi-dimensional are the directions for this field. When involving new epigenomic techniques in their own study research, readers couldtry to understand the data features based on experimental principles, and then determine the analysis strategies, either using available analysis tools or developing new ones accordingly.

(张　勇)

思考题

1. 请简述 CpG 岛与 DNA 甲基化的关系。
2. 请简述 WGBS 技术的原理。
3. 请简述 WGBS 数据的分析要点。
4. 请简述组蛋白修饰 ChIP-seq 数据的分析要点。
5. 请简述 Hi-C 数据的分析要点。
6. 现有一套在人类 K562 细胞系中产生的转录因子 CTCF 的 ChIA-PET 数据,请设计分析思路,识别 CTCF 在 K562 细胞系中介导的染色质环。

NOTES

第九章　蛋白质组与蛋白质结构分析

CHAPTER 9　PROTEOMICS AND PROTEIN STRUCTURAL ANALYSIS

- 蛋白质组学是系统研究生命体中蛋白质组成、表达与功能等动态变化的学科。
- 蛋白质组鉴定的主要步骤包括生物样本裂解、色谱分离、肽段酶解、质谱分析与谱图解析。
- 表达蛋白质组学定量技术包括二维凝胶电泳、蛋白质芯片和影像质谱流式术等基于图像的分析技术，以及无标记、代谢标记、同位素化学标记等基于标记的定量分析技术。
- 蛋白质三级结构预测方法包括同源建模法、穿针引线法和从头预测法。
- 功能蛋白质组学的研究范畴包括蛋白质相互作用组学、修饰蛋白质组学和蛋白基因组学等前沿方向。

第一节　引　言
Section 1　Introduction

20 世纪 90 年代中期，随着质谱（mass spectrometry，MS）和二维凝胶电泳（two-dimensional electrophoresis，2-DE）等高通量蛋白质分析技术的出现和发展，蛋白质组学作为一门新兴学科应运而生。蛋白质组（proteome）由澳大利亚学者 Marc Wilkins 于 1994 年首先提出，最早见于 1995 年 7 月出版的 *Electrophoresis* 杂志。"Proteome"源于蛋白质（protein）与基因组（genome）两词结合，意指"一种基因组所编码的全套蛋白质"，即包括一种细胞乃至一种生物所表达的全部蛋白质。在基因组中，能够编码蛋白质的区域称为编码序列（coding sequence，CDS），其他不能编码蛋白质的区域则称为非编码区（non-coding region）。人类基因组总共包含 19 000~21 000 个常规的编码基因，其中明确检测到蛋白质产物的约有 19 000 个基因，编码序列约占人类基因组总长的 1.2%。这些基因以编码甲硫氨酸（methionine，Met/M）的起始密码子 ATG 开始，从 DNA 序列的 5' 端向 3' 端转录，直到出现终止密码子 TAA（"赭石密码子"）、TAG（"琥珀密码子"）或 TGA（"蛋白石密码子"）。从 DNA 转录出的前体 RNA 经过一系列加工之后，再翻译成蛋白质。过去一般认为基因组的非编码区不表达蛋白质产物，但近年来的研究表明，许多非编码 RNA 分子包含"小的可读框"（small open reading frame，sORF），能够翻译出小的蛋白质。这些非典型性的蛋白质序列通常少于 100 个氨基酸残基，为了与常规的编码蛋白质相区别，这些小蛋白也称为"微肽"（micropeptide）或"微蛋白"（microprotein）。非编码 RNA 的编码基因预测、鉴定和功能分析，是当前蛋白质组学的研究热点。目前尚不清楚人类基因组中究竟编码多少个微肽或微蛋白。

基因组决定蛋白质序列的组成和顺序，转录组则提供了编码基因在转录层面的表达信息。相同的基因组可以表达不同的蛋白质组，例如蝴蝶的幼虫和成虫，基因组并没有发生改变，形态、生理和功能上的巨大差异则应归咎于蛋白质组的组成和表达水平的显著改变。相比于转录组，并不是所有 mRNA 都会翻译成蛋白质。研究表明一种类型的人体细胞通常表达约一万种编码基因产物，因此在细胞中检测到 mRNA 并不意味着相应的蛋白质产物必然表达。mRNA 的表达水平与蛋白质的表达水平之间关联较弱，只有 30%~40% 的分子存在关联。因此获得 mRNA 的表达水平，并不能准确判定相应的蛋白质表达水平。蛋白质功能受到许多机制的调控，例如翻译后修饰、蛋白质-蛋白质相互作用、蛋白质的亚细胞定位和转运等等,仅研究 mRNA 难以阐明蛋白质的功能。因此,在生命科学和医学研究中,蛋白质的相关研究是不可替代的。但是,传统的对单个蛋白质进行研究的方式已无法满足后基因组时代要求,这是因为:①生命现象的发生往往是受多因素、多水平影响的,必然涉及多个蛋白质;②多个蛋白质的互作是交织成网络的,或平行发生,或呈级联因果;③在执行生理功能时蛋白质的表现是动态的、多样的和可调控的。要全面、深入认识生命复杂活动,必然要在整体、动态水平上对蛋白质进行系统研究。

蛋白质组学是采用大规模、高通量、系统化的方法,研究特定信号通路、细胞器、细胞、组织、器官、体液或物种中的所有蛋白质组成、表达水平、翻译后修饰、降解、结构、功能以及蛋白质之间相互作用的学科,能够为生物系统提供准确和详尽的蛋白质信息。蛋白质组学注重研究参与特定生理或病理状态的所有蛋白质种类及其与周围环境(分子)的关系,其研究不仅能深化对生命活动规律的基本认识,也能为多种疾病的机制阐明及防治提供理论根据和解决途径。因此,蛋白质组学已逐步成为联系基因组序列与细胞行为研究的学科,成为功能基因组研究中的重要组成部分,并应用于医学研究中各个领域。近年来,随着高通量质谱技术和样本处理方法的革新,蛋白质组学的鉴定通量、准确性和可重复性得到了很大的提升,相关研究越来越受到关注和重视。

蛋白质组学主要关注的科学问题包括:①一份生物学样本中包含多少种蛋白质?②这些蛋白质在细胞或器官中定位在哪里?③这些蛋白质的丰度是多少?④不同的样本中有多少种蛋白质的表达水平发生改变?⑤蛋白质的结构是什么样的?⑥蛋白质如何与其他蛋白质等生物分子相互作用,从而动态地形成复合物和复杂的分子机器?⑦有哪些翻译后修饰?⑧如何实现个体特异性的蛋白质鉴定和定量?因此,根据不同研究目的和手段,蛋白质组学分为蛋白质组鉴定、表达蛋白质组学、结构蛋白质组学、蛋白质相互作用组学、修饰蛋白质组学和蛋白基因组学。①蛋白质组鉴定:主要利用高通量质谱等技术,检测生物样本、细胞或特定细胞器中蛋白质的种类和组成。②表达蛋白质组学:也称定量蛋白质组学,传统技术主要是二维凝胶电泳和图像分析技术,前沿技术则包括高通量质谱、蛋白质芯片(protein microarray)和影像质谱流式术(imaging mass cytometry,IMC)等技术,开展细胞或者组织样本内的蛋白质表达的定量研究。③结构蛋白质组学:以绘制出动态、实时的单个蛋白质及蛋白质复合物结构为研究目标的蛋白质组学,从三级结构的角度揭示蛋白质的功能和作用机制。④蛋白质相互作用组学:以亲和纯化串联质谱(affinity purification tandem mass spectrometry,AP-MS/MS)、酵母双杂交(yeast two-hybrid,Y2H)和蛋白质芯片等技术研究蛋白质-蛋白质之间存在的相互作用关系,从而绘制蛋白质-蛋白质相互作用图谱,为细胞内信号转导和调控通路的解析提供重要的参考信息。⑤修饰蛋白质组学:利用化学试剂或抗体富集修饰肽段,结合高通量质谱鉴定和定量修饰肽段并确定修饰位点的蛋白质组学,结合进一步的生物信息学分析,则可预测潜在的修饰酶-底物调控关系。⑥蛋白基因组学:结合基因组、转录组等信息,从蛋白质层面确定编码基因的存在,发现新的编码基因,确定基因的精细结构,修正基因组注释信息,鉴定个体特异性的蛋白质产物,为后续精准医疗实践提供重要的参考信息。

第二节 蛋白质组鉴定
Section 2 Proteomic Identification

复杂生物样本的蛋白质组学鉴定,通常采用"自下而上"(bottom up)的方法。在细胞或组织样品中添加裂解缓冲液(lysis buffer),还需要加入蛋白酶体抑制剂防止蛋白质的降解。如果做磷酸化蛋白质组(phosphoproteomics)分析,还需要再加入磷酸酶抑制剂阻止蛋白质的去磷酸化,然后用超声处理裂解细胞膜。在去除样品中的沉淀物如膜组织和核酸之后,包含蛋白质复合物的溶液需要使用二维凝胶电泳或液相色谱(liquid chromatography,LC)等分离技术,将样品分成多个组分。然后在样品中加入胰蛋白酶(trypsin)将完整的蛋白质序列切割酶解成较短的肽段,再利用高通量串联质谱

（tandem mass spectrometry，MS/MS）检测肽段的质荷比（mass-to-charge ratio，m/z）。根据质谱检测到的谱图，通过数据库搜索先确定肽段组成，再将肽段回贴（mapping）到相应的蛋白质序列上，从而完成蛋白质的鉴定。

一、蛋白质、氨基酸和肽段

蛋白质是由氨基酸（amino acid）以"脱水缩合"的方式组成的多肽链，经过盘曲折叠形成具有一定空间结构的有机大分子，是生命活动的物质基础（图 9-1A）。构成蛋白质的氨基酸是左旋的两性分子，连接 α 位碳原子的氨基（amino group）和羧基（carboxylic group）分别具有碱性和酸性，因此天然氨基酸可记为 L-α 氨基酸（图 9-1B）。常见的天然氨基酸有 20 种，携带不同的侧链（R 基团），根据理化性质可分为 5 类（图 9-1C）：①非极性脂肪酸氨基酸，包括甘氨酸（glycine，Gly/G）、丙氨酸（alanine，Ala/A）、缬氨酸（valine，Val/V）、亮氨酸（leucine，Leu/L）、甲硫氨酸和异亮氨酸（isoleucine，Ile/I）；②R 基不带电荷的氨基酸，包括丝氨酸（serine，Ser/S）、苏氨酸（threonine，Thr/T）、半胱氨酸（cysteine，Cys/C）、脯氨酸（proline，Pro/P）、天冬酰胺（asparagine，Asn/N）和谷氨酰胺（glutamine，Gln/Q）；③芳香族氨基酸，包括苯丙氨酸（phenylalanine，Phe/F）、酪氨酸（tyrosine，Tyr/Y）和色氨酸（tryptophan，Trp/W）；④R 基带正电荷的氨基酸，包括赖氨酸（lysine，Lys/K）、精氨酸（arginine，Arg/R）和组氨酸（histidine，His/H）；⑤R 基带负电荷的氨基酸，包括天冬氨酸（aspartic acid，Asp/D）和谷氨酸（glutamic acid，Glu/E）。

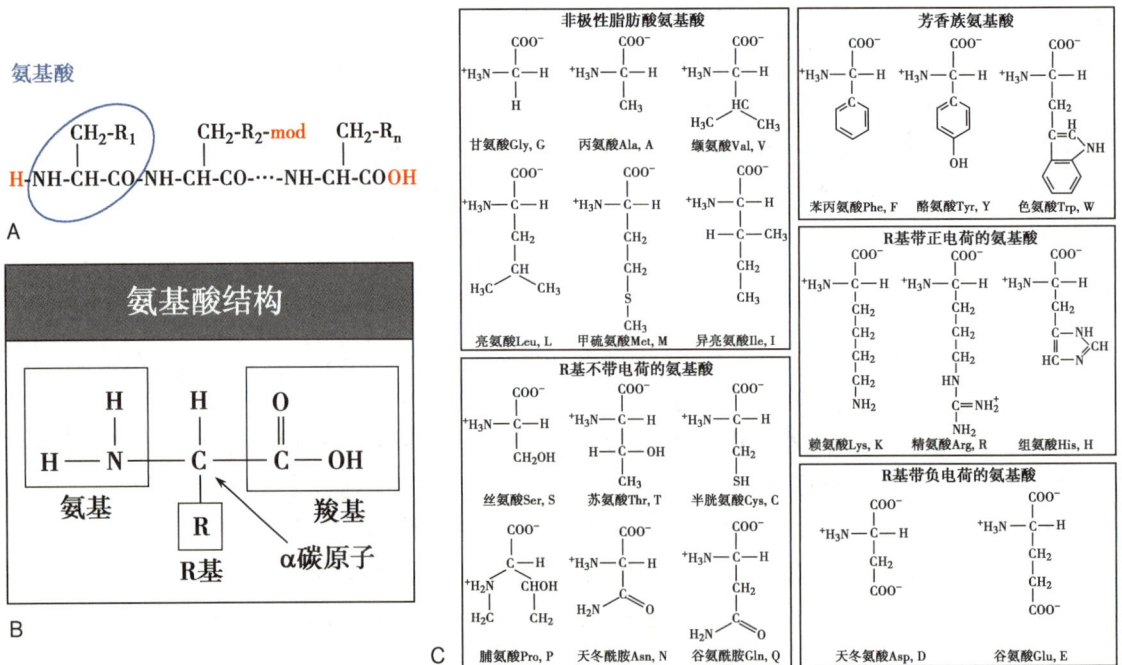

图 9-1　蛋白质序列中的 20 种常见氨基酸
A. 氨基酸形成的多肽链；B. 氨基酸结构；C. 20 种天然氨基酸的分类。

20 种氨基酸具有不同的疏水性（hydrophobicity）、等电点（isoelectric point，pI）、分子量（molecular weight，MW）和脱去一个水分子之后的残基分子量（图 9-2）。根据氨基酸周期表中的信息，我们可以计算任意肽段单一同位素的（monoisotopic）分子量。例如肽段"AKSELHK"，其分子量为各个氨基酸残基分子量的加和，再加上一个水分子的分子量，因此该肽段的分子量为：71（A 的残基分子量）+128.1（K 的残基分子量）+87（S 的残基分子量，后面以此类推）+129+113.1+137.1+128.1+18（水的分子量）=811.4。肽段的等电点（isoelectric point，pI）计算起来比较复杂，可以使用 ExPASy 网站提供的"Compute pI/Mw"工具，输入肽段之后即可计算出相应的等电点和分子量（图 9-3）。

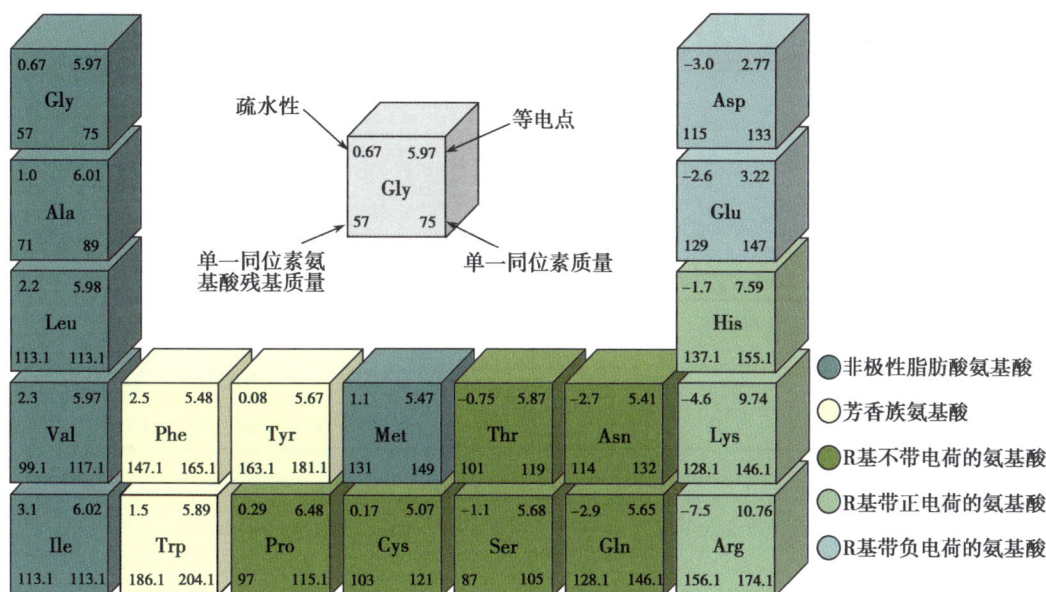

图 9-2　20 种常见氨基酸的周期表

图 9-3　肽段等电点的在线计算

在串联质谱的检测中，一级质谱（MS_1）获得完整肽段的质荷比信息，在肽段分选之后，可以继续碎裂成更小的离子片段，从而获得二级质谱（MS_2）的质荷比信息（图 9-4A）。根据共价键断裂的位置，理论上可以产生 6 种离子，分别是靠近 N 端（左端）的阳离子 a、b 和 c，和靠近 C 端（右端）的阴离子 x、y 和 z。肽段碎裂的方式一般是碰撞诱导解离（collision-induced dissociation，CID）或碰撞活化解离（collision-activated dissociation，CAD），因此碎裂出来的离子有较强的偏好性，通常是成对的 b 离子和 y 离子（图 9-4B）。因此，对于肽段"AKSELHK"，理论上 CID/CAD 碎裂出来的带单正电荷或双正电荷的离子对的质荷比可以计算出来（表 9-1）。需要注意的是，根据肽段上氨基酸连接的方式（图 9-1A），第一个 b 离子 A^+ 的 N 端上有个氢原子（H^-），因此质荷比为（71+1）/1=72；第一个 y 离子 K^- 的 C 端有个羟基（–OH），因此质荷比为（146.1–1）/1=145.1。肽段带双正电荷的时候，需要再加一个氢离子的质量，因此第一个 $b++$ 离子 A^{2+} 的质荷比为（72+1）/2=36.5，以此类推。

NOTES

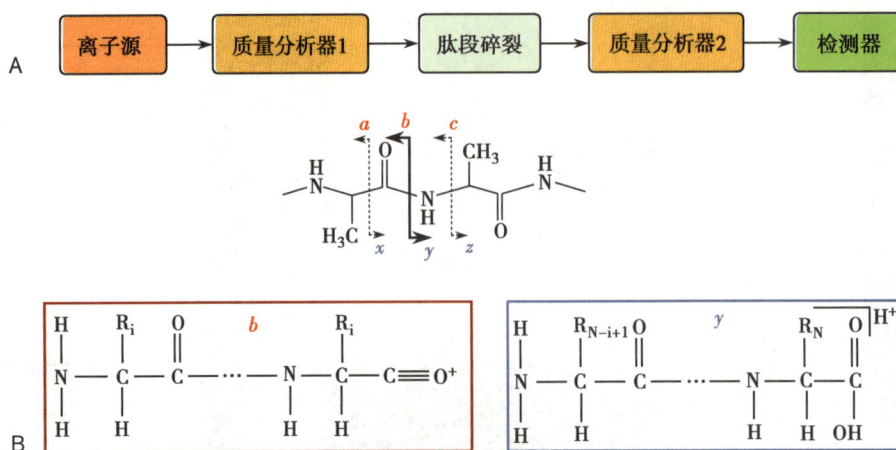

图 9-4　串联质谱平台示意图与常见离子碎裂方式
A. 串联质谱仪的结构示意图；B. 肽段碎裂形成的潜在离子对。

表 9-1　肽段"AKSELHK"的 CID/CAD 碎裂离子的质荷比

离子类型	A	K	S	E	L	H	K
b	72	200.1	287.1	416.1	529.2	666.3	811.4
b++	36.5	100.55	144.05	208.55	265.1	333.65	406.2
y	811.4	739.4	611.3	524.3	395.3	282.2	145.1
y++	406	370.2	306.15	262.65	198.15	141.6	73.05

二、分离技术

样品制备的目的是从成分复杂的细胞、组织等材料中获得高纯度的完整蛋白质组分。蛋白质提取质量的高低，直接影响获取蛋白质组信息的完整性，因此样品制备是双向电泳实验首要关键环节。在细胞或组织样品中加入裂解缓冲液例如 8M/L 的尿素，通过超声破碎的方法将样品裂解，去除不溶物之后即可获得蛋白质的水溶液。水溶性的样品中包含成千上万种不同的蛋白质，样品复杂度高，直接用质谱检测很难获得理想的结果，因此有必要使用各种分离技术，将复杂蛋白质混合物的水溶性样品分离成多个组分，从而显著降低样品的复杂度。常见的分离技术，包括基于凝胶的二维凝胶电泳技术，以及不基于凝胶的液相色谱技术。不同的分离技术通常与特定的质谱仪（mass spectrometer）联用。例如二维凝胶电泳往往与脉冲电离的基质辅助激光解吸电离（matrix assisted laser desorptionionization，MALDI）质谱仪联用，其中蛋白质条带可以从胶上切下、消化，再使用 MALDI 检测，样品分离装置和质谱仪分离，不需要连接在一起。连续分离样品的液相色谱则通常与连续电离的电喷雾（electrpspray ionization，ESI）质谱仪联用，因此两套装置连接在一起构成一套完整的系统。

（一）二维凝胶电泳分离技术

二维凝胶电泳是将样品进行电泳后在它的直角方向再进行一次电泳，又称双向电泳。第一维固相 pH 梯度-SDS 双向凝胶电泳（two-dimensional gel electrophoresis with immobilized pH gradients in the first dimension，IPG-DALT 电泳）是常用的 2-DE 技术，分辨率较高。二维凝胶电泳的第一向是等电聚焦（isoelectric focusing，IEF），根据蛋白质 pI 值不同，在电场力的作用下将其分离。pH 梯度对等电聚焦技术相当重要。在 pH 梯度胶内，不同 pI 的蛋白质分子在电场作用下，将移动到胶条上不同 pH 梯度位置。一向电泳不仅能将蛋白质在其等电点上浓缩，还能根据不同蛋白质所带电荷的微小差异将蛋白质分离。第二向是十二磺酸钠-聚丙烯酰胺凝胶电泳（sodium dodelyl sulfate-polyacrylamide gel electrophoresis,SDS-PAGE),根据分子量大小各异的蛋白质在电场中的泳动速率不同的原理而分离蛋白质。进行第二向电泳前,需要对 IPG 胶条进行平衡(equilibration),平衡过程是将 IPG 胶条浸没在第二向电泳所必需的 SDS 缓冲体系中,以便被分离蛋白质与 SDS 完全结合并顺利转移入二向电泳的凝胶中。平衡后应立即进行第二向电泳。样品经过电荷和质量两次分离后,可获得样品分子等电点和分子量等信息,分离的结果不是获得蛋白条带,而是蛋白斑点。分离后的斑点检测(spot detection)对于 2-DE 至关重要,尤其对于差异表达蛋白质(differentially expressed protein,DEP)的研究。适用于 SDS 凝胶中蛋白质检测的方法都可用于双向电泳凝胶检测。银染和考马斯亮蓝(R250、G250)染色,是蛋白质组研究中最为广泛使用的两种染色方法。

(二) 液相色谱分离技术

高压液相色谱(high-pressure liquid chromatography,HPLC)是不基于凝胶的蛋白质分离技术。HPLC 的色谱材料有许多类型,例如离子交换(ion exchange,IEX)、反相(reverse phase)、亲水相互作用色谱(hydrophilic-interactionchromatography,HILIC)、亲和(affinity)以及混合(hybrid)型的材料。除了 HPLC 之外,另一类重要的色谱技术是亲和色谱(affinity chromatography),主要用来将翻译后修饰蛋白质和修饰肽段富集到质谱仪可检测的水平。

反相液相色谱(reverse phase liquid chromatography,RPLC)是 HPLC 中的一种,根据蛋白质的疏水性进行分离。RPLC 的原理是在毛细管色谱柱填充小粒径(1.4~2μm)的疏水性树脂(resin)颗粒,这里可以想象一下水和油混合在一起会迅速分层,因此疏水性强的蛋白质与树脂之间的排斥较小,从而较慢通过色谱柱;亲水性强的蛋白质则与树脂之间存在较强的排斥力,从而较快通过色谱柱。RPLC 的优点之一是所用的缓冲液与 ESI 兼容,因此 RPLC 要么直接作为单一的分离技术与 ESI 联用,要么在多维分离技术里作为最后一维从而与 ESI 连接。RPLC 的分离能力与填充树脂颗粒的大小,以及毛细管色谱柱的长度相关。树脂颗粒的粒径越小、色谱柱越长,蛋白质样品的分离效果就越好。

多重蛋白质鉴定技术(multidimensional protein identification technology,MudPIT)结合多种分离技术从而提高样品分离的效率和分辨率。在 MudPIT 中,各种分离方法应当具有较好的正交性(orthogonality),也就是每个维度的分离方法,使用分子不同的特性作为分离的基础。例如强阳离子交换(strong cation-exchange,SCX)树脂与 RPLC 联用的二维分离技术中,SCX 树脂上偶联带负电荷的磺酸基团(sulfonic acid group),这样负电性强的蛋白质受到较强的排斥力从而先被分离,正电性强的蛋白质则受到较强的吸引力从而后被分离。如上所述,RPLC 是 MudPIT 中与 ESI 连接的最后一维。除了 SCX 之外,作为第一维的分离材料还有尺寸排除(size exclusion)、阴离子交换(anion-exchange)以及混合方法。

三、肽段酶解

蛋白质组的质谱分析有两种策略,一是前述的"自下而上"的方法,另一种是"自上而下"(Top-down)的方法。在"自上而下"的策略中,完整的蛋白质分子在经过二维凝胶电泳或液相色谱分离之后,直接进入串联质谱仪中检测。所得的谱图非常复杂,数据解析方面有很高的难度。因此,"自下而上"的方法在蛋白质组的质谱分析中更为常用。蛋白质样品在分离之后,需要先加入肽酶(peptidase)将完整的蛋白质分子水解、切割成较短的肽段,然后再进行质谱分析。不同肽酶的切割位点有较强的序列偏好性,例如最常用的胰蛋白酶(trypsin),其识别的切割位点在蛋白质序列上的赖氨酸或精氨酸残基之后,并且后一位的氨基酸不能是脯氨酸;糜蛋白酶(chymotrypsin)主要识别三种疏水性氨基酸,包括苯丙氨酸、酪氨酸和色氨酸,并在其后进行切割(表 9-2)。

这里,我们以牛的 β-酪蛋白(β-casein)为例,首先根据其序列标识符 P02666 从 UniProt 数据库中获得相应的蛋白质序列,将序列提交至 ExPASy 网站提供的模拟肽段酶解的 PeptideMass 工具,缺省条件下即可获得胰蛋白酶切割 β-酪蛋白之后理论上所能产生的所有肽段、位置以及质量(图 9-5)。该分析叫模拟酶解,是基于质谱数据的蛋白质鉴定技术中重要的步骤。

NOTES

表 9-2   肽酶识别蛋白质序列的切割位点特异性

肽酶（Peptidase）	切割位点特异性
胰蛋白酶（Trypsin）	K/R↓，not with P
糜蛋白酶（Chymotrypsin）	疏水性氨基酸，F/Y/W↓
Arg-C	R↓
Glu-C	E↓
Lys-C	K↓
V8-protease	E↓
Pepsin（胃蛋白酶）	酸性环境，随机切割

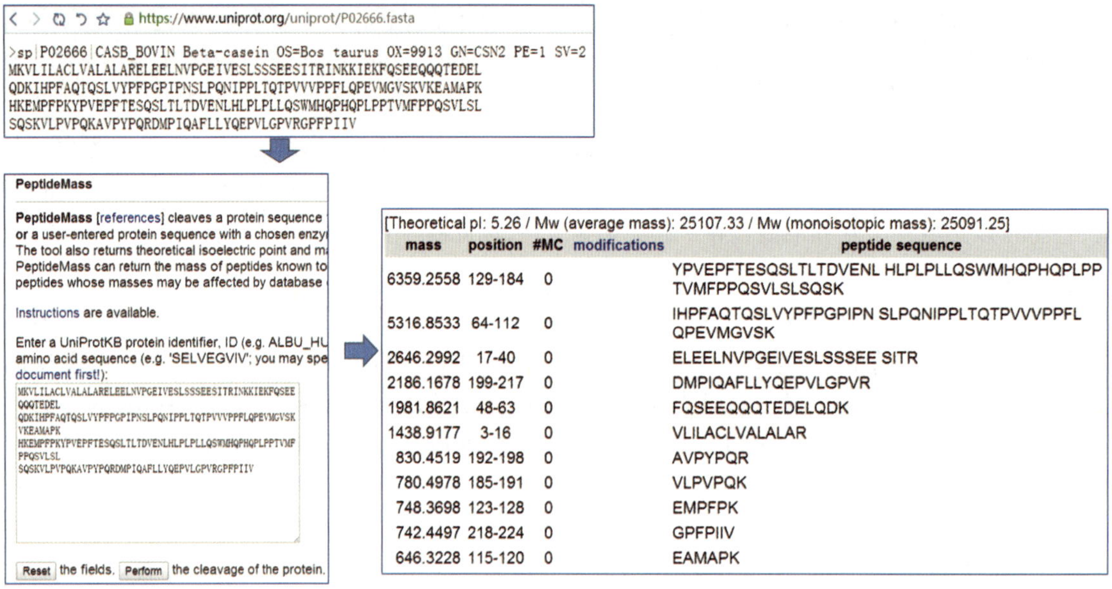

图 9-5   牛 β-酪蛋白的模拟酶解

四、质谱分析技术

质谱（mass spectrum）是根据物质的质量与电荷的比值（质荷比，m/z）按从小到大的顺序排列成的图谱。质谱仪检测之后，按照离子的质荷比大小对离子进行分离和测定，从而对样品进行定性和定量分析。完整的质谱仪包含三个部分：即离子源（ion source）、质量分析器（mass analyzer）和检测器（detector）。检测器有电子倍增检测器和图像电流检测器，用于检测通过质量分析器的离子并放大信号从而获得 m/z 值。

（一）离子源

基质辅助激光解吸电离（MALDI）和电喷雾（ESI）是蛋白质组学质谱分析中最常用的两种电离技术。MALDI 利用激光脉冲将与基质（matrix）结晶混合的蛋白质样品升华并电离出来。常用的基质材料为 α-氰基-4-羟基肉桂酸（α-cyano-4-hydroxycinnamic acid，CHCA），作用是增强蛋白质或肽段样品的电离。MALDI 电离获得的肽段离子，绝大多数带单个正电荷，少数带有两个正电荷。ESI 则将分析物从溶液中电离出来，进入质谱腔中检测。ESI 电离获得的肽段离子，多数带两个正电荷，少数带有三个或四个正电荷，带有单个正电荷的肽段离子较少出现。MALDI 联用的质谱通常用来分析成分相对简单的肽混合物，而集成液相色谱的 ESI 联用的串联质谱系统（liquid chromatography-tandem mass spectrometry，LC-MS/MS）是分析复杂样品的首选。

（二）质量分析器

质量分析器利用电磁学原理使离子按照质荷比进行分离,计算公式如下:

$$\overline{F}=m\overline{a}=m\frac{d\overline{v}}{dt}=z\left(\overline{E}+\overline{v}\times\overline{B}\right)=>\frac{m}{z}\times\frac{d\overline{v}}{dt}=\overline{E}+\overline{v}\times\overline{B}$$

上面的公式里,z 是电荷数,E 是电场强度,v 是速度,B 是磁场强度。即使不看公式,根据常识也能判断,当电场和磁场强度恒定的时候,m/z 越大的离子在质量分析器的空腔中运动的速度和加速度就越慢。

常用的质量分析器包括:①飞行时间(Time-of-flight,TOF),可以看到当质谱仪的空腔长度 L 和电压 V 恒定的时候,m/z 小的离子先被检测到,m/z 越大的离子越往后被检测到(图 9-6A)。TOF 通常与 MALDI 联用,也就是常见的 MALDI-TOF 质谱仪。②扇形磁场(magnetic sector)或 C 型离子阱(C-trap),不同大小的 m/z 离子经过扇形磁场,可以预计 m/z 大的离子转弯的弧度大,m/z 小的离子转弯的弧度小,这样不同 m/z 值的离子就被分选出来。③四级杆(quadrupoles,Q),通过周期性改变电压大小,使离子运动的轨迹呈正弦或余弦曲线的方式前进,只有符合要求的离子才能通过质谱腔,这样就起到分选特定离子的作用。四级杆既可以用来做离子检测,也可以用来做离子分选。因此,三重四级杆(triple-stage quadrupole,TSQ/QQQ)的质量分析器,第一重四级杆用来做一级质谱检测,第二重分选感兴趣的离子,第三重进行二级质谱检测。④离子阱(ion trap,IT),包括线性离子阱(linear ion trap,LIT)以及线性离子阱四级杆(linear trap quadrupole,LTQ)。⑤傅里叶离子回旋共振(Fourier transform ion cyclotron resonance,FTICR),通过离子不同的角速度来进行离子分选,m/z 小的离子角速度大,m/z 大的离子角速度小。⑥轨道阱(orbitrap),离子围绕质谱腔中的电极按特定的轨道进行旋转运动,运动的距离越长,则不同 m/z 值的离子区分就越好。Orbitrap 是目前主流质量分析器之一。

MALDI-TOF 质谱仪的结构比较简单,而 ESI 联用的 LTQ-Orbitrap 系统的结构则要复杂得多(图 9-6B)。ESI-LTQ-Orbitrap 质谱仪包括用于一级质谱检测的线性离子阱,用于肽段碎裂和离子分选的 C 型离子阱,以及用于二级质谱检测的 Orbitrap。在 C 型离子阱中,肽段碎裂的方式除了上面提

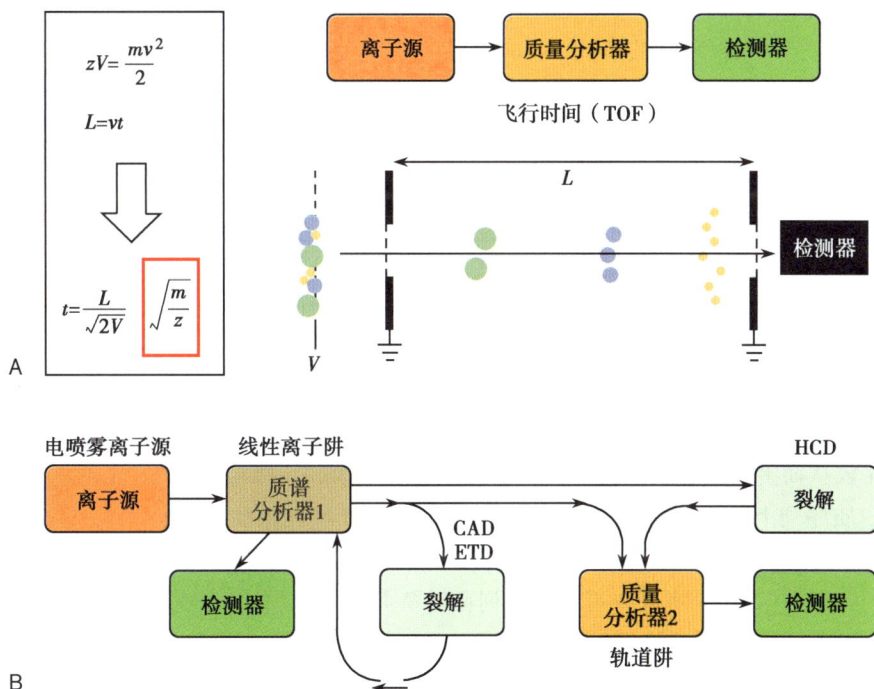

图 9-6 飞行时间质量分析器的原理和 Orbitrap 质谱仪的结构示意图
A. 飞行时间质量分析器的原理;B. Orbitrap 质谱仪的结构示意图。

到的碰撞诱导/活化解离之外,还有电子转移解离(electron transfer dissociation,ETD),主要产生成对的带正电的 c 离子和带负电的 z 离子,以及与 CID/CAD 产生相似离子对但效率更高的高能碰撞解离(high-energy collision dissociation,HCD)。

(三) 质谱仪的性能与质量峰识别

分辨率(resolution)、质量准确度(mass accuracy)、灵敏度(sensitivity)和动态范围(dynamic range)是反映质谱仪性能的重要指标。ESI-LTQ-Orbitrap 质谱仪的分辨率为 100 000,质量准确度为 2ppm(parts per million),灵敏度为飞摩尔(femtomole, 10^{-15} 摩尔,毫微微克级),动态范围为 1e-4(10^{-4} ,最大和最小 m/z 值差 4 个数量级)。质谱仪分辨率的计算方法是,令质谱的峰值为 M,峰值达到一半时质谱峰的宽度为 ΔM,分辨率 R=ΔM/M。如图 9-7 所示,M=600,ΔM=0.5,则分辨率 R=0.5/600= 1 200。

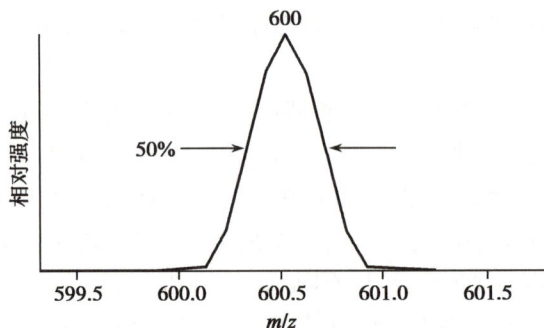

图 9-7　质谱仪分辨率的计算原理

如果肽段 "AKSELHK" 的第二位可能发生乙酰化修饰(acetylation,+42.010 0),也可能发生三甲基化修饰(trimethylation,+42.046 4),质谱仪分辨率多高的时候可以准确区分 "AK(ac)SELHK" 和 "AK(me3)SELHK" 这两个肽段? 根据表 9-1 中的信息,带单电荷的 "AKSELHK" b 或者 y 肽段离子, m/z 值为 811.4,因此质谱仪的分辨率应当为:

$$R> \frac{811.4}{42.046\ 4-42.010\ 0} = \frac{811.4}{0.036\ 4} = 22\ 291.2$$

$$\text{Mass accuracy} = \frac{1}{R} < \frac{1\ 000\ 000}{22\ 291.2} = 44.86ppm$$

根据上面的结果可以看出,ESI-LTQ-Orbitrap 质谱仪能够非常准确地区分 m/z 差别只有 0.036 4 的带单电荷的肽段离子。

从质谱的谱图中识别各个质量峰(mass peak)是后续定性或定量分析的基础。识别质量峰的方法有三种:①峰高(peak height),优点是简单直接、抗干扰强,缺点是统计分析的规律性较差;②峰面积(peak area),优点是统计分析的规律性好,但精确求解峰面积有难度,因此抗干扰的能力弱;③曲线拟合(curve fitting),用正态分布来拟合质量峰,抗干扰和统计规律性都比较好,缺点是运算速度稍慢。目前最常用的质量峰识别方法是曲线拟合法。

五、基于质谱数据的蛋白质鉴定

根据质谱数据鉴定蛋白质的方法有两类,一类是仅根据一级质谱数据进行分析的肽段指纹谱(peptide mass fingerprinting,PMF)法,多用于二维凝胶电泳与 MALDI-TOF 联用的质谱数据解析,需要事先构建蛋白质序列的参考数据库(reference database),将实验获得的质谱图与理论推导的谱图逐对进行比较从而鉴定蛋白质。另一类方法需要结合一级和二级质谱数据,先确定肽段的组成,再回帖到蛋白质序列上从而确定蛋白质的存在,多用于 ESI 联用的质谱数据解析。这一类方法又可以分为数据库搜索(database search)和从头测序(de novo sequencing)两种技术,前者是首先构建蛋白质序列的参考数据库,再将这些蛋白质序列反转从而构建"诱饵库"(decoy database)。以肽段 "AKSELHK" 为例,其反转之后的"诱饵"序列为 "KHLESKA"。将参考数据库与"诱饵库"合并构建最终的序列参考数据库。从头测序不需要构建参考数据库,直接根据一级和二级质谱的谱图信息推断肽段的组成和顺序。为了确保质谱分析的准确性,手工验证谱图解析的准确性也是数据分析中重要的步骤。

（一）肽段指纹谱法

PMF 是数据库搜索技术，利用肽段的一级质谱数据鉴定蛋白质。生物样本裂解、二维凝胶电泳分离和酶解之后，用 MALDI-TOF 检测获得包含质量峰的质谱图。另一方面，选取特定的蛋白质序列集合，通常是某个物种所有蛋白质的序列，每一条序列用 PeptideMass 或类似方法、工具进行模拟酶解，得到每条肽段的 m/z 值，生成理论谱图。将实验得到的质谱图逐一与每张理论谱图进行比较、打分并计算统计显著性，得分最高的就是目标蛋白质。

PMF 的第一个算法"分子量搜索"（molecular weight search，MOWSE）是英国皇家癌症研究基金会的 Darryl Pappin 和英国科学与工程研究委员会达斯伯里实验室的 Alan Bleasby 于 1993 年合作提出的。MOWSE 算法的基本原理是，先将参考数据库中模拟酶解后的肽段，按照完整蛋白质的分子量和肽段分子量进行分类。二维的分类表中，行代表完整蛋白质的分子量，每 10kDa 为一个间隔，从左到右就是 0~10kDa、10~20kDa、20~30kDa...，以此类推。列代表肽段的分子量，每 100Da 为一个间隔，从上往下就是 0~100Da、100~200Da、200~300Da...，以此类推。计算每个空格中肽段的数目。在比较实验谱图与理论谱图时，需要先从实验谱图中手工挑选出主要的质量峰。以牛的酪蛋白为例，从实验谱图中可以挑出 6 个主要质量峰：646.012、742.778、830.169、1 438.622、1 981.432 和 2 186.513（图 9-8）。MOWSE 算法的公式是：

$$m_{i,j} = \frac{f_{i,j}}{|f_{i,j}|_{\max \text{ in colum } j}}$$

$$\text{Score} = \frac{50\,000}{M_{\text{prot}} \times \prod_n m_{i,j}}$$

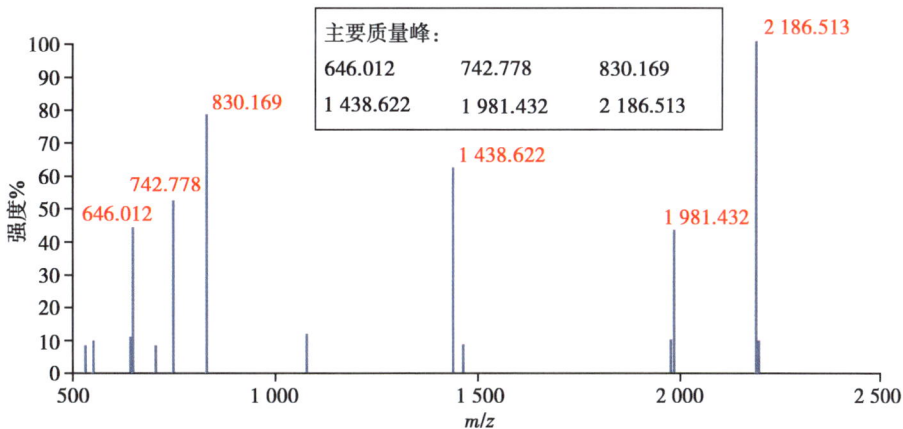

图 9-8　牛 β-酪蛋白的 MALDI-TOF 检测的一级谱图

参考数据库中，每个蛋白质有特定的分子量 M_{Prot}，在比较的时候，需要把实验谱图中每个主要质量峰与从参考库构建的二维分类表进行比较。以酪蛋白为例，646.012 落在 600~700Da 的间隔里，因此 $f_{i,j}=1$，除以这一栏里 $f_{i,j}$ 的最大值即得到 $m_{i,j}$ 值。将所有主要质量峰匹配得到的 $m_{i,j}$ 值连乘，乘以每个蛋白质的分子量 M_{Prot}，再被 50 000 除就得到最后的分值。分值越高代表匹配的结果可信性越高。这里，我们将牛的酪蛋白 6 个主要质量峰提交到基于 MOWSE 算法的 MASCOT 搜索引擎，数据库选择"SwissProt"（图 9-9）。提交之后，结果页面显示牛的酪蛋白得分最高为 86，因此这就是最终鉴定的蛋白质（图 9-10）。

PMF 法的优点是快速、简便、灵敏度高，不需要二级质谱数据，因此使用简单的质谱仪即可较为准确地鉴定目标蛋白质。缺点是不适合复杂度高的蛋白质混合物的分析，鉴定结果相对于一级和二级质谱数据联用的方法来讲可信度较低。此外 PMF 既依赖于质谱的分辨率和质量准确性，也依赖于

NOTES

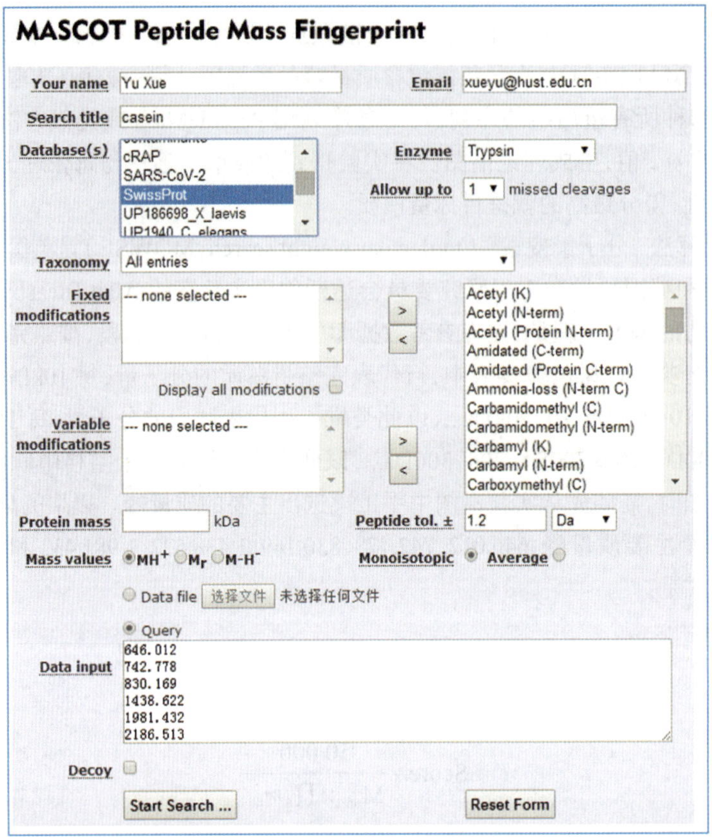

图 9-9 将牛 β-酪蛋白的 6 个主要质量峰值输入 MASCOT 搜索引擎

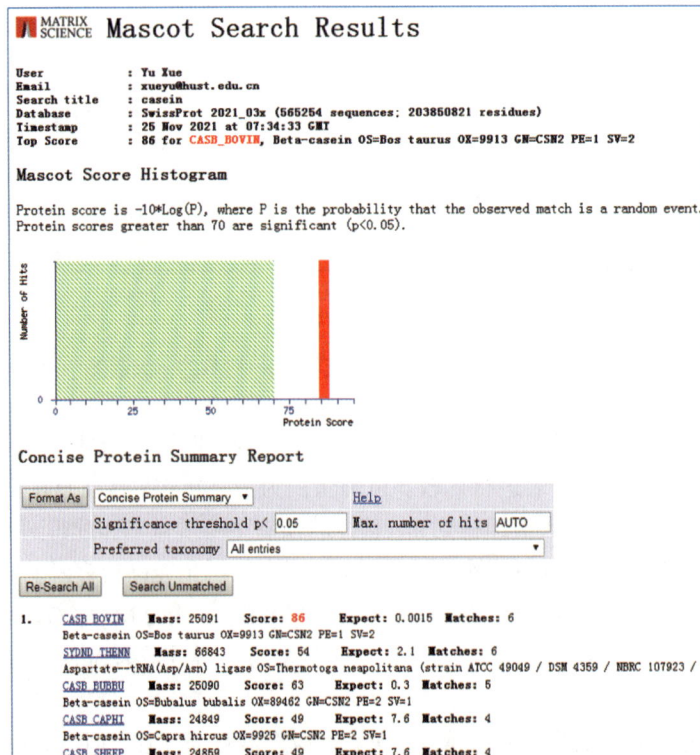

图 9-10 MASCOT 的搜索结果表明牛 β-酪蛋白是潜在目标蛋白质

序列参考数据库的大小。质谱的分辨率越高、参考数据库越小，PMF 的鉴定结果也就越准确。

(二)串联质谱数据的解析方法

蛋白质酶解成肽段之后，经过一级质谱的检测后，通常在第二重质量分析器中进行离子分选，并碎裂成更小的片段离子，再进入第三重质量分析器检测获得二级质谱信息。如上所述，肽段主链的碎裂并不是随机的，有很强的偏好性。例如 CID/CAD/HCD 通常产生成对的带正电的 b 离子和带负电的 y 离子，而 ETD 主要产生带正电的 c 离子和带负电的 z 离子。这些离子碎裂方法，还可能导致片段丢失一个水分子或氨分子，即"中性丢失"（neutral loss）的现象，产生 b-H_2O、b-NH_3、y-H_2O 和 y-$NH_3$4 种离子。这样在计算的时候，只需要在原有的 b 或 y 离子的 m/z 值上，减去 18（水分子）或 17（氨分子）即可模拟中性丢失。以最常用的 CID/CAD/HCD 为例，在构建参考数据库的时候，对每一条蛋白质的参考序列，除了进行模拟酶解之外，还需要生成每条肽段理论上能产生的所有 b、y 以及发生中性丢失的离子。将实验获得的质谱图与从参考库中生成的理论谱图逐个进行比对，计算分值并排序，得分最高的结果就是目标肽段。

美国斯克利普斯研究所的著名蛋白质组学家 John Yates 于 1994 年提出了 MS/MS 数据解析的第一个算法 SEQUEST，基于该算法构建的开源工具为 Comet。SEQUEST 算法中有两个打分函数，第一个函数 S_p 为每张实验谱图计算 200 个最有可能的潜在肽段，第二个函数 X_{corr} 对这些肽段进行重新打分，并得到最终的结果。函数 S_p 的计算公式为：

$$S_p = (\sum i_m) \times n_m \times (1+\beta) \times (1+\rho) / n_t$$

上述公式里面的 $\sum i_m$ 是所有能够匹配的肽段碎裂之后的离子强度之和，n_m 是所有能够匹配的碎裂离子的数量，n_t 是被比较的肽段理论上能够产生的碎裂离子的数量。$(1+\beta) \times (1+\rho)$ 是校正项，在 SEQUEST 的专利中 β=0.075、ρ=0.15，这两个值不是理论推导出来的，而是在实际应用中，对理论计算做的必要修正。根据计算得到的 S_p 排序，保留得分最高的前 200 个肽段作为候选，再用函数 X_{corr} 重新打分。函数 X_{corr} 也称"交叉关联系数"（cross-correlation coefficient），其基本原理是将理论谱图 a 整体左移或右移 t 之后，再与实验谱图 e 比较，公式为：

$$X_{Corr} = \frac{(a \times e)(0) - E\{(a \times e)(t); t \in [-75; 75]\}}{(a \times a)(0) - E\{(a \times a)(t); t \in [-75; 75]\}}$$

上述公式的分母中，$(a \times a)(0)$ 是理论谱图 a 和自己匹配之后的 Sp 值；$E\{(a \times a)(t); t \in [-75; 75]\}$ 是理论谱图 a 整体左移或右移 t 之后，与初始的谱图 a 匹配打分之后的平均值。分子中，$(a \times e)(0)$ 是理论谱图 a 和实验谱图 e 匹配之后的 Sp 值；$E\{(a \times e)(t); t \in [-75; 75]\}$ 是理论谱图 a 整体左移或右移 t 之后，与实验谱图 e 匹配打分之后的平均值。t 的变化范围从-75 到 75，每次左移或右移 1。X_{corr} 值的范围在 0~1 之间。

在实际的应用中，SEQUEST 算法搜索得到的肽段结果，可能存在假阳性，因此数据分析中的质量控制（quality control，QC）至关重要。因此，在构建参考库的时候，还需要同时构建"诱饵库"，两者合并之后成为最终的参考库。MS/MS 数据分析中，还需要计算错误发现率（false discovery rate，FDR），即最终检测的肽段中，有多少是错误的比例。常规数据分析的 QC 中，FDR 要求达到"3 个 1%"，即肽段-谱图匹配（peptide-spectrum match，PSM）层面，最终鉴定的结果里，来自"诱饵库"的可匹配的谱图数量，不能超过总比配谱图数量的 1%；肽段层面，来自"诱饵库"的可匹配的肽段数量，不能超过总比配肽段数量的 1%；蛋白质层面，来自"诱饵库"的可匹配的蛋白质数量，不能超过总比配蛋白质数量的 1%。这就需要选择合适的 S_p 和 X_{corr} 作为阈值，生物学家一般是手动调整选择出合适的参数，生物信息学家通常将这两个数值作为输入特征，用机器学习的方法，自动选择出合适的值来。除了 SEQUEST 之外，常用的 MS/MS 谱图解析工具还包括 Open-pFind 和 MaxQuant 的 Andromeda 的搜索引擎。

(三)肽段-谱图匹配的手工验证

早期的质谱数据分析软件，计算准确性不高，经常会有假阳性的鉴定结果。因此手工验证肽段-谱图匹配的准确性是确保鉴定结果可靠性的重要方法。手工验证最主要就是根据肽段理论上能够产生的离子类型，寻找"成对"离子对的主要质量峰。肽段"AKSELHK"理论上可产生的带单个正电荷的 b 离子和带单个负电荷的 y 离子，可参照表 9-1。对照下图的谱图（图 9-11），可以看到 m/z 值为 200.1 的 b 离子与 m/z 值为 611.3 的 y 离子所对应的质量峰可以被分别检测到；m/z 值为 287.1 的 b 离子与 m/z 值为 524.3 的 y 离子的质量峰也可以被检测到。谱图中总共检测到 5 对离子对的质量峰，表明根据谱图推断的肽段"AKSELHK"是可靠的。

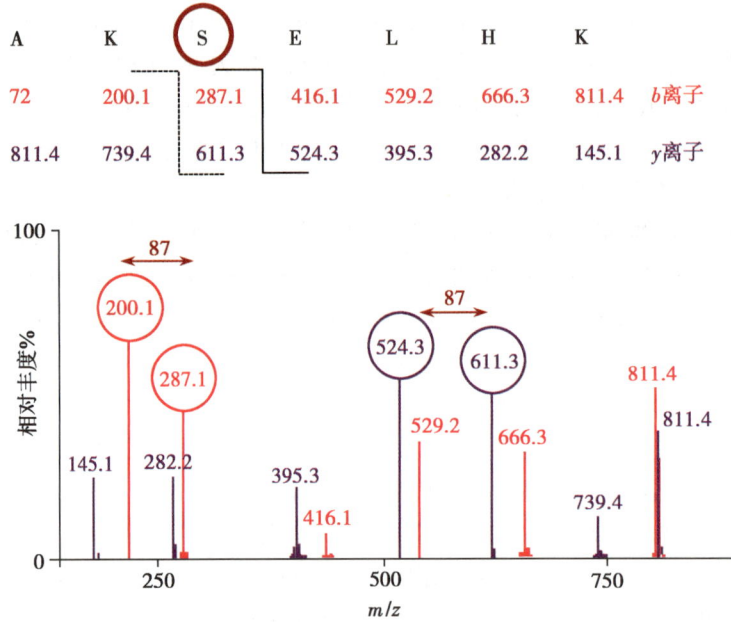

图 9-11　根据成对的 b 离子和 y 离子验证肽段 AKSELHK 解析的正确性

第三节　表达蛋白质组学
Section 3　Expression Proteomics

　　表达蛋白质组学也称定量蛋白质组学（quantitative proteomics），主要目的是确定生物样本中，检测到的蛋白质的表达水平或丰度（intensity）。蛋白质组的定量分析技术可以分为两类，包括基于图像（imaging-based）或基于标记（labeling-based）的两类技术。二维凝胶电泳、蛋白质芯片（protein microarray）以及影像质谱流式术 IMC，都是将表达信息转化为图像信号再利用图像处理的方法进行定量分析。传统的利用二维凝胶电泳结合 MALDI-TOF 的蛋白质组鉴定中，二维凝胶电泳会有许多蛋白质的斑点（dot），这些斑点可用图像分析技术，半定量的大致确定其相对表达量，再从胶上切下来用质谱分析。蛋白质芯片是将蛋白质、抗体或抗原固定在介质上，加上荧光等标记的生物分子与芯片孵育，扫描图像之后再定性分析。IMC 与常见的流式细胞术（flow cytometry）比较类似，但不使用荧光探针，而是使用带有同位素的抗体或探针来标记单个细胞，用质谱检测各个细胞的同位素的丰度，然后再重建成图像。

　　基于标记的定量技术，主要应用于 ESI-LTQ-Orbitrap 等质谱仪开展的蛋白质组定量中。这里需要说明的是，质谱仪主要是用来做蛋白质或肽段的检测，本身一般不用来做定量，所以需要结合标记技术才能够实现蛋白质的定量。定量技术有两类，一类是根据 MS/MS 质量峰的面积确定蛋白质丰度的无标记（label-free）技术，另一类需要对蛋白质或肽段进行同位素化学标记（isobaric chemical labeling）或代谢标记（metabolic labeling）。

一、基于图像的蛋白质组定量分析技术

二维凝胶电泳、蛋白质芯片以及 IMC，虽然具体的实验流程各异，但基本原理都是将蛋白质表达水平的信息转化为图像信息，从而进行相对定量分析。这里我们简要介绍蛋白质芯片和 IMC 两种技术。

(一) 蛋白质芯片

蛋白质芯片技术又称蛋白质微阵列（protein microarray），是一种高通量、小型化的生物样品平行检测技术。蛋白质芯片的基本原理，是将已知蛋白质、抗体或抗原点印并固定在普通玻璃载体（plainglass slide）、多孔凝胶覆盖（porous gel pad）及微孔（microwell）芯片介质上，制成由高密度蛋白质或多肽分子组成的微阵列，阵列中固定分子的位置及组成已知，未经标记或利用荧光物质（如 Cy3、Cy5、bodipy-FL）、酶（如辣根过氧化物酶、碱性磷酸酶、β-D-葡糖醛酸酶等）或化学发光物质标记的生物分子与芯片上探针反应，通过扫描装置如激光扫描系统（Laser Scanning System）或电荷偶联照像系统（charge-coupled device camera，CCD camera）检测信号强度，量化分析杂交结果，检测目标蛋白质。

根据芯片上固定的蛋白质种类的不同，蛋白质芯片可分为分析型蛋白质芯片（analytical protein microarray）、功能型蛋白质芯片（functional protein microarray）和反向蛋白质芯片（reverse-phase protein microarray）。分析检测型芯片密度相对较低，载体固定抗体（抗体芯片）或抗原（抗原芯片）等，主要用于生物分子的大量、快速检测。抗体芯片载体固定特异性抗体或抗体类似物，检测样本中是否存在抗原并确定抗原浓度；抗原芯片检测自身免疫性疾病中的特异性抗体、过敏性疾病的过敏原和受微生物感染的宿主体内抗体等，并确定抗体的浓度。功能型蛋白质芯片多为高密度芯片，载体上固定的是天然蛋白质或融合蛋白质，主要用于鉴定与固载蛋白质相互作用的其他蛋白质及生物分子，并确定相应的丰度。因此功能蛋白质芯片也是蛋白质组相互作用组学中重要的检测技术之一。反向蛋白质芯片则是将许多不同来源的生物样品如组织或细胞裂解物（cell lysate）点样在芯片载体上，然后用不同的蛋白质抗体间接地检测生物样品中蛋白质的存在及丰度。

蛋白质芯片的优点有：①特异性较强，芯片检测的准确性由抗原与抗体之间、蛋白质与配体之间特异性结合决定；②灵敏度较高，可检测出样品中微量蛋白质（纳克级）的存在；③通量较高，单次实验可以同时检测上千种目标蛋白质；④重复性较好，不同批次实验间的差异较小；⑤应用性较强，样品的前处理比较简单，只需对少量实际样本进行沉降分离和标记后，即可加于芯片上进行分析和检测。⑥适用范围较广，适用于包括组织、细胞及体液等多种生物样品。

(二) 影像质谱流式术

常规的流式细胞术使用荧光标记的抗体或探针来标记分散的单个细胞，因此主要用于细胞悬浮液的分析。IMC 是影像质谱细胞术（imaging mass cytometry）的延伸和拓展，将抗体与金属螯合的高分子聚合物（metal-chelating polymer）偶联，从而标记整张组织切片。IMC 可以对石蜡包埋的组织切片进行分析，因此可用于患者队列的回顾性研究。

利用激光消融（laser ablation）技术，IMC 每次将组织切片上的一小块区域，在电感耦合等离子体（inductively coupled plasma，ICP）中离子化，随惰性气体的流动进入飞行时间（TOF）质谱进行检测。整张组织切片被扫描分析之后，可获得每一个小区域的金属同位素的丰度，这样就得到组织切片上目标蛋白质丰度的分布，再根据多离子束成像（multiplexed ion beam imaging，MIBI）技术重建整张切片的图像。从 IMC 扫描的组织切片重建的图像与光学显微镜的分辨率相当。用于 IMC 的金属同位素，包括 37 种商业化的镧系（lanthanide）元素，以及三种非镧系元素铋、金和铂。因此单次实验中，IMC 可以标记的抗体种类的上限是 40 个，这就需要在实验前妥善设计好方案，从而确定待标记的蛋白质集合。因此 IMC 的优点和缺点都很明显，优点是可以开展单细胞蛋白质组分析，缺点是单次实验中能够分析的蛋白质数量较少，通量较低。

NOTES

二、基于标记的蛋白质组定量分析技术

如上所述,质谱仪主要用来检测蛋白质等生物分子的存在,不能直接定量蛋白质,因此需要发展计算或标记的方法,从而实现蛋白质组的定量分析。蛋白质组定量可分为相对定量和绝对定量,常用技术可分为两类,一类是无标记技术,另一类是标记技术。

(一) 无标记技术

无标记定量算法有两类,一类是根据前体离子流面积(precursor ion current area),另一类是根据能够回贴到蛋白质序列的谱图数量。目前第一类方法更为常用,其基本原理是根据肽段质量峰的面积(强度值)推断蛋白质的表达水平。在质谱检测的时候,使用二级质谱数据推断肽段组成,再使用一级质谱的信息,推断肽段丰度。前文介绍了质量峰的识别,其中基于正态分布的质量峰曲线拟合是更常用的方法,质量峰曲线下的面积就是相应肽段的丰度。根据肽段丰度推测蛋白质丰度主要有"前三"(TOP3)和"基于强度的绝对定量"(intensity-based absolute quantification,iBAQ)两种计算方法。顾名思义,TOP3 法是将质谱检测的、质量峰面积最大的三条肽段的强度值累加再计算平均值,作为蛋白质的表达丰度值。iBAQ 法是将蛋白质上所有质谱检测到的肽段的强度值累加,再除以该蛋白质理论酶解之后的肽段数量,计算结果即为蛋白质的表达丰度。

无标记技术的优点是:①实验操作过程中没有额外的步骤,因此相对于其他方法来讲更为简便;②蛋白质标记存在效率问题,没有标记,那蛋白质样品就不存在损失的情况;③不增加额外的试剂或材料,所以成本相比于其他方法来讲也更低;④蛋白质定量较为准确。缺点有:①质谱鉴定的肽段,相比于整个蛋白质序列来讲覆盖度较低,如果蛋白质上仅鉴定到 1~2 条肽段,利用这么有限的数据推断蛋白质的丰度显然是不准确的;②不同人操作质谱仪的习惯不同,参数设置也不完全相同,因此不同样品的检测中存在较强的批次效应(batch effect),这也给后续的数据分析造成相当大的困难。

MaxQuant 是定量蛋白质组学数据分析的主流软件(图 9-12),能够处理无标记定量和标记定量的蛋白质组学数据。MaxQuant 针对高分辨率 MS/MS 数据分析,软件包中整合了搜索引擎 Andromeda,可用于基于数据库搜索的肽段鉴定。MaxQuant 中的 Viewer 插件,能够可视化 MS/MS 数据,从而方便质谱数据的手工验证。MaxQuant 输出表的下游分析可以通过 Perseus 软件进行,能够对定量蛋白质组数据做更深入的统计和计算分析。

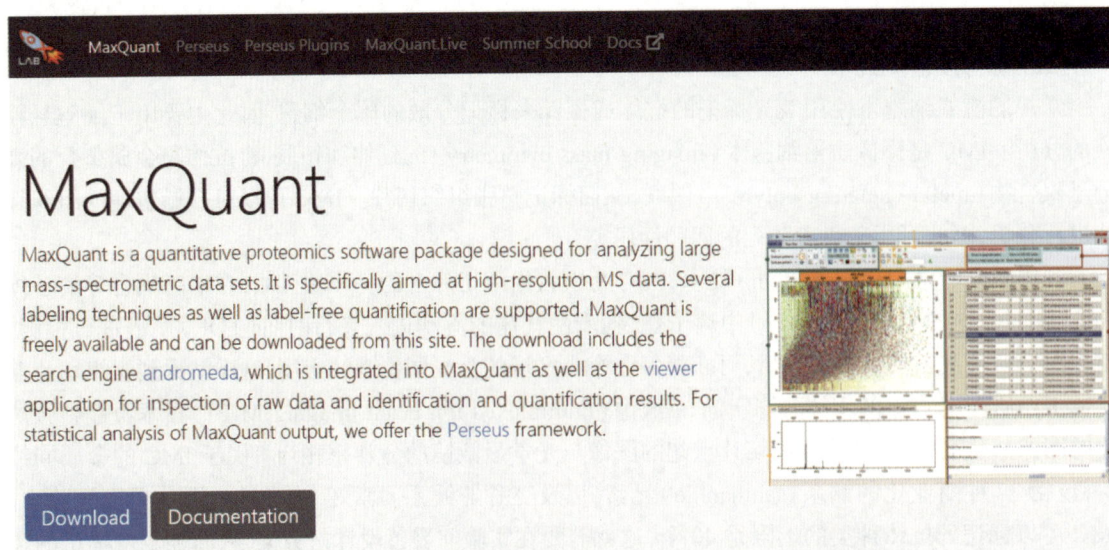

图 9-12　定量蛋白质组学数据分析软件 MaxQuant 的网站首页

(二)代谢标记技术

细胞培养稳定同位素标记(stable isotope labeling with amino acids in cell culture,SILAC)是常用的代谢标记技术,基本原理是在细胞培养液中加入同位素标记的特定氨基酸,由于溶液中同位素标记的氨基酸含量比细胞内蛋白质中不含标记的同种氨基酸浓度高,因此在细胞正常的新陈代谢活动中,蛋白质中不含标记的氨基酸会被替换成同位素标记的同种氨基酸,将不同标记的样品等量混合、裂解、肽段酶解,再进行质谱检测,即可定量标记样品中蛋白质的相对丰度变化。

赖氨酸(K)和精氨酸(R)是 SILAC 中常用的、同位素标记的氨基酸,主要是因为常用的肽酶是胰蛋白酶,识别的底物蛋白质序列的切割位点正好是赖氨酸或精氨酸,且切割位置之后不是脯氨酸残基。这样经过 trypsin 酶解之后的肽段,C 末端是赖氨酸或精氨酸,很容易能够被质谱检测。赖氨酸的分子式为 $C_6H_{12}ON_2$,残基分子量为 128.1;精氨酸的分子式为 $C_6H_{12}ON_4$,残基分子量为 156.1(图 9-2)。用来作为同位素标记的两种元素为碳(C)和氮(N),碳的两种同位素为 C^{12} 和 C^{13},氮的两种同位素为 N^{14} 和 N^{15}。常用的 SILAC 标记组合有三种,未经同位素标记的 $^{12}C_6^{14}N_2$-赖氨酸和 $^{12}C_6^{14}N_4$-精氨酸组合为"K0、R0"("轻标");部分碳同位素标记的 $^{13}C_4^{14}N_2$-赖氨酸和所有碳同位素标记的 $^{13}C_6^{14}N_4$-精氨酸,其分子量要比轻标的同类氨基酸分别高 4 和 6 个道尔顿,记为"K4、R6"("中标")。全部碳、氮同位素标记的 $^{13}C_6^{15}N_2$-赖氨酸和 $^{13}C_6^{15}N_4$-精氨酸,记为"K8、R10"("重标")。因此,SILAC 在单次实验中,能够同时标记样品的上限是 3 个。

SILAC 很适合经典的"处理"(treatment)和"对照"(control)研究,例如高浓度药物处理的细胞可用"重标"氨基酸培养和标记,低浓度药物处理的细胞可用"中标"标记,然后将"重标""中标"和未经处理的"轻标"细胞样品按 1∶1∶1 的比例混合,再进行蛋白质组的质谱检测。在分析质谱数据的时候,MaxQuant 等软件将检测"配对"(matched)的多个质量峰。例如某个肽段上仅包含一个赖氨酸,那么在数据库搜索鉴定到未经同位素标记的肽段之后,还要寻找比该肽段质量峰的分子量高 4 和 8Da 的质量峰,在本例中只有轻、中、重三种标记的质量峰都匹配到才予以保留,然后以轻标样品中的蛋白质表达水平为背景,这样即可得到高或低浓度药物处理后细胞内各个蛋白质丰度的相对变化情况。

SILAC 的优点有:①实验可重复性高。常规的 SILAC 实验中,同位素标记的效率通常可达到95%~98%,由于标记是在样本处理之前,这就消除了样本处理过程中可能造成的偏差。②相对定量更精准、方差小。不同标记的样本均等混合之后再进行样本处理和质谱上机,因此实验的各个步骤,对于不同标记样本造成的系统和技术误差可以认为是相等的。③处理细胞样本比较方便,目前商业化的培养基有赖氨酸和精氨酸缺陷型培养基,培养细胞的时候直接加入"中标"或"重标"的赖氨酸和精氨酸即可开展 SILAC 标记。缺点有:①单次实验能够标记的样本较少;②同位素标记的赖氨酸和精氨酸,相对于未标记的氨基酸来说,实验成本也更高;③组织样本难以被标记,因此 SILAC 标记的适用范围有局限性。

(三)同位素化学标记技术

同位素化学标记主要有等重同位素标签相对和绝对定量(Isobaric tags for relative and absolute quantitation,iTRAQ)和串联质量标记(tandem mass tag,TMT)两种技术,其基本原理是将酶解后肽段的 N 端连接上不同分子量的标签,在后续质谱检测的时候,根据标签离子的质量峰面积来计算肽段丰度。iTRAQ 有 4-plex 和 8-plex 两种试剂,可同时标记 4 或 8 组样本。以 4-plex 为例,iTRAQ 标签包括三部分:4 种报告基团(reporter group),分子量分别为 114、115、116 和 117Da;4 种平衡基团(balance group),分子量分别为 31、30、29 和 28Da,使得报告基团和平衡基团的总分子量为 145Da,这样在后续的一级质谱分析中,不同标记肽段的 m/z 值的增加是相同的;肽反应基团(peptide reactive group),与肽段 N 端的氨基反应形成共价键连接。8-plex 的报告基团分子量为 114~121Da。TMT 与iTRAQ 的原理和标签结构是相同的,也包括报告基团、平衡基团和肽反应基团。

TMT 总共有 4 种试剂,包括 TMT 6、10、11 以及 TMTpro 16-plex,可分别同时标记 6、10、11 和 16

组样品。16-plex 的分子量为 126~134Da,每隔 0.5Da 一个标签,因此在质谱检测的时候,不同标签对应的质量峰靠得更近。iTRAQ 和 TMT 标签,在报告基团和平衡基团之间预留了 HCD 的断裂点,因此在 MS/MS 检测中,离子通过第二重质量分析器的时候发生 HCD 碎裂,第三重质量分析器根据碎裂之后的 b 离子和 y 离子来推断肽段的组成,根据报告基团的质量峰来推断肽段的丰度。

　　在实际应用中,TMT 因为能够同时标记的样本更多,因此应用更为广泛,是目前最主流的标记蛋白质组学技术。针对大量临床样本的分析,通常先做"混样",即每份样本中取等量少部分混合作为对照样本,这样 TMTpro 16-plex 的第一个标签通常留给"混样",剩余 15 个标签则标记不同的临床样本。数据分析的时候,用"混样"中蛋白质丰度对其他样本做归一化处理,即可消除实验的批次效应。

(四) 蛋白质组的绝对定量

　　无标记、代谢标记和同位素化学标记技术只能实现蛋白质组的相对定量,若实现绝对定量则需要在样品制备的时候加入已知质量的标准品蛋白质作为对照。蛋白质的绝对定量,也可以通过"蛋白质组之尺"(proteomic ruler)的算法,来估算单个细胞中每种蛋白质的拷贝数量,该方法由德国马克斯·普朗克生物化学研究所的著名蛋白质组学家 Matthias Mann 于 2014 年提出。该算法的基本思想是,单个细胞内所有蛋白质的质量为 T_m,蛋白质 P 的质量 P_m,单个细胞内 P 的数量 P_c 可由下述公式计算:

$$\frac{P_m}{T_m}=\frac{I_P}{I_T}=>P_m=T_m\times\frac{I_P}{I_T}=>P_c=\frac{N_A}{M}\times T_m\times\frac{I_P}{I_T}$$

I_P 是蛋白质 P 的质谱丰度,I_T 是所有蛋白质丰度的加和,N_A 是阿伏伽德罗常数(约为 6.02×10^{23}),M 是蛋白质的摩尔质量也就是分子量。因此单个细胞内所有组蛋白(histone)的质量总和 H_m,可根据下述公式计算:

$$\frac{H_m}{T_m}=\frac{I_H}{I_T}$$

I_H 是所有组蛋白丰度的加和。在哺乳动物的细胞里,DNA 缠绕在组蛋白 8 聚体复合物上形成核小体(nucleosome),并且染色体 DNA 的质量 D_m 与组蛋白的质量 H_m 几乎相等,因此上述公式可转化为:

$$\frac{H_m}{T_m}=\frac{I_H}{I_T}=>\frac{D_m}{T_m}=\frac{I_H}{I_T}=>T_m=D_m\times\frac{I_T}{I_H}$$

$$=>P_c=\frac{N_A}{M}\times D_m\times\frac{I_T}{I_H}\times\frac{I_P}{I_T}$$

$$=>P_c=\frac{N_A}{M}\times D_m\times\frac{I_P}{I_H}$$

根据实验测量的结果,双倍体人类细胞中 DNA 质量约为 6.5pg=6.5×10^{-12}g,代入上面的公式即为:

$$P_c=\frac{6.02\times10^{23}}{M}\times6.5\times10^{-12}\times\frac{I_P}{I_H}=3.91\times10^{12}\times\frac{I_P}{M\times I_H}$$

　　"蛋白质组之尺"也可以用来估算细胞内 RNA 的分子数量 R_c,这是因为细胞内核糖体 RNA 分子约占总 RNA 分子的 80%,而核糖体 RNA 分子与核糖体蛋白质分子数量接近 1∶1,因此可以用上述公式估算核糖体蛋白质分子数量,从而推导出细胞内 RNA 分子的总拷贝数。

第四节　结构蛋白质组学
Section 4　StructuralProteomics

　　蛋白质功能多样性的基础是其分子结构的多样性和复杂性。1952 年,丹麦生物化学家 Kaj

Ulrik Linderstrøm-Lang 首次将蛋白质结构划分为一级结构（primary structure）、二级结构（secondary structure）和三级结构（tertiary structure）。1958 年，英国科学家 John Desmond Bernal 提出四级结构（quaternary structure），发现多个蛋白质亚基能够相互作用形成蛋白质复合物。随着相关研究的深入开展，又出现了超二级结构（supersecondary structure）、模体（motif）和结构域（domain）的定义，从而揭示了蛋白质结构的丰富层次。大量实验证明，蛋白质的高级结构从根本上是由蛋白质一级结构决定的，但也受到所处溶液环境影响，而蛋白质的功能主要由蛋白质的三级、四级结构所决定。

目前，随着技术的发展，蛋白质序列数据库的数据量极速增长，但实验测定的蛋白质结构比已知蛋白质序列少得多。例如，2021 年 11 月，蛋白质序列数据库 UniProtKB（UniProt Knowledgebase）的两个子库（图 9-13），包括手工注释的 Swiss-Prot 库有 565 928 条蛋白质序列，计算机自动注释的 TrEMBL 库有 225 013 025，两者合计 225 578 953 条序列，而同期蛋白质结构数据库 PDB（protein data bank）仅包含 184 407 个生物大分子结构，数量约为 UniProtKB 的 0.082%（图 9-14）。解析蛋白质等生物大分子结构的实验方法，主要包括 X 射线衍射（X-ray diffraction，XRD）、核磁共振（nuclear magnetic resonance，NMR）和冷冻电子显微镜（cryo-electron microscopy，cryo-EM）等技术。冷冻电镜能够很好地分辨蛋白质结构的表面，但确定蛋白质内部的精细结构则较为困难，近年来冷冻电子断层扫描（cryo-electron tomography，cryo-ET）技术则能够分辨蛋白质内部的精细结构，被认为是结构生物学的下一个突破。

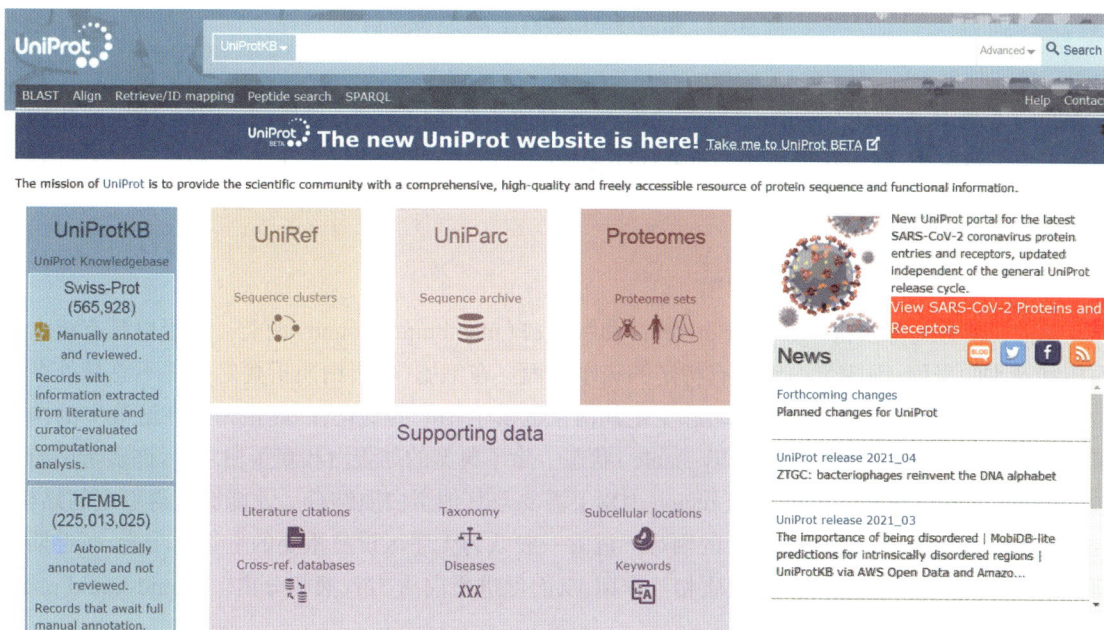

图 9-13 蛋白质序列数据库 UniProtKB 网站首页

蛋白质结构的实验测定，其速度远远赶不上蛋白质序列解析的速度。在可以预见的将来，结构测定的实验技术很难达到较高的通量，因此要减少两者之间的差距，需要发展生物信息学的理论分析方法，设计适当的算法从序列出发预测蛋白质结构。1961 年，美国生物化学家、1972 年诺贝尔化学奖得主 Christian B. Anfinsen 提出 Anfinsen 原理。该原理为从氨基酸序列预测蛋白质空间结构奠定了理论基础，即蛋白质分子的一级序列决定其空间结构，而蛋白质天然构象是能量最低的构象。蛋白质结构预测是结构蛋白质组学或结构基因组学（structural genomics）的重要内容，是后基因组时代主要研究任务之一。通过测定或预测的蛋白质结构三维模型，在研究蛋白质结构特征、其生物学功能的分子机制、与其他蛋白质或配体分子之间的相互作用等多方面有着广泛应用，例如点突变作用分析、酶促反应机制研究、蛋白质复合物和活性位点的界面相互作用分析、晶体衍射数据的定相（phasing）、相近

NOTES

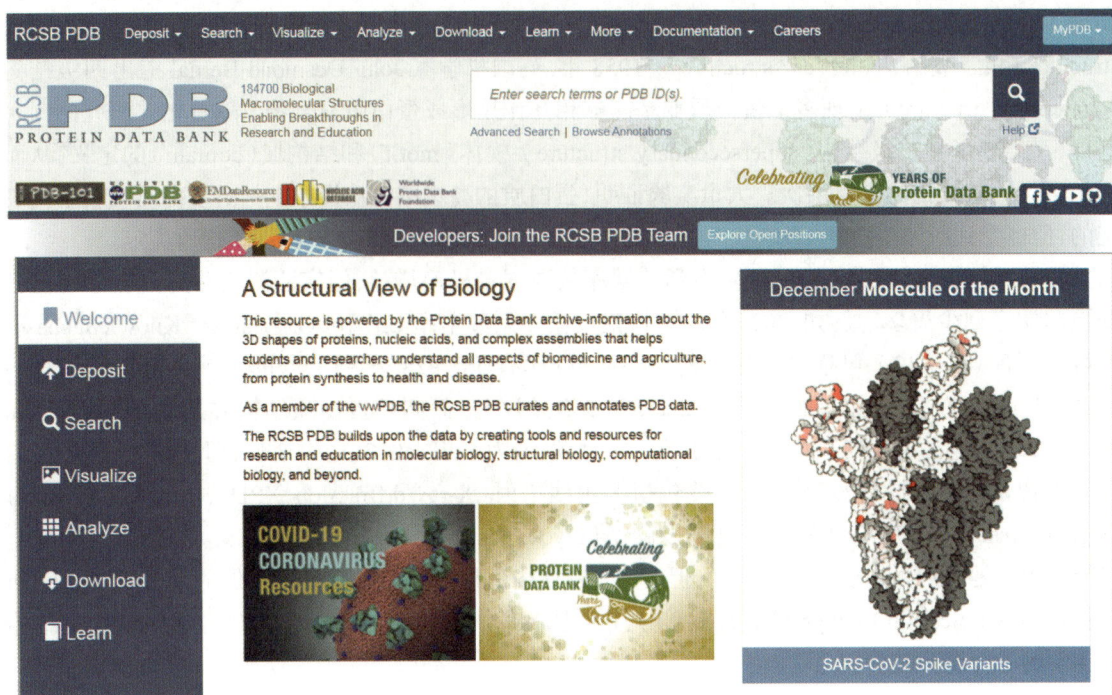

图 9-14 蛋白质结构数据库 PDB 网站首页

家族的归类、配体类药化合物的设计和虚拟筛选等都离不开蛋白质的三维结构。同时,大多数药物作用的靶点是蛋白质,因此获得那些与重要疾病相关的蛋白质三维结构对于设计新药具有非常重要的指导意义。

一、蛋白质结构与功能概述

蛋白质可分为球蛋白(globular protein)和膜蛋白(membrane protein)两类。球蛋白具有疏水的内核和亲水的表面,而膜蛋白则具有特定的疏水表面。在细胞内,蛋白质折叠之后并不总是处在能量最低的构象,随着蛋白质功能的动态变化其构象也发生相应的变化,因此蛋白质在溶液中的构象可以认为是处于临界稳定(marginally stable)状态。除了典型的球蛋白和膜蛋白之外,许多蛋白质还包含无序区(intrinsically disordered region, IDR),需要与其他蛋白质结合后才能够获得稳定的结构,因此预测蛋白质的结构和功能非常的困难。过去一般认为无序区没有重要的生物学功能,而近期的研究表明,无序区介导蛋白质-蛋白质相互作用,从而促进蛋白质"液-液相分离"(liquid-liquid phase separation, LLPS)的发生。

蛋白质结构的四个基本层面即一级结构、二级结构、三级结构和四级结构。蛋白质一级结构即氨基酸的线性序列,氨基酸残基之间通过共价键连接。二级结构是氨基酸残基局部空间内的排列,残基间存在短程的、非共价的相互作用。二级结构主要包括 4 种周期性的结构模式:α-螺旋(α-helix),β-折叠(β-sheet),环(loop)和卷曲(coil)(图 9-15)。①α-螺旋,是蛋白质中最多的二级结构,平均长度一般是 10 个氨基酸残基,长度范围为 5~40 个残基,螺旋每一圈 3.6 个残基。α-螺旋通过氢键稳定结构,通常在蛋白质内核的表面,疏水残基向内,亲水残基向外,R-侧基分布在 α-螺旋的外侧。α-螺旋具有较强的氨基酸偏好,其中丙氨酸、谷氨酸、亮氨酸和甲硫氨酸出现的频率高,而脯氨酸、甘氨酸、酪氨酸和丝氨酸出现的频率低。②β-折叠一般不单独出现,往往是成对或多个出现。不同 β-折叠通过氢键连接,从而稳定结构。β-折叠首尾相连的部分,主要通过短的或长的环连接。β-折叠的结构包括反平行、平行和混合型。③环,主要是连接 α-螺旋和 β-折叠,长度和三级结构不定,通常在蛋白质结构的表面,受点突变的影响较小。环的柔性好,构象变化余地大,带电荷、极性的氨基酸比例高,因此倾向于成为蛋白质的活性位点。④卷曲具有无序性,长度范围为 4~20 个残基,与环类似,主要是连接 α-螺旋和 β-折叠。

蛋白质的三级结构,即肽链折叠成三维的空间结构,是二级结构在空间上的排布,包括长程的、共价与非共价的相互作用。蛋白质的四级结构,即多个肽链在空间上的排布。在蛋白质的二级结构和三级结构之间,还有超二级结构的存在,即多个二级结构的组合,也称为"结构模体"(structural motif)。常见的结构模体包括螺旋-转角-螺旋(helix-turn-helix,例如 DNA 结合模体)、螺旋-环-螺旋(helix-loop-helix,例如钙离子结合模体)、β-发卡(β-hairpin)和希腊钥匙(Greek key)等(图 9-16)。多个结构模体可组合为结构域。按照结构域的不同,蛋白质可分为 6 种结构类型:①α 结构域,多个 α 螺旋束通过环连接。②β 结构域,主要包含反平行 β 折叠,两对反平行的 β 折叠形成三明治(sandwich)结构。③α/β 结构域,α 螺旋连接的平行的 β 折叠。④α+β 结构域,α 螺旋和 β 折叠各自形成单独的结构。⑤多结构域,包含多种 α 或 β 结构域。⑥膜蛋白或细胞表面蛋白质。

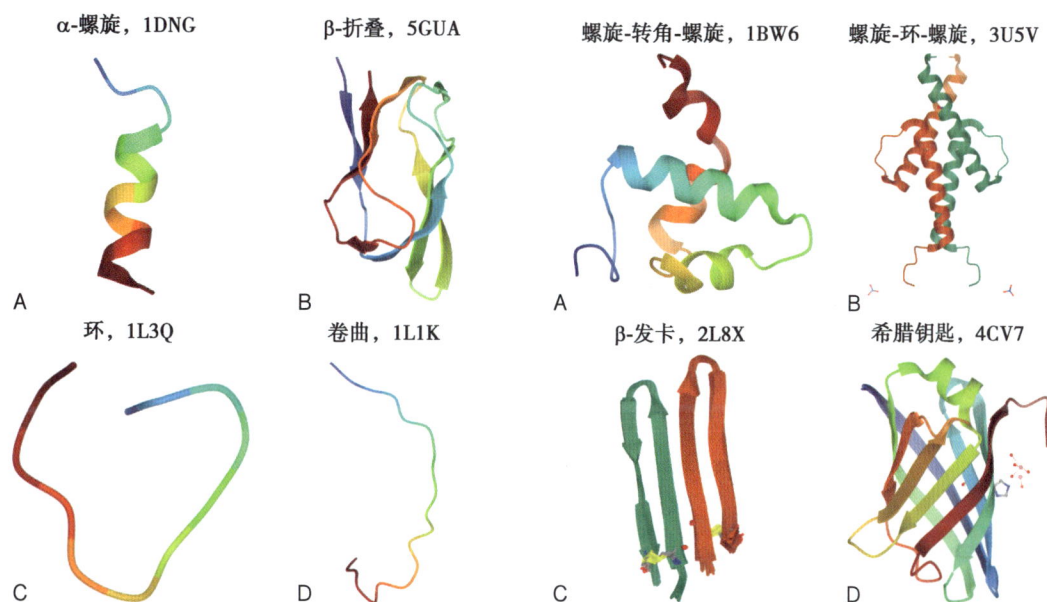

图 9-15 蛋白质二级结构的 4 种周期性模式
A. α- 螺旋,PDB ID:1DNG;B. β- 折叠,PDB ID:5GUA;C. 环,PDB ID:1L3Q;D. 卷曲,PDB ID:1L1K。

图 9-16 4 种常见的蛋白质超二级结构
A. 螺旋-转角-螺旋,PDB ID:1BW6;B. 螺旋-环-螺旋,PDB ID:3U5V;C. β-发卡,PDB ID:2L8X;D. 希腊钥匙,PDB ID:4CV7。

二、蛋白质结构和结构分类数据库

蛋白质结构数据库是结构生物信息学的关键组成。随着 X 射线衍射、磁共振和冷冻电子显微镜等技术的发展,更多的蛋白质三维结构得到测定,这些结构数据通常被收录到蛋白质结构数据库 PDB 中。随着蛋白质结构分类研究的深入,出现了蛋白质家族、折叠模式、结构域和回环等结构层次的定义,构成了蛋白质结构分类数据库 SCOP(structural classification of protein)和蛋白质家族、架构、拓扑和同源超家族数据库 CATH(class,architecture,topology and homologous superfamily),以及用于蛋白质三维结构比较的在线工具 Dali(distance matrix alignment)。蛋白质结构的可视化工具有 IQmol 和 RasMol/OpenRasMol 等。

(一)蛋白质结构数据库

PDB 是用于保存生物大分子结构数据的常用档案库,由美国 Brookhaven 国家实验室于 1971 年创建。1998 年 10 月为适应结构蛋白质组和生物信息学研究的需要,由美国国家科学基金委员会、能源部和国家卫生研究院资助成立了结构生物学合作研究协会（research collaboratory for structural bioinformatics，RCSB），主要负责 PDB 数据库的维护。PDB 数据库的信息是每周进行更新。RCSB PDB 的合作伙伴包括欧洲的 PDBe（proteindata bank in Europe）、PDBj（proteindata bank in Japan）、生物磁共振数据库 BMRB（biological magnetic resonance data bank），以及电子显微镜数据库 EMDB（electron microscopy data bank）。

PDB 数据库以文本文件（.pdb 文件，可用记事本或富文本浏览器打开）的方式存放数据，每个分子各用一个独立的文件，都有唯一的 PDB-ID。它包含 4 个字符，由大写字母和数字组成（如血红蛋白的 PDB-ID 为 4HHB）。文件中除了原子坐标外，还包括物种来源、化合物名称、结构以及有关文献等基本注释信息。此外，还给出分辨率、结构因子、温度系数、蛋白质主链数目、配体分子式、金属离子、二级结构信息、二硫键位置等和结构有关的数据。PDB 格式的文件可以用 IQmol 或 RasMol/OpenRasMol 等软件可视化，从而直观地观察蛋白质的三维结构。

（二）蛋白质结构分类数据库

蛋白质结构分类数据库 SCOP，是对已知蛋白质结构进行分类的数据库，根据不同蛋白质的氨基酸组成及三级结构的相似性，描述已知结构蛋白的功能及进化关系（图 9-17）。SCOP 数据库的构建除了使用计算机程序外，主要依赖于人工验证。SCOP 数据库建立于 1994 年，由英国医学研究委员会（Medical Research Council，MRC）的分子生物学实验室和蛋白质工程研究中心开发和维护。SCOPe（structural classification of proteins-extended）是美国加州大学伯克利分校开发的 SCOP 扩展版本，结合自动和人工验证的方法对蛋白质进行注释。SCOPe 提供了一个非冗余的 ASTRAIL 序列库，通常被用来评估各种序列比对算法。

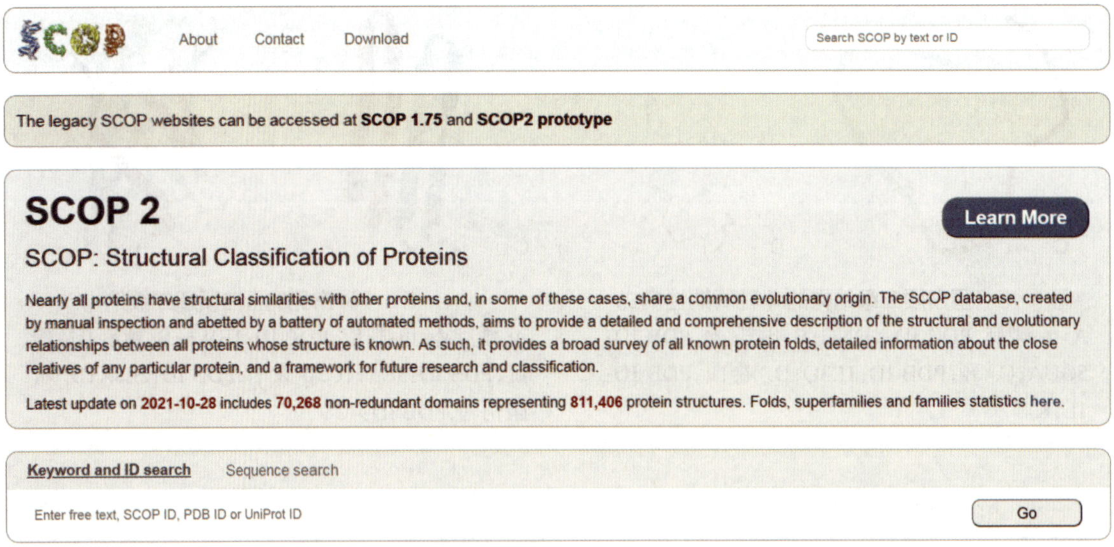

图 9-17　蛋白质结构分类数据库 SCOP 网站首页

在 SCOP 数据库中对蛋白质的分类基于树状层级，从根到叶依次为类（class）、折叠类型（fold）、超家族（super family）、家族（family）、蛋白质结构域（protein domain）、物种来源（species）、单个 PDB 蛋白质结构记录。其中，家族用来描述相近的蛋白质进化关系。通常将序列相似度在 30% 以上的蛋白质归入同一家族，即其有比较明确的进化关系。某些情况下，尽管序列的相似度低于这一标准，也可以从结构和功能相似性推断其来自共同祖先，而归入同一家族。超家族用来描述远源的进化关系，如果序列相似性较低，但其结构和功能特性表明有共同的进化起源，则将其视作超家族。折叠类型用来描述空间的几何关系，无论有无共同的进化起源，只要二级结构单元具有相同的排列和拓扑结构，即归入相同的折叠方式。最后，顶级的种类 class 则依据二级结构组成分为：全 α 螺旋，全 β 折叠，α

螺旋和β折叠，α螺旋+β折叠以及其他特殊种类。这样的树状层次，便于对目标蛋白的结构功能特征进行定位。

另一个代表性蛋白质结构分类数据库是由伦敦大学于1993年开发和维护的CATH（图9-18）。该数据库的名称CATH分别是数据库中四种分类层次的首字母，即蛋白质的种类（class，C）、二级结构的构架（architecture，A）、拓扑结构（topology，T）和蛋白质同源超家族（homologous superfamily，H）。与SCOP不同，CATH的蛋白质种类为全α、全β、α-β（α/β型和α+β型）和低二级结构四类，其中低二级结构类是指二级结构成分含量很低的蛋白质分子。第二个层次是蛋白质分子的构架，就如同建筑物的立柱和横梁等主要部件，主要考虑α螺旋和β折叠形成超二级结构的排列方式，而不考虑其连接关系。这一层次的分类主要依靠人工方法。第三个层次为拓扑结构，即二级结构的形状和二级结构间的联系，与SCOP中的折叠类型（fold）相当。第四个层次为结构的同源性，是先通过序列比对再用结构比较来确定的。总的来说，SCOP注重从蛋白质进化角度进行分类，而CATH偏重于从结构角度对蛋白质分类，其分类基础是蛋白质结构域。除了结构上的四层分类外，CATH数据库还根据序列相似度将结构域分为同一序列家族（sequence family，>=35%）、直系家族（orthologous Family，>=60%）、相似结构域（like domain，>=95%）或相同结构域（identical domain，=100%）。

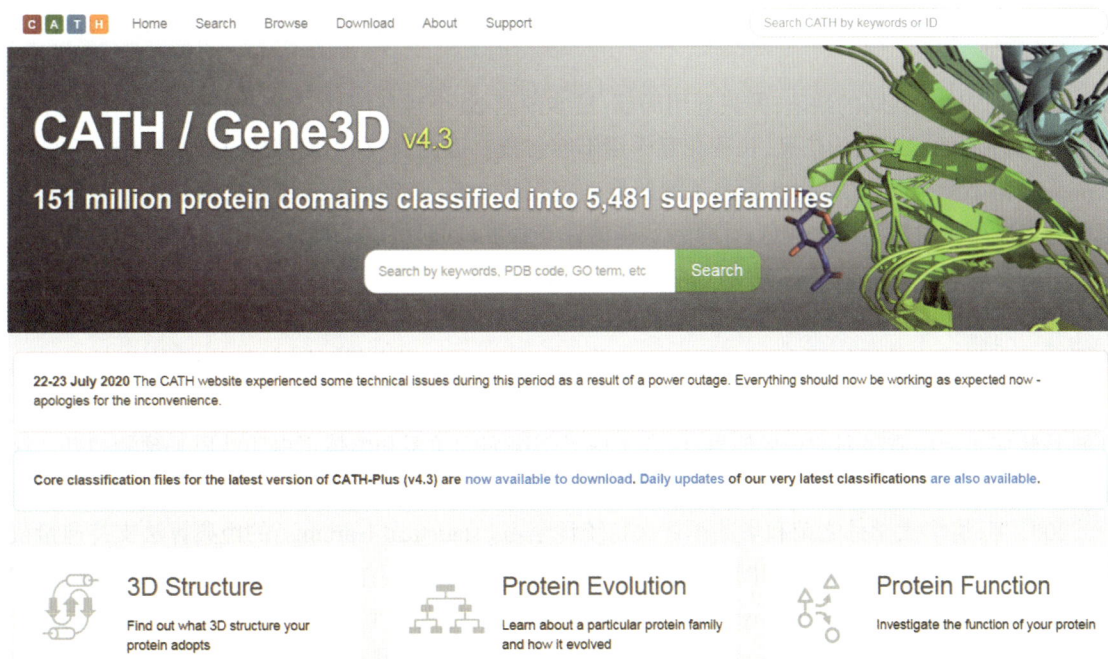

图9-18　蛋白质结构分类数据库CATH网站首页

三、蛋白质二级结构预测方法

蛋白质中约85%的残基处于三种稳定二级结构，α螺旋、β折叠和β转角。二级结构预测的目标是根据蛋白质一级序列判断残基是否处于特定的3种二级结构之一：α螺旋（H）、β折叠（E）和环/卷曲（C）。其基本依据是：每段相邻的氨基酸残基具有形成一定二级结构的倾向，通过统计和分析发现这些倾向或者规律，二级结构预测问题可转化为模式分类和识别问题。三态总体每残基准确性（three-state overall per-residue accuracy，Q3）是评估蛋白质二级结构预测准确性的主要方法，即预测正确的具有α螺旋、β折叠或环/卷曲的残基数量，除以三种预测残基的加和。

蛋白质二级结构预测始于20世纪60年代中期，大体分为四代。第一代是基于单个氨基酸残基统计分析，从有限的数据集中提取各种残基形成特定二级结构的倾向。第二代方法统计的对象是长度为 11 到 21 个氨基酸片段,以之体现中心残基所处的环境,从而以残基在特定环境形成特定结构的倾向作为依据预测中心残基的二级结构。这些算法可以分为:①基于统计信息;②基于物理化学性质;③基于序列模式;④基于多层神经网络;⑤基于多元统计;⑥基于机器学习的专家规则;⑦最邻近算法。1974 年,Peter Y. Chou 和 Gerald D. Fasman 提出第一个基于统计信息的 "Chou-Fasman 法"(Chou-Fasman method),根据氨基酸残基在各种二级结构中出现的频率来预测三种主要的二级结构:α螺旋、β折叠和卷曲,使用的训练数据包括 15 个已知三维构象的蛋白质结构,共 2 473 个氨基酸残基。作者定义了三种二级结构的蛋白质构象参数(protein conformational parameter)P_α、P_β 和 P_c,计算公式如下:

$$P = \frac{f_i}{\dfrac{f_j}{20}}$$

f_i 和 f_j 为三种二级结构之一中不同氨基酸出现的频率,P_α、P_β 和 P_c 根据相应的不同氨基酸出现的频率分别进行计算,用来反映 20 种氨基酸残基在不同二级结构中的重要性。

Chou-Fasman 法设计了两条判定规则:①对于给定的一条长度大于 6aa 的片段,若 P_α 值大于 1.03,且 P_α 值大于 P_β 值,则判定为 α 螺旋;②对于给定的一条长度大于 6aa 的片段,若 P_β 值大于 1.05,且 P_β 值大于 P_α 值,则判定为 β 折叠。Chou-Fasman 法的 Q3 准确性约为 50%~60%,对于 β 折叠的预测性能较差。

前两代方法有共同的缺陷,即只利用局部,最多预测 20 个残基信息。统计分析表明局部信息仅包含 65% 左右的二级结构信息,长程相互作用不容忽视。因此,只利用局部信息的二级结构预测方法准确率都小于 70%,尤其对 β 折叠预测的准确率仅为 28%~48%。第三代方法通过对一个蛋白质家族的多序列比对得到进化信息,计算各残基的保守程度,同时引入长程信息,描述其结构特征。此方法准确率能达到 70%~75%。特别是对 β 折叠,预测结果与实验观察趋于一致。首先达到 70% 的方法是基于统计的神经网络方法 PHDsec。PHDsec 是基于人工神经网络系统预测二级结构的算法,该算法首先将提交的靶序列利用 BLASTP 查询 Swiss-Prot 数据库得到同源序列,将查询结果过滤后再进行 CLUSTALW 多序列比对,得到的进化信息作为神经网络的输入值进行计算;同时采用 20 种氨基酸描述蛋白质序列的全局信息,综合考虑局部序列间关系和整体蛋白质性质来预测残基二级结构。

2001 年,清华大学孙之荣和华苏军首次将统计学习(statistical learning)的经典算法支持向量机(support vector machine,SVM)用于蛋白质二级结构的预测。该工作使用了两组数据作为训练集和测试集,包括 1993 年 BurkhardRost 和 ChrisSander 整理的、序列相似性低于 25% 的 126 条蛋白质链(RS126 数据集)和 1999 年 James A. Cuff 和 Geoffrey J. Barton 收集的、序列相似性低的 513 条蛋白质链。作者将蛋白质二级结构问题转化成 6 组二分类预测,包括:①α 螺旋/非 α 螺旋;②β 折叠/非 β 折叠;③卷曲/非卷曲;④α 螺旋/β 折叠;⑤β 折叠/卷曲;⑥卷曲/α 螺旋。算法考虑了长度为 5~17 个氨基酸片段对中心残基所处的环境的影响,序列编码方式是正交二进制编码(orthogonal binary coding,OBC),即首先将 20 种氨基酸按字母表顺序排序,对于一个 20 维的向量,处于相应位置的氨基酸计为 1,其他位置为 0。例如排第一位的丙氨酸的 OBC 向量为[1,0,0,0,0,0,0,0,0,0,0,0,0,0,0,0,0,0,0,0,0,0,0],排第二位的半胱氨酸的向量为[0,1,0,0,0,0,0,0,0,0,0,0,0,0,0,0,0,0,0,0,0,0,0,0]。然后将编码之后的向量输入支持向量机中,即可训练计算模型。作者也参考了 PHDsec,整合了蛋白质多序列比对获得的进化信息,Q3 准确性达到 73.5%。

第四代方法主要是使用深度学习(deep learning)技术来训练模型。2014 年,美国密苏里大学的华人学者程建林利用深度学习框架(deep learning framework)设计了 DNSS 法,预测二级结构的 Q3 准确性为 80.7%。虽然二级结构预测准确性有待提高,其预测结果仍能提供许多结构信息,因此常作为蛋白质空间结构预测的第一步,是内部折叠、内部残基距离预测的基础,并可用于推测蛋白质功能和预测蛋白质结合位点等。

四、蛋白质三级结构预测方法

　　结构蛋白质组学的目标,是通过实验或者计算的手段解析所有蛋白质在自然条件下的三级结构。蛋白质一级序列发生折叠形成能量更低的三维构象的过程,称为蛋白质折叠的动力学过程。在细胞内,蛋白质的折叠可以是自发的,也可以由酶或伴侣蛋白的介导,折叠过程中,蛋白质的熵与焓都发生改变。许多蛋白质在体外不能自发折叠。蛋白质折叠具有高度的动态性,其结构在自然条件下并不是固定的,因此蛋白质的功能常常依赖其构象的改变。自然条件下的蛋白质结构,与蛋白质变性之后的能量差非常小(约 5~15kcal/mol),大约等于 1~2 个氢键的能量。因此,蛋白质三级结构的预测非常困难。

　　蛋白质三级结构的相关预测可分为两类:①蛋白质结构预测或“蛋白质折叠”预测,即给定一条蛋白质的氨基酸序列,预测其三级结构,其基本原理为预测具有最小自由能的构象;②蛋白质设计(protein engineering)或“反向折叠”,即给定一个蛋白质的三级结构,找出所有符合该结构的氨基酸序列。目前,蛋白质折叠动力学的机制尚未完全清楚,难以快速、准确地建立序列和结构之间的对应关系。Li 和 Scheraga 等曾用随机搜索方法确定多肽构象,但单纯构象搜索对于结构和自由度复杂得多的蛋白质无能为力。

　　目前蛋白质三级结构预测方法主要发展自两个方向:①物化理论分析,根据蛋白质天然构象处于热力学最稳定、能量最低状态的理论,计算蛋白质分子中所有原子间相互作用及蛋白质和溶剂间的相互作用,通过能量最小化方法获得体系能量最低的构象,即从头预测(ab initio prediction)方法。但目前还缺乏有效的方法计算蛋白质构象的全局能量最小点。同时,复杂生物环境中,热力学条件下蛋白质周期性或无规则动态运动,与溶剂分子或配体小分子的相互作用,不同的溶剂环境、浓度环境,或者膜、凝胶、多孔吸附材料等界面条件,都可能导致实际条件下的蛋白质构象与理论计算的最稳结构有较大差距。但即使如此,理论计算所得的结构也往往能在一定程度上反映出实际结构中的大部分特征,如二级结构、超二级结构、结构域的组成和相互作用等。②统计学方法,对已有蛋白质的构象进行统计分析,从一级序列预测其二级结构进而构建三级结构。目前二级结构预测的准确率已经达到 80% 左右,能够通过二级结构较为准确地搭建三级结构。这种方法已成功地用于蛋白质的同源建模(homology modeling),即从与目标蛋白同源性较好的蛋白质三维结构出发,预测目标蛋白的三维结构。同源建模是当前最被广泛使用的结构预测方法,但当找不到合适模板时,穿针引线(threading)法更为实用。穿针引线法不需要同源性模板,并且克服二级结构预测不十分精确的困难,直接得到有参考价值的三维结构。

　　随着计算方法的发展,这三种结构预测方法间的界限越来越模糊,且逐渐相互融合。同源建模在寻找模板时作用明显,穿针引线则运用序列进化信息提高序列比对的精确度,一些最新的从头预测算法如 AlphaFold 2 也能达到折叠识别的效果。

(一)同源建模法

　　同源建模又称比较建模(comparative modeling),其原理是基于进化相关的序列具有相似的三维结构且进化过程中三维结构比序列保守的原理,利用进化相关模板结构信息建模。同源建模包括以下几个步骤且常需不断重复才能获得满意的结构模型:①将目标序列作为查询序列来搜索 PDB 和 Swiss-Prot 等已知蛋白质结构数据库,确定和识别一个同源模板,或选择已知结构的同源序列作为建模的模板;②将目标序列和模板序列进行比对,利用多种比对方法或手工校正以改进和优化靶序列和模板结构的比对,比对中可以加入空格;③以模板结构骨架作为模型,建立目标蛋白质骨架模型;④构建环区和侧链,优化侧链位置;⑤优化和评估产生的模型,使用能量最小化或其他方法优化结构,如利用分子动力学、模拟退火等优化结构。SWISS-MODEL(https://swissmodel.expasy.org/)是常用的同源建模在线工具(图 9-19)。

NOTES

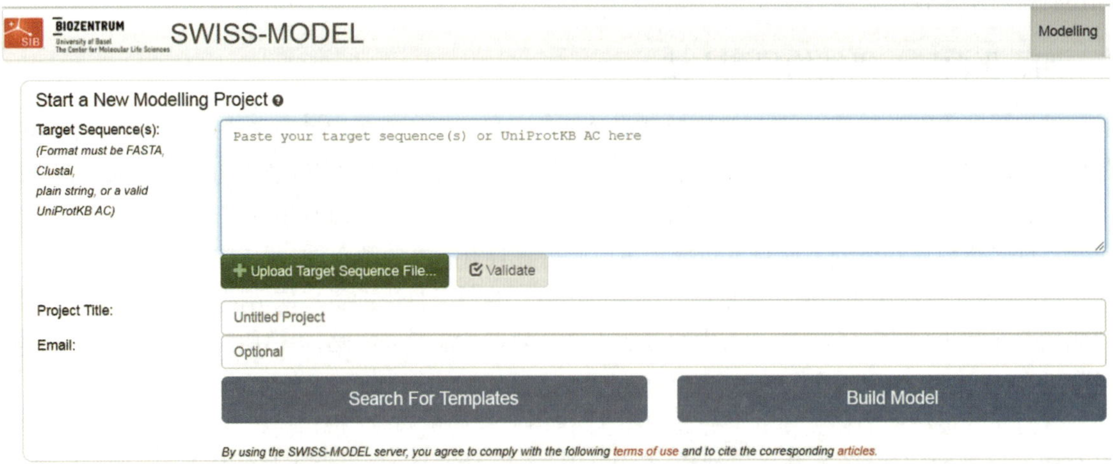

图 9-19　蛋白质三级结构同源建模在线工具 SWISS-MODEL 的网站界面

　　传统的同源建模是通过 PSI-BLAST 找到已知结构的相关蛋白。同源建模最大的挑战是对模板链进行空隙和插入的建模。目标蛋白与模板结构保守性的程度及序列比对的正确性严重影响预测模型的准确性。与模板一致性超过 50% 的序列建模通常较为可靠，其 Cα 原子位置与实验结构的平均偏差约 1Å；蛋白质序列一致性在 30%~50% 时，至少可共有 80% 的结构，在该范围的最好模型与实验结构中 Cα 原子位置平均偏差 <4Å（典型为 2~3Å），且其误差主要在环区；当序列一致性为 20%~30% 或甚至低于 20% 时，结构保守性能低至 55%。因此，比较建模主要在序列一致性大于 30% 的序列间进行。

（二）穿针引线法

　　结构在进化上的保守性要高于序列。结构生物学的实验研究发现，蛋白质折叠的类型有限，只有约 1 000 种，因此蛋白质三维结构预测问题可转化为：根据不同的模板，预测给定蛋白质的折叠类型，并进一步拼装成三级结构。穿针引线法需要综合考虑两部分的信息，即能量函数和模板库（template library）。随着三维结构数据库的迅速扩充，已经积累了足够的数据来覆盖小的蛋白质结构，使得穿针引线法近年来发展很快，尤其在只能找到同源性小于 30% 的模板时比较适用。此方法包括两步：①将目标蛋白序列和已知的折叠进行匹配，根据比对的进化信息在已知的结构中找到一个或几个匹配最好的折叠结构，作为建模的模板。②将目标序列的"线"穿到模板的折叠结构上，拼装出最好的匹配模型，并使用能量函数优化模型。此方法的关键仍然在于目标序列与已有折叠模板的比对，目标序列与折叠模板的相似性越高，预测模型就越可靠。

（三）蛋白质三维结构的从头预测方法

　　如果目标蛋白序列缺乏已知结构的同源蛋白质，则可采用从头预测法或称自由建模法。从头预测法的理论依据是 Anfinsen 原理，即在给定条件下蛋白质的天然结构对应其自由能最低的状态。从头预测法通常需要设计能量函数，包括氨基酸残基间的键能（bond energy）、键的转角能（bond angle energy）、二面角能（dihedral angle energy）、范德华力（Van der Waals energy）和静电力（electrostatic energy）等。成功的从头预测依赖于以下因素的有效性：①通过能量优化找到的蛋白质结构具有充分的结构可靠性和计算可控性；②符合实际的力场或其他作用力描述方法；③高效而准确地搜索构象空间重要区域的算法；④对获得结构进行准确评估的方法。

　　1999 年，美国华盛顿大学的 David Baker 设计了蛋白质三级结构从头预测工具 ROSETTA，其基本原理是长度为 3~9 个氨基酸残基组成的短肽段库，能够充分反映各种肽段在局部范围内的三级结构，因此针对给定蛋白质，寻找各种短肽段组合，并以能量函数予以优化，从而模拟蛋白质的三级结构（图 9-20）。2020 年，Demis Hassabis 等人，综合考虑多序列比对的进化信息，以及氨基酸对的物

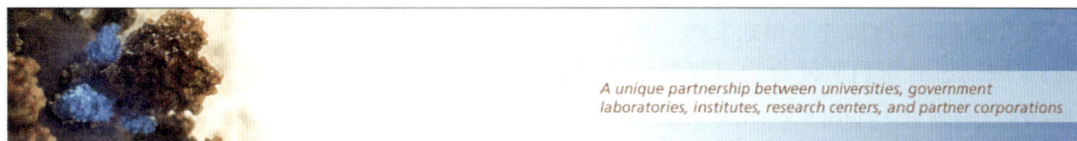

图 9-20　蛋白质三级结构从头预测软件 ROSETTA 的下载页面

理和几何限制性特征,构建了新的深度学习框架 Evoformer,设计了蛋白质三级结构从头预测方法 AlphaFold 2,准确性与实验技术相当。利用 AlphaFold 2,科学家系统预测了人类等 20 多个物种蛋白质组中所有蛋白质的结构,并构建了相应的数据库 AlphaFold DB(图 9-21)。

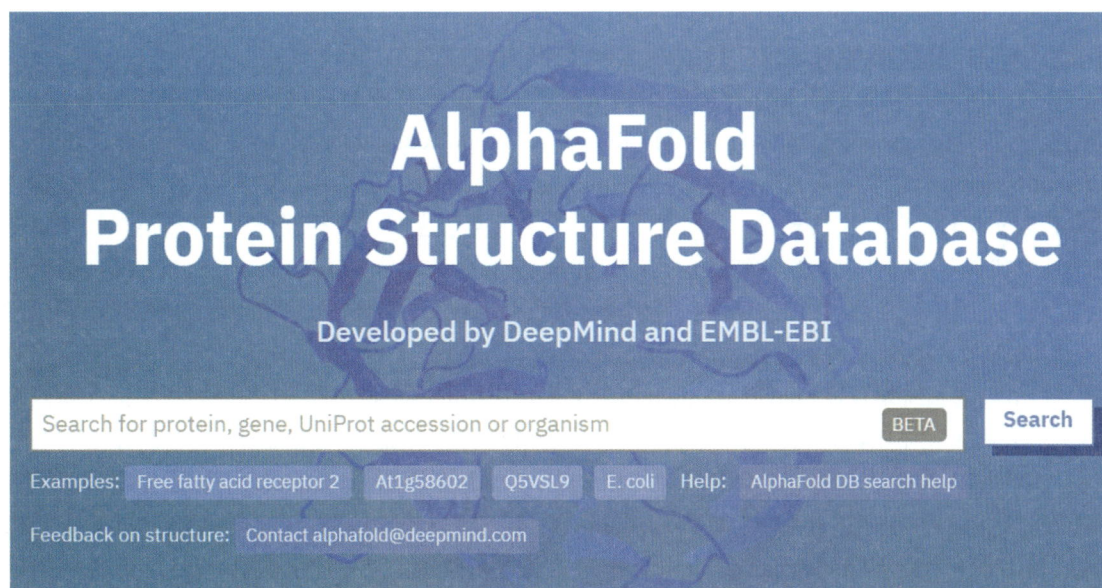

图 9-21　蛋白质三级结构从头预测数据库 AlphaFold DB 网站首页

NOTES

第五节　功能蛋白质组学
Section 5　Functional Proteomics

在细胞内,蛋白质并不单独发挥功能,往往通过直接或间接的方式与其他蛋白质相互作用,形成稳定或动态的蛋白质复合物或复杂分子机器(molecular machinery),从而参与调控重要的生物学过程。磷酸化(phosphorylation)、泛素化(ubiquitination)、棕榈酰化(palmitoylation)和乙酰化(acetylation)等翻译后修饰,通过改变蛋白质的构象、活性、亚细胞定位和稳定性,能够动态调控蛋白质的功能。此外,不同生命个体的蛋白质序列组成可能存在不同,来自基因组编码区序列的生殖系变异(germline variation)和体细胞突变(somatic mutation),转录层面的 RNA 可变剪接(alternatively splicing,AS)、RNA 编辑(RNA editing),都可以改变蛋白质的一级序列组成。研究表明,蛋白质表达水平主要取决于蛋白质的翻译、修饰和降解,而 RNA 表达水平则取决于 RNA 的转录、修饰、剪接、编辑降解。蛋白质和 RNA 在不同层面受到调控,因此两者之间表达水平的相关性不强。在人类肿瘤和癌旁样本中,蛋白质和 RNA 在不同样本中大约只有 30%~40% 是显著正相关的。因此,蛋白质相互作用组学、修饰蛋白质组学和蛋白基因组学都属于功能蛋白质组学的研究范畴,分别从不同方面研究蛋白质调控机制和生物学功能。

一、蛋白质相互作用组学

研究蛋白质相互作用组学的高通量技术,主要包括酵母双杂交、亲和纯化串联质谱、蛋白质芯片和生物信息学预测。其中蛋白质芯片在第三节中有简要的描述。芯片上固载抗体即可定量检测目标蛋白质的表达量,固载蛋白质即可鉴定其相互作用的蛋白质。下面简要介绍另外三种技术。

酵母双杂交的原理是,转录因子(transcription factor,TF)GAL4 包含两个彼此可分割开的结构域,即 N 端的 DNA 结合结构域(DNA-binding domain,DBD,1-147aa)和 C 端的转录激活结构域(transcriptional activation domain,AD,768-881aa),两个结构域必须同时存在才能够激活下游报告基因的表达。因此,将 DBD 连接"诱饵"(bait)基因 X、AD 连接"猎物"(prey)基因 Y,构建两种重组质粒载体转入酵母细胞。若蛋白质 X 和 Y 相互作用,则 DBD 和 AD 在空间上接近,从而启动下游报告基因表达,使得转化子在特定的营养缺陷培养基上生长并呈现蓝色。亲和纯化串联质谱是亲和色谱(affinity chromatography,AC)的延伸,利用亲和标记的"诱饵"(affinity-tagged bait)蛋白质与细胞或组织样品的裂解液孵育,再利用串联质谱检测捕获到的"猎物"蛋白质。

计算分析和预测蛋白质相互作用的生物信息学方法主要有三类,包括生物审编(biocuration)、基因组上下文法(genomic context method)和分子对接(molecular docking)。生物审编即文献挖掘(literature mining),主要利用自然语言处理(natural language processing,NPL)技术从已发表的科学文献中获取实验验证的蛋白质相互作用数据。基因组上下文法主要提取相互作用蛋白质对的特征,进行统计学或机器学习预测。这些特征包括:①基因融合和分裂(gene fusion and fission),即在某个物种中,两条基因序列在基因组上连接在一起呈融合状态,而在另一个物种的基因组中则位于不同位置呈分裂状态;②基因顺序的保守性(conservation of gene order),这些基因倾向于形成蛋白质复合物协同发挥功能;③系统发育谱(phylogenetic profile),相互作用的两个蛋白质,在各个物种中都存在或都不存在,表明相互作用具有物种特异性的功能;④基因共表达(gene co-expression),相互作用的两个蛋白质,其 mRNA 表达水平可能会有较强的相关性;⑤相互作用同源(interolog),相互作用的两个蛋白质在其他物种中皆存在直系同源序列(ortholog)。第三类方法需要结合蛋白质复合物的三级结构信息,利用分子动力学(molecular dynamics,MD)方法寻找对接位点并优化模型。2012 年,在美国哥伦比亚大学留学的张强锋等人,发展了基因组范围的蛋白质-蛋白质相互作用预测算法 PrePPI,思路是对于已知结构的蛋白质,寻找具有复合物结构的同源蛋白质从而预测相互作用;对于结构未知的蛋白质,则整合多种基因组上下文信息预测相互作用;两部分预测利用贝叶斯法进行整合,得到最终结果。蛋白质相互作用的公共数据库很多,例如 BioGRID,主要是从文献中收集实验证实的蛋白质相互作用数据(图 9-22);STRING,主要通过生物信息学预测潜在的相互作用蛋白质(图 9-23)。

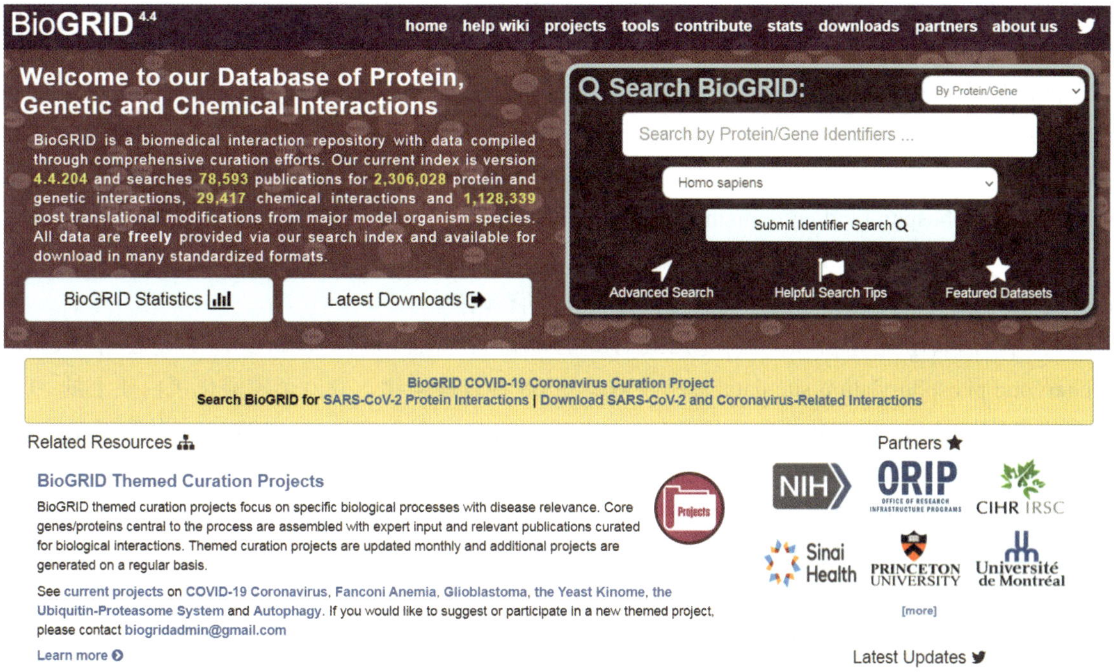

图 9-22　蛋白质相互作用数据库 BioGRID 网站首页

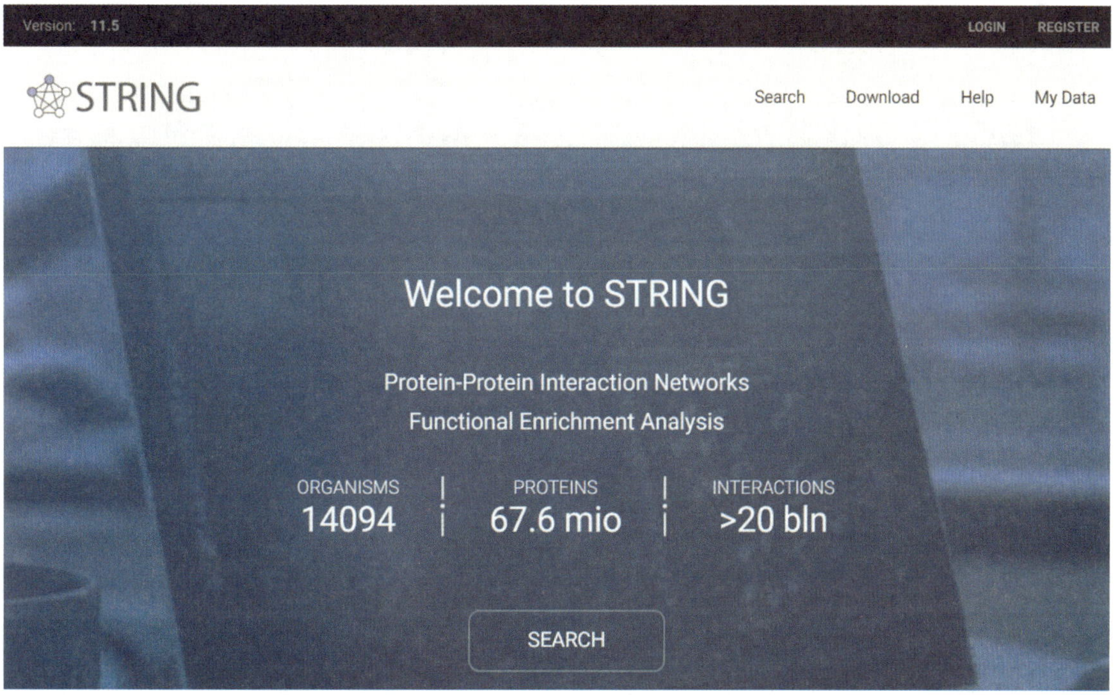

图 9-23　蛋白质相互作用预测数据库 STRING 网站首页

二、修饰蛋白质组学

蛋白质翻译后修饰发生在 DNA 转录为 RNA 并翻译成蛋白质之后。翻译后修饰也称共价修饰，指发生在氨基酸主链或侧链上的、共价键生成或断裂的生化反应。修饰通常由特定酶催化，可发生在 15 种非疏水性的氨基酸残基上。目前已发现超过 680 种修饰类型，修饰底物和位点的鉴定及调控机制、生物学功能探索是生物医学研究中的热点。

蛋白质磷酸化（protein phosphorylation）是最重要、研究最广泛的修饰类型之一，参与几乎所有的生物学过程。磷酸化具有可逆性，蛋白激酶（protein kinase）催化磷酸化反应，可视为"写入器"（writer）；蛋白磷酸酶（protein phosphatase）催化去磷酸化，可视为"擦除器"（eraser）；包含磷酸化结合结构域（phospho-binding domain）的蛋白质可特异性识别并结合磷酸化位点，可视为"读取器"（reader）。不仅是磷酸化，其他蛋白质修饰以及 DNA、RNA 修饰，同样具有"写入器-擦除器-读取器"的调控系统，因此生物大分子修饰受到精确、严密的动态调控。

发现新的磷酸化底物和位点，是后续研究的基础。目前，真核生物磷酸化位点数据库 EPSD（eukaryotic phosphorylation site database）中收集了 68 种真核生物 >20 万个磷酸化蛋白质上的 >160 万个位点（图 9-24）。磷酸化蛋白质组学（phosphoproteomics）是鉴定磷酸底物和位点的高通量技术，需要结合磷酸肽富集（phosphopeptide enrichment）和质谱鉴定技术。溶液中的磷酸根为 HPO_3^{2-} 离子，带两个负电荷，因此磷酸肽富集方法可分为四类：①金属固载的亲和色谱（immobilized metal affinity chromatography，IMAC），主要包括 Fe^{3+}-IMAC、Ti^{4+}-IMAC 和 Zr^{4+}-IMAC，其中 Ti^{4+}-IMAC 中的钛为四价阳离子；②金属氧化物的亲和色谱（metal oxide affinity chromatography，MOAC），如 TiO_2-MOAC，在溶液中电离出阳离子；③强阳离子交换（strong cation-exchange，SCX）树脂；④识别磷酸化酪氨酸的抗体。

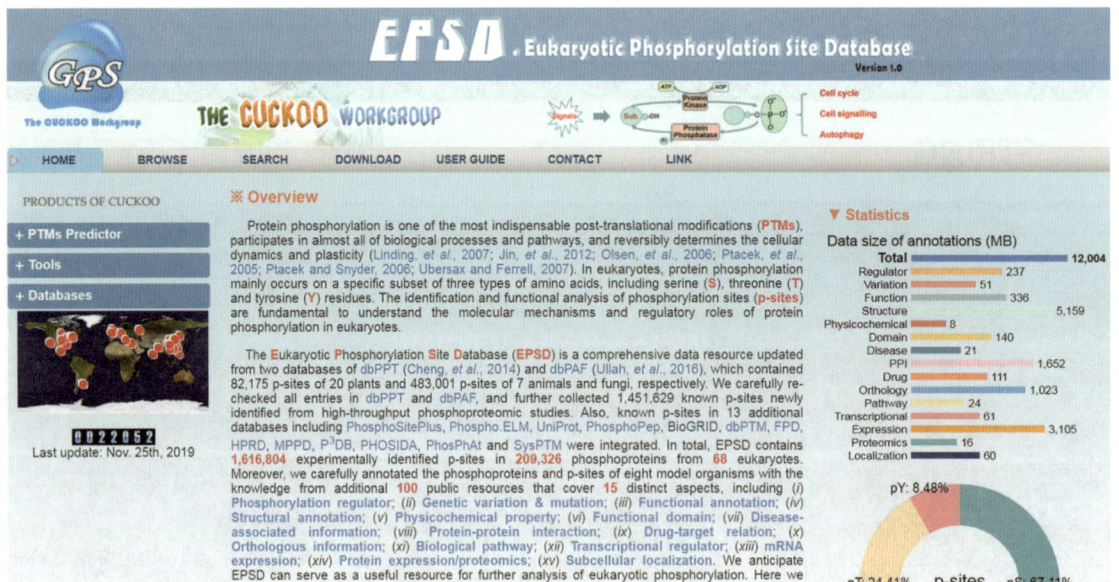

图 9-24   真核生物磷酸化位点数据库 EPSD 网站首页

在液相色谱的分离中，IMAC 和 MOAC 的材料与磷酸根有较强的亲和力，因此磷酸肽在后期被分离；SCX 带负电，与磷酸根有较强的排斥力，因此磷酸根在前期被分离；酪氨酸与磷酸根的亲和力较弱，酸性环境中共价键常常会发生断裂，因此需要用特异性抗体进行磷酸肽的富集。磷酸肽的质谱鉴定，需要根据二级质谱的信息，推断磷酸肽的组成及磷酸化位点的位置，通常磷酸肽的丰度即为所包含位点的磷酸化水平。

人类基因组中编码了大约 520 个蛋白激酶,不同激酶具有独特的底物识别特异性,仅识别并修饰有限的特定蛋白质底物。因此实验鉴定磷酸化底物和位点之后,还需要使用生物信息学的方法预测潜在的调控激酶,从而指导后续实验。预测激酶特异性的磷酸化位点(kinase-specific phosphorylation site)通常提取中心残基两侧区域组成的氨基酸片段,以中心残基在特定微环境中被特定激酶磷酸化的倾向为依据来进行预测。以"分组预测系统"GPS 5.0(group-based prediction system)为例(图 9-25),对于两条磷酸肽"AQEpSILR"和"IQEpSLIR",前者已知被某个激酶磷酸化,后者未知。可根据氨基酸打分矩阵如 BLOSUM62 计算两条肽段的相似性,例如 A 和 I 的相似性分值为−1、Q 和 Q 的相似性分值为 5、E 和 E 的相似性分值为 5,以此类推并将这些相似性分值加和,即可得到两条肽段的整体相似性分值为 24。在 GPS 算法中,待预测肽段需要和所有被某个激酶磷酸化的位点肽段进行两两比较、打分,平均值即为该肽段与已知激酶特异性磷酸化位点的平均相似性,通过选取不同的阈值即可判定该肽段是否可能被该激酶磷酸化。

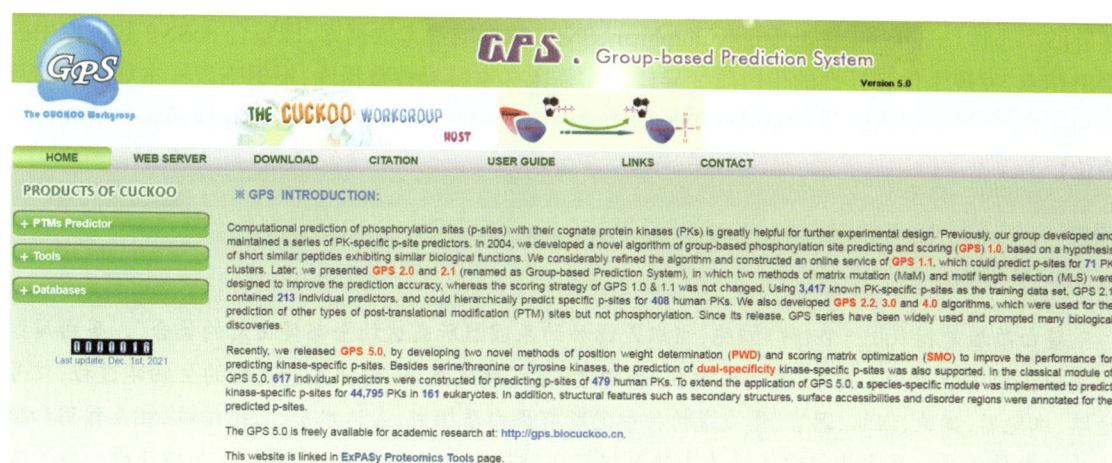

图 9-25 真核激酶特异性磷酸化位点预测软件 GPS 5.0 网站首页

其他翻译后修饰的组学鉴定方法与磷酸化蛋白质组学类似。例如泛素(ubiquitin)是长度为 76aa 的小蛋白,其 C 末端为-RGG 序列,残基 R 可以被胰蛋白酶识别并切割形成-GG 序列。因此使用特异性识别-GG 的抗体即可富集泛素化肽段,从而开展泛素化组(ubiquitinome/ubiquitylome)分析。类泛素化蛋白质 SUMO(small ubiquitin-related modifier),其 C 末端被蛋白酶切割之后会暴露出-TGG(人类 SUMO1、2 和 3)或-IGG(酿酒酵母 Smt3),因此可使用定点突变(site-directed mutagenesis,SDM)技术将 T 或 I 突变为 R,构建 SUMO/Smt3 的突变体质粒,转入细胞中开展 SUMO 化组学鉴定。棕榈酰化(palmitoylation)是发生在半胱氨酸上的可逆脂修饰(lipid modification),棕榈酰基团与半胱氨酸形成硫酯键,共价结合的亲和力较弱,常规酸性环境的肽段富集技术会造成共价键的断裂。因此,在开展棕榈酰化组学鉴定之前,需要使用酰基生物素交换(acyl-biotinyl exchange,ABE)技术,先用马来酰亚胺(N-ethylmaleimide,NEM)结合所有未修饰半胱氨酸的硫醇基团(thiol group),再使用羟胺(hydroxylamine,HAM)特异性切割棕榈酰化半胱氨酸的硫醇基团,然后再将生物素或维生素 H 与棕榈酰化的半胱氨酸结合,从而形成更稳定的共价键。

三、蛋白基因组学

蛋白基因组学是功能蛋白质组学研究的新兴方向,主要通过结合基因组、转录组等其他组学层面的数据来开展以蛋白质组学为中心的研究,主要内容包括:①验证已有的基因模型,如通过将肽段回贴到预测的基因上来验证注释基因模型的存在和正确性,根据鉴定到的 N 端乙酰化肽段来确定蛋白质的 N 末端,以及根据跨外显子-外显子连接区域的肽段来验证剪接体等;②修正已有的基因模型,如根据可回贴到内含子区域的肽段来确定新外显子存在或已有外显子的延伸,根据可回贴到外显子-内含子连接区域的肽段发现已有外显子的延伸,根据可回贴到不同阅读框的肽段鉴定新的可读框,以及发现新的剪接体等;③发现新的编码基因,如根据可回贴到非编码基因或伪基因(pseudogene)区域的肽段来发现新基因;④其他如融合基因发现、包含突变的蛋白质变异体发现等。

蛋白基因组学的关键步骤是参考数据库的构建,根据研究目标的不同可分为四类:①基于基因组的六种可读框翻译的参考序列数据库,从基因组序列的 5' 端至 3' 端的六种相位,按照三联密码子直接翻译成氨基酸残基,起始密码子为编码甲硫氨酸的 ATG,终止密码子为 TAA、TAG 或 TGA,分别生成相应的蛋白质序列。由于存在非经典的起始密码子,即蛋白质序列的第一位可以不为甲硫氨酸,因此也有仅考虑终止密码子的参考数据库的生成方式。在构建参考库的时候,也需要将生成的蛋白质序列反转生成诱饵库并与原序列合并,从而构建最终的参考数据库。参考数据库中包含已知和潜在的新肽段,因此有助于基因组注释和新编码基因的发现。②基于 RNA-seq(RNA sequencing)数据的参考数据库,重点是考虑 RNA-seq 数据中外显子连接点信息,有助于新剪接体的发现。③基于单核苷酸多态性(single nucleotide polymorphism,SNP)数据的参考数据库,即整合 dbSNP 数据库中的 SNP 信息,发现个体特异性的蛋白质变异体。④临床样本特异性数据库,根据临床样本如肿瘤的基因组测序、外显子组测序和 RNA-seq 等数据构建参考数据库,从而发现患者特异性的蛋白质和抗原表位。

小结

蛋白质组是指“由一个(种)细胞、组织或物种的基因组所表达的全部蛋白质的集合”。蛋白质组学是以蛋白质组为研究对象,采用大规模、高通量、系统化的方法,研究某一类型的生物学过程、信号通路、细胞器、细胞、组织、器官、体液或物种中的所有蛋白质组成、表达水平、三维结构、相互作用和翻译后修饰的学科。蛋白质组学能够为生物系统提供准确和详尽的蛋白质信息,从而指导进一步的实验研究和临床实践。近年来,随着高通量质谱、样本处理和生物信息学等方法的革新,蛋白质组学的鉴定通量、准确性和可重复性大为提升。基于蛋白质组学的重大生物学发现屡见不鲜,相关研究越来越受到生物医学领域的关注。本章围绕蛋白质组信息学,讲解了蛋白质组鉴定、表达蛋白质组学和结构蛋白质组学中常用的实验方法以及数据处理、分析和预测技术,还简要介绍了蛋白质相互作用组学、修饰蛋白质组学和蛋白基因组学等功能蛋白质组学研究方向的基本概念、主流技术和相关生物信息学分析。本章重要的知识点包括肽段离子 m/z 值计算、质谱仪分辨率和质量准确度的估算、基于一级质谱数据的肽段指纹谱法、根据二级质谱信息推断肽段组成的 SEQUEST 算法、根据无标记定量蛋白质组数据推断蛋白质丰度的 iBAQ 和 TOP3 算法原理、估算单个细胞中特定蛋白质拷贝数量的“蛋白质组之尺”算法、预测蛋白质二级结构的“Chou-Fasman 法”原理,以及蛋白质三级结构预测的同源建模法、穿针引线法和从头预测法的原理。

Summary

A proteome is defined as the entire set of proteins encoded by the genome from a given cell, tissue or species. Proteomics is a discipline of studying the proteome, including the analyses of compositions, expression levels, 3-dimensional (3D) structures, interactions, and post-translational modifications (PTMs) of all proteins, using large-scale, high-throughput and systematic approaches. Proteomics can provide accurate and comprehensive information of proteins for biological systems, guiding further experimental researches and clinical applications. In recent years, according to innovations in high-throughput mass spectrometry, sample preparation and bioinformatics, the throughput, accuracy and reproducibility of proteomic profiling have been greatly improved. Numerous important biological findings are uncovered from proteomic studies, which have been paid more and more attention in the biomedical field. This chapter focuses on proteomic informatics, describes frequently used experimental methods and data processing, analysis and prediction techniques in proteomic identification, expression proteomics, and structural proteomics, and briefly introduces basic concepts, mainstream techniques and related bioinformatic analyses in several research fields of functional proteomics, including protein interactomics, PTMomics and proteogenomics. The main knowledge points in this chapter include the calculation of m/z ratio of a peptide ion, estimation of resolution and mass accuracy of mass spectrometer, MS-based peptide mass fingerprinting (PMF) method, MS/MS-based algorithm of SEQUEST for peptide inference, rationales of iBAQ and TOP3 algorithms for estimation of protein abundance from label-free quantitative proteomic data, proteomic ruler algorithm for estimation of protein copy numbers in single cells, Chou-Fasman method for prediction of protein secondary structures, and rationales of three methods for prediction of protein tertiary structures, including homology modeling, threading, and *ab initio* prediction.

（薛　宇）

思考题

1. 简述蛋白质组学主要关注的科学问题。
2. 简述采用"自下而上"策略的复杂生物样本的蛋白质组学鉴定的流程。
3. 简述常见的液相色谱分离技术。
4. 简述表达蛋白质组学的常见定量技术。
5. 简述蛋白质二级和三级结构预测的常用算法。
6. 简述用于蛋白质相互作用检测的酵母双杂交法的基本原理。

第十章　生物分子网络分析
CHAPTER 10　BIOMOLECULAR NETWORK ANALYSIS

- 生物分子网络和通路是研究和分析复杂生物分子系统的重要工具。
- 网络的拓扑属性是描述网络本身及其内部节点或边结构特征的测度，对进一步分析网络结构和探索关键节点有重要的意义。
- 生物分子网络和通路的重构依赖于生物分子数据的组织形式，部分可以直接由实验数据构建，部分需要通过机器学习技术从生物数据中提取。
- 快速发展的网络生物学提供了研究生物学和疾病病理学的新视角，为解决复杂生物医学问题提供了新的途径。

第一节　引　　言
Section 1　Introduction

生命体系实际上是一种由不同的生物化学反应通路模块组成的分子网络系统。大量的蛋白质、核酸等生物大分子以及部分小分子是构建分子网络的主要成员，大量小分子、代谢产物以及影响反应的各种化学环境是生物网络系统的重要参与者。生物分子网络作为一种描述生物分子间相互作用关系的方式，在揭示生物体的生长、发育、衰老和疾病等生命系统的基本分子过程和规律中受到越来越多的重视。可以说，网络是复杂系统存在的普遍形式。而通过已有的经验和知识重构网络，并以其为工具进一步分析复杂系统的内在规律是研究复杂系统的有效和重要途径。

随着高通量生物实验技术的进步，可以获得大量的生物组学数据（如基因组、转录组、蛋白组和代谢组数据等）。近几年，复杂网络的研究正成为研究者广泛关注的热点，网络也成为刻画数据关系的重要工具。各种各样的大规模生物网络（基因调控网络、转录调控网络、转录后调控网络、蛋白质相互作用网络、代谢网络等）成为研究生物系统的重要内容。为揭示海量的生物大分子之间的相互作用，需要研究者采用不同于传统生物学研究手段的新技术。本章将介绍系统生物学中常见的生物网络类型、生物网络的重建方法、生物网络的可视化方法和通路分析及应用。

第二节　生物网络与通路概述
Section 2　Overview of Biological Network and Pathway

一、网络与通路的基本概念

随着复杂网络理论和技术的迅速发展，发掘和分析大量复杂的技术网络和社会学网络就显得尤为重要。在生物系统中同样包含很多不同层面的网络，如基因调控网络、转录调控网络、蛋白质相互作用网络、代谢调控网络与细胞信号转导通路是最常见的生物网络。这些网络通常由许多分子元件组成，但对"系统"而言，关键不是元件本身，而是元件之间的关系。从生物分子的角度来看，这种关系既可以是分子之间的相互作用，也可以是某种化学反应。

可见，生物学网络是生命系统中各种生物大分子在组合上相互关联的结构形式，也是生命系统中细胞与细胞内、外环境之间进行物质、能量、信息转换的渠道。为了能够清晰地重构与分析这些网络，必须先明确网络和通路的基本概念。

（一）网络的定义

网络（network）通常可以用图的形式表示：$G=(V,E)$，其中 G 表示一个图；V 是网络的节点集合，每个节点代表一个生物分子或者一个环境因子；E 是边的集合，每条边代表节点之间的相互关系。当 V 中的两个节点 v_1 与 v_2 之间存在一条属于 E 的边 e_1 时，称边 e_1 连接 v_1 与 v_2，或者称 v_1 连接于 v_2，也称作 v_2 是 v_1 的邻居。

（二）网络的分类

根据网络中的边是否具有方向性或者说连接一条边的两个节点是否存在顺序，网络可以分为有向网络与无向网络，边存在方向性，为有向网络，否则为无向网络。如果网络中的每条边都赋予相应的数字，这个网络就称为加权网络，赋予的数字称为边的权重。如果网络中各边之间没有区别，可以认为各边的权重相等，称为等权网络或无权网络。

1. 有向网络与无向网络 根据网络中的边是否具有方向性或者说连接一条边的两个节点是否存在顺序，网络可以分为有向网络与无向网络，其中边存在方向性的为有向网络（directed network），否则为无向网络（undirected network），如图 10-1A，B 所示。生物网络的方向性取决于其所代表的关系，如转录调控网络中转录因子与靶基因之间是存在顺序关系的，因此转录调控网络是有向网络，而基因表达相关网络中的边代表的是两个基因在多个实验条件下表达的相关性，因此是无向的。

2. 加权网络与等权网络 网络中的边具有不同意义或在某个属性上有不同的价值是网络中普遍存在的一种现象。比如交通网中，连接两个城市（节点）的道路（边）一般具有不同的长度，而在互联网中任意两台直接相连的计算设备间通讯的速度也不尽相同。

如果网络中的每条边都被赋予相应的数值，这个网络就称为加权网络（weighted network），所赋予的数值称为边的权重（图 10-1C）。权重可以用来描述节点间的距离、相关程度、稳定程度、容量等各种信息，具体含义依赖于网络和边本身所代表的意义。

如果网络中各边之间没有区别，可以认为各边的权重相等，称为等权网络或无权网络（unweighted network）（图 10-1D）。

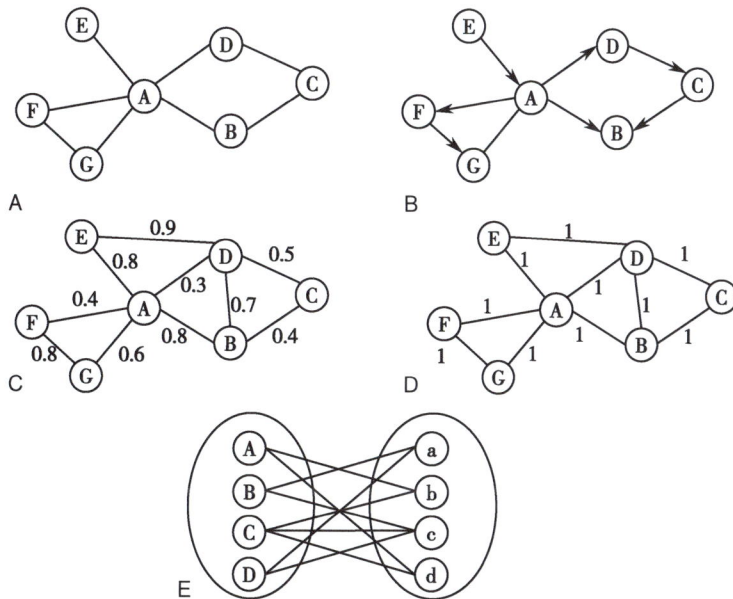

图 10-1 生物分子网络分类
A. 无向网络；B. 有向网络；C. 加权网络；D. 无权网络；E. 二分网络。

3. 二分网络　如果网络中的节点可分为两个互不相交的集合,而所有的边都建立在来自不同集合的节点之间,则称这样的网络为二分网络(bipartite network),如图 10-1E 所示。例如,药物分子与其靶蛋白的结合关系即可以用二分网络的形式来表示。

(三) 通路的定义

生物学通路(biological pathway)是指由生物体内一系列生物化学分子(包括基因,基因产物以及化合物等)通过各种生化级联反应来完成某一具体的生物学过程。生物体内最主要的生物学通路包括代谢通路和信号转导通路。作为一种特殊的生物分子网络,我们同样可以用图的形式来表示生物学通路,其中节点代表参与生化级联反应的底物、产物或者酶,而网络的边表示节点之间的联系。大部分的生物学通路网络都是有向网络。

二、生物网络与通路类型

基于分子生物学的分类标准,我们可以将生物网络大致分为以下几种,但各个调控网络之间不是独立的,而是相互之间存在关联,共同调控生物机体的稳态。

(一) 基因调控网络

基因调控网络(gene regulatory network),指细胞内或一个基因组内基因和基因之间的相互作用关系形成的网络,特指基因调控(gene regulation)导致基因之间的作用。但基因之间并没有直接的相互作用,基因的诱导或抑制是受到特定蛋白(如转录因子等)的调控作用,而该蛋白质本身是由调控基因编码的。将蛋白质和各种酶的作用进行抽象,通过基因表达调控网络把基因之间非直接的相互作用关系呈现出来是非常有意义的,它映射了所有基因之间抽象的相互作用关系。

(二) 转录调控网络

转录调控网络(transcription regulatory network)主要是用来描述转录因子及其靶基因之间关系的。转录因子可以结合在基因上游特异的核苷酸序列上,以此调控基因的表达,可以用有向图表示(图 10-2B),其中点表示转录因子或者靶基因,边表示转录因子对靶基因的调控关系,箭头指向靶基因。有的时候,根据转录因子是促进还是抑制靶基因的表达,调控网络中的边可以分为正调控和负调控。理论上,转录调控网络包含所有可能发生的基因调控关系和实现某种生物学功能的不同调控关系的组合机制。通过手工注释和高通量实验获得的基因调控关系使大范围地分析基因调控网络成为可能。

(三) 转录后调控网络

转录后调控(post-transcriptional regulatory)是指对真核生物基因的转录产物进行的一系列修饰和加工。转录后调控主要体现在对 mRNA 前体 hnRNA 的剪接和加工、mRNA 由细胞核转至细胞质的过程及定位、mRNA 的稳定性及其降解过程等多个环节进行的调控,还有像 RNA 编辑、RNA 干扰等现象也属于转录后调控的范畴。因此,可以看出转录后调控网络就是由多种 RNA 互相调控所导致的,而其中非编码 RNA(详见本书第 12 章)如:miRNA、lncRNA、circRNA 也会参与其中。

由于 miRNA 和靶基因间不是简单的一对一的关系,而是复杂的多对多的关系,这就形成了复杂的转录后调控网络(post-transcriptional regulatory network)。其中网络中包含两种类型的节点,miRNA 和靶基因,网络的边代表 miRNA 对靶基因具有调控作用(图 10-2B)。miRNA-靶基因的转录后调控网络是一种典型的二分网络,网络的边只存在于 miRNA 集合和靶基因集合之间,而 miRNA 集合或靶基因集合内部并不存在调控关系。

另外 miRNA 与 RNA 的互作,而在其中被大家所熟知的就是 ceRNA,ceRNA 全称 competing endogenous RNA,中文叫做竞争性内源 RNA。和 ncRNA 等概念不同,ceRNA 并不是代表某种特定类型的 RNA,而是一种调控机制。随着转录组研究的不断深入,发现不仅在 mRNA 上存在 MRE(miRNA 绑定位点),在 lncRNA,pseudogene,circRNA 等其他类型的 RNA 上也存在 MRE,这意味着同一个 miRNA 可以与多个、多种类型的 RNA 结合,结合相同 miRNA 的 RNA 分子之间就形成了竞争关系。

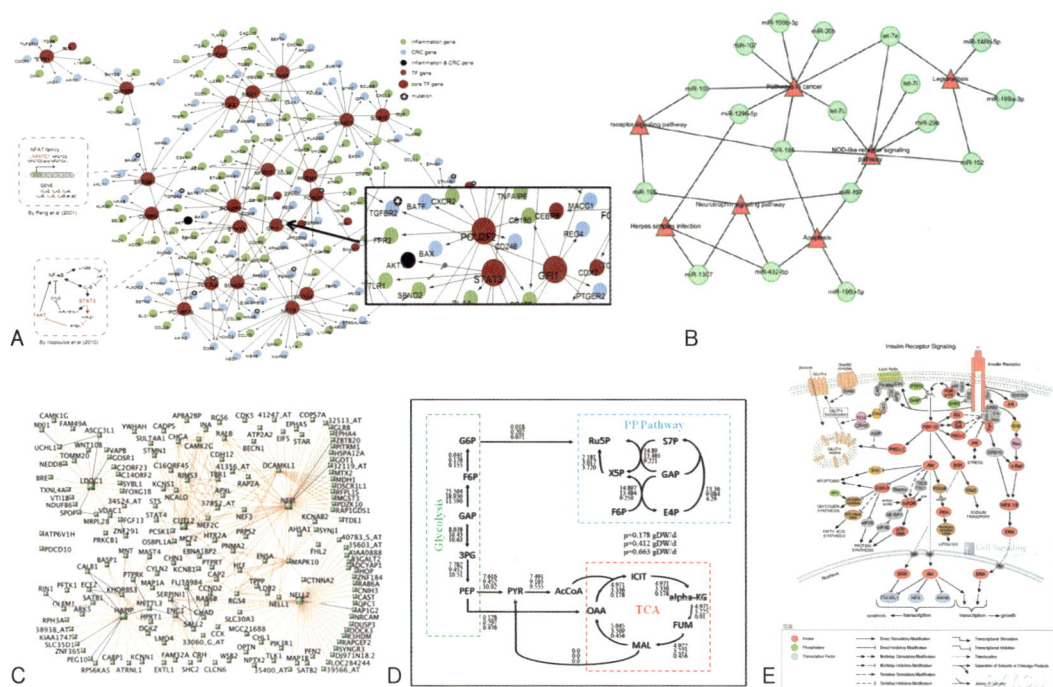

图 10-2　生物分子网络样例

A. 转录调控网络；B. 转录后调控网络；C. 蛋白质互作网络；D. 完全代谢网络；E. 完全信号转导网络。

（四）蛋白质互作网络

蛋白质互作网络（protein-protein interaction networks，PPI）是由蛋白通过彼此之间的相互作用构成，来参与生物信号传递、基因表达调节、能量和物质代谢及细胞周期调控等生命过程的各个环节。系统分析大量蛋白在生物系统中的相互作用关系，对了解生物系统中蛋白质的工作原理，了解疾病等特殊生理状态下生物信号和能量物质代谢的反应机制，以及了解蛋白之间的功能联系都有重要意义。

蛋白质互作通常可以分为物理互作和遗传互作。物理互作是指蛋白间通过空间构象或化学键彼此发生的结合或化学反应，是蛋白质互作的主要研究对象。而遗传互作则是指在特殊环境下，蛋白或其编码基因的功能受到其他蛋白质或基因影响，常常表现为表型变化之间的相互关系。

蛋白质互作网络是系统显示蛋白质互作信息的基本方法。将蛋白作为节点，相互作用关系作为边，将蛋白质组整体连接到一个系统网络当中，见图 10-2C。一般情况下，蛋白质互作网络是一个规模较大的无向网络。目前蛋白质互作网络是被研究最充分的生物分子网络之一，蛋白质互作网络也往往是规模最大的生物分子网络，常常包含数千甚至上万个节点以及维数更多的边。

（五）生物代谢与信号转导网络

在生物化学领域，代谢通路（metabolic pathway）是指细胞中代谢物在酶的作用下转化为新的代谢物过程中所发生的一系列生物化学反应。而代谢网络（metabolic network）则是指由代谢反应以及调节这些反应的调控机制所组成的描述细胞内代谢和生理过程的网络。

生物中的信号转导（signal transduction）则是指细胞将一种类型的生物信号或刺激转换为其他生物信号最终激活细胞反应的过程。同代谢通路一样，信号转导的过程中多个生物分子在酶作用下按照一定顺序发生的一系列生理化学反应，由此得到了信号转导通路。信号转导网络即是指参与信号转导通路的分子和酶以及其间所发生的生化反应所构成的网络。

这些网络是研究和分析代谢过程和信号转导过程的重要工具，随着许多物种基因组测序的逐步完成以及新的生物检测技术的开发，对生物细胞内生化反应的认识也正以极快的速度增加，这就使构建人类等物种完整的生物代谢网络和信号转导网络成为可能。而根据研究目的常常需要构建不同层

次的代谢网络。其中包括:

1. 完全网络　最完整的保存代谢通路中各个反应,以及每个反应中的底物、产物和酶,如果同一个酶参与不同反应则在网络中应以不同的节点表示,见图 10-2D 和 E。

2. 多反应物网络　包含参与生物通路的代谢物,即底物、产物和酶的有向网络,其中每种代谢物只由一个节点表示,边由底物指向产物,酶与底物、产物之间的边则可以由双向边来表示。

3. 主要反应物网络　在部分研究中,研究者不关心代谢反应中的酶和其他一些共反应因子,由此就得到了只包含主要代谢底物指向主要产物的网络。

(六) 其他类型的生物网络

在复杂的生物体内,除了上面介绍的生物分子网络外,各种生物分子间也不是彼此独立的,而是互相联系,形成了错综复杂的生物网络。理解这些复杂调控网络的结构,了解基因表达的调控机制,对于我们认识生物学过程和疾病的发生机制都起到了重要的作用。

1. 复合调控网络　在真核生物中,有两类重要的调控因子:转录因子和 miRNA。转录因子是一类具有特定功能的蛋白质,它通过结合到基因的启动子区域来开启基因的转录过程。与此同时,转录因子间存在广泛的协同调控。它们对应的结合位点组合在一起形成顺式调控模块,共同调控基因转录。miRNA 是近年来研究发现的一种新的基因调控元件。它是长度约为 22 个碱基的非编码 RNA,通过与 mRNA 的 3′UTR 结合,抑制 mRNA 的翻译或使 mRNA 降解,从而实现基因的转录后调控。转录因子、顺式调控模块以及 miRNA 在基因表达调控中发挥了重要的作用,这种调控作用遍及各种生物活动以及疾病发生过程。在此基础上,研究发现转录因子和 miRNA 存在着广泛的相互作用和协同调控,它们组成了一个复合调控网络。

2. 组合调控网络　转录调控和转录后调控的一个重要特征是基因受多个转录因子和 miRNA 的组合调控。识别转录因子和 miRNA 之间的组合调控是理解复杂疾病的关键步骤。Ravasi 等人在 2010 年识别了人类中 762 对以及鼠中 877 对转录因子和 miRNA 的组合调控,并分析了位于网络中不同位置的转录因子的拓扑性质,为以后研究基因调控、组织分化以及进化等奠定基础。

此外,Xu 等人于 2011 年借助 miRNA 对共调控的功能模块构建了 miRNA-miRNA 功能协同网络(MFSN)。功能模块有三个特征:被 miRNA 对共调控,富集在同一个 GO 功能类中,在蛋白质互作网络中距离近。在该工作中,研究者发现疾病 miRNA 间有更多的协同作用,表明它们有更高的功能复杂性。同时,它们还倾向定位在包含 miRNA 比较多的模块中,特别是这些模块的交叠处,表明疾病 miRNA 倾向是 MFSN 的全局中心,对不同或相似生物过程起到衔接作用。另外,和同一疾病相关的 miRNA 在网络中的距离较近,暗示着同一疾病的 miRNA 调控相同或者相似的功能。该方法不仅能有效的识别协同调控的 miRNA 对,也从系统的水平揭示了疾病 miRNA 的作用机制。

3. 二分网络　整合多层面的信息,构建二分网络是目前利用计算系统生物学方法研究复杂疾病的重要方式。目前大部分工作结合两个层面的信息,如结合疾病和基因、疾病和通路、疾病和 SNP、疾病和 miRNA、药物和靶蛋白、SNP 和基因表达等,构建整合两层面的二分网络。Goh 等在 2007 年在 *PNAS* 上发表了一篇题为 "The human disease network" 的研究报告,这项工作可以认为是通过疾病和基因关联关系研究复杂疾病的奠基文章。随后,在 *Genome Biology*、*Molecular Systems Biology* 等杂志上发表了多篇利用二分网络研究复杂疾病机制的文章,例如 Jiang 等人构建了 miRNA-子通路的二分网络,该研究首次从全局性的角度建立 miRNA 对子通路的调控关系,并对 miRNA 的调控进行了深入分析。该成果不但有助于解析 miRNA 的调控机制,而且对准确定位疾病基因具有重要的参考价值和帮助。

三、生物网络与通路数据资源

随着近年来生物实验方法和检测手段的发展,积累了大量生物学数据,尤其是分子生物学实验数据,通过对这些数据的分类、收集和整理,产生了很多生物网络数据库。PathGuide 提供了一个互作和通路相关资源的综合汇总,我们也对这些资源进行了整理。

(一)转录调控网络数据资源

传统的基因转录调控数据库包括 TRANSFAC、TRRD、COMPEL 和 RegulonDB 数据库。TRANSFAC 数据库是关于转录因子及它们在基因组上的结合位点的数据库。表 10-1 中列出了更多相关的数据库资源。关于转录调控的检测技术和数据库信息,可以参考本书第七章。

表 10-1 转录调控网络数据资源

数据库名称	说明
TRRUST	全称是 Transcriptional Regulatory Relationships Unraveled by Sentence-based Text mining,人工注释的转录调控网络数据库,包含人和小鼠中转录因子对应的靶基因以及转录因子间的调控关系,并且提供 TF-target 的互作信息
ASPAR	是一个免费公开的转录因子数据库,收集转录因子与 DNA 结合位点以及结合方式。共收集了脊椎动物、植物、昆虫、线虫、真菌和尾索动物六大类生物的数据,可以用来预测转录因子与序列的结合区域
hTFtarget	是目前最全面的人类 TF-target 数据库。整合了转录因子的高可信度 DNA 结合序列,包含 TF 的 TFBS 基序,还构建了开源的人类转录因子靶基因数据库,分析了转录因子的细胞系特异性调控、转录因子间的协作调控等,为 TF-target 调控的研究提供了近似一站式的解决方案
Cistrome DB	是目前最全面研究 ChIP-seq 和 DNase-seq 的数据库。收录了人和小鼠的转录因子、组蛋白修饰和染色质可及性样本,可以查看转录因子调控的基因,详细的数据注释、分析结果和单个数据集的详细信息等等
dbCoRC	是第一个全面的交互式 CRC 数据库,也是核心启动因子数据库。可以获得单个样品的超级增强子(SE)、增强子和 H3K27ac 景观、CRC 内 SE 区中每个核心转录因子(TF)的假定结合位点。可作为研究生理(非疾病)和疾病状态下的转录网络和调控回路的数据资源
TransmiR	是收集转录因子(TF)-microRNA(miRNA)的数据库,可以找到 TF 和 miRNA 之间的调控关系。还提供了来自 5 种物种的 ChIP-seq 证据得出的 TF-miRNA 信息,详细注释了所有 TF-miRNA 内容,还包括来自 miRNA 目标数据库 TarBase 和 miRTarBase 的经过实验验证的 miRNA-TF 反馈信息
FootprintDB	是一个转录因子综合数据库,收集了去冗余的转录因子,整合了 JASPAR 在内的 9 个数据库的转录因子、DNA motifs 和 DNA 结合位点数据,存储了 transcription factors,DNA motifs,DNA binding sites 共 3 种信息
Animal TFDB	提供经过鉴定、分类和注释的 97 个物种全基因组水平的 TF 基因和转录辅因子基因。根据转录因子 DNA 结合结构域(DBD),将 TF、TF 辅助因子功能分类
HOCOMOCO	收集了人和鼠转录因子的结合 model,其中包含单核苷酸和二核苷酸的位置权重矩阵。利用这种大规模的分析可以极大地扩展和改善针对人和小鼠转录因子的 TFBS 模型的非冗余集
KnockTF	是人的全面基因表达谱 TF 敲降/基因敲除数据库,它提供了大量与转录因子敲降和敲除相关的人类基因表达谱数据集、转录因子及其靶基因的注释信息、转录因子的上游通路信息和下游靶基因的功能注释信息,以及转录因子绑定到靶基因启动子、增强子和超级增强子的详细绑定信息
PlantTFDB	植物转录因子数据库 PlantTFDB,它包含了从 165 个物种中预测的 320 370 个 TFs,并将其分成 58 个 Family。PlantTFDB 对每个识别的 TF 进行了全面的注释,包括功能域(functional domain)、三维结构、gene ontology(GO),plant ontology(PO)、表达信息、特殊功能描述、结合 motif、调控信息、相互作用、参考文献以及到 UniProt、RefSeq、STRING、Entrez 等数据库的交叉链接
PlantPAN 3.0	PlantPAN 3.0 是一个强大的植物研究参考数据库,在 PlantPAN 3.0 中,收录了 78 种植物中的 TFs,并从公开的 ChIP-seq 数据中捕获了转录因子结合位点的基因组位置信息。包含六个模块,分别是基因搜索、转录因子/转录因子结合位点搜索、基因集分析、启动子分析、跨物种和 ChIP-seq 搜索,可以查找启动子序列中的转录因子结合位点、CpG 岛,以及串联重复序列等重要调控元件

续表

数据库名称	说明
EPD	该数据库包含来自十余种物种的启动子序列信息。是一个非冗余的真核生物启动子数据库,其转录起始位点已经通过实验验证
SCPD	酵母启动子数据库,提供酵母基因和 ORF 以及相关的调控元件和转录因子数据。目前已经可以借助基因表达分析来搜寻转录因子相对应基因的调控位置
TransFac	TransFac 数据库收集了大量与基因转录水平有关的数据,不仅包括了转录因子和对应的家族信息,也收录了转录因子调控的基因以及转录因子结合位点等信息
RegulonDB	RegulonDB 是大肠埃希菌转录调控的主要数据库,信息来源包含从文献中手动整理的,以及从高通量数据集计算预测得来的
PlantCARE	植物顺式作用调控元件数据库(PlantCARE),不仅收录了植物顺式作用元件,而且收录了植物增强子(enhancer)和抑制子(inhibitor)
PLACE	植物 DNA 顺式作用调控元件数据库(PLACE)是从已发表文献中搜集的植物的 DNA 顺式作用元件的基序(motif),该数据库标注了每个基序和相关文献摘要,但是仅包含维管植物

(二)转录后调控网络数据资源

最经典的转录后调控数据库如 miRBase,它是一个集 miRNA 序列、注释信息以及预测的靶基因数据为一体的数据库,是目前存储 miRNA 信息最主要的公共数据库之一。miRBase 提供便捷的网上查询服务,允许用户使用关键词或序列在线搜索已知的 miRNA 和靶基因信息。除此之外,还有很多资源可以在表 10-2 中查询。

表 10-2 转录后调控网络数据资源

数据库名称	说明
Postar3	是一个基于测序数据来分析转录后调控的数据库。包含 6 个物种:人类、小鼠、苍蝇、蠕虫、拟南芥、酵母。包括 8 个模块:CLIPdb(剪辑数据库)、RBP 结合位点、RNA 串扰、基因组变异、疾病突变、结构组、翻译组、降解组
ENCODE	是 DNA 元素的百科全书,其主要目的是了解基因组当中的调控反应,主要方法是通过多种测序数据来反映基因组变化的过程,分别通过 Hi-C 来观察三维基因组,ATAC-seq/ChIP-seq 研究基因的转录调控,甲基化芯片来研究甲基化的调控作用,RNA-seq 来研究基因表达的变化,RIP-seq 研究在转录后调控的信息
ChIPBase v2.0	是一个开放数据库,用于研究转录因子结合位点和基序,并从 ChIP-seq 数据中解码 lncRNA、miRNA、其他 ncRNA 和蛋白质编码基因的转录调控网络。可用 Co-Expression 工具来探索 DNA 结合蛋白与各种基因之间的共表达模式,还可使用 ChIP-Function 工具来预测不同基因的功能
miRbase	是由曼彻斯特大学的研究人员开发的一个在线的 miRNA 数据库(序列数据库),该数据库中收录了来自 200 多个物种,接近 4 万个 miRNA 的信息,是最全面的 miRNA 数据库
RNACentral	是一个全面的非编码 RNA 序列集合,主要收录非编码 RNA 信息。整合了 Ensembl, GENCODE, LNCipedia, miRbase, Rfam 等多个数据库中的非编码 RNA 信息,旨在为 ncRNA 的研究提供一个统一的参照
TarBase	主要收录人类、小鼠、果蝇、线虫和斑马鱼中经过实验测试的 miRNA 作用靶点信息,区分阳性和阴性的 miRNA 作用靶点
YM500	是用于个人 smRNA-seq 数据集的 miRNA 定量,是 miRNA 鉴定和新型 miRNA 预测的集成数据库。数据来源于 TCGA,主要是收录 RNA 测序信息,可用于 microRNA 研究。该平台可用于靶基因预测、组间差异表达等分析
PolymiRTS	主要收录预测和验证的 miRNA 靶点中自然发生的 DNA 变异数据信息

续表

数据库名称	说明
miRWalk	提供了人类、小鼠和大鼠的 miRNA 预测信息,以及目标基因上已验证和预测的结合位点
miRGator	是一个 miRNA 的功能注释的导航工具。将功能分析和表达谱分析与靶基因预测相结合,以推断 miRNA 的生物学功能
PMRD(后更名为 PNRD)	植物 miRNA 数据库。由 microRNA 序列及其目标基因、二维结构、表达谱、基因组浏览器等组成,并试图整合大量有关植物 microRNA 数据的信息。它包括 130 多种植物,如水稻、番茄、棉花、大豆、花生和拟南芥
doRiNA	是转录后调控中 RNA 相互作用的数据库。该数据库系统地管理、存储和集成 RBP 和 miRNA 的绑定位点数据
STarMirDB	可用 Starmir 算法预测一组 microRNA 结合位点
Vir-Mir	是一个包含预测病毒 miRNA 候选发夹的数据库
mirPath	是一个基于网络的计算工具和数据库,用于识别 microRNA 调节的分子途径,并确定 7 种物种(智人、小家鼠、褐家鼠、黑腹果蝇、秀丽隐杆线虫、五倍子和红果蝇)中 miRNA 的功能作用

(三) 蛋白质互作网络数据资源

目前,已经有大量蛋白质互作数据存储在公共数据库中,提供了大量的蛋白质相互作用信息,如 STRING 数据库,它是一个搜索已知蛋白质之间和预测蛋白质之间相互作用的数据库,该数据库可应用于 2 031 个物种,包含 960 万种已知蛋白质和 1 380 万种预测蛋白质之间的相互作用,因此该网站应用也最为广泛。除此之外,还有很多资源可以在表 10-3 中查询。

表 10-3　蛋白质互作网络数据资源

数据库名称	说明
STRING	数据库是一个搜索已知蛋白质之间和预测蛋白质之间相互作用的数据库,它除了包含有实验数据、从 PubMed 摘要中文本挖掘的结果和综合其他数据库数据外,还有利用生物信息学的方法预测的结果。研究蛋白之间的相互作用网络,有助于挖掘核心的调控基因,目前已经有很多的蛋白质相互作用的数据库,而 STRING 是其中覆盖的物种最多,包含的相互作用信息最大的一个
DIP	相互作用的蛋白质数据库,它收集了由实验验证的蛋白质-蛋白质相互作用。数据库包括蛋白质的信息、相互作用的信息和检测相互作用的实验技术三个部分
BioGRID	BioGRID 数据库,即生物学互作数据库,全称是 Biological General Repository for Interaction Datasets,它是通用生物学互作资源数据库,致力于所有主要模式生物物种以及对人类的蛋白质、遗传和药物相互作用的管理和存储
HPRD	HPRD,全名是人类蛋白质参考数据库(Human Protein Reference Database)。该数据库是目前最大的人类蛋白相互作用数据库,包含 30 000 多个蛋白质和 41 000 多条相互作用信息。除了包含蛋白相互作用信息,HPRD 还包括蛋白注释、亚细胞定位、结构域、转录后修饰和信号通路合集等多种功能
IntAct	IntAct 是一个开源的,开放数据的分子相互作用数据库,由来自文献精选或直接来自数据仓库的数据组成
MINT	MINT(The Molecular INTeraction Database)数据库主要储存哺乳动物的 PPI,包括人、大鼠、小鼠等物种
HuRI	HuRI 数据库,全称是 The Human Reference Interactome and Literature Benchmark,包含了人类迄今为止规模最大的经过实验验证的蛋白互作数据,其规模是先前数据的 4 倍
3DID	3DID 数据库收录了 3D 结构已知的蛋白质的互作信息,可通过结构域名称、基序名称、蛋白质序列、GO 编码、PDB ID、Pfam 编码进行检索

续表

数据库名称	说明
PPIM	PPIM 数据库,全称是 Protein Protein Interaction for Maize,是玉米的蛋白-蛋白互作网络数据库
PIPs	PIPs 数据库包含预测的人类蛋白-蛋白互作网络,该数据库用贝叶斯分类法来计算互作网络的得分情况
DOMINE	DOMINE 数据库,它包含数据库中已知的和预测得到的蛋白互作关系中结构域-结构域互作信息
PiSite	PiSite 数据库以 PDB 为基础,在蛋白质序列中搜寻互作位点
UNiHI	UNiHI 数据库,全称是 Unified Human Interactome database),是一个用于人体蛋白-蛋白相互作用的检索、分析和可视化的数据库,可根据蛋白质名称、代谢路径等进行查询。UniHI 目前包括基因、蛋白质和药物之间的分子相互作用,以及许多其他类型的数据,如基因表达和功能注释
HitPredict	HitPredict 收集了 IntAct,BIOGRID 和 HPRD 数据库中的由高通量实验或者是小规模实验得到的蛋白质互作关系,综合了三大数据库的内容,数据准确全面。此外,还有根据互作得分估计的蛋白质相互作用
Genemania	GeneMANIA 可以搜索许多大型的、公开的生物数据集来寻找相关的基因。这些包括蛋白质-蛋白质、蛋白质-DNA 和遗传相互作用、途径、反应、基因和蛋白质表达数据、蛋白质结构域和表型筛选概况
IMEx	由 DIP,MINT,IntAct,BioGRID 等多个蛋白质相互作用数据库的开发团队和维护者共同参与成立了一个委员会,international molecular exchange consortium,简称 IMEx,它致力于将不同数据库中的信息合并,减少冗余并提供了一个统一的查询工具

(四) 生物代谢与信号转导网络数据资源

目前代谢和信号转导通路信息被收集和整理到一些重要的通路数据库当中,这些信息是构建代谢网络与信号转导网络的基础。KEGG(Kyoto Encyclopedia of Genes and Genomes,京都基因与基因组百科全书),是一个整合了基因组、化学和系统功能信息的综合性数据库,具有强大的绘图功能,旨在揭示生命现象的遗传物质与化学蓝图。它是由日本京都大学生物信息学中心的 Kanehisa 实验室于 1995 年建立,是国际最常用的生物信息数据库之一,以"理解生物系统的高级功能和实用程序资源库"著称。KEGG 是一个综合数据库,它们大致分为系统信息、基因组信息、化学信息和健康信息四大类。进一步可细分为 15 个主要的数据库。KEGG PATHWAY 是最核心的数据库之一,该数据库是代谢通路的集合,包含分子间相互作用和反应网络。比较常用的通路数据库如表 10-4 所示。

表 10-4　生物代谢与信号转导网络数据资源

数据库名称	说明
KEGG	KEGG(Kyoto Encyclopedia of Genes and Genomes,京都基因与基因组百科全书)是一个整合了基因组、化学和系统功能信息的综合性数据库,旨在揭示生命现象的遗传物质与化学蓝图。1995 年建立,是国际最常用的生物信息数据库之一,以"理解生物系统的高级功能和实用程序资源库"著称
Reactome	Reactome 以人类相关数据为主,同时包含 22 种其他物种的数据,比如小鼠和大鼠。该数据库中所有的生物过程中的反应以分层次的方式组织起来,较低的层次代表反应,较高的层次代表通路
Pathway common	Pathway common 是一个包含了生物通路信息及蛋白互作信息的多物种综合数据库,它包含了来自 Reactome,HumanCye,HPRD 等多个数据库的信息,因此可以作为获得公共通路数据库通路信息的一个接口
WikiPathways	WikiPathways 数据库是一个开放的共同协作的通路数据库平台。该数据库平台允许任何人创建新的通路数据,并由专业的生物专家进行校正,因此该数据库对现有的通路数据库进行了补充

续表

数据库名称	说明
PID	PID 数据库是人类细胞信号通路的数据库,存储了大量的信号通路和关键的反应以及各种分子互作。PID 中包含了三个不同来源的数据,第一来源是 NCI 组织校正的通路,这种通路是从同行评议的文献中获得的,第二个来源是来自 Reactome 数据库,第三个是 KEGG 数据库。该网站首页可选择多种语言,但翻译质量较差
EcoCyc	EcoCyc 主要是大肠埃希菌代谢通路的数据库,也包含人类和其他生物体。结果用化学方程式的形式显示,也包含少量的信号通路。此外,还列出了代谢通路上游的基因调控信息。提供了代谢通路与基因编码的酶及其调节因子之间的联系。通路图根据对细节关注的不同分开显示。在最详细的层面上,代谢产物以化学方程式的形式显示出来。该数据库最初由 SRI 国际生物信息学研究小组建立,是一个专注于代谢通路的高质量数据库。与 EcoCyc 相关的有 BioCyc,MetaCyc,HumanCyc 数据库
SMPDB	SMPDB(Small Molecule Pathway DataBase)提供了巧妙详细的人类代谢通路、代谢疾病通路、代谢物信号通路和药物活性通路的超级链接图表。用户能够用一列代谢物名字、药物名字、基因/蛋白质名字、SwissProt ID,Affymetrix ID 或 Agilent 微阵列 ID 来查询。这些查询将产生一列匹配的通路,并在每个通路图表中高亮显示匹配的分子

第三节 生物网络分析
Section 3 Analysis of Biological Network

一、网络的拓扑属性

网络的拓扑属性是描述网络本身及其内部节点或边结构特征的测度。这些测度对进一步分析网络结构和探索关键节点有重要的意义。

(一)连通度

连通度(degree)是描述单一节点的最基本的拓扑性质。节点 v 的连通度是指网络中直接与 v 相连的边的数目。例如,对于无向网络(图 10-3A),节点 A 的连通度为 3。对于有向网络往往还要区分边的方向,由节点 v 发出的边的数目称为节点 v 的出度,指向节点 v 的边数则称为节点 v 的入度。在本章中,符号 k 表示连通度,k_{out} 表示出度,k_{in} 表示入度,在图 10-3B 中,节点 A 的入度为 1,出度为 2。

连通度描述了网络中某个节点的连接边的数量,整个网络的连接性可以使用其平均值来表示。对于由 N 个节点和 L 条边组成的无向网络,其平均连通度为 $2L/N$。

连通度是一种简单而十分重要的拓扑属性。在研究中,连通度较大的节点称为中心节点(hub),它们很自然地成为目前研究的重点。研究显示,在蛋白质互作网络等生物分子网络中,支持生命基本活动的必需基因或其翻译产物在中心节点中出现的频率显著高于其他节点。同时,人类蛋白质互作网络的研究表明,中心节点显著富集着与癌症等遗传性疾病相关的基因。

(二)聚类系数

在很多网络中,如果节点 v_1 连接于节点 v_2,节点 v_2 连接于节点 v_3,那么节点 v_3 很可能与 v_1 相连接。这种现象体现了部分节点间存在的密集连接性质,可以用聚类系数(clustering coefficient)来表示,简称 CC。在无向网络中,聚类系数定义为:

$$CC_v = \frac{n}{C_k^2} = \frac{2n}{k(k-1)} \tag{10-1}$$

其中 n 表示节点 v 的所有 k 个邻居间边的数目。在无向网络中,由于 n 的最大数目可以由邻居节点的两两组合数 $C_k^2 = k(k-1)/2$ 来确定,所以 CC 值位于 $[0,1]$ 区间。当节点 v 的所有邻居都彼此连接时，v 的聚类系数 $CC_v=1$；相反，当 v 的邻居间不存在任何连接时，$CC_v=0$。在图 10-3A 中，节点 A 有三个邻居 {B,C,D}，其间只有一条边连接，所以节点 A 的聚类系数 $CC_A=\dfrac{2\times1}{3\times(3-1)}=\dfrac{1}{3}$。

在有向网络中，由于两个节点间可以存在两条方向相反的边，则标准化的聚类系数被定义为：

$$CC_v=\frac{n}{P_k^2}=\frac{n}{k_{out}(k_{out}-1)} \tag{10-2}$$

其中 k_{out} 指 v 的出度，n 指所有 v 所指向的节点彼此之间存在的边数。在图 10-3B 中，节点 A 连接 2 个节点 B 和 C，其间只有 1 条边 {C→B}，则节点 A 的聚类系数为 $CC_A=\dfrac{1}{2\times(2-1)}=\dfrac{1}{2}$。

(三) 介数

一个节点的介数（betweenness）是衡量这个节点出现在其他节点间最短路径中的比例。节点 v 的介数 B_v 定义如下：

$$B_v=\sum_{i\neq j\neq v\in V}\frac{\sigma_{ivj}}{\sigma_{ij}} \tag{10-3}$$

其中，σ_{ij} 表示节点 i 到节点 j 的最短路径的条数，σ_{ivj} 表示 σ_{ij} 中通过节点 v 的路径条数。

介数也可以用标准化至 [0,1] 区间的形式表示：

$$B_v=\frac{1}{(n-1)(n-2)}\sum_{i\neq j\neq v\in V}\frac{\sigma_{ivj}}{\sigma_{ij}} \tag{10-4}$$

介数表明了一个节点在其他节点彼此连接中所起的作用。介数越高，意味着节点在保持网络紧密连接性中越重要。

如在图 10-3A 中，A 以外的节点有 4 个，彼此间存在 $C_4^2=6$ 对节点关系，每对关系都只能找到 1 条最短路径，则所有的 $|\sigma_{ij}|=1$，而只有 {B,A,D}，{C,A,D}，{D,A,C,E} 以及它们的逆序路径共 6 条最短路径通过节点 A，所以，节点 A 的介数为 6。

而在图 10-3B 中，由于存在方向性，节点 A 以外 4 个节点间彼此间可能存在的连通路径按排列数计算有 $P_4^2=12$ 条，但真正连通的路径只有 {C,B}，{D,A,B}，{D,A,C}，{D,A,C,B}，{E,C}，{E,C,B}。其中经过节点 A 的路径有 2 条，则节点 A 的介数为 2。

(四) 紧密度

紧密度（closeness）是描述一个节点到网络中其他所有节点平均距离的指标。节点 v 的紧密度 C_v 定义如下：

$$C_v=\frac{1}{n-1}\sum_{j\neq v\in V}d_{vj} \tag{10-5}$$

其中 d_{vj} 表示节点 v 到节点 j 的最短距离。紧密度测度衡量节点接近网络"中心"的程度，紧密度测度越小，节点越接近中心。

在图 10-3A 中，节点 A 到 B、C、D、E 的距离分别为 1、1、1、2。则节点 A 的紧密度为 1.25。

(五) 拓扑系数

类似于聚类系数，拓扑系数（topology coefficient）是反映互作节点间共享连接比例的测度，节点 v 的拓扑系数 T_v 可以定义为：

$$T_v=\frac{1}{|M_v|}\sum_{t\in M_v}C_{v,t}/\min\{k_v,k_t\} \tag{10-6}$$

其中，$C_{v,t}$ 表示与节点 v 和节点 t 都连接的节点数。M_v 为所有与节点 v 分享邻居的节点集合。拓扑系数反映了节点的邻居间被其他节点连接在一起的比例。

例如，图 10-3A 中，与 A 节点共享邻居的节点共有 3 个，则 $M_A=\{B,C,E\}$，其连通度分别为 $k_B=2$，

$k_C=3, k_E=1$。则节点 A 的拓扑系数 $T_A = \dfrac{1}{3}\left(\dfrac{1}{2}+\dfrac{1}{3}+1\right)=\dfrac{11}{18}$。

（六）网络中的路径与距离

网络中的路径（path）是指一系列节点，其中每个节点都有一条边连接到紧随其后的节点。对于包含节点数目有限的路径来说，第一个节点称为起点，最后一个节点称为终点，二者均可称为路径的端点，其余的节点则称为路径的内点或中继点。这样的路径也称为连接起点与终点的路径。例如在图 10-3A 中，节点 A 到节点 E 的路径有 $l_1=\{A,B,C,E\}$，$l_2=\{A,C,E\}$。对无向网络来说，只要将路径的顺序颠倒就可以得到从终点指向起点的路径。但是在有向网络中，起点与终点是不可逆的。例如，图 10-3B 所示网络中由节点 D 出发到节点 C 间存在路径 $l=\{D,A,C\}$，但 C 不能找到路径回到 D。

在网络中，如果两个节点能够由一条路径连接，则称这两个节点是连通的。所有能够彼此连通的节点和它们之间的边构成了一个连通分量。

路径中所经过边的权重之和称为路径的权重，也称为路径的长度。对于等权网络而言，路径的长度即为路径中所经过边的数目，上述图 10-3A 上从节点 A 到节点 E 的路径中，l_1 长度为 3，l_2 长度为 2。

在连接两个节点的所有路径中，长度最短的路径称为最短路径，最短路径的长度称为从起点到终点的距离，上述图 10-3A 中从节点 A 到节点 E 的距离为 2。

（七）直径

直径（diameter）是描述网络总体性质的一个属性。网络的直径是指网络中任意两个连通节点间距离的最大值。网络的直径代表了网络中节点连接可能出现的最远距离，标志着网络的紧密程度。

（八）平均距离

网络的平均距离（average distance）也是描述网络总体性质的一个属性。网络的平均距离是指网络中任意两个连通节点距离的平均值，也是衡量网络紧密程度的重要指标。

（九）连通度的分布函数和聚类系数函数

通过统计不同连通度的节点占全部节点的比例，能够得到一种描述网络连通性的重要属性：连通度的分布函数 $P(k)$，$k=1,2,\cdots$。而类似的还可以建立起随连通度变化的聚类系数函数 $C(k)$，当自变量等于 k 时，$C(k)$ 即为连通度为 k 的节点聚类系数的平均值。与连通度分布函数 $P(k)$ 类似，$C(k)$ 也广泛应用于描述网络结构的基本性质。相比于拓扑性质指标的平均数，连通度的分布函数以及依赖于连通度的聚类系数函数包含更多的信息，对分布函数的分析往往可以揭示更为深刻的网络性质。

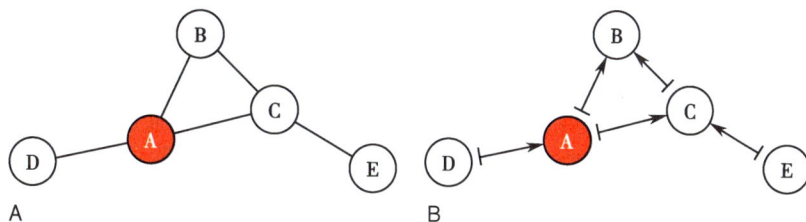

图 10-3　有向网络与无向网络

二、无标度网络

无标度（scale free）网络是 1999 年首次提出的。近年来，人们在互联网和人际关系网络等社会学网络的研究中都发现了这一特性。无标度网络中，大部分节点通过少数中心节点连接到一起，这就意味着节点在网络中的地位是不平等的，中心节点在连接网络完整性方面起更加重要的作用。

（一）无标度网络定义

无标度网络，是指网络中连通度的分布符合幂率分布，即 $P(k)\sim k^{-r}$ 的网络，如图 10-4B 所示。这种分布说明，在无标度网络中大部分节点的连通度较低，但存在少数连通度非常高的节点使网络连接

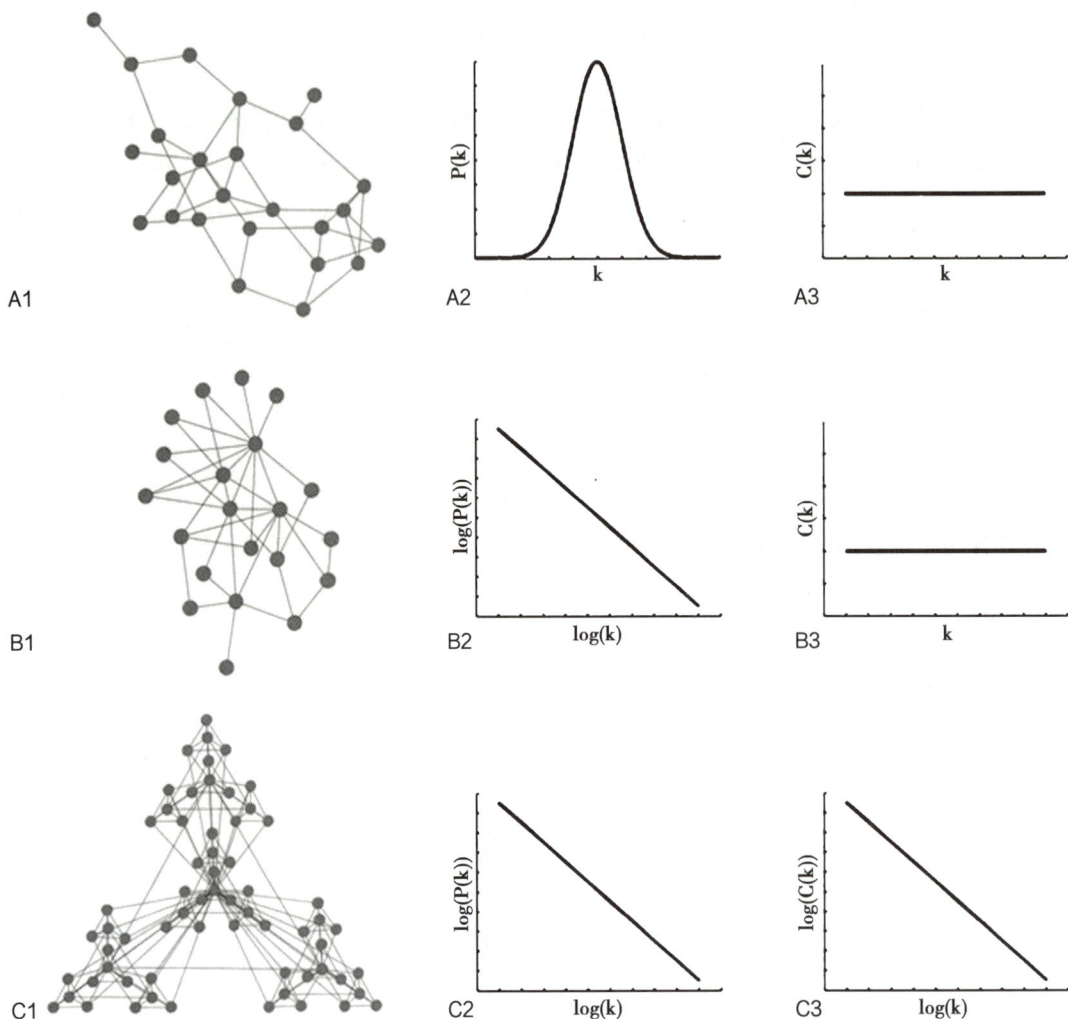

图 10-4   随机网络,无标度网络和层次网络及其连通度分布和聚类系数函数趋势图
A. 随机网络;B. 无标度网络;C. 层次网络。

在一起。在这种网络中,平均连通度等标度已经不足以描述网络的规模和结构。

如果网络中节点间的连接完全是随机的,那么连通度的分布应该符合泊松分布或者在大尺度的情况下近似认为符合正态分布,即度的分布比较均匀,大部分节点的连通度都与平均连通度相差不多,只有极少数节点具有很低或很高的连通度,如图 10-4A 所示。

随机网络中直径或网络平均距离与节点数目的对数成正比,即 $l\sim\log(N)$。对于包含大量节点的网络,其直径相对要小得多,任意两个节点间只需要较少的转接即可以连接在一起。一方面网络中包含有大量节点和边,表现出“大世界”的景象;另一方面,连接任意节点间的距离却相对较小,呈现“小世界”的特征。这种“小世界”网络是复杂系统互作网络的共同特性,因此成为目前网络研究分析的一个热点问题。

无标度网络另一个重要特征是网络的直径相对较小。一般来说,无标度网络直径的大小正比于网络中节点数目的对数值的对数值,即 $l\sim\log(\log(N))$。由此可以发现无标度网络比一般小世界网络直径更小,联系更紧密。

(二) 无标度网络形成的生物模型

为了解释无标度网络为何会成为包括大部分生物分子网络在内的复杂系统网络模型,Barabási 和 Albert 提出了形成无标度网络的 Barabási-Albert 模型。

该模型首先从一个包含 m_0 个节点的网络开始,其中 $m_0 \geq 2$,初始网络中每个节点的连通度都应大于零,否则在后续过程中将无法与网络连接。而后,通过一个循环过程扩大网络,在每次循环中只增加一个节点,并依次按照概率 $\pi_i = \dfrac{k_i}{\sum\limits_{v \in V} k_v}$ 决定是否与原网络中节点 i 建立连接,其中 k_i 是节点 i 的连通度。因此,原有连通度较高的节点将更有机会与新加入节点连接,从而获得更高的连通度。按照这种机制构建起的网络即可以得到无标度网络。

例如,在互联网形成的初期,网络中的连接呈现随机特性,而当一个新的节点加入网络时,人们会倾向于访问已经具有一定知名度的网站,也就更有可能与这样的网页建立连接。这样随着越来越多的节点引入网络,网络连接便呈现出无标度特性。这个模型很好地解释了网页连接网络中少数权威网站存在的现象,也为生物分子网络中无标度特性的形成原因提供了很好的启示。

根据这一模型,有学者提出蛋白质网络中出现无标度特性的原因在于基因复制,即在细胞分裂过程中复制产生的基因产物会与相同的蛋白发生相互作用。因此,与发生复制的蛋白连接的蛋白节点将会获得新的连接。高度连接的节点更有可能与发生复制的基因产物发生互作,从而获得额外的连接。因此,在生物进化的过程中,就出现了蛋白网络的无标度特性。

同时,还有另一种不同的看法存在,即目前蛋白网络中呈现的无标度特性是来自于目前的诱饵-猎物模式的蛋白质相互作用检测方式和目前还远未完善的数据资源。在来自不同结构的随机网络背景中按照诱饵-猎物模式抽取部分网络,结果发现来自其他模型的数据也可能随机抽选出无标度的子网。

三、生物网络的模块与模序

（一）网络的模块性

细胞功能经常以模块化的形式展现出来。模块是指彼此协同工作从而执行一致功能并在物理上或者功能上紧密联系的一组生物分子(节点)。事实上,在复杂系统中通常包含很多模块,例如,人类通过结成不同层次的各种团体,联系成为整个复杂的人类社会;计算机互联网中相关内容的网页通过页面间的链接组成一个个独特的模块;近似领域的科学文献间互相引用的频率较高等。在人类的工业化生产中,也往往有意识地采用模块化设计,从而提高工程效率和稳定性。这种模块化的属性已经应用在小到移动电话、个人电脑,大到大型客机、航天器械的设计和制造当中。

生物系统同样包含有大量的模块化现象。例如蛋白质往往结合成为相对稳定的复合物来行使生物学功能,而蛋白质与核酸分子所组成的复合物在从核酸合成到蛋白质降解的生物基本功能中都发挥了重要的作用。在生物应激反应过程中,共同调控的生物分子也协同完成了使生物体适应内外环境变化的生物功能。总之,细胞中的大多数生物分子或者参与到多分子复合物中行使功能,或者在某个时刻与受到同样调控机制的其他分子协同参与某个生物过程。也就是说,生物分子行使功能的机制中往往会包含有模块化的特性,而网络中这种由许多分子相互结合形成的,有着稳定结构和功能的复合体,称为网络“模块”(module)。

网络的模块性指网络间的节点存在内部彼此高度连接的子节点集合。由此,模块化的网络连通更为紧密。与同样规模的随机网络相比,虽然拥有相同的节点数与边数,模块化网络的连接却更为密集,这一现象可以由聚类系数 CC 的提高表现出来。同时,模块化的网络往往也同时具有无标度的特性,即存在一些连通度较大的中心节点连接起不同的模块。连通度的分布 $P(k)$ 符合 k 的幂率分布,如图 10-4C2 所示。

此外,聚类系数是依赖于连通度的函数 $C(k)$,在网络的模块性判别中也起到了重要的指示作用。模块化的性质说明大尺度的网络是由内部密集互作的小模块通过少数中心节点连接在一起的。这就意味着,大型模块化网络中连通度较低的节点往往具有较高的聚类系数,而另一方面,连通度较高的节点连接了不同的模块,从而使其聚类系数比较低。

考虑到很多真实网络同时具备模块性、无标度性以及局部高连接性的特征,学者提出节点集整合成为网络的过程类似一个循环迭代的过程,从而使网络成为一个层次性网络,见图 10-4A1。在此类网络中,聚类系数函数 $C(k)$ 正比于 k 的倒数,如图 10-4C3 所示。

研究显示,不同的生物分子网络往往表现出相似的性质。大部分的真实生物网络如代谢网络、蛋白质互作网络、蛋白质结构域网络等都是无标度网络,其网络平均聚类系数都比具有同样大小和连通度分布的随机网络更高,且聚类系数均值正比于连通度的倒数,从而表明层次化是生物网络的一项基本性质。

(二)生物网络模序

网络模序(motif)是指网络中出现次数远超过随机期望的子网模式。这里子网模式是指一组节点按照特定的顺序连接而成的结构。针对不同网络的研究显示,在真实的网络中不同的子网模式出现的频率并不一致,有些模式在网络中频繁出现,远远超过随机网络中期望出现的次数。在某些网络中,特定出现的模序甚至是整个网络的基本组织形式,网络可以被看作是这些网络模序的组合。在生物学网络中,无论是有向网络还是无向网络,都包含有这些特殊的网络模序。在生物网络中搜索特殊模序有助于深入理解生物网络执行生物功能的基本形式,也有助于进一步从网络中发现节点间的功能联系。

1. 有向网络模序　研究者从基因调控网络等有向网络中发现了一些特殊的模序,比较重要的有自调控环,前馈环和单输入模序。

自调控环模序包括正向自调控环(图 10-5A)和负向自调控环(图 10-5B),即转录因子促进或抑制自身转录的机制。在大肠埃希菌(E. Coli)基因调控网络中存在较多的自调控模序。

前馈环模序则是在很多物种中常见的一种调控机制,即转录因子 A 调控转录因子 B 和基因 C,而同时转录因子 B 也调控基因 C(图 10-5C)。事实上,由于调控机制本身可以为正向和负向,前馈环还可以分为 8 种不同的类型。出现频率较多的有两种,一种是全部正向调控的一致前馈环,另一种是 A 正向调控 B 和 C,但 B 负向调控 C 的不一致前馈环。

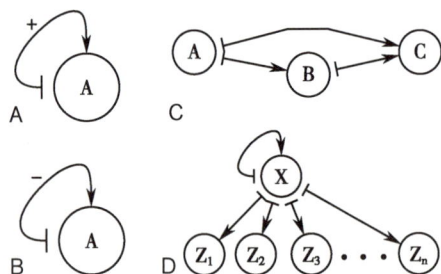

图 10-5　有向网络模序

A 为正向自调控环;B 为负向自调控环;C 为前馈环;D 为单输入模序。

单输入模序由同一个转录因子同时调控多个基因的表达,转录因子通常是自调控的,而所有调控符号(正、负向)都相同,且受控基因都不再受其他因子调控。这种模块在随机网络中并不多见,但在对大肠埃希菌(E. Coli)基因调控网络的分析中发现该模序经常出现在与蛋白质组装和代谢通路相关的基因调控中。在此类问题中,由一个转录因子控制参与生物过程基因的表达,能够有效地保持受控基因的比例,提高效率,见图 10-5D。

除上述模序外,研究者在调控网络中还发现了其他一些模序,如密集重叠调控、多输入模序和调控链等。这些不同的网络模序结构代表了不同的转录调控机制,对这些模序的研究将极大地帮助人们了解生物过程的控制机理。

2. 无向网络模序　在无向网络中也可能存在一些特殊的模序,在生物网络中出现的频率远超过随机的情形,其中比较重要的是全连接集(clique)。全连接集是指任意两点都被边连接在一起的子网。如果全连接集中包含 n 个节点,则称这个全连接集为 n-全连接集,见图 10-6。

3. 网络模序搜索算法　网络模序搜索算法指在网络中寻找与模序同构的子网的过程。从一个包含 N 个节点的网络搜索模序的过程包括:①定义包含 k 个节点的子网模式;②在网络中搜索全部 C_N^k 个包含 k 个节点的节点子集,并检查结构与所搜寻的模式相符的个数;③将各个模式在真实网络中出现的频数和在大量随机背景网络中所出现的频数进行比较,从而发现网络模序。

这一过程在算法上是 NP 完全问题,即解决这一问题的计算时间可能需要花费多项式时间的计算问题。因此,对包含节点数目更多的子网模式来说,网络中存在的组合数目比较多,待比较的类型

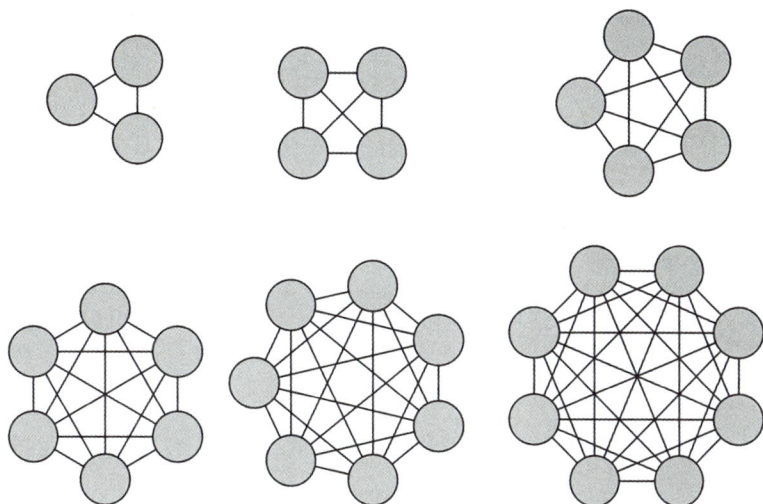

图 10-6　全连接集

也会更多,从而导致搜索的复杂度更高。因此,目前网络模序的搜索往往只针对一些较小的子网模式来进行分析。

理论上,模序的搜索也可以从边出发。在现实中,生物分子网络大多是比较稀疏的,也就是大部分的节点间不存在边的连接,因此,基于边的搜索会比基于节点的算法更快。

四、生物网络的动态性

生物分子网络并不是静态不变的。生物分子间发生相互关系需要特定的时间和空间条件。例如在富氧和缺氧状态下,葡萄糖的代谢途径并不相同;在应激反应中,生物体针对不同的外界刺激开启不同的信号通路予以应对;分子组装和能量代谢发生在特定的细胞器上。在不同的时间和空间,生物体执行着不同的生物过程。要揭示生命活动的真正过程,必须要考虑到生物分子网络的动态特性。

(一) 含有时空信息的生物网络

基因芯片技术等针对特定实验条件的检测技术,提供了在特定时间和空间上生命活动的重要信息。通过对这些信息整理和分析,能够得到实验条件特异的生物分子网络。例如,利用一组在不同时间点获得的基因表达谱信息,可以构建表达相关网络,获取基因组中共同行使功能的基因集合,也可以构建基因调控网络,分析细胞循环过程中内在的调控机制等。

(二) 整合时空信息的生物网络

生物分子网络的时空特异性是一项普遍存在的性质,即便是主要由一些非实验条件相关的检测技术所检测得到蛋白质相互作用信息,同样存在着时空特异性。蛋白间相互作用的发生并非静态而一成不变的,部分相互作用是稳定而持久的,还有一些相互作用则是在特定的时间与空间场合才会发生。

受检测技术的限制,蛋白质互作网络等生物分子网络的时空检测标准还不存在,但可以通过结合包含有明确时间或空间信息的其他实验技术所测的结果来为这些网络补充时空信息。例如,基因表达相关性可以为转录调控和蛋白质互作在相应条件下是否存在提供旁证。即在特定的实验条件下,转录因子及其靶基因的表达水平显示了表达调控的开放状态,一对互作蛋白质的表达水平可以表明是否存在互作关系。由此可以构建特定实验条件下的转录调控网络和蛋白质互作网络。

(三) 生物网络的动力学分析

生命过程是一个动态的过程,生物分子网络也不可避免地具有动态性的特征。通过结合带有时空性质的实验信息,挖掘在特定时间、空间和环境条件下的生物分子网络,从而更加准确地理解生物分子网络行使功能的方式,为进一步科学分析提供更准确的研究基础。

基于生物分子网络的动态性质,既可以类似普通静态网络对网络属性进行统计分析,也可以针对

NOTES

网络进行仿真计算以分析网络的动力学问题。如在基因转录调控,信号转导和代谢等生物过程中,信息的传递和生物反应是一系列在时间和空间上连续的过程,这个过程也就可以被设定为网络节点状态和拓扑结构的一系列变化。通过结合基因表达等动态信息,利用线性模型,微分模型,随机过程等算法可以构建出随时间,空间和环境条件等变化的动态生物分子网络,从而更为准确地描述、解释和预测生物过程。

五、生物网络分析软件

目前有很多软件应用于生物网络可视化和网络分析。其中包括一些可以依据 GNU 协议免费应用的软件,也包括一些商业软件。

(一) Cytoscape 软件

Cytoscape 是一款图形化显示网络并进行分析和编辑的软件,见图 10-7。它支持多种网络描述格式,也可以用以 Tab 制表符分隔的文本文档或 Microsoft Excel 文件作为输入,或者利用软件本身的编辑器模块直接构建网络,我们在本章附录中介绍了 Cytoscape 的基础用法。

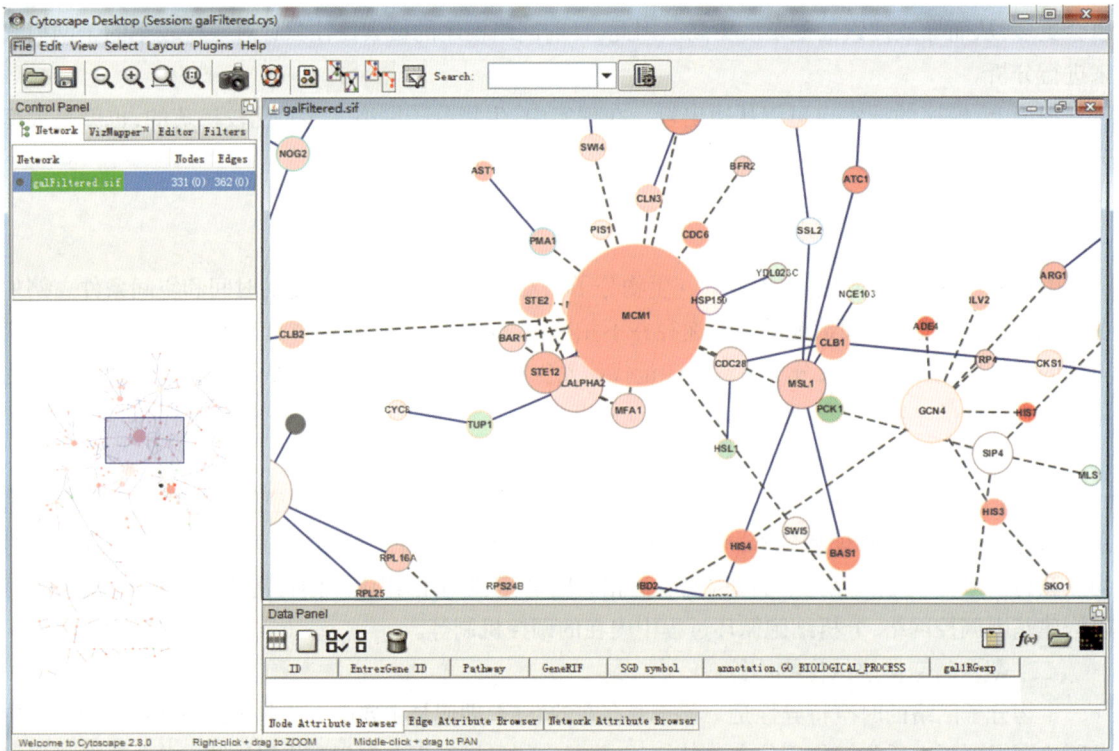

图 10-7   Cytoscape 工作界面

CytoScape 还能够为网络添加丰富的注释信息,并且可以利用自身以及第三方开发的大量功能插件,针对网络问题进行深入分析。目前,已有许多基于 Cytoscape 平台的插件能够应用于生物网络的分析。例如,生物网络拓扑属性分析的插件 CytoNCA 集成了 8 种经典中心度算法以及常用评估系数,可对加权以及非加权生物网络中的重要节点加以预测识别。CytoNCA 还提供了多种可视化方式,包括网络拓扑图、节点属性表格以及数据统计图表等,为用户提供直观准确的分析结果。另两个常用的生物网络拓扑属性分析插件 cytoHubba、CentiScaPe 也可提供中心度算法多种,能够发现生物网络中的关键节点。生物网络模块性分析的插件有 MCODE、CytoCluster、ClusterViz、CyCommunityDetection 等。生物网络动态性分析的插件有 DyNetViewer、DynNetwork、DyNet 等。

（二）CFinder 软件

CFinder 是一种基于全连接集搜索方法（the clique percolation method，CPM）进行网络密集集团模块搜索和可视化分析软件，见图 10-8。它能够在网络中寻找指定大小的全连接集，并通过全连接集中共享的节点和边构建更大的节点集团。软件中可以使用以制表符分割的文本文件作为输入。算法主要针对无向网络，但也包含对有向网络的一些处理功能。

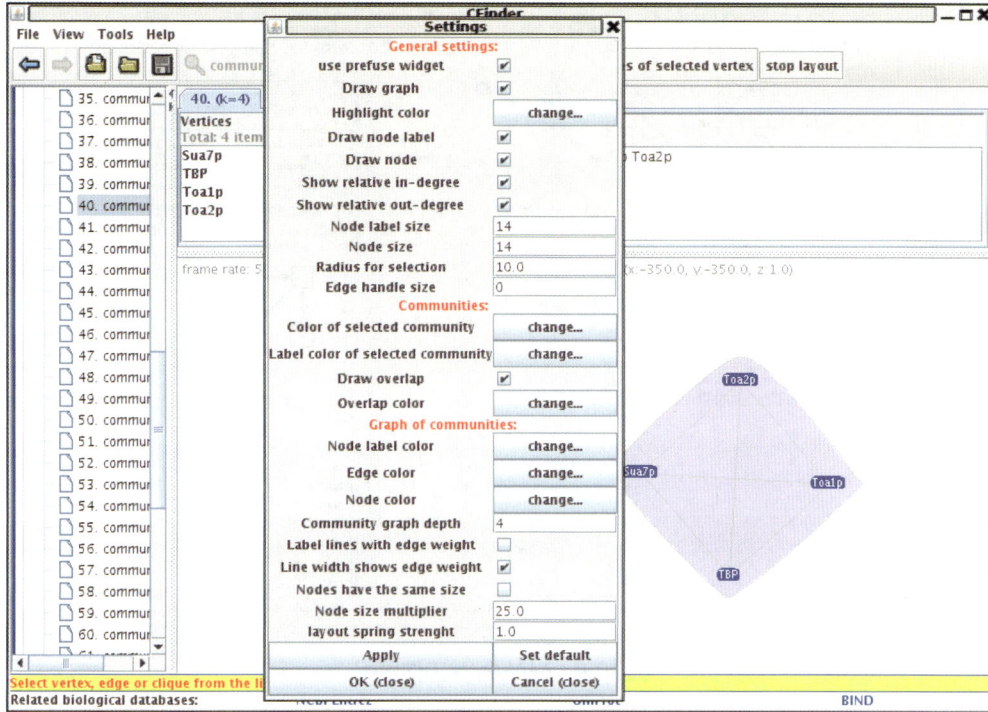

图 10-8　CFinder 工作界面

（三）mfinder 软件和 MAVisto 软件

mfinder 和 MAVisto 是两款搜索网络模序的软件，mfinder 需要通过命令行的形式进行操作，而 MAVisto 则包含一个图形界面，见图 10-9。两款软件均可以设置特定的网络模序规模（包含节点数目），并设计随机扰动以获取相应模序出现频率的显著性水平。

对于非盈利用户，两款软件均可免费下载使用。

（四）Matlab BGL 软件

Matlab BGL 软件是基于 BGL 开发的一款 Matlab 工具包，可以依托 Matlab 软件平台进行网络分析和计算。BGL 软件是一款网络拓扑属性分析软件，可以较为快速的计算网络中节点的距离、最短路径、多种拓扑属性以及广度和深度优先遍历。

（五）PathwayStudio 软件

PathwayStudio 生物通路可视化分析软件，是一款商业化生物信息学软件，见图 10-10，它能够以不同的模式绘制和分析生物通路，并且可以利用随带的 MedScan 软件通过公开发表的文献构建基于知识的生物通路网络。

（六）GeneGO 软件及数据库

GeneGO 是为系统生物学中的数据挖掘应用提供化学信息学和生物信息学软件解决方案的供应商。其主要产品包括 MetaBase、MetaCore（图 10-11）、MetaDrug 等。其中 MetaBase 是 GeneGO 专业研制的哺乳动物生物学与药物化学数据库。MetaCore 主要针对系统生物学研究中的通路分析和生物标记物发现提供了数据挖掘工具套件。MetaDrug 为 GeneGO 开发的系统药理学平台。

NOTES

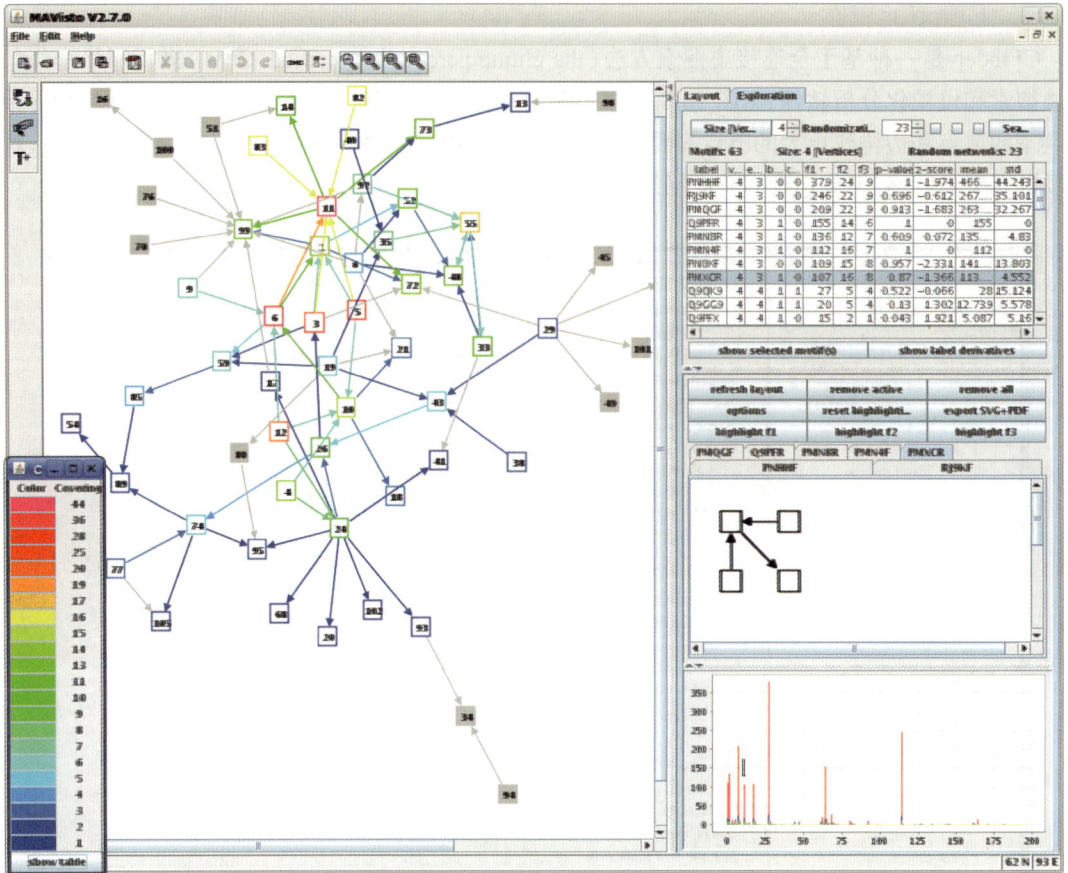

图 10-9　MAVisto 工作界面

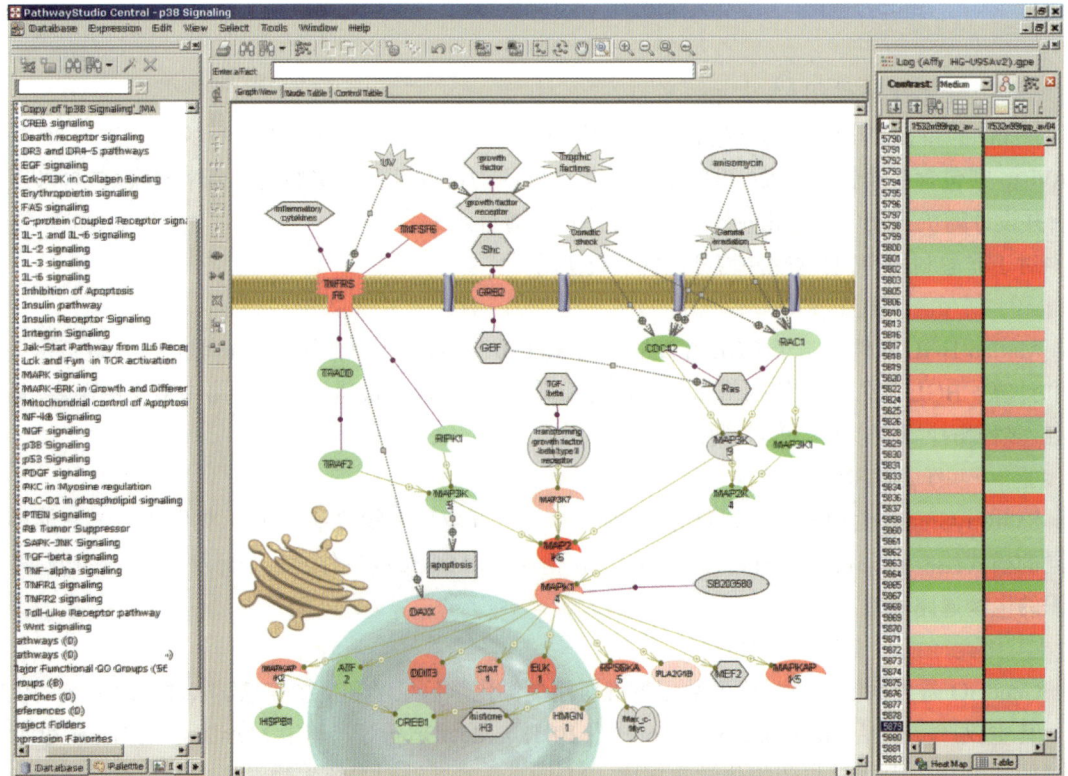

图 10-10　PathwayStudio 工作界面

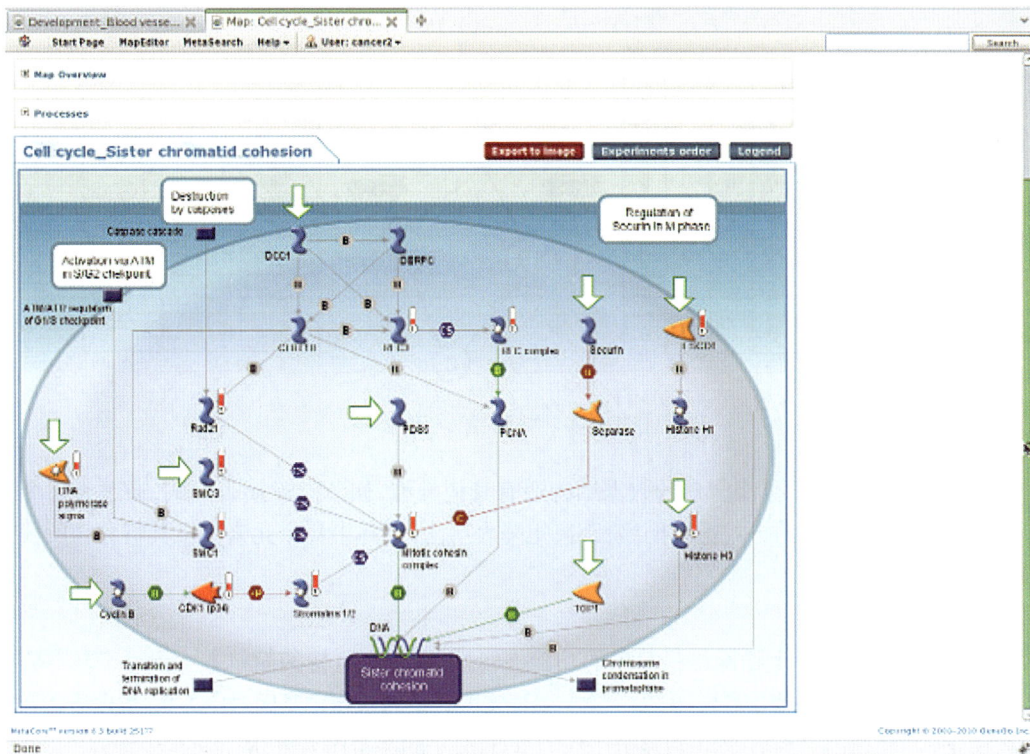

图 10-11 MetaCore 工作界面

第四节 生物网络的重构和应用
Section 4 Reconstruction and Application of Biological Network

一、生物网络重构的一般方法

高通量实验方法的出现和广泛应用为生物学分析提供了海量的数据资源,这些资源组织形式多样,包含信息丰富。基于这些数据信息,利用计算机技术重新构建网络,有助于综合分析数据,利用网络计算方法挖掘相关信息,从系统上分析生物分子网络。

(一)网络的数据结构

在计算机中,存储网络的数据结构有很多形式,其中最常用的是邻接矩阵表示法和边列表表示法。

1. **邻接矩阵表示法** 邻接矩阵是一种比较直观的网络表示方法,通过构建与网络节点数目相同的方矩阵来表示网络。矩阵的每行表示有向网络中的源节点,每列则表示有向网络中的目标节点。矩阵中的非零元素代表一条由源节点指向目标节点的边,而该元素的值则代表这条边的权重,而无权网络中往往取为1(见图 10-12)。对无向网络而言,矩阵表示法中的上三角阵(或下三角阵)即可表示整个网络,而部分软件在处理这种格式时会要求以对称矩阵来表示无向网络以避免和其他有向网络混淆。

邻接矩阵表示法的缺点是占用较大的存储空间,由于在大型网络中,边的数量相对于可能存在的全部边数而言较少,邻接矩阵中大部分元素都为 0。此时,只记录存在的边将会大大减少存储所需的空间。

2. **边列表表示法** 边列表表示法的记录方式一般包括两列数据,分别代表网络中的源节点和目标节点。每一行则代表一条由源节点指向目标节点的边(图 10-12),还可以增加新的列表明边的类型、权重等信息。

NOTES

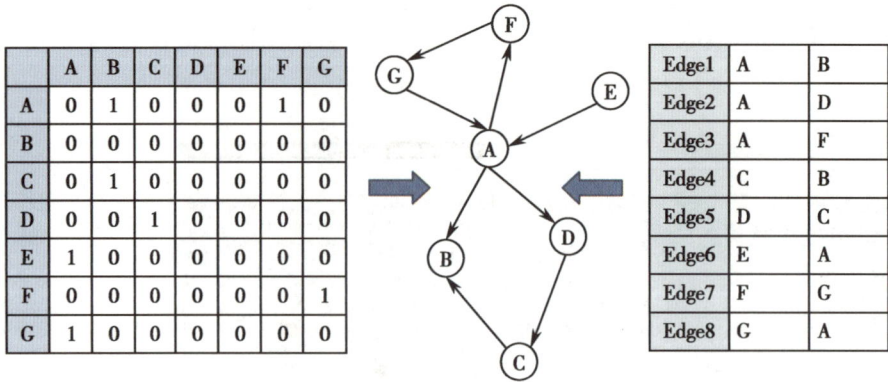

图 10-12　网络的数据结构

3. 其他表示法　用于存储网络的数据结构还有其他类型,如节点连接表形式,通过为每个节点保存一个可连接节点列表的方式记录网络;距离矩阵表示法,矩阵中每个元素记录其行和列所代表节点在网络中的距离等。

(二)网络重构的方法

描述相互作用关系是生物网络最简单的功能,同时也是网络重构的简单方法。对于基本数据形式,即表示为两两关系的生物信息资源,如生物实验证实的转录因子与靶基因对应关系、蛋白质相互作用关系、药物分子与靶蛋白关系等,均可以将分子作为节点,分子间关系作为边,从而重构生物分子网络。

然而对于信号转导通路和代谢通路等形式复杂的功能网络,参与网络的生物分子类型多种多样,分子间关系复杂,以简单网络完整描述整个网络比较困难,因此需要对原信息进行过滤和抽象,在感兴趣的层次提取网络信息。例如代谢网络中一种代谢物在酶的作用下转化为另一种代谢物并产生能量,在这个过程中,可以构建代谢物之间的转化网络,则酶与能量载体不以节点的形式出现在网络中;也可以将全部参与代谢通路的分子都作为节点,然后将其间发生的各种作用作为边,构建出更为复杂的网络。具体采用何种方式构建网络取决于构建网络的目的。

为了从实验数据中重构网络,需要通过数据统计或数据挖掘技术提取相应的作用关系。这种关系可能是简单的生物分子间是否存在连接,也可能是计算一系列定量指标,衡量分子间关系的紧密程度或可靠性等。

二、基因表达与调控网络的重构和应用

DNA 微阵列、转录组测序等基因表达检测技术的广泛应用使研究者可以高通量并行研究大量基因在不同实验条件或细胞周期中的表达水平。为了完整系统地展示和分析基因间的共表达关系,可以构建基因表达相关网络。

(一)基于相关性构建网络

基因表达相关网络可以以等权网络形式构建,构建步骤如下:

利用基因表达谱计算表达相关矩阵,得到任意两个基因间的表达相关性指标。其中表达相关性指标可以根据研究目的选用 Pearson 相关系数、互信息或欧氏距离等。选定阈值,获取显著相关的基因对。阈值的选定可以采取选定特定百分比、指标统计推断或者重排表达谱构建随机背景分布以获取显著性阈值等方法。以相关性超过阈值的基因对作为边,基因作为节点,构建基因表达相关网络。

基因表达相关网络可以是等权的,也可以以相关系数或由相关系数决定的函数作为权值,构建加权网络。通过对基因表达相关网络的分析,可以研究基因间的功能联系,进而获得在特定实验条件下的功能相关集合,也可以结合其他生物分子网络,构建实验条件特异的动态生物分子网络。

(二)基于信息论构建网络

为改进基于关联分析方法中相关系数的局限性,基于信息论的方法被提出用于该问题,信息论的

概念扩展了通过相关性获取基因之间更复杂的统计依赖关系,这种方法促使了关联网络的发展,关联网络是指两个基因之间的一种关系,基于信息论的性质,被称为互信息,首先为所有基因对构造一个全连通图,使用互信息计算出每个调控关系的权重,关联权重低于某个阈值的连接将从网络中移除。互信息可以用来推断所有基因对之间的关系,其最重要的优点是能够推断基因之间的非线性关系。

三、转录调控网络的重构和应用

转录调控网络中的节点包括转录因子和受控基因,如果受控基因的产物也是转录因子,往往会将受控基因及其产物视为同一个节点。由此,基因调控网络是一个有向网络,每条边由转录因子指向受控基因。从重构的方式来看,基因调控网络包括基于原始数据的网络和基于表达数据的网络。

通过构建转录调控网络可以识别和推断基因网络的结构、特性和调控关系;通过建立模型来深入理解基因调控的时空分子机制,并可以研制识别和发现疾病治疗中潜在靶标的预测工具;还可以探究支配基因表达和功能的基本规则,理解决定哪个基因什么时候表达的机制是许多基因操作的关键。

(一)基于原始数据的基因调控网络

ChIP 等技术直接测得转录因子是否与 DNA 结合,因此可以比较简单的将转录因子作为源节点,受控基因作为目标节点,构建基于原始数据的有向基因调控网络。

例如在 ChIP-chip 实验中,经过基因芯片处理后,每一个元件(基因或 DNA 区域)都对应一个强度值,反映了其经过特定感兴趣蛋白(the protein of interest,POI)免疫共沉淀处理后的富集水平。对于双通道芯片,这个强度值常表现为处理组与对照组的强度比值或配对 t 统计量;而对单通道芯片,则可以表示为处理组与对照组的两样本 t 统计量。通过中值百分位数顺序法(median percentile rank),单芯片误差模型(the single-array error model)和移窗法(sliding-window approach)等数值和统计方法,就可以得到 DNA 区域与感兴趣蛋白之间发生结合互作的富集程度分值或概率分值。通过设定阈值的方式能够筛选出显著的蛋白-DNA 二元互作关系。由此即可得到由蛋白质指向相应基因或 DNA 区域的边,整合这些互作关系,即可以重构基因调控网络,见图 10-13。

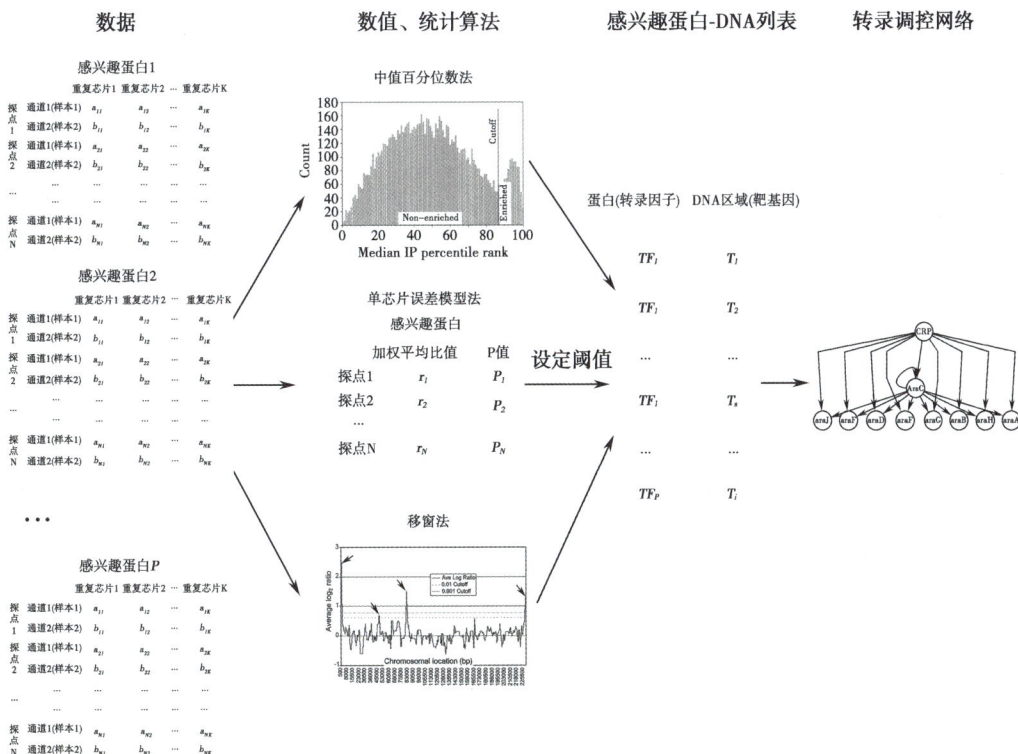

图 10-13 由 ChIP-chip 数据重构基因调控网络步骤

（二）基于表达数据的基因调控网络

基因转录调控在基因表达环节中起着非常重要的作用。例如受同一个转录因子调控的基因往往是共表达的，这些生物学原理可以用于指导基因调控网络的构建。因此，为了弥补基因转录调控检测所得数据缺乏的缺陷，可以从反映基因转录调控机制的 DNA 微阵列基因表达谱数据出发挖掘基因转录调控关系。

利用基因表达信息等高通量数据挖掘基因调控关系并重构基因调控网络，对基因调控的研究有着重要的意义。最常用的基于表达数据构建基因调控网络模型包括布尔网络模型、加权矩阵模型、线性组合模型等。

1. 布尔网络模型   基于表达数据重构基因调控网络的一种最简单的模型就是布尔网络模型。在布尔网络中，每个节点代表一个基因，或者代表一个环境刺激。环境刺激可以是任何影响调控网络的生物、物理或化学因素，而不是基因或基因的产物。每条有向边代表基因之间的相互作用关系。当一个节点代表基因时，该节点与一个稳定的表达水平相联系，表示对应基因产物的数量。如果一个节点代表环境因素，则节点的值对应于环境刺激量。各节点的值是 1 或 0，分别表示高水平和低水平。其中节点之间的相互作用关系可以由布尔表达式来表示，例如：

$$A \cap (\neg B) \rightarrow C \tag{10-7}$$

读作"如果 A 基因表达，并且 B 基因不表达，则 C 基因表达"。其中 ∩ 表示逻辑上的并且关系"and"，¬ 表示否定关系"not"。在网络上则可以表示为图 10-14A。布尔网络中的作用关系与上文所讨论的调控关系相比，增加了对多个因子综合作用（"并""或""与或"关系）的考虑，这种基于关系的信息输入称为连接。考虑网络中全部节点间的相互作用关系后就得到了如图 10-14B 所示的布尔网络。当布尔网络中每个节点被赋予初值后，网络中的节点即能够自动对下一个状态进行预测。这一过程可以被理解为布尔网络转化为一种接线图，见图 10-14C。使用这种方法能够推导出下一步各节点的值，并通过迭代的方法获得以后各步运算的结果。经过迭代后网络出现了稳定状态，但由于初值的影响，稳定形态并不相同，如图 10-14D 中，当选定初值为 A=0，B=0，C=0 时，一步迭代后网络各节点的值便稳定在 A=0，B=1，C=0 上。而当选定初值为 A=1，B=0，C=0 时，迭代结果则在第二次迭代时出现循环，结果始终在初值与 A=0，B=1，C=1 之间反复切换。

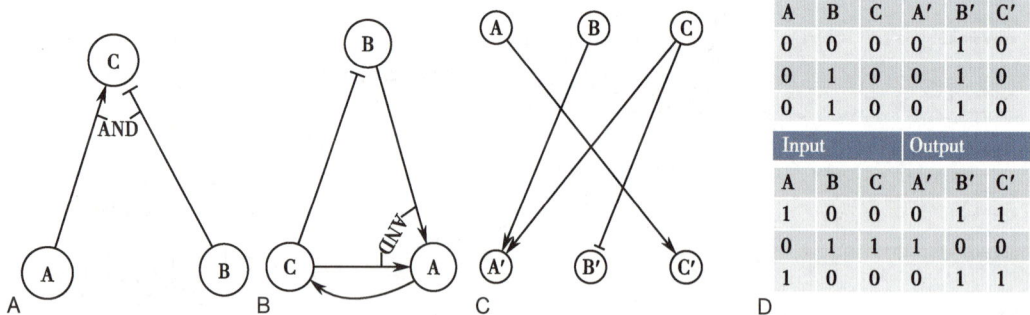

Input			Output		
A	B	C	A'	B'	C'
0	0	0	0	1	0
0	1	0	0	1	0
0	1	0	0	1	0

Input			Output		
A	B	C	A'	B'	C'
1	0	0	0	1	1
0	1	1	1	0	0
1	0	0	0	1	1

图 10-14   节点 C 的真值表

2. 线性组合模型   是一种连续网络模型，在这种模型中，一个基因的表达值是若干个其他基因表达值的加权和。基本表示形式为：

$$X_i(t+1) = \sum_j w_{ij} X_j(t) \tag{10-8}$$

其中，$X_i(t+1)$ 是基因 i 在 $t+1$ 时刻的表达水平，$X_j(t)$ 是基因 j 在 t 时刻的表达水平，而 w_{ij} 代表基因 j 的表达水平对基因 i 的影响。

将上述表达式转换为线性差分方程，描述一个基因表达水平的变化趋势。这样，在给定一系列基因表达水平的实验数据之后,即给定每个基因的时间序列$\{X_i(t)\}$,就可以利用最小二乘法或者多元分析法求解整个系统的差分方程组,从而确定方程中的所有参数,即确定w_{ij}。最终,利用差分方程分析各个基因的表达行为。

3. 加权矩阵模型　加权矩阵模型与线性组合模型相似,在该模型中,一个基因的表达值是其他基因表达值的函数。含有n个基因的基因表达状态用n维空间中的向量$u(t)$表示,$u(t)$的每一个元素代表一个基因在时刻t的表达水平。以一个加权矩阵W表示基因之间的相互调控作用,W的每一行代表一个基因的所有调控输入,w_{ij}代表基因j的表达水平对基因i的影响。在时刻t,基因j对基因i的净调控输入为j的表达水平(即$u_j(t)$)乘以j对i的调控影响程度w_{ij}。基因i的总调控输入$r_i(t)$为:

$$r_i(t) = \sum_j w_{ij} u_j(t) \qquad (10-9)$$

这一形式与线性组合模型相似,若w_{ij}为正值,则基因j激活基因i的表达,而负值表示基因j抑制基因i的表达,0表示基因j对基因i没有作用。与线性组合模型不同的是,基因i最终表达响应还需要经过一次非线性映射:

$$u_i(t+1) = \frac{1}{1 + e^{-[\alpha r_i(t) + \beta_i]}} \qquad (10-10)$$

这种函数是神经网络中常用的 Sigmoid 函数,其中α和β是两个常数,规定非线性映射函数曲线的位置和曲度。通过上式计算出$t+1$时刻基因i的表达水平。在最初阶段,加权矩阵的值是未知的。但是可以利用机器学习方法,根据基因表达数据估计加权矩阵中各个元素的值。

对于这样的模型,可以利用成熟的线性代数方法和神经网络方法进行分析。实验表明,该模型具有周期稳定的基因表达水平,与实际生物系统相一致。在这种模型中还可以加入新的变量,模拟环境条件变化对基因表达水平的影响。

除上述模型外,还可以利用贝叶斯网络模型等方法由表达数据等信息重构基因调控网络,这些模型可以用于预测和验证基因间的转录调控关系,也为分析基因功能,研究生物信号与功能传递机制提供了重要的信息资源。

四、蛋白质互作网络的重构和应用

由于蛋白质相互作用数据本身可以提供蛋白与蛋白间相互作用关系信息,蛋白质互作网络的构建比较简单,只需将数据中的互作关系作为网络中的边,蛋白作为网络中的节点,即可以重构蛋白质互作网络。在对酵母等模式生物的分析中,几乎覆盖整个蛋白质组的蛋白质互作网络已经被重构出来,人类等高等物种的互作数据也在以极快的速度积累着。目前,酵母、小鼠、人类等物种的蛋白质互作网络一般包含数千个节点和数万条边。在这样庞大的网络上,需要采用多种多样的计算方法对蛋白质网络进行分析。

(一)蛋白质网络的可靠性分析

目前,高通量的蛋白质互作检测技术和生物信息学预测方法极大地丰富了蛋白质互作数据资源,然而 PPI 数据众多,来源广泛,不同实验方法产出的数据的检测标准并不一致,致使 PPI 数据库中经常会包含一些无用数据,这些无用数据主要表现为冗余数据、不完全数据及噪声数据。因而有必要对蛋白质相互作用数据进行预处理,保证使用数据的可靠性。目前常用的数据处理的方法包括:去重操作,即清除数据库中重复的冗余数据;加权操作,即通过相似度或距离的度量对相互作用数据的可靠性进行评估。

一般认为,小规模生物实验所检测出的互作信息更为可靠。免疫共沉淀的阳性检测结果一般可以作为互作存在的金标准。而当互作的实验证据来自高通量实验时,往往用同一条互作信息在不同的高通量实验所证明的次数来反映互作信息的可靠程度。

(二)基于拓扑属性的分析

PPI 网络是一种高度动态和结构化的复杂网络,它具有无尺度分布、小世界性质和功能模块化3个拓扑特征。无尺度分布是指 PPI 网络中连接度为 k 的节点出现的概率满足幂律分布。小世界性质是指 PPI 网络所含的蛋白质节点具有较短的平均最短路径长度和较高的平均聚集系数。利用拓扑属性分析网络中的节点是网络生物学中独特的方法。在蛋白质互作网络中,具有独特拓扑属性的节点蛋白往往具有独特的生物学意义。

研究显示,连通度较高的中心节点(在蛋白质互作网络中常以连通度大于 5 的节点作为中心节点)对网络的连通性起着特别重要的意义,其中显著富集着与生命基本活动相关的必需基因、疾病相关基因以及药物靶点基因等具有重要意义的基因。中心节点的这种特性使得它们成为很多研究所关心的对象。介数和紧密度较高的节点往往也具有较高的连通度,这些节点在连接网络过程中同样具有重要作用。

节点的拓扑属性是揭示节点在网络中意义的重要工具,通过对蛋白质互作网络中节点拓扑属性的分析,能够进一步理解其在生物网络中的重要作用。还可以利用模式识别方法对特定蛋白节点的功能进行预测。

(三) 基于蛋白质网络的功能模块分析

蛋白质通过彼此的连接来行使生物学功能,因此,存在一个很自然的假设,即彼此互作的蛋白具有相同或相近的功能。基于这一假设,开发了一系列基于蛋白质网络的蛋白功能的检测方法。

功能模块检测的一般流程为:预处理→PPI 网络→聚类算法→后处理→功能模块。其中 PPI 网络形成、聚类算法和功能模块的输出是模块检测过程中三个基本且必要的步骤,而预处理和后处理则是可选的操作步骤。

功能模块的检测方法包括传统图理论的检测方法和非传统图理论的检测方法。传统图理论的检测方法有:基于密度的聚类方法、基于层次的聚类方法、基于划分的聚类方法;非传统图理论的检测方法有:基于流模拟的聚类方法、基于谱的聚类方法、基于核心—附属关系的聚类方法、基于群集智能的聚类方法。

五、代谢网络重构和应用

生物代谢网络是一种较为复杂的网络,其原因在于其中包含的分子类型众多,反应类型多样。一个反应往往不是简单的两个生物分子的作用,而是以多个分子组成临时复合物的形式连接在一起。构建代谢网络模型将基因组与分子生物,生理学相关起来。重建将代谢途径(例如糖酵解和柠檬酸循环)分解成它们各自反应和酶,并在整个网络的角度内对其进行分析。简而言之,重建过程会收集生物体所有相关代谢信息,并将其编译为数学模型。重建的验证和分析可以确定新陈代谢的关键特征,例如生长产量,资源分布,网络稳健性和基因必要性。

(一) 代谢网络的重构

通常构建重建的过程如下:构建草图,优化模型,将模型转换为数学或计算表示,通过实验评估和调试模型寻找最优解,如图 10-15 所示。

(二) 代谢网络重建的应用

重建及其相应的模型允许对某些酶活性的存在和代谢产物的产生进行假设,这些假设可以通过实验进行测试,并以假设驱动的研究补充了传统的微生物生物化学的主要基于发现的方法。这些实验的结果可以揭示新的途径和代谢活性,并在先前的实验数据中破译差异之间的差异。

代谢网络重建和模型用于了解生物或寄生虫如何在宿主细胞内部发挥作用。例如,如果寄生虫可以通过裂解巨噬细胞危害免疫系统,那么代谢重建将是确定对于生物体在巨噬细胞内部增殖必不可少的代谢物。如果增殖周期受到抑制,则该寄生虫将不会继续逃避宿主的免疫系统。重建模型是解密围绕疾病的复杂机制的第一步。这些模型还可以查看维持细胞毒力所需的最少基因。下一步将是使用从重建模型生成的预测和假设,并将其应用于发现新的生物学功能,例如药物工程和药物输送技术。

六、信号转导网络的重构和应用

细胞借助各种信号利用信号转导网络把外界环境刺激信号或者细胞本身程序性的"刺激"传导

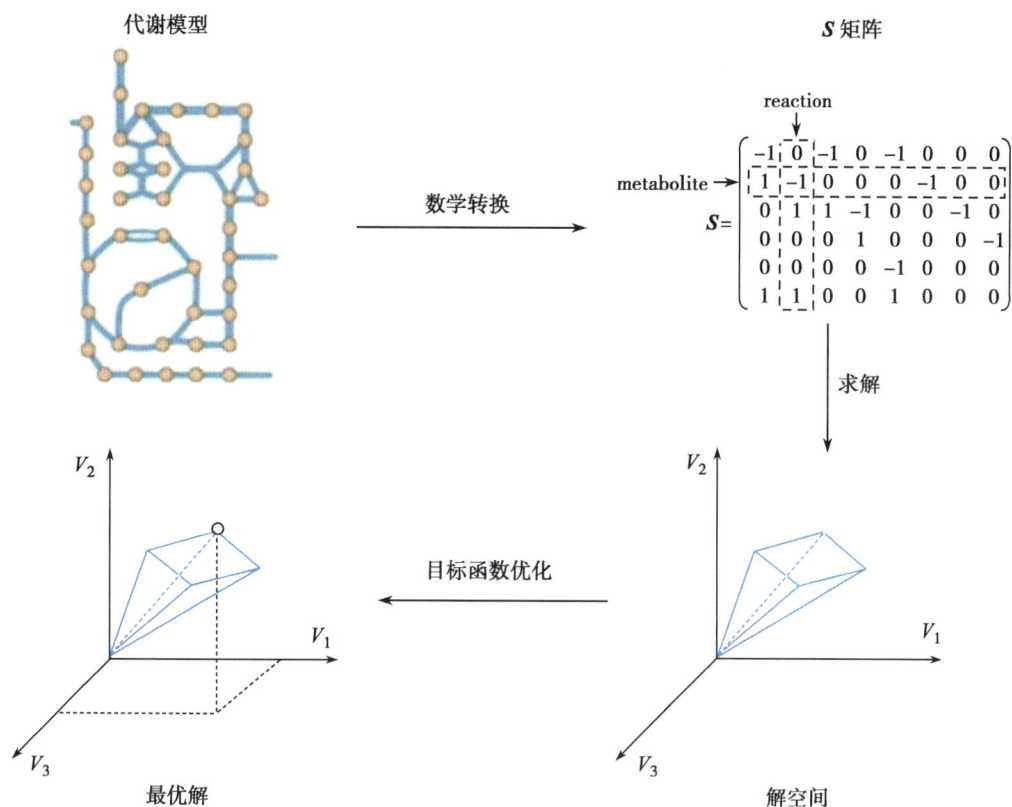

图 10-15 代谢网络模型重构的一般流程

细胞内相应的位置,以对刺激做出相应的反应。信号转导对于细胞行使功能尤为重要,大量的研究表明信号转导途径并非独立存在、独立完成特定的生物学功能,众多的途径在多种不同的层次上存在着信号的交流,因而构成了庞大而复杂的信号转导网络。信号转导是一个级联放大的非线性网络,网络结构错综复杂,并具有多层次的特点。目前还没有成熟的模型用来重构信号转导网络。

目前最常用的信号转导网络的构建是基于文本挖掘的,但是阅读大量的文献会耗费大量的物力和财力,急需开发计算的方法来构建全面的信号转导网络。Ma'ayan 等人在 2005 年通过阅读文献手工构建了包含大约 500 个蛋白质的信号网络,这是第一个有关人类信号转导网络的报道。直到 2007 年,崔等人扩展了信号转导网络,通过整合 BioCarta 数据库和 Cancer Cell Map 数据库的资源,他们人工审核数据库中蛋白质的关系,构建了更加全面的人类信号转导网络,包含 1 634 个节点间的 5 089 条关系。整合的信号网络为后续的分析提供了新的资源。同时,研究者还分析了突变基因和甲基化癌相关的基因在网络中的性质,为识别癌症中关键的基因以及理解癌症的底层机制提供了新的视角。

小结

蛋白质、DNA、RNA 以及生物小分子等细胞成员之间的相互作用是大多数生物功能发生的基本方式。系统研究活体细胞内生物分子及其间的相互作用是后基因组时代的一个重要目标。生物分子网络和通路是研究和分析复杂生物分子系统的重要工具。

高通量的生物学检测技术产生了大量的信息资源,充实了各种生物信息学数据库。基于不同物种、不同类型的生物分子,出现了各种生物分子网络和通路。其中最重要的是蛋白质互作网络,基因转录调控网络,代谢通路和信号转导通路。

无标度性是生物分子网络表现出的特殊网络性质之一。生物分子网络的连通度分布一般都服从

NOTES

幂率分布,与随机网络完全不同。生物分子网络的无标度特性是生物在进化过程中形成的特性,并有助于生物适应周围的环境。

生物分子网络的平均聚类系数远高于随机网络,网络中连通度高的节点往往具有较低的聚类系数,生物分子网络是高度层次化的。

网络模序是生物分子网络中出现频率显著高于随机网络的特定连接模式。通过对网络模序的搜索,有助于了解生物分子行使功能的基本方式。

生物分子网络和通路的重构依赖于生物分子数据的组织形式,部分可以直接由实验原始数据构建,部分需要通过机器学习技术从生物数据中提取。

快速发展的网络生物学提供了研究生物学和疾病病理学的新视角,为解决复杂生物医学问题提供了新的途径。

Summary

Most biological characteristics arise from complex interactions between the cell's numerous constituents, such as protein, DNA, RNA and small molecules. To systematically study all molecules and their interactions within a living cell is one of the most important targets of postgenomic biomedical research. Biomolecular network is one of the major tools to analyze the complex biomolecular system.

Abundant bioinformatics sources generated by the high-through detected technology are stored in all kinds of bioinformatics dataset. Based on different organisms and different types of biology molecules, various kinds of biomolecular networks were reconstructed. The most important networks include protein-protein interaction network, gene regulatory network, metabolic network and signal transfer network.

"Scale free" is one of the universe signatures of biomolecular network. The degree of biomolecular network generally obeys the power distribution. Totally difference to the random network, "scale free" is one of the signatures during the biological evolutionary process and helps creature to adapt the surroundings.

The average clustering coefficient of biomolecular network is much higher than that of random network. The node with the higher degree is generally with the lower clustering coefficient. Those explain the high hierarchy of the biomolecular network.

Network motifs are the certain connected modes, which present significantly higher frequency in the biomolecular network than in the random network. Searching the network motifs will help to understand the essence manners of biomolecular function.

The reconstruction of the biomolecular network depends on the organism format of the biomolecular data. Part of them can be constructed by the original data, and part need to pick-up by biology data.

The development of the Network Biology provides the new view to study biology and pathology and the new approach for solving the complex biomedical problem.

（陈 铭 李 敏）

思考题

1. 哪些生物分子网络通常是无向网络?
2. 如何通过网络拓扑属性分析节点在网络中的作用?
3. 访问一个通路数据库,并获取数据,重构相应的生物通路网络。

第十一章 基因注释与功能分析
CHAPTER 11　GENE ANNOTATION AND FUNCTIONAL ANALYSIS

- 了解两大基因功能注释数据库 GO 和 KEGG，并掌握如何使用数据库检索相关信息。
- 学习简单的基因集富集分析算法，了解 KOBAS 富集分析工具。
- 了解基于 GO 或者 KEGG 的基因功能注释方法，学习各大功能注释工具如 NetGO 的使用。

第一节　引　言
Section 1　Introduction

目前基因组学研究已经进入后基因组学（post-genomics）时代，基因组学将从整体水平上对大量基因进行研究，这极大地促进了功能基因组学（functional genomics）的发展。在早期的人类基因组计划中，生物信息学的研究重点是识别基因组序列。伴随功能基因组学的进步，目前生物信息学的研究重点则是探究基因组序列的生物学功能，以及基因组编码序列的转录、翻译的过程和结果，尤其是分析基因表达的调控信息及其产物的功能。功能基因组学的主要任务之一是进行基因组功能注释（genome annotation），识别基因的功能，认识基因与疾病的关系，掌握基因的产物及其在生命活动中的作用等。在使用全局方法进行研究时，研究人员往往需要同时检测大量基因的表达水平，从而在整体水平上获得关于基因功能及基因之间相互作用的信息。如何应用生物信息学方法，高通量地注释这些基因的生物学功能是一个重要的挑战。快速有效的基因注释对进一步识别基因、识别基因转录调控信息、研究基因的表达调控机制、研究基因在生物体代谢途径中的地位、分析基因与基因产物之间的相互作用关系、绘制基因调控网络图、预测和发现蛋白质功能以及揭示生命的起源和进化等，具有重要的意义。

第二节　基因注释数据库
Section 2　Gene Annotation Database

当前，研究人员已经可以获得大量的全基因组数据，同时关于基因、基因产物以及生物学通路的数据也越来越多。如何利用这些数据从基因组水平系统地解释生物学实验的结果是一个重要的问题。某个物种的基因组往往包括成千上万的基因，它们在分子水平的复杂网络中存在相互作用。这些分子网络趋于模块化，相近的模块会形成组合单元以发挥功能。此外，这些模块还可以按照进化时间组装成层级结构来发挥更高级的功能。描述单一的蛋白质功能已经十分复杂，如果在基因组范围内进行描述就会更加复杂，因此使用计算方法不失为一个可行的解决方法。提供一个结构化的标准生物学计算模型，便于计算机程序进行分析，目前已经成为从整体水平系统研究基因及其产物的重点。本节主要介绍当前应用较为广泛的基因及其产物注释数据库。

一、基因本体论数据库

（一）简介
基因本体论数据库（gene ontology，GO）是 1998 年构建的一个结构化的标准生物学模型（图 11-1），

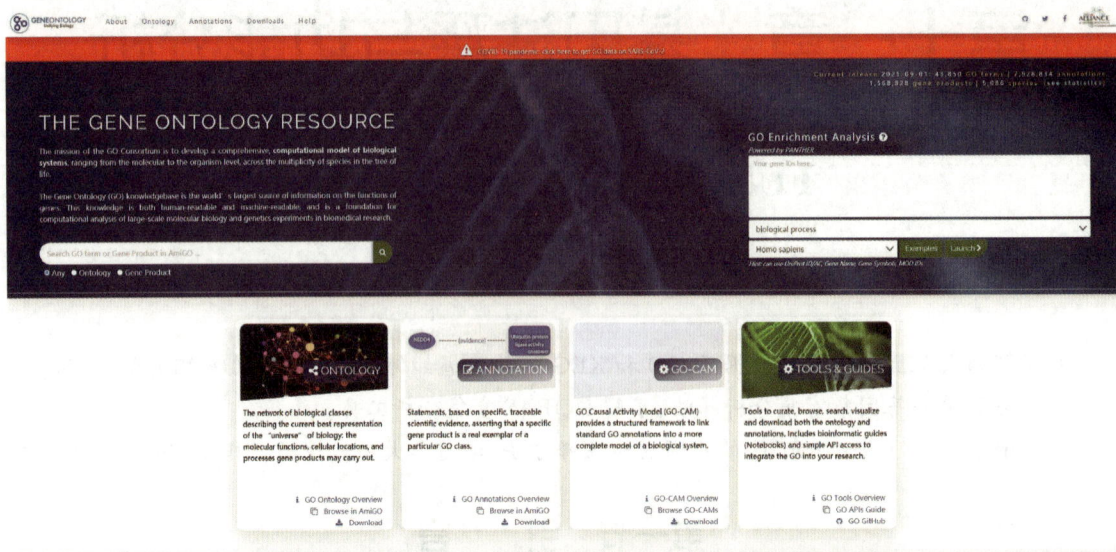

图 11-1　GO 数据库主页

THE GENE ONTOLOGY RESOURCE：基因本体论资源。

旨在提供一个具有代表性的、规范化的基因和基因产物特性的术语描绘或词义解释的工作平台，涵盖了基因的生物学过程（biological process，BP），分子功能（molecular function，MF）和细胞组分（cellular component，CC）三个方面，目前已经成为应用最广泛的基因注释体系之一。GO 数据库最初收录的基因组信息来源于 3 个模式物种数据库，包括果蝇、酵母和小鼠，随后相继收录了更多数据，其中包括国际上主要的植物、动物和微生物等数据资源（表 11-1）。目前，GO 术语在多数的生物学数据库中可以统一使用，使得研究人员对基因和基因产物的数据能够进行统一的归纳、处理、解释和共享。

表 11-1　GO 数据库收录的基因组数据列表

机构简称	收录的基因组数据	机构简称	收录的基因组数据
AgBase	农业动植物	Gramene	农作物基因数据库
Alzheimer Project at the University of Toronto	阿尔茨海默病关联基因	MGI	实验小鼠和人类
AspGD	曲霉菌属的丝状真菌	PomBase	裂殖酵母
CGD	白念珠菌	PseudoCAP	铜绿假单胞菌 PAO1 参考菌株
dictyBase	黏菌盘基网柄菌	RGD	褐家鼠
DisProt	无序蛋白	Reactome	生物过程知识库
EcoliWiki	大肠埃希菌	SGD	芽殖酵母 酿酒酵母
Ensembl	脊椎动物的预测注释	SGN	茄科植物
EnsemblFungi	真菌的预测注释	TAIR	拟南芥
EnsemblPlants/Gramene	植物的预测注释	TGD	嗜热四膜虫
FlyBase	果蝇	WormBase	线虫
GeneDB	裂殖酵母 恶性疟原虫 硕大利什曼原虫 布氏锥虫	ZFIN	斑马鱼
GOA	UniProt 和 InterPro 注释		

GO 通过控制注释词汇的层次结构,使研究人员可以从不同层面查询和使用基因注释信息。从整体上来看,GO 注释系统是一个有向无环图(directed acyclic graphs)的结构,包含 BP、MF 和 CC 三个分支。注释系统中每一个结点(node)都是对基因或蛋白质的一种描述,各个结点之间存在四种关系,如表 11-2 所示。因此,一个基因或蛋白质可从三个层面得到注释,即基因或蛋白质参与的生物学过程(BP)、在细胞内的特定组分(CC)以及分子功能(MF)上所扮演的角色。随着生命科学研究的逐步深入,GO 注释数据库也在不断积累和更新中。目前 GO 已经成为生物医学研究领域中一个重要的方法和工具,并逐步改变着人们对各种生物学数据的组织和理解方式,它的存在已经大大加快了生物数据的整合和利用。

表 11-2　GO 中结点关系列表

关系	缩写	符号	示例
is a	i	A→i→B	有丝分裂细胞周期 is a 细胞周期
part of	P	A→P→B	线粒体内膜 part of 线粒体
has part	hP	A→hP→B	受体酪氨酸激酶活性 has part 激酶活性
regulates	R	A→R→B	抗凋亡 regulates 细胞程序性死亡

(二) GO 数据库的使用

1. 关键词检索　GO 数据库检索 GO 数据库通常由 AmiGO 2(图 11-2)完成。在 GO 数据库中,每条记录都有一个标识号(GO:XXXXXX)和对应的名称。因此检索时需要知道待查基因的标识号或名称,将它们直接输入框中检索即可。

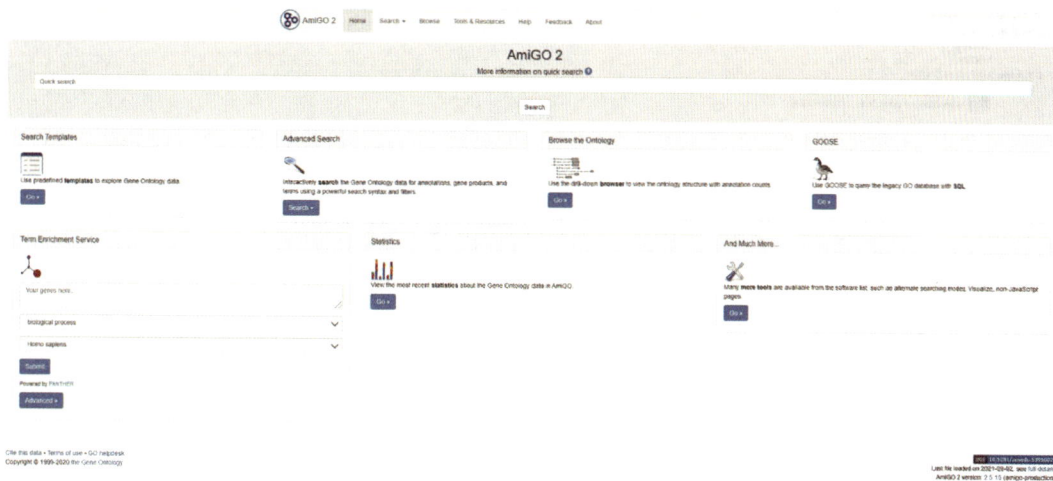

图 11-2　AmiGO 2 检索网页

这里以检索人类神经细胞分化因子 6(Neurogenic differentiation factor 6,NEUROD6)为例,选择"Advanced Search"下的"Genes and gene products"选项,在检索框中输入"NEUROD6",运行后所得基因产物检索结果如图 11-3 所示。

检索得到的六个记录分别是不同物种中的神经源性分化因子 6,点击物种为人类"Homo sapiens"的"NEUROD6"记录,得到结果如图 11-4 所示,显示了该基因产物的基本信息,包括类型、物种、名称来源等信息。

同时,检索下方还显示了该基因产物的关联(Gene Product Associations)图(图 11-5),要查看该基因的分子功能,可点击"Direct annotation"中的记录查看,如点击"protein dimerization activity"(图 11-5)。

图 11-3　AmiGO 2 检索结果

NEUROD6：神经细胞分化因子 6。

Neurogenic differentiation factor 6

图 11-4　AmiGO 2 基因描述示例 1

Neurogenic differentiation factor 6：神经细胞分化因子 6；Homo sapiens：人类。

protein dimerization activity

图 11-5　AmiGO 2 基因描述示例 2

protein dimerization activity：蛋白质的二聚体活性。

此外，在图 11-5 的下方还列举了该功能的详细注释，包括 "Associations" "Graph Views" "Inferred Tree View" "Ancestors and Children" 和 "Mappings" 等。如点击可视化视图 "Graph Views" 就可清晰地显示该分子功能构成的复杂功能网状结构，既有上下隶属关系，也存在平行关系（图 11-6）。

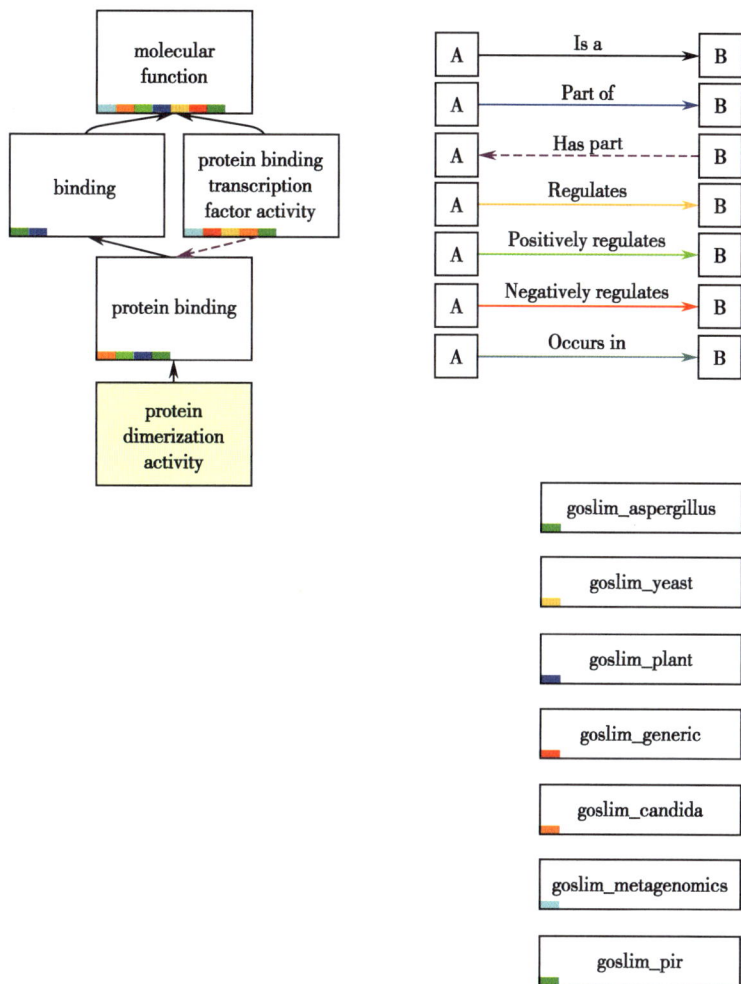

QuickGO-http://www.ebi.ac.uk/QuickGO

图 11-6　AmiGO 2 查询结果图形视图

molecular function：分子功能；binding：结合；protein binding transcription factor activity：蛋白质结合型转录因子的活性；protein binding：蛋白质的结合；protein dimerization activity：蛋白质的二聚体活性。

2. 文献检索　GO 数据库在 AmiGO 2 中，给定一篇科学文献，我们可以检索出该文章中同本体论或者基因注释相关的信息。以图 11-7 为例，在 AmiGO 2 的搜索框中输入 PMID：12345，可以查看对应文献 "A new granulation method for compressed tablets［proceedings］" 中的相关信息。

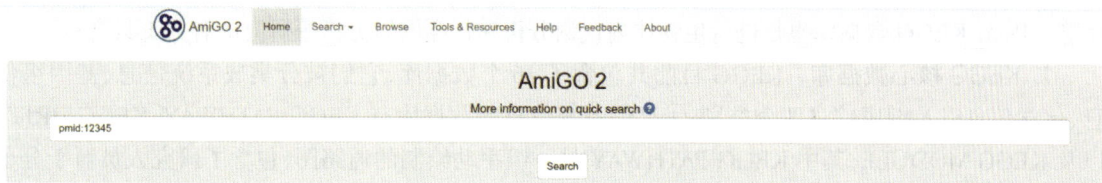

图 11-7　AmiGO 2 文献检索

NOTES

在检索结果中选择"ontology"，可以看到此文献中存在四个 GO term（图 11-8），分别注释在 BP 和 CC domain 中，如果想看查看对应 term 的具体信息也可以点击链接。

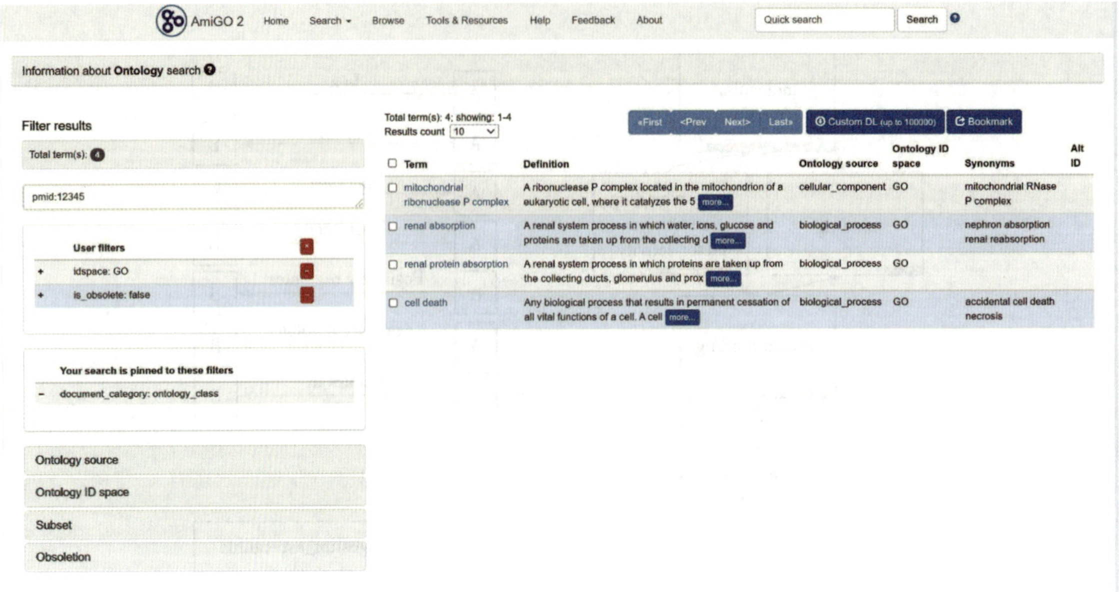

图 11-8　AmiGO 2 文献检索结果

mitochondria ribonuclease P complex：线粒体核糖核酸酶 P 复合物；renal absorption：肾脏吸收；renal protein absorption：肾脏蛋白质的吸收；cell death：细胞死亡。

二、KEGG 通路数据库

京都基因与基因组百科全书数据库（Kyoto encyclopedia of genes and genomes，KEGG）是系统分析基因功能和基因组信息的数据库，它整合了基因组学、生物化学以及功能组学的信息，有助于研究者从基因组和分子水平的信息中了解细胞、机体等生物系统的高级功能和效用。

KEGG 数据库于 1995 年提出，用于整合和解释由基因组测序和其他高通量实验产生的大规模分子数据集，目前已发展成为最为主流的参考知识数据库之一。KEGG 将众多与生物系统相关的信息呈现在计算机上，形象地展示了生物系统的组件与通路之间的联系。具体而言，它整合了包含基因与蛋白质的遗传部件、小分子及化学反应的化学信息以及分子相互作用与反应网络的通路图等信息。

KEGG 最初整合的是代谢通路（PATHWAY）信息，绘制收集了大量代谢通路图，以呈现关于代谢以及其他细胞与生物机能的实验结果。KEGG 提供的整合代谢途径查询功能十分出色，包括碳水化合物、核苷酸、氨基酸等代谢及有机物的生物降解，不仅提供了所有可能的代谢途径，还对催化各步反应的酶进行了全面的注解，包括其氨基酸序列和 PDB 数据库的链接等。此外，KEGG 还提供基于 Java 的图形界面显示基因组图谱、比较基因组图谱和表达图谱以及序列比较、图形比较和通路计算等功能。因此，KEGG 数据库也是进行生物体内代谢分析和代谢网络分析等研究的有力工具之一。

1. KEGG 核心数据库　KEGG 目前共包含了 16 个数据库，它们被分类成系统信息、基因组信息、化学信息以及健康信息四个类别：①存储系统信息的数据库有 KEGG PATHWAY、KEGG BRITE 以及 KEGG MODULE，其中 KEGG PATHWAY 是一组手动绘制的通路图，包含了研究人员对于分子在代谢、遗传信息、细胞过程等相互作用、反应过程的关系网络的认识；KEGG BRITE 存储了层级分类信息，捕获基因和蛋白、化合物和反应、药物、疾病、物种和细胞的功能层次结构；KEGG MODULE 是人工手动定义的功能单元的集合，其中 M 标识符和 RM 标识符分别用于注释基因集和反应集

（reaction sets）的功能单元。②基因组信息主要存储在 KEGG ORTHOLOGY、KEGG GENES 以及 KEGG GENOME 数据库中，KEGG ORTHOLOGY 是对分子从同源角度进行功能标注，一般是从 KEGG 中的分子网络获取功能信息并实现物种间的同源基因的注释；KEGG GENES 主要收集了来自 NCBI RefSeq 和 GenBank 数据库中细胞生物和病毒的基因组中的基因和蛋白质信息；KEGG GENOME 收集了具有完整基因组序列和物种代码的物种信息，并引入了与疾病相关的病毒信息。③KEGG 中存储化学信息的数据库也被称为 KEGG LIGAND，主要存储在 5 个数据库中，分别为 KEGG COMPOUND、KEGG GLYCAN、KEGG REACTION、KEGG RCLASS 以及 KEGG ENZYME。KEGG COMPOUND 主要收集了与生物系统相关的小分子、生物聚合物以及其他化学物质的信息；KEGG GLYCAN 收集了聚糖结构信息，其信息源包括 CarbBank 数据库、科学文献以及 KEGG；KEGG REACTION 是化学反应数据库，主要包括酶促反应、KEGG 代谢路径图中出现的所有反应以及仅出现在酶命名法中的其他反应信息；KEGG RCLASS 基于底物-产物对的化学结构转化模式对化学反应进行分类，并以原子类型变化（atom type changes at R：reaction center，D：difference atom，M：matched atom，RDM）模式（图 11-9）呈现出来；KEGG ENZYME 是基于 ExplorEnz 数据库的，是对酶命名法（EC 编号系统）的实现。④存储健康信息的数据库又被统称为 KEGG MEDICUS，主要由 KEGG NETWORK、KEGG VARIANT、KEGG DISEASE、KEGG DRUG 和 KEGG DGROUP 组成。KEGG NETWORK 是 KEGG 的一个新的尝试，即从被扰乱的分子网络的角度来捕捉疾病和药物的知识，收集了分子相互作用和反应网络中的变化情况；KEGG VARIANT 中主要成分为人类基因变体；疾病在 KEGG 中被视作是分子网络系统的扰动状态，KEGG DISEASE 仅关注扰动因子并收集了相关的疾病条目；KEGG DRUG 是日本、美国以及欧洲已批准药物的综合药物信息资源库，并基于药物有效成分的化学结构和化学成分进行统一；KEGG DGROUP 包含了与 KEGG DRUG 中的 D number 条目相关的结构、功能集合。

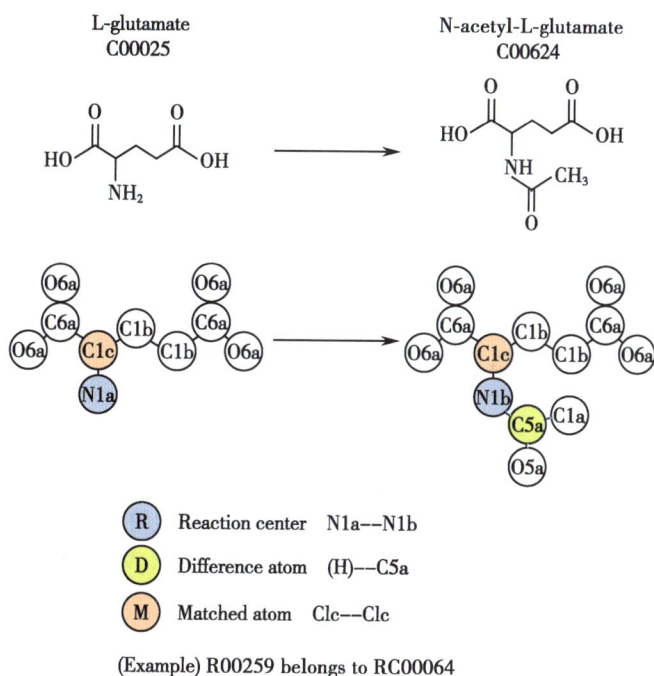

图 11-9　KEGG 数据库存储的 RDM 模式

L-glutamate：L-谷氨酸；N-acetyl-L-glutamate：N-乙酰-L-谷氨酸；Reaction center：反应中心；
Difference atom：差异原子；Match atom：匹配原子。

KEGG 可被视作是生物系统的计算机表示,它的内容涉及广泛的生物对象,包括基因和蛋白质、化学物质和反应、分子互作反应/关系网络以及人类疾病和药物等信息,并为每种生物对象确定唯一的标识符。表 11-3 列出了 KEGG 发布过的所有核心数据库检索号的基本形式,其中 GENOME 使用了 NCBI 物种分类的标准命名规则,ENZYME 使用 DBGET 检索系统定义的 EC number 来标识激酶。对于每一个出现在 KEGG 中的生物对象,KEGG 都赋予了它们一个独立的检索号,实现从分子层面、细胞层面和组织层面的信息检索。每个生物对象在 KEGG 中的标识符大多是前缀加五位数字,如 PATHWAY 数据库中阿尔茨海默病通路图的标识号为 hsa05010。对于 GENES、ENZYME 和 VARIANT 数据库,标识符采用 db:entry 的形式,如 GENES 数据库中的人类预设蛋白 1(PSEN1)的检索号为 hsa:5663,VARIANT 数据库中的 PSEN1 变体的检索号为 hsa_var:5663v1。此外,这些 ID 号也被当今比较流行的网络搜索引擎(如 Google 等)所接受,可以直接在 KEGG 相应的数据库中得到搜索结果。

表 11-3   KEGG 的 16 个核心数据库的检索号

Release	Database	Object Identifier
1995	KEGG PATHWAY	map number
	KEGG GENES	locus_tag/GeneID
	KEGG ENZYME	EC number
	KEGG COMPOUND	C number
1998	KEGG REACTION	R number
2000	KEGG GENOME	organism code/T number
2002	KEGG ORTHOLOGY	K number
2003	KEGG GLYCAN	G number
2005	KEGG BRITE	br number
	KEGG DRUG	D number
2006	KEGG MODULE	M number
2008	KEGG DISEASE	H number
2010	KEGG RCLASS	RC number
2014	KEGG DGROUP	DG number
2017	KEGG NETWORK	N number/nt number
	KEGG VARIANT	GeneID+variant number

KEGG 数据库中组织生物对象的一个重要原则是考虑参考数据(类)和变异数据(实例)的差异。例如,K04505 是 presenilin 1 的一个类,hsa:5663 是人类的一个实例。阿尔茨海默病的通路图 map05010 是手工绘制的,即参考通路,通路图中的节点与 KO 标识符(K number)相连。人类通路图 hsa05010 是以阿尔茨海默病作为参考通路,并通过计算生成的人体特定通路,其中可将 KO 标识符转换为人类基因标识符并将节点染成绿色实现绘制。

2. KEGG 中的基因注释和功能分类   KEGG 通过 KO 标识对基因进行注释,每个 KO 标识一个来自不同物种的种间同源基因组。在 KEGG 通路中,每个 KO 标识代表着通路图中一个网络结点(在通路图中以一个方盒子表示)。在 KEGG 对每个对象的功能及其他等级划分中,KO 标识则代表着底层的叶子结点。原则上,KO 是创建序列相似集,并基于序列数据中进行 KO 分配。对于在 KEGG GENES 数据库中的基因,KEGG 还开发了一个名为 KoAnn 的工具为单个基因分配 KO 号,实现稳定可靠的预测。截至 2022 年 6 月,数据库中大约有 25 000 个 KO 号,52% 的真核和原核生物基因(3 900

万)已经被分配了对应的 KO 号,但只有 2.2% 的病毒基因存在对应注释。

　　KO 标识是基因组通过 KEGG 通路以及 KEGG 等级划分与生物学系统关联的基础。对于 KEGG 中的每个物种来说,物种特异性通路以及功能等级的划分是通过计算的方法自动实现的,在这一过程中 KO 标识是必不可少的。有了这些物种特异性通路以及功能等级划分,由基因芯片表达谱等高通量方法得到的基因便可以注释到相应的位置,以此来系统地分析该基因在细胞或组织中的功能。除了对基因或蛋白质的功能等级划分之外,KEGG BRITE 数据库还包含了化合物以及其作用关系的等级划分。

　　KO 标识还可以将基因的基因组信息以及转录组信息与通路中化合物分子的化学结构联系起来。因此,KO 分类系统还可以应用到化学信息注释上。这一过程实现的基本原理是每个 KO 下的基因所标识的酶不同,其对应的化学底物也不同。另外,生物合成通路信息的不断积累和更新提供了数据支撑的基础。例如:糖类的生物合成是通过一系列的生化反应来完成的,这些反应都是由糖基转移酶催化。在 KEGG PATHWAY 中,与糖类生物合成相关的通路图中各种糖类相关的化合物都是通过一条边与糖基转移酶的一组同源基因(KO group)直接相连。一旦在通路中确定了基因的注释位置,则与其相关的糖类化合物也被找到。应用相似的方法可以对基因芯片表达谱数据进行糖类结构及其功能的预测,这一方法已被广泛使用。除了糖类化合物之外,在 KEGG 数据库中还存储了很多其他化合物(多聚不饱和脂肪酸、萜类化合物、聚酮化合物等)的结构和功能信息,通过以上方法可以对基因进行化学信息的注释。

　　3. KEGG 数据库的检索　下面以人类编码磷酸葡萄糖变位酶的基因 "phosphoglucomutase,PGM1" 为例,在 KEGG 中检索该基因。首先进入 KEGG 首页,在首页顶端的输入框中输入葡萄糖磷酸变位酶的基因名称 "PGM1"(图 11-10)。

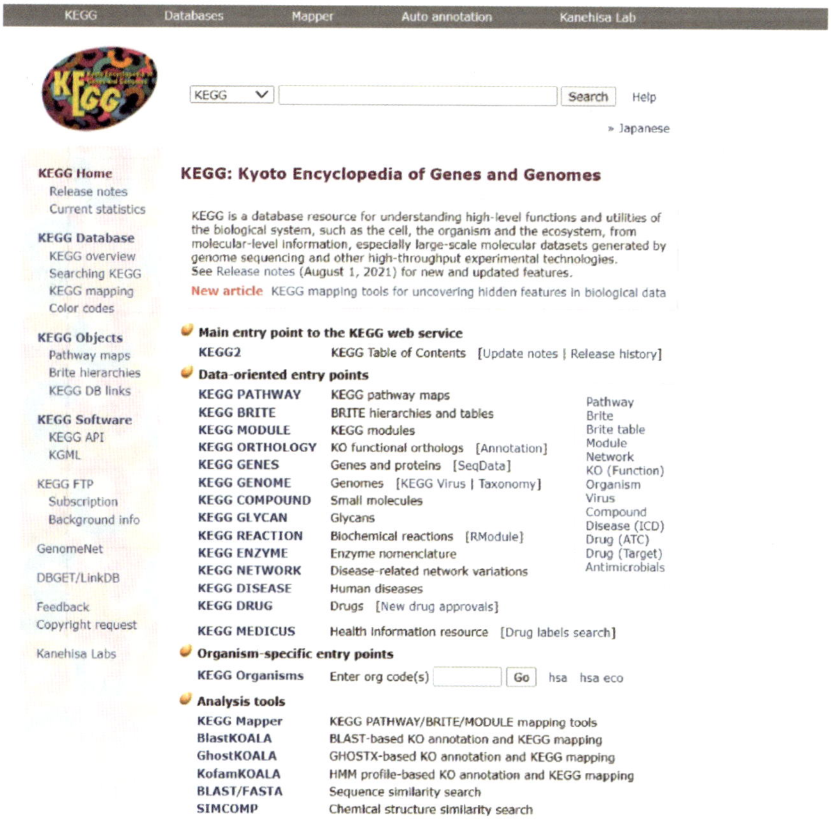

图 11-10　KEGG 查询首页

KEGG:Kyoto Encyclopedia of Genes and Genomes:京都基因与基因组百科全书数据库。

点击搜索按钮"Search"进入查询结果页面(图 11-11),该页面会列出针对基因"PGM1"在 KEGG 数据库中的搜索结果,除人类外,包含"PGM1"基因的其他物种条目也会被列出。

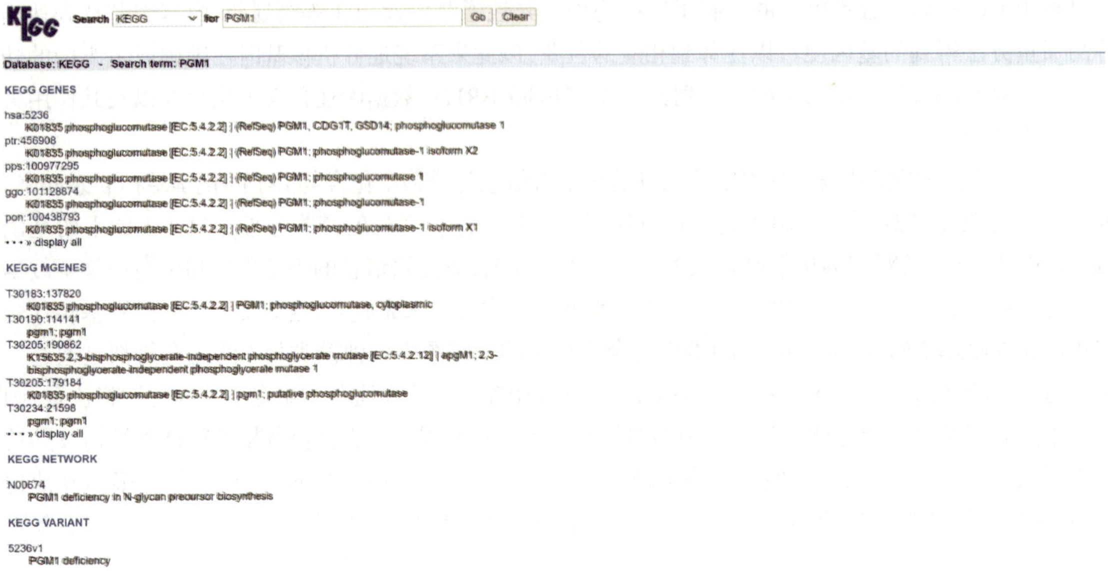

图 11-11 查询结果

其中排在第一位的是人类基因"PGM1"的相关信息,点击该条目进入到详细信息页面(图 11-12)。

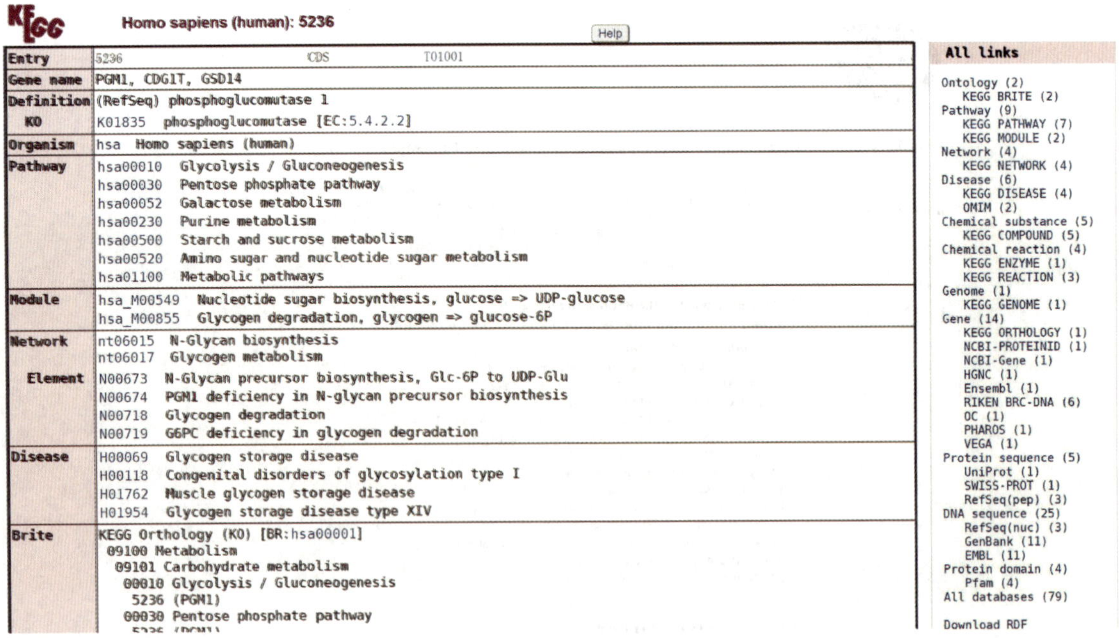

图 11-12 详细信息页面

该页面以表格的形式列出了该基因有关的详细信息,包括基因编号、基因的详细定义、所编码酶的编号、基因所在通路以及序列的编码信息。同时,在页面右侧还提供了该基因在其他分子生物学数据库中的链接,如 UniProt、NCBI、GenBank 等。

通过点击相应的链接,可以进入该基因相应信息的页面。在 pathway 这一栏中列出了该基因所在的生物学通路,点击编号为 hsa00010(糖酵解或糖异生通路)的通路,进入到该通路的相应页面(图 11-13)。

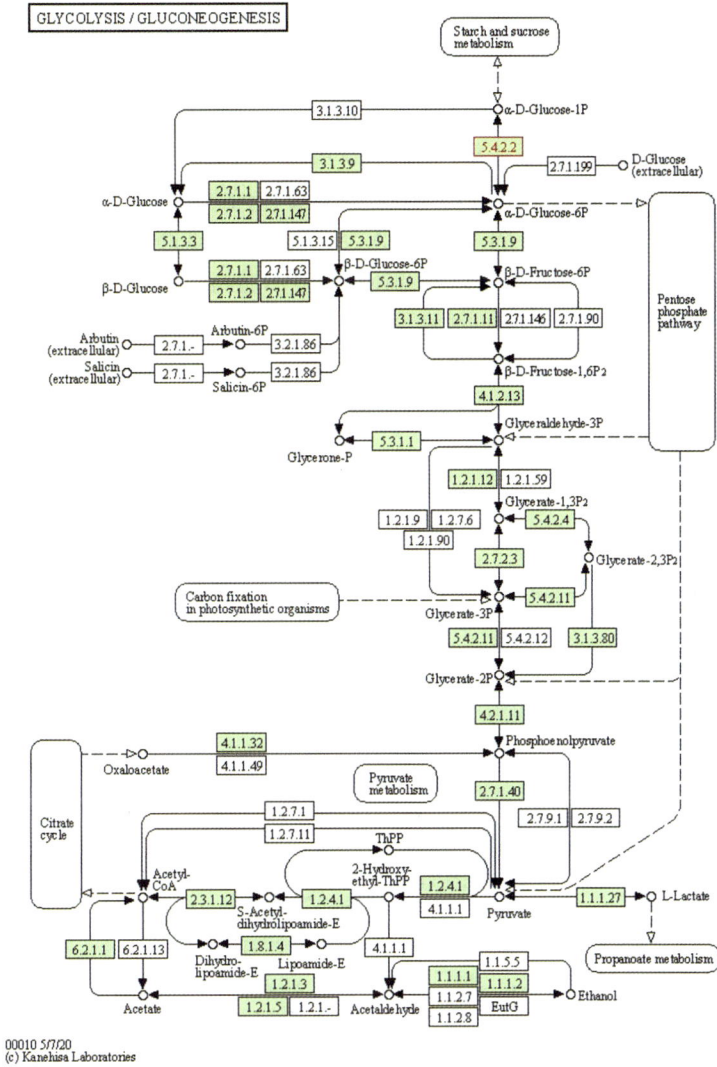

图 11-13 通路图
GLYCOLYSIS/GLUCONEOGENESIS:糖酵解/糖原异生通路。

该编号为 hsa00010 的通路页面以简单的几何图形显示出了糖酵解/糖异生相关生物学过程。图中红色的方框即为基因"PGM1"所编码的酶,以此就可以通过该酶所在位置以及通路的拓扑结构来综合分析基因的功能。

此外,还可以通过页面顶部的下拉列表框选择该通路在其他物种中的信息,也可以通过该列表框的选择来查看相关的基因、酶、反应、化合物等相关通路信息。

4. KEGG 数据库在医疗和药物研究中的应用 KEGG 中与健康信息有关的数据库包含了日本和美国所有处方药和非处方药的药品标签。其中同日本药品相关的标签来自日本药品中心,通过逐月获取并处理来自该中心的信息。KEGG 可以根据药品活性成分为药品分配 KEGG DRUG 的 Dnumber、为药物添加剂分配 D/C/E number、使用 KEGG 标识符和 ATC 代码提取和标准化药物代谢数据和与禁忌证和预防措施相关的药物相互作用,以及将适应证和 KEGG DISEASE 中的 Hnumber 联系起来。除了药物相互作用和添加剂之外,KEGG 每个月还会对 FDA 药物标签进行类似处理。除此之外,KEGG 数据库中包含了药物靶点数据以及相关通路、药物代谢酶和转运蛋白信息,以及疗效和疾病信息,这些内容对于开展医疗和药物研究非常有意义。

5. KEGG 数据库引入病毒信息　在 KEGG 中,病毒被视为引起人类疾病的扰动因子,并且已经存在 11 个病毒感染的通路图。尽管如此,KEGG 中关于病毒蛋白的知识仍然十分有限。为了更好地注释病毒蛋白,KEGG 开始收集不同类型的病毒-细胞相互作用数据,例如病毒进入蛋白和细胞受体时产生的相互作用。KEGG 希望这种努力可以增加具有 KO 标注的病毒数量,从而使基于病毒基因组的病毒扰动预测成为可能,并进一步投入相关研究中。

6. KEGG 数据库的改进与更新　为了满足日益增长的科学研究需求,KEGG 数据库在最近几年里不断完善和更新。2020 年 7 月发布的 KEGG 通路查看器提供了用于客户端操作的侧面板,并将模块、反应以及网络信息融入通路中。图 11-14 以人类的鞘脂代谢通路为例,图中的侧面板可用于更改比例尺、用标识符搜索通路图中的元素,以及选择性地显示通路图中的模块和网络位置。在图 11-14 中,用于神经酰胺生物合成的模块 M00094 和用于 GBA 和 GALC 的皂苷刺激的网络 N00642 被选择显示。PASP(prosaposin)是鞘脂沉积症的致病基因,但在 KEGG 代谢通路图中,通常不包括这样的调控元件。但新的通路查看器允许在选择某些网络时显示附加元素并启用相关链接。如图 11-14 中,选择 N00642 显示 PSAP 的附加结点和 3.2.1.45(GBA/GBA2)、3.2.1.46(GALC)的调控链接,这在旧版通路图中是做不到的。

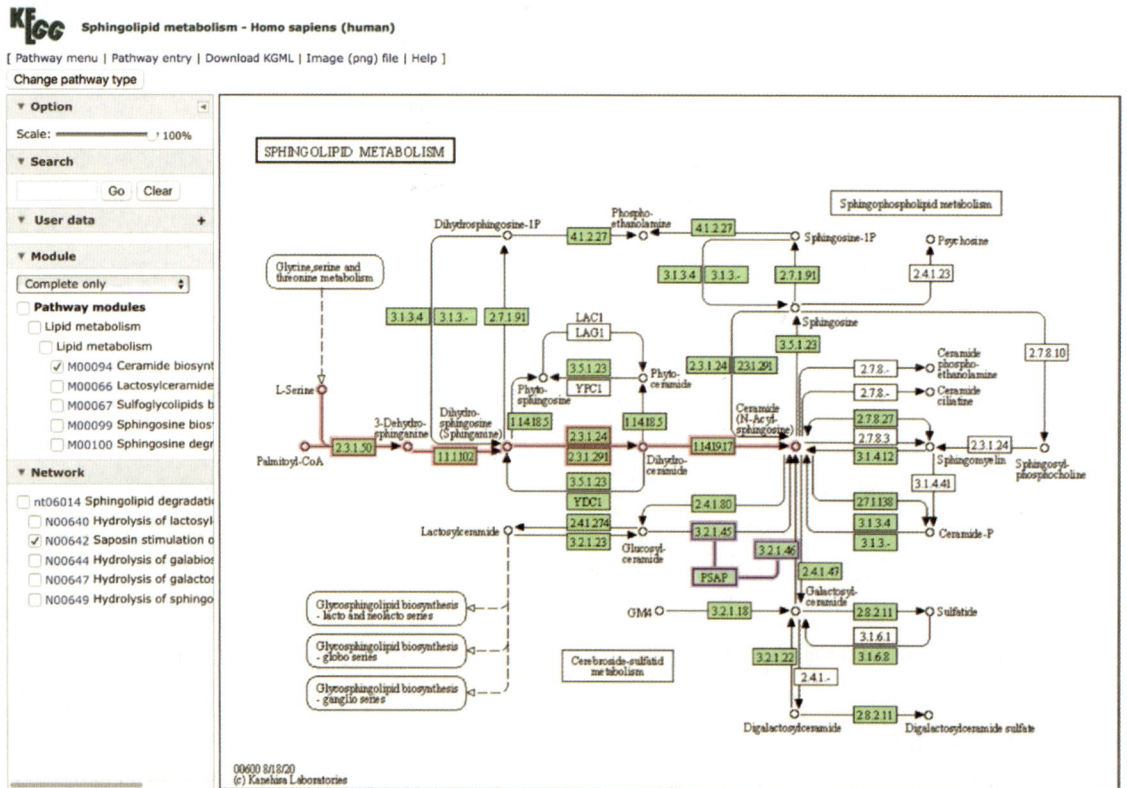

图 11-14　KEGG 通路查看器
SPHINGOLIPID MATABOLISM:神经鞘脂质代谢通路。

此外,KEGG 目前也绘制了网络变异图,其中主要进行了在某一通路中的相关网络的配准。在通路查看器中,网络(n number)按照网络变异图(nt number)分组。图 11-15 是网络变异图的实例,nt06131 是细胞凋亡的变异图标识符。网络变异图一般由配准的网络块构成,每个模块由绿色的参考网络和变异网络组成,其中变异的基因编码为红色,病原体蛋白为紫色,环境因子为蓝色。变异网络与图 11-15 中的相关疾病、病毒和细菌感染相关联,从而实现对网络扰动进行比较分析。

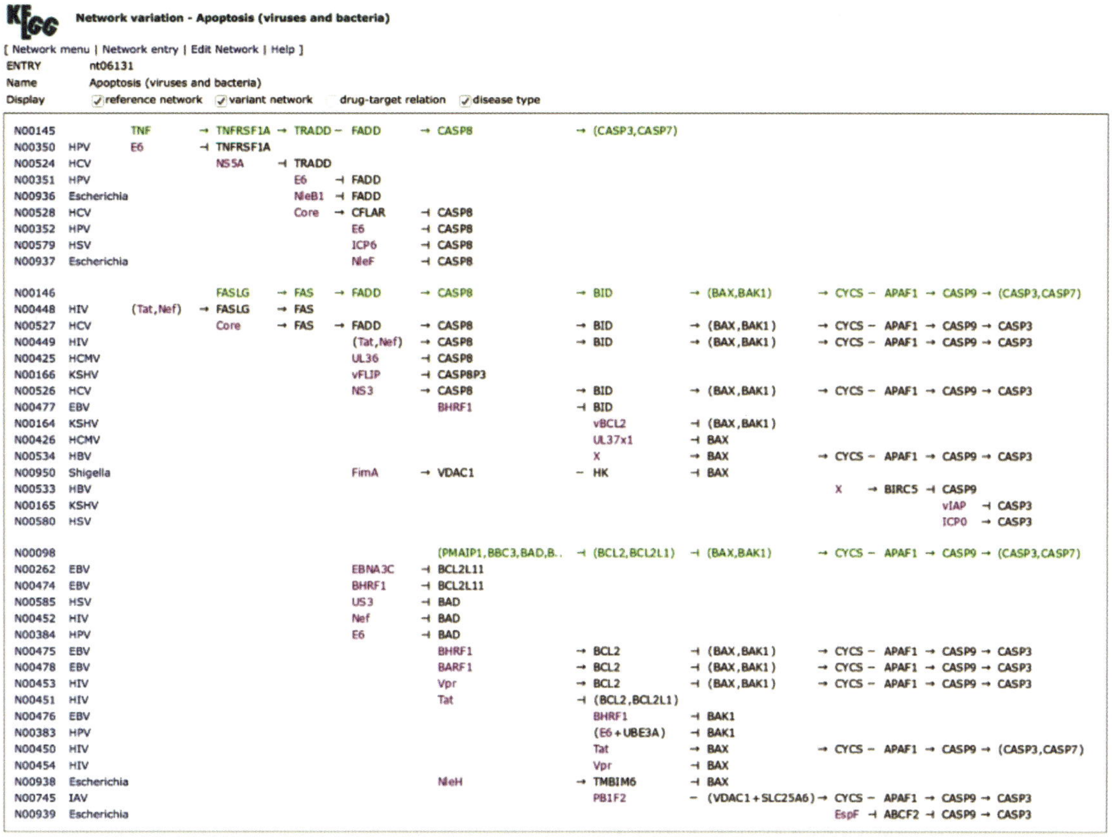

```
KEGG   Network variation - Apoptosis (viruses and bacteria)
[ Network menu | Network entry | Edit Network | Help ]
ENTRY     nt06131
Name      Apoptosis (viruses and bacteria)
Display   ☑reference network  ☑variant network   drug-target relation  ☑disease type

N00145                 TNF    → TNFRSF1A → TRADD → FADD   → CASP8              → (CASP3,CASP7)
N00350  HPV          E6       → TNFRSF1A
N00524  HCV                   NS5A      ⊣ TRADD
N00351  HPV                              E6      ⊣ FADD
N00936  Escherichia                     NleB1   ⊣ FADD
N00528  HCV                             Core    → CFLAR   ⊣ CASP8
N00352  HPV                                      E6       ⊣ CASP8
N00579  HSV                                      ICP6     ⊣ CASP8
N00937  Escherichia                              NleF     ⊣ CASP8

N00146                 FASLG  → FAS → FADD   → CASP8   → BID   → (BAX,BAK1)  → CYCS — APAF1 → CASP9 → (CASP3,CASP7)
N00448  HIV  (Tat,Nef) → FASLG → FAS
N00527  HCV          Core     → FAS → FADD   → CASP8   → BID   → (BAX,BAK1)  → CYCS — APAF1 → CASP9 → CASP3
N00449  HIV                            (Tat,Nef) ⊣ CASP8   → BID   → (BAX,BAK1)  → CYCS — APAF1 → CASP9 → CASP3
N00425  HCMV                           UL36    ⊣ CASP8
N00166  KSHV                           vFLIP   ⊣ CASP8P3
N00526  HCV                            NS3     → CASP8   → BID   → (BAX,BAK1)  → CYCS — APAF1 → CASP9 → CASP3
N00477  EBV                                    BHRF1   ⊣ BID
N00164  KSHV                                            vBCL2   ⊣ (BAX,BAK1)
N00426  HCMV                                            UL37x1  ⊣ BAX
N00534  HBV                                             X       ⊣ BAX       → CYCS — APAF1 → CASP9 → CASP3
N00950  Shigella              FimA     → VDAC1           — HK     ⊣ BAX
N00533  HBV                                                                  X       → BIRC5 ⊣ CASP9
N00165  KSHV                                                                         vIAP   ⊣ CASP3
N00580  HSV                                                                          ICP0   ⊣ CASP3

N00098               (PMAIP1,BBC3,BAD,B.. ⊣ (BCL2,BCL2L1) ⊣ (BAX,BAK1)  → CYCS — APAF1 → CASP9 → (CASP3,CASP7)
N00262  EBV          EBNA3C   ⊣ BCL2L11
N00474  EBV          BHRF1    ⊣ BCL2L11
N00585  HSV          US3      ⊣ BAD
N00452  HIV          Nef      ⊣ BAD
N00384  HPV          E6       ⊣ BAD
N00475  EBV                     BHRF1    → BCL2    ⊣ (BAX,BAK1)  → CYCS — APAF1 → CASP9 → CASP3
N00478  EBV                     BARF1    → BCL2    ⊣ (BAX,BAK1)  → CYCS — APAF1 → CASP9 → CASP3
N00453  HIV                     Vpr      → BCL2    ⊣ (BAX,BAK1)  → CYCS — APAF1 → CASP9 → CASP3
N00451  HIV                     Tat      ⊣ (BCL2,BCL2L1)
N00476  EBV                     BHRF1    ⊣ BAK1
N00383  HPV                     (E6+UBE3A) ⊣ BAK1
N00450  HIV                     Tat      ⊣ BAX      → CYCS — APAF1 → CASP9 → (CASP3,CASP7)
N00454  HIV                     Vpr      → BAX
N00938  Escherichia   NleH     → TMBIM6  ⊣ BAX
N00745  IAV                     PB1F2    — (VDAC1+SLC25A6)→ CYCS — APAF1 → CASP9 → CASP3
N00939  Escherichia                      EspF  ⊣ ABCF2 ⊣ CASP9 → CASP3
```

图 11-15　nt06131 网络变异图

第三节　基因集富集分析
Section 3　Gene Set Enrichment Analysis

已建立的基因及其产物注释数据库包含了丰富的知识和复杂的结构,促使研究人员开展以注释数据库为知识基础的基因功能研究,以便更好地利用这些注释系统。在研究中多个基因直接注释的结果是得到大量的功能结点,这些功能具有概念上的交叠现象,导致分析结果冗余,不利于进一步的精细分析。因此,研究人员希望对得到的功能结点加以过滤和筛选,以便获得更有意义的功能信息。目前最常用的方法是基于 GO 或 KEGG 的富集分析方法。科研人员通过多种方法获得大量感兴趣的基因集合,如差异表达基因集合、共表达基因集合、蛋白质复合物基因簇等,然后寻找某一基因集合内大量基因共同的功能或相关通路,即显著富集的 GO 节点或 KEGG 通路,这有助于指导进一步的功能研究和验证。

一、富集分析算法

富集分析是分析基因表达信息的一种方法,富集是指基于基因组注释的先验信息对基因进行分类的过程,从而获取基因组的功能特性等相关信息。一个生物过程通常是由一组基因共同参与,而不是某个基因单独完成的。富集分析的主要依据是:如果一个生物学过程在已知的研究中发生异常,则共同发挥功能的基因集可能被选择出来作为一个与这一过程相关的基因集合。因此,富集分析方法通常是分析一组基因在某个功能节点上是否过出现过表达(over presentation),这个原理可以由单个基因的注释分析应用到大基因集的成组分析。由于分析的结论是基于一组相关的基因集合,而不是根据某个单独的基因,所以富集分析方法可以增加研究的可靠性,同时也能识别出与生物现象最相关的生物过程。富集分析中常用的统计方法有累积超几何分布、Fisher 精确检验等。

首先给出超几何分布的公式如下所示:

$$P(X>q)=1-\sum_{x=1}^{q}\frac{\binom{n}{x}\binom{N-n}{M-x}}{\binom{N}{M}} \tag{11-1}$$

其中 N 为注释系统中基因的总数,n 为要考察的结点或通路本身所注释的基因数,M 为感兴趣的基因集大小,x 为感兴趣基因集 M 与要考察的结点或通路的基因集合的交集数目。公式 11-1 计算出有超过 q 个基因落在要考察的结点或通路中的概率,即超几何分布的 p-value。当 p-value 足够小时,说明我们有充分理由拒绝原假设。

Fisher 精确检验的公式如下所示:

$$P=\frac{\binom{a+b}{a}\binom{c+d}{c}}{\binom{n}{a+c}} \tag{11-2}$$

n 为系统中基因总数,a 为感兴趣的基因集合中的基因数目,b 为将要考察的结点或通路本身所注释的基因数目,c 为去除感兴趣基因以外的基因数目,d 为待考察结点基因去除与感兴趣基因重合的数目。

此外,还有其他统计方法可以用于富集分析,如 Z-score 和 Kolmogorov-Smirnov-like statistic、卡方检验等,这里不做详细介绍。由于在进行富集分析时通常需要进行大量检验(多重检验),所以需要采用多重检验校正的方法对结果进行校正。这些方法主要包括邦弗朗尼校正(Bonferroni)、邦弗朗尼递减校正(Bonferroni step down)、本杰明假阳性率校正(Benjamini false discovery rate)等。

二、常用富集分析软件

目前有很多利用富集分析方法开发的生物信息学分析工具,这些工具对基因功能分析以及研究高通量的生物学数据起到了重要的促进作用。基因集富集分析经过多年的发展,可分为以下三代方法:过表达分析方法(over representation analysis,ORA)、功能集打分方法(functional class scoring,FCS)以及通路拓扑分析方法(pathway topology,PT)。作为第一代富集分析方法,过表达分析方法是最为常见的,此类方法一般采用 Fisher 精准检验、超几何检验等方法来发现输入的基因列表中是否有明显统计学上富集的基因功能集。第二代功能集打分方法是随着微阵列和 RNA 序列的数据大幅增加而发展起来的。这种方法利用特定基因组内所有基因的表达量来计算功能得分,避免设置特定的阈值来选择上调还是下调差异基因。通路拓扑分析方法在前两代方法的基础上又引入了通路网络中的拓扑结构。尽管该方法在一些应用中取得了较好的表现,但通路拓扑分析方法十分依赖于输入的通路数据质量,鲁棒性较差。表 11-4 依据富集分析方法的类型列出了一些常见的富集分析工具。

三、富集分析应用实例

上面列举了多个富集分析工具,这里以目前应用较为广泛的 KOBAS 为例,展示基因集富集分析的基本过程。KOBAS(KEGG Orthology Based Annotation System)是一个用于基因、蛋白质功能注释和富集分析的网络服务器(图 11-16)。给定一组基因或者蛋白质,它可以确定某个通路、疾病或者 GO term 是否显示出统计学意义。目前 KOBAS 涵盖了 5 944 个物种信息。

表 11-4　常用富集分析工具集

Enrichment tool name	Type	Enrichment tool name	Type
Onto-Express	ORA	GSEA	FCS
KOBAS	ORA	GSVA	FCS
DAVID	ORA	GSA	FCS
clusterProfiler	ORA	PADOG	FCS
g：Profiler	ORA	PLAGE	FCS
Enrichr	ORA	GAGE	FCS
modEnrichr	ORA	GLOBALTEST	FCS
agriGO	ORA	SAFE	FCS
GeneTrail	ORA	SPIA	PT
Gorilla	ORA	ToPASeq	PT
ToppGene	ORA	CEPA	PT
GOstat	ORA		

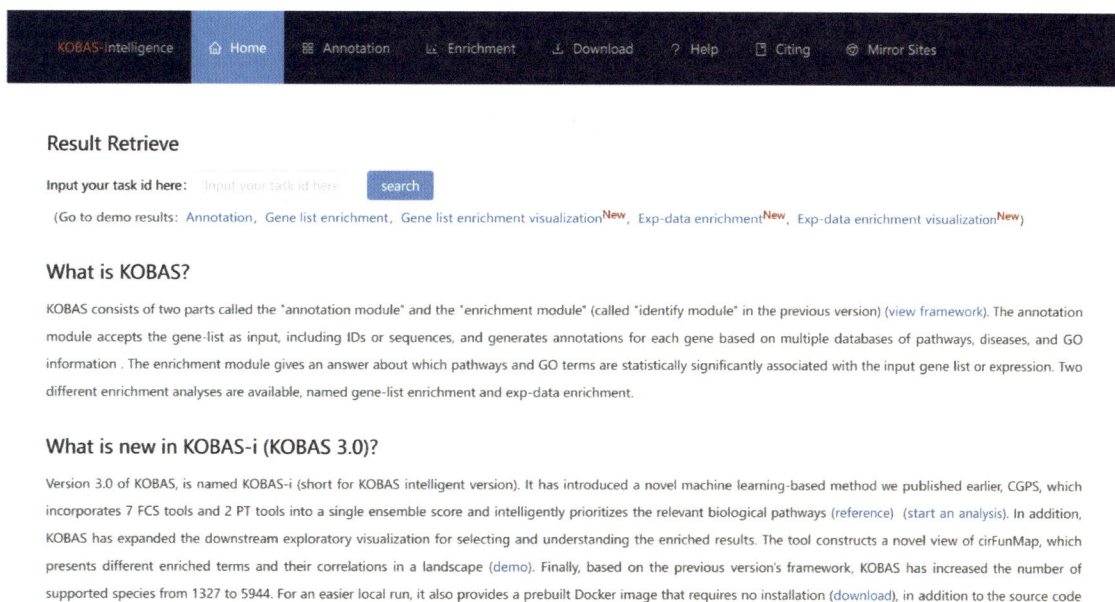

图 11-16　KOBAS 首页

点击首页 "Enrichment" 下的 "Gene-list Enrichment"，首先选择相应的物种以及输入数据类型；然后输入或者上传相关数据。这里以 "human" 为例，输入一组基因符号，如图 11-17。

在输入数据后，需要选择数据库进行富集分析，这里以 KEGG Pathway 数据为例提交富集分析（图 11-18）。

在等待一段时间后，KOBAS 会自动跳转到结果界面，如图 11-19。在输出结果中，KOBAS 列出了相应数据的注释 term 和 ID 号、输入基因数目、相关结点或通路基因数目、p-value、校正后的 p-value 以及输入基因的详细信息。

不仅如此，KOBAS 还支持下载和可视化富集分析后的结果。图 11-20 是 KOBAS 的可视化结果，KOBAS 根据富集分析的 p-value 值将结点显示为不同颜色。

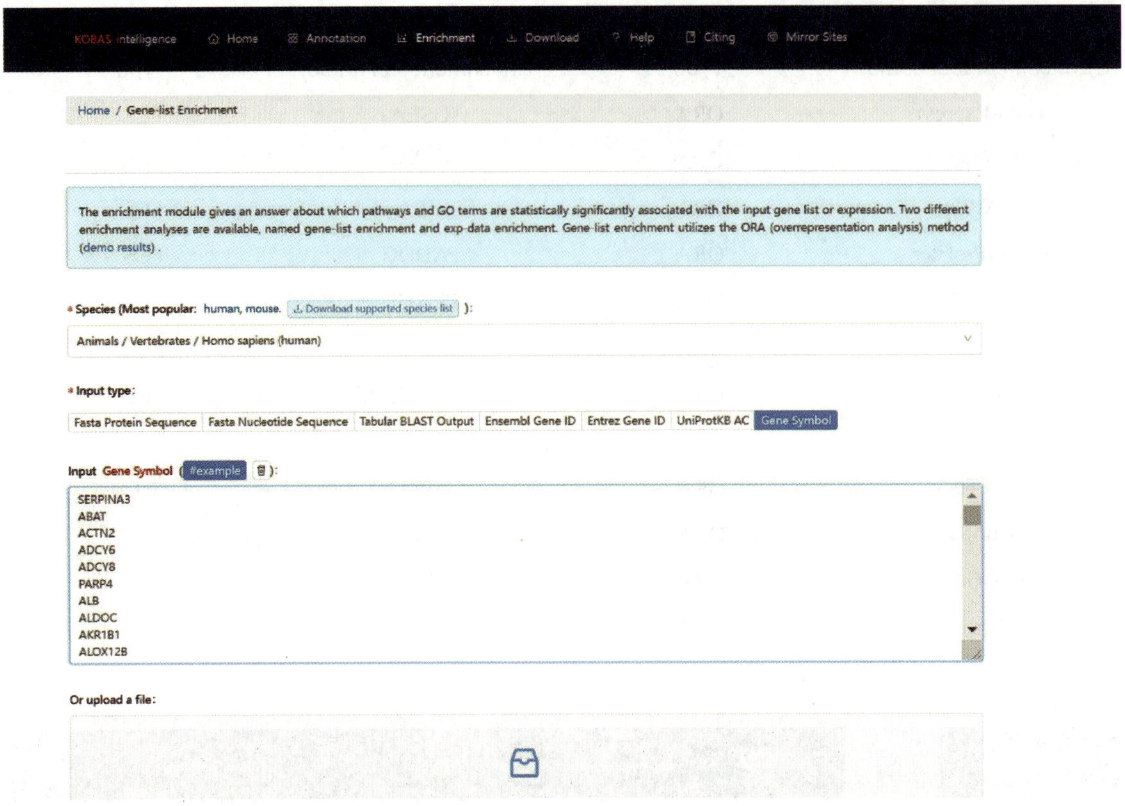

图 11-17 KOBAS 输入页面

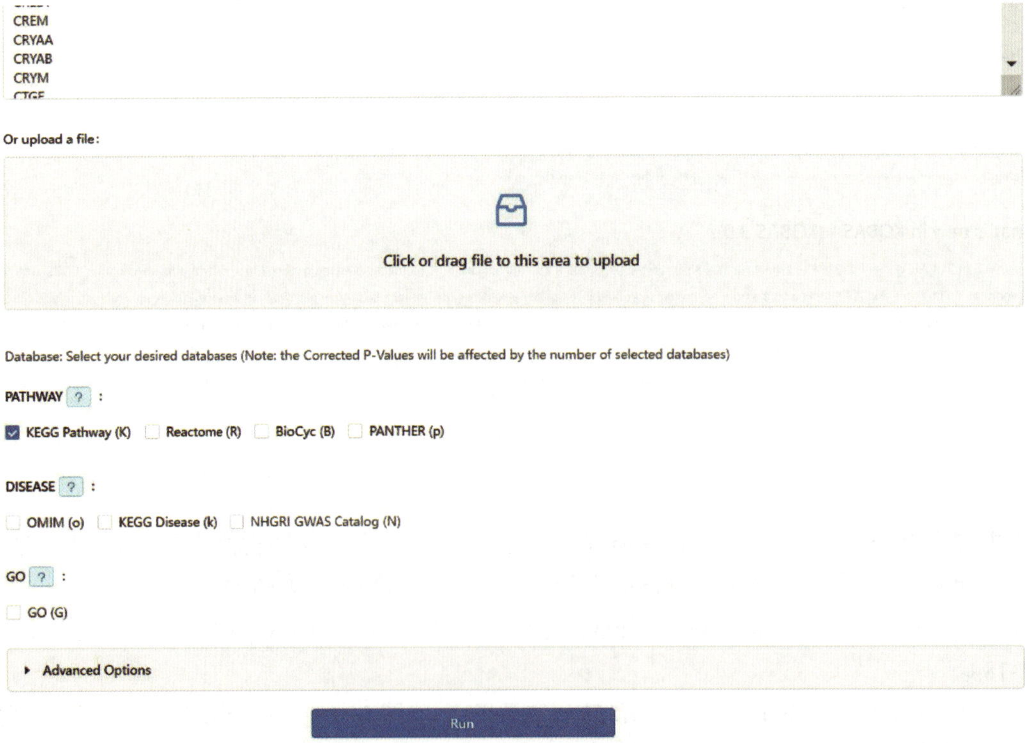

图 11-18 KOBAS 提交任务

NOTES

Your task is finished.

You can save this link to fetch results directly in the future. Link of this page: http://kobas.cbi.pku.edu.cn/retrieve/?taskid=b44e4439476b451fa5d199f947bf40f5. Tasks will be cleared 10 days after completion.

Enrichment Result

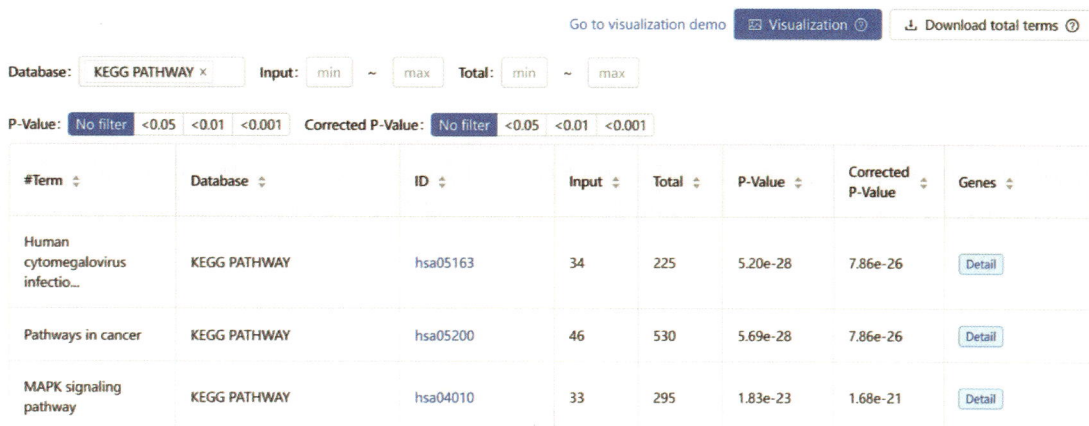

Go to visualization demo　　🖼 Visualization ⑦　　⤓ Download total terms ⑦

Database: [KEGG PATHWAY ×]　Input: [min] ~ [max]　Total: [min] ~ [max]

P-Value: [No filter] [<0.05] [<0.01] [<0.001]　Corrected P-Value: [No filter] [<0.05] [<0.01] [<0.001]

#Term ⇅	Database ⇅	ID ⇅	Input ⇅	Total ⇅	P-Value ⇅	Corrected P-Value	Genes ⇅
Human cytomegalovirus infectio...	KEGG PATHWAY	hsa05163	34	225	5.20e-28	7.86e-26	Detail
Pathways in cancer	KEGG PATHWAY	hsa05200	46	530	5.69e-28	7.86e-26	Detail
MAPK signaling pathway	KEGG PATHWAY	hsa04010	33	295	1.83e-23	1.68e-21	Detail

图 11-19　KOBAS 在 KEGG 上富集结果

Return to the enrichment result　　　　　　　　　　　　Re-visualize using new parameters

Enriched terms visualized in cirFunMap

Each node represents an enriched term, and the node color represents different clusters; the node size represents 6 levels of enriched p-value, node size from small to large: [0.05,1], [0.01,0.05), [0.001,0.01), [0.0001,0.001), [1e-10,0.0001), [0,1e-10); the edge represents correlations larger than the user-defined threshold.

⤓ Download cluster classification

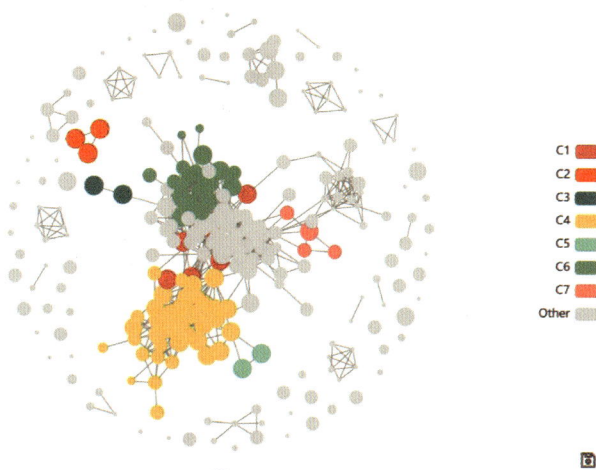

图 11-20　KOBAS 富集分析的可视化
Enriched terms visualized in cirFunMap：基于 cirFunMap 的富集术语可视化。

第四节　基因功能预测
Section 4　Gene Function Prediction

一、基因功能预测算法

目前大量参与重要生命活动基因的功能仍然未知。因此,生物信息学的重要任务之一是在全基因组范围内对基因功能进行注释。传统的基因功能预测方法主要依赖于序列的同源性,而近年来已经发展了很多基于 GO 数据库或 KEGG 数据库的方法。其中一些新开发的方法试图整合多种数据信息源,如高通量的基因表达和蛋白质互作网络数据,通过构建功能相关网络的方式预测基因功能(图 11-21)。GO 数据库包含了基因及其产物参与的生物学过程、细胞组分及具有的分子功能三方面功能信息,通过 GO 数据库的注释信息,可以对基因的功能进行预测。KEGG 是系统分析基因功能、联系基因组信息和功能信息的知识库。KEGG 的 PATHWAY 数据库提供了基因编码的生物学大分子酶或者蛋白质在生命体内相互联系相互影响的情况,同一生物学通路内的基因大多参与了此代谢通路所揭示的生命过程。根据功能相似的基因可能导致相似的表型这一生物学假设,可以通过网络拓扑性质对基因的功能进行预测,并利用 GO 和 KEGG 功能富集分析方法进行进一步的预测。当前基于 GO 和 KEGG 数据库的基因功能预测策略一般为:首先,从总体上宏观地概括抽取信息,如不同样本间、不同发育时间的差异基因集合;其次,通过 GO 或 KEGG 分析,即从 GO 分类结果找到实验涉及的显著功能类别或将差异基因映射到通路中,根据基因在通路中的位置及表达水平的变化识别出受影响显著的通路,从而预测未知的基因功能等。

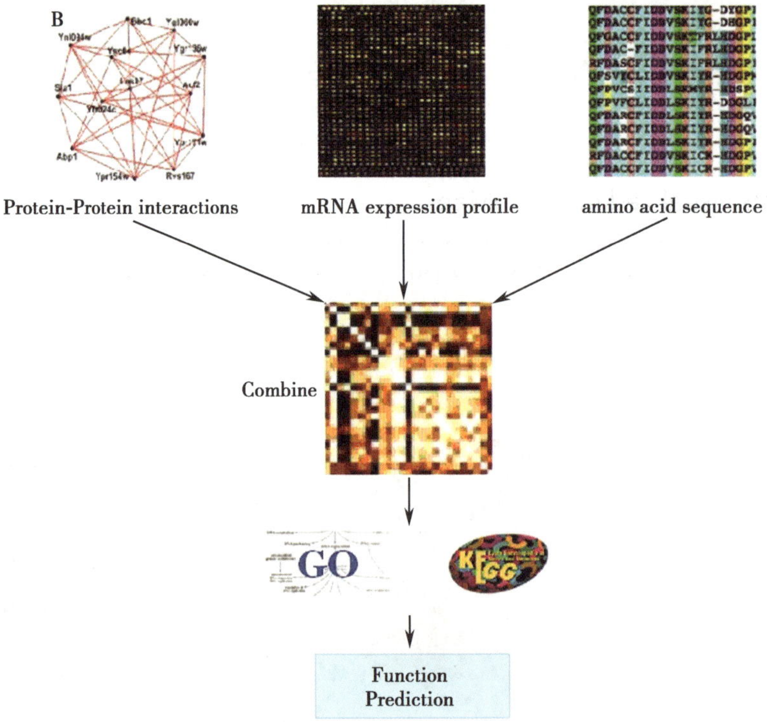

图 11-21 整合蛋白质互作数据、表达谱和序列数据的功能预测

Protein-Protein interactions:蛋白质-蛋白质相互作用;mRNA expression profile：mRNA 表达谱;amino acid sequence:氨基酸序列。

基于 GO 或 KEGG 的基因功能预测通常需要定义基因集。基因集是基于统一的先验生物学知识,如已发表的有关基因共表达、生物通路等,在基因芯片上一组具有相同生物学功能或位于同一生物通路的基因,通过基因表达数据谱数据、蛋白质互作网络数据等可以产生基因集。

(一) 基于 GO 的基因功能预测

1. 对差异表达基因进行功能预测 GO 应用的一个重要方面就是用来指导基于基因表达数据的基因功能预测。在基因芯片的数据分析中,研究者可以找出哪些差异表达基因属于一个共同的 GO 功能分支,并用统计学方法检验结果是否具有统计学意义,从而得出差异表达基因主要参与了哪些生物学功能。

目前,大量的基因功能预测方法利用 GO 作为功能分类的来源或结果依据。在已知的大多数相关研究中,研究者首先将感兴趣基因注释到 GO 上,然后筛选出显著富集的 GO 结点作为功能标签,考察这组基因是否共同注释到同一个功能结点上,或注释的结点是同一个结点的直接子结点,并认为这样的基因具有相似的功能,这项工作实现了对未知基因功能的预测,是对 GO 层次结构的进一步发掘。这是直接利用 GO 注释的方法进行基因功能预测。

为了寻找部分功能已知的基因更精细的功能,目前有一种深层预测算法:该算法利用蛋白质互作数据,将基因从其已注释到的功能类向下预测一层或多层,发现其更精细的功能。

具体做法为:首先,选定一个 GO 结点作为深层预测的目标结点,定义它的任何一个祖先结点为预测空间,按照 GO 注释的提示,将注释到预测空间而没有注释到它的任何一个子结点的基因定义为部分功能已知的基因,即预测对象;然后,通过连接注释在预测空间中互作的基因构建一个功能特异的子网,孤立的基因被排除在外,在互作子网中,注释到目标结点的蛋白质被当作阳性样本,而除预测对象外的其他蛋白质被当作阴性样本。通常一个蛋白质被赋予与其直接相互作用的邻居蛋白质中出现频率最高的几个功能。预测的精细功能对于指导随后的实验和提供必要的功能知识来学习其他蛋白质的功能都具有重要的意义。

2. 利用蛋白质序列预测基因功能 蛋白质序列是最为容易获取的信息,因此如何基于蛋白质氨基酸序列预测功能一直是研究热点。通常,拥有相似序列的蛋白质也极有可能拥有相似的结构和功能。此外,蛋白质序列中通常也包含相关的家族(family)、域(domain)以及模体(motif)等信息,研究人员可以由此构建相关的特征集合并使用机器学习算法为各个蛋白质注释功能。因此,基于蛋白质序列实现功能预测可以分成两大类方法,分别基于序列相似性和基于蛋白质特征实现预测。

(1)基于序列相似性方法:该方法为未知功能的蛋白质(目标蛋白)寻找在序列上和其高度同源的蛋白质合集,并基于相似蛋白为目标蛋白赋予可能的功能。通过 BLAST 等序列比对方法,可以计算出目标蛋白和已知功能的蛋白之间的序列相似性。如果同目标蛋白高度相似的蛋白中拥有相同 GO 结点注释的功能,则可以认为目标蛋白也拥有此功能。该方法通常是十分简单有效的,但如果目标蛋白同已知蛋白之间缺少显著序列相似性的情况时则很难实现精准预测。

(2)基于蛋白质特征的预测方法:该方法试图建立蛋白质序列中包含的多维信息和各个 GO 结点之间的关系。一般来说,蛋白质序列中包含了大量信息,如使用 InterProScan 对序列进行扫描,可以获得该蛋白的家族、域以及模体等信息,并基于这些信息构建计算机可理解的表示,然后由机器学习方法为每个蛋白预测最为可能的 GO 功能注释。此方法在应对大规模的蛋白质功能预测时表现十分高效,但部分蛋白序列中包含的信息可能是极为有限的,此时很难为蛋白质预测准确的 GO 注释。

3. 基于蛋白质互作网络的预测方法 蛋白质相互作用网络能够利用蛋白质之间的相关性,对未知功能的基因进行注释。目前,利用相互作用网络进行功能注释主要有两种方法,即直接注释方法(direct annotation schemes)和基于模块的方法(module assisted schemes)。

(1)直接注释方法:直接注释方法根据网络中某个蛋白质的连接情况直接推测该蛋白质的功能。这类方法基于的假设是:在蛋白质相互作用网络中,距离相近的两个蛋白质有更大的概率拥有相同的功能。通过两蛋白质在网络中的距离来计算并判断这两个蛋白质功能相似性有许多的方法:①邻居结点计算法(neighborhood counting):这种方法是最简便也是相对较早出现的方法。它根据网络中某个蛋白质直接相关的邻居蛋白质的已知功能来确定此蛋白质的功能注释。假设某未知功能蛋白质的邻居中有超过 n 个蛋白质具有一样的功能,就认为该蛋白质拥有此功能。这种方法虽然简单但通常非常有效,不过它在功能注释过程中不能为这种关联性提供非常有显著生物意义的解释,并且它也没有考虑到网络的全局拓扑结构。②图论方法(graph theoretic method):图论方法不同于邻居结点计算法,它可以考虑网络的全局拓扑结构。基本思路是:对一个未知功能蛋白质赋予某种功能,要使得注释为相同功能的蛋白质(未注释或者已注释)的连接数目最多。传统的基于图论的方法首先通过随机游走(random walk)、标签传播(label propagation)或者扩散成分分析(diffusion component analysis)等方法为蛋白质互作网络中各个蛋白质结点构建特征表示,然后使用机器学习中的分类器为蛋白质

NOTES

预测功能。近年来,得益于深度学习和人工智能的发展,图神经网络(graph neural network)逐渐得到研究人员的关注。图神经网络可以更好地学习蛋白质互作网络中的拓扑结构,使得每个蛋白质结点更好地融合邻域信息,从而为蛋白质结点构建更具信息价值的表示并实现更高效的功能预测。③马可夫随机场方法:注释方法中有许多基于概率的方法,它们均基于马可夫假设,即蛋白质的功能独立于与其直接相邻的邻居之外的所有蛋白质。根据这个假设,人们也提出了马可夫随机场模型用于蛋白质功能的注释。

（2）基于模块的方法:基于模块的方法首先将网络相关的蛋白质组成不同的模块,然后根据该模块中成员的功能来得到整个模块所共有的功能,从而用来预测其中未知成员的功能。对蛋白质相互作用网络进行模块划分的常用方法有以下几种:①层次聚类方法(hierarchical clustering based methods):聚类就是将相似功能的蛋白质归为同一类(模块)。层次聚类的关键问题是如何评判蛋白质对之间的相似性,最简单的方法是以两个蛋白质之间的距离作为基准。通常认为同一个模块中的蛋白质成员更加可能拥有最短的路径距离谱(path distance profiles)。根据这个假设,所有短路径的蛋白质对聚成一类。这个方法实施比较复杂,很难在整个基因组水平的网络上进行分析,但在一些子网络中它已经得到很好的应用,比如对酿酒酵母的核蛋白的相互作用网络分析。②图聚类方法(graph clustering methods):大量的图聚类方法用图描述二元相互作用。早期的图聚类方法用于相互作用网络模块的构建主要有两类,一类是基于 SPC 聚类(super paramagnetic clustering)方法,另一类为基于蒙特卡罗算法(Monte Carlo algorithm)。其中 SPC 算法在决定那些内部密度很高但松散的连接于其他部分的模块效果非常好。在最近,又不断发展出许多新的图聚类算法,如高连通子图算法(highly connected sub graphs,HCS)、有限邻居搜索聚类算法(restricted neighborhood search clustering,RNSC)以及马可夫聚类算法(Markov clustering,MCL)等。

4. 基于多源信息的基因功能集成预测　目前一些基因功能预测方法尝试同时集成序列、网络、文献等多种信息实现 GO 功能预测。一种代表性方法就是 GOLabeler,这种方法从不同的角度挖掘出隐含在序列中的相关注释信息,并且在排序学习的框架下进行信息集成,为蛋白质和 GO 功能建立联系。NetGO、NetGO 2.0 和 NetGO 3.0 在 GOLabeler 的基础上分别引入了基于蛋白质相互作用网络、科学文献和蛋白质序列预训练模型的预测方法,这极大地丰富了预测的信息源,从而提高预测性能。

5. 利用 GO 体系结构比较基因功能　此外,还有一些基于信息论的相似性概念来比较基因间的功能相似性。1995 年,Resnik 提出了在分类问题中计算一对类别之间的语义相似性的算法。随着时间的推移,目前已经有越来越多的相似性测度来度量类别之间的语义相似性。在 2002 年 Lord 第一次提出把语义相似性理论应用到 GO 分类系统中,计算两个结点之间的相似性,从而可以利用不同的方法计算基因间的功能相似性。

在分类系统中,利用 GO 结构信息和基因注释信息,首先设计一个函数,计算得到每个节点的信息含量值:$p(c) = \dfrac{freq(c)}{N}$,freq($c$)表示节点及它的子节点上注释的所有基因数,$p(c)$是节点 c 的概率,并且随着节点 c 在层级结构中的升级,概率 p 是单调递增的,top 节点概率是 1。越往上层,概率越大,信息含量越小。即如果 $c2$ 是 $c1$ 的祖先节点,则 $p(c1) \leqslant p(c2)$。节点 c 的信息含量值为:$IC = -\log(p(c))$。得到每个节点的信息含量值后,计算任意两个节点的相似性方法有多种,Resnik 最早提出语义相似性概念,它的定义为两个节点的公共祖先中最近距离的祖先节点的 IC 值即为它们的相似性值,即:

$$sim(c1,c2) = \max_{c \in S(c1,c2)} \left[-\log p(c) \right] \tag{11-3}$$

$$sim(c1,c2) = \frac{2IC_{ms}(c1,c2)}{IC(c1) + IC(c2)} \tag{11-4}$$

在 GO 系统中,由于一个基因可以被多个 GO 节点注释,比较两个基因之间的相似度本质上等同于比较两个 GO 术语集合之间的相似度。最简单的方法是取两个基因所注释的结点对的最大值或平均值，来作为两个基因的功能相似性。目前已经有一些比较基因间的关联程度的算法和工具，利用语义相似性原理计算基因间的功能相似性的工具有 GOSim、csbl.go、G-SESAME、GeneSim 等。

（二）基于 KEGG 通路分析的基因功能预测

通路分析是现在经常被使用的芯片数据基因功能分析法。与 GO 分类法（应用单个基因的 GO 分类信息）不同，通路分析法利用的资源是许多已经研究清楚的基因之间的相互作用，即生物学通路。研究者可以把表达发生变化的基因集导入通路分析软件中，进而得到变化的基因都存在于哪些已知通路中，并通过统计学方法计算哪些通路与基因表达的变化最为相关。现在已经有丰富的数据库资源帮助研究人员了解及检索生物学通路，对芯片的结果进行分析。主要的生物学通路数据库有以下两个：①KEGG 数据库：迄今为止，KEGG 数据库是向公众开放的最为著名的生物学通路方面的资源网站。在这个网站中，每一种生物学通路都有专门的图示说明。②BioCarta 数据库：它在其公共网站上提供了用于绘制生物学通路的模板。研究者可以把符合标准的生物学通路提供给 BioCarta 数据库。BioCarta 数据库不会检验这些生物学通路的质量，因此其中的资源质量参差不齐，并且有许多相互重复。然而 BioCarta 数据库数据量巨大，且不同于 KEGG 数据库，包含了大量代谢通路之外的生物学通路，所以也得到广泛的应用，如图 11-22。

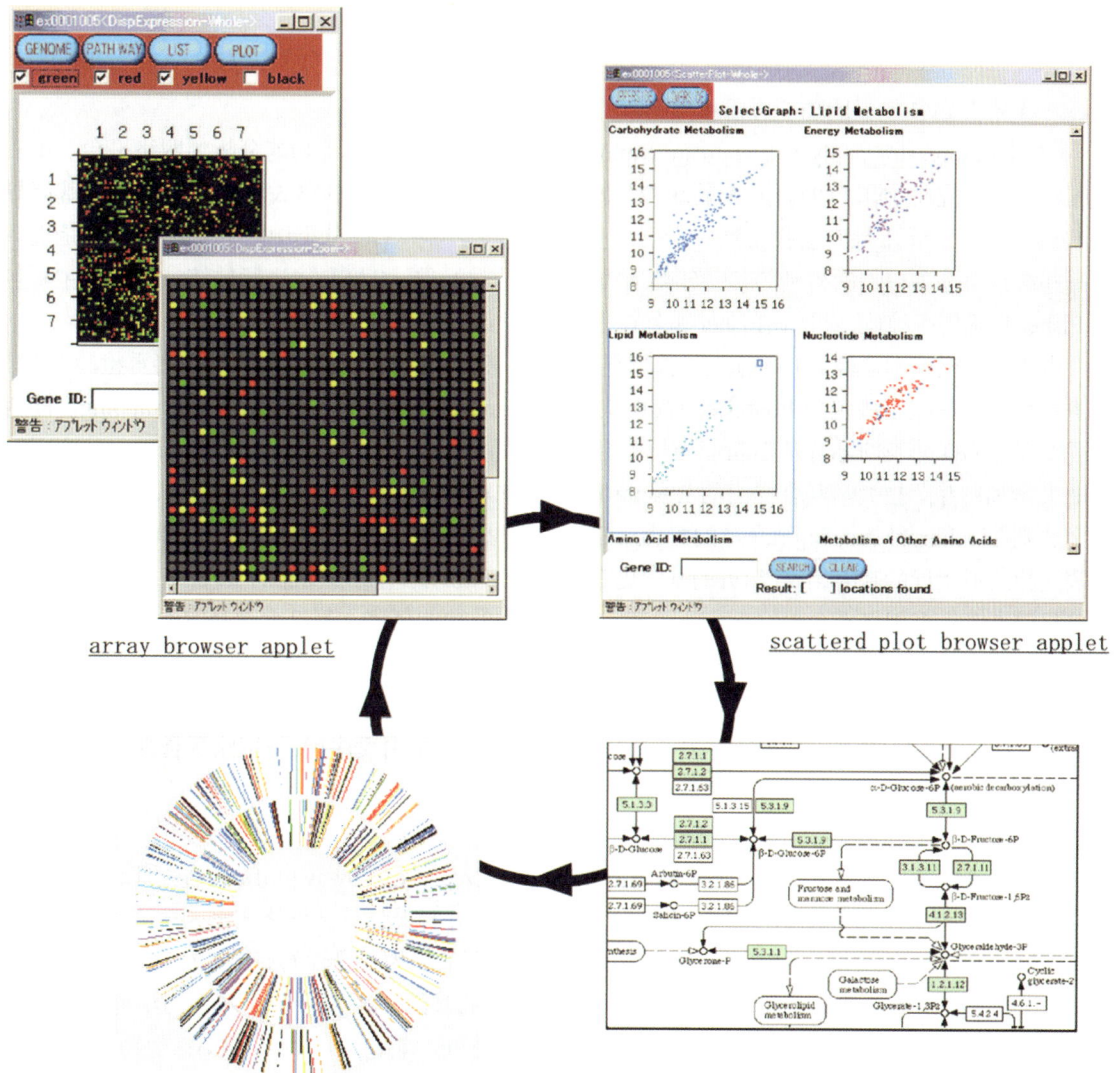

图 11-22 通过表达谱数据进行通路定位

芯片数据通路分析的第一步是差异基因的通路定位，一些商业软件可以做到，基于 EASE 算法的开放在线程序 DAVID 也可以实现定位。目前的通路分析方法还存在很多局限性，例如，只注意到基因集合定位到了哪个通路而忽略了其在通路中的位置，如果一个通路由某个基因产物触发或被单个受体激活，并且特定的蛋白质没有表达，这个通路就会受到严重影响甚至关闭；相反，如果多个基因与某个通路相关但都只出现在通路的下游，那么其表达水平的变化就可能不会对通路造成很大影响。另外，一些基因往往有多个功能分布于不同的通路发挥不同的作用，要得到相对准确的结果还必须考虑通路的拓扑结构。目前很少有能将基因差异表达值变化应用于通路分析的方法，Pathwayexpress 提出了一种基于 IF（impact factor）的通路分析方法，综合了差异基因标化的差异表达值、通路中基因的统计学显著性以及信号通路的拓扑学三方面内容。Pathwayexpress 主要基于 KEGG 库，结果输出中自动把差异基因以不同颜色定位于通路中，红色为上调，蓝色为下调。这些定位着上调和下调基因的通路图可以在 Java 控制台中找到绝对路径，在浏览器中打开或保存，也可以用 GML 格式导出，然后直接导入 Cytoscape，用 merge 结点功能把多个相关 pathway 连接起来，显示互作网络，并分别以红蓝色显示显著性通路中上调下调的基因（结点），以及这些基因与其他基因间的相互作用（边）。我们可以从不同视角观察其位置，不断放大就可以看到结点的基因名称。其他的可视化工具还有pathwaystudio、genmapp、arrayxpath、osprey 等。Biolayout 也是一款分子作用网络展示工具，所不同的是结果为三维图形界面。

二、常用基因功能预测软件

（一）基于 GO 的基因功能分析和预测软件

EASE（expressing analysis systematic explorer）是比较早的用于芯片功能分析的网络平台。由美国国立卫生研究院（NIH）的研究人员开发。研究者可以用多种不同的格式将芯片中得到的基因导入 EASE 进行分析，EASE 会找出这一系列的基因都存在于哪些 GO 分类中。其最主要特点是提供了一些统计学选项以判断得到的 GO 分类是否符合统计学标准。EASE 能进行的统计学检验主要包括 Fisher 精确概率检验，或是对 Fisher 精确概率检验进行了修饰的 EASE 得分（EASE score）。

由于进行统计学检验的 GO 分类的数量很多，所以 EASE 采取了一系列方法对"多重检验"的结果进行校正。这些方法包括 Bonferroni 校正法、Benjamini false discovery rate 和 bootstrapping。同年出现的基于 GO 分类的芯片基因功能分析平台还有底特律韦恩大学开发的 Onto-Express。2002 年，挪威大学和乌普萨拉大学联合推出的 Rosetta 系统将 GO 分类与基因表达数据相联系，引入了"最小决定法则"（minimal decision rules）的概念。它的基本思想是在对多张芯片结果进行聚类分析之后，与表达模式不相近的基因相比，相近的基因更有可能参与相同的生物学功能的实现。

目前也有很多网络平台提供未标注的基因及其产物的功能预测。复旦大学开发的 GOLabeler 作为 2017 年第三届 CAFA 大规模蛋白功能自动标注国际竞赛中的优胜者，也推出了对应的网络预测服务。2019—2022 年，GOLabeler 团队又进一步提升了预测的性能，分别推出了 NetGO、NetGO 2.0 和NetGO 3.0。如图 11-23 所示，在 NetGO 2.0 中，用户只需上传蛋白质序列，该网络平台即可从多源信息中预测同输入蛋白相关的功能。

（二）基于 KEGG 的基因功能分析软件

最先出现的通路分析软件之一是 GenMAPP（gene microarray pathway profiler），它可以免费使用，其最新版本为 Gen-MAPP2。在这个软件中，使用者可以用几种灵活的文件格式输入自己的表达谱数据，GenMAPP 的基因数据库包含许多从常用的资源中得到的物种特异性的基因注释和识别符（ID）。这些 ID 可以将使用者输入的基因与不同的生物学通路的基因联系起来。这些生物学通路存在于GenMAPP 的 MAPP 文件中。MAPP 文件需要时常下载更新。它包含有许多 KEGG 生物学通路，一些 GenMAPP 自己的生物学通路和许多 GO 分类的 MAPP 文件，全部操作简单明了。而且依靠其自带的 MAPPBuilder 和 MAPPFinder 两个软件，使用者可以自己绘制生物学通路和对 MAPP 文件进行

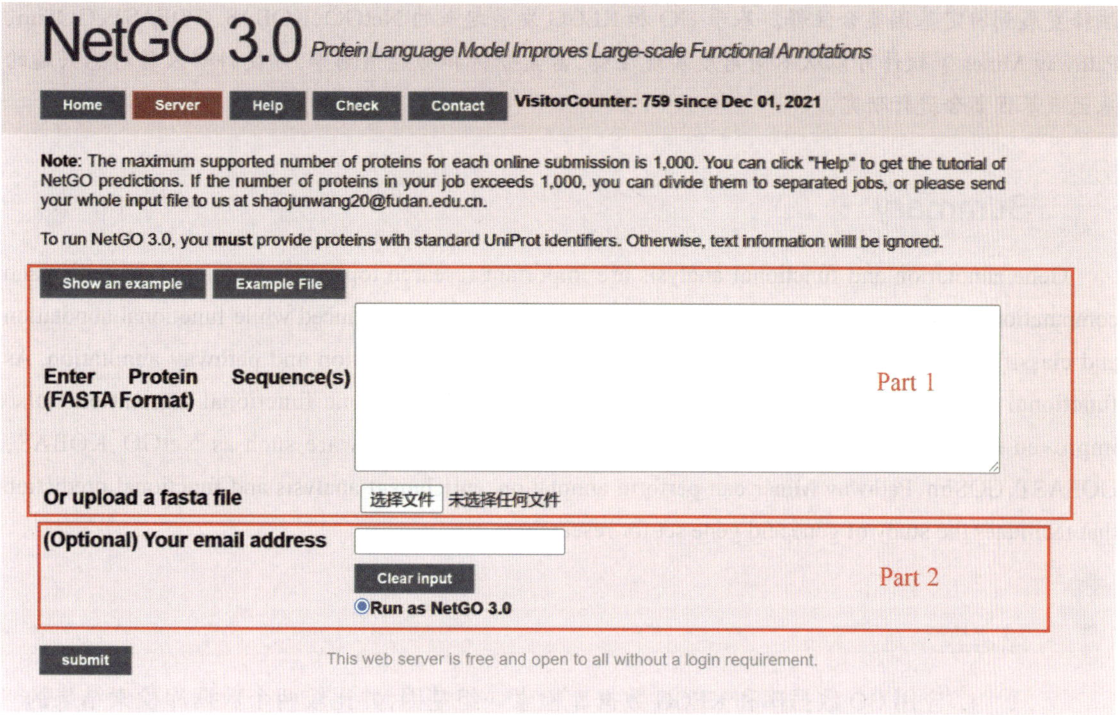

图 11-23 NetGO 2.0 界面

检索。由于使用者可以自己绘制生物学通路保存为 MAPP 格式,这个文件很小易于在网络上传播,所以 GenMAPP 数据库更有利于研究者之间的及时交流。由于上述特点,GenMAPP 数据库及软件仍是现今免费平台里应用比较广泛的。

2004 年发表的 Pathway Miner 也是应用较为广泛的免费通路分析网络平台,由美国亚利桑那大学癌症中心建立维护,其最突出的特点就是信息全面,操作简便。使用者可以在这个网站中获得单个基因的序列、功能注释,以及有关它们编码的蛋白质结构功能,组织分布,OMIM 等信息。对于通路分析部分,使用者给出基因集及他们的表达变化值,网站可以根据三大公用的通路数据库:KEGG、GenMAPP 和 BioCarta,生成变化基因参与的通路,并用 Fisher 精确概率检验。Pathway Miner 自动把得到的通路分成两大类:代谢通路和细胞调节通路,方便使用者根据不同的研究目的选择需要查看的结果。意大利研究人员推出的软件 Eu.Gene 整合了来自 KEGG、GenMAPP 以及 Reactome 的通路数据,并采用 Fisher 精确概率检验及基因集富集分析(gene set enrichment analysis,GSEA)来检验结果是否具有统计学意义。2006 年国内也开发了用于通路分析的网络平台,即 KOBAS,其基于 KEGG 数据库建立,由北京大学生命科学院开发和维护。2021 年,KOBAS 进一步更新完善,推出了全新网络服务平台,可直接采用基因或蛋白质的序列录入基因,并对录入的基因集进行 KO 注释、富集分析等操作。对于结果的可靠性检验提供了四种统计方法。使用者可以在网站进行注册,网站会为使用者保存输入的数据,方便日后直接调用。

(朱山风)

小结

基因注释与功能分析是功能基因组学和计算系统生物学的重要研究内容。本章重点介绍了 GO 数据库和 KEGG 数据库,分别从基因功能注释和通路注释两个层面阐述功能注释与分类的基本方法。随着功能基因组学在人类复杂疾病研究中应用的逐步深入,基因功能注释方法也逐步从单基因注释发展到特定基因集合注释。基于 GO 和 KEGG 发展起来的 NetGO、KOBAS、GOEAST、GOSim、Pathway Miner 等软件可以从不同角度实现注释、富集分析和功能预测等,方便科研人员对感兴趣的基因或基因集合进行研究。

Summary

Gene annotation and functional analysis are important research topics for functional genomics and computational systems biology. In this chapter, GO and KEGG are introduced while functional annotation and classification are summarized in terms of gene functional annotation and pathway annotation. As functional genomics are widely used in human complex diseases, gene functional annotation isalso improved from single gene annotation to gene set annotation. Software such as NetGO、KOBAS, GOEAST, GOSim, Pathway Miner can perform annotation, enrichment analysis and functional prediction that facilitates the study of gene and gene set for researchers.

思考题

1. 应用 GO 数据库和 KEGG 数据库检索一组基因,并比较两个数据库检索结果的异同。
2. 简述富集分析的目的,并熟悉 KOBAS 平台使用方法。
3. 基于 GO 数据的功能预测方法有几类,请说明各种方法的使用的主要信息源。
4. 学习使用本章节提到的任意一种基因功能预测工具,如 NetGO,并简述基本步骤。

第十二章 分子生物通路数据分析

CHAPTER 12 DATAANALYSIS OF MOLECULAR BIOLOGICAL PATHWAYS

- 常用分子生物通路数据库包括 KEGG、Reactome、PathBank 等。
- clusterProfiler 能够实现多种来源生物通路的富集分析。
- 多样化的生物通路可视的软件，能够满足大部分的研究需求。

第一节 引 言
Section 1 Introduction

生物学通路(biological pathway)是指由生物体内一系列生物化学分子(包括基因,基因产物以及化合物等)通过各种生化级联反应来完成某一具体生物学功能的过程,如调控基因表达、诱导生物分子结合、促进细胞移动等。生物体内常见的生物学通路包括:基因调控通路、代谢通路和信号转导通路。基因调控通路由 DNA、RNA、蛋白质及其复合物构成,它们之间可以特异性地相互作用,从而调控基因表达产物的产生;或与细胞膜结合,与环境中的分子相互作用;或穿过细胞膜,向机体中的其他细胞传递远程信号,进而影响生物学功能。代谢通路是指细胞内由代谢酶催化的一系列化学反应,反应的底物、产物和中间产物统称为代谢物,构成代谢通路。在代谢通路中,通常一种酶的产物会作为下游酶促反应的底物。信号转导通路是指通过配体与受体结合并激活下游效应器进而引起的一系列生物级联反应的过程。配体通常为物理或化学信号,受体则通常为负责检测信号刺激的蛋白质。最常见的信号转导通路是由蛋白激酶催化的蛋白质磷酸化,如 cAMP 信号转导通路。总之,生物学通路是细胞内部、细胞与内环境、细胞与外环境之间进行物质、能量、信号转换的渠道。不同类型的生物学通路相互联系并跨越人体生命系统的不同层次,使得通路之间的功能呈现组织性、确定性、稳定性、协调性等特点。

随着新一代测序技术的不断发展,越来越多的生物分子被发现与导致复杂疾病的生物学过程具有一定的相关性。但由于复杂疾病自身的异质性、数据的复杂性以及实验噪声等多重因素的影响,很难建立确切的生物分子与生物学过程之间的联系。针对生物学通路的分析,可以在分子与具体生物学过程之间搭建一座桥梁,降低分析复杂性并发掘其生物可解释性。目前已有的生物学通路信息能够从大量数据库中获取,其中包括经过专业实验验证的通路以及基于已有文献进行文本挖掘得到的通路。现有生物学通路数据库各具特色,研究人员使用时应参照自身目的选择合适的数据库。目前,生物学通路常被用于一组已知基因或蛋白质的通路富集分析,以明确感兴趣的基因或蛋白质会影响到哪些通路、哪些通路与已知疾病之间可能具有潜在的生物学联系。此外,从数据分析的角度看,生物学通路可以看作一种特殊的生物分子网络,进而可以利用网络图的形式来进行可视化。通路网络的节点代表参与生化级联反应的底物、产物或者酶,网络的边则代表节点之间的生物学联系。实际应用中,大部分的生物学通路网络是有向的,例如蛋白质互作网络、代谢网络等,其方向则代表着构成通路的生物分子之间的上下游调控关系。通过生物通路网络的重构与应用,可以实现生物学通路的可视化、通路内关键分子的识别以及重要功能模块的发现等。

本章主要介绍了分子生物通路相关的数据库、功能富集常用软件和分析流程,以及通路网络可视化工具。每一小节针对上述各部分内容进行了具体的描述。其中,第二节介绍了具有代表性的生物学通路相关数据库及其他数据资源;第三节介绍了分子生物通路分析软件,重点展示了最常见的生物通路富集分析软件及其应用实例;第四节则介绍了常用的分子生物通路网络可视化软件。

第二节   分子生物通路数据库
Section 2   Biological Pathway Databases

一、KEGG 通路数据库

(一)概述

KEGG 全称为京都基因与基因组百科全书数据库,由日本京都大学生物信息学中心的 Kanehisa 实验室建立,是最常用的生物通路数据库之一,以"理解生物系统的高级功能和实用程序资源库"著称。

KEGG 数据库是系统分析基因功能、联系基因组信息和功能信息的知识库,存储了代谢、遗传信息处理、环境信息处理、细胞过程和人类疾病等信息,旨在揭示生命现象的遗传物质与化学蓝图(图 12-1)。

与其他数据库相比,KEGG 的显著特点是具有强大的图形可视化功能,它利用图形而不是繁缛的文字来介绍众多的生物代谢通路以及各通路之间的相互作用关系,使得研究者能够对其关注的代谢通路有直观、全面的了解。

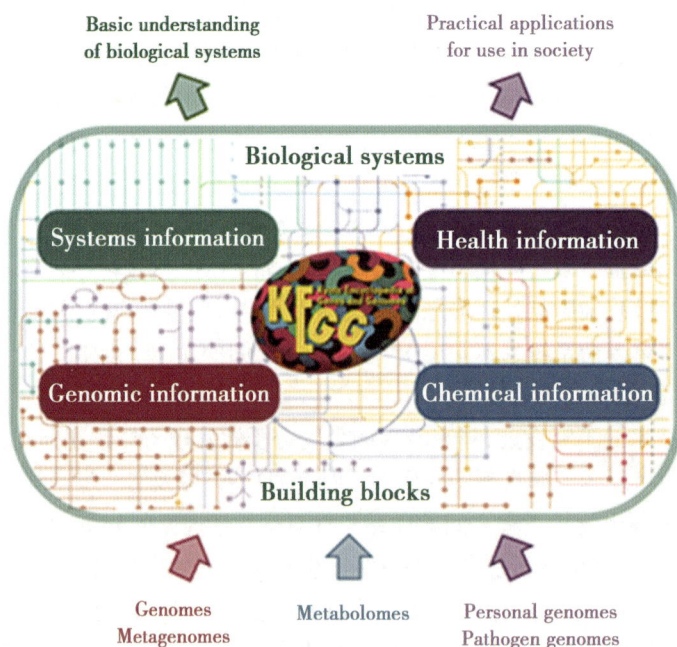

图 12-1   KEGG 数据库总括

Genomes:基因组;Metagenomes:宏基因组;Metabolomes:代谢组;Personal genomes:个体基因组;Pathogen genomes:病原体基因组。

(二)数据库的分类

KEGG 的十六个子数据库分别包含了不同类型的数据,通过网页的颜色编码可以对其进行区分。其中,最核心的为 KEGG PATHWAY 和 KEGG ORTHOLOGY 数据库(图 12-2)。

1. KEGG PATHWAY 数据库   是 KEGG 中的核心数据库,它将生物通路划分为 7 类,即新陈代谢、遗传信息处理、环境信息处理、细胞过程、生物体系统、人类疾病和药物开发。数据库中储存有更

图 12-2 KEGG 数据库分类

高级的通路功能信息,如细胞代谢、膜转运、信号传递和同系保守的子通路等信息,这些子通路通常包含一些在染色体位置上邻近的基因编码信息,对于基因功能的预测十分重要。

2. **KEGG BRITE 数据库** 包含生物系统多个层面的信息。相对于 KEGG PATHWAY 仅限于分子间相互作用和反应,KEGG BRITE 则包含更多不同的关系类型,如分子、细胞、物种、疾病、药物以及它们之间的复杂关系。

3. **KEGG MODULE 数据库** 常被用于已测序基因组的注释和生物学上的解释,包括作为 KEGG 模块的保守酶基因组,以及作为反应模块的保守生化反应步骤。在 KEGG MODULE 数据库中,主要有三个 KEGG 模块,分别是:①通路模块:代谢通路中基因集的功能单元,包括分子复合物;②特征模块:表征表型特征基因集的功能单元;③反应模块:代谢途径中连续反应步骤的功能单元。

4. **KEGG ORTHOLOGY(KO)数据库** 是 KEGG 通路、KEGG 功能划分与 KEGG 模块的基础,直接存储分子功能。KO 可以将基因组与分子网络的相关基因联系起来,促进了跨物种注释流程的发展。

5. **KEGG GENE 数据库** 包括细胞生物和病毒完整的基因组序列和部分测序的基因组序列,并伴有实时更新的基因相关功能的注释。

6. **KEGG GENOME 数据库** 由 KEGG organisms、Selected viruses 和 Metagenomes 三个数据库构成,收集了 7 685 种物种(684 种真核生物、6 635 种细菌、366 种古菌)的基因组信息。这些物种都已经具有完整的基因组序列,并根据大量的 EST(Expressed Sequence Tag,表达序列标签)数据集进行了增补。

7. **KEGG LIGAND 数据库(配体数据库)** 是化学信息类别中所有数据库的统称,其中包含化合物、聚糖、生化反应、酶分子等信息。

8. **KEGG DISEASE 数据库** 是一个存储疾病基因、通路、药物以及疾病诊断标记信息的数据库。

9. **KEGG DRUG 数据库** 包括综合药物信息并与 KEGG 原始注释相关,包括了治疗靶点、药物代谢等分子相互作用网络信息。

(三)KEGG 数据库对象标识符

KEGG 数据库中包含生物通路不同层次的数据对象,从而反映通路中各个对象之间的相互作用关系。

每个 KEGG 对象均对应一个唯一的 KEGG 标识符(图 12-3)。如:map00010 对应的是 pathway 中 "Glycolysis/Gluconeogenesis(糖酵解/糖异生)" 通路。单个子数据库可能有一个或者多个前缀,如 pathway 中,就有 map、ko、ec、rn 以及 <org>(<org> 代表三或四个字母的 KEGG 生物体代码,如人类:

Database		Object	Prefix		Example	
pathway		KEGG pathway map	map, ko ec, rn	<org>	map00010 hsa04930	map00010 hsa04930
brite		BRITE functional hierarchy	br, jp ko	<org>	br:08303 br:01002	br08303 ko01002
module		KEGG module	M	<org>_M	M00010	M00010
ko		Functional ortholog	K		K04527	
genome		KEGG organism (complete genome)	T		T01001 (hsa)	
genes	<org> vg vp ag	Gene / protein			hsa:3643 vg:155971 vp:155971-1 ag:CAA76703	
compound		Small molecule	C		C00031	
glycan		Glycan	G		G00109	
reaction		Reaction Reaction class	R RC		R00259 RC00046	
enzyme		Enzyme			ec:2.7.10.1	
network		Network element Network variation map	N nt		N00002 nt06210	nt06210
variant		Human gene variant			hsa_var:25v1	
disease		Human disease	H		H00004	
drug		Drug Drug group	D DG		D01441 DG00710	

图 12-3　KEGG 对象标识符

KEGG pathway map：KEGG 通路图；BRITE functional hierarchy：功能层次
结构；KEGG module：KEGG 模块；Functional ortholog：功能直系同源物。

hsa，小鼠：mmu）等五种前缀，分别代表不同的子类。

然而，基因组标识符（包括变体标识符）和酶的 ec 编号是例外，它们遵循 DBGET 检索系统的
一般形式。GENOME 使用了 3~4 个字母作为名称来区分不同的物种。DBGET 中的每个条目都由
<database>:<entry> 构成，其中 <database> 是数据库名称，<entry> 是条目名称。

（四）KEGG 数据库的注释

1. KO 标识　KO 标识（KEGG Ortholog）是 KEGG 中的基因标识符，又称 KO 号。每个 KO 号
表示一个基因，是通路中的基本单位。KO 号可以将 KEGG 通路、BRITE 层次结构以及 KEGG 模块
联系起来，是实现基因在细胞或组织中功能注释的基础。此外，KO 号还可以通过基因所标识的酶，
实现通路的化学反应注释。

2. KEGG 其他注释方法　KEGG REACTION 是化学反应的数据库，主要是酶促反应，包含
KEGG 代谢通路图中出现的所有反应以及仅出现在酶命名法中的其他反应。每个反应都有 R 编号
标识，例如 R00259 用于标识 L-谷氨酸的乙酰化（图 12-4）。

KEGG REACTION 数据库与 KO 数据库定义的酶 KO 号相关联，从而能够综合分析基因组（酶
基因）和化学（化合物对）信息。KEGG 根据反应两边的化学物质转化的模式（RDM 模式）将酶促反
应进行了分类，以小分子化学结构的生物学意义为特征来进行化学注释。RDM 模式描述了与酶反应
相关的化学结构转变模式，一般会被唯一存储，所以更易找到较为重要的化合物。

（五）KEGG 数据库的检索

以我们熟知的乳腺癌为例，进入 Pathway 数据库中，输入物种前缀 "hsa"，在关键词一栏中输入
"Breast cancer"（图 12-5）。

点击 "Go" 按钮，进入检索页面，人类中与 Breast cancer 相关的全部通路图会被依次列出（图 12-6）。

点击进入排在首位的 "Breast cancer" 通路图（图 12-7），其中实线箭头代表反应以及反应方向，虚
线箭头代表此反应可以通过中间产物与其他通路发生联系，矩形代表基因或者蛋白质，圆角矩形代表
连接的有关通路。

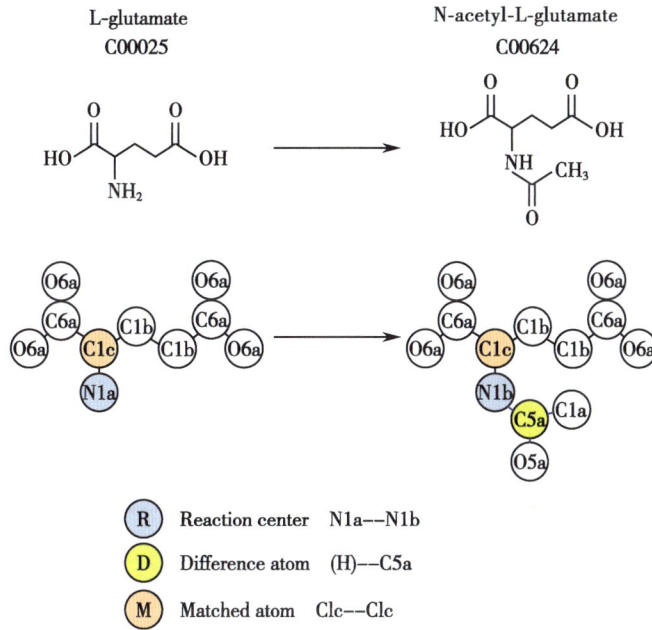

图 12-4 KEGG 中的 RDM 模式——L-谷氨酸的乙酰化

L-glutamate：L- 谷氨酸；N-acetyl-L-glutamate：N- 乙酰-L- 谷氨酸；Reaction center：反应中心；Difference atom：差异原子；Matched atom：匹配原子。

图 12-5 PATHWAY 数据库中的通路查询页

Pathway Text Search

Number of entries in a page 20 ▾　Hide thumbnail

Items : 1 - 10 of 10

Entry	Thumbnail Image	Name	Description	Object	Legend
hsa05224		Breast cancer	Breast cancer is the leading cause of cancer death among women worldwide. The vast majority of breas...	... 578 (BAK1) 1643 (DDB2) 51426 (POLK) hsa05224: Breast cancer hsa04915: Estrogen signaling pathway hs...	BREAST CANCER EGFR CoR Ras Raf MEK ERK1/2 Shc Grb2 SOS Estrogen signaling pathway Jagged Notch mTOR...
hsa05213		Endometrial cancer	Endometrial cancer (EC) is the most common gynaecological malignancy and the fourth most common mali...	...: MAPK signaling pathway hsa05213: Endometrial cancer hsa04310: Wnt signaling pathway hsa04115: p53 ...	...PK signaling pathway PKB/Akt PI3K ENDOMETRIAL CANCER Wnt signaling pathway p53 signaling pathway ER...

图 12-6　Breast cancer 相关通路的部分检索结果

Entry：检索条目；Thumbnail Image：缩略图；Name：癌症名称；Description：癌症相关描述；Object：目标通路；Legend：说明。

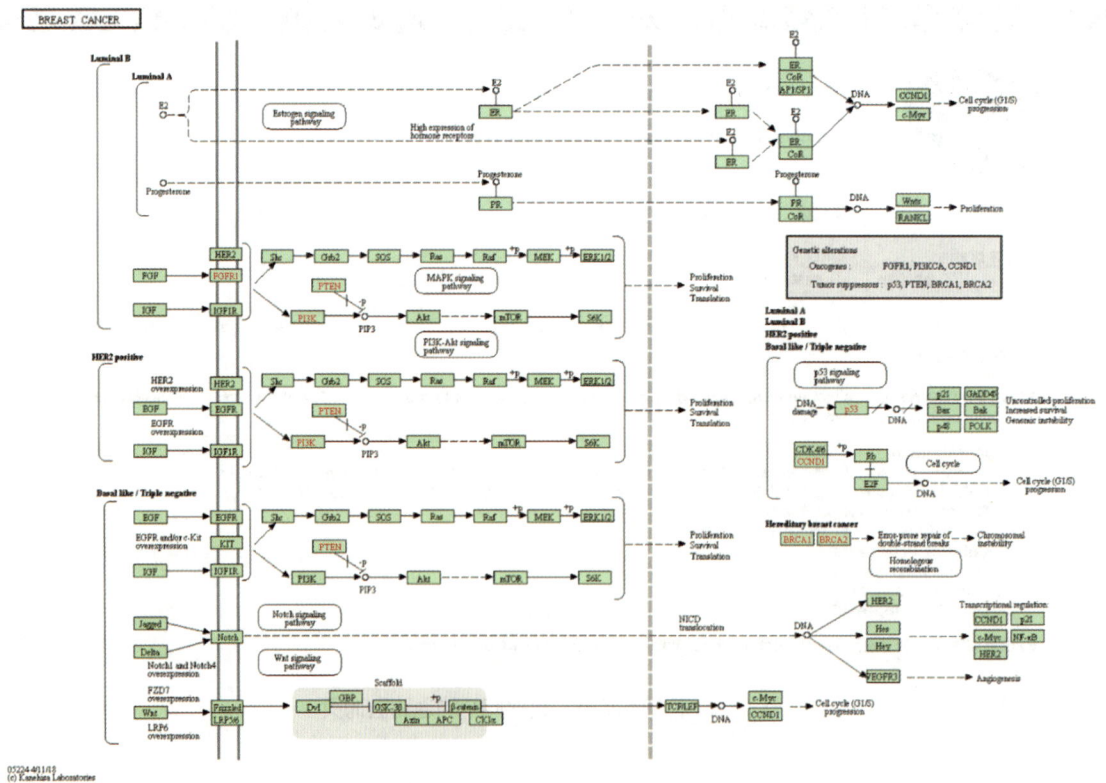

图 12-7　Breast cancer 通路图

点击通路中的"Breast cancer"方框,可以进入到相关基因的详细信息的页面。该页面以表格形式列出,包括癌症的描述、基因编号、基因的定义、相关通路及序列编码信息等。点击通路中的每个基因或者其他通路,可以查看其详细信息(图12-8,图12-9)。

(六) KEGG 数据库的其他应用

在 KEGG 中,疾病被视作分子网络的一个干扰状态。所有的遗传、环境、药物等因素都被视作潜在的影响因素。所以 KEGG DISEASE 数据库专门收录了每种疾病相关的影响因素以及它们之间的相互关系。这些影响因素之间的相互关系,可以表示为疾病通路图,比如 H00031 对应的 pathway 为 hsa05224(图12-10)。

在通路图中填充颜色为紫色的方框,代表和该疾病相关的基因所组成的通路图。对于数据库中已经记录的疾病而言,我们可以查找到每种疾病相关的致病基因(图12-11)。

对于人类相关疾病,KEGG 专门在 pathway 数据库中开辟了一个新的分类:Human Disease,用于展示人类疾病相关各种因素之间的相互作用信息。KEGG 还专门针对疾病的致病基因、药物的靶标基因在通路图上进行标记,这些特异性的通路图采用 hsadd 编号,比如 hsadd04620。

在这些通路图中,当一个基因和该疾病相关(可能的致病基因)时,用紫色标记;当一个基因为药物的靶点时,用淡蓝色标记;如果同时为致病基因和药物靶点,则一半为淡蓝色,一半为紫色。需要注意的是,绿色和疾病没有关系,在物种的通路图中,为方便观察,将该物种的 KO 使用绿色进行标记。

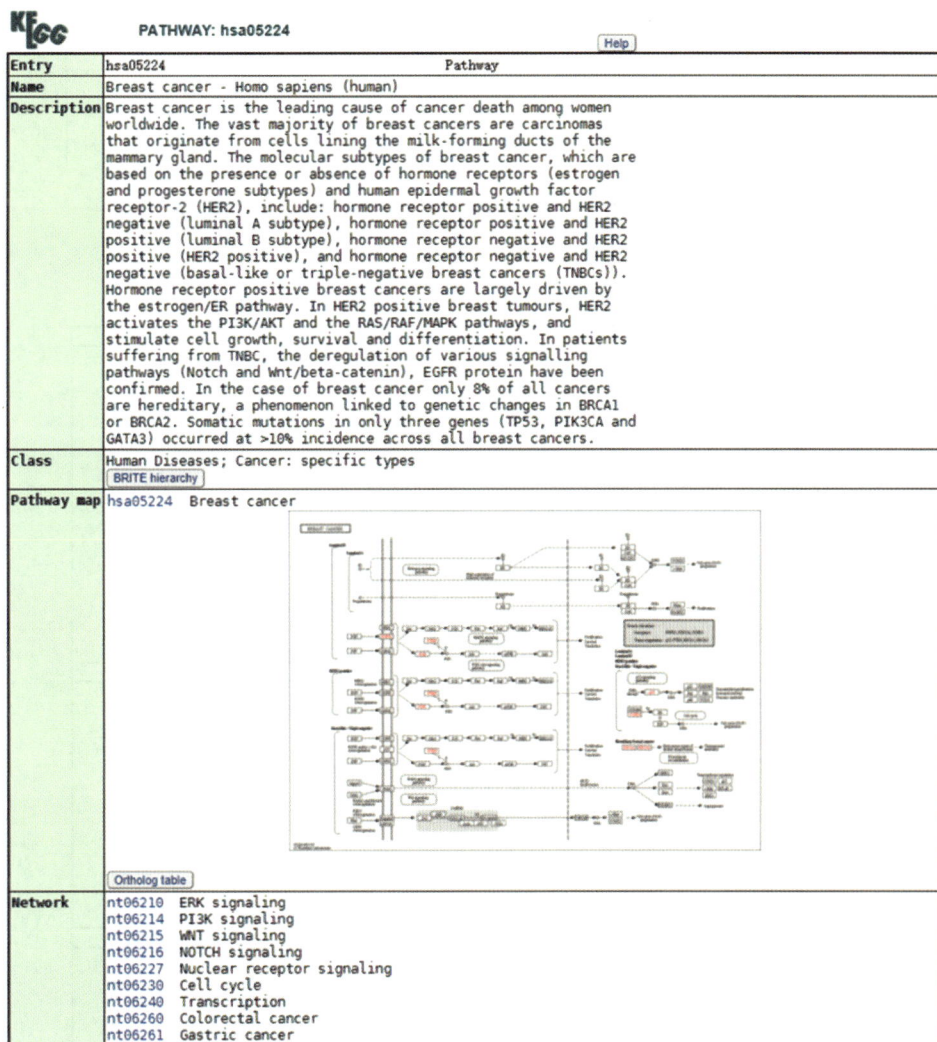

图 12-8　Breast cancer 通路详细信息列表

KEGG Homo sapiens (human): 2260　[Help]

Entry	2260	CDS	T01001
Symbol	FGFR1, BFGFR, CD331, CEK, ECCL, FGFBR, FGFR-1, FLG, FLT-2, FLT2, HBGFR, HH2, HRTFDS, KAL2, N-SAM, OGD, bFGF-R-1		
Name	(RefSeq) fibroblast growth factor receptor 1		
KO	K04362　fibroblast growth factor receptor 1 [EC:2.7.10.1]		
Organism	hsa　Homo sapiens (human)		
Pathway	hsa04010　MAPK signaling pathway hsa04014　Ras signaling pathway hsa04015　Rap1 signaling pathway hsa04020　Calcium signaling pathway hsa04151　PI3K-Akt signaling pathway hsa04520　Adherens junction hsa04550　Signaling pathways regulating pluripotency of stem cells hsa04714　Thermogenesis hsa04810　Regulation of actin cytoskeleton hsa04928　Parathyroid hormone synthesis, secretion and action hsa05200　Pathways in cancer hsa05205　Proteoglycans in cancer hsa05215　Prostate cancer hsa05218　Melanoma hsa05224　Breast cancer hsa05230　Central carbon metabolism in cancer		
Network	nt06210　ERK signaling nt06214　PI3K signaling nt06261　Gastric cancer nt06265　Bladder cancer nt06270　Breast cancer nt06361　Hypogonadotropic hypogonadism		
Element	N00019　FGF-FGFR-RAS-ERK signaling pathway N00020　Amplified FGFR to RAS-ERK signaling pathway N00037　FGF-FGFR-PI3K signaling pathway N00038　Amplified FGFR to PI3K signaling pathway N00876　Mutation-inactivated FGF8 to RAS-ERK signaling pathway N00877　Mutation-inactivated FGF17 to RAS-ERK signaling pathway N00878　Mutation-inactivated FGFR1 to RAS-ERK signaling pathway		
Disease	H00031　Breast cancer H00255　Hypogonadotropic hypogonadism H00443　Osteoglophonic dysplasia H00458　Syndromic craniosynostoses H01207　Trigonocephaly H01756　Pfeiffer syndrome H01850　Hartsfield syndrome H01988　Jackson-Weiss syndrome		
Drug target	Brivanib (DG01373): D08878 D09589 Derazantinib hydrochloride: D11461 Infigratinib (DG03062): D11589 D11611<US> Lenvatinib (DG01362): D09919 D09920<JP/US> Lucitanib: D11762 Nintedanib (DG01374): D10396<JP/US> D10481 Pemigatinib: D11417<JP/US> Regorafenib (DG00720): D10137<JP/US> D10138 Repifermin: D05716		

图 12-9　Breast cancer 通路中 FGFR1 基因详细信息页面

KEGG DISEASE: Breast cancer　[Help]

Entry	H00031	Disease
Name	Breast cancer	
Description	Breast cancer is the leading cause of cancer death among women worldwide. The vast majority of breast cancers are carcinomas that originate from cells lining the milk-forming ducts of the mammary gland. The molecular subtypes of breast cancer, which are based on the presence or absence of hormone receptors (estrogen and progesterone subtypes) and human epidermal growth factor receptor-2 (HER2), include: hormone receptor positive and HER2 negative (luminal A subtype), hormone receptor positive and HER2 positive (luminal B subtype), hormone receptor negative and HER2 positive (HER2 positive), and hormone receptor negative and HER2 negative (basal-like or triple-negative breast cancers (TNBCs)). Hormone receptor positive breast cancers are largely driven by the estrogen/ER pathway. In HER2 positive breast tumours, HER2 activates the PI3K/AKT and the RAS/RAF/MAPK pathways, and stimulate cell growth, survival and differentiation. In patients suffering from TNBC, the deregulation of various signalling pathways (Notch and Wnt/beta-catenin), EGFR protein have been confirmed. In the case of breast cancer only 8% of all cancers are hereditary, a phenomenon linked to genetic changes in BRCA1 or BRCA2. Somatic mutations in only three genes (TP53, PIK3CA and GATA3) occurred at >10% incidence across all breast cancers.	
Category	Cancer	
Brite	Human diseases [BR:br08402] 　Cancers 　　Cancers of the breast and female genital organs 　　　H00031　Breast cancer Human diseases in ICD-11 classification [BR:br08403] 　02 Neoplasms 　　Malignant neoplasms, except primary neoplasms of lymphoid, haema 　　　Malignant neoplasms, stated or presumed to be primary, of speci 　　　　Malignant neoplasms of breast 　　　　　2C61　Invasive carcinoma of breast 　　　　　　H00031　Breast cancer Tumor markers [br08442.html] 　H00031 Cancer-associated carbohydrates [br08441.html] 　H00031 [BRITE hierarchy]	
Pathway	hsa05224　Breast cancer	
Related pathway	hsa05200　Pathways in cancer hsa05206　MicroRNAs in cancer hsa05205　Proteoglycans in cancer hsa04151　PI3K-Akt signaling pathway hsa03440　Homologous recombination hsa03460　Fanconi anemia pathway	

图 12-10　Breast cancer 通路 H00031 详细介绍

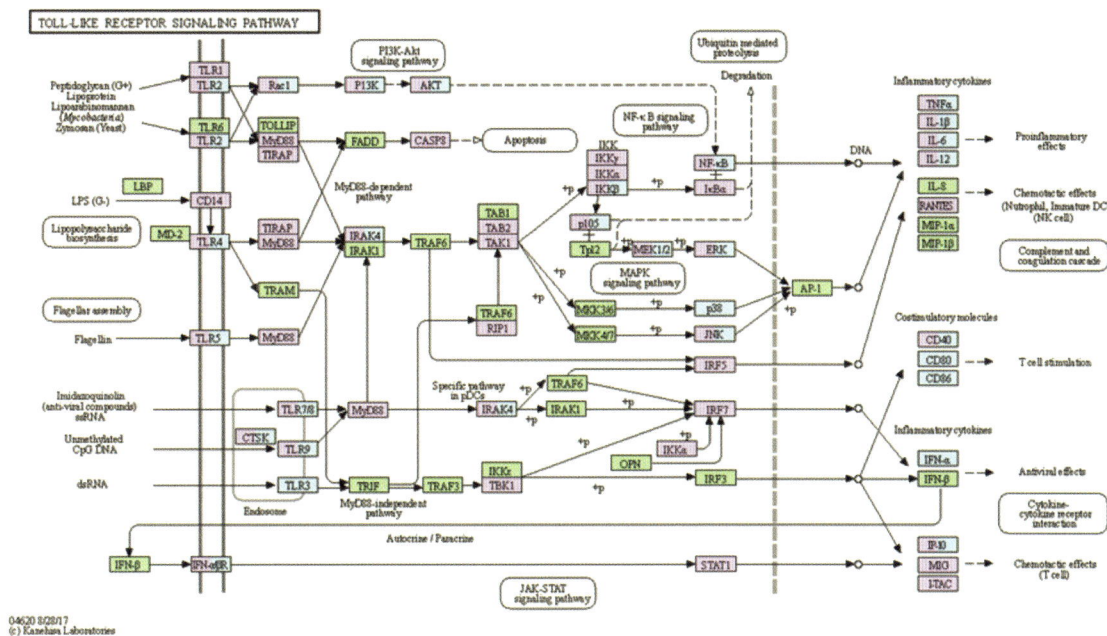

图 12-11　人类相关疾病通路图

KEGG DRUG 数据库中的内容也在不断地发展更新,该数据库根据药物的化学结构和化学组分不同,将药物进行区分,并利用 D 编号来进行标注。除此以外,数据库中还记录了药物的靶标基因、化学结构和类别信息等信息。额外的,KEGG BRITE 也对药物类别提供了更多的分类标准。

KEGG PATHWAY 数据库中针对人类疾病的通路数据,划分了 8 个子类:癌症、传染病、免疫性疾病、神经退行性疾病、药物依赖性疾病、心血管疾病、内分泌和代谢疾病、耐药性疾病,组建出了人类疾病各种相关因素之间的作用关系。另外,PATHWAY 数据库中针对不同药物的化学结构变化,都会在 Drug Development 中进行记录。

KEGG 应用较多的方向是富集分析,类似 GO 富集,KEGG 通路和其他功能类别都可以用于富集分析。通路富集分析对差异表达基因进行功能注释,把较为杂乱的差异基因总结出具有总体性的关系,可以了解差异表达基因的相关功能与作用通路。

(七) 有关生物通路研究方面,KEGG 数据库的发展与更新

随着现代医学的快速发展及其变化,生物信息领域中的新技术、新方法逐步得到应用。KEGG 数据库也在朝着这个方向前进,逐步整合人类疾病和药物等方面的信息。在疾病数据库中,虽然已经收集了部分疾病相关的影响因素以及通路图,但其中细节并没有体现,如突变或者融合。现在这些细节正在 KEGG NETWORK 数据库中进行整理与积累。当前,KEGG 已呈现出一张较为完整的生物总代谢通路图,每一个点代表一种化合物,每一条线代表一组连续的生化反应。该通路图是通过 KEGG 中多个现存的通路图拼接而成的,较为系统、完整地体现了整个代谢通路的分布情况(图 12-12)。

二、Reactome 数据库

(一) 概述

Reactome 数据库(见书末参考网址)是一个开源的、开放访问的、经过手动策划和同行评审的通路数据库,包含细胞代谢和信号通路两类信息。Reactome 数据库为通路信息的可视化、解释与分析,提供了一种直观的生物信息学工具,以支持基础的临床研究、基因组分析、建模以及系统生物学的学习和研究。

NOTES

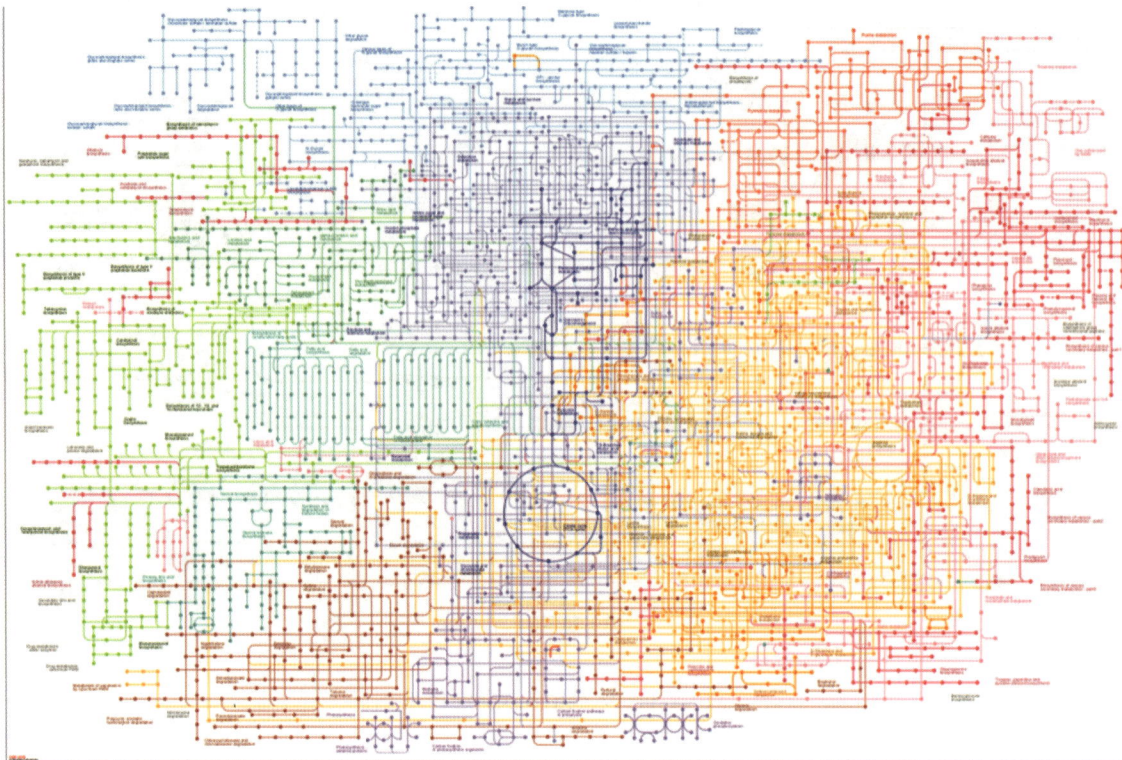

图 12-12　KEGG 全局代谢通路图

　　Reactome 数据库模型的核心单元是反应,Reactome 数据库将反应定义为生物学中改变生物分子状态的任何事件。参与反应的实体(如核酸、蛋白质、复合物、疫苗、抗癌治疗剂和小分子)形成生物相互作用网络,具有紧密相关性的一些反应集合在一起,组成一个生物通路(pathways)。

　　Reactome 覆盖了 19 种通路的研究,主要包含经典的代谢、信号转导、基因转录调控、细胞凋亡和疾病通路。除此以外,数据库还交叉引用了 100 多个不同的在线生物信息学资源库,其中包括 NCBI Gene 数据库、Ensembl 和 UniProt 数据库、UCSC 基因组浏览器、KEGG 化合物和 ChEBI 小分子数据库、PubMed 和 Gene Ontology 数据库等。Reactome 数据库的主页如下图所示(图 12-13)。

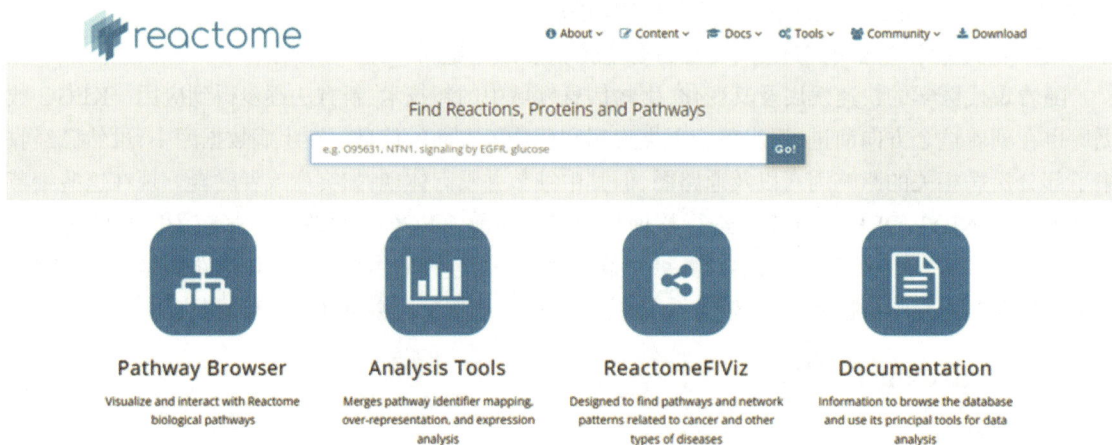

图 12-13　Reactome 数据库主页

Pathway Browser:通路浏览;Analysis Tools:分析工具;ReactomeFIViz:查询疾病相关通路或网络的工具;Documentation:数据分析文档。

(二)功能介绍

1. Pathway Browser 功能及检索 Pathway Browser 是 Reactome 数据库中最重要的工具,也是查看通路的主要手段,兼顾查询通路以及分析数据库的功能。

Pathway Browser 页面介绍(图 12-14):

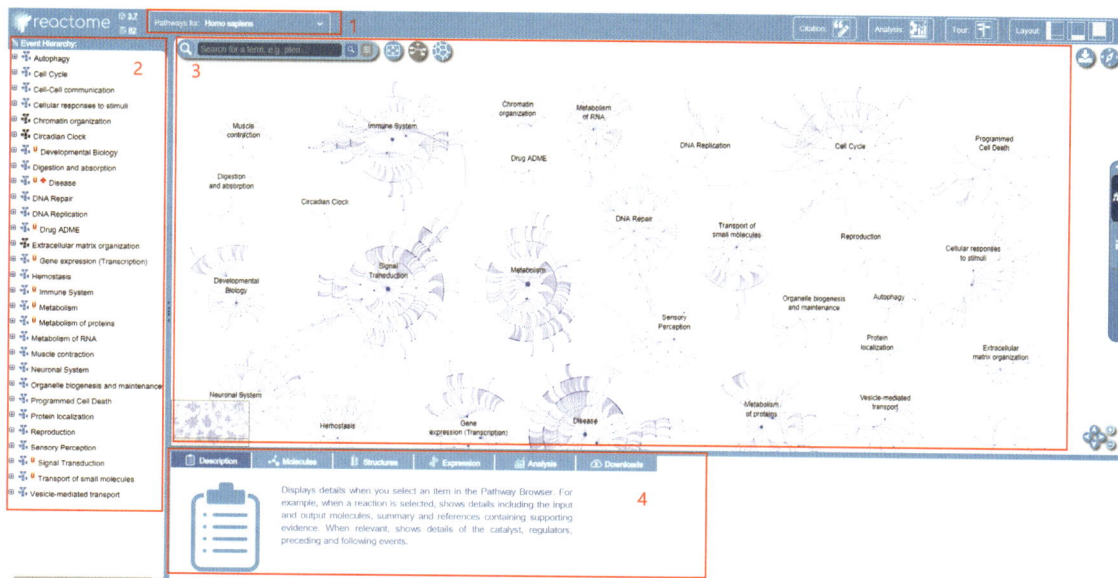

图 12-14 Pathway Browser 检索页面

标记 1 处可选择物种。

标记 2 处可以按照不同的生物功能来检索自己所需的通路。

标记 3 处是不同的生物反应按照模块划分组成的多个烟花状的有向无环图:①在此方框中,结合滚轮可以放大缩小通路图;②也可以通过右下角的操作按钮来放大缩小通路图,通过方向按钮调节整个画面;③右上角可将当前画面下载成 PNG 或者 PPTX 的格式;④网页右侧还有半隐藏的一个工具,鼠标放上会弹出,在这里可以修改通路图的背景色等。

标记 4 处包含当前所选通路的描述、参与该通路的所有分子、通路中相关基因的表达等信息。

Reactome 中的通路是具有层级结构的,最高层次的通路都会在概览中显示,放大时会显示子通路节点的标签。Reactome 的概览中使用了一种比较独特的图形可视化形式来表示层级结构。将最高层次表示为中心节点,周围的子通路则以同心圆的方式进行排列,通路节点间通过线来连接,呈现一种烟花状,这样可以明显地观察出 Reactome 涵盖的生物通路之间的关系。层次结构面板可以按照生物功能来检索通路,包括 Reactome Pathway 的层次结构等。当 Pathway Browser 打开时,只显示层次结构的顶层,按字母顺序列出了 Reactome 的主要层次(图 12-15)。

Pathway Browser 具有明显的层次关系,最高层的通路含有太多子通路,无法单个详细显示。该数据库以基于系统生物学图形化的方式,将 Developmental Biology 通路下的 11 个子通路简洁地展现出来(图 12-16)。

在图 12-14 的方框中,点击左上角第三个图标可以切换 pathway overview 和 open pathway diagram 两种视图效果。点击一下,便可以切换到烟花状的有向无循环图形式。

在第二层次中,通路通常会以一种交互图的形式来呈现,可选择的区域能链接到第三层次中,在这一层次中通常会被表示为相对应的详细通路图(图 12-17)。

当通路图包含子通路时,包含每个子通路的区域将被一个彩色框覆盖,标记子通路名称,以帮助在更大的图中定位它们。

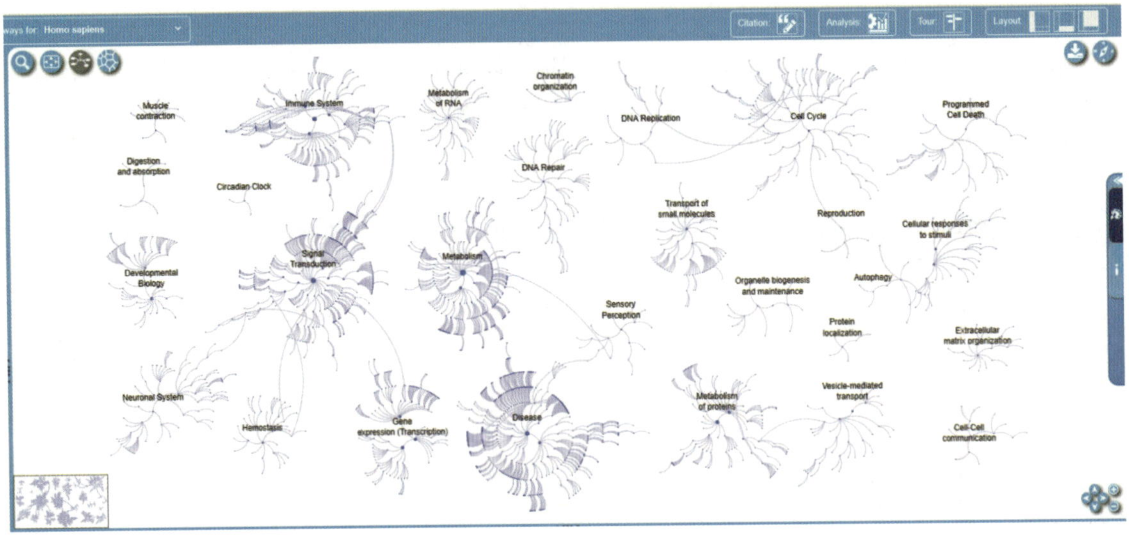

图 12-15   通路可视化概览图

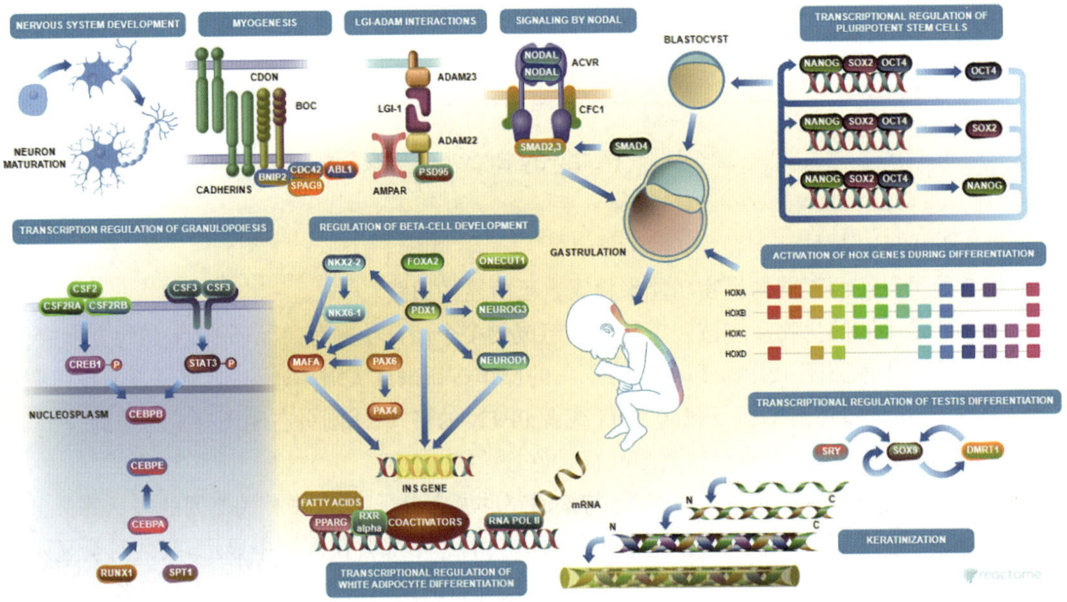

图 12-16   Developmental Biology 通路简要图

    根据自己的研究选择感兴趣的通路,在此我们以 HOX 基因在后脑发育的早期胚胎发生过程中的激活(Activation of anterior HOX genes in hindbrain development during early embryogenesis)为例。在该通路中有许多关键的反应,点击感兴趣的反应,视图界面跳转至对应的通路图。

    下面是该通路的示意图(图 12-18)。

    2. Details Panel   Description 面板对在 Pathway Browser 选中的通路关系进行细节描述,包括概述、研究进展、重要发现、参考资料和作者信息等(图 12-19)。

    Molecules 面板详细描述了所选通路中涉及的所有分子,包括蛋白质、化合物、序列(DNA/RNA)和其他亚型。分子通路中涉及的分子总数在 Molecules 选项卡上的一个气泡中显示(图 12-20)。

    Structures 面板将显示选中通路中分子的结构图。其中,反应的结构图来自 Rhea 数据库,简单的分子结构图来自 ChEBI 数据库。若该通路包含蛋白质,则显示来自 PDBe 的蛋白 3D 结构(图 12-21)。

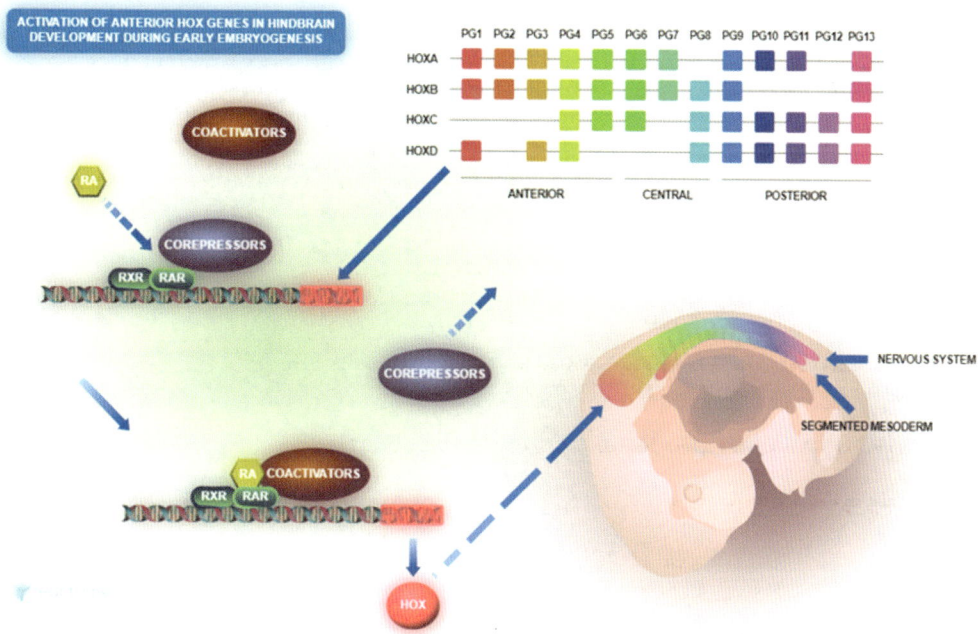

图 12-17 Activation of HOX genes during differentiation 通路图

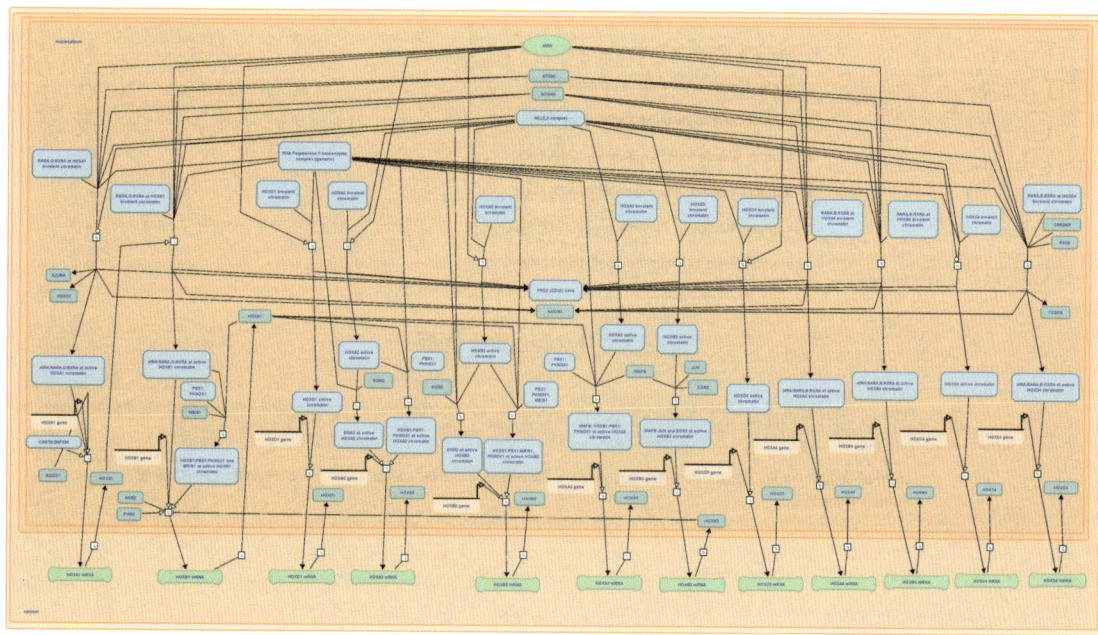

图 12-18 Activation of anterior HOX genes in hindbrain development during early embryogenesis 通路图

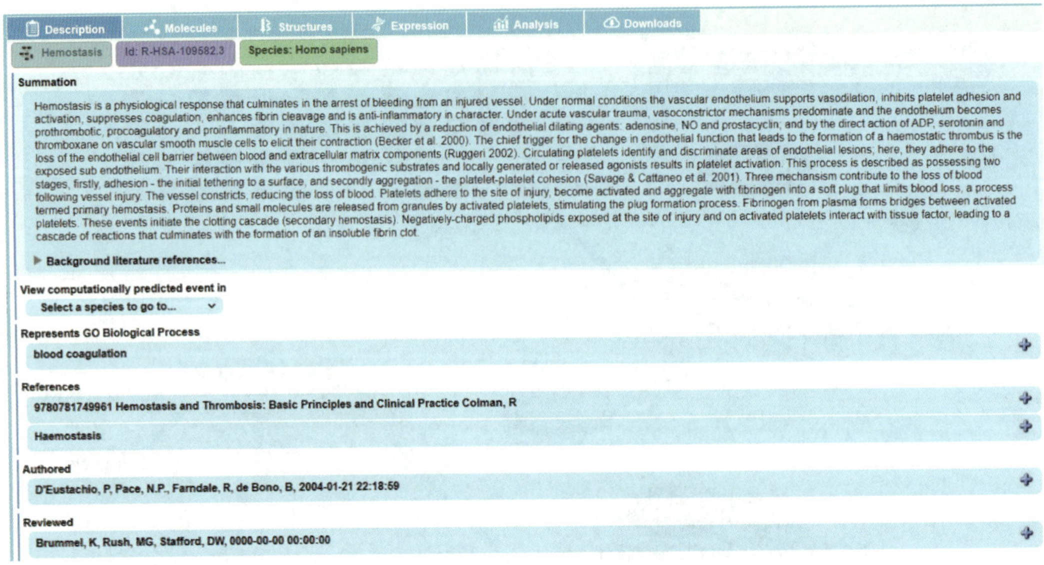

图 12-19　Description 面板

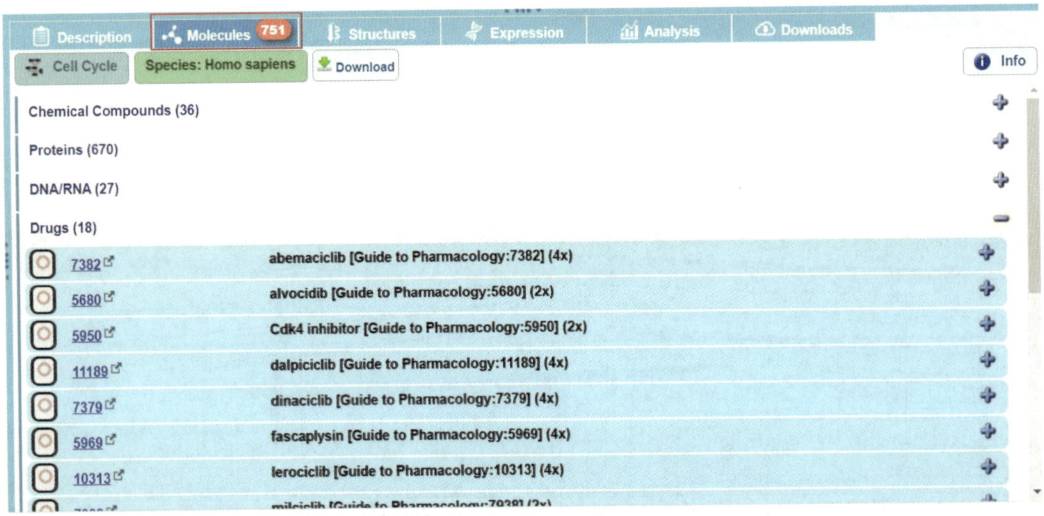

图 12-20　Molecules 面板

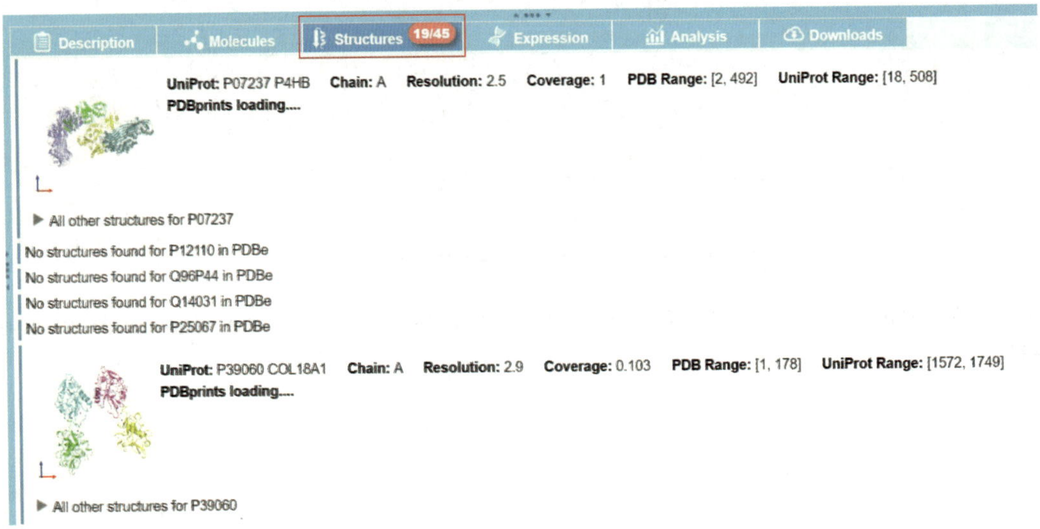

图 12-21　Structures 面板

Expression 面板显示所选通路内所有基因的表达情况,表达数据来自基因表达图谱。可点击 download 按钮下载基因表达数据以进行后续的个性化分析(图 12-22)。

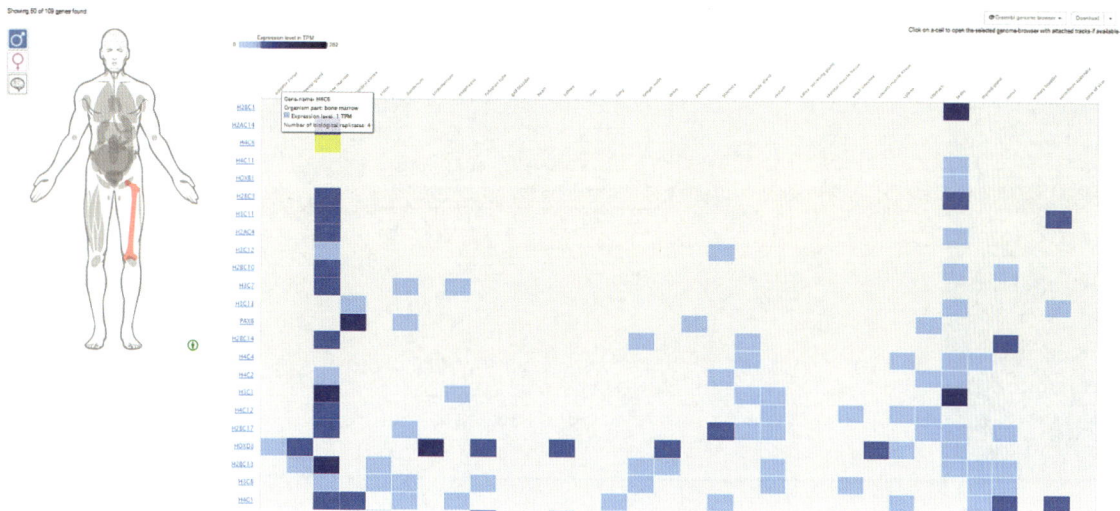

图 12-22　Expression 面板

3. Analysis Tools 功能　该工具支持四种类型的分析,包括 Analyse gene list、Analyse gene expression、Species Comparison 和 Tissue Distribution。

Analyse gene list 一般用于通路富集分析,即对输入的单个基因或基因列表进行分析,观察基因所参与的相关通路。其分析报告统计了相关通路的通路图、简介、参考文献和通路中找到的元素(图 12-23)。

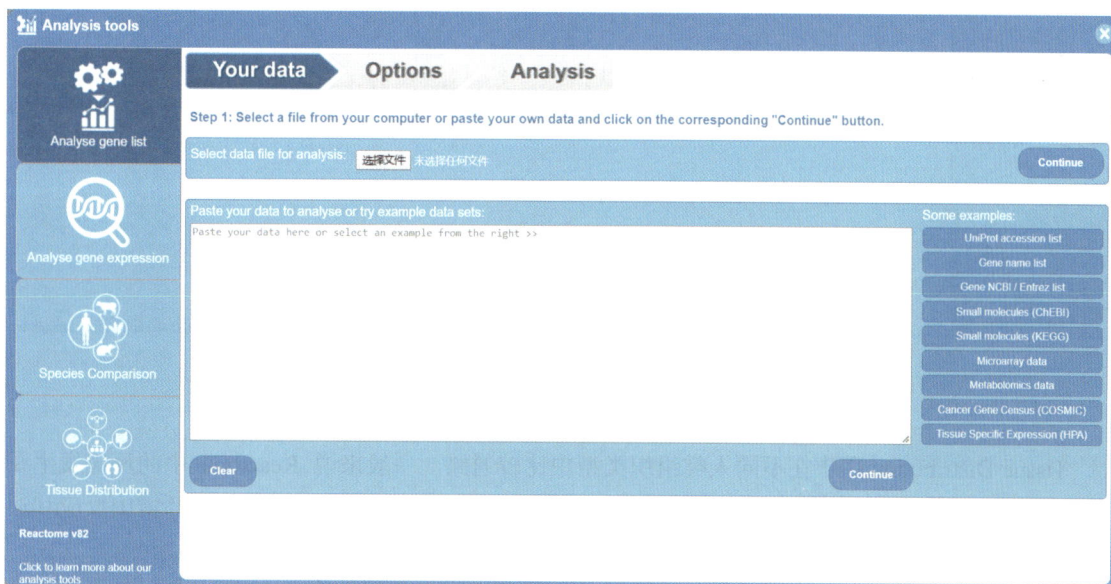

图 12-23　Analyse gene list 分析页面

Analyse gene expression 进行基因富集分析。运用一种集成到 Reactome 生态系统中的通路分析工具:ReactomeGSA,该工具增加了可以在通路水平上进行差异表达分析的统计能力(图 12-24)。

Species Comparison 一般会将人类通路与其他物种的通路进行比较。该工具允许比较人类通路和模式生物中计算预测的通路,突出通路中物种共有的元素和模式生物中可能缺失的元素(图 12-25)。

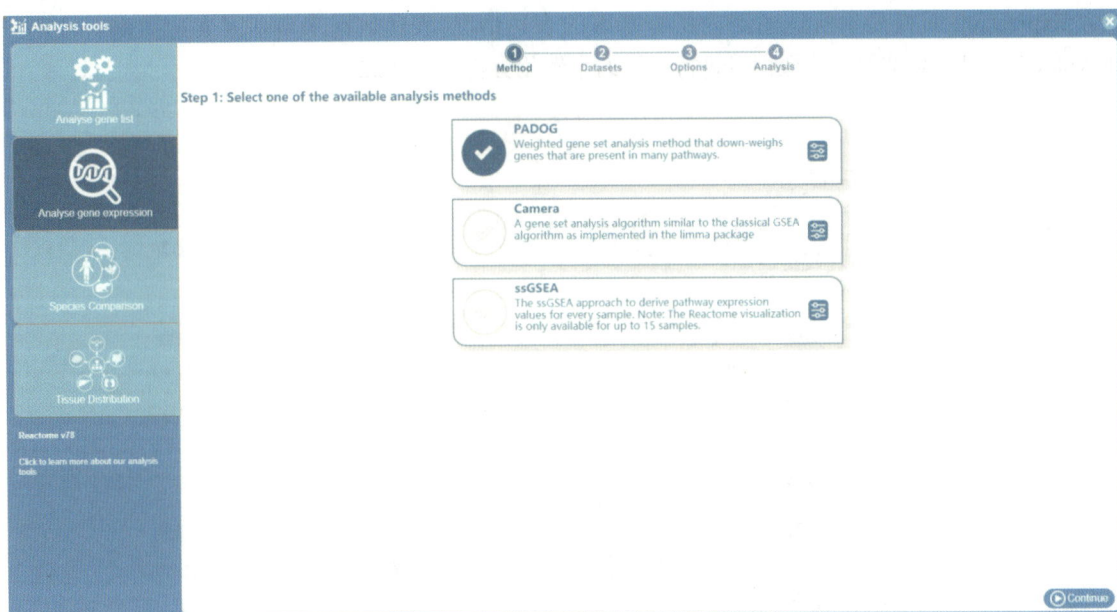

图 12-24　Analyse gene expression 分析页面

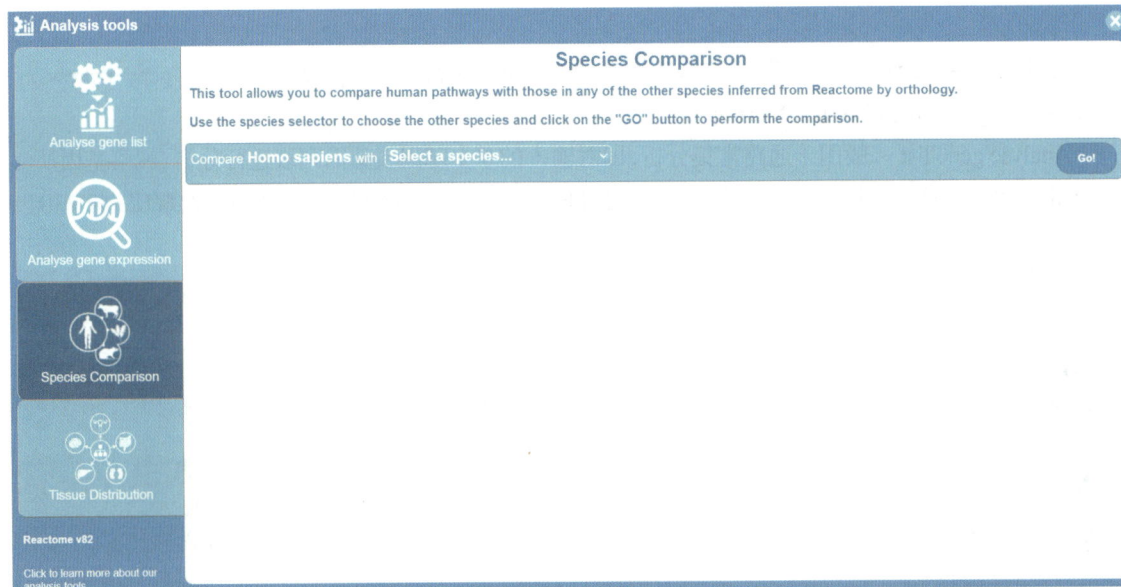

图 12-25　Species Comparison 页面

Tissue Distribution 用于在不同人类组织类型中比较通路。一般来说，Reactome 中的反应发生在单个人类细胞内，但该工具基于 RNA/蛋白质表达的不同，提供不同细胞和组织特定环境中反应和通路的示意图（图 12-26）。

最终分析的通路结果都会在 Analysis 面板中显示，并且相关的通路会在 Pathway Browser 面板中用黄色高亮突出表示（图 12-27）。

（三）ReactomeFIVIz 应用

1. 简介　ReactomeFIVIz 程序可直接访问 Reactome 数据库中存储的通路，其目的在于挖掘癌症或其他类型疾病相关的通路和网络模式。ReactomeFIVIz 可以对一组基因进行通路富集分析，直接在网络可视化工具 Cytoscape 中使用手工绘制的通路图来可视化所选中的通路，并研究这些通路中基因之间的功能关系。

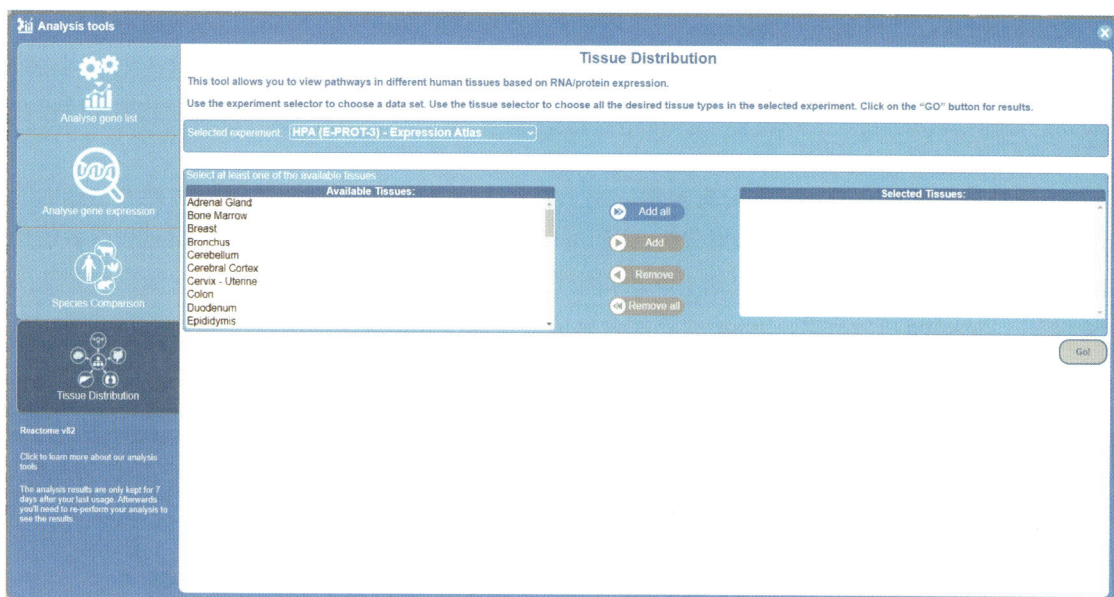

图 12-26 Tissue Distribution 页面

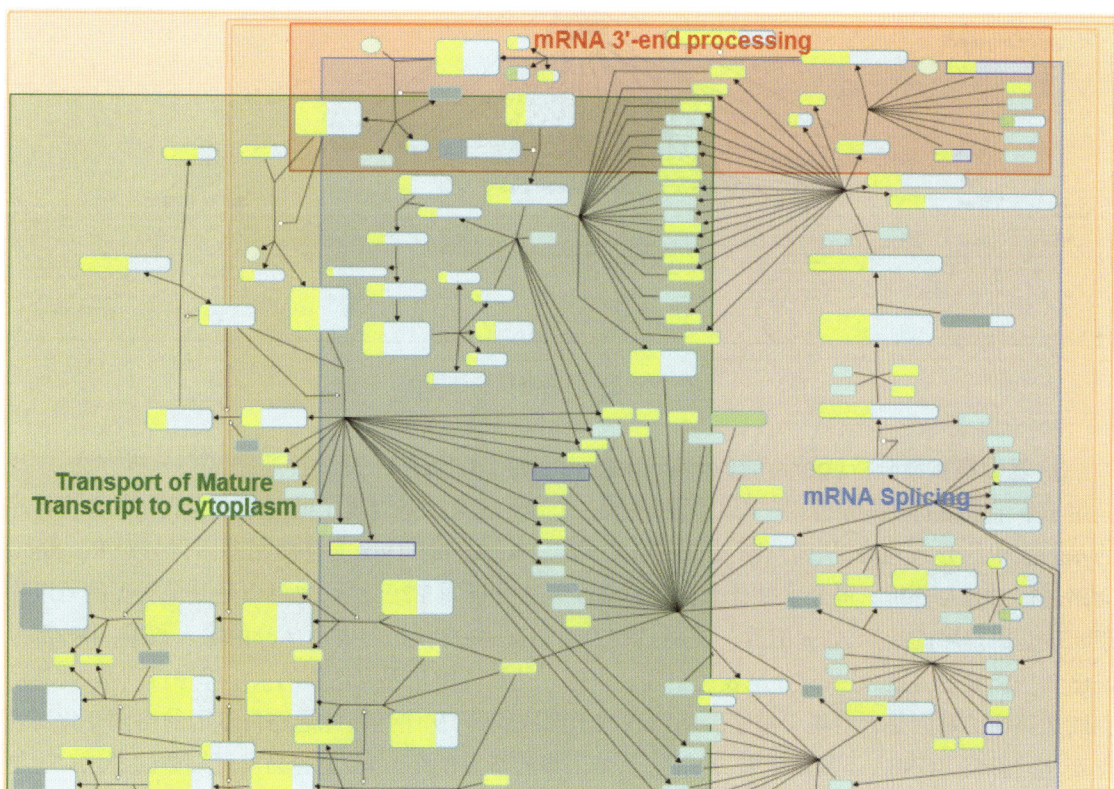

图 12-27 Analysis Tools 分析结果

目前,ReactomeFIVIz 除了能够利用 Reactome 通路构建的 Boolean 网络模型调查癌症药物的潜在功能影响外,还可以访问 Reactome 中的 Functional Interaction(FI)Network,进行基因集变异分析、PGM 影响分析、HotNet 突变分析和基因表达分析。基因集变异分析能够对一组基因或一个突变数据文件,进行基于 FI 网络的数据分析。PGM 影响分析能够基于 Reactome FI 网络,进行功能影响分析,以搭建概率图形模型。

NOTES

　　ReactomeFIVIz 现搭载在 Cytoscape 上,是其中的一个插件,可通过 Cytoscape 在本地调用 Reactome 数据库中的数据,并研究通路中基因之间的关系。借助 Cytoscape 的可视化能力,将这些生物网络跟基因表达、基因型等各种分子状态信息整合在一起,还能进一步将这些网络跟功能注释数据库链接在一起。

　　2. 通路富集分析　　通路富集分析常常应用于差异表达基因的功能注释,了解差异表达基因的相关功能与作用通路。通过通路富集分析,我们可以初步分析基因可能参与的生物学过程或者信号通路。该功能是生物信息分析中快速了解通路中目标基因或目标区域功能倾向性的最重要方法之一。使用 Cytoscape 可分析 Reactome 通路是否被富集,而富集到的通路结果会以表格的形式显示在 Cytoscape 主窗口下方的 "table Panel" 中(图 12-28)。

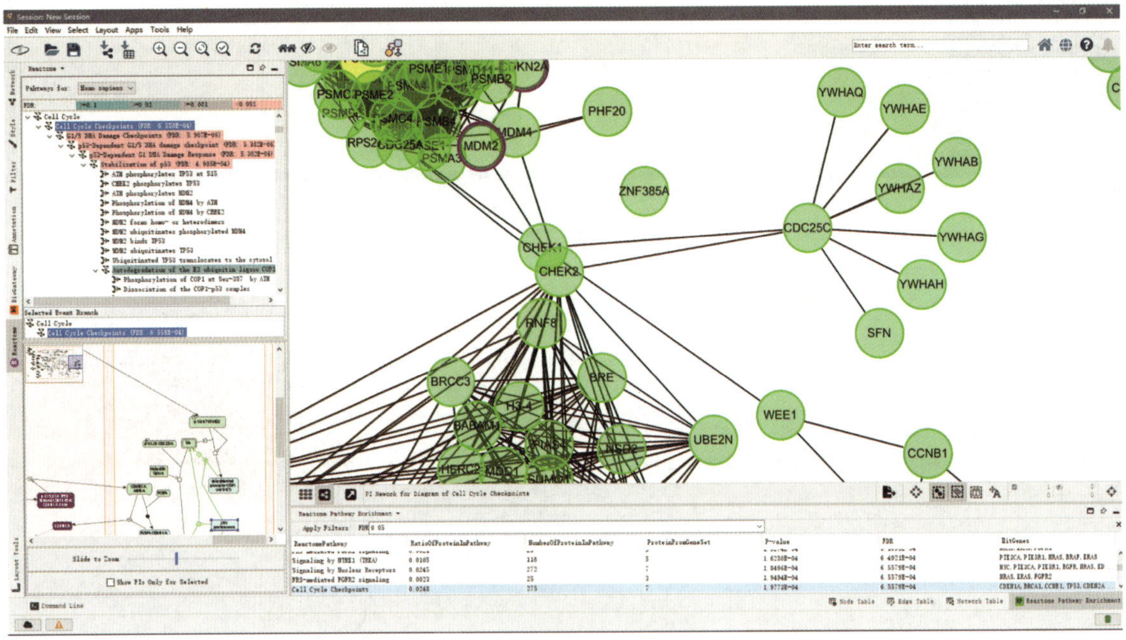

图 12-28　通路富集的结果

　　3. 基因集富集分析(gene set enrichment analysis,GSEA)　　是一种通路富集分析方法,广泛应用于基于通路的数据分析。它可以用来评估一个预先定义的基因集中的基因在与表型相关度排序的基因表中的分布趋势,从而判断其对表型的贡献。ReactomeFIVIz 支持使用基因得分对 Reactome 通路进行 GSEA 分析。得分可以是来自差异基因表达分析的 T 统计量,也可以是其他类型的可以用于实现基因排序的指标,如 p 值等。使用 GSEA 通路富集分析时,需要两部分的输入数据,第一部分是已知功能的基因集,另一部分是表达矩阵。根据表达矩阵中基因表达值的大小降序排列基因,然后判断通路中的基因是否富集于排序后基因表的顶部或底部,从而判断此通路内基因的协同变化对表型变化的影响。GSEA 不局限于差异基因,从基因集的富集角度出发,更容易发现细微的变化对生物通路的影响。对于 GSEA 分析中显著富集到的重要通路,可以叠加基因得分,以调查具有显著高或低得分基因的位置,从而了解这些显著得分基因相应位点对通路活性的潜在影响(图 12-29)。

　　(四) Reactome 数据库的改进与更新

　　Reactome 数据库是 Elixir 的核心资源,为人类广泛的生理和病理生物过程(包括遗传性和获得性疾病过程)提供了一个全新的从整体水平上对生物学通路进行研究的工具。Reactome 已经发展成为世界上最大的通路数据库之一,包含超过 19 000 个人类通路和推断的模式生物通路。最近,Reactome 数据库扩展了对正常和疾病相关信号转导过程以及靶向它们的药物注释,特别是由 SARS-CoV-1 和 SARS-CoV-2 冠状病毒引起的感染以及宿主对感染的反应。

Table Panel

Apply Filters: FDR 0.05

ReactomePathway	EnrichedScore	NormalizedEnrichedScore	P-value	FDR	Direction
AUF1 (hnRNP D0) binds and destabilizes mRNA	-0.5908	-2.1683	0.0000E+00	0.0000E+00	Down
Activation of NF-kappaB in B cells	-0.5985	-2.3642	0.0000E+00	0.0000E+00	Down
Antigen processing-Cross presentation	-0.5153	-2.1741	0.0000E+00	0.0000E+00	Down
Autodegradation of the E3 ubiquitin ligase COP1	-0.6392	-2.2553	0.0000E+00	0.0000E+00	Down
CDT1 association with the CDC6:ORC:origin co...	-0.5949	-2.2210	0.0000E+00	0.0000E+00	Down
Cellular response to hypoxia	-0.5755	-2.3033	0.0000E+00	0.0000E+00	Down
Complex I biogenesis	-0.6180	-2.3284	0.0000E+00	0.0000E+00	Down
Cross-presentation of soluble exogenous antig...	-0.6283	-2.2491	0.0000E+00	0.0000E+00	Down
Dectin-1 mediated noncanonical NF-kB signaling	-0.5694	-2.2699	0.0000E+00	0.0000E+00	Down
Degradation of AXIN	-0.6053	-2.2194	0.0000E+00	0.0000E+00	Down
Degradation of DVL	-0.6116	-2.2051	0.0000E+00	0.0000E+00	Down
Degradation of GLI1 by the proteasome	-0.5841	-2.1861	0.0000E+00	0.0000E+00	Down
Degradation of GLI2 by the proteasome	-0.5995	-2.2175	0.0000E+00	0.0000E+00	Down
Downstream TCR signaling	-0.5151	-2.1882	0.0000E+00	0.0000E+00	Down
Downstream signaling events of B Cell Receptor	-0.5371	-2.2207	0.0000E+00	0.0000E+00	Down

Node Table　Edge Table　Network Table　Reactome GSEA Analysis

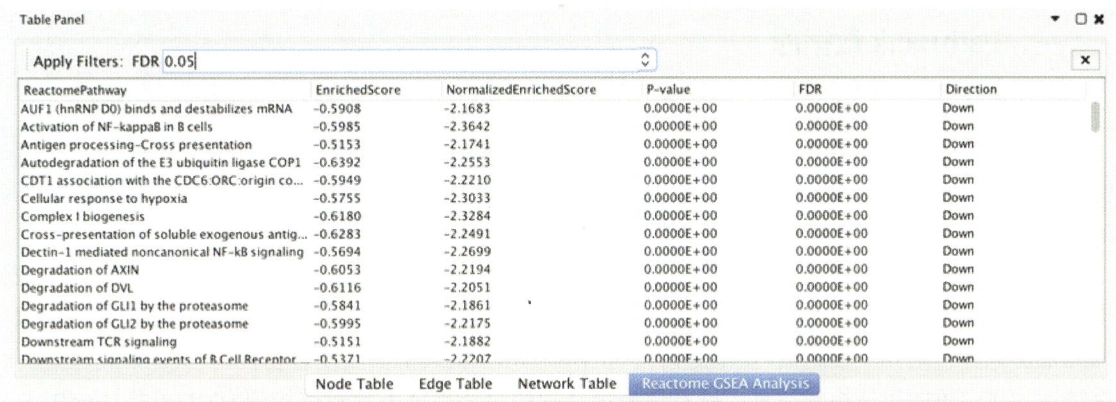

图 12-29　GSEA 分析结果

近几年来，包含人类生物过程分子细节的 Reactome 数据库规模和范围持续增长，Reactome 数据库随后发布了 ReactomeGSA，一种新的基因集富集分析服务。ReactomeGSA 提供了对多组学、跨物种比较通路分析的轻松访问，通过整合大型组学数据集来揭示关键的生物学机制。为了应对 2019 年底 SARS-CoV-2 感染的出现及其随后的大规模传播，Reactome 更新了人类感染新冠病毒的通路图。Reactome 描述了由 SARS-CoV-2 冠状病毒介导的 COVID-19 感染过程并对其进行分子注释，以及宿主与病毒的相互作用如何触发致病性宿主对病毒的免疫反应，以及候选重新利用的药物如何调节这些过程。SARS-CoV-2 通路为基于通路和网络的数据分析和可视化提供了一个框架，这将对当前和未来众多 COVID-19 研究的解释产生重要影响。

随着生物信息领域在医学方面的广泛应用，Reactome 中整合了一部分人类疾病与药物的通路信息，可以注释和显示与疾病相关的通路。Reactome 中的疾病注释包括癌症、代谢、免疫疾病以及传染病等。一些疾病相关治疗药物之间的相互作用关系也存储在 Reactome 疾病通路中。在疾病通路中，异常分子会用红线标出，对于传染病、传染过程中传染源涉及的事件或传染源与宿主的相互作用都会用红色的线连接（图 12-30）。

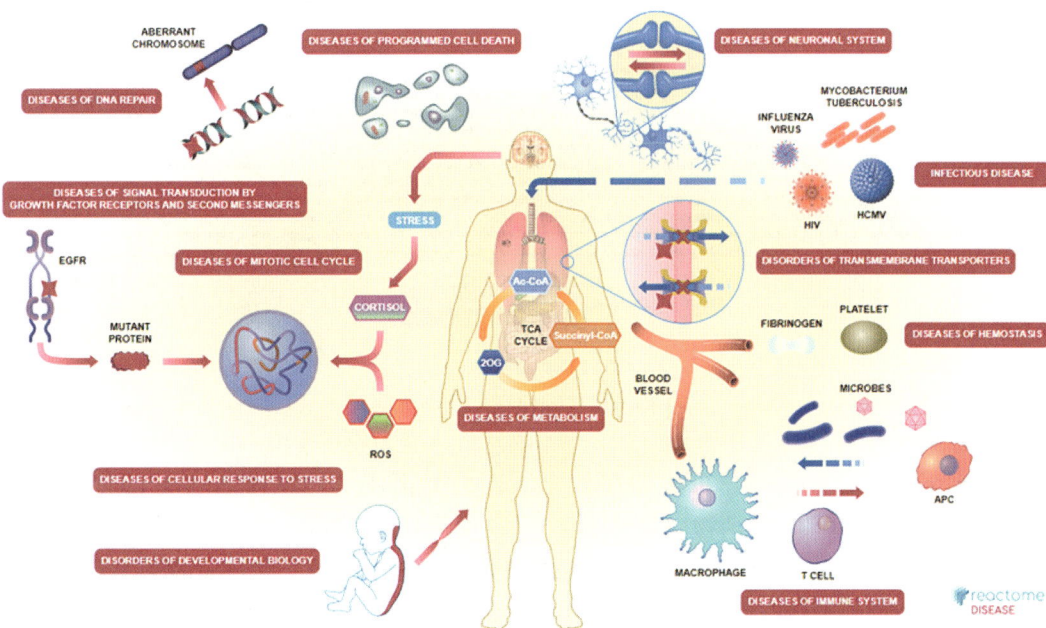

图 12-30　人类疾病图解

三、PathBank 数据库

(一) 概述

PathBank(见书末参考网址)是一个交互式的可视化数据库,包含在 10 种模式生物(例如人类、小鼠、大肠埃希菌、酵母和拟南芥)中发现的 110 000 多个信号通路。该数据库最大的特点就是包含大量特异的通路。PathBank 旨在为每种蛋白质提供通路,并为每种代谢物提供通路图谱。

该数据库专门设计用于转录组学、蛋白质组学、代谢组学和系统生物学中的通路阐明和通路发现。它提供了详细的、完全可搜索的、具有超链接的代谢、信号转导、疾病、药物和生理等通路的图谱。PathBank 通路包括相关细胞器、亚细胞区室、蛋白质辅助因子、蛋白质复合物位置、代谢产物位置、化学结构和蛋白质四级结构等信息。所有信号通路中的每个小分子都超链接到 HMDB 或 DrugBank,每个蛋白质复合物或酶复合物都超链接到 UniProt。所有 PathBank 通路都附有参考和详细说明,这些描述概括了每个图表中的通路、条件或过程。该数据库还具有易于浏览,并支持全文、序列和化学结构搜索的特点。用户可以使用代谢物名称、药物名称、基因/蛋白质复合物名称、SwissProt ID、GenBank ID、Affymetrix ID 或 Agilent 微阵列 ID 的列表查询 PathBank,查询之后将生成匹配通路的列表,并突出显示每个通路图上匹配的分子。此外,基因、代谢物和蛋白质复合物浓度数据也可以通过 PathBank 的映射界面可视化,其中 PathBank 的每个图像、描述和表格都可以以多种格式下载。

(二) 功能介绍

PathBank 界面及其搜索和浏览工具如图 12-31 所示。数据库主页有一段关于 PathBank 的简短文本描述,每个 PathBank 页面的左上角均有一个空搜索框。PathBank 包含五个主要选项卡:浏览、搜索、关于、下载和联系。

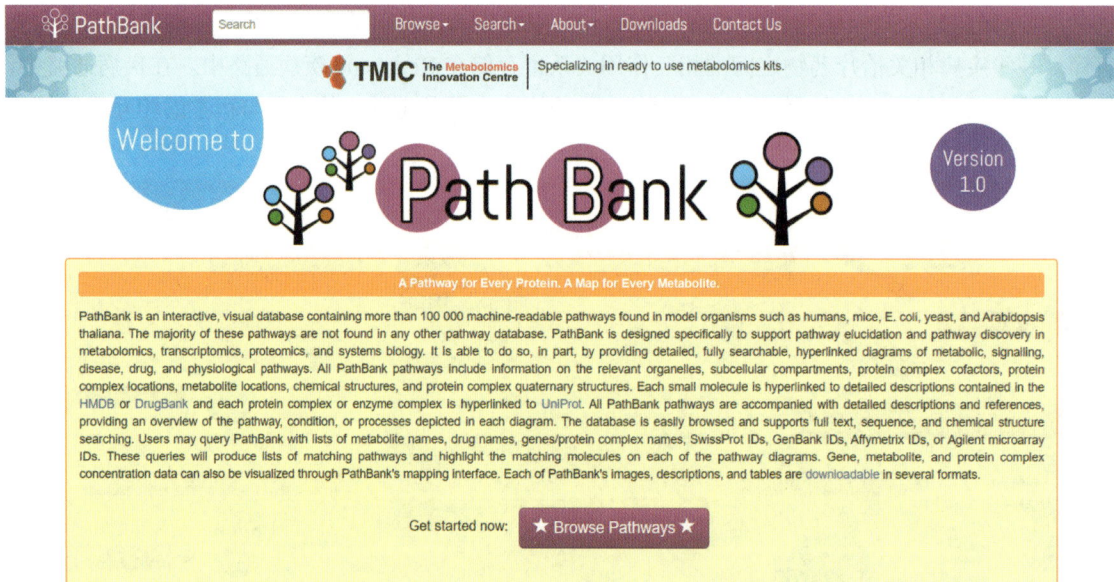

图 12-31　PathBank 主页面

在"Browse"选项卡下,用户可以使用四个不同的页面浏览网站:Pathways、Table of Primary Pathways、Compounds(代谢物或药物)和 Proteins。所有通路搜索和浏览结果均可使用两个下拉过滤器按物种(10 种模式生物可用)和通路类型(代谢物或蛋白质)进行过滤。此外,通路类型选择界面的第三个下拉菜单允许按通路的子类别(6 个代谢物/化合物通路子类别和 15 个蛋白质通路子类别)过滤结果。

如果选择按 Pathway 浏览,则会显示一个包含四列的多页表格:①PathBank ID;②通路详情,包括通路名称、物种、描述和下载链接；③化合物；④蛋白质。单击给定通路的缩略图图像会将用户定向到全尺寸通路图像。同样，单击代谢物/化合物名称或蛋白质名称将打开一个页面，其中包含详细的化合物描述（来自相应生物体特异性代谢组数据库）或蛋白质描述（来自 UniProt）（图 12-32）。

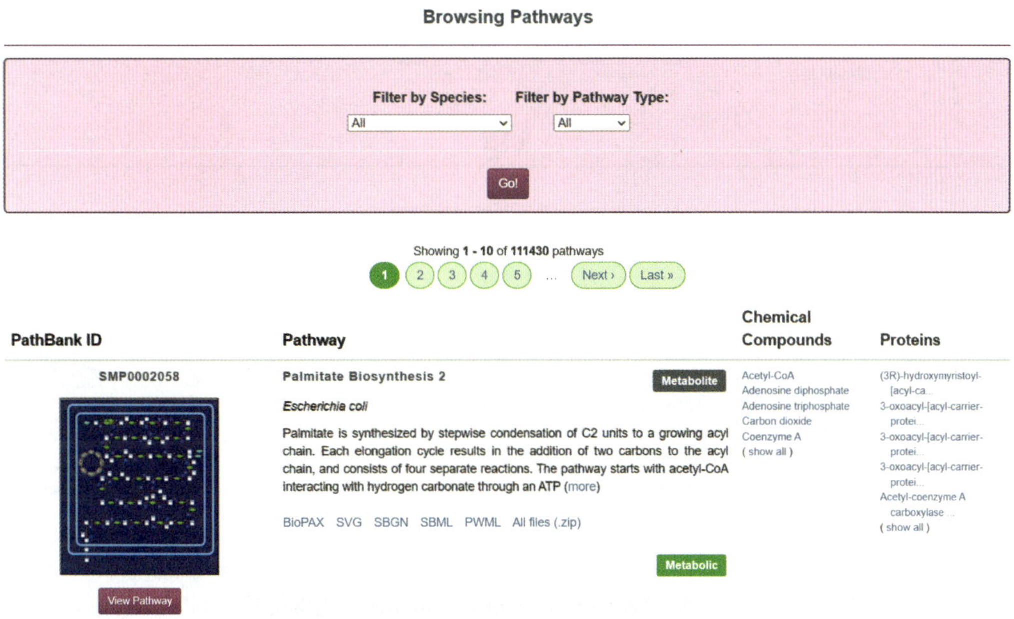

图 12-32　Pathways 检索页面

　　如果选择了 Table of Primary Pathways（TOPP）选项，则会显示一个多页表格，其中显示三列：①PathBank ID；②Pathway：包括物种名称（如果按所有物种过滤）；③View Link：指向通路视图的链接。在 TOPP 中会将类似名称的通路组合在一起，以方便浏览大部分独特的通路，并分别由单个主通路表示，因此表名以蓝色文本显示的可单击通路名称。选择这些通路的超链接，可以导航到包含类似浏览的所有相关通路的弹出窗口视图（图 12-33）。

　　用户可以通过大致相同的方式浏览 PathBank 的化合物和蛋白质。多页表格按字母顺序在三列中显示化合物和蛋白质：①Compound ID：化合物/蛋白质的标识符以及相应的"View Metabocard"按钮；②Compound：化合物/蛋白质的名称；③Pathway：相关的途径。单击化合物的"查看"按钮会将用户带到相应的"Compound Card"，该卡对应于最适合所选（或过滤）生物体的数据库。如果未选择任何生物体，则默认值为 HMDB。点击蛋白质的相应"查看"按钮，用户将转到相应的"UniProt Card"。与通路浏览结果不同，化合物和蛋白质只能使用提供的下拉菜单，按物种进行过滤。表格右上角的搜索框可以附加筛选条件，允许用户按化合物、蛋白质或通路名称筛选页面（图 12-34，图 12-35）。

　　此外，该数据库还提供了每个通路图的全屏视图，可以通过单击导航箭头之间的全屏图标来关闭或打开（图 12-36）。

　　除了上述浏览功能外，PathBank 还提供广泛的搜索功能。其中包括常规文本搜索（可在每个 PathBank 网页的顶部使用）以及"Browse"选项卡下列出的几个更具体的搜索功能。文本搜索支持布尔逻辑（AND、OR 和 NOT 运算）以及特定字段的搜索，涵盖化合物名称、蛋白质名称、化合物/蛋白质标识符、通路名称和通路描述。文本搜索的说明可使用"Browse"下拉列表进行访问。

　　PathBank 的"About"选项卡提供了 PathBank 相关发行说明、所需引文、数据库统计信息、PathBank 风格指南、其他 Pathway 数据库的链接以及 PathBank 通路中看到的不同成分（细胞器、器官、组织）图像的其他信息。PathBank 的"Downloads"选项卡允许用户以 BioPAX、SBGN、SBML 和 PWML 格式下载通路、代谢物名称和蛋白质名称及其所属通路。

NOTES

Table of Primary Pathways

NOTE: In this table, similarly named pathways have been grouped together. Groupings are represented by a single primary pathway, hence the table name, which has a clickable pathway name displayed in blue text. For instance, the two pathways Cardiolipin Biosynthesis CL(16:0/16:0/16:0/16:0) and Cardiolipin Biosynthesis CL(16:0/16:0/16:0/18:0) would be grouped under the primary pathway Cardiolipin Biosynthesis.

Filter by Species:　　Filter by Pathway Type:

Homo sapiens ▾　　All ▾

Go!

Showing **1 - 20** of **914** primary pathways

1　2　3　4　5　...　Next ›　Last »

PathBank ID	Pathway	View Link
SMP0124716	1-Methylhistidine Metabolism	View Pathway
SMP0000575	11-beta-Hydroxylase Deficiency (CYP11B1)	View Pathway
SMP0000566	17-alpha-Hydroxylase Deficiency (CYP17)	View Pathway
SMP0000356	17-beta Hydroxysteroid Dehydrogenase III Deficiency	View Pathway
SMP0121131	2-Amino-3-Carboxymuconate Semialdehyde Degradation	View Pathway

图 12-33　Table of Primary Pathways 检索页面

Browsing Compounds

Filter by Species:

All ▾　Go!

Showing **1 - 20** of **78500** compounds

1　2　3　4　5　...　Next ›　Last »

Search:

Compound ID ▲▼	Compound	Pathways ▲▼
PW_C000001 HMDB0000001: View Metabocard	**1-Methylhistidine** One-methylhistidine (1-MHis) is derived mainly from the anserine of dietary flesh sources, especially poultry. The enzyme, carnosinase, splits anserine into b-alanine and 1-MHis. High levels of 1-MHis tend to inhibit the enzyme carnosinase and increase anserine levels. Conversely, genetic var (more)	1-Methylhistidine Metabolism (Homo sapiens) Histidine Metabolism (Homo sapiens) Histidine Metabolism (Mus musculus) Histidine Metabolism (Bos taurus) Histidine Metabolism (Rattus norvegicus) (show more)

图 12-34　Compounds 检索页面

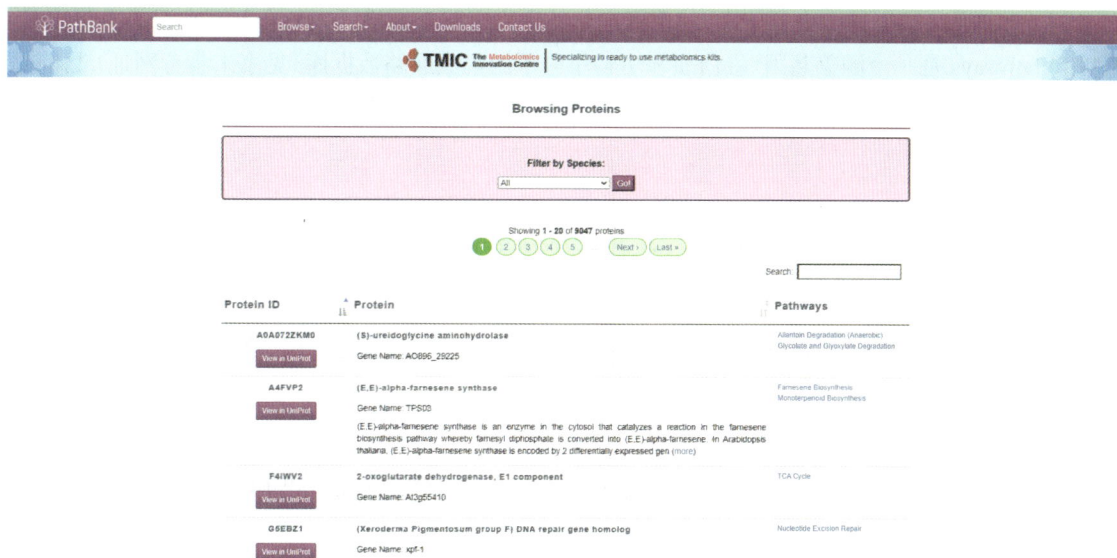

图 12-35 Proteins 检索页面

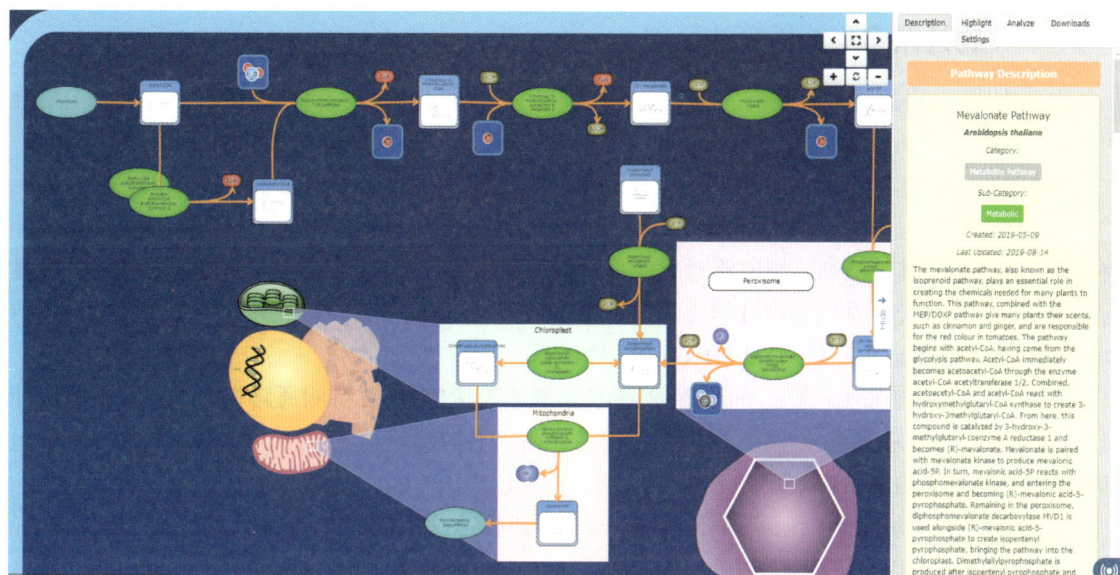

图 12-36 通路视图

四、其他数据资源

除了上述数据库以外,还有许多其他各具特色的分子生物通路数据库,具体如下。①MetaCyc 数据库为代谢通路数据库,包含来自 3 295 种不同生物体的 2 937 个通路,且全部经实验证实,网址是(见书末参考网址)。②HumanCyc 数据库储存了人类基因组和受其调控的基因通路信息(见书末参考网址),由此产生的通路/基因组数据库(pathway genome database,PGDB)包括 28 783 个基因、基因产物及其催化的代谢通路。③BioCyc 数据库是 19 495 个通路/基因组数据库的集合,单个数据库内包含单个物种基因组和受其调控的通路(见书末参考网址)。BioCyc 数据库分为几层:Tier 1 数据库是通过周密的手动收集创建的,包括 EcoCyc、MetaCyc 和 BioCyc 开放化合物数据库,包括来自数百种物种的代谢物、酶激活剂、抑制剂和辅助因子。Tier 2 和 Tier 3 数据库包含计算预测的代谢通路,以及通路受哪些基因调控。④Pathway Commons 数据库是多来源、多物种公开通路的集合(见书末

NOTES

参考网址),是通路数据的中央存储库,使用标准化的生物通路交换格式来整合不同来源的通路数据。⑤WikiPathways 是一个涵盖基因、蛋白质和生物小分子的集成通路数据库(见书末参考网址),目前总共包含 2 857 条不同物种的通路。此外,该数据库基于维基百科使用的 MediaWiki 软件,提供了自定义图形通路编辑工具。

第三节 分子生物通路分析软件
Section 3 Molecular biological pathway analysis software

随着新一代测序技术的发展,组学研究领域可用数据规模倍增。如此庞杂的数据,对有效信息的提取与后续分析提出了新的挑战。在此数据背景下,研究人员想要直接将某个待研究生物学过程或生物通路,与一组基因、蛋白质或代谢物等联系起来,是非常难以实现的。因此,能够将成百上千个基因、蛋白质等分子划分到不同通路中的生物通路富集分析,成为组学数据分析流程中不可或缺的一环。

生物通路富集分析具体是指将基因或蛋白质等生物学分子,按照先验知识进行聚类的过程。该方法大大降低了研究的复杂程度,能够帮助洞察生物分子是否具有功能共性,进而有望揭示生物学过程的分子机制。目前可提供不同生物通路与分子之间对应关系等先验知识的数据库主要有:KEGG、Reactome、BioCarta、NCI-PID、WikiPathways 和 PANTHER 等。

一、生物通路富集分析算法原理

迄今为止,生物通路富集分析的具体算法已经经过了数代的改良,目前大概有 70 多种,主要分为四类:过表达分析法(over representation analysis,ORA)、功能集打分法(functional class scoring,FCS)、通路拓扑结构法(pathway topology,PT)和网络拓扑结构法(network topology,NT)。

第一类过表达分析法(ORA)应用最广泛,其原理为:①获取一组感兴趣的基因集合(可通过差异表达分析等);②将其与已知待测通路对应的基因集取交集并计数;③从统计学角度评估基因是否显著富集到某待测通路。常用的统计学方法包括 Fisher's 精确检验、卡方检验、超几何分布等。常用的ORA 工具包括:clusterProfiler、DAVID、GeneMAPP 等。

第二类功能集打分法(FCS)的步骤为:①利用基因表达值,计算待测通路相关基因水平的统计量;②将其整合为单一通路水平的统计量;③评估通路水平的统计学显著性。较常用的 FCS 工具包括:GSEA、Catmap、GlobalTest 等。

第三类拓扑结构法,包括通路拓扑结构法(PT)与网络拓扑结构法(NT),但两者的鲁棒性较差。PT 法的思想为将基因在待测通路中的拓扑结构信息(位置、连接度、调控关系等)转化为权重,并将该权重整合到富集分析之中。NT 法的特点是将基因在生物网络中的相互作用关系整合到富集分析之中。常用的拓扑结构法分析工具包括:Pathway-Express、SPIA 和 NetGSA 等。

接下来,我们将介绍目前较为常用的生物通路富集分析工具的应用及其结果的可视化,包括clusterProfiler、DAVID、GSEA。

二、clusterProfiler 实现通路富集分析

随着通路内分子机制研究的深入,通路相关数据库资源日益丰富且各具优势,但这也使研究人员难以便捷实现全面的通路富集分析。R 语言程序包 clusterProfiler 则为各种来源的通路进行富集分析提供了一个通用的接口,以帮助研究人员实现高效的通路注释。

针对 KEGG、WikiPathways、Reactome 等常见数据库内通路的富集分析,均能够借助 clusterProfiler实现。clusterProfiler 需要研究人员提供感兴趣的基因列表,在不同通路相关基因背景下,对其进行富集分析与结果的可视化。clusterProfiler 目前支持多种物种背景下的富集分析,如人类、小鼠、酵母等,也支持根据自身需求自定义物种与类型。clusterProfiler 软件包于 2012 年发布在 Bioconductor 上(见书

末参考网址),目前已更新到 v4.10.1 版本。下面将具体介绍利用 clusterProfiler 进行通路富集时的数据准备、分析流程及可视化示例。

(一)通路富集分析数据准备

1. 基因列表　基因列表一般产生自上游的生物信息分析过程。对于通路富集分析而言,基因列表的质量会直接影响到分析结果。一个好的基因列表至少要满足以下大部分的要求:

(1)包含与研究目的相关的大部分重要基因。

(2)基因数量不能太多或者太少,一般是 100 至 10 000 这个数量级。

(3)大部分基因可以较好地通过统计筛选。例如,在实验组和对照组样本间,使用 t-test 筛选显著差异表达的基因时,可以将筛选阈值设定为:fold changes≥2 或者 p-values≤0.05。

(4)大部分基因涉及特定的某一生物过程,而不是随机散布到所有可能的生物过程中。

(5)在同样的条件下,基因列表具有高度可重复性。

(6)高通量数据的质量能够被其他独立的实验证实。

2. 背景基因集　通路富集分析必须选取一个背景基因集,来对比基因列表在生物通路中的富集程度。对某通路具有共同作用的基因,有更大的可能被选为相关的一组。基因背景的选取有一个指导原则,就是必须构建一个足够大的、研究者可能涉及的所有基因的集合,一般为某物种的全部基因。

(二)clusterProfiler 通路富集分析过程

以常见的 KEGG、WikiPathways 和 Reactome 通路数据库为例,下面具体介绍 clusterProfiler 如何利用这三种来源的通路注释信息完成富集分析过程,以及分别能针对数据库内通路的哪些信息进行可视化展示。

1. KEGG 通路富集分析　第一步,获取可用于 KEGG 通路富集分析的基因列表与 KEGG 通路注释数据。

(1)基因列表:如果基因列表中的基因名称不唯一,则需要进行 ID 转换,得到唯一的基因 ID。clusterProfiler 提供了函数 bitr( )来完成 ID 转换。例如,将 Gene Symbol 转换为 Entrez ID,示例代码如下。

```
library(clusterProfiler)
library(org.Hs.eg.db)
test = bitr(x,
            fromType="SYMBOL",
            toType="ENTREZID",
            orgDb="org.Hs.eg.db")
```

(2)KEGG 通路注释数据:从 2012 年开始,KEGG FTP 服务不再免费提供给学术研究,并且部分软件使用的 KEGG 通路注释数据已过时。clusterProfiler 支持下载最新在线版本的 KEGG 通路注释数据进行富集分析,从而保证所得富集分析结果的准确性与前沿性。

第二步,根据研究需求,选择合适的通路富集分析算法,如过表达分析法(ORA)、基因集合富集分析法(GSEA,FCS 类型方法的代表),进行通路富集分析。

(1)ORA 富集分析:对 KEGG 通路进行 ORA 富集分析可通过 clusterProfiler 的 enrichKEGG( )函数实现。示例代码如下。

```
kk <- enrichKEGG(gene       = gene,
                 organism   = "hsa",
                 pvalueCutoff = 0.05)
```

通过控制函数的参数,能够调整富集分析过程。参数的具体含义如下。

NOTES

gene：研究人员感兴趣的基因 ID 列表，Entrez 格式。

organism：待测通路所属的物种，详见（见书末参考网址）。

pvalueCutoff：富集分析显著性检验 p 值的临界值。

pAdjustMethod：显著性检验 p 值校正的方法，可以是 "holm" "hochberg" "hommel" "bonferronl" "BH" "BY" "fdr" 或 "none"。

universe：背景基因。

minGSSize：待测通路内基因的最小数目。

maxGSSize：待测通路内基因的最大数目。

qvalueCutoff：q 值的临界值。

use_internal_data：逻辑值，代表使用 KEGG 数据库数据还是 KEGG 最新在线数据。

（2）GSEA 富集分析：相对于 ORA 富集分析，GSEA 富集分析需要研究人员提供排好序的基因 ID 列表，列表中包括待研究的全部基因。对 KEGG 通路进行 GSEA 富集分析可通过 clusterProfiler 的 gseKEGG（）函数实现。示例代码如下，参数同上。

```
kk2 <- gseKEGG( geneList = geneList,
                organism = 'hsa',
                minGSSize=120,
                pvalueCutoff = 0.05,
                verbose= FALSE )
```

第三步，KEGG 通路富集分析结果的可视化。无论是 ORA 还是 GSEA 方法，其富集分析结果都可以通过柱形图、气泡图、网络图等方式进行可视化，以便研究人员直观地呈现多层面的通路富集分析结果。具体如下。

（1）柱形图：柱形图是最常见的通路富集分析结果可视化的方式。一般以条形柱的颜色来代表富集分数（例如 p 值），以条形柱的高度来代表富集到通路内的基因数目，或基因占富集到的通路内所有基因数目的比例。

利用 enrichplot 包的 barplot（）函数，能够绘制通路富集分析结果的柱形图。具体代码如下。

```
library( enrichplot )
barplot( edo,showCategory=20 )
```

其中，showCategory 参数能够指定要显示的通路数量。例如图 12-37 所示。

（2）气泡图：气泡图相对于柱形图，能够通过气泡点的大小，多展示一个维度的数据信息。例如用气泡点的大小代表富集到某通路的基因数目，横轴代表富集到某通路的基因占通路内所有基因的比例，气泡点的颜色代表 p 值。

利用 enrichplot 包的 dotplot（）函数，能够绘制通路富集分析结果的气泡图。具体代码与相应可视化结果（图 12-38）如下。

```
edo2 <- gseDO( geneList )
dotplot( edo,showCategory=30 )+ggtitle( "dotplot for ORA" )
dotplot( edo2,showCategory=30 )+ggtitle( "dotplot for GSEA" )
```

（3）KEGG 通路可视化：网络图的可视化因通路所属数据库的差异而不同。首先是 KEGG 中的通路，能够利用 clusterProfiler 之中的 browseKEGG（）函数进行可视化。代码如下。

```
browseKEGG( kk,"hsa04110" )
```

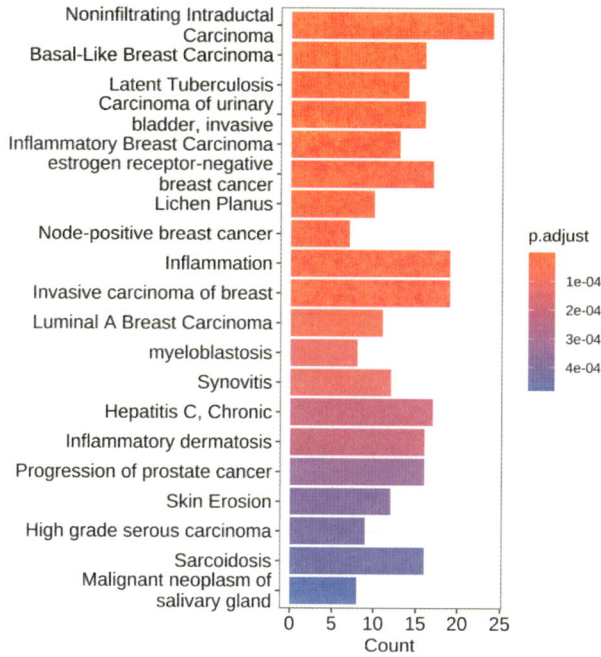

图 12-37 通路富集分析结果柱形图

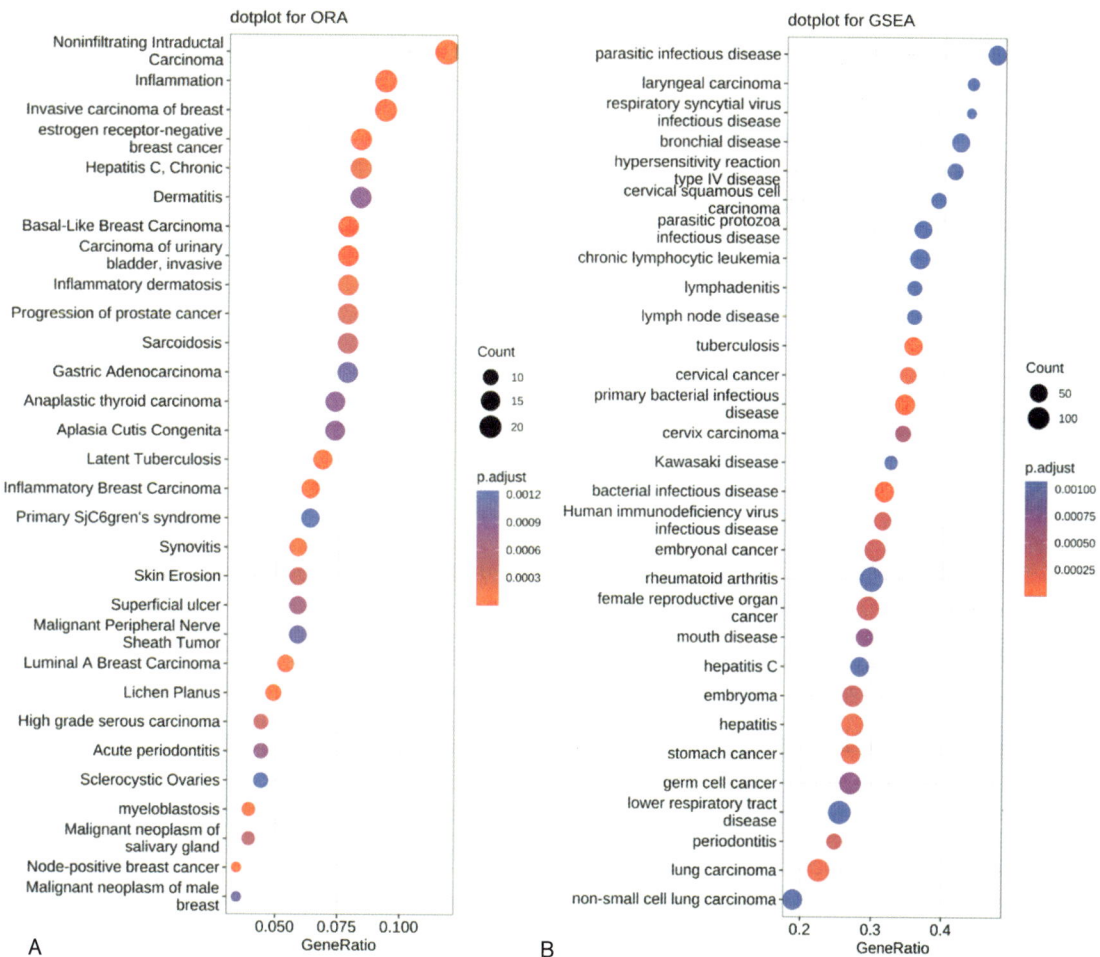

图 12-38 通路富集分析结果气泡图

dotplot for ORA：ORA 富集分析结果的气泡图；dotplot for GSEA：GSEA 富集分析结果的气泡图。

需要研究人员给出 KEGG 富集分析返回的结果以及要展示的 KEGG 通路 ID。browseKEGG（）函数返回能够在网页中打开的 .html 文件,显著富集到的基因在通路内高亮显示。例如下图 12-39,标红的基因为通路内显著富集到的基因。

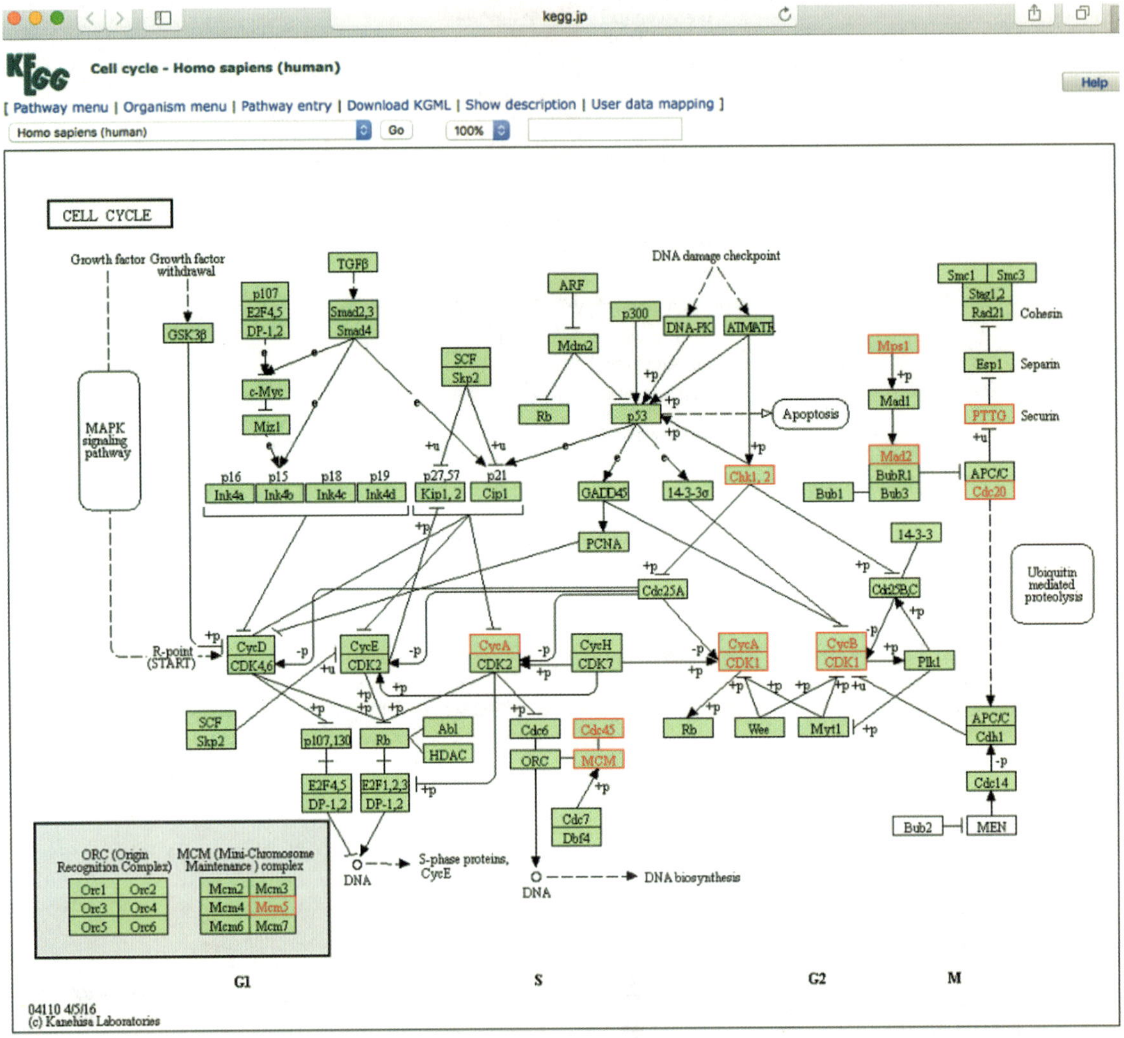

图 12-39　KEGG 通路可视化

2. WikiPathways 通路富集分析　第一步,获取可用于 WikiPathways 通路富集分析的基因列表与通路注释数据。

（1）基因列表:同上,必要时需进行基因 ID 转换,大部分富集分析接受 Entrez ID。

（2）WikiPathways 通路注释数据:WikiPathways 每月发布一次更新后的通路 GMT 文件,可直接从官网下载,也可以通过 clusterProfiler 下载并解析选定物种的最新 WikiPathways GMT 文件。

第二步,选择 ORA 或 GSEA 进行 WikiPathways 通路富集分析。

（1）ORA 富集分析:WikiPathways 通路进行 ORA 富集分析可通过 clusterProfiler 的 enrichWP（）函数实现。示例代码如下。

```
enrichWP（gene,organism = "Homo sapiens"）
```

（2）GSEA 富集分析:WikiPathways 通路进行 GSEA 富集分析可通过 clusterProfiler 的 gseWP（）函数实现,示例代码如下。

```
gseWP ( geneList, organism = "Homo sapiens" )
```

第三步, WikiPathways 通路富集分析结果的可视化。可选择上述气泡图或柱形图的可视化方式。

3. Reactome 通路富集分析 clusterProfiler 研究团队设计了 R 语言程序包 ReactomePA, 可用于基于 Reactome 数据库的通路富集分析。

第一步, 获取可用于 Reactome 通路富集分析的基因列表与 Reactome 通路注释数据, 具体同上。ReactomePA 同样只接受 Entrez ID。

第二步, 选择 ORA 或 GSEA 进行 Reactome 通路富集分析。

（1）ORA 富集分析: ORA 富集分析可通过 ReactomePA 的 enrichPathway（）函数实现。函数要求通路所属物种必须为 Reactome 支持的物种之一。示例代码如下。

```
x<- enrichPathway ( gene=de, pvalueCutoff = 0.05, readable=TRUE )
```

（2）GSEA 富集分析: GSEA 富集分析可通过 ReactomePA 的 gsePathway（）函数实现。示例代码如下。

```
y <- gsePathway ( geneList,
                  pvalueCutoff = 0.2,
                  pAdjustMethod ="BH",
                  verbose = FALSE )
```

第三步, Reactome 富集分析结果可视化。

同样可选择上述气泡图或柱形图的常规可视化方式, 也可以通过 ReactomePA 中的 viewPathway（）函数对富集到的 Reactome 通路进行可视化。示例代码如下。

```
viewPathway ( "E2F mediated regulation of DNA replication",
              readable = TRUE,
              foldChange = geneList )
```

通过下列参数设置, 可以根据研究人员需求调整可视化的通路。

pathName: 通路名称。

organism: 可视化通路所属的物种。

readable: 逻辑值, 基因 ID 是否转换为易读的 Gene Symbol。

foldChange: 通路内基因的 fold change 值。

Reactome 通路可视化结果示例如图 12-40。

三、DAVID 实现通路富集分析

最早也是最经典的生物通路富集分析工具是 DAVID（the Database for Annotation, Visualization and Integrated Discovery, 见书末参考网址）, 发布于 2003 年, 最近一次更新时间为 2024 年 4 月。该数据库整合了大规模基因与蛋白质生物通路注释信息与分析工具, 针对给定的基因列表, DAVID 能够从统计学层面实现在线的通路富集分析, 以帮助研究人员从中提取出有效的生物学信息。

（一）DAVID 通路富集分析工具

为满足研究人员对富集分析各方面的需求, DAVID 提供了 4 项功能各异的在线工具来辅助通路富集分析, 包括 Functional Annotation（功能注释）、Gene Functional Classification（基因功能分类）、Gene ID Conversion（基因 ID 转换）与 Gene Name Batch Viewer（基因名称批处理查看器）, 如图 12-41 所示。

NOTES

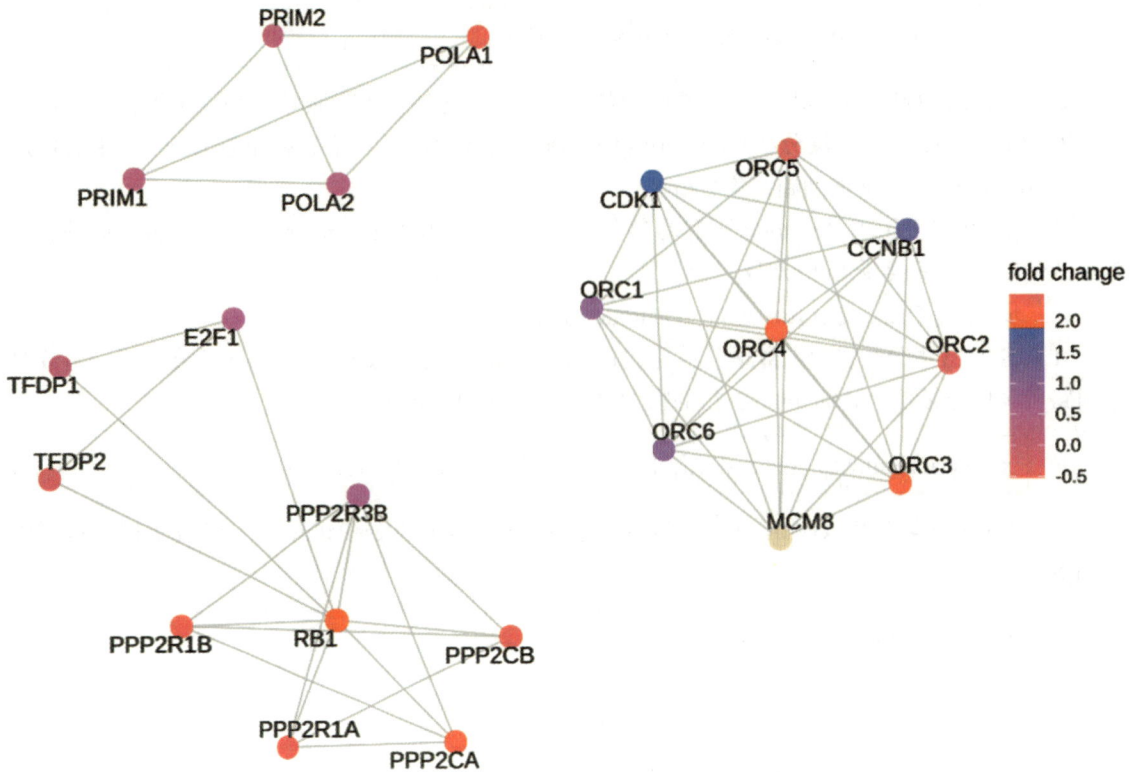

图 12-40   Reactome 通路可视化

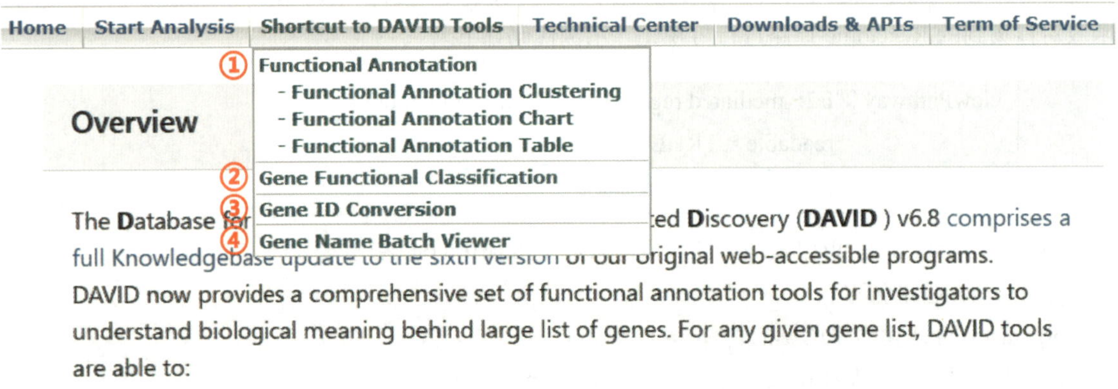

图 12-41   DAVID 通路富集分析工具

Functional Annotation：功能注释；Gene Functional Classification：基因功能分类；Gene ID Conversion：基因 ID 转换；Gene Name Batch Viewer：基因名称批处理查看器。

1. Functional Annotation   该工具囊括了 DAVID 进行通路富集分析的主体部分，其中包含三个子工具：

* Functional Annotation Chart

该工具用来展示基因富集到的通路。DAVID 提供了超过 40 种的注释种类，其中便包括 KEGG 通路注释、Reactome 通路注释等。研究者可以根据需要，选择其中的一种或多种类型的注释资源进行富集分析。

*Functional Annotation Clustering

该工具对富集到的通路进行聚类。显著富集到的功能通路有可能存在功能冗余，DAVID 能够通过模糊聚类算法对富集结果进行聚类,并给不同的类打分。分值越高,代表该类的基因越显著地富集到通路。同时,DAVID 还能给出聚类结果的 2D 热图(图 12-42),展示类内的基因和各个通路之间是否存在已知的联系。若已有文献或实验支持基因与通路间具有联系,则在热图中显示为绿色;否则在热图中显示为黑色。

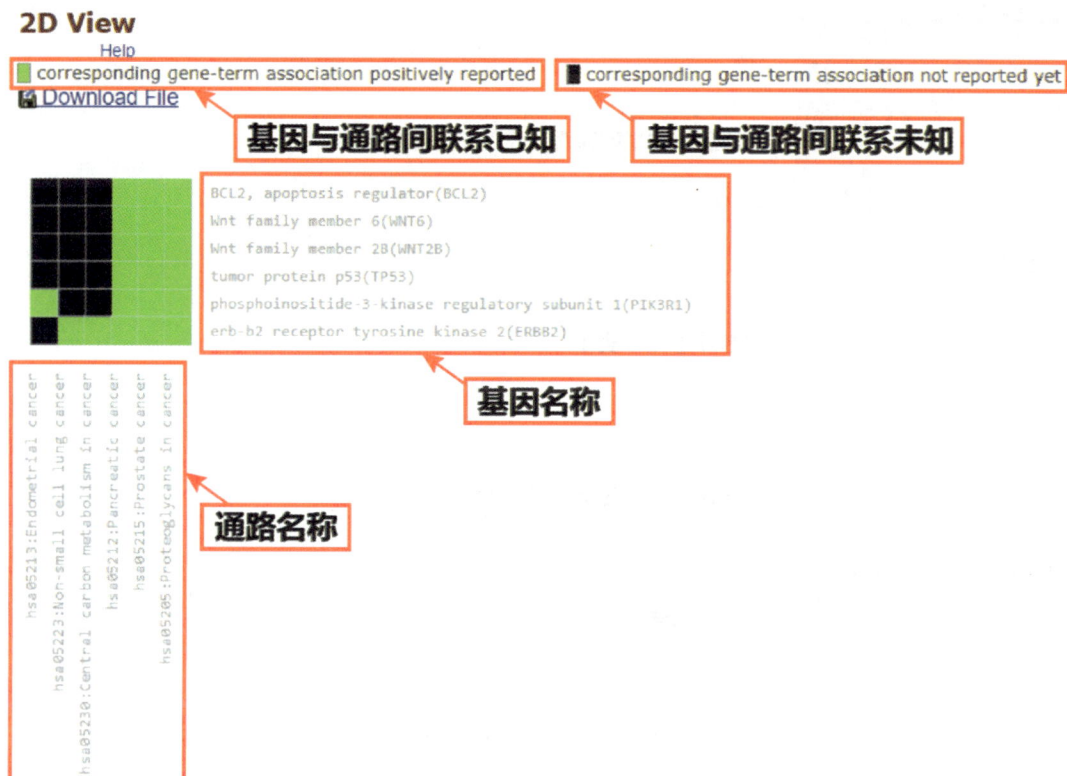

图 12-42　Functional Annotation Clustering 2D 热图示例

* Functional Annotation Table

该工具提供了基因在所选数据库中已有的注释信息表格。

2. Gene Functional Classification　与 Functional Annotation Clustering 类似,该工具基于基因的注释信息,采用模糊聚类算法,将功能相关的基因聚为一类,并对聚类结果打分。

3. Gene ID Conversion　该工具用于不同类型基因 ID 之间的转换。借助此工具,研究者能够快速获取到基因列表在不同数据库内的 ID 信息,并实现不同格式基因 ID 的转换,包含 NCBI、ENSEMBL 等重要数据库间 geneID 的转换,也可以实现 geneID 向 PIR、Uniprot 等数据库的蛋白质 ID 信息的转换。

4. Gene Name Batch Viewer　由于基因 ID 可读性差,所以得到通路注释信息后通常需要将其转换为基因名称。该工具能够实现基因 ID 到基因名称的便捷转换。

(二) DAVID 通路富集分析步骤

类似于其他生物通路富集分析工具,DAVID 需要研究者提供感兴趣的基因列表,然后根据所提供的基因列表进行在线分析,并返回相应的分析及其可视化结果。此处以 DAVID 所提供的示例基因列表为例,展示其生物通路富集分析流程。具体分析步骤可以分为以下三步。

(1)第一步,向 DAVID 提交待分析的基因列表。提交页面如图 12-43 所示。

1)点击 DAVID 页面顶端的 "Start Analysis",接着在弹出页面左侧的 "UpLoad" 内,将基因列表粘贴到输入窗口,或者以文件形式上传(首选 .txt 文本格式,每个基因以换行符或逗号分隔)。

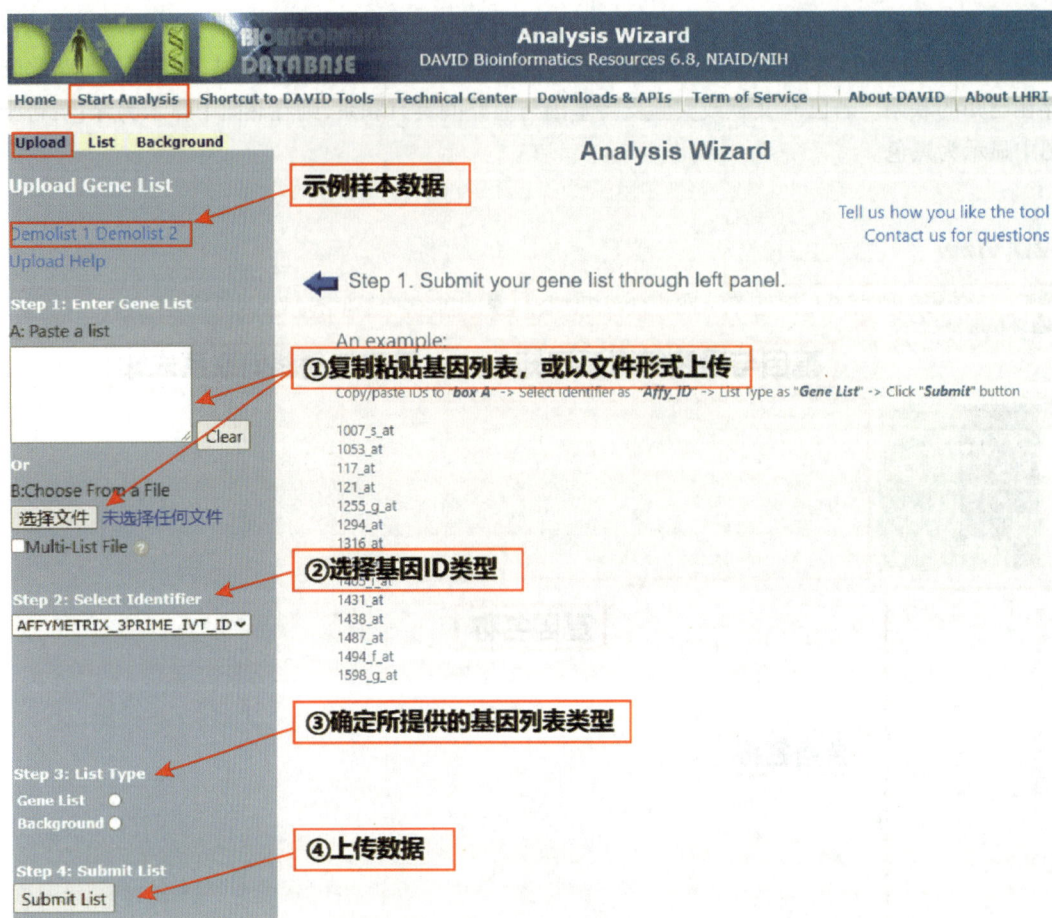

图 12-43   提交基因列表

2）选择基因列表内基因 ID 的类型。若有必要,可以利用 Gene ID Conversion 工具将提供的基因列表转换为 DAVID 可用的类型。

3）确定所提供的基因列表是作为待分析基因列表,还是作为参考背景基因集合。如果不提供背景基因,DAVID 默认自动根据上传的基因列表,选择相应物种的所有基因作为背景文件。

4）点击页面底部的 "Submit List",将数据上传至网页。

（2）第二步,针对所提交的基因列表,选择合适的分析工具,如图 12-44。

1）上传基因列表后,将页面左侧界面转到 "List",选择物种与待分析的基因列表。

2）在页面右侧选择 "Functional Annotation Tool",进行富集分析。后续若需要返回工具选择界面,则点击页面左侧下方的 "Use" 即可。

（3）第三步,筛选保留感兴趣的生物通路富集分析结果,如图 12-45。

1）点击 "Functional Annotation Tool",页面右侧界面会提供所有可选的富集分析类型。

2）在 "Pathways" 条目下,可以选择想要保留的不同数据库通路富集分析结果。如图 12-45 所示,"Pathways" 条目下方的标红部分为 DAVID 默认保留的通路信息。此处仅以 KEGG 通路为例。

3）点击页面底部的不同分析工具,可以得到基因列表富集到的不同通路的相应信息。

（三）DAVID 通路富集分析结果

下面介绍不同的富集分析工具,可以得到哪些通路富集分析结果。

（1）"Functional Annotation Chart":可以得到基因列表显著富集到的相应通路信息（图 12-46）。在 "Options" 界面可以设置参数对富集结果进行筛选,默认通路内最少富集到的基因数目为 2。"EASE" 代表校正后的 Fisher 精确检验 p 值,一般情况下,若 EASA 小于 0.05,则认为富集显著性较高。

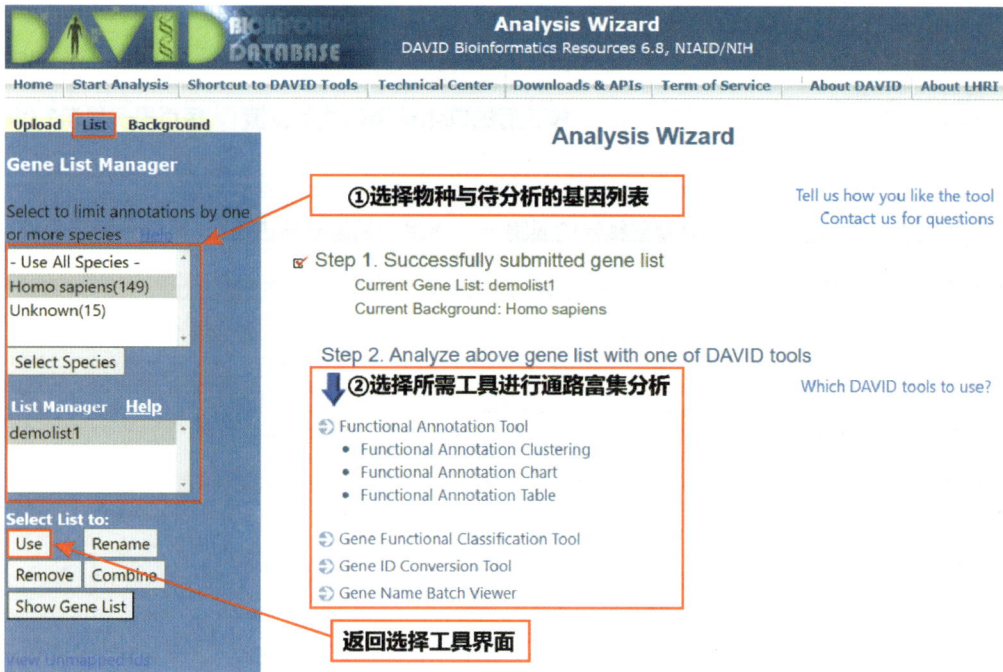

图 12-44 分析工具的选择

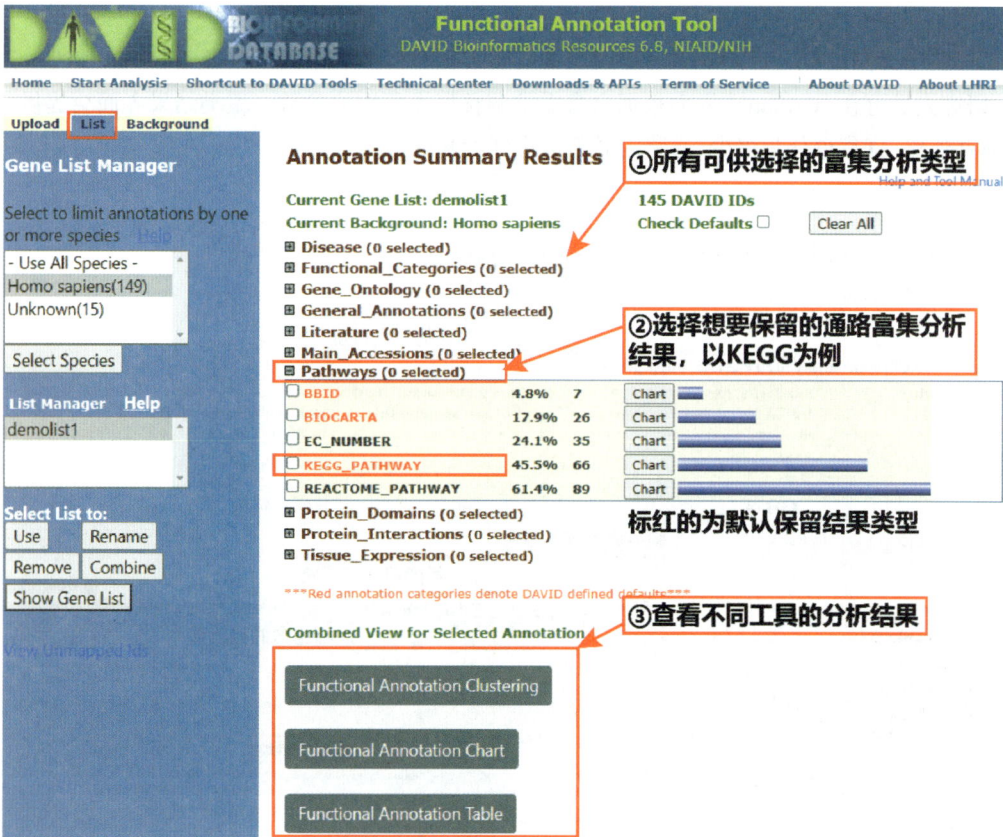

图 12-45 通路分析结果的选择

Functional Annotation Clustering：功能注释聚类；Functional Annotation Chart：功能注释图；Functional Annotation Table：功能注释表。

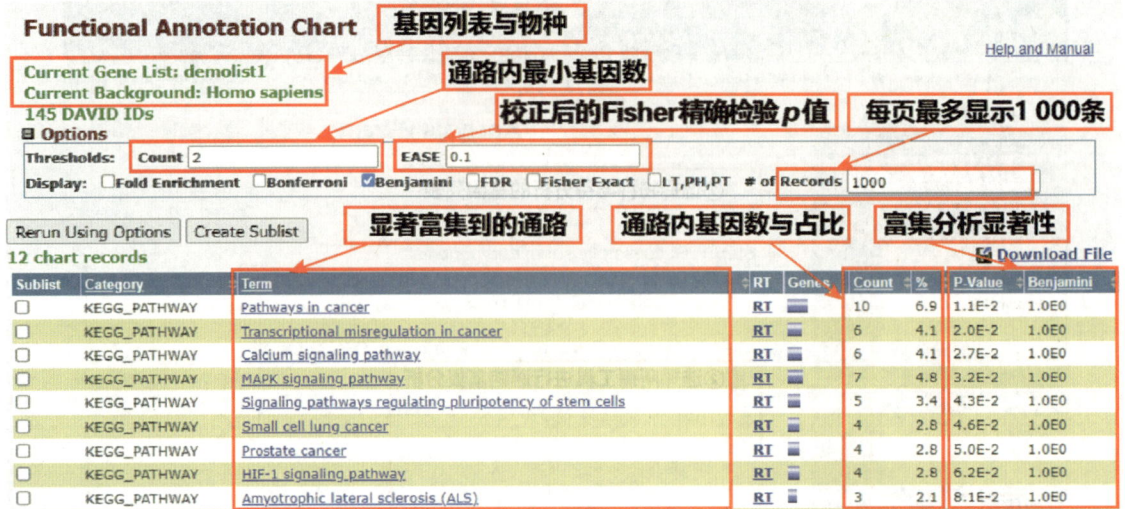

图 12-46　Functional Annotation Chart 分析结果

DAVID 将显著富集到的通路统称为"Term"，点击表格内显著富集到的通路连接，可以得到基因列表所富集到的 KEGG 通路的详细信息。

（2）"Functional Annotation Clustering"：可以得到显著富集到通路的聚类结果，以帮助研究者解读其生物学意义。

如图 12-47 所示，对示例基因列表所富集到的通路进行聚类，能够得到 5 个 cluster，点击相应的图标可以获得详细信息。页面上方会提供当前通路富集分析的基因列表以及相应物种类型。若需要的话，研究人员可在 "Options" 界面根据自身需求调整聚类所用的参数。聚类结果界面会提供每一类包含哪些通路、富集得分为多少、通路内显著富集到的基因数目等信息。

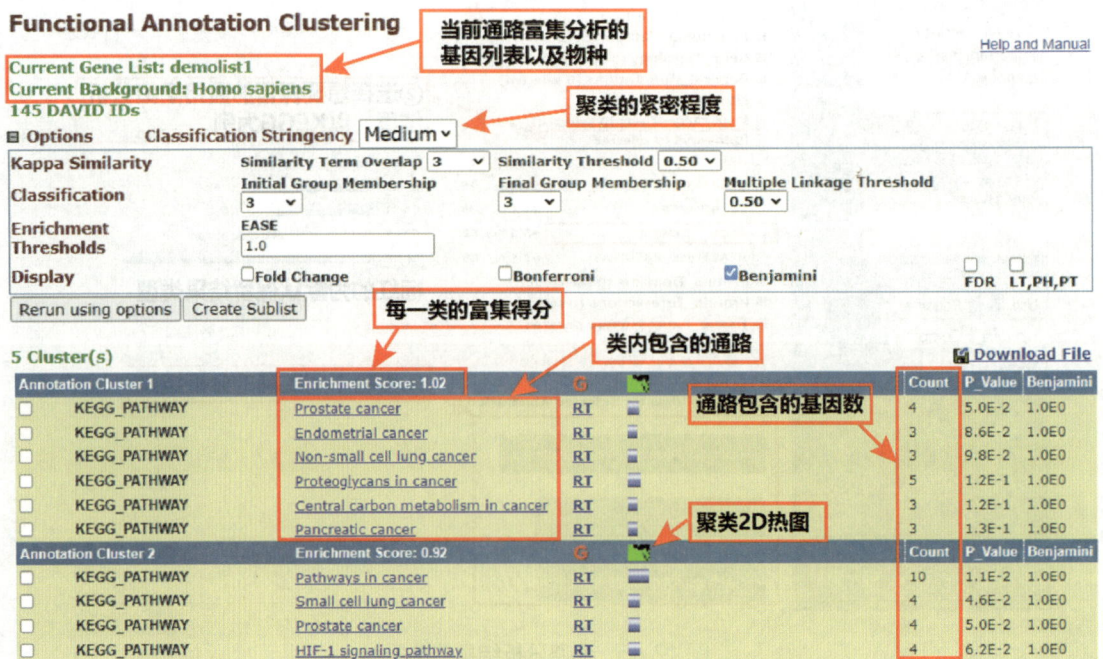

图 12-47　Functional Annotation Clustering 结果

（3）"Functional Annotation Table"：可以得到基因在所选数据库内的所有注释信息，即基因参与了该数据库内的哪些通路。点击相应的通路连接可以查看通路的可视化结果以及基因在该通路内的具体位置。

四、GSEA 实现通路富集分析

从理论上说，考虑到多个基因累积的微小变化差异，检测整个基因集合而不是部分符合要求的基因表达差异，从而得到的通路富集分析结果会更为全面。此时，研究人员可选用 GSEA（Gene Set Enrichment Analysis，见书末参考网址）软件。该软件发布于 2004 年，于 2024 年 2 月更新至 v4.3.3。GSEA 可用于确定在哪些通路中，不同样本状态之间感兴趣的基因列表具有统计学显著的一致性差异，从而实现通路的富集分析。

为满足研究人员不同的操作需求，GSEA 软件支持多种运行方式，包括①桌面应用程序，GSEA 网站的下载界面提供了分别适用于 Linux、Mac 和 Windows 的安装包，且安装包内均包含有平台特定的 Java 版本，无需另外安装 Java；②命令行运行，相应安装包可从官网下载界面获取；③R 语言运行。下面以 GSEA 的桌面应用程序为例，介绍利用 GSEA 进行通路富集分析的具体流程。

（一）GSEA 通路富集分析数据准备

利用 GSEA 进行通路富集分析，需要准备以下工具以及必要的输入数据。

（1）下载并安装 GSEA 软件。GSEA 官方网站 "Downloads" 界面提供适应 Linux、Mac、Windows 等不同系统版本的软件安装包，如图 12-48 所示。

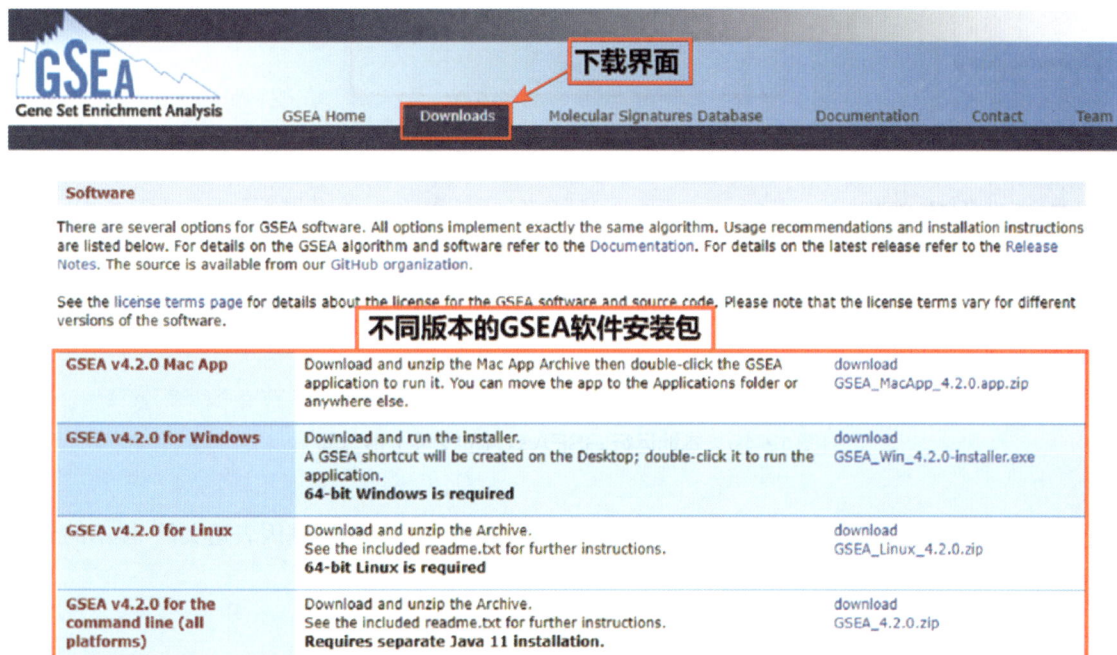

图 12-48　官方网站提供的不同版本 GSEA 软件安装包

（2）准备一组基因的表达数据（可以为 .txt 或 .gct 格式）与相应样本的表型分类数据（必须为 .cls 格式）。

（3）如果有必要的话，自定义所需的通路基因集（一般为 .gmt 格式）。GSEA 提供了 MSigDB 数据库所包含的不同类型的通路基因集，可直接在官方网站的 "Downloads" 界面点击相应链接，将所需要的通路基因集下载到本地。

（二）GSEA 通路富集分析流程

在本地安装好 GSEA 软件之后，便可以导入预先准备好的输入数据并进行通路富集分析了，具体过程可分为以下两步。

（1）第一步，将准备好的基因表达与样本表型文件导入至 GSEA 软件（图 12-49）。

1）点击软件左侧的"Load data"，右侧相应会弹出上传数据的界面。

2）点击右侧弹出界面中的"Browse for files"，找到数据文件所在的本地地址。

3）逐个将基因表达文件、样本表型分类文件、通路背景基因文件（也可在线获取）上传至 GSEA 软件，成功上传的提示如图 12-49 所示。

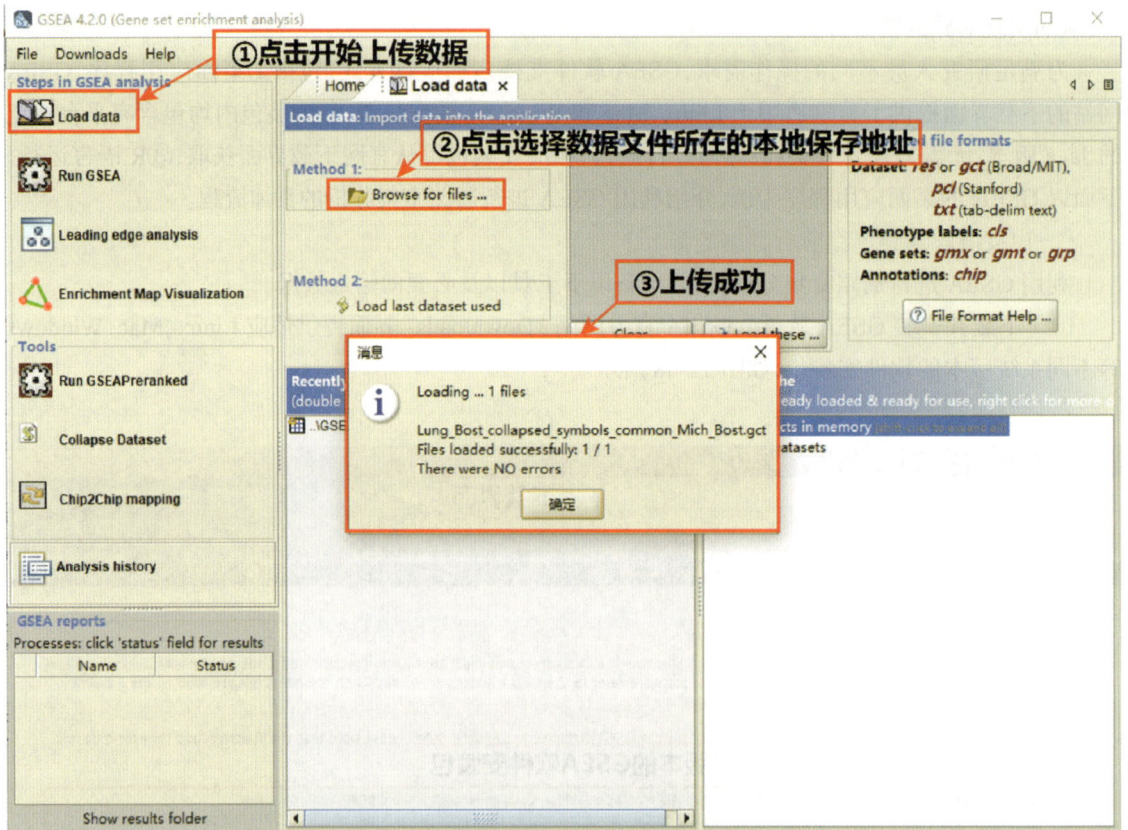

图 12-49　本地运行 GSEA 软件的文件上传界面

（2）第二步，设置合适的通路富集分析参数，主要是确定用来排秩的基因表达文件、样本的分类以及利用哪种类型的通路来进行富集分析，具体过程如图 12-50 所示。

1）点击软件左侧的"Run GSEA"，在右侧弹出界面中设置相关参数。

2）GSEA 软件给出的具体参数如下。

Expression dataset：选择导入的基因表达数据集。

Gene Sets database：选择所需的通路基因集合。基于 MSigDB 数据库，GSEA 可在线选择 KEGG、Reactome、WikiPathways、BioCarta 等数据库的通路相关基因集，也可以在本地上传。

Number of permutations：设置置换次数，用于计算显著性。该数值越大，所得到的显著性结果越准确，默认为 1 000。

Phenotypes labels：选择样本表型分类文件。

Collapse/Remap to gene symbols：参数默认设置为"Collapse"，代表在富集分析过程中，基因 ID 会被统一转换为 HGNC 基因名称。此时需要指定芯片数据产生自哪个数据平台。当不需要把基因 ID

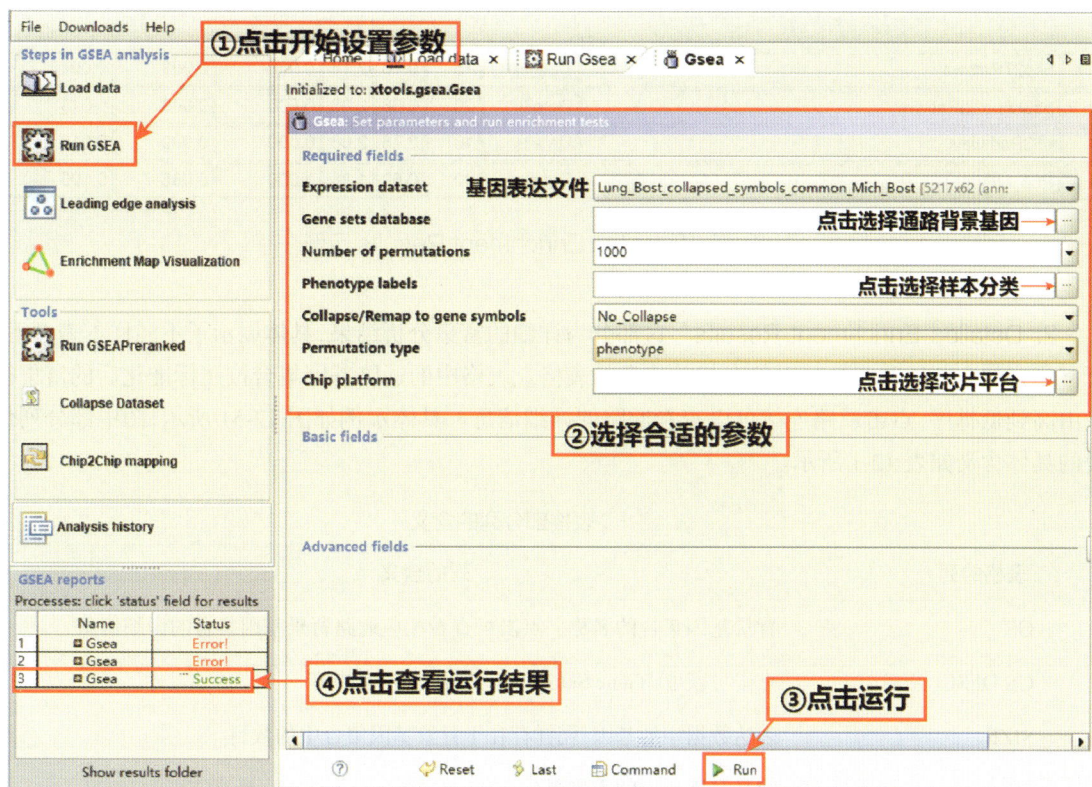

图 12-50　设置参数并运行

转换为统一的基因名称时,将该参数设置为"No_Collapse"即可。

Permutation type:选择置换类型。如果各分类的样本量大于等于7,则选择 phenotype;否则,选择 gene_set。

Chip platform:当表达数据为芯片数据时,需选择相应的芯片平台。

(3)第三步,设置好参数后,点击界面下方的"Run",运行 GSEA,即可得到通路富集分析结果。

(三) GSEA 通路富集分析结果解读

GSEA 本地软件将所有的通路富集分析结果汇总为一个网页。运行成功后,点击软件左下角返回的"Success"链接(图 12-50),会自动打开分析结果的汇总网页。网页主要包括以下信息。

1. Enrichment in phenotype "Enrichment in phenotype"分为两部分。第一部分显示了富集得分为正(与样本第一类表型相关)的基因集富集结果,第二部分显示了富集得分为负(与样本第二类表型相关)的基因集富集结果。如果样本表型为连续值,那么富集得分为"正"代表与表型谱正相关,富集得分为"负"代表与表型谱无相关性或负相关。此处以样本只有两种表型(ALIVE、DEAD)为例,富集分析结果具体如图 12-51 所示。

对于每一个表型下的结果部分,包含以下几类信息:

(1)该样本表型下,富集到的通路背景基因集数量和分析的背景基因集总数。

(2)富集显著性 FDR 值小于 25% 的通路背景基因集数量。一般而言,这些结果用于后续分析比较可靠。

(3)富集显著性 p 值小于 1% 和 5% 的通路背景基因集数量。此处的 p 值未经过校正,所得结果的可信度有限。

(4)富集得分(enrichment score,ES):最高的前 20 个(默认)通路背景基因集的概览图。富集得分反映了背景基因集合所包含的基因在排好序的基因列表顶部或底部过表达的程度,正的富集得分代表基因集显著富集在基因列表顶部,负的富集得分则代表基因集显著富集在列表底部。

	GS	GS DESC	SIZE	ES	NES	NOM p-val	FDR q-val	FWER p-val
1	hsp27Pathway	Details ...	15	0.78	2.18	0.000	0.003	0.004
2	p53hypoxiaPathway	Details ...	20	0.68	2.08	0.000	0.009	0.013
3	p53Pathway	Details ...	16	0.75	2.06	0.000	0.009	0.018
4	P53_UP	Details ...	40	0.60	1.88	0.000	0.065	0.195

图 12-51　Detailed Enrichment Results 示例

2. Detailed Enrichment Results　这部分为详细的富集分析结果,具体展示了不同样本表型下,所富集到的全部通路背景基因集合相关信息的表格。表格中的通路基因集合按照标准化后的富集得分由高到低排序,点击通路连接可以查看通路的详细信息。具体示例如图 12-51 所示,图中部分列代表的具体含义如表 12-1 所示。

表 12-1　表格部分列的含义

表格的列	列的含义
GS	背景基因集合的名称。点击可查看相应通路背景基因集合的详细信息
GS DESC	点击可获取 "Gene Set Details Report" 所示内容
SIZE	表达数据中的基因,同样存在于背景基因集合中的数目
ES	背景基因集合的富集得分
NES	经过校正后的背景基因集合富集得分
NOM p-val	富集得分的显著性 p 值
FDR q-val	富集结果的假阳性率

3. Gene Set Details Report　富集到的背景基因集合的详细信息,点击如图 12-1 所示表格中,相应通路的 "GS DETALS" 即可查看。具体展示了以下几部分内容。

第一部分,总结了背景基因集合的富集分析相关信息,与 "Detailed Enrichment Results" 所展示的表格信息类似。

第二部分,背景基因集合的富集得分图,具体如图 12-52 所示。

图的底部代表排好序的基因列表,通常以基因表达值与样本不同表型的相关程度为排序标准。

图的中部代表表达数据中的基因在相应通路背景基因集合中的出现情况。

图的顶部代表按照排好序的基因列表进行分析时,相应通路富集得分的变化情况。图 12-52 所示的绿色折线峰值即为该通路背景基因集合的富集得分,若富集得分的位置越靠近图的首尾两侧,则富集分析结果越有意义。

第三部分,列表中富集到通路背景基因集合中的基因信息表格,首列为基因名称。

第四部分,列表中显著富集到某特定通路背景基因集合中的基因表达热图。每一行代表一个基因,每一列代表一个样本,样本类型以不同颜色标记。

另外,还给出了样本置换过程中,所得富集得分的概率分布图。

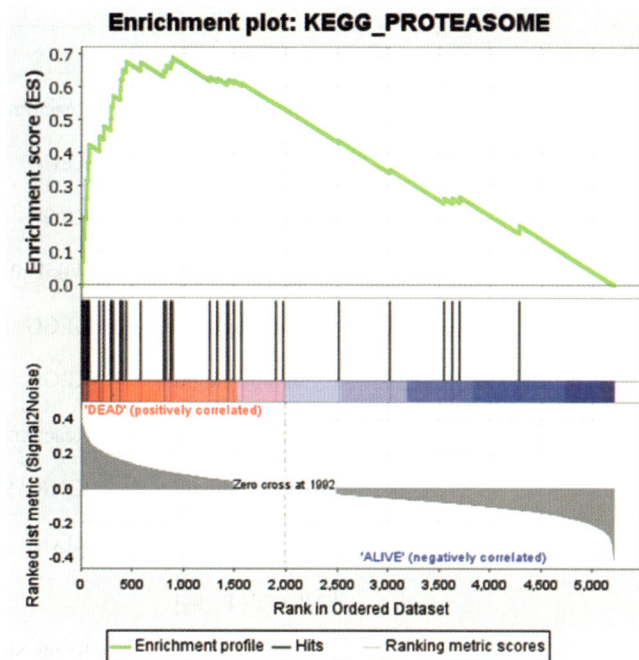

Fig 1: Enrichment plot: KEGG_PROTEASOME
Profile of the Running ES Score & Positions of GeneSet Members on the Rank Ordered List

图 12-52　富集得分图示例
Enrichment score：富集得分；Ranked list metric：排秩列表指标。

第四节　分子生物通路网络可视化软件
Section 4　Molecular biological pathway network visualization software

多年来，生物学家一直在尝试以不同方式绘制通路图，以更直观地了解其潜在的生物学意义。当通路数据以直观的可视化图形的形式，展示在研究者面前时，研究者往往能够更容易洞悉数据背后隐藏的信息并对信息进行转化。通路可视化在科学研究中扮演了相当重要的角色，对于大规模实验数据的分析和解释十分有用。通路本身出现在通路数据库中时，主要被定义和呈现为图形。所以目前，除了一些对数据进行通路富集分析的生物信息学分析软件外，研究者们还开发了一些用于可视化通路富集分析结果的软件，如表 12-2。其中每个软件都有其特点和优势，这里我们具体介绍 4 种常用的软件，分别是 KEGG Mapper、PathView、PathVisio 和 PathwayMapper。

表 12-2　通路和网络可视化分析软件

名称	类别	通路来源
KEGG Mapper	Web	KEGG
KEGG-based Pathway Visualization Tools for Complex Omics Data	Web	KEGG
MEGU	Web	KEGG
Pathway Projector	Web	KEGG
KEGGViewer	Web，BioJS	KEGG
PathVisio	Desktop app	WikiPathways，Reactome

NOTES

续表

名称	类别	通路来源
Reactome	Web	Reactome
PathView	R-package	KEGG
iPath/iPath2	Web	KEGG
WikiPathways App	Cytoscape plugin	WikiPathways
KGMLreader/KEGGscape	Cytoscape plugin	KEGG
CyKEGGParser	Cytoscape plugin	KEGG
Reactome FI	Cytoscape plugin	Reactome
CluePedia	Cytoscape plugin	KEGG，Reactome
The SEED	Web	KEGG
CytoSEED	Cytoscape plugin	\
COBRA Toolbox	Matlab toolbox	Reads SBML formatted models
COBRApy	Python toolbox	
PathwayMapper	Web	TCGA pathway

缩写：BioJS，BioJavaScript；Reactome FI，Reactome Functional Interaction。

一、KEGG Mapper

(一) 简介

KEGG Mapper（见书末参考网址）是 KEGG 提供的可视化通路的软件，是 KEGG 映射工具的集合。它包括常见的 KEGG 通路映射（KEGG pathway mapping）、JOINBRITE 操作（KEGG BRITE）和 MODULE 完备性检查（KEGG MODULE）。KEGG Mapper 可以根据前期筛选得到的差异分子列表去映射分子调控网络，并用清晰简明的通路图展示。KEGG Mapper 的最新版本发布于 2021 年 8 月 1 日。该版本包括 3 种通路映射工具——Reconstruct、Search 和 Color。KEGG Mapper 主界面图见图 12-53。

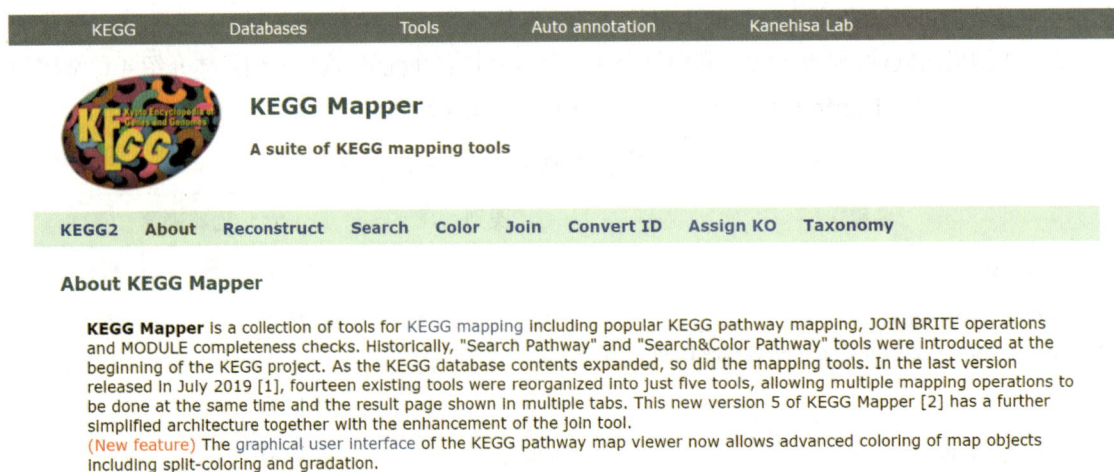

图 12-53　KEGG Mapper 主界面图

（二）使用说明

接下来，分别介绍这 4 种工具（Reconstruct、Search、Color、Join）的使用方法。

1. Reconstruct　Reconstruct 工具能够使 KO 标识数据映射到 KEGG 通路图（Pathway）、BRITE 层次结构（Brite）或 BRITE 表（Brite Table）以及 KEGG 模块（Module）的基本映射工具。可以绘制给定 KO 标识在所感兴趣的通路中的分布情况。

使用说明：

（1）提交有 KO 标识信息的基因列表：提交的列表形式为两列，第一列为基因 number 编号，可自行定义，如 gene1、gene2；第二列为 KO numbers 编号，两列间以制表符（Tab 键）分隔。输入示例如图 12-54 所示。

图 12-54　Reconstruct 输入数据示例图

（2）提交结果：点击"Exec"按钮后，会返回输入 KO numbers 在通路上的映射结果（图 12-55）。结果共有 4 种类型，分别为输入的 KO numbers 映射到的通路（Pathway），Brite 层次结构（Brite），Brite 表（Brite Table）和模块（Module）。接下来以通路（Pathway）结果为例进行展示。首先，从图中可以看到 KOnumbers 映射到的通路的名字，按照通路的三级层次结构进行展示。并且，通过点击蓝色的字体，可以查看 KO numbers 映射到的每个三级通路的通路图，以及该通路图中映射到哪些 KO numbers。

（3）通路图展示：通过点击每个三级通路图，可以看到这个通路图的整个网络结构（图 12-56），图中绿色框为输入的 KO numbers 在该通路中的具体位置。此外，还可以保存该通路图至本地，操作结果见图 12-56。

2. Search　Search Pathway 工具用于搜索 KEGG Pathway 中的基因或化合物，随着 KEGG 内容的不断扩展，其搜索内容的多样性也随之增加。Search 工具可以在通路中直接映射用户提供的数据，不仅可以标注通路中特定的基因集合，还可以标注出现在 KEGG 通路、BRITE 层次结构、KEGG 模块和疾病网络中的各种 KEGG 对象，包括 KO（基因或蛋白质）、EC（酶）、代谢物和药物，并将其突出显示为红色。

NOTES

KEGG Mapper Reconstruction Result

| Pathway (30) | Brite (9) | Brite Table (1) | Module (0) |

点击map编号可查看具体通路图

Show matched objects

一级通路 → **Metabolism**

二级通路 → Global and overview maps

三级通路 →
01100 Metabolic pathways (4)
01110 Biosynthesis of secondary metabolites (2)
01120 Microbial metabolism in diverse environments (1)
01230 Biosynthesis of amino acids (1)
01250 Biosynthesis of nucleotide sugars (1)

Carbohydrate metabolism
00040 Pentose and glucuronate interconversions (1)
00051 Fructose and mannose metabolism (1)

K00008   gene19

点击通路名称后括号的数字可显示该通路中具体涉及的基因列表中的KO信息

Energy metabolism
00190 Oxidative phosphorylation (1)

图 12-55   输入 KO numbers 在通路上的映射结果

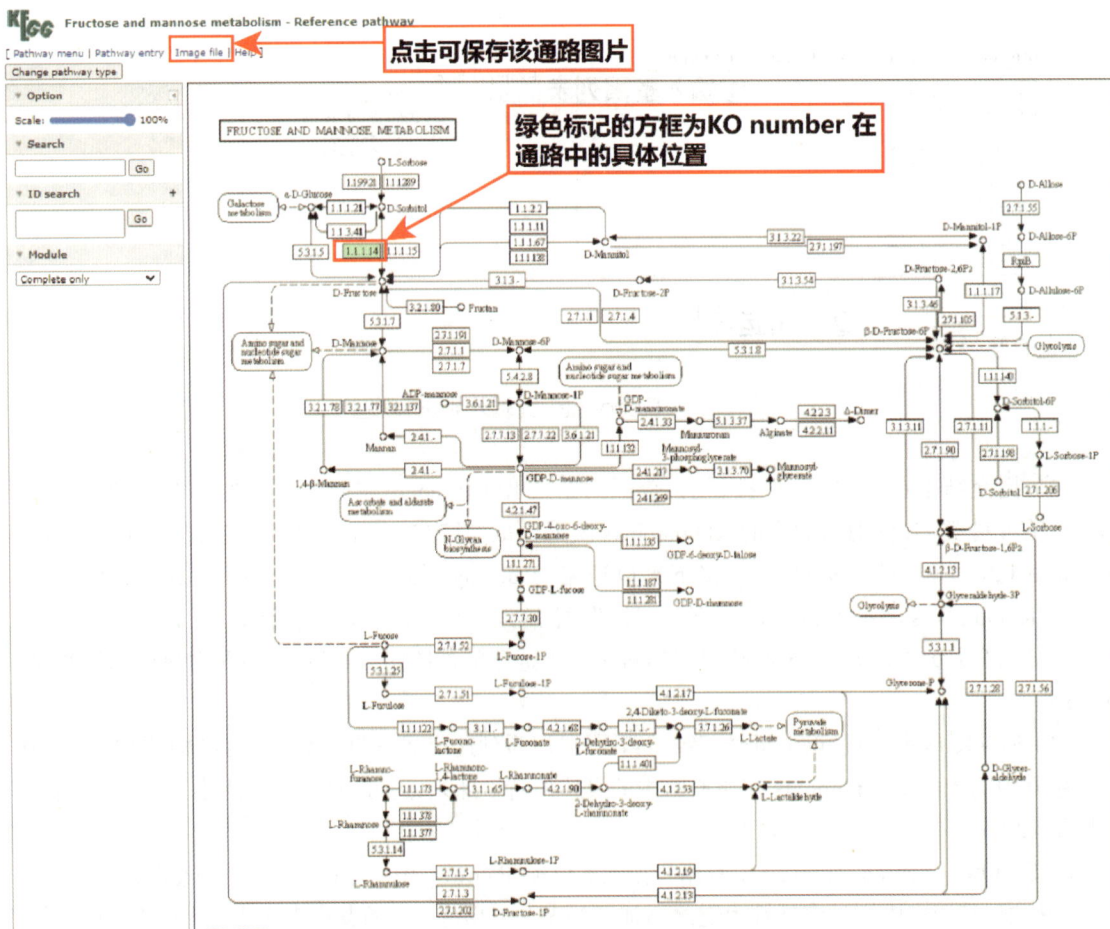

图 12-56   通路结果图展示

使用说明：

（1）提交基因列表：对于基因名字的格式，KEGG Mapper 推荐使用 KEGG identifiers 格式，如果只有其他的 ID 形式，如 NCBI GeneID、NCBI ProteinID 或 UniProt，用户可通过 KEGG Mapper 中的 Convert ID 工具将其转换为 KEGG identifiers 格式。

输入时可以直接将基因列表粘贴到搜索框，也可以上传基因列表文件。基因和基因之间可以通过空格、Tab 键或者换行符来隔开。

（2）选择物种：在 Search mode 选项下选择物种信息，可选择 Reference、hsa（人类）或者 other org（其他物种）。KEGG Mapper 支持几十种物种信息的检索（图 12-57）。

图 12-57　Search 工具使用说明

（3）选择想要查看的通路：在映射结果中，会给出给定基因集映射的所有相关通路，每一通路后面的数字代表该基因集有多少个基因映射到此通路中，其示例如图 12-58 所示。

图 12-58　Search 工具通路查询结果图

（4）通路可视化结果：在 KEGG Mapper 的可视化结果中，会将给定基因集合中的基因标记为红色框，每一个方框代表一个分子（基因，蛋白等）（图 12-59）。

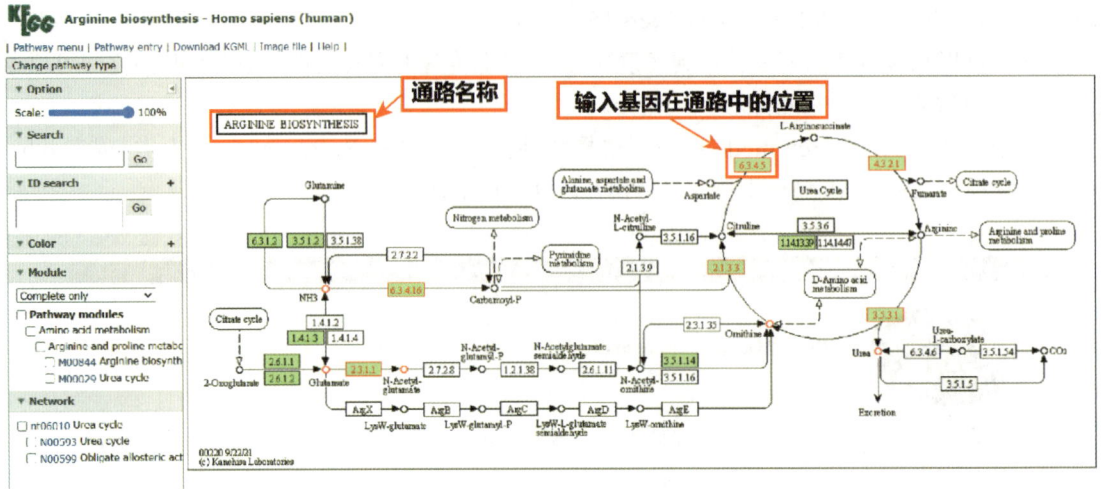

图 12-59　Search 工具结果中通路图展示

3. Color 工具　Color 工具替换了之前的 Search&Color Pathway，它的工作方式和 Search 工具相同，只是映射对象可以根据用户需求任意着色，最终着色结果会在通路中标识出来。不过目前，Color 工具只可以根据 KEGG PATHWAY 映射，而不能用于 KEGG BRITE 或 KEGG MODULE。

在 Color 工具的输入框中，每一个基因的后面给定一个颜色，比如可视化上调基因（红色）和下调基因（蓝色）是如何参与通路的（图 12-60）。

图 12-60　输入数据示例

按要求输入基因列表后,点击"Exec"按钮即可看到可视化结果。如图 12-61 红色表示上调基因,蓝色表示下调基因。

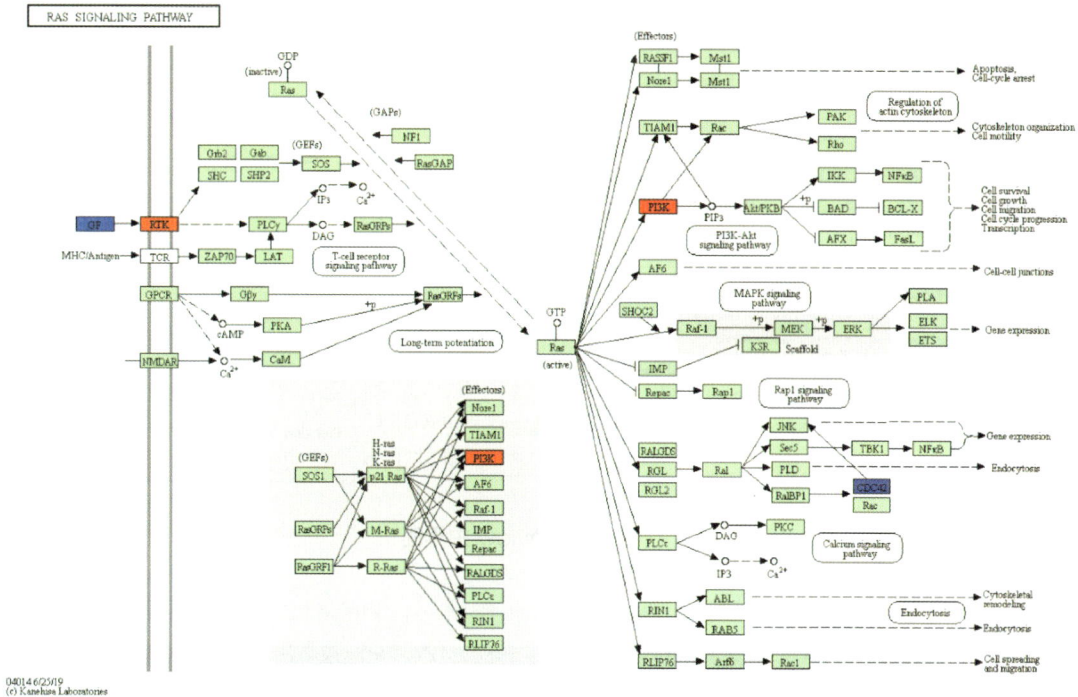

图 12-61　Color 工具结果通路图展示

总的来说,KEGG Mapper 可以找到感兴趣的基因所在的通路,绘制出这些基因在通路中的具体位置,还可以用自己设定的颜色进行标注。

二、Pathview

(一) 简介

Pathview(见书末参考网址)是一种基于通路的数据集成和可视化的新型工具,它可以在相关通路图上映射和呈现用户提供的数据。用户只需要提供相应数据并指定目标通路,Pathview 就可以自动下载通路数据,将用户数据映射并集成到通路上,并使用映射数据呈现通路图。Pathview 具有三个重要的特征:①通路可视化的形式更直观,对通路图中分子有更多样化的展示形式;②强大的数据映射和整合能力,具有广泛的数据类型、格式、超过 3 000 个物种与数十种分子 ID;③可扩展性强,易于配合不同分析工具的通路分析流程。

目前,Pathview 软件提供 R 语言程序包和 Web 版本,Pathview Web 版本方便各类用户独立完成基于通路的数据可视化和集成,其主界面如图 12-62。

在使用时,建议注册账号,以长时间保存运行的结果。如果以游客形式使用,则在网页上不会对分析结果进行长时间保存。

(二) 使用说明

1. 输入数据　输入数据有两大类。

(1) 基因数据涵盖映射到唯一基因 ID 的任何数据,包括基因、转录本、基因组位点、蛋白质和酶等。

(2) 化合物数据涵盖映射到唯一化合物 ID 的任何数据,包括化合物、代谢物、药物、小分子及其属性。支持两种最常用的数据文件格式,制表符分隔文本(.txt)或逗号分隔文本(.csv)(图 12-63)。

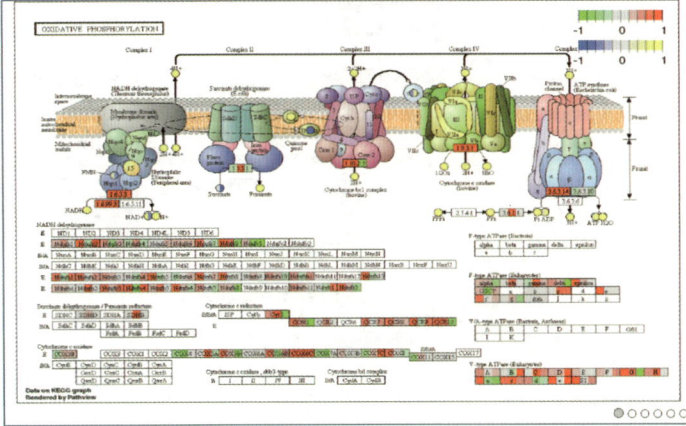

图 12-62　Pathview 主界面

图 12-63　输入数据示例图

　　确定好输入的基因和化合物后,需要选择基因和化合物的 ID 类型以及是否手动选择通路,如果没有明确想要的通路,选择自动即可。

　　2. 图形参数　若没有特殊需求,建议保持默认参数。可以点击图中的小图标查看每个参数的具体信息(图 12-64)。

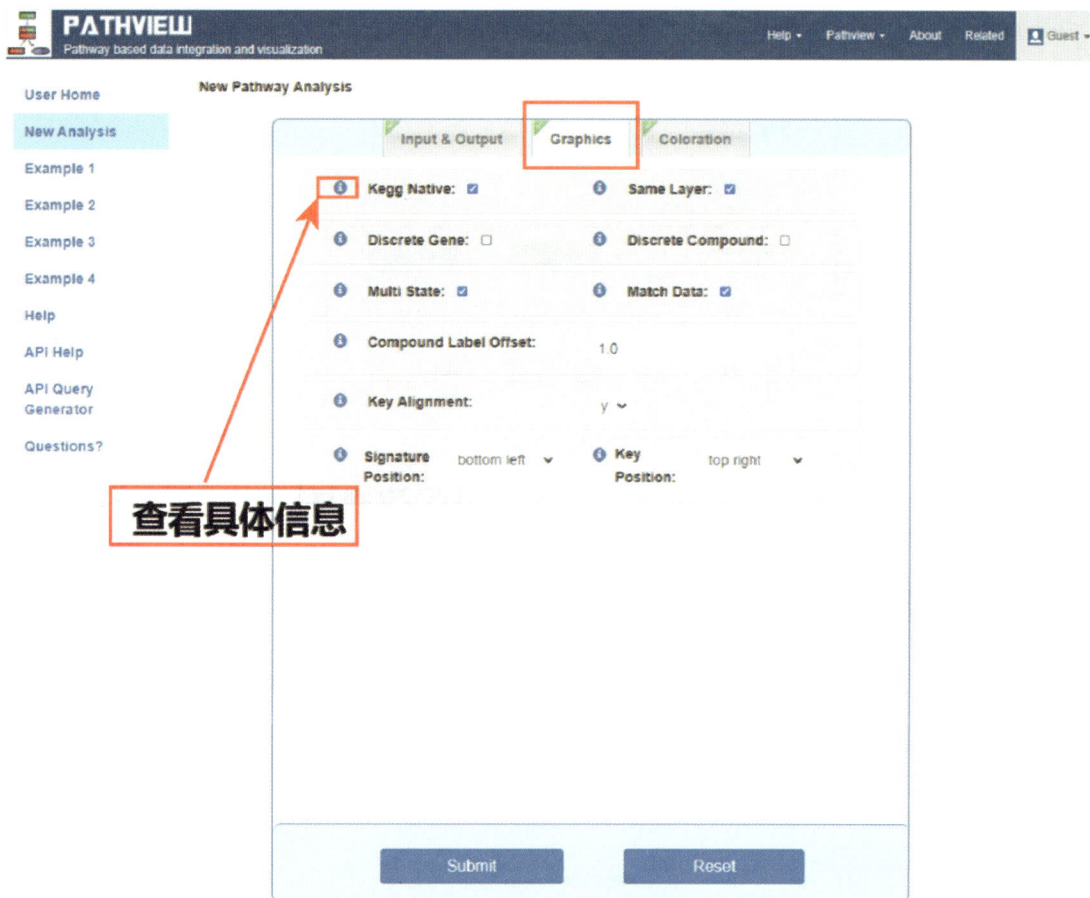

图 12-64　图形参数设置

　　3. 选择颜色　可以自定义基因化合物的颜色变化,颜色不同表示表达丰度不同(图 12-65)。

　　4. 输出　主要输出为映射了用户数据的通路图。Pathview 会生成两种样式的图形:

　　(1) KEGG 样式:在 KEGG 通路图上呈现用户数据,并且具有丰富的上下文和元数据,更易于解释。

　　(2) Graphviz 样式:使用 Graphviz 引擎路径图(矢量图),并能够更好地控制节点、边和图的拓扑属性。

　　在图 12-66 中,左部分为通路图,右部分为注释图(对通路中元素的注释)。主要包含以下信息:①在通路图的左上方为通路名字。②通路图的右上方的颜色图例(color keys)表示输入数据的类型,上面的绿色到红色表示基因的不同表达丰度,下面的蓝色到黄色表示化合物的不同表达丰度。③在注释图中,不同的形状表示不同的对象,矩形表示基因或基因的产物,圆形表示化合物,圆角矩形表示通路。④不同的箭头表示不同的关系,共有四种箭头,分别表示:分子相互作用或关系、与另一张通路图连接、图例中使用的指针、缺少相互作用(例如,通过突变)。⑤图中不同方框、不同字母和不同箭头的组合,表示蛋白互作的多种方式,包括磷酸化(+p)、去磷酸化(−p)、泛素化(+u)、糖基化(+g)、甲基化(+m)、激活、抑制、间接影响、状态变化、绑定 I 关联、解离和复合物。⑥基因表达的关系,分为表达、抑制和间接影响。⑦酶与酶之间的关系:两个连续的反应步骤。

NOTES

图 12-65   颜色参数设置

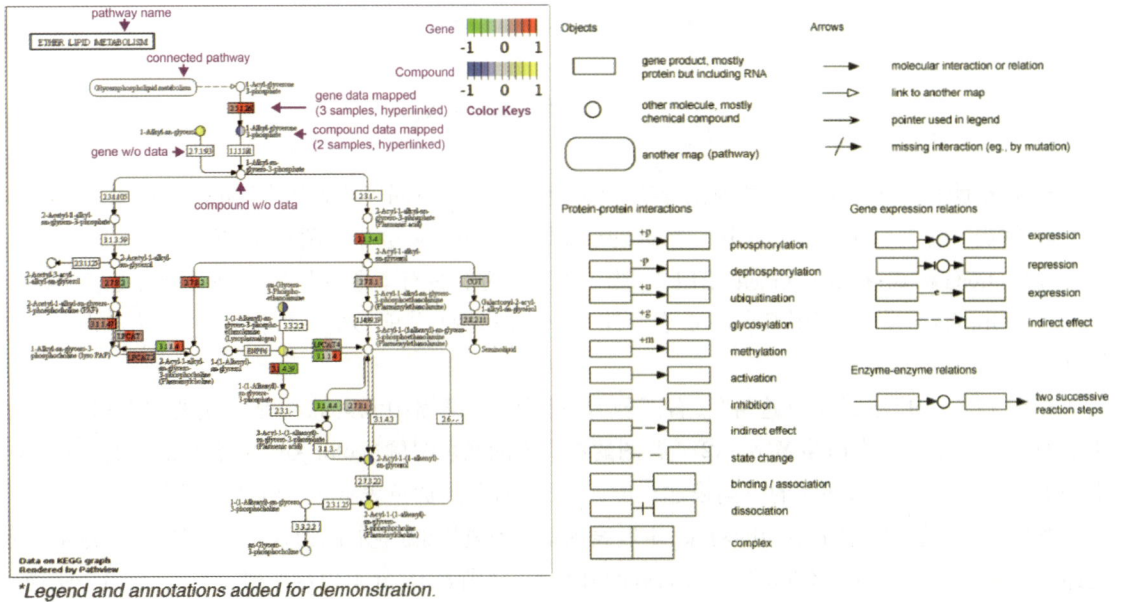

图 12-66   KEGG 样式输出的通路图示例

　　Graphviz 样式的输出通路图与 KEGG 样式输出的通路图相似。左部分为通路图,右部分为注释图(对通路中元素的注释)。通路图的右上方的颜色图例(color keys)表示输入数据的类型,上面的绿色到红色表示基因的不同表达丰度,下面的蓝色到黄色表示化合物的不同表达丰度(图 12-67)。节点有 4 种类型,分别为:矩形表示基因(蛋白/酶),两个矩形叠在一起表示一组基因或者复合体,椭圆表示化合物(代谢子或聚糖),通路的名字表示另一个通路。边共有 16 种类型,包括化合物、隐藏的化合物、激活、抑制、表达、表达抑制等,详见注释图(图 12-67)。

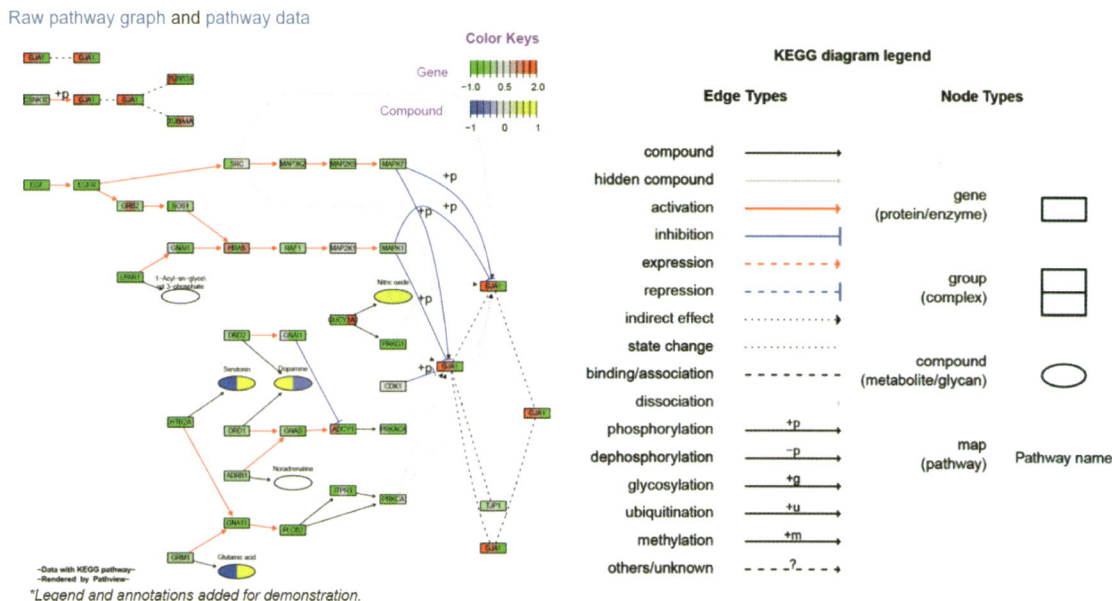

图 12-67　Graphviz 样式输出的通路图示例

　　总的来说,Pathview 提供了一个映射工具,可将感兴趣的基因或化合物映射到 KEGG 通路中,并用更多样的图形元素以及多种通路展示方式可视化映射到的通路图。

三、PathVisio

(一) 简介

　　PathVisio(见书末参考网址)软件能够进行通路编辑、可视化和分析,它主要针对 WikiPathways 数据库。该数据库提供了多种通路资源,且更新速度十分惊人。PathVisio 最早的版本出现在 2008 年,经过不断的发展,PathVisio 从一个简单的工具发展成为一个全面且可扩展的通路分析工具集。它不仅可以自主绘制通路,还可以加载 WikiPathways 数据库上的通路,并根据需要为检索的基因标注颜色。PathVisio 主界面如图 12-68。

　　目前,PathVisio 最新的版本为 PathVisio 3.0,是一个免费的开源软件。PathVisio 3.0 允许独立开发人员贡献插件以提供新功能,其重点在于模块化和可扩展性。PathVisio 与可视化相关的核心功能在主面板中,可以在其中自主绘制通路图,并且可以根据高级数据可视化选项以不同方式呈现通路。PathVisio 3.0 核心应用程序具有三个主要功能:①通路图绘制;②数据可视化;③通路统计。数据可视化和路径统计模块首先在 PathVisio 2.0 中引入,并在 PathVisio 3.0 中进一步改进和扩展。

　　1. 通路图绘制　PathVisio 是一个完整的路径编辑器,允许用户绘制生物事件、添加图形元素(如形状或标签),或通过外部数据库对元素之间的互作关系进行注释。此外,用户还可以为通路中的每个点或边添加参考文献,使建立的通路更具有准确性和说服力。

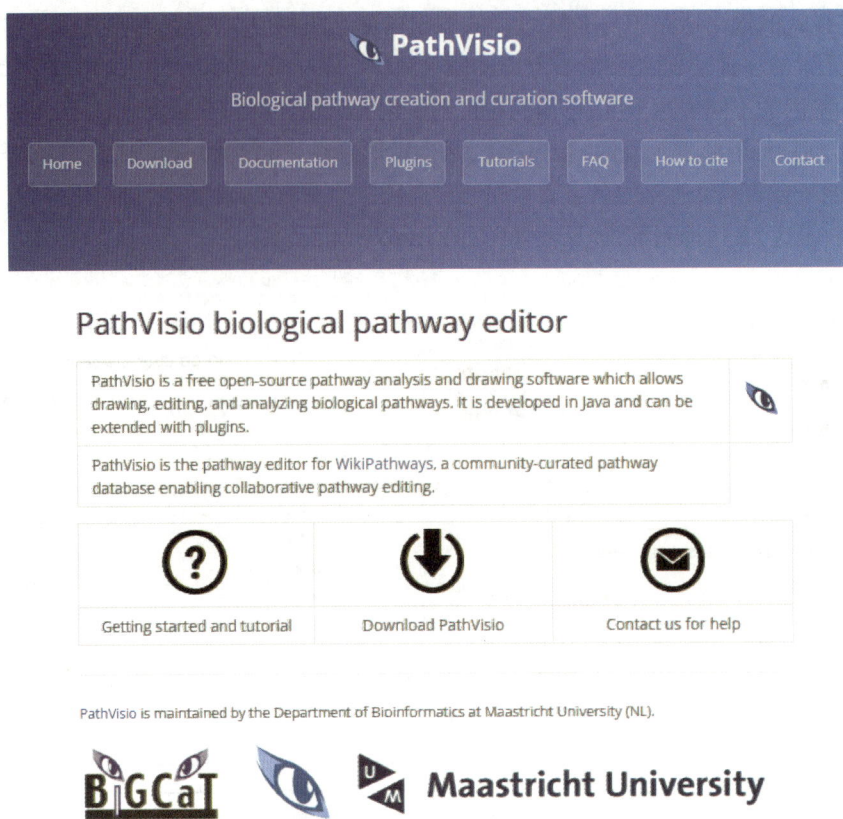

图 12-68　PathVisio 主界面

2. **数据可视化**　实验和其他数据的可视化是生物通路分析和研究的一个重要方面。PathVisio 允许用户导入他们的实验数据并用通路的形式进行可视化。

3. **通路统计**　通路统计的目的是找到在实验组数据集中发生改变的通路。PathVisio 改进了 MAPPFinder 工具中使用的统计方法。

（二）使用说明

1. **下载和安装**　PathVisio 这款软件是基于 java 语言开发的，官网提供了两种下载方式——Download Java Webstart version 和 Binary Installation。选择 Binary Installation 进行下载时，必须保证在电脑上安装了 java8 运行环境，下载之后解压缩，然后双击 pathvisio.bat 文件就可以启动该软件（图 12-69）。

2. **导入通路图并编辑**　从 WikiPathways 下载的 gpml 通路文件，可以直接导入该软件中。以 WP554 通路为例，首先从 WikiPathways 上下载其 gpml 文件（见书末参考网址）。然后依次点击 File->Import 导入该文件。导入成功后，可以看到 WP554 的通路图（图 12-70）。

图中的每个元素，都是可以编辑的，例如元素之间的连线、元素的位置和大小以及插入新的元素等。对于元素之间的连线，鼠标单击可以拖动；对于方框中的元素，单击选中之后，可以改变其大小，或移动其位置，双击会弹出编辑框，编辑节点上标注的 label 信息。（图 12-71）

对于编辑好的通路图，可以选择 File->Export 进行导出，可以导出为图片，支持 PDF、PNG、SVG、TIFF 四种格式，也可以另存为 gpml 等文件格式。

3. **检索基因相关的通路信息**　通过右侧面板上的 Search 界面，可以查询基因对应的通路信息。步骤如下：①输入需要检索的基因名称，可选择基因 Symbol 或其他数据库（Ensembl，KEGG 等）的基因 ID 格式。②需要用于检索的数据库文件夹，该文件夹应包括所有通路的 gpml 文件，可以从 WikiPathways 的官网上下载，并导入到 PathVisio 中（见书末参考网址）。③通过 Search 功能，可以方便检索到这些基因映射在通路中的位置。其检索页面如图 12-72 所示。

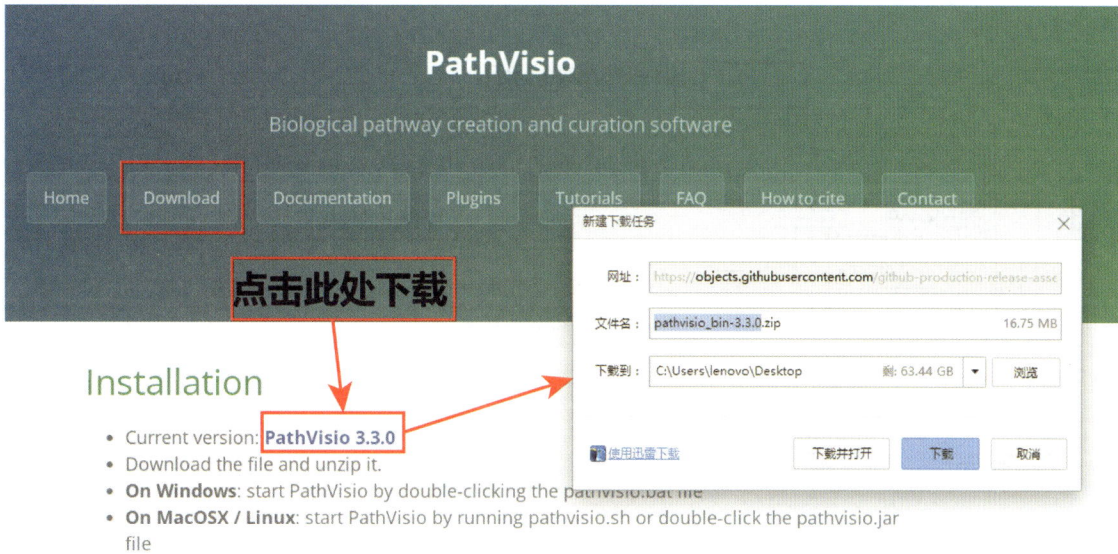

图 12-69　PathVisio 下载页面

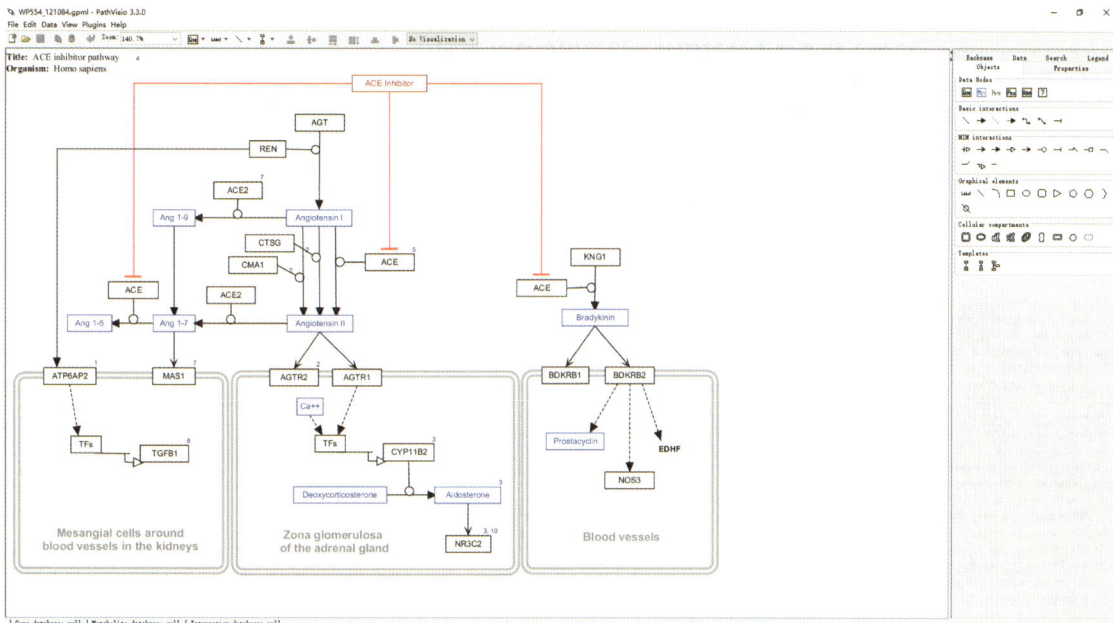

图 12-70　WP554 的通路在 PathVisio 中的展示

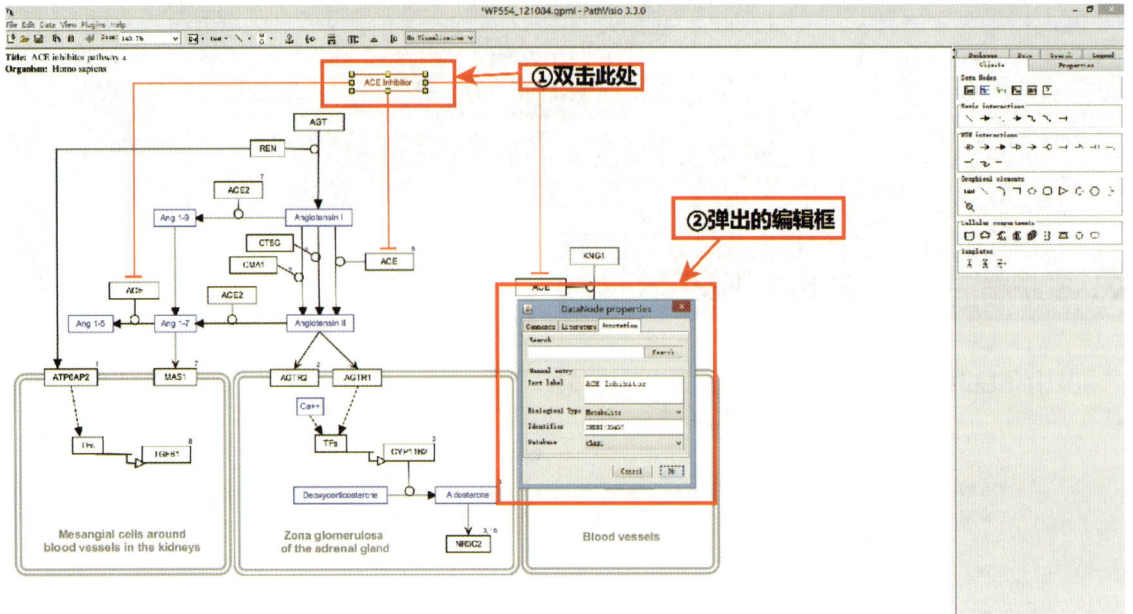

图 12-71　PathVisio 通路编辑示例

图 12-72　PathVisio 检索 tp53 基因相关的通路信息

总的来说,PathVisio 数据库不同于 KEGGMapper 和 PathVisio 数据库,它是对 WikiPathways 中存储的通路进行可视化,同时也可以将给定基因映射到 WikiPathways 通路中。

四、PathwayMapper

(一)简介

PathwayMapper(见书末参考网址)是一个癌症通路网络的可视化软件,可用于查看预先确定的癌症通路,创建和修改通路。它还允许多个用户实时协作运行。PathwayMapper 可以直接在 Web 上运行,无需任何安装。

虽然现有的网络可视化工具可以探索癌症基因组学数据,但大多数生物学家更喜欢简化的、精心设计的通路图,例如癌症基因组图谱(TCGA)的许多手稿中的通路。这些通路图通常总结了通路在个体癌症类型中是如何改变的,包括每个基因的改变频率。用户可以从本地导入以制表符分隔的文本文件或直接从 cBioPortal for Cancer Genomics 导入数据,并对导入数据进行修改(如将 TCGA 中预先计算好的基因组突变信息添加到通路中)。之后,可以将图形导出为矢量图,方便出版使用。

(二)使用说明

PathwayMapper 的主界面如图 12-73 所示,主要包括最上方的工具栏,工具栏下方的常用快捷键,以及左侧的用于自定义绘制通路图的工具,包括节点、边等。最中间的空白处为绘制面板。

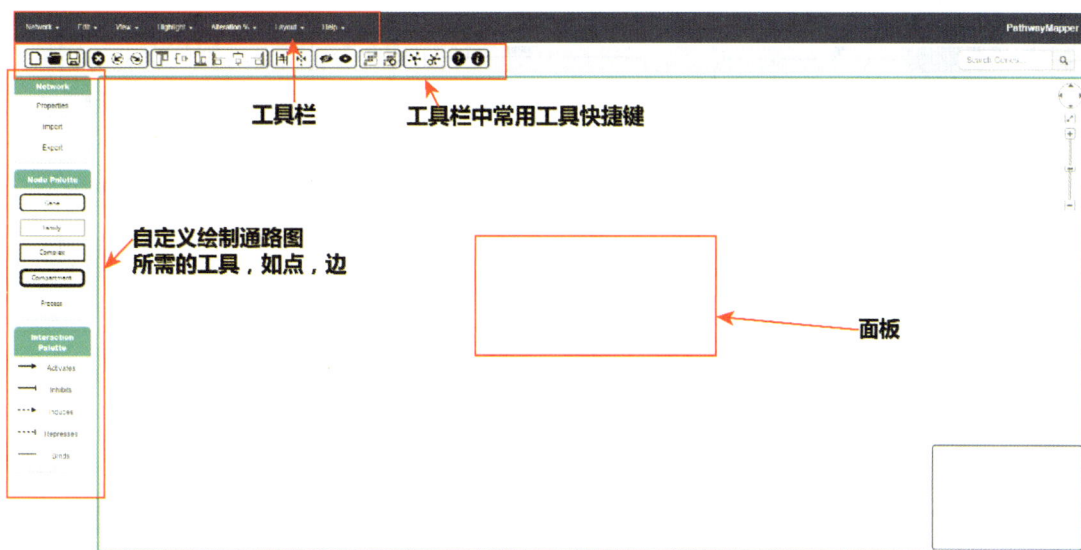

图 12-73　PathwayMapper 主界面

第一个工具是 Network,用于导入和导出网络文件。可以依次点击 Network->TCGA,导入已发表文章中用 TCGA 癌症数据构建的癌症通路图(图 12-74)。

我们以 TCGA BRCA 2012 TP53 Pathway 为例,选择 Network->TCGA->BRCA->TCGA BRCA 2012 TP53 Pathway,将其导入画板中(图 12-75)。

之后,我们可以对该通路添加突变信息,我们依次选择 Alteration %->Load From cBioPortal->Acinar Cell Carcinoma of the Pancreas->Mutation,结果如图 12-76。

此外,PathwayMapper 还允许自己创建通路图,可以自定义节点和边的类型。节点有以下几种可供选择,分别是 geneFamily:为多个属于同一个父复合节点的基因组合在一起;Complex:以父复合节点表示的成员基因的分子复合体;Compartment:基因和相互作用的细胞位置,用父复合节点表示;以及 Process。边的可选类型有:Activates(激活)、Inhibits(抑制)、Induces(转录激活)、Represses(转录抑制)和 Binds(绑定)。

NOTES

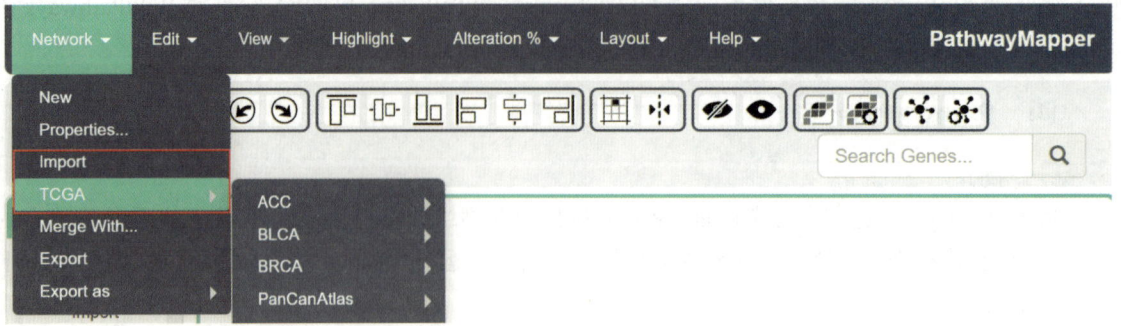

图 12-74 导入数据示例

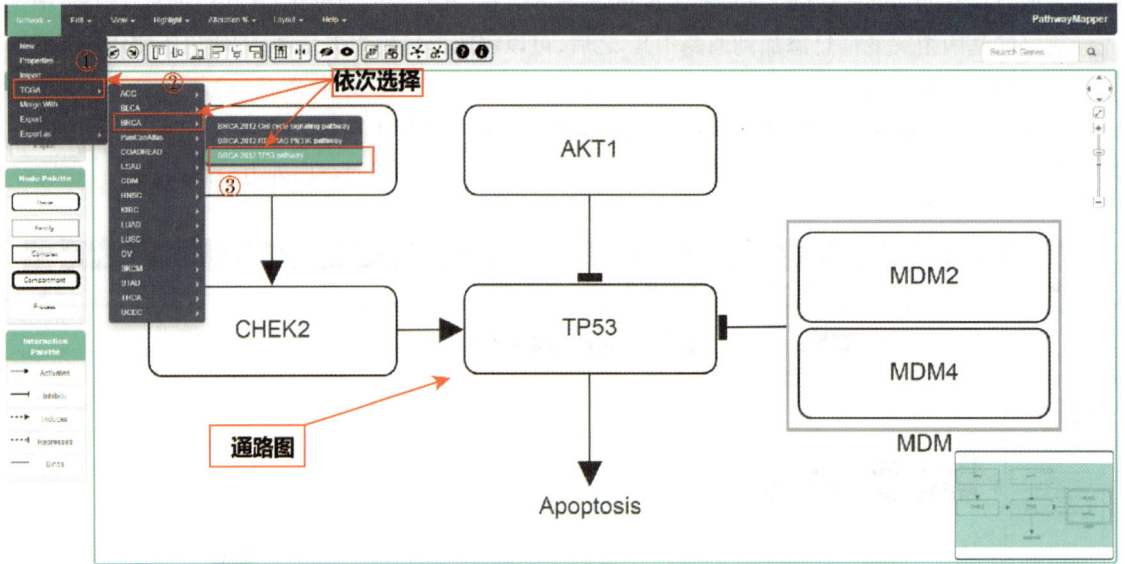

图 12-75 TCGA BRCA 2012 TP53 Pathway

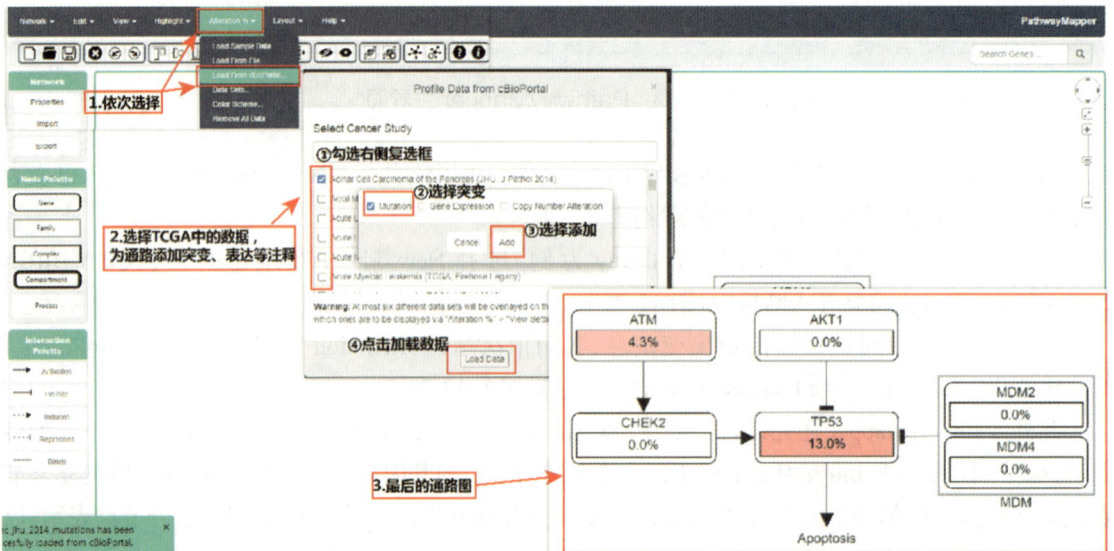

图 12-76 为通路添加突变信息

在创建节点时,需要将其从左侧节点工具拖放到面板。同样,要创建边,首先从交互面板中选择边的类型。然后,单击源节点顶部的绿色圆圈并将其拖动到目标节点。

在编辑完通路后,我们可以将通路导出,依次选择 Network->Export as,我们可以选择 4 种不同的格式,分别是 JPEG、PNG、SVG 和 SIFNX(图 12-77)。

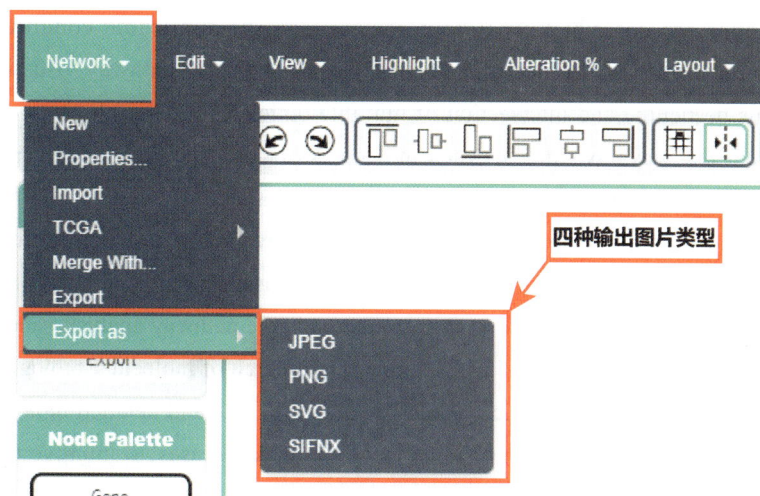

图 12-77　导出示例

总的来说,PathwayMapper 是一个用于癌症通路可视化和编辑的在线工具。可查看已发表文章中癌症通路,或自己创建通路。同时,可为通路添加基因组突变信息。

小结

基于新一代测序技术产生的大量数据资源,越来越多的生物分子被识别出来,其与特定疾病之间的联系也逐渐浮出水面。分子生物通路为具体生物学过程与复杂疾病机制的研究之间,搭建了一座桥梁。本章首先介绍了具有代表性的几大生物通路相关数据库以及其他数据资源,包括 KEGG、Reactome 以及 PathBank 等;紧接着描述了几种常见的生物通路富集分析方法,并详细讲解了三种实用的生物通路富集分析软件以及具体操作步骤,如 clusterProfiler、DAVID 等;最终分别介绍了四种通路网络可视化软件,包括 KEGG Mapper、PathView、PathVisio 和 PathwayMapper,重点描述了以上软件实现通路可视化的适用条件与详细流程,以满足未来对通路可视化的不同需求。总之,随着多个组学层面研究的不断深入与相互交叉,同类型,甚至不同类型分子间存在的多种分子生物通路分析,逐渐成为生物信息学研究不可或缺的一环。然而,由于数据量的庞大、通路类型的多样性以及研究结果的不断革新等因素,要求研究人员熟知相关数据库的特点和不同通路分析可视化软件的操作流程,以便根据不同研究目标与前提条件制定可靠的通路分析方案。未来分子生物通路的研究会更加多样化与个性化,从而为解析生物分子与特定类型复杂疾病之间的联系,提供可靠而翔实的生物学基础,大大提高生物信息学研究结果的可解释性。

Summary

More and more biomolecules are being identified, and their links with specific diseases are gradually becoming clear, based on the vast amount of data resources generated by the new generation of sequencing technology. Molecular biological pathways bridge the gap between specific biological processes and the research of complex disease mechanisms. In this chapter, several representative databases related to biological pathways and other data resources are introduced, including KEGG, Reactome, and Path Bank. It is followed by common biological pathway enrichment analysis methods, and three practical analysis software and specific operation steps are explained in detail, such as clusterProfiler, DAVID, etc.Finally, four biological pathway network visualization software, including KEGG Mapper, PathView, PathVisio and Pathway Mapper, are described separately, focusing on the applicable conditions and detailed processes for the above software to meet the different requirements of pathway visualization. In short, with the continuous deepening and intersection of multiple omics-level research, the analysis of multiple molecular biological pathways existing between molecules of the same type, and even different types, has gradually become an indispensable part of bioinformatics research.However, due to the large amount of data, the diversity of pathway types, and the continuous innovation of research results, researchers are required to be familiar with the characteristics of relevant databases and the operation process of different pathway analysis visualization software, so as to formulate reliable pathway analysis schemes according to different research objectives and prerequisites.In future, the research of molecular biological pathways will be more diversified and personalized, which would provide a reliable and detailed biological basis for the analysis between the biomolecules and specific types of complex diseases, to improve the interpretability of bioinformatics research results.

(肖 云 李 霞)

思考题

1. 简述生物体内常见的生物学通路有哪些。
2. 简述 KEGG 数据库可以分为几类，并说明每一类中包含哪些数据库。
3. 列举三种常用的生物通路富集分析软件，并简述其中一种的具体分析流程。
4. 简述四种常见的通路可视化软件。

第三篇
生物信息学与人类复杂疾病

第十三章 疾病基因组分析原理与方法

CHAPTER 13 PRINCIPLES AND METHODS FOR DISEASE GENOMICS ANALYSIS

- 单基因疾病致病突变分析的主要策略是对罕见变异和其所在基因的功能进行排查与优选。
- 多基因易感突变和基因的分析主要依赖于样本的统计关联检验和结合公共资源的多组学整合分析，位点间连锁不平衡的处理是分析中的关键因素。
- 肿瘤驱动突变和基因的检测主要依赖于肿瘤组织体细胞突变的基因组特征和突变富集评估。
- 各类疾病基因组数据库资源为疾病的精准诊疗提供了重要参考依据。

第一节 引 言
Section 1 Introduction

　　疾病基因组分析是指在基因组水平使用计算方法与软件全面解析基因型与疾病表型间关系的研究方法，是生物信息学在遗传学领域的重要拓展。鉴别疾病相关的突变和基因一直是遗传学最重要的研究之一，且决定了精准医学未来发展的广度与深度。早期遗传学研究主要依赖候选基因策略发掘致病突变，严重受限于认知水平，并且效率低下。随着基因组研究相关技术日益成熟，征服致病突变的"认知战争"在二十世纪末开始，由候选基因策略的"游击战"转变为基因组层面的大规模"正面战争"。理论上讲，从基因组层面解析基因型与疾病表型可以更全面地发掘致病突变和基因。然而，从基因型到疾病表型的形成往往经历了不同发育时间和空间的复杂生物学过程，且干扰因素诸多。在有限的样本中，两者通常表现出扑朔迷离的关系模式，因此根据疾病、样本和基因组数据特性设计合适的分析方法与模型就极为重要。

　　本章将分别对单基因病、多基因病和肿瘤三类不同的疾病介绍其主流的疾病基因组数据类型、分析原理和相关软件，最后也将提及丰富的疾病基因组参考资源。现代研究中，单基因病的分析主要在家系样本中进行，利用全外显子组测序（whole exome sequencing，WES）策略对罕见且功能影响较大的蛋白编码突变展开甄别。在家系较大时，传统的统计连锁分析（linkage analysis）也可以有效地帮助筛选重要区域。多基因疾病则主要基于无亲缘关系的病例、对照样本利用全基因组关联研究（genome-wide association study，GWAS）策略，结合统计学与生物信息学整合分析发掘疾病易感位点和基因。肿瘤基因组分析主要考察体细胞突变（somatic mutation）与肿瘤细胞生长、转移的相关性。近些年，在高通量基因测序等分子遗传技术推动下，疾病基因组学取得了长足发展，并产生了大量有助于临床转化的资源。通过对这些内容的学习，医科学生可以系统地把握疾病基因组学的基本思想和原理，为今后从事相关的基础与临床研究奠定扎实全面的理论基础和分析思路。

第二节　孟德尔疾病致病基因的外显子组测序研究
Section 2　Exome Sequencing Study on Mendelian Diseases and Causal Genes

一、孟德尔疾病的基因组特征

孟德尔疾病是指在患病家系中一般呈现特定的显性或隐性的孟德尔遗传模式的疾病。对于单个患者而言,疾病发生的原因往往是单个基因发生突变,因此也称之为单基因疾病(monogenic disorder),但罹患同一疾病的不同家系的患者致病突变和基因不一定相同。据估计,超过 85% 的单基因病的致病突变都在蛋白质编码区,这些突变主要通过损害蛋白质的功能引起疾病,且往往在人群中的频率很低(<1%)。

虽然单个孟德尔疾病在人群中相当罕见(约 1‰),但由于其种类繁多,所以在新生儿中的总体患病率并不低。目前已知的孟德尔疾病大约有七千多种,且超过一半的病例还无法准确鉴定致病突变和基因。当今鉴别孟德尔疾病致病突变和基因最主要的研究方法是外显子组测序研究,其中许多计算分析方法都是基于孟德尔疾病致病突变和基因的基因组特性所展开的。

二、研究设计与基本流程

外显子组测序研究(exome sequencing study)是指通过对基因组所有外显子区域进行高通量测序,结合生物信息学分析进行致病突变和基因鉴定的研究。人类基因组中大约包含 18 万个外显子,仅占整个基因组的 1% 左右(约 30MB)。因此,相比于全基因组测序策略,外显子组测序可以在更加经济、高效的基础上达到更高的测序深度,有利于低频变异和罕见变异的研究;而相比于基于遗传标记的传统遗传定位研究,外显子组测序研究直接对蛋白质编码基因进行研究,可以直接定位影响蛋白质结构的致病突变和基因。2010 年,研究人员通过对 7 个病人的外显子组测序研究发掘了 Kabuki 综合征(一种先天发育缺陷)的致病突变和基因,该小样本研究的成功提示外显子组测序研究可能比基于遗传标记的传统的遗传定位研究更加有效。随着测序成本的降低和分析技术的进步,外显子组测序研究已经成为孟德尔疾病遗传学研究的主流策略。

孟德尔疾病的研究思路根据样本情况不同可分为两类。第一类是基于家系样本,需按照家系遗传的规律,选取一个或多个相同疾病的家系的核心病人和对照成员。对于有先证者的大家系而言,不一定要对所有成员进行测序。样本选取的基本原则是:如果测两个病人,选亲缘关系尽量远的个体测序;而如果只对一个病人和一个正常人进行测序,尽量选择亲缘关系近的两个个体,这样有利于后期的致病位点的排查。第二类是基于散发样本,则需选择患有相同疾病的无亲缘关系的病人。当然,适当地选择未患病的正常个体作为对照样本可以大大增强后续分析结果的可靠性。

孟德尔疾病的全外显子组测序研究的基本流程如图 13-1 所示。全外显子组测序研究的原始样品主要为外周血,部分可以为特定的组织样品,通过特定的提取试剂盒或其他提取方法提取样品中的基因组 DNA。足量的高质量 DNA 样品是测序分析的基本保障,用于文库构建的 DNA 样品总量需≥1μg,不能有严重的降解,并且 DNA 样品的 OD260/OD280 需达到 1.8~2.0(表示无蛋白质、RNA 污染)。文库构建前,首先将完整的 DNA 通过超声或酶切等方法随机打断成 200~300bp 的短片段 DNA,再对打断后的短片段 DNA 进行文库构建,包括将 DNA 片段两端通过末端修复去除黏性末端变为平末端,随后在 5′ 端加上磷酸基团,在 3′ 端加上 A 碱基重新变为黏性末端,然后加上各种接头用于 DNA 片段的固定、区分样本和结合引物等,最后通过扩增得到文库。文库构建完成后,即可进行外显子区域的捕获,一般使用特定测序平台指定的捕获试剂(即带有生物素的外显子探针库)对目标片段进行杂交捕获,然后分离出目标片段 DNA 后进行特定的 PCR 扩增,得到测序文库。测序文库经

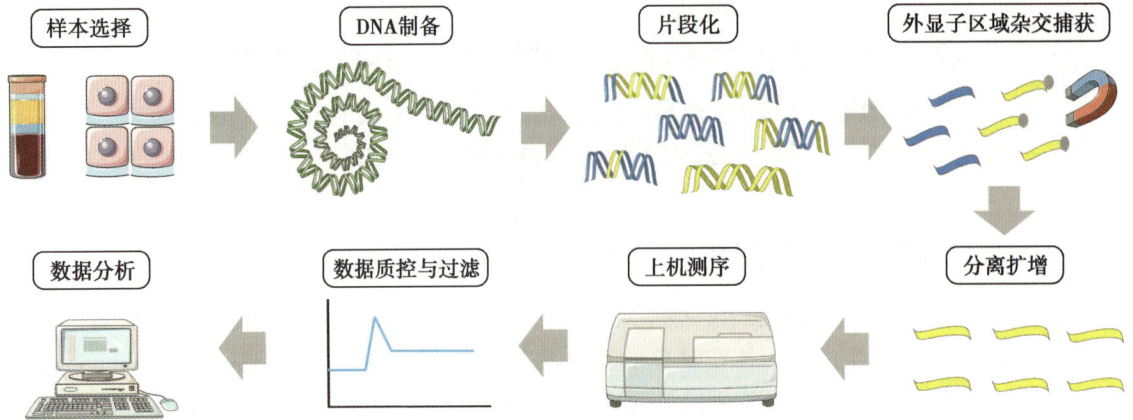

图 13-1　全外显子组测序基本流程

过质量检测即可进行上机测序,再对测序后的下机数据进行质量控制。最后通过生物信息学分析挖掘蛋白编码区域中与特定的表型或疾病相关的致病突变和基因。

三、变异位点检测

高通量测序平台产生大量的短片段序列(称之为测序读长,sequencing reads)和相应的测序质量数据。这些数据通常以 FASTQ 格式储存于文本文件中,此处 Q 意指测序质量(quality)。由于测序数据存在一定的误差,所以在使用测序数据之前必须经过一定的质量控制,如去除测序的接头序列和低质量的 reads 序列。FASTQC[#](本章所有相关软件或资源介绍见书末参考网址,下同)是一个用于测序数据质控的主流软件,可快速输出网页版的测序质量评估报告。通过质控检查标准的数据方可用于后续的变异位点检测。变异位点的检测主要包含两大分析步骤,序列拼接和变异检测。

1. 序列拼接　指利用 reads 之间的重叠关系,通过序列比对和堆叠的方式组装目标基因组序列,并定位与目标序列存在差异的高质量碱基序列的分析方法,流程主要包括序列比对、排序、去重复、局部重比对、碱基质量校正等。由于 Fastq 文件中的 reads 没有顺序关系,则需将其与参考基因组比对,找到每一条 reads 在参考基因组上的位置,常用的比对工具有 BWA[#]、MOSAIK[#]、Novoalign[#] 等,比对完成后得到的文件为 SAM(Sequence Alignment/Map)格式或 SAM 的二进制压缩格式 BAM(Binary Alignment/Map)。随后要将比对后的文件中的 reads 按照基因组中的位置进行排序以便于后续的分析。此外,由于文库构建需要经过 PCR 扩增,经过扩增得到的序列会增大变异检测结果的假阴性率和假阳性率,所以去掉重复序列是必不可少的。由于大部分的比对算法在序列插入或序列缺失(insertion 和 deletion,简称 InDel)的区域准确性相对较低,所以局部重比对的目的是将比对过程中所发现的有潜在 InDel 的区域进行校正。最后,由于后续的变异检测是一个非常依赖于测序碱基质量值的步骤(碱基质量值是衡量测序得到的碱基的准确率的重要指标),所以碱基质量重校正步骤是为了得到可信度更高的质量值以降低变异检测的错误率。完成以上步骤后,会得到一份相对可靠的测序数据,用于变异检测。

2. 变异检测　指通过测序方法对某物种(个体或群体)的基因组进行测序差异分析,并识别出不同遗传变异信息的过程。这些变异信息与特定表型或疾病存在联系,可用于开发分子标记或建立遗传多态性数据库,为后续挖掘功能基因和揭示物种进化关系等奠定数据基础。根据变异来源,检测的变异主要分为生殖系突变和体细胞突变;根据突变类型,检测的变异主要分为单核苷酸变异/多态性(SNV/SNP)、插入缺失(InDel)、结构变异(SV)和拷贝数变异(CNV)等(图 13-2)。根据不同的需求选择不同的变异检测方案,常用的变异检测工具具有 GATK[#]、SAMtools[#] 和 VarScan2[#] 等。

变异检测后的输出结果通常以特定的文件格式进行储存,VCF(Variant Call Format)是存储变异位点的标准格式,它是专门用于记录和描述 SNP、InDel、SV 和 CNV 等变异信息的文本文件。VCF 文件包含注释信息行、标题行、数据行(图 13-3)。其中,注释信息行的行首为"##",内容是键值对的形式,通常包含 VCF 文件版本信息、参考基因组信息、软件执行信息、相关字段含义等;标题行的行首为"#",前 9 个字段都是固定的,分别为 CHROM(染色体编号)、POS(变异位点在参考基因组中的位置)、ID(变异位点编号)、REF(参考碱基)、ALT(相对参考序列突变的碱基)、QUAL(变异位点的 Phred-scaled 质量分数)、FILTER(变异位点过滤状态)、INFO(附加信息)、FORMAT(基因数据格式),之后若干列为样本名称;数据行中每一个变异位点占用一行,变异位点信息按照标题行顺序进行填写,使用制表符分割数据,缺失信息使用"."占位。

得到 VCF 文件后,需要再次对变异位点进行质量控制和过滤,目的是通过一定的标准和条件,最大可能地剔除假阳性的检测结果,并保留正确数据。质控可以系统性地从三个层面展开。

1. 基因型水平　受到覆盖深度和测序噪声的影响,每个位点在个体的基因的可信度不均一,即有质量差别。基因型水平质控主要考量基因分型的质量评分、测序深度(即覆盖某位点的 reads 的数量)和正反向测序的偏差,没有达到阈值的基因型在后续分析中将被删除。

2. 位点水平　质控也可以对某位点所有基因型进行整体上的考量。VCF 文件中主要有位点的测序质量评分(phred quality score)、比对质量评分(mapping quality score)。此外,当样本的数量较大(>100)时,GATK 可以计算 variant quality

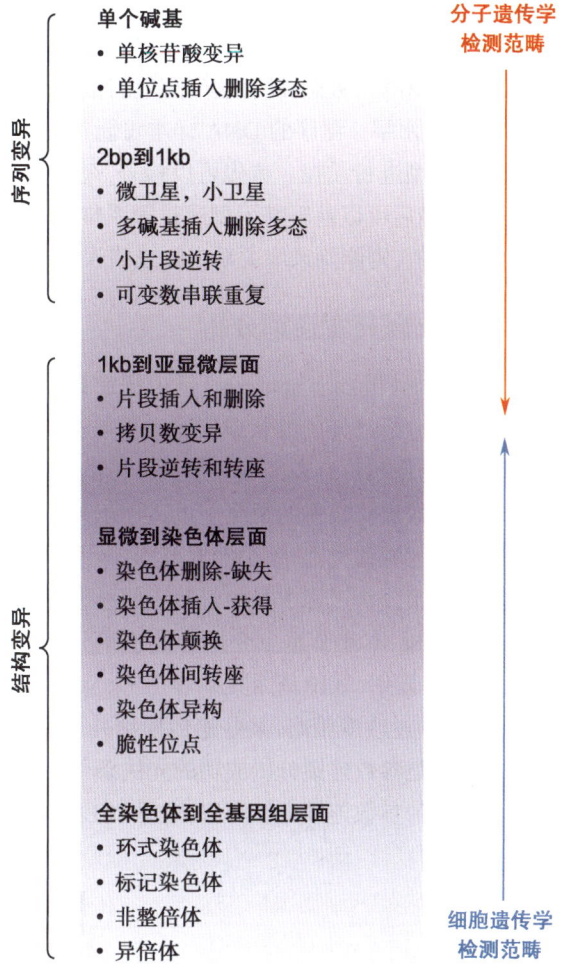

图 13-2　人类染色体上的序列和结构变异

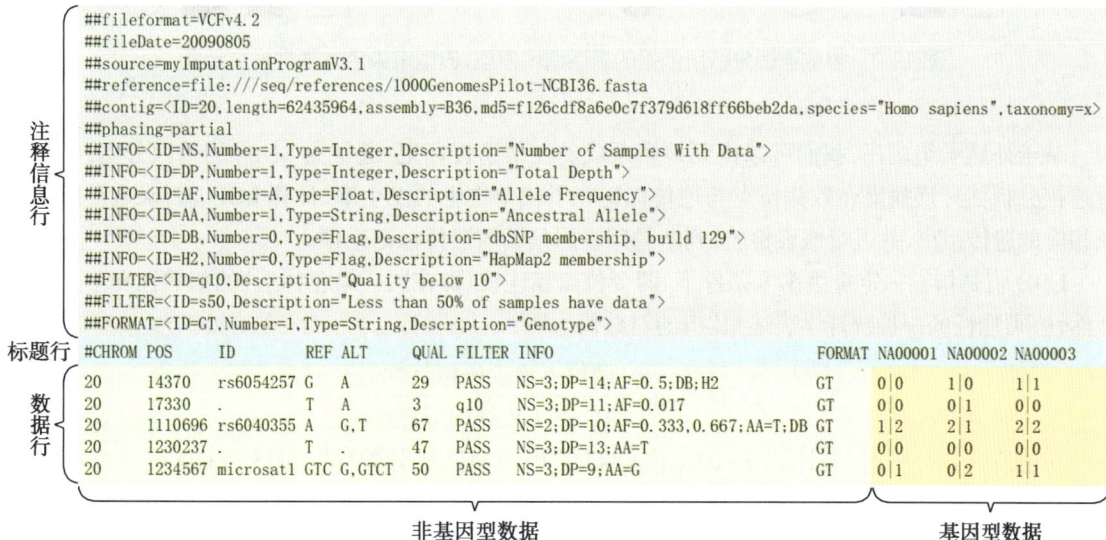

图 13-3　VCF 规范格式示例

score recalibration（VQSR）。VQSR 是通过机器学习的方法,利用多个不同的已知的突变数据集的特征来训练模型,从而对新的变异数据进行质控和过滤。此外,位点基因型的缺失率和 Hardy-Weinberg 平衡度也可以纳入考虑,没有达到阈值的位点在后续分析中也将被删除。

3. 个体水平　测序的 DNA 样本可能存在污染或裂解过于严重,甚至标注错误等情况,因此需要对个体基因型进行质控。首先可以检查 Y 染色体的基因型判断样本的性别,再检查每个个体的基因型缺失率,最后可以基于基因型通过家系推导软件 KING[#] 估计并删除测序错误率较高的个体。若是基于家系分析,则删除亲缘关系未知或错误的个体以免导致错误的分析结果。

四、致病突变连锁分析

连锁分析（linkage analysis）是根据家系中遗传标记重组率来计算两等位基因之间距离的方法,主要是通过分析已知的性状或疾病表型与遗传标记基因型在家系中的共分离（co-segregation）模式,来推断、定位致病位点和区域。连锁分析虽然是早期家系遗传分析中常用的方法,但在分析样本的家系比较大或数量比较多的情况下也适用于外显子组数据分析。基于大样本的连锁分析可以有效帮助重要基因组区域的优选,缩小搜索范围。

根据连锁分析过程中是否依赖于假设显、隐性遗传模型,连锁分析方法可分为参数连锁分析和非参数连锁分析,本小节重点介绍参数连锁分析。对于单基因病,研究人员易于得到疾病的遗传方式（图 13-4）、外显率、等位基因频率等指标,从而确定相应的遗传模型进行连锁分析。随着统计方法的不断发展,通过改变策略,某些遗传模型并不清楚的疾病也适用于连锁分析。但无论如何,建立相对准确的模型是参数连锁分析成功的先决条件。直接计分法和似然比对数（logarithm of odds,LOD）值法是最常用的参数连锁定位方法,这里以 LOD 值法为例进行简要介绍。

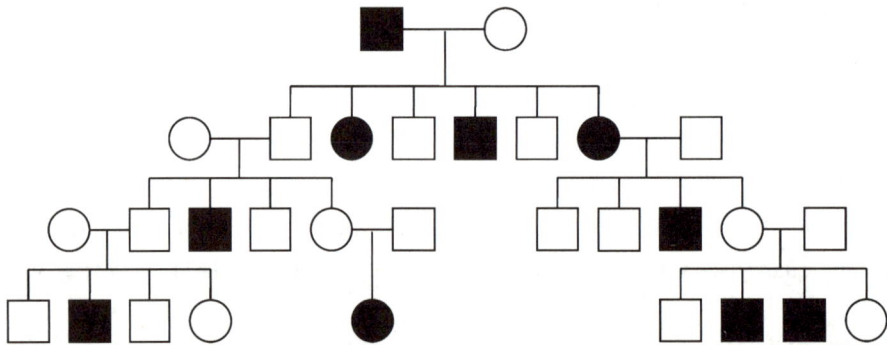

图 13-4　参数连锁分析所依据的家系遗传模型:典型常染色体隐性模型示意

基于外显子组测序,我们可以得到该家系成员在某遗传标记（通常为 SNP）的基因分型,然后通过连锁分析估计疾病潜在致病位点与遗传标记在子代中重组的发生率,计算 LOD 值,确定重组分数及相应的遗传距离,并进行假设检验,判断易感基因是否与遗传标记连锁。

LOD 值是指在一定重组率 θ 条件下,两个位点相连锁（即在同一染色体上）的似然性和不连锁的似然性（可能性的一种统计学表述）比值的对数值。即

$$LOD = \log_{10} \frac{两位点连锁的似然性}{两位点不连锁的似然性}$$

（13-1）

在进行连锁分析时,要计算 $\theta = 0.0$（不重组）到 $\theta = 0.5$（随机分配）的一系列 LOD 得分。当 LOD 得分为 +3 或更大时,支持连锁;当 LOD 得分小于或等于 −2 时,排除连锁。LOD 得分最大时的 θ 值被接受为最大似然估计值。LOD 值的计算还可以拓展到更稳健的多位点参数连锁分析。由于现有的 S.A.G.E.[#] 和 MERLIN[#] 等软件包提供了包括 LOD 值法在内的多种参数连锁分析工具,这里对具体的

算法不再展开介绍。参数连锁分析方法已经被大量应用于孟德尔遗传病的遗传定位研究中,在大家系研究中取得了诸多成功案例(如脊髓小脑共济失调致病基因的鉴定等)。

非参数连锁分析是一种在分析前不需要确定疾病遗传模型参数(如遗传模式、基因型频率、外显率等)或半依赖模型的分析方法。最常用的非参数连锁分析方法是等位共享方法(allele-sharing method)。等位共享方法不依赖于遗传模型的构建,通过显示受累亲属间在染色体某区域(或位点)共享遗传变异的比例是否高于随机情况的概率(该概率由亲缘关系决定,例如同胞对随机情况下在染色体某区域共享遗传变异的概率是 0.5),以推断易感突变是否位于该区域(或位点)。由于等位共享的方法是一种非参数方法,比参数连锁分析方法有更宽泛的应用范围,而且即使在受累于亲属中不完全显性、表型复制、遗传异质性和高频等位等影响因素时,也有较好的表现。其主要缺陷是检验结果通常没有参数连锁分析方法显著。MERLIN[#] 等免费开源软件包提供了非参数连锁分析的程序。

五、位点注释和过滤优选分析

外显子组测序在每个个体中平均会发现 60 000~100 000 个 DNA 序列变异,这些变异绝大多数是中性的,与患者的疾病无关。因此,孟德尔病致病突变和基因发掘的重要挑战在于发现可能导致目标疾病的少数变异。该目标可以通过一系列注释和过滤步骤来实现,主要包括遗传水平过滤、位点水平筛选和基因水平优选,基本流程可参考图 13-5。

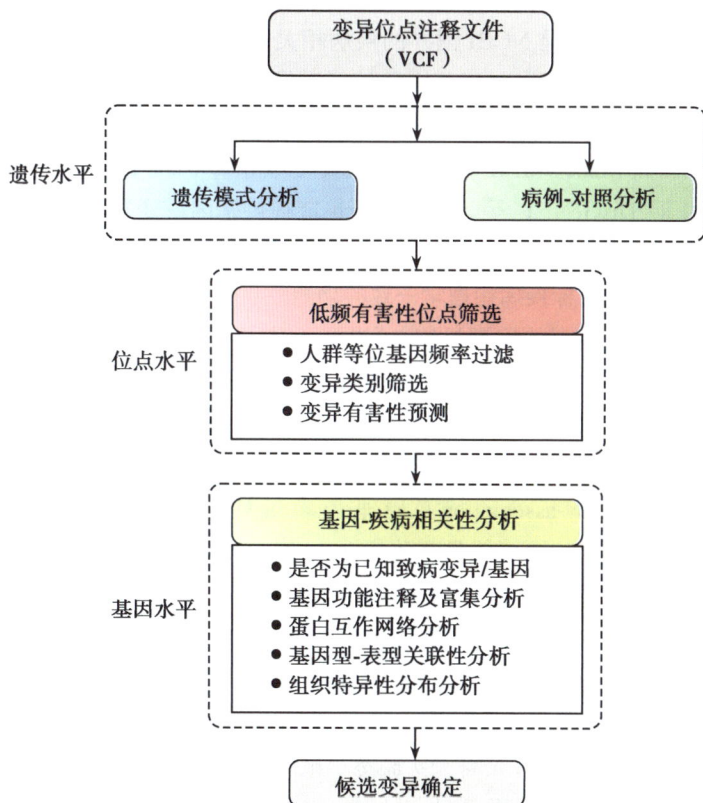

图 13-5　外显子组测序筛选孟德尔疾病致病变异的基本流程

(一)遗传水平过滤

遗传水平过滤是指对于家系型样本,可以通过观察疾病在家系成员间的遗传特征,确定疾病遗传模式(包含显性遗传、隐性遗传、复合杂合型遗传以及新发突变等),利用家系成员或序列信息过滤掉与疾病遗传模式不符的变异位点。例如,假定疾病为隐性遗传模式,则滤除患者中的杂合变异以及和对照个体共有的纯合变异位点。对于散发样本,则采用病例-对照的分析模式,寻找患者共有而正常个体没有的变异。遗传水平的过滤往往可以排除大量不太可能致病的位点。

(二) 位点水平筛选

位点水平筛选是指利用位点的基因组特征排除不太可能致病的位点。由于孟德尔疾病的遗传变异很少出现在正常对照人群中,因此可以基于大规模的人群资源数据,如千人基因组、ExAC、gnomAD 等,使用较为严格的等位基因频率阈值(常用 1%)过滤掉常见变异位点。需要注意的是,由于遗传背景的差异,相同变异在不同人群中的携带率可能不同,不合适的人群参考数据集选取会影响变异位点过滤的有效性。此外,还可以使用基因组位置和变异类别的注释进一步选择对基因产物影响较大的变异。与同义突变相比,非同义突变在孟德尔病致病变异分析中更值得被关注,这是因为错义突变、无义突变、移码突变、剪接突变等更易影响编码蛋白的功能。同时还可以利用变异有害性预测工具对变异根据功能影响进行优先级排序,优先关注保守性更强、对基因及基因产物更有害的变异。

(三) 基因水平优选

经过上述步骤,通常可以获得几个到上百个候选变异,即使它们都被评估具有功能有害性,但仍需结合对应基因及其功能的现有知识进一步识别可能与目标疾病相关的候选变异。可以从以下几个方面考量:

1. 该变异是否已知与目标疾病或相关疾病有关?

如果变异位点符合目标疾病的已知致病机制,且遗传方式与既定模式一致,那么基本可以确认该变异为遗传病因。ClinVar[#] 是 NCBI 创办的疾病相关人类基因组变异数据库,是有关此信息的常用资源。其次,如果该变异或变异对应基因已被报道导致目标疾病或相关疾病,也可作为该变异强致病性的有力证据。这些信息可以从大型生物医学数据库中获得,如人类孟德尔遗传在线(Online Mendelian Inheritance in Man, OMIM[#])、人类基因突变数据库(The Human Gene Mutation Database, HGMD[#])、DECIPHER[#]、DisGeNET[#] 等。文献调研也能提供基因或变异的疾病关联信息,但作为证据支持使用时应当更加谨慎。

2. 该基因是否具有与目标疾病病理学一致的功能?

如果目标疾病有较为清晰的病理机制,可以基于基因本体(gene ontology, GO[#])对基因进行功能注释,分析二者的相关程度,帮助评估变异的致病可能性。类似的,可以将基因映射到 KEGG[#] 或 Reactome[#] 通路中,分析该基因(或基因产物)是否位于已知疾病的相关通路中。

3. 基因产物是否与已知疾病基因的编码蛋白发生相互作用?

基于"关联获罪(guilt-by-association)"原理,在背景网络中与已知致病基因(或基因产物)存在相互作用的基因(或基因产物)更可能具有致病性。STRING[#] 数据库及其相关搜索工具可以识别候选基因编码蛋白的互作伙伴,以及发现一组基因产物间是否存在相互关系。

4. 该基因的突变或动物敲除是否会导致疾病或疾病标志性表型?

人类表型本体(human phenotype ontology, HPO[#])提供了基因到疾病异常表型的映射关系,并以有向无环图形式对表型进行了结构化的统一整理,为表型相似度比较奠定了基础。小鼠基因组信息(mouse genome informatics, MGI[#])是有关实验室小鼠的国际数据库资源,提供了集成的遗传、基因组和生物学数据。统一表型本体(unified phenotype ontology, uPheno[#])集成了包括小鼠、斑马鱼在内的多个物种,构建了跨物种的表型本体。这些来自模式动物的疾病或表型关联信息也是评估变异致病性的有力资源。基于这些资源,目前已开发了多种表型驱动的孟德尔致病基因发现方法,它们通过评估候选基因相关疾病与患者的表型相似性来预测疾病基因,代表性的方法有:Exomiser[#]、PhenIX[#]、Phenolyzer[#] 等。

5. 该基因是否在目标疾病的组织或器官中表达?

对于有明确组织特异性倾向的疾病,可以优先关注有相应组织特异表达的基因突变。NCBI 中的

Gene 数据库[#]、Expression Atlas[#]和基因型-组织表达数据库（The Genotype-Tissue Expression，GTEx[#]）都是用于此分析的资源。

六、非同义突变有害性评估与分析结果解读

变异的罕见性、有害性以及与疾病状态的共分离强度是衡量变异是否可以作为候选变异的主要标准，基于疾病的分子或细胞机制的现有知识分析基因与疾病的关联有助于优先考虑更有潜力的候选变异。通常而言，满足多个过滤条件的变异更有可能与疾病关联。但在许多情况下，并非所有的上述步骤都是必要的，不同分析产生的证据可能是相悖的。鉴于临床变异解读不断增加的复杂性，2015 年，美国医学遗传学与基因组学学会（The American College of Medical Genetics and Genomics，ACMG）和分子病理协会（The Association for Molecular Pathology，AMP）联合发表了用于孟德尔疾病变异解释的《遗传变异分类标准与指南》，给出了基于典型的数据类型（如人群数据、计算数据、功能数据、共分离数据）对变异进行五级分类（"致病的""可能致病的""意义不明确的""可能良性的"和"良性"）的标准，是目前国际相对公认的分类准则（详见推荐阅读资料）。

非同义突变指能引起氨基酸序列发生改变的突变，是孟德尔疾病最常见的病因。人的外显子组中含有大量的非同义突变，但其中绝大部分都不会导致疾病（即中性突变）。导致疾病的突变往往对其基因或基因产物的功能构成有害性，包括影响蛋白质的结构和功能、蛋白质-蛋白质相互作用、蛋白质表达和亚细胞定位等。准确区分有害性和中性突变是临床遗传学的基本目标之一。

生物信息学领域目前已经开发了多种计算机软件用于预测非同义突变对基因功能的影响（图 13-6）。这些工具的预测原理不尽相同，有的基于氨基酸序列的进化保守性进行评估，有的通过分析氨基酸的电荷、极性、疏水性等理化性质预测非同义突变是否会破坏蛋白质的结构和功能，预测算法涉及常用的统计学算法如逻辑回归模型等。

表 13-1 总结了 12 种广泛使用的预测软件，下面将以其中 4 种为代表重点介绍。

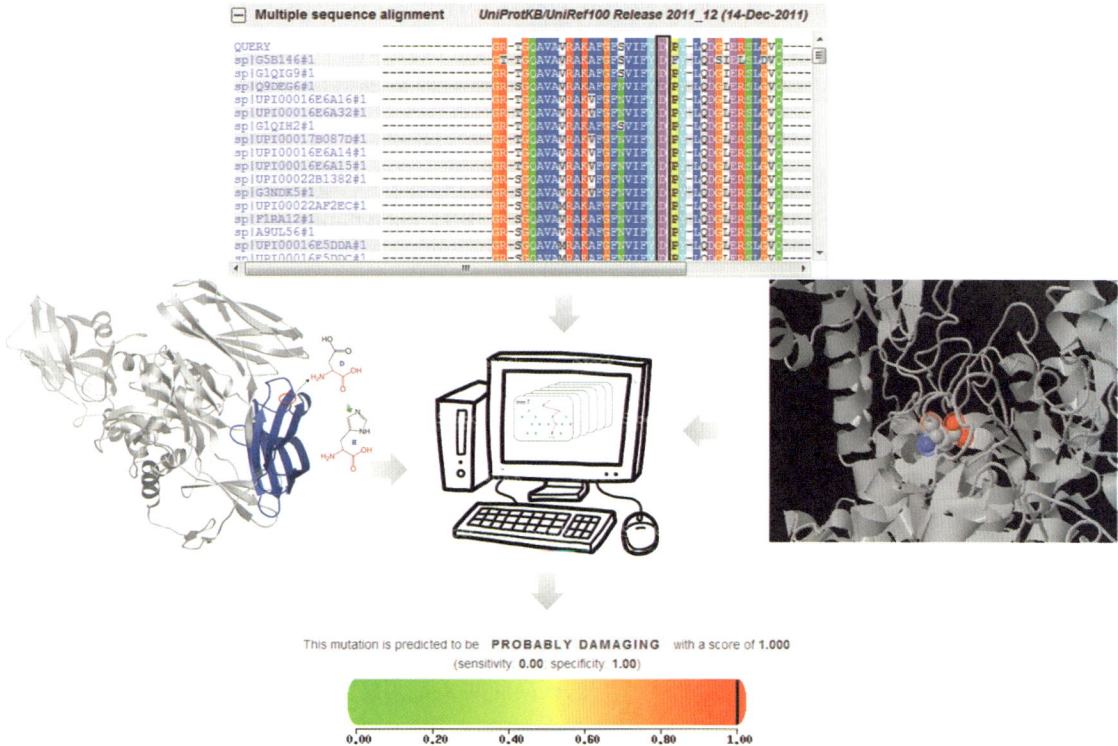

图 13-6　非同义突变有害性预测示意图

表 13-1   常用的非同义突变有害性预测工具

工具名称	基本原理和方法
SIFT[#]	基于蛋白质序列同源性算法分析氨基酸进化保守性
LRT[#]	基于似然比检验分析氨基酸进化保守性
GREP++[#]	使用最大似然法评估进化速率
PolyPhen-2[#]	基于蛋白质结构和功能、进化保守性，使用朴素贝叶斯分类器评估
MutationTaster[#]	整合多个生物医学数据库信息和已有分析工具，使用朴素贝叶斯分类器评估
Mutation Assessor[#]	基于多序列比对分析氨基酸功能保守性
Condel[#]	使用归一化分数加权平均法集成 SIFT、PolyPhen-2、LogR Pfam E-value、MAPP 和 Mutation Assessor 5 种预测分数
PROVEAN[#]	采用基于序列相似性的 Delta 评分方法分析变异后序列与同源蛋白质序列的相似性
FATHMM[#]	使用隐马尔可夫模型评估序列保守性
KGGSeq[#]	使用逻辑回归模型集成 SIFT、PolyPhen-2、LRT、MutationTaster、FATHMM 等 19 种预测分数
CADD[#]	使用支持向量机模型比对新变异与已经在人群中稳定或基本稳定的变异的基因组注释信息
REVEL[#]	基于随机森林集成 MutPred、VEST、LRT、SIFT、MutationTaster 等 13 种预测分数

1. SIFT（Sorting Intolerant From Tolerant）软件　基于蛋白质序列同源性算法，通过比对查询序列和同源序列每个位置所有可能的氨基酸的概率建立进化保守性打分矩阵来预测氨基酸替换的影响。SIFT 预测分数范围为 0-1，代表氨基酸位点被容忍替换的比例概率，评分≤0.05 的位置被预测为 "有害"（damaging），表示预计该替换会影响蛋白质功能；评分 >0.05 的位置被预测为 "容忍"（tolerated），表示预计该替换在功能上是中性的。

2. PolyPhen2　PolyPhen2 软件同时使用氨基酸保守性和蛋白质的结构信息计算氨基酸替换具有破坏性的朴素贝叶斯后验概率，即 PolyPhen2 分数，并报告假阳性率（false positive rate，FPR）和真阳性率（true positive rate，TPR）。PolyPhen2 提供了两套数据集进行训练和测试，分别是 HumVar 和 HumDiv。HumVar 适用于评估孟德尔遗传病的相关变异；HumDiv 适用于评估可能涉及复杂疾病或 GWAS 研究中高密度区的罕见变异。PolyPhen2 分数范围为 0~1，分数越高表示预计该替换更可能是有害的，同时根据不同模型的 FPR 阈值给出定性预测：benign，possibly damaging 或 probably damaging。

3. MutationTaster　MutationTaster 软件整合了多种生物医学数据库信息和多种已建立的工具，分析进化保守性、剪切位点改变、蛋白功能丧失和 mRNA 表达量变化，最后使用朴素贝叶斯分类器评估突变的致病可能性。MutationTaster 输出为概率值，分数越接近 1 表示致病可能性越高。预测结果有四种类型，A：disease causing automatic（已知有害）；D：disease causing（可能有害）；N：polymorphism（可能无害）；P：polymorphism automatic（已知无害）。

4. KGGSeq 有害性预测插件　KGGSeq 使用逻辑回归模型集成了包括 SIFT、PolyPhen2、MutationTaster、MutationAssessor、LRT、FATHMM、PROVEAN、CADD、GERP++等 19 种不同算法的预测结果。不同软件的预测灵敏度和特异性因算法不同各有差异，相同算法对不同的基因和蛋白质序列的预测性能也有不同，因此建议使用多种软件进行非同义突变有害性预测。与单一算法相比，这种组合方法能够结合不同预测算法的特性，实现优势互补，提高非同义突变有害性预测的准确度。KGGSeq 预测分数范围为 0~1，代表突变有害性的后验概率，分数越高表示突变为 "有害突变" 的可能性越大。

需要强调的是，这些结果只是预测，虽然可以作为重要参考依据，但不建议将这些预测结果作为临床诊断的唯一证据来源。

七、分析软件和工具

（一）MERLIN 软件与连锁分析

MERLIN[#] 是一个常用的连锁分析软件包。它利用稀疏树来代表系谱中的大规模基因型数据，显著提升了大量位点连锁分析的速度。MERLIN 可以用于患病家系的参数或非参数的连锁分析，以回归为基础的连锁分析或对数量性状的关联分析等。

MERLIN 进行连锁分析所需的基本输入文件包括：家系文件（*.ped）、数据文件（*.dat）和遗传距离文件（*.map）。家系文件描述数据集中个体间的亲缘关系以及疾病表型和遗传标记的基因型数据，文件中每行表示一个个体的所有信息，每列表示一种特征，分为固定的基本信息列和非固定的表型与基因型数据列。基本信息列共 5 列，依次为：家庭编号、个体编号、父亲、母亲、性别（1 代表男性，2 代表女性）。表型与基因型数据列的数目不固定，包括患病状态（U 或 1 代表正常，A 或 2 代表患病，X 或 0 表示数据缺失），数量性状数据，遗传标记（genetic marker）基因型数据。数据文件指示家系文件中表型与基因型数据列的数据类型，A 代表疾病表型，T 代表定量性状，M 代表遗传标记。如果要对遗传标记进行分析，MERLIN 需要用户提供遗传标记的遗传距离信息。基本的位置文件包含 3 列信息，第一列为染色体编号，第二列是遗传标记的名称（SNP），第三列是位置，以遗传距离厘摩（cM）为单位。详细的文件说明参见书末参考网址。

进行正式的分析之前，通常使用 pedstats 命令检测输入文件是否存在问题。命令示例如下：

```
pedstats -d basic2.dat -p basic2.ped
```

除了基本的输入文件，MERLIN 进行参数连锁分析还需要一个带有特征模型参数的文件（*.model），用于指定疾病位点参数。一般情况下，该文件包含 4 列信息：疾病状态标签（与数据文件匹配），疾病等位基因频率，具有 0、1 和 2 个致病等位基因的个体患病的概率（即外显率），以及分析类型的标签。此外，该文件还可以指定依赖协变量（例如：年龄）的外显率函数。

由于参数连锁 LOD 分数倾向于在标记位置下降，因此可以使用--step 3 命令请求在每对连续标记之间的三个等距位置进行分析。命令示例如下：

```
merlin -d parametric.dat -p parametric.ped –m parametric.map --model parametric.
model --step 3
```

运行该命令后，首先将看到当前 MERLIN 分析的参数设定简况。片刻之后，程序将输出每个位置的分析结果，结果示例如下：

```
Parametric Analysis, Model Dominant_Model
===========================================================
        POSITION        LOD         ALPHA        HLOD
( ... some results edited to save space ... )
        35.000         −1.291       0.000        0.000
        37.500          2.037       1.000        2.037
        40.000          2.263       1.000        2.263
        42.500          2.358       1.000        2.358
        45.000          2.388       1.000        2.388
        47.500          2.201       1.000        2.201
        50.000          1.959       1.000        1.959
        52.500          1.585       1.000        1.585
        55.000         −9.291       0.000        0.000
( ... results continue at other locations... )
```

输出结果依次为遗传位置（cM）、该位置估计的多位点 LOD 分数、关联家族的估计比例（由于示例分析的样本只有一个家族，所以比例总是 0.000 或 1.000），以及对应的最大异质性 LOD 分数。MERLIN 参数连锁分析还有其他的命令选择，包括使用--markerNames 命令指定将输出信息的"遗传位置"替换为"标记名称"；使用--grid n 命令指定沿着等距位置（n cM）的网格进行分析；以及使用--pdf 命令生成包含汇总结果的图形文件。

（二）ANNOVAR 变异注释软件

ANNOVAR[#] 是一款由 Perl 语言编写的、用于注释序列变异位点的开源变异注释软件。它能够基于多种数据库信息，对来自不同基因组（包括人类基因组 hg18、hg19、hg38，以及小鼠、果蝇、酵母等）的遗传变异进行功能注释。

ANNOVAR 的安装包中自带了一些常用的人类基因组注释数据库，存放于其资源目录（humandb/）下。一般情况下，用户可以通过-downdb -webfrom annovar 直接使用这些数据库，也可以自行通过-downdb 参数从 UCSC Genome Browser Annotation Database 中检索并下载所需的注释数据库。

ANNOVAR 软件使用 *.avinput 格式的输入文件，至少包含前 5 列信息，分别为染色体号（Chromosome）、起始位点（Start Position）、终止位点（End Position）、参考等位基因（Reference Allele）和替代等位基因（Alternative Allele），每列以空格或制表符分隔。

ANNOVAR 提供了两个脚本以供注释使用：annotate_variation.pl 和 table_annovar.pl。其中，annotate_variation.pl 的注释方式分为三类：

1. **基于基因的注释（gene-based annotation）**　根据 SNPs 以及 CNVs 的位置信息判别是否会引起蛋白质编码序列或可读框改变，从而影响氨基酸的改变。用户可以自主选择 RefSeq genes、UCSC genes、ENSEMBL genes、GENCODE genes 等基因定义系统来进行注释。可以使用--geneanno 命令调用该注释功能，-dbtype refGene 表示使用"refGene"进行注释。

2. **基于区域的注释（region-based annotation）**　揭示变异与特定基因组区域间的关系，例如：变异是否位于已知的基因组保守区域、预测的转录因子结合区域、片段重复区域等。该函数通过--regionanno 调用，与上面类似，也需要使用-dbtype 指定查询的数据库种类。

3. **基于筛选的注释（filter-based annotation）**　基于特定数据库注释对变异进行过滤。例如：基于千人基因组数据库过滤常见变异；基于 dbSNP 数据库判别突变是否为已知变异；基于 dbNSFP 数据库生成非同义突变有害性预测分数，包括 SIFT、PolyPhen、LRT、MutationTaster、MutationAssessor、FATHMM、MetaSVM、MetaLR 等。这些功能主要使用--filter 命令，--filter 与--regionanno 的主要区别在于前者关注的是突变的碱基改变，而后者操作只关注突变的染色体位置。

使用 ANNOVAR 最简单的方法就是使用 table_annovar.pl 进行注释。该程序可以一次完成基于基因、区域和筛选三种类型的注释，且可以直接使用 VCF 格式的输入文件，无需进行格式转换。示例及其主要参数释义如下：

```
table_annovar.pl example/ex1.avinput humandb/ -buildver hg19 -out myanno
-remove-protocolrefGene,cytoBand,exac03,avsnp147 -operation g,r,f,f -nastring .
-csvout
# -buildver hg19 表示使用 hg19 版本
# -out myanno 表示输出文件的前缀为 myanno
# -remove 表示删除注释过程中产生的临时文件
# -protocol 表示注释使用的数据库，用逗号隔开
# -operation 表示对应数据库需要执行的操作类型（g 代表 gene-based、r 代表
region-based、f 代表 filter-based），用逗号隔开，注意顺序
# -nastring . 表示用点号替代缺省值
# -csvout 表示输出文件为.csv 格式
```

输出的 csv 文件将包含输入的 5 列主要信息以及各个数据库中的注释结果。

（三）KGGSeq 高通量测序数据下游综合分析平台

KGGSeq# 是由中山大学精准医学基因组学课题组编写和维护,利用高通量测序数据进行疾病基因组研究的生物知识挖掘平台,也是国际主流的高通量测序下游分析软件之一。目前该平台已经集成了测序数据质控、变异及基因属性注释、突变位点致病性预测、变异水平关联分析、基因水平关联分析、变异负荷检验等方法,形成了针对孟德尔病、复杂疾病、肿瘤(体细胞突变)的三大分析模块,可进行孟德尔病致病变异检测、复杂疾病易感基因挖掘、肿瘤驱动基因解析等研究工作。

KGGSeq 支持 Windows、Mac 和 Linux 操作系统,需要在 Java8(及以上版本)开发环境下运行。KGGSeq 需要两个输入文件,记录变异位点和基因型信息的 VCF 文件(*.vcf)和记录家系成员关系及疾病状态的谱系文件(*.ped)。在基于外显子组测序数据的人类孟德尔病致病变异发现中,KGGSeq 采取变异位点水平和基因功能与知识水平的两级过滤和优选框架。以下为部分常用的功能和参数说明。

1. 变异位点水平　该部分主要包括质量控制、过滤和变异功能预测。在分析中,需要过滤掉低质量的变异位点以免混淆分析,过滤标准有:基于 Phred 标度的基因分型质量(--gty-qual)、测序深度(--gty-dp)、基于 Phred 标度的测序质量(--seq-qual)、基于 Phred 标度的映射质量(--seq-mq)、等位基因数量(--max-allele)等。KGGSeq 中设置了一系列默认参数值,当不需要质量控制过滤时,可使用参数--no-qc 关闭。

很多孟德尔疾病都有确定的遗传模式,设置--genotype-filter 参数可过滤掉与疾病假定遗传模式不符的变异。常用的组合有:1,2-隐性遗传;3,4,5-显性遗传;4,7-新发突变。也可使用--double-hit-gene-trio-filter 或--double-hit-gene-phased-filter 参数提取复合杂合或者隐性突变位点。--ibs-case-filter 参数可以用于提取病人的共享区间突变。当仅关注编码区的非同义突变时,用户可以基于数据库注释信息(--db-gene refgene,gencode,knowngene)指定选入的变异类型(--gene-feature-in 0,1,2,3,4,5,6)。同时,KGGSeq 可以根据可调整的等位基因频率阈值过滤参考人群中存在的常见变异(--db-filter 1kgeas201305,gadgenome.eas,gadexome.eas --rare-allele-freq 0.01)。此外,由于并非所有的变异对编码蛋白的功能都有同样的影响,KGGSeq 集成了 19 种来自不同算法的有害性预测评分,通过逻辑回归模型更准确地预测非同义突变是否具有潜在的致病性(--db-score dbnsfp --mendel-causing-predict best)。

2. 基因功能与知识水平　KGGSeq 也提供基于基因知识数据库的注释信息,辅助进行变异致病性判断。例如,变异位点对应基因在 OMIM 数据库中的关联疾病注释(--omim-annot);与变异位点对应基因相关的小鼠表型(--mouse-pheno)和斑马鱼表型(--zebrafish-pheno);变异位点对应的编码蛋白是否与感兴趣基因(如:疾病已知致病基因)的蛋白质产物存在蛋白质-蛋白质相互作用(--candi-list gene1,gene2,...,geneN --ppi-annot string);变异位点对应的基因是否与感兴趣的基因存在于同一功能基因集合(--candi-list gene1,gene2,...,geneN --geneset-annot GenesetDatabase),变异位点对应的基因与疾病是否在同一篇论文中被提及(--pubmed-mining)等。

以隐性遗传的孟德尔疾病致病变异筛选为例,KGGSeq 命令参数如下:

```
java-Xmx20g-jar ./kggseq.jar--buildverhg19--nt6--vcf-file/path/to/sample.vcf--
ped-file/path/to/sample.ped--path/to/outFile--excel
--genotype-filter1,2--db-generefgene,gencode--gene-feature-in0,1,2,3,4,5,6--
db-filter1kg201204,gadgenome.eas--gene-var-filter4--mouse-pheno--zebrafish-
pheno--ddd-annot--omim-annot--db-scoredbnsfp--mendel-causing-predictbest--
patho-gene-predict--tissue-spec-annot
```

KGGSeq 常用的输出文件格式为 Excel,输出内容为通过过滤(质控、遗传模式、频率)的变异位点及其相应的有害性预测得分和基因注释信息,更多的功能和参数指令(参考手册)详见书末参考网址。

第三节   复杂疾病易感基因的全基因组关联研究

Section 3   Genome-wide association study on complex diseases and susceptibility genes

一、复杂疾病的基因组特征

复杂疾病通常由多个基因的"微效应"突变及环境因素的共同作用所导致,有时也称之为多基因病(polygenic disease)。复杂疾病的遗传率从10%到80%不等,尽管复杂疾病经常在同一家系中发生聚集,但高遗传率的复杂疾病也不表现为类似单基因病的遗传模式。不同于单基因病,有不少复杂疾病(如糖尿病、精神分裂症等)在人群中相对比较常见,因为每个突变只会增加或减少患病风险。这些突变和基因称为易感(注:不称之为"致病")突变和基因。遗传学界曾有过常见疾病-常见变异(common disease-common variants hypothesis,CDCV)和常见疾病-罕见变异(common disease-rare variants hypothesis, CDRV)两大假说的争论。前者认为特定疾病的人群中可以发现导致其致病的一些常见病的等位基因或者突变(频率大于1%)。但很多研究表明常见变异往往只解释了复杂疾病遗传率的很小一部分。后者认为复杂疾病的遗传因素主要由众多频率较低(一般<1%)、致病风险较高的罕见变异构成。其实,序列变异位点在人群中的频率是疾病基因组研究的一个重要指标,因为它是很多分析方法原理假设的基本依据。首先,变异位点的频率与突变的效应大小相关。大量的研究发现疾病相关位点突变的频率与突变的效应大小总体上呈负相关(图13-7),即致病效应越大的突变在人群中越罕见,效应越小的位点在人群中越常见。其次,变异位点的频率也与疾病的发病率相关。就很多较常见的复杂疾病而言,很多发现的易感突变在人群中具有较高的频率(>10%)。而罕见的单基因病往往不会有高频的致病突变。当然复杂疾病也可能有低频或罕见的易感变异,其效应往往也

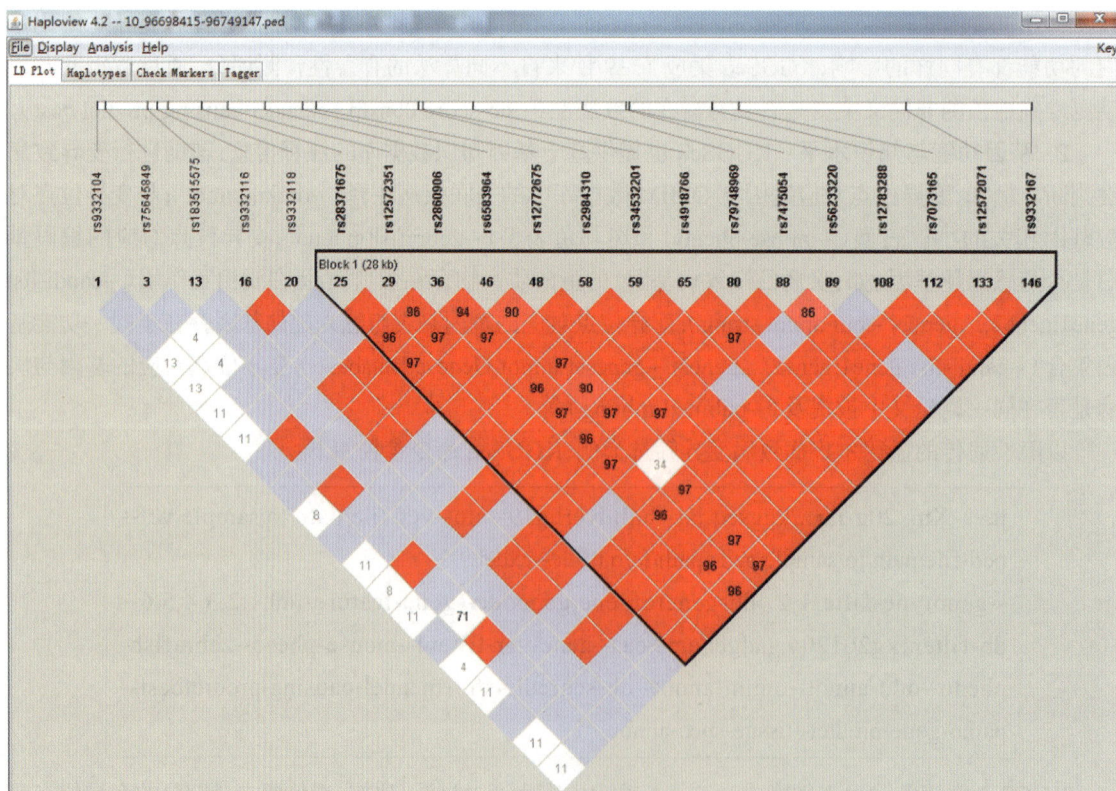

图13-7   突变频率与效应大小和疾病类型的关系图

可能会高于高频的易感位点。利用好这些关系和特点的数据分析模型和方法可能会有更高的统计功效,例如,多位点分析中往往将常见变异与罕见变异用不同的模型合并,可对罕见变异给予更高的权重等等。

但越来越多的研究表明易感位点在人群中的频率有高有低。突变与疾病表型的关系往往表现得相当隐晦。已知超过 90% 与复杂疾病相关的突变都分布在蛋白非编码区。因此,研究推测,相当一部分复杂疾病的易感突变可能是通过调控基因表达而影响复杂疾病表型的形成。而且,有理由进一步推断影响同一疾病的不同基因有一定功能上的联系或相似的基因组特性。然而,尽管有这些基本认识,我们对复杂疾病易感基因和遗传模式的了解还很不全面,复杂疾病的多种影响因素导致其研究极具挑战性。

发掘复杂疾病易感突变和基因的主流策略是基于独立(即无亲缘关系)样本的全基因组关联研究。不过,要在多则数百万的统计关联信号中分离真实的“微效应”易感突变,有很多分析技术难题需要克服。为了提升统计效能,多位点关联分析以及与其他组学的整合分析得到了很大的发展。本节将系统地介绍这些分析方法的原理和关键技术,以及对分析结果的解读。

二、基本概念与原理

(一) 全基因组关联研究

全基因组关联研究(genome-wide association study, GWAS)是指在整个基因组上通过考察变异位点的基因型与疾病表型间的统计关联从而推断易感突变位点的研究。在 GWAS 广泛开展之前,复杂疾病的遗传关联研究通常基于疾病的生物学先验知识,即选取一些候选基因(candidate gene),检验候选基因中某些位点的基因型与疾病状态之间是否存在关联。由于致病机制的复杂性和先验知识的局限性,候选基因策略往往很难发掘易感基因。2003 年 4 月,人类基因组计划(human genome project, HGP)宣告完成,为 GWAS 铺平了道路。之后,第一个稍具规模的 GWAS 发表于 2005 年 4 月 15 日的《科学》杂志,该研究样本包含年龄相关性黄斑变性(age-related macular degeneration, AMD)的 96 个病例个体和 50 个对照个体,对全基因组范围的 116 204 个 SNPs 进行了基因分型,检测到 CFH 基因内含子中的一个 SNP 与 AMD 显著关联($p<$1E-7)。从此,人类复杂疾病的遗传学研究正式从候选基因策略转向 GWAS。

2005 年 10 月,国际人类基因组单体型图计划(international hapMap project,简称 HapMap 项目)发布第一阶段数据。数据包含了四个族群的样本(N=269),覆盖全基因组范围内超过 100 万个 SNPs。HapMap 第一阶段数据首次展示了人类全基因组多态性和 LD 模式,促进了后续 GWAS 的开展。此后,2007 年 6 月 7 日,Wellcome Trust 病例对照协会(Wellcome Trust Case Control Consortium, WTCCC)于《自然》杂志发表了史上最大规模的 GWAS,其研究涉及 7 个复杂疾病(双相情感障碍、冠心病、克罗恩病、高血压、类风湿性关节炎、1 型糖尿病、2 型糖尿病),样本总共包含约 1.7 万个个体,469 557 个 SNP 位点。该研究证明了大样本 GWAS 有足够的统计功效,且对复杂疾病关联位点的发现具有可重复性。该研究在多个方面验证了 GWAS 的性能,确立了 GWAS 的标准化流程,为以后更多的 GWAS 奠定了基础。

由于 HapMap 项目采用高密度 SNP 芯片进行基因分型,尚无法覆盖基因组的全部变异位点。随着二代测序技术的发展,测序成本大大降低。2008 年 1 月,千人基因组计划(1 000 Genomes Project, 1KGP)立项,旨在通过对来自多个人群的不同个体进行全基因组测序,全面描述人类常见遗传变异。至 2015 年项目全部完成,1KGP 利用低深度全基因组测序、高深度外显子组测序和高密度 SNP 芯片的方法组合,通过重建来自 26 个族群 2 504 个个体的基因组,检出了超过 88M 个遗传变异(包括 84.7M 个 SNPs、3.6M 个短插入/缺失、60k 个结构变异)。1KGP 的完成使得人类对全球不同族群的遗传变异和 LD 模式有了全面的认识,使得应用 SNP 芯片检测基因型后,可以对未覆盖的遗传变异进行填补,从而提高识别出真正易感变异的可能性。至 2021 年,NHGRI-EBI GWAS Catalog[#] 记录了超过二十多万个与大量疾病或表型的关联位点。

尽管 GWAS 的样本量,研究覆盖的遗传位点数,以及检测到的关联位点数均迅速增长,但该策略也有一些内在的缺陷。其中最重要的一点是,GWAS 通常可以将与疾病的关联信号定位到基因组的若干个 LD 块上,然而之后的精细定位往往受到诸多因素的限制,无法找出真正的疾病易感位点,也无法对关联信号给出合理的生物学解释。这使得 GWAS 在很多时候尽管定位到了与疾病关联的变异,却不能增进研究人员对疾病遗传学机制的理解,也不能改善疾病的临床诊治现状。如何通过基因组注释和生物学知识找出真正的疾病易感变异是当前 GWAS 研究的关键。此外,尽管 GWAS 的数量呈指数上升,但其中绝大多数样本来自欧洲裔族群。全球不同族群的不同演化历史导致了不同族群间遗传变异和 LD 模式存在明显差异,进而使得复杂疾病关联位点在不同族群间存在明显的异质性。近期,已有一些专注于复杂疾病在不同族群间遗传异质性的研究,如一项对东亚和欧洲精神分裂症病人的 GWAS 研究揭示:在单独某个群体内基于关联位点构建的疾病风险评估模型应用在另外一个群体时性能会明显降低,这表明复杂疾病的遗传图谱存在族群差异。

(二)连锁不平衡

需要注意的是,GWAS 旨在全基因组范围发掘疾病易感位点,但因成本的限制,单项 GWAS 往往无法包括全基因组内的所有变异。尽管如此,GWAS 仍然是发掘复杂疾病易感突变位点的有效方法,这是因为在基因组同一条染色体上很多邻近遗传位点之间的等位基因是有内在关联的,称之为连锁不平衡(linkage disequilibrium, LD)。与易感位点存在 LD 的遗传标记(genetic marker)数量可以高达上百个,只要检测了其中的一个遗传标记往往就可以捕获到遗传关联信号。因此,LD 是 GWAS 的理论基础,并决定了关联分析的精度和所选用标记的数量、密度以及试验方案。

用统计语言描述,当人群中同一染色体不同遗传位点上的多个等位基因同时出现的频率高于或低于随机组合的频率时,就称这些遗传位点处于 LD 状态。为了对 LD 的程度进行量化,我们假定两个遗传位点各有两个等位基因(这里用 A、a 和 B、b 分别表示这两组等位基因),所以共存在四种可能的单体型(Haplotype):A-B、A-b、a-B、a-b。设 P_A、P_a、P_B、P_b 分别为 A、a、B、b 的等位基因频率,有 $P_A+P_a=1$,$P_B+P_b=1$。设 P_{AB}、P_{Ab}、P_{aB}、P_{ab} 分别为 A-B、A-b、a-B、a-b 的单体型频率,有 $P_{AB}+P_{Ab}+P_{aB}+P_{ab}=1$。以单体型 A-B 为例,如果两个遗传位点相互独立(即不处于 LD 状态),A-B 频率等于 A 和 B 随机组合的频率,即 $P_{AB}=P_AP_B$。而处于 LD 状态时,A-B 频率不等于 A 和 B 随机组合的频率,即 $P_{AB} \neq P_AP_B$,此时,$D=P_{AB}-P_AP_B$ 称之为连锁不平衡系数,该值可度量两个遗传位点间 LD 的程度。由于 D 的取值范围取决于 P_A 和 P_B,使用并不方便,以下介绍两种 D 的归一化方式。

1. D' 法

令 $D'=\dfrac{D}{D_{max}}$,其中 $D_{max}=\begin{cases} min(P_AP_b, P_aP_B), D \geq 0 \\ -min(P_AP_B, P_aP_b), D < 0 \end{cases}$

不难看出,在任何等位基因频率下,有 $D' \in [0,1]$。当 $P_{AB}=P_AP_B$ 时,D' 取得最小值 0;当 P_{AB}、P_{Ab}、P_{aB}、P_{ab} 中至少一个为 0 时,D' 取得最大值 1。由此可知,当人群中产生一个新的突变后(同时产生一个新的遗传位点和一个新的单倍型),在该突变与邻近位点发生重组前,其与邻近位点的 $D'=1$。

2. r^2 法

令 $r^2=\dfrac{D^2}{P_AP_aP_BP_b}$,与 D' 相比,在同样长度的染色体范围内,r^2 往往更低,其受样本量和等位基因频率的影响也较小。只有当 $P_A=P_B=P_{AB}$(或 $P_A=P_b=P_{Ab}$)时,r^2 才能取得最大值 1(此时称两遗传位点处于完全 LD)。需要强调的一点是,r^2 的定义与常规的统计学相关系数一致。在一个人群中,从上述两个遗传位点各抽取一个等位基因,则抽取结果可以看作两个服从 0-1 分布的随机变量,其取值为抽取到 A 或 B 等位基因的个数,此时 $r=\dfrac{P_{AB}-P_AP_B}{\sqrt{P_AP_aP_BP_b}}$ 为这两个随机变量的相关系数。

Haploview[#] 可以通过基因型数据计算两两 SNP 之间的 D' 或 r^2，并用不同颜色表示不同 SNP 间的 LD 程度，实现可视化（图 13-8）。

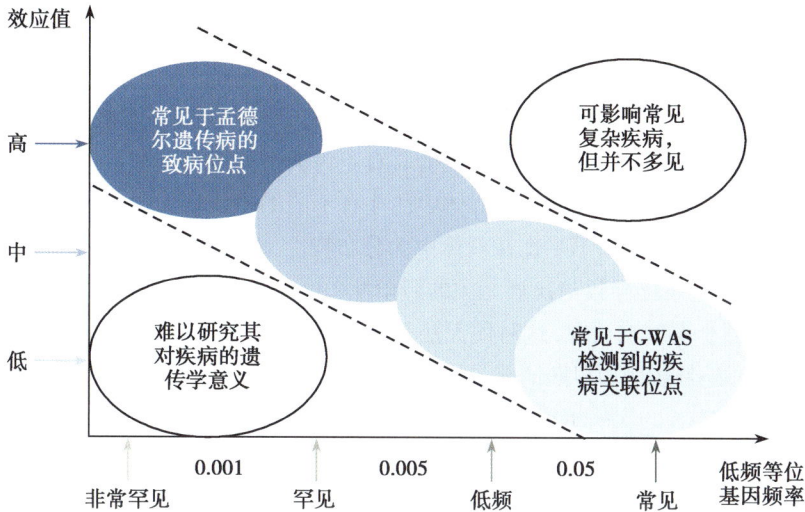

图 13-8　Haploview 的 LD 分析界面

两个位点的 LD 其中连锁是根本原因，不平衡则是结果。在配子形成时，位于同一条染色体上的两个遗传位点有一定概率发生重组，理论上只要两遗传位点间的重组率大于零，一个足够大的人群在繁衍足够多代后，两个遗传位点将趋于连锁平衡（linkage equilibrium）的状态，即 $P_{AB} \to P_A P_B$。不难推测，两个遗传位点距离越远越容易达到连锁平衡状态。而实际情况是，一方面，人类世代的增加在削弱 LD，另一方面，新发突变、自然选择、种群瓶颈效应、迁移、隔离等因素也在加强 LD。在这两方面因素的共同作用下，并且由于基因组不同区域的重组率大不相同，一个人群的基因组上会形成一些处于高度 LD 状态的区段（也称 LD 块，linkage disequilibrium block），而 LD 块之间的区域往往是重组热点（recombination hotspot）。由于人群演化历史（瓶颈、增长、迁移、隔离、融合等）不同，世界上不同人群基因组的 LD 块分布存在不同程度的差异，如欧洲人群基因组的总体 LD 程度显著高于非洲人群。

LD 的存在，一方面扩大了遗传关联研究的基因组覆盖度。但另一方面，也使得 GWAS 检测到的关联位点往往是"成串"出现的，即在基因组的某个区段中（往往是一个 LD 块），连续存在多个与疾病关联的位点。这时，尽管存在多个关联位点，但真正的易感位点可能只是多个关联位点中的某一个（或某几个或根本不在其中），而其他的非易感位点只是由于与真正的易感位点存在 LD，故而与疾病产生显著的统计关联。这时，便需要结合基因组功能注释和生物学知识，运用精细定位（fine-mapping）的方法，剔除 LD 造成的关联信号冗余，从众多关联位点中找出真正的易感位点（或缩小潜在易感位点的范围）或易感基因。

（三）GWAS 研究设计与采样原则

GWAS 以疾病为研究对象。准确的疾病定义，特别是细化疾病的分类层次对于获得有针对性的致病因子有重要的意义，同时也是指导实验样本选取的首要条件。在遗传定位研究中，为避免影响遗传定位效果，选择疾病和疾病样本一般遵循约定的 5 个原则：

1. 临床表型　在临床中，同一疾病的不同亚型往往具有不同的临床症状，而特定的症状可能隐含着特定的遗传特征。以结肠癌为例，如果结肠癌病人有严重的结肠息肉，这一型的结肠癌实际上是一种与 *APC* 基因相关的显性遗传病，其他类型的结肠癌也可以根据临床表型进行区分。而在高血压研究中，原发性高血压和继发性高血压的病因不一，采样时需要加以区分。由以上的两个例子可以看出，为了确保研究的准确性、针对性，需要对病人临床表型深入分析以便进行疾病分型，从而正确地选择 GWAS 样本。

2. 发病年龄 亲属风险（relative risk）能够表述疾病在亲属中发生的相关性，是流行病学中衡量遗传效力的重要参数。根据长期的调查，乳腺癌、阿尔茨海默病等大部分复杂疾病的早发个体具有较高的亲属风险，这表明选取疾病早发个体进行研究有利于从 GWAS 中找到潜在易感位点或易感基因。

3. 家族史 某个个体家族中如果有成员罹患某种疾病，则有助于对其本身的疾病进行诊断。同时，具有家庭史也是很多复杂疾病亚型（如息肉型结肠癌）的重要特征，有利于疾病辅助诊断。

4. 严重程度 遗传定位实验设计中，偏好选择疾病发生严重程度比较高的个体，一方面患病严重的个体易于正确诊断，另一方面这些个体可能会具有更为典型的遗传特征。

5. 群体分层 由于相同疾病在不同的群体中往往有不同的遗传特性，样本选择过程应该尽量选择同质性的群体。同时，鉴于连锁不平衡在群体中的分布特性，选择同质性的群体也有利于进一步获得候选基因。群体分层也可能导致与疾病无关的假阳性关联结果。例如，某个疾病表型的研究，病例全部取自广东，而对照全部取自河北，这时便无法区分 GWAS 发现的关联位点到底是体现了南方人和北方人的遗传差异，还是病例和对照的差异。

因此，复杂疾病 GWAS 的疾病组样本应该尽可能选择具有明确的临床症状、偏向于早发、具有家庭史、病情较严重、同质性的群体；相反，对照组中就应当避免出现与疾病组个体特征接近的个体。遵循这样的原则，才能为最大程度上获得真实可靠的分析结果打下良好的数据基础。

此外，在严格控制第一类错误率的前提下，GWAS 样本量越大，则检验功效越高，即能够检出相对低频的变异或相对低效应的变异。在研究设计阶段，最好能够大致估计待研究表型的一些基因组特征，如疾病的易感变异占全部多态性位点的比例、在样本中的频率、效应值等，从而依据这些基因组特征确定样本量。有一些软件可以计算出在特定基因组特征下，控制第一类错误率并达到一定检验功效时，所需的样本量，如 PLINK 作者 Shaun Purcell 提供的 Genetic Power Calculator[#]。

（四）遗传标记数据类型

得到样本全基因组范围的基因型数据是进行 GWAS 的基础。SNP 芯片（SNP array 或 SNP chip）是 GWAS 研究最常用的基因分型方法，用于在全基因组范围内，对常见单核苷酸变异（次等位基因频率，MinorAlleleFrequency，MAF>5% 的遗传位点）进行基因分型。以常见变异位点的基因型为基础，接下来可以利用人类单体型数据信息，对未检测的遗传变异进行基因型填补（genotype imputation），从而获得更密集的遗传标记信息。由于基因型填补是基于参考人群的单体型信息，对罕见变异的补齐效果不佳，如果希望对低频和罕见变异（MAF<5%）与复杂疾病的关联信息进行深入研究，则应采用或搭配全基因组高通量测序。

1. SNP 芯片数据 尽管取名 SNP（单核苷酸多态性）芯片，但该方法不仅检测单核苷酸变异，同样可以检测短插入/缺失变异，是一种高效的基因组范围 SNP 分型技术手段。SNP 芯片集成了大量已知位置和序列的寡核苷酸探针，在与片段化的基因组完成杂交后，软件根据碱基互补配对的原理，利用已知的探针位置与序列，从芯片杂交图像中读取目标位点的基因型。目前通用的全基因组 SNP 芯片通常覆盖超过 500k 的遗传标记，如 Infinium Multi-Ethnic Global-8 v1.0 Kit 覆盖约 188 万个遗传标记。此外，由于不同族群之间的多态性位点存在差异，也有针对某一族群设计的 SNP 芯片，如 Infinium Asian Screening Array-24 v1.0 Kit 为针对亚洲人群设计的 SNP 芯片，覆盖约 66 万个遗传标记。

2. 基因型填补数据 SNP 芯片往往只包含基因组的部分常见变异位点。所以，在用 SNP 芯片对样本进行基因分型后，通常会对 SNP 芯片未覆盖到的遗传变异进行一次基因型填补（genotype imputation）。当然，也可以直接进行后续分析，等到进行精细定位时再对目标区域进行补齐。基因型填补依据的是位点间的 LD。在人群中，同一条染色体的不同遗传位点间存在 LD，邻近的多个遗传变异的基因型高度相关。基于基因组的这一特性，可以利用参考人群的全基因组单体型信息，对同一人群 SNP 芯片未覆盖到的遗传变异进行基因型推测和补齐。目前常用的参考人群单体型信息为 HapMap 和 1KGP 的单体型集，而常用的基因型填补软件有 IMPUTE2[#] 和 Beagle 5.2[#]。

3. 全基因组高通量测序数据 基于二代测序（next-generation sequencing, NGS）技术的全基因组高通量测序可以解决 SNP 芯片检测中遗传变异覆盖不充分的问题。一方面,基因型填补的方法对罕见变异的补齐效果较差,基于 NGS 数据可以对罕见变异进行精确检测。另一方面,在 GWAS 的精细定位阶段,基于 NGS 数据理论上可以保证不漏过目标区段的每一个可疑变异。目前 NGS 平台的测序错误率约为 0.1%~1%,为了能够在较高置信度下识别罕见变异位点,测序深度应达到 30x。NGS 的下机数据通常为 FASTQ 格式,其中包含了每个测序片段(sequence reads)的 DNA 序列和对应碱基错误率的信息。测序片段的比对和变异位点基因型的检出与孟德尔疾病的外显子组测序类似。

目前的测序技术已经发展到基于单分子测序技术的三代测序(third-generation sequencing, TGS),如 Pacific Biosciences 研发的 Single-molecule real-time sequencing 和 Oxford Nanopore's technology 研发的 Nanopore sequencing 测序平台。TGS 主要优势是测序读长更长,相比 NGS,非常适合拷贝数变异(copy number variant, CNV)和染色体结构变异(structural variant, SV)的检测。尽管 CNV 和 SV 占全部遗传变异的比例还未知,但这些变异对疾病风险的影响往往更大,因此,随着 TGS 技术的发展,越来越多的疾病遗传学研究将涵盖 CNV 和 SV。相比 NGS,TGS 的劣势为测序错误率高,测序通量低,从而很难区分测序错误和罕见变异。NGS 和 TGS 具有很强的互补性,NGS 适合在高覆盖深度下识别罕见的单核苷酸和短插入缺失变异,TGS 适合识别 CNV 和 SV。

(五) GWAS 研究基本流程

GWAS 的最终目标是在全基因组范围内找出复杂疾病的易感位点和基因。在完成研究设计和采样后,主要包括以下几个步骤。

首先需要对样本进行基因分型。目前,GWAS 常用的基因分型方法为 SNP 芯片检测和全基因组的高通量测序。根据基因分型的方法,在对下机原始数据进行相应的质控和基因型的识别后就得到了样本的基因型数据。

接下来,检验每个 SNP 位点与疾病的相关性。检验完成后,得到每个 SNP 位点与疾病关联显著性的 p 值,进行统计多重检验校正后,即得到一系列显著与疾病关联的 SNP 位点。此外,除了对单个 SNP 进行相关性检验外,也可以对一组 SNP 的基因型(如一个基因内的全部 SNP)与疾病状态进行相关性检验。这时,真正的疾病易感位点很可能与疾病关联位点处于相同的基因组 LD 块中。当单个位点关联分析显著结果较少时,也可以考虑用多位点关联分析以发掘更多的关联基因。

最后一步是采用候选区域精细定位验证研究,对上一步得到的候选区域(LD 块)通过测序进行高密度的基因分型,并加大样本量进行关联检验,采用多轮重复策略,最终获得高显著、高精确度的疾病易感位点(图 13-9)。

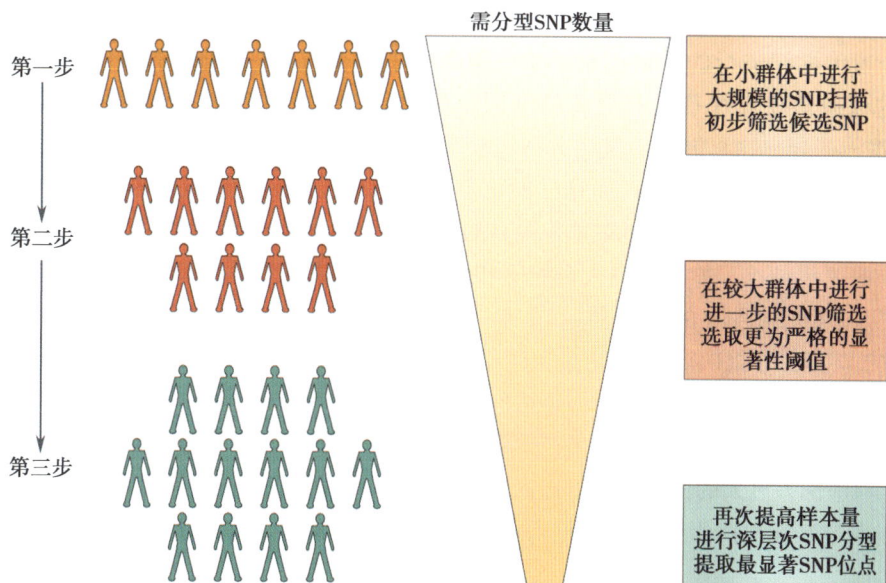

图 13-9 GWAS 提高关联分析可靠性的定位策略

以上基本流程的实施为发现疾病易感基因提供了可靠的保障,但依然存在花费大、效率低的缺点。于是人们逐渐将目光转移到关联分析结果的信息挖掘上,期望借助已知的通路、网络、互作、功能等知识进行位点和基因组层面之外的更高层次的信息发现。这样的策略不仅获得了疾病基因层面的发现,同时获得的结果还能够解释疾病的发生、发展机制,相比原有的方法,有着不言而喻的优势。但由于作为研究基础的高通量先验知识本身还存在不完整和假阳性的问题,真正意义上的高层面信息发现还需要对现有知识进行深入、系统的梳理和总结。

(六) GWAS 质控原则

虽然以上高通量检测技术都比较成熟,出错率比较低,但基因组的总量大、样本 DNA 质量参差不齐等因素,共同导致了总数上为数不少的不可信基因型数据。因此,在得到基因型数据后,仍有一些质控步骤必不可少,这些质控步骤可以剔除异常的个体和遗传变异,并确认过滤后的基因型数据可以进行后续的关联分析。以下将分个体和遗传位点分别讨论质控的基本原则,实际操作时,建议阅读软件的说明文档,如 PLINK 1.9[#]。

对样本个体进行的质量控制至少包含以下五个方面:①剔除缺失基因型比例过高的个体。一套正常的 SNP 芯片下机数据,每个个体缺失的基因型约在 3%~7%。缺失过多基因型的个体,意味着其基因分型过程存在异常,其未缺失的基因型会有较高的错误率。②识别性别信息异常的个体。理论上男性个体 X 染色体(除去假常染色体区段)上的全部遗传标记均不应出现杂合基因型,女性个体 X 染色体则应携带部分杂合基因型。由 X 染色体基因型推断的性别有时与采样记录不符,此时若无法查出错误来源,则意味着该个体的其他信息可能也有错误(如是否为病例),应进一步调查情况,必要时剔除该个体。③剔除杂合率异常的个体。GWAS 的样本应来自同一人群,异常的杂合率意味着该个体可能来自遗传差异较大的其他人群(杂合率过高或过低),或可能为近亲后代(杂合率过低)。④识别重复或有近亲属的个体。每对个体基因组同源一致性(Identity By Descent, IBD)的比例可用于度量亲缘关系的远近。同卵双生或重复个体 IBD 的比例为 1,一级亲属(亲子或亲兄弟姐妹)IBD 比例为 0.5,二级亲属 IBD 比例为 0.25(祖孙、叔侄、同父异母兄弟等),三级亲属(堂表兄弟姐妹等)IBD 比例为 0.125。通常来说,GWAS 的样本中不应存在二级或更近的亲属,一个简单的处理方法是,从 IBD 比例大于 0.187 5(0.25 与 0.125 的均值)的每对个体中随机剔除一个个体。⑤剔除不同族群的个体,并确认病例和对照样本的遗传背景均一。对全部个体进行主成分分析(principal component analysis, PCA),剔除在前 2~3 个主成分空间中离群的个体。同时,应确认病例和对照的样本点均匀分布在前 2~3 个主成分空间中,即不存在病例样本点的聚集或对照样本点的聚集。这一步骤应仅使用常染色体上的常见变异(MAF>5%),并且每个 LD 块中只保留一个遗传变异进行。

对每个遗传标记进行的质量控制至少应包含以下四个方面:①剔除有过度缺失基因型的遗传变异。这些遗传变异往往具有更高的基因分型错误。②剔除明显偏离 Hardy-Weinberg 平衡(HWE)的遗传变异。这可能是由基因分型错误率高导致的。但另一方面,偏离 HWE 可能意味着该位点可能受到强烈的自然选择,而这样的位点更可能是疾病易感位点。因此,一个折中的方法是,只在对照组中检验 HWE,并剔除显著偏离的遗传位点。③标记病例和对照组之间基因型缺失率明显不同的遗传位点。如果存在大量病例和对照组之间基因型缺失率明显不同的遗传标记,说明样本的基因分型存在明显的批次效应。如果病例样本和对照样本的基因型是由不同的公司、仪器、试剂、操作员,甚至操作批次产生,则可能发生这种情形。在 GWAS 的实施过程中应该极力避免类似的系统性分批次操作。对于病例和对照组之间基因型缺失率明显不同的遗传位点应该特别留意,这些遗传位点在后续的关联分析中更容易产生假阳性,对鉴定结果产生干扰。④对照组与公共数据库中等位基因频率偏差过大的位点。在条件许可的情况下,可以用公共数据库中与样本有相同祖源的等位基因频率与其在对照组中频率比较。差异过大意味着该位点基因分型错误率偏高,应该将其剔除。

三、常见变异分析原理与方法

对于常见变异位点（MAF>5%）与疾病的相关性检验,可以采用常规的统计检验方法检验基因型与疾病的相关性。本节将首先介绍单个位点的关联分析原理。对于同一疾病,当有多个GWAS结果时,可以对多个GWAS的结果加以合并,从而提升统计功效,并进一步发现新的关联位点。所以,本节也将介绍多样本荟萃分析（meta-analysis）的基本原理。此外,同时检测多个位点与疾病状态的统计关联（即多位点关联分析）,也有可能获得更高的检验功效。GWAS的一个重要难点是,如何从众多的疾病关联位点中找出真正的疾病易感位点。将其他组学中功能相关的信息提取并运用到GWAS精细定位过程中是解决问题的关键。因此,本节最后还将介绍与其他组学数据进行整合分析的基本原理。

（一）单个位点关联分析

遗传关联分析（genetic association analysis）是不依赖于家系信息的一种遗传定位分析方法。由于研究的样本来源不受家系限制,使用简便,是目前遗传定位研究中最常用的分析方法。根据研究表型的不同,关联分析又分为质量性状关联分析和数量性状关联分析,其中质量性状关联分析是复杂疾病遗传定位研究中最常用的分析方法。依靠关联分析方法进行易感位点定位的研究称为关联研究（association study）。

1. 质量性状关联分析　质量性状（discrete characters）指呈现非连续变化、能对所有个体进行明确分类的性状,例如ABO血型、特定疾病的有无等。病例-对照（case-control）研究设计是质量性状关联分析中最常用的研究设计。质量性状关联分析通过检验某个特定的等位基因在病例组和对照组中出现频率的差异来判断此等位基因是否与疾病关联。例13-1以基于表型-基因型列联表的卡方检验为例,简要介绍质量性状关联分析。

【例13-1】　某医院科研人员对某人群中随机选取的200名高血压病人和200名对照个体进行基因分型,其中SNP rs39461位点的三种基因型在病例和对照组中的频率如表所示（表13-2）。问在该人群中,这个SNP位点是否与高血压的发生相关?

表13-2　某高血压病例-对照研究的表型-基因型列联表

分组	基因型			合计
	TT	GT	GG	
病例组	3	36	161	200
对照组	3	57	140	200
合计	6	93	301	400

在一般的SNP分型实验中,首先获得的数据就是个体的基因型数据。对这些个体的基因型按病例和对照组进行统计就能得到类似于表13-2的表型-基因型列联表。该例是一个两样本频数（计数资料）差异比较问题,如果直接从基因型频率考虑,这个问题适用于自由度为2的卡方检验,可进行以下的统计检验:

1）建立检验假设,确定显著性水平

H_0:在该人群中,这个SNP位点与高血压的发生不相关

H_1:在该人群中,这个SNP位点与高血压的发生相关

显著性水平:$\alpha=0.05$

2）计算检验统计量

$$\chi^2 = n\left(\sum_{i=1}^{R}\sum_{j=1}^{C}\frac{A_{ij}}{n_i m_j}-1\right), v=(R-1)(C-1)\#\qquad(13\text{-}2)$$

n 为总例数，n_i 和 m_j 分别为列联表第 i 行和第 j 列的合计例数，R、C 分别为行数和列数（即表型和基因型的分类数，本例中分别为 2 和 3），A_{ij} 为每格的频数，v 为自由度，将表格中各数值代入公式 13-2 得 $\chi^2 = 6.21$，$v = 2$。

3）查表确定拒绝域，决定是否接受 H_0

查表得 $\alpha = 0.05$，$v = 2$ 时，H_0 的拒绝域为 $\chi^2 \geqslant 5.99$，故按 $\alpha = 0.05$ 的显著性水平拒绝 H_0。即在该人群中，SNP rs39461 位点的基因型与高血压的发生具有相关性。

高血压受到饮食习惯等很多环境因素的影响，以上基于列联表的卡方检验无法修正这些环境因素的影响。为此，可以建立逻辑回归模型对环境因素的影响进行修正，并通过对回归系数的检验判断位点与疾病的关联。以下以遗传位点的加性效应模型为例简述。用随机变量 y_i 表示个体 i 的表型（例如高血压），$y_i = 1$ 表示个体 i 为病例，$y_i = 0$ 表示对照。设某遗传位点 s 上有两个等位基因（G 和 g），用随机变量 x_i 表示个体 i 携带等位基因 g 的个数，$x_i \in \{0, 1, 2\}$。g 等位基因此时也叫做效应等位基因（effect allele，PLINK 1.9 默认以次等位基因为效应等位基因）。设一环境因素（例如食盐摄入量）可能与表型相关，用随机变量 z_i 表示个体 i 在该环境因素下的暴露程度评分（例如平均每天食盐摄入的克数）。建立逻辑回归模型 $\ln\left(\dfrac{p_i}{1-p_i}\right) = a + bx_i + cz_i$，其中 $\ln$ 为自然对数，p_i 为个体 i 是患者的概率，$\dfrac{p_i}{1-p_i}$ 是个体 i 为患者的 odds 值，b 为等位基因 g 对 log-odds 的回归系数。当 z_i 的取值固定时，b 等于 $x_i = 1$ 与 $x_i = 0$ 时（或 $x_i = 2$ 与 $x_i = 1$ 时），odds 值之比的自然对数（或 log-odds 之差），因此，b 也叫做 log-OR（logarithm of odds ratio）。可通过检验 b 是否显著不等于零来判断遗传位点 s 是否与该疾病显著关联。

2. 数量性状关联分析　数量性状（quantitative trait）指一个群体内各个体间表现的连续性的数量变化，如身高、体重、血压、血糖等。与某数量性状相关的遗传位点称为这个性状的数量性状位点（quantitative trait loci，QTL）。数量性状关联研究的主要目的就是鉴定 QTL。数量性状关联研究一般基于随机样本，通过研究某个遗传位点不同基因型下表型分布的差异来判断此遗传位点是否为 QTL。例 13-2 以 t 检验为例，简要介绍数量性状关联分析。

【例 13-2】　某医院科研人员在某人群中随机选取了 30 名高血压病人，采用氢氯噻嗪进行降压治疗。在治疗前和治疗后分别测量他们的收缩压。在对他们的 SNP rs4961 位点进行基因分型后，研究者发现基因型为 GG 的患者有 19 人，他们的收缩压平均下降了 8.3mmHg，标准差为 2.3mmHg；基因型为 GT 和基因型为 TT 的患者共 11 人，他们的收缩压平均下降了 7.1mmHg，标准差为 1.8mmHg。假设血压的下降值服从正态分布，且根据基因型分成的两组患者，血压下降值的方差无显著差异，问在该人群中，SNP rs4961 位点是否与氢氯噻嗪降低收缩压的疗效相关？

1）建立检验假设，确定显著性水平

H_0：在该人群中，这个 SNP 位点与降低收缩压疗效不相关

H_1：在该人群中，这个 SNP 位点与降低收缩压疗效相关（双边备择假设）

显著性水平取：$\alpha = 0.05$

2）计算检验统计量

$$t = \frac{\overline{X_1} - \overline{X_2}}{\sqrt{\dfrac{(n_1-1)S_1^2 + (n_2-1)S_2^2}{n_1+n_2-2}\left(\dfrac{1}{n_1} + \dfrac{1}{n_2}\right)}}, \quad v = n_1 + n_2 - 2 \#\tag{13-3}$$

$\overline{X_1}$，S_1^2，n_1 分别为基因型为 GG 的患者收缩压下降值的样本均值、样本方差、样本量，$\overline{X_2}$，S_2^2，n_2 分别为基因型为 GT 或 TT 的患者收缩压下降值的样本均值、样本方差、样本量，v 为自由度。将例子中的数值带入式 13-3 中求得 $t = 1.48$，$v = 28$。

3）查表确定拒绝域,决定是否接受 H_0

查表得 $\alpha=0.05$,$v=28$ 时 H_0 的拒绝域为 $|t|\geqslant 2.05$,故按 $\alpha=0.05$ 的显著性水平接受 H_0,即在此人群中,SNP rs4961 位点与氢氯噻嗪降低收缩压的疗效无关。

同样地,当需要考虑到其他影响血压下降因素的干扰时,需要采用线性回归模型对这些因素加以修正,以下以加性模型为例简述之。用随机变量 y_i 表示研究的表型(例如腰围,此时 y_i 可取腰围的厘米数)。设某遗传位点 s 上有两个等位基因(G 和 g),用随机变量 x_i 表示个体 i 携带等位基因 g 的个数,$x_i \in \{0,1,2\}$。设一环境因素(例如体育锻炼)可能与表型相关,用随机变量 z_i 表示个体 i 在该环境因素下的暴露程度评分(例如平均每天体育锻炼的小时数)。建立线性回归模型 $y_i=a+bx_i+cz_i+e$,其中 b 为等位基因 g 对该数量性状的效应值,即每多携带一个 g 等位基因,该数量性状的平均增加值,c 为环境变量的效应值,e 为残差项。在该模型下,可通过检验 b 是否显著不等于零来判断遗传位点 s 是否与该数量性状相关。

此外,在进行数量性状的关联研究时,如果样本量足够大,还可将数量性状极端值转为质量性状进行分析。如在进行骨质疏松症的遗传学研究,通常将骨密度作为研究表型。骨密度是一种数量性状,进行统计分析时可将所收集样本中骨密度最高的 5% 样本点设为高骨密度组,最低的 5% 样本点设为低骨密度组,然后采用质量性状的统计分析方法鉴定骨密度相关的候选基因。这种处理方法可以用较小的样本量获得较高的统计功效。

3. 统计显著性的判断 GWAS 本质上是对 SNP 与表型反复进行多达上百万次的统计关联检验。在进行 SNP 与性状的每一次关联检验时,如果都设置显著性水平 $\alpha=0.05$,则当进行 n 次检验后,每次都不犯第一类错误的概率为 $(1-\alpha)^n$,对 GWAS 而言,n 很大,$(1-\alpha)^n$ 几乎等于 0。为了控制 GWAS 结果的假阳性率,此时将 GWAS 的所有假设检验作为一个整体,称为一个检验族(family-wise test),并对族错误率(family-wise error rate, FWER)进行控制,即控制该检验族至少引入一次第一类错误的概率。

GWAS 中常用 Bonferroni 校正对 FWER 进行控制。如果 GWAS 中包含 s 个假设检验,则当单个假设检验的 p 值小于 α/s 时拒绝零假设,即可保证 FWER$<\alpha$。在实际分析中,全基因组遗传变异的数量往往超过百万,此时 s 的数值非常大(超过 10^6),若要保证 FWER<0.05,则对于单个假设检验,需 $p<5\times 10^{-8}$ 才能拒绝零假设。但 Bonferroni 假定多重检验是相互独立的,而实际分析中位点之间存在 LD,多重检验间存在相关性,因此,基于 Bonferroni 校正给出的阈值往往过于严苛,进而削弱了统计功效。

除了 FWER,错误发现率(false discovery rate, FDR),即多重检验中错误拒绝占全部被拒绝零假设的比例,也是一种常用的整体错误度量标准。GWAS 中常用 B-H 过程(Benjamini-Hochberg procedure)对 FDR 进行控制。如果 GWAS 中包含 s 个假设检验,设 $p(i)$ 为 p 值的次序统计量,则 $p(1)\leqslant p(2)\leqslant \cdots \leqslant p(s)$,对应的零假设为 $H_0(1),H_0(2),\cdots,H_0(s)$,令 $k=\max\{i:p(i)\leqslant \frac{i}{s}\alpha, i=1,2,\cdots,s\}$,在检验过程中拒绝 $H_0(1),H_0(2),\cdots,H_0(k)$(若不存在这样的 k 则不拒绝任何零假设),即可保证 FDR$<\alpha$。相比于控制 FWER$<\alpha$,控制 FDR$<\alpha$ 所需的 p 阈值往往更宽松,从而能够提高检验功效。

此外,曼哈顿图(Manhattan plot, 图 13-10A)和 Q-Q 图(quantile-quantile plot, 图 13-10B)常用于 GWAS 结果全部 p 值的可视化。曼哈顿图展示关联信号在基因组中的分布,Q-Q 图展示 p 值偏离均匀分布的程度。如果 GWAS 的全部零假设都成立,即基因组中没有与疾病关联的遗传位点,则 GWAS 的全部 p 值应服从 $[0,1]$ 上的均匀分布,此时 Q-Q 图中的点将延直线 $y=x$ 分布。如果 Q-Q 图中的点显著"上扬"偏离直线 $y=x$,则说明基因组中存在与疾病显著关联的遗传位点。

用上述统计方法开展基于单个 SNP 的关联研究,方法上的简便性显而易见。然而关联研究也有明显的缺点。由于关联检验可应用于任何分子标记,检验过程也不需要生物学知识,因此,对关联分析发现的风险 SNP 尚需要进行功能验证。下面将以质量性状关联分析为例从关联研究机理上来探

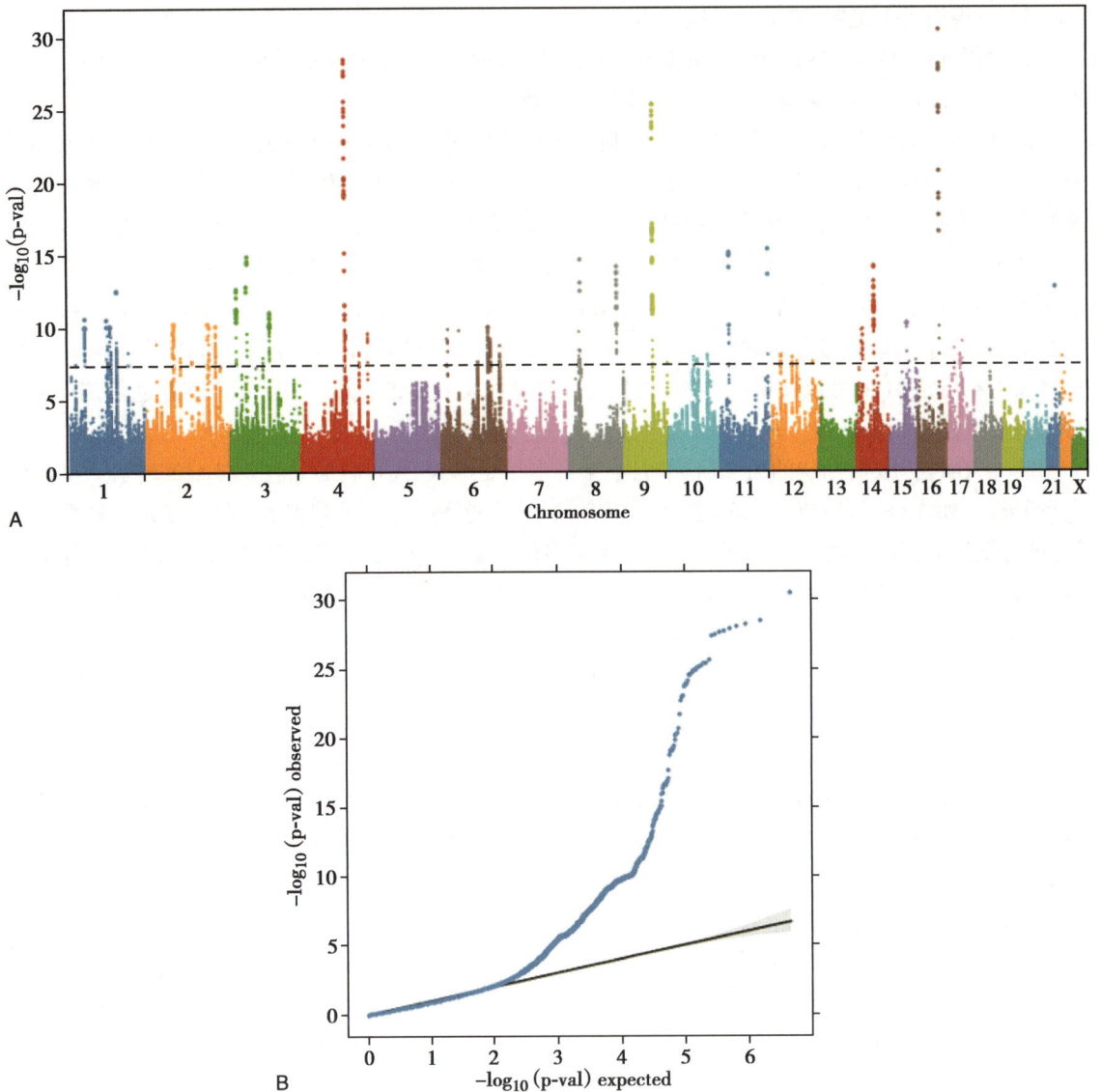

图 13-10　GWAS 的曼哈顿图（A）和 Q-Q 图（B）

讨风险 SNP 发现应注意的问题。质量性状关联分析中发现 SNP 与疾病的显著相关性可能存在三种情形：①SNP 本身就是一个疾病易感位点（图 13-11A）；②SNP 本身并非疾病易感位点，但与疾病易感位点处于连锁不平衡状态（图 13-11B）；③研究群体选择失误或群体分层造成的假阳性。第三种情况是关联研究过程中需要避免的，所以关联研究过程中还应注意三点：①关联研究的样本选取要严格限制在同质性群体中；②关联研究对照组选取应当谨慎，必要时选择未受累亲属作为内对照；③如条件允许，对获得的阳性位点可进行传递不平衡检验（transmission disequilibrium test, TDT）分析，以确定发现的致病等位基因是否在家系遗传中倾向于向患病子代遗传。

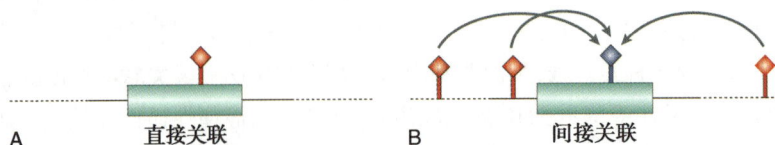

图 13-11　显著关联潜在的生物学机理

（二）多样本的荟萃分析

对于同一疾病，当有多个独立 GWAS 结果时，可以对多个 GWAS 的结果进行荟萃分析（meta-analysis）。荟萃分析从原理上可以理解为通过增大样本量提升统计功效，从而发现新的关联位点。对于一个遗传变异，荟萃分析实际上是对多个 GWAS 计算的 p 值、效应值及其方差以一定的权重进行合并，从而得到一组整合的 p 值、效应值和方差。荟萃分析可分为固定效应（fixed effects）模型和随机效应（random effects）模型两类，以下分别简要介绍。

如果多个 GWAS 是对同一族群的不同样本（如欧洲裔美国人和欧洲本土白人）进行的分析，通常采用固定效应模型。此时，每个遗传变异对表型的效应值被看作一个未知常量，不同 GWAS 只是基于不同样本对同一未知常量进行了重复估计，荟萃分析此时的目的仍然是对该未知常量进行估计，并检验效应值是否显著不等于零（即遗传变异是否显著与表型相关）。常用的方法有合并 P 值方法（Fisher's combined probability test）和 Mantel-Haenszel 加权法等。

如果多个 GWAS 是对来自不同族群的样本（如欧洲人和东亚人）进行的分析，通常采用随机效应模型。此时，每个遗传变异对性状的效应值被看作一个服从正态分布的随机变量，不同族群的效应值是取自相同分布的不同未知常量，并分别被相应的 GWAS 进行了估计。荟萃分析此时的目的是对每个遗传变异效应值分布的均值进行估计，并检验其是否显著不等于零（即遗传变异是否显著与表型相关）。

对于固定效应模型，所有 GWAS 均是对同一效应值进行的估计，显然样本越大，方差越小的估计应给予越高的权重，这时小样本的 GWAS 在模型中就显得"可有可无"。对于随机效应模型，由于每个 GWAS 是对不同效应值进行的估计，可以想到，个别 GWAS 即使样本小、估计值方差大，仍然应给予一定的权重。因此，随机效应模型的分析结果往往比固定效应模型有更大的方差。METAL[#] 是目前常用的 GWAS 荟萃分析软件。

（三）多位点关联分析

为了提升统计检验的功效，也可以将多个位点同时纳入同一个分析模型进行多位点关联分析。多位点关联分析提升统计检验功效背后的原因主要有两个。①减少多重检验压力。多位点关联分析一般以基因为单位进行多个位点的合并。基因组上 SNP 数量高达数百万，而基因数则只有数万（可以包含非蛋白编码基因），在控制 FWER<0.05 的条件下，判定显著性位点和基因的常用显著性阈值分别为 5×10^{-8} 和 10^{-6}。②累积关联信号。当一个基因有多个易感突变时，多位点关联分析可以通过累积大幅增强关联信号，提升统计检验功效。多位点关联分析可以基于样本个体的基因型，也可以基于 GWAS 单个位点分析的结果（如 p 值，回归系数等，常称为摘要统计量）。但因后者不受限于原始基因型数据，所以可实施性往往更强。本节也只对后者的两类方法进行原理介绍。

1. 基于多重检验的多位点关联分析　这类方法的基本思想是评估一组位点是否至少有一个显著位点。根据随机性原理，位点越多出现显著 p 值的机会就越大，因此必须根据位点数进行多重检验校正。根据 Bonferroni 校正，可以用该组位点的最小 p 值乘以位点个数加以修正。如果修正后的 p 值小于设定的阈值，则接受该组位点至少有一个显著位点的备择假设。然而，由于位点间存在 LD，导致 p 值之间并不相互独立，即不考虑 LD 的影响会"矫枉过正"。为此，不少考虑 LD 影响的多位点关联检验相继被提出，其中 GATES（Gene-based Association Test that uses Extended Simes procedure）具有一定的代表性。GATES 是一项基因整体水平的关联检验方法，该方法首先基于某基因所有位点的 LD 矩阵构建一个 p 值的相关性矩阵。该矩阵为实对称矩阵，由于其特征向量相互正交，因此可以利用 p 值相关系数矩阵的特征值求算有效独立 p 值的数量 m_e，进而利用 m_e 拓展多重检验校正方法，实现基因水平的关联检验。效仿 Bonferroni 校正的原理，用该基因所有位点的最小 p 值乘以 m_e 即得到基因关联检验的 p 值。

2. 基于信号累积的多位点关联分析　当一组位点中有多个易感突变时，以上基于多重检验的多位点关联检验会因不能累积信号而统计功效偏低。当 SNP 位点互相独立时，我们可以采用常规的 Fisher 合并概率检验（Fisher's combined probability test）累积合并多个 SNP 位点的 p 值。设每个 SNP 位点的 p 值为 $p_i(i=1,2,\cdots,n)$，则零假设下 p_i 服从[0,1]区间上的均匀分布。Fisher 推算出，当位点独立时，统计量 $-2\sum_{i=1}^{n}\ln(p_i)$ 服从自由度为 $2n$ 的卡方分布。同样地，实际数据分析的难点就在于 SNP 位点的 p 值因 LD 而互相关联。直接采用 Fisher 等基于独立 p 值假设的方法会增加犯第一类错误的概率。为此，也有一系列对相关 p 值进行合并的方法相继被提出，其中有效卡方统计量（effective chis-square statistics，ECS）检验是相对简洁有效的一种方法。该方法的核心思想是假定每个位点都隐含有一个不受 LD 影响原始效应（$\geqslant 0$），且对应一个隐含的有效卡方统计量（即 ECS，表示为 χ_i^2），反映该位点与表型的内在关联。而 GWAS 中计算得到的每个 SNP 位点的卡方统计量（χ_i^2）是这些位点 ECS 基于 LD 系数（$r_{i,j}^2$）的线性组合（图 13-12）。通过构建线性方程组可以反推 ECS。由于 ECS 没有 LD 的干扰，因此可以通过类似 Fisher 合并的方法合并 ECS，即 $\sum_{i=1}^{n}\chi_i^2$，进行基于信号累积的多位点关联检验。

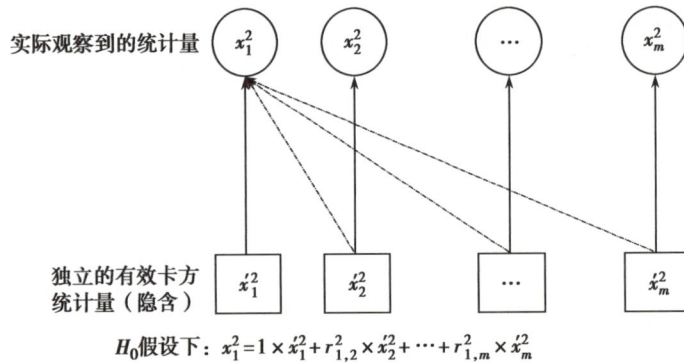

图 13-12　有效卡方统计量的基本原理图

图中 χ_i^2 指代常规卡方统计量，$\chi_i'^2$ 指代不受 LD 影响的有效卡方统计量。$r_{i,j}^2$ 指代两个位点 LD 系数。

多位点分析通常是以基因为单位合并关联信号，不难发现，它也可以将多个基因组成的生物通路或基因互作网络作为整体合并关联信号，但基因过多容易导致结果难以解释。例如，很多生物通路有重叠的基因，重叠基因的显著可能会导致多个通路都显著，此时很难区分与疾病存在功能上联系的是哪个通路。因此多位点分析目前还是以基因水平关联分析为主。

（四）与其他组学数据的整合分析

通过遗传位点的相关性检验获得遗传位点的基因型与疾病状态的关联结果后，为了得到有生物学意义的信息，往往需要进行精细定位。精细定位的最终目的是找到真正的疾病易感变异或易感基因，从而帮助理解疾病发生、发展的生物学机制。仅凭相关性检验的结果往往无法从 LD 区段中识别出真正的疾病易感变异或基因，此时必须借助人类已经掌握的生物学知识。如何有效利用其他组学数据，是一个难点和热点问题，本节将介绍两个有代表性的思路。

已知超过 90% 与复杂疾病相关的突变都分布在非蛋白编码区，这些突变可能是通过调控基因表达发挥作用的。因此，如果一个 SNP 既是调控基因表达的位点（即表达数量性状位点，expression quantitative trait loci，eQTL），又是 GWAS 分析的显著关联位点，我们可以利用孟德尔随机化的方法推断其所调控基因的表达量与表型的因果关系（图 13-13）。因此，除了 GWAS 分析中 SNP（z）对表型（y）的效应值为 b_{zy} 外，该方法需要将 SNP（z）与组织中的每个基因表达量（x）分别进行关联分析得到 z 对 x 的效应值为 b_{zx}。以 GTEx（genotype-tissue expression）项目为代表的全身多组织转录组数据的开放，为获得 b_{zx} 提供了丰富的数据资源。此时如果基因表达（x）影响表型（y），则 $b_{xy}=\dfrac{b_{zy}}{b_{zx}}\neq 0$（图 13-13A）。

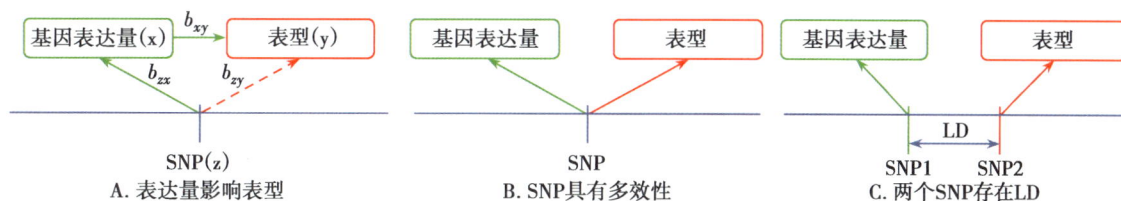

图 13-13 孟德尔随机化推断易感基因原理图

孟德尔随机化方法需要对 b_{xy} 是否显著不等于零进行检验,同时还需排除 $b_{zx} \neq 0$ 和 $b_{zy} \neq 0$ 是由存在 LD 的两个遗传位点所导致的情形(图 13-13C)。孟德尔随机化本质上是对基因表达量和表型的相关性检验,并不能排除同一个 SNP 同时直接影响基因表达量和表型的情形(图 13-13B)。孟德尔随机化分析常用的工具为 SMR[#](Summary Data-based Mendelian Randomization)。除了 eQTL,SMR 还可利用多种分子数量性状位点(molecular quantitative trait loci,mol QTL)进行类似的分析,如甲基化数量性状位点(methylation quantitative trait loci, mQTL)等。因为 SMR 只用到了一个 eQTL 进行推断估计,有较大的标准误差,统计检验功效偏低。为此,有研究者提出了基于多 eQTL 推断易感基因的方法,例如 EMIC(effective-median-based mendelian randomization framework to infer the causal genes)。EMIC 通过多 eQTL 的有效中位数方法,减小标准误差、进一步提升统计检验功效。EMIC 已经实现在 KGGSEE[#] 软件平台中。

同样是利用全身多组织的转录组数据,DESE(driver-tissue estimation by selective expression)方法则基于一个截然不同的思路进行疾病易感基因和疾病驱动组织的定位。该方法的两个基本假设分别是:①复杂疾病的组织细胞特异性往往由其易感基因的组织细胞特异性表达所决定;②反之,在疾病的组织细胞中有特异表达的疾病关联基因更有可能是疾病易感基因。因此,基于相关基因在某组织中的特异表达富集可以帮助推断疾病的易感组织和易感基因。但问题的难点是疾病易感基因和疾病相关组织都不确定。DESE 用 ECS(effective chi-square)方法基于摘要统计量进行基因水平的疾病关联检验。ECS 的一个独特优势是可进行条件关联检验,即去除只是因为与易感基因存在 LD 而统计检验显著的基因。DESE 通过反复迭代提取更可能的疾病直接关联基因,通过比较疾病关联基因在不同组织中的富集程度来推断疾病相关组织和易感基因(图 13-14)。DESE 方法的独特之处在于其特定的迭代算法去除了 LD 导致的信号冗余和表达量噪声干扰,使得两个假设相互支持,从而得到纯化后的最优结果。DESE 方法目前整合在 KGG[#] 和 KGGSEE[#] 软件平台中。

四、罕见变异分析原理与方法

随着研究规模的扩大和统计性能的提升,全基因组关联研究已经发现了大量与复杂疾病关联的常见变异,然而对于大多数人类表型或性状,显著关联位点所能解释的表型方差仅占其遗传率的一小部分。人群中低频或罕见的变异往往无法通过 SNP 芯片进行基因分型,即使通过测序实现基因分型,GWAS 的检验功效仍无法检出低频或罕见的易感位点,这可能是导致遗传率缺失(missing heritability)的一类重要原因。

发掘导致疾病的罕见变异比常见变异更具挑战性。由于人群等位基因频率低、样本量有限,基于回归模型的单位点关联检验法对于罕见变异往往统计功效不足。此外,与常见变异相比,罕见变异在基因组中的数量更多,彼此间的独立性更强,这将加重多重检验惩罚。因此,目前普遍认为分析罕见变异的更好策略是合并一个基因或区域中多个遗传变异进行统计分析。由于大多方法是按照基因对罕见变异进行合并,这种方法又被称为基于基因的检验(gene-based tests),并采用 $\alpha = 2.5 \times 10^{-6}$ 作为全基因组水平的 p 值显著性阈值(假设人类基因组中约有 20 000 个蛋白编码基因)。基于基因的罕见变异关联检验大体上可被分为四类:突变负荷检验、方差成分检验、组合检验和其他检验方法。

(一)突变负荷检验

突变负荷检验(mutation burden test)通过将基因内多个遗传变异的信息累积(或折叠)成单个遗

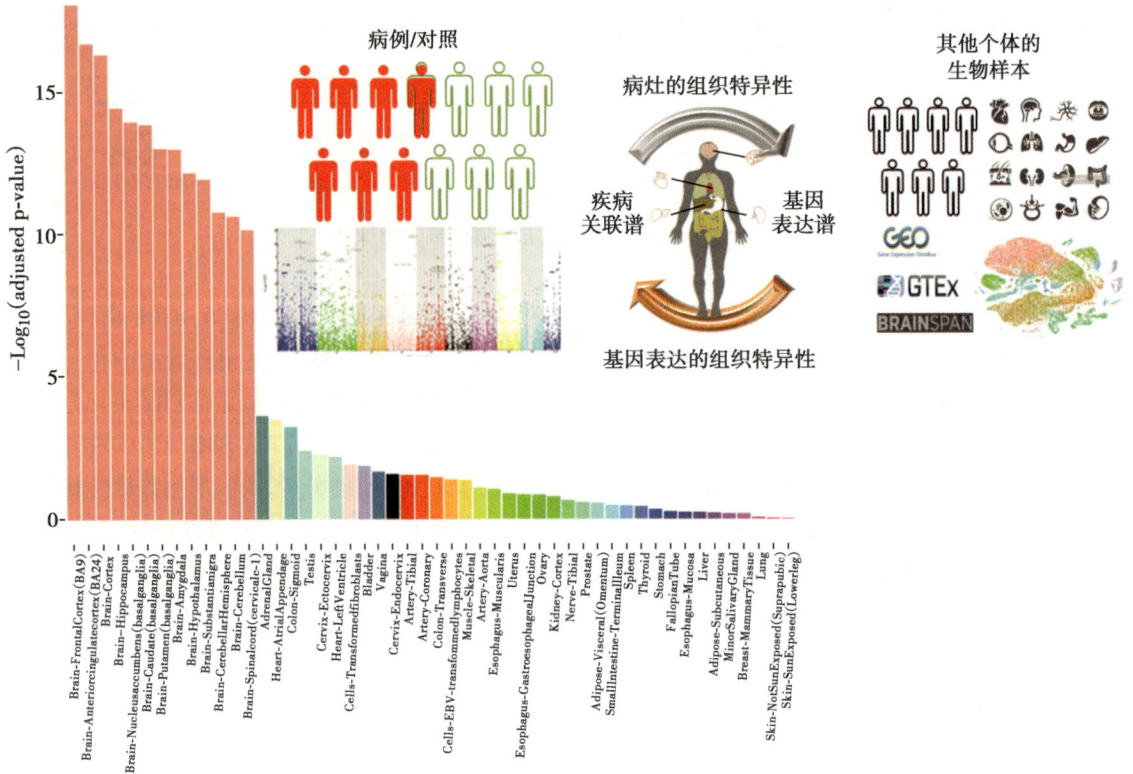

图 13-14   DESE 的原理和结果实例展示图

该图为 DESE 对精神分裂症 GWAS 摘要统计量的分析挖掘结果。可以看到多个脑组织显著富集了去冗余后的精神分裂症关联基因,其中额叶皮质(BA9)最显著。

传分数,然后检验遗传分数与表型之间的关联。各种负荷检验方法汇总的遗传变异信息有所不同。最简单的负荷检验是通过统计给定基因中所有变异的突变数与表型进行关联检验。CMC(combined multivariate and collapsing)是一种典型的使用病例-对照样本进行负荷检验的关联统计方法。该方法将多变量关联法和折叠法相结合,根据等位基因频率将变异划分为若干个组,在每个组内将多个变异点的等位基因数据进行折叠,然后应用多变量检验(如 Hotelling's T2 检验)检测各组的折叠突变与疾病表型间的关联。负荷检验的主要局限在于该方法假设一个基因内检验的所有突变对表型的影响方向相同,即同为风险变异或同为保护性变异。由于复杂表型等位基因的高度可变性和未知性,这一假设可能在有些情况下不正确,这将影响突变负荷检验的功效。

(二)方差成分检验

方差成分检验(variance-component test)方法则不受突变对疾病风险影响方向的限制,可以考虑基因内同时包含风险变异和保护性变异的情况,以检验一组变异中遗传效应分布的方差是否为零。C-alpha 检验是一种基于方差成分的检验方法,用于检验观察到的病例与对照中罕见变异的分布。在变异与表型没有关联的零假设下,C-alpha 假设观察到的变异等位基因频率分布服从二项式分布,从而将等位基因频率分布的预期方差与实际方差进行对比,计算统计量。当基因内变异的影响方向不同时,C-alpha 检验比负荷检验具有更高的功效。但 C-alpha 检验不支持协变量调整,例如控制群体分层(这在遗传关联研究中很重要)。序列核关联检验(sequence kernel association test,SKAT)是一种更为灵活、应用广泛的方法。SKAT 使用多元回归模型直接对基因内所有变异的基因型进行相对表型的回归,同时,回归模型中支持使用协变量(如年龄、性别)以及不同的变异加权策略(例如增加罕见变异的权重)进行灵活调整。此外,SKAT 可以使用多元线性或逻辑回归检验变异和表型之间的关系,因此 SKAT 不仅适用于二分表型(例如病例-对照),也适用于对连续表型(数量性状)进行分析。

(三)组合检验(combined test)

如果一个基因内有许多非因果变异或因果变异具有不同的作用方向,则方差成分检验更有效;相比之下,如果一个基因内具有高比例的相同作用方向的因果变异,则负荷检验的统计功效更强大。由于这两种情况都有可能出现,为了提高罕见变异关联在不同遗传结构模型下的适应力,已经开发了几种结合负荷检验和方差成分检验的组合检验方法:SKAT-O、EMMPAT、Fisher方法、MiST等。其中,SKAT-O(the optimal test of SKAT)采用数据自适应策略来优化负荷检验和SKAT检验的组合效果,以使统计功效最大化。

(四)其他检验方法

目前也开发了几种考虑信号稀疏性的关联检验法,如LASSO(Least absolute shrinkage and selection operator)和EC检验(the exponential combination test)。当基因内只有很小比例的变异是因果变异时,这种检验可以比负荷或方差成分检验具有更高的功效。罕见变异分析的另一个难题是更为严重的群体分层现象。最近,也有学者提出了基于基因自身的背景突变的新关联检验策略(recursive truncated negative-binomial regression, RUNNER[#])。通过估计零假设下特定基因中的背景罕见变异负荷,并与实际病例样本中观察到的真实变异负荷进行比较,计算差异显著性。由于不依赖外部对照,相对于传统的病例-对照分析,这种检验策略对群体分层敏感性较低。

五、非编码位点表达调控功能评估

已知的复杂疾病关联位点通常在基因表达调控区和基因表达数量性状位点有很显著的富集。因此,许多非编码区的复杂疾病易感位点很可能通过调控基因表达影响疾病的发生发展。基于此,非编码区序列变异位点对基因表达调控潜能的影响可以为发掘易感突变提供重要线索。类似于蛋白编码区变异位点有害性的估计,生物信息学领域也涌现了大量对非编码位点表达调控功能评估的方法和软件。位点表达调控评估的结果一方面可以作为权值整合进行统计分析,提升检出效能,另一方面可以为显著性的统计结果提供独立的生物功能解释。

(一)非编码区表达调控突变预测原理

非编码区表达调控突变的基本生物学原理是位点所在区域的与表达调控有关的基因组特征。比较直观的理解是序列变异位点位于某个特定的基因表达调控元件(如转录因子结合区域、增强子、绝缘子等,见图13-15),因变异而改变了其与转录调控相关蛋白结合的稳定性,从而影响基因的转录。当然,不是所有位于表达调控元件内的变异都会影响结合的稳定性。因此,我们还需要更深入细致地考虑其特定的序列特征,如各类表观遗传学标记等。此外,类似于编码突变,功能上越重要的非编码突变可能倾向于在物种间越保守。但以上提到的只是大体的生物学规律,无法据此客观、准确地评判突变位点的调控潜能。因此,我们需要构建一个数量模型对其加以评估,评估模型主要包括两个主体

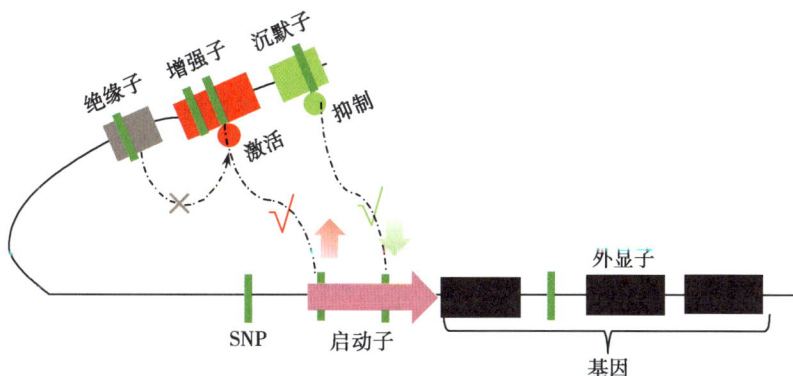

图13-15 非编码序列变异的基因表达调控图

部分:特征数据和机器学习方法。因此,以下将主要从这两个方面介绍常见的非编码区表达调控突变预测方法。

(二) 非编码区表达调控突变预测的相关资源与方法

目前已有多个大型国际合作计划,通过高通量测序系统地开展全基因组调控元件的检测研究,产生了大量与基因表达调控相关的基因组特征数据,为非编码区表达调控突变预测奠定了数据基础。以下是三个有代表性的项目及其相应数据简介。

1. ENCODE 计划# 该项目旨在解析人类基因组中的所有功能性元件。最初 2003 年 9 月由美国国立人类基因组研究院(US National Human Genome Research Institute,NHGRI)在启动,由多个国家的 32 个实验室共同参与,对 147 个组织和细胞类型进行研究。ENCODE 已经确定了许多不同细胞系中的调控区域,包括转录因子结合位点和模体、转录起始位点、组蛋白标记、DNA 甲基化位点和开放染色质区域等调控特征的信息,揭示了许多未知的基因组调控机制。

2. Roadmap Epigenomics 计划# 该项目旨在创建一个完整的人类表观遗传学图谱,使用高通量测序技术分析不同细胞类型和组织中与基因表达相关的基因组标记(DNA 甲基化、组蛋白修饰、染色质可及性和 RNA 转录本)。

3. FANTOM5 计划# 该项目通过基因表达 Cap 分析(CAGE,一种捕获 mRNA 短 5′ 端以产生带有 NGS 的短核苷酸序列的技术),以绘制以和识别转录起始位置,并提供人类基因表达的综合图谱为目标。该项目在人类和小鼠基因组的数百个原代细胞中鉴定了超过 18 万个启动子和近 44 000 个候选增强子。

基于基因表达调控相关的基因组特征数据,大量的生物信息学方法和软件相继被研发,用于预测非编码区序列变异位点的表达调控潜能。以下是四个代表性方法的介绍。

1. RegulomeDB# 该在线软件收集了来自 ENCODE 和 Roadmap Epigenomics 项目等资源的数据,主要包括不同的调控特征(如转录因子结合位点、不同细胞类型的染色质状态和基因表达数量性状位点等)。RegulomeDB 将这些信息结合起来计算变量优先级的得分,可用于注释调控元件内与疾病相关的 GWAS 位点。

2. CADD#(Combined Annotation Dependent Depletion) 其整合了主要来自 ENCODE 的调控元件注释的进行模型训练,并创建了一个 C 分数,用于评估变异位点对基因表达调控的影响。此外,CADD 也构建了一个支持向量机学习模型进一步预测位点的致病性。

3. FATHMM-MKL#(Functional Analysis through Hidden Markov Models) 该模型使用多核学习方法,使用来自 ENCODE 的调控元件注释数据预测位点的表达调控潜能。该模型使用了包括来自千人基因组计划的良性变异和 HGMD 的致病性位点进行训练与验证。FATHMM-MKL 最近更新到 FATHMM-XF 版本,其主要区别是采用了 Roadmap Epigenomics 计划等更多遗传和表观遗传特征进行模型训练。

4. Cepip#(Context-dependent epigenomic weighting for regulatory variant prioritization) 整合了 ENCODE 和 Roadmap Epigenomics 等多个表达调控元件资源的一个贝叶斯预测模型。该模型与以上模型最大的区别是该模型考虑了基因的组织细胞类型特异性调控。

六、分析软件和工具

(一) PLINK 软件包

PLINK# 是由哈佛大学开发的一个免费、开源的全基因组关联分析工具集,旨在用有效的计算方式进行常规的及大规模的遗传分析。PLINK 的主要功能包括:数据处理和统计描述、群体分层检测、关联分析、IBD 估计单体型分析、家系关联分析、置换检验、多重检验校正及上位效应检测等。本节将简要介绍一些 PLINK 的基本操作。

PLINK 的输入文件有.ped/.map 文件或使用--make-bed 命令生成其二进制格式文件(.bed/.bim/.

fam）。PED 和 MAP 文件是用空格或 Tab 分割的文件，PED 文件的每一行代表一个样本描述，并且前六列描述信息是必需的，缺失值应当用 0 代替。MAP 文件的每一行是一个 SNP 的信息（表 13-3）。

表 13-3　PED 和 MAP 文件说明

列数	PED 文件	MAP 文件
第 1 列	个体所在家系 ID[a]	SNP 所在染色体[b]
第 2 列	个体在家系中的编号	SNP 标识符
第 3 列	个体对应的父亲编号	SNP 的遗传距离
第 4 列	个体对应的母亲编号	SNP 的绝对位置
第 5 列	性别	
第 6 列	表型[c]	

[a]1 代表男性，2 代表女性，其他标记表明性别未知，[b]分别使用 1-22 数字，X，Y 代表，0 代表所在染色体未知，[c]1 表示为对照个体，2 表示为疾病个体。

PLINK 的基本输入语法格式为：

> plink --file/--bfile mydata --命令

如输入文件为.ped/.map 文件，则使用--file 选项，如为.bed/.bim/.fam 文件，则使用--bfile 选项。其中命令可以是单个命令也可以是符合规则的连续多个命令。PLINK 的重点是对基因型/表型数据的分析，下面介绍使用 PLINK 进行全基因组关联分析的基本流程。

关联分析可以分为四种，即等位基因关联分析、基因型关联分析、单倍体关联分析和双倍体关联分析，下面以独立样本集（样本之间相互独立，无亲缘关系）等位基因关联分析为例介绍。

首先需要对输入数据进行质量控制。PLINK 默认的质控参数（表 13-4）：

> plink --bfile mydata --mind 0.1 --geno 0.1 --maf 0.05 --hwe 0.001 --out output

表 13-4　PLINK 重要质控参数

命令	参数	描述
--mind	0.1	个体缺失率>10% 排除
--geno	0.1	SNP 缺失率>10% 排除
--maf	0.05	最小等位基因频率<= 0.05 排除
--hwe	0.001	Hardy-Weinberg 平衡检验 P 值小于 0.001

不同群体 SNP 频率不同，为了降低群体分层现象导致的假阳性，需要在关联分析之前对群体进行 PCA 分析，随后将 PCA 的结果作为协变量加入关联分析中。

> plink --bfile mydata --pca N --out output

结果文件中的.eigenvec 文件默认会对每个个体得到 20 个特征值，可指定 N 得到相应的 N 个特征值。

关联分析：

1. 基本病例-对照分析　使用卡方检验或者 Fisher 精确检验：

> plink --file mydata --assoc/--fisher --outoutput

将得到.assoc 或.fisher 结果文件（表 13-5）：

表 13-5　PLINK 病例-对照关联分析结果文件说明

列名	描述	列名	描述
CHR	染色体号	F_U	对照样本中该等位基因频率
SNP	SNP ID	A2	主要等位基因
BP	物理位置	CHISQ	基本等位基因卡方检验（1df）
A1	次等位基因	P	该检验方法的渐进 P 值
F_A	病例样本中该等位基因频率	OR	估计的优势比

2. 数量性状关联分析　当表型为非 0,1,2 或缺失的定量数据时,PLINK 将自动识别为数量性状：

```
plink --file mydata --assoc --out output
```

将得到.qassoc 结果文件（表 13-6）：

表 13-6　PLINK 数量性状关联分析结果文件说明

列名	描述	列名	描述
CHR	染色体号	SE	标准误差
SNP	SNP ID	R2	回归 R 方
BP	物理位置	T	Wald 检验（基于 t 分布）
NMISS	未缺失基因型的数量	P	Wald 检验渐进 P 值
BETA	回归系数		

3. 线性和逻辑回归模型　在测试数量性状和疾病性状 SNP 关联以及与这些协变量的相互作用时,这两个模型允许使用多个连续或二元的协变量。请注意,它们在某些方面比标准的--assoc 命令更灵活,但命令运行速度较之更慢。对于数量性状表型,使用：

```
plink --bfile mydata --linear
```

对于疾病表型,指定逻辑回归：

```
plink --bfile mydaya --logistic
```

将生成输出文件.assoc.linear 或.assoc.logistic（表 13-7）：

表 13-7　PLINK 关联分析结果文件说明

列名	描述	列名	描述
CHR	染色体号	NMISS	未缺失基因型的数量
SNP	SNP ID	BETA/OR	回归系数（--linear）或优势比（--logistic）
BP	物理位置	STAT	相关系数 t-统计量
A1	检测等位基因（默认为次要等位基因）	P	t-统计量渐进 P 值
TEST	测试模型		

对于 SNP 的累加效应,回归系数的方向代表每个额外次要等位基因的影响(即正回归系数意味着次要等位基因增加风险或表型平均值)。在--linear 选项使用时,添加--standard-beta 选项代表标准化表型,得到的相关系数也是标准化后的。如未指定测试模型,默认为加性模型(additive),可通过添加--genotypic 或--dominant、--recessive 选项指定特定的遗传作用模型,genotypic 模型包含代表加性效应和优势偏差的两个变量,dominant 与 recessive 模型则将次等位基因分别假设为完全显性或隐性。

如还指定了协变量文件,可使用--covar-name 或--covar-number 命令指定文件中的协变量子集,如不输出每个协变量关联结果(通常对它们本身不感兴趣),则可添加选项--hide-covar:

```
plink --bfile mydata --linear --genotypic --covar mycov.txt --hide-covar
```

如果要在使用--linear 或--logistic 时对特定 SNP 进行条件分析,请使用--condition 选项,例如:

```
plink --bfile mydata --linear --condition rs123456
```

(二) KGGSEE 软件平台

KGGSEE[#](a biological Knowledge-based mining platform for Genomic and Genetic association Summary statistics using gEne Expression)是一个利用生物学知识和基因表达数据对 GWAS 摘要统计量数据进行二次挖掘和分析的综合软件平台。KGGSEE 是用 Java 语言开发的命令行界面软件平台,可运行于 Windows、MacOS、Linux 等主流操作系统。目前,KGGSEE 包含以下四个方面的功能(图 13-16):①进行基因和生物通路水平的关联检验;②推断表型驱动组织,并进行基因水平的条件关联检验;③推断基因或转录本对表型的因果表达量效应;④估算基因或基因组区间的遗传率。以下分别介绍前三个功能的基本原理和工作流程。

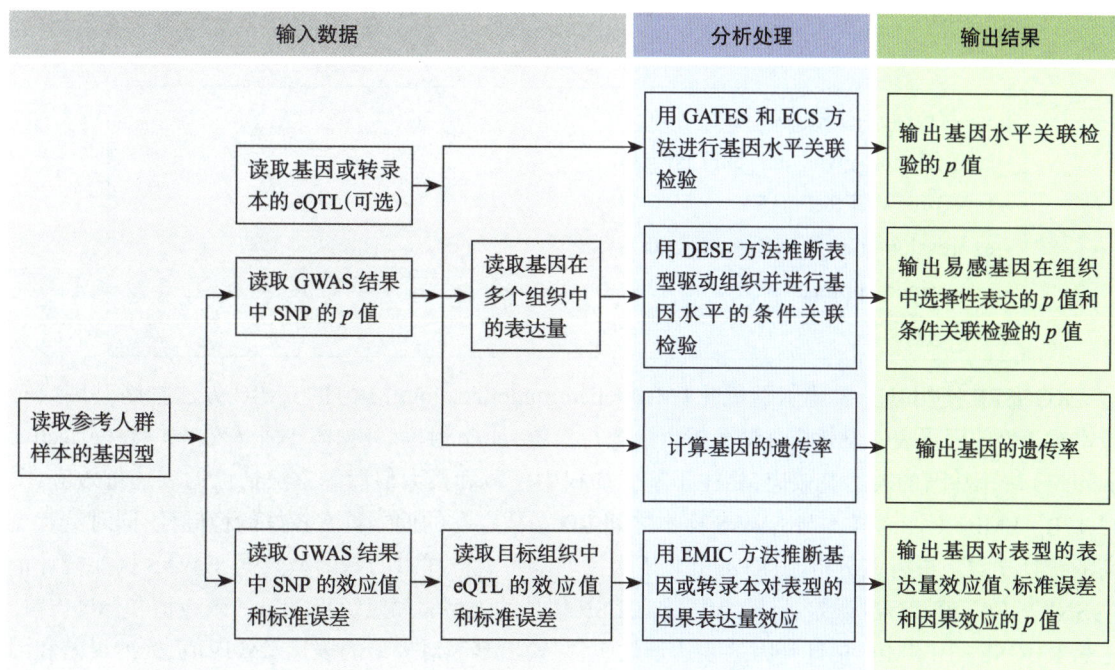

图 13-16　KGGSEE 的工作流程与功能分类

　　KGGSEE 使用 GATES 和 ECS 两种方法进行基因水平的关联检验。该分析由命令行参数--gene-assoc 触发。进行该分析时,KGGSEE 首先读取 GWAS 所基于人群样本的基因型数据(参数--vcf-ref 指定的 VCF 文件),例如,基于中国人群开展的 GWAS 研究,尽量使用中国人群样本的基因型数据,也可以使用东亚人群样本的基因型数据。该样本的基因型将用于后续分析中遗传位点 LD 矩阵的估计。接下来,KGGSEE 读取 GWAS 摘要统计量(文件由参数--sum-file 指定)中 SNP 的坐标和 p 值。例如:

```
java -Xmx4g -jar kggsee.jar \
--sum-file scz_gwas_eur_chr1.tsv.gz \
--vcf-ref 1kg_hg19_eur_chr1.vcf.gz \
--keep-ref \
--gene-assoc \
--out kggsee1
```

　　KGGSEE 按基因组注释中基因的边界扩展一定距离,将其中的全部 SNP 作为一个单元进行关联检验;如果用户提供了基因或转录本的 eQTL 摘要统计量(文件由参数--eqtl-file 指定),KGGSEE 将以一个基因或一个转录本的全部 eQTL 为一个单元进行关联检验。该分析将输出 GATES 和 ECS 两种方法基因水平关联检验的 p 值(图 13-17A)。

　　KGGSEE 使用 DESE 方法推断表型驱动组织并进行基因水平的条件关联检验。该分析由命令行参数--gene-finemapping 触发。进行该分析时,KGGSEE 在完成基因水平的关联检验后,读取基因或转录本在多个组织中的表达量数据(文件由参数--expression-file 指定),并计算基因在各组织中的选择性表达 Z 值。基于该 Z 值和 ECS 关联检验的结果,KGGSEE 用 DESE 方法推断表型驱动组织并进行基因水平的条件关联检验(图 13-17C)。与基因水平的关联分析类似,用户可以选择以基因的 eQTL 或以基因注释的坐标作为 DESE 方法的检验单元。该分析除了输出 GATES 和 ECS 两种方法基因水平关联检验的 p 值,还将输出易感基因在组织中选择性表达的 p 值和条件关联检验的 p 值。例如:

```
java -Xmx4g -jar kggsee.jar \
--sum-file scz_gwas_eur_chr1.tsv.gz \
--saved-ref VCFRefhg19 \
--expression-file gtex.v8.gene.mean.tsv.gz \
--gene-finemapping \
--out kggsee2
```

　　KGGSEE 使用基于孟德尔随机化(Mendelian randomization, MR)的 EMIC 方法推断基因或转录本对表型的因果表达量效应。该分析由命令行参数--emic 触发。EMIC 基于有效中位数(effective median)估计基因的表达量效应,相比于基于加权中位数和最大似然等方法估计的表达量效应(图 13-17B),EMIC 对参考样本与 GWAS 样本之间 LD 系数存在的偏差具有较好的稳健性,同时具有更高的统计功效。进行该分析时,KGGSEE 依次读取参考人群样本的基因型数据、GWAS 摘要统计量中 SNP 的效应值和标准误差、目标组织(如 DESE 估计的表型驱动组织)eQTL 的效应值和标准误差。之后 KGGSEE 用 EMIC 估计基因的表达量效应,并输出基因对表型的表达量效应值、标准误差和因果效应的 p 值。例如:

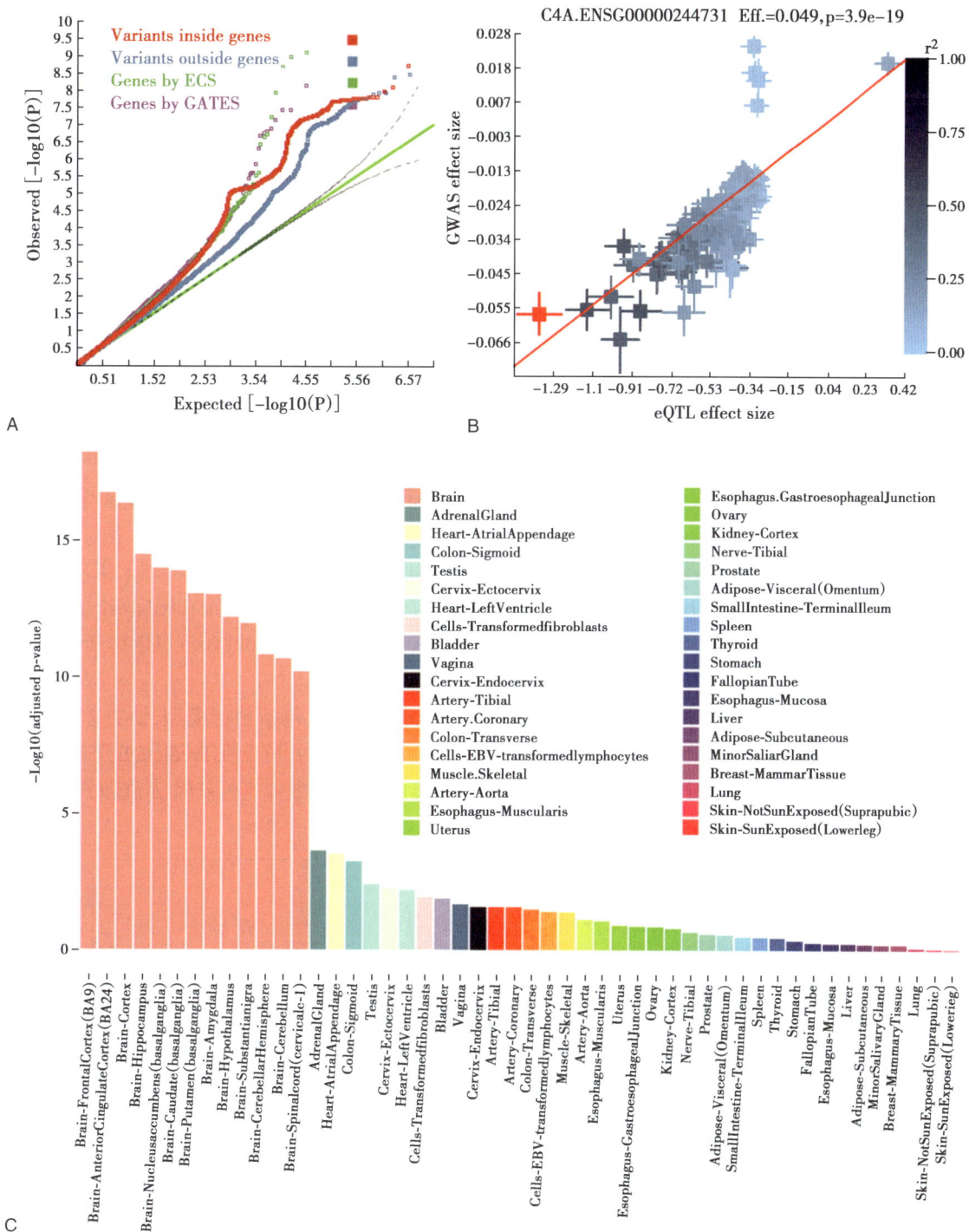

图 13-17　KGGSEE 的部分结果示例

A. GATES 和 ECS 推断的基因水平 p 值的 Q-Q 图；B. EMIC 孟德尔随机化工具变量体现因果效应的散点图；
C. DESE 推断的精神分裂症的相关组织。

```
java -Xmx4g -jar kggsee.jar \
--sum-file scz_gwas_eur_chr1.tsv.gz \
--saved-ref VCFRefhg19 \
--eqtl-file GTEx_v8_gene_BrainBA9.eqtl.txt.gz \
--beta-col OR \
--beta-type 2 \
--emic \
--out kggsee3
```

(三) MetaXcan 软件平台

MetaXcan# 是一个整合转录组数据分析复杂表型关联基因的工具集。MetaXcan 由 Python3 实现,所有工具都是基于命令行进行使用的。目前 MetaXcan 包含四个子工具:PrediXcan、S-PrediXcan、MultiXcan 和 S-MultiXcan。

PrediXcan 是一种基因关联方法,首先使用个体水平的基因型预测基因转录组学特征(例如表达量或剪接水平),然后将转录组学特征和表型进行关联检验。PrediXcan 预先训练了使用基因型预测基因转录特征的预测模型,存储在 PredictDB#,目前包含 GTEx 50 多种组织的基因表达量和可变剪接的预测模型。使用 PrediXcan 需要输入个体的基因型数据和预先训练的模型数据。S-PrediXcan 是 PrediXcan 的一个扩展,它仅需要使用 GWAS 汇总统计量就可以推断表型与基因的关联信号。MultiXcan 是对 PrediXcan 的升级,它利用跨组织 eQTL 的大量共享来提高识别潜在靶标基因的能力。MultiXcan 使用多元回归来整合多个组织的转录组特征。在实际检测中,MultiXcan 可以比 PrediXcan 检测到更多的显著关联基因。

下面以 S-PrediXcan 为例介绍其使用方法。S-PrediXcan 的输入包括预测模型、协方差数据和 GWAS 汇总统计量数据。其中,预测模型和协方差数据是预先生成的,可以在 PredictDB 下载,也可以自己训练。GWAS 汇总统计数据需要包含 RSID、效应等位基因、非效应等位基因、β 值和 P 值。完整的命令如下:

```
./SPrediXcan.py \
--model_db_path 预测模型文件 \
--covariance 协变量模型文件 \
--gwas_folder GWAS 目录 \
--gwas_file_pattern GWAS 文件模式 \
--snp_column RSID 列名称 \
--effect_allele_column 效应等位基因列名称 \
--non_effect_allele_column 非效应等位基因列名称 \
--beta_column β 列名称 \
--pvalue_column P 值列名称 \
--output_file 输出路径
```

输出为 CSV(逗号分割值)格式文件,包含 12 列,依次为 gene,基因 ID; gene_name,基因名称; zscore,S-PrediXcan 基因和表型的关联 Z-score; effect_size,关联效应大小;p value,关联 P 值;var_g,基因表达量的方差;pred_perf_r2,预测模型的交叉验证 R 方,评估预测效果的指标;pred_perf_pval,预测模型的相关系数 P 值;pred_perf_qval,预测模型的相关系数 q 值;n_snps_used,预测使用 SNP 的个数;n_snps_in_cov,协方差矩阵中的 SNP 个数;n_snps_in_model,预测模型中 SNP 的个数。

（四）SMR 软件平台

SMR#（Summary-data-based Mendelian Randomization）是一项基于 GWAS 和 eQTL 汇总统计量推断复杂表型相关基因的分析平台。SMR 采用孟德尔随机化方法来测试基因表达水平（暴露）和性状（结果）之间的多效关联。SMR 将"多效关联"定义为由于多效性（基因表达和性状均受同一因果变异影响）或因果关系（因果变异对表型的影响由基因介导）而导致的表型和基因表达之间的关联。这是因为使用单一遗传变异的 MR 方法无法区分多效性和因果关系。同时，在 SMR 测试中观察到的关联并不一定意味着基因表达和表型受到相同潜在因果变异的影响，因为这种关联可能是由于最相关的顺式 eQTL 处于 LD 中，也就是具有两个不同的因果变异，一个影响基因表达，另一个影响性状（详见图 13-13），这种情况被定义为连锁，与多效性相比，其生物学意义较小。SMR 提出一种方法 HEIDI（Heterogeneity In Dependent Instruments），使用顺式 eQTL 区域中的多个 SNPs 来区分多效性与连锁。

SMR 是基于命令行的软件，下面简要介绍其使用方法。SMR 的输入为复杂疾病或性状的 GWAS 汇总统计量数据、eQTL 汇总统计量数据和参考人群样本的基因型数据。其中，GWAS 汇总统计量文件用参数 --gwas-summary 来指定，需要为 GCTA-COJO 格式，样式如下：

SNP	A1	A2	freq	b	se	p	n
rs1001	A	G	0.8493	0.0024	0.0055	0.6653	129850
rs1002	C	G	0.03606	0.0034	0.0115	0.7659	129799
rs1003	A	C	0.5128	0.045	0.038	0.2319	129830

eQTL 统计量文件用参数 --beqtl-summary 指定，其必须使用 SMR 规定的 BESD 格式，即由 .esi，.epi，.besd 这三种格式文件构成。SMR 提供了生成 BESD 格式文件的程序，并预先生成了多个 eQTL 研究数据文件。参考人群样本的基因型数据用参数 --bfile 指定，格式为 PLINK 二进制格式（即 .bed，.bim 和 .fam 文件）。完整命令如下所示：

```
smr \
--bfile PLINK 格式的参考人群基因型文件 \
--gwas-summary COJO 格式的 GWAS 汇总统计量文件 \
--beqtl-summary BESD 格式的 eQTL 汇总统计量文件 \
--out 输出路径
```

SMR 的输出为 .smr 文本文件，主要包含了 SMR 和 HEIDI 检验的 P 值，用来检验基因和表型的因果关联显著性及区分多效性有可能导致的假关联影响。

第四节 肿瘤驱动基因的体细胞突变分析
Section 4　Somatic mutation analysis of tumor driver genes

一、肿瘤的基因组特征

导致肿瘤发生的 DNA 突变主要有两大类，亲代遗传而来的胚系突变（germline mutation）和后天成长过程中产生的体细胞突变（somatic mutation）。前者的基因组特性与前两节所讲述的单基因疾病与多基因疾病类似，疾病基因组分析的基本原理和方法也近似，本节不再赘述。而对于后者，越来越多的研究发现体细胞突变可能是大部分肿瘤发生的主要原因。肿瘤组织的形成过程实质上是癌细胞的大量传代和选择性生长的结果，往往有一个较长的克隆和演化过程。体细胞突变正是在这一过程中因为 DNA 的复制错误而随机产生，并因其对癌细胞的生长产生有利作用而得以保留和积累。

随着测序技术的突飞猛进，人们能更深入、更全面地研究基因组信息，也逐渐认识到肿瘤体细胞基因组研究对揭示癌症发生与发展具有重要意义。致使癌细胞获得选择性增生优势的突变通常被认为是癌症驱动突变（cancer driver mutation），而包含癌症驱动突变的基因被称为癌症驱动基因（cancer driver gene）。癌症驱动突变常常使原癌基因异常激活、抑癌基因失效，从而导致细胞不受控地增殖。反之，对细胞选择性增生没有直接或间接作用的体细胞突变则被认为是背景突变或伴随突变（passenger mutation）。类似于多基因疾病，很多肿瘤的形成往往是多个癌症驱动基因共同作用的结果。

有的癌症驱动基因能导致多种癌症，即驱动基因的多效性，例如蛋白编码基因 TP53 和 PIK3CA 包含的变异可以诱发多种癌症。在临床试验中针对这类癌症驱动基因研发的抗肿瘤药物，可以达到治疗多种癌症的效果。与此同时，癌症也具有很高的异质性，罹患同一癌症类型的不同患者可能由不同的驱动基因所致。因此患同一种癌症的不同病人的肿瘤细胞可能会表现出免疫特性、生长速度、侵袭能力等表型方面的差异，最终导致对不同抗肿瘤药物的敏感性不同或放疗敏感性的差异。此外，非蛋白编码基因的突变也可能会促进癌细胞的生长，但对非蛋白编码癌症驱动基因的研究往往不及对蛋白质编码基因的研究深入、明晰。目前发现的肿瘤相关体细胞突变大多在基因的蛋白质编码区，近些年随着研究的深入，非蛋白质编码区的驱动突变也逐渐被发现。

准确全面的肿瘤驱动基因全局图谱是实现早期诊断和高效靶向药物研发、精准治疗的关键所在。肿瘤潜在的风险基因数量多，且大部分驱动基因的单个基因驱动效应相对较小，探测驱动基因困难重重。背景突变数欠拟合、变异位点对基因功能的影响整合不够、样本量太小等因素都将导致难以将肿瘤驱动基因从背景基因中区分出来。迄今为止，已被发掘的肿瘤驱动基因只是冰山一角，还有相当部分肿瘤类型的驱动基因还有待探寻和鉴定，人类肿瘤驱动基因全局图谱也还远不完善，探寻和鉴定完善有效的肿瘤驱动基因全局图谱迫在眉睫。

二、研究设计与原理

疾病基因组学研究对肿瘤驱动突变和基因的鉴定主要采用高通量测序的策略。这是因为肿瘤细胞的基因组 DNA 复制、损伤修复系统往往失常，通过高通量测序往往可以发现大量的体细胞突变。正如前文所说，大部分突变是与肿瘤发生无关的伴随突变。肿瘤基因组分析的核心难点问题是如何有效地将肿瘤驱动突变与大量的伴随突变区分。

研究实验设计需要特别考虑如何收集适当样本以获得可信的体细胞突变，对于实体瘤建议取病人的癌和癌旁两套样本，癌旁样本用于对照。将癌组织的体细胞 DNA 序列与癌旁组织的 DNA 序列对比，保留癌组织独有的体细胞突变，当癌旁组织采样较困难时，可以用血液中白细胞 DNA 序列作为对照。对于血液肿瘤（如白血病），如果患者通过治疗达到缓解标准，可用缓解后的外周血白细胞 DNA 作对照，如果没有达到缓解标准则可以取唾液或毛囊的组织提取 DNA 作对照。

将癌组织与对照组织细胞的 DNA 样本通过高通量测序（全外显子组测序或全基因组测序）得到 FASTQ 文件后，通过 BWA 和 GATK 等工具进行基于参考基因组的拼接和突变位点的检测。但不同于胚系突变，体细胞突变的检出还需采用额外的软件分析，从癌细胞和对照细胞的基因组差异中准确鉴定体细胞突变，常用的体细胞鉴别软件有 Mutect2# 和 Varscan# 等。通过以上步骤得到肿瘤细胞中体细胞突变后，可以综合运用生物信息学预测评估和统计检验检测两种不同的策略发掘肿瘤驱动突变和基因。

三、肿瘤驱动突变预测

与其他疾病类似，导致肿瘤发生、发展的驱动突变理应也有其特有的基因组特征。蛋白编码区的突变往往通过改变蛋白质的功能和结构，而位于非编码区的调控元件的突变则可以通过调控肿瘤相关基因表达影响肿瘤的形成。同理，基于这些基因组特性，利用已经确认的驱动突变和伴随突变，我们可以构建一个机器学习模型,对新的突变进行评估。基于这一基本原理,生物信息学领域已经研发了许多模型,利用突变的基因组特性预测和评估突变潜在的肿瘤驱动效应。以下是两个性能相对较好,且较为常用的两个软件。

1. CHASM[#](Cancer-specific High-throughput Annotation of Somatic Mutations) 该方法基于数十个基因组特征(如氨基酸的电荷、极性、亲疏水性、二级结构、背景突变率等)构建机器学习模型,预测在癌细胞基因组中体细胞错义突变的功能强弱对肿瘤细胞选择性生长优势的效应。

2. CTAT-cancer[#](Combined Tool Adjusted Total (CTAT) -for Cancer) 该工具能够结合突变的频率和功能影响,给出一个 CTAT 评分来识别编码和非编码肿瘤驱动突变。该工具首先对多个已有的驱动突变工具(包含 CHASM)提取主成分,然后使用第一主成分进行评估计分。

四、肿瘤驱动基因统计检测

通过对一定数量的样本进行统计分析也是发掘肿瘤驱动基因的重要策略之一。研究发现,因为肿瘤细胞的选择性增生,肿瘤驱动突变和基因倾向于有更高的突变积累。受该现象的启发,发展出了背景突变率策略(background mutation rate,BMR)。癌细胞中基因的变异类型也存在差异,基因中有害突变比率显著高于较温和或无害的突变比率时更倾向于是肿瘤驱动基因,反之为背景基因。基于该现象,发展了比率测量策略(ratio-metric)。现有统计方法的检测原理大致可划分为这两种策略:背景突变率策略和比率测量策略。

BMR 的分析原理是通过判断候选基因包含的体细胞突变数是否显著高于预期应有的突变数,来推断该候选基因是否是肿瘤驱动基因(图 13-18)。其中,候选基因预期应有的体细胞突变数是指假设该基因是背景基因(非肿瘤驱动)应该含有的体细胞突变数。这些突变与肿瘤的形成无关,但可能与其他基因组特征有关,例如:基因长度、基因表达量、染色质开放状态、DNA 复制时间和转录活性等。因此,准确估算基因在作为背景基因的期望突变数是该检验的关键。现有研究表明体细胞变异率高的基因倾向于在癌细胞中具有较低的表达量水平、较高的染色质压缩程度以及较高的甲基化程度,而且 DNA 复制的时间越晚体细胞基因突变也会越多。背景突变率策略具有代表性的方法是 WITER 和 MutSigCV 等。其中,WITER 首次采用截零负二项分布,基于以上基因组特征构建回归模型,对背景突变数构建有效的估计模型。此外,WITER 方法还可以将肿瘤驱动突变预测评分直接整合到基因

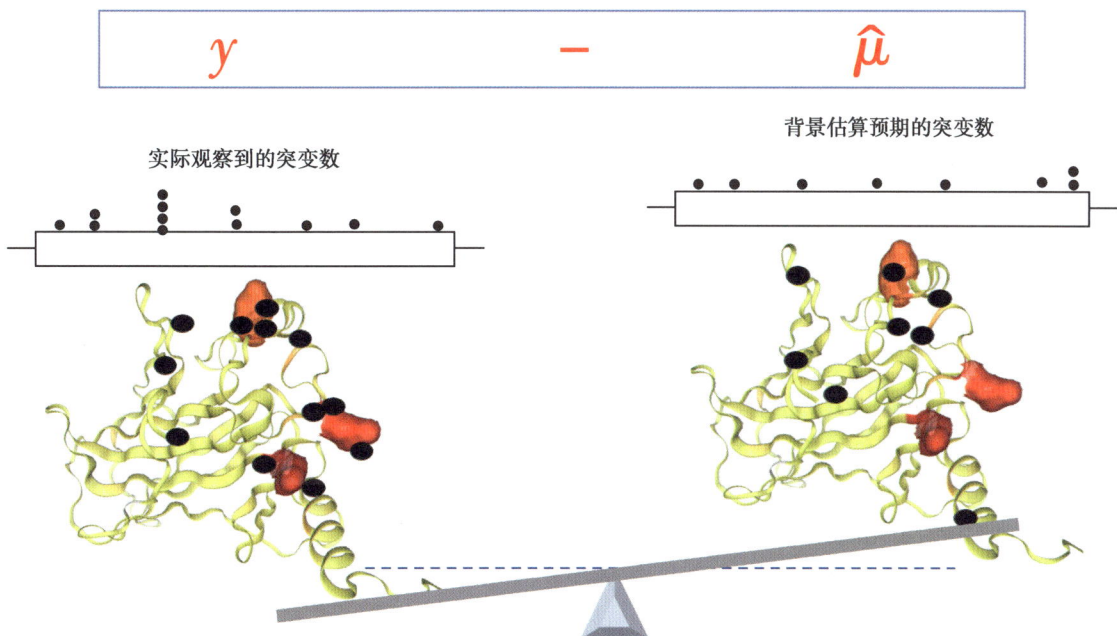

$$y \quad - \quad \hat{\mu}$$

实际观察到的突变数

背景估算预期的突变数

图 13-18 基于体细胞突变的肿瘤驱动基因背景突变率分析示意图

体细胞突变数的负荷评估,大幅提升统计功效。

比率测量策略是根据样本 DNA 中基因各变异类型突变数标准化后的比率来推测该基因是否是肿瘤驱动基因,例如根据样本基因中非同义突变数与同义突变数标准化后的比例是否大于某一阈值来推断该基因为肿瘤驱动基因的可能性。有些方法还综合考虑其他因素的影响,例如变异类型在物理位置上的聚集等。具有代表性的方法是 20/20+。20/20+ 还对比例测量策略模型的思想进行了拓展,对基因特征考虑较为全面,整合了多个基因特征预测体细胞突变中的肿瘤驱动基因。其整合的基因特征包括样本突变聚类、进化保守性、位点变异对功能影响的评估、突变类型、基因交互网络连通密度等,最终用计算机模拟生成预测评分统计 p 值。

虽然上述两种策略的基本原理看似简单,但在实际计算中往往会遇到一些棘手又关键的问题,方法的定位效能很大程度取决于下述问题能否被妥善解决。第一,必须对背景基因充分拟合才能将真正肿瘤驱动基因从嘈杂的背景基因中准确区分出来,这是决定方法效能的关键。如果方法对背景基因生成的统计 p 值不服从均匀分布,则表明对背景基因的体细胞突变数分布欠拟合。第二,因为临床采样往往遇到各种复杂因素造成样本量过小,基于小样本构建的模型具有性能不稳定的问题。第三,因为实际中体细胞的基因突变是较罕见的情况,大多基因突变数为 0,不能很好地吻合常规分布模型。第四,如果过于依赖常规基因特征,而较少考虑患者测序样本特有的基因特征,将会一定程度地忽略肿瘤的高异质性,也将增加错失发现新驱动基因的风险。用户一般会用到多种软件探测肿瘤驱动基因,不同方法鉴定的肿瘤驱动基因存在明显差异,真阳性驱动基因和假阳性驱动基因难以辨别。通常来说,合并这些结果是凭经验取舍,不免造成主观上的偏差。

五、分析软件和工具

(一) WITER 分析软件介绍

WITER[#] 是基于背景突变率策略的一项肿瘤驱动突变快速检测工具。WITER 能够自动将体细胞突变注释到所在的基因,并利用随机森林算法对突变进行驱动潜能预测,最后将该预测评分整合到迭代截零负二项回归,提升驱动基因检验功效。

待分析的体细胞突变以突变注释格式(mutation annotation format, MAF)格式输入程序,格式如下(表 13-8):

表 13-8 MAF 的格式示例

Tumor_Sample_UUID	Chromosome	Start_Position	Reference_Allele	Tumor_Allele1	Tumor_Allele2
TCGA-A8-A06P	chr19	58864307	C	A	C
TCGA-A8-A06P	chr19	58864307	C	A	C
TCGA-E9-A1NH	chr19	58864366	G	A	G
TCGA-E9-A22B	chr19	58862784	C	T	C

该文件一行表示一个样本个体在某位点的突变,每列对应其特性用制表符分割。

> Tumor_Sample_UUID:样本 ID 号
> Chromosome:位点的染色体编号
> Start_Position:突变在染色体坐标位置
> Reference_Allele:该位置在参考基因组对应的序列
> Tumor_Allele1:肿瘤细胞基因组中,该位置的第一种序列
> Tumor_Allele2:肿瘤细胞基因组中,该位置的第二种序列

WTIER 的输出包括显著性 p 值等信息,如下表(表 13-9):

表 13-9　WTIER 的主要输出结果示例

GeneSymbol	ResponseVar	ResponseVarScore	…	Residual	P	BH-FDR-q
TP53	98	478	…	19.43	2.02E-84	2.26E-80
PIK3CA	36	174	…	8.12	2.32E-16	1.30E-12
KRAS	16	79	…	7.31	1.38E-13	5.15E-10
SMAD4	18	87	…	6.98	1.49E-12	4.18E-09
RHOA	14	49	…	6.30	1.53E-10	3.42E-07

一行指代一个基因,每列对应其属性和统计结果。这些列对应的含义是:

> GeneSymbol:基因名称、符号
> ResponseVar:非同义突变总个数
> ResponseVarScore:通过预测评分加权放大后的非同义突变总个数
> …:相关的属性(被省略)
> Residual:突变负荷评分
> P:突变负荷评的统计学显著性评估
> BH-FDR-q:用假阳性发现率对 p 值的多重检验评估修正

(二)20/20+分析软件介绍

20/20+[#] 基于多个比例测量指标(ratiometric)以及大量的癌基因和抑癌基因的基因组特征评分构建随机森林模型,预测某个基因是否为驱动基因。同时,它也能利用计算机模拟产生 p 值,评估预测结果的统计显著性。由于其算法的复杂性,计算速度相对于 WITER 较慢。20/20+属于机器学习策略,较适合于跟踪已知的肿瘤驱动基因。

该软件也采用 MAF 格式作为体细胞突变输入文件。输出的主要结果如下表(表 13-10)。

表 13-10　20/20+的主要输出结果示例

Gene	…	oncogene p-value	oncogene q-value	tsg p-value	tsg q-value	driver p-value	driver q-value
TP53	…	0.376 18	0.972	0	0	0	0
PIK3CA	…	0	0	0.568	1	0	0
ERBB2	…	0	0	0.208	1	2.34E-05	0.03
SMAD4	…	0	0	0.021	0.897	2.34E-05	0.03

其中一行指代一个基因,每列对应其属性和统计结果。这些列对应的含义是:

> Gene:基因名称、符号
> …:用于预测的属性(被省略)
> oncogene p-value:预测该基因为癌基因评分的统计显著性水平
> oncogene q-value:预测该基因为癌基因评分的统计显著性水平 p 值的多重检验评估修正
> tsg p-value:预测该基因为抑癌基因评分的统计显著性水平
> tsg q-value:预测该基因为抑癌基因评分的统计显著性水平 p 值的多重检验评估修正
> driver p-value:预测该基因为肿瘤驱动基因评分的统计显著性水平
> driver q-value:预测该基因为肿瘤驱动基因评分的统计显著性水平 p 值的多重检验评估修正

NOTES

第五节　疾病基因组相关的公共资源库
Section 5　Public resources for disease genomics studies

高通量测序技术与大数据计算分析技术大幅促进了疾病基因组学的发展,揭示了很多与单、多基因疾病和肿瘤发生相关的突变和基因。这些突变和基因数据大部分都存放在公共数据资源库中,了解并运用公共数据库资源一方面有利于推动疾病基因组学的基础研究成果向临床应用的转化,另一方面有助于对疾病相关突变的基因组特性有更系统、深入的理解,为发掘更多未知的致病或易感突变与基因提供新思路。

一、孟德尔遗传疾病致病突变数据库

(一) 人类孟德尔遗传疾病数据库 (OMIM)

OMIM®[#] (Online Mendelian Inheritance in Man®) 是一个权威且全面的人类基因和表型数据库,目前由约翰霍普金斯大学医学院的团队负责每日更新。该数据库起源于 Victor A. McKusick 博士在 20 世纪 60 年代发表的一本孟德尔性状与疾病目录,名为<Mendelian Inheritance in Man>,其在 1966—1998 年间,共出版了 12 版。OMIM 为该目录的在线版本,创建于 1985 年,并于 1995 年进入万维网,目前的官网版本推出于 2011 年 1 月。

OMIM 以经过同行评议的发表的生物医学文献为基础,建立基因和表型的条目,其基因和表型在单独的条目中描述,并给予唯一且固定的六位数标识码 (MIM 号码)。截至 2021 年 8 月 19 日,OMIM 共收录 26 022 条目,其中包括 16 545 个基因条目和 6 167 个分子机制明确的表型条目。OMIM 数据库提供了强大的搜索引擎,且在基因条目、表型条目、多个外部数据库之间建立了良好的网络。MIMmatch 是一个新功能,提供条目更新提醒服务,并可帮助与研究同行建立联系。

(二) 疾病相关的人类基因组变异数据库 (ClinVar)

ClinVar[#] 是由 NCBI 维护的公共存档数据库,内容涵盖人类变异与表型的关联信息及支持性证据。与 OMIM 团队基于发表文献进行条目创建不同,ClinVar 仅对用户提交的信息进行存档和整理,并加入与遗传变异相关的其他数据库的信息。因此,ClinVar 中遗传变异的准确性及其与表型关联的可信程度均取决于相关研究。对于同一个遗传变异与表型的关联,ClinVar 接受多个来源的提交,并进行汇总,方便用户了解遗传异质性以及各方研究之间的差异。

由于临床基因检测呈指数式增长,ClinVar 积累了大量遗传变异条目。但通过挖掘 ClinVar 回答一个一般问题可能并不容易。Simple ClinVar[#] 是一个以 ClinVar 数据库为基础,并对整个 ClinVar 的遗传变异、基因和疾病进行汇总统计的数据库。Simple ClinVar 跟随 ClinVar 每月的发布。Simple ClinVar 能够帮助回答有关遗传变异及其与疾病已知关系的基本问题 (如 ClinVar 中多少基因与特定疾病相关? 患者的遗传变体位于蛋白质的哪一部分?) 并进行可视化。

(三) 致病突变数据库 (DECIPHER)

2004 年,DECIPHER[#] (DatabasE of genomiC varIation and Phenotype in Humans using Ensembl Resources) 由 Sanger 研究所的 Nigel Carter 和 Addenbrooke 医院的 Helen Firth 共同创立。与其他收集遗传变异与表型的数据库不同,DECIPHER 数据库更专注于帮助人类理解罕见变异对罕见遗传病的影响,从而改善罕见疾病的诊断、管理和治疗。我们知道,任何个体都携带一定数量的基因组变异 (序列变异或拷贝数变异),尽管这些变异中的绝大多数是无害的,但某些变异可能破坏正常的基因表达而导致疾病。对于某些罕见遗传病患者而言,其携带的许多变异是未曾报道过的,并且是罕见的,因此往往很难明确这些变异与其自身表型的关联。对携带共同遗传变异并具有共同表型特征的患者进行比较,是研究基因和遗传变异在发育和疾病中作用的有效途径。DECIPHER 数据库以遗传病患者为中心进行收录,记录了每个患者的表型和遗传变异信息。用户可通过多种方式进行检索 (如表

型、基因、变异等)。

(四) 致病突变数据库(HGMD)

HGMD®#(The Human Gene Mutation Database)由 Cardiff 医学遗传学研究所创建于 1996 年 4 月,通过检索已发表的研究文献,收录与人类遗传病相关的核基因组变异,不收录体细胞突变和线粒体基因组的突变。HGMD 数据库以遗传变异为中心,每个 DNA 变异对应一个条目。HGMD 通常不包括缺乏明显表型后果的突变,例如编码区域内不改变氨基酸的突变不会被收录,但如果这种突变已知会对 mRNA 剪接或基因表达产生不利影响,则可能被收录。

HGMD 并非完全免费开放。学术机构和非营利组织的可在免费注册后检索一个"不太新的公开版"(Less up-to-date public version)。HGMD Professional 为其"最新版"(Most up-to-date version),由其商业合作伙伴 QIAGEN® 负责运营。此外,用户须获得许可,才能对 HGMD 数据进行复制、存储或传播。

二、复杂疾病关联位点数据库

(一) GWAS Catalog# 数据库

随着 GWAS 相关研究的发表日益增多,许多研究都把 GWAS 的结果作为研究的出发点展开深度数据挖掘、信号解读和功能学验证。美国国家人类基因组研究所(NHGRI)和欧洲生物信息学研究所(EBI)联合开发了 NHGRI GWAS Catalog 公共资源数据库。GWAS catalog 是一个免费的在线数据库,它收集了全基因组关联分析数据(GWAS),将不同文献来源的非结构化数据汇总成可访问的高质量数据。截至 2021 年 8 月,它已包含了 5 239 篇出版物 275 247 个 SNPs 与表型之间的关联。被生物学家、生物信息学家和其他研究人员广泛用于识别因果变异和了解疾病机制。一些 GWAS 确定了与疾病相关的常见基因组位点,包括:心血管疾病、炎症性肠病、2 型糖尿病和乳腺癌等。研究者可通过 NHGRI GWAS Catalog 官网搜索、分析和下载感兴趣的 SNP、基因和表型的 GWAS 汇总数据。

GWAS catalog 提供了目前所有已发布的 GWAS 结果信息。网站共分为 6 个模块,分别是 Download 下载、Summary statistics 统计、Submit 数据上传、Documentation 文档、Diagram 图像(按照染色体上的位置展示了所有表型相关的 P<5*10-8 的 SNP)、Ancestry 种族。用户可在搜索栏输入以下几种格式类型数据进行检索 "breast carcinoma" "rs7329174" "Yao" "2q37.1" "HBS1L" "6:16000000-25000000"。检索结果包含出版信息、SNP-疾病关联信息(包括 SNP 标识符、P 值、基因和风险等位基因)和研究信息(来源、大小)。

(二) CAUSALdb# 数据库

CAUSALdb 是一个收集疾病和性状 GWAS 汇总统计数据的数据库,并通过精细定位来识别可信的因果变异,同时对关联位点、疾病和性状提供了丰富的注释信息。目前该数据库包含了 3 000 多个公开的完整 GWAS 汇总统计数据,并且将持续更新。该数据库使用了三种最先进的精细定位工具(包括 PAINTOR、CAVIARBF 和 FINEMAP)来估计 GWAS 所有显著关联位点的因果概率。CAUSALdb 可以通过 SNP 编号、基因组坐标、基因名称和表型名称进行查询。CAUSALdb 还为每个关联位点提供了全面的功能注释,包括基因组定位信息、调控效应(转录因子结合位点、microRNA 靶位点和剪接位点)、eQTL、群体单倍型、氨基酸替换、进化、基因表达和疾病关联等。CAUSALdb 将 GWAS 报告的表型全部映射到医学主题词(MeSH)上,并提供对这些表型进行树状检索的功能。

(三) PCGA# 数据库

PCGA(Phenotype-Cell-Gene Association)数据库是一个存储人类复杂疾病和性状的关联基因、组织、细胞类型的在线数据库。复杂疾病关联的遗传变异位点只是理解疾病致病机制的第一步。随着多维度分子组学的发展,整合多组学数据成为理解疾病致病机制的重要手段。其中,整合疾病基因组和转录组进行疾病关联组织和细胞类型估计就是一个重要的方向。PCGA 数据库提供了用户友好的网页界面,帮助用户快速、准确、精细地定位人类疾病和性状的易感基因和关联组织、细胞类型。

PCGA 数据库整合了上千个复杂疾病和表型的 GWAS 汇总 P 值和百万个单细胞表达谱数据,利用迭代条件基因关联检验方法得到了 1 871 种表型和 54 种组织、6 598 个细胞类型及四万多个基因的关联 P 值。PCGA 数据库可以使用表型、基因、组织和细胞类型的关键词进行搜索,同时还支持对表型、组织、细胞类型进行分类检索。除了对已有数据的检索之外,PCGA 数据库还可以支持用户上传 GWAS 汇总 P 值数据进行关联基因、组织和细胞类型的分析。

三、肿瘤体细胞突变数据库

(一) COSMIC# 数据库

COSMIC 数据库(the Catalogue Of Somatic Mutations In Cancer)收集了大量且全面的人类多种肿瘤类型的体细胞突变资源,可供研究人员免费使用和下载数据。该数据库定期更新,版本 v94 收集了超一千万个体细胞突变。

COSMIC 数据库细分成 6 个子项目(如图 13-19 左下方所示),最核心的是 COSMIC,肿瘤相关体细胞突变的专业数据库,使用简明方便。例如在首页的搜索框中输入基因名、肿瘤类型、突变等可以搜索到对应的相关信息。Cell Lines Project 收集了肿瘤研究常用的 1 000 个细胞系的突变情况。COSMIC-3D 采用了交互式视图展示了肿瘤突变及其对应的蛋白质结构位置,在网页下方展示了基因的突变信息,点击错义突变可以预测小分子结合位点(图 13-20)。Cancer Gene Census(CGC)持续收集包含已知肿瘤致病突变的基因,解释这些驱动基因的功能异常。探寻肿瘤驱动突变和基因是肿瘤研究的核心之一,如果有新发现 CGC 将会收录更新。基于 CGC 数据库,目前发现的含肿瘤相关突变的基因占人类基因的 1% 以上,其中 90% 包含体细胞突变(somatic mutations),20% 包含胚系突变(germline mutations)其中既包含体细胞突变又包含胚系突变的基因约占 10%。Cancer Mutation Census(CMC)归类整理编码区体细胞突变,并包含其生物学和生物化学的信息。Actionability(Mutations Actionable in Precision Oncology)展示对驱动突变有效的靶向药物,追踪临床新药研究的新进展。主要分三个单元突变、疾病、药物,捕捉三者间的关系识别肿瘤类型中靶向变异的药物。

(二) TCGA# 数据库

TCGA 数据库(The Cancer Genome Atlas)的建立是划时代的肿瘤基因组工程,目前已经收集了 33 种肿瘤类型的 20 000 多个原发性癌组织和匹配的癌旁组织样本,不仅覆盖的肿瘤类型全面,而且

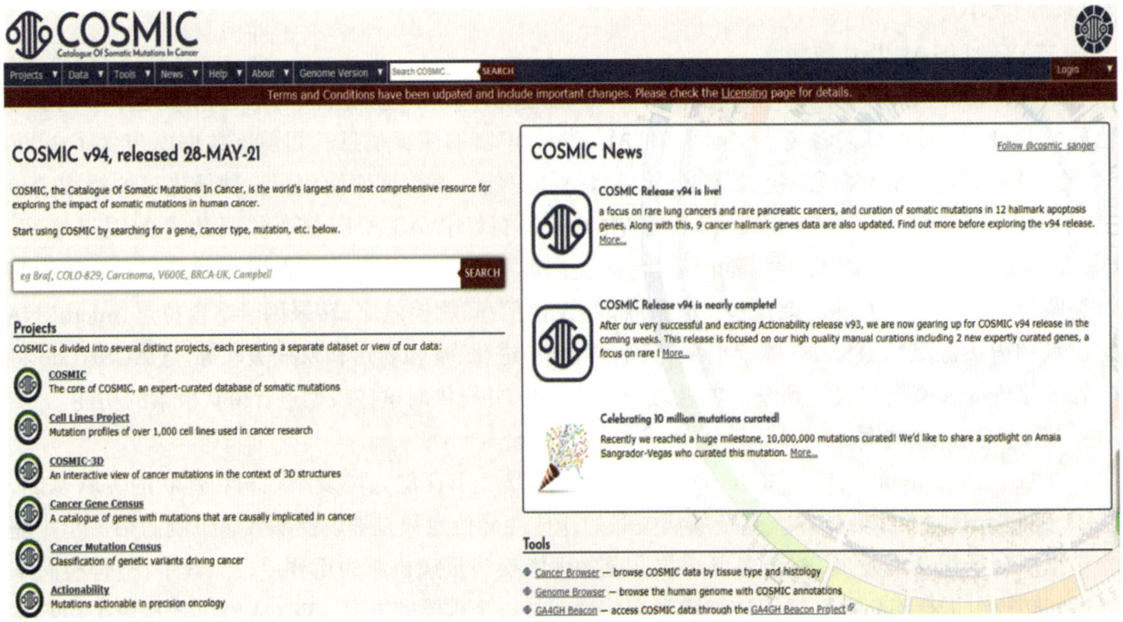

图 13-19　COSMIC 主界面

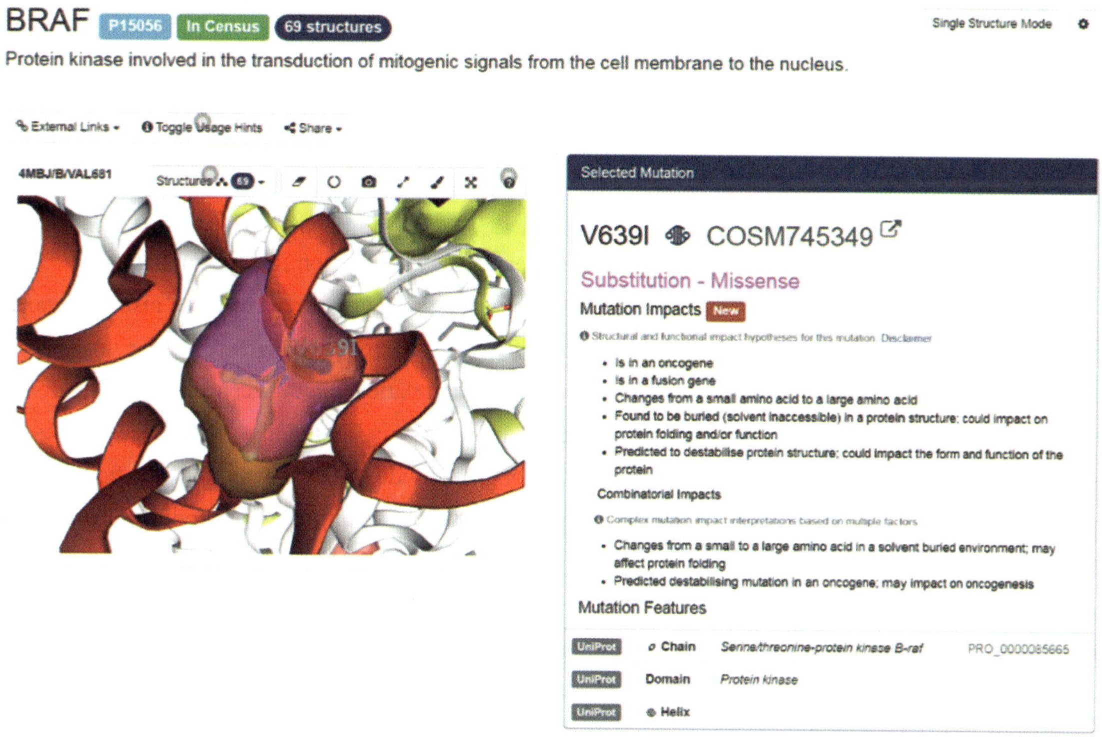

图 13-20 COSMIC 数据错义突变三维结构和预测小分子结构预测展示图

包含基因组为主体的其他多组学数据,如表观基因组学、转录组学、蛋白质组学等信息。这些信息不仅有助于诊断、治疗肿瘤,还丰富了广大研究者的公共数据资源,很多肿瘤研究重大发现就源于该项目,各种定位肿瘤驱动基因的生物信息学算法也应运而生。TCGA 是由美国肿瘤研究所(National Cancer Institute,NCI)和美国人类基因组研究所(National Human Genome Research Institute,NHGRI)2006 年共同创建的肿瘤基因组图谱计划。

TCGA 提供了丰富而全面的肿瘤基因组学公共资源数据。在数据下载页(见书末参考网址)的搜索栏中输入肿瘤类型名,例如 Lung adenocarcinoma,从左下方的数据类型中找到想要研究的数据类型并下载;还可以用鼠标在右侧图片上选择将要研究的部位下载相关数据。

小结

随着高通量基因分型检测技术的发展,在整个基因组全局性地发掘致病 DNA 序列变异的研究(即疾病基因组研究)正在得到普及,这些研究的成功将直接影响精准医学的未来发展。然而,基因组上的序列变异位点数量繁多、特征各异,基因型与疾病表型的关系也往往隐晦而复杂,如何有效地将导致疾病的因果位点解析出来是疾病基因组学研究的重要内容。从策略上,我们将疾病大体分成三种类型(单基因疾病、多基因疾病、肿瘤),基于不同的模型和方法进行分析、推断。单基因疾病致病突变的鉴别主要依赖于家系样本的外显子组测序数据发掘具有特定遗传特征、罕见且有害性高的非同义突变。此外,突变所在基因功能与疾病的联系也是重要参考依据。复杂疾病易感突变和基因发掘的主流方法是群体样本的统计关联分析。分析中主要考虑克服连锁不平衡的干扰提升检验功效和定位真实的直接关联基因,以及罕见变异统计检验功效低下的难点问题。基于样本关联信号与生物医学信息资源的整合分析为解决这些难题提供了有效途径。肿瘤基因组的特色分析主要集中在如何从大量的体细胞突变中分离驱动肿瘤细胞发生发展的突变和基因。目前主要采用生物信息学预测与肿瘤样本中体细胞突变负荷的统计学评估两类方法。这些策略与方法的应用促成了大量导致疾病突变和基因的发现。疾病基因组学研究成果的汇总、整理和生物信息学注释进而形成了不同类型的疾病基因组数据库。虽然还不尽完善,疾病基因组数据库已经成为现代生物医学基础研究与临床应用的宝贵资源库。

Summary

With the advancesin high-throughput genotyping technology, studies on identifying pathogenic DNA sequence variants at the whole genome level are becoming routine. The success of these disease-genomic studies will directly contribute to the development of precision medicine. However, the amount and characteristics of sequence variants on the genome vary, and the relationship between genotype and disease phenotype is often obscure and complex. How effectively identifying mutationsandgenescausing disease is an important mission of disease genomics. We can roughly divide the diseases into three types (single gene disease, polygenic disease and tumor) and analyze them based on different models and methods. Identifying pathogenic mutations of single-gene diseases mainly depends on the exome sequencing data of family samples to explore non-synonymous mutations with specific genetic patterns, being rare and harmful. In addition, the relationship between amutation's gene function and the disease is also important. The mainstream genetic mapping methods for complex diseases are statistical association analysis of population or cohort samples. The major technique questions include overcoming the interference of linkage disequilibrium, improving the statistical power of tests and locating the direct causal genes, as well as enhancing the low power of rare variants analysis. The integration and analysis of associations from conventional genetic samples and public biomedical resources provide an effective way to solve these problems. The analysis of tumor genomes mainly focuses on how to isolate the mutations and genes driving the development of tumor cells from a large number of somatic mutations. Bioinformatics prediction and statistical evaluation of somatic mutation burden in tumor samples are mainly used. The application of these strategies and methods has led to the discovery of a large number of disease mutations and genes for different types of diseases. These genomic research results and corresponding annotations form the database of disease genomics. Although it is not perfect, the disease genome database has become a valuable resource base for basic research and clinical translation of modern biomedicine.

（李淼新）

思考题

1. 简述单基因疾病与多基因疾病相关突变基因组特性的异同。
2. 简述单基因病致病突变分析流程的关键方法。
3. 试述 GWAS 中单个位点分析的优势与不足。
4. 试述多基因病关联信号与转录组数据整合分析的方法原理,以及与其他组学数据整合分析的可行性。
5. 简述肿瘤驱动突变和基因鉴别分析的方法与原理。

第十四章 非编码 RNA 与复杂疾病

CHAPTER 14 NON-CODING RNA AND COMPLEX DISEASE

14章
扫码获取
数字内容

- 基于测序数据识别新的 ncRNA 是发现新的非编码 RNA 的重要手段。
- ncRNA 调控关系的计算识别对于理解 ncRNA 功能是非常重要的。
- 疾病相关 ncRNA 的计算识别是识别诊断和预后标记的重要方法。
- ncRNA 的功能预测对于理解复杂疾病中非编码 RNA 调控具有重要意义。
- ncRNA 相关数据资源为非编码 RNA 研究提供重要支撑。

第一节 引 言
Section 1 Introduction

根据分子生物学中心法则，DNA 转录为 mRNA，然后进一步翻译成蛋白质。mRNA 被认为是从编码遗传信息的 DNA 到行使具体分子功能的蛋白质之间的桥梁。正因为如此，长期以来，分子生物学及生物医学的研究主要是围绕蛋白编码基因展开的。然而，随着人类基因组计划的完成，人们发现蛋白质编码基因只占人类基因组总 DNA 的 2% 左右。那么，剩下的 98% 的 DNA 真的是没有功能吗？高通量基因组和转录组学等组学数据研究表明，一半以上的人类基因组 DNA 都能够转录成 RNA，但是大多数 RNA 缺乏蛋白质编码能力，而是直接以 RNA 的形式发挥功能，因此这些不能编码成蛋白质的功能性 RNA 分子被统称为"非编码 RNA"（non-coding RNA, ncRNA）。非编码 RNA 除了包括熟知的管家非编码 RNA，例如 rRNA, tRNA, snRNA 和 snoRNA 等，还包括调控性非编码 RNA，特别是微小 RNA（microRNA, miRNA）、长非编码 RNA（long non-coding RNA, lncRNA）、环状 RNA（circular RNA, circRNA）和增强子 RNA（enhancer RNA, eRNA），这些调控性非编码 RNA 已然成为目前生物医学研究领域的焦点。

调控性非编码 RNA 的发现，彻底改变了人们对基因的认识，也极大丰富了分子生物学"中心法则"。大量研究表明 miRNA、lncRNA、circRNA 和 eRNA 可以通过调节编码基因的表达、翻译、互作等进而参与发育，细胞分化、增殖，细胞凋亡以及应激反应等生物学过程。非编码 RNA 研究的一个最重要应用领域是人类疾病与健康，包括理解疾病发生发展机制、寻求疾病诊断与治疗的新型分子标志物和药物靶标等。基于非编码 RNA 的庞大数量和重要功能，我们有理由相信非编码 RNA 将成为除蛋白质之外的又一大类在未来疾病与健康研究领域居于中心地位的分子。在非编码 RNA 研究伊始，生物信息学就起到了十分重要的作用，涉及非编码 RNA 识别、靶基因识别、生物学功能预测等。同样，在人类疾病的研究中，疾病非编码 RNA 的优化、致病机制的理解等方面，生物信息学也正在并将继续发挥重要作用。本章将就 miRNA、lncRNA、circRNA 和 eRNA 与人类疾病关系的生物信息学研究进展展开讨论。

第二节　非编码 RNA 与其靶基因
Section 2　Non-coding RNAs and Their Targets

一、ncRNA 类别及调控机制

1. miRNA　微小 RNA（microRNA，miRNA）是一类短的内源性的单链非编码 RNA 分子，成熟体只有 22 个核苷酸左右，主要在转录后水平通过和靶 mRNA 互补配对的方式抑制靶 mRNA 的翻译或直接降解靶 mRNA（图 14-1）。

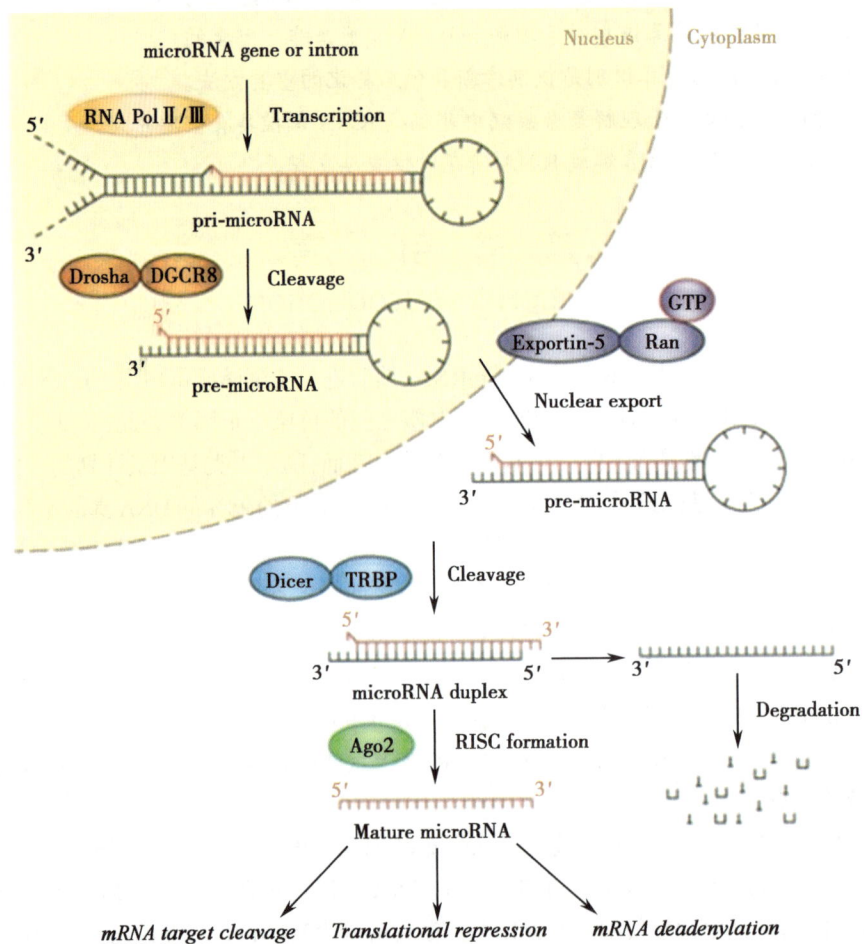

图 14-1　miRNA 的生物合成和调控

在动物 miRNA 的合成过程中，miRNA 基因在 RNA 聚合酶Ⅱ或 RNA 聚合酶Ⅲ的作用下转录生成长度在几百至几千核苷酸的初始 miRNA 转录本（primary miRNA，pri-miRNA）。为增强其稳定性，很多 pri-miRNA 被加上了 5′帽子和 3′多聚腺苷酸尾。pri-miRNA 被一种由核酸内切酶 Drosha 酶和 DGCR8 形成的复合物剪切为长度在 70~90nt 间并具有发夹结构的单链前体 miRNA（precursor miRNA，pre-miRNA）。Pre-miRNA 通过转运蛋白质 Exportin-5 等被转运至细胞质中，经过核酸内切酶 Dicer 酶及其辅因子 TRBP 共同加工形成长度在 19~24nt 的单链的成熟 miRNA。随后与 Ago2 蛋白组装成 RNA 诱导的沉默复合体（RNA-induced silencing complex，RISC），然后通过碱基配对引导 RISC 到达其靶 mRNA 3′UTR 上从而行使功能。除了这种典型的 miRNA 生物合成和调控通路外，不涉及 Drosha 或 Dicer 的非典型 miRNA 合成通路、miRNA 调控 lncRNA 或 mRNA 其他区域也正在不断被发现。

根据 miRBase 数据库的最新版本记录,目前人类基因组已发现 1 917 个 pre-miRNA 可加工生成 2 654 种成熟 miRNA。据推测,人类有超过三分之二的基因受 miRNA 调控,能广泛调控高一个数量级的 mRNA,表明 miRNA 是一类重要的非编码 RNA 调控子。研究表明 miRNA 在序列、表达、调控、物理位置等方面主要有如下特征:①miRNA 序列本身不具有可读框,不编码蛋白质;成熟的 miRNA 5′端为单一磷酸基团,3′ 端为羟基,区别于其他类型的 RNA 降解片段;②miRNA 的表达具有时序性以及组织特异性;③miRNA 与其靶基因间呈多对多的调控关系,即一个 miRNA 可能调控多个靶基因,而一个基因也可能受多个 miRNA 调控;④miRNA 的物理位置倾向于成簇地出现在染色体上,形成 miRNA 簇(miRNA cluster);⑤miRNA 还具有在物种间高度保守的特点;⑥以 miRNA 为桥梁和中介,通过竞争性结合 miRNA,各种 RNA 分子之间就可能互相调控、互相影响,互为竞争性内源性 RNA(competing endogenous RNA,ceRNA)。

2. lncRNA 长非编码 RNA(long noncoding RNA,lncRNA)是一类转录本长度大于 200 个核苷酸的单链的线性非编码 RNA 分子,具有和 mRNA 类似的转录和表观调控机制。根据 GENCODE 数据库的最新版本记录,目前人类基因组中已有 17 944 个 lncRNA 基因转录的 48 752 种转录本被发现。可以看到 lncRNA 与编码基因数量相当,是人类基因组占比非常大的一类非编码 RNA。

相比 miRNA,lncRNA 可以作为正向、负向或中性作用调控分子,参与更为复杂的调控机制。目前已发现的 lncRNA 作用机制主要涉及以下八种,见图 14-2:①顺式(cis-)和反式(trans-)的方式介导基因转录调控,并且这两种方式可以组合出现;②通过改变染色质重塑和组蛋白修饰;③lncRNA 调控选择性剪接;④生成小的双链的内源性干扰 RNA;⑤作为亚细胞结构的必要组分,例如核旁斑;⑥作为相互作用蛋白质的支架 RNA;⑦改变蛋白定位;⑧作为内源性的 miRNA 海绵,特异性地与 miRNA 结合,影响 miRNA 的调控作用。因此 lncRNA 也可作为 ceRNA 与其他具有相似 miRNA 调控模式的编码基因进行相互调控,进而互相影响彼此的表达。从其相互作用的分子种类来说,lncRNA 不仅可以和蛋白质相互作用,包括转录因子、RNA 结合蛋白、组蛋白以及其他互作蛋白等,还可以和 DNA、RNA 相结合。此外,lncRNA 不仅可以在细胞核中行使调控作用,还可以在细胞质中参与多种调控。可以看到,lncRNA 调控机制复杂多样,需要根据具体的研究背景选择合适的机制研究策略。因此,我们对绝大多数 lncRNA 其功能依然是知之甚少。

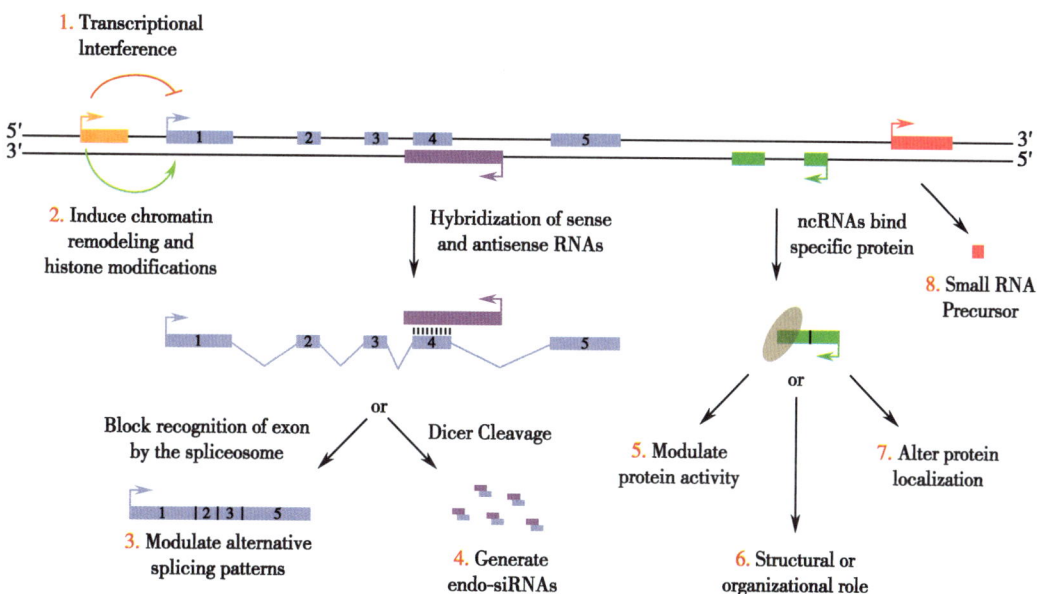

图 14-2 lncRNA 的作用机制

研究表明 lncRNA 在基因结构、表达、保守性等方面主要有如下特征:①相较于编码基因在基因结构上,lncRNA 转录本长度较短,一般由 2~3 个外显子组成,因此异构体数目相对较少;②lncRNA 的表达水平整体较低,也具有强的时序性以及组织特异性;③lncRNA 与其靶基因间呈多对多的机制复杂的调控关系;④物种间保守性低的特点;⑤可以编码肽段,但大部分是非编码 RNA。

3. circRNA 区别于传统线性 RNA,环状 RNA(circular RNA,circRNA)是一类以共价键形成闭合环形结构的单链非编码 RNA 分子。circRNA 既没有 5' 帽子结构,也没有 3' 短 ployA 结构,保证了其对核酸外切酶不敏感,因此比线性 RNA 更稳定,并已经被证明广泛存在于多种真核生物中。人们在 30 多年前首次鉴定出 circRNA,而且将它们看作细胞中罕见或奇怪的现象。直到 2012 年,Patrick 等人证实 circRNA 存在于多种类型的细胞中,从而促使科学家们对其进行研究。出乎意料地,circRNA 正在逐渐变成细胞中最为大量存在的非编码 RNA 之一。根据 circAtlas 数据库最新版本,在人类中已识别超过 42 万条 circRNA。研究发现 circRNA 主要是通过编码基因的反向剪接形成,特别是基因的外显子。根据 circRNA 的来源构成可以分成三类:外显子 circRNA(exonic circRNA,ecircRNA)、内含子 circRNA(circular intronic RNA,ciRNA)、二者构成的 circRNA(exon-intron circRNA,EIciRNA)。深入研究发现 circRNA 大量存在于真核细胞的细胞质中,并倾向于与其同源线性 RNA 有不同的结构构象,具有高度保守性。

circRNA 环化方式分为内含子环化和外显子环化,主要由以下机制环化产生(图 14-3):①依赖于剪切体的索尾插接环化。在 mRNA 前体上,通过连续组装小核糖体蛋白从而催化外显子下游的 5' 供体位点连接到上游的 3' 受体位点,索尾插接形成环化,然后通过剪切形成 circRNA。②顺式作用元件促进 circRNA 形成。部分 circRNA 外显子两侧的内含子中含有反向互补序列,首先在剪切位点上并排形成 RNA 双链体,再通过可变剪切形成带内含子和不带内含子两种不同的 circRNA。或者外显子内部以及两侧的内含子可以竞争进行 RNA 配对,最终通过可变剪切形成不同类型的 circRNA。③RNA 结合蛋白调控 circRNA 形成。通过将 RNA 结合蛋白结合到外显子侧翼的内含子上,从而促进 circRNA 的形成。

circRNA 也呈现多种不同的调控机制,主要包括(图 14-4):①作为顺式调控元件,影响 mRNA 的表达;②作为 miRNA 海绵或 ceRNA;③调节 mRNA 的稳定性;④通过和蛋白质相互作用形成复合物来发挥生物学功能;⑤可以编码肽段,但大部分是非编码 RNA。

4. 其他 ncRNA 除了上述介绍的三种 ncRNA,还有许多其他类型的调控性 ncRNA,如 eRNA,piRNA 等。增强子 RNA(enhancer RNA,eRNA)是由表观调控元件增强子转录生成的一类 RNA 分子。增强子是一种远端表观调控 DNA 元件,通过与靶基因启动子相互作用从而增强靶基因的转录。近年来发现增强子也能发生转录,转录生成的 eRNA 长度在 500bp 到 5kb 之间,大多数情况下是双向转录(图 14-5)。大多数 eRNA 的表达是低水平的,一些活性增强子平均每个细胞产生 1.3 个转录本。尽管 eRNA 合成和增强子活性之间有很强的关联性,但是尚不清楚这两者之间联系的机制。有研究认为 eRNA 可能作为转录激活因子发挥作用,但尚有很多问题有待未来进一步研究探索。

二、基于测序数据识别新的 ncRNA

由于高通量测序技术的不断发展,使得能够以单核苷酸分辨率研究完整的转录组。借助基因测序技术,不仅可以获取已知 ncRNA 的表达定量信息,还可以识别出新的 ncRNA。新的 ncRNA 识别流程主要分为四个步骤:①数据预处理。过滤掉高通量测序得到的原始序列中序列接头和低质量的读段,得到高质量的纯净的读段数据进行后续分析;②比对到参考基因组。预处理后的读段数据比对到参考基因组序列上,对其进行定位,一般允许不超过 2 个碱基的错配及唯一匹配;③过滤掉已知 ncRNA 转录本。为了识别新的 ncRNA,和已有的基因注释比较,包括已知 ncRNA 及其他种类的小 RNA 分子(包括 rRNA、tRNA、snoRNA 等),过滤掉比对到已知 ncRNA 上的 ncRNA 读段;④新 ncRNA 的识别。将上述未匹配的读段重新比对到基因组,并根据不同类型 ncRNA 的特征(如生物

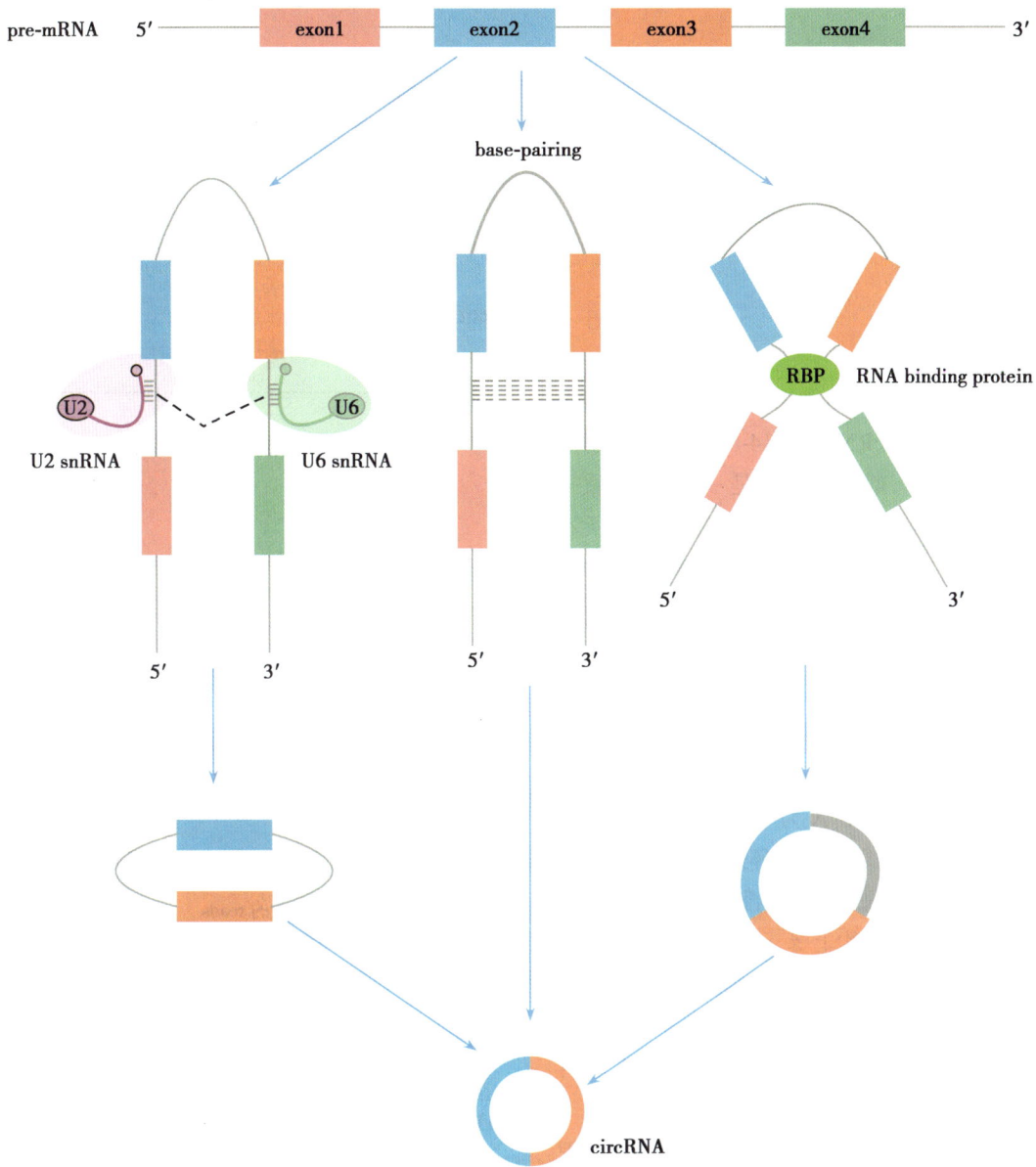

图 14-3 circRNA 的生物合成

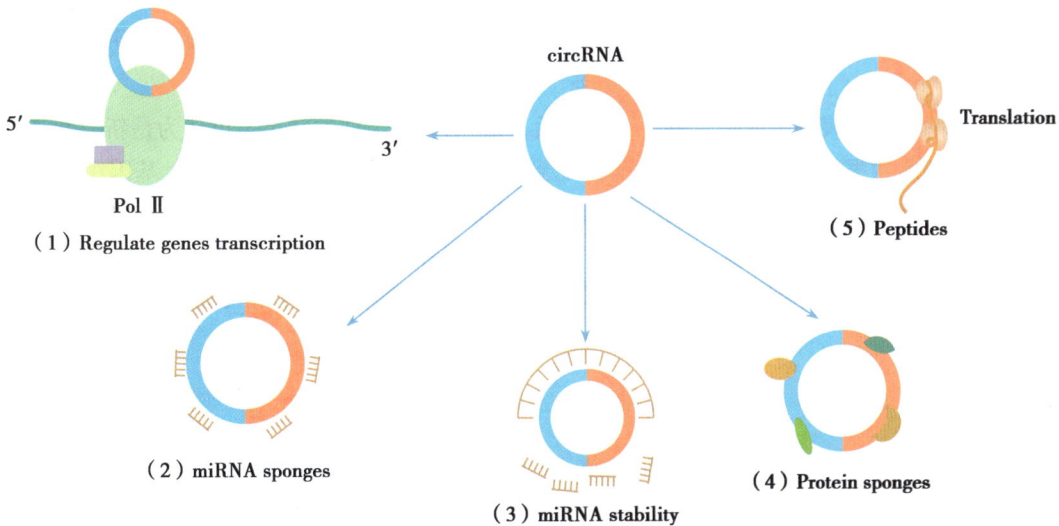

图 14-4 circRNA 的调控机制

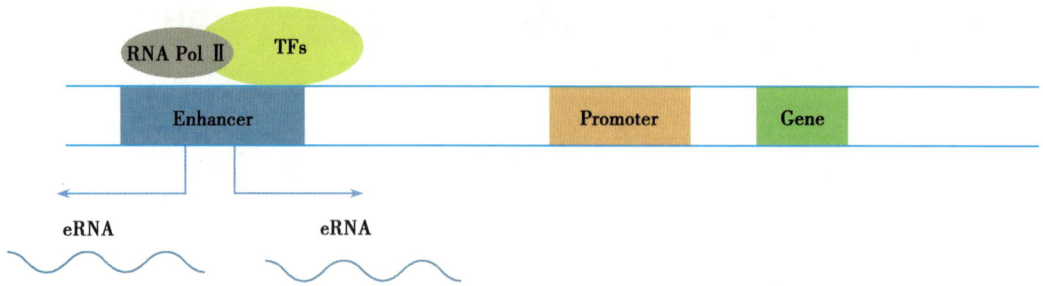

图 14-5　eRNA 的生物合成

合成特点、长度、编码能力、是否成环等)筛选过滤得到新的 ncRNA(图 14-6)。在识别新的 ncRNA 流程中,前三步基本是一致的,最后一步则一般根据要识别的 ncRNA 特点而有所不同。需要注意的是,识别不同类型新的 ncRNA 用的算法或软件也是各不相同。

1. 基于测序数据识别新的 miRNA　识别新的 miRNA 过程中,一般会考虑 miRNAs 生物合成过程中核酸内切酶的剪切及前体 miRNA 二级茎环结构特点辅助预测新的 miRNA。例如,以候选新的 miRNA 为中心,进行周围序列的延伸,检验是否能形成茎环结构、是否有核酸内切酶的剪切特征、读段是否更倾向比对到茎部结构而非环状结构上等。若该区域能形成类似 miRNA 前体的稳定的发卡结构,且读段主要位于茎部部位,表达丰度也够高,即可以认为是候选的新的 miRNA。目前常用的识别算法有 miRDeep2 等。

2. 基于测序数据识别新的 lncRNA　识别新的 lncRNA 过程中,一般会考虑候选新的 lncRNA 的长度是否超过 200nt、为了区分 lncRNAs 和来自可变剪切的 mRNAs 或者假基因的片段,是否有不少于 2 个外显子组成,是否

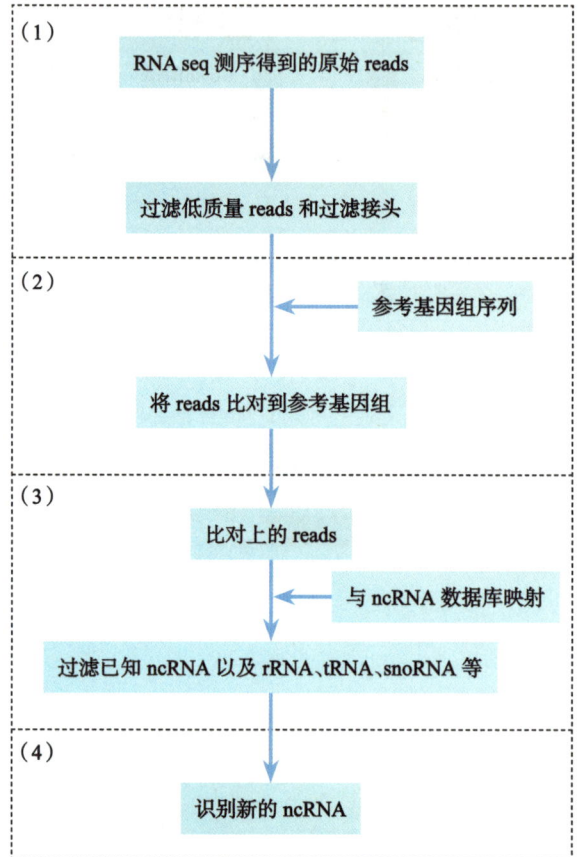

图 14-6　识别新 ncRNA 的总体流程

没有或弱的编码能力,表达丰度是否够高等。最后,得到的满足条件的转录本可认为是新的 lncRNA。

3. 基于测序数据识别新的 circRNA　考虑到 circRNA 是环化而成的,和参考基因组比对完之后,首先剔除和基因组完全比对的 reads,保留没比对上的 reads。因此为了识别新的 circRNA,一般会考虑读段是否落在 circRNA 连接点处(也称作 junction reads)、连接处是否符合 AG-GT 剪切信号、连接处读段是否够多、两侧序列保守性是否高等。目前常用的识别算法有 find_circ、CIRI、CIRI_long 和 CIRCexplorer 等。

三、ncRNA 靶基因的系统识别和功能预测

研究表明非编码 RNA 广泛参与细胞增殖、分化、发育、凋亡等多种重要的生物学过程,并对疾病的产生有重要影响。研究非编码 RNA 的调控机制和生物学功能关键是准确识别非编码 RNA 的靶基因。但到目前为止,仅有一小部分非编码 RNA 靶基因得到了实验证实,大部分非编码 RNA 的靶

基因不能确定,导致这些非编码 RNA 的功能没有得到充分的研究。因此,如何快速准确地鉴定非编码 RNA 的靶基因是当前研究的一项重要挑战。近年来科研人员开始利用生物信息学的方法和高通量测序技术对非编码 RNA 靶基因进行识别,进而基于靶基因预测非编码 RNA 调控的生物学功能。

1. **miRNA 靶基因的识别**　　成熟 miRNA 主要通过抑制和降解两种方式调节其靶基因的表达,具体采用哪种机制取决于 miRNA 与靶 mRNA 间的互补程度,即"种子区域"(通常指 miRNA 5′ 端第二位到第八位的核苷酸序列)与靶 mRNA 3′ 端的互补性。如果两者完全互补则 miRNA 直接使 mRNA 降解;若两者不完全互补则抑制 mRNA 的翻译。

miRNA 的靶基因通常分为两类:①5′ 端主导型;②3′ 端补充型(如图 14-7)。其中,5′ 端主导型又分为 5′ 端主导的"标准型"和"种子型":5′ 端主导的"标准型"是指 miRNA 的 5′ 端和 3′ 端都具有较好的碱基互补配对;5′ 端主导的"种子型"是指 miRNA 的 3′ 端没有发生较好的碱基互补配对,但 miRNA 的 5′ 端至少有连续的 7 个碱基与 mRNA 的 3′UTR 完全互补;3′ 端补充型指 miRNA 序列 3′ 端有多个碱基和 mRNA 的 3′UTR 发生互补配对,允许种子区 4~6 位碱基或 7~8 位碱基不互补。

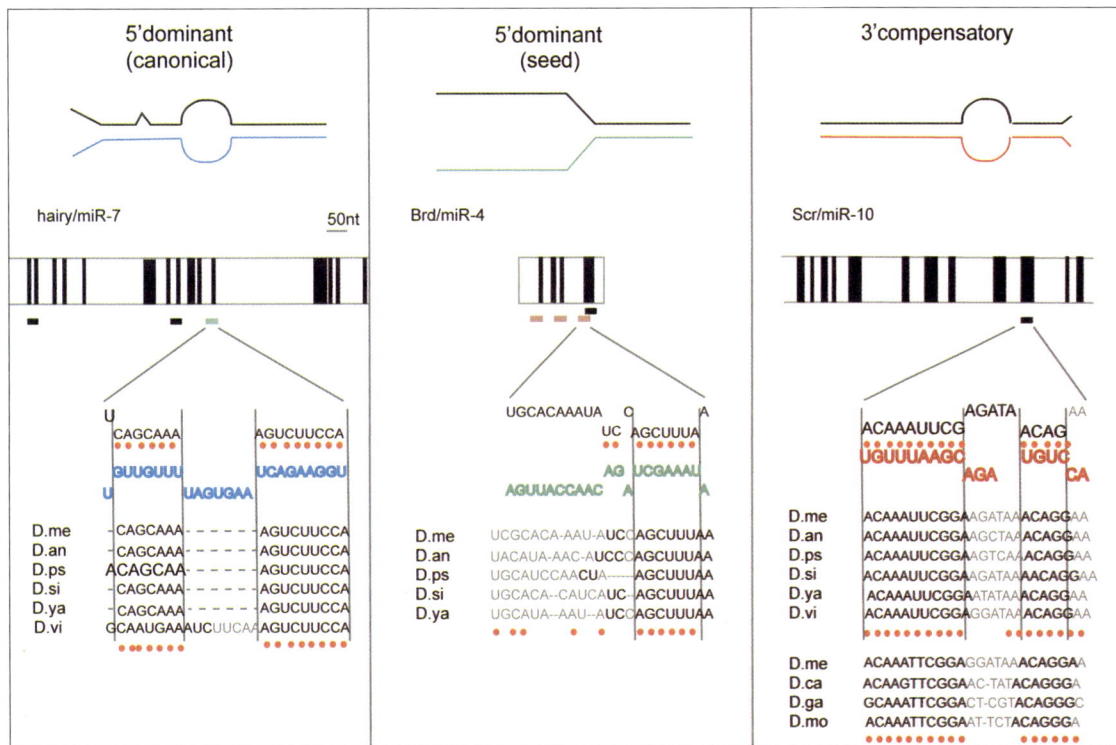

图 14-7　三类 miRNA 靶点

基于序列的 miRNA 靶基因预测方法通常遵循以下原则:①miRNA 的"种子区"与 mRNA 的 3′UTR 序列碱基互补;②靶点在多物种间的序列保守性;③miRNA 与 mRNA 形成双链结构的热力学稳定性;④靶基因二级结构和靶点外的序列对靶基因预测的影响。目前常用的预测算法包括 miRanda 和 TargetScan 等。

miRanda 采用一种类似于 Smith-Waterman 的算法来构建打分矩阵,允许 G-U 错配,互补的打分规则为:A-U 和 G-C 为+5,G-U 为+2,其他错配方式为-3,空位罚分为-8,空位延伸罚分为-2。为了体现出 miRNA 的 5′ 端和 3′ 端在与靶基因结合过程中作用的不均一性,miRanda 软件设定了 scale 参数,即 miRNA 5′ 端前 11 个碱基的互补得分乘以 scale 参数,再和 3′ 端 11 个碱基互补得分相加作为序列的最终碱基互补得分。其次,在 miRNA 与靶基因形成二聚体的热力学稳定性方面,miRanda 利用 Vienna 软件包中的 RNAlib 计算 miRNA 与 mRNA 3′UTR 结合的自由能。最后,miRanda 要求靶点在多物种间保守,即靶点在多物种 3′UTR 序列比对中相同位置具有相同的碱基。

TargetScan 主要预测出物种间保守的 miRNA 靶基因,并且首次提出了"种子匹配"(seed match)的概念。在 TargetScan 算法中,"种子匹配"被定义为 miRNA 5′ 端的第 2~8 位碱基与 mRNA 3′UTR 上的一段 7nt 种子序列完全互补。从种子区开始向 miRNA 两侧寻找互补碱基,允许 G-U 配对,直到出现碱基错配为止。在物种保守方面,TargetScan 算法发现随着物种数目的增多,预测的靶基因数目逐渐减少,但预测结果的准确率得到提高。2005 年,同一组研究人员在 TargetScan 中添加了更多的物种,改进的算法称为 TargetScanS,与 TargetScan 相比,TargetScanS 在人、小鼠、大鼠三个物种的基础上增加了狗(Canis familiaris)和鸡(Gallus gallus)的数据,并将 miRNA "种子区"由之前定义的 miRNA 5′ 端第 2~8 位 7 个碱基调整为第 2~7 位 6 个碱基,在"种子区"完全互补的前提下,同时要求 miRNA 5′ 端第 8 位碱基与靶基因互补或第 1 位碱基是腺嘌呤(adenine;A)。研究人员同时检测了一组已知的秀丽新小杆线虫 miRNA 靶点,识别出一种连续的 GC 富集(GC-rich)碱基对模式,并命名为"结合核"(binding nucleus),这些"结合核"的长度通常为 6~8 个碱基并分布在接近 miRNA 的 5′ 端。针对"结合核"设计的打分机制充分考虑了连续碱基 GC、AU 以及 G-U 对的权重。2007 年,Andrew 等人研究了 miRNA "种子区"外的序列特征对 miRNA 靶基因预测的影响,并对 TargetScanS 的算法进行了改进。新的算法加入了 miRNA "种子区"外第 12~17 个碱基通常与 mRNA 的 3′UTR 互补、miRNA 靶点多位于 mRNA 3′UTR 的 AU 富集区、功能相似的 miRNA 靶点距离较近、miRNA 靶点多位于 mRNA 3′UTR 的两端等特征。

随着 RNA-seq 的不断成熟,越来越多的 miRNA 和 mRNA 表达谱被检测。因此,整合 miRNA 和 mRNA 表达谱数据将有利于识别特定细胞或状态下 miRNA 调控的靶基因。通过分析 miRNA 和靶基因表达的负向关联可以进一步有助于调控关系的识别。Huang 等人利用在 88 个组织中同时检测的 miRNA 和 mRNA 表达数据,并结合贝叶斯方法开发了靶基因预测算法 GenMiR++,在基于序列算法预测结果的基础上对靶基因进行进一步筛选,提高预测精度。结果共得到了 104 个人类 miRNA 的高精度靶基因,并通过实验证实了预测的 let-7b 靶基因。结果表明,与基于序列的方法相比,利用相同样本中同时检测的 miRNA 和 mRNA 表达谱可以更准确地预测 miRNA 靶基因。

此外,高通量测序技术也被发展和拓展应用,用来识别 miRNA 的靶基因,例如 CLIP-seq。CLIP-seq 方法首先将活体细胞暴露在紫外线灯下,使得 RNA-蛋白结合起来然后用免疫共沉淀的方法使特异性的蛋白以及与其结合 RNA 一同被分离出,最后通过测序来全面识别被结合的 RNA 分子(图 14-8)。该方法用来识别 miRNA 的靶基因,主要是考虑了 miRNA 行使调控作用时与 mRNA 和 AGO 蛋白形成复合物,进而依靠 AGO 蛋白抗体免疫共沉淀出 AGO 蛋白保护的一段 miRNA 结合的 mRNA 区域。但是,CLIP-seq 测序结果不能准确定位出 RNA 和蛋白的交联位点,因此只能识别大约 100nt 的靶向区域。

这些高通量测序联合计算方法已经为我们提供了丰富的 miRNA 结合位点数据。但是,CLIP-seq 是有局限的,由于 UV 交联的低效率,非交联的 RNA 分子更加容易被逆转录,结果导致高的噪声比和

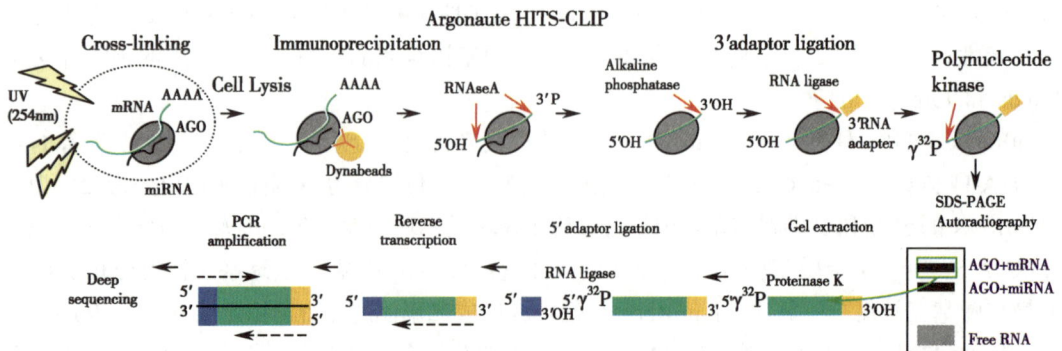

图 14-8 CLIP-seq 方法流程

很难分辨出交联与非交联的靶 RNAs。PAR-CLIP 方法原理类似,但捕获 RNA 的能力比 CLIP-seq 高出 100 甚至 1 000 倍。并且 PAR-CLIP 可以提供交联位点的具体位置,主要是依靠所准备的 cDNA 文库中 cDNA 序列的突变位置。当使用 4-硫尿核苷时,交联的序列将会产生 T-C 的转变。这种在被测序的 cDNA 序列中的转变提供了一个巧妙解决准确绘制 RNA 结合蛋白的结合位点方法,从而从噪声中获得了真实的交联的 RNA 序列。因此在识别靶向关系时更准确。

PAR-CLIP 和 CLIP-seq 可检测获得基因组范围的 miRNA 结合位点的位置信息,但是引导 AGO 蛋白与 mRNA 互作的 miRNA 仍然需要通过计算方法来推断。因此在高通量测序获得的靶向区域内进一步利用计算方法预测结合的 miRNA 将帮助识别 miRNA-靶基因调控关系对。

2. lncRNA 靶基因的识别 由于 lncRNA 参与的调控机制复杂多样,除了利用上述 miRNA 靶基因识别方法鉴定出 lncRNA 参与的 miRNA 和 ceRNA 调控、基于 CLIP-seq 鉴定出特定 RNA 结合蛋白结合的 lncRNA 外,也存在一些以特定 lncRNA 为核心的高通量实验技术,例如 RIP-seq(RNA immunoprecipitation sequencing)、ChIRP(chromatin Isolation by RNA Purification)等。

RIP-seq 是研究 lncRNA 与蛋白互作中最常用到的分子技术之一,是一种 RNA 免疫共沉淀结合高通量测序的技术,通过免疫沉淀靶蛋白来捕获互作的 RNA,将捕获的 RNA 进行高通量测序,有助于了解转录后调控网络的动态过程。首先,组织或细胞破碎裂解,提取蛋白和 RNA 混合物,通过磁珠、抗体、蛋白和 RNA 混合物过夜孵育;多次洗涤,除去非特异结合的 RNA;解交联,纯化 RNA 片段;q-PCR 或测序分析。与 CLIP-seq 相比,RIP-seq 不需要进行紫外交联,操作简单,成功率更高。

ChIRP 可在全基因范围内定位特定 lncRNA 的结合位点和可能结合的蛋白质,可同时分析细胞内的 lncRNA、蛋白及 DNA 三者互作关系。该方法(图 14-9)首先是交联和裂解细胞,然后加入与目标 RNA 序列反向互补的生物素探针,强力拉下目标 RNA 后,与其共同作用的 DNA 染色体片段或蛋白质也会随之附到链霉亲和素磁珠上,最后通过 qRT-PCR 或测序来测定目的 RNA、DNA 序列,还可以通过免疫印迹法或质谱分析等确定绑定的蛋白。所以,ChIRP-seq 技术是揭示特定 lncRNA 在细胞核内同时与 DNA 和蛋白相互作用的关键实验手段。

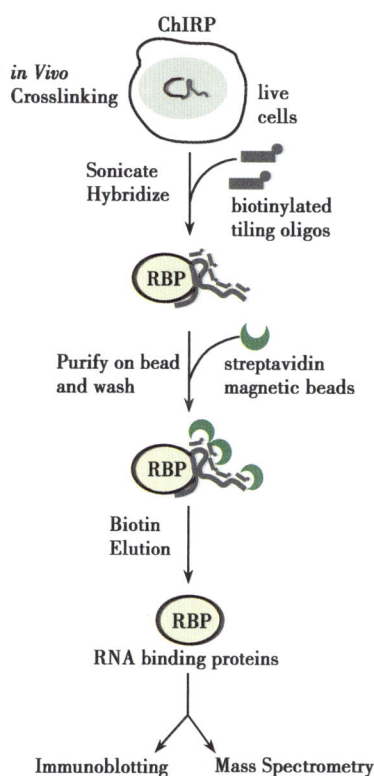

图 14-9 ChIRP 方法流程

上面这些实验技术虽然能在基因组范围内识别某个蛋白结合的 LncRNA 或者某个特定 lncRNA 结合的所有蛋白质或 DNA 片段等,但是一次性识别所有 lncRNA 和所有蛋白/DNA 的互作还存在一定的困难,因此开发高效的生物信息学方法来系统地识别 lncRNA-蛋白质、lncRNA-DNA 结合关系是目前紧迫的任务之一。

3. circRNA 靶基因的识别 同样,除了利用上述 miRNA 靶基因识别方法可鉴定出 circRNA 参与的 miRNA 和 ceRNA 调控,还可以基于 CLIP-seq、ChIRP 等技术鉴定出特定 circRNA 结合的蛋白。虽然研究人员发现了 circRNA 的靶向作用机制,但是它们参与的调控作用仍旧知之甚少。

4. 非编码 RNA 的功能预测 非编码 RNA 的功能研究与编码基因相似,过表达/沉默和功能丧失实验是有力的研究方法,提供了非编码 RNA 体外和体内功能研究的框架。这些方法可以系统鉴定非编码 RNA 和研究特定非编码 RNA 过表达或沉默的生物影响,但是我们还需要进一步了解非编码 RNA 影响的功能或信号通路。由于非编码 RNA 调控的靶基因成百上千个,靶基因直接功能注释后会得到大量的功能节点。因此,目前最常用的方法是功能富集分析。例如,对每一个感兴趣 miRNA,

获得其调控的靶基因集合后,分别与 GO 功能节点或 KEGG 通路等功能基因集合进行功能富集分析,筛选得到显著性富集的功能节点。功能富集分析对实验结果有提示的作用,可以找到富集非编码 RNA 靶基因的生物学功能,寻找非编码 RNA 靶基因可能和哪些基因功能的改变有关。

四、ncRNA 相关数据资源

目前,ncRNA 数据资源众多,根据数据库提供资源的偏向性,可以分为四大类:ncRNA 注释数据库、ncRNA 表达相关数据库、靶基因数据库以及 ncRNA 相关功能和参与疾病信息的数据库。如表 14-1 所示。

表 14-1   ncRNA 常用数据库

类型	数据库名字	功能简述
ncRNA 注释数据库	miRBase	提供前体 miRNA 和成熟 miRNA 的基因组位置、序列等信息
	GENCODE	提供人和鼠的 lncRNA 和编码基因的基因组位置、序列等信息
	NONCODE	长非编码 RNA 综合注释数据库
	CircAtlas	提供 circRNA 的基因组位置、序列等信息
靶基因数据库	miRanda	miRanda 算法预测的 miRNA 调控信息
	TargetScan	TargetScan 算法预测的 miRNA 调控信息
	TarBase	收集的实验证实的 miRNA 调控信息
	miRTarBase	收集的实验证实的 miRNA 调控信息
	starBase	收集的高通量实验检测的 miRNA 调控信息
	circBase	收录多个物种的 circRNA 信息
表达相关数据库	GEO	NCBI 的子库,收录世界各国研究机构提交的高通量数据
	SRA	收录世界各国研究机构提交的高通量测序数据的原始数据
	ArrayExpress	EBI 的子库,收录世界各国研究机构提交的高通量数据
	NODE	NGDC 子库,是我国收录的高通量数据存储平台
疾病或其他信息数据库	HMDD	收集 miRNA 和疾病的关系
	Lnc2Cancer	收集 lncRNA 和癌症的关系
	CircR2Disease	收集 circRNA 和疾病的关系
	Cardio_ncRNA	收集 ncRNA 和心血管疾病的关系
	TransLnc	lncRNA 翻译的多肽数据资源
	exoRBase	人类血液外泌体 RNA 数据库

1. miRBase 数据库   miRBase 是一个集 miRNA 序列、注释信息以及预测的靶基因数据为一体的数据库,是目前存储 miRNA 信息最主要的公共数据库之一。miRBase 提供便捷的网上查询服务,允许用户使用关键词或序列在线搜索已知的 miRNA 和靶基因信息。该数据库主要包括 miRBase Registry、miRBase Sequence 两部分内容。miRBase Registry 主要是为新发现的 miRNA 命名服务;miRBase Sequence 包含所有已发布的成熟 miRNA 序列,同时提供对应的预测的发卡结构、注释信息以及与其他数据库的链接。本节将重点介绍 miRNA 注释部分,首先用户通过 "Search" 按钮进入搜索界面,可通过选择物种、输入 miRNA ID、基因名称、Ensembl 标识符以及关键词进行 miRNA 的查询。点击 "Download" 则可以根据物种下载相关的 miRNA 注释数据(图 14-10)。

2. TarBase 数据库   TarBase 是一个目前使用广泛的存储实验检测的 miRNA 与靶基因间关系的数据库,涵盖多种实验方法的超过 600 000 个 miRNA 与靶基因关系对。用户可通过选择物种、

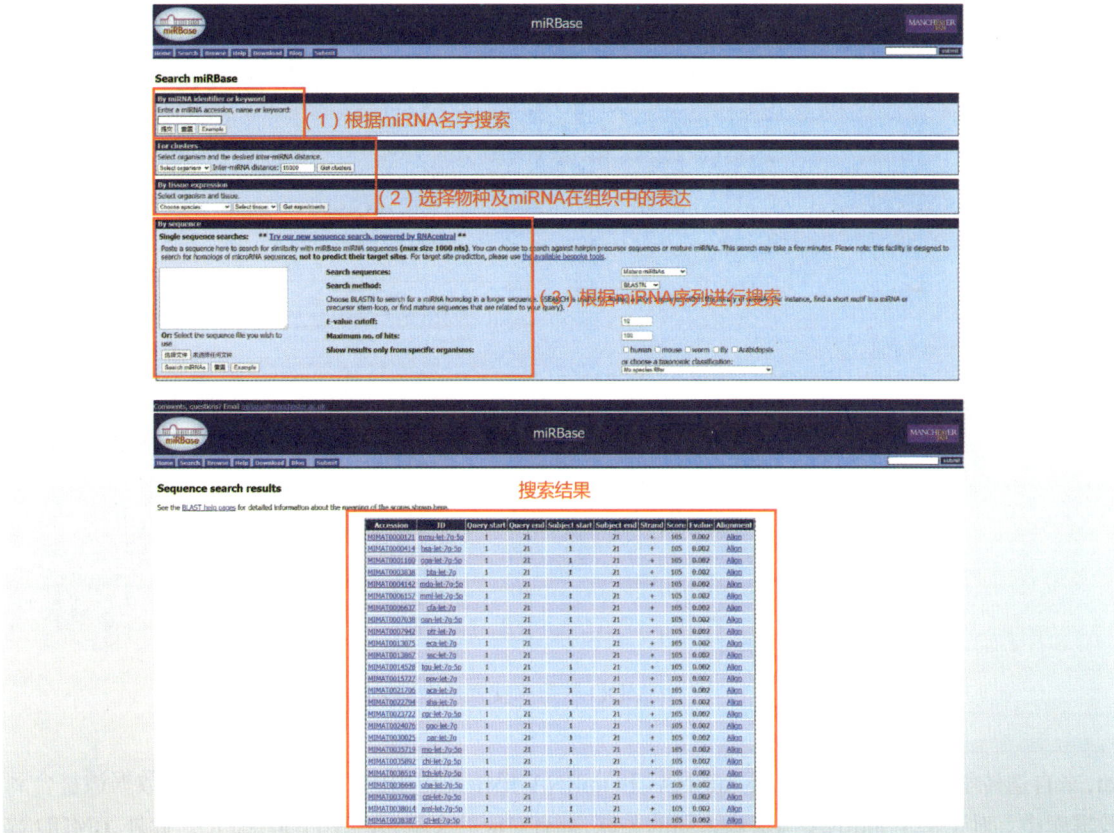

图 14-10　miRBase 数据库搜索及查询结果

miRNA 名称以及基因名称对 miRNA 与靶基因的对应关系进行查询,结果将按自动编号顺序列出概要信息,点击结果条目编号旁的加号图标即可展开,得到详细信息(图 14-11)。其主要由三部分组成:第一部分为 miRNA Information(miRNA 信息),提供来自 miRBase 的 miRNA 序列、mRNA 序列等基本信息;第二部分为 Gene Information(基因信息),提供靶基因的染色体定位、表达信息以及编码的蛋白质在 SWISS-PROT、Ensembl 数据库的链接;第三部分为实验条件,提供直接或间接的实验技术支持。数据库以 Excel 文件形式存储,可供用户下载使用。

3. HMDD 数据库　HMDD 数据库是一个存储人类 miRNAs 与疾病关系的数据库,该数据库收集了实验支持的人类 miRNAs 和疾病的关联。该数据库目前收录了 35 547 对 miRNA 和疾病的关系,涉及 1 206 个 miRNA 和 893 种疾病(图 14-12)。HMDD 数据库详细地注释了 miRNA-疾病关联。例

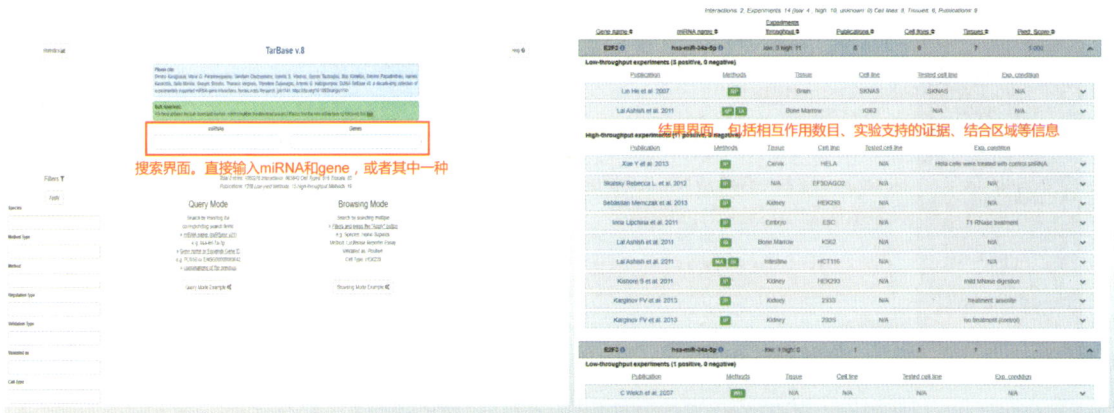

图 14-11　TarBase 数据库搜索及查询结果

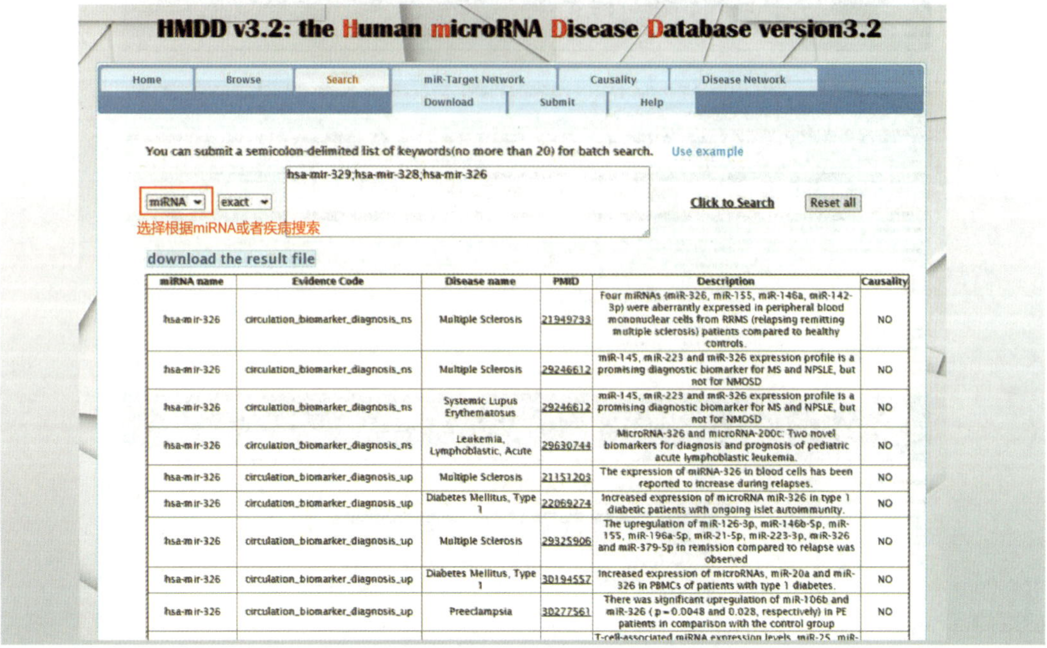

图 14-12　HMDD 数据库搜索及查询结果

如,来自遗传学、表观遗传学、循环 miRNAs 和 miRNA-靶相互作用的 miRNA-疾病关联数据被整合到数据库中。对于每个 miRNA 与疾病之间的关联,都有对应的文献,会给出 pubmed ID。此外,HMDD 数据库还给出了 miRNA-target Network 功能,利用文献中的数据,整合 miRNA 对应的靶基因数据,提供了miRNA-target gene 的网络图,既可以分析单个 miRNA 的网络图,也支持某种疾病中的 miRNA 的调控网络。

4. Lnc2Cancer 数据库　Lnc2Cancer 数据库提供了 lncRNA 和人类癌症之间全面的实验支持的关联。Lnc2Cancer 数据库完善了 lncRNA-癌症关联并进行了注释,可提供 lncRNA 或 circRNA 与人类癌症之间全面的实验支持关联进行评分以及能够浏览癌症中 lncRNA 谱的高通量实验。其中记录了 13 303 个条目,这些条目涉及 2 659 个人类 lncRNA,743 个 circRNA 和 216 个人类癌症亚型之间的关联。此外,Lnc2Cancer 还提供实验支持的调节机制(如 microRNA,转录因子,变体,甲基化和增

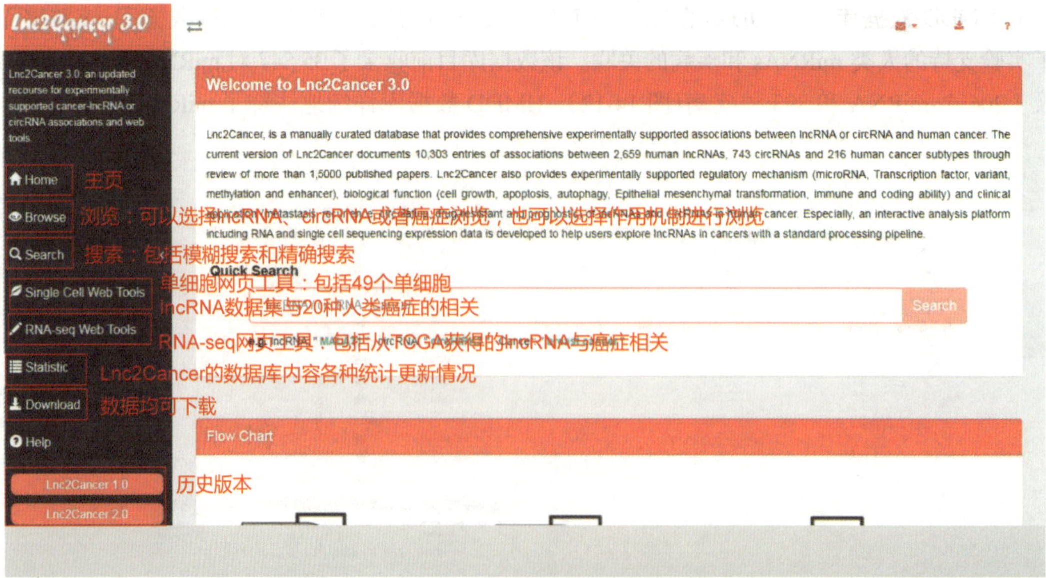

图 14-13　Lnc2Cancer 数据库搜索及查询结果

强子),生物学功能(如细胞生长,凋亡,自噬,上皮间质转化,免疫和编码能力)和临床应用(如 lncRNA 和 circRNA 在人类癌症中与转移、复发、循环、耐药性和预后的临床相关性。尤其是开发了一种包括高通量 RNA 测序数据和单细胞 RNA 测序数据的交互式分析平台,以帮助用户使用标准的处理流程探索癌症中的 lncRNA(图 14-13)。

5. TransLnc 数据库　TransLnc 数据库包含了实验和计算支持的人类、大鼠和小鼠 lncRNA 多肽信息。TransLnc 目前记录了大约 583 840 个由 33 094 个 lncRNA 编码的肽段。整合了支持 lncRNA 编码潜力的 6 种直接和间接证据,其中 65.28% 的多肽至少有一种证据支持。用户可以通过 "Start" 按钮查询多个物种内 lncRNA 编码肽段的基本信息,接着可以通过点击详细按钮查看到单个肽段的详细信息,包括肽段的基本信息、直接和间接的证实情况、保守性、免疫原性以及对应 lncRNA 空间表达能力和临床特征(图 14-14)。

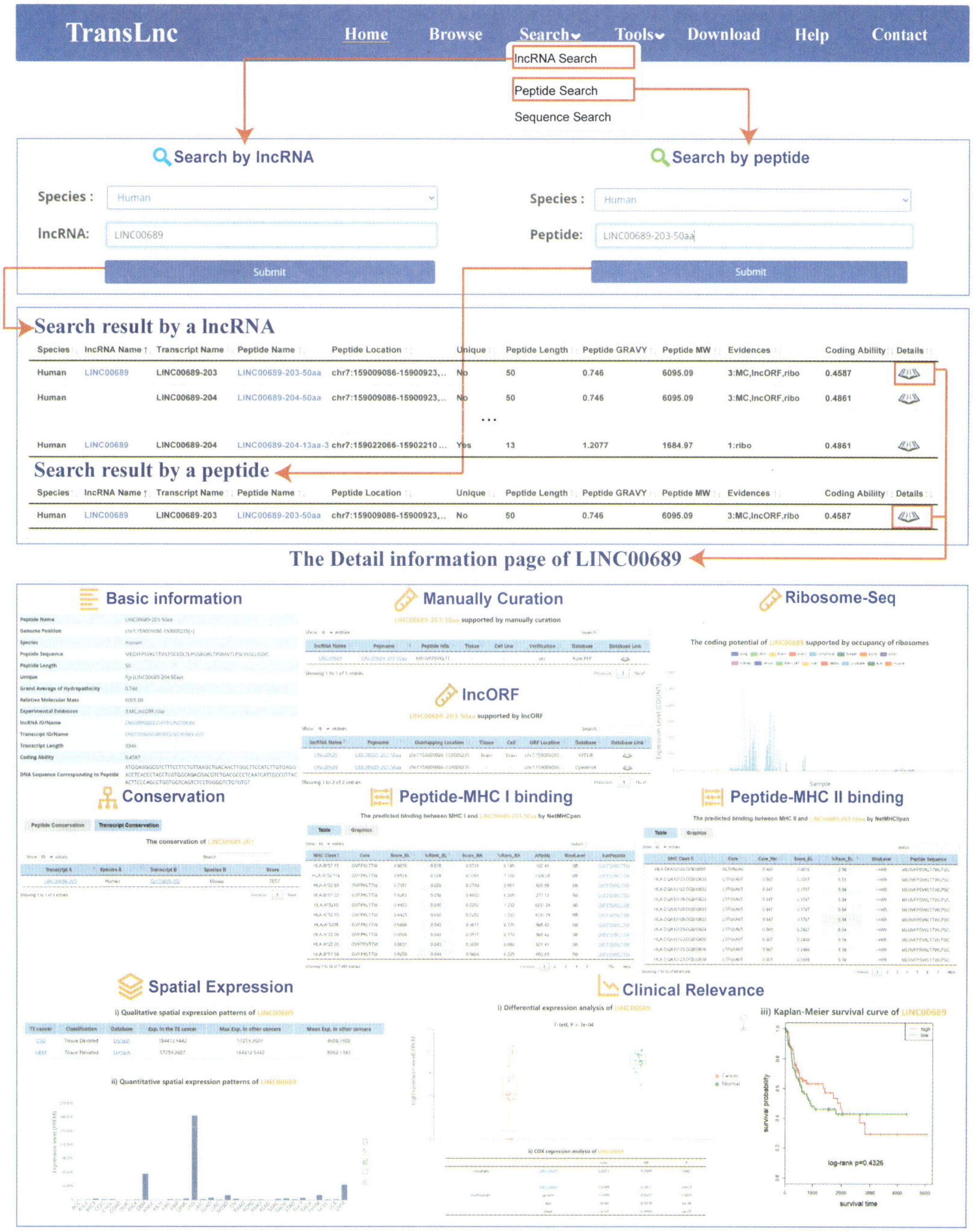

图 14-14　TransLnc 数据库搜索及查询结果

第三节　非编码 RNA 表达异常与重大疾病
Section 3　Abnormal Expression of ncRNA and Major Disease

一、疾病相关 ncRNA 的识别

随着对重大疾病发病机制的逐渐了解,科学家将重大疾病的本质归结为各种原因引起的基因结构和功能的异常。特别是在癌症中,这些异常通常表现为致癌基因的高表达以及抑癌基因的低表达。作为重要的 RNA 形式的调控子,其表达水平的变化会对其靶基因的活动产生深远的影响。正是由于 ncRNA 高效的调控作用,ncRNA 便很自然地被认为参与癌症的发生,并因此被引入到癌症的研究及治疗中。新一代测序技术和 ncRNA 芯片能够同时检测成千上万个 ncRNA 的表达水平。如今,越来越多的研究者开始利用新一代测序技术和 ncRNA 芯片来揭示 ncRNA 的组织特异性、疾病的发病机制以及疾病诊断与预后。

基于 ncRNA 表达谱来挖掘人类疾病相关的 ncRNA 进而解释发病机制受到越来越多研究者的关注。图 14-15 显示了利用 ncRNA 表达谱研究复杂疾病的流程:ncRNA 表达谱的产生及获取、数据预处理、差异表达 ncRNA 筛选、后期生物学实验的证实以及基于 ncRNA 靶基因获取及功能富集得到的异常生物学过程的识别。例如,利用本章第二节中介绍的 ncRNA 靶基因识别方法,获取癌组织中异常表达 ncRNA 的靶基因集合,对靶基因进行 GO 功能注释以及 KEGG 通路分析,可得到靶基因集合显著富集的生物学过程。由此可推测异常 ncRNA 正是异常调控这些生物学过程而参与癌症发生。

为了比较不同样本间 ncRNA 的表达,ncRNA 的表达量需要被标准化,目前常用 RPKM、FPKM 或 TPM 指标。考虑到 ncRNA 表达水平普遍偏低的现象,往往会把在较少样本中表达或表达水平很低的 ncRNA 先过滤掉,因为这些表达不稳定或低表达的 ncRNA 只会增加数据的噪声,会影响后续的分析结果。然后,对于每一个 ncRNA,计算其在不同

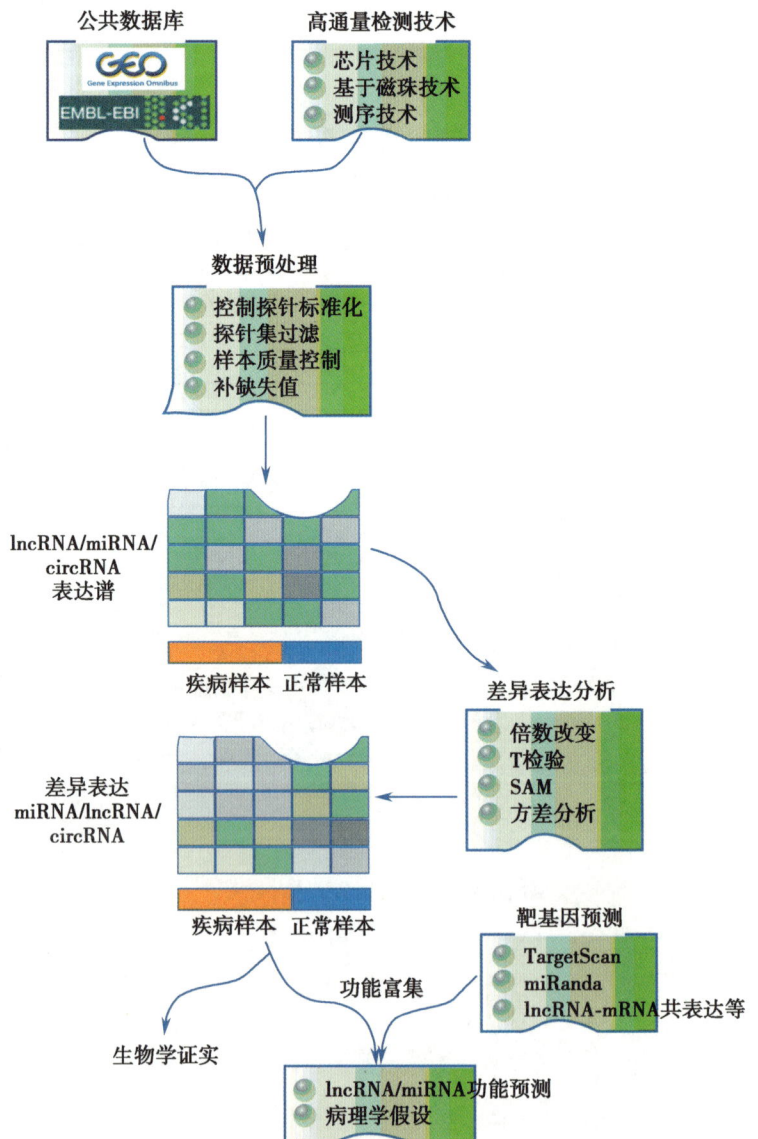

图 14-15　疾病相关非编码 RNA 的识别流程

组别样本间(如实验组和对照组)表达量的倍数变化(fold change,fc),当 fc 值明显大于 1 或小于 1 时,表示该基因在实验组的表达量有明显上调或下调。fc 值越偏离 1,差异表达越明显。通常情况下,对于不同的数据集以 2 倍差异为阈值。第二方面,还需使用统计学检验计算基因表达量变化是否具有统计学显著性。差异基因筛选的常用统计学检验方法包括 t 检验法和方差分析等统计学模型。进一步地,还需通过多重检验方法,将 P 值进行校正。通常情况下,表达改变超过 2 倍且校正后 P 值小于 0.05 的 ncRNA 被选择出来,被认为是显著性差异表达的 ncRNA。除此之外,一些基于测序数据的差异基因识别工具也被用来识别显著差异表达的 ncRNAs,常用的方法包括 DESeq、edgeR 和 DEGseq 等。

二、差异表达 ncRNA 与复杂疾病

因此 lncRNA 的异常有可能和疾病的发生发展密切相关,亦正在成为疾病生物标志物和药物靶标的潜在分子。因此,通过生物信息学揭示和预测 lncRNA 和人类疾病的关系则显得尤为重要。对于不同疾病,甚至同一疾病的不同亚型,ncRNA 的异常表达模式也是不同的。因此,快速有效地获取特定疾病中基因组范围内 ncRNA 表达谱及识别差异表达的 ncRNAs,对于识别特定生理和病理过程中发挥重要作用的 ncRNAs 及其作用机制探讨是十分重要的。

1. **差异表达 miRNA 与复杂疾病** 许多研究表明 miRNA 的表达异常通常与癌症的发生发展有密切关系,一些 miRNA 的功能得到了更深入的研究和证实。例如,miR-17-92 基因簇是一个高度保守的基因簇,编码 miR-17-5p、miR-17-3p、miR-18a、miR-19a、miR-20a、miR-19b-1 和 miR-92-1 等 7 个 miRNAs,由于它们能参与哺乳动物多个器官发育并与多种实体瘤的发生密切相关而受到广泛关注。现已发现,miR-17-92 基因簇在肺癌、B 细胞淋巴瘤、肝癌、膀胱癌、结肠癌、前列腺癌、胃癌、胰腺癌等多种肿瘤细胞中均高表达,而且在淋巴瘤、肺癌等多种癌细胞中均存在 miR-17-92 基因扩增现象。miR-17-92 基因簇诱导肿瘤发生主要是通过抑制抑癌基因和细胞周期调控基因的表达实现的。O'Donneu 等使用逆转录病毒介导 miR-17-92 簇过表达,促进了原癌基因 c-Myc 诱导的淋巴瘤发生。这些研究表明,miR-17-92 基因簇能作为致癌基因诱导肿瘤的发生。然而,Kathryn 研究发现,miR-17-5p 和 miR-20a 在人乳腺肿瘤中低水平表达,通过抑制 E2F1 的表达,阻碍了 MYC 和 E2F1 组成的正向调控环路的互相激活,它们可能作为抑癌基因起作用。可以看到 miR-17-92 基因簇在不同的癌症中扮演不同的角色。另一个典型的例子是 miR-125b,它可以在一些肿瘤中作为抑癌基因、在其他癌症中却是致癌基因,并且在血液癌症中 miR-125b 既可以靶向促进癌症发生的转录本,还可靶向抑癌转录本,使其在同一癌症中具有致癌和抑癌的双重角色。

2. **差异表达 lncRNA 与复杂疾病** lncRNA 在复杂疾病中的研究也已经较为深入。lncRNA 的表达改变会导致其靶基因表达的改变进而诱导疾病的发生。清华大学通过对 20 个肝癌病人的 60 个临床样本进行 RNA-Seq 鉴定到了 13 870 个 GencodeV19 收录的已知 lncRNA 以及 8 603 个新的 lncRNA。他们使用 3 种不同的差异表达基因识别方法,分别识别到 525 个下调的和 323 个上调的 lncRNA。研究人员进一步筛选了其中一个 lncRNA RP11-166D19.1,该 lncRNA 高表达的情况下,临床病人生存率显著升高。功能分析发现很多与 lncRNA 共表达的基因显著富集在细胞黏着、免疫反应以及代谢过程等通路上。在我们课题组近期的工作中,首先利用 TCGA 检测的直肠腺癌和结直肠癌的 lncRNA 转录组图谱,识别到 23 个一致上调和 126 个一致下调的 lincRNA,并选择结肠癌中研究较少、其他癌症中研究较多的抑癌 lincRNA MIR22HG 进行后续分析(图 14-16)。我们发现结肠癌中 MIR22HG 的下调是由拷贝数缺失导致的。我们在两套独立数据和 163 个中国病人中 qRT-PCR 检测的 MIR22HG 表达进行了证实。通过细胞和老鼠实验均揭示 MIR22HG 表达的沉默会促进结肠癌的生长和转移。这些计算和实验结果表明 MIR22HG 在结肠癌中扮演着抑癌基因的作用。因此,lncRNA 在肿瘤发生与转移过程中起着非常重要的作用。

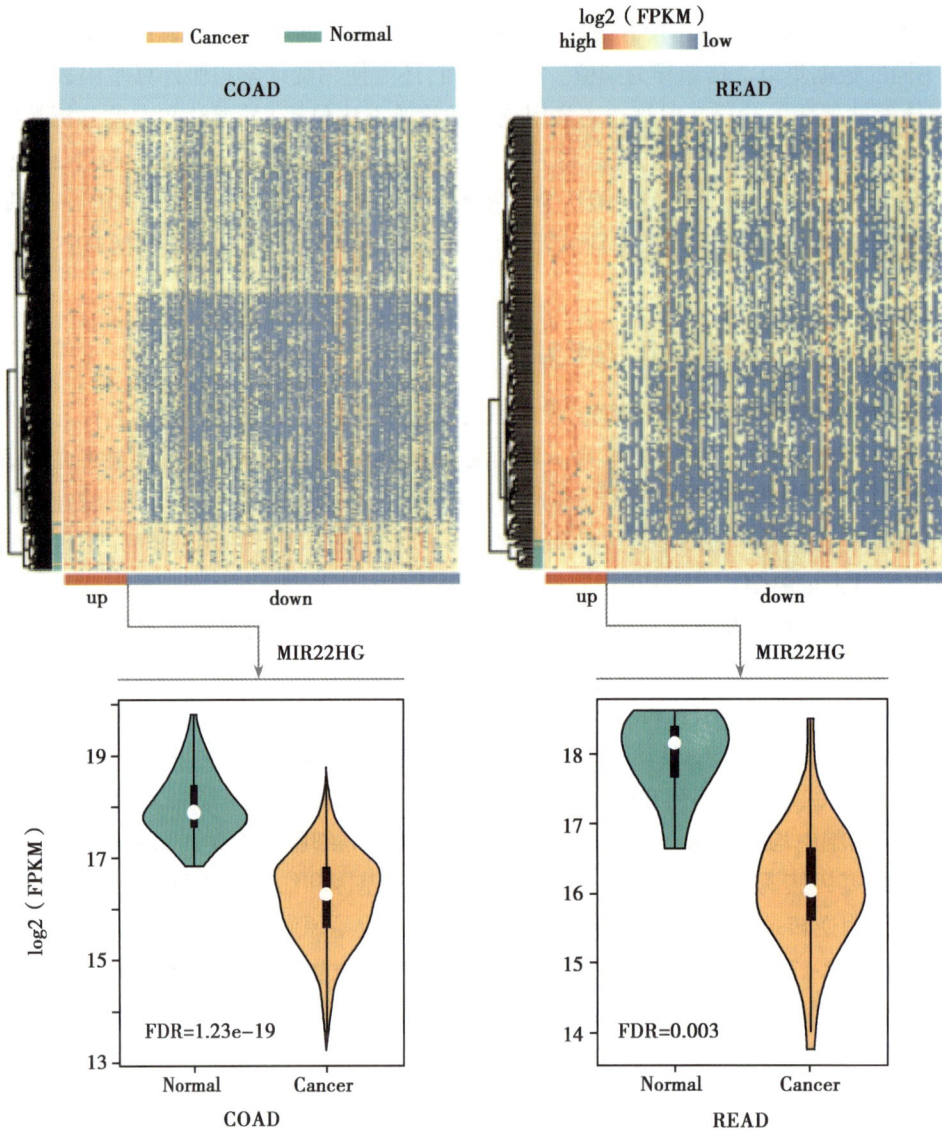

图 14-16　结肠癌中抑癌 lncRNA MIR22H 的识别流程

3. 差异表达 circRNA 与复杂疾病　随着高通量测序技术的快速发展,研究人员在癌症组织中发现了大量失调的 circRNAs,其中大部分在癌症和癌旁样本之间表现出差异,表明这些 circRNAs 在癌症的发生和发展过程中的重要作用。通过核糖体 RNA 耗尽的 RNA-seq 和 circRNA 微阵列获得的主要表达谱已被广泛用于发现新的 circRNA。例如,根据 4 对膀胱癌组织和相邻正常膀胱组织的 circRNA 微阵列数据,Zhong 等人共鉴定出 3 243 个 circRNAs,其中有 469 个在膀胱癌中差异表达的 circRNAs,并且有 285 个上调、184 个下调。在另一项研究中,来自 9 个不同级别的膀胱癌组织和邻近的正常膀胱组织的 RNA-seq 数据显示,在高级别膀胱癌与正常组织中,识别到了 316 个表达失调的 circRNAs;同时在高级别和低级别膀胱癌中,识别到了 244 个失调的 circRNAs;其中两种差异的 circRNAs 中交集有 42 个,表明这些 circRNAs 与膀胱癌的恶性进展是紧密相关的(图 14-17)。类似地,Zheng 等人在 1 对膀胱癌和邻近正常膀胱组织中鉴定了表达的 circRNAs 共 67 358 个,并且证实 circRNA circ_HIPK3 直接结合 miR-124 并抑制 miR-124 活性。加拿大多伦多大学的研究者选取了 144 例有详细临床信息的前列腺癌样本,利用 CIRCexplorer 方法共鉴定识别到了 76 311 个 circRNAs 分子,进一步要求在组织样本和细胞系中高表达,筛选到 2 000 多个高可信的 circRNAs。为了识别

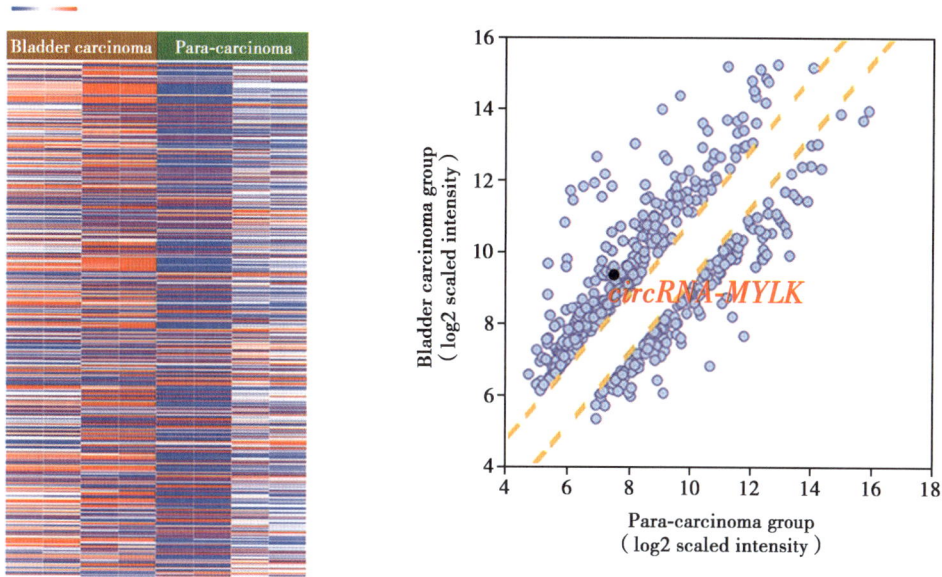

图 14-17　识别膀胱癌中差异表达 circRNA

前列腺特异的 circRNA,他们和 circBase 中收录的 circRNA 进行了比较,发现 67% 的 circRNAs 只能在分析的 11 个组织中表达,暗示其高的组织特异性。进一步地,为了评估这些特异性 circRNA 的功能重要性,选取前列腺癌细胞系中数量最多的 2 000 个环状 RNA 进行功能缺失实验,发现其中约 11.3% circRNAs 与前列腺癌细胞增殖特性密切相关,并且这些 circRNA 来源基因的线性转录本不影响细胞增殖,表明 circRNA 特殊的功能。

通过以上研究发现,大量证据表明 circRNA 在癌症中发挥关键作用,可以用作癌症的诊断和预后研究。但是大部分 circRNA 在癌症中的作用机制尚不明确,有待进一步的研究确定。

综上所述,理解 ncRNA 在癌症中的功能的大挑战是 ncRNA 不总是在肿瘤中具有单一的作用。要判断 ncRNA 在癌症发生过程中的功能机制,考虑其表达改变和具体的调控机制是较为重要的。在复杂疾病中差异表达的 ncRNA 能够影响疾病的发生和进展,并且在不同癌症类型中具有表达的组织特异性,这使得差异表达的 ncRNA 作为疾病标志物成为可能。

三、异常表达 ncRNA 具有疾病标记物潜能

迄今,疾病的分子分型已经取得了巨大的进步。许多研究已经表明 ncRNA 可以有效地区分各种疾病。这些疾病中异常表达的 ncRNA 作为一种可靠的生物学标记已被广泛应用于各种癌症的分型、诊断和预后研究。再结合 ncRNA 表达的强组织特异性、时空特异性等特征,因此 ncRNA 是理想的疾病标记物,为探索癌症治疗提供新的思路。

20 世纪初,一些研究已经开始探索利用 miRNA 表达谱数据对癌症进行分类的可行性。2005 年,Lu 等人成功地利用磁珠流式细胞术检测技术检测 334 个样本中的 217 个 miRNA 的表达水平,并使用该表达谱首次全面证实了 miRNA 在癌症分类中的有效性。通过 GSE2564 可从 GEO 数据库中获取 miRNA 的表达数据,涉及的 334 个样本中包括多种人类组织,如胃、结肠、肺等,其中某些组织取自癌症患者,例如肺癌、白血病患者等。采用层次聚类方法分别对样本和 miRNA 进行聚类分析,可以明显看出具有相同组织发育起源的样本被聚到一类(图 14-18)。例如,起源于上皮组织的样本几乎都被聚到一起,而造血相关的恶性肿瘤样本明显分布在另一主要分支上。该结果表明 miRNA 表达谱能够很好地区分不同组织起源的样本。

此外,通过只对 73 个急性淋巴细胞白血病患者骨髓样本的 miRNA 表达进行层次聚类,结果发

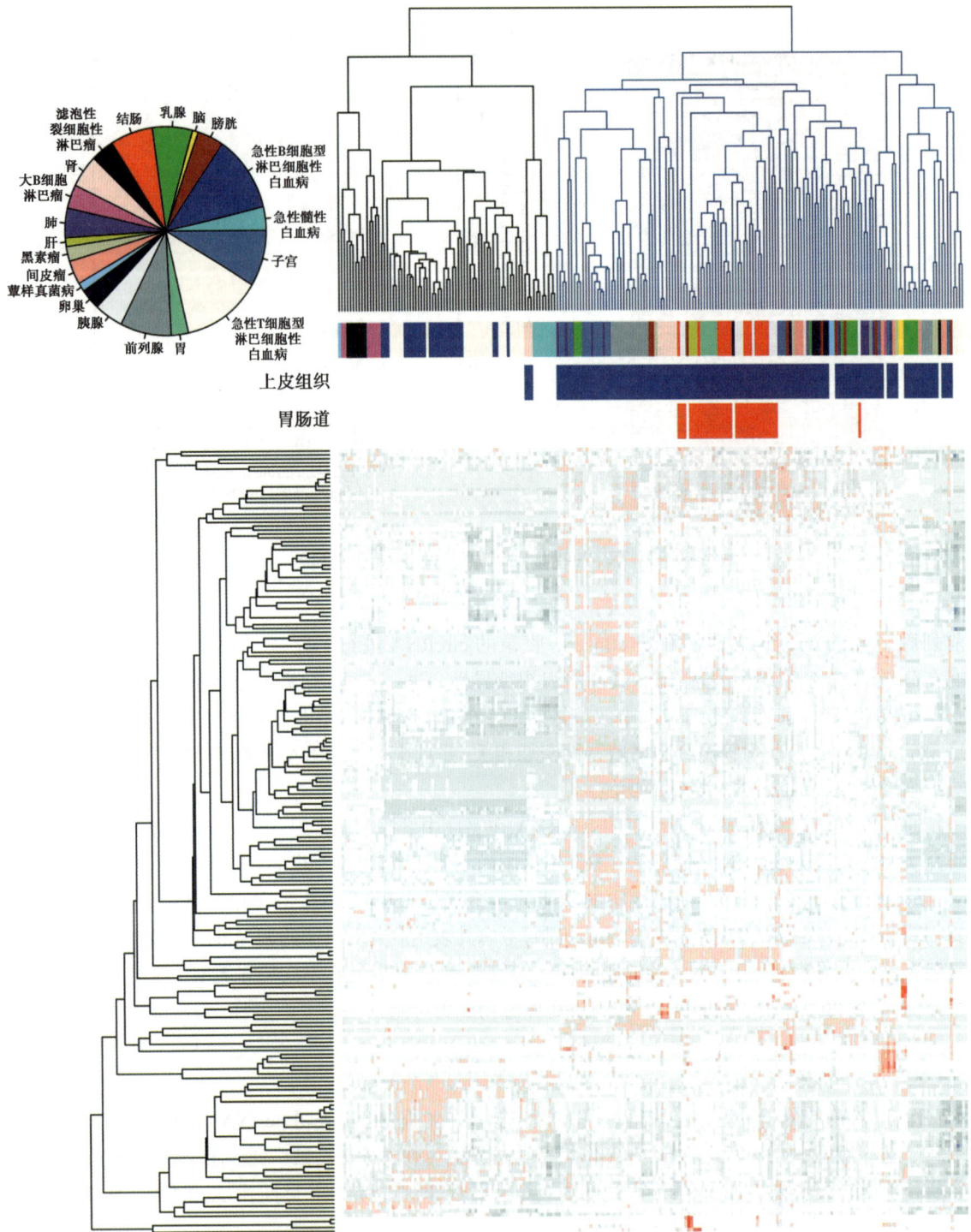

图 14-18　218 个样本的 miRNA 表达谱聚类图

现这些样本被划分进入三个主要的分支(图 14-19):其中一个分支包含所有 5 个 BCR/ABL 阳性样本以及来自 11 个 TEL/AML1 样本中的 10 个样本;第二个分支包含了 19 个急性 T 细胞淋巴细胞白血病样本中的 13 个。该结果说明即使对于同一组织起源的样本,仍旧能观测到不同的 miRNA 表达模式,miRNA 有助于白血病分子亚型的划分。

从图 14-20 可以发现,来自结肠、肝、胰腺以及胃部的样本被很好地聚在一类。这正好反映出它们共同起源胚胎的内胚层,进一步表明对样本的 miRNA 表达谱进行聚类分析能够揭示出样本的组织起源。

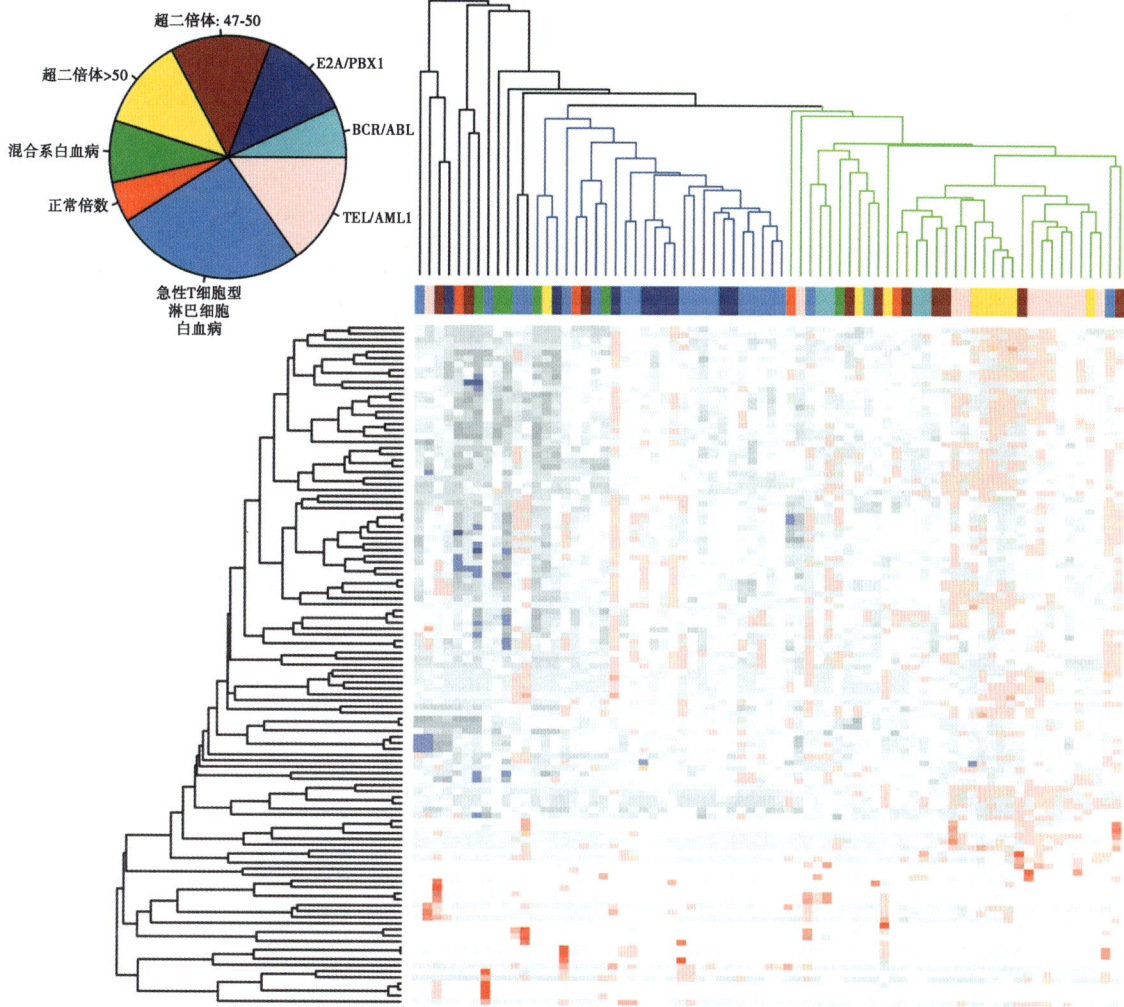

图 14-19 来自 73 个急性淋巴细胞白血病患者的骨髓样本的 microRNA 表达聚类图

为了进一步证实 miRNA 表达谱能否用于肿瘤的诊断，选取了 68 个高分化的肿瘤样本(代表 11 种肿瘤类型)，并利用概率神经网络算法对这些样本的 miRNA 与 mRNA 表达谱数据分别训练产生相应的多类别分类器。随后，利用所产生的分类器来预测 17 个低分化的肿瘤样本的组织类型。通过上述过程，每个测试样本都能得到 11 个组织类型的预测概率。选取具有最高概率的组织类型作为样本的预测组织类型。尽管 miRNA 表达水平在肿瘤样本中整体偏低，但是基于 miRNA 表达的分类器正确分类了 17 个低分化肿瘤样本中的 12 个样本，而利用 mRNA 构建的分类器只正确分类了其中的一个样本。

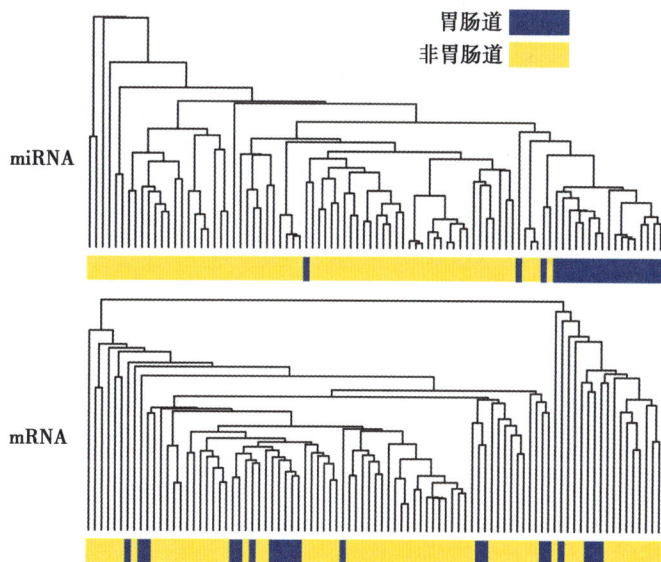

图 14-20 miRNA 表达反映样本的组织起源

　　2012 年,斯坦福大学医学院研究人员进行首个大型的癌症 lncRNA 表达谱分析。对 64 个肿瘤样品高通量 RNA-seq 测序,在各种肿瘤类型之间找出差异表达的 1 065 个 lncRNA(图 14-21)。因此 lncRNA 可以成为生物标志物。

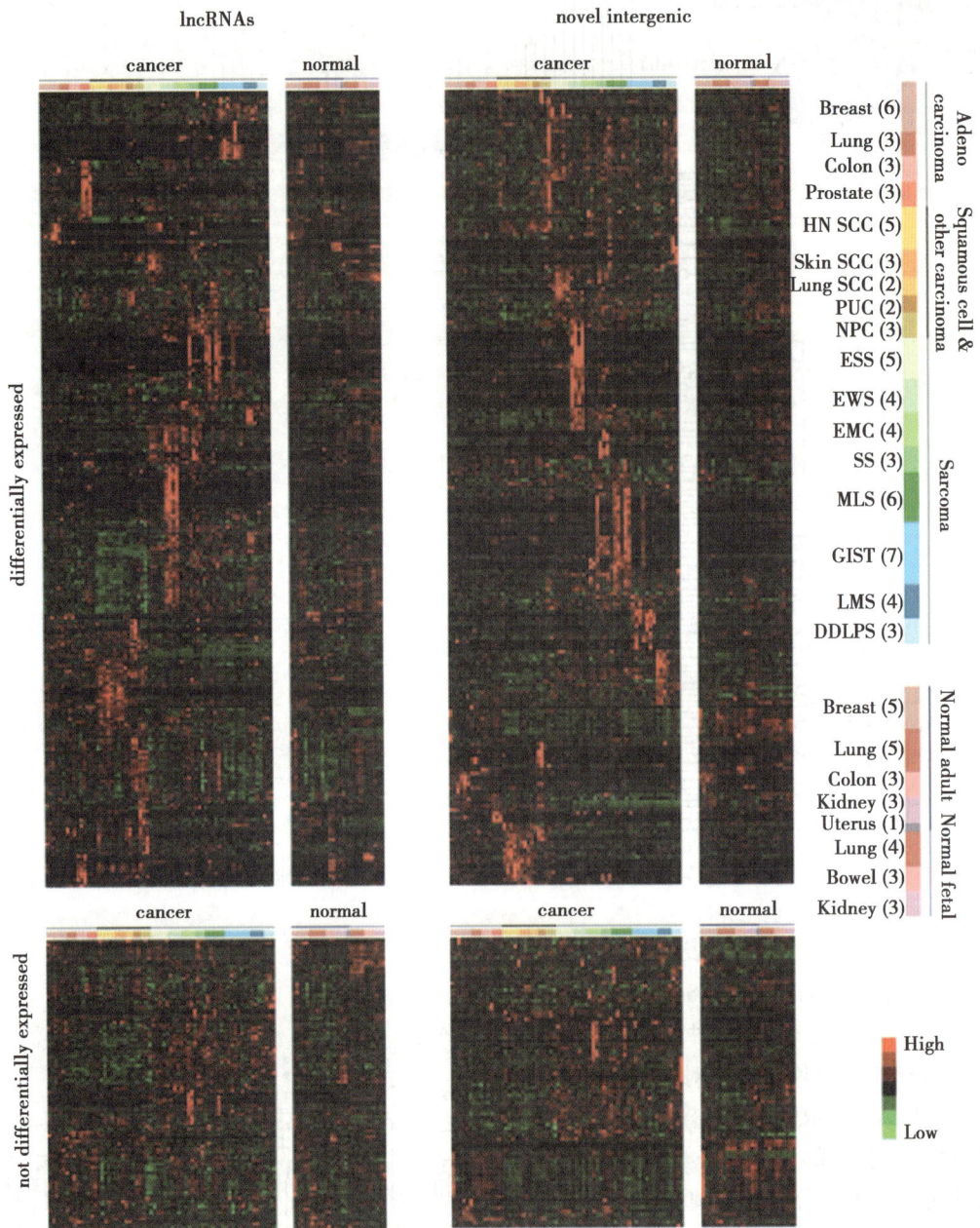

图 14-21　lncRNA 表达可区分不同癌症

　　最近,研究发现 hsa_circ_0000190 是诊断胃癌的潜在生物标志物。它在胃癌患者的胃癌组织和血浆中均下调。与癌胚抗原和 CA19-9 两种经典的胃癌生物标志物相比,hsa_circ_0000190 具有更好的敏感性和特异性。此外,为了对不同癌症中的 circRNA 进行系统检测以及表达进行分析,Josh 等人使用 RNA 外显子组捕获测序来检测两千多个癌症样本中的 circRNA,并将产生 circRNA 的基因分为了三类:具有组织特异性(n=895)、较低的组织特异性(n=2 329)、完全不具有组织特异性(n=1 469),由组织特异性基因产生的 circRNA 可以作为区分不同组织类型的生物标志物(图 14-22)。

　　Han 等人通过分析大约 1 000 个人类癌症细胞系中 circRNA 表达谱,揭示了 circRNA 谱系特异

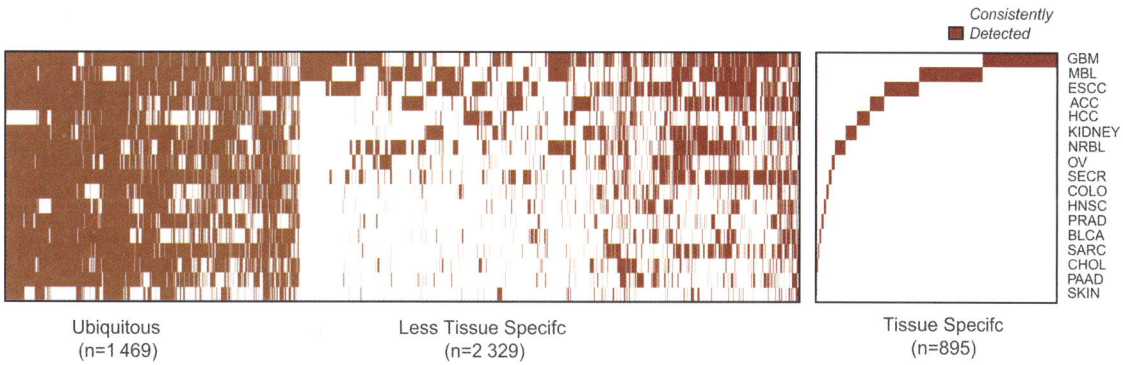

图 14-22　circRNA 表达可区分不同癌症

的表达模式,表明在癌症治疗中 circRNA 可成为很有潜力的诊断或预后标记物。另一方面,已获得 FDA 批准的临床治疗的基因靶点在癌症研究中具有非常重要的意义。有意思的是,他们发现这些已知的治疗靶标更倾向产生 circRNA,并猜测可能是因为这些区域更容易被 RNA 结合蛋白结合。

综上所述,ncRNA 表达蕴含着惊人的信息量,能够有效反映出组织起源和肿瘤分化状态。总之,差异表达 ncRNA 的识别为癌症的诊断和预后研究提供了潜在的可能性。

四、非编码 RNA 异常表达的调控机制剖析

复杂疾病的非编码 RNA 研究中,我们除了要剖析 ncRNA 自身和其下游的调控机制外,还应该关注有哪些因素会导致 ncRNA 表达的异常改变。首先想到的是如果 ncRNA 所在的 DNA 序列发生异常改变,那么很有可能从根本上就改变 ncRNA 的表达。目前研究常关注的基因组层面的异常主要包括突变和拷贝数变异等。系统剖析非编码 RNA 的基因组改变可以为阐明人类复杂疾病的致病机制提供新的参考。位于 pri/pre-miRNA 内部的多态可能会影响 miRNA 的表达。例如,Calin 和 Raveche 等人在一些家族的慢性淋巴细胞白血病患者中发现 miR-15a/miR-16 的 pri-miRNA 内部存在 C>T 改变,此突变与 miR-15a/miR-16 表达的减少相关,这两个 miRNA 在几乎 70% 的白血病患者中具有比较低的表达水平。这意味着位于 miR-15a/miR-16 初级转录本的突变与白血病的发生有关。另外,位于 pri/pre-miRNA 内部的多态也可导致新的 miRNA 产生。例如,位于 miR-146a 前体的 rs2910164 不仅会影响原有 miR-146a 的表达,而且会产生 miR-146a*C 和 miR-146a*G 两种新的 miRNA。同样地,lncRNA 上的 SNP 与人类疾病的发生发展也密切相关。我们团队系统分析了人类 lincRNA 上的 SNP 分布特征,发现其具有较低的突变水平,并且 lincRNA 上进化保守区域内的 SNP 对其二级结构有较大的影响,提示这些 SNP 可能是功能性或疾病相关突变。在 circRNA 相关研究中也发现突变可以改变 circRNA 的形成。例如,在人类乳腺上皮细胞间充质转变的过程中,表达升高的 QKI 蛋白会通过结合到 pre-mRNA 促进 circRNA 的形成。如果结合位点被突变 QKI 蛋白无法结合后,则会极大减少 circRNA 的形成。通过 589 个背外侧前额皮质样品检测的 circRNA 表达谱与 SNP 数据中系统识别了影响 circRNA 表达的 SNP,共识别到 19 万多个 SNP。进一步将这些 SNP 与已知的性状 SNP 进行共定位,发现这些调控 circRNA 表达的 SNP 显著富集到精神分裂症和 2 型糖尿病等,非常值得进一步挖掘。另一方面,人们逐渐意识到,拷贝数的异常是形成 RNA 表达改变的另一主要因素。例如,慢性淋巴细胞白血病中会频繁缺失染色体区域 13q14.3,因而位于该区域的 miRNA 簇 miR-15a 和 miR-16-1 在癌症中呈现显著的下调,减弱了对其靶基因 BCL-2 的调控,使得 BCL-2 的表达显著地上调,最终促进肿瘤的生长。宾夕法尼亚大学研究团队在卵巢癌、乳腺癌等 12 种癌症中建立了将近 14 000 个 lncRNA 的 DNA 拷贝数图谱,揭示 21.8% 的 lncRNAs 都位于基因拷贝数异常区域。通过整合表达、拷贝数异常等信息,他们发现 1 号染色体上的 lncRNA FAL1 的拷贝数扩增导致表达升高,并且和卵巢癌的发生发展密切相关,是一个癌基因。也有一些 circRNA 基因组拷贝数异常事件被发现。例

NOTES

如,circRNA Circ-PVT1 可通过其基因组位点的扩增在胃癌组织中上调,进而充当对抗 miR-125 家族成员的海绵来促进胃癌细胞增殖。最新证据表明,融合基因还能够产生新的 circRNA。急性早幼粒细胞白血病中存在 PML 和 RARα 基因融合已被广泛接受,最近发现该融合基因可以产生多个融合 circRNA,将其转染至细胞中发现它们可以促进细胞增殖和过度增殖。如果用 siRNA 干扰掉融合 circRNA,可以让细胞恢复至正常。Pandolfi 等发现融合 circRNA 也存在于实体瘤中,从而表明融合 circRNA 是真实的生物实体,而非实验性人造产物。

　　表观遗传调控层面,DNA 甲基化和组蛋白修饰的异常调控均可以改变非编码 RNA 的表达。启动子区域异常 DNA 甲基化导致单个 miRNA 的沉默已经在很多癌症中被发现,这些 miRNA 在癌症中可能扮演着抑癌基因的作用。例如 miR-203,miR-196 以及 miR-497 启动子上的超高 DNA 甲基化导致其表达下调,与恶性肿瘤的侵袭以及转移相关。李霞教授课题组发现异常超甲基化的 ncRNA 启动子倾向于发生在 CGI,而低甲基化的 ncRNA 启动子大部分是没有岛的,并在 CGI 的背景下总结出 ncRNA 启动子异常甲基化的五种模式。进一步地,我们通过整合分析 miRNA 转录组和 DNA 甲基化组数据识别出 26 个甲基化影响表达的 miRNA,它们的表达被 DNA 甲基化负向调控,从而导致疾病状态下异常表达。有意思的是,杨等人在癌症中系统识别了 1 006 个启动子低甲基化 lncRNA,特别是在多个癌症中启动子频繁发生低甲基化的促癌 lncRNA EPIC1,其通过与 MYC 蛋白互作调控 MYC 靶基因转录,从而促进癌症的发生。

　　除了 DNA 甲基化之外,组蛋白的翻译后修饰是另一种备受瞩目的表观遗传修饰,包括甲基化和乙酰化等。例如,通过分析盐敏感的心衰鼠模型中基因组范围的 H3K4me3 以及 H3K9me3 信号的分布,结果发现心衰和正常样本中差异的组蛋白修饰区域覆盖的基因与心衰密切相关,这些异常修饰区域不仅仅能标记蛋白编码基因,也能够标记非编码区域。李霞教授团队分析了乳腺癌中七种组蛋白修饰(H3K4me1、H3K4me3、H3K27ac、H3K36me3、H3K9me3、H3K27me3)对 ncRNA 的异常调控,发现了大量表观失调的 lncRNA 和 miRNA,这些不同的表观遗传学修饰可以协同调控 ncRNA 的表达。特别地,对同一个 miRNA 家族的不同成员,我们发现表观修饰的失调具有互补作用,即这些不同表观修饰的异常导致同一家族 miRNA 具有相同的表达失调方向。此外,组蛋白修饰不仅可以影响染色质的结构,且还可以作为某种 DNA 功能元件的标志。例如,增强子来源的 lncRNA(long non-coding enhancer RNAs, lnc-eRNAs)是一类由增强子转录的 lncRNAs 稳定转录本,它们可以作为癌症中与增强子活性相关的治疗靶标。研究发现,恶性白血病中特异性上调表达的 lnc-eRNA SEELA 被转录激活后,直接结合组蛋白 H4 表面的 K31 位氨基酸,继而在转录增强子座位发挥双重支架作用,促进增强子组蛋白修饰-修饰识别蛋白的结合,激活增强子活性,最终通过顺式作用激活邻近基因 SERINC2 的转录,影响鞘脂代谢通路介导疾病发生发展。

　　通过上述描述可以看到,不管是基因组的改变还是表观遗传修饰水平的异常均可以调控 ncRNA 的表达(图 14-23)。因此,我们可以推测,在 ncRNA 基因从转录到加工生成成熟 ncRNA 的任何一个环节出现了问题,都有可能导致 ncRNA 表达的异常或功能的异常,比如转录调控发生异常、RNA 的异常剪切或 RNA 上的甲基化修饰等。的确,也有越来越多的研究证实了我们的推测。

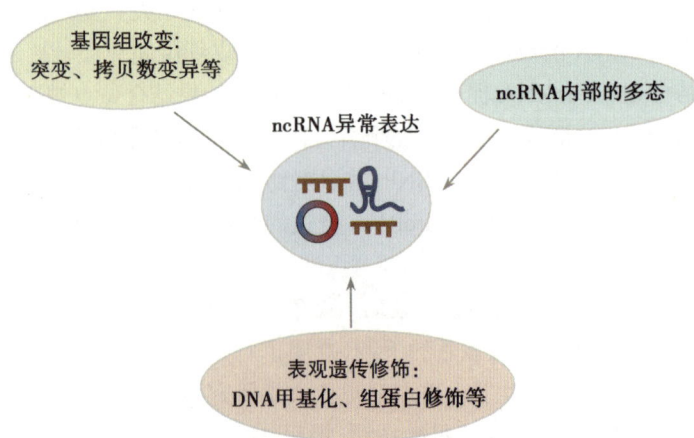

图 14-23　非编码 RNA 异常表达的调控机制

第四节　非编码 RNA 调控异常与复杂疾病
Section 4　Abnormal Regulation of Non-coding RNA and Complex Disease

一、计算识别复杂疾病中 ncRNA 参与的调控关系

研究发现,对于单个 ncRNA 而言,虽然预测算法可以预测出成百上千的靶基因,有的 ncRNA 甚至调控达到万级水平的靶基因,但是在特定的生物背景下,只有其中一小部分靶基因被真正调控。这些在特定的生物背景下被调控的靶基因可以通过整合 ncRNA 表达谱和 mRNA 表达谱来进一步识别。

1. **计算识别复杂疾病中 miRNA—靶基因调控关系**　miRNA 作为负向调控因子的观点被大家广泛接受,所以一般要求 miRNA 和靶基因 mRNA 的表达呈现负的相关性。然后再对这些特定生物背景下被调控的靶基因进行功能富集更能体现 miRNA 在该背景下所参与调控的生物学功能。目前,识别复杂疾病中 miRNA-靶基因调控关系的一般流程如下(图 14-24):首先从公共数据库得到计算预测或高通量实验检测的 ncRNA-target 调控关系,然后利用表达数据在特定癌症中计算 ncRNA 与靶基因表达的相关性,过滤出其中呈现显著负相关的关系对,以供后续分析。以胶质瘤为模型,李霞教授课题组剖析了 miRNA 在恶性肿瘤进展过程中的重要作用。通过整合计算预测的 miRNA 靶预测关系及 160 例不同级别的中国胶质瘤病人样本配对的 miRNA 和 mRNA 表达谱数据,论文作者识别了胶质瘤恶性进展中 miRNA 调控的功能性靶基因,进一步构建了胶质瘤进展背景下 miRNA-mRNA

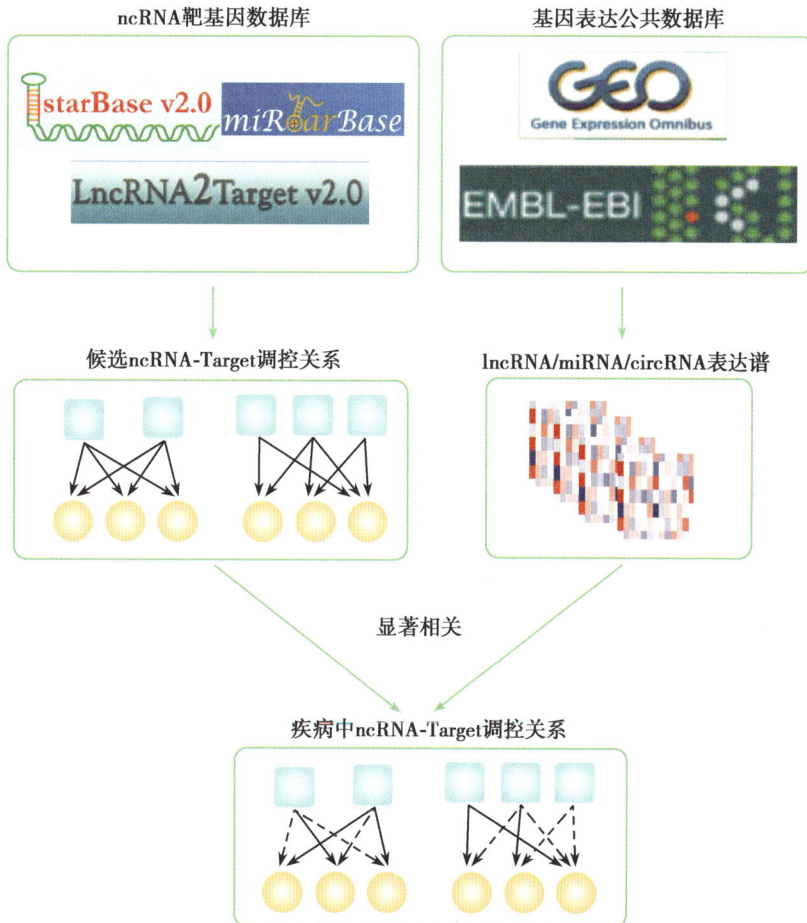

图 14-24　计算识别复杂疾病中 miRNA 参与的调控关系

功能性调控网络。结果我们发现了很多新的胶质瘤相关 miRNAs,且通过功能富集分析发现它们和癌症的发生紧密相关,其中大部分具有抑癌作用。其中 hsa-miR-524-5p 不仅在胶质瘤恶性进展中表达下调,还是预后标记物的重要组成成员,调控细胞周期相关基因 Wee1、Cdk2 和 Ttk 等,在胶质瘤的恶性进展中扮演重要的角色。

考虑到靶基因表达的改变可能不仅仅由 miRNA 调控引起,因此我们团队还进一步考虑了靶基因拷贝数和甲基化调控对其表达的影响。从数据库中下载到 miRNA-target 的调控关系、在 TCGA 下载 miRNA 和 mRNA 表达谱以及拷贝数和 DNA 甲基化数据后,利用多变量线性模型来评估在考虑DNA 拷贝数和启动子甲基化因素时 miRNA 对 mRNA 调控的显著性,进而识别出每一种癌症背景下统计学意义上显著相关的转录调控关系对。由于 miRNAs 通常作为负调控因子,真正调控对的表达谱被认为是负相关的。因此,过滤候选的 miRNA-mRNA 对,并保留了负相关的调控对。得到癌症背景下识别到的 miRNA-target 调控关系。

2. 计算识别复杂疾病中 lncRNA/circRNA 参与的调控关系   lncRNA 和 circRNA 可以被 miRNA结合成为其靶基因,因此识别 miRNA 对 lncRNA 和 cricRNA 的调控可以采用上述方法。例如,PXN的反义 lncRNA PXN-AS1 可以结合到 PXN 的 mRNA,避免 miR-24 结合到 PXN 抑制其表达。此外,lncRNA 还可通过表观遗传调控、转录调控以及转录后调控等多个层面调控基因的表达,同样地,cricRNA 调控也是多样的。但是系统识别复杂疾病中 lncRNA/circRNA-靶基因的调控仍旧是目前的难点。目前常常基于关联有罪的思想来识别 lncRNA/circRNA 表达相关的编码基因,用这些基于刻画 lncRNA/circRNA 的功能。例如,李等人通过全面搜索 RNA-seq 数据,通过预处理后可得到在相同样本中 lncRNA 和 mRNA 的表达谱数据,进而对每一个 lncRNA 和 mRNA 计算了其表达的相关性,将显著相关的基因作为 lncRNA 关联的编码基因来进一步刻画其功能。

二、复杂疾病中 ncRNA 参与的 ceRNA 调控关系

除了常规的 microRNA-RNA 调控的存在,反方向的 RNA-microRNA 的模式也是存在的。2009年,Seitz 指出计算识别的 miRNA 结合位点能够滴定 miRNA,进而调控细胞内 miRNA 的可使用性。研究表明一个 miRNA 可以同时调控成百上千的靶基因,这些受相同 miRNA 调控的靶 RNA 转录本之间也存在着调控关系。它们通过与 miRNAs 竞争性地结合来彼此进行交流,从而积极地调整各自的表达水平。这些具有相同 miRNA 调控模式的靶 RNA 被称为竞争性内源 RNA(competing endogenous RNAs, ceRNAs),图 14-25 显示。它们被比喻成内源性的海绵,通过与 miRNA 竞争结合,从而影响 miRNA 对其所有靶基因的调控效能。因此,ceRNA 代表了一种新型的反式调控子。ceRNA 的存在形式是多样的,目前发现主要包含编码蛋白的 RNA(mRNA)、lncRNA 以及 circRNA。ceRNA 的提出挑战了编码蛋白的基因必须通过翻译成蛋白才能执行其功能的传统理论,赋予了mRNA 调控的新功能。另外,也为 lncRNA 和 circRNA 的功能预测提供了新角度。更重要的是,ceRNA 这种串扰使我们可以预测和识别特定 lncRNA 或 circRNA 的 ceRNA 网络,尤其是已知疾病基因的 ceRNA。基于 ceRNA 理论,研究人员已经构建多种恶性肿瘤的 lncRNA-miRNA-mRNA 相关ceRNA 网络。目前,已通过实验鉴定并证实了一些恶性肿瘤中的 ceRNA 互作,但是用于找到它们的湿实验方法非常耗时且成本高,因此针对 ceRNA 的计算方法已经被开发。

根据 ceRNA 调控机制的研究,mRNA 序列上存在多种 miRNA 的应答元件(miRNA response element, MRE),miRNA 通过 MRE 与 mRNA、lncRNA 和 circRNA 结合,导致这些 RNA 的降解或者对 mRNA 翻译产生抑制作用,同时 lncRNA 和 circRNA 通过其 MRE 充当 miRNA 海绵,从而调节miRNA 对其他编码基因的调控研究发现 lncRNA/circRNA 序列的确存在很多 miRNA 的 MRE,可以竞争性结合 miRNA,从而作为 ceRNA 调控编码基因的表达。对于两个 RNA 分子,在判断是否存在 ceRNA 互作时,通常会考虑它们之间是否显著共享 miRNA、是否显著共表达。例如,可以利用超几何等方法计算共享 miRNA 的显著性,用皮尔斯相关系数计算两个 RNA 间共表达的程度及显著

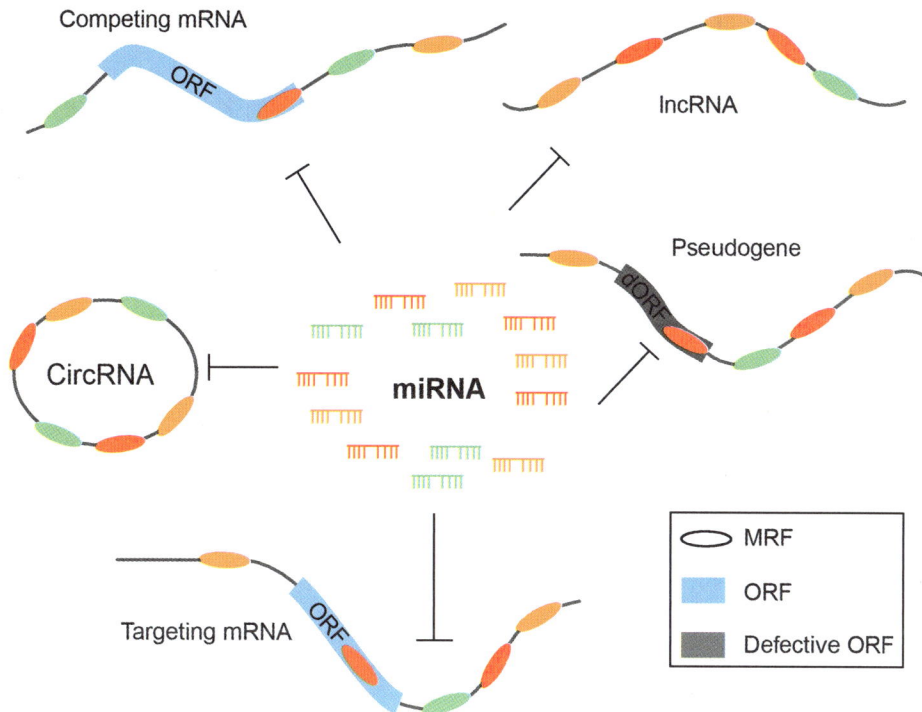

图 14-25　ceRNA 的调控方式

性。论文作者整合了 TCGA 中肿瘤样本的 miRNA 和 mRNA 表达谱,根据 ceRNA 互作过程中受共同 miRNA 调控和共表达这两个特点,构建出 20 个癌症中的 ceRNA 网络。分析 20 个癌症 ceRNA 网络的拓扑性质和竞争特性,发现在泛癌水平上 ceRNA 网络共享的一些性质。我们发现大约 1/3 的 ceRNA-ceRNA 互作对是癌症特异的,癌症间保守的 ceRNA 是较少的。然后,通过回顾人类复杂疾病中 ceRNA-ceRNA 调控的研究现状,将广泛使用的 ceRNA-ceRNA 调控网络构建的计算模型进一步归纳为不同的类型:仅基于 miRNA-mRNA 调控的全局 ceRNA 调控预测方法,和整合多组学数据的背景特异的预测方法。为了在 ceRNA-ceRNA 互作的计算预测方法方面提供指导,我们通过文献证实的 ceRNA 关系对和基因扰动数据对 ceRNA 识别方法进行了比较。结果显示,不同的计算方法在识别 ceRNA 调控方面是互补的,并富集了相似通路的不同功能部分。近期,为了便于使用,我们将这些方法整合在一起,开发成 R 包 CeRNASeek。CeRNASeek 还进一步为预测的 ceRNA-ceRNA 关系对提供一些下游分析功能,包括调控网络分析,功能注释和生存分析。

三、复杂疾病中多态干扰 ncRNA 参与的调控关系

多态除了能够调控 ncRNA 表达外,还能够改变 ncRNA 的调控作用。近年的研究发现,非编码 RNA 相关的突变对其发挥转录后调控功能有重要的影响,甚至导致疾病的发生。例如,位于成熟 miRNA 序列的多态会影响其对靶基因的调控,消除、弱化、增强或者产生新的结合靶点。根据 miRNA 与靶基因结合的两部分区域,可以将位于成熟 miRNA 上的多态分为以下两类:位于 miRNA 的 5′ 种子区域和位于 miRNA 其他区域。根据 Saunders 等人的研究发现,位于 miRNA 种子区域的 SNP 不足 1%,并且位于 miRNA 种子区域的多态会影响 miRNA 的表达以及与靶基因的结合。例如,miR-206 调控 ERα 的表达,miR-206 存在两个与 ERα 结合的靶点。位于 miR-206 种子区域的多态导致两个靶点都失活,消除了与原来靶的结合。由于 miRNA 调控成百上千的靶 RNA,那么理论上认为位于 miRNA 种子区域的多态会影响成百上千基因的表达,但是这需要进一步的实验的证实。另一方面,相对于生成 miRNA 的染色体区域,基因的 3′UTR 区域具有较弱的序列保守性,因此在 3′UTR 中出现序列变异的频率更高。这表明在人类基因组中,与 miRNA 自身的多态性相比 miRNA 靶点的

多态性具有更高的分布密度。由于靶点的多态性会影响 miRNA 对靶基因的调控强度,导致基因调控的失常,所以它们与多种遗传疾病的发病风险有关,成为遗传药理学研究的重要内容之一。根据多态性位点与 miRNA 靶位点的位置关系,可以进一步把 miRNA 靶点的多态性分为 miRNA 结合位点上的多态性和 miRNA 结合位点上下游的多态性。Mishra 等人发现,在针对日本人群的 SNP 分析中,DHFR 基因 3′UTR 上的 miR-24 靶点附近的 SNP 829(C>T)能够影响 miR-24 与靶位点的结合。当 SNP 829 等位基因型为 T 时,miR-24 不能与 DHFR 上的靶点结合。

越来越多的研究也证实 lncRNA 上的 SNP 与人类疾病的发生发展密切相关。例如,科研人员在一个叫做 ANRIL 的 lncRNA 上发现了多个与人类复杂疾病相关的 SNP,这些疾病包括动脉粥样硬化、2 型糖尿病和冠心病等。宁等人系统分析了人类 lincRNA 上的 SNP 分布特征,发现人类 lincRNA 具有较低的突变水平,lincRNA 上进化保守区域内的 SNP 对其二级结构有较大的影响,提示这些 SNP 可能是功能性或疾病相关突变。此外,他们还识别出了人类 lincRNA 上所有疾病相关风险 SNP,发现 lincRNA 与多种人类复杂疾病相关,某些 lincRNA 可能在疾病中发挥关键的调控作用。另外,也有科研人员探讨了某种特定疾病下 SNP 对 lncRNA 的影响。例如,科研人员利用两套 GWAS 数据进行了荟萃分析(meta-analysis),它们在一个 lncRNA 的序列上发现了前列腺癌相关的风险 SNP。还有研究发现了乳头状甲状腺癌相关的风险 SNP(rs944289)位于一个 lincRNA(PTCSC3)的上游 3.2kb 处,这个风险 SNP 可以影响该 lncRNA 的表达,并阐明了这个 SNP 通过影响 lincRNA 功能导致乳头状甲状腺癌发生的致病机制。

四、ncRNA 介导转录与转录后调控机制

作为 RNA 分子,lncRNA 和 circRNA 可以作为 miRNA 的海绵,那么对于同样可以结合 RNA 的 RNA 结合蛋白是否也可以发挥海绵的作用,从而限制 RNA 结合蛋白的功能发挥呢? 答案是肯定的。最典型的是,反义 lncRNA 与其正义链产生的 mRNA,或 circRNA 与其线性同源 mRNA。反义 lncRNA 或 circRNA 的加工往往会影响 mRNA 的线性剪接,其中 circRNA 和其线性异构体之间存在负相关关系。例如,在宫颈癌、肝癌和小细胞肺癌中表达下调的 lncRNA GAS5-AS,GAS5 的反义 RNA,可通过与 RNA 结合蛋白 ALKBH5 互作,介导其对 GAS5 的调控,进而抑制癌症的增殖,侵袭和转移。利用 RIP-seq 技术可以鉴定出一批与感兴趣的 RNA 结合蛋白互作的 circRNA 或 lncRNA。丹麦奥胡斯大学的研究者在 HepG2 和 K562 中,利用全转录组 RNA-seq 数据集,分别筛选到高表达的 circRNA 组,进一步评估 RNA 结合蛋白在两组 circRNA 上结合的位置。结果发现,94% 的 circRNA 可以和 RBP 相互作用,暗示了 circRNA 和 RBP 互作的普遍性。也有工作进一步通过获取 circRNA junction 区域的序列结合目前可获得 RNA 结合蛋白的 CLIP-seq 数据构建相对全面的 circRNA 和 RNA 结合蛋白互作的数据库,例如 starBase 和 CircInteractome。Paolo 等人在间质来源细胞癌变过程中一个致癌 circRNA LinPOK,并通过体外转录后化学修饰的方法获得生物素标记的 circPOK 探针,然后进行 RNA Pull-down 实验,捕获到一些互作的蛋白,其中一些是可以同时结合 RNA 或 DNA 的蛋白,如 ILF2 和 ILF3。他们揭示 circPOK 通过与 ILF2/ILF3 结合,显著降低下游基因 IL-6 和 VEGF 的表达。并通过 ChIRP 实验表明过表达 circPOK 后,circPOK 和 ILF2/ILF3 定位于 IL-6 启动子的比例增加。这些结果表明 lncRNA 和 circRNA 可以作为 RNA 结合蛋白的海绵,影响其下游调控机制。

另一方面,很多研究表明 lncRNA 可以作为调节子(modulator)介导 TF-gene 的调控作用,进而影响下游分子通路的异常导致复杂疾病的发生。全面识别并分析恶性肿瘤中 lncRNA 介导的转录调控网络对于理解癌症中 lncRNA 参与的生物学过程能够有更深入的理解。基于此,李霞教授团队开发了整合基因组范围的 lncRNA、mRNA 表达数据以及转录调控信息,识别癌症中 lncRNA 介导转录调控网络的新方法 LncMAP。并利用该方法分析了 20 种恶性肿瘤中 lncRNA 介导的转录失调模式。结果发现 lncRNA 能够介导不同的转录调控模式,在疾病中可以发挥增强子、抑制子和逆转子的作用。同时,与恶性肿瘤密切相关的一些 lncRNA 也被识别,如 PVT1、CDKN2B-AS 以及 MIR155HG 等。为

方便研究人员使用,开发在线数据资源和 R 包推被进一步开发。进一步地,整合计算和实验分析我们发现 LINC01600 可作为支架与转录因子 c-MYC 和 EIF2S2 发生互作形成复合物,增强 c-MYC 的半衰期,进而调控 c-MYC 的稳定性及蛋白水平。为了研究 LINC01600-MYC-EIF2S2 复合物的靶基因,我们通过 DNase-seq 和 CHIP-seq 识别到 606 个 c-MYC 靶向的基因组区域。进一步锁定到超级增强子区域,我们发现在抑癌基因 FHIT 基因上游的近距离的超级增强子由五个增强子组成(E1-E5),这些增强子都有很强的 H3K27ac 信号。进一步的荧光素酶报告实验揭示 E4 增强子有最强的活性,并和 FHIT 的表达水平显著正相关。敲除 c-MYC 后发现 E4 对 FHIT 的转录调控减弱,过表达 EIF2S 和 LINC01600 后会进一步抑制 E4 对 FHIT 的转录,反之亦然。抑癌基因 FHIT 会显著抑制 Wnt 通路的活性。此外,lncRNA 也可作为支架蛋白,影响蛋白质的互作,进而改变下游生物学功能的调控作用。例如,李等人通过 RNA pull down 和 RIP 实验揭示 MIR22HG 可与 SMAD2 发生物理互作,影响 SMAD2 和 SMAD4 间的蛋白互作,进而影响 TGF-beta 信号通路,促进结肠癌肿瘤细胞的 EMT 转化过程。

五、ncRNA 间的协同调控机制

在生物调控网络中,协同相互作用无疑是一个基本的特征,是基因时空特异性表达的必不可少的条件。调控因子通过不同的组合方式共同调控某些目标基因或蛋白,为生物体中基因组编码的有限的调控子带来无数的组合,从而构成了调控的多样性。因此,识别和分析 ncRNA 间的协同作用是其功能研究中不容忽视的另一重要因素。

高通量实验和计算算法的开发使研究 ncRNA 之间复杂的协同调控成为可能。目前关于 ncRNA 协同作用的研究越来越多,加深了我们对 ncRNA 协同作用的理解。ncRNA 通过调控靶基因来行使功能,因此,检测 ncRNA 协同的直接方法就是识别协同调控一个或一组靶基因的 ncRNA 对。一些研究已利用统计学检验识别倾向显著共享靶基因的 ncRNA 对,如累计超几何检验。根据对靶基因的共调控,一个普遍的假设就是被一组 ncRNA 调控的基因集应该具有相似的生物学功能。因此,识别 ncRNA 协同调控关系时,如果考虑共享靶基因的功能信息,可以同时刻画出 ncRNA 协同调控的生物学功能。徐等人提出了借助功能模块识别 miRNA 功能协同作用的算法,该算法整合了预测的 miRNA 靶点数据,蛋白质互作数据和功能注释信息。如果一对 miRNA 至少协同调控一个功能模块,那么就认为它们有功能协同作用,如图 14-26 所示。结果发现,miRNA 功能协同调控作用相互交织,形成一个复杂的 miRNA 功能协同调控网络。和其他的生物网络性质类似,该网络具有小世界和无尺度的特性,表明 miRNA 功能协同调控网络不是随机网络而是通过一些核心的组织原则来刻画,这些原则使它区别于随机连接的网络。邵等人利用 TCGA 中 18 种癌症的转录组,基因组及表观组数据开发生物信息学方法识别了 miRNA 在癌症基因组的靶基因,并基于共调控功能模块识别了 miRNA 共调控作用。她们还发现 miRNA-miRNA 共调控网络的结构及共调控 miRNA 的表达都能够揭示已知的及未知的癌症相似组织起源。

miRNA 之间的协同调控已被广泛研究。我们课题组借助共调控的功能模块的思想进一步构建了多种癌症中 lncRNA-lncRNA 的功能协同网络。结果发现 lncRNA 更倾向协同调控癌症免疫相关

Find miRNA pair which co-regulate at least one functional module

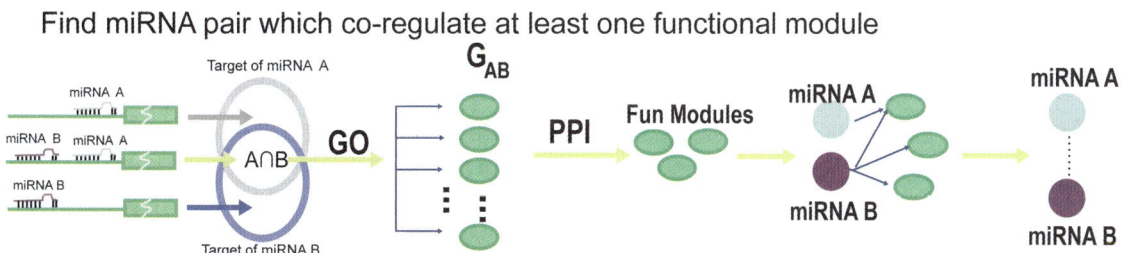

图 14-26　基于调控的功能模块识别 miRNAs 协同调控作用

的功能。我们发现 T 细胞激活受到约 900 对 lncRNA 调控，揭示了 lncRNA 对 T 细胞激活的紧密调控，是肿瘤微环境的重要调控因子。肺癌，膀胱癌，乳腺癌以及皮肤黑色素瘤中均存在 lncRNA 对免疫功能的广泛协同调控作用。

可以看到，疾病中广泛存在着 ncRNA 之间的协同调控作用，它们共同驱使了疾病的发生发展。

第五节　复杂疾病非编码 RNA 的计算识别
Section 5　Computational Identification of Complex Diseases Associated Non-coding RNAs

非编码 RNA 通过多种途径参与调控复杂疾病的发生，系统地识别疾病相关的 ncRNA 能够加深我们对于 ncRNA 在分子水平上诱导疾病发展的理解，是为疾病诊断，治疗和预防设计关特定分子工具的关键。通过实验方法通常只局限于单一或者少量的 ncRNA，难以从系统的角度研究疾病相关的 ncRNA。因此，通过生物信息学方法揭示和预测 lncRNA 和人类疾病的关系则显得尤为重要，为未来实验设计提供优先的对象。目前，越来越多的研究关注于复杂疾病中关键 ncRNA 的识别及其复杂调控网络。

累积的实验结果表明 ncRNA 通过调控一些关键的靶基因或生物学通路导致或抑制复杂疾病的发生。因此，识别复杂疾病中关键 ncRNA-靶基因/生物学通路成为一把理解复杂疾病中 ncRNA 机理的关键钥匙。相对于 lncRNA 和 circRNA，目前已经有多种靶预测计算预测算法提供了 miRNA-靶基因互作列表，但是预测的 miRNA-靶基因互作列表具有较高的假阳性。通过阅读大量文献，作者整理出文献已经报道的癌症相关的 miRNA-靶基因互作对，结果发现癌症相关的关键 miRNA-靶基因互作比非疾病相关 miRNA-靶基因互作拥有更多的 miRNA 结合位点、更稳定的结合作用、更高的表达相关性和更广泛的功能覆盖度。因此，我们整合这些 miRNA-靶基因互作不同层面的特性，包括基因序列、表达和功能等，系统地优化了癌症相关的 miRNA-靶基因互作。王等人系统分析了实验证实的 miRNAs 调控的靶基因，结果发现被相同 miRNAs 调控的靶基因倾向参与相似的生物学过程。鉴于此，李霞教授课题组从常用计算识别方法得到的 miRNA-靶基因调控关系出发，提出功能一致性得分（FCS）来衡量 miRNA 和癌症之间的关联性，优化出各个癌症中 miRNA 调控的靶基因和已知癌症基因功能相似的 miRNA 定义为关键的 miRNA。该方法成功识别了 11 种人类常见癌症的已知疾病 miRNA。以甲状腺癌为例，利用 FCS 方法发现了新的癌症相关的 microRNAs miR-27a/b，并利用 qRT-PCR 实验验证其在甲状腺癌中表达上调。因此，FCS 方法可以有效地节省实验时间和花费，对后续实验研究是非常有利的，也可以帮助对复杂疾病发病机制中 miRNAs 参与生物学功能的未来研究。

类似地，lncRNA 也通过调控细胞增殖、转移等癌症 hallmark 参与癌症的发生发展。近期，越来越多的研究表明 lncRNA 也是癌症免疫方面的关键调控子。于是，李等人开发了免疫 lncRNA 调控子识别计算学工具及分析平台 ImmLnc：即获得 33 种癌症样本的基因表达谱数据和免疫功能组学数据后，在每个癌症中，首先计算每个 lncRNA 和编码基因的共表达，根据共表达显著性和方向将基因进行排序，代表 lncRNA 对基因的调控强度。进一步地，我们利用 GSEA 方法识别出和免疫通路显著相关的 lncRNA，将富集的 ES 值和显著性进行了整合，得到 lncRES。利用该流程，我们在 33 种癌症中分别识别了癌症中调控免疫通路的 lncRNA。免疫通路受 lncRNA 调控的强度不等，细胞因子和细胞因子受体倾向被更多的 lncRNA 调控。通过文本挖掘和单细胞数据分析等揭示识别的免疫 ncRNA 是稳健的，暗示着我们识别的 lncRNA 与免疫调控是密切相关的，同时也证明我们计算方法的准确性。我们发现识别的免疫 lncRNA 更倾向在癌症中差异表达和免疫细胞浸润相关。因此，我们进一步基于秩融合算法整合优化出和癌症发生普遍相关的关键免疫调控 lncRNA。例如，排在第一位的 LINC00944 已经被发现和结肠直肠癌的肝转移相关，这里我们发现他在多个癌症中调控免疫通路，包括 TCR 受体通路。基于这些关键 lncRNA 的表达还有助于识别癌症的免疫亚型。例如,我们识别到肺癌的免疫亚型,该亚型有较高的免疫浸润得分、已知的免疫治疗靶点倾向表达上调、化疗响应的病人比例最多、生存效果较好。在该工作的基础上,研究团队进一步地系统识别了恶性肿瘤中关键的 miRNA 等调控子等。

如同识别疾病背景下 ncRNA-靶基因调控部分所述,整合调控关系和表达谱可以有助于识别疾病背景下的 ncRNA-靶基因调控网络。我们可以进一步利用网络生物学的理论和方法来优化疾病中关键的 ncRNA。例如,circRNA 研究中,赵方庆教授团队通过整合 circRNA-miRNA、circRNA-mRNA 和 circRNA-RBP 等多种相互作用构建了一个针对每个物种的网络,利用网络对 circRNA 功能进行大规模注释。首先基于个体基因表达谱之间的相似性构建 circRNA-mRNA 的 Pearson 相关系数矩阵。要求网络中节点是至少 3 个组织表达的 mRNA 或 circRNA。接下来利用软件预测 circRNA 和 miRNA 或 RBP 之间的相互作用。最后将这三种相互作用进行整合,利用网络对 circRNA 进行 KEGG 通路和 GO 功能注释。基于这种方法,一些 circRNA 富集到了癌症发生和发展的相关通路,为以后对复杂疾病相关 circRNA 作用机制的分析奠定了基础。

此外,分析 ncRNA-靶基因调控网络有助于优化癌症诊断和预后标记物。在构建完胶质瘤进展背景下的 miRNA-mRNA 调控网络后,李霞教授团队进一步从该调控网络中获得了在进展过程中起核心调控作用的 21 个 miRNAs。进而,提出了风险打分系统并挖掘了胶质瘤恶性进展相关的 miRNA 预后标记物,能够有效地区分不同阶段胶质瘤病人的生存。此外,研究发现在正常生命活动及疾病状态下 miRNA 间存在普遍的协同调控作用。进一步地,研究结果从 miRNA 协同的角度阐述了这些 miRNA 标记物在胶质瘤恶性进展过程中的功能,揭示了 hsa-miR-524-5p 等不仅是预后标记物的重要组成成分,还在胶质瘤的恶性进展中扮演着重要的角色。

另外,李霞教授课题组还提出一种假设,即除了表达发生异常的 miRNA 和疾病相关,还有另外一类 miRNA 值得注意,即那些对靶基因调控发生异常的 miRNA。miRNA 通过对靶基因进行调控而完成生物学功能,那么如果 miRNA 对靶基因的调控发生异常,则很有可能导致疾病的发生。因此,我们整合 miRNA-靶基因的靶向关系,mRNA 以及 miRNA 双重表达谱数据,通过比较正常与癌变的前列腺样本中 miRNA 对靶基因的调控强度,我们识别了调控强度发生显著变化的 miRNA-靶基因关系对,且这些失调关系不是孤立存在的,他们彼此交错形成一个复杂的 miRNA-mRNA 失调网络。结合网络中已知疾病 miRNA 的位置特点,我们提出四个网络拓扑指标判断和疾病发生的紧密度,进一步利用这些拓扑性质及表达的改变为特征构建了 SVM 分类器,预测 miRNA 构成的癌症诊断标记物。这里,以前列腺癌为预实验,结果表明该分类器准确性达到了 0.887 2,要明显优于单单利用 miRNA 表达来预测候选 miRNA。然后我们利用训练好的分类器来预测新的前列腺癌 miRNA,发现很多已知的前列腺癌 miRNA 都排在前面。通过对得分比较高的未知前列腺癌 miRNA 进行功能注释,发现这些 miRNA 的功能和前列腺癌的发生有密切关系。例如,hsa-miR-203 失调的靶基因富集了 Hedgehog 信号通路、细胞分化和细胞增殖等。

小结

在这一章里我们阐述了 ncRNA 和复杂疾病尤其是与癌症的关系,可以作为一种独立的分子标记。在本章的第一节与第二节中我们简述了 ncRNA 的概念,重点总结了目前 miRNA 靶基因预测算法,给出了 ncRNA 常用数据库资源以及非编码 RNA 的计算识别方法,期望这些 ncRNA 靶基因预测算法和数据库资源能够被基本了解并学会使用。为了进一步说明非编码 RNA 在复杂疾病发生和发展过程中的重要作用,第三节我们阐述 ncRNA 表达失调与复杂疾病的关系,例如差异表达 miRNA 与复杂疾病等。近年来,随着新一代测序技术和芯片检测技术的不断发展,大量的 ncRNA 表达谱数据已经广泛应用于癌症诊断或预后,我们介绍了 ncRNA 表达谱在人类癌症分类中的应用。

通过讲解 ncRNA 表达谱研究中寻找癌症相关 ncRNA 和对癌症进行分类的基本流程和结果，说明 ncRNA 的表达异常与癌症的发生密切相关及利用 ncRNA 表达谱能够准确对癌症进行分类，并且整合分析 miRNA 表达谱与 mRNA 表达谱能够增加疾病 miRNA 的优化及对 miRNA 致病机理的理解。在第四节中，我们讲解了非编码 RNA 调控异常与复杂疾病，包括 ceRNA 调控与多态干扰的 ncRNA 调控以及 ncRNA 介导的转录后调控机制，ncRNA 间的协同调控作用等。最后在本章的第五节我们详细阐述了从不同的角度如何通过计算的方法来优化疾病 ncRNA。ncRNA 作为一种重要的生物学标记在复杂疾病研究中发挥着越来越重要的作用，相信随着各种 ncRNA 检测技术和研究的不断发展和深入，未来各种 ncRNA 数据会成为诊断复杂疾病的关键资源。

Summary

In this chapter, we are focus on demonstrating the relations of non-coding RNAs (ncRNAs) including miRNAs, lncRNAs, circRNAs and eRNAs and complex diseases, in particular with cancers. NcRNAs have been served as a novel biomarker that applied in various cancer types. As each ncRNA can regulate hundreds of genes, how to exactly find targets corresponding to ncRNAs is still a challenge. So we firstly summarized the flowchart to identify novel ncRNAs as well as several known ncRNA target gene algorithms in the first and the second sections. Several target databases were also summarized, and we expect these databases could be fundamentally known and mastered by researches. To further explain ncRNAs play the important roles in the process of the onset and development of cancers, we demonstrated abnormal expressions of ncRNAs are closely related with major diseases. Through describing the basal workflows of finding ncRNAs that related to cancers and classification of cancers, suggested that abnormal expressions of ncRNAs corresponding to some cancers and utilization of ncRNA expression profiles are able to precisely classify the cancers.Integration of ncRNA and mRNA expression profiles can increase the efficacy of classifying cancers, we then introduced some ncRNAs could be biomarkers in various expression profile researches of cancers. In the fourth section, we further discovered the contribution of abnormal regulation of non-coding RNA to complex diseases. Lastly, in the fifth section we detailedly recommended how ncRNA could be identified by the bioinformatic methods. With the development of ncRNAs detecting technologies and deep investigations, various ncRNA data could be an important and critical resource to be used in different complicated diseases.

（李　霞　崔庆华　李永生）

思考题

1. 简述 miRNA、mRNA、lncRNA、circRNA 和 eRNA 的差别和共同点，可以从定义，长度，表达，保守性，功能等方面简述。

2. 简述基于 small RNA-seq 测序数据预测新的 miRNA 的原则。

3. 简述 miRNA-靶基因调控和 lncRNA-相关基因关系对的计算预测方法的差别和共同点。

4. 设计一个完整的实验，如何利用新一代测序技术检测某一类 ncRNA 的表达，然后识别疾病相关的 ncRNA，并预测 ncRNA 在疾病中所发挥的功能，可以以某种具体癌症为例。

第十五章 药物生物信息学
CHAPTER 15 PHARMACEUTICAL BIOINFORMATICS

- 药物分子通过结合靶点来发挥药理功能。
- 小分子的亲和力、电荷分布、药代动力学等各种性质都是药物开发中所要考虑的因素。
- 药物基因组学可以指导个性化用药。
- 在药物发现过程中需要综合利用生物信息学技术。

第一节 引 言
Section 1 Introduction

人体内各种核酸、蛋白质、维生素、离子等大分子、小分子物质参与了全部生理过程和新陈代谢。虽然生理和代谢过程一般是由稳定的信号和代谢通路控制,但由于个体遗传特征和所处环境的差别,这些内源性物质本身的稳态浓度和代谢速度存在很大的差异。这些差异性一定程度上决定了不同个体对疾病的易感性,也决定了机体对外源性刺激和药物的反应效果。从这个意义上讲,疾病易感和药物反应效果实际上与机体中各种物质的结构和数量,及其之间的相互作用存在直接联系,系统阐明这一联系将可能为疾病防治和药物开发开辟广阔的空间。药物生物信息学就是在大量高通量大分子物质的定性和定量研究、小分子化合物作用效果探索基础上,借助信息学手段实现药物靶标识别、新的生物和化学药物开发、药物作用效果预测、药理机制阐明、个性化给药分析与应用的新兴领域,并在现代药物研发过程中起着越来越重要的作用。本章内容将对药物生物信息学的基本思想、工具运用进行阐述,期望为读者展现较为完整的药物生物信息学脉络,了解药物生物信息学的原理和发展现状,但篇幅所限,相关内容仅能做到点到即止,更多细节可参阅所列专著、文献。

第二节 药物靶标的信息学识别
Section 2 Bioinformatics Technologies of Drug Targets Discovery

一、药物靶标概述

药物靶标(drug target)是生理状态下物质代谢或信号通路的关键组成部分,也是直接参与细胞内外特定大分子、小分子活性作用或病原微生物入侵的功能分子,如控制胞内离子稳态浓度的离子通道、参与神经回路形成的乙酰胆碱、多巴胺受体等,有些药物靶标还会参与多个代谢和信号通路。一般来讲,有效的药物靶标需要具备以下特征:①对影响疾病病理过程的物质代谢或信号通路有控制作用;②尽可能在诱发疾病的病理过程中位于生成该物质的最终环节,或处于与疾病密切相关的信号通路下游关键环节;③尽可能不参与和疾病无关的组织或细胞生命活动所必需的代谢过程或信号传递过程;④尽可能避开多个代谢或信号通路的交叉点。作为一个有效的药物靶标,上述第一个特征显然是药物靶标有效性判断的必要条件,后面的三个特征是充分条件。人体内源性产生及病原体入侵后产生的蛋白质(特别是酶和受体)是药物靶标筛选的最重要的对象。病原微生物通常因"繁殖"需要表达自身携带的酶等蛋白质组分,介导细胞内的异常通路形成,而产生致病作用,在抗病原体感染药物开发过程中,这些通路中任何必需成分都可作为潜在的药物靶标,如病原细菌或真菌常需合成人体不需要的细胞壁,其细胞壁合成的所有独特性关键酶都是理想的靶标。体内用于启动独特病理过程的信号通路的关键成分也是合适的药物靶标候选分子,如 Ph 染色体阳性慢性髓系白血病中 Bcr/Abl 激酶是其治疗的理想靶标,其选择性抑制剂伊马替尼是低毒性抗肿瘤药物。体内相同代谢通路在不同细胞中可发挥不同作用,分化的组织器官和细胞含有控制对应物质局部稳态水平的受体亚型或同工酶可作为合适的药物靶标,如环鸟苷酸(cGMP)对多数细胞生理活动有重要调节作用,但 PDE5 是阴茎海绵体 cGMP 稳态水平的主要控制者而在其他组织细胞中对 cGMP 稳态水平控制作用不强,因此 PDE5 同工酶选择性抑制剂西地那非(seldinafil)是治疗男性勃起功能障碍疗效显著的药物。人体蛋白质类药物靶点可分成几个主要的家族(表 15-1)。

表 15-1　人体蛋白质中的常用药物靶标

靶点类别	治疗领域
G 蛋白偶联受体 G-protein coupled receptors	代谢疾病、心血管系统疾病、炎症
激酶 Kinase	肿瘤、炎症、病毒感染
核受体 Nuclear Receptor	肿瘤、代谢疾病
离子通道 Ion channel	中枢神经疾病、疼痛、感染、肿瘤、炎症
磷酸二酯酶 Phosphodiesterase	炎症、心血管疾病、勃起障碍、中枢神经疾病
蛋白酶 Protease	炎症、骨组织疾病、肿瘤、病毒感染

伴随人类和大量病原微生物基因组测序的完成,人类蛋白质识别、鉴定、结构分析技术的不断完善,以及药物分子和药物靶标知识的积累,用生物信息学技术发掘药物靶标是新药发现的基础。随着对疾病认识的积累,研究人员发现了大批药物靶标,已确认的药物靶标超过 500 个。随着各种高通量测定数据的获得,新的治疗药物靶标不断地被发现,预期人体自身的蛋白质类靶标总数可达到 3 000 个。人类基因组计划的积极推进和各种疾病相关代谢通路、相互作用分子网络、基因表达和蛋白谱,以及病原微生物基因组和蛋白组数据的发展,成为发掘药物作用新靶标的动力,同时也为新药发现提供了可能。生物信息学药物新靶标发现技术主要有两类:一类是以实验识别的疾病相关基因或蛋白质为研究对象,从作用功能的角度推断其作为候选药物新靶标的可能性;另一类结合已知的药物作用方式和靶标序列特征,分析基因组、蛋白质组序列或结构,通过模式匹配,判断候选基因或蛋白质作为潜在药物靶标的可能性。这方面的先验知识收集可以借助各种重要的药物分子和药物靶标数据库来实现。

二、药物靶标数据资源

(一)药物靶标信息资源

DrugBank 数据库收录了目前已知的最全面的药物和化学信息资源,提供详细的药物(如化学、药理和制药)和相关的药物靶标信息(如序列,结构和通路)数据。截至 2014 年 9 月,DrugBank 收录 7 740 种药物条目,其中,FDA 批准小分子药物 1 584 种、生物制剂(蛋白质和多肽类)157 种、营养制剂 89 种,处于实验阶段药物 6 000 余种,以及与药物条目相关联的非冗余蛋白质信息 4 282 条。对于每种药物,DrugBank 提供近 200 项信息,包括药物作用靶点及其单核苷酸多态性分布、药物副反应等。DrugBank 支持多种搜索模式,并提供可视化支持,便于药物及其靶标信息的检索,并可按每种生理系统疾病治疗药物进行浏览(图 15-1)。

治疗靶标数据库 TTD(Therapeutic Target Database)是一个以收集药物治疗靶点数据为主的公

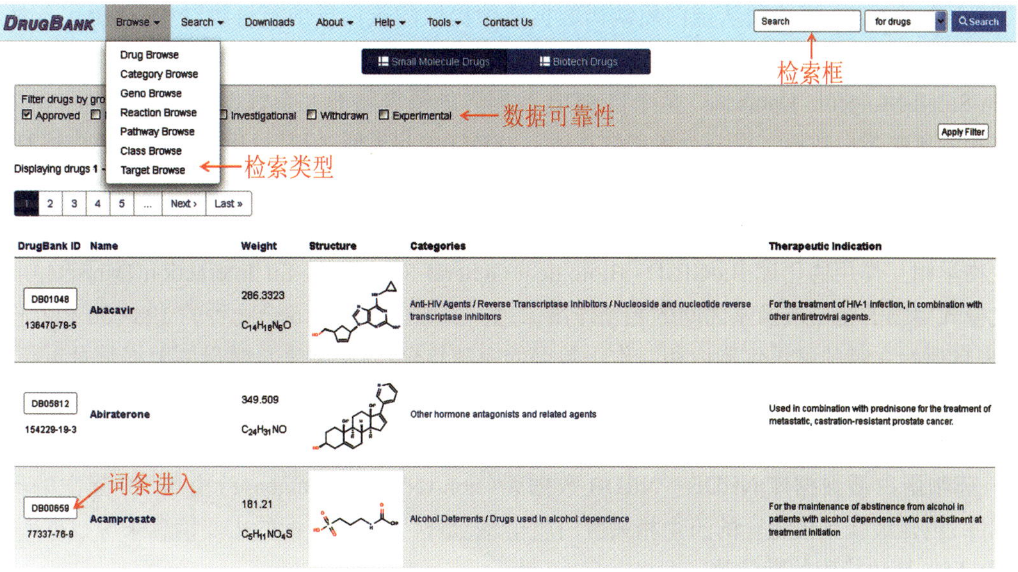

图 15-1　Drugbank 检索界面示意

共数据库资源。收录：①药物靶点 2 025 个及其相应的疾病和信号通路信息，涵盖已证实靶点 364 个、临床试验阶段靶点 286 个，及研究靶点 1 331 个；②药物和配体作用 17 816 个；③FDA 批准药物 1 540 种，临床试验阶段药物 1 423 种，实验研究阶段药物 14 853 种，小分子药物 14 170 种，反义核酸类药物 652 种。通过 TTD 可以方便地检索治疗靶标相关的蛋白质功能、氨基酸序列、三维结构、配体结合特性、药物结构、治疗应用等信息。

KEGG DRUG 数据库是 KEGG 数据库的子库，存储日本、美国、欧洲批准的药物信息。该数据库基于药物的化学结构或化学成分、靶标、代谢酶和药物与其他分子的相互作用信息对药物进行关联和整理。每种药物数据集成于一个数据包中，包括通用名、商品名、FDA 药物标签、化学结构、化学成分、活性和功效的文字说明、治疗类 ATC 代码等药品信息、靶标分子的 KEGG 通路定位、药物代谢酶和转运方式、相互作用分子、药物的不良互作、药物开发史和在 BRITE 层次药品分类等信息。

（二）药物副反应靶标信息资源

药物副反应靶标数据库 DART（Drug Adverse Reaction Targets）数据库提供了已知药物副反应靶标、功能和性质、文献链接等数据信息。这些靶标的鉴定与分类主要利用生物信息学药物副反应靶标识别程序完成，基于 759 个副反应相关的靶标结构特征和 2 280 个非药物副反应靶标结构特征进行理论推断和验证。

治疗相关多信号通路数据库 TRMPD（Therapeutically Relevant Multiple Pathways Database）包含来自文献的药物作用信号通路及靶标交叉信息，也提供对应的文献来源、疾病相关情况、针对通路中靶标的配体药物等信息。目前该数据库中包含 11 个多信号通路和 97 个独立的信号通路，对应 72 种疾病和 120 个靶标及其对应的治疗药物。在该数据库中可用信号通路名称或疾病名称等多种方式进行检索，之后能够获得对应的靶标蛋白序列与基因等各种相关信息，及与其他数据库的链接。

（三）药物-蛋白互作数据资源

生物分子互作动力学数据库 KDBI（Kinetic Data of Bio-molecular Interaction）收集了来自文献实验测定的蛋白质之间、蛋白质-RNA 之间、蛋白质-DNA 之间、蛋白质-小分子配体之间、RNA-配体之间、DNA-配体之间的结合反应数据。目前，KDBI 包含了 63 条信号相关的蛋白，19 263 项数据记录，10 532 个特殊生物分子结合参数和 11 954 项相互作用数据，涉及 2 635 蛋白质-蛋白质复合物、847 核酸复合物、1 603 小分子复合物和超过 100 条通路的信息。

蛋白质-配体相互作用数据库 PLID（protein ligand interaction database）是基于网络的免费数

据库,其收集了 6 295 配体同从蛋白质结构数据库中提取的蛋白质的复合物结构,还提供配体物理化学性质、量子力学特征描述和蛋白质活性位点接触残基等信息。蛋白质-小分子数据库 PSMDB（Protein-Small-Molecule Database）是来自 PDB 数据库的复合物非冗余数据,可自动更新,收集了更多配体和游离靶蛋白数据。另一个免费数据库 CREDO 与此类似,但其可用分子形状的描述符、PDB 数据库中配体片段、序列和结构作图等进行检索。PDSP Ki 数据库也收集了多种配体与不同靶蛋白的亲和力数据,可用受体名称、组织来源、配体的名称等进行检索。

生物学相互作用通用库 BioGRID（Biological General Repository for Interaction Datasets）收集来自常见模式生物的蛋白质及基因间的相互作用信息。目前包含来自 6 个物种的 198 000 相互作用数据,及来自原始文献的酵母细胞内相互作用数据的完整集合;该库对来自酵母的数据每月更新,并连接有蛋白质间相互作用的可视化显示软件 Osprey。此数据库可用于预测同类蛋白质的功能。

（四）其他重要的药物信息数据库

1. 药物蛋白质数据库 NRDB   NRDB 数据库（non-redundant database）由 NCBI 建立的药物靶标数据库,包含最新且较完全的药物相关蛋白质信息,是检索药物靶标的主要信息来源数据库,也是 NCBIBLAST 算法检索的默认数据库之一。

2. 药物关联蛋白数据库 ADME   ADME 数据库（Absorption,Distribution,Metabolism and Excretion）收集与药物吸收、分布、代谢和排泄相关蛋白质信息,并可检索药物 ADME 信息和相关蛋白功能、结构、相似性和组织分布等,同时提供文献链接,目前涵盖 321 种药物相关蛋白质信息。

3. 转运蛋白数据库 TransportDB   TransportDB 数据库（transporter database, TransportDB）是存储分子转运相关膜蛋白信息的数据库,数据主要来源于已测定基因组的解析,及预测所得的细胞质膜蛋白信息。该数据库对已测序基因组物种进行全面分析,对每个物种的转运载体类型和家族等提供概括性描述,列出被转运的底物类别,并实现与其他蛋白质序列数据库的交叉引用。

4. 药物遗传效应数据库 PharmGED   PharmGED 数据库（PharmacoGenetic Effect Database）专门提供蛋白质靶点的多态性、非编码区突变、剪切变异、表达变异等遗传信息对药物作用效应的影响,收录 1 825 个条目,涉及 266 个不同蛋白质、414 种药物及对应文献。

5. 候选小分子药物资源   Symyx ACD 是一种药物筛选常用化合物来源数据库,一个商业化数据库资源,可用结构进行检索,提供分子的三维结构图示。NCBI 化合物信息资源 PubChem 提供已知的化合物的结构和基本性质、生物活性、文献链接等信息。STFC 主要候选化合物数据库提供药物候选化合物信息。CSD 剑桥结构数据库（Cambridge Structural Database）提供实验测定的小分子结构数据,还收集聚合度低于 24 个单体的寡核苷酸、小肽的结构数据,同时提供分子间相互作用信息检索。

三、药物靶标识别的信息学技术

（一）基因组和基因型数据分析识别药物靶标

伴随新一代测序技术的广泛应用,人们对生命体基因组的认识和积累越来越多,通过基因组分析进行新药物靶标的识别技术也越来越重要。基因组数据的直接分析常用于抗微生物药物靶标的发现。通过病原微生物基因组分析,找到与人类疾病发生密切相关产物的产生途径(通路),参与这一过程的基因和小分子底物,特别是其中与人类基因序列、结构存在较大差异的关键酶,将作为药物靶标的候选分子,并在进一步结构分析的基础上实现高选择性小分子药物的识别。另外,对于某些特殊的微生物,亚型不同其致病能力也显著不同,分析其基因型数据寻找对应的差异基因是发现新的抗感染药物靶标的有效策略。例如肺炎链球菌的荚膜型和光滑型两种亚型明显致病能力不同,故可以推测与荚膜形成相关的基因与其致病力有关,而对应的编码蛋白将被作为候选的药物靶标。

相对于微生物基因组,人类基因组过于庞大,通过直接的基因组数据分析发掘候选药物靶标的难度很大,需要在一定的线索提示下缩小分析范围。基于基因或基因组范围的关联研究是寻找潜在的候选靶标的有效技术。在风险基因识别基础上,通过进一步的序列和功能分析,判断新发现的与疾病发生关联的基因编码蛋白质类型,如果与人体内常用的药物靶点蛋白家族相关,则其作为新药物靶标的可能性就很大。

基于同源性的功能基因组分析也是新的药物靶标发现的常用方法。从直系同源的角度分析基因功能,解析某一基因是否属于目前常用的药物靶标蛋白家族,以此来判断其作为药物靶标的可能性。酵母是目前研究最深入的模式物种之一,其基因组、蛋白质组、代谢组等信息完备,因此经常被作为基因功能验证的实验对象。通过转基因、基因敲除、基因抑制、小分子 RNA 干扰等技术手段进行目标基因研究,能够有效验证基因功能。如实验证实酵母的某个蛋白质有相应的功能,则可预测人类基因组中的同源基因也可能具备相似的功能,从而帮助判断新基因作为潜在药物靶标的潜能。

(二)表达谱结合蛋白质组学分析识别药物靶标

基因的表达能够反映生理或病理状态下的细胞活动情况,发掘基因表达谱中随着疾病进程表达显著变化的基因,是寻找潜在药物靶标的常用策略。比较疾病与健康个体表达谱,寻找编码常见药物靶标蛋白质的基因表达差异与疾病发生的关联,是快速发现潜在药物靶点的有效技术。在表达分析基础上,对表达标签和蛋白质组学数据的比较分析,尤其和药物蛋白质组学技术联合应用,能快速获得有价值的信息。

将未知靶标但作用效果明确的天然物质作用于疾病动物或细胞模型,分析药物作用下发生改变的蛋白质,将可能发现潜在的作用靶标,并有利于研究此物质的药理机制。如在近海海绵中分离的天然产物 Bengamide 在体内外均有明显抗肿瘤作用,将此天然产物修饰成药效更强的衍生物 LAF389 作用于小细胞肺癌细胞系 H1299,发现了二十多个表达有差异的蛋白质,经蛋白质肽质量指纹图谱鉴定后,发现 LAF389 是甲硫氨酸氨肽酶（MetAP）的强效抑制剂,并解析了其复合物的晶体结构（1QZY.pdb,图 15-2）。这一过程最终确定 MetAP 及其目标蛋白底物均为潜在的抗肿瘤药物靶标。

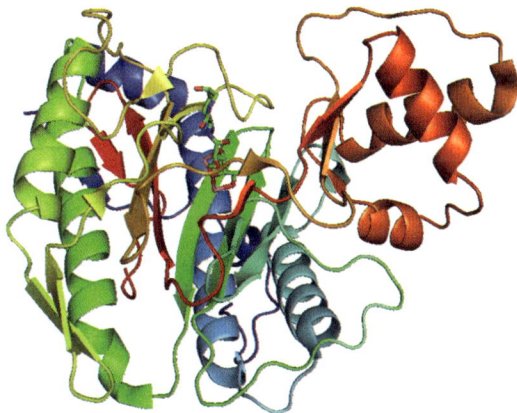

图 15-2　甲硫氨酸氨肽酶和 Bengamide 衍生物的复合物
中间的配体显示为树枝状,绿色为 C 原子,红色为氧原子,蓝色为氮原子。

(三)反向对接分析配体作用位点识别新靶标

基于分子对接寻找候选配体的方法,可用已知体内和体外活性配体,从已知蛋白质晶体结构的数据库中搜索对应的潜在靶蛋白,这是一种新的靶标识别技术。这种技术对发掘有明确药理活性天然产物的作用靶标具有重要价值。此技术目前已有对应的在线免费服务器和程序可用,并有对应的潜在治疗性靶标数据库。这对于很多未知靶点,但有明确治疗价值的配体药物靶点发掘和基于靶标结构的配体结构优化筛选是一个很好的分析方式。

(四)识别与证实靶标的实验设计技术

采用生物信息学方法预测的候选大分子靶标还需进行实验验证。前面已提到有效药物靶标所需要的基本特征,人体内蛋白质种类繁多,药物只有选择性作用于靶标才能发挥治疗作用,并尽可能减少副作用。通常要确认一个药物靶标的有效性,可用针对该靶点的已有工具药物或临床药物进行验证,但对用生物信息学预测发现的候选新靶标通常缺少这类工具配体,只能进行多角度的交叉验证进行判断。

验证候选大分子靶标的有效性一般需要确认其具有如下特征:①候选靶标的功能与动物模型中疾病发生的病理学过程存在必然联系;②细胞模型中表达的靶标功能与疾病发生的细胞病理学过程存在必然联系;③疾病动物模型中,配体达到有效浓度时能与靶标发生明确的相互作用;④靶标和药物间的体外互作数据可预测动物模型体内的配体与靶标互作;⑤体内靶点含量或活性与病理学过程有明确联系。在验证这些特征时,还需同时考虑所用动物模型是否能够真实模拟人体疾病、存在种属差异性时如何进行替代验证、不同靶点应用于发现小分子及大分子药物的适用性差异等问题。

四、小分子药物的性质及其虚拟筛选

(一) 小分子药物概述

广义的小分子药物指分子量小于 800Da 且在人体内能发挥明确药理学作用的化合物,目前临床应用最广的数千种药物都属于这一类别。狭义的小分子药物是指广义小分子药物中除多肽和寡核苷酸之外的药物。绝大多数小分子药物能在体内预期部位发挥药理学作用并且基本无免疫原性。这些小分子药物主要是配体,小分子配体同大分子靶标的互作是利用药物治疗的基础,故小分子配体药物与大分子靶标的互作强度,即配体的亲和力(affinity),是小分子药物成药性的关键指标之一。另外,绝大多数小分子药物在体内需经过生物转化(biotranformation)进行代谢并最终排泄,在这个复杂的过程中可能代谢产生新的生物活性物质而影响人体的生理活动,这也是影响小分子药物成药特性的关键环节之一。同时,小分子药物的生物利用度也是决定其特定制剂形式要求和成药性的关键指标。因此,根据候选药物结构特征预测成药性,是利用生物信息学技术高效识别具有药用价值候选小分子新药的重要应用。

(二) 小分子化合物的结构特征和性质描述

利用生物信息学技术分析小分子药物的作用规律需识别其结构特征、性质与其药理学、毒理学特征间的联系;对配体(ligand)类药物进行虚拟筛选,也需描述分子结构特征;用先导配体(lead ligand)通过反向对接搜索潜在药物靶标也需要描述小分子化合物的结构特点。因此,描述小分子化学物的结构特征和性质是药物生物信息学的必要基础。

1. 小分子化合物的结构描述和模型化　按 IUPAC 规则对化合物命名可反映化合物结构特征,但要包含足够信息否则可能导致名称很长和唯一性不足。连接表(connection table)是目前用计算机表示、记录和检索化合物结构最常用的信息化手段,其可包含分子结构的二维和三维信息。连接表是用文本记录分子中所有原子、化学键及其空间关系的列表。连接表不考虑不同分子的唯一性问题,原子的序号也不影响分子结构。但连接表在应用中有多种文件格式,不同分子结构模型可视化软件有自己的特殊格式,SMD、MOL 和 MOL2 等是通用性的结构文件格式(图 15-3),记录了所含原子属性和化学键性质等信息。用于记录蛋白质结构的文件格式也可用于记录小分子结构,其记录内容也属于连接表,系统带有根据原子间化学键长确定化学键类型的定义词典,所记录的化学键类型由计算所得键长确定,但一般免费软件不能生成这种格式的小分子结构文件。

有多种小分子化合物模型可视化系统可用鼠标描绘分子结构模型,其中不少是免费的,如 ISIS-Draw 和 ACD 等。通常小分子化合物的结构模型可视化系统大多可对小分子三维构象进行初步真空优化,这是建立三维定量构效关系模型的基础。一些基于网络和 java 语言的插件也可编辑分子结构。这些软件通常可直观显示分子的表面性质,包括范德华表面、溶剂可接触表面、溶剂排斥表面等。

2. 小分子化合物的疏水性　疏水相互作用(hydrophobic interaction)描述物质或基团与水分子

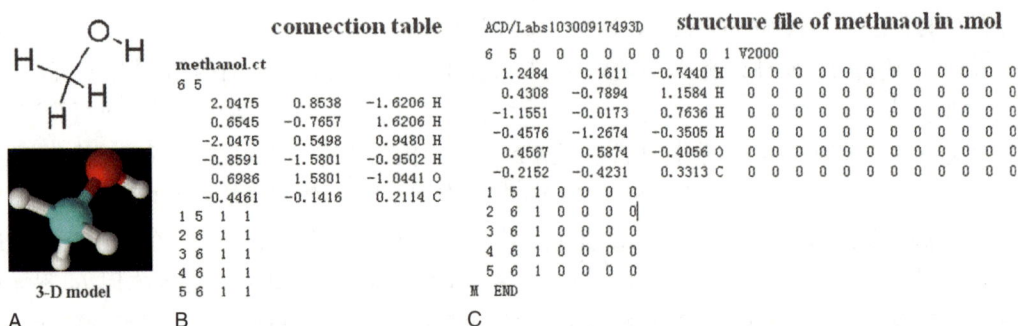

图 15-3　甲醇的结构模型(A)和其连接表(B)、用 MOL 格式记录的结构文件(C)

相互作用的热力学性质。小分子化合物的疏水性（hydrophobicity）对其成药性有重要影响。不管哪种方式给药（口服或注射等），小分子药物都需在体内的对应病理部位达到所需有效浓度，才能改变对应代谢途径或信号通路上靶点的功能而表现出预期的药理作用。口服药物需要有足够高的吸收利用度，即生物利用度（bioavailability）；同时，即使注射给药，药物如要进入对应细胞内发挥预期的药理作用，还需要穿过细胞膜。疏水性是小分子药物穿过细胞膜并在血液和胞液中达到所需浓度的关键因素。因此，小分子药物的疏水性是决定口服药物生物利用度及细胞内有效浓度等性质的关键特性。

另一方面，多数小分子药物为配体，发挥作用时需与靶标（蛋白）的特定功能域形成复合物，即结合（binding）。在配体类药物同靶蛋白结合过程中，配体的疏水性越高则亲和力越高，但如疏水相互作用在配体与靶蛋白结合的自由能释放总量中贡献太大则配体的特异性会降低，容易导致毒副作用。而且，药物的疏水性过高则其与膜脂和血浆中白蛋白等的结合率变高，不利于提高药物在预期位点的有效浓度。即使是膜蛋白类靶标，大多数小分子药物的作用仍主要是同膜蛋白与细胞液或体液接触面的特定功能域形成复合物，而不是同膜蛋白中与膜脂直接接触区域形成复合物。所以，理想的小分子药物需有恰当的疏水性，在寻找疏水性与药物成药性之间的联系时，通常将小分子药物的疏水性进行量化，才能建立对应的预测模型。

在药物研究中常通过测定小分子药物的疏水性参数（hydrophobic parameter）定量表征小分子的疏水性。目前常用脂水分配系数（partition coefficient, P）作为疏水性的定量参数，即待测化合物在脂相和水相之间分配达到平衡时的脂相浓度与水相浓度的比值。测定脂水分配系数最常用的是正辛醇-水体系。用各种方法测定达到平衡后的待测化合物在两相的浓度可用于计算脂水分配系数。很多化合物同血浆蛋白达到 1∶1 结合对应浓度与其在正辛醇-水体系的脂水分配系数有明确联系。正辛醇的物理化学性质使其适合于测定脂水分配系数，但正辛醇-水体系与生物膜系统有差别。目前积累的脂水分配系数已有很多，且能用于有效表征化合物结构与活性关系。

化合物在正辛醇-水体系的脂水分配系数同其结构具有明显联系。同系物间脂水分配系数对取代基有累加效应，故依据间接测定小分子化合物中常见基团的脂水分配系数，可用于预测同系物中预期结构化合物的脂水分配系数，这种策略限制用于同系物。将分子结构分解成各种碎片，并测定常见类型碎片的脂水分配系数（f_i），再用碎片脂水分配系数从头计算目标化合物的脂水分配系数（公式 15-1）。其中系数 a_i 和 b_i 代表来自不同的主要结构体系相同碎片的数量，f_i 为对应碎片的脂水分配系数。

$$\log P = \sum_{i=1}^{n} a_i \times f_i + b_i \times f_i \tag{15-1}$$

对于能电离的物质计算其脂水分配系数还需考虑 pH 的影响。在免费的 ACD 软件中也提供计算脂水分配系数的功能。

3. 分子的电荷分布特征和电性参数 电性参数（electronic parameters）主要描述分子中电荷的不对称分布等带来的对应性质差异。有数种常用的描述分子结构中电性参数的概念和对应的参数化方法。

（1）hammett-电性参数（σ）：Hammett 用线性自由能描述取代基化学反应效应，并根据涉及带电中间体的同系物化学反应活性进行测定。目前，可用量子化学方法计算得到这种电荷分布性质。在两个取代基之间没有相互作用则它们对同一分子电性参数的贡献也有加合性。

（2）共轭效应及诱导效应：用 Hammett 方程时发现当取代基存在特殊的相互作用时发现参数存在显著偏差，所以将诱导效应（σI）和共轭效应（σR）分别考虑。

（3）解离常数（pKa）：表示化合物整体的电性状态。同系物的解离常数同取代基的 Hammett 参数之间有明确联系。小分子药物解离常数同其吸收、分布、代谢与排泄有明确的联系。

（4）分子立体结构特征和参数：描述小分子化合物立体结构特征的相关参数很多，为应用生物信息学和化学信息的技术建立更好的成药性预测模型，还在探索新的立体结构特征描述符号。这部分具体内容更偏重化学结构，可在所列文献或有关专著中找到更全面的描述。常用的分子立体结构特征描述符及其参数:①Taft立体参数(Es)描述由于立体效应对反应中心的影响,主要用取代乙酸酯等水解测得;②摩尔折射率(ME)考虑原子间内聚力、原子极化度、离子化势等得到的描述配体与蛋白质功能域间相互作用的参数,近似代表分子的体积;③范德华体积(Vw)描述分子的体积大小,可用原子半径和化学键长等计算;④多维立体参数,STERIMOL-配体与蛋白质间结合时,需形状和理化性质互补,因此,Verloop等用长度、宽度等立体结构形状描述参数表示分子结构的立体参数;⑤分子形状描述符主要用于描述同系物之间的形状差异,以计算的与参考分子间的重叠体积为指标,这是描述三维定量构效关系的起点,但最初的描述方法和参数现已很少用;⑥分子连接性指数用分子中非氢原子的支链数计算的拓扑学参数,主要指化合物中一个非氢原子与若干个非氢原子相连的数值,此参数完全靠计算获得,但物理意义解释不全面。

此外,还有3D自相关性质、基于电子衍射编码的分子结构、径向分布函数编码等较为复杂的分子3D信息描述符号,是作为建立与靶点三维结构相关的定量关系模型的重要参数。

(三) 小分子配体类药物与靶蛋白的对接及虚拟筛选

组合化学(combinatorial chemistry)技术是发现小分子新药的重要途径。组合化学认为通过基团随机组合和合成能得到各种类型的化合物,这些化合物构成组合库(combinatorial library)。对于选定的靶蛋白,只要所用组合库中候选化合物的结构足够丰富就能从中筛选到所需的药物。在小分子药物发现过程中,用常规策略设计的小分子化合物实际上就是小规模的组合库。其中,小分子配体同靶蛋白的亲和力是其成药性的关键指标之一。因此,制备和测定组合库中候选配体的亲和力是发现配体类小分子药物的关键环节。

常规制备候选配体并测定其对靶蛋白的亲和力,进行配体筛选的成本高且效率低下。高通量筛选(high-throughput screening,HTS)的效率和成本相对于常规筛选具有明显的优势,但其所需样品制备的效率和成本仍然不可忽视。在此基础上,虚拟筛选(virtual screening)从虚拟的大规模小分子库(现有的非肽候选小分子配体类化合物已超过700万种)中,通过生物信息学方法评价候选小分子药物的成药性,然后对虚拟筛选所发现的预期药物进行实验制备和验证,借此可显著提高新药发现的成功率和效率,并降低成本。

20世纪80年代,Kuntz等建立并发展了分子对接(docking)方法。分子对接把大量的虚拟化合物库缩减为可操作的子集,并用于快速评估配体与靶蛋白的亲和力。分子对接的策略通常都考虑候选配体分子和靶蛋白在结合过程中可能的构象变化和对应的配体亲和力差异。目前,在分子对接过程中评价配体亲和力进行虚拟筛选,主要有打分函数和机器学习方法等,已有很多软件可用于分子对接和配体亲和力评价。

分子对接的前提是需要获取靶蛋白和候选小分子配体的三维结构。靶蛋白结构数据可从PDB数据库下载,候选小分子配体的.mol2格式数据可从ZINC、剑桥晶体数据库或NCBI下载,这些数据需要利用分子结构编辑软件进行统一规划以满足不同分析软件读入分子结构信息的要求。

1. 通过对接评价配体亲和力的方法

(1) 基于打分函数的评价策略:目前大部分对接算法中使用的打分函数主要分为三种类型,包括基于配体与靶蛋白结合物理化学相互作用的打分函数、基于经验的打分函数和基于知识的打分函数。这些打分函数能够作为构象优化过程的适应值函数,并将预测的配体分子构象进行排序,对于分子对接筛选高亲和力配体有决定性作用。

(2) 训练机器学习方法:基于已知的数据集可以完成机器学习方法的训练,建立起预测化合物某种性质的模型,其中包含自组织神经网络法、决策树、K最邻近算法等计算策略。这些机器学习方法通过捕获训练集中化合物分子的属性来判断未知候选配体的亲和力高低,计算效率很高,但受到训练集数据质量和来源的限制。

2. 常用软件简介

(1) DOCK:于1982年由美国加利福尼亚大学旧金山分校Kuntz研究小组开发,用于模拟小分子与生物大分子结合的三维结构及强度,是目前应用最广泛的分子对接软件之一。该软件可以实现在对接中固定小分子的键长和键角,将小分子配体拆分成若干刚性片段,根据受体表面的几何性质,将小分子的刚性片段重新组合,进行构象搜索,最终以能量评分和原子接触罚分之和作为对接结果的评价依据。DOCK 进行分子对接时,配体分子可以是柔性的。对于柔性分子其键长和键角保持不变,但二面角可旋转,并搜索数据库。在 DOCK 中变化柔性分子的构象时首先确定刚性片段,然后搜索构象。构象搜索采用两种方法:第一种方法是锚定搜索(anchor-first search),第二种方法是同时搜索(simultaneous search)。该软件目前已发展至 DOCK6.6。其应用主要包括如下环节:在 windows 系统上用 cynwin 软件模拟一个 unix 的环境安装 dock 和 dms;从数据库获得靶蛋白结构和小分子候选配体的结构;可按 DOCK 教程进行分子对接,此过程主要包括如下几步:

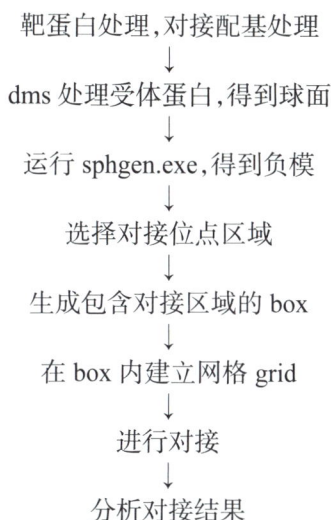

靶蛋白处理,对接配基处理
↓
dms 处理受体蛋白,得到球面
↓
运行 sphgen.exe,得到负模
↓
选择对接位点区域
↓
生成包含对接区域的 box
↓
在 box 内建立网格 grid
↓
进行对接
↓
分析对接结果

(2)AUTODOCK:AUTODOCK 是由 Olson 研究组开发的另一种分子对接程序。其用半柔性对接的方法,即允许候选配体的构象发生变化和调整,采用模拟退火和遗传算法来寻找靶蛋白和配体最佳的相对结合构象,最终以结合自由能的大小来评价候选配体对接结果的好坏。此软件目前缺乏数据库搜索功能,仍仅限于实现单个配体和靶蛋白分子的对接。

(3)Affinity:Affinity 由 Accelrys(MSI)和杜邦联合开发,是最早实现商业化的分子对接软件。Affinity 中候选配体和靶蛋白间匹配主要采用能量得分方式进行评价,并且提供精确、快速计算配体和受体之间非键相互作用的两种有效方法:基于格点的能量计算方法和单元多偶极(cell multipole method)方法。Affinity 的分子对接主要包括通过蒙特卡罗或模拟退火计算配体分子在靶蛋白活性位点中可能的结合位置和用分子力学或分子动力学方法细化对接复合物两个步骤。该方法适合对配体和受体之间的相互作用模式进行精细考察,但计算量大,难以用于大规模数据库的快速虚拟筛选。

(4)GOLD:GOLD(Genetic Optimization for Ligand Docking)是一种采用遗传算法同时考虑配体构象柔性及靶蛋白活性位点部分柔性(只考虑几种残基上羟基和氨基)的分子对接程序,但限制性要求配体与受体间形成氢键。GOLD 程序中遗传算法采用子种群策略,初始的 500 个体被等分为 5 个子种群,每个子种群之间允许个体迁移;靶蛋白活性位点与配体构象信息分别被封装在两条二进制字符串中,字符串中每个字节代表一个旋转键,每个旋转键的允许变化范围在负 180° 至正 180° 之间,步长为 1.4°,受体与配体之间的氢键信息则被封装在两条整型字符串中。GOLD 采用轮盘赌选择优势个体,进行下一代的杂交、突变及迁移操作,最后按照达到预设的操作次数结束迭代。

(5)Molegro Virtual Docker(MVD):MVD 可在多种操作系统上运行,它提供了在 Docking 过程中所需的所有功能,包括从分子结构的准备到结合位点的预测以及最后小分子的结合及构象,有免费的测试版本可用。此软件的最大特色在于其高准确性的 docking 结果(MVD:87%,Glide:82%,Surflex:75%,FlexX:58%)、简单易用的软件界面让使用者可以很快地设定及执行 docking、针对

docking 结果提供完整的视觉及分析工具等。

(四) 小分子药物的定量构效关系

　　预测候选小分子药物的成药性时,可将尽可能多的分子结构信息提取并量化作为药物结构特征信息的描述集。用信息处理技术,如经典的统计学方法和模式识别技术等,选择恰当结构特征为自变量,建立化合物的结构与其成药性的定量关系作为预测模型,用同样参数化的候选化合物结构特征预测其成药性。这就是定量构效关系(quantitative structure-activity relationship, QSAR)的主要研究内容。在 QSAR 研究过程中,需要提取描述分子结构特征的信息量化后作为自变量。技术与方法的发展促进了定量构效关系模型朝三维 QSAR(3D-QSAR)方向发展。配体类药物是目前临床用药的主要类型。本节简介建立小分子配体类药物与靶蛋白亲和力的 QSAR 模型的常用思路。

　　1. 小分子化合物结构特征信息的提取与量化　建立针对新靶点或新系列化合物的定量构效关系模型时,结构特征描述子集应尽可能大,以便能从中找到适合描述已知化合物与靶蛋白亲和力的结构特征描述符。此前介绍的疏水性、电性参数、立体结构特征都可包括在内,以便随后用信息处理的技术筛选有效结构特征描述参数。同时,需较大数量的成药性相差足够大的已知配体数据,这些数据的质量是建立有预测价值的定量关系模型的决定因素。如数据量不足,则会限制模式识别等特殊的信息处理技术的应用。

　　2. 定量构效关系模型的建立　建立定量构效关系模型时首先需要确定合适的自变量,获得所确定的自变量后,多元回归分析能给出对应的定量构效关系模型。经典统计学方法,包括逐步向前或向后回归方法,都可用于选择自变量。也可通过模式识别先确定对配体亲和力影响最大的结构特征描述符,再使用逐步回归分析策略增加所需的结构特征参数。线性学习机及线性判别方法、基于距离的判别分类法、投影法等都可用于从候选的结构特征描述子集中找到对配体亲和力影响最大的参数。实践中,参数适宜进行归一化预处理以缩小不同性质参数的数量级差异对自变量选择的干扰。应用人工神经网络也可辅助选择自变量等建立对应的定量构效关系模型。

　　3. 三维定量构效关系模型的建立策略　配体和靶点相互作用在功能域和配体间要求构象互补,故建立三维定量构效关系(3D-QSAR)模型是主导发展方向。建立 3D-QSAR 模型需配体三维结构,这些数据可从 CSD 数据库中获得,或通过分子力学等计算获得。依据是否有靶点三维结构的数据,建立 3D-QSAR 模型又有两类方法:①具备靶点三维结构数据时,可通过配体与分子对接后对复合物的构象进行优化,再分析配体与靶点三维结构之间的相互作用,并可通过自由能微扰等计算,结合分子动力学模拟,计算不同配体的结合自由能之差,并用于关联已知的配体亲和力和预测未知配体的亲和力。②不具备靶点三维结构数据时,3D-QSAR 主要用通过提取候选药物结构差异与成药性差异的联系建立预测模型。此过程有两种主要策略。第一种是用成药性最好化合物的优势构象为基础,比较不同小分子的体积等三维性质,寻找与成药性相关的结构特征。第二种是比较分子场分析(comparative molecular field analysis, CoMFA),利用小分子、基团或原子作为探针计算候选分子周围立体相互作用能,用回归方法分析这些作用能同亲和力的关系。

　　现有 CoMFA 计算作用能时没有考虑疏水相互作用,且用探针计算相互作用精度较低。CoMFA 目前主要用于分析离体的成药性数据。基于靶点三维模型的 3D-QSAR 策略主要用于配体类候选药物,而不需要靶点三维结构模型的 3D-QSAR 策略还可用于非配体类药物。预期在这两种策略中更全面地考虑候选药物同靶点的相互作用,有可能进一步改善 3D-QSAR 模型的预测性能,这无疑对药物发现有重要意义。总体而言,3D-QSAR 还不够成熟,有许多环节还需要进一步完善。

(五) 小分子药物的吸收、分布、代谢、排泄与毒性预测

　　从给药途径而言,外用或口服给药是理想的方式,但除非特意设计的局部外用或消化道局部给药,这两类给药方式都面临药物的吸收(absorption),即其生物利用度的问题。小分子药物进入体内需要通过血液循环到达预期的作用位置,即需要考虑这些小分子药物的分布(distribution);有机小分子药物进入体内后需被代谢(metabolism);药物进入体内都面临被代谢后排泄或直接排泄

(excretion)；体内需相对稳定的环境，药物在体内除了所需要的治疗作用外，通常可能影响机体的正常代谢过程，即可能产生毒性(toxicity)。所以，对于靶蛋白的配体类药物，除了预测其对靶蛋白的亲和力外，还需考虑吸收、分布、代谢、排泄与毒性(ADMET)等药物代谢动力学特性。小分子药物的 ADEME-Tox 效应是决定其临床应用成败的关键特征。因此，小分子药物发现的早期就进行ADEME-Tox 效应测定，是显著提高小分子药物发现的成功率和临床应用价值的关键环节。

至今绝大多数小分子药物 ADMET 效应的分子机制还不清楚。虽然细胞层次的研究经过多年的发展，已建立了一些高通量的体外 ADMET 研究方法，比如测定肠吸收的细胞单层转运实验，基于肝细胞或提取的肝微粒体的新陈代谢和药物-药物相互作用实验，基于肝细胞或其他组织细胞的生长抑制为指标的细胞毒性实验等，但这些高通量筛选实验还仅仅局限于少数几种药代动力学的特征。所以，发展有效的 ADMET 效应预测方法具有非常重要的意义。

人体对药物的吸收、吸收药物的分布、药物的体内代谢、药物的排泄及其毒性，都涉及与人体内不同组织器官和不同蛋白等成分的非常复杂相互作用。因此，总结已有小分子药物的结构性质同其ADMET 效应的联系，即发掘决定小分子药物产生 ADMET 效应的特殊模式，成为预测小分子药物ADMET 的主要策略。这种预测的经典方法是 Lipinski 提出的五规则，实践中主要应用四项特征判断候选小分子药物能否成为口服有效的药物，即：①小分子化合物的分子量要小于 500；②小分子化合物的脂水分配系数(logP)要小于 5；③化合物上氢键给体，即与 N 和 O 相连的氢原子数要少于 5 个；④化合物上氢键受体，即 N 和 O 的数目少于 10 个。目前，直接利用小分子化合物的结构来预测它在体内的吸收及分布的方法已逐步建立，可通过直接计算小分子化合物的结构特征、电子分布特征、极性表面积等指标来预测表示分子吸收及分布的特征，比如脂水分配系数，脑血分布系数，肠穿透性以及水溶性等。而对于代谢、排泄及毒性的预测，虽然各种模式识别的方法都进行尝试，比如人工神经网络、模式识别方法及专家系统等，但预测的准确度仍然十分有限。

模式识别方法分析小分子药物 ADMET 效应的预测软件很多，如英国 Surrey 大学的 COMPACT预测系统，该系统主要针对与 P450 酶家族有关的蛋白进行毒性预测；专家系统 DEREK 及HazardExpert、CASE、TOPKAT 等软件。另外，除了以上专门用于毒性预测的软件外，本章第二节提到的化合物 ADMET 相关数据库，也是用于发掘决定小分子化合物 ADMET 效应的规律和建立预测方法的重要资源。

第三节　药物基因组学及其临床研究策略
Section 3　Pharmacogenomics and Clinical Research

药物反应的个体差异在临床上广泛存在，不同病人对相同药物的剂量需求及毒性反应均存在差异。这种差异导致部分患者治疗无效，而另一部分患者产生严重药物毒性反应，危害患者身体健康和生命安全，增加了病人的经济负担并造成了大量医疗资源的浪费。阐明药物反应个体差异发生的机制采取优化的用药方案进行个体化治疗可最大限度地保证患者的生命安全，降低医疗成本。药物基因组学(pharmacogenomics)是近年来发展起来的、以阐明药物反应个体差异发生机制和辅助新药开发为研究目的的新兴交叉学科，开展药物基因组学研究是实施个体化药物治疗的基础和前提。

一、药物基因组学的概念和研究目的

几乎所有的药物在体内作用均受药物的药物代谢动力学(pharmacokinetics，PK)和药物效应动力学(pharmacodynamics，PD)的影响。PK 涉及药物在体内的吸收、分布、代谢和排泄的过程(简称ADME)，指体内药物浓度与时间的关系。PD 涉及药物靶点(主要包括基因位点、受体、酶、离子通道、核酸等生物大分子)，指体内药物浓度与作用效应强度的关系。PK 和 PD 均可受遗传和环境因素的影响，但目前国际公认的观点是遗传因素是影响当前绝大多数药物 PK 和 PD 的主因。

NOTES

药物基因组学是遗传药理学(pharmacogenetics)的发展和延伸。早在 20 世纪 50 年代,研究人员就发现不同遗传背景的患者使用相同药物后会产生不同的药物反应,基于此背景,1959 年德国科学家 Vogel 率先提出了遗传药理学一词并沿用至今。最初的遗传药理学主要研究单个基因变异对药物作用的影响,但随着人类基因组计划的开展,越来越多基因突变被发现,人们逐步认识到药物的反应涉及多个基因的共同作用,而药物基因组学的概念也逐步形成。药物基因组学是遗传学、生物信息学和药学的交叉学科,主要研究不同个体或人群基因组遗传学差异对药物反应性的影响,它与疾病基因的遗传定位不同,不以发现新基因、阐明疾病发病相关遗传机制和预测疾病发生风险为研究目的,而是利用已有的基因组知识对与药物反应或药物安全性有关的基因变异进行鉴定,阐明药物反应个体差异发生机制,指导个体化用药,辅助新药开发。1997 年 6 月,药物基因组计划被发起,标志着人类正式进入药物基因组学时代。

二、药物基因组生物标志物的发现与验证

药物反应个体差异与人类疾病非常类似,分为单因素决定差异和多因素决定差异,其中绝大多数药物为多因素决定差异。因此,药物基因组学研究方法与疾病的遗传学研究方法类似,本部分将简要介绍常用的药物基因组学生物标志物发现与验证的方法。

(一) 药物基因组生物标志物的发现

关联研究(详见第十一章)是药物基因组学最常用的研究方法之一,该方法以群体历史上的重组和遗传变异位点间的连锁不平衡为基础,分析在一个群体中复杂性状(疾病或药物反应表型)是否与等位基因存在相关性。常见的药物反应表型包括药物剂量、药物敏感性、血药浓度、生存周期、严重不良反应或严重毒性等。

病例-对照关联研究是一种常见、经济的试验设计方法。在药物基因组研究中,可根据患者的药物反应性进行病例与对照分组。病例是指出现严重药物不良反应或严重毒性或对药物无反应性的个体,对照是指在应用药物后无严重不良反应或严重毒性、对药物治疗有效的个体。大多数的病例-对照关联研究为回顾性研究,即在试验开始前已获得受试对象的 DNA 标本,而患者用药信息则通过回顾性调查获得。如儿童哮喘患者中进行的抗炎药物的药物基因组学研究。该研究在随访时收集患者的唾液进行基因组 DNA 提取,同时获取患者过去一年中哮喘发作的症状等表型信息,然后根据表型差异将患者分为病例(无效)组和对照(有效)组。回顾性研究主要缺陷是记忆偏倚,即患者不能准确地回忆症状、药物暴露和药物毒性。此外,可监测性和可控性相对较弱,患者对治疗依从性差和用药剂量调整也会导致偏倚。

根据实验是否基于一定的生物学假说,药物基因组学关联研究又可分为基于生物假设的设计和基于数据的设计两种类型。前者包括候选基因关联研究(candidate-gene association study),后者包括全基因组关联研究(GWAS)和基因组测序等。

1. 候选基因关联分析与药物基因组研究　候选基因指在前期研究中被发现与研究表型相关或可能相关的一类基因。在药物基因组学研究中主要分为三类:①药物代谢酶基因:指参与某种药物代谢过程中的酶的编码基因,主要通过该药物在体内药物代谢动力学研究确定。②药物转运相关基因:指在药物体内吸收、分布和排泄过程中起功能作用的基因,主要通过药物代谢动力学研究及相关动物、细胞生物学研究鉴定。③药物作用靶点相关基因:指与药物作用靶点活性及其与药物的亲和力相关的基因。由于候选基因与药物反应的关系往往是已知的,因此非常适合用于查明药物反应个体差异相关遗传机制。基于候选基因的关联研究通过研究某个或某些功能确定的基因位点的遗传变异与药物反应性的关联关系以确定所研究的基因编码的蛋白质在药物的 PK 或 PD 中发挥的作用。基于候选基因的关联研究试验设计的目的是确定某个候选基因的遗传变异是否与药物的反应性相关联。通过候选基因的关联研究方法,科学家成功鉴定了大量的药物反应性相关的遗传变异,如细胞色素 450 家族和硫嘌呤甲基转移酶(TPMT)等。

早期的候选基因关联研究由于分型技术的限制和对基因组了解的欠缺,大多应用低通量的分型技术研究单个遗传变异对药物反应性的影响。随着人类基因组计划和人类单倍型作图计划的完成以及新的 SNP 分型技术的涌现,大量的基因组遗传变异被鉴定,一些中高通量的分型技术(如基因芯片技术等)和一些新的分析技术(如连锁不平衡模块分析和单倍型标签 SNP 分析等)逐渐在药物基因组学研究中得到应用,极大地推动了药物基因组遗传标志物的发现,如发现尿苷二磷酸葡糖醛酸转移酶 1A1(*UGT1A1*)基因的单倍型 *28 与伊立替康的毒性反应发生风险相关。

候选基因关联研究虽应用广泛,但其缺陷也非常明显。首先,由于统计分析 I 型错误和 II 型错误的存在,候选基因关联研究的假阴性和假阳性结果较多,多数结果无法得到重复。其次,候选基因关联研究是基于已知基因的研究,对于与研究表型相关的新遗传位点或基因的发现能力不足。

2. GWAS 与药物基因组研究　　GWAS 是应用人类基因组中数以百万计的 SNP 为标记进行关联分析研究,以发现影响复杂性性状发生的遗传特征的一种新策略,其分析原理与候选基因关联研究基本一致。在药物基因组学研究领域,与候选基因关联研究相比,GWAS 在新的药物基因组遗传标志物的发现方面具有明显的优势。如基于 GWAS 的研究发现 *PRKCA* 基因中的 rs16960228 与氢氯噻嗪降压的作用相关,这个基因之前并未被认为是氢氯噻嗪药效相关的候选基因。与针对疾病易感性的 GWAS 相比,严重药物不良反应的 GWAS 具有非常高的统计效能。例如,在氟氯西林诱导的肝损伤研究中,尽管只纳入了 51 例病例和 282 例对照,然而携带 *HLA-B*5701* 等位基因增加氟氯西林肝毒性的比值比(OR)达到 80.6($p<10^{-33}$)。

与基于候选基因的关联研究一样,GWAS 同样存在一些不足。首先,由于多重比较问题的存在,GWAS 面临的 I 型错误和 II 型错误的问题更加严重,假阳性和假阴性发生的概率更高;其次,GWAS 中发现的变异位点多位于基因间或内含子上,需进行进一步精细定位以查明功能性变异位点;最后,GWAS 芯片选择的 SNP 位点往往为次要等位基因频率大于 5% 的常见变异,忽略了罕见变异,而近来研究发现,罕见变异在多种复杂疾病的发生或药物反应表型中起决定作用。

3. 基因组测序在药物基因组学中的应用　　随着基因组测序技术的飞速发展,高通量的二代和三代测序技术也逐渐开始普及。研究人员可一次对几十万到几百万条 DNA 分子进行序列测定,因而可对人类基因组和转录组进行细致的全貌分析,也为药物基因组研究提供了一个新的方向。采用基因组测序技术可以一次性将样本中的所有突变位点全部检测(包括功能变异和罕见变异),无需进行进一步的精细定位。目前在药物基因组学研究领域应用得较多的基因组测序方法包括全基因组测序(whole genome sequencing,WGS)和全基因组外显子测序(whole-exome sequencing,WES)两种。虽然基因组测序技术与其他分子分型技术相比优势明显,但昂贵的价格与海量且分析困难的数据极大限制了它的推广。目前基于基因组测序的研究主要采用两种样本量需求较少的实验设计:一种是基于极端表型样本所在家系的测序,另一种是选择表型极端值个体进行测序。基因组测序技术虽然在药物基因组学研究中的应用才刚刚起步,但也取得了一定的研究成果。如 Iyer 等发现 *TSC1* 突变与前列腺癌患者中依维莫司的疗效有关。依维莫司是一种 mTOR 抑制剂,Iyer 等在前列腺癌患者中进行的 II 期临床试验发现有 1 例患者对药物治疗完全应答,治疗期间 2 年内未出现进展。通过对该患者肿瘤组织和外周血 DNA 进行全基因组测序,发现该患者 *TSC1* 基因内存在移码突变。进一步对所有纳入 II 期临床试验患者的基因组信息进行分析发现依维莫司只对 *TSC1* 突变阳性患者中有效。

(二)药物基因组生物标志物的验证

关联研究属于观察性研究方法,其鉴定的生物标志物并非完全准确,要确认这些生物标志物是否影响药物反应性,能否用于指导临床实施个体化用药还需要进一步进行验证。药物基因组生物标志物的验证根据验证的目的分为功能验证和临床试验验证。前者指采用分子生物学和细胞生物学等方法确认生物标志物与被研究药物药理机制的关系,而后者则是确认以生物标志物为指导的个体化治疗方案的效能。本部分将介绍几种常用的验证方法。

1. 组织与细胞学水平研究　　为确定某个遗传变异对药物反应性的影响,往往需要从整体、组织、细胞和分子水平进行系统研究。整体水平的研究易受机体病理生理状态及环境因素的干扰,而组织与细胞水平的研究容易控制并能观察因素对药动学或药效学某个环节的作用,是药物基因组生物标志物验证的最常用方法之一。在进行组织水平研究时,可选取人体理想部位的某种组织,按照研究目的要求进行适当处理,建立研究模型。如进行 CYP450 酶的遗传变异研究,首先选取 CYP450 表达最丰富的肝脏组织,通过匀浆和差速离心的方法分离富含 CYP450 酶的微粒体,并建立体外药物代谢反应体系,便可以进行各种体外研究,包括药物相互作用研究、药物反应酶促动力学研究、CYP450 异构酶特异性研究、基因变异与药物代谢酶表达及药物代谢酶促动力学研究等。应用来自不同个体的原代细胞或生化细胞进行药物反应相关遗传标志物的研究,可探讨由遗传决定的基因表达异常导致药物反应个体差异发生机制。通过与基因工程技术细胞生物学研究相结合鉴定具有不同基因型的细胞在相同药物环境处理下出现的不同生物学表现,即可帮助阐明潜在的药物反应个体差异发生机制。如前期研究发现基因 *VKORC1*-1639 G>A 突变可显著影响华法林(一种抗凝药)的稳态剂量,通过定点诱变技术构建不同 *VKORC1*-1639 基因型的细胞并进行培养研究,基因表达分析显示携带 G 等位的细胞中 VKORC1 的 mRNA 表达显著高于携带 A 等位的细胞,而 VKORC1 是华法林的重要作用靶点,这表明 VKORC1-1639 G>A 通过影响 VKORC1 的表达从而影响华法林的稳态剂量。

2. **随机对照试验研究** 随机对照试验(randomized controlled trial,RCT)是临床试验设计的"金标准",也是验证新药和新的治疗方法效能的必要措施,在个体化用药的临床实施验证中起重要作用,为基于药物基因组生物标志物的个体化药物治疗提供临床试验依据。RCT 设计的优点是:消除偏倚;平衡混杂因素;提高统计学检验的效能。在药物基因组学研究方面,RCT 的主要研究方法是将募集到的受试者随机分成两组,一组按照个体化用药方案治疗而另一组按照常规方案给药治疗,最后对比两种方案效果,以确定个体化用药方案的临床意义,同时也对药物基因组生物标志物的作用进行验证。如 2008 年 Mallal 报道了首个确定药物基因组生物标志物检测可用于预防严重药物不良反应的 RCT 试验,患者被随机分配到基因导向的常规治疗组和个体化治疗组,个体化药物治疗组的患者根据 *HLA-B*5701* 等位基因又随机分成两个亚组。常规治疗组按照传统的用药方案进行治疗,个体化药物治疗一个亚组的患者在完成基因诊断后,根据基因型实施个体化药物治疗方案,而另一亚组的患者仍然采用常规方案进行治疗,试验结束确认根据 *HLA-B*5701* 基因型进行个体化治疗可显著降低阿巴卡韦所致严重皮肤过敏反应的发生风险。此外,RCT 对照组的设计可根据病例标本获取的难易程度进行调整。对于一些发生率较低的罕见严重药物不良反应,对照组也可来自历史对照(historical control,HC)或数据库对照(database comparison,DB comparison)。

三、药物基因组与新药开发

随着药物基因组学研究的广泛开展,其在新药开发中的重要作用逐渐显现,已成为新药开发的最重要的途径之一,受到发达国家食品药品管理部门的重视。美国食品药品监督管理局(Food and Drug Administration,FDA)于 2003 年面向制药公司颁布了"药物基因组学资料呈递指南",要求制药公司在提交新药申请时必须或自愿提交药物基因组学资料,以便于更安全和更有效的使用该药物。总之,未来制药业的发展方向是与药物基因组紧密结合,实现药物的个体化,使药物的适用人群越来越特异,药效越来越好,用药越来越安全。本节将重点介绍药物基因组学研究与新药开发的关系。

(一)发现新的药物靶点指导新药开发

药物靶点是药物与机体生物大分子的结合部位,包括基因位点、受体、酶、离子通道、核酸等。目前已知的药物靶点截至 2021 年已超过 2 000 个左右,还有大量的药物靶点有待发现。例如蛋白质是一类重要的药物靶点,研究发现人类基因组约有 3 万~4 万个基因,这些基因编码的蛋白超过 10 万种,而据估计约有 3 000~5 000 种蛋白质可成为新的药物靶点。进一步鉴定潜在的药物靶点不可置疑地将极大地推动制药行业的发展,而药物基因组学研究是发现潜在药物靶点重要的途径之一。通过药物基因组学研究,可以发现一些与疾病发生和药物药效或毒性反应有关的基因突变、蛋白质或核酸等。如多巴胺受体是精神分裂症治疗最重要的靶标之一,氯氮平为精神分裂症治疗的一线药物,可阻滞多巴胺受体。前期的药物基因组学研究显示,多巴胺受体基因突变可影响氯氮平治疗精神分裂症的疗效,携带突变等位基因的患者疗效不佳。若以突变等位基因表达的蛋白为药物靶标便能开发出新型治疗精神分裂症的药物。

(二)筛选和确证影响新药安全性和有效性的遗传因素

药物的安全性和有效性是新药开发的核心问题。据统计,绝大多数药物在约 1/3 的使用者中疗效不佳,约 1/6 的用药者发生不同程度的毒副反应,总有效率不到 50%。药物基因组学研究是评估药物安全性和有效性的核心方法之一。首先,在新药临床前研究阶段,运用药物基因组学的方法,查明影响药物 PK、PD 和安全性相关的基因及其变异,可指导药物在临床上的个体化应用,避免上市后出现无效现象或严重不良反应事件;其次,确定新药与特定基因及其遗传变异的关系可帮助进行新药改良,筛选出最好的化学结构,避免低效、无效或具有严重毒副反应的药物进入临床,降低新药开发风险;再次,提早发现新药在 PK 或 PD 方面的缺陷,在新药研发的早期即可决定是否终止开发,节约研发成本;最后,评估由体外实验或动物实验中获得的与新药有关遗传信息的准确性。

(三)评估不同基因型患者药代动力学参数以便预估用药剂量

传统的药物治疗采取"千人一量"的给药方式,绝大多数药物在不同患者中的给药剂量基本一致,忽略了患者间的个体差异。确定药物给药剂量和间隔时间的依据是该药在其作用部位能否达到安全有效的浓度。药物在作用部位的浓度与药物的 PK 密切相关,而影响药物吸收、分布、代谢和排泄的基因的遗传变异可能影响药物在作用靶点的浓度。因此,按照同样的剂量给药可能造成部分患者治疗无效,甚至部分患者发生不良反应。例如,有机阴离子转运体 OATP1B1 的编码基因 *SCLO1B1* 521 T>C 多态性可通过影响 OATP1B1 的转运活性,使携带突变等位基因的患者在服用相同剂量的他汀类药物后血药浓度显著升高,发生肌病和横纹肌溶血症的风险增加。鉴于此,许多他汀类药物修改了药品说明书,FDA 也针对不同基因型患者给出他汀类药物的推荐给药剂量(表 15-2)。因此,在新药临床研究阶段查明不同基因型患者的 PK 参数能预估该药的用药剂量,以提高药物的安全性和有效性。

表 15-2 依据 *SCLO1B1* 521T>C 多态位点基因型的他汀类药物推荐用药剂量 单位 :mg/d

药物名称	TT	TC	CC	常规剂量范围
辛伐他汀	80	40	20	5~80
匹伐他汀	4	2	1	1~4
阿托伐他汀	80	40	20	10~80
普伐他汀	40	20	20	10~40
瑞舒伐他汀	20	10	10	5~20
氟伐他汀	80	80	80	20~80

(四)查明严重药物不良反应或药物无效发生原因,挽救新药

据统计,近 20 年来由于严重不良反应被 FDA 召回的药物多达 40 余种,其中约 25% 的药物被认为与遗传因素相关或很可能相关。例如,减肥药西布曲明因发生严重心血管不良反应而在 2010 年被撤市,随后研究人员证实西布曲明在体内经 CYP2B6 代谢,而 CYP2B6 基因具有高度的多态性,某些突变可导致酶活性下降 70%~100%。这些突变等位基因携带者体内西布曲明的血药浓度增加 252%,代谢产物增加 148%。某些药物的药效存在明显的种族差异,如果没有选择正确的人群开展临床前研究可能导致一些药物研发失败。例如,拜迪尔是一种调治心脏病的药物,它于 2005 年被 FDA 批准用于治疗黑种人心力衰竭患者,是首个针对单一种族的药物,被认为是人类医药史上一次里程碑性的事件。然而该药在美国人群中开展的早期临床试验中并未取得良好结果,并一度导致其研发中断。后来在非裔美国人群中进行的临床试验发现该药能大幅降低非裔黑种人患者心衰的死亡率和住院率。

NOTES

因此,在临床前试验时采用药物基因组学的理论和思路,对不同遗传背景的人群进行试验,就可能避免一些新药研发项目的流产。

第四节 药物基因组相关生物信息资源
Section 4 Pharmacogenomics and Biological Information Resources

近年来药物基因组学研究在临床研究中广泛开展,加深了人们对药物反应个体差异发生机制的认识,同时也累积了大量的实验数据。随着近年来生物信息学的快速发展,一些药物基因组学专用或与药物基因组学研究相关的数据库相继建立,这些数据库为药物基因组学研究的开展带来了极大的方便,本节将对其中常用的数据库进行介绍。

一、药物基因组数据库

(一) PharmGKB 数据库

遗传药理学和药物基因组学数据库 PharmGKB(the pharmacogenetics and pharmacogenomics knowledge base)是目前最权威最完善的药物基因组学专用数据库。PhramGKB 由遗传药理学研究网络(Pharmacogenetics Research Network,PGRN)建立,并获得美国国立卫生研究所(NIH)的支持,其主要目的是收录与药物基因组学相关的基因型和表型信息,并将这些信息整理归类,方便研究人员和公众查询。截至 2014 年 7 月,该数据库中已收录了与 3 152 种药物和 3 445 种疾病的相关的 26 960 个基因的资料。此外,Pharma GKB 还提供了 102 个药物的 PK 和 PD 相关通路,并挑选出了 42 个对药物基因组学非常重要的基因(very important pharmcogene,VIP),并对这些基因进行了详细的注解,简要介绍了这些基因的功能,重要的突变和单体型等。

PharmGKB 根据数据的种类将所有收录的信息划分为临床结局(clinical outcome,CO)、药物效应动力学(PD)、药物代谢动力学(PK)、分子及细胞功能分析(molecular and cellular function analysis,MCFA)和基因型(genotype,GT)五大类,可在主页界面上输入基因、药物、疾病或突变名称进行检索(图 15-4),并提供所有相关信息的关联链接及相关支持参考文献等。Pharm GKB 还收录了 226 个由各国政府或者国际组织颁布的某些特定药物的个体化用药指南,指导医生根据个体的基因型合理用药。

图 15-4 PharmGKB 检索界面及搜索示例

这里以 *CYP2C19* 基因为例,在首页的检索栏输入 CYP2C19,点击 Search 进行检索,结果显示 *CYP2C19* 是一个 VIP 基因,有 55 条临床相关注释,被 12 种基因检测试剂盒和 18 种药物使用剂量指南,是 23 种药物标签。其他选项卡中还列出了 CYP2C19 相关药物基因组学实验、参与的药物作用通路、包含的单体型等,方便检索者更深入地了解 CYP2C19。

另外 PharmGKB 还为从事相同药物基因组学研究的科研人员提供交流和数据共享平台,目前已成立国际他莫昔芬药物基因组学联合会、国际华法林遗传药理学研究联盟等 8 个国际合作组织,这些组织的介绍可在 Project 页面下查看。

(二) FDA 数据库

FDA 数据库是由美国 FDA 建立在其官方主页上的检索食品药品相关信息的数据库,可查询药品使用警告信、已批准的药品和医疗器械、药品说明书、政策法规等。自 2003 年开始重视遗传因素对药物安全性和有效性的影响后,FDA 在其主页上建立了提醒临床用药需予以重视的生物标记列表,提醒医生在应用药物时需注意哪些遗传变异的影响。截至 2014 年 7 月,该表已收集生物标志物 42 个,涉及 150 种药物。

(三) ClinVar 数据库

ClinVar 数据库是由美国国家生物技术信息中心(NCBI)于 2012 年 11 月建立的基因突变与医学临床表型数据库,该数据库的建设主旨是为了促进和加速人们对人类基因型与医学临床表型之间关系的深度研究。利用 ClinVar 数据库可以快速将基因突变与临床表型关联起来,为后期研究提供帮助。当前,NCBI 和不同的研究组在遗传变异和临床表型方面已经建立了各种各样的数据库,数据信息相对比较分散,而 ClinVar 数据库将这些数据库有效整合,通过标准命名对临床表型进行描述,并支持科研人员提交和下载数据。ClinVar 数据库主要整合了 4 个方面的信息:①变异信息(variation),整合了 dbSNP、dbVar、gene、GTR 等数据库信息;②表型信息(phenotype),整合了 MedGen(HPO、OMIM)数据库信息;③解释和注释信息(interpretation),整合了 ACMG、Sequence Ontology 等数据库信息;④证据信息(evidence),整合了 Pubmed、GTR 等数据库信息。截至 2014 年 8 月 4 日,ClinVar 数据库收集的基因变异数有 113 586 个,总计相关条目达到 131 706 个,分布在 19 694 个基因中,提交数据的单位和个人达到 184 个。

ClinVar 数据库登录首页后可以用基因名称、突变名称、临床表型和药物名称进行检索。以阿司匹林为例,进入首页后,在搜索栏中输入 aspirin,然后点击 Search,可检索到 12 条与阿司匹林有关的遗传信息(图 15-5),继续点击第一列的链接可查看该突变更完整的信息。

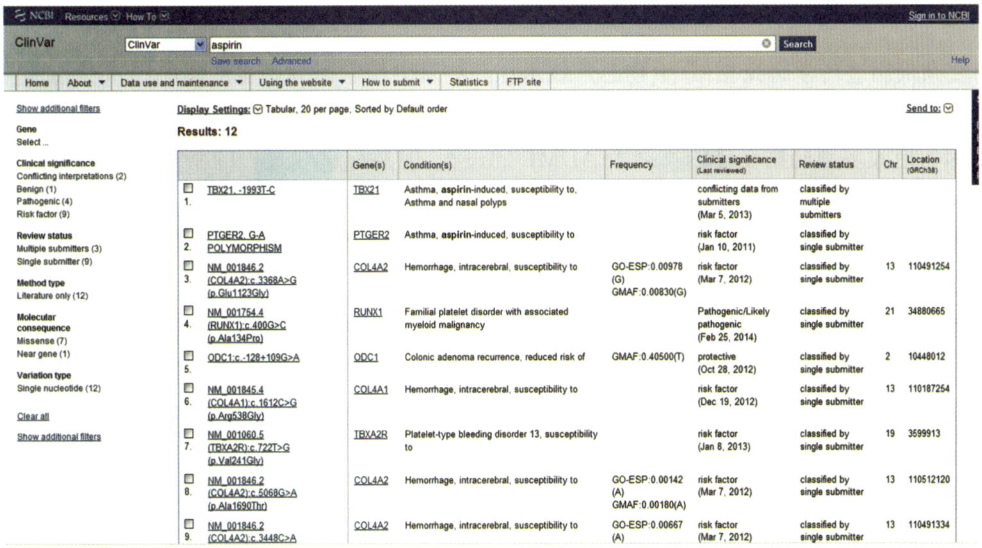

图 15-5　阿司匹林相关遗传变异检索结果

(四) COSMIC 数据库

COSMIC 数据库由英国威康信托基金会 Sanger 研究所（Wellcome Trust Sanger Institute）建立，其目的是收集所有癌症相关的体细胞突变（somatic mutation）。体细胞突变指除性细胞外的体细胞发生的突变，即不会遗传给后代的基因突变，在肿瘤细胞中尤其常见。绝大多数体细胞突变无表型效应，但少数突变可引起细胞遗传结构及功能发生改变。体细胞突变在肿瘤的发生发展及疗效过程中起着重要作用。因此，进行肿瘤体细胞突变的筛查是肿瘤药物基因组学的重要研究方向之一，对攻克肿瘤治疗这个全球性难题有着重要的意义。运用 COSMIC 数据库，研究人员可快速查找到所查基因的所有体细胞突变的详细信息，包括突变名称、位置、相关注释等，并提供筛查出体细胞突变的样本信息供科研人员下载。截止到 2014 年 7 月，COSMIC 数据库已收集到 27 829 个基因的 1 808 915 个编码突变，674 592 个拷贝数变异。另外，数据库还收集了 999 872 个样本的信息，其中 9 424 个样本具有全基因组的突变信息。

COSMIC 数据库 5 搜索栏输入 KRAS 点 Go 进入检索结果页面。检索结果分为 Genes、Mutations 和 Pubmed 三部分（图 15-6）。其中 Genes 选项卡中列出了与 KRAS 相关的基因，Mutations 选项卡下可查看到 KRAS 中所有的体细胞突变，Pubmed 选项卡则列出了被 Pubmed 收录的与 KRAS 相关的文献。在首页菜单栏 Download 页面下可对 COSMIC 数据库中的突变、样本等数据进行下载。

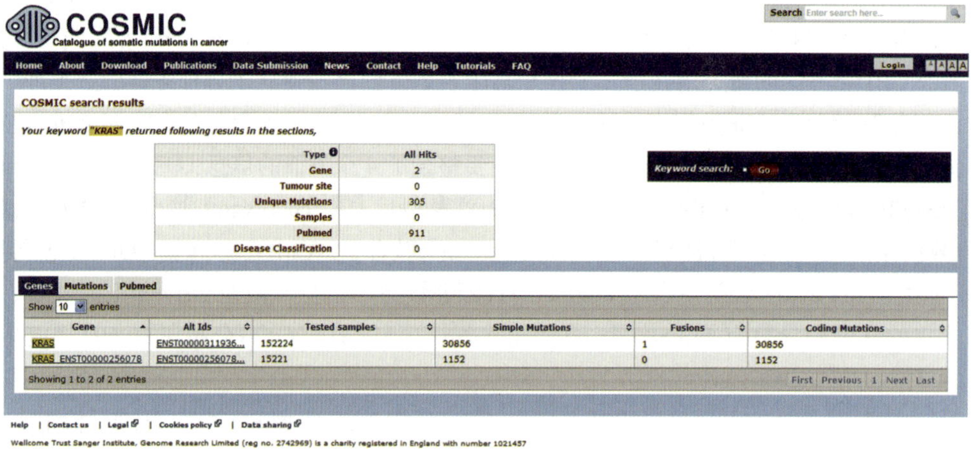

图 15-6　KRAS 在 COSMIC 数据库中的检索结果

二、生物芯片与药物基因组学研究

与复杂疾病遗传学研究相似，生物芯片技术在药物基因组学研究中也广泛应用，是高通量筛选药物反应个体差异相关位点的主要途径之一，但常用的 GWAS 芯片并不一定适用于药物基因组学研究。主要原因为绝大多数药物在体内均涉及 ADME 的过程，但参与这些过程的基因非常有限，由于多重检验问题的存在，很多 ADME 相关位点在 GWAS 研究中难以被鉴定。鉴于此，针对药物基因组学研究的高通量专业研究芯片被推出，其中最著名的为 DEMT 芯片和 VeraCode ADME 芯片。

(一) DEMT 芯片

DEMT plus 芯片是目前最广泛使用的药物基因组学研究专用基因芯片，它可检测 225 个基因的 1 936 个遗传变异，其中绝大多数变异为 SNP，此外还包含 *CYP2D6* 的一个缺失突变以及 *CYP2D6*、*CYP2A6*、*GSTT1*、*GSTM1* 和 *UGT2B17* 基因位点的 5 个 CNV。这些基因突变位点来源于药物基因组学研究领域的科研文献，NCBI 的 dbSNP 数据库，EMBL-EBI 数据库，Ensembl 数据库和 CYPallele 数据库。所包含的基因包括 47 个 Ⅰ 相代谢酶，70 个 Ⅱ 相代谢酶，62 个转运体以及 46 个其他与药物体内分布有关的基因。DEMT 芯片是一种倒置型分子探针技术，适用于高通量的基因分型。

DMET 芯片的检测可在两天内完成，其工作流程：①首先将 1μg DNA 与多重 PCR 混合液混匀进行扩增;②将扩增产物退火并加入 DMET 分子倒位探针(molecular inversion probes,MIP)混匀结合;③将结合产物进行填充、连接、消化及第二次扩增;④将二次扩增产物片段化、标记并与芯片杂交;⑤染色、洗涤后进行扫描,应用 DMET Console 软件读取分型结果。

虽然 DMET 在药物基因组学研究领域具有较大的优势,但仍有许多障碍阻碍了它的推广。首先,到目前为止 DMET 芯片仍未获得美国 FDA 的批准;其次是价格相当昂贵,单张芯片的价格高达 3 000 元人民币,甚至超过了普通 GWAS 芯片的价格,严重限制了其推广应用。

(二) VeraCode ADME 芯片

VeraCode ADME 芯片是一款药物基因组学研究专用芯片。该芯片基于 VeraCode 的互补性的低-多重技术,该技术适用于靶点验证和分子检测开发。VeraCode ADME 芯片包含 34 个基因的 184 个位点,其中包含了 SNP 和 CNV 突变,覆盖了国际 PharmaADME 组织收录的 95% 以上的药物相关突变位点。PharmaADME 组织是由医药界和学术界专家组成的国际组织,该组织经过系统的分析确定了一部分与药物 ADME 相关的遗传位点。与 DMET 芯片相比,VeraCode ADME 芯片包含了更多的 PharmaADME 组织收录的位点(DMET 芯片覆盖了该组织 90% 的位点)。

VeraCode ADME 芯片的工作流程:①将 32 个样品的 DNA 等分为 3 份然后加入 96 孔板中红、黄、蓝的三个部分,并加入碱性溶液变性;②在 96 孔板的三个部分分别加入不同的生物素标记引物混合液(targeting mix)进行 PCR 扩增,完成后再次加入碱性溶液变性;③扩增产物与磁珠结合(paramagnetic particles,PMP)结合,然后加入荧光标记扩增混合液,对 PCR 产物进行荧光标记和连接;④利用磁珠制备和纯化荧光素标记的单链;⑤将单链产物进行多重 PCR 扩增并与 VeraCode 微珠杂交;⑥运用 BeadXpress Reader 扫描荧光信号并判定结果(蓝色为野生型、紫色为杂合子、红色为突变纯合子)。

与 DMET 芯片一样,VeraCode ADME 芯片也没有通过 FDA 的批准,价格也十分昂贵,虽然只检测了 184 个位点,但价格却高达 300 美元每张。

第五节 基于药物基因组的个体化药物治疗
Section 5　Individualized Drug Therapy Based on Pharmacogenomics

药物基因组学的最终目的是实现个体化药物治疗,提高药物的安全性和有效性。目前,我国乃至全世界的个体化医学均处于起步阶段,有着广泛的发展空间和应用前景。虽然传统的药物治疗方式仍是当前医学的主流,但在临床上已有不少个体化药物治疗的成功范例。相信随着药物基因组学研究的深入和广泛的开展,基因分型价格的进一步下降,个体化药物治疗定会成为主流的治疗方式。本节将介绍临床上已成功应用的几个个体化药物治疗方案。

一、肿瘤靶向药物的个体化治疗

靶向药物(targeted therapy)治疗是目前最先进的用于癌症的治疗方式,它利用靶向药物能够与癌症发生、肿瘤生长所必需的特定分子靶点起作用的特性来阻止癌细胞的生长,具有疗效好、副作用小的特点。靶向治疗要求接受治疗的患者必须具有靶向药物的作用靶点,对无响应靶点的患者用药,可能导致治疗无效,延误患者病情,因此在进行治疗前需进行靶点分型。

(一) HER2 基因检测

曲妥珠单抗(trastuzumab)是 2006 年美国 FDA 批准的用于人类表皮生长因子受体 2 基因(HER2)过表达的乳腺癌和胃癌治疗的靶向药物,可单用或与其他化疗药物联用。前期药物基因组学研究显示 HER2 基因过度表达可导致细胞过度增殖和表型恶性转化。约有 30% 的乳腺癌患者 HER2 基因过度表达,这类患者肿瘤恶性程度高、复发和转移发生早、预后差,对某些化疗药物有抵抗,并且发

NOTES

现 HER2 基因过度表达的患者无病生存期和总生存期均缩短。曲妥珠单抗主要通过与细胞表面的 HER2 受体特异性结合,促进 HER2 受体蛋白的内在化降解,从而达到抑制肿瘤细胞增殖的目的。临床研究显示,HER2 阳性的乳腺癌患者采用曲妥珠单抗辅助化疗治疗后其无病进展生存期较未采用曲妥珠单抗治疗的患者延长 2.8 个月(图 15-7)。目前 HER2 基因检测已进入我国和美国国立综合癌症网络(NCCN)的乳腺癌和胃癌临床实践指南。

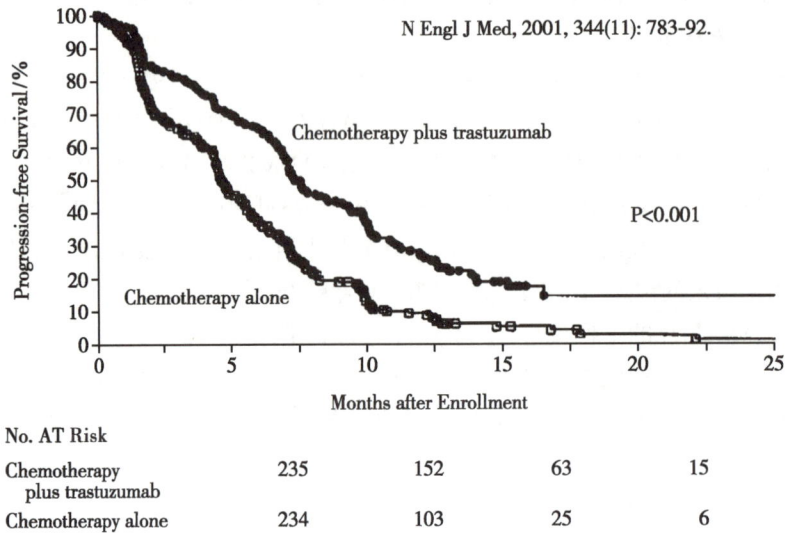

N Engl J Med, 2001, 344(11): 783-92.

Chemotherapy plus trastuzumab

Chemotherapy alone

P<0.001

No. AT Risk				
Chemotherapy plus trastuzumab	235	152	63	15
Chemotherapy alone	234	103	25	6

图 15-7　曲妥珠单抗治疗乳腺癌结果图

曲妥珠单抗的疗效与 HER2 基因表达水平密切相关,高表达的患者更敏感疗效好,而低表达的患者治疗效果差。因此,应用曲妥珠单抗治疗前需进行 HER2 基因表达的检测。目前最常用的 HER2 基因表达检测方法为荧光原位杂交法(FISH)、免疫组化(IHC)和显色原位杂交(CISH)。图 15-8 为采用 FISH 方法进行 HER2 基因扩增检测的结果,可通过计数细胞中的红色荧光信号来判定是否存在基因扩增。如大多数细胞中红色荧光信号数目大于 2 则判定为 HER2 扩增阳性。

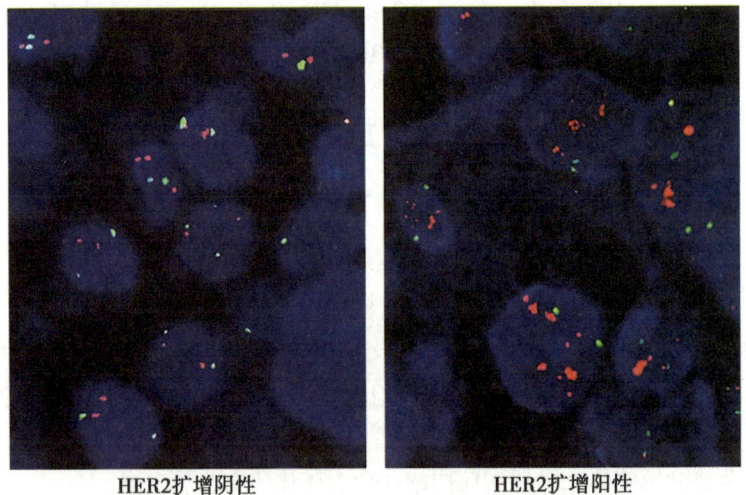

HER2扩增阴性　　　　HER2扩增阳性

图 15-8　FISH 检测 HER2 扩增阴性和阳性示意图

(二) EGFR 检测

表皮生长因子受体(EGFR)位于细胞膜中,是一种酪氨酸激酶受体,通过向细胞核传递细胞外信号,引起核内基因转录水平的增加,使细胞增殖、转化。EGFR 信号转导的异常是导致多种肿瘤发生的原因。通过使用小分子酪氨酸激酶抑制剂(TKI)对 EGFR 的酪氨酸激酶活性进行抑制可妨碍肿瘤的生长、转移和血管生成,并增加肿瘤细胞的凋亡。EGFR 是目前靶向药物最多的靶点之一,目前市面上已比准的靶向药物包括西妥昔单抗(cetuximab)、帕尼单抗(panitumumab)、吉非替尼(gefitinib)和埃罗替尼(erlotinib)等。

人 *EGFR* 基因位于 7 号染色体短臂 12~14 区,包含 28 个外显子,其中 18~24 号外显子组成编码该基因酪氨酸激酶结构。肿瘤细胞中 EGFR 的 18~21 号外显子可能发生突变(图 15-9),研究发现约 75% 的突变患者对 TKI 治疗有反应。19 号外显子的缺失突变和 21 号外显子的 L858R 突变是 EGFR 最常见的突变,占所有突变的 90%。20 号外显子上的 T790M 突变为耐药突变,约占所有突变的 3%。研究发现约 50% 的 TKI 耐药患者 20 号外显子 T790M 突变阳性。表 15-3 列出了 EGFR 突变分布频率及其与 TKI 药物敏感性的关系。

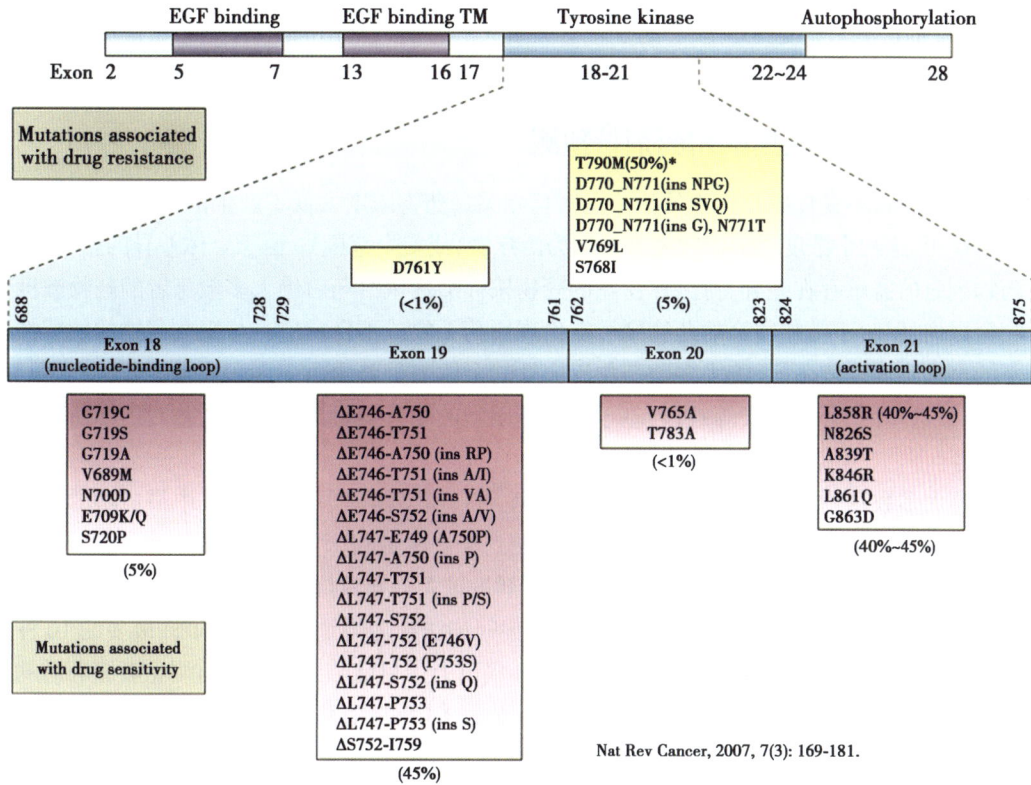

图 15-9　EGFR 突变分布图

表 15-3　EGFR 突变与 TKIs 的关系表

序号	突变类型	估计所占比例	TKIs 敏感性
1	19 号外显子缺失突变;L858R	90%	敏感
2	T790M 和 19 号外显子缺失同时存在;T790M 和 L858R 同时存在;G719X;L861Q;S768I	7%	有限敏感
3	只存在 T790M;20 号外显子的插入突变;其他突变类型	3%	不敏感

　　EGFR 在欧美人非小细胞肺癌患者中的突变频率约为 10%,在东亚人群中则较高,可达 30%~50%,因此在非小细胞肺癌患者治疗前进行 EGFR 检测对指导 TKI 类药物的应用具有重要的临床意义。目前 EGFR 基因检测已进入我国和美国 NCCN 的非小细胞肺癌临床实践指南。常用的 EGFR 突变检测方法包括扩增阻滞突变系统(ARMS-PCR)、焦磷酸测序(pyrosequencing)、高分辩率溶解曲线(HRM)、变性高效液相色谱分析(DHPLC)等。

二、基于药物基因组的药物不良反应预测

　　药物不良反应是临床上常见的现象,某些病人甚至在正常服用某种药物后产生严重的药物不良反应而导致死亡。药物基因组学研究证实,某些严重药物不良反应与患者的遗传因素有关,在治疗前进行基因检测则能避免病人产生这些严重的药物不良反应。通过基因检测避免卡马西平造成的严重

皮肤毒性反应是基于药物基因组避免药物不良反应发生最成功的范例之一。

卡马西平是一种临床上广泛应用的抗癫痫药物,然而部分患者在服用卡马西平后可出现严重的皮肤毒性,表现为史蒂文斯-约翰逊综合征(Stevens-Johnson syndrome,SJS)和中毒性表皮坏死溶解(toxic epidermal necrolysis,TEN)。SJS/TEN 是一种极罕见的不良反应,在欧美人群中发生率只有万分之一至万分之六,而在亚洲人群中可高出 10 倍以上。

HLA-B*1502 在中国人群中的频率高达 10%~15%,因此在中国人群的癫痫患者中进行 HLA-B*1502 的检测对避免 SJS/TEN 的发生意义重大。目前最常用的 HLA 基因型检测方法包括基因芯片法和 Sanger 测序法等。

三、基于药物基因组的用药剂量预测

药物的疗效和不良反应与药物的治疗窗密切相关。药物浓度太低不产生治疗效应,浓度太高则产生毒副作用,这两个浓度之间的区域就被称为治疗窗(或安全范围)。由于个体差异的影响,不同患者对药物剂量的需求存在差异,对治疗窗宽的药物按标准剂量给药后绝大多数患者的药物浓度会处于治疗窗以内,但对于治疗窗窄的药物则可能出现用药无效或不良反应。与靶向药物的敏感性或卡马西平的严重不良反应不同,绝大多数药物反应性的个体剂量差异由多因素决定。如何利用已鉴定的多因素(候选基因、环境因素等)进行基于个体基因型的用药剂量预测是药物基因组学研究的另一个重要内容。

目前绝大多数药物剂量预测研究采用多元线性回归模型构建预测方程,其中最成功的例子是华法林稳态剂量(warfarin stable dosage,WSD)的预测。华法林是临床上最广泛用于治疗和预防血栓性疾病的抗凝药,但其治疗窗口窄,用药风险高,用药剂量过大会导致抗凝过度而出血,剂量过小会造成抗凝不足而产生栓塞。据 FDA 统计,1990—2000 年间华法林为导致严重不良事件最多的 10 种药物之一。同一种族个体间华法林的剂量需求可差 100 倍以上。目前临床上通过监测患者服药后的国际标准化比值(INR)调整剂量,以确保华法林的用药安全,但 INR 监测麻烦且无法避免首次用药风险。若能预测 WSD 便能降低华法林用药风险,减少频繁测定 INR 值带来的不便。

华法林主要通过抑制维生素 K 依赖的凝血因子的活性而发挥作用。细胞色素 P450 超家族 2C9(CYP2C9)和维生素 K 氧化还原酶复合物亚基 1(VKORC1)是已确定的影响 WSD 的两个重要基因,可解释约 30% 的 WSD 变异。华法林在体内主要经过 CYP2C9 代谢灭活。研究发现 CYP2C9*2 和 *3 基因编码的酶活性分别只有野生型编码的酶活性的 12% 和 5%,降低华法林的代谢能力,因此 *2 和 *3 等位基因携带者华法林的剂量需求较小。VKORC1 是华法林的主要作用靶点。VKORC1 启动子 1639 G>A 的突变能够显著降低 VKORC1 mRNA 的表达,从而影响 WSD。与 −1639 AA 基因型患者相比,−1639GA 和 GG 基因型患者平均华法林剂量分别增加 52% 和 102%。此外,患者的年龄、身高、体重、吸烟饮酒情况、合并用药情况、其他基因突变等也可影响 WSD。目前已发现的影响遗传和环境因素总计可解释约 40% 的 WSD 变异。

利用大样本人群和已知影响 WSD 的因素可构建基本反应人群中 WSD 变异的线性回归模型,对患者的 WSD 进行预测。国际华法林遗传药理学联盟(IWPC)的一项研究共征集了 5 052 例采用华法林进行抗凝治疗的患者,获取了患者的 WSD 及其相关遗传和环境因素信息,构建了华法林用药剂量的线性回归模型并进行了验证。IWPC 的预测公式包含了身高、年龄、CYP2C9 基因型、VKORC1-1639 基因型、种族、酶诱导剂使用情况和胺碘酮 7 方面的信息(表 15-4)。将患者的上述因素信息代入公式即可计算出患者的预测剂量。IWPC 研究显示利用遗传和环境因素构建的公式(pharmacogenetic)对 WSD 的预测成功率显著高于仅用临床因素构建的预测公式(clinical)和推荐剂量(fixed)的预测成功率,尤其是在高剂量(>49mg/周)和低剂量(<21mg/周)患者中,如图 15-10 所示。

表15-4 IWPC WSD 预测公式参数表

符号	回归系数	运算符	因素	备注
	5.604 4			
−	0.261 4	×	年龄分级	每10岁1级
+	0.008 7	×	身高	厘米（cm）
+	0.012 8	×	体重	千克（kg）
−	0.867 7	×	VKORC1 A/G	−1639 突变杂合子
−	1.697 4	×	VKORC1 G/G	−1639 突变纯合子
−	0.485 4	×	VKORC1 基因型未知	
−	0.521 1	×	CYP2C9*1/*2	
−	0.935 7	×	CYP2C9*1/*3	
−	1.061 6	×	CYP2C9*2/*2	
−	1.920 6	×	CYP2C9*2/*3	
−	2.331 2	×	CYP2C9*3/*3	
−	0.218 8	×	CYP2C9 基因型未知	
−	0.109 2	×	是否为亚洲人	
−	0.276 0	×	是否为黑种人或非裔美国人	
−	0.103 2	×	种族未知	
+	1.181 6	×	酶诱导剂使用情况	
−	05503	×	胺碘酮使用情况	
=	每周剂量的平方根			

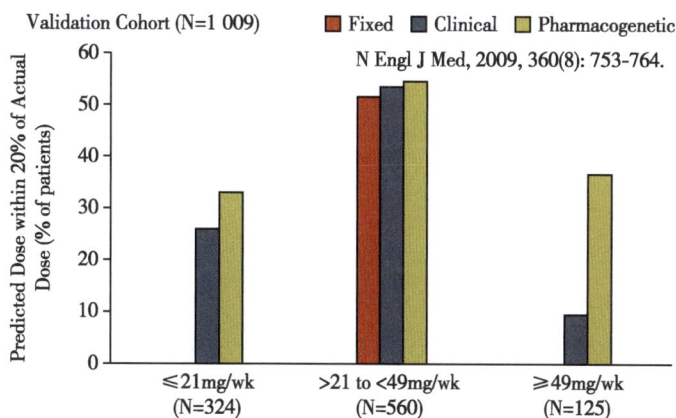

图15-10 IWPC 大样本人群构建 WSD 预测公式结果图

　　由于目前已知因素对 WSD 变异的解释度还不够高,距离真正将预测公式用于临床指导华法林用药还有一段距离。前瞻性研究结果显示,目前构建的线性回归预测模型对于华法林用药安全的提升还有待提高。因此,将来还需通过增加纳入因素、改进模型等方法进一步完善模型,提高预测成功率。

小结

　　人体疾病的发生主要是各种原因造成的代谢途径失衡或调节代谢速度的信号通路失衡,药物的主要作用模式是直接或间接调整这些疾病相关物质的稳态水平。目前已有很多免费数据库提供已知的药物靶点及其配体类药物的数据,及药物毒副作用的数据。发掘和确认靶点是发现新药的第一步。分析疾病相关的基因组和基因型数据、表达序列特征、反向对接等策略可用于发掘新靶点,并采用多种技术多方面验证确认靶点有效性。提取小分子药物结构特征用于建立其药理活性与结构特征的联系是药物发现的重要方向;基于分子对接判断亲和力、基于 ADME-tox 预测成药性是快速低成本发现有效新药的重要策略。对蛋白质类大分子药物,预测其免疫原性和对应抗原表位是提高其成药性的重要步骤;基于单抗中结构域保持、结构组装和化学修饰进行结构优化是提高治疗性单抗药理活性的重要手段。基于基因型的关联分析,是预测药效和安全性的有效手段。在药物发现过程中需要综合利用生物信息学技术。

Summary

　　Disorders of metabolic and signaling pathways cause common diseases; drugs act to initiate desired or repair disordered pathways directly or indirectly. Many databases are available on targets and ligands, adverse activities of common drugs. Discovering and validating targets are generally required for discovering drugs. Analyses of genomic data and genotypes, expression sequence profiles, reversal docking are useful to mine targets for comprehensive validation. Of small ligand drugs, extraction and correlation of their structural properties with pharmacological actions play important roles in their discovery; virtual screening based on affinities predicted *via* docking and ADME-tox effects help enhance pharmaceutical significance of candidate ligands. Of protein drugs, predictions of their immunogeneicty and epitodes help enhance their pharmaceutical values. Optimization of McAb structures based on reservation and assembly of domains besides chemical modification enhance their pharmacological actions. Correlation analyses based on genotypes help predict potency and safety. Drug discovery requires integrated platform of bioinformatics.

（曾坚阳）

思考题

　　1. 什么是药物基因组学? 药物基因组学的研究目标是什么?

　　2. 选择三个数据库搜索治疗 AIDS 的靶点、候选药物、作用机制等信息。

　　3. 从数据库中搜索 20 个作用于某个靶点的抗 AIDS 药物,建立其结构活性关系模型,尝试 3D-QSAR 模型的建立和分析,自主设计候选化合物并进行预测。

　　4. 常用的药物基因组学研究方法包括哪些?

　　5. PharmGKB 数据库包括哪些主要内容? 请以华法林为例在 PharmGKB 数据库中获取与华法林相关的信息。

　　6. 什么是癌症的靶向治疗? 举一个例子说明靶向治疗的优势。

第十六章 生物信息学与精准医学

CHAPTER 16 BIOINFORMATICS AND PRECISION MEDICINE

第一节 引 言
Section 1 Introduction

过去 20 多年来生命科学发展迅猛,从人类基因组学到生物信息学、分子系统生物学、个人基因组学、转化医学、P4 医学和精准医学等,几乎 3~5 年就会产生一个新的概念或新的科学研究范式转移;其中 P4 医学美国著名系统生物学家 LeroyHood 提出的,是指预见性(predictive)、预防性(preventive)、个性化(personalized)以及参与性(participatory),精准医学是 P4 医学的终极目标。这些范式的转移或者科学革命背后的驱动力是科学数据和信息的积累,图 16-1 描述了过去 20 多年来随着数据的不断积累,给生命科学所带来的科学演变,生物信息学的学科内容也随之而不断拓展,从最初的基因组数据分析、基因预测,到网络建模与关键基因识别、个性化基因组分析、再到疾病基因寻找、生物标记物发现和智能医学等,生物信息学学科起到了至关重要的作用。

精准医学的实现强烈依赖于数据与生物信息学的应用,生物信息学在医学上的应用,又进一步推动了生物信息学与医学信息学两门学科的深度融合。生物信息学的研究内容也从基因、蛋白质、代谢产物拓展到单细胞、肠道菌群等,而基因组学与分子系统生物学的研究和在医学上的转化应用,离不开医学信息学范畴里的医学图像、电子病历,以及可穿戴式设备的生理数据等的融合分析。生物医学信息学的融合是一个大趋势,国内外研究机构及公司也通过融合分子组学与医学数据,包括基因组学,肠道菌群和可穿戴设备收集的数据,对医疗健康进行有效的分类、监控和预测,生物信息学与医学信息学融合将是精准医学实现的必要条件。

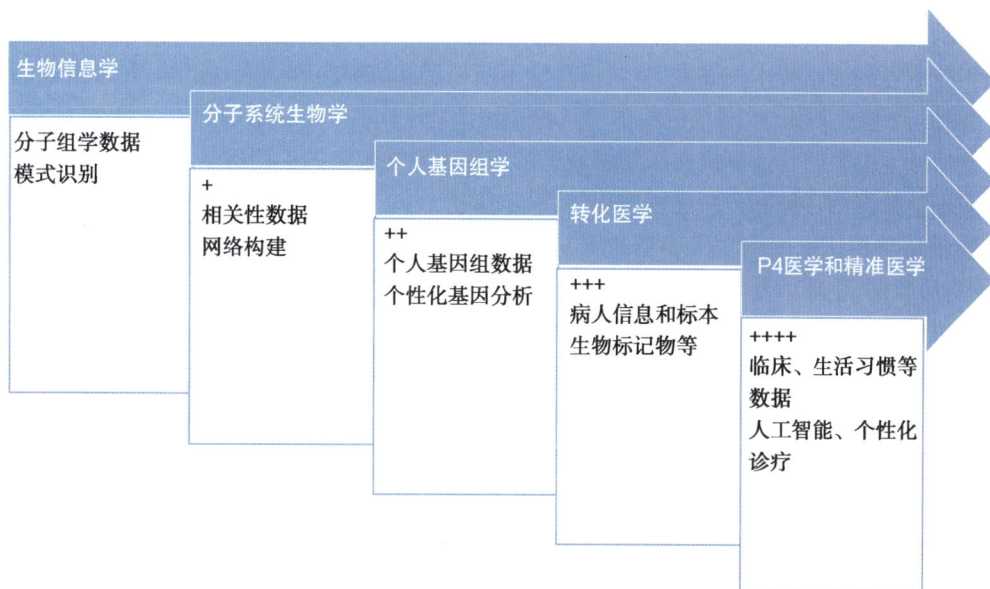

图 16-1 数据驱动的生命科学范式演变

第二节　生物信息学与医学信息学融合
Section 2　Integration of Bioinformatics and Medical Informatics

学科的发展也会经历分分合合的历史演变,生物信息学与医学信息学是两个不同的学科领域,前者是人类基因组计划实施后发展起来的,以发现新的基因、基因表达调控规律、新的演化机制为目的的基础科学,而后者一开始便是以临床诊疗或健康管理应用为目的的应用性很强的学科,随着基因组医学和分子组学技术在临床诊疗和健康管理中的广泛应用,生物信息学与医学信息学的融合成为实现精准医学的必由之路。

一、生物信息学与医学信息学的差异

生物信息学与医学信息学是两门不同的学科,有它们各自的科学问题和方法,由于它们都是生物学或医学与信息学的交叉学科、产生的历史并不太长,往往被混为一谈。首先生物学与医学是有很大的差别。根据维基百科的定义,生物学是一门范围广泛的、研究生命的自然科学,关注生命的基本规律,生物学家试图对各种生命形式进行研究和分类,从古细菌和细菌等原核生物到原生生物、真菌、植物和动物等真核生物。生物学家研究这些不同生物的遗传和演化规律,研究它们的物质和能量代谢规律等。生物学家从多个层次研究生命如基因调控、细胞分子生物学到动植物的解剖学和生理学,以及种群的演化等。生物学家使用科学方法进行观察、提出问题、生成假设、进行实验,并对周围的世界得出结论。医学是针对患者、对患者进行诊断、预后、预防、治疗、减轻损伤或疾病以及促进患者健康的科学和实践,更注重通过预防和治疗疾病来维持和恢复健康的各种医疗实践。现代医学应用生物学、遗传学和医疗技术来帮助诊断、治疗和预防损伤或疾病,通常通过药物或手术,但也通过各种疗法,如心理治疗、外部夹板和牵引、医疗设备、生物制剂和电离辐射等。医学是一门古老的学问,早期医学是一门艺术,常常与文化、宗教和信仰相关。随着现代科学的出现,大多数医学已经成为艺术和科学的结合,基础与应用相结合。从生物学与医学的不同可以看出,生物学更注重规律、理论和原理性的基础研究,医学更注重应用和实际的治疗效果。

生物信息学这门学科产生于20世纪末,是随着人类基因组计划的实施而产生的,一开始是以基因组数据的存储、读取和分析、建立基因数据库、寻找新的基因、研究基因功能、基因组的演化为主要目标的,随着基因芯片技术、质谱技术、二维电泳、酵母双杂交技术、染色质共沉淀技术、单细胞技术、基因编辑技术等高通量技术的发展,生物信息学不断拓展其研究内容到表观组学、转录组学、蛋白质组学、代谢组学、微生物组学、单细胞组学、药物基因组学、计算系统生物学等。

医学信息学也是随着计算机在医学领域里的应用而发展起来的一门医学与信息学的交叉学科,主要是对医学数据的存储和分析建模应用等,医学信息学与生物信息学相比更偏重临床表型的研究如医学图像、电子病历数据、生理信号等的分析和在临床的应用。尽管医学信息学也关注分子层面的临床检验数据,但在高通量组学方面的分子层次的数据分析相比于生物信息学要少。公共卫生信息学是群体层次的数据分析,是信息学在公共卫生领域的应用,包括监测、预防、预测和健康促进等。公共卫生信息学领域涉及群体的遗传、疾病、流行病、传染病及其工作环境和生活场所等方面的信息学研究。如图16-2所示,尽管学科的研究范畴有各自的特点,随着科学技术的迅猛发展,不同学科也在相

图 16-2　生物信息学、医学信息学和公共卫生信息学学科侧重点的差别

互融合和渗透、产生新的交叉学科如:转化医学信息学,生物医学信息学等。

二、生物信息与医学信息的融合

精准医学实现需要生物信息学与医学信息学的融合,理由至少有三个方面。

1. 根据如上讨论,实现精准医学,只有生物信息学一定是不够的,精准医学的目标是对疾病进行精准的个性化的预测、预防和诊疗,需要有对应的精细临床表型来描述,转化医学范式的提出强调所有的预测和生物学结论,必须在临床标本或人群信息中得到验证,只是细胞实验和动物模型层次的研究不能成为转化医学,因此临床标本及其相对应的临床信息,包括疾病史、家族史、治疗史、生活习惯、人口学特征等都是转化医学的基本需求。

2. 基因型、分子表型与临床表型的关系,并不是简单的一对一,或者多对一的关系,事实上是多对多的网络层次关系。要寻找这种复杂的网络对应规律,需要生物信息学的分子组学与医学信息学的图像分析、电子病历的自然语言处理等方面方法上的深度融合。

3. 在人体健康或疾病状态演变过程中,基因型、分子表型与临床表型的关系是一个动态的、跨层次的演化系统关系,如图 16-3 所示,精准医学的实现面临大数据的分析挑战、需要对多组学、跨组学和跨测度的生物医学数据进行融合分析和建模。

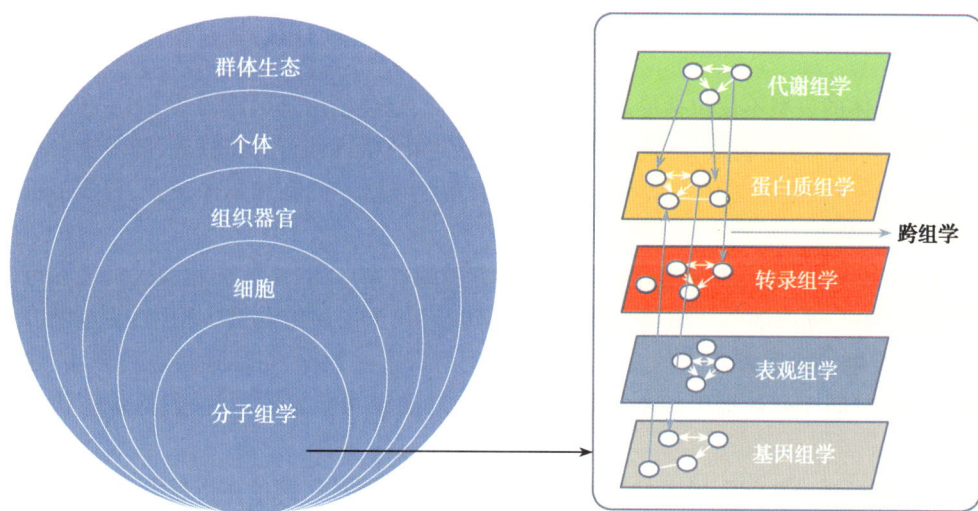

图 16-3　生物医学信息学中的多组学、跨组学、跨测度数据形式

实例 16-1:生物医学信息学融合学科——放射基因组学

放射基因组学(radiogenomics,见图 16-4)是基因组学信息与放射组学的融合学科,放射组学是医学信息学的研究范畴,在疾病如肿瘤诊断中是无创的、可以帮助判断是否是肿瘤,基因组信息学是生物信息学的范畴,可以用于肿瘤的分子分型如疾病的亚型、药物效果和预后等的个性化预测,但在诊断上需要采集病人的组织或血液,是有创的。放射基因组学通过融合两方面的信息,期待找到两者之间的关联,从而可以利用无创的影像分析,推断疾病如肿瘤的分子分型等。

三、疾病相关深度表型挖掘与精准医学

表型(phenotype)是一种可观察到的性状(trait),如形态、发育、生化或生理特性和行为,临床表型是特定个体的疾病表现。性状是个体的一种特殊特征。例如,他们的头发颜色或血型,性状可以由基因决定的,也可以由基因、生活习惯与环境相互作用决定。"表型"一词有时与"性状"一词互换使用,但"表型"也可以是一组性状组成。通常可以表示为:基因型+环境+生活习惯+随机变

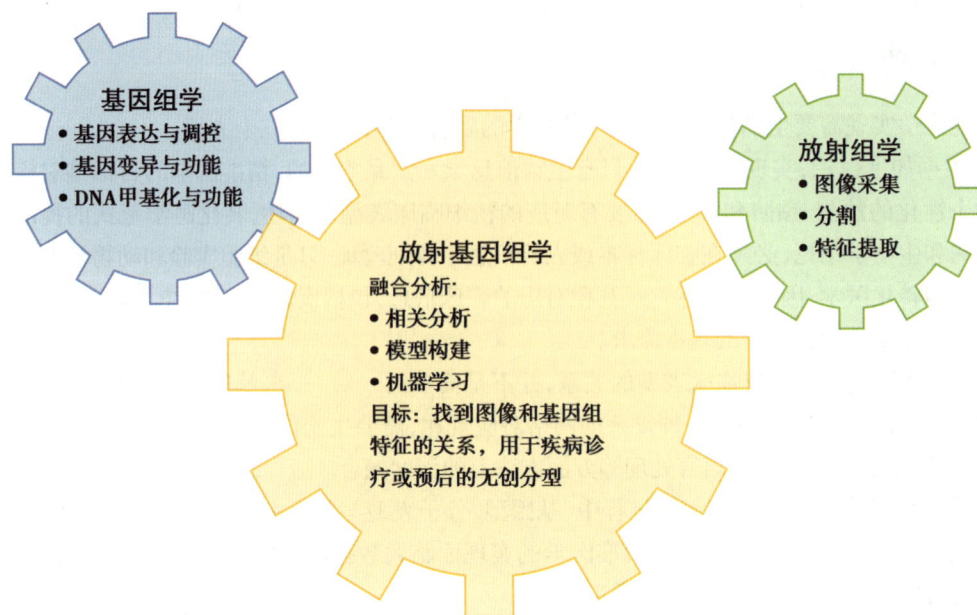

图 16-4　生物信息学与医学信息学融合实例：放射基因组学（radiogenomics）

异→表型。生物体的表型不仅包括形态等可观察的特征，还包括由基因编码的 RNA 和蛋白质等分子和结构，这被称为"分子表型"。表型的概念还包括生化、生理和行为特性等，随着生命科学的深度进展，现在可以观察到更多的表型种类，有分子表型、生理信号、临床影像表型、智能手机收集到的数字表型等。

随着生物信息学分析在临床治疗和健康管理方面的普遍应用，医生或相关人员现在可以收集个人的基因组序列、动态的临床数据包括代谢组、转录组、蛋白质组和微生物组，甚至可以通过智能穿戴设备和智能终端跟踪个人的日常活动。利用所有这些数据，可以通过各种算法、建立各种打分函数，寻找时间序列数据中的临界点，提高我们对健康和疾病的理解，包括疾病状态的早期预测。

精准医学就是精确匹配深层次的基因型-表型关系——你对疾病描述得越深入，你对疾病就知道得越多。这个类似于人工智能的深度学习模型，模型的深度越深对数据的理解和描述越准确，前提是要有足够的代表性的数据用来学习和训练。而生物医学大数据时代为我们提供了这种可能，可以通过多组学、跨测度的动态时序数据来描述和刻画疾病，这就是疾病的深度表型挖掘（deep phenotyping）。

实例 16-2：深度表型挖掘与肺癌精准医学

如图 16-5 所示，肺癌诊断和分类的不断精准化过程，就是对肺癌不断了解和描述加深的过程，肺癌早期的诊断是基于组织学的分类，后来在组织学分类的基础上增加了肺癌驱动变异的个性化分类，再进一步发展后，肺癌的治疗有效性可以通过治疗后的基因表达谱判断药物反应的个性化问题，由此可见，癌症的精准医学就是通过多组学、跨测度的动态数据不断加深对疾病的精准分类和表征的过程。目前对肺癌的驱动基因做了大量的研究，但不能解释所有的肺癌类型，可以预见，随着癌症的演化，越晚期的癌症机制越复杂、异质性和个性化越强。疾病演变的过程是关键驱动基因向多基因，乃至全基因组参与的演变过程，因此基于深度表型挖掘的早期诊断对癌症的控制至关重要。

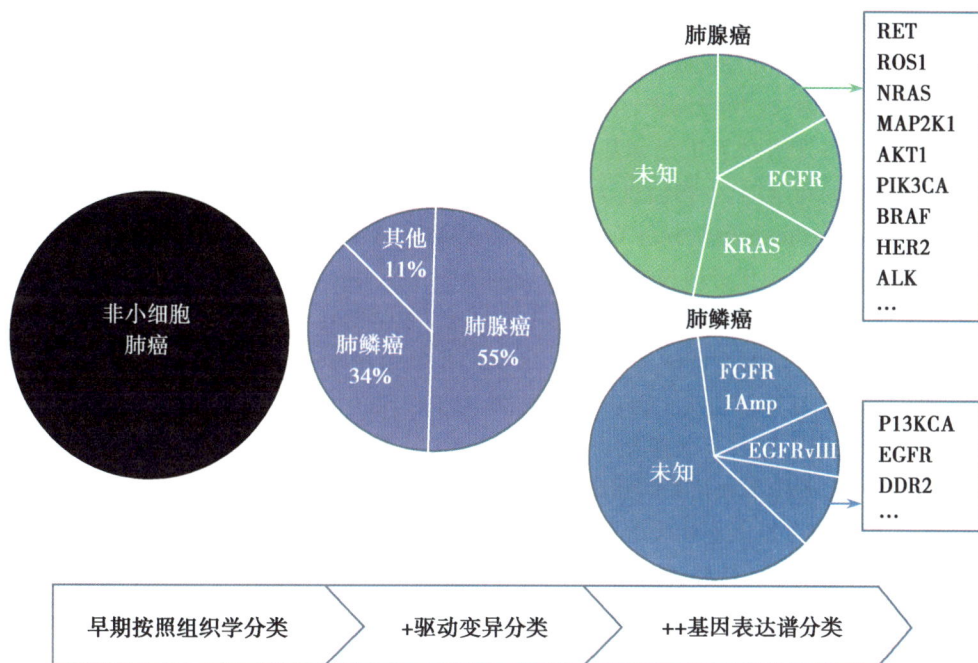

图 16-5 肺癌诊疗的精准医学演化

第三节 生物信息学与生物医学大数据
Section 3 Bioinformatics and Biomedical Big Data

一、第四科学研究范式与数据驱动生物医学

科学研究范式这个概念是美国科学哲学家库恩（Thomas Samuel Kuhn）在 20 世纪 70 年代写的《科学革命的结构》一书中提出的。科学研究范式是指一种成熟的、常规的提出和解决科学问题的公认的方式和框架,包括科学问题的提出方法,回答这个问题通常所采用的策略、技术和方法,对所得到的科学结论的解释等,人类基因组计划实施以来,生命科学领域的研究发生了巨大变化。范式转移也被称为科学革命,是当已有的范式不能有效地解决所面临的挑战时、需要新的范式来应对时而产生的。

1. **常见的三种研究范式与医学发展** 科学研究常见的三种范式包括:实验、理论和计算机模拟。实验研究的范式是医学研究最常用的方法,通常是基于研究者的经验去设计研究,根据经验观察与直觉进行假设和实验设计、然后通过实验验证并不断更新假设、进行新的实验探索和验证;理论研究范式是基于理论或原理提出新的理论假设,然后通过逻辑的严格推演建立新的理论体系和方法指导新的研究,这种模式是数学、物理科学中应用最多的方法,由于医学研究对象的复杂性,这种研究范式在医学实践过程中还不常见,即使有理论性和原理性的研究也需要通过实验进一步验证才能为学术界认可。计算机模拟是在计算机产生后开始发展流行的一种科学研究模式,由于很多微观和动力学的系统,难以用实验来观察,只有通过计算机模拟来检验,如蛋白质的动力学性质、药物小分子与蛋白质靶点的相互作用等,往往需要分子动力学模拟来了解其动力学作用细节,病毒传染和控制的细节和规律也可以通过计算模拟来进行分析和预测。

2. **第四科学研究范式与精准医学研究** 对于复杂的、异质的复杂疾病,由于疾病表型往往有遗传、环境和生活习惯相互作用的结果,一个疾病表型所对应的基因、环境和生活习惯的可能的解数量巨大,医学模型往往需要巨大的多样性的数据用于建模,才能得到稳健的结果,传统的实验研究方法很多是盲人摸象的方式,难以系统地动态地去刻画和描述复杂疾病的整体,生物信息学的产生,促进了大量数据的分析建模研究,例如传统的实验范式下的基因发现,往往需要通过大量的费时费力的方法识别和验证新的基因,21世纪以来,生物信息学作为生命科学的一个范式转移,是随着DNA测序数据的积累而产生的,利用大量的已知基因DNA结构模式去训练计算机模型,通过计算和模式识别的方法发现了大量的新基因,生物信息学家为此开发了多种著名的生物信息学工具和数据库,包括BLAST(Basic Local Alignment Search Tool)、ClustalW、MEGA、PDB等。由于复杂的生物系统往往是由多个基因、蛋白质或其他成分通过通路、模块或网络相互作用而起作用的,生物芯片技术、酵母双杂交技术和系统演化模型的建立,促进了研究范式向系统生物学的转移,系统生物学研究范式旨在重建相互作用或协同网络来解释系统的涌现特性。因此,生物信息学家开发了诸如基因本体、KEGG和Cytoscape等工具用来在系统层次上分析生命现象;对于临床转化应用而言,由于疾病和患者的异质性,基因组功能的发现往往不能直接应用于患者的治疗,基于细胞系或动物模型的生物学发现,需要在临床应用前利用患者样本和相关的临床试验进一步验证。因此,科学界提出了转化医学和精确医学的研究范式,旨在整合基因型和表型信息,以便对疾病进行个性化预测和治疗。尽管近20年来生命科学的范式发生了频繁的转移,但数据积累始终是推动生命科学和医学领域科学革命的动力。在未来,数据仍然是科学范式转移最重要的动力之一,生物医学数据的数量、质量和多样性将是我们未来精准医疗的关键挑战。

　　数据驱动的研究范式是由于现在计算机技术、数字化技术和互联网技术的迅猛发展而产生的,尤其是生物医学领域,测序技术与智能传感器技术使得个性化的生物医学数据迅猛积累,直接利用大数据的方式有时便能找到应用的场景,如果医生的智慧与现代科技测定的个性化动态数据结合起来,并通过互联网进行共享、建模和应用,精准医学将可能在大数据和人工智能算法的推动下实现。数据驱动的研究范式通常有两种,第一种是百科全书式的研究方式,将数据和知识建立成一个庞大的知识数据库,使用者只根据条件去寻找相应的答案,这正是医生根据已有的经验和知识看病的模式;第二种数据驱动的研究是在大数据的基础上寻找模式和规律,它也包含着从大数据中寻找到关键数据,或者寻找的基本原理来进行推广应用。在现实的科学研究中,四种科学研究范式往往是相互协同的,在一个具体的研究中往往同时用到几种不同的科学研究范式。

二、多组学、跨测度数据与数字医学

　　20多年来,生物医学数据积累和演变的特点是多组学、跨测度、异质性。近年来随着智能传感器的广泛使用和数字医学的兴起,生物医学数据又增加了巨大的实时、动态的生理数据。生物信息学主要是研究分子组学以及细胞学数据的存取和分析,以及医学信息学的各种组织影像数据和电子病历数据,而数字医学包括数字健康则主要是关于个性化的生理数据的收集和分析。

　　放射影像与基因组学融合,形成了放射基因组学数据,数字医学数据也可以与基因组数据融合,形成新的学科,Leroy Hood领导的关于科学健康的研究就是整合穿戴设备的数据、基因数据和肠道菌群的数据对健康人进行个性化的监控分析,从而达到早期个性化预防和预测疾病。这种多组学、跨测度数据与数字医学的融合将会促进临床治疗向早预防、早治疗的科学健康管理模式演变。

　　表16-1罗列了部分数字医学中可穿戴式传感器与生理信号检测的例子,目前这方面的应用正在迅速发展,将进一步促进生物医学信息学与智能健康管理的融合应用。

三、生物医学数据共享与隐私

　　生物医学数据共享涉及三个方面的科学问题,第一个是数据形式的一致性,数据需要有共同的呈现形式,计算机可以读取和分析;第二个是数据的内容,不同的数据使用人员需要使用共同的科学语言和概念体系,要能理解和区分同义词、术语以及这些术语之间的关联等;第三个问题是病人相关的医学数据跟传统生物学数据的差别在于它涉及个人隐私和社会伦理、在医学数据应用时,必须首先解

表 16-1　数字医学中可穿戴式传感器与生理信号（数字表型）检测一览表

生理信号测定	应用
姿势（Posture）	可以用于调整和识别姿势，减少腰痛等
肌肉活动（Muscle Activity）	能监测每块肌肉的发力情况，数据以 EMG 肌电图的形式传输到手持设备，以语音播报反馈给训练者，以便更好地了解运动状况
血压（Blood Pressure）	可用于人体临床中动静脉血压、心室压、脑脊液压的测定。可用于心血管疾病的监控、高血压筛查、高血压慢病管理、区域医联体、养老机构
皮肤电导（Skin Conductance）	皮肤电导率可以衡量人体出汗多少，能反映人体的情绪和生理反应，这项指标也是测谎仪等技术的基础
运动（Movement）	市面上有大量的运动传感器用于检测运动的各种指标与健康状况
氧含量（Oxygen Level）	测定通过组织床的光传导强度，计算血氧浓度及血氧饱和度，可持续监测血氧变化，结合心率数据，发现潜在的呼吸暂停问题
水合（Hydration）	可用于监测运动员水化状态，脱水现象的出现会极大影响运动员的状态
温度（Temperature）	可以检测你的温度和身体状况，病毒流行期间可以帮助监控病毒的传染途径等
大脑活动（Brain Activity）	安全采集和输出脑电功率谱 alpha 波、beta 波等，帮助提高人的大脑健康，如可以提高注意力、放松能力、正念能力、记忆力及大脑的敏锐度，同时还能进行冥想及放松监测，并可以改善获取知识时的大脑状态
葡萄糖（Glucose）	葡萄糖传感器在管理糖尿病患者的血糖水平中起重要作用
眼睛跟踪（Eye Tracking）	眼睛传感器可以跟踪眼球运动以判断疲劳程度，在疲劳指数变高时会提供有用信息辅佐用户完成日常活动
呼吸（Respiration）	传感器获取的心跳和呼吸数据，随时提醒你是否专注、是否有压力，当检测到你分神或者紧张时，手机会提醒你深呼吸，通过检测呼吸状态，它还可帮你改善睡眠质量
摄入（Ingestion）	可摄入性传感器将数字化药丸与无线的基础元件相结合，它可以被内置到无活性丸剂的内部，或者表面包裹其他可吸收的物体，它可以记录从传感器获得的资料以外，它还可以记录心率、体温、机体活动或者休息的模式
心脏追踪（Heart Tracking）	模拟前端电路和灵活强大的数字信号处理结构，采集从 uV 到 mV 的生物信号，经过算法处理后，监测心脏活力度，心率变异性 HRV 等
睡觉（Sleep）	具有分析睡眠指标并将这些数据转化为健康评价和指导

决数据隐私保护问题，只有在隐私保护的前提下，医学数据才能共享和使用，只有在数据内容和形式一致的前提下，数据才能相互融合建立医学大数据。

1.**生物医学数据共享与本体**　生物医学数据的形式是多样性的，如前所述目前的生物医学数据是多组学、跨测度和动态的，目前数据融合最大的困难在于这些数据的异质性，不同的课题组或医院收集的数据、术语和结构、内容范围都不相同、质量参差不齐，大量的孤岛式的、碎片化的数据和信息造成数据融合的困难，将这些数据有效融合使用是精准医学实现的挑战。

医学本体的建设是实现这一数据融合的方法之一。大家熟悉的基因本体（Gene Ontology，GO）是对基因产物的分子功能、生物过程和在细胞定位的系统描述的标准化和结构化。GO 被广泛应用于基因组学、转录组学和蛋白质组学等的数据分析，对于异质性的复杂疾病，GO 的富集分析可以为在系统层次上寻找疾病的分子机制提供有力的工具。

本体通常可以分为上层本体、参考本体和下层本体（或应用本体），上层本体是一种某个领域的上层框架结构，可以用于特定领域本体构建的指南。如图 16-6 所示甲状腺癌本体（TCO），TCO 可以看成是疾病本体（DO）的下层本体或者应用本体，在构建甲状腺癌症本体的时候，HPO（人类表型本体）可以用作参考本体。所谓参考本体是指其表达可被重复使用的某一学科领域的基本知识。应用本体针对的是某一特定的应用场景,如特定的疾病本体或称为疾病特有本体,甲状腺癌症特有的本体即是甲状腺癌症本体。

实例 16-3:甲状腺癌症本体的构建

如图 16-6 所示,甲状腺癌本体构建了关于甲状腺癌的某个疾病本体可以作为甲状腺癌跨组学、跨测度大数据融合的指南,包括患者信息、解剖学和组织胚胎学、解剖结构、组织学、细胞学、细胞或分子相互作用、临床诊断、病因学和病理学等数据的结构和关系。基于甲状腺癌本体构建数据收集软件平台,可以用于收集结构化、标准的甲状腺癌大数据、为智能化甲状腺癌诊疗提供基础。

2. 生物医学数据隐私保护　病人相关的生物医学数据的使用需要考虑隐私保护和信息安全,目前生物医学数据保护的方法有很多种,除了传统的物理层面的安全保护如对数据的访问进行控制,还

```
Thyroid_Cancer
• Anatomy_and_Histoembryology
   ○ Adjacent_Structure
   ○ Histology
      ▪ Calcitomin-secreting_Parafollicular_C_cells
      ▪ Thyroid_Gland_Follicular_Cell
   ○ Thyroid_Blood_Supply
   ○ Thyroid_Dominant_Nerve
   ○ Thyroid_Structure
• Basic_Information_of_Patient
• Cellular_or_Molecular_Interactions
   ○ ATA_Categorization_for_MTC
   ○ Biochemical_Pathway
   ○ Diagnostic_IHC_Markers
   ○ Gene
   ○ Others
• Clinical_Aspects
   ○ Diagnosis
   ○ Follow-up
   ○ Investigation
   ○ Symptoms
   ○ Therapeutic_Procedure
• Etiology
• Pathology
```

图 16-6　甲状腺癌本体

有相关的法律和政策,对数据的使用各国都有严格的法律规定。在现代数据共享要求的前提下,数据安全相关技术还包括数据脱敏、联邦学习、可信计算、差分统计等方法,不同的医学信息安全保护策略适合于不同的应用场景和保护等级。

第四节　生物信息学与转化医学、精准医学
Section 4　Bioinformatics for Translational and Precision Medicine

一、P4 医学、精准医学与转化信息学

1. P4 医学与精准医学　P4 医学的概念是美国的著名系统生物学家 LeroyHood 提出的未来医学的理念,包括 Preventive(预测性)、Predictive(预测性)、Personalized(个性化)和 Participatory(参与性)四个特征,尽管不断有新的概念提出,如 P6 医学,在 P4 基础上加入了心理认知(psychocognitive)和公众化(public)等,但这两个概念与 P4 医学中的 4 个特征逻辑上不是并列的,也有学者提出了 O4 医学作为与 P4 医学的对照,即过度测试(overtesting)、过度诊断(overdiagnosis)、过度治疗(overtreatment)和过度收费(overcharging),目的是让人们理解 P4 医学的重要价值,P4 医学是未来医学发展和追求的具体目标和方向,精准医学是 P4 医学的结果。实现 P4 医学与精准医学,生物医学数据的融合分析是前提。

2. 转化信息学　尽管 P4 医学与精准医学的概念为未来医学指明了方向和目标,但是实现大数据的收集、存储、分析和应用是实现该目标的核心,只有建立好高质量的生物医学大数据,并通过信息学分析,找到疾病的发生发展规律,找到疾病诊疗的关键标志物、药物靶点、风险因素、关键生活习惯等,才能将数据和信息转化为临床治疗和健康管理的具体行动。

转化信息学是信息学技术与转化目标融合起来的一门新型交叉学科。见图 16-7,以抗病毒感染为例,转化信息学有四个层次,第一个是化学层面的转化信息学,如:小分子药物筛选与发现、天然产物数据库的构建、药物的计算评价,包括药物在体内的吸收、分布、代谢、释放和毒性等。第二个是生物层次的转化信息学,如:病毒演化溯源、疫苗设计、病毒变异与免疫学等方面,生物信息学可以通过对病毒序列的分析、了解病毒的来源和变异规律,帮助提前设计疫苗等。第三个是医学信息学层次上

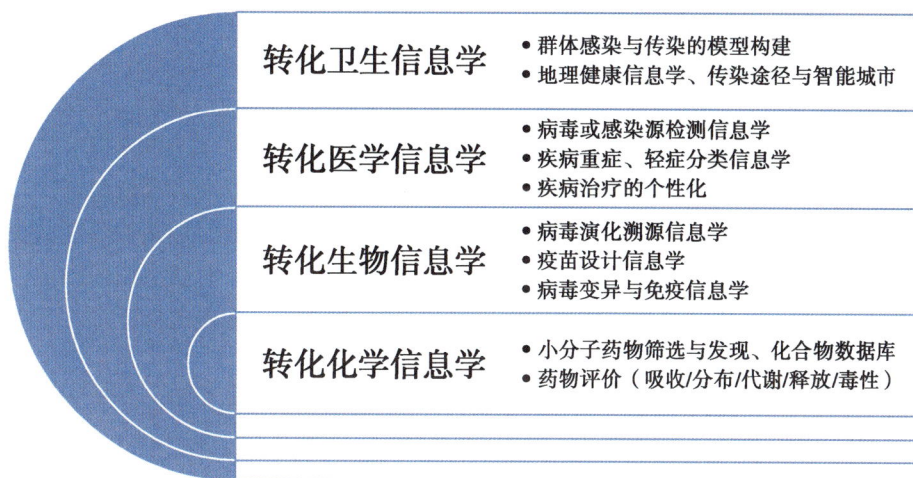

图 16-7 转化信息学的四个层次

的转化,如信息学在病毒和感染源检验、疾病重症轻症分类、疾病治疗的个性化标记物识别方面得到应用。第四个层次是公共卫生层次的转化信息学,如群体感染与传染的模型构建、地理健康信息学帮助识别传染途径以及智能城市化管理等。

二、基因组医学信息学与系统医学建模

全基因组测序和全基因组关联分析(GWAS)产生了大量的基因组数据,对这些数据的生物信息学分析,寻找到个性化疾病关联的拷贝数变异、单核苷酸多态性,可以应用到检测和临床,并加深我们对疾病的遗传机制的了解。这些知识将在分子诊疗标记物发现、疾病风险评估和预测、遗传咨询和优生优育、个性化药物应用等方面得到广泛应用。基因组层次的变异是很多疾病的关键因素,但是疾病的发生或疾病表型还与生活习惯、环境密切相关,同时与基因的关系,有时候是复杂的非线性的关系,需要系统层次的建模才能理解疾病的整体状况和异质性。

1. **基因组医学信息学与疾病诊断** 基因组医学是精准医疗和个性化健康管理的驱动因素,基因组学的研究也是传统医学遗传学在基因组层次的深入和拓展,是医学新治疗方案和药物发展的基石。基因组测序在遗传病和复杂疾病诊疗方面有很好的应用前景,它在诊断和治疗遗传性疾病方面有直接相关性。遗传性疾病如:出生缺陷和形态异常、孤独症、智力迟钝、结缔组织疾病、线粒体疾病、骨骼发育不良缺陷等,往往能在基因组医学中找到线索,根据对现有遗传证据、表型和症状的理解、定制基因组检查可用于确定鉴别诊断和制定个性化治疗方案。这些诊断测试可以有助于确定该疾病是先天性代谢错误、染色体疾病还是单基因疾病。目前还没有已知的治疗遗传性疾病的方法,然而症状可以通过药物、锻炼和饮食来控制。基因组医学除了将遗传学理解应用于医疗和保健外,也有助于揭示神经、肺、精神、心血管和内分泌疾病发病率的病因。各种诊断性染色体研究、分子研究和基础代谢研究被用来诊断遗传性疾病。可通过定量氨基酸分析、酰基卡尼汀结合谱、尿液有机酸分析等方法进行筛选代谢产物失衡的生化研究。许多不同的方法,如荧光原位杂交(FISH)、阵列比较基因组杂交和染色体分析,用于确定出生缺陷、发育迟缓、孤独症等的原因,DNA 测序和 DNA 甲基化分析的先进分子技术提供了对潜在条件的洞察。

在基因组中寻找个性化疾病基因、挖掘基因型-疾病表型关系、构建诊断和咨询平台等是基因组信息学的主要任务。

2. **药物基因组信息学** 药物基因组信息学是基因组信息学的重要分支之一,研究基因组与药物反应的关系,是药理学、基因组学与生物信息学的交叉学科。药物基因组学分析个体的基因构成如何影响它们对药物的反应,通过将基因表达或单核苷酸多态性与药代动力学(药物吸收、分布、代谢、排

泄)联系起来,药物基因组学一词常常与药物遗传学互换使用。虽然这两个术语都与基于遗传影响的药物反应有关,但传统的药物遗传学侧重于单药-基因相互作用,而药物基因组学包含更广泛的基因组关联方法,结合基因组学和表观遗传学,同时处理多个基因对药物反应的影响。药物基因组学旨在开发合理的方法,根据患者的基因型优化药物治疗,以确保最大的疗效和最小的不良反应。通过药物基因组学,人们希望药物治疗能够偏离所谓的"一剂万能"方法。寻找药物和药物组合针对狭窄的患者亚群,甚至针对每个个体独特的基因构成进行了优化,药物基因组学还试图消除反复试验的处方方法,允许医生考虑患者的基因、基因的功能以及影响患者当前或未来治疗疗效方面的因素。由于药物基因组学需要寻找多个基因与多个药物之间的复杂关系,生物信息学建模包括针对异质性的知识库和个性化网络构建与分析。

3. **疾病知识库与系统医学建模** 现在的生物测序、多组学和成像技术对医疗实践产生了深远影响,在技术发展的同时,异构和大规模数据集需要收集、整合、可视化和系统建模,以开发诊断、预后和治疗的新方法。系统医学是对医学相关数据的综合、定性和计算方法的跨学科融合,它扩展了系统生物学的概念,以及计算方法和数学建模为复杂生物系统的相互作用和网络行为提出了新的挑战,为寻找复杂的基因型-表型网络应用于预后、诊断和治疗提供了机会。疾病知识库的构建,是包括基因组信息、家族遗传背景、诊疗、预后、用药等建立个性化医学和解决异质性的一个重要途径。

4. **疾病动态变化与演化医学建模** 人类的系统发育和对环境的适应改变,蕴藏着疾病的演化历史,达尔文的演化理论为理解疾病谱的变化提供了理论基础。人类基因组、减数分裂和其他重组事件、胚胎学、物种形成、系统发育、罕见和常见疾病以及衰老的演化等都具有一定的规律。生物信息学家运用演化理论建立疾病的演化途径、寻找演化机理,为疾病的早期预测和预防提供了强大的思维工具。由于疾病是疾病组织与微环境的相互作用结果,考虑细胞异质性和生态位的生态系统的建模也是肿瘤演化常用的建模方法。

三、智能健康管理与生物信息学

生物信息学科与健康是密切相关的,健康监控和提前预警涉多方面的生物医学信息的存储、分析和应用。

1. **临床治疗到健康管理** 目前有三个基本因素推动整个社会的医学模式从临床治疗到健康管理演变,第一是全世界都面临着老龄化社会的到来,医学资源紧缺和老年化社会的需求发生了矛盾。第二是根据康德拉季耶夫周期理论(Kondratieff Wave),我们现在正处在第六波的开始阶段,它的触发和载体是健康管理;它的基本创新是心理社会健康和生物技术。第三是科学发展给健康管理带来了机会和可能,P4医学中的预防性(preventive)医学与中国古代的"治未病"有异曲同工之处,医疗上关口前移,即早期控制疾病,将为社会节省资源和提高人们生活质量。

2. **生物信息学与疾病预防** 生物信息学可以通过基因组分析寻找疾病的风险因素,从而为早期预防与干预提供基础,基因组测序会随着技术的发展、价格的下降而成为常规的检测,但是对基因组的分析和解读,寻找遗传学上的风险因素和标志物需要生物信息学的方法与技术才能实现。

3. **慢病管理与信息学** 可穿戴设备数据的收集给慢病管理提供了机会,传感器设备可以帮助动态实时收集病人的各种信息,结合各种组学数据的动力学演化与建模,利用蓝牙、无线网和智能设备等,可以给病人、家族和医院提供信息。慢病管理需要个性化和时间,需要有很大的人力资源,而人工智能正是解决这个问题的重要方法,生物信息学可以帮助建立各种慢病管理的知识库、知识图谱,通过知识图谱来构建对话机器人,可以帮助病人实时动态了解身体基本状况,通过改变生活习惯、营养或体育锻炼,来控制慢病的演化,从而达到节省社会资源的目的。

图16-8展示了生物医学信息学在智能健康管理中的应用场景。

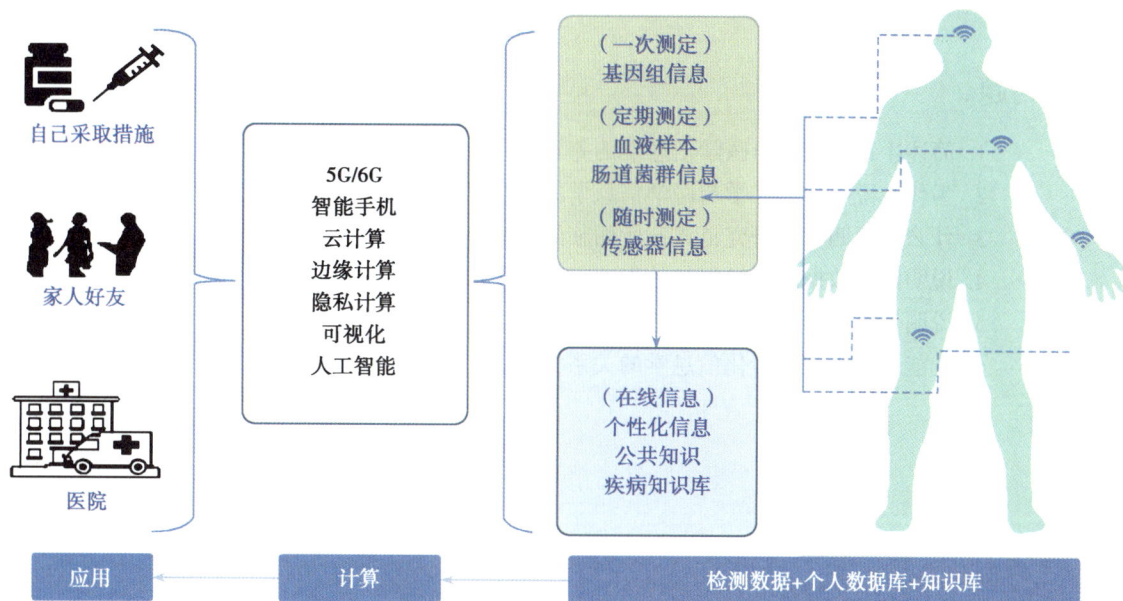

图 16-8　智能健康管理与生物医学信息学

小结

　　生物信息学与精准医学的关系涉及三个方面,第一是生物信息学与医学信息学的融合,两个学科的差异在于前者主要研究分子组学、侧重于生物基本规律和机制的发现,后者侧重于临床表型数据的分析和临床应用价值的发现。随着生命科学的迅速发展和转化医学的应用需求,两门学科呈现相互融合的趋势,放射基因组学、深度表型挖掘等是两者融合的具体实例;第二是大数据带来的数据驱动研究范式的兴起,以及多组学、跨测度数据融合、本体构建和数据共享与隐私保护的问题;第三是转化医学和精准医学涉及的四个层次,包括化学信息学、生物信息学、医学信息学和公共卫生信息学等方面的融合与转化,即转化信息学。从基因组医学、系统医学到智能健康管理,生物信息学将进一步发挥其关键作用。

Summary

　　The relationship between bioinformatics and precision medicine involves three aspects. One is the integration of bioinformatics and medical informatics. The difference between the two disciplines is that the former mainly studies molecular omics and focuses on the discovery of biological mechanisms and basic principles, while the latter focuses on the analysis of clinical phenotypic data and the clinical applications. With the rapid development of life science and the application needs of translational medicine, the two disciplines show the trend of mutual integration. Radiogenomics and deep phenotyping are the concrete examples of the integration of the two disciplines. The second is the rise of data-driven scientific paradigm in the era of big data, as well as the challenges of multi-omics and cross-scale data integration, ontology construction, data sharing and privacy protection, *etc*. Third, translational informatics is a discipline involving the integration of chemical informatics, bioinformatics, medical informatics and public health informatics for translational medicine and precision medicine. Bioinformatics will further play its key role from genomic medicine, system medicine to intelligent healthcare.

（沈百荣）

NOTES

习题

1. 简述生物信息学与医学信息学的差别?
2. 为什么说生物信息学与医学信息学的融合是精准医学实现的关键?
3. 什么是第四科学研究范式? 所面临的挑战有哪些?
4. 说明医学数据的隐私保护的方法有哪几种?
5. 说明系统医学与复杂疾病之间的关系?
6. 智能健康管理与转化信息学的关系?

附录　参考网址

推荐阅读

1. 朱景德. 表观遗传学与精准医学. 上海：上海交通大学出版社，2017.
2. 沈百荣，黄健. 蛋白质组信息学. 北京：科学出版社，2023.
3. 乔纳森·佩夫斯纳. 生物信息学与功能基因组学. 田卫东，译. 北京：化学工业出版社，2020.
4. 陈铭. 生物信息学. 4 版. 北京：科学出版社，2022.
5. 樊龙江. 生物信息. 2 版. 北京：科学出版社，2021.
6. 裴端卿，周兴茹. 药物研究中的蛋白质组学. 北京：科学出版社，2018.
7. LI Y, JIANG T, ZHOU W, et al. Pan-cancer characterization of immune-related lncRNAs identifies potential oncogenic biomarkers. Nat Commun. 2020;11(1):1000.
8. HU C, LI T, XU Y, et al. CellMarker 2.0: an updated database of manually curated cell markers in human/mouse and web tools based on scRNA-seq data. Nucleic Acids Res. 2023;51(D1):D870-D876.
9. GAO Y, SHANG S, GUO S, et al. Lnc2Cancer 3.0: an updated resource for experimentally supported lncRNA/circRNA cancer associations and web tools based on RNA-seq and scRNA-seq data. Nucleic Acids Res. 2021;49(D1):D1251-D1258.
10. GONG TT, GUO S, LIU FH, et al. Proteomic characterization of epithelial ovarian cancer delineates molecular signatures and therapeutic targets in distinct histological subtypes. Nat Commun. 2023;14(1):7802.
11. ZOU H, PAN T, GAO Y, et al. Pan-cancer assessment of mutational landscape in intrinsically disordered hotspots reveals potential driver genes. Nucleic Acids Res. 2022;50(9):e49.
12. XU J, SHAO T, SONG M, et al. MIR22HG acts as a tumor suppressor via TGFβ/SMAD signaling and facilitates immunotherapy in colorectal cancer. Mol Cancer. 2020;19(1):51.
13. JIANG T, ZHOU W, CHANG Z, et al. ImmReg: the regulon atlas of immune-related pathways across cancer types. Nucleic Acids Res. 2021;49(21):12106-12118.
14. LV D, CHANG Z, CAI Y, et al. TransLnc: a comprehensive resource for translatable lncRNAs extends immunopeptidome. Nucleic Acids Res. 2022;50(D1):D413-D420.
15. WANG Z, YIN J, ZHOU W, et al. Complex impact of DNA methylation on transcriptional dysregulation across 22 human cancer types. Nucleic Acids Res. 2020;48(5):2287-2302.
16. JéRôME GALON, DANIELA BRUNI. Approaches to treat immune hot, altered and cold tumours with combination immunotherapies. Nature Review Drug Discovery, 2019, 18(3):197-218.
17. VAN VLERKEN-YSLA L, et al. Functional states of myeloid cells in cancer. Cancer Cell. 2023;41(3):490-504.
18. PAIK DT, CHO S, TIAN L, et al. Single-cell RNA sequencing in cardiovascular development, disease and medicine. Nat Rev Cardiol. 2020 Aug;17(8):457-473.
19. PICH O, BAILEY C, WATKINS TBK, et al. The translational challenges of precision oncology. Cancer Cell. 2022;40(5):458-478.
20. VAN DE SANDE B, LEE JS, MUTASA-GOTTGENS E, et al. Applications of single-cell RNA sequencing in

drug discovery and development. Nat Rev Drug Discov. 2023;22(6):496-520.

21. MEISSNER, FELIX et al. The emerging role of mass spectrometry-based proteomics in drug discovery. Nature reviews. Drug discovery vol. 21,9 (2022): 637-654. doi:10.1038/s41573-022-00409-3.

22. DIETLEIN F, WANG AB, FAGRE C, et al. Genome-wide analysis of somatic noncoding mutation patterns in cancer. Science. 2022;376(6589):eabg5601. doi:10.1126/science.abg5601.

23. VANDEREYKEN K, SIFRIM A, THIENPONT B, et al. Methods and applications for single-cell and spatial multi-omics. Nat Rev Genet. 2023;24(8):494-515. doi:10.1038/s41576-023-00580-2.

24. FLORENT GINHOUX, ADAM YALIN,et al. Single-cell immunology: Past, present, and future (2021, Trends in Immunology).

25. HUANG CK, KAFERT-KASTING S, THUM T. Preclinical and Clinical Development of Noncoding RNA Therapeutics for Cardiovascular Disease. Circ Res. 2020 Feb 28;126(5):663-678.

26. LEE TK, GUAN XY, MA S. Cancer stem cells in hepatocellular carcinoma-from origin to clinical implications. Nat Rev Gastroenterol Hepatol. 2022 Jan;19(1):26-44.

27. XIE H, DING X. The Intriguing Landscape of Single-Cell Protein Analysis. Adv Sci (Weinh). 2022; 9(12):e2105932. doi:10.1002/advs.202105932.

28. BATES SE. Epigenetic Therapies for Cancer. N Engl J Med. 2020;383(7):650-663.

29. HARTMUT DöHNER, ANDREW H WEI, BOB LöWENBERG.Towards precision medicine for AML.Nat Rev Clin Oncol. 2021 Sep;18(9):577-590.

30. GILES JR, GLOBIG AM, KAECH SM, et al. CD8+ T cells in the cancer-immunity cycle.Immunity. 2023;56(10):2231-2253.

中英文名词对照索引